祝贺〈物理学大题典〉
在中国科学技术大学
六十周年校庆之际
再次出版

李政道

二〇一八年五月

物理学大题典②/张永德主编

电磁学与电动力学

(第二版)

刘金英　陈银华　张鹏飞　赵叔平
尤峻汉　胡友秋　仝茂达　朱俊杰　编著

科学出版社
中国科学技术大学出版社

内 容 简 介

“物理学大题典”是一套大型工具性、综合性物理题解丛书. 丛书内容涵盖综合性大学本科物理课程内容：从普通物理的力学、热学、光学、电学、近代物理到“四大力学”，以及原子核物理、粒子物理、凝聚态物理、等离子体物理、天体物理、激光物理、量子光学、量子信息等. 内容新颖、注重物理、注重学科交叉、注重与科研结合.

《电磁学与电动力学(第二版)》共6章，包括静电学、静磁场和似稳电磁场、电路分析、电磁波的传播、电磁波的辐射以及电磁场与介质相互作用等内容.

本丛书可作为物理类本科生的学习辅导用书、研究生的入学考试参考书和各类高校物理教师的教学参考书.

图书在版编目(CIP)数据

电磁学与电动力学/刘金英等编著. —2版. —北京：科学出版社，2018.9
(物理学大题典/张永德主编；2)
ISBN 978-7-03-058348-2

I.①电… II.①刘… III.①电磁学-题解 ②电动力学-题解 IV.①O44-44

中国版本图书馆 CIP 数据核字(2018)第 165880 号

责任编辑：昌 盛 窦京涛 / 责任校对：张凤琴
责任印制：吴兆东 / 封面设计：华路天然工作室

科学出版社 出版
北京东黄城根北街 16 号
邮政编码：100717
http://www.sciencep.com
中国科学技术大学出版社
安徽省合肥市金寨路 96 号
邮政编码：230026

北京中石油彩色印刷有限责任公司 印刷
科学出版社发行 各地新华书店经销
*
2005 年 10 月第 一 版 开本：787×1092 1/16
2018 年 9 月第 二 版 印张：32 1/2
2024 年 11 月第十四次印刷 字数：770 000

定价：79.00 元
(如有印装质量问题，我社负责调换)

"物理学大题典"编委会

丛书序

这套“物理学大题典”源自20世纪80年代末期的“美国物理试题与解答”，而那套丛书则源自80年代的CUSPEA项目（China-United States Physical Examination and Application Program）.这套丛书收录的题目主要源自美国各著名大学物理类研究生入学试题，经筛选后由中国科学技术大学近百位高年级学生和研究生解答，再经中科大数十位老师审定.所以这套丛书是中国改革开放初期中美文化交流的成果，是中美物理教学合作的结晶，是CUSPEA项目丰硕成果的一朵花絮.

贯穿整个80年代的CUSPEA项目是由李政道先生提出的.1979年李先生为了配合中国刚刚开始实施的改革开放方针，向中国领导建言，逐步实施美国著名大学在中国高校联合招收赴美攻读物理博士研究生计划.经李先生与我国各级领导和美国各著名大学反复多次磋商研究，1979年教育部和中国科学院联合发文《关于推荐学生参加赴美研究生考试的通知》，紧接着同年7月14日又联合发出补充通知《关于推荐学生参加赴美物理研究生考试的通知》，直到1980年5月13日，教育部和中国科学院再次联合发文《关于推荐学生参加赴美物理研究生考试的通知》，神州大地正式全面启动这一计划.

1979年最初实施的是Pre-CUSPEA，从李先生任教的哥伦比亚大学开始，通过考试选录了5名同学进入哥大.此后计划迅速扩大，包括了美国所有著名大学在内的53所大学，后期还包括了加拿大的大学，总数达到97所.10年CUSPEA共计录取915名中国各高校应届学生，进入所有美国著名大学.迄今项目过去30年，当年赴美的青年学子早已各有所成，展布全球，许多人回国报效，成绩斐然，可喜可慰.

李先生在他总结文章中回忆说①：“在CUSPEA实施的10年中，粗略估计每年都用去了我约三分之一的精力.虽然这对我是很重的负担，但我觉得以此回报给我创造成长和发展机会的祖国母校和老师是完全应该的.”文中李先生两次提及他已故夫人秦惠箬女士和助理Irene女士，为赴美中国年轻学子勤勤恳恳、默默无闻地做了大量细致的服务工作.编者读到此处，深为感动！这次丛书再版适逢中国科学技术大学60周年校庆，又承李先生题词祝贺，中科大、科学出版社以及丛书编者同仁都十分感谢！

苏轼《花影》诗：“重重叠叠上瑶台，几度呼童扫不开.刚被太阳收拾去，却教明月送将来.”聚中科大百多位师生之力，历二十余载，唯愿这套丛书对中美教育和文化交流起一点奠基作用，有助于后来学者踏着这些习题有形无迹的斑驳花影，攀登瑶台，观看无边深邃的美景.

张永德　谨识

2018年6月29日

---

① 李政道，《我和CUSPEA》,载于“知识分子”公众号，2016年11月30日.

前　言

物理学，由于它在自然科学中所具有的主导作用，在人类文明史，特别是在人类物质文明史中，占据着极其重要的地位.经典物理学的诞生和发展曾经直接推动了欧洲物质文明的长期飞跃. 20 世纪初诞生并蓬勃发展起来的近代物理学，又造就了上个世纪物质文明的辉煌. 自 20 世纪末到 21 世纪初的当前时代，物理学正以空前的活力，广阔深入地开创着向化学、生物学、生命科学、材料科学、信息科学和能源科学渗透和应用的新局面. 在本世纪里，物理学再一次直接推动新一轮物质文明飞跃的伟大进程已经开始.

然而，经历长足发展至今的物理学，宽广深厚浩瀚无垠. 教授和学习物理学都是相当艰苦而漫长的过程. 在教授和学习过程许多环节中，做习题是其中必要而又重要的环节. 做习题是巩固所学知识的必要手段，是深化拓展所学知识的重要练习，是锻炼科学思维的体操.

但是，和习题有关的事有时并不被看重，似乎求解和编纂练习题是全部教学活动中很次要的环节. 但丛书编委会同仁们觉得，这件事是教学双方的共同需要，只要是需要的，就是合理的，有益的，应当有人去做. 于是大家本着甘为孺子牛的精神，平时在科研教学中一道题一道题地积累，现在又一道题一道题地编审，花费了大量时间做着这种不起眼的事. 正如一个城市的基础建设，不能只去建地面上摩天大楼和纪念碑等“抢眼球”的事，也同样需要去做修马路、建下水道等基础设施的事.

这套“物理学大题典”的前身是中国科技大学出版社出版的“美国物理试题与解答”丛书(7 卷). 那套丛书于 20 世纪 80 年代后期由张永德发起并组织完成，内容包括普通物理的力、热、光、电、近代物理到四大力学的全部基础物理学. 出版时他选择了“中国科学技术大学物理辅导班主编”的署名方式. 自那套丛书出版之后，历经 10 余年，仍然有不断的需求，于是就有了现在的这套丛书——“物理学大题典”.

“题典”编审的大部分教师仍为原来的，只增加了少许新成员. 经过大家着力重订和大量扩充，耗时近两年而成. 现在这次再版，编审工作又增加了几位新成员，复历一年而再成. 此次再版除在原来基础上适当修订审校之外，还有少量扩充，增加了第 6 卷《相对论物理学》，第 7 卷《量子力学》扩充为上、下两分册. 丛书最终为 8 卷 10 分册. 总计起来，丛书编审历时近 20 年，耗费近 40 位富有科研和教学经验的教授、约 150 位 20 世纪 80 年代和现在的研究生及高年级本科生的巨大辛劳. 丛书确实是众人长期合作辛劳的结晶!

现在的再版，题目主要来源当然依旧是美国所有著名大学物理类研究生的入学试题，但也收录了部分编审老师的积累. 内容除涵盖力、热、光、电、近代物理到四大力学全部基础物理学之外，还包括了原子核物理、粒子物理、凝聚态物理、等离子体物理、天体物理、激光物理、量子光学和量子信息物理. 于是，追踪不断发展的科学轨迹，现在这套丛书仍然大体涵盖了综合性大学全部本科物理课程内容.

这里应当强调指出两点：其一，一般地说，人们过去熟悉的苏联习题模式常常偏重基础知识、偏于计算推导、偏向基本功训练；与此相比，美国物理试题涉及的数学并不繁难，但却或多或少具有以下特色：内容新颖，富于“当代感”，思路灵活，涉及面宽广，方法和结论简单实用，试题往往涉及新兴和边沿交叉学科，不少试题本身似乎显得粗糙但却抓住了物理本质，显得“物理味”很足！ 纵观比较，编审者深切感到，这些考题的集合在一定程度上体现着美国科学文化个性及思维方式特色！唯鉴于此，大家不惮繁重，集众多人力而不怯，耗漫长岁月而不辍，是值得的！另外，扩充修订中增添的题目，也是本着这种精神，摘自编审老师各自科研工作成果，或是来自各人教学心得，实是点滴聚成.

其二，对于学生，的确有一个正确使用习题集的问题. 有的同学，有习题集也不参考，咬牙硬顶，一个晚上自习时间只做了两道题. 这种精神诚应嘉勉，但效率不高，也容易挫伤积极性，不利于培养学习兴趣；另有些同学，逮到合适解答提笔就抄，这样做是浮躁不踏实的. 两种学习方法都不可取. 编审者认为，正确使用习题集是一个“三步曲”过程：遇到一道题，先自己想一想，想出来了自己做最好；如果认真想了些时间还想不出来，就不要老想了，不妨翻开习题集找寻答案，看懂之后，合上书自己把题目做出来；最后，要是参考习题集做出来的，花费一两分钟时间分析解剖一下自己，找找存在的不足，今后注意. 如此“三步曲”下来，就既踏实又有效率. 本来，效率和踏实是一对矛盾，在这一类“治学小道”之下，它俩就统一起来了. 总之，正确使用之下的习题集肯定能够成为学生们有用的“爬山”拐杖.

丛书第一版是在科学出版社胡升华博士倡议和支持下进行的，同时也获得刘万东教授、杜江峰教授的支持. 没有他们推动和支持，丛书面世是不可能的. 这次再版工作又承科学出版社昌盛先生全力支持，并再次获得中国科技大学物理学院和教务处的支持. 对于这些宝贵支持，编审同仁们表示深切谢意.

※　※　※　※　※　※　※　※

丛书第一版的《电磁学与电动力学》卷共有 7 章. 题目来源是一些国际著名大学(包括哥伦比亚大学、加州大学伯克利分校、麻省理工学院、威斯康星大学、芝加哥大学、普林斯顿大学、纽约大学布法罗分校)的试题和习题，CUSPEA 考试试题，以及一些电磁学和电动力学的习题集(主要有布朗大学资格考试试题，陈崇光、维克斯坦、巴蒂金和托普蒂金等人编著的习题集)，还有部分国内外电磁学和电动力学的教材和参考书(作者分别是胡友秋、杰克逊、郭硕鸿等) .另有相当一部分题目是我们自编的.

丛书第一版中参加解题的人员有：郑道晨、杨仲侠、张曙丰、李艳、邓勋明、朱雪良、江明亚、熊鹏、张大伟、谢力、邹川明、刘津、杜德涛、王力军、宁铂、曹树祥、陈文杰、郑惠南、周正洪、郑薇、山林华、黄晓舟、张杰、潘泽歧、赵里、董志华、孟国武、王勇、齐军、黄剑辉、叶忠国、吴志敏、胡伟敏、秦强、黎晓珍、唐子洲、任勇、袁韬、张国津、李宁等. 为了丛书引文简洁，本书正文中不再另行指出他们的姓名. 本卷前 3 章由刘金英负责审校，后 4 章由陈银华负责审校. 张鹏飞、温晓辉、王舸和李煜辉参加了部分题目的整理和审校工作.

第二版修订把原第一版第 6 章“相对论电动力学”移出本卷，与丛书另外两卷中的相对论部分一起单独成卷《相对论物理学》. 本卷此次修订前 2 章由张鹏飞受刘金英委托负责，第 3 章由仝茂达负责，后 3 章由陈银华负责. 此次修订对原有题目和解答做了全面核校和改进，并新增 50 余道题目. 物理学院研究生蔡劲、尹鹏程，少年班学院本科生傅海阳参与了部分讨论或者协助性工作，谨此说明.

编审者谨识

2005 年 5 月

2018 年 8 月修改

目　　录

题 意 要 览

4.10 求垂直入射到玻璃板上的光波的反射系数和作用于玻璃板上的辐射压
4.11 求电磁波斜入射到真空介质边界时无反射波的条件
4.12 求介质中电磁波正入射到导体表面时反射波电矢量的相移
4.13 已知真空中磁场的表达式，试求电场的表达式
4.14 电磁波垂直入射到两介质的分界面，试求离界面距离 z 的总电场表达式
4.15 研究强电磁波入射到介质时波场的特点
4.16 写出介质中左旋和右旋圆偏振平面波的表达式
4.17 线偏振光正入射到介质表面，求反射光的强度和偏振态
4.18 求电磁波在右旋糖溶液中的折射率和电场
4.19 求旋性介质的折射指数
4.20 求频率为 ω 的平面电磁波垂直入射到各向异性介质时反射波的偏振态
4.21 写出自由电子密度为 n_e 的介质中的电磁波的微分方程组
4.22 求平面电磁波在良导体中的穿透深度
4.23 已知平面电磁电场的表达式，试求 $\boldsymbol{E}$、$\boldsymbol{k}$ 及 $\boldsymbol{H}$ 关系以及折射率的表达式
4.24 平面偏振电磁波垂直入射到电导率为 σ 的介质上，求介质中的电场
4.25 平面偏振电磁波由空气入射到耗散介质，求耗散介质中电磁波的色散关系
4.26 求 X 射线在金属表面发生全反射时临界角与频率的依赖关系
4.27 已知不均匀介质的极化率和电导率，求入射波、反射波和折射波的磁场
4.28 写出矩形波导管内磁场 $\boldsymbol{H}$ 满足的方程及边界条件
4.29 论证矩形波导管内部不存在 TM_{m0} 和 TM_{0n} 波
4.30 计算圆柱形波导管表面的坡印亭矢量的大小和方向
4.31 设在 $z>0$ 的半空间充满导电介质，内有一沿 y 方向的变化磁场，分析介质中涡旋电流随深度衰减情况
4.32 已知谐振腔尺寸，求在 $4/\sqrt{5}<\lambda<8/\sqrt{13}$ 波段中可激发几个电磁模式
4.33 估计 $1cm^3$ 的空腔中频率在 1.1×10^{15}~1.2×10^{15}Hz 之间可能存在电磁驻波模式的数目
4.34 已知矩形波导管截面的长宽尺寸，写出最低模式的电场 $\boldsymbol{E}$ 和磁场 $\boldsymbol{B}$ 的波动方程
4.35 求矩形波导管中传播的 TE 型电磁波的截止频率
4.36 求在充满介质的矩形波导管中可传播的最低模式 TE 型波的电磁场
4.37 分析截面为等腰直角三角形的波导管中可以传播的 TE、TM 以及 TEM 波的模式
4.38 半径分别为 r_1 和 r_2 的同轴波导内，沿轴的一半空间为真空，另一半充满介质，求两区域中的 TEM 波模
4.39 证明在同轴波导中可传播一个电场和磁场都垂直于柱轴的电磁模
4.40 由两条相互平行截面形状任意的导线组成的传输线，周围充满介质，导出沿轴传播电磁波的波动方程
4.41 电磁波在地球电离层中的传播
4.42 单色平面电磁辐射波垂直射入充满稀薄等离子体的空间中

5.31 真空中一个均匀磁化介质球的长波散射
5.32 真空中的坐标原点有一个时间谐变的电偶极子
5.33 Cherenkov 辐射粒子探测器测量粒子的静质量
6.1 一速度为 v_1 的正电子与电量为 Ze 的原子核正碰撞，分析辐射角分布与偏振特性
6.2 带电粒子在加速器的水平对称平面里做近似圆周运动，证明竖直方 向的微运动是振动
6.3 讨论等离子体强流放电对反质子束的聚焦效应
6.4 带正电的相对论粒子束先后穿过长为 l 的均匀电场和磁场区，假定电磁场使粒子的偏转角度 θ_B、θ_E 很小，证明粒子动量 P 可用 B、θ_B 以及 l 表示
6.5 计算一个经典电子在高频电磁辐射时的散射截面
6.6 平面线偏振电磁波被自由电子所散射，导出非相对论极限下的微分散射截面公式
6.7 线偏振电磁波被相对介电常量为 ε_r 、半径为 b 及高为 h 的小电介质柱所散射，求散射总截面
6.8 平面线电磁波照射到半径为 a、介电常量为 $\boldsymbol{\varepsilon}$ 的介质球上，导出散射截面与散射角的关系
6.9 频率为 ω 、波数为 k 的电磁波入射到电子密度为 n 的等离子体中，求色散关系
6.10 已知电磁波在等离子体中的色散关系，求 $\omega > \omega_{pe}$ 时等离子体的折射率以及电磁波在其中的传播速度
6.11 讨论角频率为 ω 的电磁波在等离子体中的传播特性
6.12 讨论电磁波在电离层等离子体中的传播，求出左右旋极化波的截止频率
6.13 导出极低频平面电磁波进入等离子体的穿透深度
6.14 写出在随时间变化的磁场作用下，磁化强度随时间变化的运动方程
6.15 在介质中传播光的经典色散理论中，计算电子对线偏振平面波的响应
6.16 各向同性介质中的介电常量
6.17 具有均匀密度的静止的电中性无碰撞等离子体中的左旋、右旋偏振波
6.18 通过噪声脉冲测得星际介质的平均电子密度
6.19 使收到的脉冲波形没有太大形变的最小宽带
6.20 计算脉冲星到地球的距离
6.21 求散射过程中所辐射掉的能量
6.22 纳米金属颗粒对某些波长的共振散射
6.23 采用单共振模型研究介质色散的特性

第 1 章　静　电　学

1.1　由电场求电荷分布

题 1.1　一静电荷分布产生如下的径向电场：

$$\boldsymbol{E}=A\frac{\mathrm{e}^{-br}}{r^2}\boldsymbol{e}_r$$

式中，A、b 为常数. (a)计算并图示电荷密度. (b)求总电荷 Q.

解　(a) 由静电场高斯定理，电荷密度为

$$\rho=\varepsilon_0\nabla\cdot\boldsymbol{E}$$

由于 $\nabla\cdot\varphi\boldsymbol{A}=\nabla\varphi\cdot\boldsymbol{A}+\varphi\nabla\cdot\boldsymbol{A}$，并利用球坐标下 $\nabla=\boldsymbol{e}_r\frac{\partial}{\partial r}+\boldsymbol{e}_\theta\frac{1}{r}\frac{\partial}{\partial\theta}+\boldsymbol{e}_\varphi\frac{1}{r\sin\theta}\frac{\partial}{\partial\varphi}$

$$\begin{aligned}\rho&=\varepsilon_0\nabla\cdot\left[A\frac{\mathrm{e}^{-br}}{r^2}\boldsymbol{e}_r\right]=\varepsilon_0A\nabla\cdot\left[\mathrm{e}^{-br}\frac{\boldsymbol{e}_r}{r^2}\right]\\&=\varepsilon_0A\left[\nabla\mathrm{e}^{-br}\cdot\frac{\boldsymbol{e}_r}{r^2}+\mathrm{e}^{-br}\nabla\cdot\frac{\boldsymbol{e}_r}{r^2}\right]=\varepsilon_0A\left[\boldsymbol{e}_r\frac{\partial}{\partial r}\mathrm{e}^{-br}\cdot\frac{\boldsymbol{e}_r}{r^2}+\mathrm{e}^{-br}\nabla\cdot\frac{\boldsymbol{e}_r}{r^2}\right]\\&=-\frac{\varepsilon_0Ab}{r^2}\mathrm{e}^{-br}+4\pi\varepsilon_0A\delta(\boldsymbol{r})\end{aligned}$$

最后一步利用了 $\nabla\cdot\frac{\boldsymbol{e}_r}{r^2}=4\pi\delta(\boldsymbol{r})$；式中 $\delta(\boldsymbol{r})$ 是三维 δ 函数，满足

$$\delta(\boldsymbol{r})=\begin{cases}0, & r\neq0\\ \infty, & r=0\end{cases}$$

且有

$$\int_\infty\delta(\boldsymbol{r})\mathrm{d}V=1$$

由上给出电荷密度为

$$\rho=-\frac{\varepsilon_0Ab}{r^2}\mathrm{e}^{-br}+4\pi\varepsilon_0A\delta(\boldsymbol{r})$$

即除一点电荷 $4\varepsilon_0A$ 位于球心外，空间存在一球对称的负电荷分布，如题图 1.1 所示.

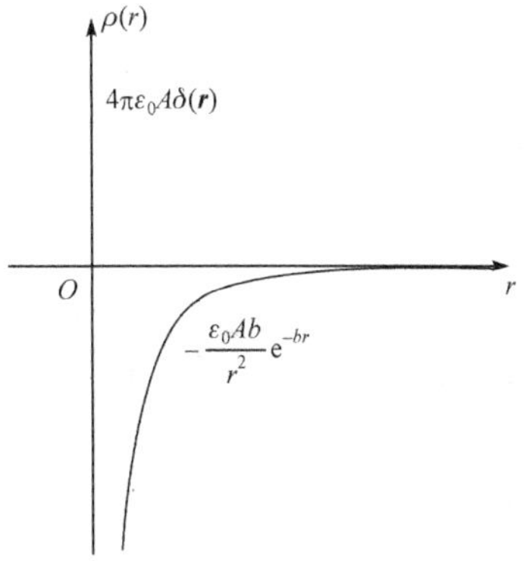

题图 1.1

(b) 总电荷为

$$Q=\varepsilon_0\oint_{r\to\infty}\boldsymbol{E}\cdot\mathrm{d}\boldsymbol{S}=\lim_{r\to\infty}\varepsilon_0A\mathrm{e}^{-br}\cdot4\pi=0$$

或者

$$Q=\int_{\infty}\rho(r)\mathrm{d}V$$
$$=\int_{0}^{\infty}-\frac{\varepsilon_0 Ab}{r^2}\mathrm{e}^{-br}\cdot 4\pi r^2\mathrm{d}r+4\pi\varepsilon_0 A=0$$

说明　对照点电荷激发的电场强度表达式容易理解$\nabla\cdot\frac{\boldsymbol{e}_r}{r^2}=4\pi\delta(\boldsymbol{r})$，另外本题结果球心处存在的点电荷也可通过考察以该点为球心、半径为 $\delta(\delta\to 0)$的小球形高斯面得知.

1.2　偏离库仑定律的讨论

题 1.2　假定从实验中发现两个点电荷之间的作用力不是库仑定律的形式，而是

$$\boldsymbol{F}_{12}=\frac{q_1q_2}{4\pi\varepsilon_0}\cdot\frac{\left(1-\sqrt{\alpha r_{12}}\right)}{r_{12}^2}\boldsymbol{e}_r$$

式中，α为常数. (a)写出点电荷 q 周围的电场 $\boldsymbol{E}$ 的公式. (b)围绕该点选择一积分路径，求线积分$\oint\boldsymbol{E}\cdot\mathrm{d}\boldsymbol{l}$. (c)对以点电荷为球心，$r_1$ 为半径的球面求面积分$\oint\boldsymbol{E}\cdot\mathrm{d}\boldsymbol{S}$. (d)以 $r_1+\varDelta$($\varDelta$为一小量)为半径重复(c)，求距点电荷为 r_1 处的$\nabla\cdot\boldsymbol{E}$，并把(b)、(c)、(d)的结果与库仑定律的结果相比较.

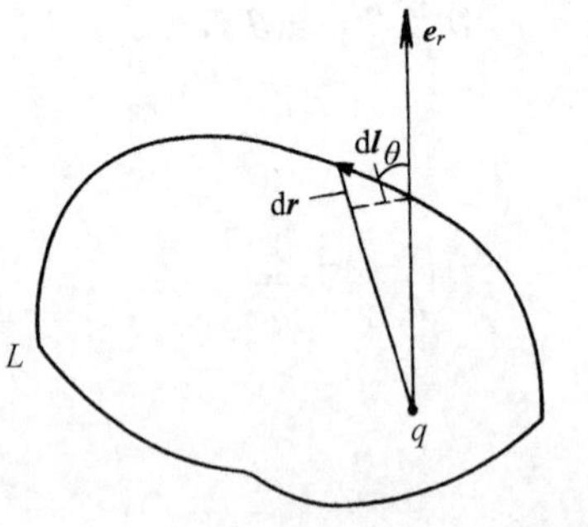

题图 1.2

解　(a) 在点电荷周围的电场为

$$\boldsymbol{E}(r)=\frac{q}{4\pi\varepsilon_0}\cdot\frac{1}{r^2}(1-\sqrt{\alpha r})\boldsymbol{e}_r$$

式中，r 为空间点至点电荷 q 的距离；$\boldsymbol{e}_r$ 为由 q 指向空间点的单位矢量.

(b) 由题图 1.2 所示，对任意闭合路径 L

$$\mathrm{d}\boldsymbol{l}\cdot\boldsymbol{e}_r=\mathrm{d}l\cos\theta=\mathrm{d}r$$

则

$$\oint_L\boldsymbol{E}\cdot\mathrm{d}\boldsymbol{l}=\oint\frac{q}{4\pi\varepsilon_0}\cdot\frac{1}{r^2}\left(1-\sqrt{\alpha r}\right)\mathrm{d}r$$
$$=\frac{q}{4\pi\varepsilon_0}\left[-\oint_L\mathrm{d}\left(\frac{1}{r}\right)+2\sqrt{\alpha}\oint_L\mathrm{d}\left(\frac{1}{\sqrt{r}}\right)\right]=0$$

由库仑定律$\boldsymbol{F}_{12}=\frac{q_1q_2}{4\pi\varepsilon_0 r^2}\boldsymbol{e}_{r_{12}}$，所得点电荷电场为

$$\boldsymbol{E}(r)=\frac{q}{4\pi\varepsilon_0 r^2}\boldsymbol{e}_r$$

显然有

$$\oint_L\boldsymbol{E}\cdot\mathrm{d}\boldsymbol{l}=0$$

即与本题的结果一样.

(c) 对以点电荷 q 为球心、r_1 为半径的球面 S，$\mathrm{d}\boldsymbol{S}=\mathrm{d}S\boldsymbol{e}_r$，则有

$$\oint_S \boldsymbol{E}\cdot \mathrm{d}\boldsymbol{S}=\oint_S \frac{q}{4\pi\varepsilon_0}\cdot\frac{1}{r_1^2}\left(1-\sqrt{\alpha r_1}\right)\mathrm{d}S$$

$$=\frac{q}{\varepsilon_0}\left(1-\sqrt{\alpha r_1}\right)$$

由库仑定律与高斯定理，得

$$\oint_S \boldsymbol{E}\cdot \mathrm{d}\boldsymbol{S}=\frac{q}{\varepsilon_0}$$

两者之差为 $\frac{q}{\varepsilon_0}\sqrt{\alpha r_1}$.

(d)利用(c)的结果，在 $r_1+\varDelta$处，有

$$\oint_S \boldsymbol{E}\cdot \mathrm{d}\boldsymbol{S}=\frac{q}{\varepsilon_0}\left(1-\sqrt{\alpha\left(r_1+\varDelta\right)}\right)$$

取 $r=r_1$ 与 $r=r_2+\varDelta$为半径的二球面所构成的球壳面为闭合曲面 S'，它所包围的体积为 V'，由高斯定理

$$\oint_{S'} \boldsymbol{E}\cdot \mathrm{d}\boldsymbol{S}=\int_{V'}\nabla\cdot\boldsymbol{E}\mathrm{d}V$$

因$\varDelta$为小量，上式可写为

$$\frac{q}{\varepsilon_0}\left[-\sqrt{\alpha\left(r_1+\varDelta\right)}+\sqrt{\alpha r_1}\right]=\frac{4\pi}{3}\left[\left(r_1+\varDelta\right)^3-r_1^3\right]\left(\nabla\cdot\boldsymbol{E}\right)\Big|_{r=r_1}$$

并由 $\frac{\varDelta}{r_1}\ll 1$，近似取

$$\left(1+\frac{\varDelta}{r_1}\right)^n=1+n\frac{\varDelta}{r}$$

则有

$$\nabla\cdot\boldsymbol{E}(r=r_1)=-\frac{\sqrt{\alpha q}}{8\pi\varepsilon_0 r_1^{5/2}}$$

由库仑定律，点电荷 q 激发的电场的散度公式为

$$\nabla\cdot\boldsymbol{E}(r)=\frac{q}{\varepsilon_0}\delta(\boldsymbol{r})$$

1.3 由电荷分布求电势、总电荷、电偶极矩、电四极矩

题 1.3 静电荷分布在间隙为 $-a\leqslant x'\leqslant a$ 的一维 x 轴上，对于 $|x'|\leqslant a$，电荷密度为 $\rho\left(x'\right)$，而对于$|x'|>a$，电荷密度等于 0. (a)写出 x 轴上各点的静电势$\varPhi(x)$依赖于$\rho(x')$的关系. (b)求在

$x>a$ 时，$\Phi(x)$的级数展开式. (c)对于题图 1.3 中的每种电荷分布，求：(i)总电荷 $Q=\int \rho \mathrm{d}x'$；(ii)电偶极矩 $P=\int x'\rho \mathrm{d}x'$；(iii) 电四极矩 $Q_{xx}=2\int x'^2\rho \mathrm{d}x'$；(iv)在 $x>a$ 时，电势 Φ 按 $1/x$ 幂次展开的主要项.

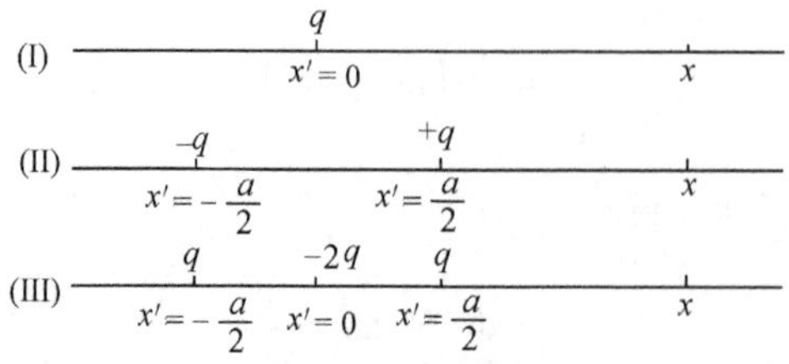

题图 1.3

解　(a) x 轴上点的静电势为

$$\Phi(x)=\frac{1}{4\pi\varepsilon_0}\int_{-a}^{a}\frac{\rho(x')}{|x-x'|}\mathrm{d}x'$$

(b) 当 $x>a$，$a>|x'|$ 时，有

$$\frac{1}{|x-x'|}=\frac{1}{x}+\frac{x'}{x^2}+\frac{x'^2}{x^3}+\cdots$$

所以 $\Phi(x)$的级数展开为

$$\Phi(x)=\frac{1}{4\pi\varepsilon_0}\left[\int_{-a}^{a}\frac{\rho(x')}{x}\mathrm{d}x'+\int_{-a}^{a}\frac{\rho(x')x'}{x^2}\mathrm{d}x'+\int_{-a}^{a}\frac{\rho(x')x'^2}{x^3}\mathrm{d}x'+\cdots\right]$$

(c) 对于题图 1.3 中的(I)种电荷分布，有

$$\rho(x')=q\delta(x')$$

故得

$$\text{(i) } Q=q,\quad \text{(ii) } P=0,\quad \text{(iii) } Q_{xx}=0,\quad \text{(iv) } \Phi(x)=\frac{q}{4\pi\varepsilon_0 x}$$

对于题图 1.3 中的(II)种电荷分布，有

$$\rho(x')=-q\delta\left(x'+\frac{a}{2}\right)+q\delta\left(x'-\frac{a}{2}\right)$$

故得

$$\text{(i) } Q=0,\quad \text{(ii) } P=qa,\quad \text{(iii) } Q_{xx}=0,\quad \text{(iv) } \Phi(x)=\frac{qa}{4\pi\varepsilon_0 x^2}$$

对于题图 1.3 中的(III)种电荷分布，有

$$\rho(x')=q\delta\left(x'+\frac{a}{2}\right)+q\delta\left(x'-\frac{a}{2}\right)-2q\delta(x')$$

故得

$$\text{(i) } Q=0,\quad \text{(ii) } P=0,\quad \text{(iii) } Q_{xx}=qa^2,\quad \text{(iv) } \Phi(x)=\frac{qa^2}{8\pi\varepsilon_0 x^3}$$

1.4　两相互垂直无限大带电薄板的电场

题 1.4　两块均匀无限大的薄板相互垂直，它们的电荷密度为$+\sigma$ 和$-\sigma$. 求空间各点电场的大小和方向，并画出电场线($\boldsymbol{E}$线).

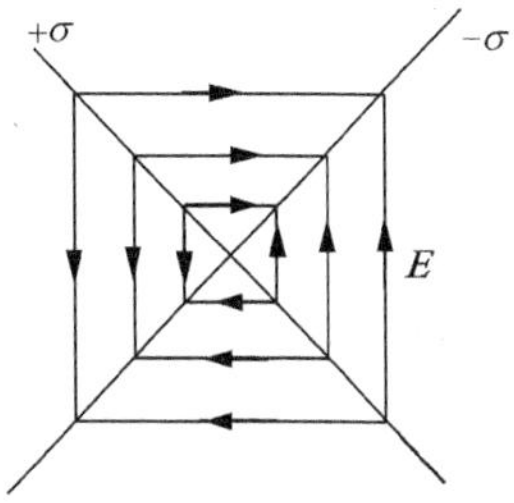

题图 1.4

解　对一个无限大的带电板，它在空间各点的电场大小为

$$E=\frac{\sigma}{2\varepsilon_0}$$

方向与板面垂直. 因此，对本题的两互相垂直分别带$\pm\sigma$电荷的两板，电场叠加应为

$$E=\frac{\sqrt{2}\sigma}{2\varepsilon_0}$$

其方向如题图 1.4 中的电场线所示.

1.5　高斯定理什么情形下不适用

题 1.5　下列哪种情况高斯定理将不适用：(a)有磁单极子存在；(b)平方反比定律不准确成立；(c)光速不是一个普适常数.

解　答案为(b).

1.6　电荷保持在稳定平衡状态的条件

题 1.6　一个电荷被保持在稳定平衡状态的条件是：(a)利用一个纯的静电力；(b)利用一个机械力；(c)上述两者都不行.

解　答案为(c).

1.7　极化强度矢量 P 与电场强度 E 的关系

题 1.7　对极化强度矢量 $\boldsymbol{P}$ 与电场强度 $\boldsymbol{E}$，在方程 $\boldsymbol{P}=\alpha\boldsymbol{E}$ 中，一般情况下α是：(a)标量；(b)矢量；(c)张量.

解　答案为(c).

1.8　电荷在带电的细圆环轴线上的简谐运动

题 1.8　(a)一半径为 R 的圆环上均匀分布着总电量为$+Q$ 的电荷. 计算环心的电场和电势；(b)一质量为 m、带电为$-Q$ 的粒子被限制在环的轴线上滑动，证明：当垂直于环平面的位移很小时，该电荷将做简谐运动.

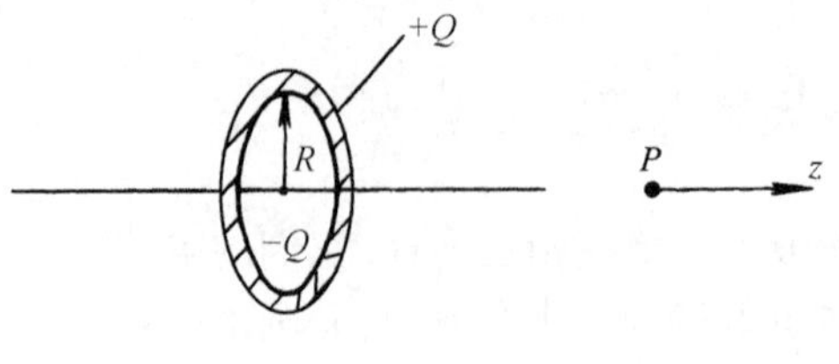

题图 1.8

解　如题图 1.8 所示，z 轴为圆环的轴线. 则环心的电场与电势为

$$\boldsymbol{E}=0, \qquad \varphi=\frac{Q}{4\pi\varepsilon_0 R}$$

在 z 轴上 P 点处的电场为

$$\boldsymbol{E}(x)=\frac{Qz}{4\pi\varepsilon_0(R^2+z^2)^{3/2}}\boldsymbol{e}_z$$

故当质量为 m、带电为$-Q$ 的粒子处在 P 点时受力为

$$\boldsymbol{F}(z)=-\frac{Q^2 z}{4\pi\varepsilon_0(R^2+z^2)^{3/2}}\boldsymbol{e}_z$$

当 $z\ll R$ 时，有 $F(z)\propto z$，故该粒子$-Q$ 做简谐振动.

1.9　均匀带电圆盘的空间电势分布

题 1.9　在半径为 a 的圆盘表面上均匀分布着总电量为 q 的电荷. 求：(a)由电荷分布的轴对称性，求对称轴上任意点处的电势. (b)借助(a)，求空间任意点 $r(|r|>a)$处电势的表达式，把该式表示成角度谐函数的形式.

解　(a)坐标轴选取如题图 1.9 所示. 在圆盘面上，取半径为 r 到 $r+\mathrm{d}r$ 的圆环，该环在点(0，0，z)处的电势为

$$\mathrm{d}\varphi=\frac{1}{4\pi\varepsilon_0}\cdot\frac{q}{\pi a^2}\cdot\frac{2\pi r\mathrm{d}r}{\sqrt{r^2+z^2}}$$

对 r 积分，可得整个圆盘在该点的电势为

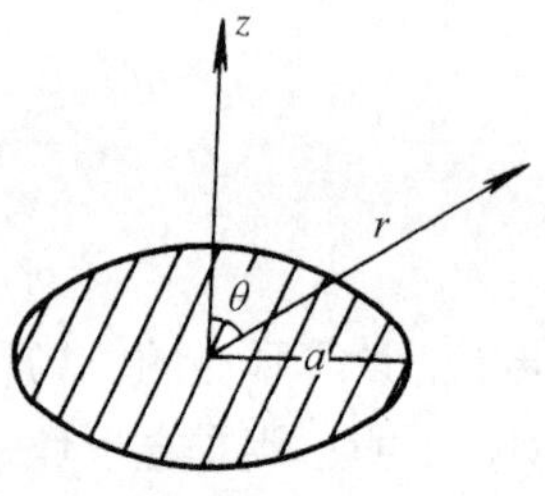

题图 1.9

$$\varphi(z)=\int_0^a\frac{q}{2\pi\varepsilon_0 a^2}\cdot\frac{r\mathrm{d}r}{\sqrt{r^2+z^2}}$$

$$=\frac{q}{2\pi\varepsilon_0 a^2}\left(\sqrt{a^2+z^2}-|z|\right)$$

(b) 在$|r|>a$ 区域，$\nabla^2\varphi=0$，解为

$$\varphi(r,\theta)=\sum_{n=0}^{\infty}\left(a_n r^n+\frac{b_n}{r^{n+1}}\right)\mathrm{P}_n(\cos\theta)$$

在 $r\to\infty$ 时，$\varphi\to 0$，有 $a_n=0$.

对 $z>0$ 上半空间，对轴上的 $\varphi=\varphi(r,0)$，因为 $P_n(1)=1$，有

$$\varphi(r,0)=\sum_{n=0}^{\infty}\frac{b_n}{r^{n+1}}$$

对 $z<0$ 下半空间，对轴上的 $\varphi=\varphi(r,\pi)$，因为 $P_n(-1)=(-1)^n$，有

$$\varphi(r,\pi)=\sum_{n=0}^{\infty}(-1)^n\frac{b_n}{r^{n+1}}$$

代入(a)的结果，在轴上$|z|=r$，$z>0$ 时，则有

$$\sum_{n=0}^{\infty}\frac{b_n}{r^{n+1}}=\frac{2q}{4\pi\varepsilon_0\ a^2}\left(\sqrt{a^2+r^2}-r\right)=\frac{qr}{2\pi\varepsilon_0 a^2}\left(\sqrt{1+\frac{a^2}{r^2}}-1\right)$$

而

$$\left(1+\frac{a^2}{r^2}\right)^{\frac{1}{2}}=1+\frac{1}{2}\left(\frac{a^2}{r^2}\right)+\frac{\frac{1}{2}\left(\frac{1}{2}-1\right)}{2!}\left(\frac{a^2}{r^2}\right)^2+\cdots+\frac{\frac{1}{2}\left(\frac{1}{2}-1\right)\cdots\left(\frac{1}{2}-n+1\right)}{n!}\left(\frac{a^2}{r^2}\right)^n$$

即

$$\sum_{n=0}^{\infty}\frac{b_n}{r^{n+1}}=\frac{qr}{2\pi\varepsilon_0 a^2}\sum_{n=1}^{\infty}\frac{\frac{1}{2}\left(\frac{1}{2}-1\right)\cdots\left(\frac{1}{2}-n+1\right)}{n!}\left(\frac{a^2}{r^2}\right)^n$$

比较 r 的各次方的系数，有

$$b_{2n-1}=0$$

$$b_{2n-2}=\frac{q}{2\pi\varepsilon_0 a^2}\cdot\frac{\frac{1}{2}\left(\frac{1}{2}-1\right)\cdots\left(\frac{1}{2}-n+1\right)}{n!}a^{2n}$$

所以得 $z>0$ 区域中任意点 r 的电势为

$$\varphi(r)=\frac{q}{2\pi\varepsilon_0 a}\sum_{n=1}^{\infty}\frac{\frac{1}{2}\left(\frac{1}{2}-1\right)\cdots\left(\frac{1}{2}-n+1\right)}{n!}\times\left(\frac{a}{r}\right)^{2n-1}P_{2n-2}(\cos\theta),\qquad z>0$$

对 $z<0$ 区域，做类似的处理，由于$(-1)^{2n-2}=1$，故

$$\varphi(r)=\frac{q}{2\pi\varepsilon_0 a}\sum_{n=1}^{\infty}\frac{\frac{1}{2}\left(\frac{1}{2}-1\right)\cdots\left(\frac{1}{2}-n+1\right)}{n!}\times\left(\frac{a}{r}\right)^{2n-1}P_{2n-2}(\cos\theta),\qquad z<0$$

即全空间 $\varphi(r)$ 的表达式相同，都为勒让德多项式求和的形式.

1.10 绝缘带电薄圆板对点电荷的作用力

题 1.10 半径为 R 的绝缘带电薄圆板，表面电荷密度为σ，一点电荷$+Q$ 放在板的对称轴上，求作用在电荷 Q 上的力.

解 参考 1.9 题与题图 1.9，设点电荷 Q 在对称轴的$(0,\ 0,\ z)$处，则圆板在该点的电场由对称性沿圆板的对称轴，从而 $\boldsymbol{E}=-\nabla\varphi=-\frac{\partial}{\partial z}\varphi(z)\boldsymbol{e}_z$，其大小为

$$E=-\frac{\sigma}{2\varepsilon_0}\left(\frac{z}{\sqrt{a^2+z^2}}-1\right)$$

故点电荷受力为

$$F=QE=\frac{\sigma Q}{2\varepsilon_0}\left(1-\frac{z}{\sqrt{a^2+z^2}}\right)$$

力的方向沿圆板的对称轴.

1.11 五个面接地，第六个面电势为ϕ_0的立方体导体空腔中心的电势

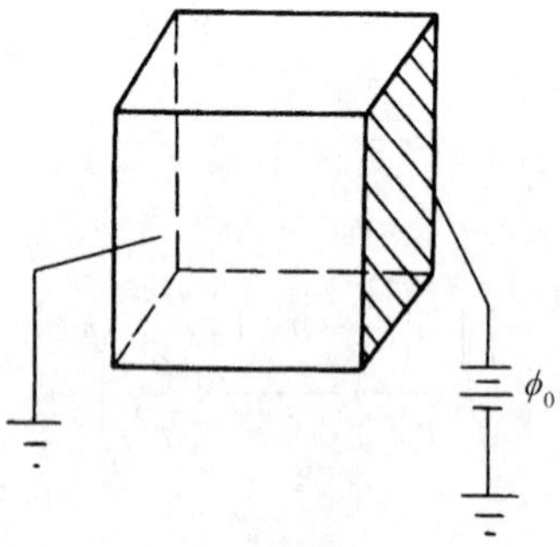

题图 1.11

题 1.11 一个立方体有导体空腔五个面接地，而第六个面与其余五个面绝缘，电势为ϕ_0，如题图 1.11 所示. 问立方体中心的电势是多少，为什么？

解 立方体中心的电势ϕ_C可表示为六个表面的电势的线性函数，即

$$\phi_C=\sum_i C_i\phi_i$$

式中，C_i代表第 i 个面所具有单位电势值. 由于六个面相对立体中心几何位置相同，故各C_i也相同，设为C，这样有

$$\phi_C=C\sum_i\phi_i$$

当六个面均处于电势ϕ_0时，中心的电势显然为ϕ_0，由此定出 $C=\frac{1}{6}$. 但现只有一个面电势为ϕ_0，而其余的五个面电势为零，因此中心的电势为$\frac{\phi_0}{6}$.

1.12 均匀带电球体的电场与电势

题 1.12 一半径为 R 的均匀带电球体总电荷为 Q，求空间各点的电场与电势.

解 球的体电荷密度为

$$\rho=\frac{Q}{\frac{4}{3}\pi R^3}$$

取高斯面为半径为 r 的与球体同心的球面，由对称性，此面上各点电场强度大小相等，方向沿径向，由高斯定理

$$\oint_S \boldsymbol{E}\cdot \mathrm{d}\boldsymbol{S}=\frac{1}{\varepsilon_0}\int \rho \mathrm{d}V$$

立即得出

$$\boldsymbol{E}_1=\frac{Q\boldsymbol{r}}{4\pi\varepsilon_0 R^3},\qquad r\leqslant R$$

$$\boldsymbol{E}_2=\frac{Q\boldsymbol{r}}{4\pi\varepsilon_0 r^3},\qquad r\geqslant R$$

由公式

$$\phi(p)=\int_p^{\infty}\boldsymbol{E}\cdot \mathrm{d}\boldsymbol{l}$$

得空间各点电势(取无穷远处电势为零)

$$\begin{aligned}\phi_1(\boldsymbol{r})&=\int_r^R \boldsymbol{E}_1\cdot \mathrm{d}\boldsymbol{r}+\int_R^{\infty}\boldsymbol{E}_2\cdot \mathrm{d}\boldsymbol{r}\\&=\int_r^R \frac{Qr\mathrm{d}r}{4\pi\varepsilon_0 R^3}+\int_R^{\infty}\frac{Q\mathrm{d}r}{4\pi\varepsilon_0 r^2}\\&=\frac{Q}{8\pi\varepsilon_0 R}\left(3-\frac{r^2}{R^2}\right),\qquad r\leqslant R\end{aligned}$$

$$\phi_2(\boldsymbol{r})=\int_r^{\infty}\boldsymbol{E}_2\cdot \mathrm{d}\boldsymbol{r}=\frac{Q}{4\pi\varepsilon_0 r},\qquad r\geqslant R$$

1.13 球心置一点电荷的带电导体球壳的空间电场

题 1.13 对处在平衡状态下的一个内外半径分别为 a、b 的导体球壳，在其中心处有一点电荷 q，在外表面有电荷密度为σ的均匀电荷分布，求所有 r 处的电场与在内表面处的电荷.

解 在静电平衡时，导体内表面电荷均匀分布其总电荷应为$-q$. 并由对称性结合高斯定理易知：

$r<a$ 时，导体球壳腔内的电场强度

$$\boldsymbol{E}(r)=\frac{q}{4\pi\varepsilon_0 r^2}\boldsymbol{e}_r$$

$a<r<b$ 时，导体内电场强度

$$\boldsymbol{E}=0$$

$r>b$ 时，导体球壳外的电场强度

$$\boldsymbol{E}(r)=\frac{1}{4\pi\varepsilon_0}\cdot\frac{4\pi b^2\sigma}{r^2}\boldsymbol{e}_r=\frac{\sigma b^2}{\varepsilon_0 r^2}\boldsymbol{e}_r$$

1.14 同心的带电导体球与导体球壳的电场与电势

题 1.14 一半径为 r_1 的实导体球带有电荷$+Q$，被一个内外半径分别为 r_2 和 r_3 的中空导体球包围，用高斯定理表达：(a)外球外的电场；(b)两球之间的电场；(c)确定内球电势的表达式，不必积分.

解 由静电平衡，中空导体球的内表面带总电荷+Q，外表面带总电荷$-Q$. 高斯定理为$\oint_S \boldsymbol{E}\cdot \mathrm{d}\boldsymbol{S}=\dfrac{Q_{总}}{\varepsilon_0}$. $Q_{总}$为封闭面S中所包围的所有电荷的代数和. 因此由对称性结合高斯定理

(a) 外球处的电场

$$\boldsymbol{E}(\boldsymbol{r})=\frac{Q}{4\pi\varepsilon_0 r^2}\boldsymbol{e}_r,\qquad r>r_3$$

(b) 两球间的电场

$$\boldsymbol{E}(\boldsymbol{r})=\frac{Q}{4\pi\varepsilon_0 r^2}\boldsymbol{e}_r,\qquad r_2>r>r_1$$

而当$r<r_1$或$r_2<r<r_3$时，$\boldsymbol{E}(\boldsymbol{r})=0$.

(c) 电势公式(取无穷远处电势为零)

$$\varphi(p)=\int_p^{\infty}\boldsymbol{E}\cdot \mathrm{d}\boldsymbol{l}$$

所以内球电势公式为

$$\begin{aligned}\varphi(r_1)&=\int_{r_1}^{r_2}\frac{Q}{4\pi\varepsilon_0 r^2}\mathrm{d}r+\int_{r_3}^{\infty}\frac{Q}{4\pi\varepsilon_0 r^2}\mathrm{d}r\\&=\frac{Q}{4\pi\varepsilon_0}\left(\frac{1}{r_1}-\frac{1}{r_2}\right)+\frac{Q}{4\pi\varepsilon_0}\frac{1}{r_3}\\&=\frac{Q}{4\pi\varepsilon_0}\left(\frac{1}{r_1}+\frac{1}{r_3}-\frac{1}{r_2}\right)\end{aligned}$$

1.15 内部均匀充满电荷的接地金属球壳的静电能

题 1.15 已知在内半径R_1、外半径R_2的接地金属球壳内部充满着均匀空间电荷密度ρ，求系统的静电能，求中心点的势.

解 在($r<R_1$)作球面，考虑到对称性并利用高斯定理得球壳内部电场强度

$$\boldsymbol{E}=\frac{r}{3}\cdot\frac{\rho}{\varepsilon_0}\boldsymbol{e}_r$$

因球壳接地，有$\varphi(R_1)=0$和$E=0(r>R_2)$，故

$$\varphi(r)=\int_r^{R_1}E\mathrm{d}r=\frac{\rho}{6\varepsilon_0}(R_1^2-r^2)$$

中心点的势

$$\varphi(0) = \frac{1}{6\varepsilon_0}\rho R_1^2$$

静电能量

$$W = \int \frac{1}{2}\rho\varphi \mathrm{d}V = \frac{1}{2}\int_0^{R_1} \frac{\rho}{6\varepsilon_0}(R_1^2 - r^2)\cdot \rho \cdot 4\pi r^2 \mathrm{d}r$$

$$= \frac{2\rho^2 R_1^5}{45\varepsilon_0}$$

1.16 电势差为 V 的两球壳之间导电材料中的电流

题 1.16 已知两个同心金属球壳内外半径为 a、$b(b>a)$，中间充满电导率为σ的材料，σ是随外电场变化的：$\sigma=KE$，其中 K 为常数，现在将两壳维持常电压 V，求两球壳之间的电流.

解 电流值为

$$I = j\cdot S = \sigma E\cdot S = KE^2\cdot S = KE^2\cdot 4\pi r^2$$

故电场为

$$E = \frac{\sqrt{\dfrac{I}{4\pi K}}}{r}$$

两壳间电压为

$$V = -\int_b^a E\cdot \mathrm{d}r = -\int_b^a \sqrt{\frac{I}{4\pi K}}\frac{1}{r}\mathrm{d}r = \sqrt{\frac{I}{4\pi K}}(\ln b/a)$$

因此得两壳间电流为

$$I = 4\pi KV^2\big/\ln(b/a)$$

1.17 肥皂泡收缩静电能的变化

题 1.17 已知一个半径为 1cm 的绝缘肥皂泡的电势为 100V. 如果它收缩成半径为 1mm 的液滴，问它的静电能变化是多少?

解 设肥皂泡带电量为 Q，则有

$$\frac{Q}{4\pi\varepsilon_0 r} = V$$

当 $r=r_1=1\text{cm}$ 时，$V=V_1=100\text{V}$，故 $Q=4\pi\varepsilon_0 r_1 V_1$. 而其静电能为

$$W = \int \frac{1}{2}V\rho\,\mathrm{d}\tau = \frac{Q^2}{\delta\pi\varepsilon_0 r}$$

当半径从 r_1 变到 $r_2=1\text{mm}$ 时，静电能变化为

$$\Delta W = \frac{Q^2}{8\pi\varepsilon_0 r_2} - \frac{Q^2}{8\pi\varepsilon_0 r_1} = 2\pi\varepsilon_0 (r_1 V_1)^2 \left(\frac{1}{r_2} - \frac{1}{r_1}\right)$$

$$= 2\pi \times 8.85 \times 10^{-12} \times (10^{-2} \times 100)^2 \times \left(\frac{1}{10^{-3}} - \frac{1}{10^{-2}}\right)$$

$$= 5 \times 10^{-8} (\mathrm{J})$$

1.18 电荷密度为 $\rho = a + br$ 的球壳的电场、电势与能量

题 1.18 静止电荷分布在内半径为 R_1、外半径为 R_2 的球壳中，在壳中电荷密度 $\rho = a + br$，其中 r 为从中心到观察点的距离，空间其他地方无电荷分布. (a)求空间各点电场强度依赖于 r 的表达式. (b)对 $r<R_1$ 的空间点，求电势与能量密度的表达式. 假设取 r 趋于无穷远处的势作为零点.

解 因为ρ只是 r 的函数，所以根据对称性电场强度均沿径向，可取高斯面 S 是半径为 r 的同心球面，则由高斯定理

$$\oint_S \boldsymbol{E} \cdot \mathrm{d}\boldsymbol{S} = \frac{4\pi}{\varepsilon_0} \int \rho(r) r^2 \mathrm{d}r$$

可得(a)：

$r < R_1$ 时，$\boldsymbol{E}_1=0$.

$R_1<r<R_2$ 时，高斯定理表示为

$$4\pi r^2 E_2 = \frac{4\pi}{\varepsilon_0} \int_{R_1}^{r} (a + br') r'^2 \mathrm{d}r'$$

故而

$$\boldsymbol{E}_2 = \frac{1}{\varepsilon_0 r^3} \left[\frac{a}{3}(r^3 - R_1^3) + \frac{b}{4}(r^4 - R_1^4)\right] \boldsymbol{r}$$

$r >R_2$ 时，高斯定理表示表示为

$$4\pi r^2 E_3 = \frac{4\pi}{\varepsilon_0} \int_{R_1}^{R_2} (a + br') r'^2 \mathrm{d}r'$$

$$\boldsymbol{E}_3 = \frac{1}{\varepsilon_0 r^3} \left[\frac{a}{3}(R_2^3 - R_1^3) + \frac{b}{4}(R_2^4 - R_1^4)\right] \boldsymbol{r}$$

(b) 取无穷远处电势为零，则 $r<R_1$ 时，电势

$$\varphi(r) = \int_r^{\infty} \boldsymbol{E} \cdot \mathrm{d}\boldsymbol{l} = \left[\int_r^{R_1} + \int_{R_1}^{R_2} + \int_{R_2}^{\infty} \boldsymbol{E} \cdot \mathrm{d}\boldsymbol{r}\right]$$

$$= \frac{1}{\varepsilon_0} \left[\frac{a}{2}(R_2^2 - R_1^2) + \frac{b}{3}(R_2^3 - R_1^3)\right]$$

由于 $\boldsymbol{E}_1=0$（$r<R_1$），所以在 $r<R_1$ 处的能量密度

$$w=\frac{\varepsilon_0}{2}E_1^2=0$$

1.19 均匀带电球面上的面元受力问题

题 1.19 静止电荷 Q 均匀分布在半径为 r 的球面上. 证明：带电荷 dq 的小面元所受的力沿径向向外，并由公式 $\mathrm{d}F=\frac{1}{2}E\mathrm{d}q$ 给出，其中 $E=\frac{1}{4\pi\varepsilon_0}\cdot\frac{Q}{r^2}$ 为球面上的电场强度.

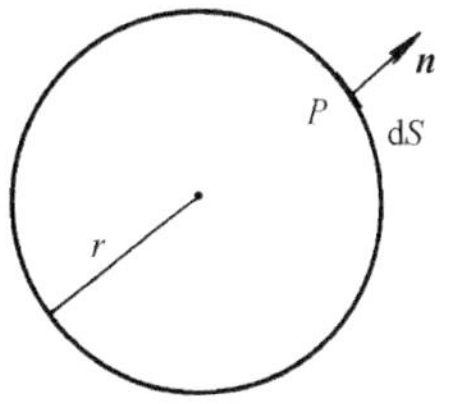

题图 1.19

解 面电荷密度为

$$\sigma=\frac{Q}{4\pi r^2}$$

如题图 1.19，在球内靠面元 d$\boldsymbol{S}$ 附近的一点 P，则面元上电荷 dq 在 P 处的电场

$$\boldsymbol{E}_{1P}=-\frac{\sigma^2}{2\varepsilon_0}\boldsymbol{n}$$

$\boldsymbol{n}$ 为面元 d$\boldsymbol{S}$ 的法向.

在球内，电场为 0，因此若设 $\boldsymbol{E}_{2P}$ 为面元 d$\boldsymbol{S}$ 之外球面上所有电荷在 P 点产生的电场，则应有

$$\boldsymbol{E}_P=\boldsymbol{E}_{1P}+\boldsymbol{E}_{2P}=0$$

所以

$$\boldsymbol{E}_{2P}=\frac{\sigma}{2\varepsilon_0}\boldsymbol{n}=\frac{Q}{8\pi\varepsilon_0 r^2}\boldsymbol{n}$$

由于 P 离面元 dS 极近，$\boldsymbol{E}_{2P}$ 可看作是面元 d$\boldsymbol{S}$ 之外球面上所有电荷对面元 dS 产生的场强，因此 dS 上所受的力为

$$\mathrm{d}\boldsymbol{F}=\mathrm{d}q\boldsymbol{E}_{2P}=\frac{1}{2}E\mathrm{d}q\boldsymbol{n}$$

其中，$E=Q/(4\pi\varepsilon_0 r^2)$正是球面上的场强.

说明 由于 $\mathrm{d}q=\sigma\mathrm{d}s$. 则上式也即

$$\mathrm{d}\boldsymbol{F}=\frac{1}{2}\sigma E\boldsymbol{n}\mathrm{d}s$$

因而球面上单位面积受力

$$P=\frac{1}{2}\sigma E=\frac{1}{2}\varepsilon_0 E^2$$

此为静电压强. 适用于一般曲面带电导体表面. 并可由虚功原理导出. 见题 1.135 的讨论.

1.20 带空腔的均匀带电球体电场与电势

题 1.20 一半径为 R_1 的球体均匀带电，体电荷密度为ρ，球内有一半径为 R_2 的小空腔，空腔中心与球心相距为 a,如题图 1.20 所示. (a)求空腔中心处的电场 $\boldsymbol{E}$. (b)求该点的电势ϕ.

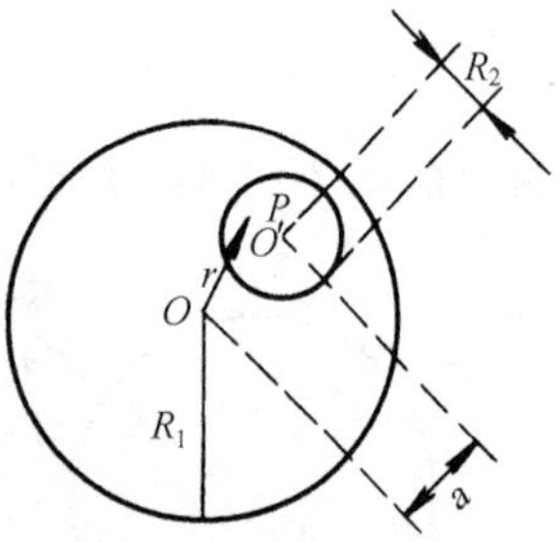

题图 1.20

解 (a)在空腔内任意一点 P, 由题图 1.20, $\overline{OP}=r$, $\overline{O'P}=\boldsymbol{r}'$, $\overline{OO'}=\boldsymbol{a}$, $\boldsymbol{r}'=\boldsymbol{r}-\boldsymbol{a}$. 如果球体无空腔，$P$ 点电场为

$$\boldsymbol{E}_1=\frac{\rho}{3\varepsilon_0}\boldsymbol{r} \tag{1}$$

如果只有空腔球体有电荷密度ρ的分布时，P 点电场为

$$\boldsymbol{E}_2=\frac{\rho}{3\varepsilon_0}\boldsymbol{r}' \tag{2}$$

由电场的叠加定理，对本题条件，P 点的电场应为

$$\boldsymbol{E}=\boldsymbol{E}_1-\boldsymbol{E}_2=\frac{\rho}{3\varepsilon_0}\boldsymbol{a} \tag{3}$$

即空腔内为一均匀电场. 当然空腔中心处的电场也由式(3)决定.

(b) 取无穷远点为电势零点，考虑任意一个均匀带电(体密度为ρ)的半径为 R 的球体，球内外电场为

$$\boldsymbol{E}(r)=\begin{cases}\dfrac{\rho\boldsymbol{r}}{3\varepsilon_0}, & r<R\\[2ex] \dfrac{\rho R^3}{3\varepsilon_0 r^3}\boldsymbol{r}, & r>R\end{cases} \tag{4}$$

则球内任意一点(与球心相距为 r)的电势为

$$\phi=\int_r^R \boldsymbol{E}\cdot\mathrm{d}\boldsymbol{r}+\int_R^\infty \boldsymbol{E}\cdot\mathrm{d}\boldsymbol{r}=\frac{\rho}{6\varepsilon_0}(3R^2-r^2) \tag{5}$$

由电势的叠加原理，空腔中心处的电势应为整个球体带电时的电势与假定球腔处为一带电小球体所代替时电势之差，即由式(5)，有

$$\phi_{O'}=\frac{\rho}{6\varepsilon_0}(3R_1^2-a^2)-\frac{\rho}{6\varepsilon_0}(3R_2^2-0)=\frac{\rho}{6\varepsilon_0}\left[3(R_1^2-R_2^2)-a^2\right]$$

1.21 理想偶极层的电势问题

题 1.21 面 S 上有理想偶极层，单位面积的偶极矩为τ, 该偶极层空间点 P 处的电势为

$$\phi_P=\frac{1}{4\pi\varepsilon_0}\int\frac{\boldsymbol{\tau}\cdot\boldsymbol{r}}{r^3}\mathrm{d}S$$

式中，r 为面元 dS 到点 P 的矢径. (a)在 xy 平面上有无限大偶极层，偶极矩密度均匀，为$\boldsymbol{\tau}=\tau\boldsymbol{e}_z$，试判断$\phi$在该面上的不连续性，并求出跳跃值. (b)半径为 a 的球之中心有一正的点电荷 q，在球面上有一均匀的偶极层τ及均匀的面电荷密度σ. 求使球面内的势为电荷 q 的势，球外的势为零的τ及σ值(可以利用你所知道的关于面电荷势的知识)．

解　(a)由对称性，点 P 的势只可能与它的 z 坐标有关. 建立柱系标系(R，θ，z)，不妨让 P 在 z 轴上，则

$$\phi_P=\frac{1}{4\pi\varepsilon_0}\int\frac{\boldsymbol{\tau}\cdot\boldsymbol{r}}{r^3}\mathrm{d}S=\frac{1}{4\pi\varepsilon_0}\int\frac{\tau z}{r^3}\mathrm{d}S$$

因为 $r^2=R^2+z^2$，$\mathrm{d}S=2\pi R\mathrm{d}R$，所以

$$\phi_P=\frac{2\pi\tau z}{4\pi\varepsilon_0}\int_0^{\infty}\frac{R\mathrm{d}R}{\sqrt{(R^2+z^2)^3}}=\begin{cases}\dfrac{\tau}{2\varepsilon_0}, & z>0\\ -\dfrac{\tau}{2\varepsilon_0}, & z<0\end{cases}$$

所以在 $z=0$ 面即 xy 面上电势不连续，其跃变值

$$\Delta\phi=\frac{\tau}{2\varepsilon_0}-\left(-\frac{\tau}{2\varepsilon_0}\right)=\frac{\tau}{\varepsilon_0}$$

(b) 依题意 $r>a$ 时，$\phi\equiv0$，从而 $\boldsymbol{E}=0$，由高斯定理$\oint\boldsymbol{E}\cdot\mathrm{d}\boldsymbol{S}=\dfrac{Q}{\varepsilon_0}$，即$\sigma\cdot4\pi a^2+q=0$. 故而

$$\sigma=-\frac{q}{4\pi a^2}$$

这样，如果设无穷远处的电势为零，则球面外的电势就处处为零. 球面内的势$\phi=\dfrac{q}{4\pi\varepsilon_0 r}$，$r=a$ 时，$\phi=\dfrac{q}{4\pi\varepsilon_0 a}$，故球面上势的跃变值$\Delta\phi=-\dfrac{q}{4\pi\varepsilon_0 a}$，所以

$$\frac{\tau}{\varepsilon_0}=-\frac{q}{4\pi\varepsilon_0 a}$$

即

$$\boldsymbol{\tau}=-\frac{q}{4\pi a}\boldsymbol{e}_r$$

说明　第(a)小题也可参见 J.D.Jackson. Classical Electrodynamics. 1998 年，第三版. 第 1.6 节的讨论.

1.22　证明带电半圆环直径上的电场强度与直径垂直

题 1.22　电荷分布在半径为 R 的半圆环 ABC 上，如题图 1.22 所示，线电荷密度为$\lambda_0\sin\theta$，式中λ_0 为常数，θ为半径 OB 和直径 AC 间的夹角. 试证明：AC 上任一点的电场强度都与

AC 垂直.

证明 要证 AC 上任一点的电场强度都与 AC 垂直，有两种解法：

(1) 只要求出 AC 上各点的电势都相等，电场线一定垂直等势线. (2)计算 AC 上任一点的电场强度的水平方向的分量为 0.

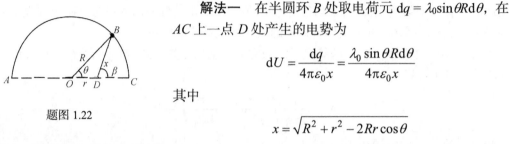

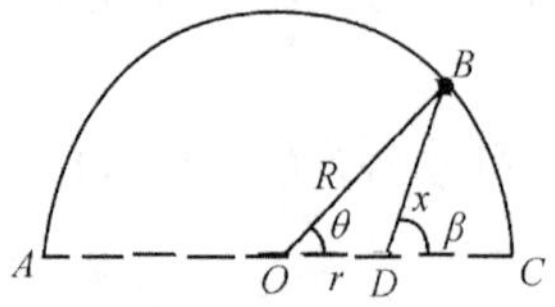

题图 1.22

解法一 在半圆环 B 处取电荷元 $\mathrm{d}q=\lambda_0\sin\theta R\mathrm{d}\theta$，在 AC 上一点 D 处产生的电势为

$$\mathrm{d}U=\frac{\mathrm{d}q}{4\pi\varepsilon_0 x}=\frac{\lambda_0\sin\theta R\mathrm{d}\theta}{4\pi\varepsilon_0 x}$$

其中

$$x=\sqrt{R^2+r^2-2Rr\cos\theta}$$

则整个半圆环在 D 处产生的电势

$$U=\int_0^{\pi}\frac{\lambda_0\sin\theta R\mathrm{d}\theta}{4\pi\varepsilon_0\sqrt{R^2+r^2-2Rr\cos\theta}}$$

作变量代换 $x=\cos\theta$，进行积分得

$$U=\frac{R\lambda_0}{4\pi\varepsilon_0}\int_{-1}^{1}\frac{\mathrm{d}x}{\sqrt{R^2+r^2-2Rrx}}=\frac{\lambda_0}{8\pi\varepsilon_0 r}\int_{-1}^{1}\frac{\mathrm{d}(2Rrx)}{\sqrt{R^2+r^2-2Rrx}}$$

$$=\frac{\lambda_0}{4\pi\varepsilon_0 r}\sqrt{R^2+r^2-2Rrx}\Big|_{x=-1}^{1}=\frac{\lambda_0}{4\pi\varepsilon_0 r}\left[R+r-(R-r)\right]=\frac{\lambda_0}{2\pi\varepsilon_0}$$

也就是

$$U=\int_0^{\pi}\frac{\lambda_0\sin\theta R\mathrm{d}\theta}{4\pi\varepsilon_0\sqrt{R^2+r^2-2Rr\cos\theta}}=\frac{\lambda_0}{2\pi\varepsilon_0}$$

AC 上各点等电势，AC 为等势线，故而 AC 上任一点的电场强度都与其垂直.

解法二 B 处电荷元在 D 处产生的电场在水平方向的分量

$$\mathrm{d}E_{/\!/}=\frac{\lambda_0 R\sin\theta\mathrm{d}\theta}{4\pi\varepsilon_0 x^2}\cos\beta$$

则整个半圆环在 D 处产生的电场在水平方向的分量

$$E_{/\!/}=\frac{\lambda_0 R}{4\pi\varepsilon_0}\int_0^{\pi}\frac{R\sin\theta\cos\theta-r\sin\theta}{(R^2+r^2-2Rr\cos\theta)^{\frac{3}{2}}}\mathrm{d}\theta$$

作变量代换 $x=\cos\theta$ 得

$$E_{/\!/}=\frac{\lambda_0 R}{4\pi\varepsilon_0}\int_0^{\pi}\frac{R\sin\theta\cos\theta-r\sin\theta}{(R^2+r^2-2Rr\cos\theta)^{\frac{3}{2}}}\mathrm{d}\theta=\frac{\lambda_0 R}{4\pi\varepsilon_0}\int_{-1}^{1}\frac{Rx-r}{(R^2+r^2-2Rrx)^{\frac{3}{2}}}\mathrm{d}x$$

分为两项积分，分别进行. 第一项积分为

$$\int_{-1}^{1}\frac{Rx}{(R^2+r^2-2Rrx)^{\frac{3}{2}}}\mathrm{d}x=-2R\times\frac{1}{-2Rr}\int_{-1}^{1}x\mathrm{d}\frac{1}{(R^2+r^2-2Rrx)^{\frac{1}{2}}}$$

$$=\frac{1}{r}\left[-\int_{-1}^{1}\frac{1}{\sqrt{R^2+r^2-2Rrx}}\mathrm{d}x+\frac{x}{\sqrt{R^2+r^2-2Rrx}}\bigg|_{-1}^{1}\right]$$

$$=\frac{1}{r}\left[-\sqrt{R^2+r^2-2Rrx}\times 2\times\frac{1}{-2Rr}+\frac{x}{\sqrt{R^2+r^2-2Rrx}}\right]_{-1}^{1}$$

$$=\frac{1}{r}\left[\frac{R-r-(R+r)}{Rr}+\frac{1}{R+r}+\frac{1}{R-r}\right]=\frac{1}{r}\left(-\frac{2}{R}+\frac{2R}{R^2-r^2}\right)$$

$$=\frac{2r}{R\left(R^2-r^2\right)}$$

而另一项积分为

$$\int_{-1}^{1}\frac{r}{(R^2+r^2-2Rrx)^{\frac{3}{2}}}\mathrm{d}x=\frac{r}{\sqrt{R^2+r^2-2Rrx}}(-2)\times\frac{1}{-2Rr}\bigg|_{-1}^{1}$$

$$=\frac{1}{R}\left(\frac{1}{R-r}-\frac{1}{R+r}\right)=\frac{2r}{R\left(R^2-r^2\right)}$$

因而

$$E_{/\!/}=\frac{\lambda_0 R}{4\pi\varepsilon_0}\int_0^{\pi}\frac{R\sin\theta\cos\theta-r\sin\theta}{(R^2+r^2-2Rr\cos\theta)^{\frac{3}{2}}}\mathrm{d}\theta=0$$

电场强度的水平方向的分量为0，而其垂直分量不为0，所以AC上任一点的电场强度都与AC垂直.

1.23 由电势分布求电荷分布

题 1.23 求怎样的电荷分布才能产生出形如$\frac{A}{r}\mathrm{e}^{-\mu r}$(其中$A$是常数)的电势分布.

解 因为$\nabla^2 U=-\frac{\rho}{\varepsilon_0}$，在$r\neq 0$的情况时，球坐标$(r,\theta,\varphi)$下

$$\nabla^2 U=\frac{1}{r^2}\cdot\frac{\partial}{\partial r}\left(r^2\frac{\partial U}{\partial r}\right)+\frac{1}{r^2\sin^2\theta}\cdot\frac{\partial}{\partial\theta}\left(\sin\theta\frac{\partial U}{\partial\theta}\right)+\frac{1}{r^2\sin^2\theta}\cdot\frac{\partial^2 U}{\partial U^2}$$

而$\varphi=\frac{A}{r}\mathrm{e}^{-\mu r}$，代入上式

$$\nabla^2 U = \frac{1}{r^2}\cdot\frac{\partial}{\partial r}\left[r^2\frac{\partial}{\partial r}\left(\frac{A}{r}\mathrm{e}^{-\mu r}\right)\right]+0$$

$$=\frac{1}{r^2}\cdot\frac{\partial}{\partial r}\left[r^2\left(-\frac{A}{r^2}\mathrm{e}^{-\mu r}-\frac{A\mu}{r}\mathrm{e}^{-\mu r}\right)\right]$$

$$=\frac{\mu^2 A}{r}\mathrm{e}^{-\mu r}$$

由静电场泊松方程

$$\nabla^2 U = -\frac{\rho}{\varepsilon_0}$$

得 $r\neq 0$ 处电荷密度

$$\rho = -\varepsilon_0\nabla^2 U = -\frac{\mu^2 A\varepsilon_0}{r}\mathrm{e}^{-\mu r}$$

当 $r\to 0$ 时

$$\frac{A}{r}\mathrm{e}^{-\mu r}=\frac{A}{r}$$

所以

$$\nabla^2 U = A\nabla^2\frac{1}{r} = -4\pi A\delta(\boldsymbol{r})$$

可见在原点($\boldsymbol{r}=0$)处存在一个点电荷，这也可通过求电场考察原点附近小球形高斯面得知. 所以电荷分布为

$$\rho = -\frac{\mu^2 A\varepsilon_0}{r}\mathrm{e}^{-\mu r}+4\pi\varepsilon_0 A\delta(\boldsymbol{r})$$

1.24　导体星球的最终电势

题 1.24　假设宇宙中存在某半径为 r 的导体星球，在离星球遥远的地方有一质子源不断地向该星球发射质子并使其带电. 假设质子的最高能量为 E_{m}. 取离星球很远的地方的电势为零，求星球的最终电势.

解　考虑质子源出射的质子流中对星球球心瞄准距离(质子刚出射时速度方向和球心的距离)为 $d(d<r)$的能量为 E 的质子. 设质子的初始动量为 p_0,取离星球很远的地方的电势为零，则质子射出时的能量为

$$E=\sqrt{p_0^2c^2+m^2c^4}\tag{1}$$

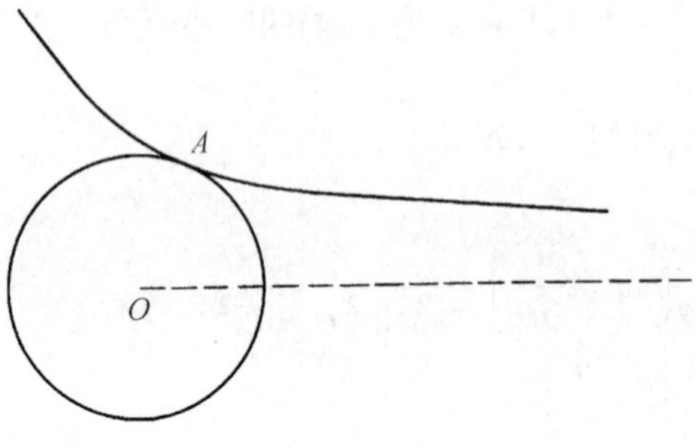

题图 1.24

式中，m 是质子的静止质量. 设星球充电到电势 U 时，上述这种质子沿题图 1.24 中轨迹与

球相切而过. 质子在切点 A 的能量为

$$E_A = eU + \sqrt{p^2c^2 + m^2c^4} \tag{2}$$

式中, p 是质子在 A 点的动量大小; e 是质子的电量. 当质子沿轨迹运行时, 质子能量守恒, 故

$$E = E_A \tag{3}$$

质子沿轨迹运行时, 所受静电力沿质子与导体星球球心连线方向. 因此对于星球球心质子的角动量守恒, 即有

$$p_0 d = pr \tag{4}$$

由以上四式, 解出

$$eU = \sqrt{p_0^2c^2 + m^2c^4} - \sqrt{\left(\frac{d}{r}\right)^2 p_0^2c^2 + m^2c^4} = E - \sqrt{\left(\frac{d}{r}\right)^2 p_0^2c^2 + m^2c^4}$$

当星球电势达到 U 时,再也不能俘获瞄准距离为 d、能量为 E 的质子. 现对上式取 $d=0$, $E=E_{\mathrm{m}}$, 得 U 的最大值

$$U_{\mathrm{m}} = \frac{E_{\mathrm{m}} - mc^2}{e}$$

当达到 U_{m} 时, 该星球不再能俘获质子源发出的任何质子而充电, 故 U_{m} 为星球的最终电势.

1.25 真空中非均匀带电厚板激发空间电场

题 1.25 如题图 1.25, 一厚为 b 的无限大非均匀带电板置于真空中, 电荷体密度为 $\rho = kz^2(-b \leqslant z \leqslant b)$, 其中 k 是一正的常数. 试求空间各点的电场强度.

解法一(叠加原理) 无限大均匀带电平面的电场是已知的, 即设带电平面的电荷面密度为 $+\sigma$, 则平面外电场强度方向垂直平面向外, 大小为 $\sigma/(2\varepsilon_0)$. 因此利用静电场的叠加原理, 可按微元法将非均匀带电板视为许多均匀带电薄板产生的电场的叠加.

(a) 对 $z > b$ 空间, 电场强度为

$$\boldsymbol{E}_1 = \int_{-b}^{b} \mathrm{d}\boldsymbol{E} = \boldsymbol{e}_z \int_{-b}^{b} \frac{\rho(z)}{2\varepsilon_0}\mathrm{d}z = \boldsymbol{e}_z \int_0^b \frac{kz^2}{\varepsilon_0}\mathrm{d}z = \frac{kb^3}{\varepsilon_0}\boldsymbol{e}_z \tag{1}$$

式中, $\boldsymbol{e}_z$ 为 z 方向的单位矢量.

(b) 同样对 $z < 0$ 空间, 电场强度为

$$\boldsymbol{E}_2 = -\frac{kb^3}{3\varepsilon_0}\boldsymbol{e}_z$$

(c) 对 $0 \leqslant z \leqslant b$ 空间, 电场强度为

$$\boldsymbol{E}_3 = \boldsymbol{e}_z\left(\int_{-b}^{z} \frac{\rho(z')}{2\varepsilon_0}\mathrm{d}z' - \int_z^b \frac{\rho(z')}{2\varepsilon_0}\mathrm{d}z'\right) = \boldsymbol{e}_z\left(\int_{-b}^{z} \frac{kz'^2}{2\varepsilon_0}\mathrm{d}z' - \int_z^b \frac{kz'^2}{2\varepsilon_0}\mathrm{d}z'\right) = \frac{k}{3\varepsilon_0}z^3\boldsymbol{e}_z \tag{2}$$

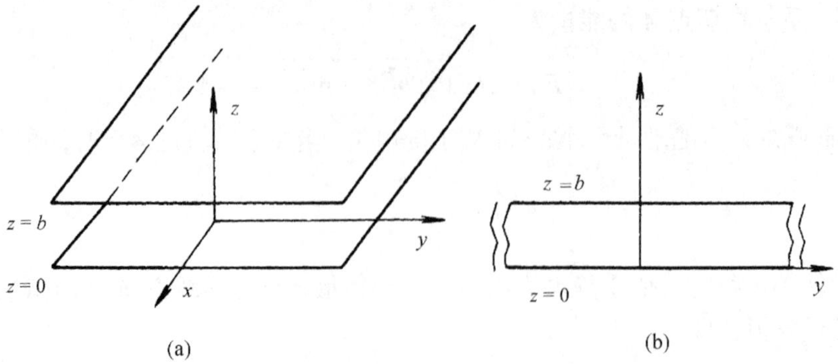

题图 1.25

解法二 (高斯定理)　由对称性，在 $z>b$，$z<0$，以及 $0\leqslant z\leqslant b$ 三部分空间的电场强度分别可以写为

$$\boldsymbol{E}_1=E_1\boldsymbol{e}_z,\qquad E_1=\text{const}$$

$$\boldsymbol{E}_2=E_2\boldsymbol{e}_z,\qquad E_2=-E_1$$

$$\boldsymbol{E}_3=E_3(z)\boldsymbol{e}_z$$

(a) 取上下底面均在平板外的柱面为高斯面 S，按高斯定理

$$\oint\boldsymbol{E}\cdot\mathrm{d}\boldsymbol{S}=\frac{1}{\varepsilon_0}\int_0^b\rho(z)\mathrm{d}z\cdot S$$

即

$$E_1\cdot S-E_2\cdot S=\frac{1}{\varepsilon_0}\cdot\frac{2k}{3}b^3S$$

再代入 $E_2=-E_1$，得

$$E_1=\frac{kb^3}{3\varepsilon_0},\qquad E_2=-E_1$$

(b) 取上底面在 z 处，下底面在平板外的柱面为高斯面 S，则得

$$\oint\boldsymbol{E}\cdot\mathrm{d}\boldsymbol{S}=\frac{1}{\varepsilon_0}\int_{-b}^{z}\rho(z)\mathrm{d}z\cdot S$$

也就是

$$E_3\cdot S-E_2\cdot S=\frac{1}{\varepsilon_0}\cdot\frac{k}{3}\left(z^3+b^3\right)S$$

代入前面求得的 E_2 值，即得

$$E_3=\frac{k}{3\varepsilon_0}z^2$$

1.26　氢原子核和电子云的相互作用能

题 1.26　氢原子由原子核和电子云组成，电子云电荷密度分布为 $\rho(r)=-\dfrac{q_0}{\pi a^3}\mathrm{e}^{-\frac{2}{a}r}$，

q_0为核电荷，a为玻尔半径. 试求氢原子核和电子云的相互作用能.

解 取球坐标，原子核所处位置取为球心. 离球心r处的电荷元为

$$dq=\rho(r)dv=-\frac{q_0}{\pi a^3}e^{-\frac{2}{a}r}r^2\sin\theta drd\theta d\phi \tag{1}$$

原子核与电子的相互作用能为

$$\begin{aligned}W&=\int\varphi(\boldsymbol{r})dq=\int\varphi(\boldsymbol{r})\rho(r)dv\\&=-\frac{q_0^2}{4\varepsilon_0\pi a^3}\int\frac{1}{r}e^{-\frac{2}{a}r}r^2\sin\theta drd\theta d\phi \qquad (2)\\&=-\frac{q_0^2}{\pi\varepsilon_0 a^3}\int_0^{\infty}re^{-\frac{2}{a}r}dr=-\frac{q_0^2}{4\pi\varepsilon_0 a}\end{aligned}$$

1.27 正负电荷系统半径为有限的球面等势面

题 1.27 设点电荷q_1和$-q_2$相距h，证明：在这个系统的等势面中，存在一个半径为有限的球面等势面.

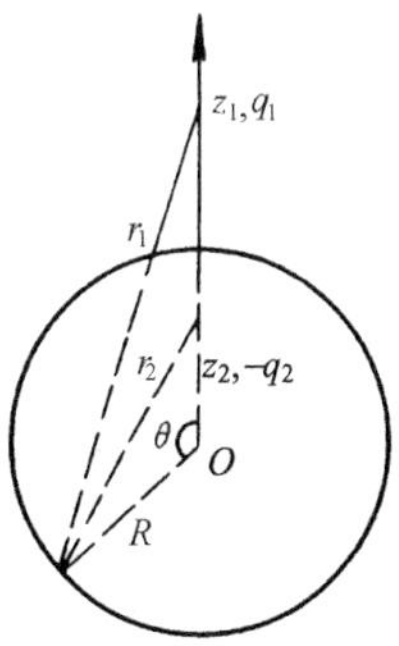

题图 1.27

证明 取q_1和$-q_2$的连线为z轴，设该等势球面的球心在z轴的O点(题图 1.27)，球半径为R，则球面上任一点的势为

$$\begin{aligned}\varphi&=\frac{1}{4\pi\varepsilon_0}\left(\frac{q_1}{r_1}-\frac{q_2}{r_2}\right)\\&=\frac{1}{4\pi\varepsilon_0}\left(\frac{q_1}{\sqrt{R^2+z_1^2-2Rz_1\cos\theta}}-\frac{q_2}{\sqrt{R^2+z_2^2-2Rz_2\cos\theta}}\right)\end{aligned} \tag{1}$$

由于球面为等势面，故有$\left.\frac{\partial\varphi}{\partial\theta}\right|_{球面}=0$，由此得到

$$\frac{q_1z_1}{\sqrt{R^2+z_1^2-2Rz_1\cos\theta}}=\frac{q_2z_2}{\sqrt{R^2+z_2^2-2Rz_2\cos\theta}} \tag{2}$$

式(2)中分别取$\theta=0$，π，得到方程组

$$\begin{aligned}\frac{q_1z_1}{z_{11}-R}&=\frac{q_2z_2}{R-z_2}\\\frac{q_1z_1}{z_1+R}&=\frac{q_2z_2}{R+z_2}\end{aligned} \tag{3}$$

由上方程组解得

$$\frac{z_1}{z_2}=\frac{q_1^2}{q_2^2},\qquad R^2=z_1z_2 \tag{4}$$

易验证满足式(4)的参数使得式(2)恒成立、使得式(1)满足等势，故满足式(4)的参数的球面

即为等势面.

说明　满足式(4)的参数恰恰是 q_1、q_2 对球面互为镜像电荷的条件.

1.28　变化的面电荷分布产生的电势

题 1.28　在 $z=0$ 的平面上有面电荷密度分布 $\sigma=\sigma_0\sin\alpha x\sin\beta y$，其中 σ_0，α，β 为常量，求空间中的电势分布.

解　本题可用分离变量法求解. 由题意，本题的定解问题为

$$\Delta\varphi_1(x,\ y,\ z)=0,\qquad z>0 \tag{1}$$

$$\Delta\varphi_2(x,\ y,\ z)=0,\qquad z<0 \tag{2}$$

$$\left.\left(\frac{\partial\varphi_2}{\partial z}-\frac{\partial\varphi_1}{\partial z}\right)\right|_{z=0}=-\frac{\sigma}{\varepsilon_0}\sin\alpha x\sin\beta y,\qquad \text{当}|z|\to\infty\text{时}\ \varphi\to\text{有限} \tag{3}$$

设上下半空间区域解的形式为

$$\varphi(x,\ y,\ z)=X(x)Y(y)Z(z) \tag{4}$$

代入方程(1)和(2)得到

$$\begin{aligned}&\frac{\mathrm{d}^2X}{\mathrm{d}x^2}+\alpha^2X=0\\&\frac{\mathrm{d}^2Y}{\mathrm{d}y^2}+\beta^2Y=0\\&\frac{\mathrm{d}^2Z}{\mathrm{d}z^2}-\lambda^2Z=0,\qquad \lambda^2=\alpha^2+\beta^2\end{aligned} \tag{5}$$

由方程(5)，考虑到势在无穷处的有界性，求得上下半空间区域解的形式为

$$\varphi_1=A\sin\alpha x\sin\beta y\mathrm{e}^{-\lambda z},\qquad z>0 \tag{6}$$

$$\varphi_2=A\sin\alpha x\sin\beta y\mathrm{e}^{\lambda z},\qquad z<0 \tag{7}$$

此处式(6)、(7)已考虑了电势的连续性，将式(6)、(7)的解代入由式(3)可定出常数 A，$A=\dfrac{\sigma_0}{2\lambda\varepsilon_0}$. 这样全空间的势为

$$\varphi(x,\ y,\ z)=\frac{\sigma_0}{2\lambda\varepsilon_0}\sin\alpha x\sin\beta y\mathrm{e}^{-\lambda z},\qquad z>0 \tag{8}$$

$$\varphi(x,\ y,\ z)=\frac{\sigma_0}{2\lambda\varepsilon_0}\sin\alpha x\sin\beta y\mathrm{e}^{\lambda z},\qquad z<0 \tag{9}$$

1.29　电容器极板距离改变后电势的变化

题 1.29　一电容器充有电荷 Q，它的一个极板接地，另一个极板孤立. 现拉大两极板

的距离，电容值由 C_1 变为 $C_2(C_2 < C_1)$，试问拉开过程中孤立极板的电势如何变化?

解 在拉开的过程中，孤立板上的电荷量维持不变，而 $Q = CV$，故孤立板的电势应升高. 设 V_1、V_2 为拉开二板前后孤立板的电势，则显然有

$$V_2 = \frac{C_1}{C_2}V_1$$

1.30 两串联电容器间距离的变化对储能的影响

题 1.30 如题图 1.30 所示两个串联的电容器，中间的刚性部分的长度为 b，可垂直移动，每一板的面积为 A，总电容与中间部分的位置无关，是 $C = \dfrac{A\varepsilon_1}{a-b}$. 如果外极板的电势差保持为 V_0，求当中间部分运动时储存能量的变化.

解 设上、下两板间距分别为 d_1 和 d_2，则

$$d_1 + d_2 = a - b$$

$$C_1 = \frac{\varepsilon_0 A}{d_1}$$

$$C_2 = \frac{\varepsilon_0 A}{d_2}$$

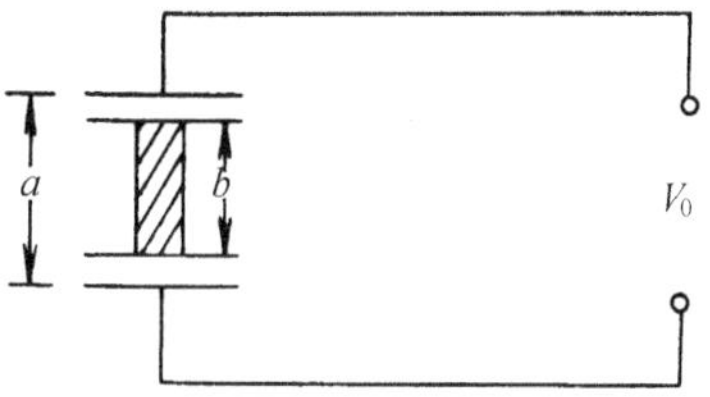

题图 1.30

对串联电容器

$$C = \frac{C_1C_2}{C_1+C_2} = \frac{A\varepsilon_0}{d_1+d_2} = \frac{A\varepsilon_0}{a-b}$$

两个电容器总的储存能量为

$$W = \frac{1}{2}CV_0^2 = \frac{A\varepsilon_0 V_0^2}{2(a-b)}$$

显然，当中间的刚性部分沿极板方向来回运动时，b 不变，故储能也不变.

1.31 改变电容器极板距离所做的功

题 1.31 一个平行板电容器被充到电压 V 后断开充电线路，问将两板从距离 d 变到 $d' \neq d$ 需要做多少功(板的圆周半径 $r \gg d$)?

解 忽略边缘效应. 平行板电容器的电容为 $C = \dfrac{\varepsilon_0 S}{d}$，储能为 $W_{\mathrm{e}} = \dfrac{1}{2}CV^2$. 因在改变极板间距时极板上电荷量不变，故有

$$V' = \frac{C}{C'}V$$

所以

$$W_{\mathrm{e}}' = \frac{1}{2}C'\left(\frac{C}{C'}V\right)^2 = \frac{1}{2}\cdot\frac{C^2}{C'}V^2$$

这样，电容器储能的变化为

$$\Delta W_e = W_e' - W_e = \frac{1}{2}CV^2\left(\frac{C}{C'}-1\right) = \frac{1}{2}CV^2\left(\frac{d'}{d}-1\right)$$

因此电容器两极板从 d 变到 d' 所需的功为 $\frac{\pi\varepsilon_0 r^2(d'-d)V^2}{2d^2}$.

1.32 改变电容器极板距离电容器的终了电压

题 1.32 已知一个平行板电容器，极板面积为 0.2m^2，间隙为 1cm，充电至 1000V 后，断开电源. 若把极板间隙拉开一倍，需要做多少功？电容器的终了电压是多少 $(\varepsilon_0 = 8.9\times10^{-12}\text{C}^2/(\text{N}\cdot\text{m}^2))$？

解 电容器极板之间距离拉大一倍，电容器的电容 $C' = \frac{C}{2}$，$C = \frac{\varepsilon_0 A}{d}$ 为原来未拉开间隙时的电容. 电容器充电至 $U = 1000\text{V}$ 时，电容器电量为 $Q = CU$. 拉开间隙，电量 Q 不变. 则电容器在拉开间隙过程中储能的变化为

$$\begin{aligned}\Delta W &= \frac{1}{2}\cdot\frac{Q^2}{C'} - \frac{1}{2}\cdot\frac{Q^2}{C} = \frac{1}{2}\cdot\frac{Q^2}{C} = \frac{1}{2}CU^2 \\ &= \frac{\varepsilon_0 AU^2}{2d} = \frac{8.9\times10^{-12}\times0.2\times(10^3)^2}{2\times0.01} \\ &= 8.9\times10^{-5}(\text{J})\end{aligned}$$

ΔW 即为把极板间隙拉开一倍时所需要做的功，因为 Q 始终不变，则终了电压 U' 满足

$$CU = C'U'$$

因而

$$U' = 2U = 2000\text{V}$$

1.33 平行平面电极间的电流

题 1.33 已知两个平行平面电极相距 d,电势分别为 0 与 V_0. 如果低电势的电极上有一静止的电子源，在忽略碰撞时，求所流过的电流密度.

解 选 x 轴如题图 1.33，则电荷电流密度均为 x 的函数. 稳态时

$$\frac{\mathrm{d}j(x)}{\mathrm{d}x} = 0 \quad (1)$$

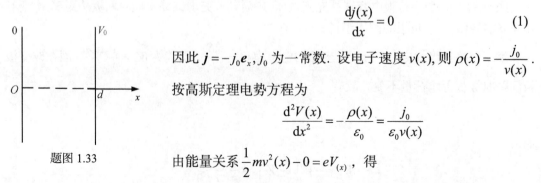

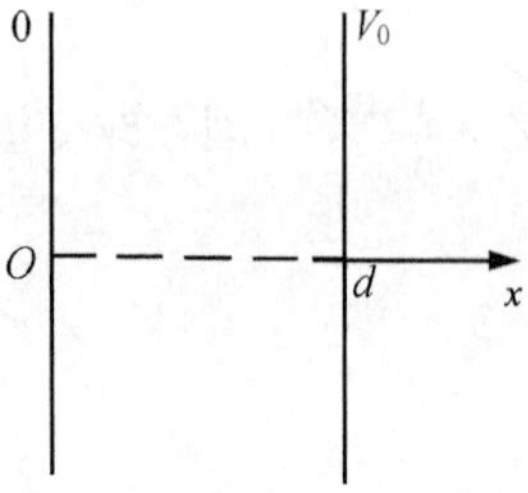

题图 1.33

因此 $\boldsymbol{j} = -j_0\boldsymbol{e}_x$, j_0 为一常数. 设电子速度 $v(x)$, 则 $\rho(x) = -\frac{j_0}{v(x)}$.

按高斯定理电势方程为

$$\frac{\mathrm{d}^2V(x)}{\mathrm{d}x^2} = -\frac{\rho(x)}{\varepsilon_0} = \frac{j_0}{\varepsilon_0 v(x)}$$

由能量关系 $\frac{1}{2}mv^2(x) - 0 = eV_{(x)}$，得

$$\frac{\mathrm{d}^2V(x)}{\mathrm{d}x^2}=\frac{j_0}{\varepsilon_0}\sqrt{\frac{m}{2eV(x)}} \tag{2}$$

为解此微分方程，令 $u=\frac{\mathrm{d}V}{\mathrm{d}x}$，则

$$\frac{\mathrm{d}^2V}{\mathrm{d}x^2}=\frac{\mathrm{d}u}{\mathrm{d}x}=\frac{\mathrm{d}u}{\mathrm{d}V}\cdot\frac{\mathrm{d}V}{\mathrm{d}x}=u\frac{\mathrm{d}u}{\mathrm{d}V} \tag{3}$$

因此方程化为

$$u\mathrm{d}u=AV^{-\frac{1}{2}}\mathrm{d}V \tag{4}$$

式中，$A=\frac{j_0}{\varepsilon_0}\sqrt{\frac{m}{2e}}$. 注意在 x=0 处，$V=0$ 并且有 $\frac{\mathrm{d}V}{\mathrm{d}x}$ 等于 0，否则电子将迅速逸出阴极以抵消电势的变化. 因而积分式(4)得

$$\frac{1}{2}u^2=2AV^{\frac{1}{2}}$$

或改写为

$$V^{-\frac{1}{4}}\mathrm{d}V=2A^{\frac{1}{2}}\mathrm{d}x \tag{5}$$

因在 $x=0$ 处 V=0 与 x=d 处 V=V_0，故积分式(5)即得

$$\frac{4}{3}V_0^{\frac{3}{4}}=2A^{\frac{1}{2}}d=2\left(\frac{j_0}{\varepsilon_0}\sqrt{\frac{m}{2e}}\right)^{\frac{1}{2}}d \tag{6}$$

由式(6)就可求得电流密度大小，从而电流密度为

$$\boldsymbol{j}=-j_0\boldsymbol{e}_x=-\frac{4\varepsilon_0V_0}{9d^2}\sqrt{\frac{2eV_0}{m}}\boldsymbol{e}_x$$

1.34 均匀带电柱形棒轴线上的电场

题 1.34 在真空中有一直径为 d、长为 $l(l\gg d)$ 的柱形导体棒，如题图 1.34 所示. 已知棒均匀带电，远离两端处表面附近的电场为 E_0，求在圆柱轴线上，$r\gg l$ 处的电场.

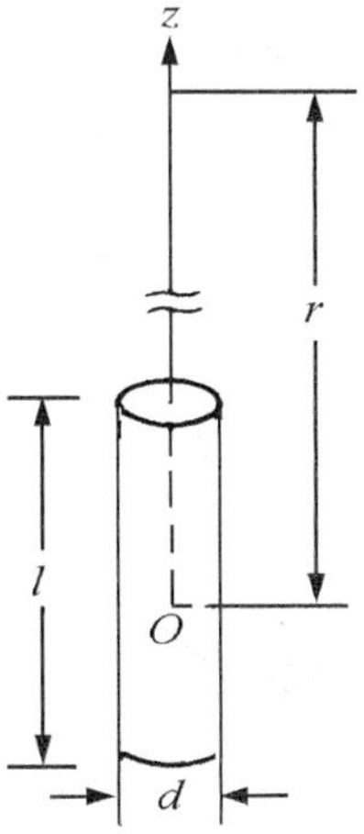

题图 1.34

解 以柱体轴线为 z 轴、原点为棒的中心建立坐标系. 注意到 $l\gg d$，由对称性结合高斯定理可知远离两端处的柱面外侧的电场 $\boldsymbol{E}_0$ 为

$$\boldsymbol{E}_0=\frac{\lambda}{\pi\varepsilon_0 d}\boldsymbol{e}_r$$

由此求得线电荷密度 $\lambda=\pi\varepsilon_0 dE_0$. 对轴线延长线上 $r\gg l$ 的点，可把导体棒视为电量 $Q=\lambda l$ 的点电荷，因此该点的电

场近似为

$$E = \frac{Q}{4\pi\varepsilon_0 r^2} = \frac{E_0 \mathrm{d}l}{4r^2}$$

$\boldsymbol{E}$ 的方向沿轴向向外.

1.35 加上电压的同轴电缆的电场及所带电荷

题 1.35 一个被空气隔开的同轴电缆,内导体的直径为 0.5cm,外导体直径为 1.5cm. 当内导体相对于接地的外导体有 8000V 的电势差时，问: (a)内导体上每单位长度的电荷是多少？(b)在距轴线 r =1cm 处的电场强度是多少？

解 (a) 设内导体线电荷密度为 λ，由对称性知电场强度沿 $\boldsymbol{r}$ 方向，由高斯定理知电缆中间各点的场强大小为

$$E = \frac{\lambda}{2\pi\varepsilon_0 r}$$

则内外导体电势差应为

$$V = \int_{\frac{a}{2}}^{\frac{b}{2}} E\mathrm{d}r = \frac{\lambda}{2\pi\varepsilon_0}\ln(b/a)$$

式中，b=1.5cm, a=0.5cm. 因此可得

$$\lambda = \frac{2\pi\varepsilon_0 V}{\ln(b/a)} = \frac{2\pi \times 8.9 \times 10^{-12} \times 8000}{\ln(1.5/0.5)}$$

$$\approx 4.05 \times 10^{-7}\,(\mathrm{C/m})$$

(b) 当 r=1cm 时，在电缆线的外部，所以电场强度大小为

$$E = 0$$

1.36 柱形电容器与小电荷

题 1.36 一个柱形电容器，内导体半径为 r_1，外导体半径为 r_2，外导体接地，内导体带电从而具有正电势 V_0. 求：(a) r 处的电场 $(r_1 < r < r_2)$. (b) r 处的电势. (c) 如果一个小负电荷 Q 开始位于 r，后飘至 r_1 处，求内导体所带电荷的减少量.

解 (a)见题 1.35，得 r 处电场强度

$$\boldsymbol{E}(r) = \frac{V_0}{\ln(r_2/r_1)} \cdot \frac{\boldsymbol{r}}{r^2}, \qquad r_1 < r < r_2$$

(b) r 处电势

$$V(r) = V_0 - \int_{r_1}^{r} \boldsymbol{E} \cdot \mathrm{d}\boldsymbol{r} = \frac{V_0 \ln(r_2/r)}{\ln(r_2/r_1)}$$

(c) 内导体电荷的变化 $\Delta Q = Q_1 - Q_2, Q_1 = CV_0$，负电荷 Q 从 r 移至 r_1，电场力做功

$Q(V_0-V)$，这也是电容器静电能的减少量，即

$$\frac{Q_1^2}{2C}-\frac{Q_2^2}{2C}=Q(V_0-V)$$

因 Q 很小，近似认为

$$Q_1+Q_2\approx 2Q_1$$

则

$$\frac{2Q_1}{2C}\Delta Q=Q(V_0-V)$$

可得

$$\Delta Q=\frac{Q}{V_0}(V_0-V)=\frac{Q\ln(r/r_1)}{\ln(r_2/r_1)}$$

1.37 中间均匀充满电荷的空心金属圆柱的电场及面电荷

题 1.37 一个很长的空心金属圆柱，内外半径为 r_0 和 $r_0+\Delta r(\Delta r\ll r_0)$，中间均匀地充满密度为 ρ_0 的电荷. 问 $r<r_0$、$r>r_0+\Delta r$ 与 $r_0+\Delta r>r>r_0$ 处的电场多大？柱体内外表面的面电荷密度多大？假定金属柱体上无净电荷. 如果柱体接地，则各处的场和面电荷又是多少？

解 采用柱坐标系 (r,θ,z), z 取为金属圆柱的中心轴，则由对称性结合高斯定理，可得到各处的场强如下：

$$r<r_0,\qquad \boldsymbol{E}_1(r)=\frac{\rho_0 r}{2\varepsilon_0}\boldsymbol{e}_r$$

$$r>r_0+\Delta r,\qquad \boldsymbol{E}_2(r)=\frac{\rho_0 r_0^2}{2r\varepsilon_0}\boldsymbol{e}_r$$

$$r_0<r<r_0+\Delta r,\qquad \boldsymbol{E}_3(r)=0$$

由高斯定理，$r=r_0$ 面及 $r=r_0+\Delta r$ 面带的面电荷密度如下：

$$\sigma(r_0)=\varepsilon_0\left[E_2(r_0)-E_1(r_0)\right]=\varepsilon_0\left[0-\frac{\rho_0 r_0}{2\varepsilon_0}\right]=-\frac{\rho_0 r_0}{2}$$

$$\sigma(r_0+\Delta r)=\varepsilon_0 E_2(r_0+\Delta r)=\frac{\rho_0 r_0^2}{2(r_0+\Delta r)}$$

如果导体接地，则按静电屏蔽，“内”不影响“外”

$$r>r_0+\Delta r\text{ 处},\qquad \boldsymbol{E}=0$$

从而由高斯定理

$$r=r_0+\Delta r\text{ 面上},\qquad \sigma(r_0+\Delta r)=0$$

其余各量均不变.

1.38 为获得最大储能和电势差如何选择圆柱电容器内半径

题 1.38 由两共轴金属圆柱构成一空气电容器，外圆柱半径为 1cm. (a) 在空气介质不致击穿的前提下，应如何选择内导体的半径以使两导体间的电势差最大？(b) 在空气介质不致击穿的前提下，应如何选择内导体的半径使电容器的储能最大？(c) 当空气击穿的场强为 3×10^{6}V/m 时，计算情况(a)和(b)的极大电势差.

解 (a) 设空气击穿场强为 E_b，内外导体半径为 R_1、R_2，导体单位长度带电荷为 τ . 由对称性结合高斯定理可得电容器内的电场及两导体间的电势差为

$$\boldsymbol{E}=\frac{\tau}{2\pi\varepsilon_0 r}\boldsymbol{e}_r$$

$$u=\int_{R_2}^{R_1}\frac{\tau}{2\pi\varepsilon_0 r}\mathrm{d}r=\frac{\tau}{2\pi\varepsilon_0}\ln\frac{R_2}{R_1}$$

又因内导体表面附近电场最强，故按题意应有

$$E_b=\frac{\tau}{2\pi\varepsilon_0 R_1}$$

$$u=E_b R_1\ln\frac{R_2}{R_1}$$

于是

$$\frac{\mathrm{d}u}{\mathrm{d}R_1}=E_b\left[\ln\frac{R_2}{R_1}+R_1\frac{R_1}{R_2}\left(-\frac{R_2}{R_1^2}\right)\right]$$

$$=E_b\left(\ln\frac{R_2}{R_1}-1\right)$$

为使电势差 u 最大，必须 $\frac{\mathrm{d}u}{\mathrm{d}R_1}=0$ ，即 $\ln\frac{R_2}{R_1}=1$ ，或 $R_1=\frac{R_2}{e}$. 此时电势差有极大值

$$u_{\max}=\frac{R_2}{e}E_b$$

(b) 单位长度电容储能为

$$W=\frac{1}{2}\tau u=\pi\varepsilon_0E_b^2R_1^2\ln\frac{R_2}{R_1}$$

$$\frac{\mathrm{d}W}{\mathrm{d}R_1}=\pi\varepsilon_0E_b^2\left[2R_1\ln\frac{R_2}{R_1}+R_1^2\frac{R_1}{R_2}\left(-\frac{R_2}{R_1^2}\right)\right]=\pi\varepsilon_0E_b^2R_1\left(2\ln\frac{R_2}{R_1}-1\right)$$

为使储能 W 最大，必须 $\frac{\mathrm{d}W}{\mathrm{d}R_1}=0$ ，即 $2\ln\frac{R_2}{R_1}=1$ ，或 $R_1=\frac{R_2}{\sqrt{e}}$. 此时电势差为 $u=\frac{1}{2\sqrt{e}}R_2E_b$.

(c) 在(a)情况下

$$u_{\max}=\frac{R_2}{e}E_b=\frac{0.01}{e}\times3\times10^{6}=1.1\times10^{4}\,(\mathrm{V})$$

在(b)情况下

$$u_{\max}=\frac{1}{2\sqrt{e}}R_2E_{\mathrm{b}}=\frac{0.01\times3\times10^6}{2\sqrt{e}}=9.2\times10^3(\mathrm{V})$$

1.39 同轴电缆内柱面上的面电荷

题 1.39 如题图 1.39 所示，一个很长的同轴电缆由半径为 a、电导率为 σ 的内圆柱体与半径为 b 的外圆柱壳构成. 外柱壳的电导率为无限大. 内、外柱体之间是空的. 一均匀稳恒电流(密度为 j)在内柱体中沿 z 方向流过，并从外柱壳上返回，在柱壳上分布均匀. 试计算作为坐标 z 的函数时，内柱面上的面电荷密度. 可设 $z=0$ 的面为电缆的中心面.

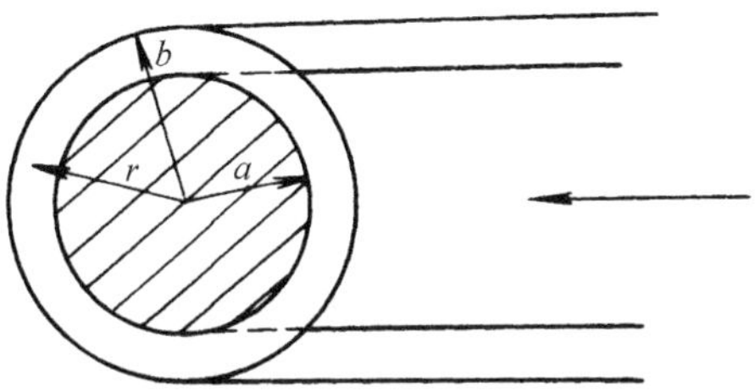

题图 1.39

解 不妨设电缆长度为 $2l$，在端面 $z=-l$ 处内外柱体相接(则在 $z=l$ 面可能接到一电池上)外柱壳为良导体，电势处处相等，规定其为零. 内柱壳中，由于 $\boldsymbol{j}=\sigma\boldsymbol{E}$，故 $\boldsymbol{E}=\dfrac{\boldsymbol{j}}{\sigma}=\dfrac{j}{\sigma}\boldsymbol{e}_z$，使内柱体中 z=常数的截面等电势，有

$$V(z)=-\frac{j}{\sigma}(z+l)$$

采用柱坐标，在电缆内，点(r,θ,z)处的场强为

$$\boldsymbol{E}(r,\theta,z)=E_r(r,z)\boldsymbol{e}_r+E_z(r,z)\boldsymbol{e}_z$$

容易判断，$E_z(r,z)$ 应与 z 无关. 这样，由高斯定理，选积分曲面半径为 r，高为 $\mathrm{d}z$ 的柱面，注意两底面上的电通量大小相等，方向相同，从而互相抵消，有

$$E_r(r,z)\cdot2\pi r\mathrm{d}z=\lambda(z)\mathrm{d}z/\varepsilon_0$$

式中，$\lambda(z)$ 为内柱体的电荷线密度. 故

$$E_r(r,z)=\frac{\lambda(z)}{2\pi r\varepsilon_0}$$

这样，可求得内、外柱的电势差 $V(z)$为

$$V(z)=\int_a^b E_r(r,z)\mathrm{d}r=\frac{\lambda(z)}{2\pi\varepsilon_0}\ln\frac{b}{a}$$

又由 $V(z)=-\dfrac{j}{\sigma}(z+l)$，因此

$$\lambda(z)=\frac{2\pi\varepsilon_0 V(z)}{\ln(b/a)}=-\frac{2\pi\varepsilon_0 j(z+l)}{\sigma\ln(b/a)}$$

在 z 处的电荷面密度 $\sigma_0(z)$ 为

$$\sigma_0(z)=\frac{\lambda(z)}{2\pi a}=-\frac{\varepsilon_0 j(z+l)}{a\sigma\ln(b/a)}$$

如果选取坐标原点为端面 $z=-l$,则

$$\sigma_0(z)=-\frac{\varepsilon_0 jz}{a\sigma\ln(b/a)}$$

1.40　金属与半导体交接面上的物理过程

题 1.40　考虑一个由相互接触的金属与半导体构成的系统，解释在下列情况下在这两块固体的交接面上存在的物理过程. (a) 没有外加的电势存在. (b) 外部在两块固体之间提供一个恒定的电势差，金属接电源的正极. (c)与(b)的情况相同，但是金属接电源的负极.

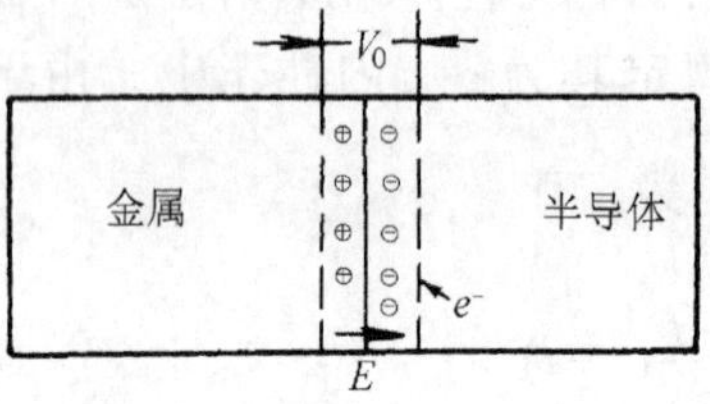

(a)

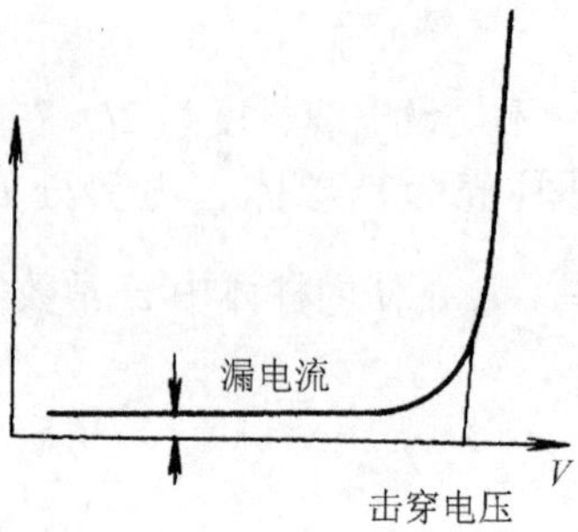

(b)

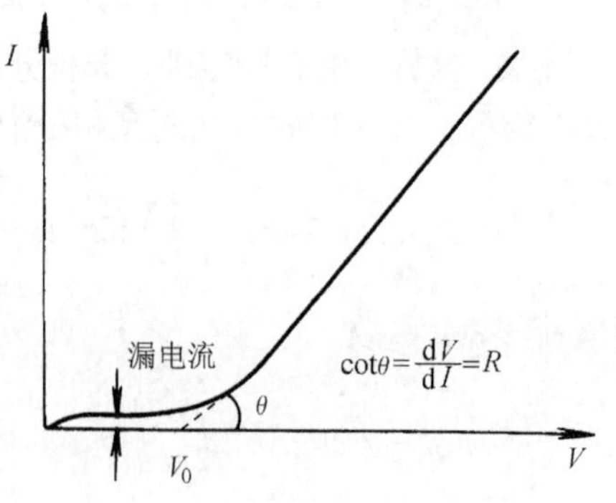

(c)

题图 1.40

解 金属中存在较多的自由电子，所以，不论半导体是P型还是N型，相对于金属来说，都等效于一个P型的半导体.

(a) 在没有外加电场的情况下，金属中的自由电子扩散到半导体中，在金属与半导体的交界面上形成一个从金属部分指向半导体的电场，所以存在一个接触电压 V_0 如题图1.40(a)所示.

(b) 当金属接到一个电源的正极时，本身存在的接触电势差被加大了，所以随着电压的增加，电流的增加很少，仅仅存在少量的漏电流. 当外加的电压继续增大时，电子可以获得足够的能量穿越接触势垒，并且与半导体剧烈碰撞，产生较多的空穴，形成击穿，即半导体内部产生相当数量的自由电子，电导率突然增大. 此时，电流会突然一下增高，如题图 1.40(b)所示.

(c) 若正极接半导体，则由于外加电场的影响，接触电势差被削减，但是当外加电压小于接触电势差的时候，电子还不足以克服金属与半导体表面的接触电势差，所以正向的电流依然很小，仅存在少量的漏电流. 当外加电场大于接触电势差 V_0 的时候，电子可以克服接触势垒从而形成电流. 设金属为良导体，半导体的电阻为 R，则电流随外加电压的增加呈线性增加的关系，如题图 1.40(c)所示.

1.41 高压电缆的耐压问题

题 1.41 高压电缆的结构如题图 1.41 所示，在半径为 a 的金属圆柱外包两层同轴的均匀的介质层，其介电常量为 ε_1 和 ε_2，$\varepsilon_2=\varepsilon_1/2$，两层介质的交界面半径为 b，整个结构被内径为 c 的金属屏蔽网包围. 假设 a 为已知，要使两层介质中的击穿场强都相等，且在两层介质的交界面上出现场强的极值，应该怎样选择半径 b 和 c?

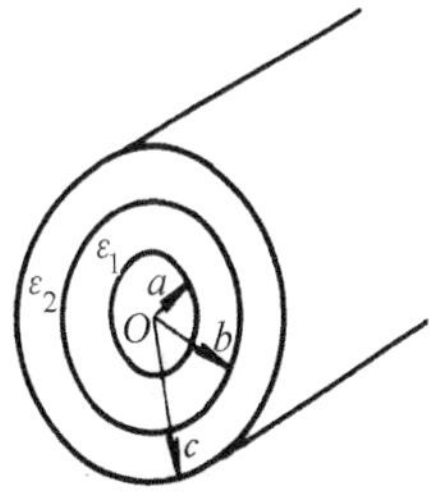

题图 1.41

解 两层介质的击穿场强分别在

$$r=a,\qquad E_{1b}=\frac{\lambda_e}{2\lambda\varepsilon_1 a}$$

$$r=b,\qquad E_{2b}=\frac{\lambda_e}{2\lambda\varepsilon_2 b}$$

根据题意

$$E_{1b}=E_{2b}$$

则有

$$b=\frac{\varepsilon_1}{\varepsilon_2}a=2a$$

半径为 a 的金属圆柱与金属屏蔽网间电势差为

$$U_{ac}=\int_a^b \boldsymbol{E}_1\cdot \mathrm{d}\boldsymbol{r}+\int_b^c \boldsymbol{E}_2\cdot \mathrm{d}\boldsymbol{r}=\frac{\lambda_e}{2\pi}\left(\frac{1}{\varepsilon_1}\ln\frac{b}{a}+\frac{1}{\varepsilon_2}\ln\frac{c}{b}\right)$$

从而

$$\lambda_e = \frac{2\pi U_{ac}}{\dfrac{1}{\varepsilon_1}\ln\dfrac{b}{a} + \dfrac{1}{\varepsilon_2}\ln\dfrac{c}{b}} = \frac{2\pi U_{ac}}{\dfrac{1}{\varepsilon_1}\ln 2 + \dfrac{1}{\varepsilon_2}\ln\dfrac{c}{b}}$$

根据题意，在交界面上出现场强的极值，交界面上电位移矢量大小为

$$D_b = \frac{\lambda_e}{2\pi b} = \frac{U_{ac}}{b\left(\dfrac{1}{\varepsilon_1}\ln 2 + \dfrac{1}{\varepsilon_2}\ln\dfrac{c}{b}\right)}$$

则极值条件

$$\frac{\partial D_b}{\partial b} = 0$$

也就是

$$\frac{1}{\varepsilon_1}\ln 2 + \frac{1}{\varepsilon_2}\ln\frac{c}{b} - \frac{1}{\varepsilon_2} = 0$$

也就是

$$\frac{1}{2}\ln 2 = 1 - \ln\frac{c}{b} = \ln\frac{eb}{c} = \ln\frac{2ea}{c}$$

所以

$$c = \sqrt{2}ea$$

1.42 一个静电加速器设计方案的简化模型

题 1.42 早期静电加速器中电击穿现象是妨碍加速电压提高的重要因素. 题图 1.42(a)所示的是人们曾采用的一种加速器设计方案的简化模型. 把加速器放在一个接地的耐压容器里并充以高压强的气体(这样可大大提高击穿场强). 题图 1.42(a)中内球面为高压电极，外球面为与内电极同心的球形钢制容器. (a)钢制容器的半径 R 及高压气体的击穿场强 E_0 确定，试计算高压电极半径 r_0 为何值时，电极上的电压可达最大值. (b)在此基础上，为进一步提高加速电压，在高压电极与球形钢制容器间再加另一同心球形电极(半径为 r_1,如题图 1.42(b))，称为中间电极. 设计时要求该电极上电压与高压电极上电压保持一定比例关系，以使加速电压尽可能达到最高. 试确定这一比例系数.

解 (a)高压气体击穿场强的存在限制了加速电压的提高. 对给定的高压电极半径 r_0，当高压气体某处达到击穿场强时，加速器的加速电压应为最高. 因为钢制容器的半径 R 以及高压气体击穿场强 E_0 一定，最高的加速电压为 r_0 的函数. 因此调节 r_0 的大小可使加速电压尽可能高. 设高压电极的钢球面带电 Q，气体介电常量为 k，则电场分布为

$$E(r) = \frac{Q}{4\pi k\varepsilon_0 r^2}$$

式中，r 为场点离球心的距离. 由上式可见在高压电极附近即 $r = r_0$ 处，电场的场强最大. 随着充电，高压电极上电荷不断积累，电压不断升高，场强不断提高到一定程度，将使高压电极附近的气体最先发生电击穿.

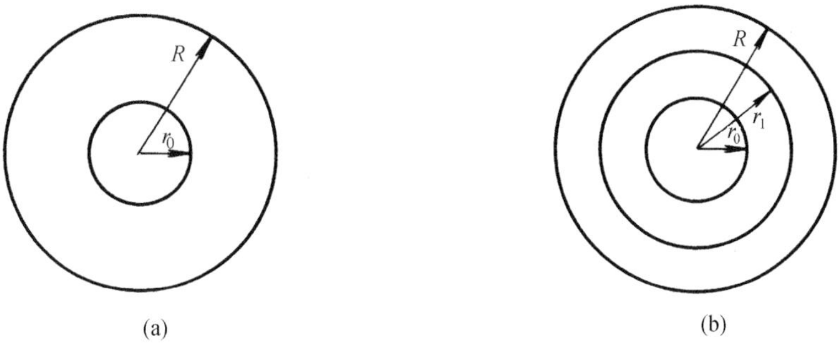

题图 1.42

高压电极和钢制球壳之间电压为

$$V=\int_{r_0}^{R}E(r)\mathrm{d}r=\frac{Q}{4\pi k\varepsilon_0}\left(\frac{1}{r_0}-\frac{1}{R}\right)=E(r_0)r_0^2\left(\frac{1}{r_0}-\frac{1}{R}\right)$$

当 $r=r_0$ 处电场强度 $E(r_0)$ 达到击穿场强 E_0 时，V 达最大

$$V_0=E_0r_0^2\left(\frac{1}{r_0}-\frac{1}{R}\right)=\frac{E_0}{R}\left[-\left(r_0-\frac{R}{2}\right)^2+\frac{R^2}{4}\right]$$

对上式求极值，可知当 $r_0=\dfrac{R}{2}$ 时，V_0 取最大值

$$V_{0,\max}=\frac{R}{4}E_0$$

(b) 只有两个电极而没有中间电极的情况，如发生击穿，则只在高压电极附近达到击穿场强 E_0，而其他地方都小于 E_0. 如果添加一些中间电极，通过适当的电压分配，使中间电极处的电场强度尽可能高也达到击穿场强 E_0，这可有效地提高加速电压. 设计时应考虑使中间电极外表面附近的电场强度与高压电极附近的电场强度相等，这样当高压电极电压升高，而各点电场强度随之增大时，两处的气体如击穿则同时击穿，这样可使加速电压尽可能高. 类似(a)的解法，易知中间电极外表面附近的电场强度 $E(r_1)$ 与高压电极附近的电场强度 $E(r_0)$ 满足下面关系：

$$E(r_0)=\frac{V_0-V_1}{r_0^2\left(\dfrac{1}{r_0}-\dfrac{1}{r_1}\right)}$$

$$E(r_1)=\frac{V_1-0}{r_1^2\left(\dfrac{1}{r_0}-\dfrac{1}{R}\right)}$$

令 $E(r_0)=E(r_1)$，即可解得

$$\frac{V_1}{V_0}=\frac{1}{1+\dfrac{r_0}{r_1}\left(1-\dfrac{r_0}{r_1}\right)\Big/\left(1-\dfrac{r_1}{R}\right)}$$

1.43　面电荷分布的长圆筒激发的电场

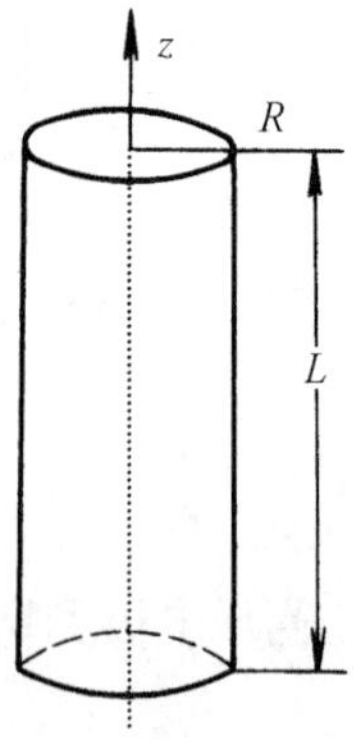

题图 1.43

题 1.43　长为 L、半径为 R 的长导体圆筒，圆筒表面面电荷分布为 $\sigma=\sigma_1\sin 2\theta+\sigma_2\cos\theta$，$\sigma_1$、$\sigma_2$ 为常量. 忽略两端边缘效应，求柱内外的电势.

解　如题图 1.43，取柱坐标系，柱轴为 z 轴. 柱面总电荷为

$$Q=\int\sigma\mathrm{d}s=LR\int(\sigma_1\sin 2\theta+\sigma_2\cos\theta)\mathrm{d}\theta=0$$

柱面将空间分为内区($r<R$)和外区($r>R$). 设内外区的势为 φ_1、φ_2，由问题的性质，它们与 z 无关. φ_1、φ_2 满足方程

$$\nabla^2\varphi_1=0,\quad r<R,\qquad \nabla^2\varphi_2=0,\qquad r>R \tag{1}$$

考虑到柱面总电荷为零，故边条件为

$$r\to\infty\text{时},\ \varphi_2\to 0;\qquad r\to 0,\ \varphi_1\to\text{有限} \tag{2}$$

边值关系为

$$\varphi_1=\varphi_2\Big|_{r=R},\qquad \left(\frac{\partial\varphi_2}{\partial r}-\frac{\partial\varphi_1}{\partial r}\right)\Big|_{r=R}=-\frac{\sigma}{\varepsilon_0} \tag{3}$$

式(1) 中两方程的通解为

$$\varphi_1=C_0+D_0\ln r+\sum_{n=1}^{\infty}(A_n\cos n\theta+B_n\sin n\theta)(C_nr^n+D_nr^{-n}) \tag{4}$$

$$\varphi_2=C_0'+D_0'\ln r+\sum_{n=1}^{\infty}(A_n'\cos n\theta+B_n'\sin n\theta)(C_n'r^n+D_n'r^{-n}) \tag{5}$$

由边条件可得，$D_0=D_n=0,\ C_0'=D_0'=C_n'=0$. 由边值关系式(3)得到

$$C_0+\sum_{n=1}^{\infty}(A_n\cos n\theta+B_n\sin n\theta)R^n=\sum_{n=1}^{\infty}(A_n'\cos n\theta+B_n'\sin n\theta)R^{-n} \tag{6}$$

$$\begin{aligned}&\sum_{n=1}^{\infty}\left[n(A_n\cos n\theta+B_n\sin n\theta)R^{n-1}+n(A_n'\cos n\theta+B_n'\sin n\theta)R^{-(n+1)}\right]\\&=\frac{\sigma_1\sin 2\theta+\sigma_2\cos\theta}{\varepsilon_0}\end{aligned} \tag{7}$$

由式(6)和式(7)可求得

$$C_0=0,\quad A_2=B_1=0,\quad A_1=\frac{\sigma_2}{2\varepsilon_0},\quad B_2=\frac{\sigma_1}{4\varepsilon_0R},\quad A_n=B_n=0\quad(n\geqslant 3) \tag{8}$$

$$A_2'=B_1'=0,\quad A_1'=\frac{\sigma_2}{2\varepsilon_0}R^2,\quad B_2'=\frac{\sigma_1}{4\varepsilon_0}R^3,\quad A_n'=B_n'=0\quad(n\geqslant 3) \tag{9}$$

代入式(4)、(5)，即得柱内外的电势为

$$\varphi_1 = \frac{\sigma_2}{2\varepsilon_0} r\cos\theta + \frac{\sigma_1}{4\varepsilon_0 R} r^2 \sin 2\theta \tag{10}$$

$$\varphi_2 = \frac{\sigma_2 R^2}{2\varepsilon_0 r}\cos\theta + \frac{\sigma_1 R^3}{4\varepsilon_0 r^2}\sin 2\theta \tag{11}$$

1.44 导体由反复接触的金属板充电

题 1.44 导体可由反复接触的金属板来充电，而每当金属板被导体接触后又被充以电荷 Q. 如果第一次接触金属板后导体上的电荷是 q，问最后导体上的电荷是多少？

解 设金属板与导体的电容分别为 C_1、C_2. 金属板充以电荷 Q，其上电势为 U^*，则有 $Q = C_1U^*$. 金属板与导体接触后，电荷向低电势的导体移动，达到平衡后，导体上带电 q，由电荷守恒，此时金属板上的电量为 $Q-q$. 金属板与导体的电势分别为

$$U_1 = \frac{Q-q}{C_1}, \qquad U_2 = \frac{q}{C_2}$$

应有 $U_1 = U_2 < U^*$. 移开导体后，金属板再充电到 Q. 电势为 U^*，$U^* > U_2$. 故当导体与金属板接触后，金属板上的电荷继续向导体移动，导体移开后，金属板再充电到 Q 之后，导体又和金属板接触获得电荷. 这样导体移开后，金属板又充电到 Q，然后导体又和金属板接触获得电荷，这一过程一直持续下去，导体上的电荷不断增加，直到增加到 q^*，使得其上的电势与金属板充电到 Q 后的电势 U^* 相等. 这样最后导体上的电荷为

$$q^* = C_2U^* = C_2\frac{Q}{C_1}$$

$$= Q\frac{\dfrac{q}{U_2}}{\dfrac{Q-q}{U_1}} = \frac{Qq}{Q-q}$$

1.45 电导率为 σ 的不同形状的带电导体能量的变化

题 1.45 一电导率为 σ 的有限大导体均匀分布着体密度为 ρ 的电荷，如果：(a) 导体为一个球体. (b) 导体不是一个球体，试问在此两种情况下，体系的能量如何随时间变化？

解 由 $\nabla\cdot\boldsymbol{E} = \dfrac{\rho}{\varepsilon_0}$，$\nabla\cdot\boldsymbol{J} + \dfrac{\partial\rho}{\partial t} = 0$ 及 $\boldsymbol{J} = \sigma\boldsymbol{E}$ 可得 $\dfrac{\partial\rho}{\partial t} = -\dfrac{\sigma}{\varepsilon_0}\rho$，由此解得

$$\rho = \rho_0 e^{-\frac{\sigma}{\varepsilon_0}t}$$

及 $\nabla\cdot\boldsymbol{E} = \dfrac{\rho_0}{\varepsilon_0}e^{-\frac{\sigma}{\varepsilon_0}t}$.

(a) 导体为球体时，由球对称性可知

$$\nabla \cdot \boldsymbol{E} = \frac{1}{r^2} \cdot \frac{\partial}{\partial r}(r^2 E_r) = \frac{\rho_0}{\varepsilon_0} \mathrm{e}^{-\frac{\sigma}{\varepsilon_0} t}$$

故

$$\boldsymbol{E}(r,t) = \frac{\rho_0 \boldsymbol{r}}{\varepsilon_0} \mathrm{e}^{-\frac{\sigma}{\varepsilon_0} t} + \boldsymbol{E}(0,t) = \frac{\rho_0 \boldsymbol{r}}{\varepsilon_0} \mathrm{e}^{-\frac{\sigma}{\varepsilon_0} t}$$

$$\boldsymbol{J} = \sigma \boldsymbol{E} = \frac{\sigma \rho_0 r}{\varepsilon_0} \mathrm{e}^{-\frac{\sigma}{\varepsilon_0} t} \boldsymbol{e}_r$$

可见，t 足够大时，导体内部 $\boldsymbol{E} = 0$，$\rho = 0$，$\boldsymbol{J} = 0$，电荷均匀分布在球面上.

(b) 如果导体不是球体，则不会有上面的简单的解，但仍有 $|\boldsymbol{E}| \propto \mathrm{e}^{-\frac{\sigma}{\varepsilon_0} t}$，$|\boldsymbol{j}| \propto \mathrm{e}^{-\frac{\sigma}{\varepsilon_0} t}$，$\rho \propto \mathrm{e}^{-\frac{\sigma}{\varepsilon_0} t}$. 即导体内部 $\boldsymbol{E}$，$\boldsymbol{J}$，ρ 以时间常数 $\frac{\varepsilon_0}{\sigma}$ 指数趋于零，最终电荷也将分布在导体表面上. 至于能量的变化，在(a)中，导体外部空间的电场始终不变，导体内部的电场由一有限值变为零. 总的效果是电能减少了，电能的减少量变为热能. 在(b)中，导体外部空间的电场也有变化，但总的效果仍是电能减少了，变为热能. 对于(a)，(b)两种情形，最终的面电荷分布方式是使得电能最小，或说维持导体为等势体.

1.46　导体的静电屏蔽

题 1.46　如题图 1.46，导体球 A 内有两个球形空腔. A 上总电荷为 0，而两腔中心处分别有 $+q_b$ 与 $+q_c$ 的点电荷，在相距很远 r 处有另一个点电荷 q_d. 求作用于 A、q_b、q_c 与 q_d 上的力. 哪些答案只是对很大的 r 近似正确？若 r 不很大，试讨论腔壁与 A 外表面电荷分布的性质.

解　由于导体的静电屏蔽作用，空腔外电荷对腔内电场无影响. 又由于球对称性，空腔中心处两点电荷 q_b、q_c 受力等于 0. 由静电平衡可知，两空腔表面带总电量为 $-(q_b+q_c)$ 的电荷，而球 A 原来不带电，故感应出表面总电荷为 q_b+q_c. 假若球 A 表面电荷均匀分布，则其外各点，由球 A 表面电荷激发的电场可视为电荷集中在球心. 当 r 很大时，可近似认为球 A 与 q_d 的作用是点电荷 q_b+q_c 与 q_d 间的静电力，即

$$F = \frac{q_d(q_b + q_c)}{4\pi\varepsilon_0 r^2}$$

此式对 r 不很大时是不成立的.

空腔表面电荷分布永远是均匀的，与 r 的大小无关. 但由于 q_d 的影响，球 A 表面的电荷分布将不均匀，这个不均匀性将随 r 的减少而变得更加明显.

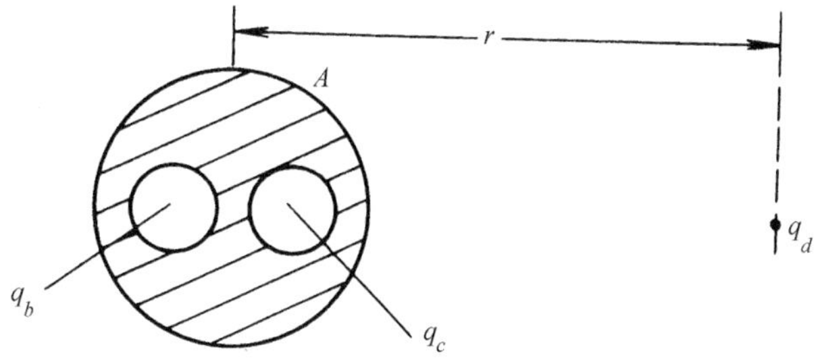

题图 1.46

说明 关于 A，q_d受力以及 A 外表面电荷分布，也可用电像法求解.

1.47 改变球形电容器外球壳半径电场力所做的功

题 1.47 一个由两个半径为 a、$b(a>b)$的同心导体球壳组成的电容器，外球壳接地，内球壳带电荷 Q. 若外球壳从半径 a 收缩到 a'，试求电场力所做的功.

解 $r<b,r>a$ 处的电场为 0. 在 $b<r<a$ 处，电场为

$$\boldsymbol{E}=\frac{Q}{4\pi\varepsilon_0 r^2}\boldsymbol{e}_r$$

故场能

$$W=\int_b^a \frac{1}{2}\varepsilon_0\left(\frac{Q}{4\pi\varepsilon_0 r^2}\right)^2 4\pi r^2 \mathrm{d}r=\frac{Q^2}{8\pi\varepsilon_0}\left(\frac{1}{b}-\frac{1}{a}\right)$$

当球面从 $r=a$ 收缩到 $r=a'$ 时，电场力所做的功 A 应等于静电能的减少

$$A=W_a-W_{a'}=\frac{Q^2}{8\pi\varepsilon_0}\left(-\frac{1}{a}+\frac{1}{a'}\right)=\frac{Q^2(a-a')}{8\pi\varepsilon_0 aa'}$$

另解 带电量为 Q 的同心导体球壳的电容器的电势差为

$$V_{ba}=\int_b^a \boldsymbol{E}\cdot\mathrm{d}\boldsymbol{r}=\int_b^a \frac{Q}{4\pi\varepsilon_0 r^2}\mathrm{d}r=\frac{Q}{4\pi\varepsilon_0}\left(\frac{1}{b}-\frac{1}{a}\right)$$

电容器静电能

$$W=\frac{1}{2}QV=\frac{Q^2}{8\pi\varepsilon_0}\left(\frac{1}{b}-\frac{1}{a}\right)$$

所以当外球壳半径收缩到 a'，静电能的减小量为

$$\Delta W=\frac{Q}{8\pi\varepsilon_0}\left(\frac{1}{a'}-\frac{1}{a}\right)$$

此静电能的减小即为电场力所做的功.

1.48　带电的金属球壳与两同心金属球面

题 1.48　一薄的金属球壳，半径为 b，带电量 Q. (a) 它的电容是多少？(b) 距球心 r 处的电场能量密度是多少？(c) 电场总能量是多少？(d) 计算当无穷小的电量从无穷远处移到金属球壳时所需的功. (e) 两半径为 a、b 的同心金属球面之间有电势差 V，问内球面的半径要多大才能使得这一表面附近的电场最小？

解　(a) 建立球坐标系(r,θ,φ). 在球壳外部空间的电场为

$$\boldsymbol{E}(r)=\frac{Q}{4\pi\varepsilon_0 r^2}\boldsymbol{e}_r$$

设无穷远处电势为 0，则 r 处的势为

$$V(r)=\int_r^{\infty}\frac{Q}{4\pi\varepsilon_0 r^2}\mathrm{d}r=\frac{Q}{4\pi\varepsilon_0}\cdot\frac{1}{r}$$

故电容为

$$C=\frac{Q}{V(b)}=4\pi\varepsilon_0 b$$

$$w_{\mathrm{e}}(r)=\frac{1}{2}\boldsymbol{D}\cdot\boldsymbol{E}=\frac{1}{2}\varepsilon_0 E^2=\frac{Q^2}{32\pi^2\varepsilon_0 r^4}$$

(c) 电场总能量

$$W_{\mathrm{e}}=\frac{1}{2}V(b)Q=\frac{Q^2}{8\pi\varepsilon_0 b}$$

或者

$$W_{\mathrm{e}}=\int_{r>b}w_{\mathrm{e}}(r)\mathrm{d}V=\int_b^{\infty}\frac{Q^2}{2\times 16\pi^2\varepsilon_0}\frac{1}{r^4}\cdot 4\pi r^2\mathrm{d}r=\frac{Q^2}{8\pi\varepsilon_0 b}$$

(d) 所需做的功为

$$\mathrm{d}W_{\mathrm{e}}=\frac{2Q\mathrm{d}Q}{8\pi\varepsilon_0 b}=\frac{Q\mathrm{d}Q}{4\pi\varepsilon_0 b}=V(b)\mathrm{d}Q$$

(e) 不妨设内球带电 Q，则在 $a<r<b$ 区间内，电场为

$$\boldsymbol{E}(r)=\frac{Q}{4\pi\varepsilon_0 r^2}\boldsymbol{e}_r$$

依题意

$$V=\int_a^b\boldsymbol{E}(r)\cdot\mathrm{d}\boldsymbol{r}=\int_a^b\frac{Q}{4\pi\varepsilon_0}\frac{1}{r^2}\mathrm{d}r=\frac{Q}{4\pi\varepsilon_0}\left(\frac{1}{a}-\frac{1}{b}\right)$$

故有

$$Q=\frac{4\pi\varepsilon_0 V}{\dfrac{1}{a}-\dfrac{1}{b}}$$

所以

$$E(r)=\frac{4\pi\varepsilon_0 V}{4\pi\varepsilon_0 r^2\left(\frac{1}{a}-\frac{1}{b}\right)}=\frac{V}{r^2\left(\frac{1}{a}-\frac{1}{b}\right)}$$

故

$$E(a)=\frac{V}{a^2\left(\frac{1}{a}-\frac{1}{b}\right)}=\frac{Vb}{ab-a^2}$$

由 $\frac{\mathrm{d}E(a)}{\mathrm{d}a}=0$ 时，且当 $a=\frac{b}{2}$ 时，$E(a)$ 为最小值，其值为

$$E_{\min}(a)=\frac{4V}{b}$$

1.49 保持切成两半的带电导体球在一起需要的力

题 1.49 一个带总电荷 Q 的导体球被切成两半，若要保持两半球还在一起，需要多大的力?

解 对导体球，电荷会分布在表面上，面电荷密度 $\sigma=Q/4\pi R^2$, R 为球的半径.

由题 1.19 可知导体球面元 d$\boldsymbol{S}$ 上所受的力为

$$\mathrm{d}\boldsymbol{F}=\frac{\sigma^2}{2\varepsilon_0}\mathrm{d}\boldsymbol{S}$$

建立坐标系如题图 1.49,如球切成两半后的分割面为 xOz 平面，由对称性可知右侧半球面所受合力的方向应为 y 轴方向，此合力的大小为

$$F=\int \mathrm{d}F\sin\theta\sin\varphi=\frac{\sigma^2}{2\varepsilon_0}R^2\int_0^{\pi}\sin^2\theta\mathrm{d}\theta\cdot\int_0^{\pi}\sin\phi\mathrm{d}\phi$$

即

$$F=\frac{\pi\sigma^2R^2}{2\varepsilon_0}=\frac{Q^2}{32\pi\varepsilon_0 R^2}$$

显然为使两半球仍保持在一起，需要加这样大的力.

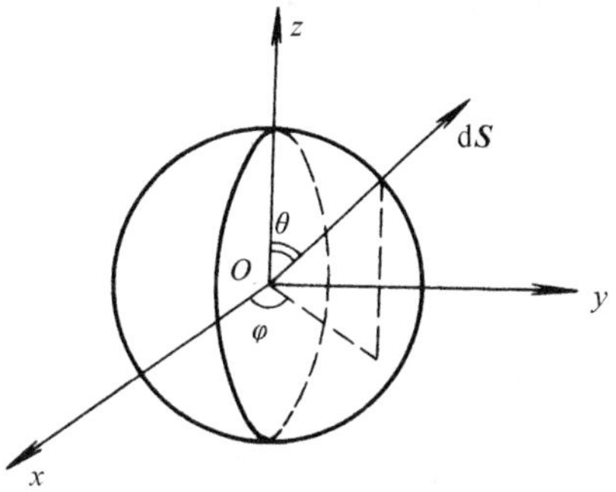

题图 1.49

说明　本题以及下面题 1.50 也可通过引入表面张力系数求解，更为简捷.

1.50　均匀静电场中的导体球

题 1.50　一半径为 a 的接地导体球，置于均匀的静电场 $\boldsymbol{E}_0$ 中，则此球将受到使它沿电场方向分成两半的张力，求此张力的大小.

解法一　如题图 1.50，取 $\boldsymbol{E}_0$ 沿 $\boldsymbol{e}_z$ 方向. 由于导体可看作介电系数为无穷大的介质，空间的

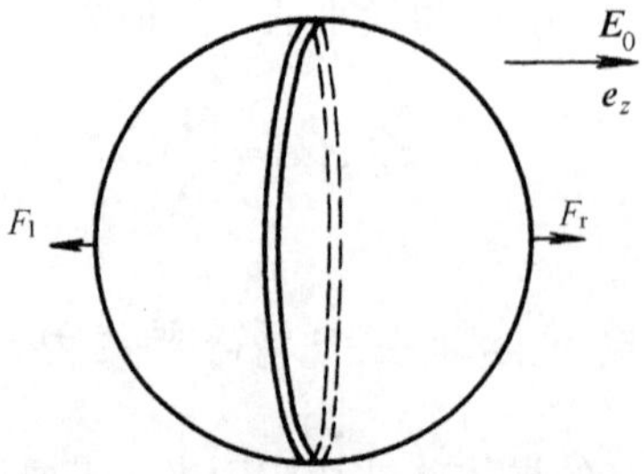

题图 1.50

电场为原有均匀静电场以及导体极化电荷激发的电场的叠加，导体球为均匀极化，设极化强度为 $\boldsymbol{P}$，则导体球内外的电场为

$$\boldsymbol{E}_\mathrm{i} = \boldsymbol{E}_0 - \frac{1}{3\varepsilon_0}\boldsymbol{P} \tag{1}$$

$$\boldsymbol{E}_\mathrm{o} = \boldsymbol{E}_0 - \frac{4\pi}{3}a^3\boldsymbol{P}\cdot\nabla\frac{\boldsymbol{r}}{4\pi\varepsilon_0 r^3} \tag{2}$$

平衡状态下导体内电场为零，故式(1)给出 $\boldsymbol{P} = 3\varepsilon_0\boldsymbol{E}_0$. 这样得导电球外的电场强度为

$$\begin{aligned}\boldsymbol{E}_\mathrm{o} &= \boldsymbol{E}_0 - \frac{4\pi}{3}a^3\boldsymbol{P}\cdot\nabla\frac{\boldsymbol{r}}{4\pi\varepsilon_0 r^3} = \boldsymbol{E}_0 - a^3\boldsymbol{E}_0\cdot\nabla\frac{\boldsymbol{r}}{r^3}\\ &= \left(1+\frac{2a^3}{r^3}\right)E_0\cos\theta\boldsymbol{e}_r - \left(1-\frac{a^3}{r^3}\right)E_0\cos\theta\boldsymbol{e}_\theta\end{aligned} \tag{3}$$

考虑导体球面上的一个小面元，该点处的面电荷密度为

$$\sigma = \varepsilon_0\boldsymbol{e}_r\cdot(\boldsymbol{E}_\mathrm{o} - \boldsymbol{E}_\mathrm{i}) = 3\varepsilon_0 E_0\cos\theta \tag{4}$$

在该面元上面电荷在其附近激发的电场为

$$\boldsymbol{E}'_\mathrm{o} = \frac{\sigma}{2\varepsilon_0}\boldsymbol{e}_r = \frac{3}{2}E_0\boldsymbol{e}_r,\qquad \boldsymbol{E}'_\mathrm{i} = \frac{3}{2}E_0\boldsymbol{e}_r \tag{5}$$

这样得该面元感受的电场强度为

$$\boldsymbol{E} = \boldsymbol{E}_\mathrm{o}\big|_{r=a} - \boldsymbol{E}'_\mathrm{o} = -\frac{3}{2}E_0\boldsymbol{e}_r \tag{6}$$

该面元单位面积所受的电场力为

$$f = \sigma E = \frac{9}{2}\varepsilon_0 E_0^2 \cos^2\theta e_r \tag{7}$$

由对称性，右半球面所受的合力沿 e_z 方向，其大小为

$$F_r = \iint f \cdot e_z \mathrm{d}s = \frac{9}{2}\varepsilon_0 \pi a^2 E_0^2$$

同理可求得左半球面所受的合力大小为 $F_l = -\frac{9}{2}\varepsilon_0 \pi a^2 E_0^2$，其中负号代表力沿 e_z 的反方向.

说明 得到面电荷密度式(4)后，也可由题 1.19 直接写出式(7).

解法二 取柱坐标，球心取为坐标原点，并使极轴(z 轴)沿 E_0 方向，如题图 1.50 所示. 导体球电势为 0，设球外电势为 φ. 用分离变量法求解，考虑轴对称性，φ 如下给出：

$$\varphi = \sum_n \left(A_n r^n + \frac{B_n}{r^{n+1}} \right) \mathrm{P}_n(\cos\theta) \tag{8}$$

式中，$\mathrm{P}_n(\cos\theta)$ 为勒让德多项式，而边界条件为

$$\text{(i)}\varphi\big|_{r=a} = 0, \qquad \text{(ii)} -\oint \frac{\partial \varphi}{\partial r} \mathrm{d}^2 \Omega\big|_{r=a} = 0, \qquad \text{(iii)}\varphi\big|_{r\to\infty} = -rE_0\cos\theta = -rE_0 \mathrm{P}_1(\cos\theta)$$

由上面条件(iii)，可得

$$A_1 = -E_0, \qquad A_n = 0, \qquad n > 1$$

再由条件(i)，可得

$$B_n = A_n = 0, \qquad n > 1, \qquad B_0 = rA_0$$
$$B_1 = -a^3 A_1 = -a^3 E_0$$

结合条件(ii)得 $A_0 = B_0 = 0$. 这样得球外电势为

$$\varphi = -E_0 \left(r - \frac{a^3}{r^2} \right) \cos\theta \tag{9}$$

从而由 $E = -\nabla\varphi$ 求出球内外的电场分布如下：

$$E_o = \left(1 + \frac{2a^3}{r^3} \right) E_0 \cos\theta e_r - \left(1 - \frac{a^3}{r^3} \right) E_0 \cos\theta e_\theta, \qquad E_i = 0 \tag{10}$$

静电场的应力张量为

$$\vec{\vec{T}} = \varepsilon_0 EE - \frac{1}{2}\varepsilon_0 E^2 \vec{\vec{I}}$$

球面上单位面积所受的力为

$$f = e_r \cdot \vec{\vec{T}} = \varepsilon_0 E_r E - \frac{1}{2}\varepsilon_0 E^2 e_r = \frac{9}{2}\varepsilon_0 E_0^2 \cos^2\theta e_r$$

由对称性，右半球面所受的合力沿 e_z 方向，其大小为

$$F_r = \iint f \cdot e_z \mathrm{d}s = \frac{9}{2}\varepsilon_0 \pi a^2 E_0^2$$

同理可求得左半球面所受的合力大小为

$$F_l = -\frac{9}{2}\varepsilon_0 \pi a^2 E_0^2$$

式中，负号代表力沿 $\boldsymbol{e}_z$ 的反方向. 故使球分成两半的张力大小为 $\frac{9}{2}\varepsilon_0 \pi a^2 E_0^2$.

1.51 把点电荷从无穷远移到导体球壳中心需做的功

题 1.51 把一个电荷为 q 的粒子从无穷远处被移到一个半径为 R、厚度为 t 的空心导体球壳中心(此电荷通过球壳上一个小孔移入)，在此过程中，需做多少功?

解 外力做功应等于整个系统电场能量的增量.

点电荷 q 激发的静电场为 $E = \frac{q}{4\pi\varepsilon_0 r^2}$. r 为空间点到 q 的距离，当点电荷在无穷远处时，E 所产生的全空间的能量为

$$W_1 = \int_{\infty} \frac{\varepsilon_0}{2} E^2 \mathrm{d}V$$

这时导体球壳距电荷 q 无穷远，因此在导体球处能量已趋于 0.

当点电荷 q 移到球的中心时，因为在导体内电场等于 0，因此全空间的电场能量为

$$W_2 = \int_{\text{球外全空间}} \frac{\varepsilon_0}{2} E^2 \mathrm{d}V \equiv \int_{\infty} \frac{\varepsilon_0}{2} E^2 \mathrm{d}V - \int_{\text{球壳体积}} \frac{\varepsilon_0}{2} E^2 \mathrm{d}V$$

因此能量变化为

$$\Delta W = W_2 - W_1 = -4\pi \int_R^{R+t} \frac{\varepsilon_0}{2} E^2 r^2 \mathrm{d}r$$

$$= -\frac{q^2}{8\pi\varepsilon_0} \int_R^{R+t} \frac{\mathrm{d}r}{r^2} = \frac{q^2}{8\pi\varepsilon_0}\left(\frac{1}{R+t} - \frac{1}{R}\right)$$

即体系的电能减少了，ΔW 即为外力所做负功的数值.

1.52 长旋转椭球面形导体的电容

题 1.52 (a) 设长为 $2f$ 的线段上均匀分布有电量为 Q 的电荷. 试求此带电线段产生的静电场的等势面. (b) 求长旋转椭球面形导体的电容. 已知旋转椭球面方程为 $\frac{x^2+y^2}{b^2} + \frac{z^2}{a^2} = 1$，其中常数 a, b 满足 $a > b$，$a^2 = b^2 + f^2$.

解 (a) 如题图 1.52(a)，选取坐标，使分布电荷的线段位于 z 轴，且两个端点 A、B 坐标分别为 $(0, 0, f)$、$(0, 0, -f)$. 电荷均匀分布在长为 $2f$ 的线段上，则线段上电荷线密度为 $\lambda = Q/2f$. 这样空间任一场点 $P(x,y,z)$ 的电势为

$$\phi_l(x,y,z)=\int_{-f}^{f}\frac{\lambda \mathrm{d}z'}{4\pi\varepsilon_0\left[x^2+y^2+(z-z')^2\right]^{\frac{1}{2}}}$$

$$=\frac{\lambda}{4\pi\varepsilon_0}\ln\frac{r_1+f-z}{r_2-f-z} \tag{1}$$

式中，$r_1=|PA|=\left[x^2+y^2+(z-f)^2\right]^{\frac{1}{2}}$，$r_2=|PB|=\left[x^2+y^2+(z+f)^2\right]^{\frac{1}{2}}$ 分别是 P 点到带电线段两个端点 A、B 之间的距离.

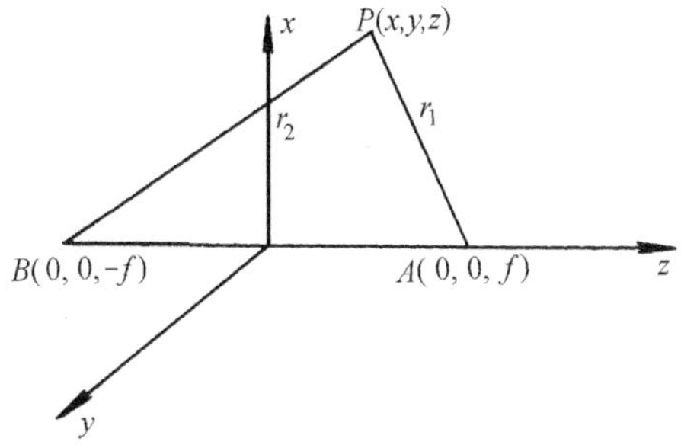

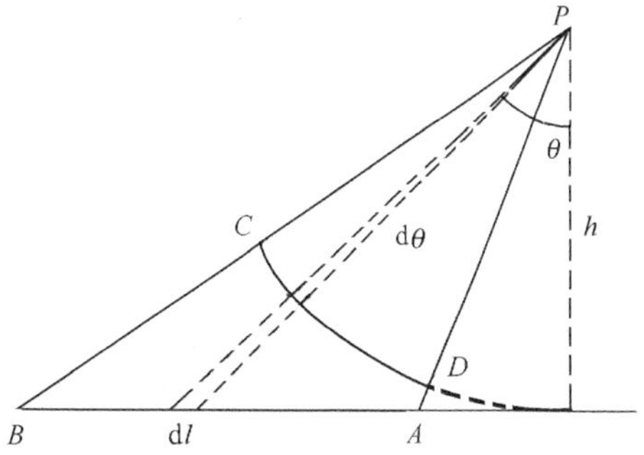

题图 1.52

由式(1)即求得电场 $\boldsymbol{E}_l=-\nabla\phi_l$ 为

$$\boldsymbol{E}_l(x,y,z)=-\frac{\lambda}{4\pi\varepsilon_0}\left\{\frac{x\boldsymbol{e}_x+y\boldsymbol{e}_y}{x^2+y^2+(z-z')^2+(z'-z)\left[x^2+y^2+(z-z')^2\right]^{\frac{1}{2}}}\right.$$

$$\left.-\frac{\boldsymbol{e}_z}{\left[x^2+y^2+(z-z')^2\right]^{\frac{1}{2}}}\right\}\Bigg|_{z'=-f}^{f} \tag{2}$$

下面考虑等势面. 令 $\phi_l(x,y,z)=C\lambda/(4\pi\varepsilon_0)(C=\mathrm{const})$. 则由式(1)等势面方程为

$$r_1+r_2=2\frac{\mathrm{e}^C+1}{\mathrm{e}^C-1}f \tag{3}$$

可见等势面为长共焦旋转椭球面族. 其焦距为 f，而长、短半轴的长度分别为

$$a=\frac{r_1+r_2}{2}=\frac{\mathrm{e}^C+1}{\mathrm{e}^C-1}f,\qquad b=\sqrt{a^2-f^2}=\frac{2\mathrm{e}^{C/2}}{\mathrm{e}^C-1}f \tag{4}$$

等势面用直角坐标表示为

$$\frac{x^2+y^2}{b^2}+\frac{z^2}{b^2+f^2}=1 \tag{5}$$

以上可见，均匀线段电荷分布产生的静电场其等势面为长共焦旋转椭球面族. 其焦点为线段的两个端点.

(b) 对于本题中的长旋转椭球面形导体，焦距为 $f=\sqrt{a^2-b^2}$. 设其表面带电 Q，则导

体外电场的定解问题为

$$\begin{cases}-\varepsilon_0\oint_S\dfrac{\partial U}{\partial n}=Q\\ U_S=\text{const}\end{cases}$$

设想椭球面长轴上$(-f,f)$之间均匀分布着线密度为$\lambda=Q/2f$的电荷，设这种电荷分布给出的电势为U_l，则由上面结论，U_l在该椭球面上等势，且有

$$-\varepsilon_0\oint_S\frac{\partial U}{\partial n}=Q$$

由静电场唯一性定理，导体椭球面外的电场与由设想的电荷分布给出的解相同. 因此

$$U_S=U_l=U_l(b,0,0)=\frac{\lambda}{4\pi\varepsilon_0}\ln\frac{a+f}{a-f}=\frac{Q}{8\pi\varepsilon_0 f}\ln\frac{a+f}{a-f}$$

这样我们有

$$C=\frac{Q}{U_S}=\frac{8\pi\varepsilon_0 f}{\ln\dfrac{a+f}{a-f}}=\frac{8\pi\varepsilon_0\sqrt{a^2-b^2}}{\ln(a+\sqrt{a^2-b^2})-\ln(a-\sqrt{a^2-b^2})}$$

附(关于等势面为长旋转椭球面的另一种证法) 如题图 1.52(b)，设 P 为均匀带电线段 AB 外任一点. 设 P 到 AB 的距离为 h，以 P 为圆心以 h 为半径画弧，与 PA、PB 分别交与 C、D 两点. 取图中θ角处 AB 上微段 $\mathrm{d}l$

$$\mathrm{d}l=\mathrm{d}(h\cot\theta)=h\csc^2\theta\mathrm{d}\theta,\qquad r_\theta=h\csc\theta$$

这样 AB 上 $\mathrm{d}l$ 微段产生的电场为

$$\mathrm{d}\boldsymbol{E}=\frac{\lambda\mathrm{d}l}{4\pi\varepsilon_0 r_\theta^2}\boldsymbol{e}_r=\frac{\lambda\mathrm{d}\theta}{4\pi\varepsilon_0 h}\boldsymbol{e}_r$$

可见 $\mathrm{d}\boldsymbol{E}$ 等效于由弧$\overset{\frown}{CD}$在$\mathrm{d}\theta$范围的电荷线密度仍为λ的弧微段产生. 故均匀带电线段 AB 在 P 点的电场等效于由电荷线密度为λ的弧$\overset{\frown}{CD}$产生. 这样由对称性知，P 点电场 $\boldsymbol{E}$ 必沿 PA、PB 夹角的平分线方向. 而由椭圆性质知，椭圆上点P在该点的法线平分焦半径夹角. 再由等势面的唯一性(静电场过一点只有一个等势面)知，AB 外的等势面必为以 A、B 为焦点的长旋转椭球面.

1.53 扁旋转椭球面形导体的电容

题 1.53 求扁旋转椭球面形导体的电容. 已知旋转椭球面方程为

$$\frac{x^2}{b^2}+\frac{y^2+z^2}{a^2}=1$$

式中，常数a,b满足$a>b$，$a^2=b^2+f^2$.

解 题 1.52 中等势面是长共焦旋转椭球面族. 可先设想扁旋转椭球面族也构成等势面(后面证明的确如此).

长共焦旋转椭球面族的情况，短半轴缩为 0 时，椭球面退化为一条线段. 而这条线段上均匀分布的线电荷正好产生期望的电场. 扁共焦旋转椭球面族的情况，短半轴缩为 0 时，椭球面退化为以公共焦点为边界的圆面. 可试着让此圆面带电(均匀的或其他旋转对称形式的分布)，求解空间电场. 这会碰到难以克服的困难，因为牵涉完全椭圆积分. 但是比较巧的是，上面解过的电场和现在要寻找的解存在一定关系，通过前者的已知解，正好可得出后者的解.

由于对称性，先考虑 xOz 平面上的电场，此平面内每一点处的电场必沿该平面. 如题图 1.53(a)所示，任取一点 $P(x,0,z)$，设该点的电势为 ϕ_f. 经过该点的等势面设为 $\sum_f$，它和 xOz 平面相交的截曲线是焦距为 f、短半轴为 b 的椭圆，记为 C_f. 在紧靠等势面 $\sum_f$ 处，另取一电势为 $\phi_f+\Delta\phi_f$ 的等势面 $\sum_f'$. $\sum_f'$ 和 xOz 平面相交截曲线椭圆记为 C_f'，其焦距仍为 f、而短半轴为 $b+\Delta b$. 通过 P 点的电力线必和 C_f 及 C_f' 垂直相交，设为 l_f. 设该电力线在 C_f、C_f' 之间的距离为 Δs，则 P 点场强大小为

$$E_f(x,0,z)=\left.\frac{\Delta\phi_f}{\Delta s}\right|_{(x,0,z)} \tag{1}$$

如题图 1.53(b)所示，在等势面为长共焦旋转椭球面族的电场中同样的坐标位置 $P(x,0,z)$ 处及附近同样取短半轴分别为 b、$b+\Delta b$ 的两个等势面，记为 $\sum_l$、$\sum_l'$. 设其电势分别为 ϕ_l、$\phi_l+\Delta\phi_l$. $\sum_l$、$\sum_l'$ 和 xOz 平面相交截曲线记为 C_l、C_l'. 它们应和 C_f、C_f' 完全相同(题图 1.53(b)). 经过 P 的电力线 l_l 和 l_f 方向相同，它在 C_l、C_l' 之间的距离也为 Δs，则该点场强大小为

$$E_l(x,0,z)=\left.\frac{\Delta\phi_l}{\Delta s}\right|_{(x,0,z)} \tag{2}$$

由式(1)、式(2)即得

$$\begin{aligned}E_f(x,0,z)&=\frac{\Delta\phi_f}{\Delta\phi_l}E_l(x,0,z)\\&=\Lambda(b)E_l(x,0,z)\end{aligned} \tag{3}$$

C_f 上每一点的电场强度 $\boldsymbol{E}_f(x,0,z)$ 和 C_l 上每一点的电场强度 $\boldsymbol{E}_l(x,0,z)$ 方向相同，而大小相差一个比例系数. 由等势面条件，这个比例系数对 C_f 上每一点都相同，如式(3)记为 $\Lambda(b)$. 因为 C_l 上每一点的电场强度已知，现只需确定这个比例系数. 一旦这个系数确定了，C_f 上每一点的电场强度 $\boldsymbol{E}_f(x,0,z)$ 即已确定，再由旋转对称性，椭球面 $\sum_f$ 上每一点的电场强度也可确定了.

我们一直假设扁共焦旋转椭球面族构成等势面，现在可以对此作一补充说明. 由于 C_l、C_l' 和 C_f、C_f' 完全相同，这样 C_f、C_f' 之间的电力线与 C_l、C_l' 之间的电力线形状完全相同. 而 C_l、C_l' 之间的电力线是由已知解 E_l 给出的，故存在如上所说的 C_f、C_f' 之间的电力线，这种电力线再绕 x 轴旋转，得到的电力线正和扁共焦旋转椭球面族的等势面对应. 因

此扁共焦旋转椭球面族的确构成等势面.

为确定这个比例系数$\Lambda(b)$，假设静电场电荷只分布在那个退化椭球面即圆面上，先考虑其上的电荷面密度分布. 由于旋转对称性，只需考虑该面上z轴上各点的面密度$\sigma_1(0,z)$. 由高斯定理$\sigma_1(0,z)=\varepsilon_0 E_f(0^+,0,z)+\varepsilon_0\left|E_f(0^-,0,z)\right|=2\varepsilon_0 E_f(0^+,0,z)$. E_f由式(3)给出，因而

$$\sigma_1(0,z)=2\varepsilon_0\lim_{b\to 0}\Lambda(b)E_l(x,0,z)\Big|_{x=b\sqrt{1-z^2/(b^2+f^2)}} \tag{4}$$

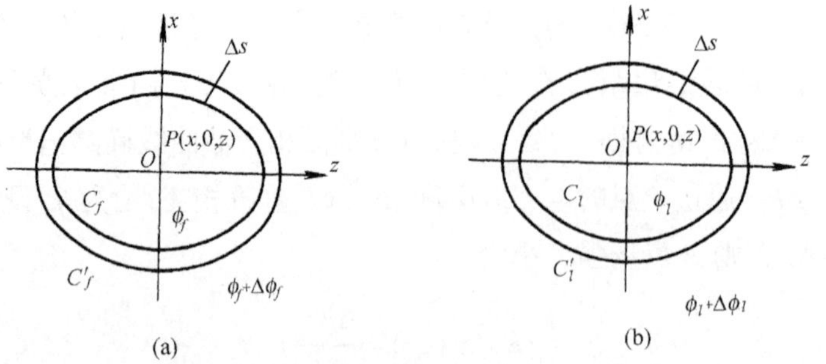

题图 1.53

圆面上点(x, z)取在x轴正侧的半椭圆上. 而E_l由式(2)知由下式给出

$$\boldsymbol{E}_l(x,0,z)=-\frac{\lambda}{4\pi\varepsilon_0}\left\{\frac{x\boldsymbol{e}_x}{x^2+(z-f)^2+(f-z)\left[x^2+(z-f)^2\right]^{\frac{1}{2}}}-\frac{x\boldsymbol{e}_x}{x^2+(z+f)^2-(z+f)\left[x^2+(z+f)^2\right]^{\frac{1}{2}}}-\frac{\boldsymbol{e}_z}{\left[x^2+(z-f)^2\right]^{\frac{1}{2}}}+\frac{\boldsymbol{e}_z}{\left[x^2+(z+f)^2\right]^{\frac{1}{2}}}\right\} \tag{5}$$

式(4)中尚有一未知函数$\Lambda(b)$. 先考虑它在$b\to 0$时的极限行为. 由高斯定理得无限长均匀带电的直线附近的电场$E\propto\dfrac{1}{r}$，当$r\to 0$，$E\to\infty$. 我们期望上面的E_l当b趋于0时, 将以$1/b$的方式趋于∞. 为得到有限解，应使$\lim\limits_{b\to 0}\Lambda(b)/b$有限, 设为$k$. 把它以及式(5)代入式(4), 可求得有限的解. 根据求极限的法则即可求得电荷密度$\sigma_1(0,z)$的表达式为$\sigma_1(0,z)=\lambda k/\left(\pi\sqrt{1-z^2/f^2}\right)$. 于是由旋转对称性得圆面上的电荷面密度为$\sigma(r)=\sigma_1(0,z)\big|_{z=r}$，即

$$\sigma(r)=\frac{\lambda k}{\pi}\cdot\frac{1}{\sqrt{1-\dfrac{r^2}{f^2}}}=\frac{\sigma_0}{\sqrt{1-\dfrac{r^2}{f^2}}} \tag{6}$$

式中，$\sigma_0=\lambda k/\pi$.

由此圆面上总电荷为

$$Q' = \int_0^f 2\pi\sigma(r)r\mathrm{d}r = 2\lambda k\int_0^f \frac{r\mathrm{d}r}{\sqrt{1-\dfrac{r^2}{f^2}}} = 2\lambda kf^2 = 2\pi f^2\sigma_0 \tag{7}$$

故 $k = Q'/(2\lambda f^2)$.

根据电荷分布式(6)，试求 x 轴上任一点$(x, 0, 0)$处的电场

$$\begin{aligned} E_f(x,0,0) &= \int_0^f \frac{xr\sigma(r)\mathrm{d}r}{2\varepsilon_0(r^2+x^2)^{\frac{3}{2}}} = \frac{x\sigma_0}{2\varepsilon_0}\int_0^f \frac{r\mathrm{d}r}{(r^2+x^2)^{\frac{3}{2}}\sqrt{1-\dfrac{r^2}{f^2}}} \\ &= \frac{x\sigma_0 f}{4\varepsilon_0}\int_{x^2}^{f^2+x^2} \frac{\mathrm{d}t}{t\sqrt{-t^2+(f^2+x^2)t}} \\ &= \frac{\sigma_0}{2\varepsilon_0}\cdot\frac{f^2}{f^2+x^2} = \frac{Q'}{4\pi\varepsilon_0(f^2+x^2)} \end{aligned} \tag{8}$$

另一方面，对于长共焦旋转椭球面族的电场 E_l，由式(2)得

$$\begin{aligned} E_l(x,0,0) &= \frac{\lambda}{4\pi\varepsilon_0}\left(\frac{x}{x^2+f^2-f\left[x^2+f^2\right]^{\frac{1}{2}}} - \frac{x}{x^2+f^2+f\left[x^2+f^2\right]^{\frac{1}{2}}}\right) \\ &= \frac{\lambda}{2\pi\varepsilon_0}\cdot\frac{f}{x\sqrt{x^2+f^2}} \end{aligned} \tag{9}$$

由此定出

$$\Lambda(b) = \left.\frac{E_f(x,0,0)}{E_l(x,0,0)}\right|_{x=b} = \frac{kbf}{\sqrt{f^2+b^2}} = \frac{Q'b}{2\lambda fa} \tag{10}$$

由式(8)得 x 轴上场点的电势为

$$\begin{aligned} \phi_f(x,0,0) &= \int_x^\infty E_f(x,0,0)\mathrm{d}x = \frac{\sigma_0 f^2}{2\varepsilon_0}\int_x^\infty \frac{\mathrm{d}x}{f^2+x^2} = \frac{\sigma_0 f}{2\varepsilon_0}\arctan\left.\frac{x}{f}\right|_x^\infty \\ &= \frac{\sigma_0 f}{2\varepsilon_0}\left(\frac{\pi}{2}-\arctan\frac{x}{f}\right) = \frac{Q'}{4\pi\varepsilon_0 f}\left(\frac{\pi}{2}-\arctan\frac{x}{f}\right) \end{aligned} \tag{11}$$

在圆面中心 $x=0$ 处，$\phi_f(0,0,0) = Q'/(8\varepsilon_0 f)$. 这也就是圆面上的电势.

式(3)、式(5)和式(10)以及旋转对称性给出了空间的场强分布. 式(11)以及等势面关系给出了空间的电势(具体表达式就不再展开了). 实际上这是带电 Q' 的导体薄圆盘在空间激发的电场. 式(11)中取 $x=b$，扁旋转椭球面形导体带电 Q' 的电势为

$$U_S = \phi_f(b,0,0) = \frac{Q'}{4\pi\varepsilon_0 f}\left(\frac{\pi}{2}-\arctan\frac{b}{f}\right)$$

从而该导体电容为

$$C=\frac{Q'}{U_S}=\frac{Q'}{\dfrac{Q'}{4\pi\varepsilon_0 f}\left(\dfrac{\pi}{2}-\arctan\dfrac{b}{f}\right)}=\frac{8\pi\varepsilon_0 f}{\pi-2\arctan\dfrac{b}{f}}$$

$b=0$ 极限情形，导体椭球面退化为半径为 f 的薄圆盘，体积为 0. 但其电容为

$$C'=\frac{8\pi\varepsilon_0 f}{\pi}$$

与椭球面的电容为同一个量级.

讨论　题 1.52、1.53 的一种统一求解方法①，设旋转椭球状导体，其表面方程为

$$\frac{x^2}{b^2}+\frac{y^2}{b^2}+\frac{z^2}{a^2}=1$$

半径为 b 的均匀带电球面，其内部电场为零，这可用高斯定律说明. 也可直接论证：对球面内任一点 P，以其为顶点作对顶小圆锥面，分别在球面上割出两面元(参见图)，根据几何关系和电力反平方规律，即可得出两面元的电荷在 P 点产生的电场相互抵消. 其他面元的作用与此相仿. 因而 P 点的电场为零，亦即球面内任一点电场为零. 设想球面由绝缘材料做成，当它按比例 a/b 沿 z 方向伸长(或收缩)成旋转椭球面时，由上面的分析可知，这时椭球面内各点电场仍为零，但这时电荷密度不再均匀分布. 按静电平衡条件，这也就是椭球导体上的电荷分布. 只需求出此带电椭球在中心点产生的电势，即可求出电容.

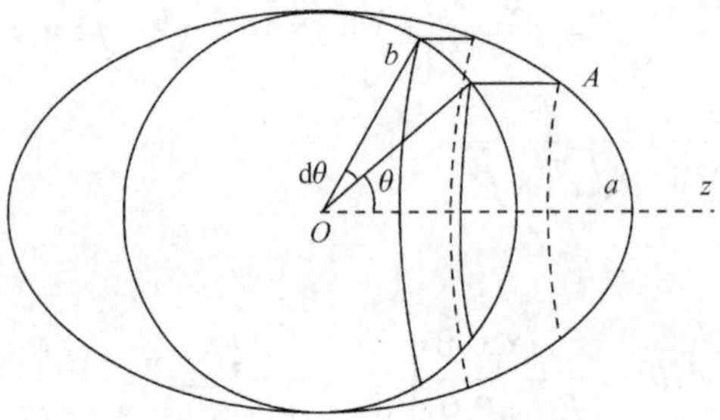

设原来半径为 b 的球面上电荷面密度为 σ_0，在该球面上锥角为 $\theta\sim\theta+\mathrm{d}\theta$ 环带上的电荷伸长至椭球时其电量不变，但其至中心点 O 的距离增大为 OA，如图所示，它在 O 点产生的电势为

$$\mathrm{d}\varphi=\frac{1}{4\pi\varepsilon_0}\frac{\sigma_0 2\pi b\sin\theta a\mathrm{d}\theta}{\overline{OA}}=\frac{1}{4\pi\varepsilon_0}\frac{\sigma_0\cdot 2\pi b\sin\theta a\mathrm{d}\theta}{\sqrt{b^2\sin^2\theta+\left(b\cos\theta\cdot\dfrac{a}{b}\right)^2}}$$

$$=\frac{\sigma_0 2\pi b}{4\pi\varepsilon_0}\frac{\sin\theta\mathrm{d}\theta}{\sqrt{b^2\sin^2\theta+a^2\cos^2\theta}}$$

$$=-\frac{1}{8\pi\varepsilon_0 b}\frac{\mathrm{d}\cos\theta}{\sqrt{1+\dfrac{a^2-b^2}{a^2}\cos^2\theta}}$$

① 戴显熹，郑永令. 复旦学报(自然科学版). Vol. 23, 335-346(1984).

式中，$q=4\pi a^2\sigma_0$为球面上的总电量. 下面分长旋转椭球面($a>b$)与短旋转椭球面($a<b$)分别讨论.

当$a>b$，$\mathrm{d}\varphi=-\dfrac{q}{8\pi\varepsilon_0 b}\dfrac{1}{e}\dfrac{\mathrm{d}(\cos\theta)}{\sqrt{1+e^2\cos^2\theta}}$，其中$e=\dfrac{\sqrt{a^2-b^2}}{a}$为椭圆偏心率，于是$O$点电势

$$\varphi=-\frac{q}{8\pi\varepsilon_0 be}\int_0^{\pi}\frac{\mathrm{d}(\cos\theta)}{\sqrt{1+e^2\cos^2\theta}}=\frac{q}{8\pi\varepsilon_0}\frac{1}{\sqrt{a^2-b^2}}\int_{-e}^{e}\frac{\mathrm{d}x}{\sqrt{1+x^2}}$$

$$=\frac{q}{8\pi\varepsilon_0\sqrt{a^2-b^2}}\ln(x+\sqrt{1+x^2})\Big|_{-e}^{e}$$

$$=\frac{q}{8\pi\varepsilon_0\sqrt{a^2-b^2}}\ln\frac{a+\sqrt{a^2-b^2}}{a-\sqrt{a^2-b^2}}$$

由此得电容

$$C=\frac{q}{\varphi}=\frac{8\pi\varepsilon_0\sqrt{a^2-b^2}}{\ln\dfrac{a+\sqrt{a^2-b^2}}{a-\sqrt{a^2-b^2}}},\qquad a>b$$

当$a<b$，$\mathrm{d}\varphi=-\dfrac{q}{8\pi\varepsilon_0 b}\dfrac{1}{e}\dfrac{\mathrm{d}(\cos\theta)}{\sqrt{1-e^2\cos^2\theta}}$，其中$e=\dfrac{\sqrt{b^2-a^2}}{b}$为椭圆偏心率，这样$O$点电势

$$\varphi=-\frac{q}{8\pi\varepsilon_0 be}\int_0^{\pi}\frac{\mathrm{d}(\cos\theta)}{\sqrt{1-e^2\cos^2\theta}}=\frac{q}{8\pi\varepsilon_0}\frac{1}{\sqrt{b^2-a^2}}\int_{-e}^{e}\frac{\mathrm{d}x}{\sqrt{1-x^2}}$$

$$=\frac{q}{8\pi\varepsilon_0\sqrt{b^2-a^2}}\arcsin x\Big|_{-e}^{e}$$

$$=\frac{q}{4\pi\varepsilon_0\sqrt{b^2-a^2}}\arcsin\frac{\sqrt{b^2-a^2}}{b}$$

从而得电容

$$C=\frac{q}{\varphi}=\frac{4\pi\varepsilon_0\sqrt{b^2-a^2}}{\arcsin\dfrac{\sqrt{b^2-a^2}}{b}},\qquad a<b$$

当$a\gg b$时(针状)，由于

$$\ln\frac{a+\sqrt{a^2-b^2}}{a-\sqrt{a^2-b^2}}=\ln\frac{1+\sqrt{1-\dfrac{b^2}{a^2}}}{1-\sqrt{1-\dfrac{b^2}{a^2}}}\approx 2\ln\frac{2a}{b}$$

从而

$$C=\frac{8\pi\varepsilon_0\sqrt{a^2-b^2}}{\ln\dfrac{a+\sqrt{a^2-b^2}}{a-\sqrt{a^2-b^2}}}\approx\frac{4\pi\varepsilon_0 a}{\ln\dfrac{2a}{b}}\qquad(a\gg b)$$

当 $a \ll b$ 时(盘状)，由于 $\arcsin\dfrac{\sqrt{b^2-a^2}}{b} \approx \dfrac{\pi}{2}$，从而

$$C = \frac{4\pi\varepsilon_0\sqrt{b^2-a^2}}{\arcsin\dfrac{\sqrt{b^2-a^2}}{b}} \approx 8\varepsilon_0 b, \quad a \ll b$$

这种统一求解方法利用变形法确定了旋转椭球形导体在静电平衡情况下的电荷分布，从而使其电容问题得到巧妙的求解，较前面求解显得更简捷.

对于盘状导体，由于其上电荷并不均匀分布，故求得的电容值与假定电荷均匀分布得到的结果 $(2\pi\varepsilon_0 b)$ 不同. 对于针状导体，由于其上电荷基本均匀分布，故两者结果相同. 读者可自行比较、检验之.

1.54　3 个薄同心导体壳组成的电容器

题 1.54　一个球形电容器由三个很薄的同心的导体壳组成，半径分别为 a、b 和 $d(a<b<d)$. 一个绝缘导线通过中间壳层的一个小孔把内外球连接起来，忽略孔的边缘效应. (a) 求此系统的电容. (b) 如果在中间球壳上放置任意静电荷 Q_B，试确定此电荷将如何在中间球壳的内、外面上分布？

解　(a) 设内球壳带电荷 Q_1，外球壳带总电荷 $-Q_2$，则中间球壳的内表面应有电荷 $-Q_1$，外表面应为 $+Q_2$ (设 Q_1，$Q_2>0$)，如题图 1.54 所示.

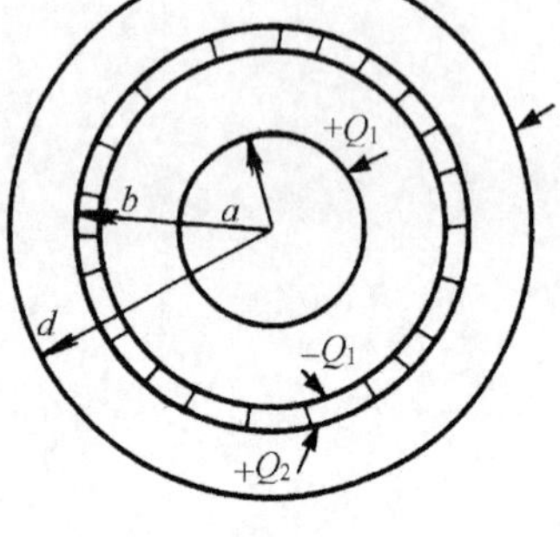

题图 1.54

电场分布为

$$\boldsymbol{E} = \frac{Q_1\boldsymbol{r}}{4\pi\varepsilon_0 r^3}, \quad a<r<b$$

$$\boldsymbol{E} = \frac{Q_2\boldsymbol{r}}{4\pi\varepsilon_0 r^3}, \quad b<r<d \tag{1}$$

$$\boldsymbol{E} = 0, \quad r<a, r>d$$

电势公式为

$$\varphi(p) = \int_p^\infty \boldsymbol{E}\cdot \mathrm{d}\boldsymbol{r} \tag{2}$$

已取无穷远处电势为零，则得

$$\varphi(d) = 0$$

$$\varphi(b) = \frac{Q_2}{4\pi\varepsilon_0}\left(\frac{1}{b}-\frac{1}{d}\right) \tag{3}$$

由题意内外球壳的电势应相等，所以

$$\varphi(a) = \frac{Q_1}{4\pi\varepsilon_0}\left(\frac{1}{a}-\frac{1}{b}\right) + \frac{Q_2}{4\pi\varepsilon_0}\left(\frac{1}{b}-\frac{1}{d}\right) = 0 \tag{4}$$

可得

$$Q_1\left(\frac{1}{a}-\frac{1}{b}\right)=-Q_2\left(\frac{1}{b}-\frac{1}{d}\right) \tag{5}$$

球壳之间的电势差为

$$\begin{aligned} V_{ab}&=\varphi(a)-\varphi(b)=-\varphi(b) \\ V_{db}&=\varphi(d)-\varphi(b)=-\varphi(b) \end{aligned} \tag{6}$$

则得内球壳与中间球壳内表面之间的电容为

$$C_{ab}=\frac{Q_1}{V_{ab}}=-\frac{Q_1}{\varphi(b)} \tag{7}$$

中间球壳外表面与外壳之间电容为

$$C_{bd}=\frac{Q_2}{V_{bd}}=\frac{Q_2}{\varphi(b)} \tag{8}$$

整个系统的电容可看成C_{ab}与C_{bd}的串联

$$\begin{aligned} C&=\left(\frac{1}{C_{ab}}+\frac{1}{C_{bd}}\right)^{-1}=\frac{1}{\varphi(b)}\left(\frac{1}{Q_2}-\frac{1}{Q_1}\right)^{-1} \\ &=\frac{4\pi\varepsilon_0 ad}{d-a} \end{aligned} \tag{9}$$

(b) 当中间球壳带总静电荷 Q_B时

$$Q_B=Q_2-Q_1 \tag{10}$$

式(5)、(10)联立得

$$Q_1=-\frac{a(d-b)}{b(d-a)}Q_B \tag{11}$$

$$Q_2=\frac{d(b-a)}{b(d-a)}Q_B \tag{12}$$

即中间球壳内表面带有总电荷为$\dfrac{a(d-b)}{b(d-a)}Q_B$，外表面带有总电荷为

$$\frac{d(b-a)}{b(d-a)}Q_B \tag{13}$$

1.55 沿轴劈成两半且保持不同电势的长导体圆柱的空间电场与电势

题 1.55 一个长的导电圆柱沿轴的方向劈成两半并分别保持其电势为 V_0与 0，如题图 1.55(a)所示. 整个系统中静电荷为零. (a) 计算空间电势分布. (b) 计算$r\ll a$时的电场. (c) 计算$r\gg a$时的电场. (d) 画出空间中的电场线图.

解法一 (a)用复变函数的保角变换，将$|z|=a$变为 x 轴$u=\mathrm{i}\dfrac{z-a}{z+a}$，则空间中的电势分布为

$$
\begin{aligned}
V &= \frac{V_0}{\pi}\operatorname{Im}\left\{\ln\left[\mathrm{i}\frac{z-a}{z+a}\right]\right\} \\
&= \frac{V_0}{\pi}\operatorname{Im}\left\{\ln\left[\mathrm{i}\frac{r\cos\theta - a + \mathrm{i}r\sin\theta}{r\cos\theta + a + \mathrm{i}r\sin\theta}\right]\right\} \\
&= \frac{V_0}{\pi}\operatorname{Im}\left\{\ln\left[\mathrm{i}\frac{r^2 - a^2 + 2\mathrm{i}ar\sin\theta}{(r\cos\theta + a)^2 + r^2\sin^2\theta}\right]\right\} \\
&= \frac{V_0}{\pi}\left[\frac{\pi}{2} + \arctan\frac{2ar\sin\theta}{\left|r^2 - a^2\right|}\right]
\end{aligned}
$$

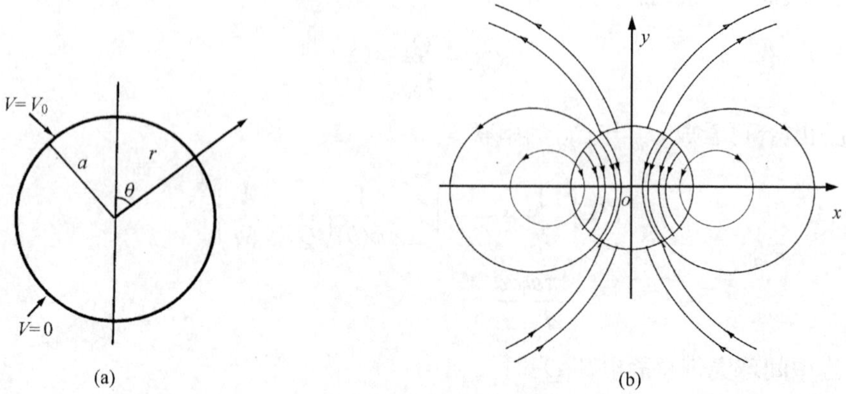

题图 1.55

(b) 当 $r \gg a$ 时

$$
\begin{aligned}
V &\approx \frac{V_0}{\pi}\left(\frac{\pi}{2} + \frac{2a\sin\theta}{r}\right) \\
&= \frac{V_0}{2} + \frac{2V_0 a\sin\theta}{\pi r}
\end{aligned}
$$

于是

$$
\begin{aligned}
E_r &= -\frac{\partial V}{\partial r} = \frac{2V_0 a\sin\theta}{\pi r^2} \\
E_\theta &= -\frac{1}{r}\cdot\frac{\partial V}{\partial \theta} = -\frac{2Va}{\pi r^2}\cos\theta
\end{aligned}
$$

(c) 当 $r \ll a$ 时

$$
\begin{aligned}
V &\approx \frac{V_0}{\pi}\left(\frac{\pi}{2} + \frac{2r\sin\theta}{a}\right) \\
&= \frac{V_0}{2} + \frac{2V_0 r\sin\theta}{\pi a}
\end{aligned}
$$

于是有

$$E_r = -\frac{\partial V}{\partial r} = -\frac{2V_0 \sin\theta}{\pi a}$$

$$E_\theta = -\frac{1}{r}\frac{\partial V}{\partial \theta} = -\frac{2V_0}{\pi a}\cos\theta$$

(d) 空间电场线图见题图 1.55(b).

解法二 电势满足拉普拉斯方程

$$\nabla^2 V = \frac{\partial^2 V}{\partial r^2} + \frac{1}{r}\cdot\frac{\partial V}{\partial r} + \frac{1}{r^2}\cdot\frac{\partial^2 V}{\partial \theta^2} = 0$$

采用分离变量法可求出

$$V(r,\theta) = \sum_m^\infty \left(\frac{r}{a}\right)^m \left(A_m \cos m\theta + B_m \sin m\theta\right) \tag{1}$$

现在必须确定上式中的系数 A_m 和 B_m，在 $r = a$ 处

$$V(a,\theta) = \sum_m^\infty \left(A_m \cos m\theta + B_m \sin m\theta\right)$$

由于对称性，$V(a,\theta) = V(a, 2\pi - \theta)$，所以 $B_m = 0$. 用 $\cos n\theta$ 乘以 $V(a,\theta)$，并对 θ 从 0 到 2π 积分，可以算出 A_n. 因此 $A_0 = \frac{1}{2}V_0$. 对于 $n \geqslant 1$

$$\pi A_n = \int_0^{\frac{\pi}{2}} V_0 \cos n\theta \mathrm{d}\theta + \int_{\frac{3\pi}{2}}^{2\pi} V_0 \cos n\theta \mathrm{d}\theta$$

$$= \frac{2V_0}{n}\sin\left(\frac{n\pi}{2}\right), \qquad n = 1,2,3\cdots$$

即有

$$A_0 = \frac{1}{2}V_0$$

$$A_n = \frac{2V_0}{n\pi}\sin\left(\frac{n\pi}{2}\right)$$

又已求得 $B_m = 0$，代入式(1)得

$$V(r,\theta) = \sum_{m=1}^\infty \left(\frac{r}{a}\right)^m \frac{2V_0}{m\pi}\sin\left(\frac{m\pi}{2}\right)\cos m\theta + \frac{1}{2}V_0$$

$$= \sum_{n=1}^\infty (-1)^n \frac{x^{2n-1}}{2n-1}\frac{2V_0}{n\pi}\cos(2n-1)\theta + \frac{1}{2}V_0$$

最后，值得注意的是这个级数展开式可以求和，即

$$\sum_{n=1}^\infty (-1)^{n-1}\frac{x^{2n-1}}{2n-1}\cos\left[(2n-1)\theta\right] = \mathrm{Re}\int_0^x \mathrm{d}y\left(-\frac{\mathrm{i}}{y}\right)\sum_{n=1}^\infty\left(\mathrm{i}y\mathrm{e}^{\mathrm{i}\theta}\right)^{2n-1}$$

式中，$x = r/a$. 利用展开式

$$\frac{1}{1-x}=\sum_{n=0}^{\infty}x^n\ ,\qquad |x|<1$$

上式变为

$$\mathrm{Re}\int_0^x \mathrm{d}y\left(-\frac{\mathrm{i}}{y}\right)\left(\frac{1}{1-\mathrm{i}y\mathrm{e}^{\mathrm{i}\theta}}-\frac{1}{1+\mathrm{i}y\mathrm{e}^{\mathrm{i}\theta}}\right)=\mathrm{Re}\int_0^x \mathrm{d}y\frac{\mathrm{e}^{\mathrm{i}\theta}}{2}\left(\frac{1}{1-\mathrm{i}y\mathrm{e}^{\mathrm{i}\theta}}-\frac{1}{1+\mathrm{i}y\mathrm{e}^{\mathrm{i}\theta}}\right)$$

完成积分，得到

$$\sum_{n=1}^{\infty}(-1)^{n-1}\frac{x^{2n-1}}{2n-1}\cos\left[(2n-1)\theta\right]=\frac{1}{2}\mathrm{Im}\left\{\ln\left(\frac{1+\mathrm{i}x\mathrm{e}^{\mathrm{i}\theta}}{1-\mathrm{i}x\mathrm{e}^{\mathrm{i}\theta}}\right)\right\}=\frac{1}{2}\arctan\left(\frac{2x\cos\theta}{1-x^2}\right)$$

于是

$$V(r,\theta)=\frac{V_0}{2}+\frac{V_0}{\pi}\arctan\left(\frac{2ar\cos\theta}{a^2-r^2}\right)$$

以上对柱体内部进行了求解. 对柱体外部($r>a$)同理求得

$$V(r,\theta)=\frac{V_0}{2}+\frac{V_0}{\pi}\arctan\left(\frac{2ar\cos\theta}{r^2-a^2}\right)$$

与上面用保角变换法求解得到的结果一致.

1.56　中间充以均匀电介质的两个薄金属圆柱的电荷与电场

题图 1.56

题 1.56　在两个长的薄金属圆柱体之间的空间中充满介电常量为 ε 的电介质，已知圆柱体的半径为 a 和 b，如题图 1.56 所示. (a)当在二柱体间加上电势 V(外部圆柱体处于高电势)，圆柱体每单位长度上的电荷是多少？(b)在二圆柱体之间区域的电场强度是多少？

解　此为一同轴圆柱形电容器，设圆柱体长为 l，它的电容为

$$C=\frac{2\pi\varepsilon l}{\ln\left(\dfrac{a}{b}\right)}$$

由 $Q=CV$ 及外柱体处于高电势，设 λ 为线电荷密度，则得内、外圆柱体每单位长度上的电荷为

$$\lambda_{内}=-\frac{2\pi\varepsilon V}{\ln\left(\dfrac{a}{b}\right)},\qquad \lambda_{外}=\frac{2\pi\varepsilon V}{\ln\left(\dfrac{a}{b}\right)}$$

并由高斯定理，不难得到电容器内电场为

$$\boldsymbol{E}=\frac{\lambda_{内}}{2\pi\varepsilon r}\boldsymbol{e}_r=-\frac{V}{\ln\left(\dfrac{a}{b}\right)r}\boldsymbol{e}_r$$

1.57 中间充以导电介质的两个共轴金属圆柱间的电阻和电容

题 1.57 对两个同轴的圆柱形导体，内外半径为 a 与 b，长 $l \gg b$，内部充满介电常量 ε，电导率为 σ 的介质，试计算内外导体之间的电阻与电容.

解 设内外导体电势差为 V，则在二导体之间有电场

$$\boldsymbol{E}(r)=\frac{V}{r\ln(b/a)}\boldsymbol{e}_r$$

而由欧姆定律

$$\boldsymbol{J}=\sigma\boldsymbol{E}$$

电流强度

$$I=2\pi rlJ=\frac{2\pi\sigma lV}{\ln(b/a)}$$

所以内外导体之间的电阻

$$R=\frac{V}{I}=\frac{\ln(b/a)}{2\pi l\sigma}$$

在导体内部，电场为 0，由边值关系得导体的面电荷密度为

$$\sigma=\varepsilon\frac{V}{a\ln(b/a)}$$

内导体的总电荷

$$Q=2\pi al\sigma$$

所以两导体间电容为

$$C=\frac{Q}{V}=\frac{2\pi\varepsilon l}{\ln(b/a)}$$

1.58 充以导电介质的两导体间的电容

题 1.58 将两个导体嵌于电导率为$10^{-4}\Omega/\text{m}$、介电常量 $\varepsilon=80\varepsilon_0$ 的介质中，导体之间的电阻为$10^5\Omega$，导出导体间电容的方程并计算电容的值.

解 不妨设两导体分别带有自由电荷 $Q,-Q$. 取一包围带电为 Q 的导体(但不包围另一导体)的闭曲面为高斯曲面，则

$$I=\oint\boldsymbol{j}\cdot\mathrm{d}\boldsymbol{S}=\oint\sigma\boldsymbol{E}\cdot\mathrm{d}\boldsymbol{S}=\sigma\oint\boldsymbol{E}\cdot\mathrm{d}\boldsymbol{S}=\sigma\frac{Q}{\varepsilon}$$

即 $I=\sigma Q/\varepsilon$. 又设两导体间的电势差为 V，则

$$V=IR=\frac{\sigma Q}{\varepsilon}R$$

故两导体间的电容为

$$C=\frac{Q}{V}=\frac{\varepsilon}{\sigma R}$$

即

$$C=\frac{80\times 8.85\times 10^{-12}}{10^{-4}\times 10^{5}}=7.08\times 10^{-11}\,(\mathrm{F})$$

1.59 充以非均匀电介质的柱形电容器的电场

题 1.59 一个长同轴圆柱形电容器由半径为 a，b 的内外二导体组成. 其间充满相对介电常量为 $\varepsilon_{\mathrm{r}}(r)$ 的电介质，$\varepsilon_{\mathrm{r}}(r)$ 随距轴的距离 r 而变化. 把电容器充电到具有电压 V，当保持电容器内的能量密度为常数(此时介质没有内部压力)时，$\varepsilon_{\mathrm{r}}(r)$ 与 r 的关系怎样，并计算这个条件下的电场 $E(r)$.

解 设 λ 为内导体线电荷密度，则电容器的场强为

$$\boldsymbol{E}(r)=\frac{\lambda}{2\pi\varepsilon_0 r\varepsilon_{\mathrm{r}}(r)}\boldsymbol{e}_r$$

因此能量密度为

$$w_{\mathrm{e}}(r)=\frac{\varepsilon_0\varepsilon_{\mathrm{r}}(r)}{2}E^2=\frac{\lambda^2}{8\pi^2\varepsilon_0 r^2\varepsilon_{\mathrm{r}}(r)}$$

为使 $w_{\mathrm{e}}(r)$ 为常数，要求 $r^2\varepsilon_{\mathrm{r}}(r)$ 为常数，不妨设

$$r^2\varepsilon_{\mathrm{r}}(r)=K$$

则

$$K(r)=Kr^{-2}$$

电容器的电势差

$$V=\int_a^b E\mathrm{d}r=\frac{\lambda}{4\pi\varepsilon_0 K}(b^2-a^2)$$

于是

$$\lambda=\frac{4\pi\varepsilon_0 KV}{b^2-a^2}$$

则电场为

$$\boldsymbol{E}(r)=\frac{2rV}{b^2-a^2}\boldsymbol{e}_r$$

1.60 与半无限大电介质表面相距 x 的点电荷的势能

题 1.60 在真空中，点电荷 q 与一相对介电常量为 ε_{r} 的半无限大电介质表面相距 x，

求 q 的势能.

解 以半无限大电介质表面为 $z=0$ 面，让 z 轴通过点电荷，建立柱坐标系 (z,r,θ). 点电荷 q 处的位置为 $z=x$. 设 $z=0$ 面电介质的束缚面电荷密度分布为 $\sigma_p(r)$. 对电介质，可认为自由面电荷分布 $\sigma_f=0$.

在界面上侧 $(z=0_+)$ 处，电场的法向分量应为

$$E_{z1}(r)=-\frac{qx}{4\pi\varepsilon_0(r^2+x^2)^{3/2}}+\frac{\sigma_p(r)}{2\varepsilon_0}$$

在界面下侧 $(z=0_-)$ 处的电场法向分量为

$$E_{z2}(r)=-\frac{qx}{4\pi\varepsilon_0(r^2+x^2)^{3/2}}-\frac{\sigma_p(r)}{2\varepsilon_0}$$

在 $z=0$ 面，电位移矢量的法向边界条件给出

$$\varepsilon_0E_{z1}(r)=\varepsilon_0\varepsilon_{\mathrm{r}}E_{z2}(r)$$

从而可得

$$\sigma_p(r)=\frac{(1-\varepsilon_{\mathrm{r}})qx}{2\pi(1+\varepsilon_{\mathrm{r}})(r^2+x^2)^{3/2}}$$

电荷分布在点 $(0,0,x)$ 处的电场只有垂直分量，其值为

$$\begin{aligned}E&=\int\frac{\sigma_p(r)x\mathrm{d}s}{4\pi\varepsilon_0(r^2+x^2)^{3/2}}=\frac{(1-\varepsilon_{\mathrm{r}})qx^2}{4\pi(1+\varepsilon_{\mathrm{r}})\varepsilon_0}\int_0^\infty\frac{r\mathrm{d}r}{(r^2+x^2)^3}\\&=\frac{(1-\varepsilon_{\mathrm{r}})q}{16\pi(1+\varepsilon_{\mathrm{r}})\varepsilon_0x^2}\end{aligned}$$

因而点电荷受力为

$$F=qE=\frac{(1-\varepsilon_{\mathrm{r}})q^2}{16\pi(1+\varepsilon_{\mathrm{r}})\varepsilon_0x^2}$$

点电荷 q 的势能 W_{e} 等于将它从无穷远移到 x 处外力所做的功，即

$$\begin{aligned}W_{\mathrm{e}}&=-\int_\infty^x F\mathrm{d}x'=-\int_\infty^x\frac{(1-\varepsilon_{\mathrm{r}})q^2}{16\pi(1+\varepsilon_{\mathrm{r}})\varepsilon_0x'^2}\mathrm{d}x'\\&=\frac{(1-\varepsilon_{\mathrm{r}})q^2}{16\pi(1+\varepsilon_{\mathrm{r}})\varepsilon_0x}\end{aligned}$$

1.61 平面上两根细金属导线构成的电容

题 1.61 在 $z=0$ 平面上，由两根细金属导线构成的系统具有电容 C. 如果在 $z<0$ 的半空间中充满介电常量为 ε 的电介质时，试问新的电容值是多少？

解 如题图 1.61，在未填入介质前，一个导线带正电荷 $+Q$，一个带 $-Q$，二者电势差为 V，故系统的电容 $C=Q/V$. 这时空间电场为 $\boldsymbol{E}$. 在下半空间加入 ε 的介质后，设空间电场为 $\boldsymbol{E}'$，它与原电场的关系 $\boldsymbol{E}'=K\boldsymbol{E}$, K 为一待定常数.

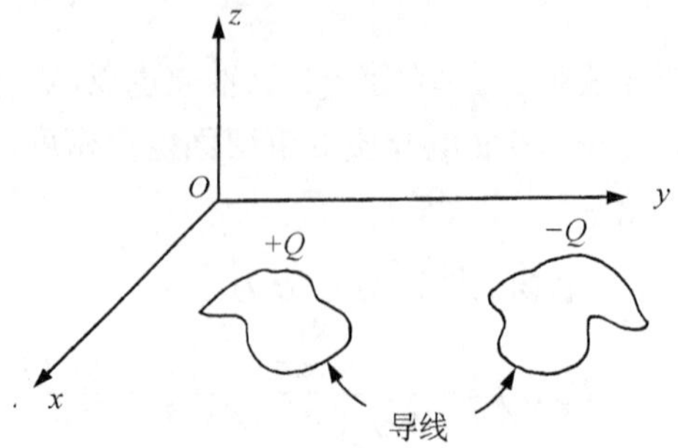

题图 1.61

以 $z=0$ 平面为分界面，以带 $+Q$ 的导线所围面积为中央截面作一扁柱体，则柱体上表面 S_1 在 $z>0$ 空间，下表面 S_2 在 $z<0$ 空间. 由电场切向分量在边界上的连续性，当对扁柱体的表面积 S 用高斯定理时，电场切向分量的贡献等于 0，即

$$\oint_S \boldsymbol{D}\cdot d\boldsymbol{S}=\varepsilon_0\int_{S_1}\boldsymbol{E}\cdot d\boldsymbol{S}+\varepsilon_0\int_{S_2}\boldsymbol{E}\cdot d\boldsymbol{S}=Q \tag{1}$$

和

$$\oint_S \boldsymbol{D}'\cdot d\boldsymbol{S}=\varepsilon_0\int_{S_1}\boldsymbol{E}'\cdot d\boldsymbol{S}+\varepsilon\int_{S_2}\boldsymbol{E}'\cdot d\boldsymbol{S}=Q \tag{2}$$

由式(1)，有

$$\int_{S_1}\boldsymbol{E}\cdot d\boldsymbol{S}=\int_{S_2}\boldsymbol{E}\cdot d\boldsymbol{S}=\frac{Q}{2\varepsilon_0} \tag{3}$$

式(2)、式(3)联合，有

$$\frac{(\varepsilon_0+\varepsilon)K}{2\varepsilon_0}Q=Q$$

从而得

$$K=\frac{2\varepsilon_0}{\varepsilon_0+\varepsilon},\qquad \boldsymbol{E}'=\frac{2\varepsilon_0\boldsymbol{E}}{\varepsilon+\varepsilon_0}$$

为计算二导体之间电势差，任选一连接二导线的路径 L，则在填充介质前后，有

$$V=\int_L \boldsymbol{E}\cdot d\boldsymbol{l}$$
$$V'=\int_L \boldsymbol{E}'\cdot d\boldsymbol{l}=K\int_L \boldsymbol{E}\cdot d\boldsymbol{l}=KV$$

故加入介质后的电容为

$$C'=\frac{Q}{V'}=\frac{Q}{KV}=\frac{\varepsilon+\varepsilon_0}{2\varepsilon_0}C$$

1.62 充满两层导电介质的平行板电容器的电场和电流

题 1.62 一个由理想导体构成的平行板电容器，两极板之间充满两层介质，它们的厚

度为d_1和d_2，介电常量与电导率分别为ε_2、σ_1与ε_2、σ_2. 电势V通过此电容器，如题图1.62所示. 假定忽略边缘效应，求：(a)两种介质中的电场. (b)通过电容器的电流. (c)在两层介质分界面上的总面电荷密度. (d)在两层介质分界面上的自由面电荷密度.

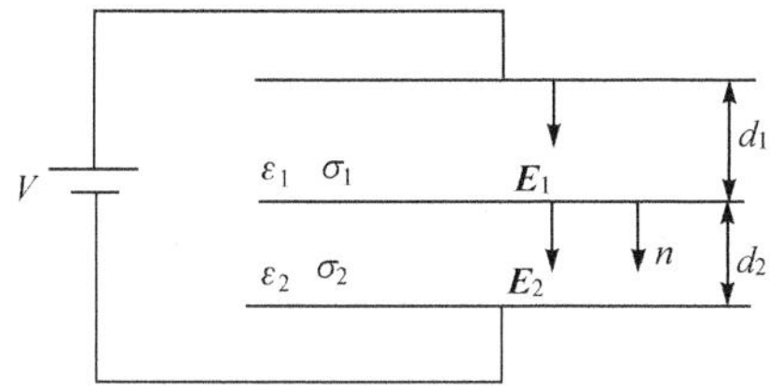

题图 1.62

解 (a) 在不计边缘效应时，平行板内介质 1、2 中的电场E_1、E_2为匀强电场，方向与板面垂直，故有

$$V = E_1 d_1 + E_2 d_2 \tag{1}$$

又因在介质 1、2 中通过的电流应相等，则有

$$\sigma_1 E_1 = \sigma_2 E_2 \tag{2}$$

式(1)与式(2)联立给出

$$E_1 = \frac{V\sigma_2}{d_1\sigma_2 + d_2\sigma_1}, \qquad E_2 = \frac{V\sigma_1}{d_1\sigma_2 + d_2\sigma_1}$$

(b) 通过电容器的电流密度为

$$J = \sigma_1 E_1 = \frac{\sigma_1\sigma_2 V}{d_1\sigma_2 + d_2\sigma_1}$$

方向也垂直极板.

(c) 利用边值关系(题图 1.62)

$$\boldsymbol{n}\cdot(\boldsymbol{E}_2 - \boldsymbol{E}_1) = \sigma_t / \varepsilon_0$$

得两种介质分界面上总面电荷密度为

$$\sigma_t = \varepsilon_0(E_2 - E_1) = \frac{\varepsilon_0(\sigma_1 - \sigma_2)V}{d_1\sigma_2 + d_2\sigma_1}$$

(d) 由边值关系

$$\boldsymbol{n}\cdot(\boldsymbol{D}_2 - \boldsymbol{D}_1) = \boldsymbol{n}\cdot(\varepsilon_2\boldsymbol{E}_2 - \varepsilon_1\boldsymbol{E}_1) = \sigma_f$$

得两种介质分界面上自由电荷密度为

$$\sigma_f = \frac{(\sigma_1\varepsilon_2 - \sigma_2\varepsilon_1)V}{d_1\sigma_2 + d_2\sigma_1}$$

1.63　交流电路中电容器半边充满电介质的介电常量

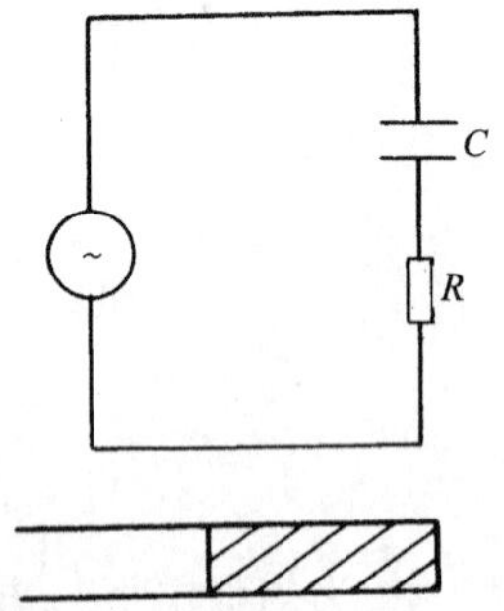

题图 1.63

题 1.63　一个由空气分开的电容为 C 的平行板电容器与一个电阻为 R 及频率为 ω 的交流电源相串联(题图 1.63). R 上的电压降为 V_R. 今将电容器的一半充满介电常量为 ε 的介质，而电路的其他情况不变，这时 R 上的电压降变为 $2V_R$. 若不计边缘效应，求介质电常量 ε.

解　充入一半电介质材料后，电容器的电容变为

$$C'=\frac{C}{2}+\frac{\varepsilon C}{2\varepsilon_0}=\frac{\left(1+\dfrac{\varepsilon}{\varepsilon_0}\right)}{2}C$$

依题意，应有下式成立：

$$\left|\frac{R}{R+\dfrac{1}{\mathrm{j}\omega C'}}\right|=2\left|\frac{R}{R+\dfrac{1}{\mathrm{j}\omega C}}\right|$$

式中 $\mathrm{j}=\sqrt{-1}$ [①]. 从而得到

$$4R^2+\frac{16}{\omega^2C^2\left(1+\dfrac{\varepsilon}{\varepsilon_0}\right)^2}=R^2+\frac{1}{\omega^2C^2}$$

解得

$$\varepsilon=\left(\frac{4}{\sqrt{1-3R^2C^2\omega^2}}-1\right)\varepsilon_0$$

1.64　电介质部分放入平板电容器中受到的力

题 1.64　一个平行板电容器，板宽为 a，长为 b，二板相距为 $d(d\ll a,b)$，如题图 1.64 所示. 在电容器中有一块电介质，其相对介电常量为 ε_r. (a)使电容器与电动势为 V 的电源相连接. 把部分电介质从电容器中抽出，使留在二极板间的电介质长度为 x，求把电介质拉向电容器的电力. (b)当电介质在电容器内时，电容器被充电至极板间电压为 V_0，然后断开电源. 仍把电介质部分拉出，使留在极板内的长度为 x，求使电介质返回电容器的电力. 本题作计算时忽略电容器边缘效应.

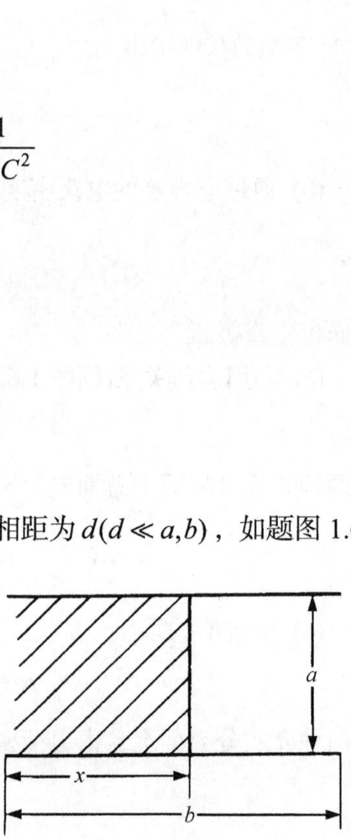

题图 1.64

① 电路分析类型题目中，为避免与电流 i 混淆，虚数单位使用 j 表示——编者注.

解　电容器电容为

$$C = \varepsilon_0\varepsilon_r\frac{xa}{d} + \varepsilon_0\frac{(b-x)a}{d} = \frac{\varepsilon_0(\varepsilon_r - 1)ax}{d} + \frac{\varepsilon_0 ba}{d} \tag{1}$$

若电介质向电容器内移动 dx，电容器的储能会发生变化，这时电介质将受到力的作用，虚功原理给出

$$F\mathrm{d}x = V\mathrm{d}Q - \mathrm{d}\left(\frac{1}{2}V^2C\right) \tag{2}$$

(a) 当 V 固定时，$\mathrm{d}Q = V\mathrm{d}C$，则式(2)给出

$$F\mathrm{d}x = \frac{1}{2}V^2\mathrm{d}C$$

代入式(1)，即得

$$F = \frac{V^2}{2}\cdot\frac{\mathrm{d}C}{\mathrm{d}x} = \frac{\varepsilon_0(\varepsilon_r - 1)aV^2}{2d} \tag{3}$$

因为 $\varepsilon_r > 1$,所以，$F > 0$，表明此力将把电介质引向电容器内部.

(b) 当电介质在电容器内时，电容器的电容为

$$C_0 = \frac{\varepsilon_0\varepsilon_r ab}{d} \tag{4}$$

因此电容器极板上的电量为 $Q = C_0V_0$，断开电源后，Q 维持不变，由式(2)，有

$$F\mathrm{d}x = -\frac{1}{2}\mathrm{d}(V^2C) = -\frac{V^2}{2}\mathrm{d}C - CV\mathrm{d}V$$

而

$$\mathrm{d}V = \mathrm{d}\left(\frac{Q}{C}\right) = -\frac{Q}{C^2}\mathrm{d}C$$

所以

$$F\mathrm{d}x = \frac{Q^2}{2C^2}\mathrm{d}C = \frac{C_0^2V_0^2}{2C^2}\mathrm{d}C$$

代入式(4)，有

$$F = \frac{C_0^2V_0^2}{2C^2}\cdot\frac{\mathrm{d}C}{\mathrm{d}x} = \frac{\varepsilon_0{\varepsilon_r}^2(\varepsilon_r - 1)ab^2V_0^2}{2d\left[(\varepsilon_r - 1)x + b\right]^2}$$

显然 $F > 0$，表明此力把介质拉向电容器内.

思考　电容器内部，场强垂直于极板，那么电介质板所受到的沿极板方向的力究竟是如何产生的?

1.65　电介质从柱形电容器中拉出受到的力

题 1.65　长为 L 的圆柱形电容器由半径为 a 的内芯导线与半径为 b 的外部导体薄壳所

组成,其间填满了介电常量为 ε 的电介质. (a) 当此电容器充电到电量为 Q 时, 求电场强度与径向位置的函数关系. (b) 求电容器的电容. (c) 把电容器与电势为 V 的电池相连接, 并将电介质从电容器中拉出一部分，如果维持电介质在拉出位置不动，需施多大的力？此力沿何方向?

解　(a)设内导线的线电荷密度为 λ ，取柱坐标(z,r,θ)，则由高斯定理可得电容器内电场为

$$\boldsymbol{E}=\frac{\lambda}{2\pi\varepsilon r}\boldsymbol{e}_r=\frac{Q}{2\pi\varepsilon Lr}\boldsymbol{e}_r$$

(b) 内外导体电势差为

$$V=\int_a^b \boldsymbol{E}\cdot \mathrm{d}\boldsymbol{r}=\frac{\lambda}{2\pi\varepsilon}\ln\left(\frac{b}{a}\right)$$

因此得电容

$$C=\frac{\lambda L}{V}=\frac{2\pi\varepsilon L}{\ln(b/a)}$$

(c) 当电容器与电池相连接时，内外导体电势差 V 不变. 把介质拉出一部分后，设真空部分长为 x，留在电容器内介质长为 $L-x$ ，如题图 1.65 所示. 这时电容器总电容为

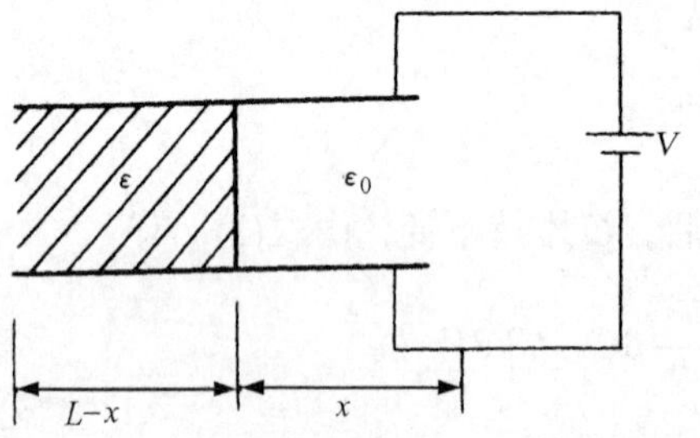

题图 1.65

$$C=\frac{2\pi\varepsilon_0 x}{\ln\left(\frac{b}{a}\right)}+\frac{2\pi\varepsilon(L-x)}{\ln\left(\frac{b}{a}\right)}$$

$$=\frac{2\pi\varepsilon_0}{\ln\left(\frac{b}{a}\right)}\left[\frac{\varepsilon L}{\varepsilon_0}+\left(1-\frac{\varepsilon}{\varepsilon_0}\right)x\right]$$

电介质的抽出使电容器储能发生变化，能量的变化将使电介质受引力的作用，由虚功原理，有

$$F\mathrm{d}x=V\mathrm{d}Q-\frac{1}{2}V^2\mathrm{d}C$$

因 V 不变，有 $\mathrm{d}Q=V\mathrm{d}C$ ，上式化为

$$F\mathrm{d}x=\frac{1}{2}V^2\mathrm{d}C=\frac{\pi\varepsilon_0 V^2}{\ln\left(\frac{b}{a}\right)}\left(1-\frac{\varepsilon}{\varepsilon_0}\right)\mathrm{d}x$$

故电介质受力为

$$F=\frac{\pi\varepsilon_0 V^2}{\ln\left(\frac{b}{a}\right)}\left(1-\frac{\varepsilon}{\varepsilon_0}\right)$$

因为 $\varepsilon>\varepsilon_0$ ，故 $F<0$ ，为吸力，因此若要保持电介质在原位置不动，必须加一个大小与 F

相等、方向指向电容器外部的拉力.

同题 1.64，请读者思考电介质所受力是如何产生的?

1.66 非平行的平板电容器的电势和电容

题 1.66 题图 1.66(a)所示为一个两极板不太平行的平板电容器. (a)忽略边缘效应，当二极板间加上电压差 V 时,求二极板间任意点的电势值. (b)当电容器中充满介电常量为 ε 的介质时，用给定的常数表示电容器的电容.

解 (a) 当忽略边缘效应时，本题为一个平面场问题. 在题图 1.66(a)中，选取坐标系的 z 轴垂直于纸面向外. 则电场应平行于 xy 平面，且与 z 无关.

设二极板平面相交的直线与 x 轴交点为 O' ，如题图 1.66(b)所示，由题图 1.66(b)可得

$$\overline{OO'}=\frac{bd}{a} \tag{1}$$

θ_0 为二板面的张角. 过 O' 点作 z' 轴与 z 轴平行，用 (z',r,θ) 建立柱坐标系(题图 1.66(b)). 根据对称性的考虑，过 z' 轴的平面应为等势面，即电势应只是角 θ 的函数

$$\varphi(r,\theta,z')=\varphi(\theta)$$

电势 φ 的方程为

$$\nabla^2\phi=\frac{1}{r^2}\cdot\frac{\mathrm{d}^2\phi}{\mathrm{d}\theta^2}=0 \tag{2}$$

其一般解为 $\varphi(\theta)=A+B\theta$.

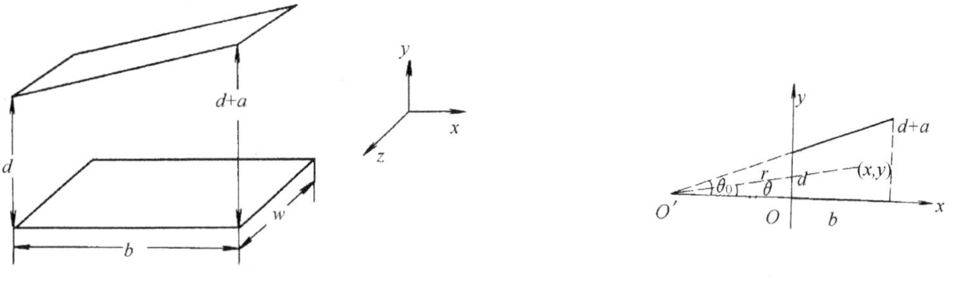

(a) (b)

题图 1.66

因上下极板面都为等势面，故可设边界条件为

$$\varphi(0)=0,\qquad \varphi(\theta_0)=V \tag{3}$$

从而得 $A=0,B=V/\theta_0$. 由题图 1.66(b)， $\theta=\arctan\left[\dfrac{ay}{ax+bd}\right]$ ，故最后可得极板间任意点电势为

$$\phi(x,y)=\frac{V\theta}{\theta_0}=\frac{\arctan\left[\dfrac{ay}{ax+bd}\right]}{\arctan\dfrac{a}{b}}\cdot V \tag{4}$$

(b) 考虑下极板面，设其总电量为 Q. 由式(2)、式(3)，电容器内的电场为

$$\boldsymbol{E}=-\nabla\varphi=-\frac{V}{\theta_0 r}\boldsymbol{e}_\theta$$

注意对下极板，$\theta=0, r=\dfrac{bd}{a}+x$. 若设下极板自由面电荷密度为 σ_f，则该板面上的法向边界条件给出

$$\sigma_f=\varepsilon E=-\frac{\varepsilon V}{\theta_0\left(\dfrac{bd}{a}+x\right)}$$

对下极板面积分即得

$$Q=\int_{\text{下极板面}}\sigma_f \mathrm{d}s=-\int_0^w \mathrm{d}z\int_0^b\frac{\varepsilon V}{\theta_0\left(\dfrac{bd}{a}+x\right)}\mathrm{d}x$$

$$=-\frac{\varepsilon Vw}{\arctan\dfrac{a}{b}}\ln\left(\frac{b+a}{d}\right)$$

从而此电容器的电容为

$$C=\frac{|Q|}{V}=\frac{\varepsilon w}{\arctan\dfrac{a}{b}}\ln\left(\frac{b+a}{d}\right)$$

1.67　充以各向异性均匀电介质的平行板电容器的电场、电位移和电容

题 1.67　两个大的导电板，面积都是 A，相距为 d. 在二板之间充满了各向异性的均匀电介质. 介电常量张量 ε_{ij} 使电位移矢量 $\boldsymbol{D}$ 与电场 $\boldsymbol{E}$ 之间存在着关系 $D_i=\sum\limits_{i=1}^{3}\varepsilon_{ij}E_j$. 介电常量张量的主轴为(题图 1.67)：轴 1(本征值 ε_1)是在纸面上相对水平方向成 θ 角；轴 2(本征值 ε_2)是在纸面上相对水平方向成 $\dfrac{\pi}{2}-\theta$ 角；轴 3(本征值 ε_3)与纸面垂直. 假定导体板足够大使得边缘效应可忽略. (a)如果在题图 1.67 中的左、右板上均匀地分布自由电荷 $+Q_F$ 与 $-Q_F$，求电介质内的 $\boldsymbol{D}$ 与 $\boldsymbol{E}$ 的水平及垂直分量. (b)计算系统由电容依赖于 A、d、ε_i 与 θ 的关系式.

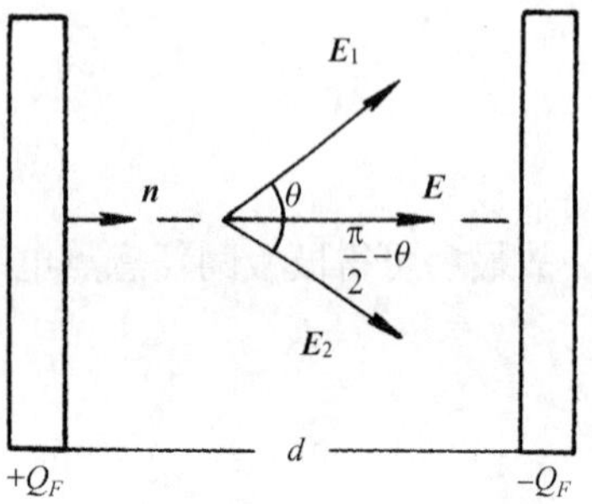

题图 1.67

解　(a) 设左导电板的法向为矢量 $\boldsymbol{n}$，在导电板内 $\boldsymbol{E}=0$，由 $\boldsymbol{E}$ 的切向连续性，介质内的电场切向也为 0，即介质内电场为

$$\boldsymbol{E}=E\boldsymbol{n}$$

把 $\boldsymbol{E}$ 分解到本题的主轴上，有

$$E_1 = E\cos\theta, \qquad E_2 = E\sin\theta, \qquad E_3 = 0 \tag{1}$$

在$(\hat{e}_1, \hat{e}_2, \hat{e}_3)$坐标系中，张量$\varepsilon_{ij}$为一对角矩阵

$$\begin{bmatrix} \varepsilon_1 & 0 & 0 \\ 0 & \varepsilon_2 & 0 \\ 0 & 0 & \varepsilon_3 \end{bmatrix}$$

因此得$(\boldsymbol{e}_1, \boldsymbol{e}_2, \boldsymbol{e}_3)$坐标系中，电容器内的电位移矢量为

$$D_1 = \varepsilon_1 E_1 = \varepsilon_1 E\cos\theta, \qquad D_2 = \varepsilon_2 E\sin\theta, \qquad D_3 = 0 \tag{2}$$

以 $\boldsymbol{t}$、$\boldsymbol{n}$ 分别表示垂直与水平方向，则在左极板面的法向边值关系给出

$$D_n = \sigma_f = Q_F / A$$

即电位移矢量的法向分量为一常数，因此

$$D_1\cos\theta + D_2\sin\theta = D = \frac{Q_F}{A} \tag{3}$$

联合式(2)、式(3)，得

$$E = \frac{Q_F}{A(\varepsilon_1\cos^2\theta + \varepsilon_2\sin^2\theta)}$$

因此得 $\boldsymbol{E}$ 、 $\boldsymbol{D}$ 的水平、垂直分量为

$$E_n = E = \frac{Q_F}{A(\varepsilon_1\cos^2\theta + \varepsilon_2\sin^2\theta)}, \qquad D_n = \frac{Q_F}{A} \tag{4}$$

$$E_t = 0, \qquad D_t = D_1\sin\theta - D_2\cos\theta = \frac{Q_F(\varepsilon_1 - \varepsilon_2)\sin\theta\cos\theta}{A(\varepsilon_1\cos^2\theta + \varepsilon_2\sin^2\theta)} \tag{5}$$

(b) 在左右两极板之间的电势差为

$$V = \int E_n \mathrm{d}x = \frac{Q_F d}{A(\varepsilon_1\cos^2\theta + \varepsilon_2\sin^2\theta)}$$

从而得该系统的电容为

$$C = \frac{Q_F}{V} = \frac{A(\varepsilon_1\cos^2\theta + \varepsilon_2\sin^2\theta)}{d}$$

1.68 均匀电场中电介质球的电场、束缚电荷密度

题 1.68 假设可以证明放在大的平行板电容之间的电介质球内的电场是均匀的($\boldsymbol{E}_0$ 的大小与方向是一定的). 如果球的半径为 R，相对介电常量 $\varepsilon_r = \varepsilon / \varepsilon_0$，求在球的外表面上一点 P 的电场 $\boldsymbol{E}$ (用极坐标 r，θ)，并确定 P 点的面束缚电荷密度.

解　球内为如题图 1.68 所示的匀强电场 $\boldsymbol{E}_0$，在球外表面 $\boldsymbol{P}$ 点的电场 $\boldsymbol{E}=E_r\boldsymbol{e}_r+E_t\boldsymbol{e}_\theta$. 按极坐标，$\boldsymbol{E}_0$ 可表示为

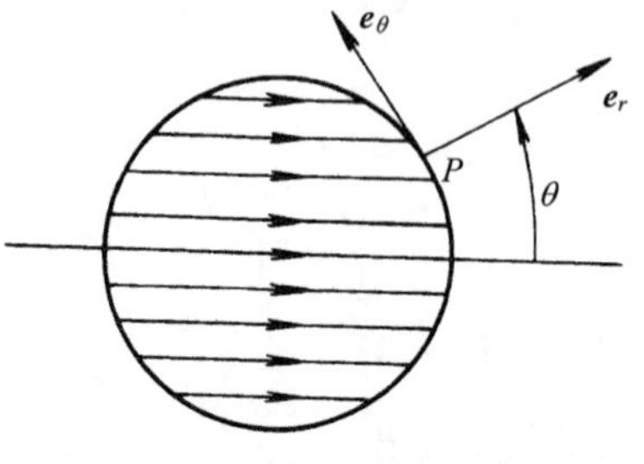

题图 1.68

$$\boldsymbol{E}_0=E_0\cos\theta\boldsymbol{e}_r-E_0\sin\theta\boldsymbol{e}_\theta$$

由边界条件

$$\varepsilon E_0\cos\theta=\varepsilon_0E_r,\qquad -E_0\sin\theta=E_t$$

故得

$$\boldsymbol{E}=\varepsilon_{\mathrm{r}}E_0\cos\theta\boldsymbol{e}_r-E_0\sin\theta\boldsymbol{e}_\theta$$

P 点的束缚面电荷密度为

$$\sigma_P=\boldsymbol{P}\cdot\boldsymbol{e}_r$$

其中 $\boldsymbol{P}$ 为介质球的极化强度. 而 $\boldsymbol{P}=(\varepsilon-\varepsilon_0)\boldsymbol{E}_0$，因此得

$$\sigma_P=(\varepsilon-\varepsilon_0)E_0\cos\theta=\varepsilon_0(\varepsilon_{\mathrm{r}}-1)E_0\cos\theta$$

1.69　两半充以不同介质的球形电容器的电场和电容

题 1.69　在一内外半径为 a、b 的球形电容器的二极板之间区域中，一半充满介电常量为 ε_1 的线性各向同性电介质，另一半充满 ε_2 的电介质，如题图 1.69 所示. 如果内极板带总电荷 Q，外极板带总电荷 $-Q$，求：(a)在 ε_1 和 ε_2 介质中的电位移矢量 D_1 和 D_2. (b)在 ε_1 和 ε_2 中的电场. (c)系统的总电容.

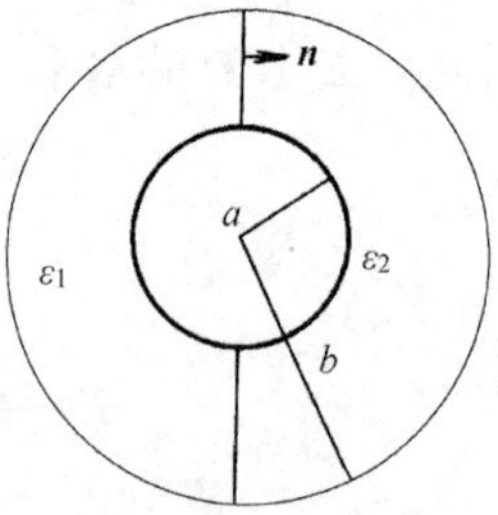

题图 1.69

解法一　在 ε_1 与 ε_2 介质分界面上，法向 $\boldsymbol{n}$ 从 1 指向 2，边值关系应为

$$E_{1t}=E_{2t},\qquad D_{1n}=D_{2n}$$

如假设电场 $\boldsymbol{E}$ 仍满足球对称性，即设

$$\boldsymbol{E}_1=\boldsymbol{E}_2=A\boldsymbol{r}/r^3$$

则上面的二边值关系可以得到满足. 取高斯面为半径 $r(a<r<b)$ 的与球形电容器同心的球面，由

$$\oint\boldsymbol{D}\cdot\mathrm{d}\boldsymbol{S}=Q$$

可得

$$2\pi(\varepsilon_1+\varepsilon_2)A=Q$$

待定常数

$$A=\frac{Q}{2\pi(\varepsilon_1+\varepsilon_2)}$$

因此

$$\boldsymbol{E}_1 = \boldsymbol{E}_2 = \frac{Q\boldsymbol{r}}{2\pi(\varepsilon_1+\varepsilon_2)r^3}$$

$$\boldsymbol{D}_1 = \frac{\varepsilon_1 Q\boldsymbol{r}}{2\pi(\varepsilon_1+\varepsilon_2)r^3}, \qquad \boldsymbol{D}_1 = \frac{\varepsilon_2 Q\boldsymbol{r}}{2\pi(\varepsilon_1+\varepsilon_2)r^3}$$

可把本题的电容器看作由两个半球形电容器并联而成，所以总电容为

$$C = \frac{2\pi(\varepsilon_1+\varepsilon_2)ab}{b-a}$$

解法二 根据介质分界面上的边值关系，$E_{1t}=E_{2t}$ 和高斯定理 $\oint \boldsymbol{D}\cdot \mathrm{d}\boldsymbol{S}=Q$ 可得

$$\varepsilon_1 E 2\pi r^2 + \varepsilon_2 E 2\pi r^2 = 2\pi r^2(\varepsilon_1+\varepsilon_2)E = Q$$

$$\boldsymbol{E} = \boldsymbol{E}_1 = \boldsymbol{E}_2 = \frac{Qr}{2\pi(\varepsilon_1+\varepsilon_2)r^3}$$

$$\boldsymbol{D}_1 = \varepsilon_1 \boldsymbol{E}, \qquad \boldsymbol{D}_2 = \varepsilon_2 \boldsymbol{E}$$

球形电容器两极板电势差

$$V_{ab} = \int_a^b \boldsymbol{E}\cdot \mathrm{d}\boldsymbol{r} = \int_a^b \frac{Q}{2\pi(\varepsilon_1+\varepsilon_2)r^2}\mathrm{d}r = \frac{Q}{2\pi(\varepsilon_1+\varepsilon_2)}\left(\frac{1}{a}-\frac{1}{b}\right)$$

系统总电容

$$C = \frac{Q}{V} = \frac{2\pi(\varepsilon_1+\varepsilon_2)ab}{b-a}$$

1.70 填充导电介质的同心金属球中的电流和产生的焦耳热

题 1.70 一对半径分别为 a、$b(a<b)$ 的同心金属球中间填充了电导率为 σ 的介质，设在 $t=0$ 时，内球上突然出现了总电荷 q. (a)计算介质中的电流. (b)计算此电流产生的焦耳热，并证明它与电荷重新分布而减少的静电能量相等.

解法一 (a) 利用欧姆定律 $\boldsymbol{j}=\sigma\boldsymbol{E}$. 因为 $t=0$ 时，内球带电荷 q，故球内介质中的电场为

$$E_0 = \frac{q}{4\pi\varepsilon r^2}$$

方向沿径向. 设 t 时刻内球带电为 $q(t)$，则 t 时刻电场为

$$E(t) = q(t)/4\pi\varepsilon r^2 \tag{1}$$

未知量 $q(t)$ 可由电荷守恒导出，为此，包围内球的半径为 r 的球面，有

$$-\frac{\mathrm{d}}{\mathrm{d}t}q(t)=4\pi r^2\sigma E(t)=\frac{\sigma}{\varepsilon}q(t) \tag{2}$$

微分方程的解为

$$q(t)=q\mathrm{e}^{-\frac{\sigma}{\varepsilon}t} \tag{3}$$

将式(3)代入式(1)，得

$$E(t,r)=\frac{q}{4\pi\varepsilon r^2}\mathrm{e}^{-\frac{\sigma}{\varepsilon}t}$$

故半径 r 处，电流密度为

$$j(t,r)=\frac{\sigma q}{4\pi\varepsilon r^2}\mathrm{e}^{-\frac{\sigma}{\varepsilon}t}$$

总电流为

$$I(t)=4\pi r^2 j(t,r)=\frac{\sigma q}{\varepsilon}\mathrm{e}^{-\frac{\sigma}{\varepsilon}t}$$

(b) 介质中单位体积的焦耳热损耗为

$$w(t,r)=\sigma E^2=\frac{\sigma q^2}{16\pi^2\varepsilon^2 r^4}\mathrm{e}^{-\frac{2\sigma}{\varepsilon}t}$$

总的焦耳热损耗为

$$\begin{aligned}W&=\int_0^{+\infty}\mathrm{d}t\int_a^b \mathrm{d}r\cdot 4\pi r^2 w(t,r)\\&=\frac{q^2}{8\pi\varepsilon}\left(\frac{1}{a}-\frac{1}{b}\right)\end{aligned}$$

另外，放电前介质中的静电场能量为

$$W_0=\int_a^b \mathrm{d}r\cdot 4\pi r^2\cdot\frac{\varepsilon E_0^2}{2}=\frac{q^2}{8\pi\varepsilon}\left(\frac{1}{a}-\frac{1}{b}\right)$$

故 $W=W_0$.

$$\begin{aligned}W&=\frac{1}{2}\int \boldsymbol{D}\cdot\boldsymbol{E}\mathrm{d}V=\frac{1}{2}\varepsilon\int E^2 4\pi r^2\mathrm{d}r\\&=\frac{q^2}{8\pi\varepsilon}\left(\frac{1}{a}-\frac{1}{b}\right)\end{aligned}$$

放电前后除电介质部分以外，其余空间的电场不变，电场能量也不变. 上式就是电荷重新分布而减少的静电能量，它与放电过程中电流产生的焦耳热相等.

解法二[关于放电前后的静电能量]　$t=0$ 时电荷只分布在内球，带电体系的静电能

$$W_{\mathrm{e}}=\frac{1}{2}qV=\frac{1}{2}q\left(\int_a^b \boldsymbol{E}_1\cdot\mathrm{d}\boldsymbol{r}+\int_b^{\infty} E_2\cdot\mathrm{d}\boldsymbol{r}\right)$$

$$=\frac{q}{2}\left[\frac{q}{4\pi\varepsilon}\left(\frac{1}{a}-\frac{1}{b}\right)+\frac{q}{4\pi\varepsilon_0}\cdot\frac{1}{b}\right]$$

$$=\frac{q^2}{8\pi\varepsilon}\left(\frac{1}{a}-\frac{1}{b}\right)+\frac{q^2}{8\pi\varepsilon_0 b}$$

当$t=\infty$时电荷只分布在外球，体系静电能

$$W_{\mathrm{e}}'=\frac{1}{2}qV'=\frac{q^2}{8\pi\varepsilon_0 b}$$

体系静电能的变化

$$\Delta W=W_{\mathrm{e}}'-W_{\mathrm{e}}=-\frac{q}{8\pi\varepsilon}\left(\frac{1}{a}-\frac{1}{b}\right)$$

减少的这部分静电能全部转为焦耳热损耗掉.

1.71 填充几层不同电介质的球形电容器的自由电荷与极化电荷

题 1.71 一个电容器由两个同心的金属球组成，内、外球半径分别为 a 和 d. 在 $a<r<b$ 的区域内充满相对介电常量为 K_1 的介质，$b<r<c$ 区域为真空，最外面的区域 $c<r<d$ 充满相对介电常量为 K_2 的介质. 相对于接地的外球，内球被充电至电势 V. 计算：(a)内球和外球上的自由电荷. (b)在区域 $a<r<b$、$b<r<c$、$c<r<d$ 中电场强度与距球心距离 r 之间的函数关系. (c)在 $r=a, r=b, r=c$ 和 $r=d$ 处的极化电荷. (d)电容器的电容.

解 (a)设内球带总自由电荷 Q，因外球接地，则外球带总自由电荷$-Q$.

(b) 由高斯定理及球对称性得

$$\boldsymbol{E}=\frac{Q}{4\pi K_1\varepsilon_0 r^2}\boldsymbol{e}_r, \qquad a<r<b$$

$$\boldsymbol{E}=\frac{Q}{4\pi\varepsilon_0 r^2}\boldsymbol{e}_r, \qquad b<r<c$$

$$\boldsymbol{E}=\frac{Q}{4\pi\varepsilon_0 K_2 r^2}\boldsymbol{e}_r, \qquad c<r<d$$

(c) 由公式$\sigma_P=\boldsymbol{n}\cdot(\boldsymbol{P}_1-\boldsymbol{P}_2)$得

$$\boldsymbol{P}=\varepsilon_0(K-1)\boldsymbol{E}$$

可得极化电荷密度为

在 $r=a$ 处
$$\sigma_P=\frac{Q}{4\pi a^2}\cdot\frac{1-K_1}{K_1}$$

在 $r=b$ 处
$$\sigma_P=\frac{Q}{4\pi b^2}\cdot\frac{K_1-1}{K_1}$$

在 $r=c$ 处
$$\sigma_P=\frac{Q}{4\pi c^2}\cdot\frac{1-K_2}{K_2}$$

在 $r=d$ 处

$$\sigma_P = \frac{Q}{4\pi d^2}\cdot\frac{K_2-1}{K_2}$$

(d) $V=\int_a^d \boldsymbol{E}\cdot \mathrm{d}\boldsymbol{r}=\frac{Q}{4\pi\varepsilon_0}\left[\left(\frac{1}{a}-\frac{1}{b}\right)\frac{1}{K_1}+\left(\frac{1}{b}-\frac{1}{c}\right)+\left(\frac{1}{c}-\frac{1}{d}\right)\frac{1}{K_2}\right]$. 因此得内球所带电荷为

$$Q=\frac{4\pi\varepsilon_0 K_1K_2abcdV}{K_1ab(d-c)+K_1K_2ad(c-b)+K_2cd(b-a)}$$

电容为

$$C=\frac{Q}{V}=\frac{4\pi\varepsilon_0 K_1K_2abcd}{K_1ab(d-c)+K_1K_2ad(c-b)+K_2cd(b-a)}$$

1.72 填充非均匀电介质的导体球的电容与极化电荷密度

题 1.72 半径为 a、$b(a<b)$的同心导体球之间充有介电常量

$$\varepsilon=\frac{\varepsilon_0}{1+Kr}$$

的非均匀电介质(ε_0与 K 为常数). r 为径向坐标. 电位移矢量 $\boldsymbol{D}(r)=\varepsilon\boldsymbol{E}(r)$. 内表面上有电荷 Q 而外表面接地，计算：(a) $a<r<b$ 区域内的 $\boldsymbol{D}$. (b) 系统的电容. (c) $a<r<b$ 时的极化电荷密度. (d) $r=a$ 和 $r=b$ 处的极化电荷面密度.

解 (a) 高斯定理及球对称性给出

$$\boldsymbol{D}=\frac{Q}{4\pi r^2}\boldsymbol{e}_r, \qquad a<r<b$$

(b) 电场强度为

$$\boldsymbol{E}=\frac{Q}{4\pi\varepsilon_0 r^2}(1+Kr)\boldsymbol{e}_r, \qquad a<r<b$$

因此，内外球电势差为

$$V=\int_a^b \boldsymbol{E}\cdot \mathrm{d}\boldsymbol{r}=\frac{Q}{4\pi\varepsilon_0}\left(\frac{1}{a}-\frac{1}{b}+K\ln\frac{b}{a}\right)$$

故得电容

$$C=\frac{Q}{V}=\frac{4\pi\varepsilon_0 ab}{(b-a)+abK\ln(b/a)}$$

(c) 极化强度

$$\boldsymbol{P}=(\varepsilon-\varepsilon_0)\boldsymbol{E}=-\frac{QK}{4\pi r}\boldsymbol{e}_r$$

所以 $a<r<b$ 中的极化电荷体密度为

$$\rho_P = -\nabla\cdot\boldsymbol{P} = \frac{QK}{4\pi r^2}$$

(d) $r=a$ 和 $r=b$ 处的极化电荷面密度

$$\sigma_P = \frac{QK}{4\pi a}, \qquad r=a$$

$$\sigma_P = -\frac{QK}{4\pi b}, \qquad r=b$$

1.73 填充导电介质的同心球形导体间的电阻

题 1.73 对服从欧姆定律的稳恒电流，求两半径为 a、$b(a<b)$的同心球形导体之间的电阻，在两导体之间充满了电导率为σ的物质.

解 设外球上有一小孔，通过它，一绝缘导线将电流 I 送至内球球心. 假设收集外球上电流的方式不改变两球间电流的球对称分布，忽略小孔效应，设内球表面均匀分布有总量为 Q 的电荷，则由高斯定理及球对称性易得

$$\boldsymbol{E}(\boldsymbol{r}) = \frac{Q}{4\pi\varepsilon r^2}\boldsymbol{e}_r$$

式中，ε为物质的介电常量. 再由 $\boldsymbol{j}=\sigma\boldsymbol{E}$，可得

$$\boldsymbol{j} = \frac{\sigma Q}{4\pi\varepsilon r^2}\boldsymbol{e}_r$$

因为$\oint \boldsymbol{j}\cdot \mathrm{d}\boldsymbol{S} = I$，故有

$$\frac{\sigma Q}{4\pi\varepsilon r^2}4\pi r^2 = I$$

所以

$$\boldsymbol{E} = \frac{I}{4\pi\sigma r^2}\boldsymbol{e}_r$$

两导体间的电势差 V 为

$$V = \int_a^b \boldsymbol{E}\cdot\mathrm{d}\boldsymbol{r} = \int_a^b \frac{I}{4\pi\sigma r^2}\mathrm{d}r = \frac{I}{4\pi\sigma}\left(\frac{1}{a}-\frac{1}{b}\right)$$

故所求电阻 R 为

$$R = \frac{V}{I} = \frac{1}{4\pi\sigma}\left(\frac{1}{a}-\frac{1}{b}\right)$$

1.74 电介质球放入具有均匀电场后的电场分布

题 1.74 一半径为 a 的均匀各向同性介质球，介电常量为ε. 现把它放入一均匀电场 $\boldsymbol{E}_0$ 中. 求介质球内外的电场.

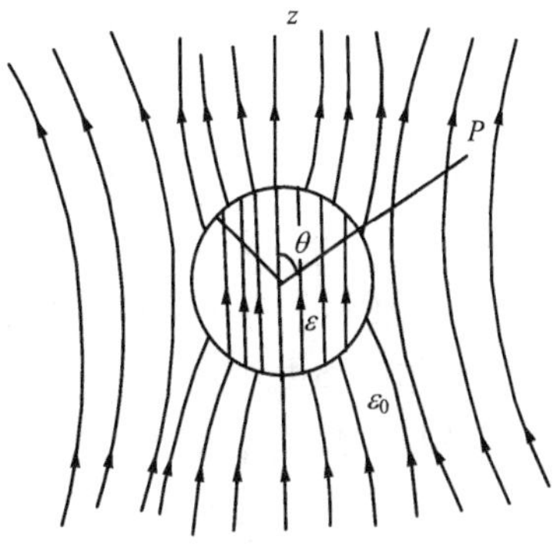

题图 1.74

解法一 取球坐标，球心取为坐标原点，并使极轴(z轴)沿 $\boldsymbol{E}_0$ 方向，如题图 1.74 所示. 设球内电势为φ_1，球外

电势为φ_2. 通过分离变量法求解，考虑轴对称性，φ_1与φ_2如下给出：

$$\varphi_1=\sum_n\left(A_nr^n+\frac{B_n}{r^{n+1}}\right)\mathrm{P}_n(\cos\theta) \tag{1}$$

$$\varphi_2=\sum_n\left(C_nr^n+\frac{D_n}{r^{n+1}}\right)\mathrm{P}_n(\cos\theta) \tag{2}$$

式中，$\mathrm{P}_n(\cos\theta)$为勒让德多项式，而边界条件为

$$\varphi_1\big|_{r\to 0}\ 有限 \tag{i}$$

$$\varphi_2\big|_{r\to\infty}=-rE_0\cos\theta=-rE_0\mathrm{P}_1(\cos\theta) \tag{ii}$$

$$\varphi_1\big|_{r=a}=\varphi_2\big|_{r=a},\qquad \varepsilon\frac{\partial\varphi_1}{\partial r}\bigg|_{r=a}=\varepsilon_0\frac{\partial\varphi_2}{\partial r}\bigg|_{r=a} \tag{iii}$$

则由条件(i)和(ii)，可得

$$B_n=0,\qquad C_1=-E_0,\qquad C_n=0(n\neq 1)$$

式(1)，式(2)代入条件(iii)得

$$-E_0a\mathrm{P}_1(\cos\theta)+\sum_n\frac{D_n}{a^{n+1}}\mathrm{P}_n(\cos\theta)=\sum_nA_na^n\mathrm{P}_n(\cos\theta)$$

$$-\varepsilon_0\left[E_0\mathrm{P}_1(\cos\theta)+\sum_n(n+1)\frac{D_n}{r^{n+2}}\mathrm{P}_n(\cos\theta)\right]=\varepsilon\sum_nA_na^{n-1}\mathrm{P}_n(\cos\theta)$$

上面两式对所有可能的θ都成立，由于$\mathrm{P}_n(\cos\theta)$的正交性，要求等式两边$\mathrm{P}_n(\cos\theta)$的系数都相等，这样确定系数

$$A_1=-\frac{3\varepsilon_0}{\varepsilon+2\varepsilon_0}E_0,\qquad D_1=\frac{\varepsilon-\varepsilon_0}{\varepsilon+2\varepsilon_0}E_0a^3,\qquad A_n=D_n=0(n\neq 1)$$

最后将各系数代入式(1)、式(2)得到球内外的电势为

$$\varphi_1=-\frac{3\varepsilon_0}{\varepsilon+2\varepsilon_0}E_0r\cos\theta \tag{3}$$

$$\varphi_2=-\left[1-\frac{\varepsilon-\varepsilon_0}{\varepsilon+2\varepsilon_0}\left(\frac{a}{r}\right)^3\right]E_0r\cos\theta \tag{4}$$

因此得球内外的电场强度为

$$\boldsymbol{E}_1=-\nabla\varphi_1=\frac{3\varepsilon_0}{\varepsilon+2\varepsilon_0}\boldsymbol{E}_0,\qquad |\boldsymbol{r}|<a$$

$$\boldsymbol{E}_2=-\nabla\varphi_2=\boldsymbol{E}_0-\frac{\varepsilon-\varepsilon_0}{\varepsilon+2\varepsilon_0}(\boldsymbol{E}_0\cdot\nabla)\frac{\boldsymbol{r}}{r^3},\qquad |\boldsymbol{r}|>a$$

解法二　介质球在均匀外电场中的极化是均匀极化，这可由唯一性定理证明；也可按如下方式说明. 设想介质球的极化是一个无限缓慢逐步完成的理想过程. 在均匀外电场作用下，介质每个分子的正电和负电中心分离$\delta\boldsymbol{l}$，这使介质均匀极化. 这样极化过程中，球内的电场作为外电场和退极化场的合场，始终是均匀的. 当每个分子内部正电和负电中心都达到平衡，极化完成时介质球的极化一定是均匀的.

设“最终”的电极化强度为 $\boldsymbol{P}$. 按上面的假想过程，$\boldsymbol{P}$ 的方向和外电场一致，从而 $\boldsymbol{P}$ 的方向也应和 $\boldsymbol{E}$ 一致. 球内电场强度、电位移矢量、电极化强度分别为

$$\boldsymbol{E}_{\text{in}}=\boldsymbol{E}_0+\boldsymbol{E}', \qquad \boldsymbol{D}_{\text{in}}=\varepsilon\boldsymbol{E}_{\text{in}}=\boldsymbol{E}_{\text{in}}+\boldsymbol{P}, \qquad \boldsymbol{P}=(\varepsilon-\varepsilon_0)\boldsymbol{E}_{\text{in}} \tag{5}$$

$\boldsymbol{E}'$是由介质极化产生的电场，也叫退极化场. 由式(5)得

$$\boldsymbol{E}_{\text{in}}=\boldsymbol{E}_0+\boldsymbol{E}'=\boldsymbol{E}_0-\frac{1}{3\varepsilon_0}\boldsymbol{P}=\boldsymbol{E}_0-\frac{\varepsilon-\varepsilon_0}{3\varepsilon_0}\boldsymbol{E}_{\text{in}}$$

由上式解得

$$\boldsymbol{E}_{\text{in}}=\frac{1}{1+\dfrac{\varepsilon-\varepsilon_0}{3\varepsilon_0}}\boldsymbol{E}_0=\frac{3\varepsilon_0}{\varepsilon+2\varepsilon_0}\boldsymbol{E}_0 \tag{6}$$

而电极化强度为

$$\boldsymbol{P}=(\varepsilon-\varepsilon_0)\boldsymbol{E}_{\text{in}}=\frac{3\varepsilon_0(\varepsilon-\varepsilon_0)}{\varepsilon+2\varepsilon_0}\boldsymbol{E}_0 \tag{7}$$

介质极化在球外激发的电场为

$$\boldsymbol{E}'_{\text{out}}=-\frac{4\pi}{3}\boldsymbol{P}\cdot\nabla\frac{\boldsymbol{r}}{4\pi\varepsilon_0 r^3}=\frac{\varepsilon-\varepsilon_0}{\varepsilon+2\varepsilon_0}(\boldsymbol{E}_0\cdot\nabla)\frac{\boldsymbol{r}}{r^3} \tag{8}$$

球外总电场 $\boldsymbol{E}_0+\boldsymbol{E}'_{\text{out}}$. 这样综合式(6)、式(7)结果得

$$\boldsymbol{E}=\begin{cases}\dfrac{3\varepsilon_0}{\varepsilon+2\varepsilon_0}\boldsymbol{E}_0, & |\boldsymbol{r}|<a\\[2ex] \boldsymbol{E}_0-\dfrac{\varepsilon-\varepsilon_0}{\varepsilon+2\varepsilon_0}(\boldsymbol{E}_0\cdot\nabla)\dfrac{\boldsymbol{r}}{r^3}, & |\boldsymbol{r}|>a\end{cases} \tag{9}$$

当然它们和先前用电动力学方法求解的结果相同. 比较可知这种解法显得简捷.

1.75 均匀极化介质球内外的电场

题 1.75 一半径为 a 的均匀极化介质球，其电极化强度为 $\boldsymbol{P}$，如题图 1.75 所示. 求介质球内外的电场.

解法一 考察一下介质极化的微观图像. 介质的极化有两种微观机制：一是有极分子的固有电矩的取向极化；一是无极分子的电子位移极化. 我们不妨采用后一种极化微观图像. 设介质分子由于电子位移而发生的正负电荷中心拉开的位移为$\delta\boldsymbol{l}$. 因是均匀极化，这个量对每个分子都相同. 设分子数密度为n. 则体积元δV内电偶极矩为

$$\delta\boldsymbol{p}=\sum_i\boldsymbol{p}_i=n\delta V\cdot e\delta\boldsymbol{l}$$

因而电极化强度为

$$\boldsymbol{P}=\frac{\delta\boldsymbol{p}}{\delta V}=en\delta\boldsymbol{l} \tag{1}$$

按我们采用的极化图像，极化是每个中性分子的正电中心和负电中心拉开一个小位移$\delta\boldsymbol{l}$. 对均匀介质球的均匀极化，我们可以设想这相当于原先重合的两个电性相反的均匀带电球发生了一个整体位移$\delta\boldsymbol{l}$. 按静电场的

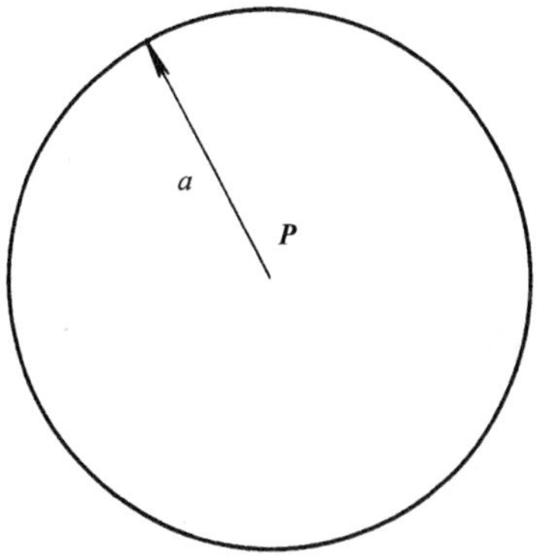

题图 1.75

叠加原理，介质球激发的电场为这两个带电球的电场的叠加. 取负电球的球心为原点，则正电球的球心为$\delta\boldsymbol{l}$. 按高斯定理及球对称性，易求两个均匀带电球激发的电场，其电场强度如下给出：

$$\boldsymbol{E}^{(-)}=\begin{cases}-\dfrac{1}{3\varepsilon_0}en\boldsymbol{r}, & |\boldsymbol{r}|<a\\ -\dfrac{1}{3\varepsilon_0}en\dfrac{a^3}{r^3}\boldsymbol{r}, & |\boldsymbol{r}|>a\end{cases},\quad \boldsymbol{E}^{(+)}=\begin{cases}\dfrac{1}{3\varepsilon_0}en\boldsymbol{r}', & |\boldsymbol{r}'|<a\\ \dfrac{1}{3\varepsilon_0}en\dfrac{a^3}{r'^3}\boldsymbol{r}, & |\boldsymbol{r}'|>a\end{cases} \tag{2}$$

式中，$\boldsymbol{r}'=\boldsymbol{r}-\delta\boldsymbol{l}$.

按静电场的叠加原理，介质球激发的电场为这两个带电球的电场的叠加，即有$\boldsymbol{E}=\boldsymbol{E}^{(-)}+\boldsymbol{E}^{(+)}=-\delta\boldsymbol{l}\cdot\nabla\boldsymbol{E}^{(+)}$. 代入式(2)得

$$\boldsymbol{E}=\begin{cases}-\dfrac{1}{3\varepsilon_0}en\delta\boldsymbol{l}, & |\boldsymbol{r}|<a\\ -\dfrac{a^3}{3\varepsilon_0}en\delta\boldsymbol{l}\cdot\nabla\dfrac{\boldsymbol{r}}{r^3}, & |\boldsymbol{r}|>a\end{cases} \tag{3}$$

上式将式(1)代入用$\boldsymbol{P}$表示为

$$\boldsymbol{E}=\begin{cases}-\dfrac{1}{3\varepsilon_0}\boldsymbol{P}, & |\boldsymbol{r}|<a\\ -\dfrac{a^3}{3\varepsilon_0}\boldsymbol{P}\cdot\nabla\dfrac{\boldsymbol{r}}{r^3}=-\dfrac{\boldsymbol{P}_t}{4\pi\varepsilon_0}\cdot\nabla\dfrac{\boldsymbol{r}}{r^3}, & |\boldsymbol{r}|>a\end{cases} \tag{4}$$

解法二 在球面上有极化面电荷$\sigma_P=\boldsymbol{n}\cdot\boldsymbol{P}$，这样由库仑定律，可知介质球激发的电场为

$$\boldsymbol{E}=\oint_S\frac{(\boldsymbol{n}\cdot\boldsymbol{P})\mathrm{d}S}{4\pi\varepsilon_0}\cdot\frac{\boldsymbol{R}}{R^3} \tag{5}$$

式中，$\boldsymbol{R}=\boldsymbol{r}-\boldsymbol{r}'$，而$\boldsymbol{r}$为场点，$\boldsymbol{r}'$为源点. 由式(5)得

$$\begin{aligned}\boldsymbol{E}&=\oint_S\mathrm{d}\boldsymbol{S}\cdot\left(\boldsymbol{P}\frac{1}{4\pi\varepsilon_0}\cdot\frac{\boldsymbol{R}}{R^3}\right)=\iiint_V\nabla'\cdot\left(\boldsymbol{P}\frac{1}{4\pi\varepsilon_0}\cdot\frac{\boldsymbol{R}}{R^3}\right)\mathrm{d}V\\&=\iiint_V\left\{(\nabla'\cdot\boldsymbol{P})\frac{1}{4\pi\varepsilon_0}\cdot\frac{\boldsymbol{R}}{R^3}+\boldsymbol{P}\cdot\nabla'\frac{1}{4\pi\varepsilon_0}\cdot\frac{\boldsymbol{R}}{R^3}\right\}\mathrm{d}V\\&=\iiint_V\boldsymbol{P}\cdot\nabla'\frac{1}{4\pi\varepsilon_0}\cdot\frac{\boldsymbol{R}}{R^3}\mathrm{d}V=-\iiint_V\boldsymbol{P}\cdot\nabla\frac{1}{4\pi\varepsilon_0}\cdot\frac{\boldsymbol{R}}{R^3}\mathrm{d}V\end{aligned}$$

最后一个等号用到了$\nabla'=-\nabla$. 这样有

$$\boldsymbol{E}=-\boldsymbol{P}\cdot\nabla\iiint_V\frac{1}{4\pi\varepsilon_0}\cdot\frac{\boldsymbol{R}}{R^3}\mathrm{d}V \tag{6}$$

式(6)中的积分表示单位密度的带电球的电场强度，因而由此式可得到式(4)，两种方法结果一致.

1.76 充以非均匀电介质的球形电容器的电容

题 1.76 计算内径为R_1和外径为R_2的球状电容器的电容C. 其间填充介电常量按下式

变化的电介质

$$\varepsilon=\varepsilon_0+\varepsilon_1\cos^2\theta$$

式中，θ是极角.

解 如题图 1.76 所示，由于内外球面为等势面，即两球面上的电势ψ与θ，ϕ无关，因此球层中的电势也与θ，ϕ无关，并且这个函数在电介质中是连续的，也必须与θ和ψ无关. 于是，在半径 R 的球面上的电场是径向的，并在整个表面上它的大小为常数. 把高斯定理应用到半径为 R 的球上，当 $R_1<R<R_2$ 时，得到

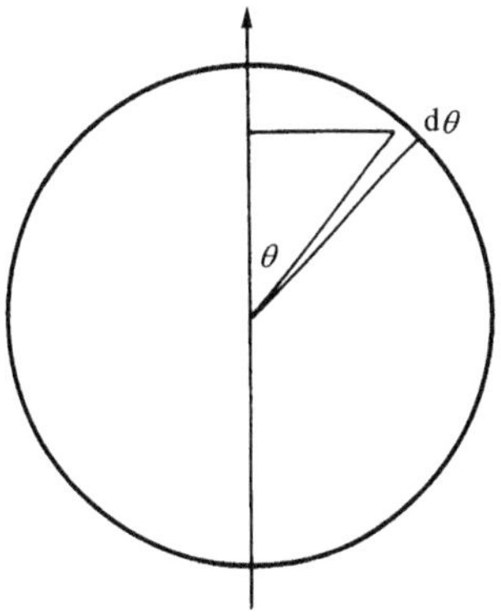

题图 1.76

$$\oint_{(S)}\boldsymbol{D}\cdot\mathrm{d}\boldsymbol{S}=Q=\int_0^{\pi}2\pi R\sin\theta RE(\varepsilon_0+\varepsilon_1\cos^2\theta)\mathrm{d}\theta$$

$$=-2\pi R^2E\int_{+1}^{-1}(\varepsilon_0+\varepsilon_1\cos^2\theta)\mathrm{d}(\cos\theta)$$

$$=\frac{4\pi R^2}{3}E(3\varepsilon_0+\varepsilon_1)$$

由此得

$$E=\frac{3Q}{4\pi(3\varepsilon_0+\varepsilon_1)R^2}$$

两极板间的电势差是

$$V=\int_{R_1}^{R_2}\boldsymbol{E}\cdot\mathrm{d}\boldsymbol{R}=\frac{3Q(R_2-R_1)}{4\pi(3\varepsilon_0+\varepsilon_1)R_1R_2}=\frac{Q}{C}$$

于是

$$C=\frac{4\pi(3\varepsilon_0+\varepsilon_1)R_1R_2}{3(R_2-R_1)}$$

1.77 一点电荷位于两个均匀无限电介质的分界面上

题 1.77 一点电荷位于两个均匀无限大电介质的分界面上，分界面为无限大平面，两介质的介电常量分别为ε_1，ε_2. 求介质中的φ、$\boldsymbol{E}$ 和 $\boldsymbol{D}$.

解 如题图 1.77 所示，分界面为 z=0 的平面，平面上下方介质的介电常量分别为ε_1，ε_2. 点电荷位于界面上的 O 点，电荷为 q. 设上下半空间的势分别为φ_1，φ_2，则它们满足如下方程：

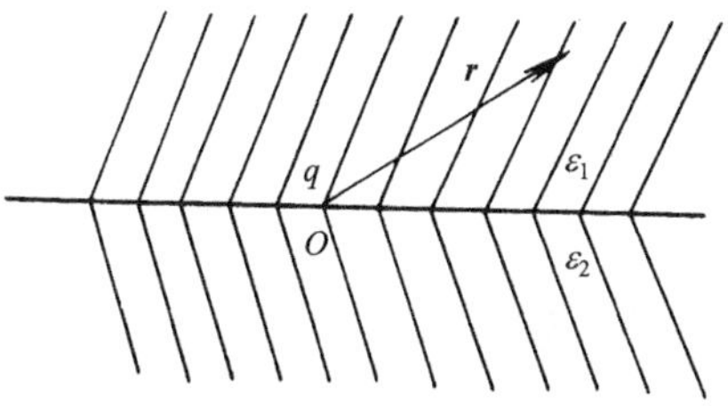

题图 1.77

$$\nabla^2\varphi_1(\boldsymbol{r})=-\frac{q}{\varepsilon_1}\delta(\boldsymbol{r})$$
$$\nabla^2\varphi_2(\boldsymbol{r})=-\frac{q}{\varepsilon_2}\delta(\boldsymbol{r}) \tag{1}$$

且要求满足边条件

$$\varphi_1=\varphi_2(z=0),\qquad \varphi_1,\varphi_2\to 0(r\to\infty) \tag{2}$$

本题可采用试探解法，由本题的性质，可取试探解

$$\varphi_1=\varphi_2=A\frac{\boldsymbol{r}}{r^2} \tag{3}$$

式中，A 为待定常数. 考虑以 O 点为圆心的球面的如下积分：

$$\iint \boldsymbol{D}\cdot \mathrm{d}\boldsymbol{S}=-\iint \varepsilon_1\nabla\varphi_1\cdot \mathrm{d}\boldsymbol{s}_1-\varepsilon_2\iint\nabla\varphi_2\cdot \mathrm{d}\boldsymbol{s}_2=q \tag{4}$$

上述两积分区都为半球面. 求得 A

$$A=\frac{q}{2\pi(\varepsilon_1+\varepsilon_2)} \tag{5}$$

两区域的势

$$\varphi_1=\varphi_2=\frac{q}{2\pi(\varepsilon_1+\varepsilon_2)r} \tag{6}$$

由唯一性定理，式(6)即为所求的势. 电场及电位移矢量为

$$\boldsymbol{E}_1=\boldsymbol{E}_2=\frac{q}{2(\varepsilon_1+\varepsilon_2)\pi}\cdot\frac{\boldsymbol{r}}{r^3} \tag{7}$$

$$\boldsymbol{D}_1=\frac{\varepsilon_1}{2(\varepsilon_1+\varepsilon_2)\pi}\cdot\frac{\boldsymbol{r}}{r^3},\qquad \boldsymbol{D}_2=\frac{\varepsilon_2}{2(\varepsilon_1+\varepsilon_2)\pi}\cdot\frac{\boldsymbol{r}}{r^3} \tag{8}$$

1.78 中心放一电偶极子的均匀介质球激发电场的空间电势和极化电荷分布

题 1.78 介电常量为ε_1的均匀介质球的中心放一电偶极子$\boldsymbol{p}_f$，球外充满另一种介电常量为ε_2的均匀介质. 求空间势的分布和球面上极化电荷的分布.

解 如题图 1.78 所示，半径为 R 的球面将空间分成内区和外区. 在球内，由于在球心有一电偶极子，故此题为球内势具有极点. 将球内势写成

$$\varphi_1=\frac{\boldsymbol{p}_f\cdot\boldsymbol{r}}{4\pi\varepsilon_1 r^3}+\varphi_1' \tag{1}$$

式中，φ_1'为极化电荷在球内产生的势. 设球外势为φ_2，于是，φ_1'，φ_2满足拉普拉斯方程

$$\begin{aligned}\Delta\varphi_1'&=0\\ \Delta\varphi_2&=0\end{aligned} \tag{2}$$

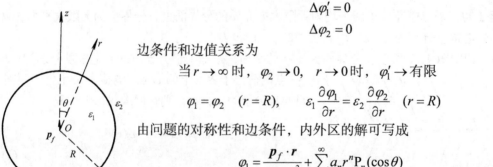

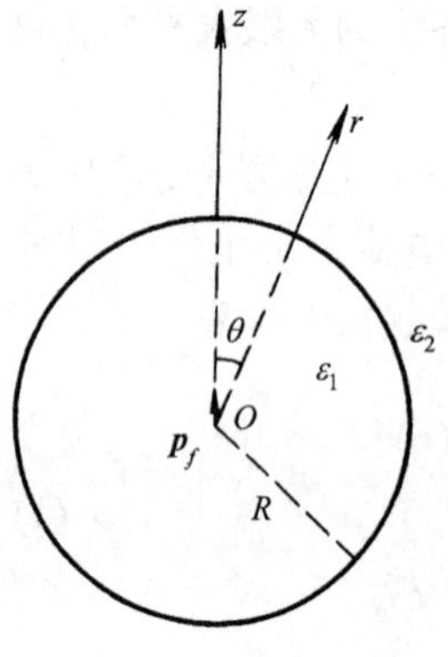

题图 1.78

边条件和边值关系为

$$\text{当}\,r\to\infty\,\text{时},\ \varphi_2\to 0,\quad r\to 0\,\text{时},\ \varphi_1'\to\text{有限} \tag{3}$$

$$\varphi_1=\varphi_2\quad(r=R),\qquad \varepsilon_1\frac{\partial\varphi_1}{\partial r}=\varepsilon_2\frac{\partial\varphi_2}{\partial r}\quad(r=R) \tag{4}$$

由问题的对称性和边条件，内外区的解可写成

$$\varphi_1=\frac{\boldsymbol{p}_f\cdot\boldsymbol{r}}{4\pi\varepsilon_1 r^3}+\sum_0^\infty a_n r^n \mathrm{P}_n(\cos\theta) \tag{5}$$

$$\varphi_2=\sum_0^\infty\frac{b_n}{r^{n+1}}\mathrm{P}_n(\cos\theta) \tag{6}$$

系数 a_n，b_n 由边值关系确定. 由边值关系得联立方程

$$\frac{p_f\cos\theta}{4\pi\varepsilon_1 R^2}+\sum a_n R^n \mathrm{P}_n(\cos\theta)=\sum\frac{b_n}{R^{n+1}}\mathrm{P}_n(\cos\theta) \tag{7}$$

$$-\frac{p_f\cos\theta}{2\pi\varepsilon_1 R^3}+\sum\varepsilon_1 n a_n R^{n-1}\mathrm{P}_n(\cos\theta)=-\sum(n+1)\frac{\varepsilon_2 b_n}{R^{n+2}}\mathrm{P}_n(\cos\theta) \tag{8}$$

由式(7)和式(8)解得

$$a_1=\frac{p_f}{2\pi R^3}\cdot\frac{\varepsilon_1-\varepsilon_2}{\varepsilon_1(2\varepsilon_2+\varepsilon_1)},\qquad b_1=\frac{3p_f}{4\pi(2\varepsilon_2+\varepsilon_1)},\qquad a_n=b_n=0(n\neq 1) \tag{9}$$

从而求得球内外的势为

$$\varphi_1=\frac{\boldsymbol{p}_f\cdot\boldsymbol{r}}{4\pi\varepsilon_1 r^3}+\frac{\varepsilon_1-\varepsilon_2}{2\pi(2\varepsilon_2+\varepsilon_1)}\cdot\frac{\boldsymbol{p}_f\cdot\boldsymbol{r}}{r^3},\qquad r<R \tag{10}$$

$$\varphi_2=\frac{3\boldsymbol{p}_f\cdot\boldsymbol{r}}{4\pi(2\varepsilon_2+\varepsilon_1)r^3},\qquad r>R \tag{11}$$

球面上极化面电荷密度为

$$\begin{aligned}\sigma_p&=-\boldsymbol{n}\cdot(\boldsymbol{p}_2-\boldsymbol{p}_1)=(\varepsilon_2-\varepsilon_0)\frac{\partial\varphi_2}{\partial r}-(\varepsilon_1-\varepsilon_0)\frac{\partial\varphi_1}{\partial r}\\&=\frac{3\varepsilon_0(\varepsilon_1-\varepsilon_2)p_f\cos\theta}{2\pi\varepsilon_1(2\varepsilon_2+\varepsilon_1)R^3}\end{aligned} \tag{12}$$

另外，在球心有一极化电偶极子 $\boldsymbol{p}=-\left(1-\dfrac{\varepsilon_0}{\varepsilon_1}\right)\boldsymbol{p}_f$.

1.79 置于均匀电场中绕均匀电场方向旋转的介质球是否会产生磁场

题 1.79 一半径为 R_0、介电常量为ε的介质球置于均匀电场 $\boldsymbol{E}_0$ 中，证明感应面电荷密度为

$$\sigma(\theta)=\frac{\varepsilon-\varepsilon_0}{\varepsilon+2\varepsilon_0}3\varepsilon_0 E_0\cos\theta$$

假如该球以角度ω绕 $\boldsymbol{E}_0$ 方向旋转，是否产生磁场？若不能，说明为什么；若能，画出磁场线.

解 见题 1.74，球内电场为

$$\boldsymbol{E}=\frac{3\varepsilon_0}{\varepsilon+2\varepsilon_0}\boldsymbol{E}_0$$

因而电介质的极化

$$\boldsymbol{p}=(\varepsilon-\varepsilon_0)\boldsymbol{E}=\frac{3\varepsilon_0(\varepsilon-\varepsilon_0)}{\varepsilon+2\varepsilon_0}\boldsymbol{E}_0$$

介质球表面的束缚电荷密度为

$$\sigma(\theta)=\boldsymbol{n}\cdot\boldsymbol{p}=\frac{3\varepsilon_0(\varepsilon-\varepsilon_0)}{\varepsilon+2\varepsilon_0}E_0\cos\theta$$

介质球的总电偶极矩

$$\boldsymbol{P}=\frac{4}{3}\pi R_0^3\boldsymbol{p}=\frac{4\pi\varepsilon_0(\varepsilon-\varepsilon_0)}{\varepsilon+2\varepsilon_0}R_0^3\boldsymbol{E}_0$$

即 $\boldsymbol{P}$ 与 $\boldsymbol{E}_0$ 同向，因此介质球绕 $\boldsymbol{E}_0$ 方向旋转，不会引起 $\boldsymbol{P}$ 的变化，从而不会产生极化电流，故不会激发磁场.

1.80　均匀电场中的理想导体球的面电荷密度及感应电偶极矩

题 1.80　一个理想导体球被放置于一沿 z 方向的均匀电场 $\boldsymbol{E}_0$ 中. (a) 球上的面电荷密度是多少？(b) 球的感应电偶极矩是多少？

解　导体表面的边界条件为

$$\varphi=\text{常数}$$

$$\varepsilon_0\frac{\partial\varphi}{\partial r}=-\sigma \tag{1}$$

式中，φ为球外电势；σ为球面上的面电荷密度. 参见题 1.74，用分离变量法，可解得

$$\varphi=-E_0r\cos\theta+\frac{E_0a^3}{r^2}\cos\theta \tag{2}$$

式中，a 为导体球的半径，因此由式(1)可得

$$\sigma=3\varepsilon_0E_0\cos\theta$$

假设在空间原点放一个 $\boldsymbol{P}=P\boldsymbol{e}_r$ 的电偶极子，它在 $\boldsymbol{r}$ 处产生的电势公式为

$$\varphi=-\frac{1}{4\pi\varepsilon_0}\boldsymbol{P}\cdot\nabla\frac{1}{r}=\frac{P\cos\theta}{4\pi\varepsilon_0r^2} \tag{3}$$

将式(3)与式(2)第二项对照，式(2)第二项相当于

$$\boldsymbol{P}=4\pi\varepsilon_0a^3\boldsymbol{E}_0$$

的电偶极子的贡献，它就代表了球的感应电偶极矩.

1.81　带有面电荷分布的球壳内外的电场和电势

题 1.81　一半径为 R 的球壳上附着有面密度为$\sigma(\theta)$=$\sigma_0\cos\theta$的(σ_0 为常数，θ为极角)电荷. 球壳的内部与外部都是无电荷的真空，计算球壳内外的静电势与电场.

解　设$\varPhi_内$、$\varPhi_外$ 分别是球壳内外的静电势，$\varPhi_内$、$\varPhi_外$ 满足拉普拉斯方程，考虑到柱对称性和边界条件，可表示为

$$\begin{aligned}&\varPhi_内=\sum_{n=0}^{+\infty}a_nr^n\mathrm{P}_n(\cos\theta), && r<R\\ &\varPhi_外=\sum_{n=0}^{+\infty}b_nr^{-n-1}\mathrm{P}_n(\cos\theta), && r\geqslant R\end{aligned} \tag{1}$$

其中 P_n 为勒让德多项式. 球壳面(r=R)处边界条件

$$\begin{aligned}&\varPhi_内\big|_{r=R}=\varPhi_外\big|_{r=R}\\ &\varepsilon_0\frac{\partial\varPhi_外}{\partial r}\bigg|_{r=R}-\varepsilon_0\frac{\partial\varPhi_内}{\partial r}\bigg|_{r=R}=\sigma_0\cos\theta=\sigma_0\mathrm{P}_1(\cos\theta)\end{aligned} \tag{2}$$

将式(1)代入式(2)，并比较各 P_n 的系数给出

$$a_n = b_n = 0, \qquad n \neq 1$$
$$a_1 = \frac{\sigma_0}{3\varepsilon_0}, \quad b_1 = \frac{\sigma_0}{3\varepsilon_0}R^2 \tag{3}$$

代入式(1)给出球壳内外的静电势

$$\varPhi_{内} = \frac{\sigma_0 r}{3\varepsilon_0}\cos\theta, \qquad r < R$$
$$\varPhi_{外} = \frac{\sigma_0 R^3}{3\varepsilon_0 r^2}\cos\theta, \qquad r > R \tag{4}$$

从而球壳内外的电场强度为

$$\boldsymbol{E}_{内} = -\nabla\varPhi_{内} = -\frac{\sigma_0}{3\varepsilon_0}\boldsymbol{e}_z, \qquad r < R$$
$$\boldsymbol{E}_{外} = -\nabla\varPhi_{外} = \frac{2\sigma_0 R^3}{3\varepsilon_0 r^3}\cos\theta\boldsymbol{e}_r + \frac{\sigma_0 R^3}{3\varepsilon_0 r^3}\sin\theta\boldsymbol{e}_\theta, \quad r > R \tag{5}$$

说明 可见球壳内为一均匀电场，球壳外为处于一个球壳中心的电偶极子激发的电场. 其实这正是均匀极化介质球内外的电场，读者可参见题 1.75 并与之对照.

1.82 球心放置一点电荷，已知球面电势求空间电势

题 1.82 对中心在原点的球，在其中心放置一个点电荷 q，球面上的电势分布为 $\varPhi=V_0\cos\theta$. 试求球内外电势分布.

解 设球的半径为 R，电势方程为

$$\nabla^2\varPhi = -\frac{q}{\varepsilon_0}\delta(r), \qquad r < R$$
$$\nabla^2\varPhi = 0, \qquad r > R$$

用分离变量法，解的形式为

$$\varPhi = \frac{q}{4\pi\varepsilon_0 r} + \sum_{n=0}^{\infty} A_n r^n \mathrm{P}_n(\cos\theta), \qquad r < R$$
$$\varPhi = \sum_{n=0}^{\infty}\frac{B_n}{r^{n+1}}\mathrm{P}_n(\cos\theta), \qquad r > R$$

式中，已用了 $r=0$ 和 $r\to\infty$的边界条件，再由 $r=R$ 时 $\varPhi=V_0\cos\theta$ 的边界条件，最后可得

$$\varPhi = \frac{q}{4\pi\varepsilon_0 r} - \frac{q}{4\pi\varepsilon_0 R} + \frac{V_0\cos\theta}{R}r, \qquad r < R$$
$$\varPhi = \frac{V_0 R^2}{r^2}\cos\theta, \qquad r > R$$

1.83 已知球壳上电势分布求壳外的电势和壳上电荷

题 1.83 如果一个厚度为零的球壳的电势只是θ的函数 $V(\theta)$，球壳内部和外部都是自由空间．(a)求出球壳内部和外部的电势 $V(r,\theta)$，并求出球壳上的电荷分布．(b) 对 $V(\theta)=V_0\cos^2\theta$ 的情形求解 $\left(已知 \mathrm{P}_0(\cos\theta)=1, \mathrm{P}_1(\cos\theta)=\cos\theta, \mathrm{P}_2(\cos\theta)=\dfrac{3\cos^2\theta-1}{2},\right.$ $\left.\displaystyle\int_0^\pi \mathrm{P}_n^2(\cos\theta)\sin\theta\mathrm{d}\theta=\frac{2}{2n+1}\right)$．

解 (a) 因球壳内外都是自由空间，其间电势满足拉普拉斯方程，所以可设球内外电势为

$$\varphi_1=\sum_{n=0}^{\infty}a_nR^n\mathrm{P}_n(\cos\theta),\qquad R<R_0$$

$$\varphi_2=\sum_{n=0}^{\infty}\frac{b_n}{R^{n+1}}\mathrm{P}_n(\cos\theta),\qquad R>R_0$$

球壳半径为 R_0，由本题条件则有

$$V(\theta)=\sum_{n=0}^{\infty}a_nR_0^n\mathrm{P}_n(\cos\theta)$$

$$a_nR_0^n=\frac{2n+1}{2}\int_0^\pi V(\theta)\mathrm{P}_n(\cos\theta)\sin\theta\mathrm{d}\theta$$

故

$$\varphi_1=\sum_{n=0}^{\infty}\left[\frac{2n+1}{2R_0^n}\int_0^\pi V(\theta)\mathrm{P}_n(\cos\theta)\sin\theta\mathrm{d}\theta\right]\mathrm{P}_n(\cos\theta)R^n$$

且类似可得

$$\varphi_2=\sum_{n=0}^{\infty}\left[\frac{(2n+1)R_0^{n+1}}{2}\int_0^\pi V(\theta)\mathrm{P}_n(\cos\theta)\sin\theta\mathrm{d}\theta\right]\cdot\frac{\mathrm{P}_n(\cos\theta)}{R^{n+1}}$$

球壳上的电荷分布为

$$\sigma(\theta)=\varepsilon_0\left.\frac{\partial\varphi_1}{\partial R}\right|_{R=R_0}-\varepsilon_0\left.\frac{\partial\varphi_2}{\partial R}\right|_{R=R_0}$$

$$=\varepsilon_0\sum_{n=0}^{\infty}\left[\frac{2n+1}{2R_0}\int_0^\pi V(\theta)\mathrm{P}_n(\cos\theta)\sin\theta\mathrm{d}\theta\right]\mathrm{P}_n(\cos\theta)$$

(b) $V(\theta)=V_0\cos^2\theta=V_0\dfrac{2}{3}\mathrm{P}_2(\cos\theta)+\dfrac{V_0}{3}\mathrm{P}_0(\cos\theta)$, 故

$n=0$ 时

$$\int_0^\pi V(\theta)\mathrm{P}_n(\cos\theta)\sin\theta\mathrm{d}\theta=\frac{2}{3}V_0$$

$n=2$ 时

$$\int_0^{\pi} V(\theta)\mathrm{P}_n(\cos\theta)\sin\theta\mathrm{d}\theta=\frac{1}{15}V_0$$

$n\neq0, 2$ 时

$$\int_0^{\pi} V(\theta)\mathrm{P}_n(\cos\theta)\sin\theta\mathrm{d}\theta=0$$

因而

$$\varphi_1=\frac{1}{3}V\mathrm{P}_0(\cos\theta)+\frac{1}{3}V_0\frac{1}{2R_0^2}\mathrm{P}_2(\cos\theta)R^2$$

$$\varphi_2=\frac{1}{3}V\frac{R_0}{R}\mathrm{P}_0(\cos\theta)+\frac{1}{6R^3}V_0R_0^3\mathrm{P}_2(\cos\theta)$$

球壳上的电荷分布为

$$\sigma(\theta)=\frac{V_0}{3R_0}\varepsilon_0+\frac{5V_0}{6R_0}\varepsilon_0\mathrm{P}_2(\cos\theta)$$

1.84 均匀电场中带电导体球的内外电势和感应电偶极矩

题 1.84 一个半径为 a、带电荷 q 的导体球放入均匀电场 $\boldsymbol{E}_0$ 中，写出球内外各点的电势. 求出感应后球的偶极矩. 在此问题中的三个电场产生六个能量项，分别叙述六项的大小：有限、零还是无限?

解 在此问题中的场是由三个场叠加而成的，即均匀电场 $\boldsymbol{E}_0$，感应导体球的偶极子场，孤立带电为 $\boldsymbol{q}$ 的导体球产生的场.

设球内电势为 ϕ_1，球外为 ϕ_2，则

$$\nabla^2\phi_1=\nabla^2\phi_2=0$$

因球内没有电场，故 $\phi_1=\phi_0$(为一常数). 边界条件：当 $r=a$ 时，$\phi_1=\phi_2$；当 $r\to\infty$时，$\phi_2=-E_0r\mathrm{P}_1(\cos\theta)$. 令

$$\phi_2=\sum_n\left(a_nr^n+\frac{b_n}{r^{n+1}}\right)\mathrm{P}_n(\cos\theta)$$

代入边界条件可得出

$$a_1=-E_0,\qquad b_0=a\phi_0,\qquad b_1=E_0a^3$$
$$a_n=0\quad(n\neq1),\qquad b_n=0\quad(n\neq0,1)$$

并由

$$-\varepsilon_0\oint_{\text{球面}}\frac{\partial\phi_2}{\partial r}r^2\mathrm{d}\Omega=q$$

求得 $\phi_0=q/4\pi\varepsilon_0a$，即球内外电势为

$$\phi_1=\frac{q}{4\pi\varepsilon_0a},\qquad r<a$$

$$\phi_2=-E_0r\cos\theta+\frac{q}{4\pi\varepsilon_0r}+\frac{E_0a^3}{r^2}\cos\theta,\qquad r>a$$

ϕ_2 中的第三项可看作在球心处一个 $\boldsymbol{P}=4\pi\varepsilon_0a^3\boldsymbol{E}_0$ 的电偶极子在球外所产生的电势.

以上三种电场产生的能量有两类：一是它们分别单独存在时所产生的静电场能量；二是它们之间的相互作用能量.

对布满全空间的均匀外电场 $\boldsymbol{E}_0$，它单独存在的静电场能量应为无穷大，即 $W_1\to\infty$.

一个孤立带电荷 q 的导体球的静电场总能量为 $W_2=\dfrac{q^2}{8\pi\varepsilon_0 a}$，是有限的.

电偶极子 $\boldsymbol{P}$ 的球外产生的电场为

$$E_3=-\nabla\left(\frac{E_0a^3}{r^2}\cdot\cos\theta\right)=\frac{2a^3E_0\cos\theta}{r^3}\boldsymbol{e}_r+\frac{a^3E_0\sin\theta}{r^3}\boldsymbol{e}_\theta$$

它在球内不激发电场. 因此 $\boldsymbol{P}$ 产生的静电场能量密度为

$$\begin{aligned}w_3&=\frac{1}{2}\varepsilon_0E_3^2=\frac{\varepsilon_0}{2}\frac{a^6E_0^2}{r^6}[4\cos^2\theta+\sin^2\theta]\\&=\frac{1}{2}\varepsilon_0\frac{a^6E_0^2}{r^6}(1+3\cos^2\theta)\end{aligned}$$

静电场总能量为

$$W_3=\int w_3\mathrm{d}V=\frac{\varepsilon_0a^6E_0^2}{2}\int_a^\infty\frac{1}{r^4}\mathrm{d}r\int_0^{2\pi}\mathrm{d}\varphi\int_{-1}^1(1+3\cos^2\theta)\mathrm{d}\cos\theta=\frac{4\pi\varepsilon_0a^3}{3}E_0^2$$

W_3 也为有限值.

对带总电量 q 的导体球，它的面电荷密度 $\sigma=q/4\pi a^2$，它与外场 $\boldsymbol{E}_0$ 的相互作用能量为

$$\begin{aligned}W_{1,2}&=\int_{\text{球面}}\sigma\cdot(-E_0r\cos\theta)r^2\mathrm{d}\Omega\\&=\frac{q}{4\pi a^2}\cdot -E_0a^3\int\cos\theta\mathrm{d}\Omega=0\end{aligned}$$

类似可知，导体球与偶极子 $\boldsymbol{P}$ 的电场相互作用能量为

$$W_{2,3}=\int_{\text{球面}}\sigma\cdot\left(\frac{E_0a^3}{r^2}\cos\theta\right)r^2\mathrm{d}\Omega=0$$

至于偶极子 $\boldsymbol{P}$ 与外场 $\boldsymbol{E}_0$ 的相互作用能量可立即由公式

$$W_{1,3}=-\frac{1}{2}\boldsymbol{P}\cdot\boldsymbol{E}_0=-2\pi\varepsilon_0a^3E_0^2$$

求出 $W_{1,3}$ 为有限值. 式中“1/2”因子的出现，是因为 $\boldsymbol{P}$ 是由外场 $\boldsymbol{E}$ 所感应产生的等效电偶极子.

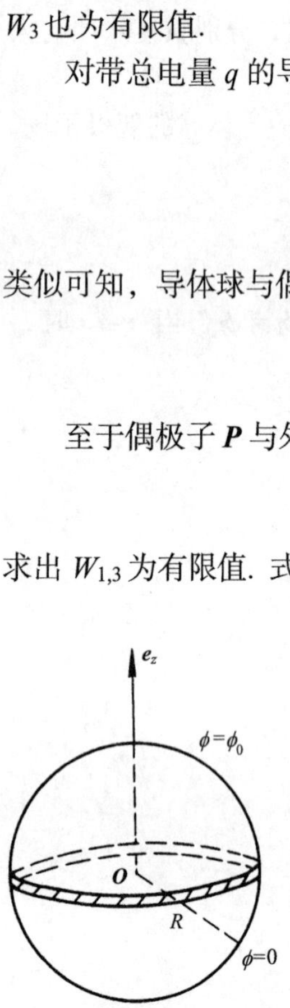

题图 1.85

1.85 具有不同电势的两个半球面所组成球面内的电势

题 1.85 一个半径为 R 的导体球壳被切成两半，两个半球壳片彼此是绝缘的，如题图 1.85 所示，彼此非常靠近以至可以忽略它们的距离. 上半球持有电势 $\phi=\phi_0$，下半球电势 $\phi=0$. 计算在导体面外空间各点的电势. 忽略下降快于 $1/r^4$ 以上的项(即保留到 $1/r^4$ 有关的项为止). 这里 r 是从导体中心到空间点的距离.

提示 首先在一定坐标系中求解拉普拉斯方程. 导体表面的边

界条件可按勒让德多项式展开

$$P_0(x)=1,\quad P_1(x)=x,\quad P_2(x)=\frac{3}{2}x^2-\frac{1}{2},\quad P_3(x)=\frac{5}{2}x^3-\frac{3}{2}x$$

解 取球坐标(r,θ,ϕ)，坐标原点位于球心，z 轴与两半球壳割缝垂直(题图 1.85)易知电势ϕ只是 r 和θ的函数，满足如下拉普拉斯方程：

$$\frac{1}{r^2}\cdot\frac{\partial}{\partial r}\left(r^2\frac{\partial\phi}{\partial r}\right)+\frac{1}{r^2\sin\theta}\cdot\frac{\partial}{\partial\theta}\left(\sin\theta\frac{\partial\phi}{\partial\theta}\right)=0,\qquad r\geqslant R \tag{1}$$

以上方程的通解为

$$\phi=\sum_{l=0}^{\infty}\frac{A_l}{r^{l+1}}P_l(\cos\theta),\qquad r\geqslant R \tag{2}$$

按题设只取到 l=3，故

$$\phi\approx\sum_{l=0}^{3}\frac{A_l}{r^{l+1}}P_l(\cos\theta) \tag{3}$$

在边界 r=R 上，满足如下条件：

$$\phi\big|_{r=R}=f(\theta)=\begin{cases}\phi_0, & 当\ 0\leqslant\theta<\dfrac{\pi}{2}\\[2ex] 0, & 当\ \dfrac{\pi}{2}<\theta\leqslant\pi\end{cases} \tag{4}$$

将$f(\theta)$按勒让德多项式展开，只取到 l=3 的项

$$f(\theta)\approx\sum_{l=0}^{3}B_lP_l(\cos\theta) \tag{5}$$

式中

$$B_l=\frac{A_l}{R^{l+1}}，\ 或\ A_l=R^{l+1}B_l \tag{6}$$

而由 P_l 的正交性

$$\begin{aligned}B_l&=\frac{2l+1}{2}\int_0^{\pi}f(\theta)P_l(\cos\theta)\sin\theta\mathrm{d}\theta\\&=\frac{(2l+1)\phi_0}{2}\int_0^1P_l(x)\mathrm{d}x\end{aligned} \tag{7}$$

由题目给出 $P_0(x)$~$P_3(x)$的表达式可求得

$$\begin{aligned}&\int_0^1P_0(x)\mathrm{d}x=\int_0^1\mathrm{d}x=1\\&\int_0^1P_1(x)\mathrm{d}x=\int_0^1x\mathrm{d}x=\frac{1}{2}\\&\int_0^1P_2(x)\mathrm{d}x=\int_0^1\frac{1}{2}(3x^2-1)\mathrm{d}x=0\\&\int_0^1P_3(x)\mathrm{d}x=\int_0^1\frac{1}{2}(5x^3-3x)\mathrm{d}x=-\frac{1}{8}\end{aligned} \tag{8}$$

于是

$$B_0=\frac{1}{2}\phi_0,\qquad B_1=\frac{3}{4}\phi_0$$
$$B_2=0,\qquad B_3=-\frac{7}{16}\phi_0 \tag{9}$$

由式(3)、(6)、(9)得最后结果为

$$\phi\approx\sum_{l=0}^{3}B_l\left(\frac{R}{r}\right)^{l+1}\mathrm{P}_l(\cos\theta)$$
$$=\phi_0\left[\frac{R}{2r}+\frac{3}{4}\left(\frac{R}{r}\right)^2\cos\theta-\frac{7}{32}\left(\frac{R}{r}\right)^4(5\cos^2\theta-3)\cos\theta\right]$$

1.86　非同心球壳之间的电势

题 1.86　如题图 1.86 所示，内导体球半径为 a，带电量为 Q，外导体球壳接地，半径为 b. 两球心之距为 c. (a) 证明以内球球心为原点时，准确到 c 的一级小量，外球壳的方程为 $r(\theta)=b+c\cos\theta$; (b) 如果两球壳之间的电势只含有 $\mathrm{P}_l(\cos\theta)(l=0,1)$成分，在 c 为一级小量近似下确定电势.

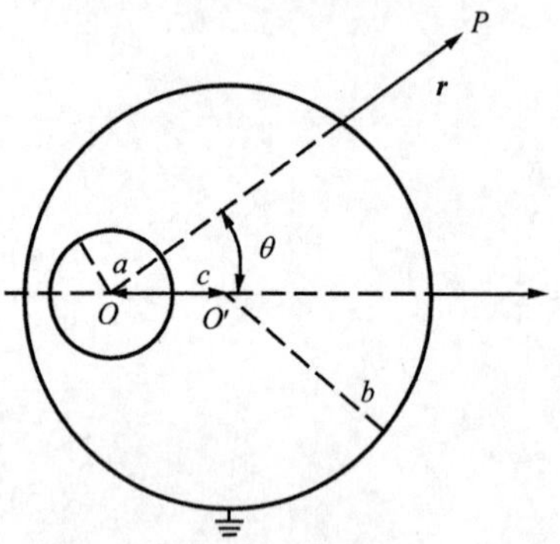

题图 1.86

解　(a) 由余弦定理得

$$b^2=c^2+r^2-2cr\cos\theta\approx r^2-2cr\cos\theta$$

故

$$r\approx\frac{1}{2}\left[2c\cos\theta+\sqrt{4c^2\cos^2\theta+4b^2}\right]$$
$$\approx b+c\cos\theta$$

(b) 由$\nabla^2\phi=0$ 及轴对称性可知两球壳间电势为

$$\phi=\sum_{l=0}^{\infty}\left(A_r r^l+\frac{B_l}{r^{l+1}}\right)\mathrm{P}_l(\cos\theta)$$

依题意，只取 l=0,1 项，电势近似为

$$\phi=A_0+\frac{B_0}{r}+\left(A_1 r+\frac{B_1}{r^2}\right)\cos\theta \tag{1}$$

由内导体球面为等势面，应有

$$A_1 a+\frac{B_1}{a^2}=0 \tag{2}$$

并由

$$-\varepsilon_0\oint_{r=a}\frac{\partial\phi}{\partial r}r^2\mathrm{d}\Omega=Q$$

得

$$B_0=\frac{Q}{4\pi\varepsilon_0} \tag{3}$$

外球壳接地，使 $r\approx b+c\cos\theta$处，$\phi=0$，有

$$A_0+\frac{B_0}{b+c\cos\theta}+\left[A_1(b+c\cos\theta)+\frac{B_1}{(b+c\cos\theta)^2}\right]\cos\theta=0 \tag{4}$$

在准确到 c 的一级小量时

$$(b+c\cos\theta)^{-1}=\frac{1}{b}\left(1-\frac{c}{b}\cos\theta\right),\qquad (b+c\cos\theta)^{-2}=\frac{1}{b^2}\left(1-\frac{2c}{b}\cos\theta\right)$$

则由式(3)、式(4)，略去展开后的式(4)中的 $\cos\theta$ 的零次方项给出

$$A_0+\frac{B_0}{b}=0$$

即

$$A_0=-\frac{Q}{4\pi\varepsilon_0 b} \tag{5}$$

式(4)中 $\cos\theta$ 的一次方项给出

$$-\frac{B_0c}{b^2}+A_1b+\frac{B_1}{b^2}=0 \tag{6}$$

联立式(2)、式(3)与式(6)，解得

$$A_1=\frac{Qc}{4\pi\varepsilon_0(b^3-a^3)},\qquad B_1=\frac{-Qca^3}{4\pi\varepsilon_0(b^3-a^3)} \tag{7}$$

故最后得两球壳间的电势为

$$\phi=\frac{Q}{4\pi\varepsilon_0}\left\{\frac{1}{r}-\frac{1}{b}+\frac{cr}{b^3-a^3}\left[1-\left(\frac{a}{r}\right)^3\right]\cos\theta\right\}$$

1.87 均匀电场中的带电长圆柱面的电荷密度与电场的关系

题 1.87 现有一绝缘长圆柱体，半径为 r_0. 在其表面上分布着一层电子，可以在表面自由运动，开始以面密度 ρ_0 均匀分布. 将圆柱体放入一均匀外电场中，电场方向垂直于圆柱轴线，大小为 E_a. 试分析圆柱面的面电荷密度 $\rho(\theta)$ 和 E_a 的关系. 分析中可以忽略绝缘圆柱体的极化. (a) 这个问题不同于一般的导体圆柱的静电场问题，试问有什么不同？何时两者有相同解？(用文字说明). (b) 对导体圆柱情况求解 $\rho(\theta)$，指出该解适用于本题绝缘圆柱情况时的取值范围.

解 取柱坐标系 (r,θ,z)，z 轴沿圆柱轴线，$\theta=0$ 时对应外电场方向. 设圆柱内外电势为 $\varphi_{\rm I}$、$\varphi_{\rm II}$ 与 z 无关，且都满足拉普拉斯方程 $\nabla^2\varphi_{\rm I}=\nabla^2\varphi_{\rm II}=0$. 边界条件为

$$\varphi_{\rm I}=\varphi_{\rm II}\big|_{r=r_0},\qquad \left(\frac{\partial\varphi_{\rm I}}{\partial\theta}\right)=\left(\frac{\partial\varphi_{\rm II}}{\partial\theta}\right)\bigg|_{r=r_0}$$

$$\varphi_{\rm I}\big|_{r\to 0}\ \text{有限}$$

$$\varphi_{\rm II}\big|_{r\to\infty}\to -E_a r\cos\theta-\frac{r_0\rho_0}{\varepsilon_0}\ln r$$

另外注意到电子可在圆柱表面自由运动，故表面的 $E_\theta=0$. 取

$$\varphi_{\mathrm{I}} = A_1 + B_1 \ln r + C_1 r \cos\theta + \frac{D_1}{r}\cos\theta, \qquad \varphi_{\mathrm{II}} = A_2 + B_2 \ln r + C_2 r \cos\theta + \frac{D_2}{r}\cos\theta$$

并由上述边界条件定出

$$B_1 = D_1 = 0, \qquad C_2 = -E_a, \qquad B_2 = -\frac{\rho_0 r_0}{\varepsilon_0}$$

以及

$$A_1 + C_1 r_0 \cos\theta = A_2 + B_2 \ln r_0 - E_a r_0 \cos\theta + \frac{D_2}{r_0}\cos\theta$$

$$-C_1 \sin\theta = E_a \sin\theta - \frac{D_2}{r_0^2}\sin\theta = 0$$

从而得到

$$C_1 = 0, \qquad D_2 = E_a r_0^2$$

不妨取 $A_2=0$，于是

$$A_1 = B_2 \ln r_0 = -\frac{\rho_0 r_0 \ln r_0}{\varepsilon_0}$$

最后我们求得

$$\varphi_{\mathrm{I}} = -\frac{\rho_0 r_0 \ln r_0}{\varepsilon_0}, \qquad \boldsymbol{E}_{\mathrm{I}} = 0$$

$$\varphi_{\mathrm{II}} = -\frac{\rho_0 r_0 \ln r}{\varepsilon_0} - E_a r \cos\theta + \frac{E_a r_0^2}{r}\cos\theta$$

$$\boldsymbol{E}_{\mathrm{II}} = \left(\frac{\rho_0 r_0}{\varepsilon_0 r} + E_a \cos\theta + \frac{E_a r_0^2}{r^2}\cos\theta\right)\boldsymbol{e}_r - E_a\left(1 - \frac{r_0^2}{r^2}\right)\sin\theta \boldsymbol{e}_\theta$$

$$\rho(\theta) = -\varepsilon_0 \left.\frac{\partial \varphi_{\mathrm{II}}}{\partial r}\right|_{r=r_0} = \rho_0 + 2\varepsilon_0 E_a \cos\theta$$

(a) 本问题和圆柱导体静电场问题的不同点在于：对导体，可允许$\rho(\theta)$取正、负值；而这里必须有$\rho(\theta)\leqslant 0$. 当$|E_a| < \left|\frac{\rho_0}{2\varepsilon_0}\right|$时，两者有相同的解.

(b) 对导体圆柱情况，静电场基本方程为

①在导体内，$\boldsymbol{E}_{\mathrm{I}} = 0$，$\varphi_{\mathrm{I}} =$ 常数.

②在导体外，$\nabla^2 \varphi_{\mathrm{II}}=0$

$$\left(\frac{\partial \varphi_{\mathrm{II}}}{\partial \theta}\right)_{r=r} = 0, \qquad \varphi_{\mathrm{II}}\big|_{r\to\infty} \to -E_\alpha r \cos\theta - \frac{r_0 \rho_0}{\varepsilon_0}\ln r$$

其解与本问题相同. 若使导体情况的解适用于本题绝缘圆柱情况，必须$|E_a| \leqslant \left|\frac{\rho_0}{2\varepsilon_0}\right|$，这样才能保证绝缘圆柱表面面电荷密度处处为负.

1.88 两块半无穷大接地铝板间的点电荷的所有像电荷

题 1.88 今有两块半无穷大接地平面铝板成60°角，一个点电荷$+q$如题图 1.88 放置. 在图上指示出所有像电荷的位置和大小并简要说明理由.

解 如题图 1.88 所示，因导体板接地，所以像电荷分布在二导体板两侧，其电荷分布分别对称.

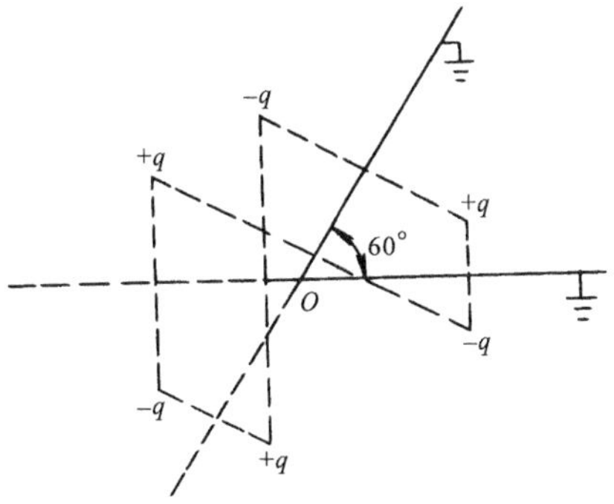

题图 1.88

1.89 带电的直导线与无限大金属板构成系统的电容

题 1.89 一半径为a的直导线带有线电荷密度σ，距导线r处的电势为$\dfrac{\sigma}{2\pi}\ln\dfrac{1}{r}+$常数，导线与一电势为0的无限大金属板相距为$b(b\ll a)$，对每单位长度导线，求此系统的电容.

解 为使金属板电势为 0，可设想在金属板另一侧对称地放置一电荷密度为$-\sigma$的无限长导线，则原导线与金属板间的电容可以等效地由求相距为 $2b$ 的二直导线间电容来代替.

设在二导线间与原导线相距为r(与像导线相距$2b-r$)处的电势为$\varphi(r)$，则由题设有

$$\varphi(r)=\frac{\sigma}{2\pi\varepsilon_0}\ln\frac{1}{r}-\frac{\sigma}{2\pi\varepsilon_0}\ln\frac{1}{2b-r}$$

则二导线间的电势差应为

$$V=\varphi(a)-\varphi(2b-a)=\frac{\sigma}{\varepsilon_0\pi}\ln\left(\frac{2b-a}{a}\right)\approx\frac{\sigma}{\pi\varepsilon_0}\ln\frac{2b}{a}$$

所以单位长度的电容为

$$C=\frac{\sigma}{V}=\varepsilon_0\pi/\ln\frac{2b}{a}$$

1.90 无穷大接地导体板前的电荷受力与做功问题

题 1.90 一个大小为 $q=2\mu C$ 的点电荷放置在离一个无穷大接地平面导体板 a=10cm 处，求：(a) 导体面上的总感应电荷. (b) 电荷 q 受到的力. (c) 把 q 缓慢移至无穷远处所需做的功.

解 (a) 用镜像法，像电荷在与 q 处于对称位置的地方，电量为$-q$，因此导体表面的总感应电荷为$-q$.

(b) $+q$ 所受的力为

$$F=\frac{1}{4\pi\varepsilon_0}\frac{q^2}{(2a)^2}=\frac{u_0c^2}{4\pi}\frac{q^2}{(2a^2)}=9\times10^9\times\frac{(2\times10^{-6})^2}{0.2^2}=0.9(\text{N})$$

此式中用了$\varepsilon_0=\dfrac{1}{u_0c^2}$，$u_0=4\pi\times10^{-7}\text{N}\cdot\text{A}^{-2}$.

(c) 移动 q 至无穷远处所需做的功为

$$W=\int_a^{\infty}F\mathrm{d}r=\int_a^{\infty}\frac{1}{4\pi\varepsilon_0}\frac{q^2}{(2r)^2}\mathrm{d}r=\frac{q^2}{16\pi\varepsilon_0 a}$$
$$=0.09(\mathrm{J})$$

1.91 接地导体平面上方的两个点电荷受力及系统做的功

题 1.91 在接地导体 $z=0$ 平面的上方 $(x,y,z)=(a,0,a),(-a,0,a)$ 处分别有两个点电荷 $+q$、$-q$. (a) 求作用在 $+q$ 上的合力. (b) 为了得到这样一个电荷系统，求反抗静电力所做的功. (c) 求在点 $(a,0,0)$ 处的面电荷密度.

解 (a) 用镜像法. 像电荷应为 $(-a,0,-a)$ 处的 $+q$ 与 $(a,0,-a)$ 处的 $-q$，如题图 1.91 所示. 因此作用在 $(a,0,a)$ 处 $+q$ 电荷上的合力为

$$\boldsymbol{F}=\frac{q^2}{4\pi\varepsilon_0}\left[-\frac{1}{(2a)^2}\boldsymbol{e}_x-\frac{1}{(2a)^2}\boldsymbol{e}_z+\frac{1}{(2\sqrt{2}a)^2}\left(\frac{1}{\sqrt{2}}\boldsymbol{e}_x+\frac{1}{\sqrt{2}}\boldsymbol{e}_z\right)\right]$$
$$=\frac{q^2}{4\pi\varepsilon_0 a^2}\left[\left(-\frac{1}{4}+\frac{1}{8\sqrt{2}}\right)\boldsymbol{e}_x+\left(-\frac{1}{4}+\frac{1}{8\sqrt{2}}\right)\boldsymbol{e}_z\right]$$

故力的大小为

$$F=\frac{(2\sqrt{2}-1)q^2}{32\pi\varepsilon_0 a^2}$$

力的方向为 xz 平面中沿与 x 轴成 45°角的方向指向原点.

(b) 我们可设想把 $+q$，$-q$ 电荷分别沿路径

$$L_1:\ z=x,\qquad y=0$$
$$L_2:\ z=-x,\qquad y=0$$

从无穷远处移到 $(a,0,a)$ 与 $(-a,0,a)$ 处，而得到本题的电荷系统. 假设 $+q$ 和 $-q$ 在路径 L_1、L_2 的 $(l,0,l)$ 与 $(-l,0,l)$ 点时，由(a)得它们受到的静电力的大小都为 $\dfrac{(2\sqrt{2}-1)q^2}{32\pi\varepsilon_0 l^2}$，因静电力的方向与路径方向是平行的，故外力做功应为

$$W=-2\int_{\infty}^{a}F\mathrm{d}l=2\int_a^{\infty}\frac{(2\sqrt{2}-1)q^2}{32\pi\varepsilon_0 l^2}\mathrm{d}l=\frac{(2\sqrt{2}-1)q^2}{16\pi\varepsilon_0 a}$$

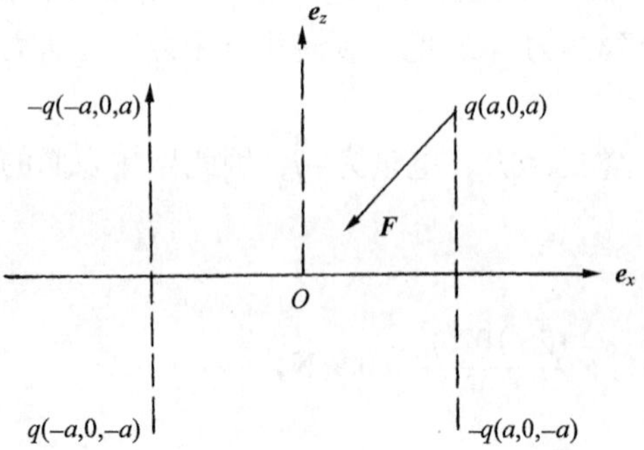

题图 1.91

(c) 题图 1.91 中的电荷系统都在点 $(a,0,0^+)$ 处产生电场，显然 $(a,0,a)$ 处 $+q$ 与 $(a,0,-a)$ 处的 $-q$ 产生的合电场为

$$\boldsymbol{E}_1=-\frac{2q}{4\pi\varepsilon_0 a^2}\boldsymbol{e}_z$$

而 $(-a,0,a)$ 处的 $-q$ 产生的电场 $\boldsymbol{E}_2$ 与 $(-a,0,-a)$ 处 $+q$ 产生的电场 $\boldsymbol{E}_3$，其大小都为

$$E_2=E_3=\frac{q}{4\pi\varepsilon_0(\sqrt{5}a)^2}$$

由题图 1.91 知，它们的合电场为

$$\boldsymbol{E}_4=\frac{2}{\sqrt{5}}E_2\boldsymbol{e}_z=\frac{2q}{4\pi\varepsilon_0 a^2}\cdot\frac{1}{5\sqrt{5}}\boldsymbol{e}_z$$

因此$(a,0,0^+)$处总电场为

$$\boldsymbol{E}=\boldsymbol{E}_1+\boldsymbol{E}_4=\frac{q}{2\pi\varepsilon_0 a^2}\left(\frac{1}{5\sqrt{5}}-1\right)\boldsymbol{e}_z$$

因导体中电场为 0，故此处面电荷密度为

$$\sigma=\varepsilon_0 E=\frac{q}{2\pi a^2}\left(\frac{1}{5\sqrt{5}}-1\right)$$

1.92 充满不同电介质的两个半无限大空间对称放置正负点电荷所受的力

题 1.92 假定在三维空间中 $z>0$ 的区域里，充满介电常量为ε_1的线性电介质，在 $z<0$ 区域充满ε_2介质. 电荷$-q$ 固定在$(x,y,z)=(0,0,a)$点，电荷 q 在$(0,0,-a)$点. 为了使$-q$ 电荷静止不动需对它施多大力？

解 我们先讨论一种简单的情况. 设一点电荷 q_1 位于$(0,0,a)$点，用镜像法，它的像电荷为在$(0,0,-a)$点的 q_1' 和在$(0,0,a)$点的 q_1''，注意，每一区域的势场由电荷 q_1 和极化电荷(包括 q_1 周围以及界面上的极化电荷)所激发，故两区域中电势分别为

$$\varphi_1=\frac{q}{4\pi\varepsilon_1 r_1}+\frac{q_1'}{4\pi\varepsilon_0 r_2},\qquad z\geqslant 0$$

$$\varphi_2=\frac{q}{4\pi\varepsilon_1 r_1}+\frac{q_1''}{4\pi\varepsilon_0 r_1},\qquad z<0$$

式中

$$r_1=\sqrt{x^2+y^2+(z-a)^2},\qquad r_2=\sqrt{x^2+y^2+(z+a)^2}$$

利用界面$(z=0)$上边界条件

$$\varphi_1=\varphi_2,\qquad \varepsilon_1\frac{\partial\varphi_1}{\partial z}=\varepsilon_2\frac{\partial\varphi_2}{\partial z}$$

可得

$$q_1'=\frac{\varepsilon_2}{\varepsilon_1}\cdot\frac{\varepsilon_1-\varepsilon_2}{\varepsilon_1+\varepsilon_2}q_1,\qquad q_1''=q_1'$$

类似地，如果在ε_2介质中，在$(0,0,-a)$处有一点电荷 q_2，则它的像电荷为 q_2' 在$(0,0,a)$处，q_2'' 在$(0,0,-a)$处，且有

$$\varphi_1=\frac{1}{4\pi\varepsilon_2}\cdot\frac{q_2}{r_2}+\frac{1}{4\pi\varepsilon_0}\cdot\frac{q_2''}{r_2},\qquad \varphi_2=\frac{1}{4\pi\varepsilon_2}\cdot\frac{q_2}{r_2}+\frac{1}{4\pi\varepsilon_0}\cdot\frac{q_2'}{r_1}$$

$$q_2'=\frac{\varepsilon_1}{\varepsilon_2}\cdot\frac{\varepsilon_2-\varepsilon_1}{\varepsilon_2+\varepsilon_1}q_2,\qquad q_2''=q_2'$$

当 q_1，q_2 同时存在时，q_1 所受的力应为 q_1'，q_2'' 及 q_2 的共同作用

$$F=\frac{q_1}{4\pi}\left[\frac{q_2}{\varepsilon_2(2a)^2}+\frac{q_1'}{\varepsilon_0(2a)^2}+\frac{q_2''}{\varepsilon_0(2a)^2}\right]$$

$$=\frac{1}{16\pi a^2}\left[\frac{\varepsilon_2}{\varepsilon_1\varepsilon_0}\cdot\frac{\varepsilon_1-\varepsilon_2}{\varepsilon_1+\varepsilon_2}q_1^2+\frac{1}{\varepsilon_2}\left(1+\frac{\varepsilon_1(\varepsilon_2-\varepsilon_1)}{\varepsilon_0(\varepsilon_2+\varepsilon_1)}\right)q_1q_2\right]$$

回到本题 $q_1=-q, q_2=+q$，则有

$$F=\frac{1}{16\pi a^2}\left[\frac{(\varepsilon_1-\varepsilon_2)^2}{\varepsilon_0\varepsilon_1\varepsilon_2}q^2+\frac{\varepsilon_1}{\varepsilon_2\varepsilon_0}\frac{\varepsilon_1-\varepsilon_2}{\varepsilon_1+\varepsilon_2}q^2-\frac{q^2}{\varepsilon_2}\right]$$

$$=\frac{-q^2}{16\pi a^2}\frac{\varepsilon_2(\varepsilon_1-\varepsilon_2)}{\varepsilon_0\varepsilon_1(\varepsilon_1+\varepsilon_2)}-\frac{q^2}{16\pi a^2\varepsilon_2}$$

因此为使 $-q$ 静止不动，需在其上施加 $-F$ 的力.

1.93 计算云朵的电荷量及所受的外力

题 1.93 当空中一朵云经过地球上某一位置时，地球表面记录的电场为 E=100V/m，已知云底部距地球表面 d=300m，云顶比底部高也是 d=300m. 假定云是电中性的，但顶部有电荷 $+q$，底部有电荷 $-q$，试计算电荷 q 的大小及作用在云上的外部电力(方向与大小). 假定除云上有电荷以外大气中没有其他电荷.

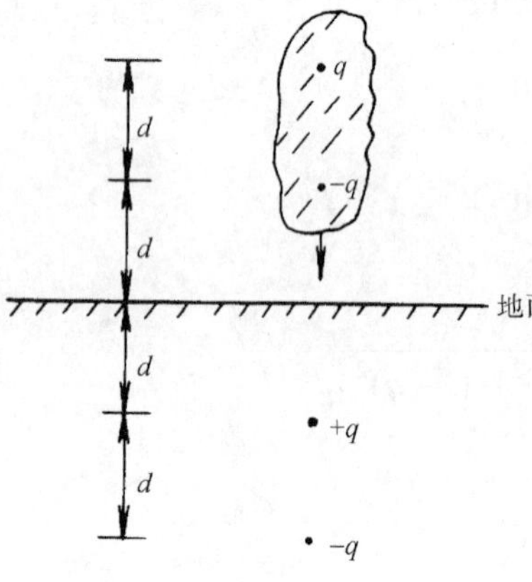

题图 1.93

解 用镜像法，像电荷位置如题图 1.93 所示，则可得地球表面 O 点的电场为

$$E=2\cdot\frac{1}{4\pi\varepsilon_0}\cdot\frac{q}{d^2}-2\frac{1}{4\pi\varepsilon_0}\cdot\frac{q}{(2d)^2}$$

故得

$$q=\frac{8\pi\varepsilon_0 d^2E}{3}=6.7\times10^{-4}\text{C}$$

云所受外部力即为像电荷与云中电荷间的静电力

$$F=\frac{q^2}{4\pi\varepsilon_0}\left[-\frac{1}{(2d)^2}+\frac{1}{(3d)^2}+\frac{1}{(3d)^2}-\frac{1}{(4d)^2}\right]$$

$$=\frac{q^2}{4\pi\varepsilon_0 d^2}\left[\frac{2}{9}-\frac{1}{4}-\frac{1}{16}\right]=-4.05\times10^{-3}(\text{N})$$

该力为引力，如题图 1.93 所示.

1.94 内有点电荷的接地导体球外电势的分布

题 1.94 有一半径为 a 的接地的理想导体球，距其中心矢径 s 处有一点电荷 q. (a) 如果球外是真空，计算球外任意点 $\boldsymbol{r}$ 处的静电势，可取大地电势为零. (b) 如果用介电常量为 ε 的电介质代替球外的真空，重新计算(a).

解　用镜像法. (a) 如题图 1.94 所示，像电荷 q'在 Oq 连线上，距球心为 s'，令 $\boldsymbol{n}=\dfrac{\boldsymbol{r}}{r}$，$\boldsymbol{n}'=\dfrac{\boldsymbol{s}}{s}$，则 $\boldsymbol{r}$ 处的电势为

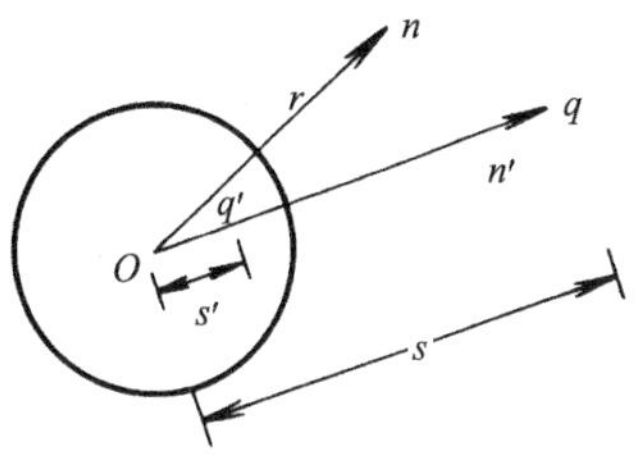

题图 1.94

$$\phi(\boldsymbol{r})=\frac{1}{4\pi\varepsilon_0}\left[\frac{q}{|\boldsymbol{r}-\boldsymbol{s}|}+\frac{q'}{|\boldsymbol{r}-\boldsymbol{s}'|}\right]$$
$$=\frac{1}{4\pi\varepsilon_0}\left[\frac{q}{|r\boldsymbol{n}-s\boldsymbol{n}'|}+\frac{q'}{|r\boldsymbol{n}-s'\boldsymbol{n}'|}\right]$$

边界条件要求$\phi(r=a)=0$，而当

$$q'=-\frac{a}{s}q,\qquad s'=\frac{a^2}{s}$$

时，可使边界条件得到满足，由静电场唯一性定理可得球外真空中任意点的静电势为

$$\phi(\boldsymbol{r})=\frac{q}{4\pi\varepsilon_0}\left[\frac{1}{|\boldsymbol{r}-\boldsymbol{s}|}-\frac{a/s}{\left|\boldsymbol{r}-\dfrac{a^2}{\boldsymbol{s}^2}s\right|}\right]$$

(b) 当球外为ε的电介质时，显然只需把(a)中ε_0换为ε，即得

$$\phi(r)=\frac{q}{4\pi\varepsilon}\left[\frac{1}{|\boldsymbol{r}-\boldsymbol{s}|}-\frac{a/s}{\left|\boldsymbol{r}-\dfrac{a^2}{s^2}\boldsymbol{s}\right|}\right]$$

1.95　能抵消两个等量点电荷斥力的接地导体球的最小半径

题 1.95　有两个电量相同的点电荷相距为 $2b$. 在它们中间放置一个接地的半径为 a 的导体球，试求能抵消两个电荷斥力的导体球最小半径的近似值.

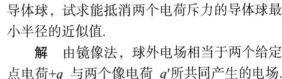

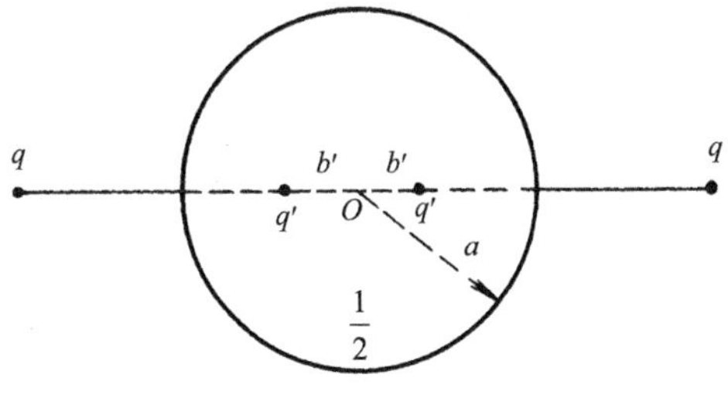

题图 1.95

解　由镜像法，球外电场相当于两个给定点电荷$+q$ 与两个像电荷 q'所共同产生的电场. 像点电荷的大小 $q'=-q\dfrac{a}{b}$，它们分别位于球心两边，与球心的距离 $b'=\dfrac{a^2}{b}$，如题图 1.95 所示.

对每个给定的点电荷$+q$ 来说，除受另一个$+q$ 电荷斥力外，还受两个像电荷的引力作用，若使这些力相互抵消，要求

$$\frac{q^2}{4b^2}=\frac{q^2\dfrac{a}{b}}{\left(b-\dfrac{a^2}{b}\right)^2}+\frac{q^2\dfrac{a}{b}}{\left(b+\dfrac{a^2}{b}\right)^2}=\frac{2q^2a}{b^3}\left[1+3\left(\frac{a}{b}\right)^4+5\left(\frac{a}{b}\right)^8+\cdots\right]$$

对满足上式 a 的最小值，$a<b$，近似取

$$\frac{q^2}{4b^2} \approx \frac{2q^2 a}{b^3}$$

则近似得到 $a \approx b/8$.

1.96 无限长接地圆柱导体外有平行柱轴的长直带电导线，求导体外部空间电势

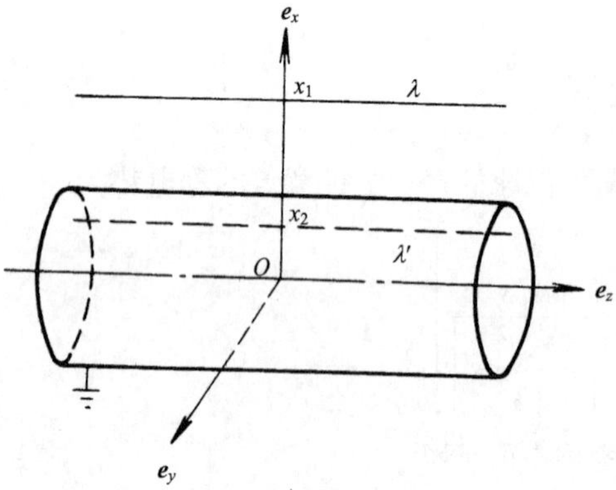

题图 1.96

题 1.96 半径为 R 的无限长接地圆柱形导体，导体外有一平行于柱轴的无限长带电直导线，与柱轴相距 $a(a>R)$，线电荷密度为λ. 试求导体外部空间的势.

解 如题图 1.96 所示，取柱轴为 z 轴，由对称性，柱外电势与 z 无关. 本题可用电像法求解. 设导线的 x 坐标为 x_1，柱内平行于柱轴的像电荷的坐标为 x_2，x_2 在 O 与 x_1 的连线上，像线电荷密度为λ'. 柱外任一点的势可写成

$$\varphi = -\frac{1}{2\pi\varepsilon_0}(\lambda \ln r_1 + \lambda' \ln r_2) \tag{1}$$

考虑到柱面上电势为常数，它等价于 $\left.\frac{\partial \varphi}{\partial \theta}\right|_{r=R} = 0$，由此容易求得

$$\lambda' = -\lambda, \qquad x_2 = \frac{R^2}{a} \tag{2}$$

求得柱外的势为

$$\varphi = \frac{\lambda}{\pi\varepsilon_0}\left[\ln\left(\left(\frac{R^2}{a}\right)^2 + r^2 - 2\frac{R^2 r}{a}\cos\theta\right) - \ln(a^2 + r^2 - 2ar\cos\theta)\right] \tag{3}$$

1.97 位于点电荷电场中的导体球面上的电荷及球外电势

题 1.97 半径为 R 的导体球，位于点电荷 q 的电场内，点电荷到球心的距离为 $a(a>R)$，球外是介电常量为ε的均匀介质，如题图 1.97 所示. 如果(a) 球的电势ϕ_0给定；(b) 球所带的电荷 Q 给定；求球外的电势及球面上的面电荷分布.

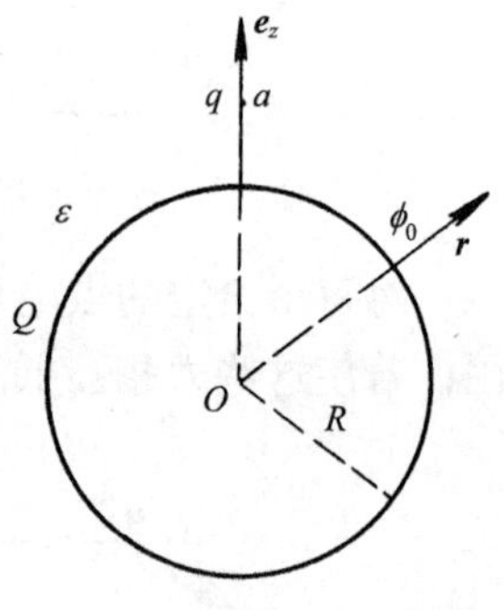

题图 1.97

解 用电像法求解.

(a) 在球的电势 ϕ_0 给定的情况. 如图取球心与点电荷的连线为 z 轴. q 的像电荷大小及位置分别为

$$q' = -\frac{qR}{a}, \qquad a' = \frac{R^2}{a} \tag{1}$$

由于 q 和 q' 在球面上产生总电势为零，要使球电势为 ϕ_0，还需在球心放一个电荷为 $q''=4\pi\varepsilon R\phi_0$ 的像电荷. 于是球外的电势为

$$\varphi=\frac{1}{4\pi\varepsilon}\left(\frac{q}{r_1}-\frac{qR}{ar_2}+\frac{4\pi\varepsilon R\phi_0}{r}\right)=\frac{R\phi_0}{r}+\frac{1}{4\pi\varepsilon}\left(\frac{q}{r_1}-\frac{qR}{ar_2}\right)\tag{2}$$

(b) 所带的电荷 Q 给定的情况. 这时, q 的像电荷大小及位置如上. 为了使球为等势体，且球面的电通量为 Q/ε，还需在球心放一个电荷为 $-q'$ 的像电荷，原来球面上的电荷 Q 产生的势等价于将 Q 放在球心在球外产生的势，于是球外的势为

$$\varphi=\frac{1}{4\pi\varepsilon}\left(\frac{q}{r_1}-\frac{qR}{ar_2}+\frac{Q+qR/a}{r}\right)\tag{3}$$

其中 r_1，r_2 分别为 q，q' 到场点的距离.

另解　用分离变量法解题. 由于球外存在点电荷，故球外的势存在奇点. 设球外势为 $\varphi=\dfrac{Q}{4\pi\varepsilon r}+\varphi'$，其中 φ' 为极化电荷产生的势. φ' 满足拉普拉斯方程

$$\Delta\varphi'=0,\qquad r>R\tag{4}$$

(a) 在球的电势 ϕ_0 给定的情况. 问题的边条件为

$$\varphi\big|_{r=R}=\phi_0,\qquad \varphi\big|_{r\to\infty}\to 0\tag{5}$$

考虑问题的对称性和边条件，可用分离变量法求解方程(4). 球外的解可写成如下形式：

$$\varphi=\frac{q}{4\pi\varepsilon r_1}+\sum_{n=0}^{\infty}\frac{b_n}{r^{n+1}}\mathrm{P}_n(\cos\theta)=\sum_{n=0}^{\infty}\left(\frac{qr^n}{4\pi\varepsilon a^{n+1}}+\frac{b_n}{r^{n+1}}\right)\mathrm{P}_n(\cos\theta)\tag{6}$$

写出上式时已利用了勒让德多函数的母函数的展开式. 由边条件容易得到

$$b_0=\phi_0R-\frac{qR}{4\pi\varepsilon a},\qquad b_n=-\frac{qR^{2n+1}}{4\pi\varepsilon a^{n+1}},\qquad n\neq 0\tag{7}$$

求得球外的势为

$$\varphi=\frac{q}{4\pi\varepsilon r_1}+\frac{\phi_0R}{r}-\frac{q}{4\pi\varepsilon}\sum_{n=0}^{\infty}\frac{R^{2n+1}}{a^{n+1}r^{n+1}}\mathrm{P}_n(\cos\theta)\tag{8}$$

球面上的电荷密度

$$\sigma(R,\theta)=\boldsymbol{D}\cdot\boldsymbol{n}=-\varepsilon\frac{\partial\varphi}{\partial r}\bigg|_{r=R}=\frac{\varepsilon\phi_0}{R}-\frac{q}{4\pi}\sum_{n=0}^{\infty}\frac{R^{n-1}}{a^{n+1}}\mathrm{P}_n(\cos\theta)\tag{9}$$

(b) 球所带的电荷 Q 给定的情况. 这时问题的边条件为

$$\varphi\big|_{r=R}=\phi_0'\,(\text{常数，未知}),\qquad \varphi\big|_{r\to\infty}\to 0,\qquad \iint\nabla\varphi\cdot\mathrm{d}\boldsymbol{s}=-\frac{Q}{\varepsilon},\qquad r=R\tag{10}$$

于是，问题归结为在球面电势一定情况下，求球外势的问题. 如(a) 求得解为

$$\varphi=\frac{q}{4\pi\varepsilon r_1}+\frac{\phi_0'R}{r}-\frac{q}{4\pi\varepsilon}\sum_{n=0}^{\infty}\frac{R^{2n+1}}{a^{n+1}r^{n+1}}\mathrm{P}_n(\cos\theta)\tag{11}$$

求积分

$$Q = 2\pi\iint \sigma(R,\theta)R^2\sin\theta\mathrm{d}\theta$$

$$= 4\pi\varepsilon R\phi_0' - \frac{q}{2}\sum_{n=0}^{\infty}\frac{R^{n+1}}{a^{n+1}}\int_{-1}^{1}\mathrm{P}_n(x)\mathrm{d}x$$

$$= 4\pi\varepsilon R\phi_0' - \frac{qR}{a} \tag{12}$$

解得

$$\phi_0' = \frac{1}{4\pi\varepsilon}\left(\frac{Q}{R} + \frac{q}{a}\right) \tag{13}$$

将式(13) 代入式(11)，即可得所求的势.

利用勒让德多函数的母函数的展开式，可以证明，式(8)、式(11)分别等价于式(2)和式(3).

1.98　均匀介质中点电荷与导体球的相互作用能和作用力

题 1.98　半径为 R 带电为 Q 的导体球,球外充满介电常量为ε的均匀介质. 介质中离球心为 $a(a>R)$处，有一点电荷 q. 求它们的相互作用能以及 q 所受的作用力.

解　先求电荷 q 处的电势，它由电荷 Q 和 q 的像电荷产生. q 的像电荷处于 R^2/a，大小为 $q'=-qR/a$ 和放在球心的 $q''=qR/a$. 它们在点电荷 q 处产生的电势分别为

$$\varphi_Q = \frac{1}{4\pi\varepsilon}\cdot\frac{Q}{a},\qquad \varphi_{q'q''} = \frac{qR}{4\pi\varepsilon a}\left(\frac{1}{a} - \frac{1}{a - \dfrac{R^2}{a}}\right) \tag{1}$$

相互作用能

$$W = \varphi_Q q + \frac{1}{2}\varphi_{q'q''}q = \frac{1}{4\pi\varepsilon}\left[\frac{Qq}{a} - \frac{q^2R^3}{a^2(a^2-R^2)}\right] \tag{2}$$

点电荷 q 所受的作用力为

$$F = -\frac{\mathrm{d}W}{\mathrm{d}a} = -\frac{1}{4\pi\varepsilon}\left[\frac{Qq}{a^2} - \frac{q^2R^3(2a^2-R^2)}{a^3(a^2-R^2)^2}\right] \tag{3}$$

1.99　浮于液面上的导体球所加的电势

题 1.99　一个半径为 R 的不带电的导电球浮于液体上,其质量为 m;液体介电常量为ε,密度为ρ 导体有 3/4 体积浸没在液体中. 若要使导体球有一半体积浸没于液体中,问必须对导体球加多大的电势 ϕ_0？忽略表面张力效应.

解法一　本题是一个静电平衡问题. 依题意，当球的电势达 ϕ_0 时，液面正好通过球心. 在此位形下，作用于带电球体的重力、液体施予的浮力，以及静电力，三力达平衡.

在球体未加电势时，利用重力和浮力的平衡，可以求出导体球的质量 m

$$mg=\frac{1}{4}\times\frac{4}{3}\pi R^3\rho g$$

由此得导体球的质量

$$m=\frac{1}{3}\pi R^3\rho$$

当球体加电势 ϕ_0 后，过球心的水平大圆截面正好处在液面上. 以上所述平衡的三个力分别为

(i) 金属球重力

$$mg=\frac{1}{3}\pi R^3\rho g$$

(ii) 金属球所受浮力

$$\frac{1}{2}\times\frac{4}{3}\pi R^3\rho g=\frac{2}{3}\pi R^3\rho g$$

(iii) 球面上所受静电力.

为了写出力平衡方程，下面求这个未知的静电力. 本题系统的平衡位形，如题图 1.99 (a) 所示. 若不计球外介质，导体球系统电容为

$$C_0=4\pi\varepsilon_0 R$$

有了液体介质，且球心正好在液面上，利用系统对称性，系统电容写为

$$C=2\pi(\varepsilon_0+\varepsilon)R$$

在导电球电势为 ϕ_0 时，球面上的自由电荷 Q_0 满足

$$Q_0=C\phi_0=2\pi(\varepsilon_0+\varepsilon)R\phi_0$$

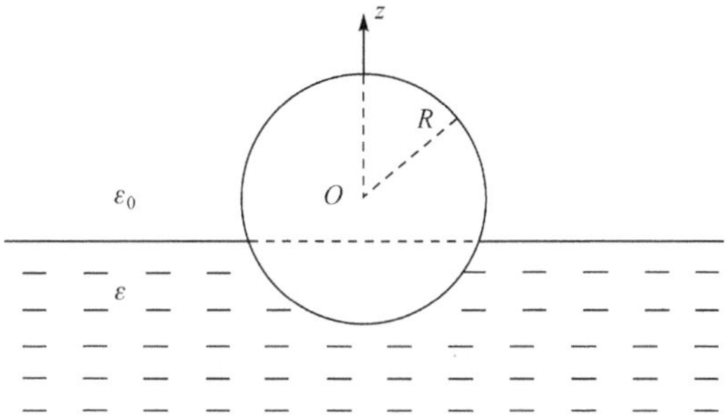

题图 1.99(a)

若把下半球面与液体介质接触处的极化电荷也包括在球面上的电荷时，由于两介质 $(\varepsilon_0+\varepsilon)$ 界面上无极化电荷，所以球面界面上自由电荷和极化电荷一起 $(Q_{总})$ 将均匀分布于球界面(以确保球面和球内等势)，所以 $Q_{总}$ 可以写成

$$Q_{总}=C_0\phi_0=4\pi\varepsilon_0 R\phi_0$$

由此 $Q_{总}$ 产生的球外电场强度具有球对称性

$$E=E_{上}=E_{下}=\frac{1}{4\pi\varepsilon_0}\frac{Q_{总}}{r^2}=\frac{4\pi\varepsilon_0 R\phi_0}{4\pi\varepsilon_0 r^2}=\frac{R\phi_0}{r^2}$$

在球面外侧紧邻处(包括上、下半球面外侧)的电场强度为

$$E(R)=\left(\frac{R\phi_0}{r^2}\right)\Big|_{r=R}=\frac{\phi_0}{R}$$

如题图 1.99(b)所示，整个球面上受到的力密度均沿径向向外. 上、下两半球面由于球外介质不同，受力大小也不同. 力密度分别为

$$\frac{1}{2}\varepsilon_0 E^2(R),\quad \text{上半球面，合力方向向上}$$

$$\frac{1}{2}\varepsilon E^2(R),\quad \text{下半球面，合力方向向下}$$

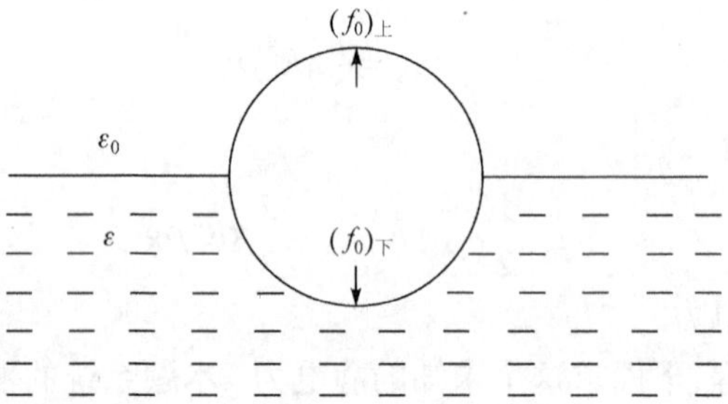

题图 1.99(b)

从而导体球所求静电力合力为(向下为正)

$$(f_0)_下-(f_0)_上=\pi R^2\left[\frac{1}{2}\varepsilon E^2(R)-\frac{1}{2}\varepsilon_0 E^2(R)\right]$$

$$=\frac{1}{2}\pi R^2(\varepsilon-\varepsilon_0)\left(\frac{\phi_0}{R}\right)^2=\frac{1}{2}\pi(\varepsilon-\varepsilon_0)\phi_0{}^2$$

最后写出导电球在竖直方向的力平衡方程为

$$\frac{1}{2}\pi(\varepsilon-\varepsilon_0)\phi_0^2+mg-\frac{2}{3}\pi R^3\rho g=0$$

代入 $m=\frac{1}{3}\pi R^3\rho$，即得

$$\frac{1}{2}\pi(\varepsilon-\varepsilon_0)\phi_0^2-mg=0$$

也就是

$$\phi_0=\pm\sqrt{\frac{2mg}{\pi(\varepsilon-\varepsilon_0)}}=\pm\sqrt{\frac{2R^3\rho g}{3(\varepsilon-\varepsilon_0)}}$$

上式中正负号相应于导电球可以带正电或者负电两种情形，使得导电球各自具有上式电势的值即可使导体球有一半体积浸在液体中.

解法二 取球坐标系，坐标原点在球心. $z=0$ 的平面为两半球面的分界面，如题图 1.99 所示. 本题为作用于球面的静电力，球所受的浮力以及重力的平衡问题. 由本题条件，求得球的质量为

$$m=\pi\rho R^3 \tag{1}$$

由试探解法，容易求得球外上下半空间的电场为

$$\boldsymbol{E} = R\phi_0 \frac{\boldsymbol{r}}{r^3} \tag{2}$$

上下球面静电场的应力张量分别为

$$\boldsymbol{T}_1 = -\varepsilon_0 \boldsymbol{EE} + \frac{1}{2}\varepsilon_0 E^2 \boldsymbol{I}, \qquad \boldsymbol{T}_2 = -\varepsilon \boldsymbol{E}'\boldsymbol{E}' + \frac{1}{2}\varepsilon E'^2 \boldsymbol{I} \tag{3}$$

由对称性，作用于两半球面的静电力都只有 z 分量

$$f_{上z} = \iint -\boldsymbol{n}\cdot \boldsymbol{T}_1 \cdot \boldsymbol{e}_z \mathrm{d}s = -\frac{\varepsilon_0}{2}\iint E^2 \cos\theta \mathrm{d}s = -\frac{\pi\varepsilon_0}{2}\phi_0^2 \tag{4}$$

$$f_{下z} = \iint -\boldsymbol{n}\cdot \boldsymbol{T}_2 \cdot \boldsymbol{e}_z \mathrm{d}s = \frac{\varepsilon}{2}\iint E'^2 \cos\theta \mathrm{d}s = \frac{\pi\varepsilon}{2}\phi_0^2 \tag{5}$$

总静电力

$$f_z = \frac{1}{2}(\varepsilon - \varepsilon_0)\phi_0^2 \tag{6}$$

由力的平衡，有

$$\frac{1}{2}\phi_0^2(\varepsilon - \varepsilon_0) - mg + \frac{2}{3}\pi R^3 \rho g = 0 \tag{7}$$

解得球上所加的电势

$$\phi_0 = \pm\sqrt{\frac{2}{3}\cdot\frac{\rho R^3 g}{\varepsilon - \varepsilon_0}} \tag{8}$$

1.100 电偶极子位于导体球壳中心时球内电场及面电荷的分布

题 1.100 电偶极矩为 $\boldsymbol{p}$ 的电偶极子位于半径为 R 的接地导电球腔中心，球外为真空. 求导电球腔内表面电荷分布以及球内的电场.

解 如题图 1.100 所示，取 $\boldsymbol{p}$ 沿 z 轴方向. $\boldsymbol{p}=q\boldsymbol{l}(l \ll R)$. 电荷 q 和 $-q$ 的像电荷的大小和位置分别为 $q'_+ = -\frac{2qR}{l}, a'_+ = \frac{2R^2}{l}$ 和 $q'_- = \frac{2qR}{l}, a'_- = -\frac{2R^2}{l}$. 球内任一点的势为

$$\varphi = \frac{1}{4\pi\varepsilon_0}\left(\frac{q}{\left|\boldsymbol{r}-\frac{1}{2}\boldsymbol{l}\right|} - \frac{q}{\left|\boldsymbol{r}+\frac{1}{2}\boldsymbol{l}\right|} + \frac{q'_+}{|\boldsymbol{r}-\boldsymbol{a}'_+|} + \frac{q'_-}{|\boldsymbol{r}-\boldsymbol{a}'_-|}\right) \tag{1}$$

考虑到 $l/R \ll 1$，且球面上电势为零. 最后求得

$$\varphi = \frac{1}{4\pi\varepsilon_0}\left(\frac{ql}{R^3} r\cos\theta - \frac{ql}{r^2}\cos\theta\right) = \frac{\boldsymbol{p}\cdot\boldsymbol{r}}{4\pi\varepsilon_0 R^3}\left(1 - \frac{R^3}{r^3}\right) \tag{2}$$

球腔内表面电荷分布为

$$\sigma(R,\theta) = -\varepsilon_0 \left.\frac{\partial\varphi}{\partial r}\right|_{r=R} = -\frac{3|\,\boldsymbol{p}\,|\cos\theta}{4\pi R^3} \tag{3}$$

球腔内的电场为

$$E=-\nabla\varphi=-\frac{|\boldsymbol{p}|\cos\theta}{4\pi R^3}\left(1+\frac{R^3}{r^3}\right)\boldsymbol{e}_r+\frac{|\boldsymbol{p}|\sin\theta}{4\pi R^3}\left(1-\frac{R^3}{r^3}\right)\boldsymbol{e}_\theta \tag{4}$$

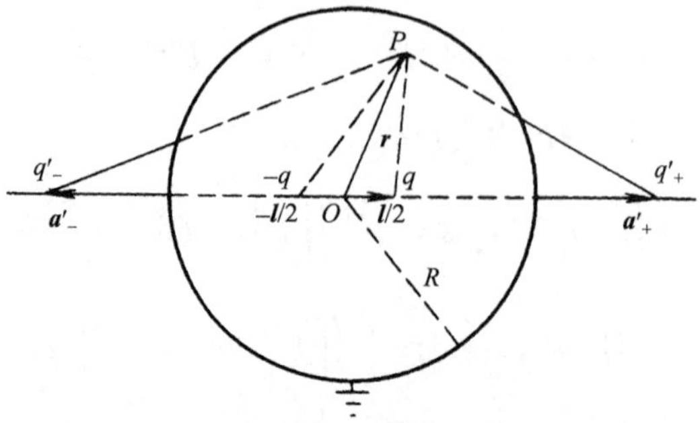

题图 1.100

讨论　请读者考虑球外的电场如何确定.

1.101　对称放置在导体球两侧的两个电荷量相等点电荷受的力

题 1.101　(a)两个相等的电荷+Q 相距 $2d$，一个接地导体球放在它们中间. 如果这两个电荷所受的总力等于 0，球的半径为多大？(b)如果与(a)中的直径相同的球，具有电势 V，每个电荷受力为多大？

解 (a) 采用电像法求解. 导体球外放置点电荷，在导体球表面产生感应电荷，对于导体球外的电场，感应电荷可以等效的用像电荷来代替. 两侧放置两个等量点电荷 Q，相应的两个像电荷如题图 1.101 所示，其中

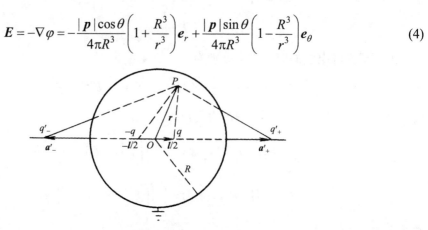

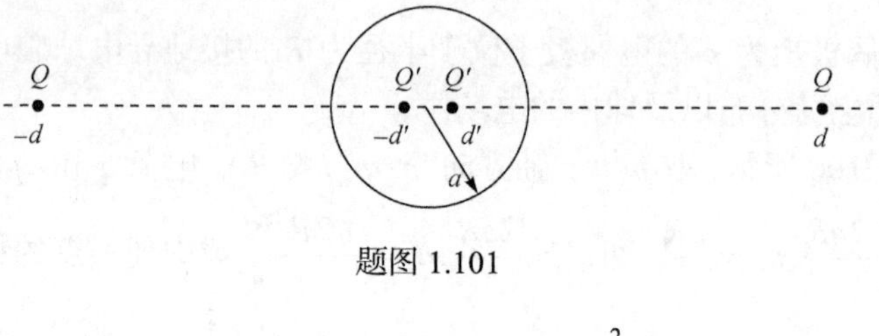

题图 1.101

$$Q'=-\frac{a}{d}Q,\quad d'=\frac{a^2}{d}$$

这样右边(或者左边)点电荷 Q 受到的静电力可以视为由左边(或者右边)点电荷 Q 以及导体球面内的两个像电荷所施加的，也就是

$$F=\frac{Q^2}{4\pi\varepsilon_0(2d)^2}-\frac{QQ'}{4\pi\varepsilon_0(d-d')^2}-\frac{QQ'}{4\pi\varepsilon_0(d+d')^2}$$

令 $x=a/d$，则上式可以化为

$$F=\frac{Q^2}{4\pi\varepsilon_0(2d)^2}\left[1-\frac{4x}{(1-x^2)^2}--\frac{4x}{(1+x^2)^2}\right]=\frac{Q^2}{4\pi\varepsilon_0(2d)^2}\left[1-\frac{8x}{(1+x^2)(1-x^2)^2}\right]$$

按题意 $F=0$，要求

$$0=\frac{1}{8}-\frac{x}{(1+x^2)(1-x^2)^2}=\frac{1}{8}-x(1+3x^4+8x^8+\cdots)$$

满足上式的$0<x<1$的值显然为$x\approx 1/8$[①].

也就是说，当球的半径为$a\approx d/8$，两个电荷所受的总力都等于0.

(2) 不接地导体球的电势为U时，与接地情况相比，在导体球面上具有额外的感应电荷，这部分电荷激发的场等效地视为放置球心的像电荷，设其电量为Q''，于是

$$U=k\frac{Q''}{r}$$

这给出$Q''=\frac{Ur}{k}$. 在接地情况每个电荷Q受到静电力为零，按静电场的迭加原理，导体球不接地时每个电荷Q受到的作用力也即视为来自于像电荷Q''的作用其大小为

$$F=\frac{kQQ''}{d^2}=\frac{kQUr}{d^2}\approx\frac{kQU}{8d}$$

思考　本题若导体球不带电不接地，你如何确定U?

1.102　放置在导体壳内的点电荷受力及球内表面的电势

题 1.102　把一个点电荷q放置在内外半径分别为r_1,r_2的导体球壳内，求作用在此电荷上的电力. 如果导体是孤立与不带电的，它的内表面电势为多少?

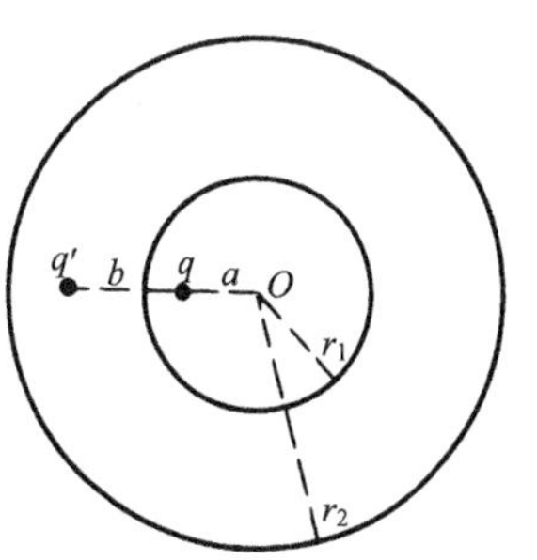

题图 1.102

解　用镜像法. 设q离球心距离a，像电荷$q'=-\frac{r_1}{a}q$, q'位于$b=\frac{r_1^2}{a}$处(题图 1.102). 由于导体球壳是孤立的不带电的，所以导体球为一等势体，其电势为$\varphi=\varphi_0$，这样空腔内($r<r_1$)处的电场与由q与q'产生的电场应相等.

电荷q所受的力可以等效地由受到q'的力来求，即

$$F=\frac{qq'}{4\pi\varepsilon_0(b-a)^2}=-\frac{\frac{r_1}{a}q^2}{4\pi\varepsilon_0\left(\frac{r_1^2}{a}-a\right)^2}$$

$$=-\frac{ar_1q^2}{4\pi\varepsilon_0(r_1^2-a^2)^2}$$

对$r>r_2$区域，电势$\varphi_{外}=\frac{q}{4\pi\varepsilon_0 r}$. 当$r=r_2$时，得导体球电势

$$\varphi_{球}=\frac{q}{4\pi\varepsilon_0 r_2}$$

① 上式可化为一个一元六次方程，在$0<x<1$的范围，Mathematica 数值求解给出唯一实根$x=0.123$与所得近似值$x\approx 1/8$很接近，该方程另外5个根(4个复根，1个实根)为$x\approx -1.34-0.75i$, $-1.34-0.75i$, $0.429-1.36i$, $0.429-1.36i$, 1.69.

由于导体球为一等势体，所以导体球壳内表面电势为 $\dfrac{q}{4\pi\varepsilon_0 r_2}$.

1.103 电偶极子在导体平面上感应的电荷密度

题 1.103 一个电矩为 $\boldsymbol{P}$ 的电偶极子，假定此偶极子沿 z 轴被固定在 z_0 处，且方向与 z 轴成 θ 角. (即 $\boldsymbol{P}\cdot\boldsymbol{e}_z=|\boldsymbol{P}|\cos\theta$). 设 xy 平面是一个电势为零的导体，求偶极子在导体上感应的电荷密度.

解 如题图 1.103 所示. 电偶极子

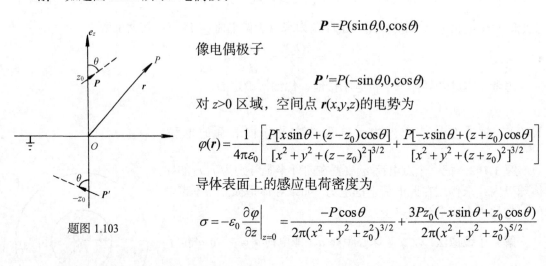

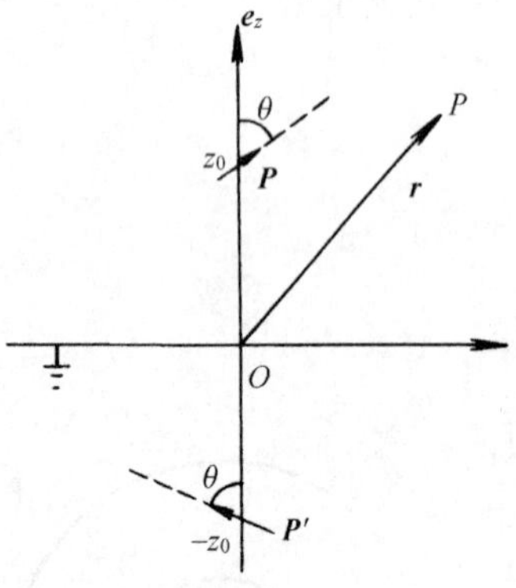

题图 1.103

$$\boldsymbol{P}=P(\sin\theta,0,\cos\theta)$$

像电偶极子

$$\boldsymbol{P}'=P(-\sin\theta,0,\cos\theta)$$

对 $z>0$ 区域，空间点 $\boldsymbol{r}(x,y,z)$的电势为

$$\varphi(\boldsymbol{r})=\frac{1}{4\pi\varepsilon_0}\left[\frac{P[x\sin\theta+(z-z_0)\cos\theta]}{[x^2+y^2+(z-z_0)^2]^{3/2}}+\frac{P[-x\sin\theta+(z+z_0)\cos\theta]}{[x^2+y^2+(z+z_0)^2]^{3/2}}\right]$$

导体表面上的感应电荷密度为

$$\sigma=-\varepsilon_0\left.\frac{\partial\varphi}{\partial z}\right|_{z=0}=\frac{-P\cos\theta}{2\pi(x^2+y^2+z_0^2)^{3/2}}+\frac{3Pz_0(-x\sin\theta+z_0\cos\theta)}{2\pi(x^2+y^2+z_0^2)^{5/2}}$$

1.104 两个导线相连的导体板中心放点电荷，板面感应电荷的函数表达式

题 1.104 两个大的扁平导体板相距为 D，并且用一导线相连. 一个点电荷 Q 放在两板中间的中心处，如题图 1.104(a)所示，求在下极板上面感应电荷作为 D、Q 和 x(是距板中心的距离)的函数表达式.

解 用镜像法，像电荷配置如题图 1.104(b)所示. 对下极板任意点 A，其电场强度只有 z 向分量，其值为$\left(令 d=\dfrac{D}{2}\right)$

$$\begin{aligned}E_z&=\frac{Q}{4\pi\varepsilon_0(d^2+x^2)}\cdot\frac{2d}{(d^2+x^2)^{1/2}}-\frac{Q}{4\pi\varepsilon_0[(3d)^2+x^2]}\cdot\frac{2\cdot 3d}{[(3d)^2+x^2]^{1/2}}\\&\quad+\frac{Q}{4\pi\varepsilon_0[(5d)^2+x^2]}\cdot\frac{2\cdot 5d}{[(5d)^2+x^2]^{1/2}}-\cdots\\&=\frac{QD}{4\pi\varepsilon_0}\sum_{n=0}^{\infty}\frac{(-1)^n(2n+1)}{\left[\left(n+\dfrac{1}{2}\right)^2D^2+x^2\right]^{3/2}}\end{aligned}$$

于是

$$\sigma(x) = -\varepsilon_0 E_z = -\frac{QD}{4\pi}\sum_{n=0}^{\infty}\frac{(-1)^n(2n+1)}{\left[\left(n+\frac{1}{2}\right)^2 D^2 + x^2\right]^{3/2}}$$

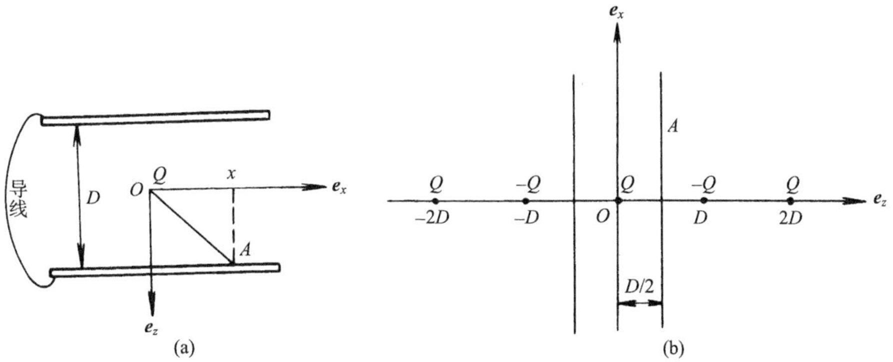

题图 1.104

1.105 放在两块接地导体板间的两个等量异号点电荷的受力、能量及感应电荷问题

题 1.105 两块接地的大块平行导体平板间距为 $4x$，其间置入点电荷 Q 和 $-Q$，分别与其中一板相距 x 和 $3x$，如题图 1.105(a)所示. (a)假如我们把两个电荷取出来并分离到间距无限远，问需多少能量？(b) 求每个电荷受力的大小和方向. (c) 求每块板受力的大小与方向. (d) 求每块板上的总感应电荷. (**提示**：两点电荷连线中垂面上的电势是多少？) (e) 移走点电荷 $-Q$，而 $+Q$ 保持不动，求每块面上的感应电荷.

解 (a) 由能量守恒定律，外界提供的能量等于系统静电能的增加，即

$$A = W_0 - W_1$$

式中，W_0 为系统的各部分无限远离时的静电相互作用能量，显然 $W_0=0$.

两板间的电势可由镜像法求出，由题图 1.105(b)，电像系的电荷密度

$$\rho = \sum_{k=-\infty}^{+\infty}(-1)^{k+1}Q\delta[X-(2k+1)x]$$

下面来求 W

$$W = \frac{1}{2}QU_+ - \frac{1}{2}QU_-$$

式中，U_+为$+Q$ 处由$-Q$ 及所有像电荷产生的电势(不包括$+Q$)，而 U_-则为$-Q$ 处由 Q 及所有像电荷产生的电势(不包括$-Q$)

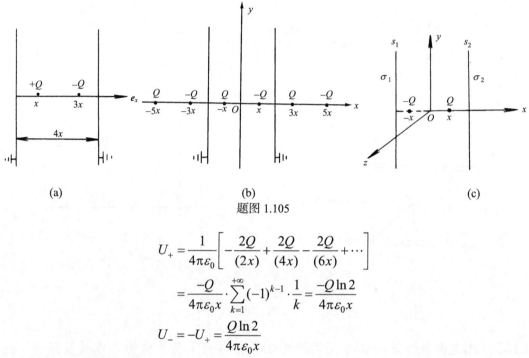

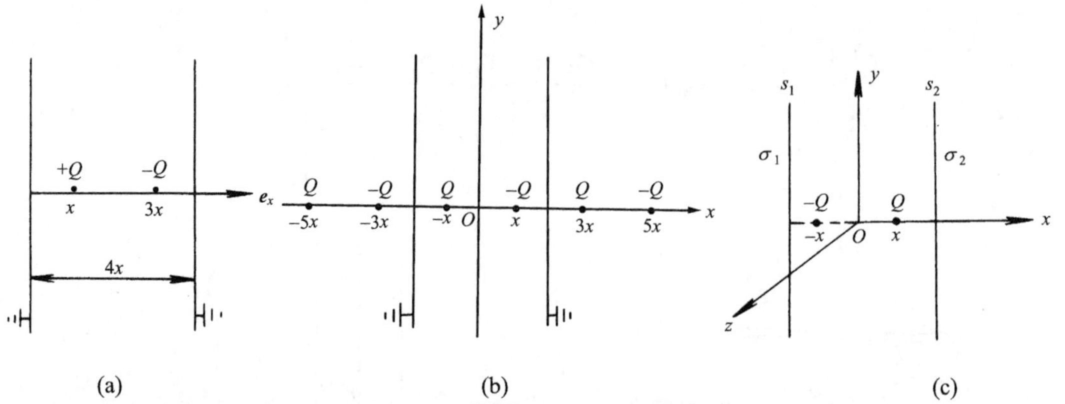

题图 1.105

$$U_+ = \frac{1}{4\pi\varepsilon_0}\left[-\frac{2Q}{(2x)}+\frac{2Q}{(4x)}-\frac{2Q}{(6x)}+\cdots\right]$$

$$=\frac{-Q}{4\pi\varepsilon_0 x}\cdot\sum_{k=1}^{+\infty}(-1)^{k-1}\cdot\frac{1}{k}=\frac{-Q\ln 2}{4\pi\varepsilon_0 x}$$

$$U_- = -U_+ = \frac{Q\ln 2}{4\pi\varepsilon_0 x}$$

故而由外界提供的能量为

$$A = -W = \frac{Q^2}{4\pi\varepsilon_0 x}\ln 2$$

(b) 作用在+Q 上的力即为−Q 及全部像电荷产生的场对+Q 的作用力，由对称性可知此力应等于 0. 同理，作用在−Q 上的力也为 0.

(c) 选坐标系如题图 1.105(c)所示，s_1 板上的面电荷密度为

$$\sigma_1 = -\varepsilon_0 \boldsymbol{e}_x\cdot\nabla\varphi\,|_{s_1}$$

s_2 板上的面电荷密度为

$$\sigma_2 = -\varepsilon_0 \boldsymbol{e}_x\nabla\varphi\,|_{s_2}$$

$$\varphi(X,Y,Z)=\frac{Q}{4\pi\varepsilon_0}\sum_{K=-\infty}^{+\infty}(-1)^{K+1}\frac{1}{\{Y^2+Z^2+[X-(2K+1)x]^2\}^{1/2}}$$

因而

$$\frac{\partial\varphi}{\partial X}=\frac{Q}{4\pi\varepsilon_0}\sum_{K=-\infty}^{+\infty}(-1)^{K}\frac{X-(2K+1)x}{[Y^2+Z^2+(X-(2K+1)x)^2]^{3/2}}$$

s_1 板上任意一点的坐标为$(0, y, z)$，故有

$$\left.\frac{\partial\varphi}{\partial X}\right|_{s_1}=\frac{Q}{4\pi\varepsilon_0}\sum_{K=-\infty}^{+\infty}(-1)^{K+1}\frac{(2K+1)x}{(y^2+z^2+(2K+1)^2x^2)^{3/2}}$$

并使 K+1 换为 K，则有

$$\left.\frac{\partial \varphi}{\partial X}\right|_{s_1}=\frac{Q}{4\pi\varepsilon_0}\sum_{K=-\infty}^{\infty}(-1)^K\frac{(2K+1)x}{(y^2+z^2+(2K+1)^2x^2)^{3/2}}$$

板 s_1 受的力应为

$$\boldsymbol{F}_1=\frac{1}{4\pi\varepsilon_0}\int_{s_1}Q\sigma_1\mathrm{d}s_1\left\{\frac{-x\boldsymbol{e}_x+y\boldsymbol{e}_y+z\boldsymbol{e}_z}{(y^2+z^2+x^2)^{3/2}}-\frac{-3x\boldsymbol{e}_x+y\boldsymbol{e}_y+z\boldsymbol{e}_z}{(y^2+z^2+9x^2)^{3/2}}\right\}$$

$$=\frac{Q^2}{16\pi^2\varepsilon_0}\cdot\int_{s_1}\mathrm{d}s_1\left\{\frac{-x\boldsymbol{e}_x+y\boldsymbol{e}_y+z\boldsymbol{e}_z}{(y^2+z^2+x^2)^{3/2}}-\frac{-3x\boldsymbol{e}_x+y\boldsymbol{e}_y+z\boldsymbol{e}_z}{(y^2+z^2+9x^2)^{3/2}}\right\}\cdot\sum_{K=-\infty}^{+\infty}(-1)^K\frac{(2K+1)x}{(y^2+z^2+(2K+1)^2x^2)^{3/2}}$$

由对称性，上式对 y，z 分量积分等于 0，则得

$$\boldsymbol{F}_1=\frac{Q^2x^2}{16\pi^2\varepsilon_0}\cdot\int\mathrm{d}y\mathrm{d}z\left[\frac{1}{(y^2+z^2+x^2)^{3/2}}-\frac{3}{(y^2+z^2+9x^2)^{3/2}}\right]$$

$$\cdot\sum_{K=-\infty}^{\infty}(-1)^K\frac{(2K+1)}{[y^2+z^2+(2K+1)^2x^2]^{3/2}}\boldsymbol{e}_x$$

令 $W=y^2+z^2,\mathrm{d}y\mathrm{d}z=\frac{1}{2}\mathrm{d}W\mathrm{d}\theta$，则有

$$\boldsymbol{F}_1=\frac{Q^2x^2}{16\pi\varepsilon_0}\int_0^{\infty}\mathrm{d}W\left[\frac{1}{\sqrt{(W+x^2)^3}}-\frac{3}{\sqrt{(W+9x^2)^3}}\right]$$

$$\cdot\left\{\sum_{K=0}^{\infty}(-1)^K\frac{(2K+1)}{\sqrt{[W+(2K+1)^2x^2]^3}}\right\}\boldsymbol{e}_x$$

利用积分公式

$$\int_0^{\infty}\frac{\mathrm{d}u}{\sqrt{(u+\alpha)^3(u+\beta)^3}}=\frac{2}{\sqrt{\alpha\beta}(\sqrt{\alpha}+\sqrt{\beta})^2}$$

即可得

$$\boldsymbol{F}_1=\frac{Q^2}{8\pi\varepsilon_0x^2}\sum_{K=0}^{\infty}(-1)^K\left[\frac{1}{(2K+2)^2}-\frac{1}{(2K+4)^2}\right]\boldsymbol{e}_x$$

再由求和公式

$$\sum_{n=1}^{\infty}\frac{1}{n^2}=\frac{\pi^2}{6}$$

最后求得

$$\boldsymbol{F}_1=\frac{(\pi^2-6)Q^2}{192\pi\varepsilon_0x^2}\boldsymbol{e}_x$$

由对称性，同理求得第二块板受力为

$$\boldsymbol{F}_2=\frac{-(\pi^2-6)Q^2\boldsymbol{e}_x}{192\pi\varepsilon_0x^2}$$

(d) 由于 x=0 平面上的电势为 0，因此由+Q 发出的电力线只有一半到达左板，而$-Q$ 发出的电力线不可能到达左板，故左板上的感应电荷为 $-\frac{Q}{2}$，右板上的感应电荷总量为 $\frac{Q}{2}$.

(e) 当$+Q$单独存在时，两板感应电荷之和为$-Q$，设其中左板为$-Q_x$，则右板为$-Q+Q_x$. 同理当$-Q$单独存在时，由对称性可知：左板电荷为$Q-Q_x$，右板电荷为$+Q_x$，当两电荷同时存在时，左板感应电荷为$+Q$与$-Q$产生的感应电荷的叠加. 故有

$$Q-2Q_x=-\frac{Q}{2}$$

$$Q_x=\frac{3}{4}Q$$

即当$+Q$单独存在时，左板上感应电荷为$-3Q/4$，右板上感应电荷为$-Q/4$.

1.106　球外有点电荷情况下，导体球带正电的条件

题 1.106　在半径为a的球形导体外，有一正电荷q，与球心相距$r>a$. 问应给予这个球多少电荷才能使球面上的面电荷密度处处为正值. 如果球外是负电荷呢？

解　以球心与点电荷q所在的点的连线为z轴，原点为球心，建立直角坐标系，导体球面的作用可以用点$\left(0,0,\dfrac{a^2}{r}\right)$处的点电荷$\left(-\dfrac{a}{r}q\right)$及球心(0, 0, 0)处的点电荷$\left(\dfrac{a}{r}q\right)$代替. 这样，在点$(0, 0, a^+)$处，场强$\boldsymbol{E}$为

$$\boldsymbol{E}=\frac{1}{4\pi\varepsilon_0}\left[\frac{\frac{a}{r}q}{a^2}-\frac{q}{(r-a)^2}-\frac{\frac{a}{r}q}{\left(a-\frac{a^2}{r}\right)^2}\right]\boldsymbol{e}_z$$

$$=\frac{1}{4\pi\varepsilon_0}\left[\frac{q}{ar}-\frac{q}{(r-a)^2}-\frac{\frac{r}{a}q}{(r-a)^2}\right]\boldsymbol{e}_z$$

显然，在$(0, 0, a)$处，有最大的负感应面电荷密度，由上式，知其为

$$\sigma_e=\varepsilon_0E_n=\frac{q}{4\pi}\left[\frac{1}{ar}-\frac{1}{(r-a)^2}-\frac{r/a}{(r-a)^2}\right]$$

如果给予球的电量为Q，则Q均匀分布在球面上(球面上已有感应电荷分布)，为使σ_e处处大于零，应有

$$Q>-\sigma\cdot4\pi a^2=a^2q\left[\left(1+\frac{r}{a}\right)\cdot\frac{1}{(r-a)^2}-\frac{1}{ar}\right]$$

$$=\frac{a^2(3r-a)}{r(r-a)^2}q$$

在点$(0, 0, -a^-)$处，场强

$$\boldsymbol{E} = -\frac{q}{4\pi\varepsilon_0}\left[\frac{1}{ra} + \frac{1}{(r+a)^2} - \frac{r/a}{(r+a)^2}\right]\boldsymbol{e}_z$$

如果 $q \to -q$，则有$(0,0,-a)$处有最大的负感应电荷面密度，由上，所需 Q 为

$$Q \geqslant -\sigma \cdot 4\pi a^2 = -\varepsilon_0 \cdot 4\pi a^2\left(\frac{-q}{4\pi\varepsilon_0}\right)\cdot\left[\frac{1}{ra} + \frac{1}{(r+a)^2} - \frac{r/a}{(r+a)^2}\right]$$
$$= q\left[\frac{a}{r} + \frac{a^2}{(r+a)^2} - \frac{ar}{(r+a)^2}\right] = \frac{qa^2(3r+a)}{r(r+a)^2}$$

1.107 电偶极子与导体球、均匀外电场中的两个绝缘导体球

题 1.107 (a) 求距一接地导体球心为 L，大小为 d 的电偶极子所产生的电势. 已知球半径为 a，而且假定偶极子的轴线通过球心. (b) 考虑处于均匀外电场中的两个绝缘导体球，它们的连心线长为 R，与电场平行. 当 R 很大时，试定性地描述准确到 R^{-4} 的电场.

解 (a) 以球心为原点，以系统的对称轴为 z 轴，则 $\boldsymbol{P}=d\boldsymbol{e}_z$. 本题应用电像法求电势. 为求 $\boldsymbol{P}$ 的像，可把 $\boldsymbol{P}$ 设想为相距 $2l$ 的正负点电荷，对 q 和$-q$，则有

$$d = \lim_{l\to 0} 2ql$$

如题图 1.107(a)所示，q 与$-q$ 的坐标为

$$q: z = +L + l, \qquad -q: z = +L - l$$

为保持球面为等势面，q 与$-q$ 的像电荷 q_1 与 q_2 的大小及位置如下(题图 1.107(a)).

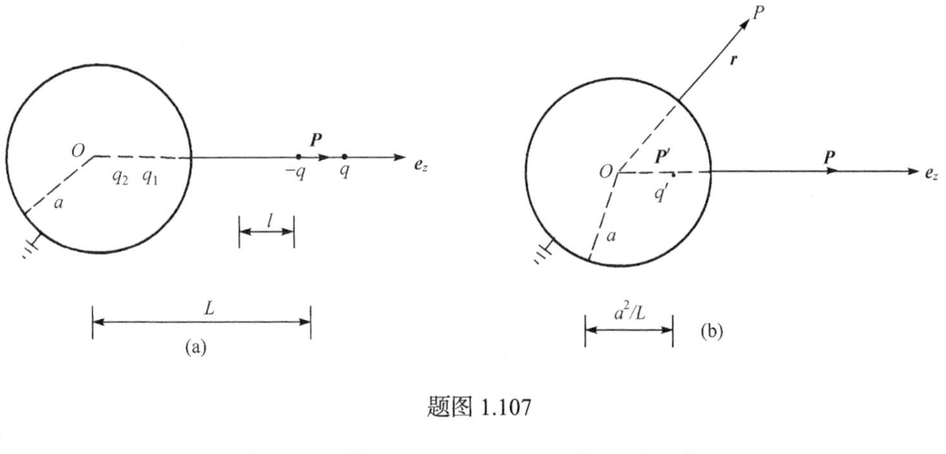

题图 1.107

$$q_1 = -\frac{a}{L+l}q, 位置\left(0,0,\frac{a^2}{L+l}\right), q_2 = \frac{a}{L-l}q, 位置\left(0,0,\frac{a^2}{L-l}\right).$$ 因为 $L \gg l$，展开

$$\frac{1}{L \pm l} \approx \frac{1}{L} \mp \frac{l}{L^2}$$

则

$$q_1 = -\frac{a}{L}q + \frac{ad}{2L^2}, \qquad 位置变成\left(0,0,\frac{a^2}{L} - \frac{a^2 l}{L^2}\right)$$

$$q_2=\frac{a}{L}q+\frac{ad}{2L^2},\qquad \text{位置变成}\left(0,0,\frac{a^2}{L}+\frac{a^2l}{L^2}\right)$$

其中已用了 $d=2ql$. 由此可以用一个像偶极子

$$\boldsymbol{P}'=\frac{a}{L}q\cdot\frac{2a^2l}{L^2}\boldsymbol{e}_z=\frac{a^3}{L^3}\boldsymbol{P}$$

与一个像电荷 $q'=\dfrac{ad}{L^2}$ 代替像电荷 q_1 和 q_2 的作用，$\boldsymbol{P}'$、q' 都位于 $\boldsymbol{r}'\left(0,0,\dfrac{a^2}{L}\right)$ 处(题图 1.107(b))，所以球外一点 $\boldsymbol{r}$ 处的电势应为 $\boldsymbol{P}$、$\boldsymbol{P}'$、q' 产生的电势之和，即

$$\varphi(\boldsymbol{r})=\frac{1}{4\pi\varepsilon_0}\left[\frac{q'}{|\boldsymbol{r}-\boldsymbol{r}'|}+\frac{\boldsymbol{P}'\cdot(\boldsymbol{r}-\boldsymbol{r}')}{|\boldsymbol{r}-\boldsymbol{r}'|^3}+\frac{\boldsymbol{P}\cdot(\boldsymbol{r}-L\boldsymbol{e}_z)}{|\boldsymbol{r}-L\boldsymbol{e}_z|^3}\right]$$

$$=\frac{1}{4\pi\varepsilon_0}\left[\frac{ad}{L^2\left(r^2-\dfrac{2a^2r}{L}\cos\theta+\dfrac{a^4}{L^2}\right)^{1/2}}+\frac{a^3d\left(r\cos\theta-\dfrac{a^2}{L}\right)}{L^3\left(r^2-\dfrac{a^2r}{L}\cos\theta+\dfrac{a^4}{L^2}\right)^{3/2}}\right]$$

$$+\frac{d(r\cos\theta-L)}{(r^2-2rL\cos\theta+L^2)^{3/2}}$$

(b) 外场中的导体球对球外空间来讲相当于一个电偶极矩为 $\boldsymbol{P}=4\pi\varepsilon_0a^3\boldsymbol{E}$ 的偶极子，对本题存在二导体球的情况，如果考虑零级近似，它们各自都视为一个偶极子. 但作更高级近似，要考虑两导体球之间的相互影响. 这时第一个球对第二个球的作用就如本题(a)中的情况(因二球相距很远)，即第一个球在第二个球中的作用相当于一个球心($a\ll R$，近似将像电偶子与像电荷放在球心)的像电偶极子 $\boldsymbol{P}'=\dfrac{a^3}{R^3}\boldsymbol{P}$ 与一个像电荷 $q'=-\dfrac{qp}{R^2}$，即球外电场应视为由两个分别在二球心的点电荷 q'，和分别在二球心的电偶极矩为 $\boldsymbol{P}+\boldsymbol{P}'=\left(1+\dfrac{a^3}{R^3}\right)\boldsymbol{P}$ 的偶极子所共同产生的，这时电势将包括 $1/R^4$ 的项.

1.108　导体球外的电偶极子受力及球面电场的边界条件

题 1.108　有一个电偶极矩为 $\boldsymbol{P}$ 的偶极子放在距一个半径为 a 的孤立理想导体球心 r 处，$\boldsymbol{P}$ 的方向是在它所在点对球心的径线方向上. 假如 $r\gg a$ 且球上没有净电荷. (a)球面上电场 $\boldsymbol{E}$ 的边界条件如何？(b)近似求出作用在此偶极子上作用力的大小.

解　(a)以 $\boldsymbol{P}$ 的方向为 z 轴，球心为原点建立坐标系，球面上的电场 $\boldsymbol{E}$ 的边界条件为

$$E_n=\sigma/\varepsilon_0,\qquad \sigma\text{为面电荷密度}$$

$$E_t=0$$

(b) 用镜像法，与上题类似，$\boldsymbol{P}$ 的像电荷系统为一在 $\boldsymbol{r}'=\dfrac{a^2}{r}\boldsymbol{e}_z$ 的像电偶极子 $\boldsymbol{P}'=\left(\dfrac{a}{r}\right)^3\boldsymbol{P}$

与像电荷 $q_1' = -\frac{qp}{r^2}$. 但由于本题的导体为一个不带电的孤立导体，为此需要在球心处再加上一个 $q_2' = -q_1'$ 的像电荷，因为 $r \gg a$，可认为 q_1', q_2' 又组成一个电偶极矩 $\boldsymbol{P}'' = \frac{a\boldsymbol{P}}{r^2} \cdot \frac{a^2}{r} = \frac{a^3}{r^3}\boldsymbol{p}$ 的像偶极子.

因为 $r \gg a$，所以近似可以认为两个像电偶极子都位于球心，即总的像电偶极矩

$$\boldsymbol{P}_{像} = \boldsymbol{P}' + \boldsymbol{P}'' = 2\left(\frac{a}{r}\right)^3 \boldsymbol{P}$$

这样问题归结于求 $\boldsymbol{P}_{像}$ 对 $\boldsymbol{P}$ 的作用力 $\boldsymbol{F}$，$\boldsymbol{P}_{像}$ 在空间点 $\boldsymbol{r}$ 处产生的电势为

$$\varphi(\boldsymbol{r}) = \frac{1}{4\pi\varepsilon_0} \cdot \frac{\boldsymbol{P}_{像} \cdot \boldsymbol{r}}{r^3}$$

$\boldsymbol{r}$ 处的电场 $\boldsymbol{E}(\boldsymbol{r}) = -\nabla\varphi(\boldsymbol{r}) = \frac{3(\boldsymbol{r} \cdot \boldsymbol{P}_{像})\boldsymbol{r} - r^2\boldsymbol{P}_{像}}{4\pi\varepsilon_0 r^3}$ 对电偶极子 $\boldsymbol{P}$ 处 $\boldsymbol{r} = r\boldsymbol{e}_z$，这时 $\boldsymbol{P}_{像}$ 产生的电场视为作用在 $\boldsymbol{P}$ 上的外场

$$\boldsymbol{E}_e = \frac{a^3 P}{\pi\varepsilon_0 r^6}\boldsymbol{e}_z = \frac{a^3}{\pi\varepsilon_0 r^6}\boldsymbol{P}$$

$\boldsymbol{P}$ 在外场 $\boldsymbol{E}_e$ 中的能量

$$W = -\boldsymbol{P} \cdot \boldsymbol{E}_e = -\frac{a^3 P^2}{\pi\varepsilon_0 r^6}$$

则得它所受到的力为

$$\boldsymbol{F} = -\nabla W = -\frac{6a^3 p^2}{\pi\varepsilon_0 r^7}\boldsymbol{e}_z = -\frac{-6a^3 P\boldsymbol{P}}{\pi\varepsilon_0 r^7}$$

1.109 检验两个点电荷间可能的 Yukawa 势的实验考虑

题 1.109 距离为 r 的两个点电荷 q_1 与 q_2，假定它们之间的电势为 $Aq_1q_2\mathrm{e}^{-Kr}/r$(Yukawa 势)而不是库仑势 Aq_1q_2/r，这里 A，K 均是常数，$K=0^+$. 这时静电势的泊松方程将变成怎样的形式？给出一个检验 K 不为零的实验原理设计图，并给出设计的理论基础.

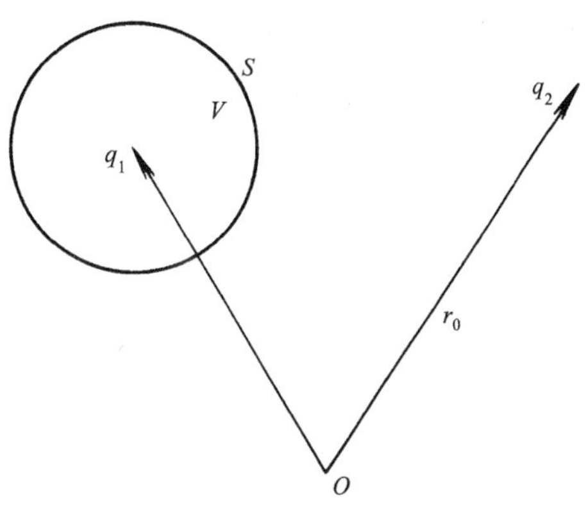

题图 1.109

解 如果点电荷 q_1 与 q_2 之间的相互作用势为 Yukawa 势 $Aq_1q_2\mathrm{e}^{-Kr}/r$ 而不是库仑势，则静电势的泊松方程变为

$$\nabla^2\phi + K^2\phi = 4\pi A\rho$$

式中，ρ为电荷密度. 为了检验不为零的 K，考虑一个球形导体腔形式的法拉第屏蔽罩 S 把点电荷 q_1 罩在其中，且点电荷处于球心，如题图 1.109 所

示. 令 q_2 的位置矢径为 $\boldsymbol{r}_0$. 记源点和场点的位置矢径为 $\boldsymbol{r}'$和 $\boldsymbol{r}$，利用格林定理有

$$\int_V(\psi\nabla'^2\phi-\phi\nabla'^2\psi)\mathrm{d}V'=\oint_S(\psi\nabla'\phi-\phi\nabla'\psi)\cdot\mathrm{d}\boldsymbol{S}'$$

我们选ϕ为 S 内由 q_2 产生的电势. 由于 q_2 在 S 之外，ϕ 满足

$$\nabla^2\phi+K^2\phi=0$$

而选ψ为格林函数 $G(\boldsymbol{r},\boldsymbol{r}')$满足

$$\nabla^2G=\delta(\boldsymbol{r}-\boldsymbol{r}')$$
$$G=0,\qquad \text{若}\boldsymbol{r}\text{或}\boldsymbol{r}'\text{位于}S\text{上}$$

上面的积分方程中各项积分如下：

$$\int_V\psi\nabla'^2\phi\mathrm{d}V'=\int_VG\nabla'^2\phi\mathrm{d}V'=-K^2\int_VG\phi\mathrm{d}V'$$
$$\int_V\phi\nabla'^2\psi\mathrm{d}V'=\int_V\phi\nabla'^2G\mathrm{d}V'=\int_V\phi\delta(\boldsymbol{r}-\boldsymbol{r}')\mathrm{d}V'=\phi(\boldsymbol{r})$$
$$\oint_S\psi\nabla'\phi\cdot\mathrm{d}\boldsymbol{S}'=\oint_SG\nabla'^2\phi\cdot\mathrm{d}\boldsymbol{S}'=0,\qquad \text{因}\boldsymbol{r}'\text{在}S\text{上},G=0$$
$$\oint_S\phi\nabla'\psi\cdot\mathrm{d}\boldsymbol{S}'=\phi_S\oint_S\nabla'\psi\cdot\mathrm{d}\boldsymbol{S}'=\phi_S\int_V\nabla'^2\psi\mathrm{d}V'=\phi_S\int_V\delta(\boldsymbol{r}-\boldsymbol{r}')\mathrm{d}V'=\phi_S$$

得到最后一个式子利用了导体等势条件ϕ=const=ϕ_S. 由上面结果即得

$$\phi(\boldsymbol{r})=\phi_S+K^2\int_VG\phi\mathrm{d}V'$$

如果 K=0，则有$\phi(\boldsymbol{r})=\phi_S$，即在球形腔 V 内是等势体，因而 q_1 不受力. 如果 $K\neq0$，则$\phi(\boldsymbol{r})$将和 $\boldsymbol{r}$ 有关，从而 $E=-\nabla\phi(\boldsymbol{r})\neq0$，这样 q_1 将受不为零的力. 因而通过测量 q_1 受力情况可以确定 K 是否为零.

1.110　正方形导体管轴线上放一点电荷，管内电势及远处电场线图

题 1.110　一长导体管，剖面是边长为 D 的正方形，如题图 1.110(a),(b)所示. 一个点电荷置于正方形中心，且远离管的两端. (a) 确定管内各点的电势，把结果写成无穷级数的形式. (b) 对远离点电荷的点，给出电势的渐近式. (c)画出远处的电场线图 (提示：不要用电像法).

解　(a) 电势的方程与边界条件为

$$\left.\begin{aligned}&\nabla^2\varphi=-\frac{Q}{\varepsilon_0}\delta(x)\delta(y)\delta(z)\\&\varphi\big|_{x=\pm D/2}=0\\&\varphi\big|_{y=\pm D/2}=0\end{aligned}\right\}\tag{1}$$

对 z 作傅里叶变换

$$\overline{\varphi}(x,y,k)=\int_{-\infty}^{\infty}\varphi(x,y,z)\mathrm{e}^{\mathrm{i}kz}\mathrm{d}z\tag{2}$$

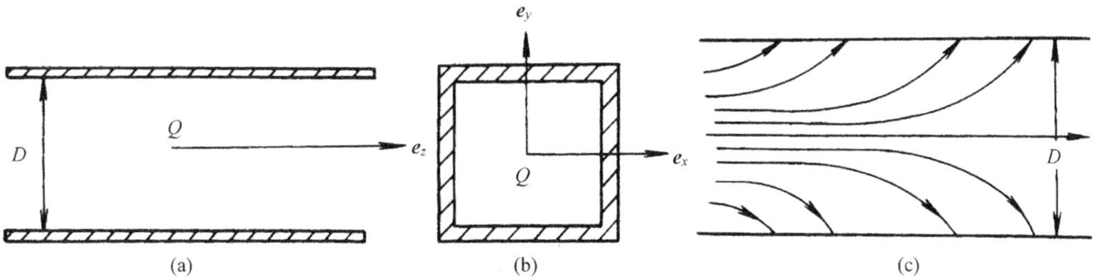

题图 1.110

则式(1)变为

$$\left.\begin{aligned}&\left(\frac{\partial^2}{\partial x^2}+\frac{\partial^2}{\partial y^2}-k^2\right)\bar{\varphi}(x,y,k)=-\frac{Q}{\varepsilon_0}\delta(x)\delta(y)\\&\bar{\varphi}(x,y,k)\big|_{x=\pm D/2}=0\\&\bar{\varphi}(x,y,k)\big|_{y=\pm D/2}=0\end{aligned}\right\}\tag{3}$$

记 $F(\Omega)$为在 $x=\pm\dfrac{D}{2}$ 或 $y=\pm\dfrac{D}{2}$ 时为 0 的函数构成的函数空间，在此函数空间中的一组正完备基为

$$\left.\begin{aligned}&\frac{2}{D}\cos\frac{(2m+1)\pi x}{D}\cos\frac{(2m'+1)\pi y}{D},\qquad \frac{2}{D}\cos\frac{(2m+1)\pi x}{D}\sin\frac{2n'\pi y}{D}\\&\frac{2}{D}\sin\frac{2n\pi x}{D}\cos\frac{(2m'+1)\pi y}{D}\\&\frac{2}{D}\sin\frac{2n\pi x}{D}\cos\frac{2n'\pi y}{D}\end{aligned}\right\}\tag{4}$$

在此函数空间中，$\delta(x)\delta(y)$可展开为

$$\delta(x)\delta(y)=\left(\frac{2}{D}\right)^2\sum_{m,m'=0}^{\infty}\cos\frac{(2m+1)\pi x}{D}\cos\frac{(2m'+1)\pi y}{D}\tag{5}$$

令 $\bar{\varphi}(x,y,k)$ 为如下形式的通解

$$\bar{\varphi}(x,y,k)=\sum_{m,m'=0}^{\infty}\bar{\varphi}_{mm'}(k)\cos\frac{(2m+1)\pi x}{D}\cos\frac{(2m'+1)\pi y}{D}\tag{6}$$

并把式(6)代入式(3)，利用式(5)即得

$$\bar{\varphi}(x,y,k)=\frac{4Q}{\varepsilon_0 D^2}\sum_{m,m'=0}^{\infty}\frac{\cos\dfrac{(2m+1)\pi x}{D}\cos\dfrac{(2m'+1)\pi y}{D}}{k^2+\left(\dfrac{(2m+1)\pi}{D}\right)^2+\left(\dfrac{(2m'+1)\pi}{D}\right)^2}\tag{7}$$

利用积分公式

$$\int_{-\infty}^{\infty}\frac{e^{ikz}}{k^2+\lambda^2}dk=\frac{\pi}{\lambda}e^{-\lambda|z|},\qquad \lambda<0\tag{8}$$

最后可求得

$$\varphi(x,y,z)=\frac{2Q}{\pi\varepsilon_0 D}\sum_{m,m'=0}^{\infty}\frac{\cos\frac{(2m+1)\pi x}{D}\cos\frac{(2m'+1)\pi y}{D}}{\sqrt{(2m+1)^2+(2m'+1)^2}}\cdot \mathrm{e}^{-\frac{\pi|z|}{D}\sqrt{(2m+1)^2+(2m'+1)^2}} \tag{9}$$

(b) 对远离点电荷的点，只需取 $m=m'=0$ 的项就可以求得电势为

$$\varphi=\frac{\sqrt{2}Q}{\varepsilon_0\pi D}\cos\frac{\pi x}{D}\cdot\cos\frac{\pi y}{D}\mathrm{e}^{-\frac{\sqrt{2}\pi}{D}|z|} \tag{10}$$

(c) 设 $z>0$，则在 $z\gg D$ 时的电场的渐近表达式为

$$\left.\begin{aligned}
E_x&=-\frac{\partial\varphi}{\partial x}=\frac{\sqrt{2}Q}{\varepsilon_0 D^2}\sin\frac{\pi x}{D}\cos\frac{\pi y}{D}\mathrm{e}^{-\frac{\sqrt{2}\pi}{D}z}\\
E_y&=-\frac{\partial\varphi}{\partial y}=\frac{\sqrt{2}Q}{\varepsilon_0 D^2}\cos\frac{\pi x}{D}\sin\frac{\pi y}{D}\mathrm{e}^{-\frac{\sqrt{2}\pi}{D}z}\\
E_z&=\frac{2Q}{\varepsilon_0 D^2}\cos\frac{\pi x}{D}\cos\frac{\pi y}{D}\mathrm{e}^{-\frac{\sqrt{2}\pi}{D}z}
\end{aligned}\right\}$$

因此远离点电荷的电力线如题图 1.110(c)所示.

1.111　两个取向任意的电偶极子之间静电作用力

题 1.111　考虑两个距离为 d 的偶极子 $\boldsymbol{P}_1$ 和 $\boldsymbol{P}_2$，当它们的取向任意时，求它们之间的静电相互作用力. 若 $\boldsymbol{P}_1$ 平行于两偶极子之间的连线，求当两偶极子之间的引力大小为极大值时，$\boldsymbol{P}_2$ 所取的方向.

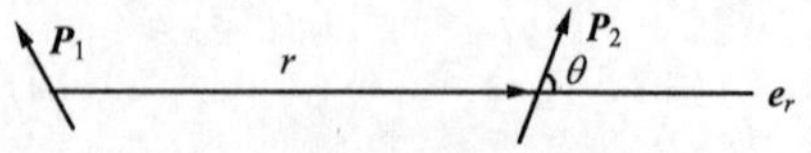

题图 1.111

解　由题图 1.111，矢量 $\boldsymbol{r}$ 从 $\boldsymbol{P}_1$ 指向 $\boldsymbol{P}_2$，把 $\boldsymbol{P}_1$ 产生的电场视为外场，它在 $\boldsymbol{P}_2$ 处的电场强度为

$$\boldsymbol{E}_e=\frac{3(\boldsymbol{P}_1\cdot\boldsymbol{r})\boldsymbol{r}-r^2\boldsymbol{P}_1}{4\pi\varepsilon_0 r^5} \tag{1}$$

因此 $\boldsymbol{P}_1$ 对 $\boldsymbol{P}_2$ 的作用力为

$$\begin{aligned}
\boldsymbol{F}_{21}&=\boldsymbol{P}_2\cdot\nabla\boldsymbol{E}_e\\
&=\frac{3}{4\pi\varepsilon_0 r^7}\left\{r^2[(\boldsymbol{P}_1\cdot\boldsymbol{P}_2)\boldsymbol{r}+(\boldsymbol{P}_1\cdot\boldsymbol{r})\boldsymbol{P}_2+(\boldsymbol{P}_2\cdot\boldsymbol{r})\boldsymbol{P}_1]-5(\boldsymbol{P}_1\cdot\boldsymbol{r})(\boldsymbol{P}_2\cdot\boldsymbol{r})\boldsymbol{r}\right\}
\end{aligned} \tag{2}$$

同样可得 $\boldsymbol{P}_2$ 对 $\boldsymbol{P}_1$ 的作用力

$$\boldsymbol{F}_{12}=-\boldsymbol{F}_{21} \tag{3}$$

或者这只需在式(2)中将 $\boldsymbol{r}$ 反号得到.

当 $\boldsymbol{P}_1/\!/\boldsymbol{r}$ 时，令 $\boldsymbol{P}_2\cdot\boldsymbol{r}=P_2 r\cos\theta$，显然 $\boldsymbol{P}_1\cdot\boldsymbol{P}_2=P_1P_2\cos\theta$，则 $\boldsymbol{P}_1$ 与 $\boldsymbol{P}_2$ 之间的相互作用力为

$$\boldsymbol{F}=\frac{3}{4\pi\varepsilon_0 r^5}\left\{-3P_1P_2\cos\theta\boldsymbol{r}+P_1 r\boldsymbol{P}_2\right\} \tag{4}$$

显然当 $\theta=0°$ 时，力 $\boldsymbol{F}$ 的大小取得极大值，即此时 $\boldsymbol{P}_2$ 也与 $\boldsymbol{r}$ 平行，极大值为

$$\boldsymbol{F}_{\max}=-\frac{3P_1P_2\boldsymbol{r}}{2\pi\varepsilon_0 r^5} \tag{5}$$

负号表示为引力.

说明　两个静止电偶极子的静电相互作用力由式(3)可知，满足牛顿第三定律，即大小相等、方向相反. 然而由式(2)可知，此相互作用力一般并不沿电偶极子的连线方向，构成力偶. 本题可与题 2.12 相对照.

1.112　两个平行电偶极子之间静电作用力

题 1.112　已知一个偶极矩 $\boldsymbol{P}_1=P_1\boldsymbol{e}_z$ 的电偶极子位于坐标原点. 第二个偶极矩 $\boldsymbol{P}_2=P_2\boldsymbol{e}_z$ 的电偶极子置于：(a)在$+z$ 轴上与原点相距 r，或(b)在$+y$ 轴上与原点相距 r. 说明在题图 1.112(a)时两个偶极子之间的力为引力，在题图 1.112(b)时为斥力. 计算两种情况下力的大小.

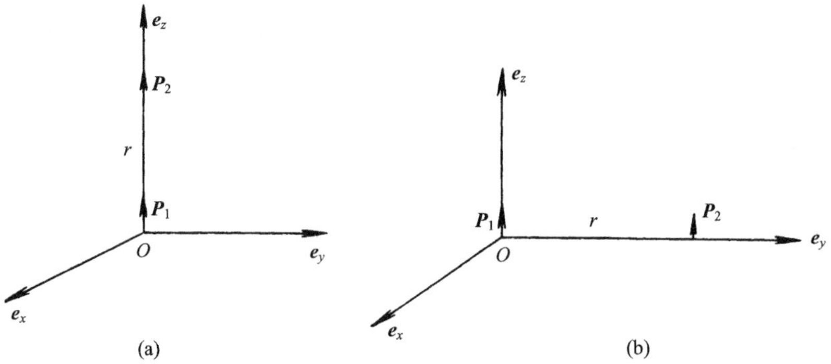

题图 1.112

解　$\boldsymbol{P}_1$ 产生的电场为

$$\boldsymbol{E}_1=-\frac{1}{4\pi\varepsilon_0}\boldsymbol{P}_1\cdot\nabla\frac{\boldsymbol{r}}{r^3}=-\frac{\boldsymbol{P}_1}{4\pi\varepsilon_0 r^3}+\frac{3P_1\cos\theta}{4\pi\varepsilon_0 r^3}\boldsymbol{e}_r$$

$\boldsymbol{P}_2$ 与 $\boldsymbol{P}_1$ 的相互作用能量为

$$W_e=-\boldsymbol{P}_2\cdot\boldsymbol{E}_1=\frac{P_1P_2}{4\pi\varepsilon_0 r^3}-\frac{3P_1P_2}{4\pi\varepsilon_0 r^3}\cos^2\theta$$

由此求得 $\boldsymbol{P}_2$ 所受力的分量为

$$F_r=-\frac{\partial W_e}{\partial r}=\frac{3P_1P_2}{4\pi\varepsilon_0 r^4}-\frac{9P_1P_2}{4\pi\varepsilon_0 r^4}\cos^2\theta$$

$$F_\theta=-\frac{1}{r}\frac{\partial W_e}{\partial\theta}=\frac{-3P_1P_2\sin\theta\cos\theta}{2\pi\varepsilon_0 r^4}$$

(a) $\theta=0$ 有

$$F_\theta=0,\qquad F_r=-\frac{3P_1P_2}{2\pi\varepsilon_0 r^4}$$

负号表示为引力.

(b) $\theta=\dfrac{\pi}{2}$，有

$$F_\theta=0,\qquad F_r=\frac{3P_1P_2}{4\pi\varepsilon_0 r^4}$$

正号表示为斥力.

1.113　在两个电势不同的导体平面间的电偶极子受力与等势面图

题 1.113　一偶极矩为 $\boldsymbol{P}=(P_x,0,0)$的电偶极子放在点$(x_0,y_0,0)(x_0>0,y_0>0)$处. $x=0$ 平面与 $y=0$ 平面为两个导体平面，它们之间在原点处有一缝隙隔开. $x=0$ 平面相对 $y=0$ 平面的电势为 V_0. 设偶极子很小以致可以忽略它在两导体板上的感应电荷. 在题图 1.113 中，过 z 轴平面为等势面. (a)根据题图 1.113，导出电势$\phi(x,y)$的表达式. (b)计算作用在偶极子上的力.

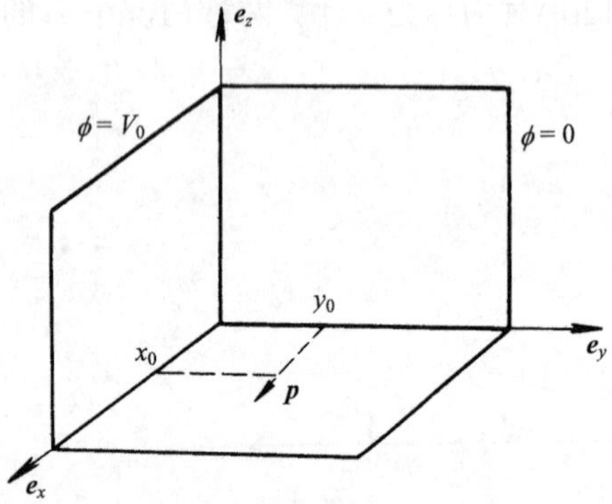

题图 1.113

解　(a) 由题图 1.113 可知，等势面是经过 z 轴的无限平面，取极坐标后有

$$\phi(x,y)=\phi(r,\theta)=\phi(\theta)$$

于是拉普拉斯方程化为

$$\frac{\mathrm{d}^2\phi}{\mathrm{d}\theta^2}=0$$

解为

$$\phi(\theta)=\frac{2V_0}{\pi}\theta$$

或写为

$$\phi(x,y)=\frac{2V_0}{\pi}\arctan\frac{y}{x}$$

(b) 电场为

$$\boldsymbol{E}=-\nabla\phi=\frac{2V_0}{\pi}\left(\frac{y}{x^2+y^2}\boldsymbol{e}_x-\frac{x}{x^2+y^2}\boldsymbol{e}_y\right)$$

因此作用在偶极子$(P_x,0,0)$上的力为

$$\boldsymbol{F}=(\boldsymbol{P}\cdot\nabla)\boldsymbol{E}=P_x\left.\frac{\partial\boldsymbol{E}}{\partial x}\right|_{x=x_0,y=y_0}$$

$$=\frac{2V_0P_x}{\pi}\left(-\frac{2x_0y_0}{\left(x_0^2+y_0^2\right)^2}\boldsymbol{e}_x+\frac{x_0^2-y_0^2}{\left(x_0^2+y_0^2\right)^2}\boldsymbol{e}_y\right)$$

1.114　带电长导线对烟尘的吸引

题 1.114　在一烟尘沉淀器中有一半径为 R，单位长度带静电荷λ库仑(C/m)的长导线. 现有一无净电荷的烟尘，介电常量为ε，半径为 a. 求：这烟尘刚刚要与导线发生碰撞之前

它们之间的吸引力.(假设 $a \ll R$)写出全部过程，并讨论这一力的物理机制.

解　由于 $a \gg R$ ，可认为烟尘处于均匀电场之中，一个球形电介质在均匀外场中球内的电场为(参看题 1.74)

$$E_{内} = \frac{3\varepsilon_0}{\varepsilon + 2\varepsilon_0} E_{外}$$

因此小球具有电偶极矩为

$$P = \frac{4}{3}\pi a^3 \cdot \frac{3(\varepsilon - \varepsilon_0)}{\varepsilon + 2\varepsilon_0} E_{外} = \frac{4\pi a^2(\varepsilon - \varepsilon_0)}{\varepsilon + 2\varepsilon_0} E_{外}$$

极化了的烟尘在外场中的能量为

$$W = -\frac{1}{2} P \cdot E_{外} = -\frac{2\pi a^3(\varepsilon - \varepsilon_0)}{\varepsilon + 2\varepsilon_0} E_{外}^2$$

导线外面是一个对称的二维径向场，因此

$$E_{外} = \frac{\lambda}{2\pi\varepsilon_0 r} e_r$$

λ为线电荷密度. 代入上式，可得

$$W = -\frac{(\varepsilon - \varepsilon_0)a^3\lambda^2}{2\pi{\varepsilon_0}^2(\varepsilon + 2\varepsilon_0)r^2}$$

烟尘受力为

$$F = -\frac{(\varepsilon - \varepsilon_0)a^3\lambda^2}{\pi\varepsilon_0^2(\varepsilon + 2\varepsilon_0)r^3} e_r$$

在烟尘刚要碰导线之前，$r = R$，此时受力为

$$F = -\frac{(\varepsilon - \varepsilon_0)a^3\lambda^2}{\varepsilon_0^2\pi(\varepsilon + 2\varepsilon_0)R^3} e_r$$

负号表示是引力. 此力主要是由于电场的径向不均匀性产生的. 烟尘在外电场中极化，相当于一个电偶极子，而电偶极子在外电场不均匀时，就将受到力的作用，这就是此力的来源.

1.115　具有电荷分布的电介质流体中的电势及压强变化

题 1.115　一个半径为 a 的球，表面均匀分布有电量为 Q 的束缚电荷，球体被均匀的流体电介质所包围，如题图 1.115 所示. 流体的介电常量ε为常数，流体中的自由电荷密度为

$$\rho(r) = -kV(r)$$

式中，k 为一常数，$V(r)$为 r 处相对无穷远处的电势. (a)计算任意点处的电势. 设 $r \to \infty$ 时，$V = 0$. (b) 计算电介质中作为 r 函数的压强.

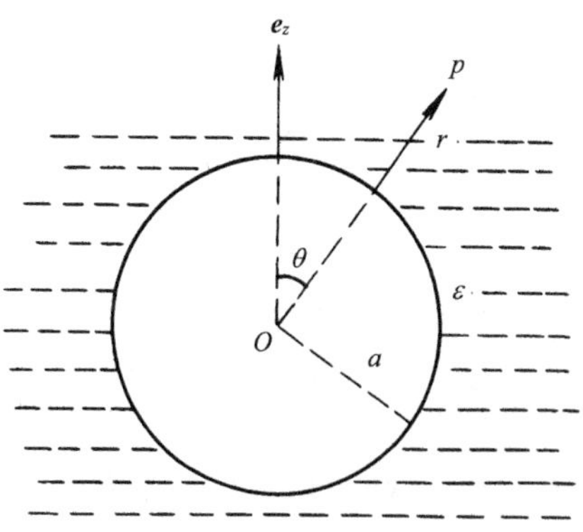

题图 1.115

解　电势满足泊松方程

$$\nabla^2 V(\boldsymbol{r}) = -\frac{\rho}{\varepsilon} = \frac{kV(\boldsymbol{r})}{\varepsilon}, \qquad r > a \tag{1}$$

考虑本题具有球对称性，$V(\boldsymbol{r}) = V(r)$，上式化为

$$\frac{1}{r^2}\cdot\frac{\mathrm{d}}{\mathrm{d}r}\left(r^2\frac{\mathrm{d}V}{\mathrm{d}r}\right) = \frac{k}{\varepsilon}V(r), \qquad r > a$$

令 $V = u/r$ 有

$$\frac{\mathrm{d}^2 u}{\mathrm{d}r^2} = \frac{k}{\varepsilon}u \tag{2}$$

式(2)的解分为两种情况：

(a) 当 $k>0$ 时，解为 $u = A\exp\left(\pm\sqrt{\frac{k}{\varepsilon}}r\right)$，于是

$$V = \frac{A}{r}\exp\left(\pm\sqrt{\frac{k}{\varepsilon}}r\right)$$

由 $r\to\infty$，$V=0$ 的条件，指数解中只取负号解. 并由边值关系，在球面上有

$$\oint_s \frac{\partial V}{\partial r}\mathrm{d}s = -\frac{Q}{\varepsilon}$$

可求得系数 A 为

$$A = \frac{Q\mathrm{e}^{\alpha a}}{4\pi\varepsilon(\alpha a+1)}$$

式中，$\alpha = \sqrt{k/\varepsilon}$. 由于球内无电场，其电势应为常数，即等于球面上的电势，故最后求得

$$V(r) = \begin{cases} \dfrac{Q\mathrm{e}^{\alpha(a-r)}}{4\pi\varepsilon(\alpha a+1)r}, & r > a \\ \dfrac{Q}{4\pi a\varepsilon(\alpha a+1)}, & r \leqslant a \end{cases} \tag{3}$$

由于流体是稳定的，应有

$$p\boldsymbol{n} + \boldsymbol{n}\cdot\overleftrightarrow{\boldsymbol{T}} = \text{const}$$

其中 $\boldsymbol{n} = \boldsymbol{e}_r$，$\overleftrightarrow{\boldsymbol{T}}$ 为麦克斯韦应力张量. 若流体静止不动，此常量等于 0，这时有

$$p\boldsymbol{e}_r = -\boldsymbol{e}_r\cdot\overleftrightarrow{\boldsymbol{T}}$$

当ε为定值时，有

$$\overleftrightarrow{\boldsymbol{T}} = \boldsymbol{DE} - \frac{1}{2}(\boldsymbol{D}\cdot\boldsymbol{E})\overleftrightarrow{\boldsymbol{I}} = \frac{\varepsilon}{2}\begin{pmatrix} (\nabla V)^2 & 0 & 0 \\ 0 & 0 & 0 \\ 0 & 0 & 0 \end{pmatrix}$$

于是压强为

$$p = -\frac{\varepsilon}{2}(\nabla V)^2 = -\frac{\varepsilon}{2}\frac{(1+\alpha r)^2}{r^2}V^2(r) \tag{4}$$

(b) 当 $k<0$ 时，设$\beta = -k/\varepsilon$，式(2)的解为

$$V(r) = \frac{B}{r}\mathrm{e}^{\mathrm{i}\beta r}$$

或者写成实解为

$$V(r)=\frac{B}{r}\cos\beta r$$

并由 $r=a$ 时

$$\oint_s \frac{\partial V}{\partial r}\mathrm{d}s=-\frac{Q}{\varepsilon}$$

可确定

$$B=\frac{Q}{4\pi\varepsilon(\beta a\sin\beta a+\cos\beta a)}$$

故电势为

$$V=\begin{cases}\dfrac{Q\cos\beta a}{4\pi\varepsilon(\beta a\sin\beta a+\cos\beta a)r}, & r>a\\[2ex] \dfrac{Q}{4\pi\varepsilon a(\beta a\tan\beta a+1)}, & r\leqslant a\end{cases}\tag{5}$$

压强为

$$p=-\frac{\varepsilon}{2}(\nabla V)^2=-\frac{\varepsilon}{2}\frac{(\beta r+\tan\beta r+1)^2}{r^2}V^2(r)$$

1.116 三块金属平板组成的“双重电容器”

题 1.116 三块金属平板 P、P'、P''如题图 1.116 所示竖直放置. 板 P 质量为 M，可在 P'、P''间自由地沿垂直方向运动. 三个平板形成一个“双重”平行板电容器. 设该电容器上电荷为 q，忽略所有边缘效应. 假定电容器通过外接负载电阻 R 放电，并忽略电容器的内阻. 再假定放电足够慢以致系统始终处于静平衡态. (a)求系统的重力势能和 P 的高度 h 的关系. (b)求系统的静电能量与 h 和 q 的关系. (c)确定 h 和 q 的关系. (d)当系统放电时，外电压增加、减少还是不变？

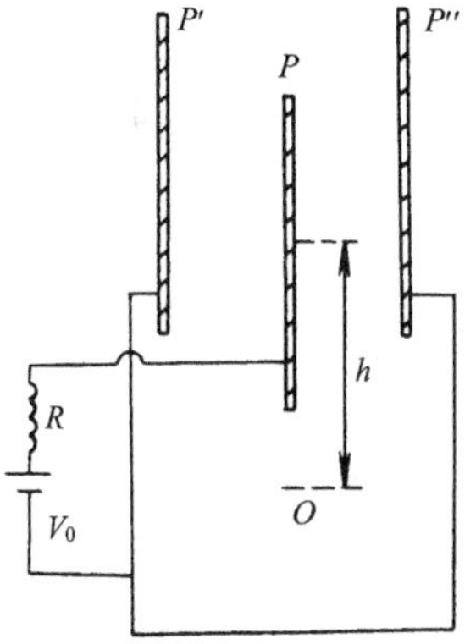

题图 1.116

解 (a) 系统的重力位能为 $W_g=Mgh$.

(b) 不妨设 $P'P$、PP''的间距都为 d，板宽为 a，长为 l，在 $h=h_0$ 时，P 的上端与 P'、P''重合. 将系统看成两个并联的电容器，每个电容器上的电荷为 $q/2$，电容 $C=\dfrac{\varepsilon_0 a(l+h-h_0)}{d}$. 因此静电场能量为

$$W_e=q\cdot\frac{q/2}{C}=\frac{q^2 d}{2\varepsilon_0 a(l+h-h_0)}$$

(c) 系统的总能量为

$$W=W_g+W_e=\frac{q^2 d}{2\varepsilon_0 a(l+h-h_0)}+Mgh$$

当电荷为 q 时，因为放电足够慢，P 将运动到一个确定的位置 h 使板 P 达到平衡，此时系统能量最小，即 $\left.\frac{\partial W}{\partial h}\right|_q=0$，解得

$$h=q\sqrt{\frac{d}{2\varepsilon_0 aMg}}+h_0-l$$

所以 h 随 q 线性地变化.

(d) 当系统通过 R 放电时，q 减小，h 减小，此时有

$$V_0=\frac{\frac{q}{2}}{\frac{\varepsilon_0 a(l+h-h_0)}{d}}=\sqrt{\frac{Mgd}{2\varepsilon_0 a}}$$

不随 q 而变，即 V_0 在电容器放电时保持不变.

1.117 插入电介质溶液的平行板电容器在电池通、断情况下液面高度

题 1.117 一电容器，由相距为 d 的两平行板组成，垂直浸入相对介电常量为 k，密度为 ρ 的介质液中. 求下列两种情况液面升起的高度：(a)电容器与电池相通，维持板间电压为 V. (b)电容器与电池断开，维持电荷为 Q. 详细解释此现象的物理机制，并说明如何把它用于计算中(可忽略表面张力和边缘效应).

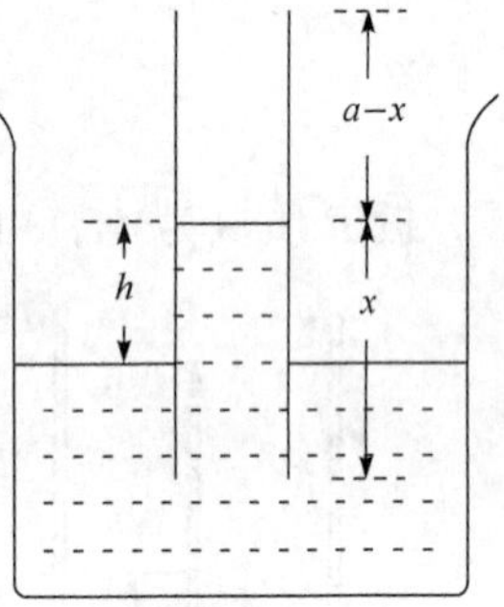

题图 1.117

解 电容器充电后，在静电力作用下电容器内的液体介质具有沿极板方向上升的趋势. 当此静电力与液体介质本身的重力达到平衡后，液体介质就不再升高.如题图 1.117，设 b 为板宽度，a 为板高度，电容器浸入液体的高度为 x，电容器中流体高出液面的高度为 h，则该电容器的电容为

$$C=\varepsilon_0 k\frac{xb}{d}+\varepsilon_0\frac{(a-x)b}{d}$$

$$=\frac{\varepsilon_0 b}{d}[(k-1)x+a]$$

(a) 电压 V 不变，参考题 1.64(a)，电介质液受到向上的静电力为

$$F_0=\frac{\varepsilon_0(k-1)bV^2}{2d}$$

平衡时，$F_0=mg=\rho ghbd$，故得液面升起的高度为

$$h=\frac{\varepsilon_0 V^2(k-1)}{2\rho gd^2}$$

(b) 电量 Q 不变，参考题 1.64(b)

$$F=\frac{Q^2}{2C^2}\cdot\frac{\mathrm{d}C}{\mathrm{d}x}=\frac{\mathrm{d}Q^2(k-1)}{2\varepsilon_0 b[(k-1)x+a]^2}$$

平衡时液面上升高度为

$$h=\frac{(k-1)Q^2}{2\rho g\varepsilon_0 b^2[(k-1)x+a]^2}$$

1.118 插入电介质溶液的圆柱形电容器液面高度

题 1.118 圆柱形电容器由一根半径为 a 的金属圆棒和一个内半径为 b 的长导体圆柱壳组成. 系统的一端插入一介电常量为ε、密度为ρ的液体中，如题图 1.118 所示. 在电容器上加电压 V_0. 设电容器空间位置固定且液体中不存在传导电流. 计算液柱在圆柱管中的平衡高度.

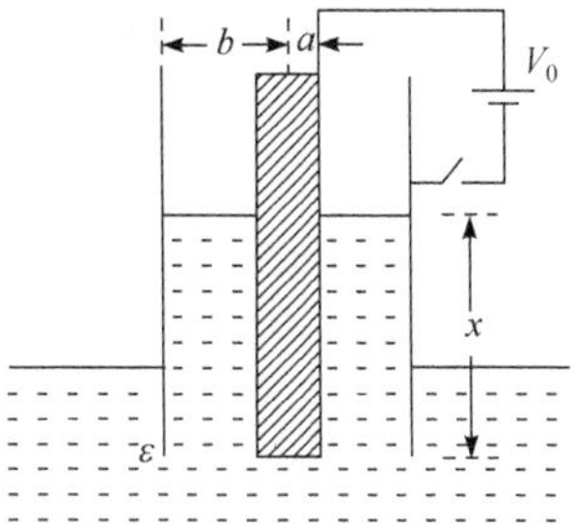

题图 1.118

解 设圆柱长为 l，含介质部分长为 x. 略去边缘效应，可求得电容为

$$C=\frac{2\pi[(\varepsilon-\varepsilon_0)x+\varepsilon_0 l]}{\ln(b/a)}$$

本题中电容器的电压维持 V_0 不变，参考题 1.65，介质受到一向上举力

$$F=\frac{V_0^2}{2}\cdot\frac{\mathrm{d}C}{\mathrm{d}x}=\frac{\pi(\varepsilon-\varepsilon_0)V_0^2}{\ln\dfrac{b}{a}}$$

当此力与重力平衡时

$$\frac{\pi(\varepsilon-\varepsilon_0)V_0^2}{\ln\dfrac{b}{a}}=\rho g\cdot\pi(b^2-a^2)h$$

得液柱的平衡高度为

$$h=\frac{(\varepsilon-\varepsilon_0)V_0^2}{\rho g(b^2-a^2)\ln\dfrac{b}{a}}$$

1.119 静电力与压强的平衡问题

题 1.119 在题图 1.119 中，中间极板带电荷 Q，能不漏气地沿壁滑动，该板两边空气的初始压强均为 p_0，求该板处于稳定平衡时的 x 值.

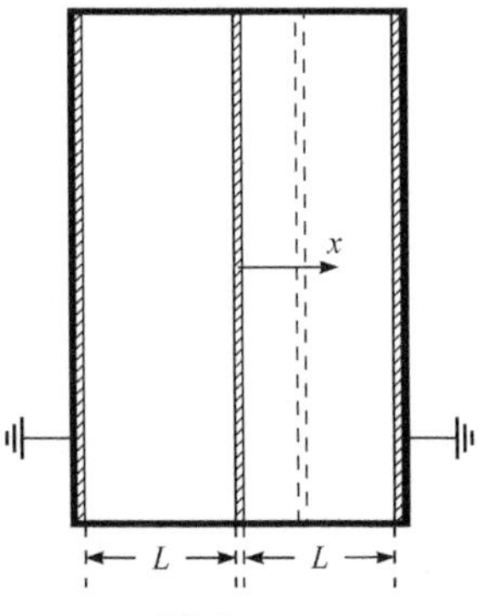

题图 1.119

解 首先，由于中间极板左右两边电位相等，因此可视三极板组成两并联电容 C_1 和 C_2. 当中间极板处于 x 位置时，并联电容器的总电容应由下式给出：

$$C=C_1+C_2=\frac{\varepsilon_0 A}{L+x}+\frac{\varepsilon_0 A}{L-x}=\frac{2\varepsilon_0 AL}{L^2-x^2}$$

故系统的静电能量为

$$W_\mathrm{e}=\frac{1}{2}\cdot\frac{Q^2}{C}=\frac{Q^2(L^2-x^2)}{4\varepsilon_0 AL}$$

按题意，中间极板能不漏气地沿壁滑动，故由虚功原理，它受到的静电力为

$$F_e = -\frac{\partial W_e}{\partial x} = \frac{Q^2 x}{2\varepsilon_0 AL}$$

显然 F_e 与 x 成正比，比例系数为正，这还不是回复力.

其次，导体是良好导热体，因此中间极板移动过程可视为等温过程，设左右两侧对中间极板的压强为 p_1，p_2，则有

$$p_1 = \frac{p_0 L}{L+x}, \qquad p_2 = \frac{p_0 L}{L-x}$$

中间极板受到静电力与左、右压力的合力为

$$F_t = F_e + (p_1 - p_2)A = \frac{Q^2 x}{2\varepsilon_0 AL} - \frac{2Ap_0 Lx}{L^2 - x^2}$$

合力 $F_t = 0$ 对应中间极板的平衡位置. 解得

$$x = 0, \quad \pm L\left(1 - \frac{4\varepsilon_0 p_0 A^2}{Q^2}\right)^{\frac{1}{2}}$$

有 3 个解，而稳定平衡要求相应位置处 F_t 导数为负. 作为 x 的函数，F_t 导数为

$$F_t' = \frac{Q^2}{2\varepsilon_0 AL} - \frac{2Ap_0 L}{L^2 - x^2} - \frac{4Ap_0 Lx^2}{(L^2 - X^2)^2}$$

对于 $x = \pm L\left(1 - \frac{4\varepsilon_0 p_0 A^2}{Q^2}\right)^{\frac{1}{2}}$，均满足 $F_t' < 0$，这对应稳定平衡位置. 而对于 $x = 0$，当 $Q < 2A\sqrt{\varepsilon_0 p_0}$ 时，$F_t' < 0$，这对应稳定平衡位置；当 $Q \geqslant 2A\sqrt{\varepsilon_0 p_0}$ 时，$F_t' \geqslant 0$，不对应稳定平衡位置.

1.120　在温度 T 下球形导体带电的均方值

题 1.120　请观察离你最近的人，简单地，不妨假设他是球形的. 给他一等效半径 R，将他当作良导体. 房间在温度 T 下达到平衡，并且是电磁屏蔽的，粗略地估计这个人带电量的均方值.

解　一半径为 R 的导体球电容为 $C=4\pi\varepsilon_0 R$，如果球带电荷，则电能为 $Q^2/2C$，由能量均分定理

$$\frac{\overline{Q^2}}{2C} = \frac{1}{2}kT, \qquad \sqrt{\overline{Q^2}} = \sqrt{CkT}$$

取 $R = 0.5\text{m}$，$T = 300\text{K}$，则

$$\begin{aligned}\sqrt{\overline{Q^2}} &= \sqrt{4\pi\varepsilon_0 RkT} \\ &= \sqrt{4\pi \times 8.85 \times 10^{-12} \times 0.5 \times 1.38 \times 10^{-23} \times 300} \\ &= 4.8 \times 10^{-16}(\text{C})\end{aligned}$$

1.121　绝缘导体球与无穷大导体平面间的电容和作用力

题 1.121　一半径为 a 的绝缘导体球，球心与一无穷大导体平面距离为 z，设 $z \gg a$. (a)求

球和平面之间电容的首阶项. (b)当电容按 a/z 进行幂级数展开时, 求对首阶项的一阶非零修正. (c)当球带电荷为 Q 时,求它和导体平面间作用力的首阶项. 将球和平面完全分离需提供多少能量? 将相距为 $2z$、带电为 $+Q$ 与 $-Q$ 的两个此种球完全分离又需提供多少能量? 试解释二者的区别.

解 (a) 对首阶项而言，可认为导体平面与导体球相距无穷远，整个系统的电容即相当于半径为 a 的孤立导体球的电容，其值为

$$C = 4\pi\varepsilon_0 a$$

(b) 为求一阶修正，可认为空间电场由位于球心的点电荷 Q 及其对导体平面的镜像电荷 $-Q$ 所产生. 沿球心至导体平面线上，这一电场大小为

$$E = \frac{Q}{4\pi\varepsilon_0(z-h)^2} - \frac{Q}{4\pi\varepsilon_0(z+h)^2}$$

式中，h 为点离平面的距离

$$V = \int_0^{z-a} E\mathrm{d}h = \left.\frac{Q}{4\pi\varepsilon_0(z-h)}\right|_0^{z-a} - \left.\frac{Q}{4\pi\varepsilon_0(z+h)}\right|_0^{z-a}$$

$$= \frac{Q}{4\pi\varepsilon_0 a}\left[1 - \frac{a}{2z-a}\right] \approx \frac{Q}{4\pi\varepsilon_0 a}\left(1 - \frac{a}{2z}\right)$$

于是

$$C = \frac{Q}{V} \approx 4\pi\varepsilon_0\left(1 + \frac{a}{2z}\right)$$

所以一阶修正项为 $2\pi\varepsilon_0 a^2/z$.

(c) 当球带电荷 Q 时，它和导体平面的作用力的首阶项即为相距为 $2z$ 的两个点电荷 Q 与 $-Q$ 的引力

$$F = \frac{Q^2}{16\pi\varepsilon_0 z^2}$$

将球从 z 移到无穷远所做的功为

$$W_1 = \int_z^{\infty} F\mathrm{d}z = \int_z^{\infty} \frac{Q^2}{16\pi\varepsilon_0 z^2}\mathrm{d}z = \frac{Q^2}{16\pi\varepsilon_0 z}$$

而把两个带电为 $+Q$ 与 $-Q$，相距 $2z$ 的导体球分离所需要的功为

$$W_2 = \int_{2z}^{\infty} \frac{Q^2}{4\pi\varepsilon_0 r^2}\mathrm{d}r = \frac{Q^2}{8\pi\varepsilon_0 z} = 2W_1$$

原因在于对两带电球而言，一球离开另一球时，另一球位置固定. 而带电球离开导电平面某一距离时，相对像电荷距离已增加了一倍，所以前者做功为后者的两倍.

1.122 电偶极子绕固定点电荷的运动

题 1.122 一个具有固定长度的偶极子，在其两端各有一质量为 m 的质点，并且一端带正电荷 $+Q_2$，另一端带负电荷 $-Q_2$，它围绕一固定的点电荷 $+Q_1$ 做轨道运动(偶极子的两极

被约束在轨道平面内). 题图 1.122(a)示意了对坐标 r,θ,α的定义，题图 1.122(b)则给出了偶极子两极至$+Q_1$的距离. (a)用拉格朗日公式求出(r,θ,α)坐标系中的运动方程，当计算势能时可作近似$r \gg R$. (b)偶极子做绕Q_1的圆轨道运动，且$\dot{r} \approx \ddot{r} \approx \ddot{\theta} \approx 0, \alpha \ll 1$. 求出$\alpha$坐标中的微振动周期.

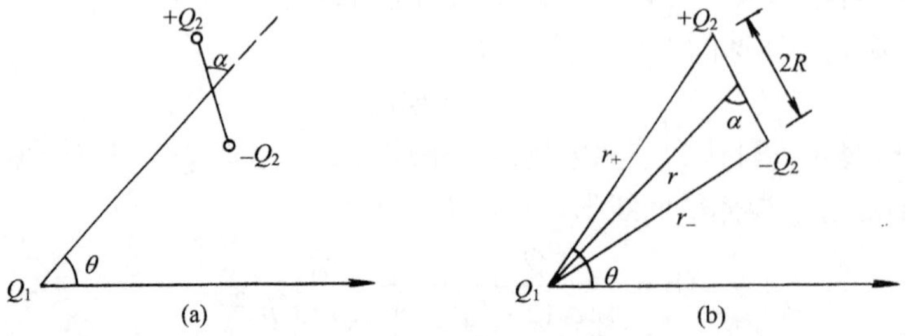

题图 1.122

解 (a) 偶极子与极轴夹角为$(\theta+\alpha)$，则偶极子绕自身质心的转动角速度为$(\dot{\theta}+\dot{\alpha})$，从而偶极子的动能为

$$T = \frac{1}{2}\cdot 2m(\dot{r}^2 + r^2\dot{\theta}^2) + \frac{1}{2}\cdot 2mR^2\cdot(\dot{\theta}+\dot{\alpha})^2$$
$$= m\dot{r}^2 + m(r^2+R^2)\dot{\theta}^2 + mR^2\dot{\alpha}^2 + 2mR^2\ddot{\theta}\alpha$$

同时偶极子的势能为

$$V = \frac{1}{4\pi\varepsilon_0}\cdot\frac{Q_1Q_2}{r_+} - \frac{1}{4\pi\varepsilon_0}\cdot\frac{Q_1Q_2}{r_-}$$

而

$$r_\pm = \sqrt{r^2+R^2\pm 2rR\cos\alpha} = r\sqrt{1\pm 2\frac{R}{r}\cos\alpha + \left(\frac{R}{r}\right)^2}$$
$$\approx r\sqrt{1\pm 2\frac{R}{r}\cos\alpha} \approx r\left(1\pm\frac{1}{2}\cdot 2\frac{R}{r}\cos\alpha\right)$$
$$= r \pm R\cos\alpha$$

则

$$\frac{1}{r_+} - \frac{1}{r_-} = \frac{2R\cos\alpha}{r^2 - R^2\cos^2\alpha} \approx \frac{2R\cos\alpha}{r^2}$$

故偶极子的势能为

$$V = \frac{Q_1Q_2}{4\pi\varepsilon_0}\cdot\frac{2R\cos\alpha}{r^2}$$

从而拉格朗日量

$$L = T - V$$

由欧拉-拉格朗日方程

$$\frac{\mathrm{d}}{\mathrm{d}t}\left(\frac{\partial L}{\partial \dot{r}}\right) - \frac{\partial L}{\partial r} = 0$$

得

$$2m\ddot{r}-\frac{Q_1Q_2}{4\pi\varepsilon_0}\left(-2\frac{2R\cos\alpha}{r^3}\right)=0$$

即

$$m\ddot{r}+\frac{Q_1Q_2}{4\pi\varepsilon_0}\cdot\frac{2R\cos\alpha}{r^3}=0 \tag{1}$$

由 $\dfrac{\mathrm{d}}{\mathrm{d}t}\left(\dfrac{\partial L}{\partial\dot{\theta}}\right)-\dfrac{\partial L}{\partial\theta}=0$，得

$$2m(r^2+R^2)\ddot{\theta}+2mR^2\ddot{\alpha}=0 \tag{2}$$

也就是

$$\ddot{\theta}+\frac{R^2}{r^2+R^2}\ddot{\alpha}=0$$

再由

$$\frac{\mathrm{d}}{\mathrm{d}t}\left(\frac{\partial L}{\partial\dot{\alpha}}\right)-\frac{\partial L}{\partial\alpha}=0$$

得

$$2mR^2\ddot{\alpha}+2mR^2\ddot{\theta}+\frac{Q_1Q_2}{4\pi\varepsilon_0}\cdot\frac{2R\sin\alpha}{r^2}=0 \tag{3}$$

(b) 因 $\dot{r}\approx\ddot{r}\approx 0$，所以 r 为常量. 又因 $\ddot{\theta}=0,\alpha\ll 1$即$\sin\alpha\approx\alpha$, 则

$$2mR^2\ddot{\alpha}+\frac{Q_1Q_2}{4\pi\varepsilon_0}\cdot\frac{2R\alpha}{r^2}=0$$

此为关于α的标准简谐振动方程，故得振动频率

$$\omega=\sqrt{\frac{Q_1Q_2}{4\pi\varepsilon_0}\cdot\frac{1}{mRr^2}}$$

而微振动周期为

$$T=\frac{2\pi}{\omega}=2\pi\sqrt{\frac{4\pi\varepsilon_0}{Q_1Q_2}\cdot mRr^2}$$

1.123 大气的电场

题 1.123 地球的大气层是一个电导体,因为它包含着被宇宙射线电离的自由电荷载体. 已知自由电荷密度对时间、空间为常值，且与水平位置无关. (a)建立方程和边界条件以计算作为高度函数的大气的电场. 假设表面电场不随时间变化且是竖直的，不因水平位置而变，大小为 100V/m. 可假定地面平坦. (b)估计电导率与高度的关系. (c)求(a)中方程的解.

解 (a) 由题意，电势方程为

$$\nabla^2\varphi=-\frac{\rho_f}{\varepsilon_0} \tag{1}$$

边界条件为

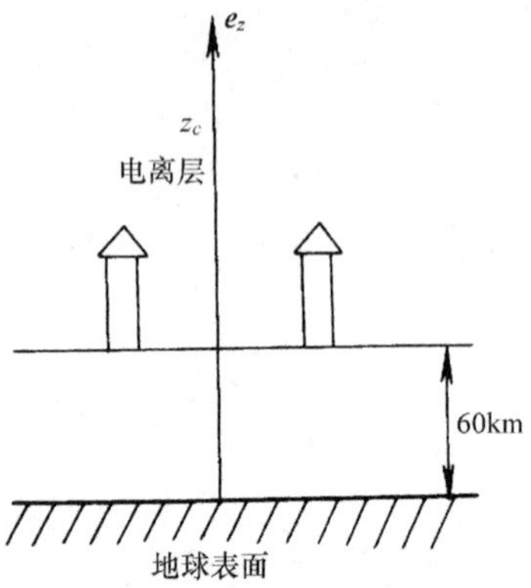

题图 1.123

$$-\frac{\partial \varphi}{\partial z}\bigg|_{z=0} = E_0 = 100(\text{V}/\text{m}) \tag{2}$$

$$-\frac{\partial \varphi}{\partial z}\bigg|_{z=z_c} = 0 \tag{3}$$

式中，z_c 为电离层厚度，约为 300km. 大气层的分布情况如题图 1.123 所示.

(b) 由 $\boldsymbol{j}=\sigma\boldsymbol{E}=\rho_f\boldsymbol{v}_{i漂}$知

$$\boldsymbol{v}_{i漂} = \frac{1}{2}\boldsymbol{a}\cdot\frac{\lambda}{\bar{v}}$$

其中

$$\boldsymbol{a} = \frac{q\boldsymbol{E}}{m}, \qquad \lambda = \frac{1}{\sqrt{2}\pi d^2 n}$$

而

$$n = n_0 \exp\left(\frac{-mg}{kT}z\right)$$

联合上面式子得

$$\sigma = \frac{q\rho_f}{2m\bar{v}}\cdot\frac{1}{\sqrt{2}\pi d^2 n_0}\cdot\exp\left(\frac{mgz}{kT}\right)$$

即 $\sigma \propto \exp\left(\frac{mgz}{kT}\right)$，$m$ 为空气分子质量，这里因为 $\bar{v}$ 在大气中变化不大.

(c) 对式(1)积分得

$$\boldsymbol{E} = -\frac{\partial \varphi}{\partial z}\boldsymbol{e}_z = \left(\frac{\rho_f}{\varepsilon_0}z - C\right)\boldsymbol{e}_z$$

并且由式(2)、式(3)有

$$C = -E_0, \qquad \rho_f = -\frac{\varepsilon_0 E_0}{z_c}$$

故可得

$$\boldsymbol{E} = \left(-\frac{E_0}{z_c}z + E_0\right)\boldsymbol{e}_z$$

$$\approx \left(-\frac{z}{3} + 100\right)\boldsymbol{e}_z(\text{V}/\text{m})$$

z 的单位为 km.

1.124 互相接触的铜板与锌板突然分离后的极大电荷

题 1.124 直径为 5cm 的两块平板，一块是铜，一块是锌(两块板都装有绝缘柄)，互相接触(题图 1.124(a))，然后突然分开. (a)当两块板完全脱离后($\gg 5\text{cm}$)，估计每块板上的极大电荷. (b)Volta 在 1975 年做过上述实验. 并测得电量为 10^{-9}C. 试与你的估计比较，并解释其差别. (c)如果平板在分离之前如题图 1.124(b)所示. 这样在分离后，平板上的电荷又为多少?

解 (a) 两板接触时可当作平行板电容器. 设其间距为δ，电势差为 V，则平板带电为

$$Q = CV = \frac{\pi\varepsilon_0\left(\frac{d}{2}\right)^2 V}{\delta}$$

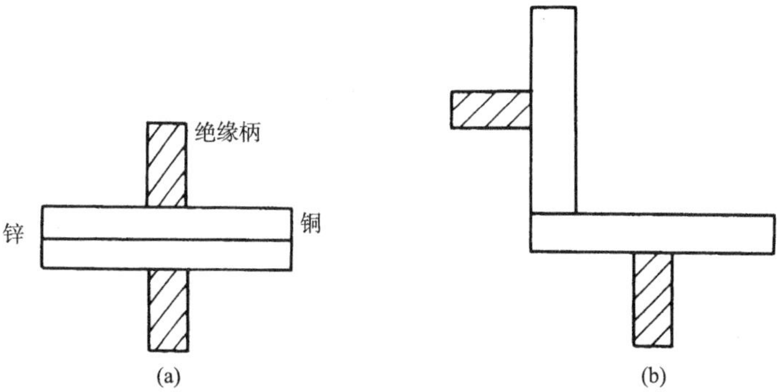

题图 1.124

式中，$d = 0.05\text{m}$，接触电势 $V \sim 10^{-3}\text{V}$，$\delta \sim 10^{-10}\text{m}$，则得

$$Q \approx 1.7\times 10^{-7}\text{C}$$

(b) 上述估计值大于 Volta 的实验结果($\approx 10^{-9}$C)，这是由于平板表面粗糙，其平均间距大于 10^{-10}m，其次是因为在分离过程中电荷会向平板表面尖点(由于粗糙引起)集中而致使部分电荷在平板间发生交换.

(c) 按题图 1.124(b)所示，接触面积小于情况(a)，故相应分离后的电荷将会小许多.

1.125 电离粒子穿过电离室电阻电压的时间函数

题 1.125 一电离室由一个半径为 a、长为 L 的金属圆柱面与一根半径为 b 的位于柱面轴的导线组成. 圆柱面接一个负高压$-V_0$，导线通过电阻 R 接地，如题图 1.125 所示. 现给电离室充以一个大气压的氩气. 一束电离粒子穿过电离室，其径迹平行于轴线，距轴线 $\tau = a/2$，它共产生了 $N = 10^5$ 个离子-电子对. 定量地描述电阻两端的电压强ΔV 与时间的函数关系. 有关数据如下：

a=1cm， b=0.1mm， L=50cm

氩离子迁移率

$$\mu_+ = 1.3\frac{\text{cm}}{\text{s}}\cdot\frac{\text{cm}}{\text{V}}$$

电子迁移率

$$\mu_- = 6\times 10^3\frac{\text{cm}}{\text{s}}\cdot\frac{\text{cm}}{\text{V}}$$

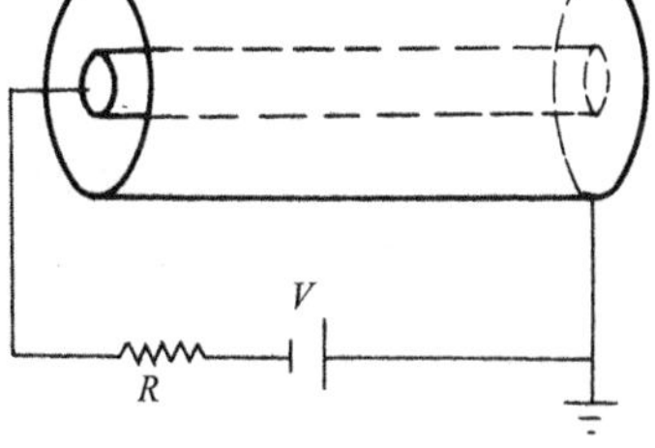

题图 1.125

负高压 $-V_0$ 和阻值为

$$V_0=1000\text{V},\qquad R=10^5\Omega$$

(**提示** 先计算系统的 RC 时间常数以作合理的近似). 1000V 的电压不足以在导线附近产生倍增电离(也就是说这不是一个正比计数器). 注意，脉冲上升段的波形细节很重要.

解 以轴线为 z 轴，建立柱坐标系(r,θ,z)，则(r,θ,z)点的电场 $\boldsymbol{E}\propto\dfrac{1}{r}\boldsymbol{e}_r$. 由 $\int_b^a \boldsymbol{E}(r)\cdot\mathrm{d}\boldsymbol{l}=V_0$ 可知

$$\boldsymbol{E}(r)=\frac{V_0}{r\ln\dfrac{b}{a}}\boldsymbol{e}_r \tag{1}$$

设导线带电 Q_0，易知

$$\boldsymbol{E}(r)=\frac{Q_0}{2\pi\varepsilon_0 Lr}\boldsymbol{e}_r \tag{2}$$

比较上面两式，及电容 C 为

$$\begin{aligned}C&=Q_0/V_0=2\pi\varepsilon_0L/\ln(a/b)\\&=2\pi\times8.85\times10^{-12}\times0.5/\ln\left(\frac{1}{0.01}\right)\\&=6\times10^{-12}(\text{F})\end{aligned}$$

电路的时间常数

$$RC=10^5\times6\times10^{-12}=6\times10^{-7}(\text{s})$$

带电粒子的迁移率 $\mu=\dfrac{1}{E}\cdot\dfrac{\mathrm{d}r}{\mathrm{d}t}$，故 $\mathrm{d}t=\dfrac{\mathrm{d}r}{\mu E}$

$$\Delta t=\int_{r_1}^{r_2}\frac{\mathrm{d}r}{\mu_0\dfrac{V_0}{r\ln(a/b)}}=\frac{\ln(a/b)}{2\mu V_0}(r_2^2-r_1^2)$$

对电子

$$\begin{aligned}\Delta t_-&\approx\frac{\ln\dfrac{a}{b}}{2\mu_-V_0}\left[\left(\frac{a}{2}\right)^2-b^2\right]\approx\frac{\ln\dfrac{a}{b}}{2\mu-V_0}\cdot\frac{a^2}{4}\\&=\frac{\ln100}{2\times6\times10^3\times1000}\times\frac{1^2}{4}=9.6\times10^{-8}(\text{s})\end{aligned}$$

对正离子

$$\begin{aligned}\Delta t_+&=\frac{\ln\dfrac{a}{b}}{2\mu_+V_0}\left[a^2-\left(\frac{a}{2}\right)^2\right]=\frac{\ln\dfrac{a}{b}}{2\mu_+V_0}\cdot\frac{3a^2}{4}\\&=\frac{\ln100}{2\times1.3\times1000}\times\frac{3\times1^2}{4}=1.3\times10^{-3}(\text{s})\end{aligned}$$

由上可见，$\Delta t_-\ll RC\ll\Delta t_+$，故电子从 $r=a/2$ 漂移到阳极丝 $r=b$ 的过程中，正离子可以看成在 $r=a/2$ 处固定不动，且通过电阻 R 的放电也可以忽略不计. 下面由能量守恒观点求

在 $t\leqslant\Delta t_-$ 时，阳极丝的输出电压 ΔV($t=0$ 为带电粒子穿过电离室的时刻). 当有电荷 q 在位置 r 处时，它受的电场力为 $q\boldsymbol{E}$，发生位移 $\mathrm{d}\boldsymbol{r}$ 时，电场力做功为 $q\boldsymbol{E}\cdot\mathrm{d}\boldsymbol{r}=-\mathrm{d}\left(\frac{1}{2}CV^2\right)$. 即 $CV\mathrm{d}V=-q\boldsymbol{E}\cdot\mathrm{d}\boldsymbol{r}$，因为 $\Delta V\ll V_0$，故 $V\approx V_0$，因此

$$CV_0\mathrm{d}V=-qE\mathrm{d}r$$

从而

$$CV_0\Delta V=-q\int_{a/2}^{r}E\cdot\mathrm{d}r=-q\int_{a/2}^{r}\frac{V_0}{r\ln\frac{a}{b}}\mathrm{d}r$$

$$=-q\frac{V_0}{\ln\frac{a}{b}}\ln\left(\frac{r}{a/2}\right)$$

注意

$$q=-Ne,\qquad t=\frac{\ln\frac{a}{b}}{\mu_-V_0}\cdot\frac{1}{2}\left[\left(\frac{a}{2}\right)^2-r^2\right]$$

$$\Delta t_-=\frac{\ln\frac{a}{b}}{\mu_-V_0}\cdot\frac{1}{2}\left[\left(\frac{a}{2}\right)^2-b^2\right]$$

所以

$$\Delta V=\frac{Ne}{C}\ln\frac{\left\{1-\frac{\left[1-\left(\frac{2b}{a}\right)^2\right]t}{\Delta t_1}\right\}^{1/2}}{\ln\frac{a}{b}}$$

其中 $0\leqslant t\leqslant\Delta t_-$.

当 $t=\Delta t_-$ 时

$$\Delta V=\frac{Ne}{C}\ln\left(\frac{2b}{a}\right)\Big/\ln\frac{a}{b}$$

$$=-\frac{10^5\times1.6\times10^{-19}}{6\times10^{-12}}\times\frac{\ln50}{\ln100}$$

$$=-2.3\times10^{-3}(\mathrm{V})$$

随后，上述电压通过 RC 电路放电，总的有

$$\Delta V=5.86\times10^{-3}\ln\left[1-\frac{\left(1-\frac{1}{50^2}\right)^{1/2}t}{9.6\times10^{-8}}\right](\mathrm{V}),\quad 0\leqslant t\leqslant9.6\times10^{-8}\mathrm{s}$$

$$\Delta V=-2.3\times10^{-3}\exp\left(-\frac{t}{6\times10^{-7}}\right)(\mathrm{V}),\quad t>9.6\times10^{-8}\mathrm{s}$$

即 R 两端电压在Δt 内降至 2.3mV，而后随时间常数 RC 上升到零. 最后，由于离子漂移很慢，它在电离室两极感应的电荷很快地通过 RC 电路放电，故对ΔV 波形的影响完全可以忽略.

1.126 穿过金属薄箔的高能电子束产生的电场

题 1.126 有一束高能强电子束能垂直穿过一接地金属薄箔，束流从 $t=0$ 时刻产生，电流 $I=3\times10^6$A，横截面积为 A=1000cm^2. 在束流产生 10^{-8}s 时，计算邻近束流的轴心和在薄箔的输出面(右表面)上的 P 点，以及由于空间电荷产生的电场.

解 $t=10^{-8}$s 时，薄箔右侧有一电荷柱，柱的横截面积为 A=1000cm^2，柱的高度为 ct，即 $3\times10^8\times10^{-8}=3$(m)(电子能量很高，近光速). 柱中均匀分布有总电量为 $-Q=-It=-3\times10^6\times10^{-8}=-3\times10^{-2}$(C)的电荷. 薄箔左侧的电荷对 P 点的电场没有贡献(屏蔽效应). 接地金属板的作用可用像电荷代替，该像电荷柱与上述电荷柱关于金属面成镜像对称，但带异号电荷，如题图 1.126(a)所示. 下面先求一均匀带电圆盘在轴线上一点的电场，如题图 1.126(b)所示.

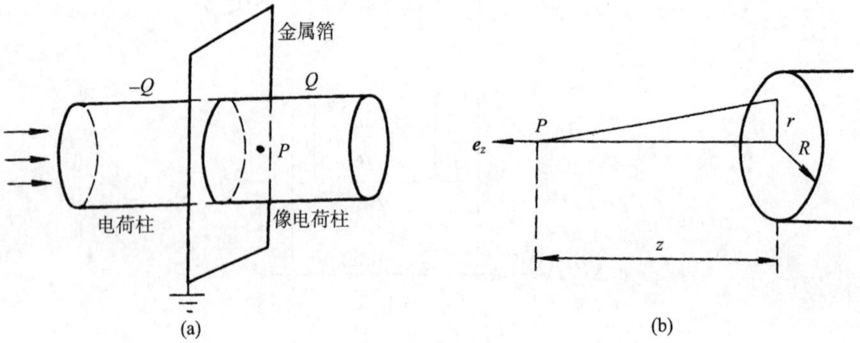

题图 1.126

按叠加原理，电势为

$$\varphi_P=\frac{1}{4\pi\varepsilon_0}\int_0^R\frac{\sigma\cdot2\pi r\mathrm{d}r}{\sqrt{z^2+R^2}}=\frac{1}{4\pi\varepsilon_0}\int_0^R\frac{\sigma\pi\mathrm{d}r^2}{\sqrt{z^2+R^2}}$$
$$=\frac{\pi\sigma}{4\pi\varepsilon_0}2\sqrt{z^2+R^2}=\frac{\sigma}{2\varepsilon_0}\left[\sqrt{z^2+R^2}-z\right]$$

故电场为

$$E_P=-\frac{\partial\varphi_p}{\partial z}=-\frac{\sigma}{2\varepsilon_0}\left(\frac{z}{\sqrt{z^2+R^2}}-1\right)$$

故右侧带电柱在 P 点的场为

$$E_P=\frac{1}{2\varepsilon_0}\int_0^h-\left(\frac{Q}{h\cdot\pi R^2}\mathrm{d}z\right)\left(\frac{z}{\sqrt{z^2+R^2}}-1\right)$$

$$=\frac{Q}{2\pi\varepsilon_0 hR^2}\int_0^h-\left(\frac{\frac{1}{2}\mathrm{d}z^2}{\sqrt{z^2+R^2}}-\mathrm{d}z\right)=\frac{-Q}{2\pi\varepsilon_0 hR^2}\left[\sqrt{z^2+R^2}\Big|_0^h-h\right]$$

$$=\frac{-Q}{2\pi\varepsilon_0 hR^2}\left[\sqrt{h^2+R^2}-R-h\right]$$

总场

$$E_P=\frac{Q}{\pi\varepsilon_0 hR^2}\left[R+h-\sqrt{R^2+h^2}\right]$$

$$=\frac{3\times10^{-2}}{\pi\times8.85\times10^{-12}\times3\times\frac{0.1}{\pi}}\times\left[\sqrt{\frac{0.1}{\pi}}+3-\sqrt{3^2+\frac{0.1}{\pi}}\right]$$

$$=1.42\times10^9(\mathrm{V/m})$$

1.127 静电直线加速器中的电场

题 1.127 题图 1.127(a)是静电加速器中周期排列着的金属电极的一部分，每个电极的电压比前一个电极高 V_0. 该结构是二维的，即电极在 z 方向无限伸展，给出$|y|<W$内的电场. (a) 为了数学运算简便起见，假定电场沿 a、b 两点之间的直线方向是常数，且无 y 分量. 这时 a、b 两点的电势有什么限制？在加速器中怎样具体实现这样的边界条件？(b) 作为计算的准备工作，试用通过物理推理画出加速器内的电场线. (c) 将区域$|y|<W$内的电势$\Phi(x,y)$表示成拉普拉斯方程特解的无穷级数. (d) 求电场 $\boldsymbol{E}(x,y)$.

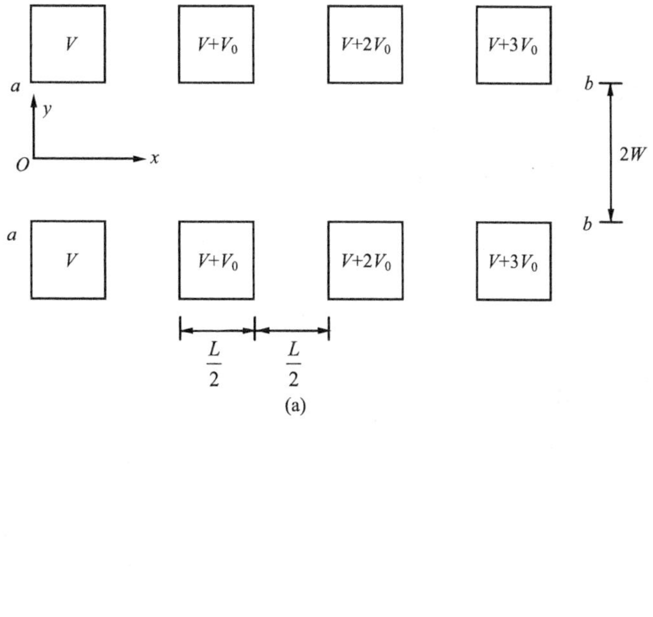

(a)

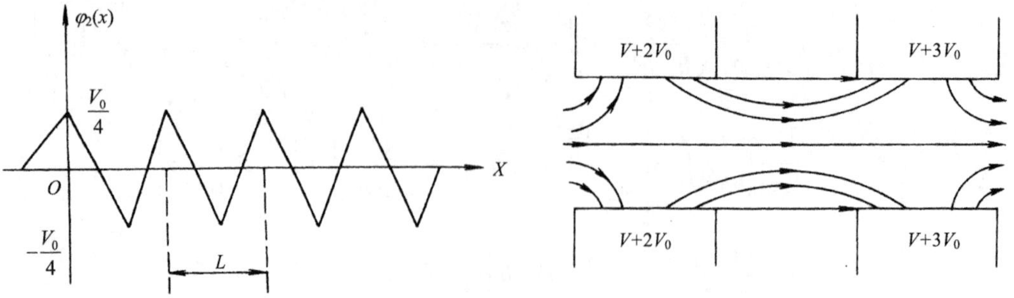

(b) (c)

题图 1.127

解 (a) 取如题图 1.127(a)所示的坐标系. a_i、b_i间的电场为常数且无 y 分量，说明 a_i、b_i间的电场线平行于 x 轴. 用数学式表达，即为

$$\varphi(x \pm W)=\begin{cases} V+nV_0, & x\in\left[\dfrac{2n}{2}L,\dfrac{2n+1}{2}L\right] \\ V-nV_0, & x\in\left[\dfrac{2n-1}{2}L,\dfrac{2n}{2}L\right] \end{cases}$$

$$=\frac{V_0x}{L}-\frac{V_0}{4}+V+\begin{cases} nV_0+\dfrac{V_0}{4}-\dfrac{V_0x}{L}, & x\in\left[\dfrac{2nL}{2},\dfrac{2n+1}{2}L\right] \\ -nV_0+\dfrac{V_0}{4}+\dfrac{V_0x}{L}, & x\in\left[\dfrac{2n-1}{2}L,\dfrac{2nL}{2}\right] \end{cases}$$

$$=\varphi_1(x)+\varphi_2(x),\qquad n=0,\pm 1,\cdots$$

式中，$\varphi_2(x)$为一锯齿波，如题图 1.127(b)所示. 其周期为 L 的傅里叶余弦级数为

$$\varphi_2(x,\pm W)=\frac{2}{L}\sum_{n=1}^{\infty}\cos\frac{2m\pi}{L}x\int_0^L\cos\frac{2m\pi x}{L}\varphi_2(x,\pm W)\mathrm{d}x$$

$$=\frac{2V_0}{\pi^2}\sum_{n=0}^{\infty}\frac{1}{(2n+1)^2}\cos\frac{2(2n+1)\pi}{L}x$$

在加速器中要实现这种条件，要求电极 y 方向的尺寸远大于 L.

(b) 加速器里的电场线如题图 1.127(c)所示(在这里只画出了两个电极间的电场线分布，任意两个电极间的电场线的分布形状都是相似的).

(c) 区域$|y|<W$ 内的电势$\varPhi(x, y)$满足如下的定解问题：

$$\begin{cases} \left(\dfrac{\partial^2}{\partial x^2}+\dfrac{\partial^2}{\partial y^2}\right)\varPhi(x,y)=0 \\ \varPhi(x,\pm W)=\varphi_1(x)+\varphi_2(x) \end{cases}$$

令 $\psi(x,y)=\varPhi(x,y)+V-\dfrac{V_0}{4}+\dfrac{V_0x}{L}$，则$\psi(x, y)$满足定解问题

$$\begin{cases} \left(\dfrac{\partial^2}{\partial x^2}+\dfrac{\partial^2}{\partial y^2}\right)\psi(x,y)=0 \\ \psi(x,\pm W)=\varphi_2(x) \end{cases}$$

由于边界条件中的$\varphi_2(x)$是x的偶周期函数，周期为L. 因此，此问题的解必是x的偶周期函数，故可取

$$\psi(x,y)=\psi_0(y)+\sum_{n=1}^{+\infty}\cos\frac{2m\pi x}{L}\psi_m(y)$$

并代入$\psi(x,y)$的定解方程，立知

$$\psi_m(y)=a_m\sinh\frac{2m\pi}{L}y+b_m\cosh\frac{2m\pi}{L}y$$

再把$\psi(x,y)$代入边界条件中比较系数，立得

$$\psi(x,y)=\frac{2V_0}{\pi^2}\sum_{n=1}^{+\infty}\frac{1}{(2n+1)^2}\cdot\frac{\sinh\frac{2(2n+1)}{L}\pi y}{\sinh\frac{2(2n+1)}{L}\pi W}\cos\frac{2(2n+1)}{L}\pi x$$

故

$$\Phi(x,y)=V-\frac{V_0}{4}+\frac{V_0x}{L}+\frac{2V_0}{\pi^2}\sum_{n=0}^{+\infty}\frac{1}{(2n+1)^2\sinh\frac{2(2n+1)}{L}\pi W}\cdot\sinh\frac{2(2n+1)}{L}\pi y\cdot\cos\frac{2(2n+1)}{L}\pi x$$

(d) 电场$\boldsymbol{E}=-\nabla\Phi$，即

$$E_x=-\frac{V_0}{L}+\frac{4V_0}{\pi L}\sum_{n=0}^{+\infty}\frac{\sinh\frac{2(2n+1)}{L}\pi y\cdot\sin\frac{2(2n+1)}{L}\pi x}{(2n+1)\sinh\frac{2(2n+1)}{L}\pi W}$$

$$E_y=-\frac{4V_0}{\pi L}\cdot\sum_{n=0}^{+\infty}\frac{\cosh\frac{2(2n+1)}{L}\pi y\cdot\sin\frac{2(2n+1)}{L}\pi x}{(2n+1)\sinh\frac{2(2n+1)}{L}\pi W}$$

1.128 一个球形的带电航天器，接近一个铁质的小行星

题 1.128 一个球形的航天器(半径为 20m)，接近一个铁质的小行星，小行星大致为球形，半径为 100m. 假设航天器因为燃烧燃料带有电荷 $Q=10^{-6}$C. 并且小行星为良导体. (a) 用语言简要地描述航天器在着陆前和着陆后所受到的静电力. (b) 考虑上述的情况，如果船员在距离小行星$R\gg100$m 的地方打算用一根电缆将航天器与小行星连接起来，则在连接后所带的电荷是多少？(c) 在连接后，系统的静电势能的变化是多少？

解 (a) 在航天器着陆前，由于航天器的电场将改变小行星表面的电荷分布，但总的电荷仍然为 0，靠近航天器一侧的电荷吸引航天器，远离的一侧排斥，所以，航天器着陆前受到吸引力.

当航天器着陆后，电荷将有一部分转移到小行星上，小行星带同种电荷. 所以，航天器将会受到排斥力.

(b) 当航天器与小行星用导线连接起来，则航天器与小行星为等势体. 设他们分别带有电荷 Q_1，Q_2，设无穷远电势为 0，则航天器的电势

$$U_1 = \frac{Q_1}{4\pi\varepsilon_0} \cdot \frac{1}{20}$$

小行星的电势

$$U_2 = \frac{Q_2}{4\pi\varepsilon_0} \cdot \frac{1}{100}$$

由于 $U_1 = U_2$，所以 $5Q_1 = Q_2$，又由题设 $Q_1 + Q_2 = Q = 10^{-6}\text{C}$，这样求得

$$Q_1 = \frac{1}{6} \times 10^{-6}\text{C}, \qquad Q_2 = \frac{5}{6} \times 10^{-6}\text{C}$$

(c) 连接前，小行星的静电势能为 0，所以系统的静电能为

$$W = \frac{1}{2}QU = \frac{10^{-12}}{8\pi\varepsilon_0 20}(\text{J})$$

连接后，航天器的静电势能为

$$W_1 = \frac{10^{-12}}{8\pi\varepsilon_0 \cdot 20 \times 36}(\text{J})$$

小行星的静电势能为

$$W_2 = \frac{25 \times 10^{-12}}{8\pi\varepsilon_0 \times 100 \times 36}(\text{J})$$

总的静电势能为

$$W' = W_1 + W_2 = \frac{10^{-12}}{8\pi\varepsilon_0 \times 20 \times 6}(\text{J})$$

连接后静电能变小，系统的静电势能减小为

$$\delta W = W' - W = -1.9 \times 10^{-4}(\text{J})$$

1.129 两个不同质量带同种电荷的点电荷的运动及系统的静电能和动能

题 1.129 在真空中有两个带同种电荷的点电荷，质量分别为 m_1 和 m_2，带电量分别为 q_1 和 q_2. 初始时刻两点电荷都静止，并且相距为 a，试求：(a) t 时刻点电荷 q_1，q_2 之间的距离. (b) 分别求出 t 时刻系统的静电能与动能.

解 (a) 在 t=0 时刻，q_1 与 q_2 相对静止，则以后它们仅沿着它们的连线运动，所以问题可以简化为一维问题.

假设 q_1 沿 x 轴负方向运动，q_2 沿 x 轴正方向运动，它们之间的相对位置矢量 $\boldsymbol{r}$ 沿 x 轴正方向. t 时刻 q_1，q_2 的坐标分别为 $\boldsymbol{x}_1$ 和 $\boldsymbol{x}_2$，则 q_1q_2 之间相距为$|\boldsymbol{x}_1-\boldsymbol{x}_2|$. 由牛顿第二定理和库仑定理

$$m_1\ddot{\boldsymbol{x}}_1 = -\frac{q_1q_2}{4\pi\varepsilon_0 r^2}\boldsymbol{r}$$

$$m_2\ddot{\boldsymbol{x}}_2 = \frac{q_1q_2}{4\pi\varepsilon_0 r^2}\boldsymbol{r}$$

上面两式相减得

$$\ddot{\boldsymbol{r}}=\ddot{\boldsymbol{x}}_2-\ddot{\boldsymbol{x}}_1=\frac{q_1q_2}{4\pi\varepsilon_0 r^2}\left(\frac{1}{m_1}+\frac{1}{m_2}\right)\boldsymbol{r}$$

即得

$$m\ddot{\boldsymbol{r}}=\frac{q_1q_2}{4\pi\varepsilon_0 r^2}\boldsymbol{r}$$

式中，$m=m_1m_2/(m_1+m_2)$为约化质量．下面求解该微分方程，两边均只有径向分量令 $A=q_1q_2/(4\pi\varepsilon_0 m)$，则

$$\ddot{r}=\frac{A}{r^2}$$

因为

$$\frac{\mathrm{d}\dot{r}}{\mathrm{d}t}=\frac{\mathrm{d}\dot{r}}{\mathrm{d}r}\dot{r}\Rightarrow \dot{r}\mathrm{d}\dot{r}=\frac{A}{r^2}\mathrm{d}r$$

所以

$$\left.\frac{1}{2}\dot{r}^2\right|_0^{\dot{r}(t)}=-\left.\frac{A}{r}\right|_a^{r(t)}$$

代入初始条件$\dot{r}\big|_{t=0}=0, r\big|_{t=0}=a$，得

$$\frac{1}{2}\dot{r}^2(t)=\frac{A}{a}-\frac{A}{r(t)}\Rightarrow \dot{r}=\sqrt{\frac{2A}{a}-\frac{2A}{r(t)}}\Rightarrow\sqrt{\frac{a}{2A}}\cdot\sqrt{\frac{r}{r-a}}\mathrm{d}r=\mathrm{d}t$$

积分得

$$\frac{1}{2}\ln\frac{(\sqrt{r}-\sqrt{r-a})^2}{a}+\sqrt{\frac{r}{r-a}}=t$$

上面给出 $r(t)$的函数关系.

(b) 两个相距为 r 的点电荷所构成的系统的静电互能为

$$W_\mathrm{p}=\frac{q_1q_2}{8\pi\varepsilon_0 r(t)}$$

而此时系统的动能为

$$W_\mathrm{m}=\frac{1}{2}m\dot{r}^2(t)=\frac{q_1q_2}{4\pi\varepsilon_0}\left(\frac{1}{a}-\frac{1}{r(t)}\right)$$

所以

$$W_\mathrm{m}+W_\mathrm{p}=\frac{q_1q_2}{4\pi\varepsilon_0 a}$$

即等于初始时刻的静电能，满足能量守恒.

1.130　悬挂在长铁钉与易拉罐间的橡皮软管受力问题

题 1.130　将一个花园里用的橡皮软管平衡地悬挂在一根长铁钉与一个两端去掉的易拉罐之间，如题图 1.130 所示．这三个物体保持同轴并且相互之间独立．请问，在下列情况下，软管受到的力以及方向：(a) 铁钉上带有电荷 Q_N，而易拉罐不带电荷．(b) 铁钉不带电

荷，而易拉罐带电荷 Q_{OJ}. (c) 如果在铁钉与易拉罐之间保持一个电压 ΔV_{NOJ}，则软管的受力又将如何(考虑适当的维数与介电常量)?

解　假设软管的相对介电系量为 ε_r，铁钉长度为 l，铁钉的半径、橡皮管的内外半径、易拉罐的半径分别为 r_1、r_2、r_3、r_4.

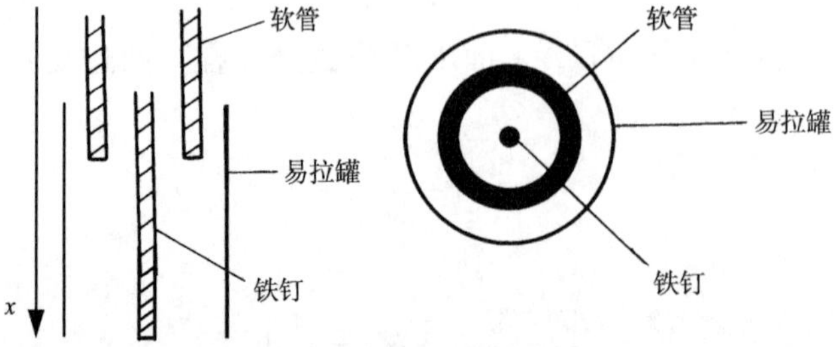

题图 1.130

(a) 若铁钉带电 Q_N，则易拉罐内壁感应电荷为 $-Q_N$. 铁钉、软管与易拉罐内壁构成一个电容器. 假设软管与易拉罐重叠的长度为 l，在软管与易拉罐重叠部分的软管内 r 处. 在软管内 r 处，电场强度为

$$\boldsymbol{E}_2(r)=\frac{Q_N}{2\pi\varepsilon_0\varepsilon_r r\cdot l}\hat{r}$$

在软管外 r 处，电场强度为

$$\boldsymbol{E}_1(r)=\frac{Q_N}{2\pi\varepsilon_0 r\cdot l}\hat{r}$$

所以，该电容器的电势差为

$$V=\int_{r_1}^{r_2}E_1(r)\mathrm{d}r+\int_{r_2}^{r_3}E_2(r)\mathrm{d}r+\int_{r_3}^{r_4}E_1(r)\mathrm{d}r+Q_N\frac{\ln\frac{r_2}{r_1}+\ln\frac{r_4}{r_3}}{2\pi\varepsilon_0 l}+Q_N\frac{\ln\frac{r_3}{r_2}}{2\pi\varepsilon_0\varepsilon_r l}$$

总电容为

$$C=\frac{Q_N}{V}=\frac{2\pi\varepsilon_0 l}{\ln\frac{r_2}{r_1}+\ln\frac{r_4}{r_3}+\frac{1}{\varepsilon_r}+\ln\frac{r_3}{r_2}}$$

当软管伸进易拉罐的长度为 x，该电容器总电容为

$$C(x)=\frac{2\pi\varepsilon_0 x}{\ln\frac{r_2r_4}{r_1r_3}+\frac{1}{\varepsilon_r}+\ln\frac{r_3}{r_2}}+\frac{2\pi\varepsilon_0(l-x)}{\ln\frac{r_4}{r_1}} \tag{1}$$

电容器储能

$$W_e=\frac{Q_N^2}{2C(x)}$$

按照虚功原理，软管受力为

$$F=-\left(\frac{\delta W_e}{\delta x}\right)_{Q_N}=\frac{Q_N^2}{2C(x)^2}\frac{\delta C(x)}{\delta x}=\pi\varepsilon_0\frac{Q_N^2}{C(x)^2}\frac{\left(1-\frac{1}{\varepsilon_r}\right)\ln\frac{r_3}{r_2}}{\ln\frac{r_4}{r_1}\left[\ln\frac{r_4}{r_1}-\left(1-\frac{1}{\varepsilon_r}\right)\ln\frac{r_3}{r_2}\right]}$$

其中 $C(x)$的表达式如(1)式给出. 上式 $F>0$，可见力的方向沿 x 增大的方向，即橡皮管所受力为吸力.

(b) 若铁钉不带电，而是外面的易拉罐带电，则在内部没有电场分布，所以橡皮管受到的力为 0.

(c) 若铁钉与易拉罐之间保持恒定的电势差ΔV_{NOJ}，电容器储能

$$W_e=\frac{1}{2}C(x)(\Delta V_{NOJ})^2$$

按照虚功原理，软管受力为

$$F=-\left(\frac{\delta W_e}{\delta x}\right)_{\Delta V_{NOJ}}=\frac{1}{2}(\Delta V_{NOJ})^2\frac{\delta C(x)}{\delta x}=\pi\varepsilon_0(\Delta V_{NOJ})^2\frac{\left(1-\frac{1}{\varepsilon_r}\right)\ln\frac{r_3}{r_2}}{\ln\frac{r_4}{r_1}\left[\ln\frac{r_4}{r_1}-\left(1-\frac{1}{\varepsilon_r}\right)\ln\frac{r_3}{r_2}\right]}$$

上式 $F>0$，可见力的方向仍沿 x 增大的方向，即橡皮管所受力为吸力. 而且力的大小与 x(软管与易拉罐重叠的长度)无关. 而(a)小题中的力却与 x 有关，因为电容值 $C(x)$随 x 变化.

1.131 带电圆形薄片远处的电势

题 1.131 半径为 a 的圆形薄片，电荷面密度为$\sigma=kr$，k 为常数. 准确到电四极，求该带电体在远处的电势分布.

解 圆盘的总电量为

$$Q=\int\sigma\mathrm{d}s=\int_0^a kr2\pi r\mathrm{d}r=\frac{2}{3}\pi ka^3 \tag{1}$$

由于电荷轴对称分布，该带电体的电偶极矩 $\boldsymbol{P}=0$. 取 z 轴过圆盘中心且垂直于圆盘. 电四极矩

$$\vec{\boldsymbol{D}}=\int 3\sigma\boldsymbol{x}'\boldsymbol{x}'\mathrm{d}s$$

由于电荷分布与 z 无关，分布的对称性，电四极矩各分量为

$$D_{13}=D_{23}=D_{33}=D_{12}=0$$

$$D_{11}=\int\sigma 3x'^2\mathrm{d}s=\iint 3kr^4\cos^2\theta\mathrm{d}r\mathrm{d}\theta=\frac{3\pi ka^5}{5} \tag{2}$$

$$D_{22}=D_{11}$$

远处的势为

$$\varphi \approx \varphi^{(0)} + \varphi^{(2)} = \frac{1}{4\pi\varepsilon_0} \cdot \frac{Q}{R} + \frac{1}{24\pi\varepsilon_0} \sum D_{ij} \frac{\partial^2}{\partial x_i \partial x_j} \cdot \frac{1}{R}$$

$$= \frac{ka^3}{6\varepsilon_0 R} + \frac{ka^5}{40\varepsilon_0 R^3}(1 - 3\cos^2\theta) \tag{3}$$

1.132　无限双圆锥间的电势

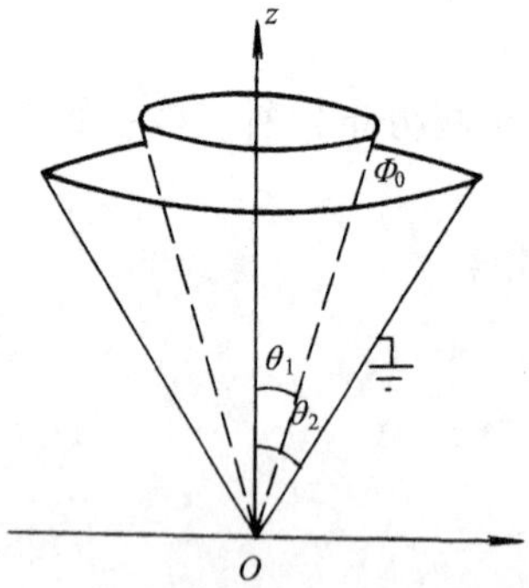

题图 1.132

题 1.132　如题图 1.132 所示，同轴理想导电薄片做成的无限双圆锥，内外锥电势分别为 Φ_0 和 0，锥点 $r = 0$ 处绝缘. 试求：(a) 两锥间的电势分布. (b) 当外锥为无穷大平面时，该平面上的电荷密度.

解　如题图 1.132 所示，取球坐标系，圆锥轴为 z 轴. 由于问题的轴对称性，两锥间的电势 φ 与方位角 ϕ 无关，且根据本题的边界条件，它也与径向坐标 r 无关. 所以，电势 φ 满足如下方程：

$$\frac{1}{r^2 \sin\theta} \cdot \frac{\mathrm{d}}{\mathrm{d}\theta}\left[\sin\theta \frac{\mathrm{d}}{\mathrm{d}\theta}\varphi(\theta)\right] = 0 \tag{1}$$

边界条件

$$\varphi\Big|_{\theta=\theta_1} = 0, \qquad \varphi\Big|_{\theta=\theta_2} = \Phi_0 \tag{2}$$

由式(1)得到

$$\sin\theta \frac{\mathrm{d}}{\mathrm{d}\theta}\varphi(\theta) = 常数 \tag{3}$$

方程(3)的通解为

$$\varphi(\theta) = c_0 \ln\left(\tan\frac{\theta}{2}\right) + c_1 \tag{4}$$

c_0，c_1 为待定常数，由边界条件可求得

$$c_0 = \frac{\Phi_0}{\ln\tan(\theta_1/2) - \ln\tan(\theta_2/2)}, \qquad c_1 = \frac{-\Phi_0 \ln\tan(\theta_2/2)}{\ln\tan(\theta_1/2) - \ln\tan(\theta_2/2)} \tag{5}$$

于是，锥间的电势为

$$\varphi(\theta) = \Phi_0 \frac{\ln\tan(\theta/2) - \ln\tan(\theta_2/2)}{\ln\tan(\theta_1/2) - \ln\tan(\theta_2/2)} \tag{6}$$

当 $\theta_2 = \pi/2$ 时，外锥变成无穷大平面，这时，势为

$$\varphi(\theta) = \Phi_0 \frac{\ln\tan(\theta/2)}{\ln\tan(\theta_1/2)} \tag{7}$$

平面上的面电荷分布为

$$\sigma = -\varepsilon_0 \frac{\partial\varphi}{\partial n}\bigg|_s = \frac{\varepsilon_0}{r}\frac{\partial\varphi}{\partial\theta}\bigg|_{\theta=\pi/2} = \varepsilon_0 \frac{\Phi_0}{r\ln\tan(\theta_1/2)} \tag{8}$$

显然，当 $r \to 0$ 时，$\sigma \to \infty$，这表示电荷在锥点处相当集中.

1.133 有 N 对 $\{+e,-e\}$ 离子，等间距 a 沿直线排列

题 1.133 如题图 1.113，有 N 对 $\{+e,-e\}$ 离子，等间距 a 沿直线排列.

(a) 设 $N\to\infty$，求每个 +e 的电势能 W_+ 和 −e 的电势能 W_-；

(b) 设 N 足够大，W_+ 和 W_- 近似取上面第(a)小题的值，求系统电势能；

(c) 设 N 足够大，将非边缘的一对 $\{+e,-e\}$ 一起移到无穷远处，其余离子仍在原位，求外力所做功 A.

题图 1.133 有 N 对 $\{+e,-e\}$ 离子，等间距 a 沿直线排列

解 (a) 某个正电荷 +e 处的电势为

$$U_+=2\left(\frac{-e}{4\pi\varepsilon_0 a}+\frac{e}{4\pi\varepsilon_0\times 2a}+\frac{-e}{4\pi\varepsilon_0\times 3a}+\cdots\right)$$

$$=\frac{-e}{2\pi\varepsilon_0 a}\left(1-\frac{1}{2}+\frac{1}{3}+\cdots\right)$$

$$=-\frac{e}{2\pi\varepsilon_0 a}\ln 2 \tag{1}$$

据此求得该电荷的电势能

$$W_+=eU_+=-\frac{e^2}{2\pi\varepsilon_0 a}\ln 2 \tag{2}$$

对于某个负电荷 −e，相应求得其电势和电势能为

$$U_-=-U_+ \tag{3}$$

$$W_-=eU_+=W_+=-\frac{e^2}{2\pi\varepsilon_0 a}\ln 2 \tag{4}$$

(b) 当 N 足够大，每个正电荷 +e 电势能 W_+ 和负电荷 −e 电势能 W_- 近似取上面第(a)小题的值，据此求得系统电势能为

$$W=\frac{1}{2}\left(NW_++NW_-\right)=-\frac{Ne^2}{2\pi\varepsilon_0 a}\ln 2 \tag{5}$$

(c) 将一个正离子移到无穷远处，余下系统的电势能为

$$W-W_+ \tag{6}$$

此时与该正离子空位相邻的负离子所具有的电势能为

$$W_-'=W_--\frac{-e^2}{4\pi\varepsilon_0 a} \tag{7}$$

再将该负离子移到无穷远处，余下系统电势能为

$$W_1=(W-W_+)-W_-' \tag{8}$$

被移至无穷远处的正负离子对的电势能为

$$W_2 = \frac{-e^2}{4\pi\varepsilon_0 a} \tag{9}$$

这样由功能关系，求得外力所做的功为

$$\begin{aligned} A &= (W_1 + W_2) - W \\ &= \left\{[(W - W_+) - W'_-] + \frac{-e^2}{4\pi\varepsilon_0 a}\right\} - W \\ &= -W_+ - W'_- - \frac{e^2}{4\pi\varepsilon_0 a} \\ &= \frac{e^2}{2\pi\varepsilon_0 a}\ln 2 - \left(W_- + \frac{e^2}{4\pi\varepsilon_0 a}\right) - \frac{e^2}{4\pi\varepsilon_0 a} \\ &= \frac{e^2}{2\pi\varepsilon_0 a} 2\ln 2 - \frac{e^2}{2\pi\varepsilon_0 a} \\ &= \frac{e^2}{2\pi\varepsilon_0 a}(2\ln 2 - 1) \end{aligned} \tag{10, 11}$$

1.134　两个均匀球分布静电体系的相互作用

题 1.134　(a) 微观粒子的状态由波函数完全描述，而粒子在某一空间点波函数复数模平方为该点粒子出现的概率密度. 现某一微观体系需要考虑电荷为$(-e)$的两个电子之间的相互作用能，对于两个电子态轨道波函数为可分离的形式，则该作用能为

$$E = e^2 \sum \frac{1}{|\boldsymbol{x}_1 - \boldsymbol{x}_2|}\rho(\boldsymbol{x}_1)\rho(\boldsymbol{x}_2)\Delta V_1 \Delta V_2$$

其中 $\rho(\boldsymbol{x}_1)(i=1,2)$ 为第 i 个电子在空间点 $\boldsymbol{x}_i$ 处的概率密度，ΔV_i 为该点处的体积元，求和遍及全空间所有体积元. 为简化计算，设在某一特定状态下两个粒子都在离原点为 a 的同一球中等概率出现，请计算在该态下这两个粒子的静电相互作用能；

(b) 第(a)小题实际上归结为计算两个均匀球分布静电体系的相互作用. 再考虑等量异号电荷($q_1 = -q_2 = q$)的两个均匀带电球，从电荷上看，正负电荷中和，整体为一电磁学真空，然而从第(1)小题知，这两个均匀带电球之间又有不为零的相互作用能，从能量上看似乎又与电磁学真空不等价，你如何解释这种能量上的“不等价”？

解　(a) 按题给模型，两电子之间相互作用能归结为两个均匀带电球之间的静电相互作用能. 带电球的电荷密度为

$$\rho_1 = \rho_2 = \rho = \frac{e}{\dfrac{4\pi}{3}a^3} \tag{1}$$

由于问题的球对称性，可将均匀球视为一系列薄球壳的组合，采用微元法计算. 取第一个带电球中 r_1 处厚度为 Δr_1 的薄球壳，该薄球壳总电荷为

$$\Delta q_1 = \rho\Delta V_1 = \rho 4\pi r_1^2 \Delta r_1 \tag{2}$$

该薄球壳中的电荷处在第二个带电球激发的静电场中，第二个带电球激发的静电场在该薄球壳处的电势处处相等，记为$U_2(r_1)$. 这样该薄球壳电荷处在第二个带电球激发的静电场中的静电能为

$$\Delta E = \Delta q_1 U_2(r_1) \tag{3}$$

为计算$U_2(r)$，考虑到球对称性，仍可将第二个均匀球视为一系列薄球壳的组合，采用微元法计算. 取无穷远处为电势零点，$r_2 < r$的薄球壳激发的电势等效于将该球壳上电荷集中于原点激发的电势. 对于$r_2 > r$的薄球壳激发的电场，该球壳以内等势都等于该球壳上的电势，这样按照静电场的电势叠加原理得

$$\begin{aligned} U_2(r) &= \rho\frac{4\pi}{3}r^3\frac{1}{4\pi\varepsilon_0 r} + \sum_{a\geqslant r_2\geqslant r}\rho\frac{4\pi r_2^2\Delta r_2}{4\pi\varepsilon_0 r_2} \\ &= \frac{\rho}{3\varepsilon_0}r^2 + \frac{\rho}{\varepsilon_0}\sum_{a\geqslant r_2\geqslant r} r_2\Delta r_2 = \frac{\rho}{3\varepsilon_0}r^2 + \frac{\rho}{2\varepsilon_0}\sum_{a\geqslant r_2\geqslant r}\Delta r_2^2 \\ &= \frac{\rho}{\varepsilon_0}\left(\frac{a^2}{2} - \frac{r^2}{6}\right) \end{aligned} \tag{4}$$

将此结果代入式(3)，得第一个带电球中r_1处厚度为Δr_1的薄球壳，处在第二个带电球激发的静电场中的静电能为

$$\Delta E = \rho 4\pi r_1^2\Delta r_1\frac{\rho}{\varepsilon_0}\left(\frac{a^2}{2} - \frac{r_1^2}{6}\right) = \frac{4\pi\rho^2}{\varepsilon_0}\left(\frac{a^2 r_1^2}{2} - \frac{r_1^4}{6}\right)\Delta r_1 \tag{5}$$

上式对于整个半径为a的第一个带电球全部球壳求和即得这两个均匀带电球之间的静电相互作用能为

$$\begin{aligned} E &= \sum_{0\leqslant r_1\leqslant a}\frac{4\pi\rho^2}{\varepsilon_0}\left(\frac{a^2 r_1^2}{2} - \frac{r_1^4}{6}\right)\Delta r_1 = \frac{4\pi\rho^2}{\varepsilon_0}\sum_{0\leqslant r_1\leqslant a}\Delta\left(\frac{a^2 r_1^3}{6} - \frac{r_1^5}{30}\right) \\ &= \frac{8\pi\rho^2}{15\varepsilon_0}a^5 = \frac{3e^2}{10\pi\varepsilon_0 a} \end{aligned} \tag{6}$$

(b) 类似第(a)小题计算，等量异号电荷$(q_1 = -q_2 = q)$的两个半径为a均匀带电球的静电相互作用能为

$$E_{\text{int}} = -\frac{3q^2}{10\pi\varepsilon_0 a} < 0 \tag{7}$$

但是每个带电球上所带电荷之间存在相互作用，每个带电球都有静电自作用能. 每个带电球的静电自作用能按照

$$E_{\text{s}} = \frac{1}{2}\sum\Delta q U(q)$$

计算. 之所以有 1/2 因子，是因为每一对电荷元静电相互作用能只贡献一次. 由上式，类似类似第(a)小题计算，给出每个带电球的静电自作用能均为

$$E_{\text{s}} = \frac{3q^2}{20\pi\varepsilon_0 a} \tag{8}$$

由式(7)、(8)可知，这两个等量异号电荷($q_1 = -q_2 = q$)带电球的总静电作用能为零. 因

此从电荷上看，正负电荷中和，它们整体为一电磁学真空，而从能量看总静电能量也等于零.

1.135　静电压强

题 1.135　(静电压强)

(a) 求导体表面面电荷密度为 σ_e 处所受到的静电压强；

(b) 求该点的表面张力系数.

解　(a) 在该点附近取一小的面元 ΔS，需求该面元受到的电场力. 现求该面元处除去该面元外其他电荷在该点处的电场强度. 为此，在导体外紧邻该点另取一点 P，计算 P 点处除去该面元外其他电荷产生的电场强度.

高斯定理给出导体平板紧邻面电荷密度为 σ_e 处导体外侧 P 点的电场强度

$$E_t = \frac{\sigma_e}{\varepsilon_0} \tag{1}$$

视 P 点面元 ΔS 视为无穷大面电荷平面分布，同样由对称性和高斯定理得面元 ΔS 在 P 点的电场强度为

$$E_1 = \frac{\sigma_e}{2\varepsilon_0} \tag{2}$$

该面元处除去该面元外其他电荷在该点处的电场强度①

$$E = E_t - E_1 = \frac{\sigma_e}{2\varepsilon_0} \tag{3}$$

该面元受到的电场力为

$$\Delta f = E\Delta q = \frac{\sigma_e}{2\varepsilon_0}\sigma_e \Delta S \tag{4}$$

该力的方向总是从导体向外，即每个带电导体表面存在向外的推力. 所求的静电压强

$$p = \frac{\Delta f}{\Delta S} = \frac{\sigma_e^2}{2\varepsilon_0} \tag{5}$$

由于 $E = \sigma_e / \varepsilon_0$，故静电压强又可表示为

$$p = \frac{\sigma_e^2}{2\varepsilon_0} = \frac{1}{2}\sigma_e E = \frac{1}{2}\varepsilon_0 E^2 = w_e \tag{6}$$

大小正好等于导体表面上的能量密度 w_e.②

(b) 在该点取一无穷小的面元，其曲率半径为 R；面元的边界为圆，半径为 r，面积为 $\Delta S = \pi r^2$. 带电量为 $\Delta q = \sigma_e \Delta S$. 由于面元处于平衡，面元的静电力与其受到的表面张力合力为零，设表面张力系数为 α，则面元受到的表面张力为

---

① 也可由该面元两侧紧邻处电场强度矢量的平均值给出，这是因为该面元本身在两侧紧邻处激发的电场强度大小相等方向相反，求平均值正好把该面元对场强的贡献扣除从而即给出该面元外其他电荷在该点处的电场强度. 可参见题 2.144 对磁压强的做法.

② 此结果可由虚功原理给出. 请注意：单位面积上的力为 $\sigma E/2$，不是 σE.

$$\Delta f=\alpha\cdot 2\pi r\cdot\sin\varphi=\alpha\cdot 2\pi r\cdot\frac{r}{R}$$
$$=\alpha\cdot 2\pi r^2\cdot\frac{1}{R}\approx\alpha\cdot 2\Delta S\cdot\frac{1}{R} \tag{7}$$

比较式(4,7)得

$$\alpha\cdot 2\Delta S\cdot\frac{1}{R}=\frac{\sigma_e}{2\varepsilon_0}\sigma_e\Delta S$$

因此

$$\alpha=\frac{\sigma_e^2}{4\varepsilon_0}R \tag{8}$$

应用例子 (导体薄球壳左右半球间的静电作用力大小,如题图 1.136 所示,但取 $\boldsymbol{E}_0=0$)由静电力与其受到的表面张力平衡，得

$$F=2\pi R\alpha=\frac{\pi\sigma_e^2R^2}{2\varepsilon_0} \tag{9}$$

这应该本问题最简捷的解法.

1.136 带电导体球置于均匀的静电场中，其两半球存在相互分离趋势的张力

题 1.136 如题图 1.136，一半径为 a、所带净电荷为 Q 的导体球，置于均匀的静电场 $\boldsymbol{E}_0$ 中，则此球垂直电场方向平分的两半球存在相互分离趋势的张力，求此张力的大小.

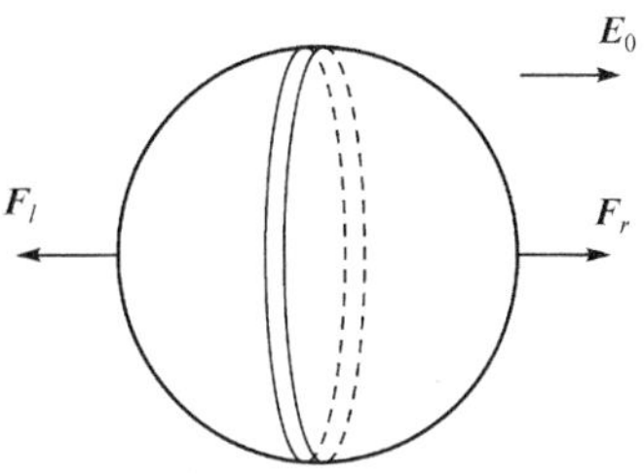

题图 1.136 导体薄球壳左右半球间的静电作用力大小

解法一 取柱坐标，球心取为坐标原点，并使极轴(z 轴)沿 $\boldsymbol{E}_0$ 方向，如图所示. 设导体球电势为 φ_0，球外电势为 φ. 用分离变量法求解，考虑轴对称性，φ 如下给出：

$$\varphi=\sum_n\left(A_nr^n+\frac{B_n}{r^{n+1}}\right)\mathrm{P}_n(\cos\theta)+\varphi_0 \tag{1}$$

式中 $\mathrm{P}_n(\cos\theta)$ 为勒让德多项式，而边界条件为

(i) $\varphi|_{r=a}=\varphi_0$，(ii) $-\oint\frac{\partial\varphi}{\partial r}\mathrm{d}^2\Omega|_{r=a}=\frac{Q}{\varepsilon_0a^2}$，(iii) $\varphi|_{r\to\infty}=-rE_0\cos\theta=-rE_0\mathrm{P}_1(\cos\theta)$

由上面条件(iii)，可得

$$A_1=-E_0,\quad A_n=0(n>1) \tag{2}$$

再由条件(i)，可得

$$A_0+\frac{B_0}{a}=0,\quad A_1a+\frac{B_1}{a^2}=0,\quad A_na^n+\frac{B_n}{a^{n+1}}=0(n>1) \tag{3}$$

以上两式联立得

$$B_1=-A_1a^3=-a^3E_0,\quad B_n=A_n=0(n>1) \tag{4}$$

再结合条件(ii)得 $B_0=\dfrac{Q}{\varepsilon_0}$，与式 (2)联立得 $A_0=0$．这样得球外电势为

$$\varphi=-E_0\left(r-\frac{a^3}{r^2}\right)\cos\theta+\frac{Q}{4\pi\varepsilon_0 r} \tag{5}$$

从而由 $\boldsymbol{E}=-\nabla\varphi$ 求出球外的电场分布如下：

$$\boldsymbol{E}_{\rm o}=\left(1+\frac{2a^3}{r^3}\right)E_0\cos\theta\boldsymbol{e}_r-\left(1-\frac{a^3}{r^3}\right)E_0\sin\theta\boldsymbol{e}_\theta+\frac{Q}{4\pi\varepsilon_0 r^2}\boldsymbol{e}_r \tag{6}$$

由于静电平衡，球内电场处处为零．静电场的应力张量为

$$\overset{\leftrightarrow}{\boldsymbol{T}}=\varepsilon_0\boldsymbol{EE}-\frac{1}{2}\varepsilon_0E^2\overset{\leftrightarrow}{\boldsymbol{I}}$$

球面上单位面积所受的力为

$$\boldsymbol{f}=\boldsymbol{e}_r\cdot\overset{\leftrightarrow}{\boldsymbol{T}}=\varepsilon_0E_r\boldsymbol{E}-\frac{1}{2}\varepsilon_0E^2\boldsymbol{e}_r=\frac{9}{2}\varepsilon_0\left(E_0\cos\theta+\frac{Q}{12\pi\varepsilon_0a^2}\right)^2\boldsymbol{e}_r$$

它只有径向分量，而在式(6)中纬度角方向的项的贡献消失，这相应于静电平衡时导体表面附近电场从而表面所受力一定垂直于其表面．由对称性，右半球面所受的合力沿 $\boldsymbol{e}_z$ 分向，其大小为

$$\begin{aligned}F_{\rm r}&=\iint_{\text{右半球面}}\boldsymbol{f}\cdot\boldsymbol{e}_z{\rm d}s=\iint_{\text{右半球面}}\frac{9}{2}\varepsilon_0\left(E_0\cos\theta+\frac{Q}{12\pi\varepsilon_0a^2}\right)^2\cos\theta{\rm d}s\\&=2\pi a^2\int_0^{\frac{\pi}{2}}\frac{9}{2}\varepsilon_0\left(E_0\cos\theta+\frac{Q}{12\pi\varepsilon_0a^2}\right)^2\cos\theta\sin\theta{\rm d}\theta\\&=9\pi\varepsilon_0a^2\int_0^1\left(E_0x+\frac{Q}{12\pi\varepsilon_0a^2}\right)^2x{\rm d}x\\&=\frac{9}{4}\varepsilon_0\pi a^2E_0^2+\frac{Q^2}{32\pi\varepsilon_0a^2}+\frac{E_0Q}{2}\end{aligned} \tag{7}$$

同理可求得左半球面所受的合力大小为

$$F_{\rm l}=-\frac{9}{4}\varepsilon_0\pi a^2E_0^2-\frac{Q^2}{32\pi\varepsilon_0a^2}+\frac{E_0Q}{2} \tag{8}$$

式中负号代表力沿 $\boldsymbol{e}_z$ 的反方向．故所求的张力大小为

$$\frac{9}{4}\varepsilon_0\pi a^2E_0^2+\frac{Q^2}{32\pi\varepsilon_0a^2} \tag{9}$$

解法二　先假设导体带电 $Q=0$．如图，取 $\boldsymbol{E}_0$ 沿 $\boldsymbol{e}_z$ 方向．由于导体可看作介电系数为无穷大的介质，空间的电场为原有均匀静电场以及导体“极化”电荷激发的电场的叠加，导体球为均匀“极化”，设“极化”强度为 $\boldsymbol{P}$，则导体球内外的电场为

$$\boldsymbol{E}_{\rm i1}=\boldsymbol{E}_0-\frac{1}{3\varepsilon_0}\boldsymbol{P} \tag{10}$$

$$E_{o1}=E_0-\frac{4\pi}{3}P\cdot\nabla\frac{r}{4\pi\varepsilon_0 r^3} \tag{11}$$

平衡状态下导体内电场为零，故(10)式给出 $\boldsymbol{P}=3\varepsilon_0\boldsymbol{E}_0$．这样得导电球外的电场强度为

$$\begin{aligned}\boldsymbol{E}_{o1}&=\boldsymbol{E}_0-\frac{4\pi}{3}a^3\boldsymbol{P}\cdot\nabla\frac{\boldsymbol{r}}{4\pi\varepsilon_0 r^3}=\boldsymbol{E}_0-a^3\boldsymbol{E}_0\cdot\nabla\frac{\boldsymbol{r}}{r^3}\\&=\left(1+\frac{2a^3}{r^3}\right)E_0\cos\theta\boldsymbol{e}_r-\left(1-\frac{a^3}{r^3}\right)E_0\sin\theta\boldsymbol{e}_\theta\end{aligned} \tag{12}$$

对于导体带电 Q，按电场的叠加原理，在上式电场基础上叠加均匀带电球的电场即一样给出解法一中的电场式(6).

考虑导体球面上的一个小面元，该点处的面电荷密度为

$$\sigma=\varepsilon_0\boldsymbol{e}_r\cdot\left(\boldsymbol{E}_o-\boldsymbol{E}_i\right)=3\varepsilon_0E_0\cos\theta+\frac{Q}{4\pi a^2} \tag{13}$$

在该面元上面电荷在其附近激发的电场为

$$\boldsymbol{E}_o'=\frac{\sigma}{2\varepsilon_0}\boldsymbol{e}_r=\frac{3}{2}E_0\boldsymbol{e}_r+\frac{Q}{8\pi a^2}\boldsymbol{e}_r,\quad \boldsymbol{E}_i'=-\boldsymbol{E}_o' \tag{14}$$

这样得该面元感受的电场强度为

$$\boldsymbol{E}=\boldsymbol{E}_o\big|_{r=a}-\boldsymbol{E}_o'=-\frac{3}{2}E_0\boldsymbol{e}_r-\frac{Q}{8\pi a^2}\boldsymbol{e}_r \tag{15}$$

该面元单位面积所受的电场力为

$$\boldsymbol{f}=\sigma\boldsymbol{E}=\frac{9}{2}\varepsilon_0\left(E_0\cos\theta+\frac{Q}{12\pi\varepsilon_0a^2}\right)^2\boldsymbol{e}_r \tag{16}$$

余同解法一.

1.137　以库仑定理为例说明麦克斯韦方程的局域特征

题 1.137　麦克斯韦方程组是大自然的精巧配置，是大自然对人类最慷慨的馈赠之一，以库仑定理为例说明麦克斯韦方程的局域特征.

解　库仑定理

$$\nabla\cdot\boldsymbol{D}(\boldsymbol{x},t)=\rho(\boldsymbol{x},t) \tag{1}$$

表示局域作用，也即任何小体积内电场线的流出，只有这个小体积内的电荷决定，而与它外面的电荷无关. 外面的影响有边界条件体现.

这件事不显然. 因为如果 $\boldsymbol{D}=\varepsilon\boldsymbol{E}$，$\boldsymbol{E}=-\nabla\phi$，则式(1)变为 $\nabla\cdot[-\nabla\phi(\boldsymbol{x},t)]=\rho(\boldsymbol{x},t)/\varepsilon$，也就是

$$\nabla^2\phi(\boldsymbol{x},t)=-\rho(\boldsymbol{x},t)/\varepsilon \tag{2}$$

静电势

$$\phi(\boldsymbol{x},t)=\frac{1}{4\pi\varepsilon}\int\mathrm{d}\boldsymbol{x}'\frac{\rho(\boldsymbol{x}',t)}{|\boldsymbol{x}-\boldsymbol{x}'|} \tag{3}$$

这里库仑势$1/r$很重要. 由于

$$\nabla^2 \frac{1}{r} = -4\pi\delta^{(3)}(\boldsymbol{x})$$

则有$\nabla^2\phi(\boldsymbol{x},t) = -\rho(\boldsymbol{x},t)/\varepsilon$.

为了讨论更广泛起见，引入傅里叶变换

$$\frac{1}{r} = \frac{1}{(2\pi)^3}\int \mathrm{d}^3\boldsymbol{k}\frac{\mathrm{e}^{\mathrm{i}\boldsymbol{k}\cdot\boldsymbol{x}}}{k^2},\quad \frac{1}{(2\pi)^3}\int \mathrm{d}^3\boldsymbol{k}\mathrm{e}^{\mathrm{i}\boldsymbol{k}\cdot\boldsymbol{x}} = \delta^{(3)}(\boldsymbol{x})$$

从而

$$\phi(\boldsymbol{x},t) = \frac{1}{4\pi\varepsilon}\int \mathrm{d}\boldsymbol{x}'\frac{\rho(\boldsymbol{x}',t)}{(2\pi)^3}\int \mathrm{d}^3\boldsymbol{k}\frac{\mathrm{e}^{\mathrm{i}\boldsymbol{k}\cdot(\boldsymbol{x}-\boldsymbol{x}')}}{k^2}$$

因而

$$\nabla^2\phi(\boldsymbol{x},t) = -\frac{1}{\varepsilon}\int \mathrm{d}\boldsymbol{x}'\rho(\boldsymbol{x},t)\delta^{(3)}(\boldsymbol{x}-\boldsymbol{x}') = -\frac{1}{\varepsilon}\rho(\boldsymbol{x},t)$$

这完全是由于库仑势为$1/r$的结果.

如果库仑势不是$1/r$，而是$1/r^{\alpha}$，则静电势

$$\phi_{\alpha}(\boldsymbol{x},t) = \frac{1}{4\pi\varepsilon}\int \mathrm{d}\boldsymbol{x}'\frac{\rho(\boldsymbol{x}',t)}{|\boldsymbol{x}-\boldsymbol{x}'|^{\alpha}} \tag{4}$$

因而

$$4\pi\varepsilon\nabla^2\phi_{\alpha}(\boldsymbol{x},t) = -\int \mathrm{d}\boldsymbol{x}'\rho(\boldsymbol{x},t)G_{\alpha}(\boldsymbol{x}-\boldsymbol{x}') \tag{5}$$

其中

$$G_{\alpha}(\boldsymbol{x}-\boldsymbol{x}') = \frac{\Gamma(2-\alpha)}{k^{3-\alpha}}\sin\left[\left(1-\frac{\alpha}{2}\right)\pi\right]\int \mathrm{d}^3\boldsymbol{k}\mathrm{e}^{\mathrm{i}\boldsymbol{k}\cdot\boldsymbol{x}}\frac{1}{k^{1-\alpha}} \tag{6}$$

可见

如果$\alpha \neq 1$，则一点处的$\nabla^2\phi_{\alpha}(\boldsymbol{x},t)$要由全空间的$\rho$决定，体现了非局域的特点.

如果$\alpha = 1$，则一点处的$\nabla^2\phi_{\alpha}(\boldsymbol{x},t)$仅由该点处的$\rho$决定，充分体现了局域的特点.

第 2 章　静磁场和似稳电磁场

2.1　载流圆柱形磁介质导线内外的磁场

题 2.1　一磁导率为 μ 的圆柱形导线载有均匀稳恒电流，导线的半径为 R，求导线内外的 $\boldsymbol{B}$ 与 $\boldsymbol{H}$.

解　建立柱坐标系，z 轴为导线的中心轴线，$+z$ 方向为电流流动的方向，如题图 2.1 所示. 因电流均匀，电流密度为

$$\boldsymbol{j}=\frac{I}{\pi R^2}\boldsymbol{e}_z$$

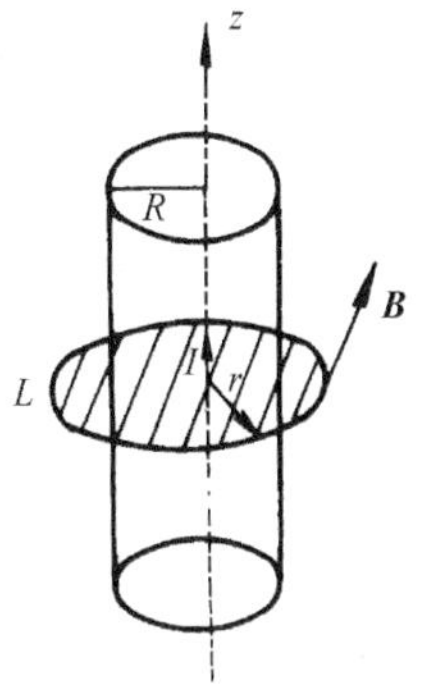

题图 2.1

按对称性，各点磁场均沿角向，大小仅与到轴线的距离和电流强度有关. 设空间点距导线中轴线距离为 r，安培环路定理给出

$$\oint_L \boldsymbol{H}\cdot \mathrm{d}\boldsymbol{l}=I(r)$$

L 为以 r 为半径，圆心在 z 轴上的圆.

当 $r>R$ 时，$I(r)=I$，有

$$2\pi rH=I$$

从而得

$$\boldsymbol{H}(r)=\frac{I}{2\pi r}\boldsymbol{e}_\theta,\quad \boldsymbol{B}(r)=\frac{\mu_0 I}{2\pi r}\boldsymbol{e}_\theta,\qquad r>R$$

当 $r\leqslant R$ 时

$$I(r)=\pi r^2 j=\frac{Ir^2}{R^2}$$

故有

$$\boldsymbol{H}(r)=\frac{Ir}{2\pi R^2}\boldsymbol{e}_\theta,\qquad \boldsymbol{B}(r)=\frac{\mu Ir}{2\pi R^2}\boldsymbol{e}_\theta,\qquad r<R$$

2.2　载流圆柱形导体内外的磁场

题 2.2　一个长的非磁圆柱形导体，内半径为 a，外半径为 b，通过均匀恒定电流 I. 试写出下列区域中的磁场：(a) 空腔区域($r<a$). (b) 导体内($a<r<b$). (c) 导体外($r>b$).

解　参考题 2.1，建立柱坐标系. 导体中的电流密度为

$$j=\frac{I}{\pi(b^2-a^2)}$$

通过以 $r(a<r<b)$为半径的圆截面的电流强度为

$$I(r)=\pi(r^2-a^2)j=\frac{I(r^2-a^2)}{b^2-a^2}$$

利用轴对称性与安培回路定理不难得到

(a) $\boldsymbol{B}=0 \quad (r<a)$；

(b) $\boldsymbol{B}(r)=\dfrac{\mu_0 I}{2\pi r}\cdot\dfrac{r^2-a^2}{b^2-a^2}\boldsymbol{e}_\theta \ (a<r<b)$；

(c) $\boldsymbol{B}(r)=\dfrac{\mu_0 I}{2\pi r}\boldsymbol{e}_\theta \ (r>b)$.

2.3 三根载流长直导线在空间激发磁场为零的位置及中间导线的运动

题 2.3 考虑三根共面且具有等间距 d 的无限长导线，每根载有同向电流 I，且假设导线的半径趋于零. (a) 给出磁场为零的两个空间位置. (b) 画出磁力线. (c) 设中间导线刚性地移动了一个很小的距离 $x(x\ll d)$. 另外两根导线维持不动，试定性地描述中间导线的运动.

解 (a) 由于三根导线共面，显然磁场为 0 的点应在此面上，设此点离中间导线距离为 x，则该点离另外两条导线距离为 $d\pm x$. 由安培回路定理，应有下式成立

$$\frac{\mu_0 I}{2\pi(d-x)}=\frac{\mu_0 I}{2\pi x}+\frac{\mu_0 I}{2\pi(d+x)}$$

其解为

$$x=\pm\frac{d}{\sqrt{3}}$$

即磁场为 0 的点在中间导线与另外两条导线之间，距离中间导线为 $\dfrac{d}{\sqrt{3}}$.

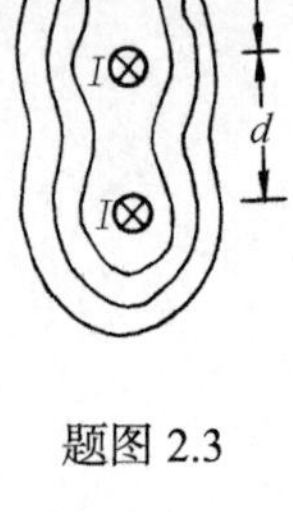

题图 2.3

(b) 磁场线如题图 2.3 所示.

(c) 当中间导线移动一小距离 x 时，它所受的力密度(单位长度的力)为

$$f=\frac{\mu_0 I^2}{2\pi(d+x)}-\frac{\mu_0 I^2}{2\pi(d-x)}$$

因 $x\ll d$，此力近似为

$$f\approx\frac{-\mu_0 I^2}{\pi d^2}x$$

即力与位移成比例，因此中间导线在其平衡位置附近做简谐振动. 振动周期为

$$T=2\pi\sqrt{\frac{\pi m}{\mu_0}}\cdot\frac{d}{I}$$

m 为中间导线单位长度的质量.

2.4 载流直导线一段弯成半圆状其圆心处磁场

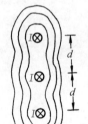

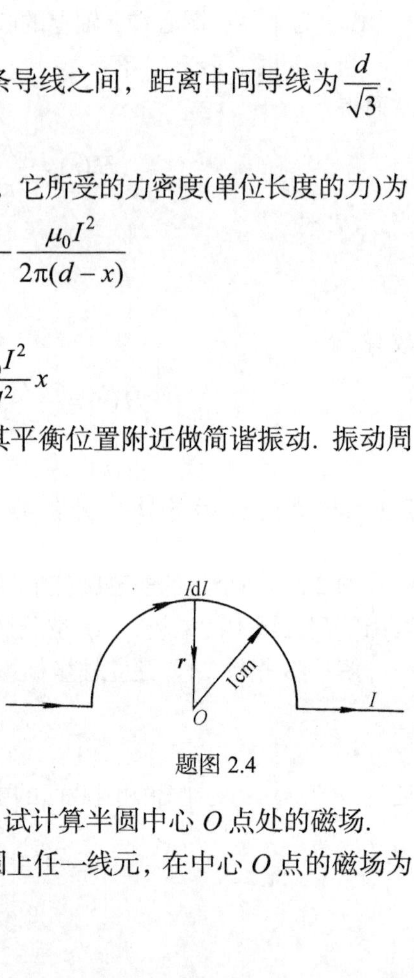

题图 2.4

题 2.4 如题图 2.4 所示，一无限长导线载有电流为 I=1A. 将其某一段弯成半圆状，半圆半径为 1cm，试计算半圆中心 O 点处的磁场.

解 显然半圆外导线对 O 点的磁场没有贡献. 对半圆上任一线元，在中心 O 点的磁场为

$$dB = \frac{\mu_0}{4\pi} \cdot \frac{Idl}{r^2}$$

方向指向纸面内. 半圆线圈的总磁场为

$$B = \int dB = \frac{\mu_0 I}{4\pi r}\int_0^{\pi} d\theta = \frac{\mu_0 I}{4r}$$

代入数据，易得 O 点磁场大小为

$$B = 3.14 \times 10^{-5}\ \text{T}$$

方向垂直纸面向里.

2.5　半无限长螺线管末端轴线附近的磁场径向分量

题 2.5　有一个半无限长的螺线管，半径为 R，单位长度匝数为 n，载流 I. 求出螺线管末端、轴附近即 $r \ll R$，z=0 处磁场的径向分量 $B_r(z_0)$的表达式.

解　先求螺线管轴线上的磁场. 如题图 2.5(a)，由对称考虑轴线上点 z_0 处的磁场方向沿 z 轴，其大小 $B(z_0)$为

$$B(z_0) = \frac{\mu_0}{4\pi}\int_0^{\infty} \frac{2\pi R^2 nI dz}{\left[R^2 + (z - z_0)^2\right]^{3/2}}$$

令

$$z - z_0 = R\tan\theta$$

则

$$dz = R\sec^2\theta d\theta$$

故

$$B(z_0) = \frac{\mu_0}{4\pi}\int_{-\theta_0}^{\frac{\pi}{2}} \frac{2\pi R^2 nIR\sec^2\theta d\theta}{R^3\sec^3\theta}$$

$$= \frac{\mu_0}{4\pi}\int_{-\theta_0}^{\frac{\pi}{2}} 2\pi nI\cos\theta d\theta = \frac{\mu_0}{4\pi} \cdot 2\pi nI\sin\theta\bigg|_{-\theta_0}^{\frac{\pi}{2}}$$

而

$$R\tan\theta_0 = z_0, \qquad \sin^2\theta_0 = \frac{1}{\cot^2\theta_0 + 1} = \frac{1}{\left(\dfrac{R}{z_0}\right)^2 + 1} = \frac{z_0^2}{R^2 + z_0^2}$$

故 $\sin\theta_0 = \dfrac{z_0}{\sqrt{R^2 + z_0^2}}$，所以有

$$B(z_0) = \frac{1}{2}\mu_0 nI\left(1 + \frac{z_0}{\sqrt{R^2 + z_0^2}}\right)$$

下面用高斯定理求 B_r. 以高度为 dz_0，半径为 r 的小圆柱面为高斯面，如题图 2.5(b)，由 $\oint \boldsymbol{B} \cdot d\boldsymbol{S} = 0$ 可得

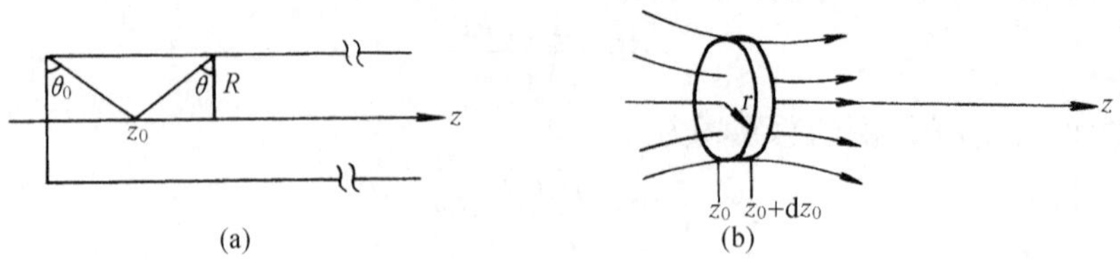

题图 2.5

$$\left[B_z(z_0+\mathrm{d}z)-B_z(z_0)\right]\cdot\pi r^2=B_\mathrm{r}(z_0)2\pi r\mathrm{d}z_0$$

因为$r\ll R$，故可认为$B_z(z_0)=B(z_0)$，这样，由上式可得

$$\frac{\mathrm{d}B(z_0)}{\mathrm{d}z_0}\pi r^2=B_\mathrm{r}(z_0)\cdot 2\pi r$$

因此

$$B_\mathrm{r}(z_0)=\frac{r}{2}\cdot\frac{\mathrm{d}B(z_0)}{\mathrm{d}z_0}=\frac{\mu_0 nIrR^2}{4(R^2+z_0^2)^{3/2}}$$

在螺线管末端处，$z_0=0$，磁场的径向分量为

$$B_\mathrm{r}(0)=\frac{\mu_0 nIr}{4R}$$

2.6 设计一个简单但精确的装置测量积分场

题 2.6 如果你希望设计一个磁场以使带电粒子弯曲(可能你正在做一个分光计或是回旋加速器). 你设计的磁场非常仔细，其横向的场强(垂直于带电粒子的运动方向)很均匀. 然而，由于存在边缘场效应，磁场的纵向分布不很均匀. 幸运的是，粒子的弯曲只依赖于$\int B\mathrm{d}l$，所以你只需要检测积分场强. 设计一个简单但是精确的装置来测量积分场$\int B\mathrm{d}l$，解释你的装置是如何工作的，说明你测量的数据与$\int B\mathrm{d}l$之间的直接联系. 在该题中带电粒子的弯转半径远大于磁场的尺寸.

解法一 使用一个霍尔探头，利用步进电机带动探头，沿电子的运动轨迹较缓慢运动，每前进一步分别记录该点的磁场值和它的位置坐标.

$$\int B\mathrm{d}l\approx\sum_i B_i\Delta l$$

解法二 拉一根柔软的导线，在导线的两侧安排较密的传感器，在导线上通过较强的电流

$$\mathrm{d}\boldsymbol{F}=I\mathrm{d}\boldsymbol{l}\times\boldsymbol{B}$$

通过每个传感器所受到的力可以推算出该点磁场的大小. 然后由每一个传感器所求出的磁场以及位置坐标可以得出积分磁场.

2.7 用亥姆霍兹线圈法测量永磁铁的磁矩

题 2.7 测量永磁铁的磁矩 $\boldsymbol{m}$ 可以用亥姆霍兹线圈法. 亥姆霍兹线圈如题图 2.7(a)所

示，由两个半径为 R 的同轴线圈构成. 线圈相距为 $2R$，磁铁被置于轴线中心处. 试计算出磁矩为 $\boldsymbol{m}$ 的磁铁在一个线圈中产生的磁通量.

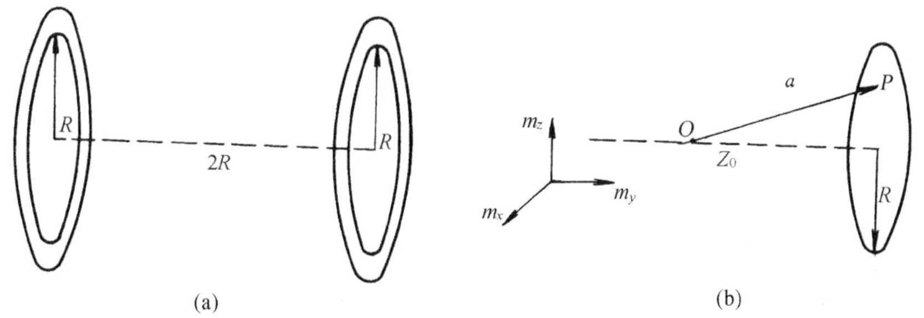

题图 2.7

解　如题图 2.7(b)所示，采用磁荷法，取磁铁中心为坐标原点，则 $\boldsymbol{m}$ 在空间某点 P 所激发的磁场的磁感应强度为

$$\boldsymbol{B}=-\frac{\mu_0}{4\pi}\nabla\left(\frac{\boldsymbol{m}\cdot\boldsymbol{a}}{a^3}\right)=-\frac{\mu_0}{4\pi}\nabla\phi$$

式中

$$\phi=\frac{\boldsymbol{m}\cdot\boldsymbol{a}}{a^3}$$

取柱坐标

$$\boldsymbol{m}=m_r\hat{\boldsymbol{r}}+m_\theta\hat{\boldsymbol{\theta}}+m_z\hat{z}$$
$$\boldsymbol{a}=r\hat{\boldsymbol{r}}+z\hat{z}$$
$$a=\sqrt{r^2+z^2}$$

则因为 $\boldsymbol{m}\cdot\boldsymbol{a}=m_r r\cos\theta+m_z z,\theta$是$\boldsymbol{m}$与$\boldsymbol{a}$在$x$-$y$ 平面内分量的夹角，所以有

$$\begin{aligned}B(r,\theta,z)&=-\frac{\mu_0}{4\pi}\nabla\left(\frac{m_r r\cos\theta+m_z z}{(r^2+z^2)^{3/2}}\right)=-\frac{\mu_0}{4\pi}\nabla\phi\\&=-\frac{\mu_0}{4\pi}\nabla\left(\frac{\partial\phi}{\partial r}\hat{r}+\frac{1}{r}\cdot\frac{\partial\phi}{\partial\theta}\hat{\theta}+\frac{\partial\phi}{\partial z}\hat{z}\right)\end{aligned}$$

这里 $\hat{\boldsymbol{r}}$ 与 $\hat{\boldsymbol{\theta}}$ 方向的磁场对磁通没有贡献，而 $\hat{z}$ 方向的磁感应强度为

$$\begin{aligned}B(r,\theta,z)&=-\frac{\mu_0}{4\pi}\cdot\frac{\partial}{\partial z}\left(\frac{m_r r\cos\theta+m_z z}{(r^2+z^2)^{3/2}}\right)\\&=-\frac{\mu_0}{4\pi}\left[\frac{m_z}{(r^2+z^2)^{3/2}}-\frac{3m_z z^2}{(r^2+z^2)^{5/2}}-\frac{3m_r zr\cos\theta}{(r^2+z^2)^{5/2}}\right]\\&=-\frac{\mu_0}{4\pi}\cdot\frac{m_z(r^2-2z^2)-3m_r zr\cos\theta}{(r^2+z^2)^{5/2}}\end{aligned}$$

所以磁通量为

$$\phi=\int_0^R r\mathrm{d}r\int_0^{2\pi}B_z\mathrm{d}\theta$$

$$= -\frac{\mu_0}{2}\int_0^R \frac{rm_z(r^2-2z_0^2)}{(r^2+z_0^2)^{5/2}}\mathrm{d}r = -\frac{\mu_0 m_z}{2}\left[\int_0^R \frac{r^3-2rz_0^2}{(r^2+z_0^2)^{5/2}}\mathrm{d}r\right]$$

$$= \frac{\mu_0}{4\sqrt{2}z_0}m_z = 0.1768\frac{\mu_0 m_z}{z_0}$$

式中，z_0 为磁铁中心到线圈圆心的距离；m_z 为 z 方向的磁矩. 由此可见，$\boldsymbol{m}$ 只有 z 分量对线圈中的磁通有贡献.

2.8　开细缝的长直载流圆柱形导体的磁场

题 2.8　如题图 2.8 所示，半径为 R 的无限长圆柱形导体管壁(厚度可略)，沿轴向开一宽度为 a 的无限长细缝. 今沿轴线方向通以面电流密度 j 的恒定电流. 试求：(a) 导体管内的磁感应强度. (b) 导体管外的磁感应强度. (c) 细缝处的磁感应强度.

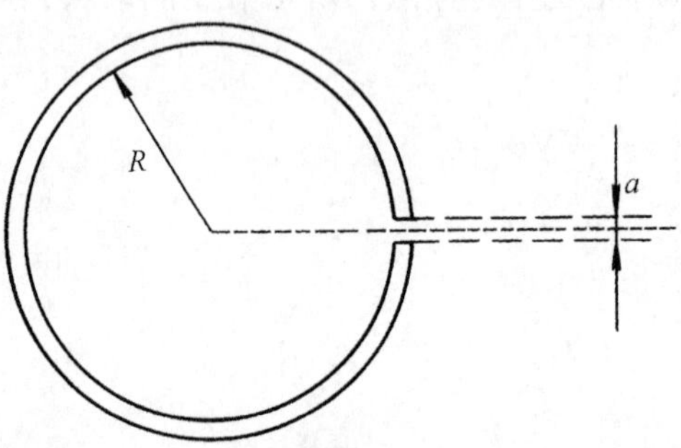

题图 2.8

解　设想细缝处补上一线电流使整个圆柱流有均匀面电流. 根据磁场叠加原理，空间的磁场可视为两部分电流分布产生的磁场之叠加，即完整的无限长圆柱导体管壁上的均匀面电流以及细缝处的反向电流所产生的磁场之叠加，取柱坐标.

(a) 由对称性知，柱面电流在导体管内产生的磁感应强度为 $\boldsymbol{B}_1^{(\mathrm{i})}$ 沿角向即 $\boldsymbol{e}_\theta$ 方向，$\boldsymbol{B}_1^{(\mathrm{i})}$ 与 θ 无关. 再由安培环路定理得 $\boldsymbol{B}_1^{(\mathrm{i})}=0$；线电流对导体管内磁场的贡献 $\boldsymbol{B}_2^{(\mathrm{i})}$ 由安培环路定理得

$$\boldsymbol{B}_2^{(\mathrm{i})} = \frac{\mu_0}{2\pi}\cdot\frac{r\sin\theta\boldsymbol{e}_x-(r\cos\theta-R)\boldsymbol{e}_y}{r^2+R^2-2Rr\cos\theta}aj$$

因而导体管内磁感应强度为 $\boldsymbol{B}^{(\mathrm{i})}=\boldsymbol{B}_1^{(\mathrm{i})}+\boldsymbol{B}_2^{(\mathrm{i})}=\boldsymbol{B}_2^{(\mathrm{i})}$，而$\boldsymbol{B}_2^{(\mathrm{i})}$ 如上式给出.

(b) 由对称性知，柱面电流在导体管外产生的磁感应强度为 $\boldsymbol{B}_1^{(\mathrm{o})}$ 沿角向即 $\boldsymbol{e}_\theta$ 方向，$\boldsymbol{B}_1^{(\mathrm{o})}$ 与 θ 无关. 对于 r 处的磁感应强度 $\boldsymbol{B}_1^{(\mathrm{o})}(r)$ 由安培环路定理得

$$\boldsymbol{B}_1^{(\mathrm{o})} = \frac{\mu_0 2\pi Rj}{2\pi r}\boldsymbol{e}_\theta = \frac{\mu_0 jR}{r}\boldsymbol{e}_\theta$$

线电流对导体管外磁场的贡献 $\boldsymbol{B}_2^{(\mathrm{o})}$ 由安培环路定理得

$$\boldsymbol{B}_2^{(\mathrm{o})} = \frac{\mu_0}{2\pi}\cdot\frac{r\sin\theta\boldsymbol{e}_x-(r\cos\theta-R)\boldsymbol{e}_y}{r^2+R^2-2Rr\cos\theta}aj$$

因而导体管外磁感应强度为

$$\boldsymbol{B}^{(\mathrm{o})} = \boldsymbol{B}_1^{(\mathrm{i})}+\boldsymbol{B}_2^{(\mathrm{i})}$$

$$= \frac{\mu_0 jR}{r}\boldsymbol{e}_\theta + \frac{\mu_0}{2\pi}\cdot\frac{r\sin\theta\boldsymbol{e}_x-(r\cos\theta-R)\boldsymbol{e}_y}{r^2+R^2-2Rr\cos\theta}aj$$

(c) 考虑圆柱外紧靠细缝的一点 S，柱面电流产生的场 $B_1=\mu_0 j$. 细缝处的反向电流视为

面电流，产生的磁感应强度 $B_2=-\dfrac{1}{2}\mu_0 j$. 则

$$\boldsymbol{B}_S=\frac{1}{2}\mu_0 j\boldsymbol{e}_\theta$$

2.9 长直载流圆弧柱形导体对长直线电流的磁力

题 2.9 题图 2.9 为一横截面图. 半径为 R 的无限长导体圆弧柱面沿轴向(垂直纸面)流有均匀面电流，总电流强度为 I，圆弧的弧度为 $2\theta_0(\theta_0<\pi)$. 又在离轴线 R 的另一处有一同方向的无限长线电流，电流强度为 I'，位于半圆柱面的对称面上. I、I'均垂直纸面向外. 试求线电流 I' 上单位长度所受到的磁场力.

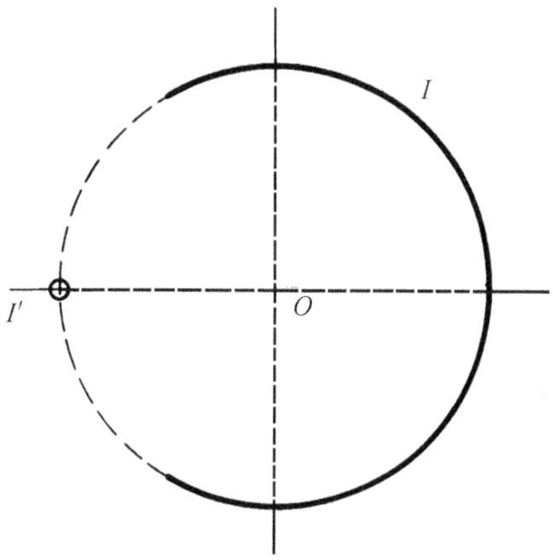

题图 2.9

解 取线电流上任意一点 P，求半圆柱面上电流在该点产生的磁感应强度 $\boldsymbol{B}$，如图选取坐标. 由叠加原理和线电流磁场分布知 $\boldsymbol{B}$ 沿 xOy 平面. $\boldsymbol{B}$ 的分量如下给出：

$$B_y=-\int_{-\theta_0}^{\theta_0}\frac{\mu_0 i\mathrm{d}\theta\cdot\cos\dfrac{\theta}{2}}{2\pi r(\theta)}=-\int_{-\theta_0}^{\theta_0}\frac{\mu_0\dfrac{I}{2\theta_0}\cdot\cos\dfrac{\theta}{2}}{2\pi\cdot 2R\cos\dfrac{\theta}{2}}\mathrm{d}\theta=-\frac{\mu_0 I}{4\pi R}\tag{1}$$

$$B_x=\int_{-\theta_0}^{\theta_0}\frac{\mu_0 i\mathrm{d}\theta\cdot\sin\dfrac{\theta}{2}}{2\pi r(\theta)}=\int_{-\theta_0}^{\theta_0}\frac{\mu_0\dfrac{I}{2\theta_0}\cdot\sin\dfrac{\theta}{2}}{2\pi\cdot 2R\cos\dfrac{\theta}{2}}\mathrm{d}\theta=0\tag{2}$$

即有 $\boldsymbol{B}=-\dfrac{\mu_0 I}{4\pi R}\boldsymbol{e}_y$. 可见此结果与 θ_0 的大小无关.

任取线电流 I'上一个微段 dl，考虑它所受磁场力 d$\boldsymbol{F}$. I'沿 z 方向，则线电流 I'上单位长度所受到的磁场力为

$$\begin{aligned}\boldsymbol{f}&=\frac{\mathrm{d}\boldsymbol{F}}{\mathrm{d}l}=\frac{I'\mathrm{d}\boldsymbol{l}\times\boldsymbol{B}}{\mathrm{d}l}=I'\boldsymbol{e}_z\times\boldsymbol{B}\\&=\frac{\mu_0 II'}{4\pi R}\boldsymbol{e}_x\end{aligned}\tag{3}$$

2.10 已知圆柱体轴线上磁场分布，求柱内的磁场及电流密度

题 2.10 一圆柱体内磁场 $\boldsymbol{B}$ 具有某种分布. 已知在柱坐标下 $B_z=B_0\,(1+\alpha r^2+\beta z^2)$

(其中 B_0、α、β 均为常数)，且在轴线上(r=0)满足 $B_r = B_\phi = 0$，而 $B_\phi \equiv 0$. 试求(a) 圆柱体内磁场 $\boldsymbol{B}$ 的径向分量 B_r. (b) 圆柱体内电流密度 j.

解 已知场的某种分布求源，这是电磁场的逆问题. 本题已知磁场的 z 轴方向和角向分量，可考虑由磁场高斯定理确定其径向分量. 这样完全确定磁场后，即可由安培环路定理确定电流密度分布.

(a) 取柱坐标 (r,ϕ,z). 以柱体轴线为轴，取以高为 dz，半径为 r 的小圆柱面为高斯面，由磁场高斯定理得

$$
\begin{aligned}
0 &= \oint_S \boldsymbol{B}\cdot \mathrm{d}\boldsymbol{S} = \int_0^r B_z(r,z+\mathrm{d}z)2\pi r\mathrm{d}r - \int_0^r B_z(r,z)2\pi r\mathrm{d}r + 2\pi r\mathrm{d}z\cdot B_r(r,z) \\
&= \int \frac{\partial B_z(r,z)}{\partial z} 2\pi r\mathrm{d}r\mathrm{d}z + 2\pi r\mathrm{d}z\cdot B_r(r,z) \\
&= 2\beta B_0 z\pi r^2\mathrm{d}z + 2\pi r\mathrm{d}z\cdot B_r(r,z)
\end{aligned}
$$

由上式得圆柱体内磁场径向分量为

$$
B_r(r,z) = -\frac{r}{2}\cdot\frac{\partial B_z(r,z)}{\partial z} = -\beta B_0 rz
$$

它与 ϕ 无关. 当然也可由磁场高斯定理的微分形式得到.

(b) 由(a)知，磁场已完全确定. 故由安培环路定理的微分形式即知圆柱体内电流密度分布为

$$
\begin{aligned}
\boldsymbol{j} &= \frac{1}{\mu}\nabla\times\boldsymbol{B} = \frac{1}{\mu_0}\left[\frac{\partial B_r}{\partial z} - \frac{\partial B_z}{\partial r}\right]\boldsymbol{e}_\phi \\
&= -\frac{1}{\mu_0}B_0(\beta+2\alpha)r\boldsymbol{e}_\phi
\end{aligned}
$$

式中，$\boldsymbol{e}_\phi$ 为柱坐标下的角向单位矢量. 由上面结果知电流密度矢量 $\boldsymbol{j}$ 沿角向.

2.11 两个同轴的载流超导圆线圈运动时线圈内的电流及电磁能的变化

题 2.11 两个全同且同轴的超导圆线圈 I、II，半径为 R，自感为 L，位于水平面上彼此相距很远. 从上往下看每个线圈均通以逆时针方向电流 j. 现把两线圈相互移近(平移)，直到无限接近(设线圈的厚度可以忽略)，如题图 2.11 所示. (a) 试求此时线圈中的电流是多少？系统的始末电磁能量是多少？(b) 将线圈 II 垂直轴线拉开 R，并沿其一条直径旋转 $\frac{\pi}{2}$，试求此时两线圈中的电流是多少？(c) 将线圈 II 沿其一条直径继续旋转 $\frac{\pi}{2}$，并将线圈 II 沿其轴线移近线圈 I，试证这种情况线圈 II 不可能无限靠近线圈 I.

解 (a) 因为超导线圈的零电阻性，若穿过线圈的磁通量有微小改变，则感生电动势随即产生很大的电流用以抵消磁通量的改变. 因此超导线圈具有保持磁通量不变的性质.

线圈 I、II 相距很远时，相互间没有互感，穿过每一线圈的磁通量为

$$
\Phi_1 = \Phi_2 = Lj = \Phi \tag{1}
$$

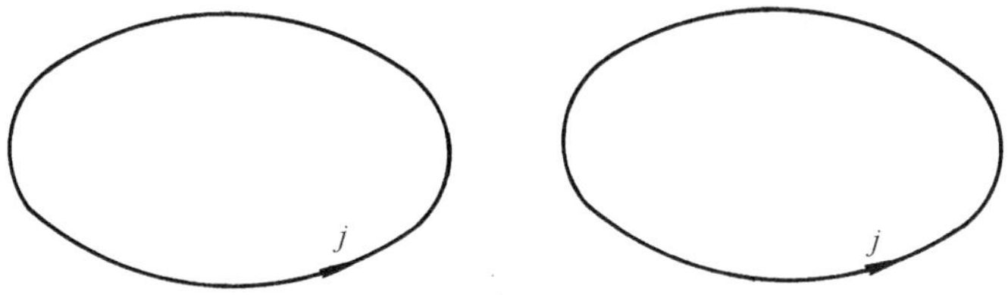

题图 2.11

由前所述，线圈 I、II 中的这一磁通量的值将始终保持不变. 将线圈 I、II 平行移动并到一起时，因为线圈 I 的电流激发的磁场磁力线也通过线圈 II，因此线圈 I、II 的互感 M 等于线圈 I、II 的自感 L，$M=L$. 设此时两线圈中的电流为 $j_{1,\mathrm{I}}$，$j_{1,\mathrm{II}}$，由

$$\begin{aligned}\Phi &= Lj = Lj_{1,\mathrm{I}} + Mj_{1,\mathrm{II}} = L(j_{1,\mathrm{I}} + j_{1,\mathrm{II}}) \\ \Phi &= Lj = Lj_{1,\mathrm{II}} + Mj_{1,\mathrm{I}} = L(j_{1,\mathrm{I}} + j_{1,\mathrm{II}})\end{aligned} \tag{2}$$

由上面得 $j_{1,\mathrm{I}} + j_{1,\mathrm{II}} = j$，这是对 $j_{1,\mathrm{I}}$ 和 $j_{1,\mathrm{II}}$ 的唯一约束，可见它们还有不确定性.

初始状态线圈 I、II 电磁能量为

$$W_0 = \frac{1}{2}Lj^2 + \frac{1}{2}Lj^2 = Lj^2 \tag{3}$$

线圈 I、II 合并时电磁能量为

$$\begin{aligned}W_1 &= \frac{1}{2}Lj_{1,\mathrm{I}}^2 + \frac{1}{2}Lj_{1,\mathrm{II}}^2 + Mj_{1,\mathrm{I}}j_{1,\mathrm{II}} \\ &= \frac{1}{2}L(j_{1,\mathrm{I}}^2 + j_{1,\mathrm{II}}^2 + 2j_{1,\mathrm{I}}j_{1,\mathrm{II}}) \\ &= \frac{1}{2}L(j_{1,\mathrm{I}} + j_{1,\mathrm{II}})^2 \\ &= \frac{1}{2}Lj^2 = \frac{1}{2}W_0\end{aligned} \tag{4}$$

(b) 由对称性，线圈 I 中电流激发的磁场在线圈 II 中的磁通量为 0，故此时两线圈的互感系数为零. 由

$$\Phi_1 = Lj = Lj_{2,\mathrm{I}}, \qquad \Phi_2 = Lj = Lj_{2,\mathrm{II}}$$

得此时线圈 I、II 中电流为 $j_{2,\mathrm{I}} = j_{2,\mathrm{II}} = j$.

(c) (反证法)假设线圈 II 可以无限靠近线圈 I. 线圈 II 旋转两个 $\frac{\pi}{2}$ 以后，线圈回路的侧向改变，如果线圈 I 的平面方向为正侧，线圈 II 的磁通量为 $-\Phi$ (从线圈 II 本身的侧向看，磁通量没改变)，这样两线圈的磁通量反号. 假设线圈 I、II 合并到一起，此时它们的磁通量应相同. 但靠近过程中超导线圈的磁通量应不变，原先反号不为零的磁通量不应相同. 由此矛盾知线圈 II 不可能无限靠近线圈 I.

2.12　两相距很远的载流线圈间的力矩与相互作用力

题 2.12　如题图 2.12 所示，两个半径均为 R 的圆形线圈，载有等量电流 I. 当它们相

距 $L(L \gg R)$，且它们的轴线相互平行，电流的方向又相同时，试求两线圈间的力矩与相互作用力. 用它们的轴线与它们的中心连线的夹角 θ 表示之.

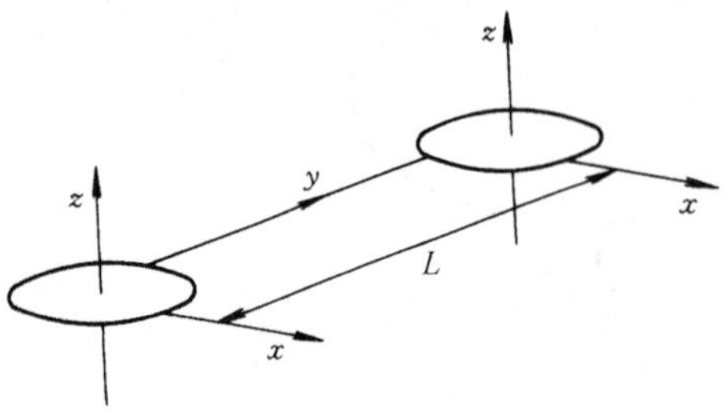

题图 2.12

解 由于 $L \gg R$，所以两个载流线圈的相互作用可视为两个磁矩为 $m = IA\boldsymbol{n}$ 的磁偶极子的相互作用，这里 $A = \pi R^2$ 为线圈的面积. 线圈 1 的电流在线圈 2 内产生的磁感应强度 $\boldsymbol{B}$ 为

$$\boldsymbol{B} = -\frac{\mu_0}{4\pi}\nabla\left(\frac{\boldsymbol{m}_1 \cdot \boldsymbol{r}}{r^3}\right) = -\frac{\mu_0}{4\pi} \cdot \frac{r^2\boldsymbol{m}_1 - 3(\boldsymbol{m}_1 \cdot \boldsymbol{r})\boldsymbol{r}}{r^5} \quad (1)$$

而 $\boldsymbol{m} = I\pi R^2 \hat{\boldsymbol{z}}$ 为线圈的等效偶极矩. 线圈 1 作用于线圈 2 的力矩是

$$\begin{aligned} \boldsymbol{\tau} &= \boldsymbol{m}_2 \times \boldsymbol{B} \\ &= \frac{\mu_0}{4\pi}\boldsymbol{m}_2 \times \frac{3(\boldsymbol{m}_1 \cdot \boldsymbol{r})\boldsymbol{r}}{r^5} \\ &= -\frac{3\pi\mu_0 I^2 R^4}{4L^3}\sin\theta\cos\theta\hat{\boldsymbol{x}} \end{aligned} \quad (2)$$

线圈 2 在线圈 1 磁场中的势能是

$$\begin{aligned} U &= -\boldsymbol{m}_2 \cdot \boldsymbol{B}_1 \\ &= -\boldsymbol{m}_2 \cdot \left[-\frac{\mu_0 \boldsymbol{m}_1}{4\pi} \cdot \nabla\frac{\boldsymbol{r}}{r^3}\right] \\ &= \frac{\mu_0}{4\pi}\boldsymbol{m}_2 \cdot \left(\boldsymbol{m}_1 \cdot \nabla\frac{\boldsymbol{r}}{r^3}\right) = \frac{\mu_0}{4\pi}\boldsymbol{m}_2\boldsymbol{m}_1 : \nabla\frac{\boldsymbol{r}}{r^3} \\ &= \frac{\mu_0}{4\pi}\left[\frac{\boldsymbol{m}_2 \cdot \boldsymbol{m}_1}{r^3} - \frac{3(\boldsymbol{m}_1 \cdot \boldsymbol{r}_1)(\boldsymbol{m}_2 \cdot \boldsymbol{r})}{r^5}\right] \end{aligned} \quad (3)$$

按虚功原理得线圈 1 对线圈 2 的作用力为

$$\begin{aligned} \boldsymbol{F}_{12} &= -\nabla U \\ &= -\frac{\mu_0}{4\pi}\left[-3\frac{\boldsymbol{m}_2 \cdot \boldsymbol{m}_1}{r^5}\boldsymbol{r} - 3\frac{(\boldsymbol{m}_1 \cdot \boldsymbol{r})\boldsymbol{m}_2 + \boldsymbol{m}_1(\boldsymbol{m}_2 \cdot \boldsymbol{r})}{r^5} + 15\frac{(\boldsymbol{m}_1 \cdot \boldsymbol{r})(\boldsymbol{m}_2 \cdot \boldsymbol{r})}{r^7}\boldsymbol{r}\right] \\ &= -\frac{\mu_0}{4\pi}I^2A^2\left[\frac{15\cos^2\theta - 3}{r^4}\hat{\boldsymbol{r}} - \frac{6\cos\theta}{r^4}\hat{\boldsymbol{z}}\right] \\ &= \frac{\pi\mu_0 I^2 R^4}{4L^4}\left[(9\cos\theta - 15\cos^3\theta)\hat{\boldsymbol{z}} + (3 - 15\cos^2\theta)\sin\theta\hat{\boldsymbol{y}}\right] \end{aligned} \quad (4)$$

这里 $\boldsymbol{r} = (0, L\sin\theta, L\cos\theta)$. 同理可得线圈 2 对线圈 1 的作用力 $\boldsymbol{F}_{21}$，知 $\boldsymbol{F}_{21} = -\boldsymbol{F}_{12}$. 但由上面 $\boldsymbol{F}_{21}$ 表达式知当 $\cos\theta \neq 0$，且 $\boldsymbol{r}$ 不沿 $\hat{\boldsymbol{z}}$ 方向时，$\boldsymbol{F}_{21}$、$\boldsymbol{F}_{12}$ 并不沿线圈 1、2 的连线.

说明 由此题则知此相互作用力不一定沿其连线方向，构成力偶.

然而可一般证明两个闭合的恒定电流线圈之间的相互作用力大小相等，方向相反(但两个电流元之间的各自所受作用力一般并不满足牛顿第三定律). 如下所述.

设两个恒定电流线圈 C_1 与 C_2，其中电流强度分别为 I_1 与 I_2. 由安培力公式及毕奥-萨伐尔定律，两闭合恒定电流线圈之间的相互作用力为

$$F_{12}=\frac{\mu_0}{4\pi}I_1I_2\oint_{C_1}\oint_{C_2}\frac{\mathrm{d}\boldsymbol{l}_1\times(\mathrm{d}\boldsymbol{l}_2\times\boldsymbol{r}_{12})}{r_{12}^3}=\frac{\mu_0}{4\pi}I_1I_2\oint_{C_1}\oint_{C_2}\frac{\mathrm{d}\boldsymbol{l}_2(\mathrm{d}\boldsymbol{l}_1\cdot\boldsymbol{r}_{12})-(\mathrm{d}\boldsymbol{l}_1\cdot\mathrm{d}\boldsymbol{l}_2)\boldsymbol{r}_{12}}{r_{12}^3}$$

其中第一项为

$$\oint_{C_2}\mathrm{d}\boldsymbol{l}_2\oint_{C_1}\mathrm{d}\boldsymbol{l}_1\cdot\frac{\boldsymbol{r}_{12}}{r_{12}^3}=-\oint_{C_2}\mathrm{d}\boldsymbol{l}_2\oint_{C_1}\mathrm{d}\boldsymbol{l}_1\cdot\nabla\frac{1}{r_{12}}=-\oint_{C_2}\mathrm{d}\boldsymbol{l}_2\oint_{C_1}\mathrm{d}\left(\frac{1}{r_{12}}\right)=0$$

因为 $\boldsymbol{r}_{21}=-\boldsymbol{r}_{12}$，所以

$$\boldsymbol{F}_{12}=-\frac{\mu_0}{4\pi}I_1I_2\oint_{C_1}\oint_{C_2}\mathrm{d}\boldsymbol{l}_1\cdot\mathrm{d}\boldsymbol{l}_2\frac{\boldsymbol{r}_{12}}{r_{12}^3}=\frac{\mu_0}{4\pi}I_1I_2\oint_{C_2}\oint_{C_1}\mathrm{d}\boldsymbol{l}_2\cdot\mathrm{d}\boldsymbol{l}_1\frac{\boldsymbol{r}_{21}}{r_{12}^3}=-\boldsymbol{F}_{21}$$

但是两个电流元各自所受作用力

$$\mathrm{d}\boldsymbol{F}_{12}=\frac{\mu_0}{4\pi}I_1I_2\frac{\mathrm{d}\boldsymbol{l}_2\times(\mathrm{d}\boldsymbol{l}_1\times\boldsymbol{r}_{12})}{r_{12}^3}$$

$$\mathrm{d}\boldsymbol{F}_{21}=\frac{\mu_0}{4\pi}I_1I_2\frac{\mathrm{d}\boldsymbol{l}_1\times(\mathrm{d}\boldsymbol{l}_2\times\boldsymbol{r}_{21})}{r_{12}^3}$$

显然一般不满足牛顿第三定律.

本题可以与题 1.111 相对照.

2.13　载流长气芯螺线管电场、磁场作为时间函数的表达式

题 2.13　一个相当长的气芯螺线管，半径为 b，每米上 n 匝线圈，载有电流 $i=i_0\sin\omega t$. (a) 写出作为时间函数的螺线管内部的磁场 $\boldsymbol{B}$ 的表示式. (b) 写出作为时间函数的螺线管内外的电场 $\boldsymbol{E}$ 的表达式(设磁场在管外为零). 画图表示出电场线的形状，并画草图说明 $\boldsymbol{E}$ 的大小与离管的中轴线距离 r 之间的关系，取时刻 $t=\dfrac{2\pi}{\omega}$.

解　(a) 螺线管内部，场强 $\boldsymbol{B}$ 处处均匀，指向轴向

$$\boldsymbol{B}(t)=\mu_0 ni(t)\boldsymbol{e}_z=\mu_0 ni_0\sin\omega t\boldsymbol{e}_z$$

(b) 由 $\oint\boldsymbol{E}\cdot\mathrm{d}\boldsymbol{l}=-\int\frac{\partial\boldsymbol{B}}{\partial t}\cdot\mathrm{d}\boldsymbol{s}$ 及轴对称性易得，$r<b$ 时

$$E\cdot 2\pi r=\pi r^2\frac{\mathrm{d}B}{\mathrm{d}t}=\pi r^2\cdot\mu_0 ni_0\cos\omega t\cdot\omega$$

故

$$E(t)=\frac{\mu_0}{2}ni_0\omega r\cos\omega t$$

$r>b$ 时

$$E\cdot 2\pi r=\pi b^2\cdot\mu_0 ni_0\omega\cos\omega t$$

$$E(t)=\frac{b^2}{2r}ni_0\omega\cos\omega t$$

考虑其方向，螺线管内外电场强度 $\boldsymbol{E}$ 可表示为

$$\boldsymbol{E}(t)=\begin{cases}-\dfrac{\mu_0}{2}ni_0\omega r\cos\omega t\boldsymbol{e}_\theta, & r<b\\ -\dfrac{b^2}{2r}ni_0\omega r\cos\omega t\boldsymbol{e}_\theta, & r>b\end{cases}$$

当$t=\dfrac{2\pi}{\omega}$时，$\cos\omega t=1$，有

$$\boldsymbol{E}(t)=\begin{cases}-\dfrac{\mu_0}{2}ni_0\omega r\boldsymbol{e}_\theta, & r<b\\ -\dfrac{b^2}{2r}ni_0\omega\boldsymbol{e}_\theta, & r>b\end{cases}$$

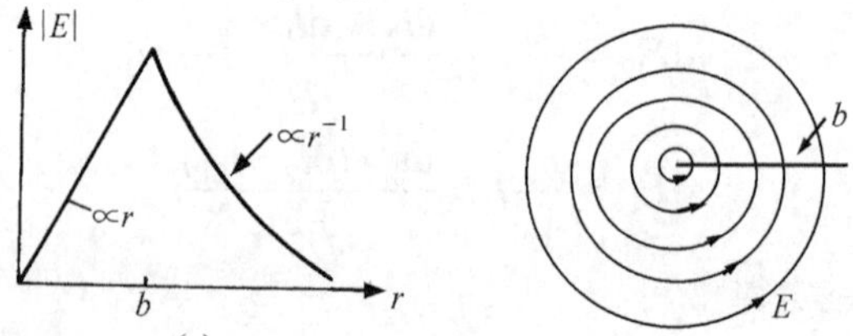

(a)　　(b)

题图 2.13

$|E|$与 r 的关系如题图 2.13(a)所示. 电场线为一些同心圆，$r=b$ 时为最外层的圆，如题图 2.13(b)所示.

2.14　地磁场的地心小电流环模型

题 2.14　如果假定地球的磁场是由地球中心的小电流环产生的，已知地极附近磁场为 0.8×10^{-4}T，且地球半径 $R=6\times10^6\,\text{m}$, $\mu_0=4\pi\times10^{-7}\,\text{H/m}$，用毕奥-萨伐尔定律求小电流环的磁矩.

解　毕奥-萨伐尔定律为

$$\boldsymbol{B}=\frac{\mu_0}{4\pi}\oint\frac{I\mathrm{d}\boldsymbol{l}\times\boldsymbol{r}}{r^3}=\int\mathrm{d}\boldsymbol{B}$$

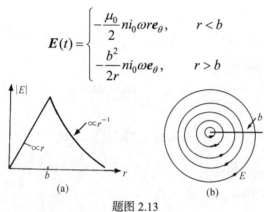

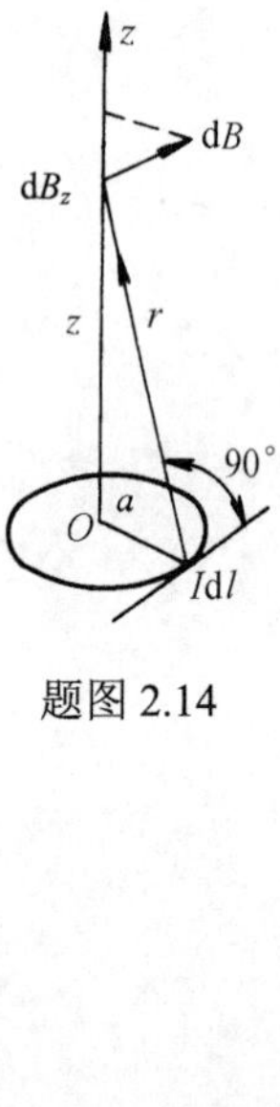

题图 2.14

在地极附近，$\boldsymbol{B}=B\boldsymbol{e}_z$，设小电流环半径为 a，如题图 2.14 知

$$\mathrm{d}B_z=\mathrm{d}B\frac{a}{r}$$

因 $r\gg a, r=\sqrt{z^2+a^2}\sim z$，因此有

$$B_z=\frac{\mu_0 I}{4\pi}\cdot\frac{a}{z^3}\oint\mathrm{d}l=\frac{\mu_0 Is}{2\pi z^3}=\frac{\mu_0 m}{2\pi z^3}$$

式中，$s=\pi a^2$ 为小圆环包围的面积. 其中小电流环的磁矩

$$\boldsymbol{m}=Is\boldsymbol{e}_z$$

所以

$$m=\frac{2\pi B_z z^3}{\mu_0}$$

以 $z=R=6\times10^6\,\text{m}, B_z=0.8\times10^{-4}\,\text{T}$ 代入得

$$m\approx 8.64\times10^{22}\,\text{A}\cdot\text{m}^2$$

2.15　平行板电容器获得能量速率恰为其存储的静电场能的时间变化率

题 2.15　在真空中，一电容器由两个平行的圆形金属板组成，金属板半径为 r，被分开一小距离 d. 电流 i 对电容器充电. 用坡印亭矢量证明电磁场供给电容器的能量速率恰为电容器中存储的静电场能的时间变化率. 证明能量输入也为 iV(V 为两板间的电势差). 假定外至板的边缘，电场还是均匀的.

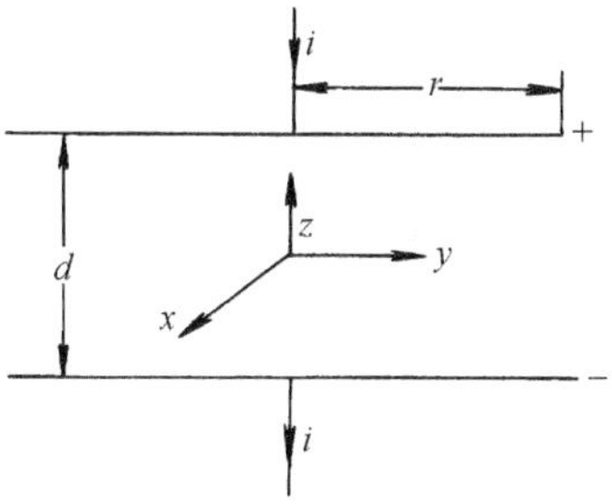

题图 2.15

证明　建立坐标系如题图 2.15 所示，当正极板上有电量 Q 时，板间电场

$$\boldsymbol{E}=\frac{Q}{\pi r^2\varepsilon_0}(-\boldsymbol{e}_z)$$

因为 Q 是变化的，故 $\boldsymbol{E}$ 也是变化的，从而板间还有磁场 $\boldsymbol{B}$. 由

$$\oint_C \boldsymbol{H}\cdot\mathrm{d}\boldsymbol{l}=\int_s\frac{\partial\boldsymbol{D}}{\partial t}\cdot\mathrm{d}\boldsymbol{S}$$

及问题的轴对称性，可知

$$H\cdot 2\pi r=\frac{\mathrm{d}Q}{\mathrm{d}t}=i$$

故

$$\boldsymbol{H}=\frac{i}{2\pi r}(-\boldsymbol{e}_\theta)$$

和

$$\boldsymbol{S}=\boldsymbol{E}\times\boldsymbol{H}=\frac{Q}{\pi r^2\varepsilon_0}(-\boldsymbol{e}_z)\times\frac{i}{2\pi r}(-\boldsymbol{e}_\theta)=-\frac{iQ}{2\pi^2r^2\varepsilon_0}\boldsymbol{e}_r$$

故单位时间内，从边缘流入电容器的能量 p 为

$$p=S\cdot 2\pi rd=\frac{iQ}{\pi r^2\varepsilon_0}d$$

而电容器存能的静电能 W_e 为

$$W_\mathrm{e}=\frac{1}{2}\varepsilon_0E^2\cdot\pi r^2d=\frac{1}{2}\varepsilon_0\left(\frac{Q}{\pi r^2\varepsilon_0}\right)^2\pi r^2d=\frac{Q^2d}{2\pi r^2\varepsilon_0}$$

从而

$$\frac{\mathrm{d}W_\mathrm{e}}{\mathrm{d}t}=\frac{d}{2\pi r^2\varepsilon_0}\cdot 2Q\frac{\mathrm{d}Q}{\mathrm{d}t}=\frac{iQ}{\pi r^2\varepsilon_0}d$$

因此有

$$p=\frac{\mathrm{d}W_\mathrm{e}}{\mathrm{d}t}$$

又因为

$$Q = CV = \frac{\varepsilon_0 \pi r^2}{d} V \quad 或 \quad \frac{Qd}{\varepsilon_0 \pi r^2} = V$$

故

$$p = iV$$

从而平行板电容器获得能量速率恰为其存储的静电场能的时间变化率.

2.16 平行板电容器的磁场、电场及导线中电流与极板面电流密度同时间的函数关系

题 2.16　一平行板电容器由题图 2.16(a)所示的两块圆板所构成. 板上所加电压(假设连接导线很长且无电阻)为 $V=V_0\cos\omega t$. 假定 $d \ll a \ll c/\omega$,因而电场的边缘效应及减速效应均可略去. (a) 利用麦克斯韦方程组和对称性确定区域中电场、磁场同时间的函数关系. (b) 求导线中的电流及极板上的面电流密度同时间的函数关系. (c) 求区域 II 中的磁场. 注意横过板时, $\boldsymbol{B}$ 的不连续性与板上面电流有关.

解　(a) 因为 $d \ll a$,可近似取 I 中电场为 $\boldsymbol{E}^{(\mathrm{I})} = \boldsymbol{E}_z^{(\mathrm{I})}\boldsymbol{e}$,而 II 中电场为零,在时刻 t 取 $E_z^{(\mathrm{I})} = -\dfrac{V_0}{d}\cos\omega t$. 由麦克斯韦方程

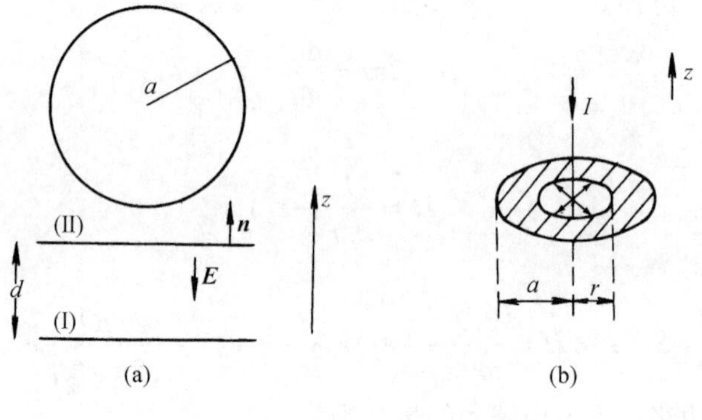

题图 2.16

$$\oint_L \boldsymbol{B}\cdot \mathrm{d}\boldsymbol{l} = \mu_0\varepsilon_0 \int_S \frac{\partial \boldsymbol{E}}{\partial t}\cdot \mathrm{d}\boldsymbol{S} \tag{1}$$

和轴对称性,可知 $\boldsymbol{B}^{(\mathrm{I})} = B_\phi^{(\mathrm{I})}\boldsymbol{e}_\varphi$,取 L 为一圆心在二极板圆心连线上的半径为 r 的圆,则有

$$2\pi r B_\phi^{(\mathrm{I})} = \mu_0\varepsilon_0 \pi r^2 \left(\frac{V_0\omega}{d}\sin\omega t\right)$$

故得

$$B_\phi^{(\mathrm{I})} = \frac{\mu_0\varepsilon_0 V_0 \omega}{2d} r \sin\omega t \tag{2}$$

(b) 对上板极面,即区域 I 与 II 之分界面,设面上面电荷密度为 σ,则有

$$\sigma = -\varepsilon_0 E_z^{(\mathrm{I})} = \frac{\varepsilon_0 V_0}{d}\cos\omega t \tag{3}$$

故面上总电荷为

$$Q = \pi a^2 \sigma = \frac{\pi a^2 \varepsilon_0 V_0}{d} \cos \omega t$$

这个电量随时间而变化，这表明连接导线上应有交变电流通过，其电流强度为

$$I = \frac{\mathrm{d}Q}{\mathrm{d}t} = -\frac{\pi a^2 \varepsilon_0 V_0 \omega}{d} \sin \omega t \tag{4}$$

另外由于极板面上电量 Q 随时间不断变化，因此面上应有面电流，如题图 2.16(b)所示，此电流从板中心沿径向向各个方向流出，通过题图 2.16(b)中阴影部分所示圆环的总电流为

$$i = -\frac{\mathrm{d}}{\mathrm{d}t}\left[\pi(a^2 - r^2)\sigma\right]$$

$$= \frac{\pi(a^2 - r^2)\varepsilon_0 V_0 \omega}{d} \sin \omega t$$

因此得板上面电流密度为

$$\boldsymbol{\alpha}(r) = \frac{i}{2\pi r}\boldsymbol{e}_r = \frac{(a^2 - r^2)\varepsilon_0 V_0 \omega}{2dr} \sin \omega t \boldsymbol{e}_r \tag{5}$$

(c) 区域Ⅱ中电场强度为零，无位移电流. 由麦克斯韦方程

$$\oint_L \boldsymbol{B}^{(\mathrm{II})} \cdot \mathrm{d}\boldsymbol{l} = \mu_0 I \tag{6}$$

I 的流动方向与回路 L 的绕行方向成右手螺旋关系，由式(4)，在时刻 t，I 沿$-z$ 方向流动，故由式(6)与轴对称性得

$$\boldsymbol{B}^{(\mathrm{II})} = B_\phi^{(\mathrm{II})} \boldsymbol{e}_\phi$$

$$B_\phi^{(\mathrm{II})} = -\frac{\mu_0 I}{2\pi r} = \frac{\varepsilon_0 \mu_0 a^2 V_0 \omega}{2dr} \sin \omega t \tag{7}$$

在上极板上，$\boldsymbol{B}^{(\mathrm{I})}$ 与 $\boldsymbol{B}^{(\mathrm{II})}$ 间存在着如下关系：

$$\boldsymbol{n} \times (\boldsymbol{B}^{(\mathrm{II})} - \boldsymbol{B}^{(\mathrm{I})}) = (B_\phi^{(\mathrm{II})} - B_\phi^{(\mathrm{I})}) \boldsymbol{e}_z \times \boldsymbol{e}_\varphi$$

$$= \frac{\varepsilon_0 \mu_0 (a^2 - r^2) V_0 \omega}{2dr} \sin \omega t \boldsymbol{e}_r$$

联系式(5)其正好有

$$\boldsymbol{n} \times (\boldsymbol{B}^{(\mathrm{II})} - \boldsymbol{B}^{(\mathrm{I})}) = \mu_0 \boldsymbol{\alpha} \tag{8}$$

这正是磁场的切向边值关系.

2.17　充介质的平行板电容器的磁场、电场及从电容器侧面流入的能量

题 2.17　由半径为 R，间距为 $d \ll R$ 的两块圆板构成的电容器内充满了相对介电常量为 ε_r 的介质. 电容器上加有随时间变化的电压 $V = V_0 \cos \omega t$. (a) 作为时间的函数，求电场的大小和方向. 并求极板上自由面电荷密度(忽略磁场效应及边缘效应). (b) 作为离圆盘轴线距离的函数，求磁场大小与方向. (c) 计算从电容器侧面流入电容器的能量.

解　参考题 2.16.

(a) $\boldsymbol{E}=\dfrac{V_0}{d}\cos\omega t\boldsymbol{e}_z,\sigma=\pm\varepsilon_{\rm r}\varepsilon_0\dfrac{V_0}{d}\cos\omega t$.

(b) $\boldsymbol{B}=\dfrac{\varepsilon_{\rm r}\varepsilon_0\mu_0\omega V_0}{2d}r\sin\omega t\boldsymbol{e}_\theta$.

(c) 在 r=R 处的能流密度为

$$\boldsymbol{S}=\frac{1}{\mu_0}(\boldsymbol{E}\times\boldsymbol{B})\bigg|_{r=R}=-\frac{\varepsilon_{\rm r}\varepsilon_0\omega V_0^2R}{2d^2}\sin\omega t\cos\omega t\boldsymbol{e}_r$$

则单位时间内通过电容器侧面(为一高为 d、半径为 R 的圆柱侧面)的能量为

$$\Phi=2\pi RdS=\frac{\pi\varepsilon_{\rm r}\varepsilon_0\omega V_0^2R^2\sin2\omega t}{2d}$$

2.18 加交变电压的平行板电容器内磁感应强度及测量

题 2.18 平行板电容器的极板半径为 R,间距为 $d\ll R$,板间电势差 $V=V_0\sin\omega t$. 假定板间电场均匀，并忽略边缘效应和辐射. (a) 求距离电容器轴线 $r(r<R)$ 处 p 点的磁感应强度 $\boldsymbol{B}$ 的大小与方向. (b) 假如你想借助一段导线和一个灵敏的高阻示波器来测量 p 点处的 $\boldsymbol{B}$，试画出你的实验装置图，并估算示波器所测到的信号的大小.

解 (a)参考题 2.16，p 点的磁感应强度为

$$\boldsymbol{B}(r,t)=\frac{\varepsilon_0\mu_0V_0\omega r}{2d}\cos\omega t\boldsymbol{e}_\theta$$

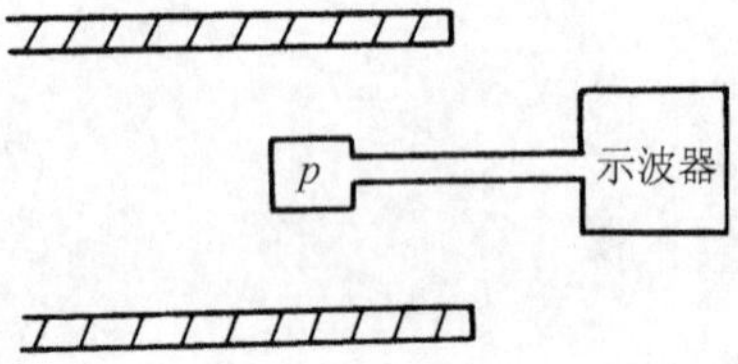

题图 2.18

(b) 如题图 2.18，将导线做成面积为 ΔS 的小正方形，两端引出接到示波器上. 把此正方形线圈置于 p 处，线圈平面与电容器轴线共面. 此时在示波器上显示一正弦波，测量其振幅与频率，它们分别对应电动势 ε 与频率 ω，则由 $|\varepsilon|=\left|\dfrac{\partial\phi}{\partial t}\right|$ 得磁感应强度大小为 $B=\dfrac{\varepsilon}{\omega\Delta s}$.

2.19 通电铜线中电子的漂移速率

题 2.19 在载有 10A 电流、横向宽度为 1mm 的铜线中，电子的漂移速率是 10^{-5}cm/s、10^{-2} cm/s、10^3 cm/s、10^5cm/s 中的哪一个？

解 10^{-2}cm/s.

2.20 室温下导体中电子的热运动平均速率

题 2.20 室温下导体中电子的热运动平均速率是 10^2cm/s、10^4cm/s、10^6cm/s、10^8cm/s 中的哪一个？

解 10^6cm/s.

2.21　两相交的载流圆柱体所包围的真空区域内的磁场

题 2.21　题图 2.21 中的导体系统，其截面由两半径为 b 的圆相交而成. 两圆中心相隔 $2a$，图中阴影区为传导部分，设有阴影的透镜状区域为真空，左边的导体载有均匀电流密度 $\boldsymbol{J}$ 进入纸内，右边的导体载有指向纸外的均匀电流密度 $\boldsymbol{J}$. 设导体的磁导率和真空相同，求由两导体所包围的真空区域内任一点的磁场强度.

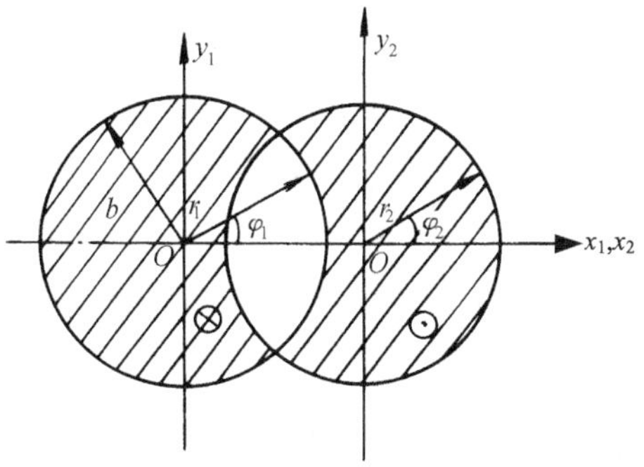

题图 2.21

解　由于导体磁导率与真空相同，故而中空部分可看成充满同一导体并不影响导体系的磁学性质和磁场分布. 因此我们可把中空部分看成通有反向的大小相等的电流密度 $\boldsymbol{J}$. 这样一来，每个导体的电流分布都是柱对称的了. 在各自的坐标系里，由安培环路定理

$$\boldsymbol{B}_1 = -\frac{\mu_0}{2} J r_1 \boldsymbol{e}_{\varphi 1}, \qquad r_1 \leqslant b$$

$$\boldsymbol{B}_2 = \frac{\mu_0}{2} J r_2 \boldsymbol{e}_{\varphi 2}, \qquad r_2 \leqslant b$$

由于

$$\boldsymbol{e}_{\varphi 1} = (-\sin\varphi_1, -\cos\varphi_1)\begin{pmatrix}\boldsymbol{e}_x \\ \boldsymbol{e}_y\end{pmatrix}$$

$$\boldsymbol{e}_{\varphi 2} = (-\sin\varphi_2, \cos\varphi_2)\begin{pmatrix}\boldsymbol{e}_x \\ \boldsymbol{e}_y\end{pmatrix}$$

可得

$$\boldsymbol{B}_1 = \frac{\mu_0}{2} J (y_1 \boldsymbol{e}_x - x_1 \boldsymbol{e}_y)$$

$$\boldsymbol{B}_2 = \frac{\mu_0}{2} J (-y_2 \boldsymbol{e}_x + x_2 \boldsymbol{e}_y)$$

利用坐标变换

$$\begin{cases} x_2 = x_1 - 2a \\ y_2 = y_1 \end{cases}$$

故

$$\boldsymbol{B}_2 = \frac{\mu_0}{2} J \left[-y_1 \boldsymbol{e}_x + (x_1 - 2a) \boldsymbol{e}_y \right]$$

在中空区域的场强为

$$\begin{aligned} \boldsymbol{B} = \boldsymbol{B}_1 + \boldsymbol{B}_2 &= \frac{\mu_0}{2} J \left[(y_1 - y_1) \boldsymbol{e}_x + (x_1 - x_2 - 2a) \boldsymbol{e}_y \right] \\ &= -\mu_0 a J \boldsymbol{e}_y \end{aligned}$$

即中空部分为均匀场，指向$-\boldsymbol{e}_y$方向.

2.22　薄圆柱带电壳体绕轴旋转时壳内磁场、电场、电能、磁能

题 2.22　一个薄的圆柱型带电壳体长为 l，半径为$a, l \gg a$. 壳表面的电荷密度为σ，此壳体以$\omega = kt$的角速度绕其轴转动，其中k为常数且$t \geqslant 0$，如题图 2.22 所示. 忽略边缘效应，求：(a) 圆柱壳内的磁场. (b) 圆柱壳内的电场. (c) 圆柱壳内的总电能与总磁能.

解　(a) 选柱坐标系，z轴为圆柱中轴线. 在圆柱壳表面的面电流密度为

$$\boldsymbol{\alpha} = \sigma\omega a\boldsymbol{e}_\theta$$

或写成等效体电流密度$\boldsymbol{J} = \sigma\omega a\delta(r-a)\boldsymbol{e}_\theta$. 由本题的对称性可知$\boldsymbol{B} = B_z(r)\boldsymbol{e}_z$，则由方程

$$\nabla \times \boldsymbol{B} = \mu_0 \boldsymbol{J}$$

可得

$$-\frac{\partial B_z}{\partial r} = \mu_0\sigma\omega a\delta(r-a)$$

由此解得

$$\boldsymbol{B}(r) = \mu_0\sigma\omega a\boldsymbol{e}_z, \quad r < a$$

另解　流过导体壳表面的总电流为

$$I = \sigma\omega a l$$

根据安培环路定理

$$\oint \boldsymbol{B} \cdot \mathrm{d}\boldsymbol{l} = \mu_0 I$$

$$Bl = \mu_0\sigma\omega a l$$

由此解得

$$\boldsymbol{B} = \mu_0\sigma\omega a\boldsymbol{e}_z$$

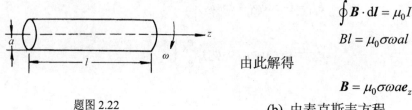

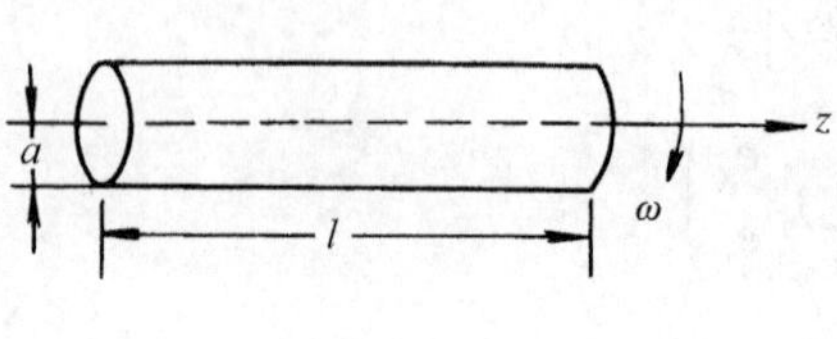

题图 2.22

(b) 由麦克斯韦方程

$$\oint_L \boldsymbol{E} \cdot \mathrm{d}\boldsymbol{l} = -\frac{\partial}{\partial t}\int_S \boldsymbol{B} \cdot \mathrm{d}\boldsymbol{s}$$

L为半径为r的圆，在圆上E大小相等，方向沿圆的切向，即$\boldsymbol{E} = e(r)\boldsymbol{e}_\theta$，从而可得

(c) 圆柱内电场强度

$$\boldsymbol{E}(r) = -\frac{\mu_0\sigma a k r}{2}\boldsymbol{e}_\theta, \quad r < a$$

总电能

$$W_{\mathrm{E}} = \int_V \frac{1}{2}\varepsilon_0 E^2 \mathrm{d}V = \frac{1}{2}\varepsilon_0 l \int_0^a \left(\frac{\mu_0\sigma a k r}{2}\right)^2 2\pi r \mathrm{d}r$$

$$= \frac{\pi\varepsilon_0\mu_0^2\sigma^2 k^2 a^6 l}{16}$$

总磁能

$$W_B = \int_V \frac{B^2}{2\mu_0} dV = \frac{1}{2\mu_0}(\mu_0 \sigma\omega a)^2 \cdot \pi a^2 l = \frac{\pi\mu_0\sigma^2 a^4 k^2 l t^2}{2}$$

2.23　永久极化的圆柱形电介质匀速旋转时远处的磁场

题 2.23　今有一个半径为 a 的长圆柱形电介质被永久极化，其每一点极化矢量的方向都沿径向向外，极化强度的大小与该点到轴的距离成正比，即 $\boldsymbol{p} = p_0 \boldsymbol{r}/2$. (a) 求此介质内的电荷密度. (b) 如果该圆柱以一个恒定的角速度 ω 绕其轴旋转而同时保持极化强度 $\boldsymbol{p}$ 不变，求圆柱轴上远离两端处的磁感应强度.

解　(a) 采用柱坐标，则 $p_r = p_0 r/2$，因此束缚电荷密度为

$$\rho = -\nabla \cdot \boldsymbol{p} = -\frac{1}{r} \cdot \frac{\partial}{\partial r}\left(r \frac{p_0 r}{2}\right) = -p_0$$

(b) $\boldsymbol{\omega} = \omega \boldsymbol{e}_z$，对柱内 $\boldsymbol{r} = r\boldsymbol{e}_r + z\boldsymbol{e}_z$ 点，体电流密度为

$$\boldsymbol{j}(\boldsymbol{r}) = \rho \boldsymbol{v} = \rho \boldsymbol{\omega} \times \boldsymbol{r} = -p_0 \omega \boldsymbol{e}_z \times (r\boldsymbol{e}_r + z\boldsymbol{e}_z) = -p_0 \omega r \boldsymbol{e}_\theta$$

另一方面，在圆柱侧面上，有面电荷分布，其密度为 $\sigma = \boldsymbol{n} \cdot \boldsymbol{p} = \boldsymbol{e}_r \cdot \left.\frac{p_0 \boldsymbol{r}}{2}\right|_{r=a} = \frac{p_0 a}{2}$，它产生面电流密度为

$$\boldsymbol{\alpha} = \sigma \boldsymbol{v} = \frac{p_0}{2} \omega a^2 \boldsymbol{e}_\theta$$

由于圆柱很长，当求离两端的轴上点的磁场时，可把此点视为原点而把圆柱视为无限长，则原点处的磁感应强度为

$$B = \frac{\mu_0}{4\pi}\left(\int_V \frac{\boldsymbol{j}(r') \times \boldsymbol{r}'}{r'^3} dV' + \int_S \frac{\boldsymbol{\alpha}(r') \times \boldsymbol{r}'}{r'^3} ds'\right)$$

V、S 为柱的体积与柱的侧面积. 显然 $r = |r'|$.

$$\int_V \frac{\boldsymbol{j}(r') \times \boldsymbol{r}'}{r'^3} dV' = \int_V \frac{-p_0 \omega r \boldsymbol{e}_\theta \times (-r\boldsymbol{e}_r - z\boldsymbol{e}_z)}{(r^2 + z^2)^{3/2}} \cdot r dr d\theta dz$$

$$= -p_0 \omega \left[\int_V \frac{r^3 dr d\theta dz}{(r^2 + z^2)^{3/2}} \boldsymbol{e}_z - \int_V \frac{z r^2 dr d\theta dz}{(r^2 + z^2)^{3/2}} \boldsymbol{e}_r\right]$$

由于对称性，第二项积分为 0. 对第一项作代换

$$z = r \tan \beta$$

则可得

$$\int_V \frac{\boldsymbol{j}(r') \times \boldsymbol{r}'}{r'^3} dV' = -p_0 \omega \int_0^{2\pi} d\theta \int_0^a r dr \int_{-\frac{\pi}{2}}^{\frac{\pi}{2}} \cos \beta d\beta \boldsymbol{e}_z$$

$$= -2\pi p_0 \omega a^2 \boldsymbol{e}_z$$

类似可作面积分，有

$$\int_S \frac{\boldsymbol{\alpha}(\boldsymbol{r}')\times\boldsymbol{r}'}{r'^3}\mathrm{d}s' = \int_S \frac{\frac{p_0}{2}\omega a^2\boldsymbol{e}_\theta\times(-a\boldsymbol{e}_r - z\boldsymbol{e}_z)}{(a^2+z^2)^{3/2}}\mathrm{d}s$$

$$= \frac{p_0}{2}\omega a^4\int_S \frac{\mathrm{d}\theta\mathrm{d}z}{(a^2+z^2)^{3/2}}\boldsymbol{e}_z$$

$$= 2\pi p_0\omega a^2\boldsymbol{e}_z$$

由此可得远离两端的柱轴上点的磁感应强度 $\boldsymbol{B}=0$.

另解　当圆柱以恒定角速度绕轴旋转时，可以把圆柱看成无穷长的螺线管，则原点处的磁场是柱内体电流和柱面电流产生的磁场之和.

柱内体电流产生的磁场

$$\boldsymbol{B}_1 = \mu_0\int_0^a \rho\omega r\mathrm{d}r\boldsymbol{e}_z = -\mu_0 p_0\omega\int_0^a r\mathrm{d}r\boldsymbol{e}_z$$

$$= -\frac{\mu_0 p_0\omega a^2}{2}\boldsymbol{e}_z$$

柱面电流产生的磁场

$$\boldsymbol{B}_2 = \mu_0\alpha\boldsymbol{e}_z = \frac{\mu_0 p_0\omega a^2}{2}\boldsymbol{e}_z$$

则

$$\boldsymbol{B} = \boldsymbol{B}_1 + \boldsymbol{B}_2 = 0$$

由此可得远离两端的柱轴上点的磁感应强度 $\boldsymbol{B}=0$.

2.24　永久极化的圆柱形电介质匀速旋转时的电场、磁场和电磁能

题 2.24　一个半径为 R 的无限长的圆柱体由永久极化的电介质制成. 任意点的极化强度 $\boldsymbol{p}$ 均与径向矢量 $\boldsymbol{r}$ 成比例，即 $\boldsymbol{p}=a\boldsymbol{r}$，$a$ 为正的常数. 该圆柱绕其轴以角速度 ω 旋转，$\omega R \ll c$，故本题是一个非相对论问题. (a) 求柱内外，半径为 r 处的电场 $\boldsymbol{E}$. (b) 求柱内外，半径 r 处的磁场 $\boldsymbol{B}$. (c) 在下面两种情况下，储存在单位长度上电磁能量为多大？(i) 在圆柱转动之前；(ii) 在圆柱转动时. 这附加能量来自何处？

解　(a) 以柱体的轴为 z 轴，建立柱坐标系(r,θ,z). 柱体转动的角速度 $\boldsymbol{\omega}=\omega\boldsymbol{e}_z$，柱内体电荷密度为

$$\rho = -\nabla\cdot\boldsymbol{p} = -\nabla\cdot(a\boldsymbol{r}) = -2a$$

柱面上的面电荷密度为

$$\sigma = \boldsymbol{n}\cdot\boldsymbol{p} = \boldsymbol{e}_r\cdot(a\boldsymbol{r})\big|_{r=R} = aR$$

容易验证，柱上的净电荷为零. 由 $\oint\boldsymbol{E}\cdot\mathrm{d}\boldsymbol{s} = Q/\varepsilon_0$ 及轴对称性易求得

$$\boldsymbol{E} = \begin{cases} -\dfrac{ar}{\varepsilon_0}\boldsymbol{e}_r, & r<R \\ 0, & r>R \end{cases}$$

(b) 体电流密度 $\boldsymbol{j}=\rho\boldsymbol{v}=-2a\omega r\boldsymbol{e}_\theta$，面电流密度 $\boldsymbol{\alpha}=\sigma\boldsymbol{v}=a\omega R^2\boldsymbol{e}_\theta$. 圆柱无限长时，由对

称性可知 $\boldsymbol{B}=B(r)\boldsymbol{e}_z$. $\boldsymbol{B}$ 满足的方程与边界条件为

$$\nabla\times\boldsymbol{B}=\mu_0\boldsymbol{j},\qquad \boldsymbol{n}\times(\boldsymbol{B}_2-\boldsymbol{B}_1)=\mu_0\boldsymbol{\alpha}$$

$\boldsymbol{B}_1$、$\boldsymbol{B}_2$ 分别是柱内外的磁感应强度. 它们满足的方程为

$$-\frac{\partial B_1}{\partial r}=-2\mu_0 a\omega r,\qquad -\frac{\partial B_2}{\partial r}=0$$

显然 B_2 为一常数，由 $r\to\infty$ 时 B_2 应为 0，可知此常数等于 0. 这样在 $r=R$ 处的边界条件给出

$$-(B_2(R)-B_1(R))=\mu_0 a\omega R^2$$

从而得 $B_1(R)=\mu_0 a\omega R^2$.

对 B_1 的微分方程 $\dfrac{\partial B_1}{\partial r}=2\mu_0 a\omega r$ ，在 r-R 的区间中积分，即得

$$B_1(r)=B_1(R)-\mu_0 a\omega(R^2-r^2)=\mu_0 a\omega r^2$$

即最后得到柱内外磁场为

$$\boldsymbol{B}=\begin{cases}\mu_0 a\omega r^2\boldsymbol{e}_z, & r<R\\ 0, & r>R\end{cases}$$

(c) 下面求电磁能.

(i) 在圆柱转动前，只有电能，其总电能为

$$W_\mathrm{e}=\int_\infty\frac{\varepsilon_0}{2}E^2\mathrm{d}V$$

单位长度圆柱内储能为

$$\frac{\mathrm{d}W_\mathrm{e}}{\mathrm{d}z}=\int_0^{2\pi}\mathrm{d}\theta\int_0^R\frac{\varepsilon_0}{2}\left(\frac{ar}{\varepsilon_0}\right)^2 r\mathrm{d}r=\frac{\pi a^2R^4}{4\varepsilon_0}$$

(ii) 转动时，电能、磁能都存在，电能与(i)同. 单位长度的圆柱内储存的磁能为

$$\frac{\mathrm{d}W_\mathrm{m}}{\mathrm{d}z}=\int_0^{2\pi}\mathrm{d}\theta\int_0^R\frac{1}{2\mu_0}\left(\mu_0 a\omega r^2\right)^2 r\mathrm{d}r=\frac{\pi\mu_0 a^2\omega^2R^6}{6}$$

故单位长度总储能为

$$\begin{aligned}\frac{\mathrm{d}W}{\mathrm{d}z}&=\frac{\mathrm{d}W_\mathrm{e}}{\mathrm{d}z}+\frac{\mathrm{d}W_\mathrm{m}}{\mathrm{d}z}=\frac{\pi a^2R^4}{4\varepsilon_0}+\frac{\mu_0\pi a^2\omega^2R^6}{6}\\&=\frac{\pi a^2R^4}{4\varepsilon_0}\left(1+\frac{2\omega^2R^2}{3c^2}\right)\end{aligned}$$

磁能是附加的能量，它来自使柱体从静止到转动外界所做的功.

2.25　载流同轴电缆中的电场、磁场及电感和电容

题 2.25　已知一很长的同轴电缆由半径为 R_1 的实心圆柱导体和半径为 R_2 的外圆柱导体壳组成. 两导体间一端接电阻，另一端接一电池. 这样导体中流有电流 i，导体间有电势差 V. 忽略电缆自身的电阻. (a) 求区域 $R_2>r>R_1$ 中亦即两导体之间的磁场 $\boldsymbol{B}$ 与电场 $\boldsymbol{E}$.

(b)求两导体间单位长度的磁能和电能. (c) 假设内导体中的磁场可以忽略，求单位长度的电感和电容.

解 (a)采用柱坐标系 (r,θ,z). z 轴取为电缆轴心，z 轴正向为内导体电流方向，由 $\oint \boldsymbol{B}\cdot \mathrm{d}\boldsymbol{l}=\mu_0 i$ 及轴对称性即得

$$\boldsymbol{B}=\frac{\mu_0 i}{2\pi r}\boldsymbol{e}_\theta$$

由 $\oint \boldsymbol{E}\cdot \mathrm{d}\boldsymbol{s}=\dfrac{Q}{\varepsilon_0}$ 用轴对称性即得

$$\boldsymbol{E}=\frac{\lambda}{2\pi\varepsilon_0 r}\boldsymbol{e}_r$$

由两导体间电压 V，可求出 $\lambda=2\pi\varepsilon_0 V/\ln\dfrac{R_2}{R_1}$，于是

$$\boldsymbol{E}=\frac{V}{r\ln\dfrac{R_2}{R_1}}\boldsymbol{e}_r$$

(b) 磁能密度 $w_\mathrm{m}=\dfrac{B^2}{2\mu_0}=\dfrac{\mu_0}{2}\left(\dfrac{i}{2\pi r}\right)^2$ 可得单位长度的磁能为

$$\frac{\mathrm{d}W_\mathrm{m}}{\mathrm{d}z}=\int w_\mathrm{m}\mathrm{d}s=\int_{R_1}^{R_2}\frac{\mu_0}{2}\left(\frac{i}{2\pi r}\right)^2\cdot 2\pi r\mathrm{d}r$$

$$=\frac{\mu_0 i^2}{4\pi}\ln\frac{R_2}{R_1}$$

电能密度 $w_\mathrm{e}=\dfrac{\varepsilon_0 E^2}{2}=\dfrac{\varepsilon_0}{2}\left(\dfrac{V}{r\ln\dfrac{R_2}{R_1}}\right)^2$ 可得单位长度电能为

$$\frac{\mathrm{d}W_\mathrm{e}}{\mathrm{d}z}=\int w_\mathrm{e}\mathrm{d}s=\frac{\varepsilon_0}{2}\frac{V^2}{\left(\ln\dfrac{R_2}{R_1}\right)^2}\int_{R_1}^{R_2}\frac{2\pi r}{r^2}\mathrm{d}r=\frac{\pi\varepsilon_0 V^2}{\ln\dfrac{R_2}{R_1}}$$

(c) 由 $\dfrac{\mathrm{d}W_\mathrm{m}}{\mathrm{d}z}=\dfrac{1}{2}\left(\dfrac{\mathrm{d}L}{\mathrm{d}z}\right)i^2$，即得单位长度的电感为

$$\frac{\mathrm{d}L}{\mathrm{d}z}=\frac{\mu_0}{2\pi}\ln\frac{R_2}{R_1}$$

由 $\dfrac{\mathrm{d}W_\mathrm{e}}{\mathrm{d}z}=\dfrac{1}{2}\left(\dfrac{\mathrm{d}C}{\mathrm{d}z}\right)V^2$，即得单位长度的电容为

$$\frac{\mathrm{d}C}{\mathrm{d}z}=\frac{2\pi\varepsilon_0}{\ln\dfrac{R_2}{R_1}}$$

2.26　均匀磁化介质球内外的磁场

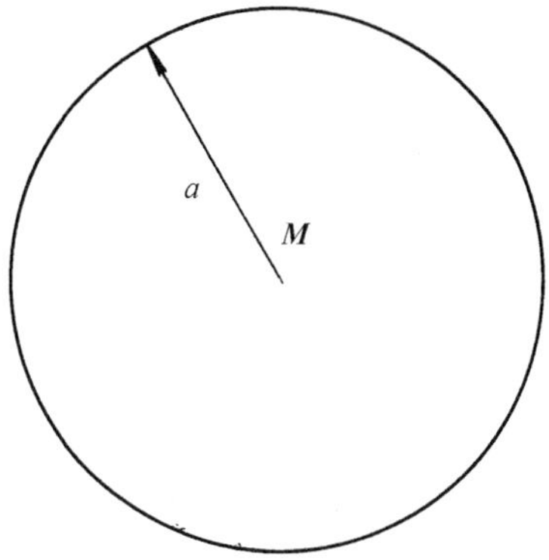

题图 2.26

题 2.26　一半径为 a 的均匀磁化介质球，其磁化强度为 $\boldsymbol{M}$. 求介质球内外的磁场.

解　采用等效的磁荷观点. 设想磁介质分子中存在正、负磁荷，如电子的情形，未极化时正、负磁荷中心重合. 而极化是通过其分子正磁荷中心和负磁荷中心分离实现的. 设每个分子两种磁荷分开的位移为 $\delta\boldsymbol{l}$，分子"磁荷"为 $q_{\rm m}$，分子数密度为 n，则 δV 体积元内磁偶极矩为

$$\delta\boldsymbol{m}=\sum_i\boldsymbol{m}_i=\frac{1}{\mu_0}n\delta V\cdot q_{\rm m}\delta\boldsymbol{l} \tag{1}$$

因而磁化强度为

$$\boldsymbol{M}=\frac{\delta\boldsymbol{m}}{\delta V}=\frac{1}{\mu_0}q_{\rm m}n\delta\boldsymbol{l} \tag{2}$$

同电的情形类似，介质球的均匀磁化相当于两个带相反磁荷的均匀球体发生了一个位移. 同样按磁场叠加原理得球内外的磁场强度为

$$\boldsymbol{H}=\begin{cases}-\dfrac{1}{3\mu_0}q_{\rm m}n\delta\boldsymbol{l}, & |\boldsymbol{r}|<a\\[2mm] -\dfrac{a^3}{3\mu_0}q_{\rm m}n\delta\boldsymbol{l}\cdot\nabla\dfrac{\boldsymbol{r}}{r^3}, & |\boldsymbol{r}|>a\end{cases}$$

将式(2)代入上式换用 $\boldsymbol{M}$ 来表示为

$$\boldsymbol{H}=\begin{cases}-\dfrac{1}{3}\boldsymbol{M}, & |\boldsymbol{r}|<a\\[2mm] -\dfrac{a^3}{3}\boldsymbol{M}\cdot\nabla\dfrac{\boldsymbol{r}}{r^3}, & |\boldsymbol{r}|>a\end{cases} \tag{3}$$

而磁感应强度 $\boldsymbol{B}=\mu_0(\boldsymbol{H}+\boldsymbol{M})$ 为

$$\boldsymbol{B}=\begin{cases}\dfrac{2\mu_0}{3}\boldsymbol{M}, & |\boldsymbol{r}|<a\\[2mm] -\dfrac{\mu_0 a^3}{3}\boldsymbol{M}\cdot\nabla\dfrac{\boldsymbol{r}}{r^3}, & |\boldsymbol{r}|>a\end{cases} \tag{4}$$

我们注意到介质球内的磁场是均匀场，而球外的磁场相当于位于原点的偶极子 $\boldsymbol{M}$ 激发的场.

2.27　均匀磁介质球放入均匀磁场

题 2.27　一半径为 a 的均匀各向同性磁介质球，磁导率为 μ. 现把它放入一均匀磁场 $\boldsymbol{B}_0$ 中，求介质球内外的磁场.

解　把磁场暂时换用磁场强度 $\boldsymbol{H}=\dfrac{1}{\mu_0}\boldsymbol{B}-\boldsymbol{M}$ 来描述. 磁介质球在均匀磁场中受到均匀磁化. 设磁化强度为 $\boldsymbol{M}$. 由于磁化而产生的球内、球外的磁场分别记为 $\boldsymbol{H}'_{\text{in}}$、$\boldsymbol{H}'_{\text{out}}$. 球内磁场强度、磁感应强度、磁化强度分别为

$$\boldsymbol{H}_{\text{in}}=\boldsymbol{H}_0+\boldsymbol{H}'_{\text{in}},\qquad \boldsymbol{B}_{\text{in}}=\mu_0\left(\boldsymbol{H}_{\text{in}}+\boldsymbol{M}\right)=\mu\boldsymbol{H}_{\text{in}},\qquad \boldsymbol{M}=\left(\frac{\mu}{\mu_0}-1\right)\boldsymbol{H}_{\text{in}} \tag{1}$$

由 $\boldsymbol{H}'_{\text{in}}=-\dfrac{1}{3}\boldsymbol{M}$. 这样由式(1)得

$$\boldsymbol{H}_{\text{in}}=\boldsymbol{H}_0-\frac{1}{3}\left(\frac{\mu}{\mu_0}-1\right)\boldsymbol{H}_{\text{in}}$$

由上式解得

$$\boldsymbol{H}_{\text{in}}=\frac{1}{1+\dfrac{1}{3}\left(\dfrac{\mu}{\mu_0}-1\right)}\boldsymbol{H}_0=\frac{3\mu_0}{\mu+2\mu_0}\boldsymbol{H}_0,\qquad \boldsymbol{B}_{\text{in}}=\mu\boldsymbol{H}_{\text{in}} \tag{2}$$

而磁化强度为

$$\boldsymbol{M}=\frac{\mu-\mu_0}{\mu_0}\boldsymbol{H}_{\text{in}}=\frac{3(\mu-\mu_0)}{\mu+2\mu_0}\boldsymbol{H}_0 \tag{3}$$

介质磁化在球外激发的磁场为

$$\boldsymbol{H}'_{\text{out}}=-\frac{a^3}{3}\boldsymbol{M}\cdot\nabla\frac{\boldsymbol{r}}{r^3}=\frac{\mu-\mu_0}{\mu+2\mu_0}a^3\left(\boldsymbol{H}_0\cdot\nabla\right)\frac{\boldsymbol{r}}{r^3} \tag{4}$$

球外磁场强度为 $\boldsymbol{H}_{\text{out}}=\boldsymbol{H}_0+\boldsymbol{H}'_{\text{out}}$，而磁感应强度为 $\boldsymbol{B}_{\text{out}}=\mu_0\boldsymbol{H}_{\text{out}}$. 这样得最后结果为

$$\boldsymbol{B}=\begin{cases}\dfrac{3\mu}{\mu+2\mu_0}\boldsymbol{B}_0, & |\boldsymbol{r}|<a\\[2ex] \boldsymbol{B}_0-\dfrac{\mu-\mu_0}{\mu+2\mu_0}a^3\left(\boldsymbol{B}_0\cdot\nabla\right)\dfrac{\boldsymbol{r}}{r^3}, & |\boldsymbol{r}|>a\end{cases} \tag{5}$$

2.28　平行圆板电容器通过细直导线放电

题 2.28　如题图 2.28 所示，一平行板电容器，由两块半径为 r 的圆板构成，两板的间隙 d 很小 $(d\ll r)$. 两板分别带电 $+Q_0$ 和 $-Q_0$. 在时间 $t=0$，用电阻为 R 的细直导线把两板的中心连接起来. 假设电阻 R 很大，由此在任一时刻两板间的电场保持均匀，且电感可以忽略. (a) 计算电容器各板上的电荷，表示成时间函数. (b) 计算穿过任一极板上半径为 $\rho(\rho<r)$ 的圆环的总电流，表示成时间的函数. (c) 计算两极板间的磁场，表示成时间和到中心的径向距离的函数. (d) 详细说明为什么只有方位角方向的磁场分量不为零.

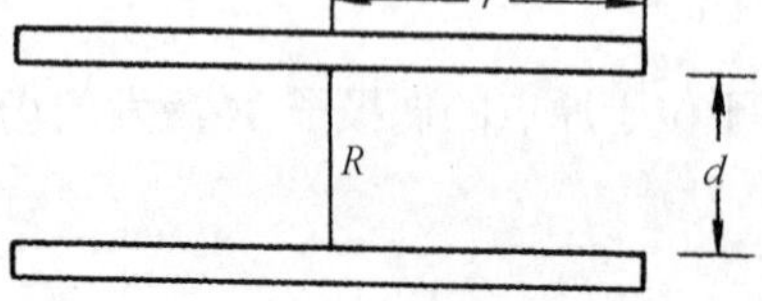

题图 2.28

解　(a) 平行板电容器电容为

$$C=\frac{\varepsilon_0 S}{d}=\frac{\pi\varepsilon_0 r^2}{d}$$

导线把电容器两极板中心连起来后，电路方程为

$$\frac{Q}{C}+\frac{\mathrm{d}Q}{\mathrm{d}t}R=0$$

由此可知

$$Q=Q_0\mathrm{e}^{-t/RC}$$

(b) 由于电荷是均匀分布的，所以在半径为 ρ 的环外总电荷为

$$q=\frac{Q}{r^2}\left(r^2-\rho^2\right)=\frac{Q_0\left(r^2-\rho^2\right)}{r^2}\mathrm{e}^{-t/RC}$$

由此求得流入半径为 ρ 的圆环的电流为

$$i=-\frac{\mathrm{d}q}{\mathrm{d}t}=\frac{Q_0(r^2-\rho^2)}{r^2RC}\mathrm{e}^{-t/RC}$$

而位移电流为

$$j_d=\frac{\partial D}{\partial t}=\frac{1}{S}\cdot\frac{\partial Q}{\partial t}=-\frac{1}{\pi r^2}\cdot\frac{1}{RC}Q_0\mathrm{e}^{-t/RC}=\frac{-dQ_0}{\varepsilon_0\pi^2r^4}\mathrm{e}^{-t/RC}$$

(c) 由对称性知，两极板间的磁场沿方位角方向，且和方位角无关. 应用安培环路定理得

$$2\pi\rho B_\theta=\mu_0(I-j_d\pi\rho^2)=\mu_0 I\left(1-\frac{\rho^2}{r^2}\right)$$

由此求得磁感应强度为

$$B_\theta=\frac{\mu_0 I}{2\pi\rho}\left(1-\frac{\rho^2}{r^2}\right)=\frac{\mu_0}{2\pi\rho}\left(1-\frac{\rho^2}{r^2}\right)\frac{Q_0}{RC}\mathrm{e}^{-t/RC}$$

(d) 为什么磁场只有一个 θ 分量？为了求出在任意点 $P(r_0,\theta_0,z_0)$ 上的磁场 B_r 和 B_z，这里 r_0,θ_0,z_0 是该点的柱面坐标. 首先计算两端 Δl_1 和 Δl_2 电流在 P 点所产生的磁场. 我们规定 Δl_1 在 $(r_0,\ \theta_0+\theta,z)$，$\Delta l_2$ 在 $(r,\theta_0-\theta,z)$，电流方向沿矢径. Δl_1 和 Δl_2 产生的磁场为(为简单起见，假设 P 点在 x-z 平面内)

$$\begin{aligned}\boldsymbol{B}_1&\propto \boldsymbol{i}\times(\boldsymbol{r}_1-\boldsymbol{r}_0)\\&\propto(\cos\theta\hat{\boldsymbol{x}}+\sin\theta\hat{\boldsymbol{y}})\times\left[(r\cos\theta-r_0)\hat{\boldsymbol{x}}+r\sin\theta\hat{\boldsymbol{y}}+(z-z_0)\hat{\boldsymbol{z}}\right]\end{aligned}$$

和

$$\boldsymbol{B}_2\propto(\cos\theta\hat{\boldsymbol{x}}-\sin\theta\hat{\boldsymbol{y}})\times\left[(r\cos\theta-r_0)\hat{\boldsymbol{x}}-r\sin\theta\hat{\boldsymbol{y}}+(z-z_0)\hat{\boldsymbol{z}}\right]$$

因而

$$\begin{aligned}\boldsymbol{B}_1+\boldsymbol{B}_2&\propto 2\cos\theta(z-z_0)(\hat{\boldsymbol{x}}\times\hat{\boldsymbol{z}})\\&=-2\cos\theta(z-z_0)\hat{\boldsymbol{y}}\\&=-2\cos\theta(z-z_0)\hat{\boldsymbol{\theta}}\end{aligned}$$

由此可见，这两段电流在 P 点产生的磁场分量 B_r 和 B_z 等于零. 若将这结果对 r 和 θ 积分，并对两极板求和，则我们得到两极板产生的磁场. 根据上述理由，可以断定磁场唯一的不为零的分量就是沿 θ 的分量.

2.29 RC电路中电容器内的位移电流、磁场及能流密度

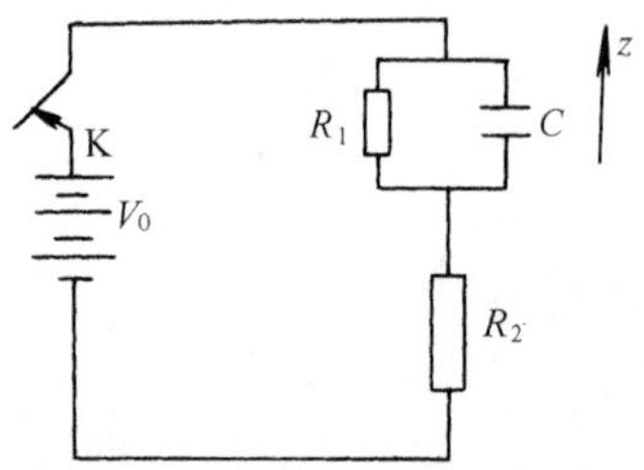

题图 2.29

题 2.29 两个电阻R_1、R_2与一个电容器组成的电路如题图 2.29 所示. 电容器由两圆形极板组成，其半径为b，间隔为d，电源电压为V_0. 当电路达到稳定状态时将开关 K 断开. 求:(a) t时刻电容器内的位移电流的大小和方向. (b) 此时两极板之间的磁感应强度B的分布. (c) 计算从电容器中流出的能流密度.

解 采用柱坐标系(r,θ,z).

(a) 电路达到稳定状态时，电容器极板电压

$$V_C = \frac{V_0}{R_1 + R_2}$$

当开关 K 断开时，电容器放电，电路方程为

$$R_1 \frac{\mathrm{d}q}{\mathrm{d}t} + \frac{1}{C} q = 0$$

它满足$q\big|_{t=0} = q_0$的解为

$$q = q_0 \mathrm{e}^{-\frac{t}{R_1 C}}$$

放电电流即位移电流为

$$I_\mathrm{d} = \frac{\mathrm{d}q}{\mathrm{d}t} = -\frac{V_0}{R_1 + R_2} \mathrm{e}^{-\frac{d}{R_1 \varepsilon_0 \pi b^2} t}$$

电流方向为z轴正向.

(b) 根据安培环路定理，在电容器内作一半径为r的圆，于是

$$\oint_L \boldsymbol{B} \cdot \mathrm{d}\boldsymbol{l} = \mu_0 I'_d = \mu_0 \frac{I_\mathrm{d} r^2}{b^2}$$

故两极板间的磁感应强度为

$$\boldsymbol{B} = -\frac{\mu_0 r}{2\pi b^2} \cdot \frac{V_0}{R_1 + R_2} \mathrm{e}^{-\frac{d}{R_1 \varepsilon_0 \pi b^2} t} \boldsymbol{e}_\theta$$

(c) 电容器内电场强度与放电电流方向相反，故电容器中流出的能流密度

$$\boldsymbol{S} = \boldsymbol{E} \times \boldsymbol{B} = \frac{Q}{cd} \cdot \frac{B}{\mu_0} (-\boldsymbol{e}_z \times \boldsymbol{e}_\theta)$$

$$= \frac{R_1 V_0^2 r}{2\pi d b^2 (R_1 + R_2)^2} \mathrm{e}^{-\frac{2d}{R_1 \varepsilon_0 \pi b^2} t} \boldsymbol{e}_r$$

2.30 两端接电阻、电池的同轴电缆的电场、磁场和坡印亭矢量

题 2.30 一同轴电缆的两导体与一电池、电阻相连接，如题图 2.30 所示，试求区域

$r_1<r<r_2$ 中的：(a) 电场，用 V、r_1、r_2 表示. (b) 磁场，用 V、R、r_1、r_2 表示. (c) 坡印亭矢量. (d) 对坡印亭矢量积分证明 $r_1<r<r_2$ 中通过的功率是 V^2/R.

解　(a)、(b)参考题 2.25，有

$$\boldsymbol{E}=\frac{V}{r\ln\frac{r_2}{r_1}}\boldsymbol{e}_r,\qquad \boldsymbol{B}=\frac{\mu_0 I}{2\pi r}\boldsymbol{e}_\theta$$

因 $I=V/R$，故

$$\boldsymbol{B}=\frac{\mu_0 V}{2\pi rR}\boldsymbol{e}_\theta$$

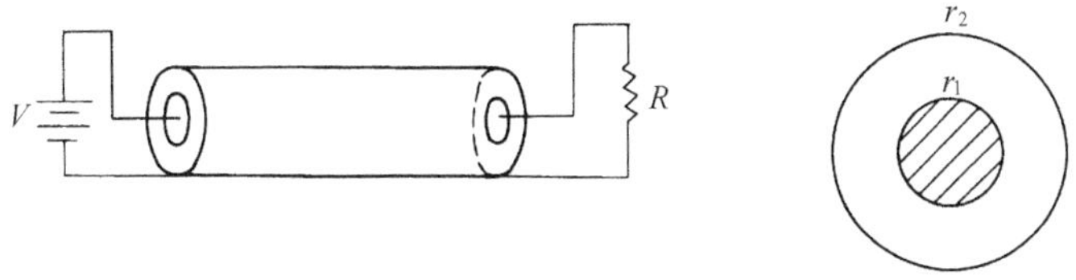

题图 2.30

(c) 坡印亭矢量

$$\boldsymbol{S}=\boldsymbol{E}\times\boldsymbol{H}=\boldsymbol{E}\times\frac{\boldsymbol{B}}{\mu_0}=\frac{V}{r\ln\frac{r_2}{r_1}}\boldsymbol{e}_r\times\frac{V}{2\pi rR}\boldsymbol{e}_\theta$$

$$=\frac{V^2}{2\pi r^2R\ln\frac{r_2}{r_1}}\boldsymbol{e}_z$$

(d) $r_1<r<r_2$ 中通过的功率

$$P=\int_{r_1<r<r_2}S\mathrm{d}\sigma=\int_{r_1}^{r_2}\frac{V^2}{2\pi R\ln\frac{r_2}{r_1}}\frac{1}{r^2}\cdot 2\pi r\mathrm{d}r$$

$$=\frac{V^2}{R}$$

2.31　圆柱体近轴处的磁场及电流密度

题 2.31　假定在正圆柱体的轴线上，磁场为

$$\boldsymbol{B}=B_0(1+\nu z^2)\boldsymbol{e}_z$$

在柱体中 $\boldsymbol{B}$ 的 θ 分量为零. (a) 计算近轴处磁场的径向分量 $B_r(r,z)$. (b) 若上述磁场对所有半径 r 均有效，柱体内部的电流密度 $\boldsymbol{j}(r,z)$ 如何?

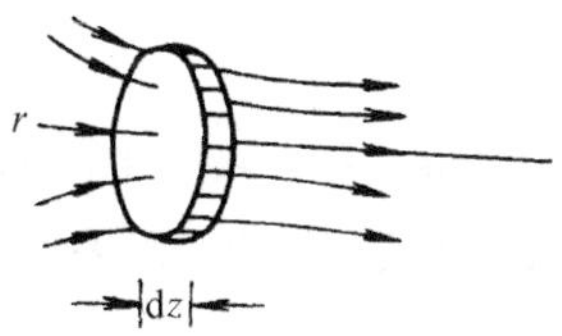

题图 2.31

解　(a) 考虑高度为 dz,半径为 r 的小柱体表面作为高斯面 S，如题图 2.31 所示. 由 $\oint\boldsymbol{B}\cdot\mathrm{d}\boldsymbol{S}=0$ 及 r 很小,有 $B_z(r,z)\approx B_z(0,z)$ 和

$$\left[B_z(0,z+\mathrm{d}z)-B_z(0,z)\right]\pi r^2+B_r(r,z)2\pi r\mathrm{d}z=0$$

故

$$-\frac{\partial B(0,z)}{\partial z}\mathrm{d}z\cdot\pi r^2=B_r(r,z)\cdot 2\pi r\mathrm{d}z$$

所以

$$B_r(r,z)=-\frac{r}{2}\cdot\frac{\partial B(0,z)}{\partial z}=-\frac{r}{2}\cdot\frac{\mathrm{d}}{\mathrm{d}z}\left[B_0(1+\nu z^2)\right]$$
$$=-\nu B_0 rz$$

(b) 依题意，处处

$$B_r(r,z)=-\nu B_0 rz$$
$$B_z(r,z)=B_0(1+\nu z^2)$$

由 $\boldsymbol{j}=\frac{1}{\mu_0}\nabla\times\boldsymbol{B}$，注意 $B_\theta=0,\frac{\partial B_r}{\partial\theta}=\frac{\partial B_z}{\partial\theta}=0$，故有

$$\boldsymbol{j}(r,z)=\frac{1}{\mu_0}\left[\frac{\partial B_r}{\partial z}-\frac{\partial B_z}{\partial r}\right]\boldsymbol{e}_\theta=\frac{1}{\mu_0}\cdot\frac{\partial B_r}{\partial z}\boldsymbol{e}_\theta$$
$$=-\frac{1}{\mu_0}\nu B_0 r\boldsymbol{e}_\theta$$

2.32　正方形截面环形铁芯的磁化强度

题 2.32　一个环形铁芯具有正方形截面(题图 2.32)，磁导率为 μ，绕有载电流 I 的 N 匝线圈. 求磁铁内磁化强度 M 的数值.

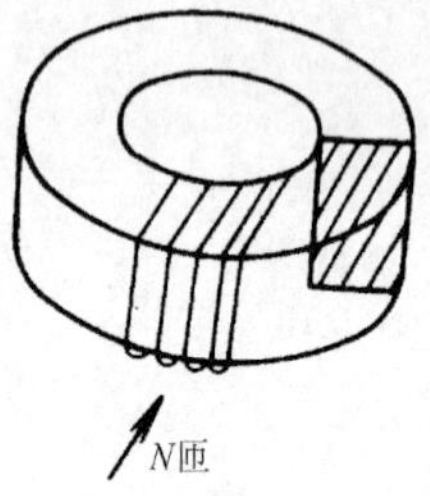

题图 2.32

解　由安培回路定理

$$\oint\boldsymbol{H}\cdot\mathrm{d}\boldsymbol{l}=NI$$

得磁场

$$H=\frac{NI}{2\pi r}$$

r 为离中心轴距离.

磁化强度 M 与磁场 H 的关系

$$M=\frac{B}{\mu_0}-H=\frac{\mu H}{\mu_0}-H=\frac{\mu-1}{\mu_0}\cdot\frac{NI}{2\pi r}$$

2.33　C 形磁铁导线的匝数

题 2.33　一个 C 形磁铁如题图 2.33 所示. 所有的尺寸均以 cm 为单位. 软铁的相对磁导率是 3000. 如果 I=1A 的电流在空隙产生 0.01T 的磁场，试问需要导线绕多少匝?

解　取回路 L 为 C 形铁正截面(一个边长 l 为 20cm 的正方形)的边线，由磁感强度沿法向的连续性，空隙与磁铁中有相同的 $\boldsymbol{B}$. 因此空隙处的磁场强度为 $\frac{B}{\mu_0}$，磁铁内的磁场强度

为 $\dfrac{B}{\mu_0\mu_r}$, μ_r 为磁铁的相对磁导率. $\boldsymbol{B}$ 的方向沿 L 的切向. 由安培回路定理

$$\oint_L \boldsymbol{H}\cdot d\boldsymbol{l} = NI$$

有

$$\frac{B}{\mu_0}d + \frac{B}{\mu_0\mu_r}(4l-d) = NI$$

式中，d=2cm 为空隙宽度. 所以

$$\begin{aligned} N &= \frac{B}{\mu_0 I}\left(d + \frac{1}{\mu_r}(4l-d)\right) \\ &= \frac{0.01}{4\pi\times10^{-7}\times1}\left(0.02+\frac{0.2\times4-0.02}{3000}\right) \\ &\approx 161.2(\text{匝}) \end{aligned}$$

即需绕 162 匝.

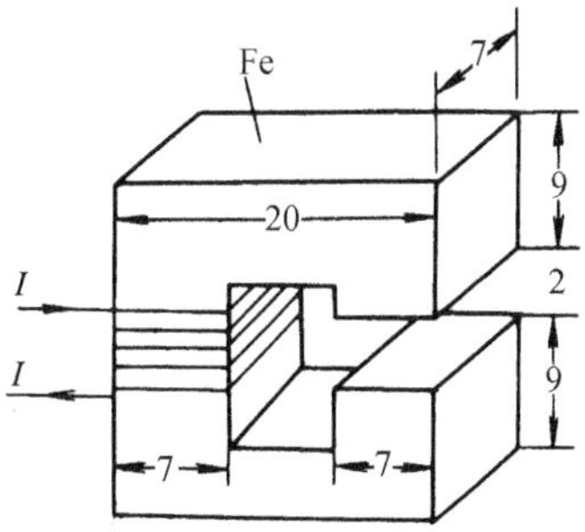

题图 2.33

2.34 C 形磁铁空隙中的磁感应强度

题 2.34 已知一个电磁铁由绕有 N 匝载流线圈的 C 形铁片 $(\mu \gg \mu_0)$ 所构成，如题图 2.34 所示. 如果铁片的横截面积是 A，电流为 i，空隙的宽度为 d，C 形的每边长为 l，求空隙中的 B 场.

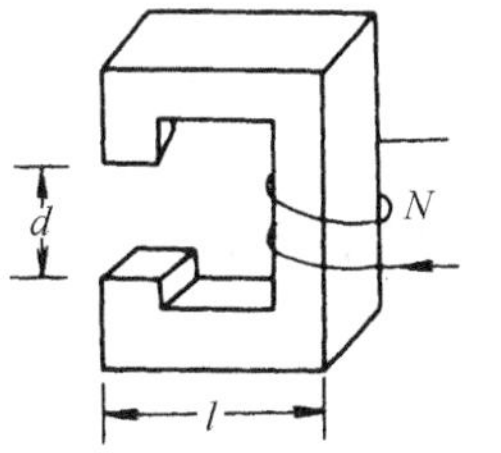

题图 2.34

解 假设气隙中无漏磁. 气隙中的磁场 B 与棒中磁场一样，由安培环路定理

$$\oint \boldsymbol{H}\cdot d\boldsymbol{l} = \frac{B}{\mu_0}d + \frac{B}{\mu}(4l-d) = NI$$

从而

$$B = \frac{NI\mu_0\mu}{d(\mu-\mu_0)+4l\mu_0}$$

2.35 设计在气隙中产生 1.0T 的磁铁

题 2.35 请你设计一块磁铁(使用最少量的铜)，使得在 0.1m 长横截面为 1.0m × 2.0m 空隙中产生 1.0T 的磁场. 假定铁芯的磁导率很高. 计算所消耗的功率与所需铜的质量(已知铜的电阻率为 $2\times10^{-6}\Omega\cdot\text{cm}$，它的密度是 8g/cm^3，容许通过的最大电流密度是 1000A/cm^2). 磁铁磁极之间的引力是多少?

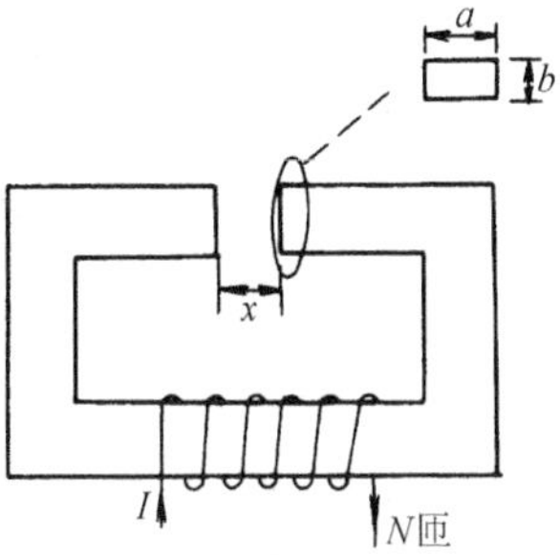

题图 2.35

解 如题图 2.35 所示，由安培环路定理

$$\oint_L \boldsymbol{H}\cdot d\boldsymbol{l} = \frac{B}{\mu_0}x + \frac{B}{\mu}(l-x) = NI$$

式中，x 为气隙宽度，由于 $\mu \gg \mu_0$，第二项可忽略. 设铜导线

截面积为$S, j = 1000\text{A}/\text{cm}^2$，则通过的电流强度为

$$I = jS$$

导线所消耗的功率为

$$P = I^2 R = I^2 \rho \frac{2N(a+b)}{S}$$
$$= 2j\rho(a+b)\frac{B}{\mu_0}x$$

式中，ρ是电阻率. 代入已知数据，可得

$$P=9.5\times10^4\text{W}$$

设d为铜的密度，则所需铜的质量

$$m = 2N(a+b)Sd = 2(a+b)\frac{B}{j\mu_0}xd = 3.8\text{kg}$$

设$A = a\cdot b$是气隙的截面积，磁极间的引力为

$$F_m = \frac{AB^2}{2\mu_0} = 8.0\times10^5\text{N}$$

2.36 圆环形软铁所留狭缝中的磁场

题 2.36 有一个圆柱形软铁棒，长为L，直径为d，被弯成一半径为R的圆. 其两端之间留有一狭缝，缝的间距S沿棒的端面处处相等，且设$S \ll d, d \ll R$. 现有N匝线圈紧绕在铁棒上，通以电流I. 铁的相对磁导率为μ_r，忽略边缘效应，求气隙中的场B.

解 因$S \ll d \ll R$，可认为气隙中无漏磁，因此气隙中的磁场B与棒中磁场一样. 由

$$\oint \boldsymbol{H}\cdot \text{d}\boldsymbol{l} = NI$$

可得

$$B = \frac{\mu_r \mu_0 NI}{2\pi R + (\mu_r - 1)S}$$

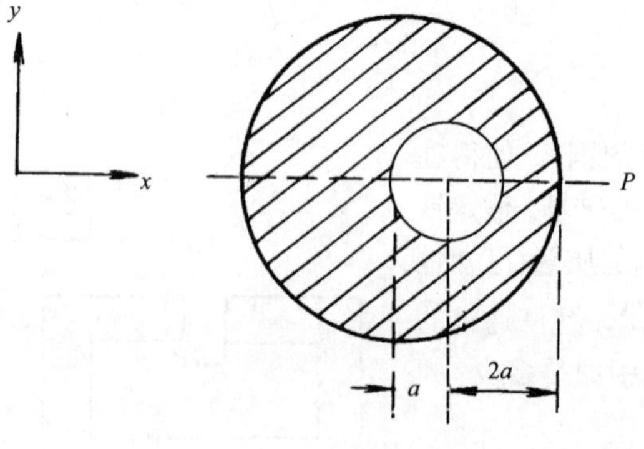

题图 2.37

2.37 带通孔的长带电圆柱的磁场

题 2.37 题图 2.37 表示一半径为$3a$的无限长带电圆柱，孔径为a，孔轴与圆柱轴平行，两轴相距为a. 圆柱中通有电流I，该电流沿截面均匀分布，并从纸面流出. (a) 求过两轴平面P点上的磁场. (b) 求孔内各点的磁场，它会具有特别简单的表达式.

解 (a) 根据叠加原理，所求的场可看作半径为$3a$的实心圆柱产生的场$\boldsymbol{H}_2$和位于孔径处半径为a的实心圆柱产生的场$\boldsymbol{H}_1$之差. 两圆柱电流沿截面均匀分布，总

电流强度分别为

$$I_2=\frac{\pi\cdot 9a^2\cdot I}{\pi(9a^2-a^2)}=\frac{9}{8}I,\qquad I_1=\frac{\pi a^2 I}{\pi(9a^2-a^2)}=\frac{1}{8}I$$

取圆柱轴为 z 轴，正向由纸面向外，即电流 I 的方向；x 轴通过孔轴向右，y 轴向上. 这样 P 面相当于 y=0 面. 由静磁场的安培环路定理不难求得 $\boldsymbol{H}_2$ 和 $\boldsymbol{H}_1$ 为(令 $r=\sqrt{x^2+y^2}$，$r_1=\sqrt{(x-a)^2+y^2}$)

$$H_{2x}=-\frac{Iy}{16\pi a^2},\qquad H_{2y}=\frac{Ix}{16\pi a^2},\qquad r\leqslant 3a$$

$$H_{2x}=-\frac{9Iy}{16\pi(x^2+y^2)},\qquad H_{2y}=\frac{9Ix}{16\pi(x^2+y^2)},\qquad r>3a$$

$$H_{1x}=-\frac{Iy}{16\pi a^2},\qquad H_{1y}=\frac{I(x-a)}{16\pi a^2},\qquad r_1\leqslant a$$

$$H_{1x}=-\frac{Iy}{16\pi\left[(x-a)^2+y^2\right]},\qquad H_{1y}=\frac{I(x-a)}{16\pi\left[(x-a)^2+y^2\right]},\qquad r_1>a$$

在 P 平面上，$H_{2x}=H_{1x}=0,$ 故 $H_y=H_{2y}-H_{1y}$.

(1) 孔内 $(0<x<2a)$

$$H_y=\frac{Ix}{16\pi a^2}-\frac{I(x-a)}{16\pi a^2}=\frac{Ia}{16\pi a^2}=\frac{I}{16\pi a}$$

(2) 实心部分 $(2a\leqslant x\leqslant 3a$ 或 $-3a\leqslant x\leqslant 0)$

$$H_y=\frac{Ix}{16\pi a^2}-\frac{I(x-a)}{16\pi\left[(x-a)^2+y^2\right]}=\frac{I(x^2-ax-a^2)}{16\pi a^2(x-a)}$$

(3) 圆柱外 $(|x|>3a)$

$$H_y=\frac{9Ix}{16\pi(x^2+y^2)}-\frac{I(x-a)}{16\pi\left[(x-a)^2+y^2\right]}=\frac{(8x-9a)I}{16\pi x(x-a)}$$

(b) 孔内各点的磁场 $(r_1\leqslant a)$

$$H_x=-\frac{Iy}{16\pi a^2}+\frac{Iy}{16\pi a^2}=0$$

$$H_y=\frac{Ix}{16\pi a^2}-\frac{I(x-a)}{16\pi a^2}=\frac{I}{16\pi a}$$

孔内磁场均匀，方向指向 y 轴的正向.

2.38　具一定电势的球在导电介质中的电流及远处的磁场

题 2.38　(a) 半径为 r 的球电势为 V，置于电导率为 σ 的电介质中. 计算从球流向无穷远的电流. (b) 若有两球电势分别为+V、0，球心位置 $x=\pm d, d\gg r$. 对于很远的 $(R\gg d)$ 与两球等距点(即在 yz 平面)，计算电流密度 $\boldsymbol{J}$. (c) 与(b)同样的几何位置，计算 yz 平面上与二球相距甚远点的磁场.

解　(a) 由欧姆定律：$\boldsymbol{J}=\sigma\boldsymbol{E}$，令球带电荷 Q，则球面电势为

$$V=\frac{Q}{4\pi\varepsilon_0 r}$$

故 $Q=4\pi\varepsilon_0 rV$，从球内流向球外的电流强度为

$$I=\int_{\text{球面}}\boldsymbol{J}\cdot\mathrm{d}\boldsymbol{S}=\sigma\int\boldsymbol{E}\cdot\mathrm{d}\boldsymbol{S}=\sigma\frac{Q}{\varepsilon_0}=4\pi\sigma rV$$

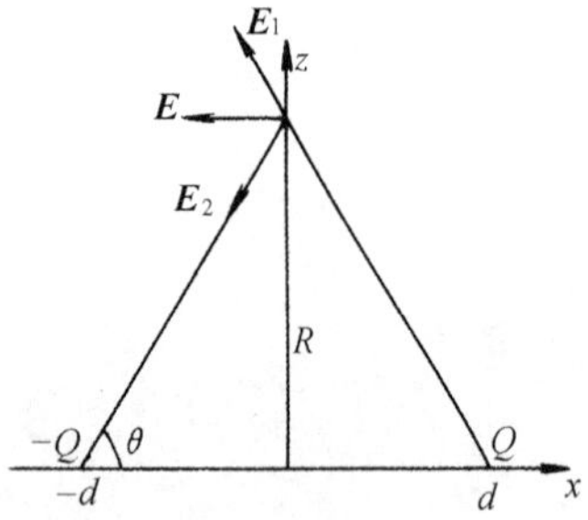

题图 2.38

(b) 因 $d\gg r$，可以把球看作一点电荷，设电势为 V 的球带总电荷$+Q$，电势为 0 的带$-Q$. 取二球心连线为 x 轴，中点为坐标原点，连线上任意一点(坐标为 x)的电势为

$$V(x)=\frac{Q}{4\pi\varepsilon_0}\left(\frac{1}{d-x}-\frac{1}{d+x}\right)$$

二球面之间的电势差为

$$V=\frac{Q}{4\pi\varepsilon_0}\left(\frac{1}{d-x}-\frac{1}{d+x}\right)\Bigg|_{-d+r}^{d-r}$$

$$=\frac{Q}{4\pi\varepsilon_0}\cdot\frac{4(d-r)}{r(2d-r)}\approx\frac{Q}{2\pi\varepsilon_0 r}$$

故

$$Q=2\pi\varepsilon_0 rV$$

在 yz 平面上，与二球等距的点是以原点为圆心的圆. 由对称性，圆上各点的电磁场数值相等，因此不妨取此圆与 z 轴的交点来计算(题图 2.38). 取圆的半径为 R，$+Q$ 与$-Q$ 电荷产生的电场为 $\boldsymbol{E}_1$、$\boldsymbol{E}_2$，二者合成只有 x 分量，即

$$\boldsymbol{E}=-\frac{2Q}{4\pi\varepsilon_0(R^2+d^2)}\cos\theta\boldsymbol{e}_x=-\frac{Qd}{2\pi\varepsilon_0(R^2+d^2)^{\frac{3}{2}}}\boldsymbol{e}_x$$

则此处的电流密度为

$$\boldsymbol{J}=\sigma\boldsymbol{E}=-\frac{\sigma Qd}{2\pi\varepsilon_0(R^2+d^2)^{3/2}}\boldsymbol{e}_x=-\frac{Vrd}{(R^2+d^2)^{3/2}}\boldsymbol{e}_x$$

实际上，z 轴的选择是任意的，因此可推广到大圆上任意点，上式都成立.

(c) 以上题大圆为回路 L，用安培定律

$$\oint_L\boldsymbol{B}\cdot\mathrm{d}\boldsymbol{l}'=\mu_0\int_s\boldsymbol{J}\cdot\mathrm{d}\boldsymbol{s}',\quad \mathrm{d}\boldsymbol{s}'=r'\mathrm{d}r'\mathrm{d}\theta'\boldsymbol{e}_x$$

也就是

$$2\pi RB=-\mu_0\int_0^{2\pi}\mathrm{d}\theta'\int_0^R\frac{Vr\mathrm{d}r'}{(r'^2+d^2)^{3/2}}\mathrm{d}r'$$

$$=2\pi\mu_0 Vrd\left(\frac{1}{\sqrt{R^2+d^2}}-\frac{1}{d}\right)$$

因 $R \gg d$，近似可得 $\boldsymbol{B}=\dfrac{\mu_0 Vr}{R}\boldsymbol{e}_\theta$. 即 $\boldsymbol{B}$ 沿回路 L 切向，从正 x 方向看为顺时针的.

2.39　均匀带电的薄球壳绕一直径旋转

题 2.39　一个电介质薄球壳，半径为 R，以角速度 ω 绕一直径旋转. 在球面上分布着均匀的面电荷 σ，它在球内将产生与 ω 成比例的均匀磁场. 假设球壳的质量可以忽略. (a) 求转动的球壳内外的磁场. (b) 如果施加一个平行于 ω 的常力矩 $\boldsymbol{N}$，问多长时间后球壳将停止转动？

解　取球坐标系(题图 2.39)以转轴为 z 轴，球壳上面电流密度为

$$\boldsymbol{\alpha}=R\sigma\omega\sin\theta\boldsymbol{e}_\varphi$$

或写成等效体电流

$$\boldsymbol{J}=\boldsymbol{\alpha}\delta(r-R)$$

故得球的磁矩为

$$\boldsymbol{m}=\frac{1}{2}\int_{球体积}\boldsymbol{r}\times\boldsymbol{J}\mathrm{d}V=\pi R^4\sigma\omega\int_0^\pi\sin^3\theta\mathrm{d}\theta\boldsymbol{e}_z$$

$$=\frac{4\pi}{3}R^4\sigma\omega\boldsymbol{e}_z$$

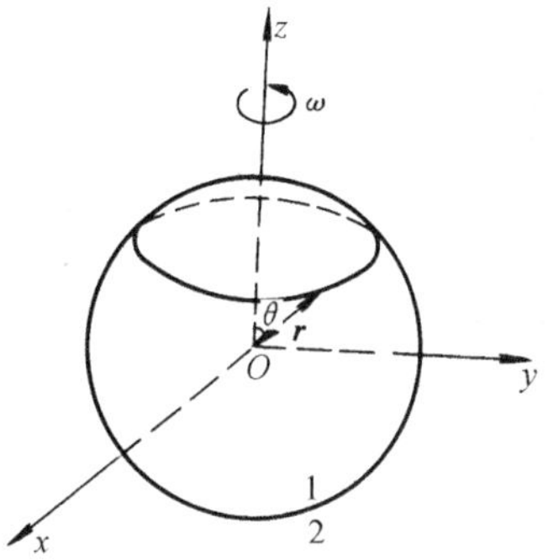

题图 2.39

球的磁化强度

$$\boldsymbol{M}=\frac{\boldsymbol{m}}{\frac{4}{3}\pi R^3}=\sigma\omega R\boldsymbol{e}_z$$

因球内外均无自由电流，可用磁标势法求解. 设球内、球外的磁标势分别为 φ_1、φ_2，满足

$$\nabla^2\varphi_1=\nabla^2\varphi_2=0$$

边界条件为 $\varphi_1|_0$ 有限，$\varphi_2|_\infty\to 0$，在球面上连接条件为

$$\varphi_1=\varphi_2|_{r=R},\qquad \left.\frac{\partial\varphi_2}{\partial r}-\frac{\partial\varphi_1}{\partial r}\right|_{r=R}=-\sigma R\omega\cos\theta$$

用分离变量法

$$\varphi_1=\sum_n a_n r^n \mathrm{P}_n(\cos\theta)$$

$$\varphi_2=\sum_n \frac{b_n}{r^{n+1}}\mathrm{P}_n(\cos\theta)$$

代入边界条件得

$$a_1=\frac{\sigma R\omega}{3},\qquad b_1=\frac{\sigma R^3\omega}{3}$$

其他 a_n、b_n 均为 0，故得磁标势为

$$\varphi_1=\frac{1}{3}\sigma R\boldsymbol{\omega}\cdot\boldsymbol{r},\qquad \varphi_2=\frac{1}{3}\sigma R^3\boldsymbol{\omega}\cdot\frac{\boldsymbol{r}}{r^3}$$

最后得球内外磁场为

$$\boldsymbol{H}_1 = -\nabla\varphi_1 = -\frac{1}{3}\sigma R\omega\boldsymbol{e}_z$$

$$\boldsymbol{B}_1 = \mu_0(\boldsymbol{H}_1 + \boldsymbol{M}) = \frac{2}{3}\mu_0\sigma R\omega\boldsymbol{e}_z, \qquad r \leqslant R$$

$$\boldsymbol{B}_2 = \mu_0\boldsymbol{H}_2 = -\nabla\varphi_2 = \frac{\mu_0}{3}\sigma R^3\left(\frac{3(\boldsymbol{\omega}\cdot\boldsymbol{r})\boldsymbol{r}}{r^5} - \frac{\boldsymbol{\omega}}{r^3}\right)$$

$$= \frac{\mu_0}{3}\cdot\frac{R^4}{r^3}\sigma\omega(3\cos\theta\boldsymbol{e}_r - \boldsymbol{e}_z), \qquad r > R$$

未加常力矩 $\boldsymbol{N}$ 时，系统总磁能为

$$W_{\mathrm{m}} = \int_\infty \frac{B^2}{2\mu_0}\mathrm{d}V = \int_{球内}\frac{B^2}{2\mu_0}\mathrm{d}V + \int_{球外}\frac{B^2}{2\mu_0}\mathrm{d}V$$

$$= \frac{1}{2\mu_0}\cdot\left(\frac{2}{3}\mu_0\sigma R\omega\right)^2\cdot\frac{4}{3}\pi R^3 + \frac{1}{2\mu_0}\left(\frac{\mu_0}{3}R^4\sigma\omega\right)^2\int_{球外}\frac{(1+3\cos^2\theta)}{r^6}\mathrm{d}V$$

又

$$\int_{球外}\left(\frac{1+3\cos^2\theta}{r^6}\right)\mathrm{d}V = \int_R^\infty \mathrm{d}r\int_0^\pi \mathrm{d}\theta\int_0^{2\pi}\mathrm{d}\varphi\frac{(1+3\cos^2\theta)}{r^4}\sin\theta = \frac{4\pi}{3R^4}$$

故

$$W_{\mathrm{m}} = \frac{4\pi}{9}\mu_0\sigma^2\omega^2R^5$$

设在常力矩 N 作用下，经过时间 t，球壳停止转动，由能量守恒

$$\frac{\mathrm{d}W_{\mathrm{m}}}{\mathrm{d}t} = N\omega, \qquad N\text{为常数}$$

得

$$t = \frac{W_{\mathrm{m}}}{N\omega} = \frac{4\pi\mu_0\sigma^2\omega R^5}{9N}$$

2.40 绕一直径旋转均匀带电的薄球壳激发的磁场

题 2.40 一半径为 R 的薄球壳，上面均匀地带有面电荷密度为 σ 的电荷. 球壳以恒定的角速度 ω 绕一直径转动. (a) 写出把球壳内、外部磁场相联系的边界条件. (b) 说明满足这些条件的磁场在壳内为均匀场，在壳外为偶极子场. 并求出磁场的大小.

解 (a) 设球内区域为 1，球外区域为 2. 以转轴直径为 z 轴，球壳上面电流密度为

$$\boldsymbol{\alpha} = \sigma R\omega\sin\theta\boldsymbol{e}_\varphi$$

在球面上的边值关系为

法向

$$B_{1r} = B_{2r}\big|_{r=R} \tag{1}$$

切向

$$\boldsymbol{e}_r \times \left(\frac{\boldsymbol{B}_2}{\mu_0} - \frac{\boldsymbol{B}_1}{\mu_0}\right)\bigg|_{r=R} = \boldsymbol{\alpha} \tag{2}$$

而式(2)可进一步写成

$$B_{2\theta} - B_{1\theta}\big|_{r=R} = \mu_0 \sigma\omega R\sin\theta \tag{3}$$

(b) **解法一**　参考题 2.39，球内外磁场为

$$\boldsymbol{B}_1 = \frac{2}{3}\mu_0\sigma\omega R\boldsymbol{e}_z, \qquad r \leqslant R \tag{4}$$

$$\boldsymbol{B}_2 = \frac{\mu_0}{3}\sigma R^3\left(\frac{3(\boldsymbol{\omega}\cdot\boldsymbol{r})\boldsymbol{r}}{r^5} - \frac{\boldsymbol{\omega}}{r^3}\right), \qquad r > R \tag{5}$$

设球壳旋转角速度为 $\boldsymbol{\omega} = \omega\boldsymbol{e}_z$，即沿 z 轴. 由式(4)易见球内磁场大小为

$$B_1 = \frac{2}{3}\mu_0\sigma\omega R \tag{6}$$

是一常数，故为均匀场. 又因磁矩为 $\boldsymbol{m}$ 的偶极子的磁场公式为 $\frac{\mu_0}{4\pi}\left[\frac{3(\boldsymbol{m}\cdot\boldsymbol{r})\boldsymbol{r}}{r^5} - \frac{\boldsymbol{m}}{r^3}\right]$，故由式(5) 可知球外磁场相当于

$$\boldsymbol{m} = \frac{4\pi}{3}\sigma R^4\omega\boldsymbol{e}_z \tag{7}$$

的磁偶极子场. 由 $\boldsymbol{e}_z = \cos\theta\boldsymbol{e}_r - \sin\theta\boldsymbol{e}_\theta$，把式(4)、式(5)改写成

$$\boldsymbol{B}_1 = \frac{2}{3}\mu_0\sigma\omega R(\cos\theta\boldsymbol{e}_r - \sin\theta\boldsymbol{e}_\theta) \tag{8}$$

$$\boldsymbol{B}_2 = \frac{\mu_0\sigma\omega R^4}{3r^3}(2\cos\theta\boldsymbol{e}_r + \sin\theta\boldsymbol{e}_\theta) \tag{9}$$

显见，式(8)、式(9)满足边值关系式(1)与式(3).

解法二　(磁矢势法)可先求球壳的磁矩. 面电流密度(取 $\boldsymbol{\omega} = \omega\boldsymbol{e}_z$)

$$\boldsymbol{\alpha} = \sigma\boldsymbol{\omega}\times\boldsymbol{R} = R\sigma\boldsymbol{e}_z\times\boldsymbol{e}_r = R\sigma\sin\theta\boldsymbol{e}_\varphi = \frac{Q\omega}{4\pi R}\sin\theta \tag{10}$$

其中 Q 为球面上总电荷. 从而

$$\boldsymbol{m} = \frac{1}{2}\int\boldsymbol{r}\times\boldsymbol{J}\mathrm{d}V = \frac{1}{2}\int\boldsymbol{r}\times\boldsymbol{\alpha}\delta(r-R)r^2\sin\theta\mathrm{d}r\mathrm{d}\theta\mathrm{d}\varphi = \frac{Q\omega}{8\pi}R^2\int\boldsymbol{e}_r\times\boldsymbol{e}_\varphi\sin^2\theta\mathrm{d}\theta\mathrm{d}\varphi$$

注意

$$\boldsymbol{e}_\varphi\times\boldsymbol{e}_r = \boldsymbol{e}_\theta = \cos\theta\cos\varphi\boldsymbol{e}_x + \cos\theta\sin\varphi\boldsymbol{e}_y - \sin\boldsymbol{e}_z$$

并且

$$\int_0^{2\pi}\cos\varphi\mathrm{d}\varphi = \int_0^{2\pi}\sin\varphi\mathrm{d}\varphi = 0$$

所以

$$\boldsymbol{m} = \frac{1}{4}QR^2\boldsymbol{\omega}\int_0^{\pi}\sin^3\theta\mathrm{d}\theta = \frac{1}{3}QR^2\boldsymbol{\omega} \tag{11}$$

由磁矢势满足的方程

$$\nabla^2\boldsymbol{A} = -\mu_0\boldsymbol{J}, \quad \boldsymbol{J} = \boldsymbol{\alpha}\delta(r-R)$$

知可以取 $\boldsymbol{A} = A_\varphi\boldsymbol{e}_\varphi$，使之只有 φ 分量. 由

$$\nabla \cdot \boldsymbol{A} = \frac{1}{r\sin\theta}\frac{\partial A_\varphi}{\partial \varphi} = 0$$

故 A_φ 与 φ 无关.

球内外均满足 $(\nabla^2 \boldsymbol{A})_\varphi = 0$，即

$$\begin{aligned}(\nabla^2 \boldsymbol{A})_\varphi &= \nabla^2 A_\varphi - \frac{A_\varphi}{r^2\sin^2\theta} \\ &= \frac{1}{r^2}\frac{\partial}{\partial r}\left(r^2\frac{\partial A_\varphi}{\partial r}\right) + \frac{1}{r^2 sin\theta}\frac{\partial}{\partial \theta}\left(\sin\theta\frac{\partial A_\varphi}{\partial \theta}\right) - \frac{A_\varphi}{r^2\sin^2\theta} \\ &= 0\end{aligned}$$

由于式(10)，可令 $A_\varphi = F(r)\sin\theta$，则

$$\frac{1}{F(r)}\frac{\mathrm{d}}{\mathrm{d}r}\left(r^2\frac{\mathrm{d}F(r)}{\mathrm{d}r}\right) = 2$$

意味着 $l=1$. 解此方程得到

$$F_1(r) = Cr + \frac{D}{r^2}$$

考虑到 $A_\varphi|_{r=0}$ 有限，$A_\varphi|_{r\to\infty} = 0$ 及 $\boldsymbol{\alpha}$ 的形式，可取

$$A_\varphi^1 = Cr\sin\theta \qquad (r<R)$$

$$A_\varphi^2 = \frac{D}{r^2}\sin\theta \qquad (r>R)$$

由于

$$\nabla\times(A_\varphi \boldsymbol{e}_\varphi) = \frac{1}{r\sin\theta}\frac{\partial}{\partial\theta}(\sin\theta A_\varphi)\boldsymbol{e}_r - \frac{1}{r}\frac{\partial}{\partial r}(rA_\varphi)\boldsymbol{e}_\theta$$

可知 $\boldsymbol{B}$ 只有 B_r 及 B_θ 两个分量. $r=R$ 时，边值关系

$$B_r^1 = B_r^2, \quad 或 \quad A_\varphi^1 = A_\varphi^2$$

$$\boldsymbol{n}\times(\boldsymbol{H}_2 - \boldsymbol{H}_1) = \boldsymbol{\alpha} \quad \to \quad B_\theta^2 - B_\theta^1 = M_0\alpha$$

于是有

$$C = \frac{D}{R^3}, \quad \frac{D}{R^3} + 2C = \frac{\mu_0 Q\omega}{4\pi R}$$

解得

$$C = \frac{\mu_0}{4\pi}\frac{Q\omega}{3R}$$

$$D = \frac{\mu_0}{4\pi}\frac{Q\omega}{3}R^2 = \frac{\mu_0}{4\pi}m$$

所以

$$\boldsymbol{A}_1 = \frac{\mu_0}{4\pi}\frac{m}{R^3}r\sin\theta\boldsymbol{e}_\varphi = \frac{\mu_0}{4\pi}\frac{Q}{3R}\boldsymbol{\omega}\times\boldsymbol{r} \tag{12}$$

$$\boldsymbol{A}_2 = \frac{\mu_0}{4\pi}\frac{m}{r^2}\sin\theta\boldsymbol{e}_\varphi = \frac{\mu_0}{4\pi}\frac{\boldsymbol{m}\times\boldsymbol{r}}{r^3} \tag{13}$$

故球内外磁场的磁感应强度为

$$\boldsymbol{B}_1 = \nabla \times \boldsymbol{A}_1 = \frac{\mu_0}{4\pi}\frac{2Q}{3R}\boldsymbol{\omega} = \frac{2}{3}\mu_0 \sigma \omega R\left(\cos\theta \boldsymbol{e}_r - \sin\theta \boldsymbol{e}_0\right) \qquad (r < R) \qquad (14)$$

$$\boldsymbol{B}_2 = \nabla \times \boldsymbol{A}_2 = \frac{\mu_0}{4\pi}\left[\frac{3(\boldsymbol{m}\cdot\boldsymbol{r})\boldsymbol{r}}{r^5} - \frac{\boldsymbol{m}}{r^3}\right] = \frac{\mu_0 \sigma \omega R^4}{3r^3}\left(2\cos\theta \boldsymbol{e}_r + \sin\theta \boldsymbol{e}_\theta\right) \qquad (r > R) \qquad (15)$$

2.41　在球体内产生一个均匀磁场需要怎样的面电流分布

题 2.41　如果要在一个半径为 R 的球体内产生一个均匀磁场 $\boldsymbol{B}$，需要一个怎样的面电流分布？

解　类比于均匀极化球，可知均匀磁化球在球内的磁场是均匀的. 设磁化强度为 $\boldsymbol{M}$，则面电流分布 $\boldsymbol{\alpha}_s = -\boldsymbol{n}\times\boldsymbol{M}$，不妨让 $\boldsymbol{M} = M\boldsymbol{e}_z$，采用球坐标，则

$$\boldsymbol{e}_z = \cos\theta \boldsymbol{e}_r - \sin\theta \boldsymbol{e}_\theta (\boldsymbol{n} = \boldsymbol{e}_r)$$

故

$$\boldsymbol{\alpha}_s = -\boldsymbol{e}_r \times M(\cos\theta \boldsymbol{e}_r - \sin\theta \boldsymbol{e}_\theta) = M\sin\theta \boldsymbol{e}_\varphi$$

又由磁标势法易知球内磁场 $\boldsymbol{B} = \frac{2\mu_0}{3}\boldsymbol{M}$ (参考题 2.40). 故

$$\boldsymbol{\alpha}_s = \frac{3B}{2\mu_0}\sin\theta \boldsymbol{e}_\varphi$$

2.42　均匀带电的薄球壳静止或旋转情况激发的电磁场

题 2.42　如题图 2.42(a)，一个半径为 R 的薄球壳，带有 $+q$ 电荷，均匀分布在球面上. (a)从球面移去一个小圆截面的电荷，圆截面半径 $r \ll R$. 求在孔处的球内、外电场. (b) 将移去的截面还原到球上，使球以常角速度 $\omega = \omega_0$ 绕 z 轴转动. 计算电场沿 z 轴从 $-\infty$ 到 $+\infty$ 的线积分. (c) 计算沿与(b)相同路径磁场的线积分. (d) 如果球的角速度随时间增加：$\omega = \omega_0 + kt$. 计算电场环绕位于球心处的路径 p 的线积分. 假定 p 包围平面的法向沿 $+z$ 方向，并且 p 的半径 $r_p \ll R$.

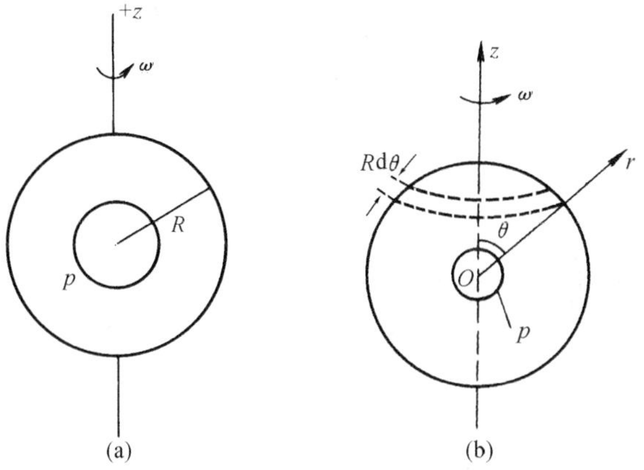

(a)　(b)

题图 2.42

解　(a) 在未移去小圆截面电荷时，球内电场等于 0，球外电场是$E=\dfrac{q}{4\pi\varepsilon_0 R^2}$，移去小圆截面的电场为

$$\frac{\sigma}{2\varepsilon_0}=\frac{q}{8\pi\varepsilon_0 R^2}$$

故在移去小圆截面后的球内电场与球外电场大小都是$\dfrac{q}{8\pi\varepsilon_0 R^2}$.

(b) 由对称性可知$\int_{-\infty}^{\infty}E\mathrm{d}z=0$.

(c) 由安培定律

$$\oint \boldsymbol{B}\cdot\mathrm{d}\boldsymbol{l}=\int_{-\infty}^{\infty}B\mathrm{d}z=\mu_0 I$$

而电流

$$I=\frac{q\omega_0}{2\pi}$$

故得

$$\int_{-\infty}^{\infty}B\mathrm{d}z=\frac{q\mu_0\omega_0}{2\pi}$$

(d) 如题图 2.42(b)，在球任一圆环上的元电流为

$$\mathrm{d}I=\frac{\omega}{2\pi}\mathrm{d}q=\frac{q\omega}{4\pi}\sin\theta\mathrm{d}\theta$$

由毕奥-萨伐尔定律，dI 在球心 O 处产生的磁场为

$$\mathrm{d}\boldsymbol{B}=\frac{\mu_0}{2}\cdot\frac{(R\sin\theta)^2\mathrm{d}I}{[(R\sin\theta)^2+(R\cos\theta)^2]^{\frac{3}{2}}}\boldsymbol{e}_z=\frac{\mu_0 q\omega}{8\pi R}\sin^3\theta\mathrm{d}\theta\boldsymbol{e}_z$$

球心的总磁场为

$$\boldsymbol{B}=\int\mathrm{d}\boldsymbol{B}=\frac{\mu_0 q\omega}{8\pi\ R}\int_0^{\pi}\sin^3\theta\mathrm{d}\theta\boldsymbol{e}_z=\frac{\mu_0\omega q}{6\pi R}\boldsymbol{e}_z$$

则通过路径 p 所围面积的磁通量为

$$\phi=\pi r^2 B=\frac{\mu_0 r^2\omega q}{6R}=\frac{\mu_0 q r^2(\omega_0+kt)}{6R}$$

故最后得

$$\oint_p \boldsymbol{E}\cdot\mathrm{d}\boldsymbol{l}=-\frac{\mathrm{d}\phi}{\mathrm{d}t}=-\frac{\mu_0 k r^2 q}{6R}$$

2.43　孤立导体球充电到 V 后令其绕一直径旋转

题 2.43　一个孤立导体充电到电势 V，球绕其一直径以角速度 ω 旋转. 求：(a) 球心处的 $\boldsymbol{B}$. (b) 旋转球的磁矩.

解　(a) 参看题 2.42，球心磁场为

$$\boldsymbol{B}=\frac{\mu_0\omega Q}{6\pi R}\boldsymbol{e}_z$$

式中，Q 为球的总电荷；R 为球的半径，由

$$V=\frac{Q}{4\pi\varepsilon_0 R}$$

得 $Q=4\pi\varepsilon_0 RV$，故最后得

$$B=\frac{2}{3}\varepsilon_0\mu_0\omega V$$

(b) 参看题 2.39，球的磁矩为

$$\boldsymbol{m}=\frac{4\pi}{3}R^4\sigma\omega\boldsymbol{e}_z$$

σ 为面电荷密度，等于

$$\sigma=\frac{Q}{4\pi R^2}=\frac{\varepsilon_0 V}{R}$$

故最后得

$$\boldsymbol{m}=\frac{4}{3}\pi\varepsilon_0 R^3\omega V\boldsymbol{e}_z$$

2.44　均匀带电的薄球壳绕轴旋转时球心处的磁场

题 2.44　电量 Q 均匀分布在半径为 r_0 的球面上，球内外均为真空. (a) 计算全空间的静电能. (b) 计算球面单位面积上所受到的电力. 对于 $Q=1.0\text{C}, r_0=1.0\text{cm}$，给出数值解答. (c) 球绕其一直径以角速度 ω 转动，计算球心处的磁场.

解　(a) 全空间的静电能

$$W=\int\frac{1}{2}\varepsilon_0 E^2\mathrm{d}V=\frac{Q^2}{8\pi\varepsilon_0 r_0}$$

(b) 面电荷密度 $\sigma=\dfrac{Q}{4\pi r_0^2}$. 球外电场为

$$\boldsymbol{E}=\frac{Q}{4\pi\varepsilon_0 r^2}\boldsymbol{e}_r$$

球外表面单位面积受到的电场力为

$$\boldsymbol{f}=\left.\frac{\sigma\boldsymbol{E}}{2}\right|_{r=r_0}=\frac{Q^2}{32\pi^2\varepsilon_0 r_0^4}\boldsymbol{e}_r$$

代入数据得

$$f=3.6\times10^{16}\,\text{N/m}^2$$

(c) 参看题 2.42，球心处磁场

$$\boldsymbol{B}=\frac{\mu_0 Q\omega}{6\pi r_0}\boldsymbol{e}_z$$

2.45　磁导率为 μ 的铁制长中空圆柱体内的磁场

题 2.45　一个长的中空圆柱体由磁导率为 μ 的铁制成. 将其置于与轴线垂直的均匀磁场 $\boldsymbol{B}_0$ 中. 假设 $\boldsymbol{B}_0$ 足够小，以致铁未被饱和，认为 μ 是常数. (a) 画出圆柱体放入磁场前、后的磁力线. (b) 设圆柱的外、内半径分别是 a 和 b，求圆柱体内的磁场.

提示　在柱坐标下，有

$$\nabla^2 \equiv \frac{1}{r}\cdot\frac{\partial}{\partial r}\left(r\frac{\partial}{\partial r}\right)+\frac{1}{r^2}\cdot\frac{\partial^2}{\partial\theta^2}+\frac{\partial^2}{\partial z^2}$$

解　(a) 圆柱放入磁场前磁场是均匀的，磁力线如题图 2.45(a)所示. 圆柱体放入后，磁场受到屏蔽，磁力线如题图 2.45 所示(b).

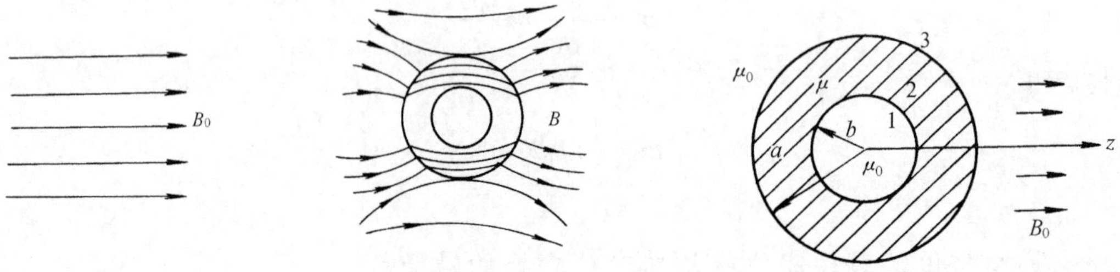

题图 2.45

(b) 引入磁标势 $\phi, H=-\nabla\phi$，因本题中无自由电流，故 $\nabla^2\phi=0$，在柱坐标下，为

$$\left\{\frac{1}{r}\cdot\frac{\partial}{\partial r}\left(r\frac{\partial}{\partial r}\right)+\frac{1}{r^2}\cdot\frac{\partial^2}{\partial\theta^2}+\frac{\partial^2}{\partial z^2}\right\}\phi=0 \tag{1}$$

因本题具有轴对称，$\dfrac{\partial^2\phi}{\partial z^2}=0$. 可令

$$\phi(r,\theta)=R(r)S(\theta)$$

则有

$$\frac{1}{R}\left(r^2\frac{\mathrm{d}^2R}{\mathrm{d}r^2}+r\frac{\mathrm{d}R}{\mathrm{d}r}\right)=-\frac{1}{S}\cdot\frac{\mathrm{d}^2S}{\mathrm{d}\theta^2}=m^2=\text{常数}$$

从而得式(1)具有通解为

$$\phi=\sum_{m=1}^{\infty}(c_m r^m+d_m r^{-m})(g_m\cos m\theta+h_m\sin m\theta) \tag{2}$$

对本题还有 $\phi(r,\theta)=\phi(r,-\theta)$，故式(2)中不包含正弦项. 把柱内、外空间分成如题图 2.45(c)所示的三部分，它们的通解 ϕ 都具有形式

$$\phi_i=\sum_{m=1}^{\infty}(c_{im}r^m+d_{im})\cos m\theta,\qquad i=1,2,3 \tag{3}$$

首先对柱外空间区域，在 $r\to\infty$ 时，$\phi_3=-H_0 r\cos\theta, \mu_0 H=B_0$，由式(3)得

$$c_{31} = -\frac{B_0}{\mu_0}, \qquad c_{3m} = d_{3m} = 0, \qquad m \neq 1$$

即有

$$\phi_3 = -\left(\frac{B_0}{\mu_0} r - \frac{d_{31}}{r}\right)\cos\theta \tag{4}$$

再由 $r = a$、b 处的边界条件，有

$$\left.\mu_0 \frac{\partial \phi_3}{\partial r} = \mu \frac{\partial \phi_2}{\partial r}\right|_{r=a} \qquad \left.\mu_0 \frac{\partial \phi_1}{\partial r} = \mu \frac{\partial \phi_2}{\partial r}\right|_{r=b} \tag{5}$$

$$\left.\frac{\partial \phi_3}{\partial \theta} = \frac{\partial \phi_2}{\partial \theta}\right|_{r=a}, \qquad \left.\frac{\partial \phi_1}{\partial \theta} = \frac{\partial \phi_2}{\partial \theta}\right|_{r=b} \tag{6}$$

联合式(3)~式(6)，得联立方程组

$$\begin{cases} B_0 + \dfrac{\mu_0 d_{31}}{a^2} = \mu\left(-c_{21} + \dfrac{d_{21}}{a^2}\right) \\ -B_0 + \dfrac{d_{31}}{a^2} = \mu_0\left(c_{21} + \dfrac{d_{21}}{a^2}\right) \\ \mu\left(c_{21} - \dfrac{d_{21}}{b^2}\right) = \mu_0 c_{11} \\ c_{21} + \dfrac{d_{21}}{b^2} = c_{11} \end{cases} \tag{7}$$

以上还用了 r=0 时要求 ϕ_1 有限，从而

$$d_{11} = 0 \tag{8}$$

圆柱内磁标势完全由 c_{11} 决定，由式(7)解得

$$c_{11} = -\frac{4\mu a^2 B_0}{a^2(\mu + \mu_0)^2 - (\mu - \mu_0)b^2} \tag{9}$$

即

$$\phi_1 = c_{11} r \cos\theta$$

磁场强度为

$$\begin{aligned} \boldsymbol{H}_1 &= -\nabla \phi_1 = -\frac{\partial \phi_1}{\partial r}\boldsymbol{e}_r - \frac{1}{r}\cdot\frac{\partial \phi_1}{\partial \theta}\boldsymbol{e}_\theta \\ &= -c_{11}(\cos\theta \boldsymbol{e}_r - \sin\theta \boldsymbol{e}_\theta) \\ &= -c_{11}\boldsymbol{e}_z \\ &= \frac{4\mu a^2}{a^2(\mu + \mu_0)^2 - (\mu - \mu_0)b^2}\boldsymbol{B}_0 \end{aligned} \tag{10}$$

当 $\mu \gg \mu_0$ 时

$$H_1 \approx \frac{4}{\mu} \cdot \frac{B_0}{1-\left(\frac{b}{a}\right)^2} \tag{11}$$

μ 越大，磁屏蔽的作用越强.

2.46 均匀带电圆盘绕着通过圆心且垂直于盘面的轴以角速度 ω 旋转

题 2.46 一个半径为 R 的圆盘上均匀带有电荷 q. 该圆盘绕着通过圆心且垂直于盘面的轴以角速度 ω 旋转，如题图 2.46(a)所示. 计算：(a) 圆盘中心的磁场强度. (b) 如果圆盘不转，在边缘处要有多大的电流才能产生与(a)中相同的磁场. (c) 当空中有一垂直于盘轴的磁场 $\boldsymbol{B}$，如题图 2.46(b)所示，而圆盘绕着轴以角速度 ω 旋转时，圆盘所受的力矩为多大?

解 (a) 依题意建立坐标系，均匀带电圆盘可看作由许多带电环带组成，当圆盘以角速度 ω 旋转时，带电环带形成电流. 环带电流为

$$\mathrm{d}I = \frac{q}{\pi R^2}\omega r \mathrm{d}r$$

它在圆盘中心产生的磁感应场强度为

$$\mathrm{d}\boldsymbol{B} = \frac{\mu_0}{2r}\mathrm{d}I\boldsymbol{e}_z$$

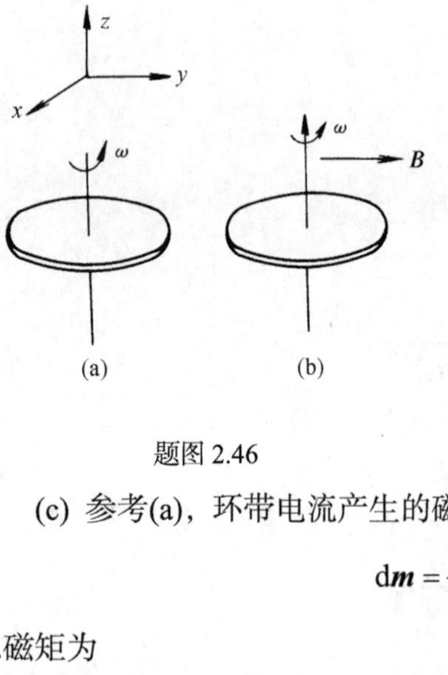

题图 2.46

由于各环带在圆盘中心产生的 $\mathrm{d}\boldsymbol{B}$ 方向相同，故圆盘中心的磁感应场强度为

$$\boldsymbol{B} = \int \mathrm{d}\boldsymbol{B} = \frac{\mu_0 \omega Q}{2\pi R^2}\int_0^R \mathrm{d}R\boldsymbol{e}_z = \frac{\mu_0 \omega Q}{2\pi R}\boldsymbol{e}_z$$

(b) 圆盘不转，边缘处电流在中心产生的磁感应场强度为

$$\boldsymbol{B} = \frac{\mu_0 I}{2R}\boldsymbol{e}_z$$

故边缘处电流为

$$I = \frac{2RB}{\mu_0} = \frac{\omega Q}{\pi}$$

(c) 参考(a)，环带电流产生的磁矩

$$\mathrm{d}\boldsymbol{m} = \frac{q}{\pi R^2}\omega r \mathrm{d}\boldsymbol{r} \cdot \pi r^2 = \frac{q\omega}{R^2}r^3 \mathrm{d}r\boldsymbol{e}_z$$

总磁矩为

$$\boldsymbol{m} = \int_0^R \frac{q\omega}{R^2}r^3 \mathrm{d}r\boldsymbol{e}_z = \frac{1}{4}q\omega R^2\boldsymbol{e}_z$$

故圆盘所受的力矩

$$\boldsymbol{\tau} = \boldsymbol{m} \times \boldsymbol{B} = -\frac{1}{4}q\omega BR^2\boldsymbol{e}_x$$

2.47　共轴的一大一小两个圆柱形线圈之间的互感

题 2.47　真空中，一个$r=1.0\text{m}, l=1.0\text{m}$的匝数为 100 圈的均匀圆柱形线圈，在它的中心与其同轴有一个$r=10\text{cm}, l=10\text{cm}$，匝数为 10 匝的小线圈，计算这两个线圈的互感.

解　设外线圈通过电流I_1，它在线圈中段轴线上产生的磁感应强度$\boldsymbol{B}_1$大小

$$B_1=\mu_0\frac{N_1 I_1}{l_1}$$

方向沿线圈轴线方向.

由于内线圈的$r_2 \ll r_1, l_2 \ll l_1$，所以可以认为内线圈处磁场均匀，由$\boldsymbol{B}_1$给出，从而得到通过线圈的磁通量为

$$\Psi_{12}=N_2 B_1 S_2=\mu_0\frac{N_1 N_2 I_1}{l_1}\pi r_2^2$$

所以得二线圈的互感为

$$M=\frac{\Psi_{12}}{I_1}=\mu_0\frac{N_1 N_2}{l_1}\pi r_2^2\approx 39.5\mu\text{H}$$

2.48　旋转的圆线圈与小磁体

题 2.48　一个半径为R的圆线圈绕其直径PQ以角速度ω匀速转动. 在线圈中心沿PQ方向放置一个小磁体，它的磁矩为M. 试求在P点(或Q点)与PQ弧中点之间产生了多大的感应电动势.

解　与球心相距r处，小磁体产生的磁场的磁感应强度为(题图 2.48)

$$\boldsymbol{B}=\frac{\mu_0}{4\pi}\left[\frac{3(\boldsymbol{M}\cdot\boldsymbol{r})\boldsymbol{r}}{r^5}-\frac{\boldsymbol{M}}{r^3}\right]$$

其中，$\boldsymbol{M}=M\boldsymbol{e}_z$. 设$\overset{\frown}{PQ}$中点为$C$. $\overset{\frown}{PC}$弧上任意一点的速度$\boldsymbol{v}=\omega R\sin\theta\boldsymbol{e}_\varphi$，$P$、$C$点之间沿弧$\overset{\frown}{PC}$的电动势为

$$\varepsilon_{PC}=\int_P^C(\boldsymbol{v}\times\boldsymbol{B})\cdot\mathrm{d}\boldsymbol{l}$$

其中

$$\mathrm{d}\boldsymbol{l}=R\mathrm{d}\theta\boldsymbol{e}_\theta,\qquad \boldsymbol{e}_z=\cos\theta\boldsymbol{e}_r-\sin\theta\boldsymbol{e}_\theta$$
$$\boldsymbol{e}_\varphi\times\boldsymbol{e}_r=\boldsymbol{e}_\theta,\qquad \boldsymbol{e}_\varphi\times\boldsymbol{e}_\theta=-\boldsymbol{e}_r$$

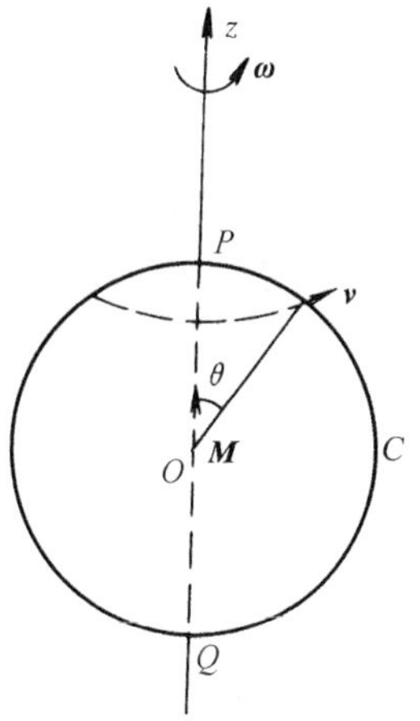

题图 2.48

有

$$\boldsymbol{v}\times\boldsymbol{B}=\frac{\mu_0\omega RM\sin\theta}{4\pi R^3}(2\cos\theta\boldsymbol{e}_\theta+\sin\theta\boldsymbol{e}_r)$$

故

$$\varepsilon_{PC}=\frac{\mu_0 M\omega}{4\pi R}\int_0^{\frac{\pi}{2}}2\cos\theta\sin\theta\mathrm{d}\theta=\frac{\mu_0 M\omega}{4\pi R}$$

2.49 位于两长直载流导线平面内的线圈中产生的感生电动势

题 2.49 两根无限长直导线相距为 d，载有大小相等方向相反的电流 I，I 以 $\frac{\mathrm{d}I}{\mathrm{d}t}$ 的变化率增长. 一个边长为 d 的正方形线圈(题图 2.49)位于导线平面内，与一根导线相距 d. (a) 求线圈中的感生电动势. (b) 感应电流是顺时针还是逆时针方向？请说明理由.

解 (a) 载流 I 的无限长直导线在与其相距为 r 处产生的磁场为

$$B_0 = \frac{\mu_0 I}{2\pi r}$$

所以与线圈相距较远的导线对线圈的磁通量为

$$\Phi_1 = \int_{2d}^{3d} d\frac{\mu_0 I}{2\pi r}\mathrm{d}r = \frac{\mu_0 Id}{2\pi}\ln\frac{3}{2}$$

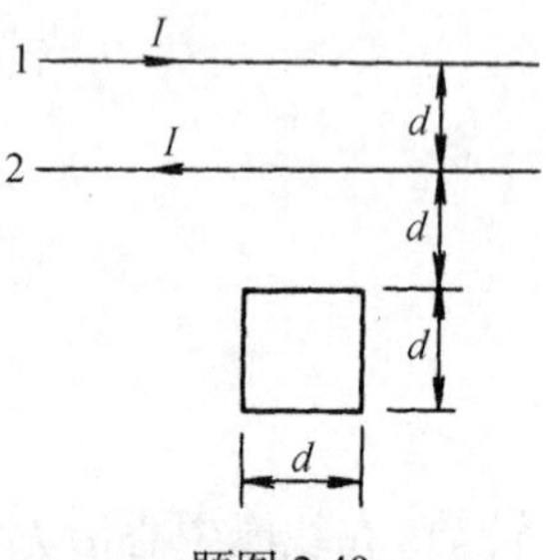

题图 2.49

方向指向纸内. 与线圈较近的导线对线圈的磁通量为

$$\Phi_2 = \int_{d}^{2d} d\frac{\mu_0 I}{2\pi r}\mathrm{d}r = \frac{\mu_0 Id}{2\pi}\ln 2$$

方向指向纸外. 所以总磁通量 $\Phi = \Phi_2 - \Phi_1 = \frac{\mu_0 Id}{2\pi}\ln\frac{4}{3}$ 方向指向纸外. 感应电动势为

$$\varepsilon = -\frac{\mathrm{d}\Phi}{\mathrm{d}t} = -\frac{\mu_0 d}{2\pi}\ln\frac{4}{3}\cdot\frac{\mathrm{d}I}{\mathrm{d}t}$$

(b) 感应电流产生的磁场应阻止磁通量增加，即其磁通应指向纸内，由右手定则可判定感生电流为顺时针方向.

2.50 相距 $2a$ 的通电无限长直导线与其间半径为 a 的圆环的互感系数

题 2.50 在题图 2.50 中，两根无限长导线互相平行，间距为 $2a$. 载有电流 I. 在两导线组成的平面内，有一半径为 a 的圆环位于两线之间并与导线绝缘. 求圆环与直导线之间的互感系数.

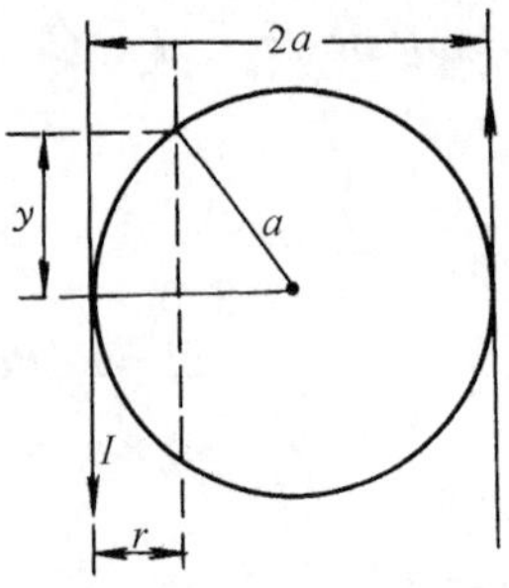

题图 2.50

解 在二导线之间，距一根导线为 r 处的磁感应强度为

$$\boldsymbol{B}(r) = \frac{\mu_0 I}{2\pi}\left(\frac{1}{r} + \frac{1}{2a-r}\right)\boldsymbol{e}_\theta$$

因此通过圆环的磁通量为

$$\phi = \int \boldsymbol{B}\cdot\mathrm{d}\boldsymbol{S} = 2\int_0^a B(r)y\mathrm{d}r = 2\int_0^a \frac{\mu_0 I}{2\pi}\left(\frac{1}{r} + \frac{1}{2a-r}\right)\cdot 2\sqrt{a^2-(a-r)^2}\,\mathrm{d}r$$

令 $x = a - r$，上面积分化成

$$\phi = 2\int_0^a \frac{\mu_0 I}{\pi}\left(\frac{1}{a-x} + \frac{1}{a+x}\right)\sqrt{a^2-x^2}\,\mathrm{d}x$$

$$= \frac{4\mu_0 Ia}{\pi}\arcsin\frac{x}{a}\bigg|_0^a = 2\mu_0 Ia$$

故互感系数为

$$M = \frac{\Phi}{I} = 2\mu_0 a$$

2.51　离开长直载流导线的矩形线框中的电压表读数

题 2.51　如题图 2.51 所示，无限长直导线沿 $+z$ 方向有电流 I. 一个矩形线框上接有电压表 V, 并以速度 $\boldsymbol{u}$ 沿径向离开载流导线. 请指出电压表的正极端，并把电压表的读数用 r_1、r_2 和 l 表示出来.

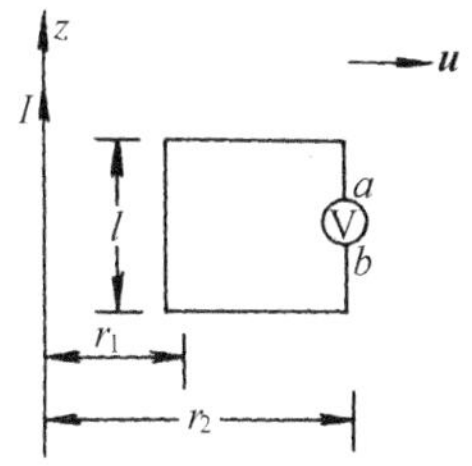

题图 2.51

解　在径向距离 r 处的磁感应强度为

$$B = \frac{\mu_0 I}{2\pi r}$$

方向垂直纸面向里，则矩形框中的感生电动势(即电压表的读数)为

$$V = \oint (\boldsymbol{u} \times \boldsymbol{B}) \cdot \mathrm{d}\boldsymbol{l} = \frac{\mu_0 I u l}{2\pi}\left(\frac{1}{r_1} - \frac{1}{r_2}\right)$$

电压表的 a 端为正极端.

2.52　圆柱铁芯产生的矢势和磁场

题 2.52　有一个由薄层叠成的长圆柱铁芯，半径为 0.1m，均匀地绕以导线，线圈在铁芯内部激发一均匀的磁通密度 $B(t) = \frac{1}{\pi}\sin(400t)\mathrm{Wb/m^2}$. (a) 求每一圈导线上的电压. (b) 在 $r > 0.1\mathrm{m}$ 处，求铁芯产生的矢势 $A(r)$. (c) 在 $r > 0.1\mathrm{m}$ 处，求铁芯产生的磁场 $B(t,r)$. (d) 在 $r < 0.1\mathrm{m}$ 处，求铁芯产生的矢势 $A(t,r)$.

解　(a) 加在每一圈上的电压必须能克服该圈上的感生电动势. 因此电压为

$$\begin{aligned} V = -\varepsilon = \frac{\mathrm{d}\phi}{\mathrm{d}t} &= \pi R^2 \frac{\mathrm{d}B}{\mathrm{d}t} \\ &= 400R^2\cos(400t) \\ &= 4\cos(400t)(\mathrm{V}) \end{aligned}$$

(b) 以铁芯的轴线为轴线，$r(r > 0.1\mathrm{m})$ 为半径作一圆路径，由对称性，在此圆上 $A(r)$ 处处相等，且指向切线方向(与电流方向相同)，由 $\nabla \times \boldsymbol{A} = \boldsymbol{B}$ 得

$$\oint_c \boldsymbol{A} \cdot \mathrm{d}\boldsymbol{l} = \int_S \boldsymbol{B} \cdot \mathrm{d}\boldsymbol{S}$$

对于长螺线管，管外 $(r > 0.1\mathrm{m}) B = 0$，故

$$\int_S \boldsymbol{B} \cdot \mathrm{d}\boldsymbol{S} = B \cdot \pi R^2 = 0.01\sin 400t$$

且

$$2\pi r A(t,r) = 0.01\sin(400t)$$

$$A(t,r) = \frac{1}{200\pi r}\sin(400t)\ (\mathrm{Wb/m})$$

(c) 在 $r > 0.1\text{m}$ 处，铁芯产生的磁场为零(当然，更精确地，在螺管外有一很小的磁场沿着(b)中所作圆的切向，其大小为 $\dfrac{\mu_0 I}{2\pi r}$，I 为线圈的电流强度平行于铁芯轴向的分量. 通常这项很小，可以忽略不计).

(d) $r < 0.1\text{m}$ 时，因为

$$2\pi r A(t,r) = \pi r^2 B = \pi r^2 \cdot \frac{1}{\pi}\sin(400t)$$

所以

$$A(t,r) = \frac{r}{2\pi}\sin(400t)\ (\text{Wb/m})$$

2.53　圆环所留狭缝中的磁场和线圈的自感

题 2.53　在一个半径为 10cm、截面面积为 12cm^2 的铁环上均匀地绕有 1200 匝绝缘导线. 环上有一气隙宽度 1.0mm. 铁的相对磁导率为 700，并假设与磁场强度无关，忽略滞后现象：(a) 当有 1.0A 电流通过线圈时，求气隙中的磁场. (b) 计算该线圈(带芯)的自感.

解　参考题 2.36

(a) $B = \dfrac{\mu_0 NI}{\dfrac{2\pi R - d}{\mu_r} + d} = 0.795\text{T}$；

(b) $L = \dfrac{BAN}{I} = 1.14\text{H}$.

2.54　分开一定距离的一大一小两同轴线圈互感

题 2.54　两个单匝线圈如题图 2.54 所示放置，求此二线圈间的互感系数，假设 $b \ll a$.

解　因为有 $b \ll a$，所以大线圈在小线圈处产生的磁场可近似视为在大线圈轴上的磁场

$$B = \frac{\mu_0 a^2 I}{2(a^2 + c^2)^{3/2}}$$

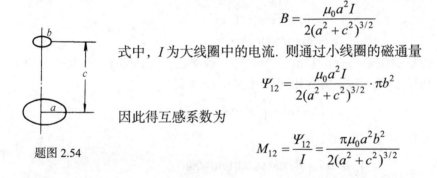

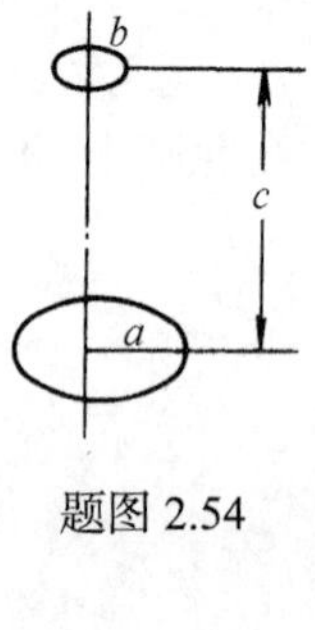

题图 2.54

式中，I 为大线圈中的电流. 则通过小线圈的磁通量

$$\Psi_{12} = \frac{\mu_0 a^2 I}{2(a^2 + c^2)^{3/2}} \cdot \pi b^2$$

因此得互感系数为

$$M_{12} = \frac{\Psi_{12}}{I} = \frac{\pi\mu_0 a^2 b^2}{2(a^2 + c^2)^{3/2}}$$

2.55　密绕的探测线圈的磁通

题 2.55　有一个密绕的探测线圈截面 4cm^2，匝数为 160，电阻为 50Ω. 线圈与一内阻

为 30Ω 的冲击电流计相连. 当线圈很快地从平行于(指截面的法向)一个均匀磁场的位置转到垂直位置时，电流计示值为 4×10^{-5}C. 问磁场的磁通是多大？

解　在 Δt 时间内，线圈从磁场平行位置转到垂直位置，由于 Δt 很短，因此有

$$\varepsilon=\frac{\Delta\phi}{\Delta t}=i(R+r)$$

而 $q=i\Delta t$，所以总的磁通量增量为

$$\Delta\phi=q(R+r)=BAN$$

所以磁通密度

$$B=\frac{(R+r)q}{AN}=\frac{(50+30)\times(4\times10^{-5})}{4\times10^{-4}\times160}$$
$$=0.05(\mathrm{T})$$

2.56　分开一定距离的一大一小两个同轴线圈相互作用力

题 2.56　有两个半径为 a 和 b 的同轴线圈分开距离 x，分别载流 i_a 和 i_b. 假设 $a\gg b$. (a) 互感等于多少？(b) 两线圈的相互作用力等于多少？

解　(a) 参看题 2.54，二线圈互感为

$$M_{12}=\frac{\pi\mu_0a^2b^2}{2(a^2+x^2)^{3/2}}$$

(b) 把载流小线圈 b 看为一偶极子，其磁矩大小为 $m_b=\pi b^2i_b$. 故小线圈受力为

$$F=m_b\left|\frac{\partial B_a}{\partial x}\right|=\frac{\pi\mu_0a^2b^2i_ai_b}{2}\frac{3x}{(a^2+x^2)^{5/2}}$$

如果两线圈的电流同向，则为吸引力，反之为排斥力.

2.57　轭铁缝隙中的磁场及线圈内的损耗

题 2.57　一直流电磁铁由 N 匝线圈紧绕在车胎上的轭铁构成，从轭铁上切下一薄板形成一气隙，如题图 2.57 所示. 轭铁半径为 a、b，缝隙宽 $W(W\ll b)$. 铁的磁导率为 μ，μ 很大为常数. 线圈由半径为 r，电阻率为 ρ 的导线绕成. 做好后的磁铁两端加有电压 V. 为简单起见，假设 $b/a\gg1$及$a/r\gg1$. 推导下列诸量的表示式：(a) 缝隙中的稳定磁场. (b) 稳定时线圈损耗的功率. (c) 电压 V 变化时线圈内电流变化的时间常数.

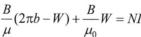

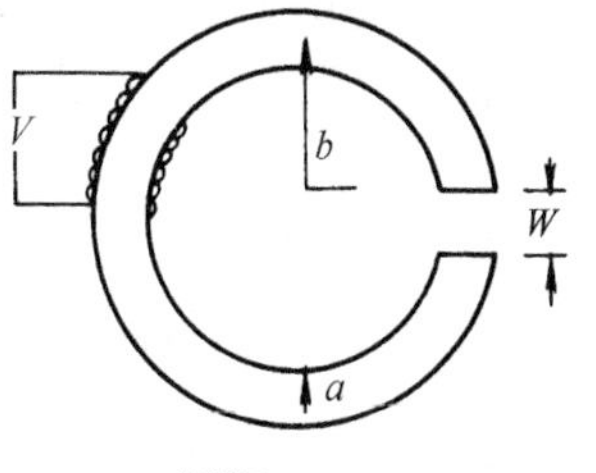

题图 2.57

解　(a) 稳态时，由 $\nabla\cdot\boldsymbol{B}=0$ 及轭铁处处有相等的截面，因 $W\ll b$ 缝隙中无漏磁，可知轭铁中 B 为常数. 由 $\oint\boldsymbol{H}\cdot\mathrm{d}\boldsymbol{l}=NI$. 可得

$$\frac{B}{\mu}(2\pi b-W)+\frac{B}{\mu_0}W=NI$$

故

$$B = \frac{NI\mu_0\mu}{\mu_0(2\pi b - W) + \mu W} \approx \frac{NI\mu_0\mu}{\mu_0 2\pi b + \mu W}$$

又

$$I = \frac{V}{R} = \frac{V}{\rho\frac{N2\pi a}{\pi r^2}} = \frac{Vr^2}{2a\rho N}$$

故缝隙中的稳定磁场

$$B = \frac{\mu\mu_0 Vr^2}{2a\rho(2\pi b\mu_0 + W\mu)}$$

(b) 稳态时线圈损耗的功率

$$P = IV = \frac{V^2r^2}{2a\rho N}$$

(c) 线圈自感

$$L = \frac{NB\pi a^2}{I} = \frac{N^2\mu_0\mu\pi a^2}{\mu_0 2\pi b + \mu W}$$

故时间常数

$$\tau = \frac{L}{R} = \frac{\frac{N^2\mu_0\mu\pi a^2}{\mu_0 2\pi b + \mu W}}{\frac{\rho N 2\pi a}{\pi r^2}}$$

$$= \frac{N\mu_0\mu a\pi r^2}{2\rho(\mu_0 2\pi b + \mu W)}$$

2.58 电流随时间均匀增加的长螺线管中的电场和磁场

题 2.58 一个长螺线管,单位长度上线圈的匝数为 n,若电流随时间均匀增加,即 $i = Kt$. (a) 求 t 时刻时, 螺线管内的磁场(忽略推迟效应). (b) 求螺线管中的电场. (c) 考虑一长为 l, 半径等于螺线管半径且与螺线管共轴的圆柱体. 求单位时间流进该柱体的能量. 证明它等于 $\frac{\mathrm{d}}{\mathrm{d}t}\left(\frac{1}{2}Li^2\right)$, 其中 L 为螺线管单位长度的自感.

解 (a) 由下面求解知本题中无位移电流；螺线管中的磁场只由线圈中的电流激发. 不计推迟效应，由对称性结合安培环路定理可得 t 时刻螺线管内的磁感应强度

$$\boldsymbol{B} = \mu_0 nKt\boldsymbol{e}_z$$

(b) 根据麦克斯韦方程

$$\nabla \times \boldsymbol{E} = -\frac{\delta \boldsymbol{B}}{\delta t}, \qquad \frac{1}{r}\left[\frac{\delta}{\delta r}(r\boldsymbol{E}_\theta) - \frac{\delta \boldsymbol{E}_\mathrm{r}}{\delta \theta_\mathrm{r}}\right] = -\mu_0 nK$$

故螺线管中的电场

$$\boldsymbol{E} = -\frac{\mu_0 nKr}{2}\boldsymbol{e}_\theta$$

其中 r 为螺线管半径.

(c)坡印亭矢量
$$\boldsymbol{S}=\boldsymbol{E}\times\boldsymbol{H}=-\frac{\mu_0 n^2 K^2}{2}rt\boldsymbol{e}_r$$
故单位时间沿 $\boldsymbol{e}_r$ 方向流进柱体的能量为
$$\frac{\mathrm{d}W}{\mathrm{d}t}=2\pi rlS=\mu_0 Vn^2K^2t$$
V 为柱体体积. 因为螺线管单位长度的自感为
$$L=\mu_0 Vn^2$$
则立即看出
$$\frac{\mathrm{d}}{\mathrm{d}t}\left(\frac{1}{2}Li^2\right)=\mu_0 Vn^2K^2t=\frac{\mathrm{d}W}{\mathrm{d}t}$$

2.59　长方形线圈绕轴在随时间变化的磁场中旋转产生的电动势

题 2.59　考虑一个长方形线圈宽为 a，长为 b，以角速度 ω 绕 PQ 轴转. 一个均匀随时变化的磁场 $B=B_0\sin\omega t$ 垂直于线圈 t=0 时的平面，如题图 2.59 所示. 求线圈内的感生电动势. 证明它的变化频率是 $f=\dfrac{\omega}{2\pi}$ 的 2 倍.

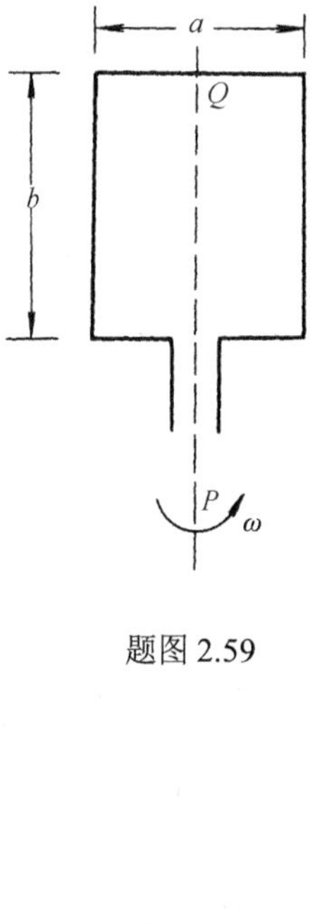

题图 2.59

解　通过线圈的磁通量为
$$\phi=\boldsymbol{B}\cdot\boldsymbol{S}=B_0ab\sin\omega t\cos\omega t$$
$$=\frac{1}{2}B_0ab\sin 2\omega t$$
故感生电动势为
$$\varepsilon=-\frac{\mathrm{d}\phi}{\mathrm{d}t}=-B_0ab\omega\cos 2\omega t$$
显然它的变化频率为
$$\frac{2\omega}{2\pi}=2\cdot\frac{\omega}{2\pi}$$

2.60　矩形线圈以恒定速度进入磁场所受的力

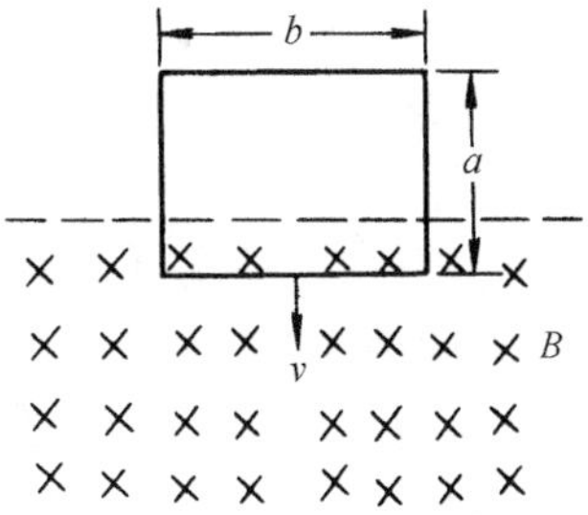

题图 2.60

题 2.60　一个大小尺寸为 a、b，电阻为 R 的矩形线圈以常速度进入磁场 B，如题图 2.60. 用已知参数写出作用在线圈上力矢量的公式.

解　由于线圈运动，切割磁力线，使线圈中产生感应电动势
$$\varepsilon=vBb$$
它在线圈中产生电流

$$I=\frac{\varepsilon}{R}=\frac{vBb}{R}$$

电流沿逆时针方向流动. 根据安培力公式，线圈受力为

$$F=-IBb=-\frac{vB^2b^2}{R}$$

负号表示力的方向与 v 的方向相反，即对线圈运动来说为阻力.

2.61 在磁场中恒定外力作用下初速为零的导线的运动和电阻中的电流

题 2.61 一个恒定的力作用在质量为 m 的滑动导线上. 导线从静止开始，在均匀磁场 B 的区域中运动. 假定无滑动摩擦且环的自感可以忽略. (a) 计算作为时间函数的导线的速度. (b) 计算作为时间函数的通过电阻 R 的电流，电流方向如何？

解 (a) 在均匀磁场中运动的导线切割磁场线，在其上产生感应电动势 $\varepsilon=Blv, l$ 为在磁场中导线的长度，v 为其运动速度. 导线的运动方程为

$$m\frac{\mathrm{d}v}{\mathrm{d}t}=F-\frac{B^2l^2}{R}v$$

其解为

$$v(t)=\frac{RF}{B^2l^2}+C\exp\left(-\frac{B^2l^2}{mR}t\right)$$

当 $t=0$ 时，$v=0$，求得 $C=-\frac{RF}{B^2l^2}$，故最后得

$$v(t)=\frac{FR}{B^2l^2}\left[1-\exp\left(-\frac{B^2l^2}{mR}t\right)\right]$$

(b) 电流 $i(t)=\frac{Blv(t)}{R}$，故有

$$i(t)=\frac{F}{Bl}\left[1-\exp\left(-\frac{B^2l^2}{mR}t\right)\right]$$

2.62 导线在变化的磁场中沿金属线滑动回路中产生的电流

题 2.62 如题图 2.62 所示，在磁场 $\boldsymbol{B}=B_0x\mathrm{e}^{\alpha t}\boldsymbol{e}_z$ 中，有一弯成 φ 角的金属线 AOC. 导线 MN 在初始时刻 t=0 时，从 x=0 开始以匀速 $\boldsymbol{V}$ 沿金属线滑动. $\boldsymbol{V}$ 的方向和 OC 平行并垂直于 MN. 又已知金属线 AOC 与导线 MN 之间没有接触电阻，且它们的单位长度电阻均为常数，等于 ρ. 试求任意 $t(\geqslant 0)$ 时刻回路中的感应电流.

解 变化磁通量产生感生电动势. 本题中磁通量的变化由两部分贡献，导线 MN 运动切割磁力线以及磁场本身随时间的变化. 现求磁通量 $\varPhi$，取绕行方向为逆时针方向. 在 x 处取一宽为 $\mathrm{d}x$、长为 y 的面元 $\mathrm{d}S$. 在此小面元内磁场 $\boldsymbol{B}$ 视为均匀的. 故元磁通量 $\mathrm{d}\varPhi=\boldsymbol{B}\cdot\mathrm{d}\boldsymbol{S}=By\mathrm{d}x$；$t$ 时刻，MN 运动到 x=vt 处，回路总的磁通量为

$$\Phi=\int_0^x \mathrm{d}\Phi=\int_0^x By'\mathrm{d}x'=\int_0^x B_0 x'y'\mathrm{e}^{\alpha t}\mathrm{d}x'$$

由几何关系得 $y'=x'\tan\varphi$ ，故

$$\Phi=\int_0^x B_0\tan\varphi \mathrm{e}^{\alpha t}x'^2\mathrm{d}x'=\frac{1}{3}B_0\tan\varphi \mathrm{e}^{\alpha t}x'^3 =\frac{1}{3}B_0\tan\varphi v^3t^3\mathrm{e}^{\alpha t} \tag{1}$$

这样按法拉第电磁感应定律得任意时刻感应电动势

$$\varepsilon=-\frac{\partial\Phi}{\partial t}=-\frac{1}{3}B_0\tan\varphi v^3(3t^2+\alpha t^3)\mathrm{e}^{\alpha t} \tag{2}$$

若 $\varepsilon<0$ ，则表示电动势方向与设定的绕行方向相反.

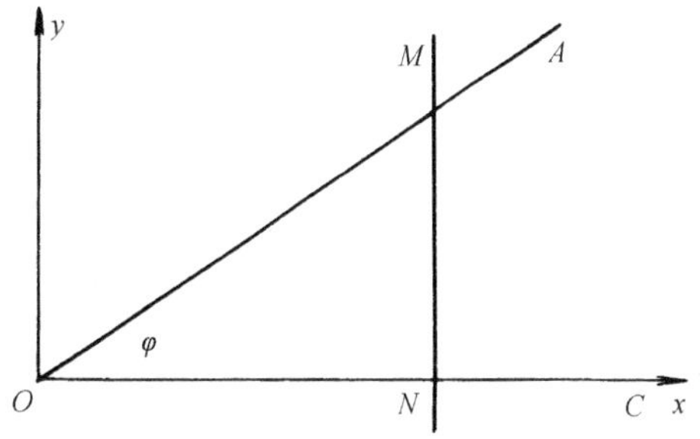

题图 2.62

此时回路中电阻为

$$R=(vt+vt\tan\varphi+vt\sec\varphi)\rho=vt(1+\tan\varphi+\sec\varphi)\rho \tag{3}$$

按欧姆定理得回路中的感应电流

$$I=\frac{\varepsilon}{R}=-\frac{B_0\sin\varphi v^2(3t+\alpha t^2)}{3\rho(1+\sin\varphi+\cos\varphi)}\mathrm{e}^{\alpha t} \tag{4}$$

2.63　均匀磁场中绕轴旋转的铜环角速度减小为 1/e 所需时间

题 2.63　如题图 2.63 所示，一铜环绕一垂直于均匀磁场 $\boldsymbol{B}_0$ 的轴线旋转(铜环截面半径 b 远小于环半径 a). 其初角速度 ω_0 很大，可认为在一个周期内角速度 ω 变化不太大. 求 ω 由 ω_0 变为 ω_0/e 所需的时间(已知铜电阻率 $\rho=1.6\times10^{-8}\Omega\cdot\mathrm{m}$ ，质量密度 $\rho_{\mathrm{m}}=8.9\times10^3\mathrm{kg/m^3}$ ，磁场大小 $B_0=0.020\mathrm{T}$).

解　铜环在磁场中旋转，产生感生电动势，从而有焦耳热损耗. 这使得铜环的转动动能变小，从而转速 ω 逐渐变小. 设铜环的角位置为 $\beta=\beta(t)$ ，则转动角速度为 $\omega=\mathrm{d}\beta/\mathrm{d}t$. 通过铜环的磁通量为

$$\Phi_{\mathrm{m}}=\pi a^2B_0\sin\beta(t)$$

从而铜环中的感应电动势

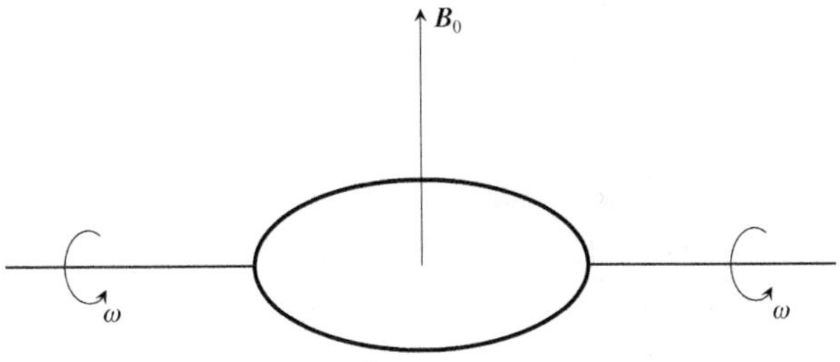

题图 2.63

$$\varepsilon_i = -\frac{\mathrm{d}\Phi_\mathrm{m}}{\mathrm{d}t} = -\pi a^2 \omega B_0 \cos\beta(t)$$

设铜环的电阻为 $R, R = \rho \cdot 2\pi a / \pi b^2 = 2\rho\pi a / s$，则焦耳热损耗功率为

$$P = \frac{\varepsilon_i^2}{R} = \frac{\pi^2 a^4 \omega^2 B_0^2}{R}\cos^2\beta(t)$$

环转动惯量为 $I = \frac{1}{2}ma^2$，由此得转动动能为 $\frac{1}{2}I\omega^2 = \frac{1}{4}ma^2\omega^2$，故

$$\frac{\mathrm{d}}{\mathrm{d}t}\left(\frac{1}{4}ma^2\omega^2\right) = -P = -\frac{\pi^2 a^4 \omega^2 B_0^2}{R}\cos^2\beta(t) \tag{1}$$

式(1)确定了 ω 随时间变化的关系. 如前所给出，其中 ω 和 β 之间满足 $\omega = \mathrm{d}\beta/\mathrm{d}t$. 对式(1)我们没法作精确求解，因而只能采用近似方法. 因为环转动角速度很大，转动动能比起环转动一周的焦耳热损耗要大很多，环转动一周后转动角速度和转动动能都基本上不变. 我们可以将式(1)的左边用环转动一周的平均值代替；而在求这一平均值时又可认为转动角速度不变

$$\left\langle -\frac{\pi^2 a^4 \omega^2}{R}\cos^2\beta(t)\right\rangle = -\frac{\pi^2 a^4 \omega^2 B_0^2}{R}\left\langle \cos^2\beta(t)\right\rangle = -\frac{\pi^2 a^4 \omega^2 B_0^2}{R}\cdot\frac{1}{2}$$

式中，$<\cdots>$ 表示对其中的量取时间平均. 这样

$$\frac{\mathrm{d}}{\mathrm{d}t}\left(\frac{1}{4}ma^2\omega^2\right) = -\frac{\pi^2 a^4 \omega^2 B_0^2}{2R}$$

由此式解得 $\omega(t) = \omega_0 \mathrm{e}^{-t/\tau}$，其中

$$\tau = \frac{mR}{(\pi B_0 a)^2} = \frac{1}{(\pi B_0 a)^2}\cdot 2\pi a S \rho_\mathrm{m} \cdot \frac{2\pi a \rho}{S} = \frac{4\rho\rho_\mathrm{m}}{B_0^2}$$

式中，S 为铜环的截面积. τ 即为 ω 由 ω_0 变为 ω_0/e 所需的时间，可见它与铜环的几何尺寸无关. 代入已知数据得所求的时间为

$$\tau = \frac{4\times 1.6\times 10^{-8}\times 8.9\times 10^3}{(0.02)^2} \approx 1.4(\mathrm{s})$$

2.64　与通恒定电流的大环同心的小环绕其直径转动所受外力矩

题 2.64　半径为 r_1 的小圆环初始时刻与一半径为 $r_2(r_2 \gg r_1)$ 的很大的圆环共面且同心. 现在大环中通以稳恒电流 I，而小环以角速度 ω 绕其一条直径做匀角速转动. 设小环电阻为 R，试求：(a) 小环中的感应电流. (b) 使小环做匀角速转动时须作用在其上的外力矩. (c)大环中的感生电动势.

分析　小环在大环中电流产生的磁场中转动，切割磁力线，从而小环中会产生感应电流. 由于大环半径 r_2 远大于小环半径 r_1，可认为小环所处空间各点为匀强磁场，取为大、小环圆心处的磁场. 小环中有了感应电流，又会受到磁力矩的作用. 为维持小环的匀角速转动，需要提供外力矩与磁力矩平衡.

小环中有了变化电流，相应的变化磁场导致大环的感生电动势. 求得小环中电流后，

可利用互感系数求相应大环中的磁通量，从而大环中感生电动势可求.

解　(a) 大环中电流 I 在其中心处产生的磁场大小为 $B=\mu_0 I/2r_2$，而方向垂直于该环所在平面. 因为 $r_2 \gg r_1$，可认为小环就处在这一匀强磁场中，故通过小环的磁通量为

$$\Phi = B\pi r_1^2 \cos\omega t$$

则小环中的感应电动势为

$$\varepsilon_{\mathrm{i}} = -\frac{\mathrm{d}\Phi}{\mathrm{d}t} = B\pi r_1^2 \omega \sin\omega t = \frac{\mu_0 \pi \omega I r_1^2 \sin\omega t}{2r_2}$$

因而小环中的感应电流为

$$i_{\mathrm{i}} = \frac{\varepsilon_{\mathrm{i}}}{R} = \frac{\mu_0 \pi \omega I r_1^2 \sin\omega t}{2r_2 R}$$

(b) 小环转动受到的磁力矩大小为

$$\tau = |\boldsymbol{m}\times\boldsymbol{B}| = \pi r_1^2 iB\sin\omega t = \pi r_1^2 \mu_0 \pi\omega I r_1^2 \sin\omega t \cdot \mu_0 I \sin\omega t/(4Rr_2^2)$$

$$= \frac{\mu_0^2 \pi^2 I^2 \omega r_1^4 \sin^2\omega t}{4Rr_2^2}$$

式中，$\boldsymbol{m}$ 为小环的磁矩. 磁力矩 $\boldsymbol{\tau}$ 的方向沿小环的转轴. 要使小环匀速转动，则应提供外力矩 $\boldsymbol{\tau}_{外} = -\boldsymbol{\tau}$.

(c) 为求大环中的感生电动势，先求两环间互感. 由

$$\Phi_{12} = \mu_0 \pi I r_1^2 \cos\omega t/(2r_2)$$

得互感系数为 $M = \Phi_{12}/I = \mu_0 \pi r_1^2 \cos\omega t/2r_2$. 这样大环中的感生电动势为

$$\varepsilon_i(2) = -\frac{\mathrm{d}}{\mathrm{d}t}Mi = -\frac{\mu_0^2 \pi^2 r_1^4 \omega^2 I \cos 2\omega t}{4r_2^2 R}$$

如果不是像以上用互感系数，则计算小环中电流产生的磁场在大环内的通量要复杂一些. 小环中电流在大环外产生的磁场可以近似为一磁偶极场，由此可求小环中电流产生的磁场在大环外的通量，而通过大环的磁通量与此差一符号. 这样计算的结果与上面完全一致.

2.65　磁场中在恒力作用下沿导轨运动金属棒中电流的规律

题 2.65　如题图 2.65 所示，在水平放置⊂形金属导轨上，长为 a、质量为 m 的金属棒在恒力 $\boldsymbol{F}$ 作用下可无摩擦地沿导轨运动，并构成 $abcda$ 闭合回路. 有一稳恒磁场 $\boldsymbol{B}$ 充满导轨所在空间，方向与导轨平面垂直. 初始棒在 x=0 处，速度也为零(不计电磁辐射和相对论效应). 设回路串接大电感和大电阻，而导轨的电阻率很小，回路电感 L、电阻 R 视为常数，试求棒中电流的规律 $I(t)$.

解　金属棒在力 $\boldsymbol{F}$ 作用下开始沿导轨运动，切割磁力线产生感应电动势，使得回路中产生感应电流. 金属棒一旦有电流通过，又会受到安培力. 金属棒沿导轨运动切割磁力线产生感应电动势，这样有回路方程

$$\varepsilon = Blv = \frac{\mathrm{d}(LI)}{\mathrm{d}t} + RI \tag{1}$$

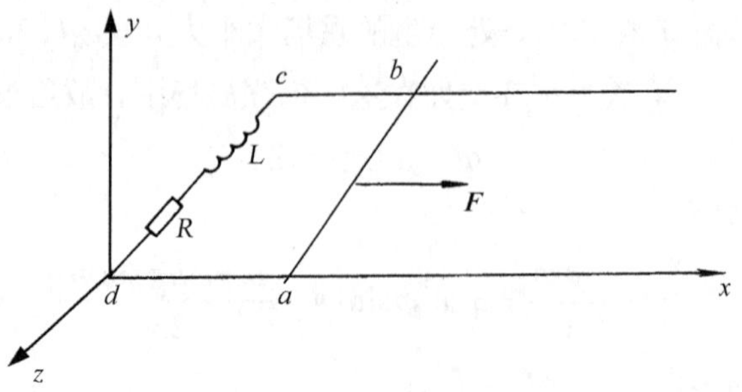

题图 2.65

现考虑 $L = \text{const}, R = \text{const}$ 情况. 设回路串接大电感和大电阻，而导轨的电阻率很小，这种情况下因金属棒运动引起 L、R 的改变可忽略不计. 此时即可认为 L=const，R=const. 这种情况下回路方程式(1)为

$$L\frac{\mathrm{d}I}{\mathrm{d}t}+RI=Bl\frac{\mathrm{d}x}{\mathrm{d}t} \tag{2}$$

而金属棒的牛顿方程为

$$F-ILB=m\frac{\mathrm{d}^2x}{\mathrm{d}t^2} \tag{3}$$

式(2)、式(3)消去 x 得

$$L\frac{\mathrm{d}^2I}{\mathrm{d}t^2}+R\frac{\mathrm{d}I}{\mathrm{d}t}=Bl\frac{F-IlB}{m} \tag{4}$$

令 $i=F/(lB)-I(I=F/(lB)-i)$， 则

$$\frac{\mathrm{d}^2i}{\mathrm{d}t^2}+\frac{R}{L}\cdot\frac{\mathrm{d}i}{\mathrm{d}t}+\frac{B^2l^2}{mL}i=0 \tag{5}$$

此为阻尼方程. 设其解的形式为 $\exp\{\lambda t\}$，则

$$\lambda^2+\frac{R}{L}\lambda+\frac{B^2l^2}{mL}=0$$

解得

$$\lambda_{1,2}=-\frac{R}{2L}\pm\frac{1}{2}\sqrt{\frac{R^2}{L^2}-\frac{4B^2l^2}{mL}}$$

当 $\frac{R^2}{L^2}-\frac{4B^2l^2}{mL}\neq 0$,即$L\neq\frac{mR^2}{4B^2l^2}$ 时，$\lambda_1\neq\lambda_2$. 这时

$$i=C_1\mathrm{e}^{\lambda_1 t}+C_2\mathrm{e}^{\lambda_2 t}\left(=\frac{F}{lB}-I\right)$$

而由式(2)

$$
\begin{aligned}
Bl\frac{\mathrm{d}x}{\mathrm{d}t} &= L\frac{\mathrm{d}I}{\mathrm{d}t} + RI \\
&= -\frac{\mathrm{d}i}{\mathrm{d}t} + \frac{RF}{lB} - Ri \\
&= \frac{RF}{lB} - L\left(\lambda_1 C_1 \mathrm{e}^{\lambda_1 t} + \lambda_2 C_2 \mathrm{e}^{\lambda_2 t}\right) - R(C_1\mathrm{e}^{\lambda_1 t} + C_2\mathrm{e}^{\lambda_2 t}) \\
&= \frac{RF}{lB} - C_1(\lambda_1 L + R)\mathrm{e}^{\lambda_1 t} - C_2(\lambda_2 L + R)\mathrm{e}^{\lambda_2 t} \\
&= \frac{RF}{lB} + \frac{B^2 l^2}{m}\left(\frac{C_1}{\lambda_1}\mathrm{e}^{\lambda_1 t} + \frac{C_2}{\lambda_2}\mathrm{e}^{\lambda_2 t}\right)
\end{aligned}
$$

代入初始条件：$t=0, I=0, \frac{\mathrm{d}x}{\mathrm{d}t}=0$ ，得

$$
C_1 + C_2 = \frac{F}{lB}
$$

$$
\frac{C_1}{\lambda_1} + \frac{C_2}{\lambda_2} = -\frac{mRF}{l^3 B^3} = \left(\frac{1}{\lambda_1} + \frac{1}{\lambda_2}\right)\frac{F}{lB}
$$

求得

$$
C_1 = -\frac{\lambda_2}{\lambda_1 - \lambda_2}\cdot\frac{F}{lB} = \frac{R + \sqrt{R^2 - 4B^2 l^2 L/m}}{2\sqrt{R^2 - 4B^2 l^2 L/m}}\cdot\frac{F}{lB}
$$

$$
C_2 = \frac{\lambda_1}{\lambda_1 - \lambda_2}\cdot\frac{F}{lB} = -\frac{R - \sqrt{R^2 - 4B^2 l^2 L/m}}{2\sqrt{R^2 - 4B^2 l^2 L/m}}\cdot\frac{F}{lB}
$$

金属棒的运动速度 v 以及回路中电流 I 如下：

$$
\begin{aligned}
v &= \frac{\mathrm{d}x}{\mathrm{d}t} = \frac{RF}{B^2 l^2} + \frac{Bl}{m}\left(\frac{C_1}{\lambda_1}\mathrm{e}^{\lambda_1 t} + \frac{C_2}{\lambda_2}\mathrm{e}^{\lambda_2 t}\right) \\
I &= \frac{F}{lB} - i = \frac{F}{lB} - C_1\mathrm{e}^{\lambda_1 t} - C_2\mathrm{e}^{\lambda_2 t}
\end{aligned}
\tag{6}
$$

对于 $L = \frac{mR^2}{4B^2 l^2}$ 的情况，$\lambda_1 = \lambda_2 = -\frac{R}{L}$ (记为 λ). 这时

$$
i = (C_1 + C_2 t)\mathrm{e}^{\lambda t}\left(= \frac{F}{lB} - I\right)
$$

而由式(2)

$$
\begin{aligned}
Bl\frac{\mathrm{d}x}{\mathrm{d}t} &= L\frac{\mathrm{d}I}{\mathrm{d}t} + RI \\
&= -\frac{\mathrm{d}i}{\mathrm{d}t} + \frac{RF}{lB} - Ri \\
&= \frac{RF}{lB} - R(C_1 + C_2 t)\mathrm{e}^{\lambda t} - L(C_1\lambda + C_2 t\lambda + C_2)\mathrm{e}^{\lambda t} \\
&= \frac{RF}{lB} - C_1\frac{R}{2}\mathrm{e}^{-Rt/2L} - C_2\left(\frac{R}{2}t + L\right)\mathrm{e}^{-Rt/2L}
\end{aligned}
$$

代入初始条件：$t=0, I=0, \dfrac{\mathrm{d}x}{\mathrm{d}t}=0$，得

$$C_1=\frac{F}{lB}$$

$$\frac{RF}{lB}-\frac{R}{2}C_1-C_2L=0$$

由此求得 $C_1=\dfrac{F}{lB}, C_2=\dfrac{R}{2L}\cdot\dfrac{F}{lB}$. 这样金属棒的运动速度 v 以及回路中电流 I 如下：

$$\begin{aligned} v&=\frac{\mathrm{d}x}{\mathrm{d}t}=\frac{RF}{l^2B^2}-\left(1+\frac{R}{4L}t\right)\frac{RF}{l^2B^2}\mathrm{e}^{-Rt/2L} \\ I&=\frac{F}{lB}-i=\frac{F}{lB}-\frac{F}{lB}\left(1+\frac{R}{2L}t\right)\mathrm{e}^{-Rt/2L} \end{aligned} \tag{7}$$

从式(6)及式(7)可看出在 $L\neq\dfrac{mR^2}{4B^2l^2}$ 以及 $L=\dfrac{mR^2}{4B^2l^2}$ 时两种情形下，金属棒的运动以及回路中的电流均通过阻尼趋向平衡的过程.

2.66 等腰梯形导体框在以恒定速率变化的磁场中产生的感应电动势

题 2.66 在半径为 R 的无限长圆柱形空间内部均匀磁场 $\boldsymbol{B}$ 以恒定的变化率 $\mathrm{d}B/\mathrm{d}t$ 在增加 $(\mathrm{d}B/\mathrm{d}t>0)$，有一内阻可忽略的等腰梯形导体框 $abcd$ 如题图 2.66 所示的位置放置，a、b 两点在圆柱面上，$cd=2ab=2R$. 求等腰梯形导体框中的感应电动势的大小和方向.

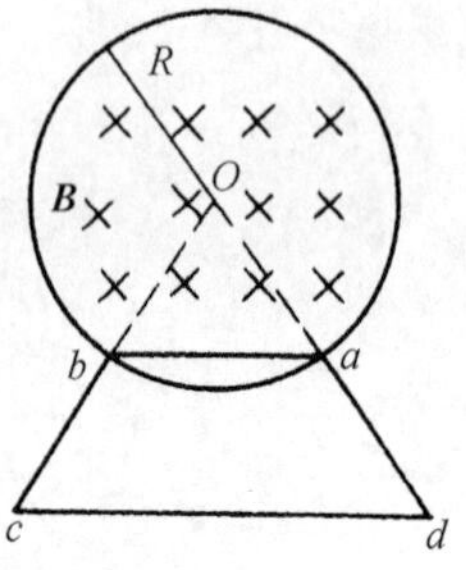

题图 2.66

解法一 设标定回路方向逆时针为正. 根据电磁感应定律

$$\oint_L \boldsymbol{E}\cdot\mathrm{d}\boldsymbol{l}=-\iint_S\frac{\partial\boldsymbol{B}}{\partial t}\cdot\mathrm{d}\boldsymbol{S}$$

故涡旋电场分布

$$E=\frac{r}{2}\cdot\frac{\mathrm{d}B}{\mathrm{d}t},\qquad r<R$$

$$E=\frac{R^2}{2r}\cdot\frac{\mathrm{d}B}{\mathrm{d}t},\qquad r>R$$

涡旋电场方向与标定方向同，为逆时针方向.

导线 ab 中的感生电动势为

$$\varepsilon_{ba}=\int_b^a\boldsymbol{E}\cdot\mathrm{d}\boldsymbol{l}=\int_0^R\frac{r}{2}\cdot\frac{\mathrm{d}B}{\mathrm{d}t}\cos\theta\mathrm{d}l=\frac{R\sin 60^\circ}{2}\cdot\frac{\mathrm{d}B}{\mathrm{d}t}\int_0^R\mathrm{d}l=\frac{\sqrt{3}R^2}{4}\cdot\frac{\mathrm{d}B}{\mathrm{d}t}$$

导线 cd 中的感生电动势为

$$\varepsilon_{cd}=\int_c^d\boldsymbol{E}\cdot\mathrm{d}\boldsymbol{l}=\frac{R^2}{2}\cdot\frac{\mathrm{d}B}{\mathrm{d}t}\int_0^{2R}\frac{\cos\theta}{r}\mathrm{d}l=\frac{R^2}{2}\cdot\frac{\mathrm{d}B}{\mathrm{d}t}\int_0^{\pi/6}\mathrm{d}\theta=\frac{\pi R^2}{6}\cdot\frac{\mathrm{d}B}{\mathrm{d}t}$$

在梯形框中 bc 和 da 两段导线由于与涡旋电场垂直，不产生感生电动势，故导体框中感生电动势为

$$\varepsilon = \varepsilon_{cd} - \varepsilon_{ba} = \left(\frac{\pi}{6} - \frac{\sqrt{3}}{4}\right) R^2 \frac{\mathrm{d}B}{\mathrm{d}t}$$

感生电动势方向与标定回路方向相同，为逆时针.

解法二　此题也可根据法拉第电磁感应定律，先求出 abO 扇形面积为 $\frac{\pi R^2}{6}$，等边三角形△abO 的面积为 $\frac{\sqrt{3}}{4}R^2$，二者之差面积为 $S = \frac{\pi R^2}{6} - \frac{\sqrt{3}}{4}R^2$，通过此面积磁通量的变化产生的感生电动势就是导体框中的感生电动势，故导体框中的感生电动势为

$$\varepsilon = -\frac{\mathrm{d}\phi}{\mathrm{d}t} = -\frac{\mathrm{d}(B \cdot S)}{\mathrm{d}t} = \left(\frac{\pi}{6} - \frac{\sqrt{3}}{4}\right) R^2 \frac{\mathrm{d}B}{\mathrm{d}t}$$

感生电动势方向为逆时针.

2.67　正三角形线圈在磁场中绕一边匀速旋转各边的电势差

题 2.67　一正三角形线圈的电阻为 R，边长为 a，以常角速度 ω 绕 AD 边旋转，均匀磁场 $\boldsymbol{B}$ 与转轴 AD 垂直. 求：(a) 线圈产生的感应电流. (b) 三角形每两个顶点之间的电势差.

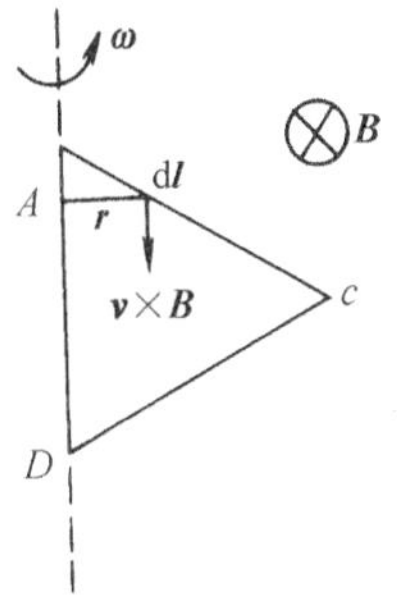

题图 2.67

解　(a) 线圈绕轴旋转，产生动生电动势. 如题图 2.67 所示. 在 AC 边上取一线元 $\mathrm{d}\boldsymbol{l}$ 其到 A 点距离为 l，线元旋转速度

$$\boldsymbol{v} = \boldsymbol{\omega} \times \boldsymbol{r} = \omega l \sin 60° \boldsymbol{e}_\theta$$

所以 AC 边产生的动生电动势为

$$\varepsilon_{AC} = \int_A^C (\boldsymbol{v} \times \boldsymbol{B}) \cdot \mathrm{d}\boldsymbol{l} = \int_0^a \omega l \sin 60° \sin\theta \cdot B \cos 60° \cdot \mathrm{d}l$$
$$= \frac{\sqrt{3}}{8} B a^2 \omega \sin\theta$$

同理 CD 边产生的动生电动势为

$$\varepsilon_{CD} = \int_C^D \omega(a - l) \sin 60° \sin\theta B \cos 60° \cdot \mathrm{d}l = \frac{\sqrt{3}}{8} B a^2 \omega \sin\theta$$

三角形线圈产生的动生电动势为

$$\varepsilon = \varepsilon_{AC} + \varepsilon_{CD} = \frac{\sqrt{3}}{4} B a^2 \omega \sin\theta$$

线圈产生的感应电流为

$$I = \frac{\varepsilon}{R} = \frac{\sqrt{3}}{4R} B a^2 \omega \sin\theta$$

(b)规定回路绕行方向顺时针为正，根据法拉第电磁感应定律

$$\varepsilon = -\frac{\mathrm{d}\phi}{\mathrm{d}t} = -\frac{\mathrm{d}BS\cos\omega t}{\mathrm{d}t} = \frac{\sqrt{3}}{4} B a^2 \omega \sin\theta$$

因为

$$\varepsilon > 0$$

所以动生电动势及感应电流的方向均为顺时针.

每条边电阻为$\frac{R}{3}$，故线圈每两顶点的电势差分别为

$$U_{CA}=U_{DC}=\varepsilon_{AC}-I\frac{R}{3}=\frac{\sqrt{3}}{24}Ba^2\omega\sin\theta$$

$$U_{DA}=I\frac{R}{3}=\frac{\sqrt{3}}{12}Ba^2\omega\sin\theta$$

2.68　金属柱内涡流产生的热功率

题 2.68　如题图 2.68 所示，将一圆柱形金属柱放在高频感应炉中加热. 设感应炉的线圈产生的磁场是均匀的，磁感应强度的方均根值为 B，频率为 f. 金属柱的直径和高分别为 D 和 h，电导率为 σ，金属柱平行于磁场. 设涡流产生的磁场可以忽略，试求金属柱内涡流一周期内产生的热功率.

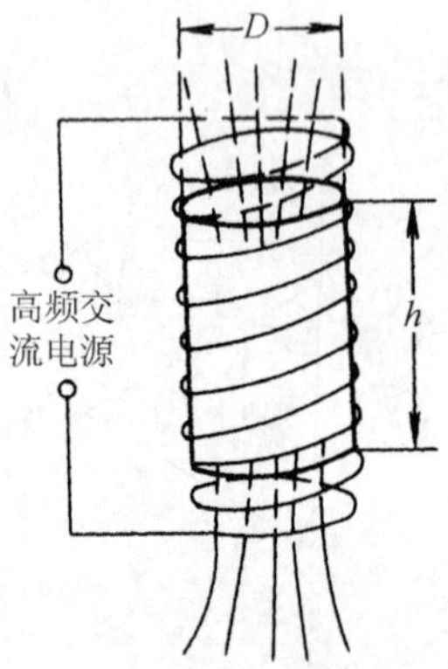

题图 2.68

解　设感应线圈产生的磁场

$$B=B_{\mathrm{m}}\cos\theta$$

半径为 r 的金属柱内产生的感应电动势

$$\varepsilon=\left|\frac{\mathrm{d}\phi}{\mathrm{d}t}\right|=\left|\frac{\mathrm{d}(B_{\mathrm{m}}\pi r^2\cos\theta)}{\mathrm{d}t}\right|=2\pi fB_{\mathrm{m}}\pi r^2\sin\theta$$

金属柱内涡流产生的热功率

$$P=\int\mathrm{d}p=\int_0^{D/2}\frac{(2\pi fB_{\mathrm{m}}\pi r^2\sin\theta)^2}{\dfrac{2\pi r}{\sigma h\mathrm{d}r}}=\frac{1}{32}\pi^3D^4\sigma h(B_{\mathrm{m}}f\sin\theta)^2$$

涡流一周期内产生的平均热功率

$$\overline{P}=\frac{1}{T}\int_0^T P\mathrm{d}t=\frac{1}{32}\pi^3f^2\sigma hB^2D^4$$

2.69　电磁涡流制动器

题 2.69　一电磁涡流制动器，由一电导率为 σ 且厚度为 t 的圆盘组成，此盘绕通过其中心的轴以 ω 角速度旋转，现有一覆盖面积为 a^2 的磁场 $\boldsymbol{B}$ 垂直于圆盘. 若面积 a^2 是在离轴 r 处，如题图 2.69 所示. 试求圆盘慢下来的转矩的近似表达式.

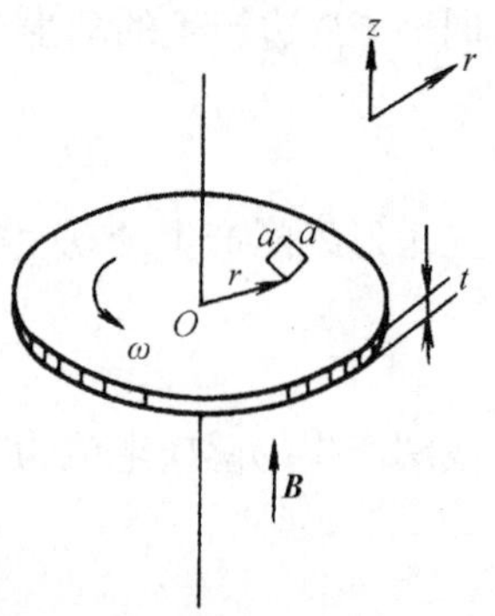

题图 2.69

解　盘绕轴旋转，磁场 $\boldsymbol{B}$ 覆盖面积 a^2 处必产生动生电动势，其大小

$$\varepsilon=\int_r^{r+a}\boldsymbol{v}\times\boldsymbol{B}\cdot\mathrm{d}\boldsymbol{l}=r\omega Ba$$

于是圆盘中会产生涡流，其大小

$$I=\frac{\varepsilon}{R}=\frac{r\omega Ba}{\dfrac{a}{\sigma at}}=r\omega Ba\sigma t$$

圆盘慢下来的转矩为

$$\boldsymbol{\tau}=\boldsymbol{r}\times\boldsymbol{F}=\boldsymbol{r}\times(I\boldsymbol{a}\times\boldsymbol{B})=-(raB)^2\omega\sigma t\boldsymbol{e}_z$$

2.70　矩形金属线框沿长边方向进入均匀磁场中的运动状态

题 2.70　已知一个完全导电的矩形金属线框的边长为 a 和 b，质量为 M，自感为 L. 以初速度 v_0 在线框平面内，沿着较长边的方向从磁场为零的区域进入一个均匀磁场 B_0 中，B_0 的方向与矩形平面相垂直. 试描述矩形线框作为时间函数的运动状态.

解　设 $b>a$，则线框沿 b 边运动. 运动方程为

$$m\frac{\mathrm{d}v}{\mathrm{d}t}=-B_0aI$$

I 为矩形金属线中感生的电流，I 的微分方程为

$$L\frac{\mathrm{d}I}{\mathrm{d}t}=B_0av$$

两个微分方程联立，消去 I 得

$$\frac{\mathrm{d}^2v}{\mathrm{d}t^2}+\omega^2v=0$$

其中

$$\omega^2=\frac{B_0^2a^2}{mL}$$

由此解得线框的速度

$$v=C_1\sin\omega t+C_2\cos\omega t$$

当 t=0 时，$v=v_0$，得 $C_2=v_0$，并且因 t=0 时，$I=-\dfrac{m}{B_0a}\dfrac{\mathrm{d}v}{\mathrm{d}t}=0$，所以 C_1=0. 即得

$$v=v_0\cos\omega t,\qquad \omega=\frac{B_0a}{\sqrt{mL}}$$

因此得线框移动的距离(t=0 时，S=0)

$$S=\frac{v_0}{\omega}\sin\omega t$$

2.71　从磁场上方由静止释放的长方形线圈的速度和电流

题 2.71　一个边长分别为 l 和 w 的长方形线圈，在 t=0 时刻正好从如题图 2.71 所示的磁场为 B_0 的区域上方由静上释放. 线圈的电阻是 R，自感为 L，质量为 m. 考虑线圈的上边还处在零磁场区的运动. (a) 假定自感可以忽略而电阻不可以忽略，求出线圈的电流和速度作为时间的函数. (b) 假定电阻可以忽略而电感不可以，求出线圈的电流和速度作为时间的函数.

解　取坐标系如题图 2.71 所示. 在本题所要求时间内，有

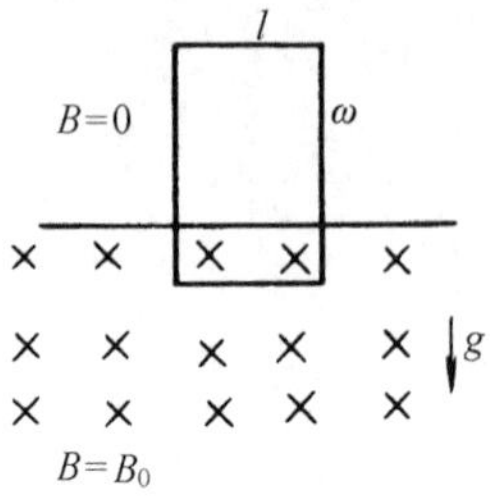

题图 2.71

$$\varepsilon = Blv$$

$$\varepsilon - L\frac{\mathrm{d}I}{\mathrm{d}t} = IR$$

$$F = mg - BIl = m\frac{\mathrm{d}v}{\mathrm{d}t}$$

这就是解决本题的基本方程.

(a) L=0. 参考题 2.61, 恒定为 F=mg, 故得线圈的速度与电流为

$$v = \frac{mgR}{B^2l^2}\left[1-\exp\left(-\frac{B^2l^2}{mR}t\right)\right]$$

$$I = \frac{Mg}{Bl}\left[1-\exp\left(-\frac{B^2l^2}{mR}t\right)\right]$$

(b) R=0，有 $L\frac{\mathrm{d}I}{\mathrm{d}t} = mlv$，运动方程为

$$m\frac{\mathrm{d}v}{\mathrm{d}t} = mg - BIl$$

再微分一次得 $\frac{\mathrm{d}^2v}{\mathrm{d}t} + \omega^2 v = 0, \omega^2 = \frac{B^2l^2}{mL}$ 其通解为

$$v = c_1\cos\omega t + c_2\sin\omega t$$

因 t=0 时，$v=0$，有 $c_1 = 0$. 又因 $t=0$ 时，I=0 有 $c_2 = \frac{g}{\omega}$. 即得

$$v = \frac{g}{\omega}\sin\omega t$$

$$I = \frac{mg}{Bl}(1-\cos\omega t), \qquad \omega = \frac{Bl}{\sqrt{mL}}$$

2.72　直导线在均匀磁场中的下落的末速度

题 2.72　如题图 2.72 所示，一沿 y 方向的长直导线，置于均匀磁场 $B\boldsymbol{e}_x$ 中. 单位长度的质量和电阻分别为 ρ、λ. 设该导线延伸到磁场的边缘，两端通过一根处于磁场外部的无质量的良导线相连接，略去边缘效应，求在重力 $(\boldsymbol{g} = -g\boldsymbol{e}_z)$ 作用下，导线在磁场中下落的末速度.

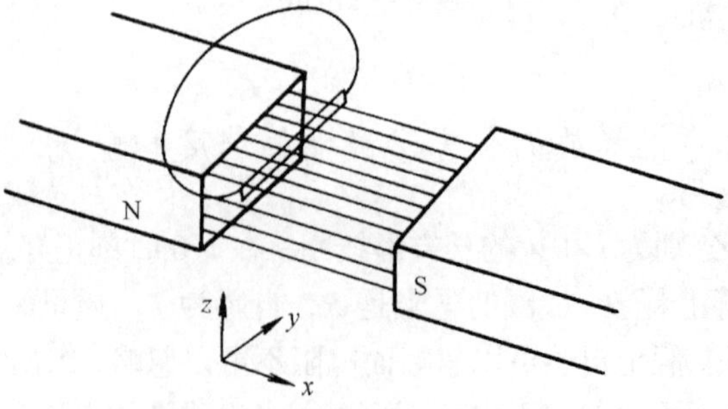

题图 2.72

解　导线切割磁力线，引起感生电动势从而产生电流. 当其长为 l、末速度 $\boldsymbol{v}=-v\boldsymbol{e}_z$ 时，电流为

$$i=\frac{vBl}{R}=\frac{vBl}{\lambda l}=\frac{vB}{\lambda}$$

它受磁力 $\boldsymbol{F}_{\mathrm{m}}=iBl\boldsymbol{e}_z=\dfrac{vB^2}{\lambda}l\boldsymbol{e}_z$. 此时此力应与重力平衡，由此求得导线的末速度

$$\frac{vB^2l}{\lambda}=mg=\rho lg$$

$$v=\frac{\rho g\lambda}{B^2}$$

考虑方向，则末速度为

$$\boldsymbol{v}=-\frac{\rho g\lambda}{B^2}\boldsymbol{e}_z$$

2.73　流过电阻器电流的方向

题 2.73　在题图 2.73 中，当进行下面的操作时，流过电阻器 r 的电流方向如何，就每一情况作简单解释：(a) 开关 S 合上. (b) 线圈 2 移向线圈 1. (c) 电阻减小.

解　以上三种情况，都使线圈 1 所激发的磁场增强，由右手定则与楞次定律，线圈 2 的磁场应阻止线圈 1 引起的磁场的增加，即电流应从 B 通过 r 流向 A.

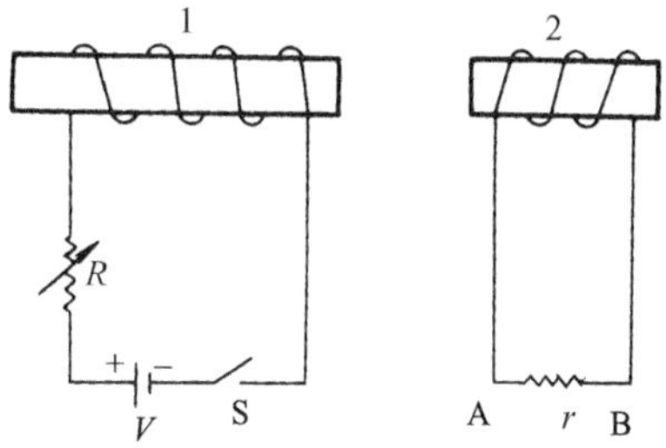

题图 2.73

2.74　铜构件的最低共振频率和电感

题 2.74　一块铜片被弯成如题图 2.74 所示形状，已知 R=2.0cm，l=10cm，a=2.0cm，d=0.40cm. 估计这个构件的最低共振频率. 当频率远远低于共振频率时，从 A、B 两点所测量到的电感为多少？

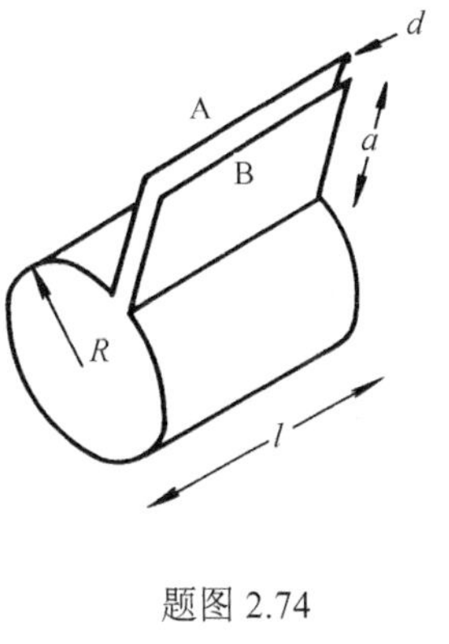

题图 2.74

解　考虑沿铜片的电流分布. 因 $d \ll R$，可近似认为圆柱管两侧电流同相，即相当于一侧流进，一侧流出，且电流大小相同. 于是最大波长将为 $2\pi R$. 另外，沿圆柱管轴向，其轴向电流密度两端都应为 0，于是最大半波长为 l，即最大波长为 $2l$. 由题设数据：R=2.0cm, l=10cm, 所以 $2l \gg 2\pi R$. 故最大波长 $2l$=20cm，由此求得最低共振频率为

$$f_0=\frac{c}{2l}=\frac{3.0\times10^{10}}{20}=1.5\times10^9(\text{Hz})$$

当频率远低于 f_0 时，可认为电流沿圆柱表面均匀分布；

且随时间缓变，作为静场处理. 略去边缘效应，构件内部磁感应强度为

$$B = \mu_0 i = \frac{\mu_0 I}{l}$$

通过构件截面的磁通量为 $\phi = BS = \frac{\mu_0 I}{l}(\pi R^2 + ad)$，于是电感为

$$\begin{aligned} L &= \frac{\phi}{I} = \frac{\mu_0}{l}(\pi R^2 + ad) \\ &= \frac{4\pi\times 10^{-7}\times(\pi\times 0.020^2 + 0.020\times 0.004)}{0.1} \\ &= 1.68\times 10^{-8}(\mathrm{H}) \end{aligned}$$

2.75　绕轴旋转不带电的磁化导体球内部电场及电荷分布

题 2.75　一半径为 R 的不带电的磁化导体球，其内部磁场为

$$\boldsymbol{B}(\boldsymbol{r}) = A r_\perp{}^2 \hat{\boldsymbol{K}}$$

这里 A 为一常数，$\hat{\boldsymbol{K}}$ 为一通过球心的单位矢量，$r_\perp$ 是到 $\hat{\boldsymbol{K}}$ 轴的距离. (在题图 2.75(a)的坐标系中，选择 $\hat{\boldsymbol{K}}$ 为 z 方向，球心为原点，并且 $r_\perp^2 = x^2 + y^2$)现让球绕 $\hat{\boldsymbol{K}}$ 轴以角速度 ω 做非相对论的转动. (a) 在实验室系中，在自转球内的电场是多少？(b) 电荷分布怎样(不计算面电荷)？(c) 用电压表所测量的电压降为多少？电压表的一端连接在球的顶点上，另一端从球的赤道位置的大圆扫过.

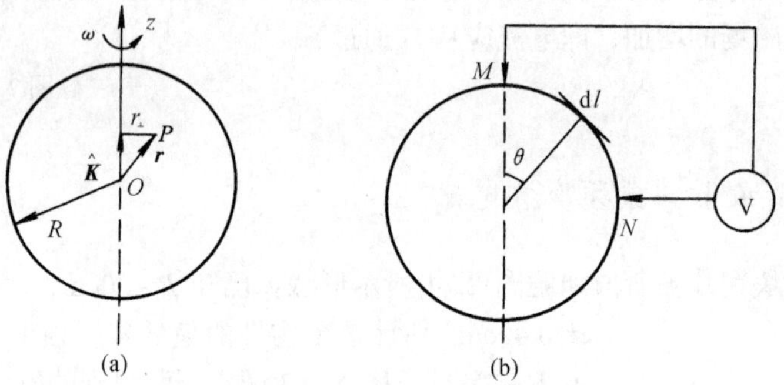

题图 2.75

解　(a) 对题图 2.75(a)中的 P 点，磁场为 $\boldsymbol{B} = A r_\perp^2 \boldsymbol{e}_z$. P 点的速度为

$$\boldsymbol{v} = \boldsymbol{\omega}\times\boldsymbol{r} = \omega\boldsymbol{e}_z\times\boldsymbol{r}$$

由楞次定律，球内电场为

$$\begin{aligned} \boldsymbol{E} &= -\boldsymbol{v}\times\boldsymbol{B} = -A\omega r_\perp^2(\boldsymbol{e}_z\times\boldsymbol{r})\times\boldsymbol{e}_z \\ &= -A\omega(x^2+y^2)(x\boldsymbol{e}_x + y\boldsymbol{e}_y) \end{aligned}$$

(b) 由 $\nabla\cdot\boldsymbol{E} = \frac{\rho}{\varepsilon}$，可得球内体电荷密度为

$$\rho = \varepsilon \nabla \cdot \boldsymbol{E} = -4A\omega\varepsilon r_{\perp}^2$$

(c) 需要计算从 M 到 N 点的线积分(题图 2.75(b))

$$V = \int_M^N \boldsymbol{E} \cdot \mathrm{d}\boldsymbol{l}$$

化为球坐标，$\mathrm{d}\boldsymbol{l} = R\mathrm{d}\theta \boldsymbol{e}_\theta$，在球面上，电场为

$$\boldsymbol{E} = A\omega R^3 \sin^3\theta(\sin\theta \boldsymbol{e}_r + \cos\theta \boldsymbol{e}_\theta)$$

因此

$$V = A\omega R^3 \int_0^{\frac{\pi}{2}} \sin^3\theta \cos\theta \mathrm{d}\theta = \frac{A\omega R^3}{4}$$

2.76　运动点电荷在正方形金属线框中激发的感生电动势

题 2.76　考虑一个正方形的金属线框，每边长为 l，如题图 2.76，它位于 xy 平面内. 一个电荷为 q 的粒子在 xz 平面内与 xy 平面相距 z_0，粒子以 $v \ll c$ 的速度匀速运动(假定粒子沿正 x 方向移动)，在 t=0 时粒子通过 z 轴. 试给出线框感生电动势作为时间函数的关系式.

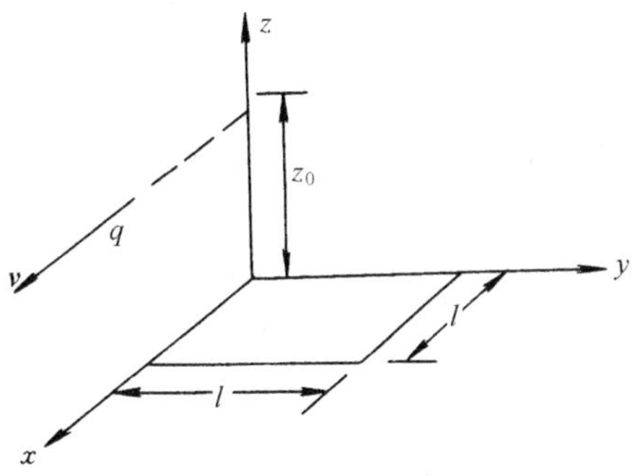

题图 2.76

解　当 $v \ll c$ 时，粒子产生的电磁场为

$$\boldsymbol{E}(\boldsymbol{r},t) = \frac{q}{4\pi\varepsilon_0 r^3}\left[(x - vt)\boldsymbol{e}_x + y\boldsymbol{e}_y + z\boldsymbol{e}_z\right]$$

$$\boldsymbol{B}(\boldsymbol{r},t) = \frac{\boldsymbol{v}}{c^2} \times \boldsymbol{E} = \frac{\mu_0 q v}{4\pi r^3}(-z\boldsymbol{e}_y + y\boldsymbol{e}_z)$$

式中

$$r = \left[(x - vt)^2 + y^2 + (z - z_0)^2\right]^{\frac{1}{2}}$$

线圈中感生电动势为

$$\varepsilon = -\int_S \frac{\partial \boldsymbol{B}}{\partial t} \cdot \mathrm{d}\boldsymbol{S}$$

积分中 S 为线圈平面，$\mathrm{d}\boldsymbol{S} = \mathrm{d}x\mathrm{d}y\boldsymbol{e}_z$，因此可得

$$\varepsilon = -\frac{\mu_0 q v}{4\pi} \int_0^l \mathrm{d}x \frac{\partial}{\partial t} \int_0^l \mathrm{d}y \frac{y}{\left[(x - vt)^2 + (z - z_0)^2\right]^{3/2}}$$

$$= -\frac{\mu_0 q v}{4\pi} \int_0^l \mathrm{d}x \frac{\partial}{\partial t}\left[-\frac{1}{\sqrt{(x - vt)^2 + l^2 + (z - z_0)^2}} + \frac{1}{\sqrt{(x - vt)^2 + (z - z_0)^2}}\right]$$

$$
=-\frac{\mu_0 q v^2}{4\pi}\int_0^l \mathrm{d}x\left\{\frac{x-vt}{\left[(x-vt)^2+(z-z_0)\right]^{3/2}}-\frac{x-vt}{\left[(x-vt)^2+l^2+(z-z_0)\right]^{3/2}}\right\}
$$

$$
=-\frac{\mu_0 q v^2}{4\pi}\left[\frac{1}{\sqrt{v^2t^2+(z-z_0)^2}}-\frac{1}{\sqrt{(l-vt)^2+(z-z_0)^2}}\right.
$$

$$
\left.-\frac{1}{\sqrt{(l-vt)^2+l^2+(z-z_0)^2}}+\frac{1}{\sqrt{v^2t^2+l^2+(z-z_0)^2}}\right]
$$

2.77　在垂直于柱轴方向均匀电场中的带电绝缘长圆柱体各点的电势

题 2.77　电量 Q 均匀地分布在一半径为 R，长为 $L(L\gg R)$ 的绝缘长圆柱体的外表面上，圆柱体的介电常量为 ε. 沿垂直于圆柱的轴的方向上有均匀电场 $\boldsymbol{E}=E_0\boldsymbol{e}_x$，如题图 2.77(a)所示. 忽略边缘效应. (a) 计算柱内外各点的电势. 现移去外场，让圆柱以角速度 ω 旋转. (b) 求柱内磁场的大小和方向. (c) 一半径为 $2R$，电阻为 ρ 的单匝线圈套在圆柱上，如题图 2.77(b). 柱体的旋转角速度随时间线性减小 $[\omega(t)=\omega_0(1-t/t_0)]$. 线圈中的感应电流为多大？电流的方向如何？(d) 如单匝线圈穿过圆柱放置以取代(c)中的线圈，如题图 2.77(c)所示，圆柱转速按前述规律减小. 问线圈的电流如何？

解　(a) 由叠加原理，电势可看作 Q 与 $\boldsymbol{E}$ 单独产生的电势之叠加. Q 产生的电势容易求得

$$
\varphi_1(r)=\begin{cases}0, & r<R\\ -\dfrac{Q}{2\pi\varepsilon_0 L}\ln\dfrac{r}{R}, & r>R\end{cases}
$$

这里规定圆柱中心的电势为零. 设匀场 $\boldsymbol{E}$ 产生的电势为 φ_2，则 $\nabla^2\varphi_2=0(r\neq R)$，在柱坐标系下有

$$
\frac{1}{r}\cdot\frac{\partial}{\partial r}\left(r\frac{\partial\varphi_2}{\partial r}\right)+\frac{1}{r^2}\cdot\frac{\partial^2\varphi_2}{\partial\theta^2}=0
$$

可用分离变量法求得 $\varphi_2(r,\theta)$ 的通解

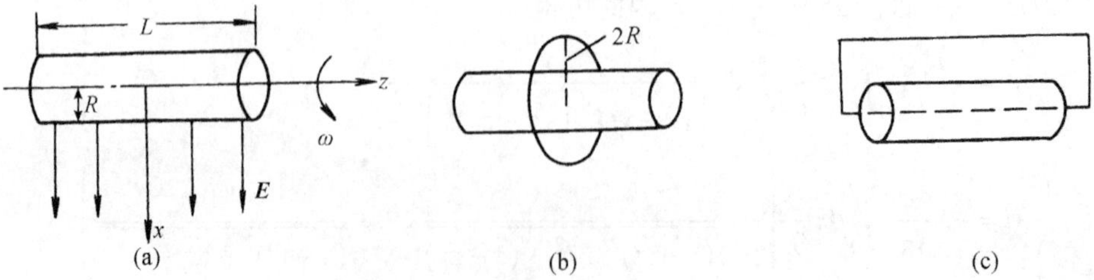

题图 2.77

$$\varphi_2=\begin{cases}\sum\limits_n\left[r^n(a_n\cos n\theta+b_n\sin n\theta)+\dfrac{1}{r^n}(c_n\cos n\theta+d_n\sin n\theta)\right], & r<R\\ \sum\limits_n\left[r^n(e_n\cos n\theta+f_n\sin n\theta)+\dfrac{1}{r^n}(g_n\cos n\theta+h_n\sin n\theta)\right], & r>R\end{cases}$$

由边界条件，$r\to\infty$ 时，$\varphi_2=-E_0r\cos\theta$，由此可得：$e_1=-E_0,f_1=0,e_n=f_n=0(n\neq1)$．又由 $r\to0$ 时，$\varphi_2=0$，可确定 $c_n=d_n=0$．在 $r=R$ 时，$\varphi_2\big|_{r=R^-}=\varphi_2\big|_{r=R^+}$，得

$$\varepsilon\frac{\partial\varphi_2}{\partial r}\bigg|_{r=R^-}=\varepsilon_0\frac{\partial\varphi_2}{\partial r}\bigg|_{r=R^+}$$

故可得

$$\begin{cases}\sum\limits_n R^n(a_n\cos n\theta+b_n\sin n\theta)=-RE_0\cos\theta+\sum\limits_n\dfrac{1}{R^n}(g_n\cos n\theta+h_n\sin n\theta)\\ \varepsilon\sum\limits_n nR^{n-1}(a_n\cos n\theta+b_n\sin n\theta)=-\varepsilon_0E_0\cos\theta-\varepsilon_0\sum\limits_n\dfrac{n}{R^{n+1}}(g_n\cos n\theta+h_n\sin n\theta)\end{cases}$$

解得

$$a_1=-\frac{2E_0}{\varepsilon+\varepsilon_0},\qquad g_1=\frac{(\varepsilon-\varepsilon_0)R^2E_0}{\varepsilon+\varepsilon_0},\qquad b_1=h_1=0$$

$$a_n=b_n=g_n=h_n=0,\qquad n\neq1$$

故

$$\varphi_2=\begin{cases}-\dfrac{2E_0}{\varepsilon+\varepsilon_0}r\cos\theta, & r<R\\ -E_0r\cos\theta+\dfrac{(\varepsilon-\varepsilon_0)R^2E_0}{\varepsilon+\varepsilon_0}, & r>R\end{cases}$$

所以总电势为

$$\varphi=\varphi_1+\varphi_2=\begin{cases}-\dfrac{2E_0}{\varepsilon+\varepsilon_0}r\cos\theta, & r<R\\ -\dfrac{Q}{2\pi\varepsilon_0L}\ln\dfrac{r}{R}-E_0r\cos\theta+\dfrac{\varepsilon-\varepsilon_0}{\varepsilon+\varepsilon_0}\cdot\dfrac{R^2E_0}{r}\cos\theta, & r>R\end{cases}$$

(b) 移去外场，圆柱以角速度 ω 旋转，得面电流密度为

$$i=\frac{Q}{2\pi RL}\cdot\omega R=\frac{Q\omega}{2\pi L}$$

根据安培环路定则圆柱内磁场为

$$\boldsymbol{B}=\frac{\mu_0Q\omega}{2\pi L}\boldsymbol{e}_z$$

(c) 穿过题图 2.77(b)中单匝线圈的磁通量为

$$\phi=\pi R^2B=\frac{\mu_0Q\omega R^2}{2L}$$

故感应电动势为

$$\varepsilon=-\frac{\mathrm{d}\phi}{\mathrm{d}t}=\frac{\mu_0 QR^2}{2L}\left(-\frac{\mathrm{d}\omega}{\mathrm{d}t}\right)=\frac{\mu_0 QR^2\omega_0}{2Lt_0}$$

从而得感应电流 i 为

$$i=\frac{\varepsilon}{\rho}=\frac{\mu_0 QR^2\omega_0}{2\rho Lt_0}$$

i 的方向与转向一致.

(d) 对题图 2.77(c)，穿过线圈的磁通量 $\phi=0$，故线圈中没有感应电流.

2.78 具有电阻电感的闭合线圈在均匀磁场中转动产生的电流及所加外力矩

题 2.78 一 N 匝闭合线圈，半径为 a，电阻为 R，自感为 L，在均匀磁场 $\boldsymbol{B}$ 中，该线圈绕一与 $\boldsymbol{B}$ 垂直的直径转动. (a) 当以常角速度 ω 转动时，求线圈中电流与角 θ 的函数关系. 这里 $\theta(t)=\omega t$ 是圈面法向与 $\boldsymbol{B}$ 之间的夹角. (b) 为了维持上述转动，需加多大的外力矩(在(a)、(b)中均只考虑稳态效应).

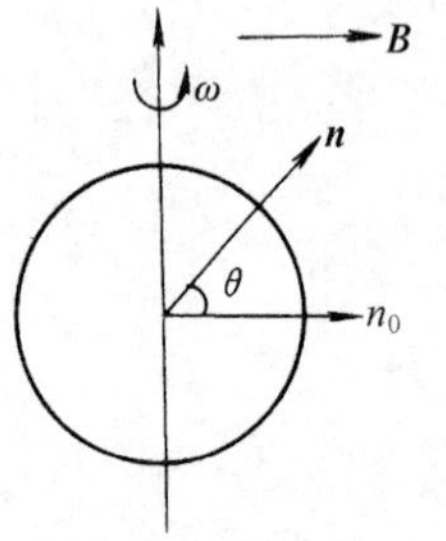

题图 2.78

解 选取 t=0 时为时间的起点，这时圈面法向 $\boldsymbol{n}_0$ 与外场 $\boldsymbol{B}$ 平行. 在 t 时刻线圈平面法向为 $\boldsymbol{n}$，则有

$$\boldsymbol{n}\cdot\boldsymbol{B}=B\cos\theta,\qquad |\boldsymbol{n}\times\boldsymbol{B}|=B\sin\theta$$

如题图 2.78 所示.

(a) 在外场 $\boldsymbol{B}$ 中，线圈的感生电动势为

$$\begin{aligned}\varepsilon&=-\frac{\mathrm{d}}{\mathrm{d}t}\int\boldsymbol{B}\cdot\boldsymbol{n}\mathrm{d}s\\&=\pi a^2 NB\omega\sin\omega t\end{aligned}$$

而电路方程为

$$L\frac{\mathrm{d}I}{\mathrm{d}t}+IR=\varepsilon$$

因此求得线圈中电流强度为

$$I(t)=\frac{\pi a^2 NB\omega}{\sqrt{R^2+L^2\omega^2}}\sin(\omega t-\varphi)$$

式中，$\tan\varphi=\dfrac{L\omega}{R}$. 按题意，上式中已略去指数衰减项 $I_0\mathrm{e}^{-\frac{R}{L}t}$.

(b) 线圈的磁偶极矩为

$$\boldsymbol{m}=I\pi a^2 N\boldsymbol{n}$$

因此外加力矩 $\boldsymbol{\tau}=-\boldsymbol{m}\times\boldsymbol{B}$. 其大小为

$$\begin{aligned}\tau&=|\boldsymbol{m}\times\boldsymbol{B}|=I\pi a^2 NB\sin\theta\\&=\frac{(\pi a^2 NB)^2\omega}{\sqrt{R^2+L^2\omega^2}}\sin(\omega t-\varphi)\sin\theta\end{aligned}$$

2.79　设计测量安培的实验

题 2.79　你可以配备电流源和一个能制造简单的电学元件，如线圈、电感、电容与电阻的机械车间. 你可以使用测量机械力的仪器但不能用电学仪表. 利用上面的设备与你所掌握的电磁学的基本方程设计一个测量电流的实验.

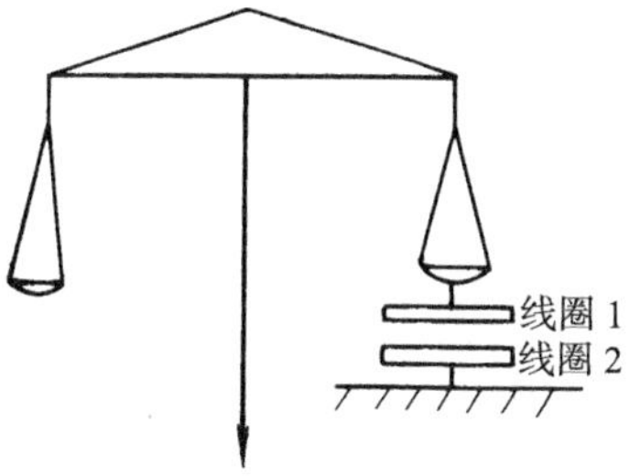

题图 2.79

解　配备两个几何形状简单的线圈(如取为圆形线圈). 这时它们之间的互感仅为线圈平面间距离的函数，记为 $M_{12}(z)$. 再用一个天平与线圈一起制成一个安培秤(题图 2.79)，可以测量出二线圈之间的相互作用力 F_{12} 的大小. 而由磁学知识可知，二线圈的互感磁能为

$$W_{12} = M_{12}I_1I_2$$

不妨使线圈通有相同的电源，一样的形状，从而有相同的电流强度，即

$$W_{12} = M_{12}I^2$$

因此相互作用力

$$F_{12} = \frac{\partial W_{12}}{\partial z} = I^2\frac{\partial M_{12}(z)}{\partial z}$$

F_{12} 已用天平测出，$\dfrac{\partial M_{12}(z)}{\partial z}$ 可计算，从而由此式就确定了 I 的大小.

单位可用 MKSA 制，即力用牛顿单位，z 用米单位，互感用亨利，则电流强度就以安培为单位.

2.80　磁控管中的电流被磁场遏止的电压值

题 2.80　题图 2.80 所示为磁控管的圆柱极板(半径为 b)和灯丝(半径为 a)的截面. 灯丝是接地的，极板接在正的 V 伏电压源上，沿圆柱的轴线方向是均匀的磁场方向. 电子离开灯丝的速度为零并以曲线路径趋向极板. 问低于多大的 V，电流将被磁场 B 所遏止?

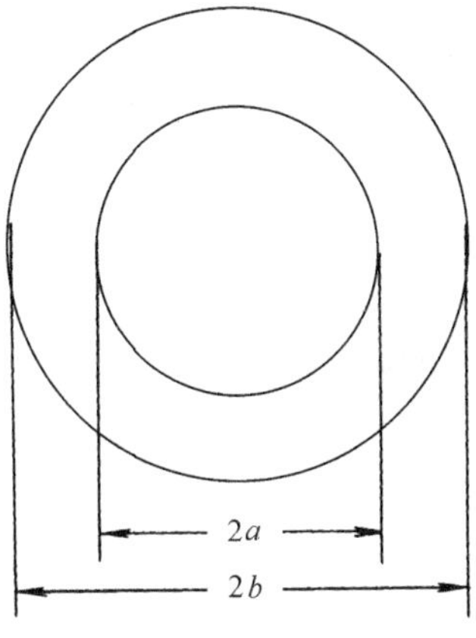

题图 2.80

解　选取圆柱坐标系，θ方向动力学方程为

$$\frac{\mathrm{d}}{\mathrm{d}t}\left(mr^2\dot{\theta}\right)=er\dot{r}B \tag{1}$$

磁控管内电动势应是 r 的函数，设为 $V(r)$. 由能量守恒

$$\frac{1}{2}m\left(\dot{r}^2+r^2\dot{\theta}^2\right)-eV(r)=0$$

方程(1)的解为

$$mr^2\dot{\theta}=\frac{eB}{2}(r^2-a^2)$$

把$\dot{\theta}$的表达式代入到能量方程中，有

$$\frac{1}{2}m\left[\dot{r}^2+\left(\frac{eB}{2mr}\right)^2(r^2-a^2)^2\right]=eV(r)$$

在 $r=b$ 处，$\dot{r}=0$ 时得到阈值，所以

$$V_{\mathrm{t}}=\frac{eB^2(b^2-a^2)}{8mb^2}$$

2.81　两互相垂直的长直载流导线沿它们连线转动具有的位形

题 2.81　两条互相垂直的长导线距离为 a，载流为 I_1、I_2，考虑 I_2 上的一小段$\left(-\frac{l}{2},\frac{l}{2}\right)$ $(l\ll a)$，如题图 2.81 所示. (a) 求作用在这段导线上的净力和力矩. (b) 如果导线可绕它们的连线 a 自由转动，他们将有怎样的位形？这个位形对应于系统有最大还是最小磁能.

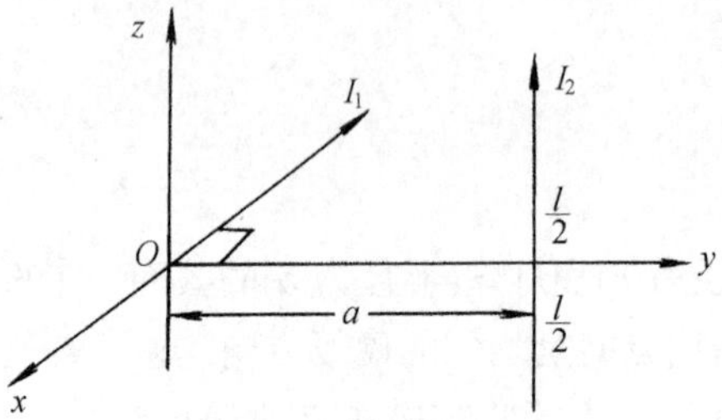

题图 2.81

解　(a) I_1 在点$(0, a, z)$处的场为

$$\boldsymbol{B}_1=\frac{\mu_0 I_1}{2\pi\sqrt{a^2+z^2}}\left(\frac{z}{\sqrt{a^2+z^2}}\boldsymbol{e}_y-\frac{a}{\sqrt{a^2+z^2}}\boldsymbol{e}_z\right)$$

l_2 上的微电流元$(z, z+\mathrm{d}z)$受力 $\mathrm{d}\boldsymbol{F}_{21}=I_2\mathrm{d}z\boldsymbol{e}_z\times\boldsymbol{B}_1$. 即

$$\mathrm{d}\boldsymbol{F}_{21}=I_2\mathrm{d}z\frac{\mu_0 I_1}{2\pi\sqrt{a^2+z^2}}\frac{z}{\sqrt{a^2+z^2}}(-\boldsymbol{e}_x)$$

$$=\frac{\mu_0 I_1 I_2 z\mathrm{d}z}{2\pi(a^2+z^2)}(-\boldsymbol{e}_x)$$

故小段$\left(-\frac{l}{2},\frac{l}{2}\right)$受力

$$\boldsymbol{F}_{21}=\int_{-l/2}^{l/2}\mathrm{d}\boldsymbol{F}_{21}=0$$

它受的力矩$\boldsymbol{\tau}$为

$$\boldsymbol{\tau}=\int_{-l/2}^{l/2} z\boldsymbol{e}_z\times \mathrm{d}\boldsymbol{F}_{21}=-\frac{\mu_0 I_1 I_2}{2\pi}\int_{-l/2}^{l/2}\frac{z^2\mathrm{d}z}{a^2+z^2}(\boldsymbol{e}_z\times\boldsymbol{e}_x)$$

$$\approx -\frac{\mu_0 I_1 I_2}{2\pi a^2}\cdot\frac{1}{3}z^3\Big|_{-l/2}^{l/2}\boldsymbol{e}_y$$

$$=\frac{-\mu_0 I_1 I_2}{24\pi a^2}l^3\boldsymbol{e}_y$$

(b) 由上述结果可知，如果 I_2 可绕连线 a 转动，则它最终将与 I_1 平行，I_2、I_1 的流向也一致. 显然，这个位置应是对应于磁能有最小值的位置.

2.82 流动的均匀面电流层受力的大小和方向

题 2.82 一个强度为λ(A/m，沿 y 方向)的均匀面电流层位于水平面($z=0$)向东(x 方向)流动，如题图 2.82(a). 求在下列位置处力的大小与方向：(a) 在电流层上方 $y=0$ 附近相距 R 处的长为 $l(l\ll L)$的水平导线，载电流 i(A)，向北流动. (b) 同样的线段，但电流向西流动. (c) 一半径为 $r(r\ll L)$的线圈，在电流层上方 $y=0$ 附近相距 R 处($r<R$)，载电流 i，磁矩方向向东. (d) 同样的线圈但磁矩向北. (e) 同样线圈但磁矩向上. 对你的回答加以简单的说明.

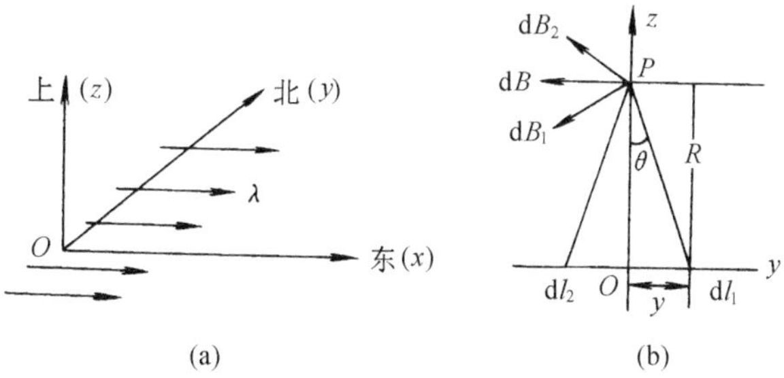

题图 2.82

解 把电流层分成宽为 dy 的细条，每个细条视为载流 d$I=\lambda$dy 的线电流，设 P 点在 $z=R$ 处，由题图 2.82(b)，在 y 轴 0 点两侧的二线电流 dI_1、dI_2 流产生的磁感应强度为 d$\boldsymbol{B}_1$、d$\boldsymbol{B}_2$ 合成

$$\mathrm{d}\boldsymbol{B}=-2\cdot\frac{\mu_0\lambda\cos\theta}{2\pi(y^2+R^2)^{1/2}}\mathrm{d}y\boldsymbol{e}_y$$

其中

$$\cos\theta=\frac{R}{\sqrt{y^2+R^2}}$$

设电流层宽为 $2L$，则 P 点的磁场为

$$\boldsymbol{B}=\int\mathrm{d}\boldsymbol{B}=-\frac{\mu_0\lambda R}{\pi}\int_0^L\frac{\mathrm{d}y}{y^2+R^2}\boldsymbol{e}_y=-\frac{\mu_0\lambda}{\pi}\arctan\frac{L}{R}\boldsymbol{e}_y$$

(a) 当载流线段向北流动时，$i=i\boldsymbol{e}_y$，受力为 $\boldsymbol{F}=il\boldsymbol{e}_y\times\boldsymbol{B}=0$.

(b) 载流线段向西流动时 $\boldsymbol{i}=-i\boldsymbol{e}_x$，受力为

$$\boldsymbol{F}=\frac{\mu_0 li\lambda}{\pi}\arctan\frac{L}{R}\boldsymbol{e}_x\times\boldsymbol{e}_y=\frac{\mu_0 li\lambda}{\pi}\arctan\frac{L}{R}\boldsymbol{e}_z$$

(c) 载流线圈的磁矩 $\boldsymbol{m}=\pi r^2 i\boldsymbol{e}_x$，它在外磁场 $\boldsymbol{B}$ 中受力 $\boldsymbol{F}=\nabla(\boldsymbol{m}\cdot\boldsymbol{B})=\nabla(mB\boldsymbol{e}_x\cdot\boldsymbol{e}_y)=0$.

(d) $\boldsymbol{m}=\pi r^2 i\boldsymbol{e}_y$，受力

$$\boldsymbol{F}=\nabla(\boldsymbol{m}\cdot\boldsymbol{B})=-\mu_0\lambda r^2 i\frac{\partial}{\partial R}\left(\arctan\frac{L}{R}\right)\boldsymbol{e}_z=-\frac{\mu_0\lambda r^2 iR^2}{R^2+L^2}\boldsymbol{e}_z$$

(e) $\boldsymbol{m}=\pi r^2 i\boldsymbol{e}_z$，受力 $\boldsymbol{F}=\nabla(mB\boldsymbol{e}_z\cdot\boldsymbol{e}_y)=0$.

2.83 载流圆线圈对其中心顺磁介质小球的磁化

题 2.83 有一个半径为 R 的圆线圈，载流 i 电磁单位. 其中心放一个磁导率为μ、半径为 $a(a\ll R)$ 的顺磁介质球. 试确定由电流磁场产生的小球的磁偶极矩，并求小球内单位面积所受的力.

解 取圆线圈中心为原点，其轴线为 z 轴. 电流 i 在原点产生的磁场

$$\boldsymbol{B}_0=\frac{\mu_0 i}{2R}\boldsymbol{e}_z$$

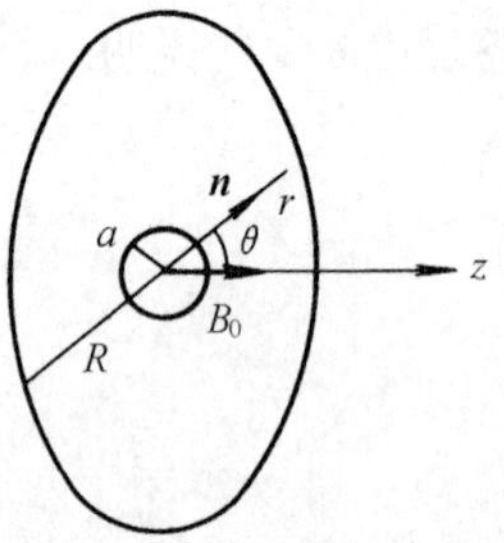

题图 2.83

由于小球半径 $a\ll R$，可认为小球处于均匀磁场 $\boldsymbol{B}_0$ 之中. 引入磁标势解题，设球外势为 φ_1，球内势为 φ_2. 它们的方程与边界条件为(题图 2.83) $\nabla^2\varphi_1=\nabla^2\varphi_2=0$. 当 $r\to\infty$，$\varphi_1\approx\varphi_0=-\dfrac{B_0}{\mu_0}r\cos\theta$，当 $r\to 0$ 时，φ_2 有限. 在 $r=R$ 时，$\varphi_1=\varphi_2$ 与 $\mu_0\dfrac{\partial\varphi_1}{\partial r}=\mu\dfrac{\partial\varphi_2}{\partial r}$，用分离变量法，可求得

$$\varphi_2=-\frac{3B_0}{\mu+2\mu_0}r\cos\theta$$

球内磁场为

$$\boldsymbol{B}=-\mu\nabla\varphi_2=\frac{3\mu}{\mu+2\mu_0}\boldsymbol{B}_0$$

故小球的磁化强度为

$$\boldsymbol{M}=\left(\frac{1}{\mu_0}-\frac{1}{\mu}\right)\boldsymbol{B}=\frac{3(\mu-\mu_0)}{\mu_0(\mu+2\mu_0)}\boldsymbol{B}_0$$

$$=\frac{3(\mu-\mu_0)i}{2(\mu+2\mu_0)R}\boldsymbol{e}_z$$

因此小球的磁偶极矩为

$$\boldsymbol{m}=\frac{4}{3}\pi a^2\boldsymbol{M}=\frac{2(\mu-\mu_0)\pi a^3 i}{\mu+2\mu_0}\boldsymbol{e}_z$$

球面上的面电流密度为

$$\boldsymbol{\alpha}_{\mathrm{M}}=\boldsymbol{M}\times\boldsymbol{n}=\frac{3(\mu-\mu_0)i}{2(\mu+2\mu_0)R}\sin\theta\boldsymbol{e}_{\varphi}$$

故球面上单位面积受力为

$$\boldsymbol{f}=\boldsymbol{\alpha}_{\mathrm{M}}\times\boldsymbol{B}_0=\frac{3(\mu-\mu_0)i}{2(\mu+2\mu_0)R}\sin\theta\cdot\frac{\mu_0 i}{2R}(\boldsymbol{e}_{\varphi}\times\boldsymbol{e}_z)$$

$$=\frac{3\mu_0(\mu-\mu_0)i^2}{4(\mu+2\mu_0)R^2}\sin\theta(\cos\theta\boldsymbol{e}_{\theta}+\sin\theta\boldsymbol{e}_r)$$

说明　球内磁场求解也可参考题 2.26、2.27.

2.84　地球磁场中的磁针受力问题

题 2.84　地球磁场中的一个磁针将：(a)向北极运动. (b)向南极运动. (c)受到一个力矩的作用.

解　答案为(c).

2.85　竖立的铜币在磁场中倒下所需的时间

题 2.85　一铜币以其边缘为支点立于竖直方向的磁场 $B=2\mathrm{T}$ 中. 给它一轻微的推力让其倒下，试估计倒下需要的时间(**提示**：铜的电导率为 $6\times10^5\Omega\cdot\mathrm{cm}^{-1}$，密度为 $9\mathrm{g}\cdot\mathrm{cm}^{-3}$).

解　铜是良导体，在这样强的磁场中倒下时，其势能主要变成了热能. 可以假设在倒下的过程中磁力矩与重力力矩时时平衡. 设 θ 为铜币表面与竖直轴的夹角. 考虑 $r\to r+\mathrm{d}r$ 的圆环，通过该圆环的磁通量 $\phi(\theta)=\pi r^2 B\sin\theta$，圆环上的感应电动势为

$$\varepsilon=\left|\frac{\mathrm{d}\phi}{\mathrm{d}t}\right|=\pi r^2 B\cos\theta\dot{\theta},\qquad \dot{\theta}=\frac{\mathrm{d}\theta}{\mathrm{d}t}$$

感应电流为

$$\mathrm{d}i=\frac{\varepsilon}{\mathrm{d}R}=\frac{\pi r^2 B\cos\theta\dot{\theta}}{\mathrm{d}R}$$

$\mathrm{d}R$ 为此圆环的电阻. 设 h 为铜币厚度，有

$$\mathrm{d}R=\frac{2\pi r}{\sigma h\mathrm{d}r}$$

故

$$\mathrm{d}i=\frac{Br\cos\theta\dot{\theta}\sigma h\mathrm{d}r}{2}$$

该圆环的磁矩为

$$\mathrm{d}m=\pi r^2\mathrm{d}i=\frac{\pi r^3 B\cos\theta\dot{\theta}\sigma h\mathrm{d}r}{2}$$

磁力矩为

$$\mathrm{d}\tau_{\mathrm{m}}=|\mathrm{d}\boldsymbol{m}\times\boldsymbol{B}|=\frac{\pi r^3 B^2\cos^2\theta\dot{\theta}\sigma h\mathrm{d}r}{2}$$

设铜币的半径为 r_0，则整个铜币所受的磁力矩为

$$\tau_{\mathrm{m}}=\int \mathrm{d}\tau_{\mathrm{m}}=\int_0^{r_0}\frac{\pi B^2\cos^2\theta\dot{\theta}\sigma h}{2}r^3\mathrm{d}r=\frac{\pi r_0^4B^2\cos^2\theta\dot{\theta}\sigma h}{8}$$

重力矩为

$$\tau_{\mathrm{g}}=mgr_0\sin\theta=\pi r_0^3\rho hg\sin\theta$$

并由 $\tau_{\mathrm{m}}=\tau_{\mathrm{g}}$，得到

$$\mathrm{d}t=\frac{B^2r_0\sigma}{8g\rho}\cdot\frac{\cos^2\theta}{\sin\theta}\mathrm{d}\theta$$

设铜币被推至 $\theta=\theta_0$ 角时将自行倒下，倒下所需的时间将为

$$T=\int\mathrm{d}t=\int_{\theta_0}^{\pi/2}\frac{B^2r_0\sigma}{8g\rho}\cdot\frac{\cos^2\theta}{\sin\theta}\mathrm{d}\theta$$

$$=\frac{B^2\sigma r_0}{8g\rho}\left[-\cos\theta_0+\frac{1}{2}\ln\left(\frac{1+\cos\theta_0}{1-\cos\theta_0}\right)\right]$$

代入题设数据，并设 $r_0=0.01\mathrm{m}$，$\theta_0=0.1$ 弧度，则有

$$T\approx 6.8\mathrm{s}$$

从这里也可看出势能主要是变成热能，因为需要的时间远比不存在磁场时长.

2.86　无限大平板内的伦敦方程组

题 2.86　假定在一种物质里不是欧姆定律 $\boldsymbol{j}=\sigma\boldsymbol{E}$ 成立而是下列方程有效：

$$C\nabla\times\lambda\boldsymbol{j}=-\boldsymbol{H}\,,\qquad \lambda\text{为常数}$$

$$\frac{\partial}{\partial t}(\lambda\boldsymbol{j})=\boldsymbol{E}$$

现考虑用这种物质做成的一块厚度为 $2d(-d<z<d)$ 的无限大平板，板外有平行于表面的均匀磁场强度 $H_x=H_z=0$，$H_y=H_1(z<-d)$，$H_y=H_2(z>d)$. 并且到处都有 $\boldsymbol{E}=\boldsymbol{D}=0$. 假定没有表面电流和表面电荷，如题图 2.86 所示. (a) 求板内的 $\boldsymbol{H}$. (b) 求板内的 $\boldsymbol{j}$. (c) 求作用在板的表面单位面积上的力.

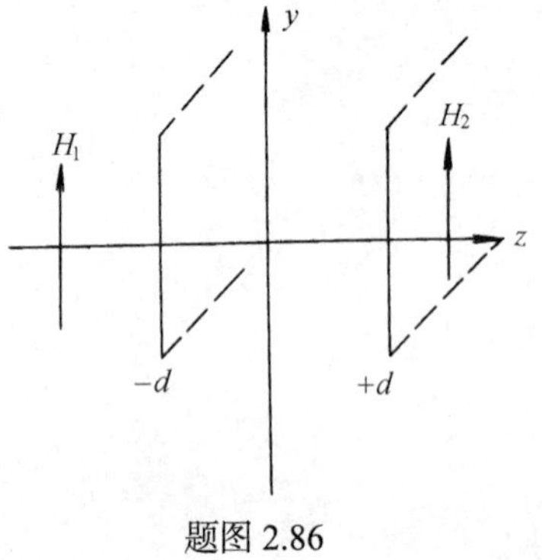

题图 2.86

解　在处理超导电动力学时有两种描述方法，这里采用的是把 $\boldsymbol{j}$ 看作传导电流，不把物质看成某种磁性介质，因此不出现 $\boldsymbol{M}$. 因 $\boldsymbol{E}=0$，$\boldsymbol{j}$ 恒定和磁场是稳定的. 由麦克斯韦方程组

$$\nabla\times\boldsymbol{H}=\boldsymbol{j}\,,\qquad \nabla\cdot\boldsymbol{H}=0$$

故

$$\nabla\times(\nabla\times\boldsymbol{H})=\nabla\times\boldsymbol{j}$$

即

$$\nabla(\nabla\cdot\boldsymbol{H})-\nabla^2\boldsymbol{H}=\nabla\times\boldsymbol{j}$$

代入$\nabla\cdot\boldsymbol{H}=0$和伦敦方程后，得

$$\nabla^2\boldsymbol{H}-\frac{1}{\lambda C}\boldsymbol{H}=0$$

由对称性，可令$\boldsymbol{H}=\boldsymbol{H}(z)$，且只有$y$分量$\boldsymbol{H}=H_y(z)\boldsymbol{e}_y$，故

$$\frac{\mathrm{d}^2H_y}{\mathrm{d}z^2}-\frac{1}{\lambda C}H_y=0$$

此方程的通解

$$H_y=A\mathrm{e}^{-kz}+B\mathrm{e}^{kz}$$

其中$k=\sqrt{\dfrac{1}{\lambda C}}$，由边界条件

$$\begin{cases}H_y(d)=A\mathrm{e}^{-kd}+B\mathrm{e}^{kd}=H_2\\H_y(-d)=A\mathrm{e}^{kd}+B\mathrm{e}^{-kd}=H_1\end{cases}$$

可以求得待定常量

$$A=\frac{H_1\mathrm{e}^{kd}-H_2\mathrm{e}^{-kd}}{\mathrm{e}^{2kd}-\mathrm{e}^{-2kd}}$$

$$B=\frac{H_2\mathrm{e}^{kd}-H_1\mathrm{e}^{-kd}}{\mathrm{e}^{2kd}-\mathrm{e}^{-2kd}}$$

(a) 板内只有y分量

$$\begin{aligned}H_y(z)&=A\mathrm{e}^{-kz}+B\mathrm{e}^{kz}\\&=\frac{H_2\sinh[k(z+d)]-H_1\sinh[k(z-d)]}{\sinh(2kd)}\end{aligned}$$

(b) 由$\boldsymbol{j}=\nabla\times\boldsymbol{H}$得$\boldsymbol{j}=j_x\boldsymbol{e}_x$，大小为

$$j_x=-\frac{\partial H_y}{\partial z}=-\frac{k\{H_2\cosh[k(z+d)]-H_1\cosh[k(z-d)]\}}{\sinh(2kd)}$$

(c) 整块板所受的磁力由洛伦兹公式

$$\begin{aligned}\boldsymbol{F}&=\int\boldsymbol{j}\times\boldsymbol{B}\mathrm{d}z\mathrm{d}s\\&=-\boldsymbol{e}_z\mu_0\int\frac{\partial H_y}{\partial z}H_y\mathrm{d}z\mathrm{d}s\end{aligned}$$

故单位面积所受的力

$$\begin{aligned}\boldsymbol{f}&=-\boldsymbol{e}_z\mu_0\int_{-d}^{d}H_y\frac{\partial H_y}{\partial z}\mathrm{d}z=-\boldsymbol{e}_z\mu_0\int_{-d}^{d}H_y\mathrm{d}H_y\\&=-\frac{\mu_0}{2}(H_2^2-H_1^2)\boldsymbol{e}_z\end{aligned}$$

2.87　与半无限大铁块距离为 d 的长直载流导线的受力问题

题 2.87　一根细长导线载有电流I，离半无限大铁块距离d，如题图 2.87 所示. 假设铁块的磁导率为无限大，求作用于导线单位长度上的力的数值及方向.

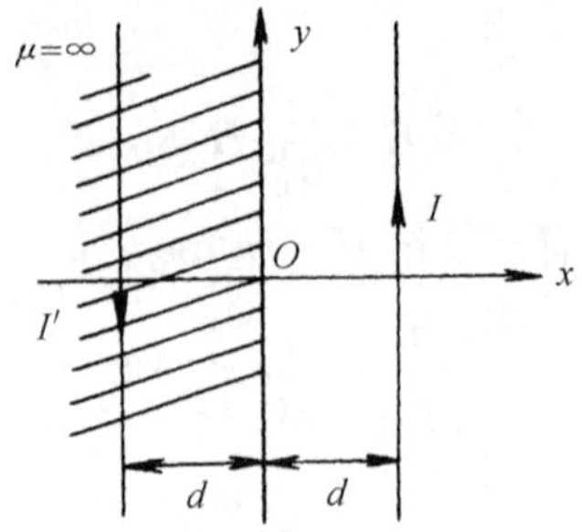

题图 2.87

解　用镜像法解. 令像电流为I'，位于$x=-d$处，I'的方向与I相反，其大小为

$$I'=\frac{\mu-\mu_0}{\mu+\mu_0}I$$

因$\mu\to\infty$，故$I'=I$. I'在细导线处的磁场

$$\boldsymbol{B}=\frac{\mu_0 I'}{4\pi d}\boldsymbol{e}_z=\frac{\mu_0 I}{4\pi d}\boldsymbol{e}_z$$

故载有电流I的导线单位长度的受力为

$$\boldsymbol{F}=IB\boldsymbol{e}_y\times\boldsymbol{e}_z=\frac{\mu_0 I^2}{4\pi d}\boldsymbol{e}_x$$

2.88　在磁场中运动的金属块中的电场和电荷密度

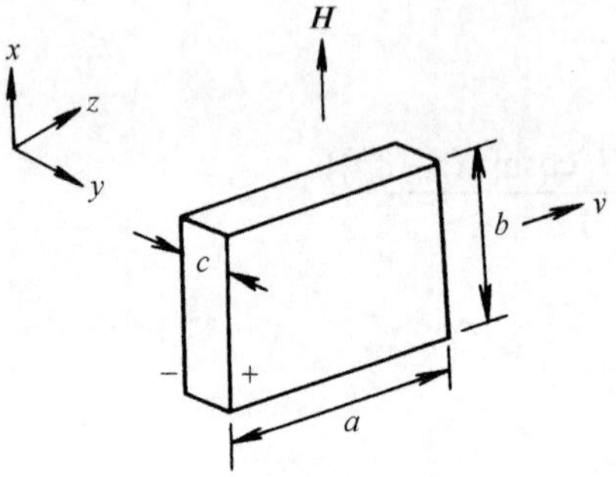

题图 2.88

题 2.88　一个无净电荷的金属块是一长方体，三边长为a、b、c. 金属块在强度为$\boldsymbol{H}$的磁场中以速度 v 运动. 问块中的电场强度是多大? 体中和面上的电荷密度是多少?

解　平衡时金属块中的自由电子不受力. 即$-e\boldsymbol{E}-e\boldsymbol{v}\times\boldsymbol{B}=0$. 因此$\boldsymbol{E}=-\boldsymbol{v}\times\boldsymbol{B}=-\mu_0 vH\boldsymbol{e}_y$. 金属体中无电荷分布(因$\nabla\cdot\boldsymbol{E}=0$). 忽略边缘效应，即认为$c\ll a$、$b$，可知 a、b 构成的面上的自由电荷密度$\sigma=\pm\varepsilon_0 E=\pm\varepsilon_0\mu_0 vH$. 符号如题图 2.88 所示.

2.89　磁化到饱和的铁针放在均匀外磁场中产生的磁场分布

题 2.89　如题图 2.89 所示，将一磁化到饱和值的铁针放入$B_0=0.1\text{T}$的均匀外磁场中，针的长轴沿磁场方向，针长 1cm，直径为 0.1cm. 试给出远离铁针即$r\gg 1\text{cm}$处的$\boldsymbol{B}(r)$的近似公式. 这里r是从针的中心作为原点来测量的. 已知在针内$\boldsymbol{B}$的饱和值近似为 2T.

解　对于$r\gg 1\text{cm}$的距离，可把小磁针看成一磁矩为$\boldsymbol{m}$的磁偶极子，取外场沿 z 轴方向(题图 2.89)，有

$$\boldsymbol{B}_{外} = B_0\boldsymbol{e}_z\,, \qquad \boldsymbol{m} = m\boldsymbol{e}_z$$

r 处的磁场强度近似为

$$\boldsymbol{H}(r) = \boldsymbol{H}_0 - \frac{\boldsymbol{m}}{4\pi r^3} + \frac{3(\boldsymbol{m}\cdot\boldsymbol{r})\boldsymbol{r}}{4\pi r^5}$$

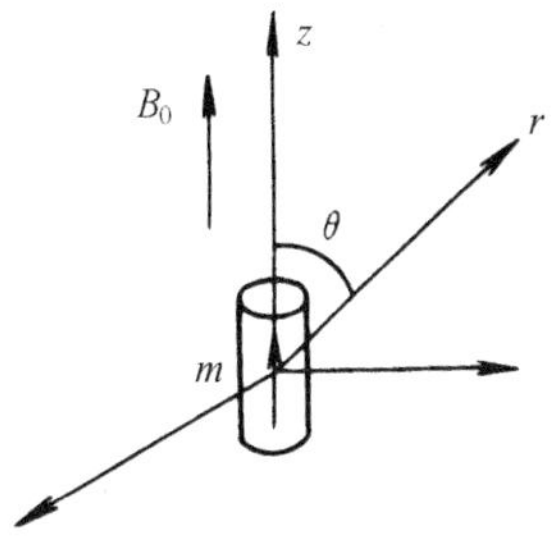

题图 2.89

显然，小磁针产生的磁场比外场 $\boldsymbol{H}_0$ 弱得多，即 $\dfrac{\boldsymbol{m}}{4\pi r^3} \ll \boldsymbol{H}_0$，由 $\boldsymbol{H}$ 的切向连续性，可近似认为小磁针内的磁场为

$$\boldsymbol{H}_{内} = \boldsymbol{H}_0$$

设 $\boldsymbol{M}$ 为磁针的磁化强度，则有

$$\boldsymbol{M} = \frac{\boldsymbol{B}}{\mu_0} - \boldsymbol{H} = \frac{\boldsymbol{B} - \boldsymbol{B}_0}{\mu_0}$$

由题意，小磁针体积

$$V = \pi(0.05\times10^{-2})^2\times10^{-2}(\mathrm{m}^3)$$

$$B_{内} = 2\mathrm{T}$$

因此小磁针的磁矩大小为

$$m = VM = \pi(0.05\times10^{-2})^2\times10^{-2}\times\frac{2-0.1}{4\pi\times10^{-7}} = 1.19\times10^{-2}(\mathrm{T\cdot m^3})$$

在极坐标下，空间点 r 处的磁感应强度为

$$\boldsymbol{B}_{\mathrm{r}} = \boldsymbol{B}_0\cos\theta + \frac{2\mu_0 m\cos\theta}{4\pi r^3} = \left(0.1 + \frac{2.38\times10^{-9}}{r^3}\right)\cos\theta(\mathrm{T})$$

$$\boldsymbol{B}_\theta = -\boldsymbol{B}_0\sin\theta + \frac{\mu_0 m\sin\theta}{4\pi r^3} = \left(-0.1 + \frac{1.19\times10^{-9}}{r^3}\right)\sin\theta(\mathrm{T})$$

2.90　比较用电场或磁场来改变金属球的运动

题 2.90　一个质量为 5kg、半径为 10cm 的带电金属球在真空中以 2400m/s 运动. 在空间区域 1m×1m×100m 内，你可以用电场或磁场来改变球的运动方向. (a) 如果上述 100m^3 区域内所存储的能量(电能或磁能)已经限定，问究竟是采用电场还是磁场使小球受力较大? (b) 如果金属球面上的电场(由球面上所带电荷产生)的极大值为 10kV/cm，求金属球走完 100m 的路径之后的横向速度与外场的关系.

解　(a) 电能密度 $w_{\mathrm{e}} = \dfrac{1}{2}\varepsilon_0 E^2$，磁能密度 $w_{\mathrm{m}} = \dfrac{B^2}{2\mu_0}$. 为作数量级的估计，不妨设所考虑的区域内场强处处相等. 此时，令 $\dfrac{1}{2}\varepsilon_0 E^2 = \dfrac{B^2}{2\mu_0}$，则 $\dfrac{E}{B} = \dfrac{1}{\sqrt{\mu_0\varepsilon_0}} = c$，因而有

$$\frac{f_{\mathrm{e}}}{f_{\mathrm{m}}} = \frac{qE}{qvB} = \frac{c}{v} \gg 1$$

故施以电场，金属球受力大些.

(b) 金属球表面电场极大值为 $E_0 = 10\mathrm{kV/cm}$，这一方面限制了金属球携带的最大电荷

量 Q_m，一方面也限制了外场(E 或 B)的极大值. 对外场为电场的情况，金属球表面的面电荷密度分布为

$$\sigma = \sigma_0 + \sigma_1 \cos\theta, \quad \sigma_1 = 3E\varepsilon_0$$

在 $\theta = 0$ 处，金属球表面电场取得极大值 E_0

$$E_0 = \frac{\sigma_0 + \sigma_1}{\varepsilon_0} = \frac{\sigma_0}{\varepsilon_0} + 3E$$

由此求得金属球带的总电荷量为

$$Q = 4\pi r^2 \sigma_0 = 4\pi\varepsilon_0 r^2 (E_0 - 3E), \quad E < \frac{1}{3}E_0$$

金属球走完全程所花时间为 $\Delta t = \dfrac{l}{v_0}$，横向加速度(设 $E = E_\perp$)为 $\dfrac{QE}{m}$，于是横向速度为

$$v_\perp = \frac{QE}{m}\Delta t = \frac{4\pi\varepsilon_0 r^2 (E_0 - 3E)\cdot El}{mv_0}, \quad E < \frac{1}{3}E_0$$

对应外场为磁场的情形，只需将上式中的 E 易为 v_0B，结果为

$$v_\perp = \frac{4\pi\varepsilon_0 r^2 (E_0 - 3v_0B)Bl}{m}, \quad B < \frac{E_0}{3v_0}$$

当 $E \geqslant \dfrac{1}{3}E_0\left(\text{或} B \geqslant \dfrac{E_0}{3v_0}\right)$时，金属球带电量为零，横向速度亦为零. 最后，由上述横向速度公式可以证明，当 $E = \dfrac{E_0}{9}$ 或 $B = \dfrac{E_0}{9v_0}$ 时，横向速度取极大值

$$v_{\perp m} = \frac{8\pi\varepsilon_0 r^2 E_0^2 l}{27mv_0} = \frac{8\pi\times\dfrac{10^{-9}}{4\pi\times 9}\times 0.1^2\times 10^{6\times 2}\times 100}{27\times 5\times 2400}$$
$$= 6.86\times 10^{-4}(\text{m/s})$$

于是金属球的横向位移为

$$v_{\perp m}\Delta t = \frac{v_{\perp m} l}{v_0} = \frac{6.86\times 10^{-4}\times 100}{2400} = 2.86\times 10^{-5}(\text{m})$$

可见，上述横向位移与空间的横向尺寸(1m)相比是微不足道的.

2.91　两个小磁针的相互作用力

题 2.91　证明两个小磁针不管取向如何，其相互吸引力与它们间的距离的四次方成正比. 假定磁针的大小与其距离相比是很小的.

证明　可将磁针视为偶极子，磁矩分别为 $\boldsymbol{m}_1$、$\boldsymbol{m}_2$，$\boldsymbol{m}_2$ 在 $\boldsymbol{m}_1$ 处的磁标势 $\varphi_m = \dfrac{1}{4\pi}\cdot\dfrac{\boldsymbol{m}_2\cdot\boldsymbol{r}}{r^3}$，$\boldsymbol{r}$ 从 $\boldsymbol{m}_2$ 指向 $\boldsymbol{m}_1$，场 $\boldsymbol{B} = -\mu_0\nabla\varphi_m$，故 $\boldsymbol{m}_1$ 受力 $\boldsymbol{F}_m$ 为

$$\boldsymbol{F}_m = \nabla(\boldsymbol{m}_1\cdot\boldsymbol{B}) = \nabla[\boldsymbol{m}_1\cdot(-\mu_0\nabla\varphi_m)]$$

$$= -\frac{\mu_0}{4\pi}\nabla\left[\boldsymbol{m}_1\cdot\nabla\left(\frac{\boldsymbol{m}_2\cdot\boldsymbol{r}}{r^3}\right)\right]$$

$$= -\frac{\mu_0}{4\pi}\nabla\left[\boldsymbol{m}_1\cdot\left(\frac{\boldsymbol{m}_2}{r^3}-\frac{3\boldsymbol{r}(\boldsymbol{m}_2\cdot\boldsymbol{r})}{r^5}\right)\right]$$

$$= \frac{\mu_0}{4\pi}\nabla\left[\frac{3(\boldsymbol{m}_1\cdot\boldsymbol{r})(\boldsymbol{m}_2\cdot\boldsymbol{r})}{r^5}-\frac{\boldsymbol{m}_1\cdot\boldsymbol{m}_2}{r^3}\right]$$

微分式中的两项均与 $\frac{1}{r^3}$ 成正比，因此 $\boldsymbol{F}$ 与 $\frac{1}{r^4}$ 成正比.

2.92　磁偶极子与零电阻导电圆环的作用力

题 2.92　把一个磁偶极子 $\boldsymbol{m}$ 从无穷远移到一个完全导电圆环(具有零电阻)轴上一点. 环的半径为 b，自感为 L，在终了位置上，m 的方向沿圆环的轴，与环心相距为 z. 当磁偶子在无穷远处时，环上的电流为 0(题图 2.92). (a) 在终了位置时，计算环上的电流. (b) 计算此位置上的磁偶极子与环之间的作用力.

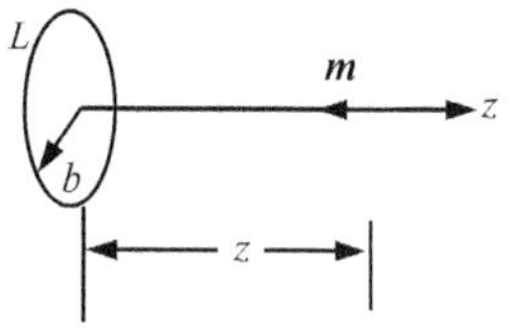

题图 2.92

解　磁偶极子在空间激发磁场，因而在导线圈中有一定的磁通量. 这个磁通量的大小与磁偶极子和导电圆环的相对位置有关. 从而当磁偶极子向导电圆环运动时，导电圆环中变化的磁通量产生感生电动势，并产生感生电流. 这个感生电流激发的磁场反过来对磁偶极子的作用形成磁偶极子的阻力.

(a) 环上的感应电动势为

$$\varepsilon = -L\frac{\mathrm{d}I}{\mathrm{d}t} = -\frac{\partial}{\partial t}\int \boldsymbol{B}\cdot\mathrm{d}\boldsymbol{S}$$

两边积分之，有

$$L[I(f)-I(i)] = \int[\boldsymbol{B}(f)-\boldsymbol{B}(i)]\cdot\mathrm{d}\boldsymbol{S}$$

由题意，初始时，磁偶极子在无穷远处，有 $I(i)=0$，$\boldsymbol{B}(i)=0$. 终了位置时，取 $I=I(f)$，$\boldsymbol{B}=\boldsymbol{B}(f)$，即

$$LI = \int \boldsymbol{B}\cdot\mathrm{d}\boldsymbol{S}$$

用柱坐标(ρ，θ，z)，环平面上任一点的位置 P 为 $\rho\boldsymbol{e}_\rho$，m 到 P 的矢径 $\boldsymbol{r}=\rho\boldsymbol{e}_\rho - z\boldsymbol{e}_z$，则 $\boldsymbol{m}$ 在 P 点产生的磁场为

$$\boldsymbol{B} = \frac{\mu_0}{4\pi}\left[\frac{3(\boldsymbol{m}\cdot\boldsymbol{r})\boldsymbol{r}}{r^5}-\frac{\boldsymbol{m}}{r^3}\right],\qquad \boldsymbol{m} = -m\boldsymbol{e}_z$$

而 $\mathrm{d}\boldsymbol{S}=\rho\mathrm{d}\rho\mathrm{d}\theta\boldsymbol{e}_z$，所以有

$$\int \boldsymbol{B}\cdot\mathrm{d}\boldsymbol{S} = \frac{\mu_0}{4\pi}\int\left[\frac{3(\boldsymbol{m}\cdot\boldsymbol{r})(\boldsymbol{r}\cdot\boldsymbol{e}_z)}{r^5}-\frac{\boldsymbol{m}\cdot\boldsymbol{e}_z}{r^3}\right]\rho\mathrm{d}\rho\mathrm{d}\theta$$

$$= \frac{\mu_0}{4\pi}\cdot 2\pi\int_0^b\left[-\frac{3mz^3}{(\rho^2+z^2)^{5/2}}+\frac{m}{(\rho^2+z^2)^{3/2}}\right]\rho\mathrm{d}\rho$$

$$=-\frac{\mu_0 m}{2}\cdot\frac{b^2}{(b^2+z^2)^{3/2}}$$

所以环上电流 $I=\frac{\mu_0 m}{2L}\cdot\frac{b^2}{(b^2+z^2)^{3/2}}$，流动方向是顺时针方向(沿 z 轴方向看).

(b) 具有 I 的电流的圆环，在其轴上一点的磁场为

$$\boldsymbol{B}'=\frac{\mu_0 I}{2}\cdot\frac{b^2}{(b^2+z^2)^{3/2}}\boldsymbol{e}_z$$

因此磁偶极子在 $\boldsymbol{B}'$ 场中的能量

$$W=-\boldsymbol{m}\cdot\boldsymbol{B}'=\frac{\mu_0 m b^2 I}{2(b^2+z^2)^{3/2}}=\frac{\mu_0^2 m^2 b^4}{4L(b^2+z^2)^3}$$

从而得磁偶极子与环之间的作用力

$$F=-\left(\frac{\partial W}{\partial z}\right)_m=\frac{3\mu_0^2 m^2 b^4 z}{2L(b^2+z^2)^4}$$

2.93　磁偶极子与零电感导电圆环的作用力

题 2.93　一线度非常小的磁偶极子位于 z 轴上，其固有磁矩为 $\boldsymbol{m}=m\boldsymbol{e}_z$，并以速率 V 沿 z 轴负方向运动. 另有一个圆心位于原点 O、半径为 b、电阻为 R 的细导电圆环，固定于与 x 轴垂直的平面上. 磁偶极子和线圈相距 a. 不计导电圆环的自感，试求磁偶极子受到的阻力.

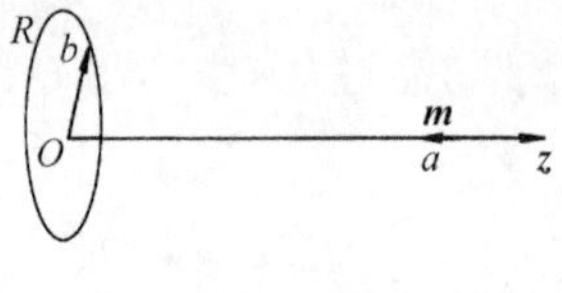

题图 2.93

解法一　磁偶极子在空间激发磁场，因而在导线圈中有一定的磁通量. 这个磁通量的大小与磁偶极子和导电圆环的相对位置有关. 从而当磁偶极子向导电圆环运动时，导电圆环中变化的磁通量产生感生电动势，并产生感生电流. 这个感生电流激发的磁场反过来对磁偶极子的作用形成磁偶极子的阻力.

取柱坐标(ρ, θ, z)，环平面上任一点的位置 P 为 $\rho\boldsymbol{e}_\rho$，$\boldsymbol{m}$ 到 P 的矢径为 $\boldsymbol{r}=\rho\boldsymbol{e}_\rho-z\boldsymbol{e}_z$，由磁偶极子在 P 点激发的磁感应强度为

$$\boldsymbol{B}=\frac{\mu_0}{4\pi}(\boldsymbol{m}\cdot\nabla)\frac{\boldsymbol{r}}{r^3}=\frac{\mu_0}{4\pi}\left[\frac{3(\boldsymbol{m}\cdot\boldsymbol{r})\boldsymbol{r}}{r^5}-\frac{\boldsymbol{m}}{r^3}\right],\qquad \boldsymbol{m}=-m\boldsymbol{e}_z$$

而 $\mathrm{d}\boldsymbol{S}=\rho\mathrm{d}\rho\mathrm{d}\theta\boldsymbol{e}_z$，所以导电圆环内的磁通量为

$$\begin{aligned}\varPhi&=\frac{\mu_0}{4\pi}\int\left[\frac{3(\boldsymbol{m}\cdot\boldsymbol{r})(\boldsymbol{r}\cdot\boldsymbol{e}_z)}{r^5}-\frac{\boldsymbol{m}\cdot\boldsymbol{e}_z}{r^3}\right]\rho\mathrm{d}\rho\mathrm{d}\theta\\&=\frac{\mu_0}{4\pi}\cdot 2\pi\int_0^b\left[-\frac{3mz^2}{(\rho^2+a^2)^{5/2}}+\frac{m}{(\rho^2+z^2)^{3/2}}\right]\rho\mathrm{d}\rho\\&=-\frac{\mu_0 m}{2}\cdot\frac{b^2}{(a^2+b^2)^{3/2}}\end{aligned}$$

圆环内的感生电动势以及感生电流为

$$\varepsilon=-\frac{\mathrm{d}\varPhi}{\mathrm{d}t}=-\frac{\mathrm{d}\varPhi}{\mathrm{d}a}\cdot\frac{\mathrm{d}a}{\mathrm{d}t}=-V\frac{\mathrm{d}\varPhi}{\mathrm{d}a}$$

$$=-\frac{3\mu_0 ab^2 mV}{2(a^2+b^2)^{5/2}}$$

$$I=\frac{|\varepsilon|}{R}=\frac{3\mu_0 ab^2 mV}{2R(a^2+b^2)^{5/2}}$$

现圆环具有电流 I，由毕奥-萨伐尔定律通过计算得到这一电流在圆环轴线即 z 轴上一点的磁场为

$$\boldsymbol{B}'=\frac{\mu_0 I}{2}\cdot\frac{b^2}{(z^2+b^2)^{3/2}}\boldsymbol{e}_z$$

故 $\boldsymbol{m}$ 在磁场 $\boldsymbol{B}'$ 中的能量为

$$W=-\boldsymbol{m}\cdot\boldsymbol{B}'=\frac{\mu_0 Im}{2}\cdot\frac{b^2}{(z^2+b^2)^{3/2}}$$

而其受到的磁场力为

$$F=-\frac{\partial W}{\partial z}=-m\frac{\partial}{\partial z}B_z'\Big|_{z=a}=\frac{9\mu_0^2 a^2 b^4 m^2 V}{4R(a^2+b^2)^5}$$

讨论和说明

(1) 式中磁矩 m 以 m^2 出现，可见结果与 m 的正负号无关.

(2) F 和 R 成反比关系，可见对导电圆环是绝缘体情况 $R=\infty$ ，$F=0$; 对导电圆环是超导体情况 $R=0$，$F=\infty$. 出现无穷大是因为忽略了圆环的电感.

(3) F 和 V 成正比，因速度沿负 z 方向，式中的正号表示磁偶极子受到的是阻力. 若速度反向，则 V 反号，相应 F 也反号，这时磁偶极子受到的仍是阻力.

(4) $a\gg b$ 的情况，对磁偶极子来说，线圈对其作用也可视为一个磁偶极子，这种情况下计算可以简化很多.

解法二　从能量角度考虑. 磁偶极子运动受到的阻力消耗的动能转化为导线圈中的焦耳热损耗. 由此关系可确定磁偶极子运动受到的阻力.

将磁偶极子看作两个相距为 l 的正负磁荷 q_{m}、$-q_{\mathrm{m}}$，于是磁偶极子在圆环内产生的总磁通为

$$\varPhi_{\mathrm{m}}=\frac{\mu_0 q_{\mathrm{m}}\cdot 2\pi R_1^2(1-\cos\theta_1)}{4\pi R_1^2}-\frac{\mu_0 q_{\mathrm{m}}\cdot 2\pi R_2^2(1-\cos\theta_2)}{4\pi R_2^2}$$

$$=\frac{\mu_0 q_{\mathrm{m}}}{2}(\cos\theta_2-\cos\theta_1)$$

$$
=\frac{\mu_0 q_{\mathrm{m}}}{2}\left\{\frac{-a+\dfrac{l}{2}}{\left[\left(-a+\dfrac{l}{2}\right)^2+b^2\right]^{1/2}}-\frac{-a-\dfrac{l}{2}}{\left[\left(-a-\dfrac{l}{2}\right)^2+b^2\right]^{1/2}}\right\}
$$

$$
\xlongequal{-a\gg l}\frac{\mu_0 q_{\mathrm{m}}}{2}\cdot\frac{b^2 l}{(a^2+b^2)^{3/2}}
$$

$$
=-\frac{\mu_0 m}{2}\cdot\frac{b^2}{(a^2+b^2)^{3/2}}
$$

此结果与解法一求磁通的方法得到的结果相同. 由此知导电圆环中感生电动势为

$$
\varepsilon=-\frac{\mathrm{d}\Phi_{\mathrm{m}}}{\mathrm{d}t}=-\frac{\partial\Phi}{\partial a}\cdot\frac{\partial a}{\partial t}=-V\frac{\partial\Phi}{\partial a}=-\frac{3r^2\mu_0 maV}{2(a^2+b^2)^{5/2}}
$$

故导电圆环消耗功率为

$$
P=\frac{\varepsilon^2}{R}=\frac{9\mu_0^2 a^2 b^4 m^2 V^2}{4(a^2+b^2)^5 R}
$$

这个功率即等于磁偶极子损失的功率 $P_1=FV$. 故磁偶极子受到的必是阻力，其大小为

$$
F=\frac{P}{V}=\frac{9\mu_0^2 a^2 b^4 m^2}{4(a^2+b^2)^5 R}V
$$

而其方向沿 z 轴正方向(与磁偶极子运动方向相反).

2.94 在磁场中电流圈与磁偶极子受力的不同

题 2.94 在磁场 $\boldsymbol{B}(r)$中，作用在磁矩为$\boldsymbol{\mu}$的电流线圈上的力为 $\boldsymbol{F}=(\boldsymbol{\mu}\times\nabla)\times\boldsymbol{B}$. 另一方面，作用在磁偶极子$\boldsymbol{\mu}$上的力为 $\boldsymbol{F}=(\boldsymbol{\mu}\cdot\nabla)\boldsymbol{B}$. (a) 利用矢量分析，展开作用于电流线圈上的力，磁场为局域源的场. 试讨论上面两个表达式是不同的. (b) 设计一个实验，利用外电磁场，从原理上确定原子核的磁矩是由电流产生的还是由磁荷产生的.

解 (a) 对电流线圈，展开其受到的作用力

$$
\boldsymbol{F}=(\boldsymbol{\mu}\times\nabla)\times\boldsymbol{B}=\nabla(\boldsymbol{\mu}\cdot\boldsymbol{B})-\boldsymbol{\mu}(\nabla\cdot\boldsymbol{B})
$$

对局域源外磁场 $\boldsymbol{B}(r)$，$\nabla\cdot\boldsymbol{B}=0$，$\nabla\times\boldsymbol{B}\neq0$，则上式进一步化为

$$
\boldsymbol{F}=\nabla(\boldsymbol{\mu}\cdot\boldsymbol{B})=(\boldsymbol{\mu}\cdot\nabla)\boldsymbol{B}+\boldsymbol{\mu}\times(\nabla\times\boldsymbol{B})
$$

比作用在磁偶极上的力多了 $\boldsymbol{\mu}\times(\nabla\times\boldsymbol{B})$ 项. 故二者是不同的.

(b) 设已知核的磁矩沿 z 方向，沿此方向加入外磁场 $\boldsymbol{B}=B(z)\boldsymbol{e}_z$，则由 $\boldsymbol{F}=(\boldsymbol{\mu}\times\nabla)\times\boldsymbol{B}$，力为 0；而由 $\boldsymbol{F}=(\boldsymbol{\mu}\cdot\nabla)\boldsymbol{B}$，力不为 0. 因此从原则上讲，测量在此外磁场下受不受力可以判断磁矩是因电流还是因磁荷而产生的.

说明 除了电流线圈在远场可视为磁偶极子，磁矩的另一个来源是粒子的内禀磁矩.

2.95 带电粒子平行于均匀带电直导线运动的条件

题 2.95 一个带电荷 q 的粒子以速度 v 平行于一均匀带电的导线运动. 该导线的线电

荷密度为λ，并载有传导电流 I，如题图 2.95 所示. 试问粒子要以怎样的速度运动才能使之保持在一条与导线距离为 r 的平行直线上？

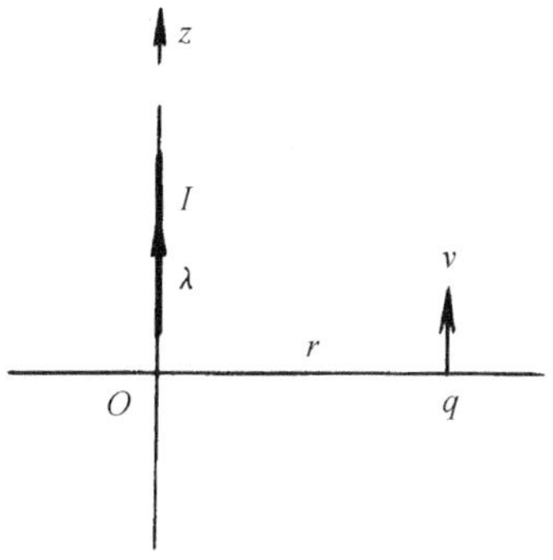

题图 2.95

解　在离导线 r 处，由 $\oint \boldsymbol{E}\cdot \mathrm{d}\boldsymbol{S} = Q/\varepsilon_0$，$\oint \boldsymbol{B}\cdot \mathrm{d}\boldsymbol{l} = \mu_0 I$ 及轴对称性，可得

$$\boldsymbol{E}(r) = \frac{\lambda}{2\pi\varepsilon_0 r}\boldsymbol{e}_\mathrm{r}$$

$$\boldsymbol{B}(r) = \frac{\mu_0 I}{2\pi r}\boldsymbol{e}_\theta$$

电荷受力为

$$\begin{aligned}\boldsymbol{F} &= \boldsymbol{F}_0 + \boldsymbol{F}_\mathrm{m} = q\boldsymbol{E} + q\boldsymbol{v}\times\boldsymbol{B}\\ &= \frac{q\lambda}{2\pi\varepsilon_0 r}\boldsymbol{e}_r + \frac{q\mu_0 I}{2\pi r}v(-\boldsymbol{e}_r)\end{aligned}$$

依题意，为使粒子继续沿 z 方向运动，此径向力必须等于 0，即

$$\frac{q\lambda}{2\pi\varepsilon_0 r} - \frac{q\mu_0 I}{2\pi r}v = 0$$

故

$$v = \frac{\lambda}{\varepsilon_0\mu_0 I} = \frac{\lambda c^2}{I}$$

2.96　带电粒子在时间无关的电场和任意磁场中运动

题 2.96　一个质量为 m，带电量为 $\boldsymbol{q}$ 的粒子的洛伦兹力公式为 $\boldsymbol{F} = q(\boldsymbol{E} + \boldsymbol{V}\times\boldsymbol{B})$. (a) 证明如果粒子在一个独立于时间的电场 $\boldsymbol{E} = -\nabla\phi(x, y, z)$ 和任意的磁场中运动，则能量 $\frac{1}{2}mv^2 + q\varphi =$ 常数. (b) 设粒子沿 x 轴运动，且电场 $\boldsymbol{E} = A\mathrm{e}^{-t/\tau}\boldsymbol{e}_x$，$A$、$\tau$ 为常数. 又设在 x 轴上磁场为零，且 $x(0) = \dot{x}(0) = 0$，求 $x(t)$. (c) 在(b)中，$\frac{1}{2}mv^2 - qxA\mathrm{e}^{-t/\tau}$ 是常数吗，简要说明原因.

解　(a) 由洛伦兹力公式 $\boldsymbol{F} = m\dot{\boldsymbol{v}} = q(\boldsymbol{E} + \boldsymbol{V}\times\boldsymbol{B})$，故

$$(m\dot{\boldsymbol{v}} - q\boldsymbol{E}) = q\boldsymbol{v}\times\boldsymbol{B}$$

可见

$$\boldsymbol{v}\cdot(m\dot{\boldsymbol{v}} - q\boldsymbol{E}) = \boldsymbol{v}\cdot(\boldsymbol{v}\times\boldsymbol{B})q = 0$$

又

$$\begin{aligned}\frac{\mathrm{d}}{\mathrm{d}t}\left(\frac{1}{2}mv^2 + q\varphi\right) &= m\boldsymbol{v}\cdot\dot{\boldsymbol{v}} + q\frac{\mathrm{d}\phi}{\mathrm{d}t} = m\boldsymbol{v}\cdot\dot{\boldsymbol{v}} + q\boldsymbol{v}\cdot\nabla\phi\\ &= \boldsymbol{v}\cdot(m\dot{\boldsymbol{v}} + q\nabla\phi) = \boldsymbol{v}\cdot(m\dot{\boldsymbol{v}} - q\boldsymbol{E}) = 0\end{aligned}$$

所以 $\frac{1}{2}mv^2 + q\phi = \mathrm{const}$.

(b) 磁力 $\boldsymbol{F}_\mathrm{m} = q\boldsymbol{v}\times\boldsymbol{B}$ 与 $\boldsymbol{v}$ 垂直，粒子被限制在 x 轴方向运动，故 $\boldsymbol{F}_\mathrm{m}\perp\boldsymbol{e}_x$，所以有

$$m\ddot{x} = qE = qA\mathrm{e}^{-t/\tau}$$

$$m\mathrm{d}v = qA\mathrm{e}^{-t/\tau}\mathrm{d}t$$

注意 $v(0)=0$ ，故 $mv = -qA\tau\mathrm{e}^{-t/\tau} + qA\tau$.

$$\mathrm{d}x = qA\tau(1-\mathrm{e}^{-t/\tau})\frac{\mathrm{d}t}{m}$$

注意 $x(0)=0$ ，故

$$\begin{aligned} x(t) &= qA\tau\frac{t}{m} + \frac{qA\tau^2}{m}\mathrm{e}^{-t/\tau} - \frac{qA\tau^2}{m} \\ &= \frac{qA\tau}{m}(t+\tau\mathrm{e}^{-t/\tau}-\tau) \\ &= \frac{qA\tau}{m}[(t-\tau)+\tau\mathrm{e}^{-t/\tau}] \end{aligned}$$

(c) $\frac{1}{2}mv^2 - qxA\mathrm{e}^{-t/\tau}$ 不是常数，实际上

$$\frac{1}{2}mv^2 - qxA\mathrm{e}^{-t/\tau} = \frac{1}{2}m\left[\frac{qA\tau}{m}(1-\mathrm{e}^{-t/\tau})\right]^2 - qA\frac{qA\tau}{m}(t-\tau+\tau\mathrm{e}^{-t/\tau})\mathrm{e}^{-\frac{t}{\tau}}$$

显然， $\frac{\mathrm{d}}{\mathrm{d}t}\left(\frac{1}{2}mv^2 - qxA\mathrm{e}^{-t/\tau}\right) \neq 0$.

2.97　磁偶极矩为 $\boldsymbol{M}$ 的粒子在与 $\boldsymbol{M}$ 反平行的 $\boldsymbol{M}_0$ 磁偶极场中运动

题 2.97　质量为 m、磁偶极矩为 $\boldsymbol{M}$ 的点粒子绕一固定磁偶极子(位于圆心)做半径为 R 的圆周运动. 固定磁偶极子的矩 $\boldsymbol{M}_0$ 与 $\boldsymbol{M}$ 相互反平行，且都与轨道平面垂直. (a) 计算轨道磁偶极子的速度 V. (b)对“微小的扰动是稳定的吗?”加以解释(仅考虑平面运动).

解　(a) 圆心处 $\boldsymbol{M}_0$ 磁偶极子产生的磁场为

$$\boldsymbol{B} = \frac{\mu_0}{4\pi}\left(\frac{3(\boldsymbol{M}_0\cdot\boldsymbol{r})\boldsymbol{r}}{r^5} - \frac{\boldsymbol{M}_0}{r^3}\right)$$

则做圆周运动的粒子受力为

$$\boldsymbol{F} = \nabla(\boldsymbol{M}\cdot\boldsymbol{B})\big|_{r=R}$$

注意 $\boldsymbol{M}\cdot\boldsymbol{M}_0 = -MM_0$， $\boldsymbol{M}_0\cdot\boldsymbol{r} = \boldsymbol{M}\cdot\boldsymbol{r} = 0$ ，故此力

$$\boldsymbol{F} = -\frac{3\mu_0 MM_0}{4\pi R^4}\boldsymbol{e}_\mathrm{r}$$

为引力，它保证点粒子做圆周运动，故其应与向心力平衡，即有

$$m\frac{v^2}{R} = \frac{3\mu_0 MM_0}{4\pi R^4}$$

得粒子速度为

$$v = \sqrt{\frac{3\mu_0 MM_0}{4\pi mR^3}}$$

(b) 对于在平面内偏离圆轨道的情况，轨道粒子的势能

$$U(r)=-\frac{\mu_0 MM_0}{4\pi r^3}+\frac{L^2}{2mr^2}$$

式中，$\boldsymbol{L}$ 是角动量守恒，第一项 $\dfrac{-\mu_0 MM_0}{4\pi r^3}$ 为 $\boldsymbol{M}$ 在磁场 $\boldsymbol{B}$ 中以半径为 r 的圆轨道上的势能，粒子的总能量为

$$E=\frac{1}{2}m\left(\frac{\mathrm{d}r}{\mathrm{d}t}\right)^2+U(r)$$

因 $\left(\dfrac{\mathrm{d}u}{\mathrm{d}r}\right)_{r=R}=0$，而 $\left(\dfrac{\mathrm{d}^2u}{\mathrm{d}r^2}\right)_{r=R}<0$，故 $U(R)$ 为峰值，所以轨道是不稳定的.

2.98　中心棒发射的带电粒子的角动量和电磁场的角动量

题 2.98　一个半径为 b、长为 l 的长螺线管绕以导线使其轴向磁场

$$\boldsymbol{B}=\begin{cases}B_0\boldsymbol{e}_z, & r<b\\ 0, & r>b\end{cases}$$

一个电荷为 q 的粒子以速度 $\boldsymbol{v}$ 垂直于半径为 a 的中心棒发射出来. 作用在粒子上的电场力为 $q\boldsymbol{E}=f(r)\boldsymbol{e}_r$，如题图 2.98 所示. 其中 $\boldsymbol{e}_r\cdot\boldsymbol{e}_z=0$. 假设 $\boldsymbol{v}$ 足够大，并且粒子射出螺线管时，不发生碰撞. (a) 当 $r>b$ 时，求粒子对于螺线管轴线的角动量. (b) 如果粒子离开棒前管中的电场为 0，离开之后电场为

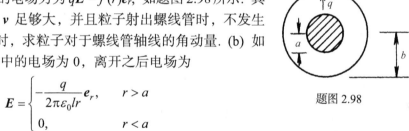

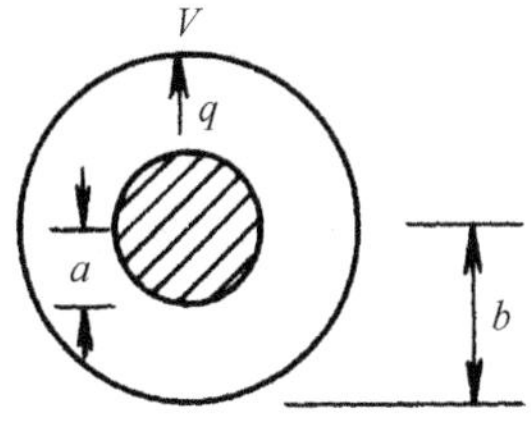

题图 2.98

$$\boldsymbol{E}=\begin{cases}-\dfrac{q}{2\pi\varepsilon_0 lr}\boldsymbol{e}_r, & r>a\\ 0, & r<a\end{cases}$$

计算电磁场的角动量，如果螺线管可以绕其轴自由转动，讨论其最后状态(略去边缘效应).

解　(a) 因为 $\boldsymbol{v}$ 很大，可认为粒子在射出过程中路径偏转很小. 设产生的横向速度是 $\boldsymbol{v}_\perp$，则

$$m\frac{\mathrm{d}\boldsymbol{v}_\perp}{\mathrm{d}t}=q\boldsymbol{v}\times\boldsymbol{B}$$

在 $a<r<b$ 时

$$\mathrm{d}v_\perp=\frac{q}{m}B_0 v\mathrm{d}t=\frac{q}{m}B_0\mathrm{d}r$$

上式两边积分得

$$v_\perp(b)=0+\int_a^b\frac{q}{m}B_0\mathrm{d}r=\frac{q}{m}B_0(b-a)$$

所以粒子角动量的大小为

$$\left|\boldsymbol{r}\times m\boldsymbol{v}_\perp(b)\right|_{r=b}=mbv_\perp(b)=qB_0b(b-a)$$

考虑角动量方向应为 $-\boldsymbol{e}_z$，最后得粒子角动量为

$$\boldsymbol{J}_{\mathrm{p}}=-qB_0b(b-a)\boldsymbol{e}_z$$

(b) 在粒子射出后，螺线管任意点的电磁场动量密度为

$$\boldsymbol{g}=\varepsilon_0\boldsymbol{E}\times\boldsymbol{B}$$

从而角动量密度

$$\begin{aligned}\boldsymbol{j}&=\boldsymbol{r}\times\boldsymbol{g}=\varepsilon_0\boldsymbol{r}\times(\boldsymbol{E}\times\boldsymbol{B})\\&=\frac{B_0q}{2\pi l}\boldsymbol{e}_z\end{aligned}$$

是均匀的. 故电磁场总角动量为

$$\boldsymbol{J}_{\mathrm{EM}}=\pi(b^2-a^2)l\boldsymbol{j}=\frac{qB_0(b^2-a^2)}{2}\boldsymbol{e}_z$$

由于系统总角动量守恒，而开始时总角动量为零，所以最后螺线管角动量为

$$\boldsymbol{J}_{\mathrm{s}}=-\boldsymbol{J}_{\mathrm{EM}}-\boldsymbol{J}_{\mathrm{p}}=\frac{qB_0}{2}(b-a)^2\boldsymbol{e}_z$$

即螺线管将绕中心轴匀速旋转，旋转方向与 $\boldsymbol{e}_z$ 成右手螺旋.

2.99　带电粒子入射到弯磁铁中的运动

题 2.99　有一弯磁铁，磁极在 $x=\pm x_0$ 处. 它在中间平面上产生的磁场只与 z 有关，即 $B_x=B_x(z)$，这里坐标原点取在磁极缝隙的中心. 问在中间平面外还有什么磁场分量一定存在? 如果有一电荷为 e、动量为 P 的粒子在中间平面里沿 z 轴方向入射，导出偏转角 θ 和位移 y(在磁铁范围内)以 z 为自变量的积分表达式(不必算出积分).

解　因为磁极间没有电流，故 $\nabla\times\boldsymbol{B}=0$. 即

$$\frac{\partial B_x}{\partial z}-\frac{\partial B_z}{\partial x}=0$$

因此在中间平面外一定有 B_z 分量存在.

带电粒子在磁场中运动时动能应守恒，因此速度大小为常量. 设偏转角为 θ，则

$$v_y=v\sin\theta\ ,\qquad v_z=v\cos\theta$$

因此粒子沿 y 方向的运动方程为

$$m\frac{\mathrm{d}v_y}{\mathrm{d}t}=eB_xv_z$$

即

$$mv\frac{\mathrm{d}}{\mathrm{d}t}(\sin\theta)=eB_xv\cos\theta$$

$$\mathrm{d}\theta=\frac{eB_x}{m}\mathrm{d}t=\frac{eB_x}{m}\cdot\frac{\mathrm{d}z}{v\cos\theta},\qquad \cos\theta\mathrm{d}\theta=\frac{e}{p}B_x\mathrm{d}z$$

不妨设粒子初始时刻位于坐标原点，速度沿 z 轴正向，于是

$$\theta(z)\big|_{z=0}=0$$

故

$$\int_0^\theta\cos\theta\mathrm{d}\theta=\frac{e}{p}\int_0^z B_x\mathrm{d}z'$$

和

$$\theta=\arcsin\left[\frac{e}{p}\int_0^z B_x\mathrm{d}z\right]$$

进一步我们可以求得位移 y 为

$$y=\int_0^t v_y \mathrm{d}t'=\int_0^z v\sin\theta\frac{\mathrm{d}z'}{v\cos\theta}$$

$$=\int_0^z \tan\theta\mathrm{d}z=\int_0^z\frac{\dfrac{e}{p}\displaystyle\int_0^{z'}B_x(z'')\,\mathrm{d}z''}{\left[1-\left(\dfrac{e}{p}\displaystyle\int_0^{z'}B_x(z'')\mathrm{d}z''\right)^2\right]^{1/2}}\mathrm{d}z'$$

2.100　被极化的氢原子在磁场中受到的力和力矩

题 2.100　一个无限长的金属导线沿 z 轴(即 $x=0$，$y=0$)放置，并载有沿$+z$ 方向流动的电流 i. 一束氢原子以速度 $\boldsymbol{v}=v_0e_z$，从 $x=0$，$y=b$，$z=0$ 处注入. 这些氢原子全部被极化使得它们的磁矩在 x 方向，即 $\boldsymbol{\mu}=\mu_{\mathrm{H}}\boldsymbol{e}_x$. (a) 求由于金属线产生的磁场作用，使氢原子受到的力与力矩. (b) 如果氢原子的磁矩沿 z 方向极化，即 $\boldsymbol{\mu}=\mu_{\mathrm{H}}\boldsymbol{e}_z$ ，你的答案将如何变化? (c)在(a)、(b)两种情形下，氢原子做拉莫尔进动吗？描述进动的方向并计算进动频率.

解　由于氢原子是在 yz 平面中运动，在此平面中，无限长载流导线产生的磁场为

$$\boldsymbol{B}=-\frac{\mu_0 i}{2\pi y}\boldsymbol{e}_x$$

(a) 当 $\boldsymbol{\mu}=\mu_{\mathrm{H}}\boldsymbol{e}_x$ 时，氢原子在外场 $\boldsymbol{B}$ 中的能量

$$W=-\boldsymbol{\mu}\cdot\boldsymbol{B}=-\frac{\mu_0\mu_E i}{2\pi y}$$

从而氢原子受力为

$$\boldsymbol{F}=-\nabla W\big|_{y=b}=\frac{\mu_0\mu_E i}{2\pi b^2}\boldsymbol{e}_y$$

氢原子受力矩

$$\boldsymbol{L}=\boldsymbol{\mu}\times\boldsymbol{B}=0$$

(b) 当 $\boldsymbol{\mu}=\mu_{\mathrm{H}}\boldsymbol{e}_z$ 时，$W=\boldsymbol{\mu}\cdot\boldsymbol{B}=0$. 所以受力 $\boldsymbol{F}=0$. 受力矩

$$\boldsymbol{L}=\boldsymbol{\mu}\times\boldsymbol{B}\big|_{y=b}=-\frac{\mu_0\mu_{\mathrm{H}}i}{2\pi b}\boldsymbol{e}_y$$

(c) 由于在(b)情况中氢原子因磁矩受到力矩的作用，磁矩将产生拉莫尔进动. 磁矩与氢原子角动量之间的关系为

$$\mu_{\mathrm{H}}=g\frac{e}{2m}M$$

其中 g 是朗德因子. 而角动量的变化率是氢原子所受的力矩

$$\frac{\mathrm{d}\boldsymbol{M}}{\mathrm{d}t}=\boldsymbol{L}$$

对本题

$$\left|\frac{\mathrm{d}\boldsymbol{M}}{\mathrm{d}t}\right|=M\omega$$

ω 即为进动的频率. 从而可得

$$\omega=\frac{L}{M}=\frac{\mu_0\mu_{\mathrm{H}}i}{2\pi bM}=\frac{eg\mu_0 i}{4\pi bm}$$

进动方向从正 x 方向看应为逆时针的.

2.101　真空金属室悬挂的磁化铁球被充电后发生的变化

题 2.101　一均匀磁化的铁球半径为 R，通过一根绝缘线悬挂在被抽空的大金属室的顶板上. 磁铁球的北极向上南极向下. 球被充电，它相对室壁的电压为 3000V. (a) 这个静系统有没有角动量? (b) 电子沿极轴径向射进金属室内，中和了铁球一部分电荷，这时球将发生什么变化?

解　选取坐标系如题图 2.101 所示.

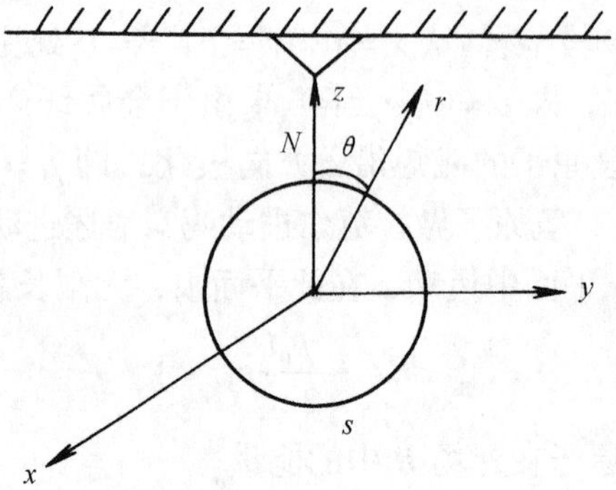

题图 2.101

(a) 这个系统有角动量.

(b) 设小球磁矩为 $\boldsymbol{m}$，方向沿 z 轴. 则球外磁感应强度为

$$\boldsymbol{B}=\frac{\mu_0}{4\pi}\left[\frac{3(\boldsymbol{m}\cdot\boldsymbol{r})\boldsymbol{r}}{r^5}-\frac{\boldsymbol{m}}{r^3}\right]$$

设小球带电量为 Q，则球内场强为零. 球外电场强度为

$$\boldsymbol{E}=\frac{Q}{4\pi\varepsilon_0 r^3}\boldsymbol{r}$$

由此空间电磁动量密度为

$$\boldsymbol{g}=\varepsilon_0\boldsymbol{E}\times\boldsymbol{B}=\frac{Q\mu_0 m\sin\theta}{16\pi^2 r^5}\boldsymbol{e}_\varphi$$

角动量密度为

$$\boldsymbol{j}=\boldsymbol{r}\times\boldsymbol{g}=-\frac{\mu_0 mQ\sin\theta}{16\pi^2 r^4}\boldsymbol{e}_\theta$$

由对称性可知总角动量只有 z 轴方向分量，总角动量 J 为

$$J=\int_0^{2\pi}\int_0^{\pi}\int_R^{\infty}\frac{\mu_0 mQ\sin^3\theta}{16\pi^2 r^2}\mathrm{d}\theta\mathrm{d}\varphi\mathrm{d}r$$

$$=\frac{\mu_0 mQ}{6\pi R}=\frac{2mV}{3C^2}$$

式中，V 是小球的电压，当电子沿极轴方向射到球上后，Q 会减小，因而电磁角动量也会

减小，但总角动量守恒，故球会绕极轴转动，转动方向与极轴成右手螺旋.

转动角速度为

$$\omega=-\frac{\Delta J}{I}=-\frac{\mu_0 m\Delta Q}{6\pi RI}=-\frac{2m\Delta V}{3C^2 I}$$

式中，I 为球绕极轴的转动惯量，ΔQ，ΔV 分别是球的电荷变化和电势变化，它们为负值.

2.102　轴线方向流有均匀电流的圆柱体对电子束的聚焦

题 2.102　一个长为 L，半径为 R 的圆柱体中沿其轴线方向有均匀电流通过，如题图 2.102 所示. (a) 求圆柱体内各点的磁感应强度的方向和大小(忽略端点效应). (b) 有一高能粒子束，每个粒子具有平行于圆柱体轴的动量 $\boldsymbol{P}$ 和正电荷 q，从左边撞击圆柱体的一端，证明通过圆柱体后粒子束聚焦在一点，并计算焦距(假设圆柱体的长度远短于焦距，作“薄透镜”近似. 略去圆柱体材料本身对粒子束的减速和散射).

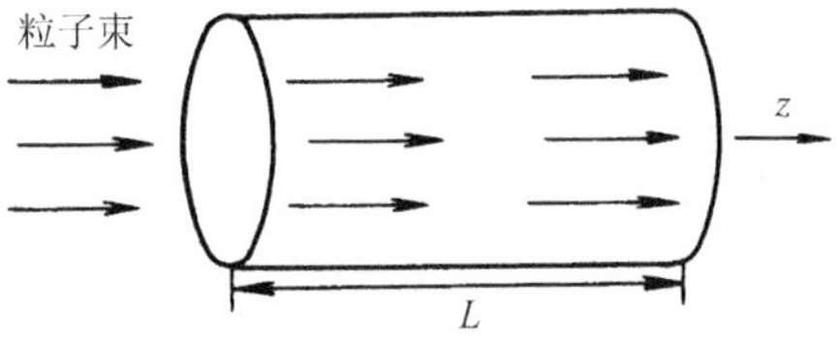

题图 2.102

解　(a) 由对称性知磁力线为以圆柱体的轴线为中心的同心圆，圆面与轴垂直，沿电流 I 方向观察时，$\boldsymbol{B}$ 的方向是顺时针的，由安培环路定则得

$$2\pi rB(r)=\mu_0\pi r^2\frac{I}{\pi R^2}$$

所以

$$\boldsymbol{B}=\frac{\mu_0 Ir}{2\pi R^2}\hat{\theta}$$

(b) 考虑该粒子束中距离圆柱体轴线为 $r(r\ll R)$ 的一个粒子，它所受到的磁场力为

$$\boldsymbol{F}=q\boldsymbol{V}\times\boldsymbol{B}=q(\boldsymbol{V}_{//}+\boldsymbol{V}_{\perp})\times\boldsymbol{B}=q(-V_{//}B\boldsymbol{e}_r+V_{\perp}B\boldsymbol{e}_z)$$

该粒子在圆柱体中运动 dz 横向动量变化为

$$\mathrm{d}\boldsymbol{P}_{\perp}=\boldsymbol{F}_{\perp}\mathrm{d}t=-qV_{//}B(r)\mathrm{d}t\boldsymbol{e}_r=-qV_{//}B(r)\frac{\mathrm{d}z}{V_{//}}\boldsymbol{e}_r=-qB\mathrm{d}z\boldsymbol{e}_r$$

由此可见粒子的横向运动受到“聚焦力”作用. 由给定的条件，圆柱体长度远短于焦距. 可认为粒子在圆柱体中运动横向位移很小，只获得横向速度(动量). 这个横向动量如下：

$$P_{\perp}=P_{\mathrm{r}}=\int_0^L\mathrm{d}P_{\perp}=\int_0^L qB\mathrm{d}z$$

上面的积分中，由于粒子横向位移很小，$B=B(r)$视为不变，故

$$P_r=qBL=\frac{\mu_0 qILr}{2\pi R^2}$$

与 r 成正比. 当粒子离开圆柱体运动到轴线位置时，沿轴线方向的位移为

$$f=V_{//}\tau=V_{//}\frac{r}{V_{\perp}}=\frac{P_{//}}{P_{\perp}}r\approx\frac{P}{P_{\perp}}r$$

$$=\frac{P\mathrm{r}}{\dfrac{\mu_0 qILr}{2\pi R^2}}=\frac{2\pi PR^2}{\mu_0 qIL}$$

f 与 r 无关. 表明粒子束中所有粒子通过圆柱体聚焦在一点. 而上式中

$$f = \frac{2\pi PR^2}{\mu_0 qIL}$$

即为所求的焦距.

2.103　长方形水平电磁极的边缘场对粒子束的纵向聚焦

题 2.103　一个长为 l, 宽为 W 的长方形水平电磁极, 其磁场的主要分量是垂直的. 一束平行的粒子束速度为 v, 质量为 m, 电荷为 q. 进入磁极时, v 与水平面平行但和中线成 φ 角. 粒子束的垂直长度和磁极间隔是可以比较的. 粒子以和中心线成 $-\varphi$ 角出射, 这样偏转角为 2φ (题图 2.103(a)和题图 2.103(b)). 证明磁场的边缘效应对粒子束有纵向聚焦的作用, 并近似计算出焦距.

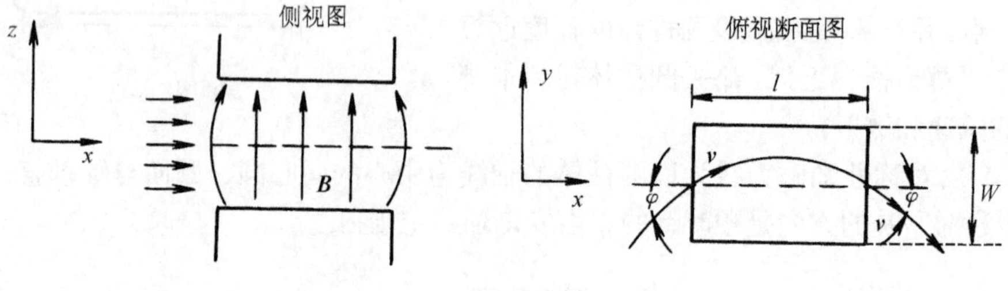

题图 2.103

解　因为磁极是有限的, 边界处的磁力线如题图 2.103 所示. 在边缘处, 假设不考虑 y 分量, 磁场将只有 x 分量. 由 $\nabla \times \boldsymbol{B} = 0$, 将有

$$\frac{\partial B_x}{\partial z} = \frac{\partial B_z}{\partial x}$$

假定边缘效应的宽度为 b, 对入口处, B_z 从 0 增到 B, 在一级近似下的 $B_{x\text{in}} = \frac{B}{b}z$. 而对出口处, B_z 从 B 减为 0, 故 $B_{x\text{out}} = -\frac{B}{b}z$. 在入口处粒子速度 $\boldsymbol{v} = v\cos\varphi \boldsymbol{e}_x + v\sin\varphi \boldsymbol{e}_y$; 出口处, 粒子速度 $\boldsymbol{v} = v\cos\varphi \boldsymbol{e}_x - v\sin\varphi \boldsymbol{e}_y$, 因此在入、出口处粒子都受到一个靠近中轴线的沿 z 方向的力, 力的大小均为

$$F = \frac{qvBz\sin\varphi}{b}$$

这个力使粒子得到一个纵向动量, 粒子在边缘宽度 b 所用的时间

$$\Delta t = \frac{b}{v\cos\varphi}$$

因此纵向动量近似为

$$P_z = F_z \Delta t = qBz\tan\varphi$$

P_z 对粒子将起纵向聚焦的作用. 在 xy 平面中粒子的横向动量为 $P = mv$, 设聚焦的焦距为 f (从入口处算起), 则有

$$\frac{2|P_z|}{P}=\frac{|z|}{f},\qquad f=\frac{mv}{2qB\tan\varphi}$$

在磁铁间的运动方程是

$$m\frac{\mathrm{d}v_y}{\mathrm{d}t}=qv_xB$$

即

$$\frac{\mathrm{d}\varphi}{\mathrm{d}t}=\frac{qB}{m}$$

当偏角 φ 很小时，可近似认为在 $\frac{l}{2}$ 路程中，粒子所用的时间

$$t=\frac{\frac{l}{2}}{v}$$

因此近似有

$$\varphi\approx\frac{qBl}{2mv}$$

代入焦距 f 中，近似取 $\tan\varphi\approx\varphi$，得

$$f=\frac{m^2v^2}{q^2B^2l}$$

2.104　带电粒子在长方形磁铁磁场中的运动的偏转效应

题 2.104　有一长方形磁铁，极间为均匀磁场 $\boldsymbol{B}_0$. 有关尺寸如题图 2.104(a)和题图 2.104(b)所示. 引入一坐标系，使 x 轴与磁场平行，y、z 轴平行于磁极面的两边，并选取 $x=0$ 的面与两磁极面等距. 设一电荷为 q 的粒子，其动量为 P，方向与 z 轴平行，离中心面 $x=0$ 的高度为 x，入射到磁极面之间的区域. (a) 粒子通过磁铁后，在 yz 平面的偏转角 θ_y 近似等于多少(假设 $P\gg qBL$)? (b) 证明粒子通过磁铁后，在 xz 平面的偏转角 $\theta_x\approx\theta_y^2x/L$. 这里 θ_y 即(a)所求得的偏转角(**提示**：在 xz 平面，这个偏转是由于边缘效应). (c) 讨论(b)的偏转效应，是使轴外粒子聚焦还是散焦?

解　对本题所用坐标系，粒子在磁场中所受力的各分量为

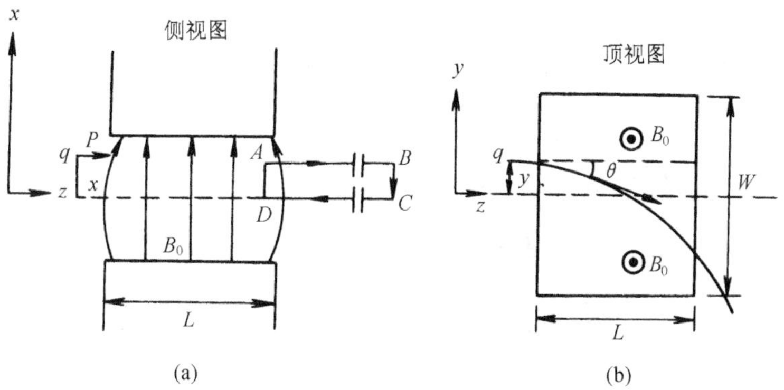

(a)　　(b)

题图 2.104

$$F_x = -q(v_y B_z - v_z B_y)$$
$$F_y = -q(v_z B_x - v_x B_z)$$
$$F_z = -q(v_x B_y - v_y B_x)$$

(a) 在极面间，只有均匀场 $\boldsymbol{B}_0$，粒子的运动方程为

$$m\frac{\mathrm{d}v_y}{\mathrm{d}t} = -qv_z B_0$$

式中，$v_y = -v\sin\theta_1$，$v_z = v\cos\theta_1$．而 θ_1 是在 yz 平面的偏转角，它满足公式

$$\frac{\mathrm{d}\theta_1}{\mathrm{d}t} = \frac{qvB_0}{P}$$

因此有

$$\mathrm{d}\theta_1 = \frac{qvB_0}{P}\mathrm{d}t = \frac{qvB_0}{Pv_z}\mathrm{d}z$$

即

$$\cos\theta_1 \mathrm{d}\theta_1 = \frac{qB_0}{P}\mathrm{d}z, \qquad \int_0^{\theta_y} \cos\theta_1 \mathrm{d}\theta_1 = \int_0^L \frac{qB_0}{P}\mathrm{d}z$$

两边积分得

$$\sin\theta_y = \frac{qB_0 L}{P}$$

或近似表示成(因 $P \gg qB_0 L$)

$$\theta_y \approx \frac{qB_0 L}{P}$$

(b) 可认为 $B_y \sim 0$，边缘效应出现 B_z 分量，粒子的运动方程为

$$m\frac{\mathrm{d}v_x}{\mathrm{d}t} = -qv_y B_z$$

而 $v_y \approx -v\theta_y$，$v_x \approx -v\theta_z$，$v_z \approx v$，$\mathrm{d}z \approx v\mathrm{d}t$，故上式化为

$$\frac{\mathrm{d}\theta_2}{\mathrm{d}t} = -\frac{qv\theta_y}{P}B_z$$

而由 $P = \dfrac{qB_0 L}{\theta_y}$，可有

$$\mathrm{d}\theta_2 = -\frac{\theta_y^2}{LB_0}B_z \mathrm{d}z$$

因此 xz 平面的偏转角为

$$\theta_x = \int_0^{\theta_x} \mathrm{d}\theta_2 = -\frac{\theta_y^2}{LB_0}\int_{z_0}^{\infty} B_z \mathrm{d}z$$

在出口缘上 $B_x \sim B_0$，取环路 $ABCD$(题图 2.104(a))由

$$\oint \boldsymbol{B}\cdot \mathrm{d}\boldsymbol{l} = 0$$

$$\int_A^B B_z \mathrm{d}z = \int_{z_0}^{\infty} B_z \mathrm{d}z, \qquad \int_B^C B_x \mathrm{d}x \approx 0$$

$$\int_C^D B_z \mathrm{d}z = 0, \qquad \int_D^A B_x \mathrm{d}x = xB_0$$

可求得

$$\int_{z_0}^{\infty} B_z \mathrm{d}z = -xB_0$$

故最后得

$$\theta_x = \frac{\theta_y^2}{L}x$$

(c) 不论 $x>0$ (这时 $\theta_x>0$)还是 $x<0$ (这时 $\theta_x<0$)，粒子均向中心偏转，因此(b)的效应是聚焦效应，焦距 f 为

$$f = v\left|\frac{x}{v_x}\right| = \frac{x}{\theta_x} = \frac{P^2}{q^2 B_0^2 L}$$

2.105　置于均匀磁场稀释悬浊液中的各向异性小圆柱取向能量及所受力矩

题 2.105　一个抗磁性的各向异性圆柱形粒子的稀释悬液置于均匀磁场 H 中. 粒子沿其长轴平行于磁场排列. 粒子具有柱对称性且磁化率张量为 $\chi_x = \chi_y < \chi_z < 0$，假设悬浮液的磁化率可以忽略不计. (a) 粒子的 z 轴初始时与磁场成 θ 角，求取向能量. (b) 在(a)中，作用在粒子上的力矩是多少? (c) 粒子沿磁场方向的排列受到布朗运动的阻碍. 当粒子在液体中转动时，受的黏滞力为 $\zeta\dot{\theta}$，$\zeta = 10^{-10}\,\mathrm{g\cdot cm^2/s}$. 粒子的转动惯量为 $10^{-15}\,\mathrm{g\cdot cm^2}$. 如果粒子初始时沿磁场方向排列，去掉磁场，10s 后分子轴偏离原排列方向的角度的均方根值是多少? 已知悬液温度 $T = 300\mathrm{K}$.

解　(a) 在小圆柱坐标系 xyz 中，磁场 $\boldsymbol{B}$ 为

$$\boldsymbol{B} = R\sin\theta\cos\varphi\boldsymbol{e}_x + B\sin\theta\sin\varphi\boldsymbol{e}_y + B\cos\boldsymbol{e}_z$$

当 $|\chi_x|$、$|\chi_y|$、$|\chi_z|$ 远小于 1(一般都这样)时，可认为粒子(即小元柱)内部的磁场也为 $\boldsymbol{B}$. 磁化强度

$$\boldsymbol{M} = \ddot{\boldsymbol{\chi}}\cdot\boldsymbol{H} = \ddot{\boldsymbol{\chi}}\cdot\frac{\boldsymbol{B}}{\mu_0}$$

设小柱体体积为 V，则取向能

$$\begin{aligned}
E = \boldsymbol{M}\cdot\boldsymbol{B} &= \boldsymbol{B}\cdot\left(\ddot{\boldsymbol{\chi}}\cdot\frac{\boldsymbol{B}}{\mu_0}V\right) \\
&= \frac{V}{\mu_0}(B_x, B_y, B_z)\begin{pmatrix}\chi_x & & \\ & \chi_y & \\ & & \chi_z\end{pmatrix}\begin{pmatrix}B_x \\ B_y \\ B_z\end{pmatrix} \\
&= \frac{V}{\mu_0}(\chi_x B_x^2 + \chi_y B_y^2 + \chi_z B_z^2) \\
&= \frac{V}{\mu_0}[\chi_x(B_x^2 + B_y^2) + \chi_z B_z^2] \\
&= \frac{V}{\mu_0}(\chi_x B^2\sin^2\theta + \chi_z B^2\cos^2\theta)
\end{aligned}$$

(b) 作用在粒子上的力矩τ为

$$\tau=-\frac{\partial E}{\partial\theta}=-\frac{V}{\mu_0}[\chi_x\cdot 2\sin\theta\cos\theta+\chi_z\cdot 2\cos\theta(-\sin\theta)]B^2$$

$$=\frac{B^2V}{\mu_0}(\chi_z-\chi_x)\sin 2\theta$$

(c) 粒子转动满足方程

$$I\frac{\mathrm{d}^2\theta}{\mathrm{d}t^2}=-\zeta\frac{\mathrm{d}\theta}{\mathrm{d}t}+F(t)$$

$F(t)$是无规作用力. 注意

$$\frac{\mathrm{d}^2\theta^2}{\mathrm{d}t^2}=2\dot{\theta}^2+2\theta\ddot{\theta}$$

故

$$I\left(\frac{1}{2}\cdot\frac{\mathrm{d}^2\theta^2}{\mathrm{d}t^2}-\dot{\theta}^2\right)=-\zeta\theta\frac{\mathrm{d}\theta}{\mathrm{d}t}+\theta F(t)$$

或

$$\frac{1}{2}I\frac{\mathrm{d}^2\theta^2}{\mathrm{d}t^2}-I\dot{\theta}^2=-\frac{1}{2}\zeta\frac{\mathrm{d}\theta^2}{\mathrm{d}t}+\theta F(t)$$

将上式对粒子求平均，因为$\overline{\theta F(t)}=0$，故有

$$\frac{1}{2}I\frac{\mathrm{d}^2\overline{\theta^2}}{\mathrm{d}t^2}+\frac{1}{2}\zeta\frac{\mathrm{d}\overline{\theta^2}}{\mathrm{d}t}-I\overline{\dot{\theta}^2}=0$$

由能量均分定理，可知$\frac{1}{2}I\overline{\dot{\theta}^2}=\frac{1}{2}kT$，其中$k$为玻尔兹曼常量. 故有

$$\frac{\mathrm{d}^2\overline{\theta^2}}{\mathrm{d}t^2}+\frac{\zeta}{I}\frac{\mathrm{d}\overline{\theta^2}}{\mathrm{d}t}-\frac{2kT}{I}=0$$

故

$$\overline{\theta^2}=\frac{2kT}{\zeta}t+c\mathrm{e}^{-\frac{\zeta}{I}t},\qquad c\text{待定}$$

这里，θ不能限制在[0，π]之间，要考虑分子绕磁场转过的圈数.

因为$t=0$时$\overline{\theta^2}=0$，故$c=0$，所以$\overline{\theta^2}=\frac{2kT}{\zeta}t$，$t=10\mathrm{s}$时

$$\overline{\theta^2}=\frac{2\times1.38\times10^{-23}\times300}{10^{-17}}\times10=8.28\times10^{-3}$$

$$\sqrt{\overline{\theta^2}}=0.091\mathrm{rad}=5.2°$$

2.106　相互垂直的电、磁场中电子的运动

题 2.106　一个非相对论性电子进入电场强度与磁感应强度相互垂直的均匀恒定电磁场中，电场强度与磁感应强度可如下表示：

$$\boldsymbol{E}=E\boldsymbol{e}_x,\quad \boldsymbol{B}=B\boldsymbol{e}_z$$

(a) 电子的速度满足什么条件时，该电子以恒定的速度运动；

(b) 考虑具有一定速度分布的电子束同时入射到一个与电场强度垂直的平面内，试问经过多少时间，电子束中的全部电子又回到此平面内？请给出电子运动方程；

(c) 若是相对论电子情况，则前面第(a)、(b)小题结果会有何不同?

解 (a) 电子以恒定的速度运动，则电子所受合外力为零，只有洛伦兹力的电场力与磁场力抵消，也就是

$$\boldsymbol{F}_B=-\boldsymbol{F}_E=-e\boldsymbol{E} \tag{1}$$

而磁场力为

$$\boldsymbol{F}_B=e\boldsymbol{v}\times\boldsymbol{B} \tag{2}$$

这样

$$\boldsymbol{v}\times\boldsymbol{B}=-\boldsymbol{E} \tag{3}$$

此式对 $\boldsymbol{v}$ 垂直于 $\boldsymbol{B}$ 的分量给出限制，令

$$\boldsymbol{v}=\boldsymbol{v}_\perp+\boldsymbol{v}_{//} \tag{4}$$

$\boldsymbol{v}_\perp$、$\boldsymbol{v}_{//}$ 分别表示垂直以及平行于 $\boldsymbol{B}$ 的分量，则

$$\boldsymbol{v}_\perp\times\boldsymbol{B}=-\boldsymbol{E}$$

两边用 $\boldsymbol{B}$ 作矢量乘积得

$$\boldsymbol{v}_\perp\boldsymbol{B}^2=\boldsymbol{E}\times\boldsymbol{B}=-EB\boldsymbol{e}_y$$

也就有

$$\boldsymbol{v}_\perp=-\frac{E}{B}\boldsymbol{e}_y \tag{5}$$

只要速度具有如上垂直于 $\boldsymbol{B}$ 的分量，该电子以恒定的速度运动.

(b) 不失一般性，设 $t=0$ 时所有的电子都在 yOz 平面中. 某一个电子初始位置为 $(0,y_0,z_0)$，初速度为 (v_{x0},v_{y0},v_{z0}). 该电子运动过程中的运动方程为

$$m\frac{\mathrm{d}v_x}{\mathrm{d}t}=-e\left(E+Bv_y\right) \tag{6}$$

$$m\frac{\mathrm{d}v_y}{\mathrm{d}t}=eBv_x \tag{7}$$

$$m\frac{\mathrm{d}v_z}{\mathrm{d}t}=0 \tag{8}$$

式(8)表明，电子在 z 方向速度分量不变. 而式(6)、式(7)联立可消去任一个未知量得到一个简谐振动方程，从而方程组可解. 我们也可引进

$$\tilde{v}=v_x+\mathrm{i}v_y \tag{9}$$

从而式(6)、式(7)可表示为

$$m\frac{\mathrm{d}\tilde{v}}{\mathrm{d}t}=-eE+\mathrm{i}eB\tilde{v} \tag{10}$$

此式的解为

$$\tilde{v}=c\mathrm{e}^{\mathrm{i}\omega t}-\mathrm{i}\frac{E}{B} \tag{11}$$

其中 $\omega = eB/m$ 为拉莫尔频率. 代入初始条件，得

$$c = v_{0x} + \mathrm{i}\left(v_{0x} + \frac{E}{B}\right) \tag{12}$$

由上可得

$$\tilde{v} = \left[v_{0x}\cos\omega t - \left(v_{0x} + \frac{E}{B}\right)\sin\omega t\right] + \mathrm{i}\left[v_{0x}\sin\omega t + \left(v_{0x} + \frac{E}{B}\right)\cos\omega t - \frac{E}{B}\right] \tag{13}$$

这样得速度各分量

$$v_x = v_{0x}\cos\omega t - \left(v_{0x} + \frac{E}{B}\right)\sin\omega t \tag{14}$$

$$v_y = v_{0x}\sin\omega t + \left(v_{0x} + \frac{E}{B}\right)\cos\omega t - \frac{E}{B} \tag{15}$$

$$v_z = v_{z0} \tag{16}$$

再对时间积分给出

$$x = \frac{v_{0x}}{\omega}\sin\omega t - \frac{1}{\omega}\left(v_{0x} + \frac{E}{B}\right)(\cos\omega t - 1) + x_0 \tag{17}$$

$$y = \frac{v_{0x}}{\omega}(1 - \cos\omega t) + \frac{1}{\omega}\left(v_{0x} + \frac{E}{B}\right)\sin\omega t - \frac{E}{B}t + y_0 \tag{18}$$

$$z = v_{z0}t + z_0 \tag{19}$$

式(17)看出，当

$$t = \frac{2n\pi}{\omega}, \quad n = 1,2,3,\cdots \tag{20}$$

时，$x(t) = 0$，此时电子束全部回到 yOz 平面中.

(c) 若是相对论电子，则第(a)小题结果不变，对于第(b)小题，则不能在 $t = \frac{2n\pi}{\omega}$ 时不同速度的电子全部回到 yOz 平面中①.

2.107　两个相同带电粒子在磁场中运动受到磁场力

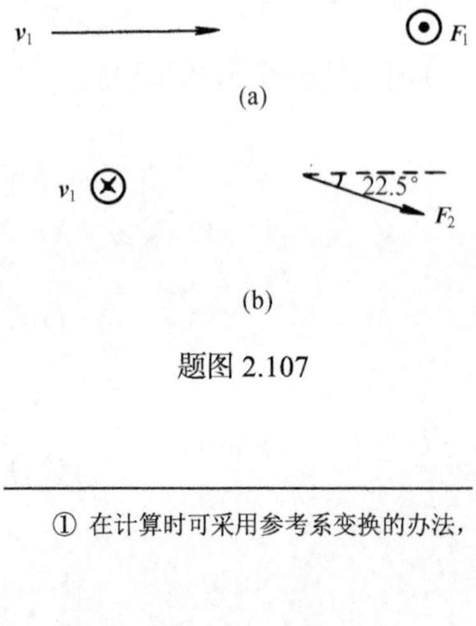

题图 2.107

题 2.107　一个带有 $+10^{-6}$C 电量的粒子以 $1300\mathrm{m\cdot s^{-1}}$ 的速度沿着纸的平面在磁场中向右运动，它受到一个垂直纸平面向外的力，力的大小为 $F_1 = 2.4\times10^{-3}\mathrm{N}$，方向如题图 2.107(a)所示. 同样的一个电荷以 $1300\mathrm{m\cdot s^{-1}}$ 的速度在同样的磁场中垂直于纸平面向内运动，受到力的大小为 $F_2 = 2.6\times10^{-3}\mathrm{N}$，方向如题图 2.107(b)所示. 由此求出磁场的大小和方向.

解　根据带电粒子在磁场中受到的洛伦兹力

① 在计算时可采用参考系变换的办法，先变到一个参考系只有电场或者只有磁场.

$$F = qv \times B$$

由第一个条件可知，磁场的方向与纸面平行，由第二个条件可知，磁场与第一个粒子的运动方向夹角为 67.5°. 所以

$$1300 \cdot \sin 67.5° \cdot B = \frac{2.4 \times 10^{-3}}{10^{-6}}$$

因而

$$B = 1.998\text{T}$$

2.108　在电磁场中运动的电子位置和速度随时间的变化及电子的运动轨迹

题 2.108　某空间有电磁场，磁场和电场分别为 $\boldsymbol{B} = (B_x,\ B_y,\ B_z) = (0,\ 0,\ B)$ 、$\boldsymbol{E} = (0,\ E_0,\ E_0 \sin \omega t)$，$B$ 和 E_0 都为常数. 一电子初始时刻静止于坐标原点，取非相对论近似. 求电子关于时间的位置和速度的函数，并讨论电子运动的轨道.

解　电子所受洛伦兹力为

$$\begin{aligned} \boldsymbol{F} &= -e\boldsymbol{E} - e\boldsymbol{v} \times \boldsymbol{B} \\ &= -eE_0(\sin \omega t \boldsymbol{e}_z + \boldsymbol{e}_y) - eB(v_y \boldsymbol{e}_x - v_x \boldsymbol{e}_y) \end{aligned}$$

得到

$$\dot{v}_x(t) = -\frac{eB}{m} v_y(t) \tag{1}$$

$$\dot{v}_y(t) = \frac{eB}{m} v_x(t) - \frac{eE_0}{m} \tag{2}$$

$$\dot{v}_z(t) = \frac{-eE_0 \sin \omega t}{m} \tag{3}$$

解微分方程组中的式(1)、式(2)可得

$$v_x(t) = A\cos\left(\frac{eB}{m} t\right) + B\sin\frac{eB}{m} t + \frac{E_0}{B}$$

式中，A、B 为待定常数. 式(1)给出

$$v_y(t) = A\sin\frac{eB}{m} t - B\cos\frac{eB}{m} t$$

因为

$$v_x(0) = v_y(0) = 0 \Rightarrow A = -\frac{E_0}{B}, \qquad B = 0$$

所以

$$v_x(t) = -\frac{E_0}{B}\left[\cos\left(\frac{eB}{m} t\right) - 1\right], \qquad v_y(t) = -\frac{E_0}{B}\sin\left(\frac{eB}{m} t\right)$$

解式(3)，并由初始条件$V_z(0)=0$可得

$$v_z(t)=\frac{e}{m\omega}E_0\cos(\omega t)-\frac{e}{m\omega}E_0$$

则

$$v_x(t)=-\frac{E_0}{B}\left[\cos\left(\frac{eB}{m}t\right)-1\right]$$

$$v_y(t)=-\frac{E_0}{B}\sin\left(\frac{eB}{m}t\right)$$

$$v_z(t)=\frac{eE_0}{m\omega}(\cos\omega t-1)$$

对上式积分，再由初始条件$x(0)=y(0)=z(0)=0$，即得

$$x(t)=-\frac{mE_0}{eB^2}\sin\left(\frac{eB}{m}t\right)+\frac{mE_0}{B}t$$

$$y(t)=\frac{mE_0}{eB^2}\left[\cos\left(\frac{Be}{m}t\right)-1\right]$$

$$z(t)=\frac{eE_0}{m\omega^2}\sin\omega t-\frac{eE_0t}{m\omega}$$

电子的z方向的运动为一匀速运动和振荡的叠加. 若$E_0>0$，则匀速运动方向沿负z轴. 在xOy平面内电子的运动是半径为$\frac{mE_0}{eB^2}$. 频率为$\frac{eB}{m}$的圆周运动与沿x方向速率为$\frac{mE_0}{B}$的匀速直线的运动的叠加. 可见电子运动轨迹是一条复杂的空间曲线，它在xOy平面的投影为一条摆线.

2.109　载有变化电流的同轴导体棒与圆筒装置的电、磁场及粒子运动方程

题 2.109　某装置包含一个半径为r_1的长的导体棒，外面同轴地围绕着细的半径为r_2的导体圆筒. 一个沿导体棒分布均匀，但是随时间变化的电流I从导体棒内流过，同时，一个相等的电流从外围的导体筒流过. 请分析这个装置：(a) 对于任意的r，磁场$\boldsymbol{B}$的大小和方向如何(假设导体的长度远大于半径)? (b) 对于任意的r,求出矢量$\boldsymbol{A}$的大小和方向. (c) 对于任意的r，求出电场强度$\boldsymbol{E}$的大小和方向. (d) 质量为m，带电量为q的离子在该装置中所受到的力如何? 请写出离子的运动方程.

解　取柱坐标(r，θ，z)，使z沿导体棒轴线方向.

(a) 由对称性可知，磁感应强度方向沿角向，即$\boldsymbol{B}=B\boldsymbol{e}_\phi$. 由安培环路定理可求得

$$\boldsymbol{B}=\frac{\mu_0 r}{2\pi r_1^2}I\boldsymbol{e}_\phi,\qquad 0<r<r_1$$

$$\boldsymbol{B}=\frac{\mu_0}{2\pi r}I\boldsymbol{e}_\phi,\qquad r_1<r<r_2$$

$$\boldsymbol{B}=0,\qquad r>r_2$$

(b) 磁矢势 $\boldsymbol{A}$ 满足 $\nabla\times\boldsymbol{A}=\boldsymbol{B}$，$\boldsymbol{A}$ 本身有规范不定性，我们不妨取 $A_\phi=0$，　$A_\rho=0$．而由于轴对称性，A_z 可取为 $A_z=A_z(r)$，再由规范不定性，取 $A_z(0)=0$．再取一矩形回路，长边为 l 沿导体棒轴线，宽为 r. 这样将 $\nabla\times\boldsymbol{A}=\boldsymbol{B}$ 写为积分形式得到 $lA_z(r)=l\int_0^r B(r)\mathrm{d}r$，或者 $A_z(r)=\int_0^r B(r)\mathrm{d}r$，由此得

$$A_z=\frac{\mu_0 Ir^2}{4\pi r_1^2},\qquad r<r_1$$

$$A_z=\frac{\mu_0 I}{2\pi}\left(\frac{1}{2}+\ln\frac{r}{r_1}\right),\qquad r_1<r<r_2$$

$$A_z=\frac{\mu_0 I}{2\pi}\left(\frac{1}{2}+\ln\frac{r_2}{r_1}\right),\qquad r>r_2$$

可验证上面求得的 $\boldsymbol{A}$ 满足 $\nabla\times\boldsymbol{A}=\boldsymbol{B}$，也就验证了 $\boldsymbol{A}$ 的正确性.

(c) 由麦克斯韦方程 $\nabla\times\boldsymbol{E}=-\dfrac{\partial\boldsymbol{B}}{\partial t}$，类似于(b)的求解得电场方向指向 z 方向，即 $E_\phi=0$，　$E_\rho=0$，当 $r_1<r<r_2$ 时有

$$E_z(r)=E_0-\frac{\mu_0 r^2}{4\pi r_1^2}\cdot\frac{\mathrm{d}I}{\mathrm{d}t},\qquad r<r_1$$

$$E_z(r)=E_0-\frac{\mu_0}{2\pi}\left(\frac{1}{2}+\ln\frac{r}{r_1}\right)\frac{\mathrm{d}I}{\mathrm{d}t},\qquad r_1<r<r_2$$

$$E_z(r)=E_0-\frac{\mu_0}{2\pi}\left(\frac{1}{2}+\ln\frac{r_2}{r_1}\right)\frac{\mathrm{d}I}{\mathrm{d}t},\qquad r>r_2$$

式中，E_0 为 $r=0$ 处 z 方向的电场强度.

(d) 根据洛伦兹力公式 $\boldsymbol{F}=q\boldsymbol{E}+q\boldsymbol{v}\times\boldsymbol{B}$ 写出粒子的运动方程如下：

$$m\dot{v}_z=qE_z+qv_{\mathrm{r}}B=qE_0-\frac{\mu_0 q}{2\pi}\left(\frac{1}{2}+\ln\frac{r}{r_1}\right)\frac{\mathrm{d}I}{\mathrm{d}t}+\frac{\mu_0 q}{2\pi r}Iv_{\mathrm{r}}$$

$$m\dot{v}_{\mathrm{r}}=-qv_zB=-\frac{\mu_0 q}{2\pi r}Iv_z$$

假设带电粒子从 r_1 处逸出，初始速度为 0，则粒子首先受到 z 方向的电场力，所以沿着 z 轴运动. 此后又会受到磁场力，磁感应强度方向沿角向，电场强度方向沿 z 方向. 已知粒子沿角向不受力，又有粒子沿角向初速度为零，所以粒子角位置不变，局限在 z-r 平面内运动.

2.110　电子在时间相关的轴对称磁场中运动

题 2.110　考虑一个电子在时间相关的轴对称磁场(其中 $B_\theta=0$)中运动，已知拉格朗日

函数为

$$L=-mc^2\left(1-\frac{v^2}{c^2}\right)^{1/2}+e\boldsymbol{V}\cdot\boldsymbol{A}\,,\qquad \boldsymbol{B}=\nabla\times\boldsymbol{A}$$

问必须满足什么条件才能得到一个圆轨道，其位置和半径为与时间无关的常数. 电子在该轨道上的角频率和能量是多少？并研究圆形轨道的稳定性. 假设轨道附近的场的形式可表示为 $B_z=B_0(r_0/r)^n$，其中 B_z 是平衡轨道 $r=r_0$ 上的场的瞬时值；z 轴是对称轴，n 是正数，并且 $B(r,\ z,\ t)=B(r,\ z)T(t)$，假设在一次转动所需的时间内，外场随时间的变化很小. 证明：(a) 如果 $n>1$，轨道对径向振动是不稳定的. (b) 径向和垂直振动的频率的平方和等于平衡轨道的粒子回转频率的平方.

证明　(a) 采用柱坐标，因为 $B_\theta=0$，可以选取磁矢势 $\boldsymbol{A}$ 使得只有 A_θ 取非零值，而

$$B_z=\frac{1}{r}\cdot\frac{\partial}{\partial r}(rA_\theta),\qquad B_\mathrm{r}=-\frac{\partial A_\theta}{\partial z}$$

根据拉格朗日函数写出关于 r 和 θ 的方程

$$\frac{\mathrm{d}}{\mathrm{d}t}\left[m\dot{r}\left(1-\frac{v^2}{c^2}\right)^{-1/2}\right]=mr\dot{\theta}^2\left(1-\frac{v^2}{c^2}\right)^{-1/2}+e\dot{\theta}\frac{\partial}{\partial r}(rA_\theta)\tag{1}$$

$$\frac{\mathrm{d}}{\mathrm{d}t}\left[mr^2\dot{\theta}\left(1-\frac{v^2}{c^2}\right)^{-1/2}+erA_\theta\right]=0\tag{2}$$

对圆轨道 $\dot{r}=0$，于是方程(1)化为

$$mr\dot{\theta}\left(1-\frac{r^2\dot{\theta}^2}{c^2}\right)^{-1/2}+e\frac{\partial}{\partial r}(rA_\theta)=0\tag{3}$$

而方程(2)化为

$$mr\dot{\theta}\left(1-\frac{r^2\dot{\theta}^2}{c^2}\right)^{-1/2}+eA_\theta=0\tag{4}$$

其中积分常数已取为零. 消去方程(3)和(4)间正比于 m 的项，给出

$$\frac{\partial}{\partial r}(rA_\theta)=A_\theta\tag{5}$$

可见在电子轨道$(r=r_0)$上

$$B_z(r)=\frac{1}{r_0}\cdot\frac{\partial}{\partial r}(rA_\theta)\bigg|_{r=r_0}=\frac{A_\theta}{r_0}\bigg|_{r=r_0}$$

所以 $A_\theta\big|_{r=r_0}=r_0B_z(r_0)$. 从 $\oint\boldsymbol{A}\cdot\mathrm{d}\boldsymbol{l}=\int\boldsymbol{B}\cdot\mathrm{d}\boldsymbol{s}$ 得出

$$A_\theta(R)=\frac{1}{2\pi R}\int_0^R 2\pi rB_z(r)\mathrm{d}r$$

这样方程(5)变为

$$B_z(r_0)=\frac{<B_z>}{2}\tag{6}$$

式中，$\langle B_z \rangle$是轨道圆面上 B_z 的平均值，r_0 是轨道的半径. 在电子感应加速器情况，上式即著名的 1∶2 定理. 见题 2.127. 加上这个条件，也可以得出在轨道的平面内 $B_r=0$，以保证 $\dot{z}=0$. 由方程(3)得到的角频率 $\dot{\theta}$ 是

$$\dot{\theta}=-\omega\left(1+\frac{r_0^2\omega^2}{c^2}\right)^{-\frac{1}{2}} \tag{7}$$

式中，$\omega=eB_0/m$. 粒子的动能为

$$E=mc^2\left[\left(1-\frac{r_0^2\dot{\theta}^2}{c^2}\right)^{-\frac{1}{2}}-1\right]=mc^2\left[\left(1+\frac{r_0^2\omega^2}{c^2}\right)^{\frac{1}{2}}-1\right]$$

现考察轨道的稳定性. 假设电子的运动与圆轨道在径向有小的偏离. 假设 $r(t)$的解由下式给出：

$$r(t)=r_0(1+\varepsilon(t)),\qquad |\varepsilon|\ll 1$$

我们仅取 ε 的最低阶，方程(1)的左边为

$$mr_0\ddot{\varepsilon}\left(1+\frac{r_0^2\omega^2}{c}\right)^{\frac{1}{2}}$$

而右边变为

$$e\dot{\theta}\left[\frac{\partial}{\partial r}(rA_\theta)-A_\theta\right]$$

当用方程(2)时，这就是按 ε 展开. 现在从下式计算 A_θ

$$B_z=\frac{1}{r}\cdot\frac{\partial}{\partial r}(rA_\theta)=B_0\left(\frac{r_0}{r}\right)^n$$

而

$$A_\theta=\frac{-B_0r_0^n}{(n-2)r^{n-1}}+\frac{k}{r}$$

式中，k 是常数，可由下式得到：

$$\left[\frac{\partial}{\partial r}(rA_\theta)-A_\theta\right]_{r=r_0}=0$$

于是 $k=B_0r_0^2(n-1)/(n-2)$，按 ε 展开

$$\frac{\partial}{\partial r}(rA_\theta)-A_\theta=-B_0r_0(n-1)\varepsilon$$

在这些小的振荡近似下，方程(1)变成

$$mr_0\left(1+\frac{r_0^2\omega^2}{c^2}\right)^{\frac{1}{2}}\ddot{\varepsilon}=-\frac{eB_0r_0\dot{\theta}}{c}(n-1)\varepsilon$$

利用方程(7)上式变为

$$\ddot{\varepsilon}+\frac{\omega^2(1-n)\varepsilon}{1+r_0^2\omega^2/c^2}=0 \tag{8}$$

所以当 $n>1$时，径向振动不稳定.

(b) 上式仅当$n<1$时有稳定的正弦解. 对这种情形径向频率ω_r由

$$\omega_r=\frac{\omega^2(1-n)\varepsilon}{1+r_0^2\omega^2/c^2} \tag{9}$$

给出. 对于在z方向上的小振荡，可根据拉格朗日量写出关于z的方程

$$\frac{\mathrm{d}(m\dot{z})}{\mathrm{d}z}=er\dot{\theta}\frac{\partial A_\theta}{\partial z}$$

得到

$$m\ddot{z}\left(1+\frac{r_0^2\omega^2}{c^2}\right)^{1/2}=-\frac{e}{c}B_r(z)r_0\dot{\theta} \tag{10}$$

为了求得$B_r(z)$，注意到轨道附近有

$$(\nabla\times\boldsymbol{B})_\theta=\frac{\partial B_r}{\partial\theta}-\frac{\partial B_0}{\partial r}=0$$

因此

$$\frac{\partial B_r}{\partial z}=\frac{\partial B_z}{\partial r}=-\frac{nB_0}{r_0}$$

再由$z=0$，$B_r=0$，得$B_r=-mB_0z/r_0$，代入到方程(10)中，得到

$$\ddot{z}+\frac{nz\omega^2}{1+r^2\omega^2/c^2}=0$$

因此

$$\omega_z^2=\frac{n\omega^2}{1+r_0^2\omega^2/c^2},\qquad \omega_z^2+\omega_r^2=\dot{\theta}^2$$

2.111　电子在周期性磁场中的运动

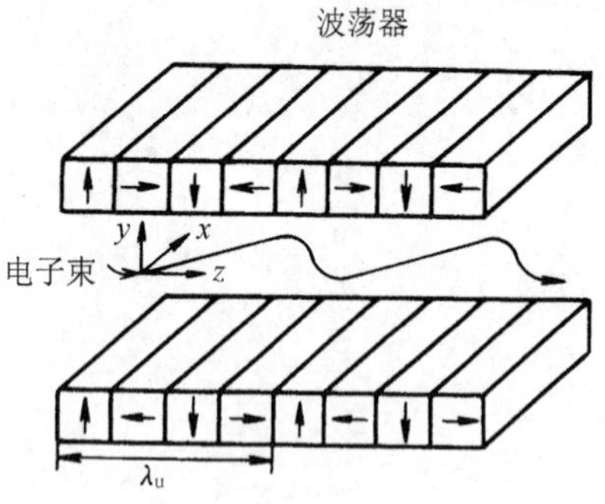

题图 2.111

题 2.111　波荡器是自由电子激光装置中的基本器件，具有周期性磁场的磁铁结构，如题图 2.111 所示，其磁场为$\boldsymbol{B}=(0,\ B_0\cos k_u z,\ 0)$，而磁场周期为$\lambda_u=2\pi/k_u$. 一束能量为$\gamma$的极端相对论性电子以初始速度$(0,\ 0,\ v_z)$通过该装置. 以电子进入波荡器中的距离$z$为变量，试求出电子的速度随$z$的变化.

解　利用洛伦兹公式

$$\boldsymbol{F}=-e\boldsymbol{V}\times\boldsymbol{B}=m\gamma\frac{\mathrm{d}\boldsymbol{V}}{\mathrm{d}t}$$

而

$$\boldsymbol{V}\times\boldsymbol{B}=-v_zB_0\cos(k_uz)\hat{\boldsymbol{x}}+v_zB_0\cos(k_uz)\hat{\boldsymbol{z}}$$

所以

$$\dot{v}_x=\frac{e}{m\gamma}v_zB_0\cos(k_uz) \tag{1}$$

$$\dot{v}_y=0 \tag{2}$$

$$\dot{v}_z = -\frac{e}{m\gamma} v_x B_0 \cos(k_u z) \tag{3}$$

因为 v_x 满足

$$\frac{\mathrm{d}v_x}{\mathrm{d}t} = \frac{\mathrm{d}v_x}{\mathrm{d}z} v_z$$

代入式(1)，所以

$$\frac{\mathrm{d}v_x}{\mathrm{d}z} = \frac{e}{m\gamma} B_0 \cos(k_u z)$$

因此 v_x 可以表示为

$$v_x = \frac{eB_0}{m\gamma k_u} \sin(k_u z) = \frac{\sqrt{2} a_u c}{\gamma} \sin(k_u z)$$

其中

$$a_u = \frac{eB_0}{\sqrt{2} mck_u}$$

又

$$\gamma = \frac{1}{\sqrt{1 - \beta_\perp^2 - \beta_z^2}}$$

所以

$$\beta_z = \sqrt{1 - \beta_\perp^2 - \frac{1}{\gamma^2}} \approx 1 - \frac{1}{2}\left(\beta_\perp^2 + \frac{1}{\gamma^2}\right)$$

考虑到

$$\beta_\perp^2 = \beta_x^2 = \frac{2a_u^2}{\gamma^2} \sin^2(k_u z)$$

因此

$$\beta_z = 1 - \frac{1}{2\gamma^2}[1 + 2a_u^2 \sin^2(k_u z)] = 1 - \frac{1}{2\gamma^2}[1 + a_u^2 - a_u^2 \cos(2k_u z)]$$

所以

$$\beta_x = \frac{\sqrt{2} a_u c}{\gamma} \sin(k_u z)$$

$$\beta_z = 1 - \frac{1 + a_u^2}{2\gamma^2} + \frac{a_u^2}{2\gamma^2} \cos(2k_u z)$$

2.112　电子在周期性磁场以及光场中的运动

题 2.112　一束能量为 γ 的极端相对论性电子以初始速度(0，0，v_z)通过波荡器(见题 2.111)，并且有一束激光入射使得电子同时受到光场作用，光场的电场为 $\boldsymbol{E}_s(z, t) = E_s e^{i(kz-\omega t)} \hat{\boldsymbol{x}}$. 求电子在 $\hat{\boldsymbol{x}}$ 方向的速度随电子进入波荡器中距离 z 的变化.

解　因为电子动量 $\boldsymbol{P}$ 的变化满足 $\mathrm{d}\boldsymbol{P} = \boldsymbol{F}\mathrm{d}t$，所以有

$$d(m\gamma\boldsymbol{\beta})=\left[-e\boldsymbol{E}_s-\boldsymbol{\beta}\times\boldsymbol{B}ce\right]dt$$

也就是

$$d(\gamma\boldsymbol{\beta})=\frac{e}{m}\left[-\boldsymbol{E}_s-\boldsymbol{\beta}\times\boldsymbol{B}c\right]dt$$

而电场和磁场满足

$$\boldsymbol{E}_s=-\frac{\partial\boldsymbol{A}_s}{\partial t}-\nabla\phi$$

$$\boldsymbol{B}=\nabla\times(\boldsymbol{A}_u+\boldsymbol{A}_s)$$

式中，$\boldsymbol{A}_u$ 和 $\boldsymbol{A}_s$ 分别为波荡器磁场和外加光场的矢势. 对于光场，可取库仑规范使得矢势为 $\boldsymbol{A}_s$，而标势为 0，所以相应的电场为

$$\boldsymbol{E}_s=-\frac{\partial\boldsymbol{A}_s}{\partial t}$$

所以

$$\begin{aligned}\boldsymbol{\beta}\times\boldsymbol{B}&\approx\beta_z\hat{\boldsymbol{z}}\times[\nabla\times(\boldsymbol{A}_u+\boldsymbol{A}_s)]\\&=\beta_z\hat{\boldsymbol{z}}\times\left[\left(\frac{\partial A_u}{\partial z}\hat{\boldsymbol{y}}-\frac{\partial A_u}{\partial y}\hat{\boldsymbol{z}}\right)+\left(\frac{\partial A_s}{\partial z}\hat{\boldsymbol{y}}-\frac{\partial A_s}{\partial y}\hat{\boldsymbol{z}}\right)\right]\end{aligned}$$

而 A_u，A_s 不显含 y，因此

$$\boldsymbol{\beta}\times\boldsymbol{B}\approx\beta_z\hat{\boldsymbol{z}}\times\hat{\boldsymbol{y}}\left(\frac{\partial A_u}{\partial z}+\frac{\partial A_s}{\partial z}\right)=-\beta_z\left(\frac{\partial A_u}{\partial z}+\frac{\partial A_s}{\partial z}\right)\hat{\boldsymbol{x}}$$

由上式可得

$$d(\gamma\boldsymbol{\beta})=\frac{e}{m}\left[\frac{\partial\boldsymbol{A}_s}{\partial t}+c\beta_z\left(\frac{\partial A_u}{\partial z}+\frac{\partial A_s}{\partial z}\right)\hat{\boldsymbol{x}}\right]dt$$

对方程两边积分，并且认为 $\gamma\beta_z$ 近似不变，则

$$\gamma\beta_x=\frac{e}{m}\left[\int_0^t\left(\frac{\partial}{\partial t}+c\beta_z\frac{\partial}{\partial z}\right)A_s dt+\int_0^t c\beta_z\frac{\partial A_u}{\partial z}dt\right]$$

而

$$dA_s=\frac{\partial A_s}{\partial z}dz+\frac{\partial A_s}{\partial t}dt=\left(c\beta_z\frac{\partial A_s}{\partial z}+\frac{\partial A_s}{\partial t}\right)dt$$

所以

$$\gamma\beta_x=\frac{e}{m}\left(\int_0^t dA_s+\int_0^t dA_u\right)$$

引入 t 时刻电子所在位置 $z=c\beta_z t$，得

$$\beta_x=\frac{e}{m\gamma}[A_s(z,t)+A_u(z)]$$

2.113 简化的电子透镜

题 2.113 题图 2.113 为一简化的电子透镜，是一个通有电流 I、半径为 a 的导线圆环. 当 $\rho\ll a$ 时，此电流环产生的矢势为 $A_\theta=\dfrac{\pi Ia^2\rho}{(a^2+z^2)^{3/2}}$： (a) 在柱坐标(ρ ， θ， z)中写出该

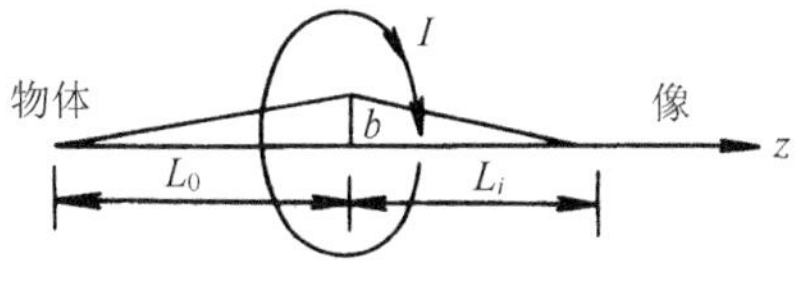

题图 2.113

场中电荷为 q 的运动粒子的拉格朗日量与哈密顿量. (b)证明正则动量 p_θ 为零，并导出 $\dot{\theta}$ 的表达式. 在下面(c)与(d)小题中，可作如下近似：当粒子处于透镜附近时，磁场力主导. 由于 ρ 很小，我们可以假定 $\rho \approx b$，$z \approx u$，在相互作用区域近似为常量. (c)计算粒子通过透镜时动量的脉冲变化，并证明电流环的作用与一个薄透镜相似，即 $\frac{1}{l_0}+\frac{1}{l_i}=\frac{1}{f}$. 其中 $f=\frac{8a}{3\pi}\left(\frac{muc}{\pi qI}\right)^2$. (d) 证明通过透镜后，像转过一个角度 $\theta=-4\sqrt{\frac{2a}{3\pi f}}$.

解　(a) 在电磁场中，带电粒子的拉格朗日量为

$$L=T-V=\frac{1}{2}mv^2-q(\varphi-\boldsymbol{v}\cdot\boldsymbol{A})$$

式中，$\boldsymbol{v}$ 为带电粒子的速度，φ 为电势，$\boldsymbol{A}$ 为矢势.

柱坐标下 $\boldsymbol{v}=\dot{\rho}\boldsymbol{e}_\rho+\rho\dot{\theta}\boldsymbol{e}_\theta+\dot{z}\boldsymbol{e}_z$，题给

$$\boldsymbol{A}=\frac{I\pi a^2\rho}{(a^2+z^2)^{3/2}}\boldsymbol{e}_\theta$$

而电势取为

$$\phi=0$$

于是

$$L=\frac{m}{2}(\dot{\rho}^2+\rho^2\dot{\theta}^2+\dot{z}^2)+\frac{I\pi a^2q\rho^2}{(a^2+z^2)^{3/2}}\dot{\theta}$$

由此求得正则动量的各分量为

$$P_\rho=\frac{\partial L}{\partial\dot{\rho}}=m\dot{\rho}$$

$$P_\theta=\frac{\partial L}{\partial\dot{\theta}}=m\rho^2\dot{\theta}+\frac{I\pi a^2q\rho^2}{(a^2+z^2)^{3/2}}$$

$$P_z=\frac{\partial L}{\partial\dot{z}}=m\dot{z}$$

最后，按勒让德变换，哈密顿量可表示为

$$\begin{aligned}H&=P_\rho\dot{\rho}+P_\theta\dot{\theta}+P_z\dot{z}-L\\&=\frac{1}{2m}\left[P_\rho^2+\frac{1}{\rho^2}\left(P_\theta-\frac{I\pi a^2q\rho^2}{(a^2+z^2)^{3/2}}\right)^2+P_z^2\right]\end{aligned}$$

(b) 由哈密顿正则方程 $\dot{P}_\theta=-\frac{\partial H}{\partial\theta}$，可得 $\dot{P}_\theta=0$，即 $P_\theta=$常量. 或

$$P_\theta=m\rho^2\dot{\theta}+\frac{I\pi a^2q\rho^2}{(a^2+z^2)^{3/2}}=\text{常量}$$

对图中所示轨道，初始时粒子位于圆环轴线上 $(\rho=0)$，且 $v_\theta=0$，因此 $P_\theta=0$. 由 P_θ 守恒性质可知 P_θ 恒为零. 于是我们可求得 $\dot{\theta}$ 的表达式如下：

$$\dot{\theta}=-\frac{I\pi a^2 q}{m(a^2+z^2)^{3/2}}$$

(c) 由哈密顿正则方程 $\dot{P}_\rho=-\frac{\partial H}{\partial \rho}$ 及 $P_\theta=0$，可得

$$\dot{P}_\rho=-\frac{I^2\pi^2 a^4 q^2 \rho}{m(a^2+z^2)^3}$$

或

$$\mathrm{d}P_\rho=-\frac{I^2\pi^2 a^4 q^2 \rho}{m(a^2+z^2)^3 \dot{z}}\mathrm{d}z$$

在相互作用区域 $\rho\approx b$，$\dot{z}\approx u$，均可视作常量. 由此求得粒子径向动量的变化为

$$\Delta P_\rho \approx \frac{-I^2\pi^2 a^4 q^2 b}{mu}\int_{-\infty}^{\infty}\frac{1}{(a^2+z^2)^3}\mathrm{d}z$$

$$=-\frac{3\pi b}{8mau}(Iq\pi)^2$$

由几何关系知，在物点处 $\frac{\dot{\rho}_0}{u}=\frac{b}{l_0}$. 在像点处 $-\frac{\dot{\rho}_i}{u}=\frac{b}{l_i}$，故有

$$\frac{b}{l_0}+\frac{b}{l_i}=\frac{1}{u}(\dot{\rho}_0-\dot{\rho}_i)=-\frac{\Delta P_\rho}{mu}=\frac{3\pi b}{8a}\left(\frac{Iq\pi}{mu}\right)^2$$

即

$$\frac{1}{l_0}+\frac{1}{l_i}=\frac{1}{f},\qquad f=\frac{8a}{3\pi}\left(\frac{mu}{Iq\pi}\right)^2$$

(d) 由(b)小题 $\dot{\theta}$ 的表达式可得

$$\mathrm{d}\theta=-\frac{I\pi a^2 q\mathrm{d}z}{m(a^2+z^2)^{3/2}u}$$

于是通过透镜后，像相对于物转过角度

$$\Delta\theta=-\frac{I\pi a^2 q}{mu}\int_{-\infty}^{\infty}\frac{1}{(a^2+z^2)^{3/2}}\mathrm{d}z$$

$$=-\frac{2I\pi q}{mu}=-4\sqrt{\frac{2a}{3\pi f}}$$

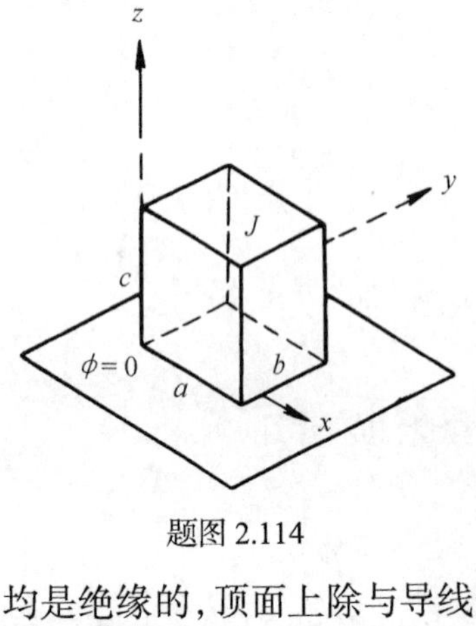

题图 2.114

2.114 半导体方块内的电势满足的方程与普遍解

题 2.114 在题图 2.114 中，一电导率为 σ 的半导体方块，其底面($z=0$)与一个电势 $\phi=0$ 的金属板(其电导率 $\sigma\to\infty$)接触. 一条载有电流为 J 的导体与半导体上顶面($z=c$)的中心连接. 半导体 $x=0,\ x=a,\ y=0,\ y=b$ 的面均是绝缘的，顶面上除与导线连接处也绝缘. 假定在方块内部，电荷密度 $\rho=0$，$\varepsilon=\mu=1$. (a) 写出在方块内部，电势所满足的方程与通解. (b) 写出所有面的边界条件，按此条件下

确定(a)中解的常数.

解　(a) 在方块内部，$\phi(x,\ y,\ z)$满足拉普拉斯方程

$$\nabla^2\phi(x,\ y,\ z)=0 \tag{1}$$

对$\phi(x,\ y,\ z)$按直角坐标分离变量，有

$$\phi(x,\ y,\ z)=X(r)Y(y)Z(z)$$

则方程(1)化为

$$\frac{1}{X}\cdot\frac{\mathrm{d}^2X}{\mathrm{d}x^2}+\frac{1}{Y}\cdot\frac{\mathrm{d}^2Y}{\mathrm{d}y^2}+\frac{1}{Z}\cdot\frac{\mathrm{d}^2Z}{\mathrm{d}z^2}=0 \tag{2}$$

由于式(2)中的三项分别仅为 x，y，z 的函数，故每一项必须都等于常数，即

$$\left.\begin{aligned}&\frac{1}{X}\cdot\frac{\mathrm{d}^2X}{\mathrm{d}x^2}=-\alpha^2\\&\frac{1}{Y}\cdot\frac{\mathrm{d}^2Y}{\mathrm{d}y^2}=-\beta^2\\&\frac{1}{Z}\cdot\frac{\mathrm{d}^2Z}{\mathrm{d}z^2}=\gamma^2\end{aligned}\right\} \tag{3}$$

式中，$\gamma^2=\alpha^2+\beta^2$. 式(3)的解为

$$X=A\cos\alpha x+B\sin\alpha x$$

$$Y=C\cos\beta y+D\sin\beta y$$

$$Z=E\mathrm{e}^{\gamma z}+F\mathrm{e}^{-\gamma z}$$

故得

$$\begin{aligned}\phi(x,\ y,\ z)=&(A\cos\alpha x+B\sin\alpha x)(C\cos\beta y+D\sin\beta y)\\&\cdot\left[E\exp\left(\sqrt{\alpha^2+\beta^2}z\right)+F\exp\left(-\sqrt{\alpha^2+\beta^2}z\right)\right]\end{aligned} \tag{4}$$

(b) 由于在恒定电流情况下，导体内的电场线总是平行于导体表面，故在界面上有

$$\left.\frac{\partial\phi}{\partial x}\right|_{x=0,\ a}=\left.\frac{\partial\phi}{\partial y}\right|_{y=0,\ b}=0 \tag{5}$$

在 $z=c$ 顶面上，边界条件为

$$\left.\frac{\partial\phi}{\partial z}\right|_{z=c}=-E_z=-\frac{J}{\sigma}\delta\left(x-\frac{a}{2},\ y-\frac{b}{2}\right) \tag{6}$$

又因 $z=0$ 底面为零电势面，即

$$\phi(x,\ y,\ 0)=0 \tag{7}$$

由式(4)、式(5)可确定常数 $B=D=0$，及

$$\alpha=\alpha_m=\frac{m\pi}{a},\qquad \beta=\beta_n=\frac{n\pi}{b}$$

$$\gamma=\gamma_{m,n}=\pi\sqrt{\left(\frac{m}{a}\right)^2+\left(\frac{n}{b}\right)^2}$$

由式(4)与式(7)，要求 $F=-E$. 对一组$(m,\ n)$，电势特解为

$$\phi_{mn}(x,\ y,\ z)=A_{mn}\cos(\alpha_m x)\cos(\beta_n y)\sinh(\gamma_{mn}z)$$

故一般解为

$$\begin{aligned}\phi(x,\ y,\ z)&=\sum_{m,n=1}^{\infty}\phi_{mn}(x,\ y,\ z)\\&=\sum_{m,n=1}^{\infty}A_{mn}\cos(\alpha_m x)\cos(\beta_n y)\sinh(\gamma_{mn}z)\end{aligned}\tag{8}$$

最后利用边界条件式(6)确定 A_{mn}，有

$$\sum_{m,n=1}^{\infty}A_{mn}\cos(\alpha_m x)\cos(\beta_n y)\,\gamma_{mn}\cosh(\gamma_{mn}c)=\frac{J}{\sigma}\delta\left(x-\frac{a}{2},\ y-\frac{b}{2}\right)$$

所以有

$$\begin{aligned}A_{mn}&=\frac{4J}{ab\sigma\gamma_{mn}\cosh(\gamma_{mn}c)}\cdot\int_0^a\mathrm{d}x\int_0^b\delta\left(x-\frac{a}{2},\ y-\frac{b}{2}\right)\cdot\cos(\alpha_m x)\cos(\beta_n y)\mathrm{d}y\\&=\frac{4J}{ab\sigma\gamma_{mn}\cosh(\gamma_{mn}c)}\cos\frac{m\pi}{2}\cos\frac{n\pi}{2}\end{aligned}\tag{9}$$

显然，只有当 m，n 为正偶数时，A_{mn} 才不为 0.

2.115 磁透镜对磁偶极子的作用力

题 2.115 把一个磁矩为 m 的磁偶极子置于一磁透镜中，磁透镜的场分量为 $B_x=\alpha(x^2-y^2)$，$B_y=-2\alpha xy$，$B_z=0$，z 是透镜的轴方向，α 为常数(这叫作六极透镜场). (a) 求作用在偶极子上的作用力的各分量. (b) 能否用一个或多个这样的透镜使具有磁偶极矩的中性粒子束聚焦？说明理由.

解 (a) 在外磁场中，磁偶极子受力为 $\boldsymbol{F}=(\boldsymbol{m}\cdot\nabla)\boldsymbol{B}$. 写成分量

$$F_x=2\alpha\boldsymbol{m}\cdot(x\boldsymbol{e}_x-y\boldsymbol{e}_y)$$
$$F_y=-2\alpha\boldsymbol{m}\cdot(y\boldsymbol{e}_x+x\boldsymbol{e}_y)$$
$$F_z=0$$

(b) 当 $\boldsymbol{m}=m\boldsymbol{e}_y$ 时，有

$$F_x=-2\alpha my,\qquad F_y=-2\alpha mx$$

用一个六极透镜就可使中性粒子束聚焦. 当 $\boldsymbol{m}=m\boldsymbol{e}_x$ 时，有

$$F_x=2\alpha mx,\qquad F_y=-2\alpha my$$

式中，x 方向为散焦作用，y 方向是聚焦作用. 为此需要用一对六极磁透镜，二个透镜磁场相差相角 π，这时第二个透镜的场为

$$B_x=-\alpha(x^2-y^2),\qquad B_y=2\alpha xy$$

它对偶极子的作用为

$$F_x=-2\alpha mx,\qquad F_y=2\alpha my$$

从而使 x 方向也得到了聚焦作用.

2.116　均匀静磁场中斜入射带电粒子的电磁辐射

题 2.116　一个以非相对论速度 $\boldsymbol{v}_0$ 运动的带电粒子，以倾角 α 射入均匀静磁场 $\boldsymbol{B}$ 中，问：(a) 粒子的辐射功率是多大？(b) 若使粒子的辐射以一种多极辐射为主，则速度 $\boldsymbol{v}_0$ 要满足什么条件？(c) 若再加上一个和 $\boldsymbol{B}$ 平行的均匀静电场 $\boldsymbol{E}$，则 $\boldsymbol{E}$ 必须多大方可使辐射功率增大为(a)中计算值的两倍.

解　(a) 已知 $v \ll c$ 的非相对论粒子在外磁场中的回旋辐射近似是偶极辐射，功率是

$$P = \frac{q^2 \dot{v}^2}{6\pi\varepsilon_0 c^3} \tag{1}$$

由洛伦兹公式可知，该粒子在磁场 $\boldsymbol{B}$ 中的牛顿方程为

$$m_0 \dot{\boldsymbol{v}}_0 = q(\boldsymbol{v}_0 \times \boldsymbol{B})$$

故

$$\dot{v}_0^2 = \frac{q^2}{m_0^2} v_0^2 B^2 \sin^2\alpha \tag{2}$$

所以辐射功率为

$$P = \frac{q^4}{6\pi\varepsilon_0 m_0^2 c^3} B^2 v_0^2 \sin^2\alpha \tag{3}$$

(b) 非相对论性带电粒子在磁场的回旋辐射并不是严格的偶极辐射，频率也不仅仅只是 $\omega_0 = \dfrac{qB}{m_0}$，实际上还含有高次谐频为 $2\omega_0$，$3\,\omega_0$，…的弱辐射. 但是当满足 $v_0 \ll c$ 时，回旋辐射以偶极辐射成分为主. 其他高极矩辐射均可忽略.

(c) 外加均匀电场且 $\boldsymbol{E} /\!/ \boldsymbol{B}$ 时，粒子的运动方程成为

$$m_0 \dot{\boldsymbol{v}} = q(\boldsymbol{v}_0 \times \boldsymbol{B}) + q\boldsymbol{E}$$

或

$$\dot{\boldsymbol{v}} = \dot{\boldsymbol{v}}_\perp + \dot{\boldsymbol{v}}_{/\!/} = \frac{q}{m_0}(\boldsymbol{v}_0 \times \boldsymbol{B}) + \frac{q}{m_0}\boldsymbol{E} \tag{4}$$

$\dot{\boldsymbol{v}}_\perp$、$\dot{\boldsymbol{v}}_{/\!/}$ 分别表示粒子加速度的垂直和平行于外场的分量. 从式(1)可见，欲使辐射功率增大二倍，只需 $\dot{v}^2$ 增大到原值的两倍即可. 由式(4)知

$$\dot{\boldsymbol{v}}^2 = \dot{\boldsymbol{v}}_\perp^2 + \dot{\boldsymbol{v}}_{/\!/}^2 = \frac{q^2}{m_0^2} v_0^2 B^2 \sin^2\alpha + \frac{q^2}{m_0^2} E^2 \tag{5}$$

为满足有 $\dot{v}^2 = 2\dot{v}_0^2$，要求

$$E = v_0 B \sin\alpha$$

2.117　平行于无限大导体面的载流圆线圈的运动

题 2.117　一圆形线圈，半径为 r，质量为 m(kg)，载流 i(A). 它的轴垂直于一无限大的导体面. 在竖直方向上它可以自由运动. 瞬时高度为 x(m). 现正以速度 $v(v \ll c)$ 在 y 方向运动. (a) 导体面上关于磁场 $\boldsymbol{B}$ 的边界条件是什么？(b) 画出并代数地描述像电流，它与实在

电流一起精确地产生平面上方区域的磁场. (c) 求平衡高度 x 的近似值及竖直方向上的微振动频率，设电流 i 的值保证 $x \ll r$.

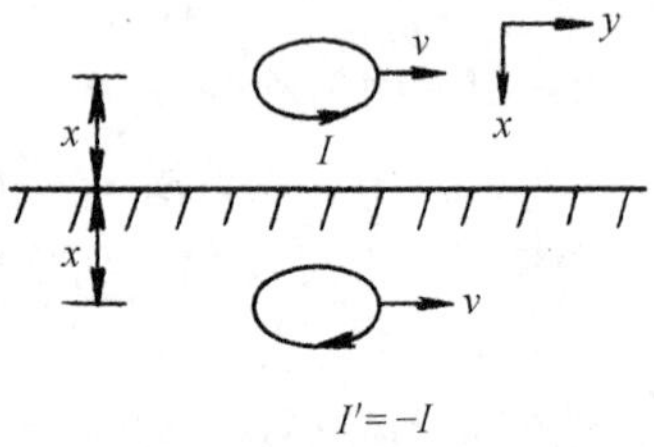

题图 2.117

解　(a) 导体面上，$\boldsymbol{B}$ 的法向分量连续，即为零，$B_n = 0$.

(b) 像电流环如题图 2.117 所示. 它与原电流环关于导体面对称，但流向相反. 导体平面上方的磁场等效于该两电流环磁场的叠加，满足边界条件 $B_n = 0$.

(c) 因 $x \ll r$ ，故对真实电流中每一小电流元而言，可近似地将像电流视作一无穷长直导线电流. 小电流元处于此直导线的磁场中，受到向上的力

$$\mathrm{d}F = I\left|\mathrm{d}\boldsymbol{l} \times \boldsymbol{B}\right| = I\left|\mathrm{d}l\,\frac{\mu_0(-I)}{2\pi(2x)}\right| = \frac{\mu_0 I^2 \mathrm{d}l}{4\pi x}$$

整个电流环受力

$$F = \frac{\mu_0 I^2}{4\pi x}\cdot 2\pi r = \frac{\mu_0 I^2}{2}\cdot\frac{r}{x}$$

在平衡高度，该力与向下的重力相等，即

$$\frac{\mu_0 I^2 r}{2x} = mg, \qquad x = \frac{\mu_0 I^2 r}{2mg}$$

若线圈在竖直方向对平衡高度 x 有一小偏离 δ ， $x \to x+\delta$， $\delta \ll x$ ，则电流环在竖直方向上的运动方程为

$$-m\ddot{\delta} = mg - \frac{\mu_0 I^2 r}{2(x+\delta)} \approx mg - \frac{\mu_0 I^2 r}{2x}\left(1 - \frac{\delta}{x}\right)$$

注意 $mg = \dfrac{\mu_0 I^2 r}{2x}$ ，故有

$$\ddot{\delta} + \frac{\mu_0 I^2 r}{2mx^2}\delta = 0$$

这是振动方程，振动频率为

$$\omega_0 = \sqrt{\frac{\mu_0 I^2 r}{2mx^2}} = \sqrt{\frac{2m}{\mu_0 r}}\cdot\frac{g}{I}$$

2.118　假设磁荷存在：点磁荷的磁场、磁荷守恒关系、修正法拉第定律

题 2.118　我们假设有磁荷存在，它与磁场之间的关系为 $\nabla\cdot\boldsymbol{B} = \mu_0\rho_{\mathrm{m}}$. (a) 利用散度定理，求出在原点处的点磁荷的磁场. (b) 在无磁荷情况下，电场的散度由法拉第定律给出，为 $\nabla\times\boldsymbol{E} = -\dfrac{\partial\boldsymbol{B}}{\partial t}$. 证明此公式与随时间变化的磁荷密度不相容. (c) 假设磁荷守恒，导出磁荷流密度 $\boldsymbol{j}_{\mathrm{m}}$ 与磁荷 ρ_{m} 间的定域关系. (d) 修正(b)中给出的法拉第定律，使之与有磁荷密度 $\rho_{\mathrm{m}}(\boldsymbol{r},t)$ 存在相一致. 并证明其相容性.

解　(a) 由 $\nabla\cdot\boldsymbol{B}=\mu_0\rho_{\mathrm{m}}$，选一半径为 r 的球面 S，则下面积分给出：

$$\int_V \nabla\cdot\boldsymbol{B}\mathrm{d}V=\oint_S \boldsymbol{B}\cdot\mathrm{d}\boldsymbol{S}=4\pi r^2 B(r)=\mu_0 q_{\mathrm{m}}$$

$$\boldsymbol{B}(r)=\frac{\mu_0 q_{\mathrm{m}}}{4\pi r^2}\boldsymbol{e}_{\mathrm{r}}$$

(b) 因为有 $\nabla\cdot(\nabla\times\boldsymbol{E})=0$，故

$$\nabla\cdot\frac{\partial\boldsymbol{B}}{\partial t}=\frac{\partial}{\partial t}\nabla\cdot\boldsymbol{B}=-\nabla\cdot(\nabla\times\boldsymbol{E})=0$$

又因 $\dfrac{\partial\rho_{\mathrm{m}}}{\partial t}\neq 0$，故上式与 $\nabla\cdot\boldsymbol{B}=\mu_0\rho_{\mathrm{m}}$ 不一致.

(c) 磁荷守恒用数学形式表达为

$$\frac{\partial}{\partial t}\int_V \rho_{\mathrm{m}}\mathrm{d}V=-\oint_S \boldsymbol{J}_{\mathrm{m}}\cdot\mathrm{d}\boldsymbol{S}=-\int_V \nabla\cdot\boldsymbol{J}_{\mathrm{m}}\mathrm{d}V$$

由 V 的任意性得 $\dfrac{\partial\rho_{\mathrm{m}}}{\partial t}+\nabla\cdot\boldsymbol{J}_{\mathrm{m}}=0$.

(d) 若把法拉第定律修改成

$$\nabla\times\boldsymbol{E}=-\mu_0\boldsymbol{J}_{\mathrm{m}}-\frac{\partial\boldsymbol{B}}{\partial t}$$

两边取散度时，右边$=-\mu_0\nabla\cdot\boldsymbol{J}_{\mathrm{m}}-\dfrac{\partial}{\partial t}\nabla\cdot\boldsymbol{B}=-\mu_0\left(\nabla\cdot\boldsymbol{J}_{\mathrm{m}}+\dfrac{\partial\rho_{\mathrm{m}}}{\partial t}\right)=0$. 克服了(b)中的不相容性.

2.119　假设磁荷存在的麦克斯韦方程，寻找磁荷的一个实验

题 2.119　(a) 假设孤立的磁荷(磁单极子)存在. 在真空中，写出包括磁荷密度 ρ_{m} 与磁流密度 $\boldsymbol{j}_{\mathrm{m}}$ 在内的麦克斯韦方程组. (b) 阿尔瓦雷斯及其同事们为了在物体中寻找磁单极子，让物质碎块连续数次通 n 匝的线圈. 如果线圈的电阻为 R,并假设磁荷运动得相当慢使得其电感效应很小，计算在单极子 q_{m} 环行 N 圈后有多少电荷 Q 通过线圈. (c) 假设线圈是由超导材料做成的，所以它的电阻是零，只有它的电感 L 限制在线圈中的感应电流. 假定线圈最初无电流，计算单极子环行 N 圈后线圈上有多大电流.

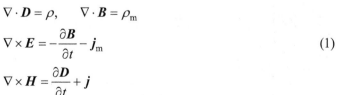

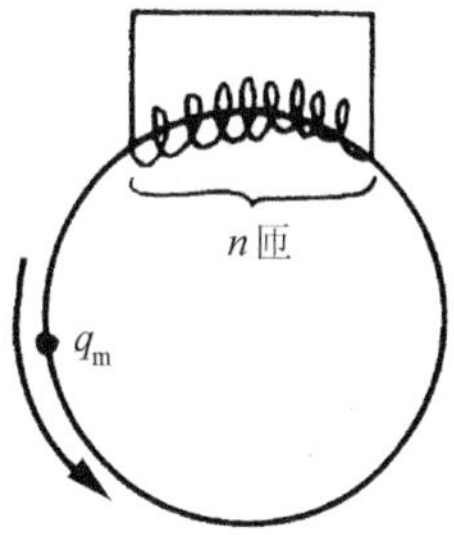

题图 2.119

解　(a) 参考题 2.118 的分析. 在真空中具有电荷密度 ρ、电流密度 $\boldsymbol{j}$、磁荷密度 ρ_{m} 和磁流密度 $\boldsymbol{j}_{\mathrm{m}}$ 的麦克斯韦方程组为

$$\begin{gathered}\nabla\cdot\boldsymbol{D}=\rho,\quad \nabla\cdot\boldsymbol{B}=\rho_{\mathrm{m}}\\ \nabla\times\boldsymbol{E}=-\frac{\partial\boldsymbol{B}}{\partial t}-\boldsymbol{j}_{\mathrm{m}}\\ \nabla\times\boldsymbol{H}=\frac{\partial\boldsymbol{D}}{\partial t}+\boldsymbol{j}\end{gathered}\tag{1}$$

(b) 如题图 2.119 所示，取 n 匝线圈中任意一圈作为回路 l，l 包围面积 S，则麦克斯韦

方程给出

$$\oint_L \boldsymbol{E}\cdot \mathrm{d}\boldsymbol{l}=\int_S \nabla\times\boldsymbol{E}\cdot \mathrm{d}\boldsymbol{S}=-\frac{\partial}{\partial t}\int_S \boldsymbol{B}\cdot \mathrm{d}\boldsymbol{S}-\int_S \boldsymbol{j}_\mathrm{m}\cdot \mathrm{d}\boldsymbol{S} \tag{2}$$

设 I_m 为线圈中的磁流强度，有

$$I_\mathrm{m}=\int_S \boldsymbol{j}_\mathrm{m}\cdot \mathrm{d}\boldsymbol{S} \tag{3}$$

设 V 为线圈的电势，I 为通过它的电流强度，R 为其电阻，则有

$$\oint_l \boldsymbol{E}\cdot \mathrm{d}\boldsymbol{l}=V=IR \tag{4}$$

而 $\phi=\int \boldsymbol{B}\cdot \mathrm{d}\boldsymbol{S}$ 为通过此线圈的磁通量，因此线圈中的感生电动势

$$\varepsilon=-\frac{\partial \phi}{\partial t} \tag{5}$$

于是可得如下关系式：

$$IR=\varepsilon-I_\mathrm{m} \tag{6}$$

当不计电感时，$\varepsilon=0$，有

$$IR=-I_\mathrm{m} \tag{7}$$

而 $I=\dfrac{\mathrm{d}Q}{\mathrm{d}t}$，$I_\mathrm{m}=\dfrac{\mathrm{d}q_\mathrm{m}}{\mathrm{d}t}$，式(7)化为

$$R\frac{\mathrm{d}Q}{\mathrm{d}t}=-\frac{\mathrm{d}q_\mathrm{m}}{\mathrm{d}t}$$

积分之即得

$$Q=-\frac{q_\mathrm{m}}{R}$$

考虑 $q_\mathrm{m}N$ 次通过 n 匝线圈，故 n 匝线圈中产生的总电荷为

$$Q=-\frac{Nnq_\mathrm{m}}{R} \tag{8}$$

(c) 若不计电阻，$R=0$，但考虑电感 L，则 $\varepsilon=-L\dfrac{\mathrm{d}I}{\mathrm{d}t}$，式(6)给出

$$-L\frac{\mathrm{d}I}{\mathrm{d}t}=Nn\frac{\mathrm{d}q_\mathrm{m}}{\mathrm{d}t}$$

积分之即得

$$I=-\frac{Nnq_\mathrm{m}}{L} \tag{9}$$

2.120　圆柱形空腔内最低谐振频率及坡印亭矢量

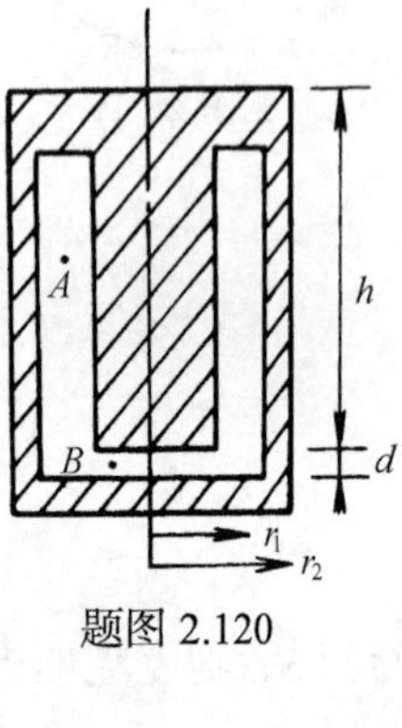

题图 2.120

题 2.120　在题图 2.120 中的圆柱形空腔关于其长轴对称. 在这里，它可近似成具有电感和电容的同轴线. 一端短接，另一端与一平行板电容器相接. (a) 导出空腔内最低谐振频率的表示式. 忽略边缘

效应($h \gg r_2$，$d \ll r_1$). (b) 求点 A 和点 B 附近的坡印亭矢量 $\boldsymbol{S}$ 的方向以及其与径向位置之间的关系.

解　(a) 为求同轴电缆单位长度的电感和电容，不妨设其内外导体载有电流 I、$-I$ 及均匀线电荷λ、$-\lambda$. 选对称轴为 z 轴，内导体的电流流向为$+z$ 方向，建立柱坐标系(r, θ, z).

参看题 2.25，本题同轴线的电感与电容为

$$L = \frac{\mu_0 h}{2\pi}\ln\frac{r_2}{r_1}, \qquad C = \frac{2\pi\varepsilon_0 h}{\ln\dfrac{r_2}{r_1}}$$

同轴线所相连的平行板电容器的电容 C_0 为

$$C_0 = \frac{\pi\varepsilon_0 r_1^2}{d}$$

故最低共振频率为

$$\omega_0 = \frac{1}{L(C+C_0)} = \frac{2dc^2}{h\left(2dh + r_1^2\ln\dfrac{r_2}{r_1}\right)}$$

(b) 在 A 处，$r_1 < r < r_2$，$\boldsymbol{E}(r) \propto \dfrac{\boldsymbol{e}_\mathrm{r}}{r}$，$\boldsymbol{B}(r) \propto \dfrac{\boldsymbol{e}_\theta}{r}$，故$\boldsymbol{S} \propto \dfrac{1}{r^2}\boldsymbol{e}_z$.

在 B 处，$0 < r < r_1$，$\boldsymbol{E}(r) \propto -\boldsymbol{e}_z$，$\boldsymbol{B}(r) \propto r\boldsymbol{e}_\theta$，故$\boldsymbol{S} \propto r\boldsymbol{e}_\mathrm{r}$.

2.121　电磁波在两个平行金属板间传播的特性阻抗

题 2.121　一束电磁波在两个平行的长金属板之间传播，电磁波的 $\boldsymbol{E}$ 与 $\boldsymbol{B}$ 互相垂直且都垂直于波的行进方向. 证明特性阻抗 $Z_0 = \sqrt{L/C}$ 为 $\sqrt{\dfrac{\mu_0}{\varepsilon_0}}\cdot\dfrac{S}{W}$，这里，$L$ 与 C 是单位长度的电感与电容，S 是两板的间距，W 是板的宽度(用长波近似).

解　在长波近似下，$\lambda \gg W$，$\lambda \gg S$. 可近似认为二导体板的电场与磁场为静电场与稳恒磁场. 考虑坐标轴如题图 2.121 所示，则 $\boldsymbol{E}$、$\boldsymbol{B}$ 均垂直 z 方向，因为导体板中电磁场均为 0，则由 $\boldsymbol{E}$ 的切向分量连续性，应有 $E_y = 0$. 由 $\boldsymbol{B}$ 的法向分量连续性，应有 $B_x = 0$.

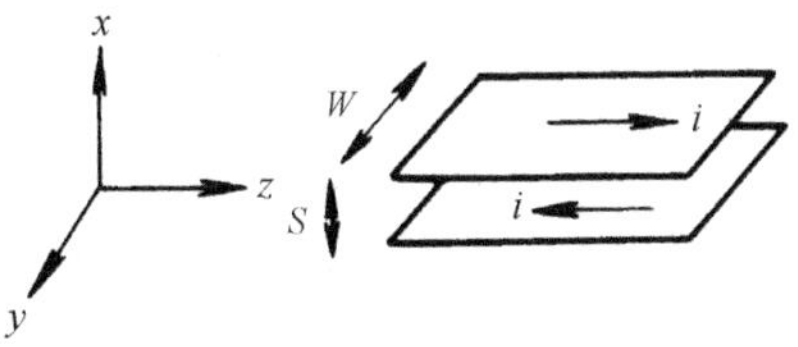

题图 2.121

设二导体板分别载有电流密度为$+i$ 与$-i$ 的电流，则在板间的磁场为

$$\boldsymbol{B} = -\frac{\mu_0 i}{W}\boldsymbol{e}_y$$

则在 z 方向单位长度上的电感为 $L = \dfrac{BS}{i} = \dfrac{\mu_0 S}{W}$.

设两块导体板的面电荷密度为σ与$-\sigma$，则二板间的电场

$$\boldsymbol{E} = \frac{\sigma}{\varepsilon_0}\boldsymbol{e}_x$$

因此两块板间的电势差

$$V = ES = \frac{\sigma S}{\varepsilon_0}$$

所以单位长度上的电容为

$$C = \frac{\sigma W}{V} = \frac{\varepsilon_0 W}{S}$$

最后得特性阻抗为

$$Z = \sqrt{\frac{L}{C}} = \sqrt{\frac{\mu_0 S}{W} \Big/ \frac{\varepsilon_0 W}{S}} = \sqrt{\frac{\mu_0}{\varepsilon_0}} \cdot \frac{S}{W}$$

2.122 磁场中底端固定的金环倒下时释放的势能和倒下时间

题 2.122 一个金制的圆环以其边缘为支点直立在一大磁铁的两磁极之间，环的底部受两个固定的栓限制使其不能滑动. 现环受一扰动偏离竖直面 0.1rad 并开始倒下. 已知磁场为 1T，环的大小半径为 1cm 与 1mm，如题图 2.122 所示. 金的电导率为 $4.44\times10^7\,\Omega^{-1}\cdot\text{m}^{-1}$，密度为 19.3g/cm^3. 试问：(a) 环下落时所释放的势能主要用来增加环的动能还是提高环的温度?
请说明原因(只需作数量级的估计). (b) 忽略次要因素，计算倒下的时间(**提示**：$\int_{0.1}^{\frac{\pi}{2}} \frac{\cos^2\theta \mathrm{d}\theta}{\sin\theta} = 2.00$).

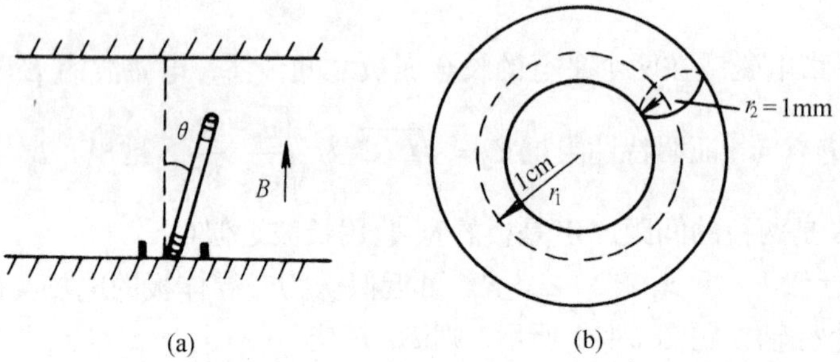

题图 2.122

解 (a) 设环倒下所花时间为 T，从量级上考虑，倒下过程中，环的热能 W_t 和动能 W_k 为

$$W_\text{t} \sim I^2RT \sim \left(\frac{\phi}{TR}\right)^2 RT \sim \frac{B^2(\pi r_1)^2}{RT}$$

$$= \frac{mB^2(\pi r_1)^2}{T\cdot\left(\dfrac{2\pi r_1}{\sigma\pi r_2^2}\right)\cdot(\rho\cdot 2\pi r_1\cdot \pi r_2^2)} = \frac{mr_1^2}{T}\cdot\frac{\sigma B^2}{4\rho}$$

$$W_\text{k} \sim \frac{1}{2}I\omega^2 \sim \frac{1}{2}\cdot\frac{3}{2}mr_1^2\left(\frac{\pi}{2T}\right)^2 = \frac{3\pi^2 mr_1^2}{16T^2}$$

引入

$$T_g=\sqrt{\frac{r_1}{g}}=\sqrt{\frac{10^{-2}}{9.80}}\approx 3.2\times10^{-2}(\mathrm{s})$$

$$T_B=\frac{4\rho}{\sigma B^2}=\frac{4\times19.3\times10^3}{4.44\times10^7\times1}=1.74\times10^{-3}(\mathrm{s})$$

这时有

$$W_t\sim mgr_1\cdot\frac{T_g^2}{T\cdot T_B},\qquad W_k\sim mgr_1\cdot\frac{3\pi^2}{16}\left(\frac{T_g}{T}\right)^2$$

以上能量之和等于环下落过程中势能的减少，即

$$mgr_1=W_t+W_k$$

或

$$1=\frac{T_g^2}{TT_B}+\frac{3\pi^2}{16}\left(\frac{T_g}{T}\right)^2$$

由上式可解出

$$T=\frac{T_g}{2}\left[\frac{T_g}{T_B}+\sqrt{\left(\frac{T_g}{T_B}\right)^2+\frac{3\pi^2}{4}}\right]$$

因为$\left(\dfrac{T_g}{T_B}\right)^2\gg\dfrac{3\pi^2}{4}$，故$T\sim\dfrac{T_g^2}{T_B}$．于是有

$$W_t\sim mgr_1$$

$$W_k\sim mgr_1\cdot\frac{3\pi^2}{16}\left(\frac{T_B}{T_g}\right)^2\ll mgr_1$$

由此可知，环下落时所释放的势能主要用于提高环的温度.

(b) 忽略环的动能，即认为势能全部变成热能则环受的重力矩与磁力矩应近似地平衡. 通过环的磁通量

$$\phi(\theta)=B\pi r_1^2\sin\theta$$

感应电动势为

$$\varepsilon=\left|\frac{\mathrm{d}\phi}{\mathrm{d}t}\right|=B\pi r_1^2\cos\theta\dot{\theta}$$

感应电流

$$i=\frac{\varepsilon}{R}=B\pi r_1^2\cos\theta\cdot\frac{\dot{\theta}}{R}$$

磁矩

$$m=i\pi r_1^2=\frac{B(\pi r_1^2)^2\cos\theta\dot{\theta}}{R}$$

环受的磁力矩

$$\tau_m=|\boldsymbol{m}\times\boldsymbol{B}|=\frac{(B\pi r_1^2\cos\theta)^2\dot{\theta}}{R}$$

环受的重力矩

$$\tau_{\mathrm{g}}=mgr_1\sin\theta$$

从而

$$\frac{(B\pi r_1^2\cos\theta)^2\dot{\theta}}{R}=mgr_1\sin\theta$$

注意 $\dot{\theta}=\dfrac{\mathrm{d}\theta}{\mathrm{d}t}$， $R=\dfrac{2\pi r_1}{\sigma\pi r_2^2}$， $m=\rho\pi r_2^2\cdot 2\pi r_1$ 可得

$$\mathrm{d}t=\frac{\sigma B^2 r_1\cos^2\theta\mathrm{d}\theta}{4\rho g\sin\theta}$$

故有

$$\begin{aligned}T&=\frac{\sigma B^2 r_1}{4\rho g}\int_{0.1}^{\frac{\pi}{2}}\frac{\cos^2\theta\mathrm{d}\theta}{\sin\theta}=\frac{\sigma B^2 r_1}{4\rho g}\cdot 2\\&=2\frac{T_{\mathrm{g}}^2}{T_{\mathrm{B}}}=2\times\frac{(3.2\times10^{-2})^2}{1.74\times10^{-3}}\approx1.2(\mathrm{s})\end{aligned}$$

2.123　圆轨道上运动的带电粒子在远处的激发的磁场

题 2.123　有一个粒子在圆轨道上运动，已知其电荷质量和角动量. (a) 从电动力学基本原理出发，求在距离远大于圆周尺寸处磁场的稳定成分. (b) 怎样的磁荷分布可以产生同样的场?

解　(a) 设粒子的电荷、质量和角动量分别为 q、m、L. 以圆周的对称轴为 z 轴，原点在对称中心，建立柱坐标系. 因求的是场的稳定成分，所以可将激发源看作一个稳定的电流圈. 矢势为

$$\begin{aligned}\boldsymbol{A}(\boldsymbol{R})&=\frac{\mu_0}{4\pi}\int\frac{\boldsymbol{J}(\boldsymbol{r}')}{r}\mathrm{d}V'\\&=\frac{\mu_0}{4\pi}\int\boldsymbol{J}(\boldsymbol{r}')\left(\frac{1}{R}-\boldsymbol{r}'\cdot\nabla\frac{1}{R}\right)\mathrm{d}V'\\&=\frac{\mu_0}{4\pi}\left(\frac{I}{2}\oint\boldsymbol{r}'\times\mathrm{d}\boldsymbol{r}'\right)\times\frac{\boldsymbol{R}}{R^3}\\&=\frac{\mu_0}{4\pi}I\cdot\pi r^2\boldsymbol{e}_z\times\frac{\boldsymbol{R}}{R^3}=\frac{\mu_0 q}{8\pi m}\boldsymbol{L}\times\frac{\boldsymbol{R}}{R^3}\end{aligned}$$

R 是观察点对原点的矢径. 由 $\boldsymbol{B}=\nabla\times\boldsymbol{A}$ 得

$$\begin{aligned}\boldsymbol{B}&=\frac{\mu_0 q}{8\pi m}\nabla\times\left(\boldsymbol{L}\times\frac{\boldsymbol{R}}{R^3}\right)=-\frac{\mu_0 q}{8\pi m}(\boldsymbol{L}\cdot\nabla)\frac{\boldsymbol{R}}{R^3}\\&=\frac{\mu_0 qL}{8\pi m}\left(\frac{3\cos\theta}{R^3}\boldsymbol{e}_R-\frac{\boldsymbol{e}_z}{R^3}\right)=\frac{\mu_0 qL}{8\pi mR^3}(3\cos\theta\boldsymbol{e}_{\mathrm{R}}-\boldsymbol{e}_z)\end{aligned}$$

(b) 磁荷的偶极层可以产生同样的场(在远处). 设磁偶极矩为 $\boldsymbol{p}_{\mathrm{m}}$，则远处的势为

$$\varphi_{\mathrm{m}}=\frac{1}{4\pi}\cdot\frac{\boldsymbol{p}_{\mathrm{m}}\cdot\boldsymbol{R}}{R^3}$$

所以

$$\boldsymbol{B}=\mu_0\boldsymbol{H}=-\mu_0\nabla\varphi_{\rm m}=-\frac{\mu_0}{4\pi}\nabla\frac{\boldsymbol{p}_{\rm m}\cdot\boldsymbol{R}}{R^3}=-\frac{\mu_0}{4\pi}(\boldsymbol{p}_{\rm m}\cdot\nabla)\frac{\boldsymbol{R}}{R^3}$$

当 $\boldsymbol{p}_{\rm m}=\dfrac{qL}{2m}\boldsymbol{e}_z$ 时，$\boldsymbol{B}=\dfrac{\mu_0 qL}{8m\pi}\left(\dfrac{3\cos\theta}{R^3}\boldsymbol{e}_{\rm R}-\dfrac{\boldsymbol{e}_z}{R^3}\right)$ 与(a)的结果相同.

2.124　用弹簧挂在均匀磁场中的导电环的小振动

题 2.124　一个面积为 A、总电阻为 R 的导电环用一个劲度系数为 k 的弹簧挂在均匀磁场 $\boldsymbol{B}=B\boldsymbol{e}_y$ 之中，线圈在 yz 平面达到了平衡，如题图 2.124(a)所示. 线圈绕 z 轴的转动惯量为 I，现将环从图中平衡位置扭过一小角度 θ 后释放. 假定弹簧不导电，并忽略线圈自感. (a) 用已知参数写出此线圈的运动方程. (b) 当 R 很大时，情况怎样?

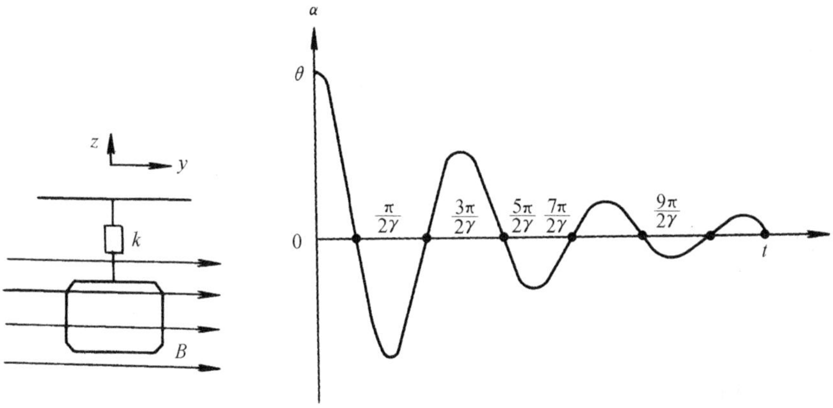

(a)　　(b)

题图 2.124

解　(a) 当线圈平面与磁场 $\boldsymbol{B}$ 夹角为 α 时，穿过线圈的磁通量 $\phi=BA\sin\alpha$. 线圈中的感应电动势 $\varepsilon=\dfrac{\mathrm{d}\phi}{\mathrm{d}t}=BA\cos\alpha\dot{\alpha}$, 感应电流 $i=\dfrac{\varepsilon}{R}=\dfrac{BA\dot{\alpha}\cos\alpha}{R}$ ，磁矩 $m=iA=\dfrac{BA^2\cos\alpha}{R}$ ，$\dot{\alpha}$ 受的磁力矩 $\tau_{\rm m}$ 为

$$\tau_{\rm m}=|\boldsymbol{m}\times\boldsymbol{B}|=\frac{B^2A^2\cos^2\alpha}{R}\dot{\alpha}$$

此外，线圈还受扭力矩 $k\alpha$ 作用. 它们均阻碍线圈的运动，即有 $I\ddot{\alpha}+\dfrac{B^2A^2\cos^2\alpha}{R}\dot{\alpha}+k\alpha=0$. 因 $\alpha\leqslant\theta$ ，θ 很小，故 $\cos^2\alpha\approx1$ ，所以 $I\ddot{\alpha}+\dfrac{B^2A^2}{R}\dot{\alpha}+k\alpha=0$ ，特征方程 $Ic^2+\dfrac{B^2A^2}{R}c+k=0$ ，解得

$$c=\frac{-\frac{B^2A^2}{R}\pm\sqrt{\left(\frac{B^2A^2}{R}\right)^2-4Ik}}{2I}$$
$$=-\frac{B^2A^2}{2IR}\pm\mathrm{i}\sqrt{\frac{k}{I}-\left(\frac{B^2A^2}{2IR}\right)^2}$$

其中 i 为虚数单位. 令

$$\beta=\frac{B^2A^2}{2IR},\qquad \gamma=\sqrt{-\left(\frac{B^2A^2}{2IR}\right)^2+\frac{k}{I}}=\sqrt{-\beta^2+\frac{k}{I}}$$

则

$$C_1=-\beta+\mathrm{i}\gamma,\qquad C_2=-\beta-\mathrm{i}\gamma$$

所以通解为

$$\alpha=\mathrm{e}^{-\beta t}(A_1\cos\gamma t+A_2\sin\gamma t)$$

因为$\alpha|_{t=0}=\theta$，$\dot{\alpha}|_{t=0}=0$，可得

$$A_1=\theta,\qquad A_2=\frac{\beta}{r}A_1=\frac{\beta}{r}\theta$$

故

$$\alpha(t)=\theta\mathrm{e}^{-\beta t}\left(\cos\gamma t+\frac{\beta}{r}\sin\gamma t\right)$$

(b) 如果 R 很大，使得$\beta\ll r$，则

$$\alpha(t)\approx\theta\mathrm{e}^{-\beta t}\cos\gamma t$$

运动如题图 2.124(b)所示.

2.125　载有方向相反强度相等的稳恒电流的平行导线

题 2.125　在题图 2.125(a)中，两根长的平行导线，载有方向相反、强度都是 I 的稳恒电流，导线间距为 $2a$. (a) 给出位于中间平面(题图 2.125(a)中的 xz 平面)上与导线所在 xy 平面距离为 z 的点的磁感强度 $\boldsymbol{B}$. (b) 给出场的梯度 $\mathrm{d}B_z/\mathrm{d}z$ 与场强 B 之比. (c) 定性说明，上述双导线磁场也可由一些具有圆截面的柱状极块(即永磁体块)产生. 这些柱状体的圆截面与原磁场适当的等势面重合. 进一步论证，与上述磁场类似的电场及电场梯度可由一些带电圆柱管面产生，原导线上的电流 I 应代之以圆管面上的单位长度的电量 q，两个侧面分别为$+q$. (d)考虑题图 2.125(b)中具有特定尺寸的两个长圆柱管，每厘米长度上都带有电量 q，但二管电荷符号相反. 已知在 $z=a=0.5\mathrm{cm}$ 处的电场 $E=8000\mathrm{V/cm}$，试计算 q 的大小及两根圆柱管间的电势差.

解　(a) 如题图 2.125(c)所示，在 yz 平面上，电流$+I$ 的坐标为$(a，0)$，电流$-I$ 的坐标为$(-a，0)$. yz 平面上任意一点 p 至两导线$\pm I$ 的距离分别为 r_1，r_2. $\pm I$ 在 p 点的磁场分别为

$$B_1=\frac{\mu_0 I}{2\pi r_1},\qquad B_2=\frac{\mu_0 I}{2\pi r_2}$$

这里

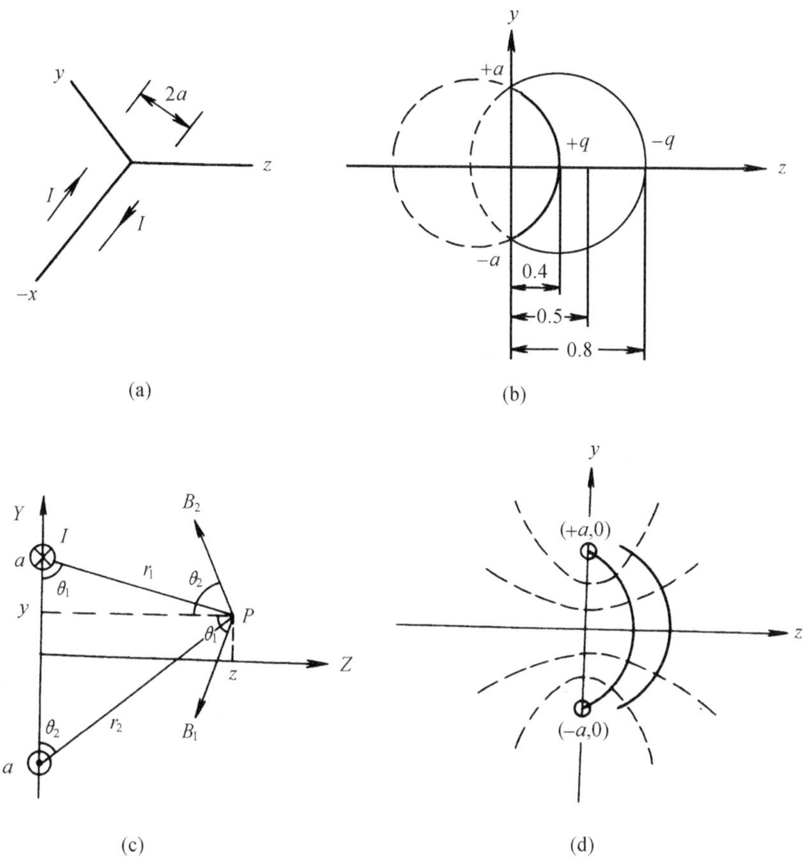

题图 2.125

$$r_1=[z^2+(a-y)^2]^{1/2},\qquad r_2=[z^2+(a+y)^2]^{1/2}$$

方向如图所示.

因此叠加后 p 点磁场为

$$B_x=0$$

$$B_y=-B_1\sin\theta_1+B_2\sin\theta_2=\frac{\mu_0 I}{2\pi}\left(-\frac{z}{r_1^2}+\frac{z}{r_2^2}\right)=-\frac{2\mu_0 Iayz}{\pi r_1^2 r_2^2} \tag{1}$$

$$B_z=-B_1\cos\theta_1-B_2\cos\theta_2=-\frac{\mu_0 I}{2\pi}\left(\frac{a-y}{r_1^2}+\frac{a+y}{r_2^2}\right)$$

由题意，p 点在 z 轴上，这时 $r_1=r_2=\sqrt{z^2+a^2}$ ，故磁场为

$$\boldsymbol{B}=-\frac{\mu_0 Ia}{\pi(z^2+a^2)}\boldsymbol{e}_z \tag{2}$$

(b) 由式(2)可得

$$\frac{\mathrm{d}B_z}{\mathrm{d}z}=\frac{2\mu_0 I}{\pi}\cdot\frac{az}{(z^2+a^2)^2}$$

故有

$$\frac{\mathrm{d}B_z}{\mathrm{d}z}\bigg/B_z=-\frac{2z}{z^2+a^2}$$

(c) 由式(1)可知，两导线磁场的磁力线分布如题图 2.125(d)中的虚线所示，这些磁力线相对 xz 平面为镜面对称. 如果我们定义标量磁势 φ_{m} 为 $\boldsymbol{H}=-\nabla\varphi_{\mathrm{m}}$，则等势面是各处都垂直磁场线的圆柱面. 它们在 yz 平面的交线如图中的实线. 因此，若两个载流导线由一个两面(+Z 和−Z)与等势面重合的永磁块来替代的话，将得到同样的磁场线，因为对于一个 $\mu\to\infty$ 的铁磁体，磁场线大体上是垂直于磁极表面的. 进而采用等效磁荷观点，有

$$\nabla\cdot\boldsymbol{H}=-\nabla^2\varphi_{\mathrm{m}}=\rho_{\mathrm{m}}$$

这里，ρ_{m} 是磁荷密度. 然后利用散度理论，得到

$$\oiint_S\boldsymbol{H}\cdot\mathrm{d}\boldsymbol{S}=\iiint_V(\nabla\cdot\boldsymbol{H})\mathrm{d}V=q_{\mathrm{m}}$$

这里，q_{m} 是被 S 包围的磁荷，表明 H 类似于静电学中的 D. 对均匀圆柱积分，得到

$$\oint_C\boldsymbol{H}\cdot\mathrm{d}\boldsymbol{l}=\lambda_{\mathrm{m}}$$

这里，C 是圆柱截面的圆周，λ_{m} 是单位长度的磁荷. 与安培环路定理 $\oint_C\boldsymbol{H}\cdot\mathrm{d}\boldsymbol{l}=I$ 比较得到类似结果，$I\leftrightarrow\lambda_{\mathrm{m}}$. 进一步利用电场和磁场的相似性，可以假定用同样截面的金属管代替侧面 ($\pm Z$) 单位长度磁荷为 $\pm\lambda$ 的圆柱磁块. 于是产生类似于上述磁场线 B 的静电场分布. 使用如下替代：$\boldsymbol{H}\leftrightarrow\boldsymbol{D},I\leftrightarrow\lambda$，在(a)和(b)中的关系仍适用.

(d) 通过分析，由方程(2)得到

$$E_z=-\frac{qa}{4\pi\varepsilon_0(z^2+a^2)}$$

取 $z=a=5\times10^{-3}\,\mathrm{m}$，$E_z=8\times10^5\,\mathrm{V/m}$，则得到单位长度管壁带电为

$$q=8.9\times10^{-7}\,\mathrm{C}$$

而两个带异号电的圆柱侧面间电势差为

$$\Delta V=\frac{qa}{4\pi\varepsilon_0}\int_{z_1}^{z_2}\frac{\mathrm{d}z}{z^2+a^2}=2.7\times10^3\,\mathrm{V}$$

这里，$z_1=4\times10^{-3}\,\mathrm{m}$，$z_2=8\times10^{-3}\,\mathrm{m}$.

2.126　汤姆孙装置测电子的荷质比实验

题 2.126　在用汤姆孙装置测电子的荷质比 e/m 的实验中，让电子通过阴极管中的电磁场，结果发现当加速电压足够大时，比值 e/m 只有其公认值的一半. 取 $e/m_0=1.8\times10^{11}\,\mathrm{C/kg}$. (a) 画出所使用的装置的草图. 并简单解释其工作原理. (b) 当测得的 e/m 只有其公认的值的一半时，相应的加速电压为多大? 取 $C=3\times10^8\,\mathrm{m/s}$.

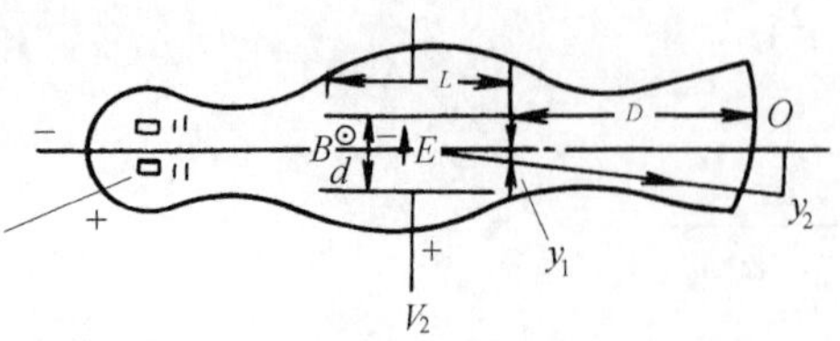

题图 2.126

解　(a) 汤姆孙装置如题图 2.126 所示，其中 V_1 为加速电压，V_2 为偏转电压.

若加入磁场 $\boldsymbol{B}$，则电磁场 $\boldsymbol{E}$、$\boldsymbol{B}$ 起滤速器作用.

实验时，取一定的 V_1、V_2 并调节 B 的大小(题图 2.126)，使电子打在荧屏中点 O，此时电子速度为 $v = E/B$ (因 $eE = evB$)，然后去掉磁场 B，测量电子在荧光屏上的位移 y_2，则可得 e/m. 具体算法如下：

$$y_1 = \frac{1}{2}\cdot\frac{eE}{m}\left(\frac{L}{v}\right)^2$$

$$y_2 = \frac{D+\frac{L}{2}}{L/2}y_1 = \frac{eE}{mv^2}\left(\frac{L^2}{2}+LD\right) = \frac{e}{m}\cdot\frac{dB^2}{V_2}\left(\frac{L^2}{2}+LD\right)$$

故

$$e/m = \frac{V_2 y_2}{dB^2\left(\frac{L^2}{2}+LD\right)}$$

(b) 当加速电压很大时，需考虑相对论效应. 由能量守恒，得

$$eV_1 + m_0c^2 = mc^2$$

故

$$V_1 = \left(\frac{m}{e} - \frac{m_0}{e}\right)c^2$$

因为

$$\frac{e}{m} = \frac{1}{2}\times\frac{e}{m_0}$$

故

$$V_1 = \frac{m_0c^2}{e} = \frac{9\times10^{16}}{1.8\times10^{11}} = 5\times10^5(\text{V})$$

2.127　电子感应加速器的 2∶1 关系

题 2.127　电子感应加速器是利用一个在粒子轨道内部逐渐加大的磁场所产生的电动势来加速粒子. 设 $\overline{B_1}$ 是在半径为 R 的粒子轨道内的平均场强，B_2 是在轨道上的场强. 如题图 2.127 所示. (a) 如果使粒子保持在与能量无关的半径为 R 的轨道上，$\overline{B_1}$ 与 B_2 之间必须建立起怎样的联系? (b) 如果在相对论能量下，上述关系还成立吗? 试解释之.

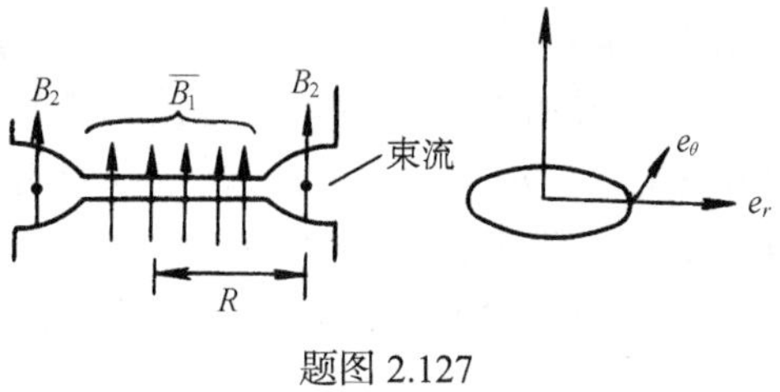

题图 2.127

解　(a) 取磁场方向为 z 方向，即 $\boldsymbol{B}_2 = B_2\boldsymbol{e}_z$. 由

$$\nabla\times\boldsymbol{E} = -\frac{\partial \boldsymbol{B}}{\partial t}$$

得到电场方向沿 $\boldsymbol{e}_\theta$ 方向，且轴向对称，即 $\boldsymbol{E} = -E\boldsymbol{e}_\theta$. 因此有

$$2\pi RE = -\frac{\partial}{\partial t}\int \boldsymbol{B}_2\cdot \mathrm{d}\boldsymbol{S}$$

平均磁场

$$\overline{B_1} = \frac{\int \boldsymbol{B}_2\cdot \mathrm{d}\boldsymbol{S}}{\pi R^2}$$

所以

$$E = -\frac{R}{2}\cdot\frac{\mathrm{d}\overline{B_1}}{\mathrm{d}t}$$

当不计辐射阻尼力影响时，粒子的轨道半径与粒子能量无关，粒子在与磁场垂直的平面内做圆周运动，它的运动方程为

$$\frac{\mathrm{d}(m\boldsymbol{v})}{\mathrm{d}t} = q\boldsymbol{E} + q\boldsymbol{v}\times\boldsymbol{B}$$

分解成法向与切向方程为：

$\boldsymbol{e}_\mathrm{r}$ 方向

$$\frac{mv^2}{R} = qvB_2$$

$\boldsymbol{e}_\theta$ 方向

$$\frac{\mathrm{d}(mv)}{\mathrm{d}t} = \frac{qR}{2}\cdot\frac{\mathrm{d}\overline{B_1}}{\mathrm{d}t}$$

二式联立，即得 $B_2 = \overline{B_1}/2$.

(b) 对相对论情况，粒子的运动方程为

$$\frac{\mathrm{d}}{\mathrm{d}t}\left(\frac{m\boldsymbol{v}}{\sqrt{1-v^2/c^2}}\right) = q\boldsymbol{E} + q\boldsymbol{v}\times\boldsymbol{B}$$

采用与(a)一样的分析，容易得到 $B_2 = \overline{B_1}/2$ 的关系式仍然成立.

2.128　旋转介质棒、环形螺线管线圈受力等 5 小题

题 2.128　(a) 在均匀磁场 $\boldsymbol{B}$ 中，一长介质棒绕其轴以角速度 ω 旋转，其轴线与磁场平行. 计算电极化矢量 $\boldsymbol{P}$ 及面、体束缚电荷密度. (b) 有一环形螺线管，半径 R 为 1m，线圈直径为 10cm，匝数 1000. 如果线圈中通以 10A 的电流，求作用于线圈的力的大小与方向. (c) 求距离 70W 灯泡 1m 处的镜子所受的辐射压强，假设光线垂直入射. (d) 一平面波垂直入射到理想导体(超导)上. 求反射波的场 $\boldsymbol{E}$ 和 $\boldsymbol{B}$，面电荷密度和面电流密度与入射波场的关系. (e) 两个电荷 $+q$ 和 $-q$ 从无穷远处移到距离导体表面 d、相互间距 r 处，求过程中外力

所做的功的大小和符号.

解　(a) 运动介质中电磁性能方程为

$$\boldsymbol{D}=k\varepsilon_0\boldsymbol{E}+\varepsilon_0(k-1)\boldsymbol{v}\times\boldsymbol{B}$$

式中，$\boldsymbol{v}\times\boldsymbol{B}=(\boldsymbol{\omega}\times\boldsymbol{r})\times\boldsymbol{B}=\omega B\boldsymbol{r}$，$k$ 为相对介电常量. 由轴对称性可知 $\boldsymbol{D}$，$\boldsymbol{E}$ 只是 r 的函数，且只有径向分量. 又由高斯定理

$$\oint\boldsymbol{D}\cdot\mathrm{d}\boldsymbol{S}=0$$

可知 $\boldsymbol{D}=0$，而 $\boldsymbol{D}=\varepsilon_0\boldsymbol{E}+\boldsymbol{P}$，于是 $\boldsymbol{P}=-\varepsilon_0\boldsymbol{E}=\varepsilon_0(1-1/k)\omega B\boldsymbol{r}$. 由 $\boldsymbol{P}$ 可求得体束缚电荷密度为

$$\rho'=-\nabla\cdot\boldsymbol{P}=-\frac{1}{r}\cdot\frac{\partial}{\partial r}(rP)=-2\varepsilon_0(1-1/k)\omega B$$

圆柱表面($r=a$)面束缚电荷密度为

$$\sigma'=P_{\mathrm{r}}=\varepsilon_0(1-1/k)\omega Ba$$

(b) 由问题的对称性及磁场环路定理可得环形螺线管中的磁感应强度 B 为

$$B=\frac{\mu_0 NI}{2\pi r}$$

式中，r 为离环心的距离. 考虑长度为 $\mathrm{d}l$ 的一段螺线管，其电流为 $\Delta I=\dfrac{NI}{2\pi R}\cdot\mathrm{d}l$，其上沿径向一窄长条 $\dfrac{d}{2}\cdot\mathrm{d}\theta$ 所受的磁力为

$$\begin{aligned}\mathrm{d}F&=\Delta I\cdot\frac{d}{2}\cdot\mathrm{d}\theta\cdot\frac{B}{2}=\frac{NId}{8\pi R}B\mathrm{d}\theta\mathrm{d}l\\&=\frac{\mu_0N^2I^2d}{16\pi^2Rr}\mathrm{d}\theta\mathrm{d}l\end{aligned}$$

上式中取 $B/2$ 的理由是受作用电流元本身的磁场应从总场中排除. 注意上述 $\mathrm{d}F$ 与环面垂直，只有其径向分量 $\mathrm{d}F\cdot\cos\theta$ 才不互相抵消. 考虑到

$$r=R+\frac{d}{2}\cos\theta$$

于是

$$\begin{aligned}F&=\iint\cos\theta\mathrm{d}F=\frac{\mu_0N^2I^2d}{16\pi^2R}\int_0^{2\pi R}\mathrm{d}l\int_0^{2\pi}\frac{\cos\theta}{R+\frac{d}{2}\cos\theta}\mathrm{d}\theta\\&=\frac{\mu_0N^2I^2}{4\pi}\cdot2\int_0^{\pi}\left(1-\frac{R}{R+\frac{d}{2}\cos\theta}\right)\mathrm{d}\theta\\&=\frac{\mu_0N^2I^2}{2\pi}\left[\pi-\frac{2R}{\sqrt{R^2-\left(\frac{d}{2}\right)^2}}\arctan\left(\sqrt{\frac{R-\frac{d}{2}}{R+\frac{d}{2}}}\tan\frac{\theta}{2}\right)\Bigg|_0^R\right]\end{aligned}$$

$$=\frac{\mu_0 V^2 I^2}{2}\left[1-\frac{R}{\sqrt{R^2-\left(\frac{d}{2}\right)^2}}\right]$$

$$=\frac{4\pi\times 1000^2\times 10^2}{2\times 10^7}\left[1-\frac{1}{\sqrt{1-0.05^2}}\right]=-0.079(\mathrm{N})$$

其中，一匝线圈受的力为

$$\frac{F}{N}=-\frac{0.079}{1000}=-7.9\times 10^{-5}(\mathrm{N})$$

方向指向环心.

(c) 由于镜面反射为全反射，辐射压强 $\boldsymbol{P}$ 为电磁场能量密度的两倍

$$P=\frac{2W}{4\pi d^2 c}=\frac{70}{2\pi\times 1^2\times 3\times 10^8}=3.7\times 10^{-8}(\mathrm{N/m^2})$$

(d) 入射波电磁场为 $\boldsymbol{E}_0$、$\boldsymbol{B}_0$，反射波为 $\boldsymbol{E}'$、$\boldsymbol{B}'$. 则由边值关系 $\boldsymbol{n}\times(\boldsymbol{E}_2-\boldsymbol{E}_1)=0$ 易得 $\boldsymbol{E}'+\boldsymbol{E}_0=0$，即 $\boldsymbol{E}'=-\boldsymbol{E}_0$，故

$$\boldsymbol{B}'=\frac{1}{\omega}\boldsymbol{k}'\times\boldsymbol{E}'=\frac{1}{\omega}(-\boldsymbol{k}_0)\times(-\boldsymbol{E}_0)=\boldsymbol{B}_0$$

导体面上面电荷密度 $\sigma=0$.

面电流密度

$$\begin{aligned}\boldsymbol{i}&=\boldsymbol{n}\times(\boldsymbol{H}'+\boldsymbol{H}_0)=2\boldsymbol{n}\times\boldsymbol{H}_0\\&=-2(\boldsymbol{k}_0\times\boldsymbol{H})/k_0\\&=2\varepsilon_0\omega_0\boldsymbol{E}_0/k_0=2\varepsilon_0 c\boldsymbol{E}_0\end{aligned}$$

式中，$\boldsymbol{E}_0$ 在导面表面取值.

(e) 外力做功可分解为三部分之和.

(1) 将点电荷 q 从无穷远移至距导体平面 d 处外力做的功，当 q 与导体平面距离为 z 时，引力为 $F=-\frac{q^2}{4\pi\varepsilon_0(2z)^2}$. 于是外力做负功

$$A_1=-\int_{\infty}^{d}F\mathrm{d}z=-\frac{q^2}{16\pi\varepsilon_0 d}$$

(2) 将点电荷 $-q$ 从无穷远移到距离导体平面 d 处，但距离已移入的 q 无穷远，这时外力做的功与前相同，即

$$A_2=A_1=-\frac{q^2}{16\pi\varepsilon_0 d}$$

(3) 将点电荷 $-q$ 从无穷远平行导体平面移到距 q 为 r 处，在这过程中，如当 $-q$、$+q$ 相距 x 时 $-q$ 受的水平引力为

$$F=-\frac{q^2}{4\pi\varepsilon_0 x^2}+\frac{q^2 x}{4\pi\varepsilon_0(x^2+4d^2)^{3/2}}$$

于是外力做功为

$$A_3=-\int_{\infty}^{r}F\mathrm{d}x=\int_{\infty}^{r}\frac{q^2}{4\pi\varepsilon_0 x^2}\mathrm{d}x-\int_{\infty}^{r}\frac{q^2 x}{4\pi\varepsilon_0(x^2+4d^2)^{3/2}}\mathrm{d}x$$
$$=-\frac{q^2}{4\pi\varepsilon_0 r}+\frac{q^2}{4\pi\varepsilon_0(r^2+4d^2)^{1/2}}$$

外力做的总功

$$A=A_1+A_2+A_3=-\frac{q^2}{4\pi\varepsilon_0}\left[\frac{1}{r}+\frac{1}{2d}-\frac{1}{(r^2+4d^2)^{\frac{1}{2}}}\right]$$

或用电像法，q 所在处的电势为

$$\varphi_1=\frac{q}{4\pi\varepsilon_0}\left(-\frac{1}{r}-\frac{1}{2d}+\frac{1}{\sqrt{r^2+4d^2}}\right)$$

$-q$ 所在处的电势为

$$\varphi_2=\frac{q}{4\pi\varepsilon_0}\left(\frac{1}{r}+\frac{1}{2d}-\frac{1}{\sqrt{r^2+4d^2}}\right)$$

故静电能为

$$W_\mathrm{e}=\frac{1}{2}q\varphi_1+\frac{1}{2}(-q)\varphi_2=q\varphi_1=\frac{q^2}{4\pi\varepsilon_0}\left(-\frac{1}{r}-\frac{1}{2d}+\frac{1}{\sqrt{r^2+4d^2}}\right)$$

外力做功

$$W=W_\mathrm{e}=-\frac{q^2}{4\pi\varepsilon_0}\left(\frac{1}{r}+\frac{1}{2d}-\frac{1}{\sqrt{r^2+4d^2}}\right)$$

上述的静电能公式来自 $W_\mathrm{e}=\frac{1}{2}\int_{\infty}\rho\varphi\mathrm{d}\tau$，并认为导体面上电势为零.

2.129　霍尔探测器测磁场

题 2.129　一个霍尔探测器，尺寸如题图 2.129 所示，其电导率为σ，电荷密度为ρ. 探测器放在沿$+y$方向的未知磁场B中. 在两头加上外电压V_{ext}以产生$+z$方向的电场. 问在哪两面可测到平衡霍尔电压 V_H? 根据 V_H、V_{ext}、σ、ρ及探测器的尺寸，导出 B 的表达式.

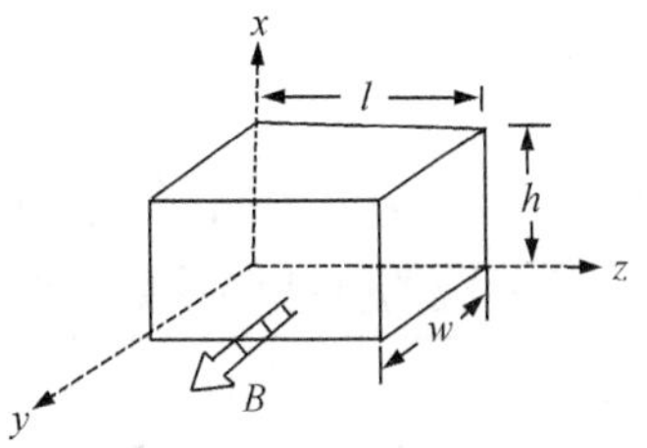

题图 2.129

解　在 $x=0$ 及 $x=h$ 面之间存在霍尔电压. 平衡时，有

$$qE_\mathrm{H}=qBv,\qquad E_\mathrm{H}=\frac{V_\mathrm{H}}{h}$$

从而

$$v=\frac{j}{\rho}=\frac{\sigma E_{\mathrm{ext}}}{\rho}=\frac{\sigma}{\rho}\cdot\frac{V_{\mathrm{ext}}}{l}$$

故有

$$\frac{V_{\mathrm{H}}}{h}=B\frac{\sigma}{\rho}\cdot\frac{V_{\mathrm{ext}}}{l}$$

因此

$$B=\frac{V_{\mathrm{H}}}{V_{\mathrm{ext}}}\cdot\frac{\rho l}{\sigma h}$$

2.130　霍尔效应综合题

题 2.130　如题图 2.130 所示，一个外加的均匀磁场与一导体的电流垂直. 作用在载流子上的洛伦兹力将使载流子沿导体横向偏转，产生一电势差，称为霍尔电压. 该电压与电流 I_y 和磁场 B_z 垂直. 因此 $\boldsymbol{E}=\dfrac{\boldsymbol{j}}{\sigma}+R_{\mathrm{H}}\boldsymbol{j}\times\boldsymbol{B}$. 式中 R_{H} 称为霍尔系数，σ 为电导率. (a) 对单种载流子的情况，证明由 R_{H} 可得到载流子的电荷符号和载流子密度. (b) 提出一实验方法来测定室温下某样品的 R_{H}. 在图旁绘出电路、仪器和样品的连接方式，要求确定实际霍尔电压的大小和极性. (c) 列出 B 场存在或消失时应测定的全部参数，注明每个参数的单位. (d) 从实验上如何补偿和样品的接触点间的整流效应. (e) 如样品(某半导体)室温下 R_{H} 为负，指出其载流子种类. (f) 在液氮温度下，上述样品的 R_{H} 变正，试在下列简化假定下解释室温和低温下得到的结果：(1) 同种类型的载流子具有相同的飘移速度；(2)忽略大多数半导体具有两个不同覆盖带这一事实.

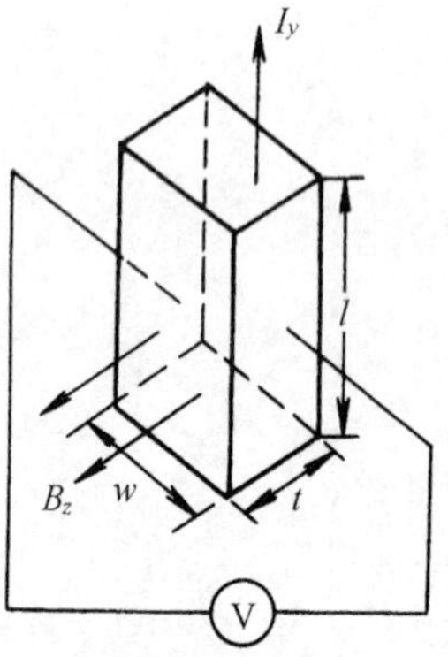

题图 2.130

解　(a) 设载流子电荷为 q. 飘移速度为 $\boldsymbol{v}$. 则

$$q\boldsymbol{E}_{\perp}+q\boldsymbol{v}\times\boldsymbol{B}=0$$

注意 $\boldsymbol{j}=nq\boldsymbol{v}$， n 为载流子密度. 则 $\boldsymbol{E}_{\perp}=-\dfrac{1}{qn}\boldsymbol{j}\times\boldsymbol{B}$. 故

$$R_{\mathrm{H}}=-\frac{1}{qn}$$

R_{H} 与载流子的电荷反号. 在已知载流子电荷的时候，可由 R_{H} 求出 n.

(b) 实验装置如题图 2.130 所示. 通过高内阻电压计可测出霍尔电压的大小和极性，由此求得霍尔电场为 $E_{\perp}=V/w$. 于是

$$R_{\mathrm{H}}=\frac{E_{\perp}}{jB_z}=\frac{Vt}{I_yB_z}$$

式中，I_y 可用电流测量，B_z 可由另一霍尔系数已知的样品来测定.

(c) 应测全部参数如下所示：

参数	B_z	I_y	t	V
单位	T	A	m	V

(d) 可对两组 I_y，B_z 值重复实验，则

$$R_{\mathrm{H}}=\frac{(V_1-V_0)t}{I_{y_1}B_{z_1}}=\frac{(V_2-V_0)t}{I_{y_2}B_{z_2}}$$

式中，V_0 是因整流效应而产生的接触电势差. 由上式可定出 V_0 为

$$V_0 = \frac{V_2 I_{y_1} B_{z_1} - V_1 I_{y_2} B_{z_2}}{I_{y_1} B_{z_1} - I_{y_2} B_{z_2}}$$

从而可消除整流效应的影响.

(e) 该样品载流子为正，即为 p 型半导体.

(f) 在液氮温度下，由受主原子产生的空穴浓度大大降低，致使本征电子和空穴起主要作用. 二者浓度一样，但由于电子的迁移率高于空穴的迁移率，故电子的霍尔效应超过空穴的霍尔效应而 R_H 便由负变正.

2.131　霍尔效应与哪些因素有关

题 2.131　霍尔效应与下面哪些因素有关? (a) 载流导线的等势线在磁场作用下发生弯曲. (b) 偏振光通过透明固体时，偏转面发生旋转. (c) 在真空中电子流动形成空间电荷.

解　答案为(a).

2.132　电子的壳模型计算电场、磁场和电磁场能量

题 2.132　电子的一个模型是壳模型，即电荷均匀分布在半径为 a 的球面上. 设电子以速度 $v \ll c$ 运动，如题图 2.132 所示. (a) 球外一点$(r,\ \theta)$处的场 $\boldsymbol{E}$、$\boldsymbol{B}$ 为多少? (b) 求使电磁场动量恰等于电子机械动量的 $m\boldsymbol{v}$ 的 a 值. (c) 用此 a 值计算运动电荷的场能，并与电子的静电能量及动能相比较.

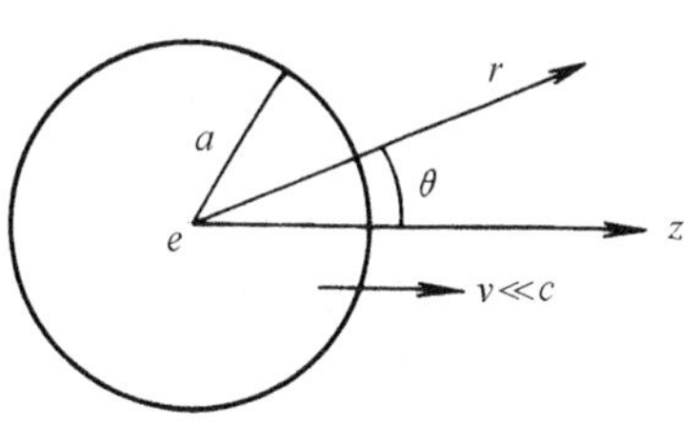

题图 2.132

解　(a) 在电子的静系 Σ' 中，场为

$$\boldsymbol{E}' = \frac{e\boldsymbol{r}'}{4\pi\varepsilon_0 r'^3}, \qquad \boldsymbol{B}' = 0$$

在实验系 Σ 中，由相对论变换，$v \ll c$ 时，可得

$$\boldsymbol{E} = \boldsymbol{E}' - \boldsymbol{v} \times \boldsymbol{B}' = \boldsymbol{E}'$$

$$\boldsymbol{B} = \boldsymbol{B}' + \frac{\boldsymbol{v} \times \boldsymbol{E}'}{c^2} = \frac{\boldsymbol{v} \times \boldsymbol{E}'}{c^2}$$

故在点(r, θ)处

$$\boldsymbol{E} = \boldsymbol{E}' = \frac{e\boldsymbol{r}'}{4\pi\varepsilon_0 r'^3} \approx \frac{e\boldsymbol{r}}{4\pi\varepsilon_0 r^3}, \qquad v \ll c,\ r' \approx r$$

$$\boldsymbol{B} = \frac{\boldsymbol{v} \times \boldsymbol{E}'}{c^2} = \frac{e}{c^2} \cdot \frac{\boldsymbol{v} \times \boldsymbol{r}}{4\pi\varepsilon_0 r^3}$$

$\boldsymbol{E}$、$\boldsymbol{B}$ 大小为

$$E = \frac{e}{4\pi\varepsilon_0 r^2}, \qquad B = \frac{ev\sin\theta}{4\pi\varepsilon_0 c^2 r^2}, \qquad \theta 为 \boldsymbol{r},\ \boldsymbol{v} 夹角$$

(b) 电磁场动量密度

$$g=\frac{s}{c^2}=\frac{1}{c^2}(E\times H)=\varepsilon_0 E\times B$$

将 E、B 代入可得

$$g=\frac{e^2}{(4\pi)^2\varepsilon_0 c^2}\cdot\frac{n\times(v\times n)}{r^4}=\frac{e^2}{(4\pi c)^2\varepsilon_0 r^4}(v-v\cos\theta n)$$

故电磁场的动量

$$G=\iiint g\mathrm{d}V=e_z\int_0^{2\pi}\mathrm{d}\phi\int_0^{\pi}\mathrm{d}\theta\int_a^{\infty}\frac{e^2v(1-\cos^2\theta)}{(4\pi)^2\varepsilon_0 c^2 r^4}r^2\sin\theta\mathrm{d}r$$

$$=\frac{e^2v}{6\pi\varepsilon_0c^2a}e_z=\frac{e^2}{6\pi\varepsilon_0c^2a}v$$

电子的机械动量为 mv，令 $mv=\dfrac{e^2}{6\pi\varepsilon_0c^2a}v$，则球面半径为

$$a=\frac{e^2}{6\pi\varepsilon_0mc^2}=1.88\times10^{-5}\ \text{Å}=1.88\text{fm}=\frac{2}{3}r_{\mathrm{e}}$$

r_{e}=2.818fm，为电子经典半径. 注意，r_{e} 不要理解为电子“小球(壳)的半径”，它仅是一个常量，在电子辐射的公式中会出现，电子壳模型并不成功. 在现代高能碰撞实验中，电子在小至 10^{-19}m 的尺度还未发现存在结构.

(c) 电磁场能量

$$W=\frac{1}{2}\iiint_{\infty}\left(\varepsilon_0E^2+\frac{1}{\mu_0}B^2\right)\mathrm{d}V$$

$$=\frac{\varepsilon_0e^2}{2(4\pi\varepsilon_0)^2}\int_0^{2\pi}\mathrm{d}\phi\int_0^{\pi}\sin\theta\mathrm{d}\theta\int_a^{\infty}\frac{1}{r^2}\mathrm{d}r+\frac{e^2}{2\mu_0(4\pi\varepsilon_0)^2}\int_0^{2\pi}\mathrm{d}\phi\int_0^{\pi}\frac{v^2\sin^3\theta}{c^2}\mathrm{d}\theta\int_a^{\infty}\frac{1}{r^2}\mathrm{d}r$$

$$=\frac{e^2}{8\pi\varepsilon_0a}\left(1+\frac{2v^2}{3c^2}\right)=\frac{3}{4}mc^2+\frac{1}{2}mv^2$$

可见，当 $v\ll c$，$\dfrac{1}{2}mv^2\ll W\leqslant mc^2$.

2.133　极化的 Na 原子束通过磁场后的空间分布和极化方向

题 2.133　一束 Na 原子(基态为 $^2\mathrm{s}_{1/2}$)+x 方向极化，沿 z 方向运动，通过一个磁场为 y 方向的区域. 描述通过磁场区域后的 Na 原子束(空间分布和极化方向)，假定磁场在 y 方向有很大的梯度.

解　+x 方向极化的 Na 原子，有一半的概率处于 $S_y=+\dfrac{\hbar}{2}$ 的本征态，有一半的概率处于 $S_y=-\dfrac{\hbar}{2}$ 的本征态. 在 $B=Be_y$，$\dfrac{\mathrm{d}B}{\mathrm{d}y}>0$ 的磁场作用下，$S_y=+\dfrac{\hbar}{2}$ 的 Na 原子偏向 $-y$ 方向，

$S_y=-\frac{\hbar}{2}$ 的 Na 原子偏向$+y$ 方向，故出射时，Na 原子束分成了两束，极化方向分别为$-y$、$+y\left(\Delta E=-\boldsymbol{m}\cdot\boldsymbol{B}=-\frac{e}{mc}(-\boldsymbol{S})\cdot\boldsymbol{B}=\frac{e}{mc}S_yB\right.$，因为$\frac{\mathrm{d}B}{\mathrm{d}y}>0$，故$S_y=\frac{\hbar}{2}$ 的 Na 原子偏向$-y$ 方向，$\left.S_y=-\frac{\hbar}{2}\text{ 的 Na 原子偏向}+y\text{ 方向}\right)$.

2.134　离子在电场、磁场相互垂直的均匀电磁场中运动

题 2.134　已知在坐标系 K 中，有一均匀电磁场

$$\boldsymbol{E}=3A\boldsymbol{e}_x,\qquad c\boldsymbol{B}=5A\boldsymbol{e}_z$$

一个静止质量为 m_0，带电荷 q 的离子从点(0，b，0)处由静止释放，问经过多少时间它将回到 y 轴?

解　洛伦兹力公式

$$m\dot{\boldsymbol{v}}=q(\boldsymbol{E}+\boldsymbol{v}\times\boldsymbol{B})$$

写成分量形式为

$$m_0\ddot{x}=3Aq+5Aq\dot{y}/c \tag{1}$$

$$m_0\ddot{y}=-\frac{5A}{c}q\dot{x} \tag{2}$$

$$m_0\ddot{z}=0 \tag{3}$$

对式(3)积分，注意 $z|_{t=0}=0$，$\dot{z}|_{t=0}=0$，有

$$z=0$$

对式(2)积分，注意 $x|_{t=0}=0$，$\dot{y}|_{t=0}=0$，有

$$\dot{y}=-\frac{5Aq}{m_0c}x \tag{4}$$

并将式(4)代入式(1)，可得

$$\ddot{x}+\left(\frac{5Aq}{m_0c}\right)^2\left(x-\frac{3m_0c}{25Aq}\right)=0$$

又由 $\dot{x}|_{t=0}=0$，得

$$x=\frac{3m_0}{25Aq}(1-\cos\omega t),\qquad \omega=\frac{5Aq}{m_0c}$$

显然当 $t=\frac{2n\pi}{\omega}$ 时，$x=0$，取 $n=1$，得

$$t=\frac{2\pi}{\omega}=\frac{2\pi m_0c}{5Aq}$$

这就是使离子又回到 y 轴所需要的时间.

2.135　用磁场抑制二极管中的电流

题 2.135　一个磁场可以抑制二极管中的电流. 设想在 yz 平面中两块无限大导体板之

间，充满 $\boldsymbol{B}=(0,\ 0,\ B_0)$ 的匀强磁场. 负极板位置在 $x=0$ 处，正极板位于 $x=d$ 处. 正极板处于正电位 V_0. 电子束以零初速度从负极板出发，电子密度使极板间形成一非均匀的电场 $\boldsymbol{E}=\left(-\dfrac{\partial\phi}{\partial x},\ 0,\ 0\right)$. (a) 在稳恒条件下，描述电子运动的哪些量是运动常数? (b) 如果要使电子在到达正极板之前返回，所加磁场应有多大?

解　在不计算重力时，电子的运动方程是

$$m\frac{\mathrm{d}v_x}{\mathrm{d}t}=-e\left(-\frac{\partial\phi}{\partial x}+v_yB_0\right) \tag{1}$$

$$m\frac{\mathrm{d}v_y}{\mathrm{d}t}=ev_xB_0 \tag{2}$$

$$m\frac{\mathrm{d}v_z}{\mathrm{d}t}=0 \tag{3}$$

(a) 由式(3)得

$$v_z(t)=v_z(t=0)=0$$

$$z(t)=z(t=0)=\text{常数}$$

即电子在 z 方向上的坐标与速度均为运动恒量.

(b) 电子在运动过程中，电场力做功为

$$W=\int_0^d -e\cdot\left(-\frac{\partial\phi}{\partial x}\right)\mathrm{d}x=eV_0$$

而磁场力不做功，设电子在到达正极时的速度为 $\boldsymbol{v}_f=v_{fx}\boldsymbol{i}+v_{fy}\boldsymbol{j}$，则由电子得到的动能应与电场做功相等，得

$$\frac{1}{2}mv_f^2=eV_0$$

$$v_f=\sqrt{\frac{2eV_0}{m}}$$

若要电子不能达到正极板，则要求

$$v_{fx}=0,\qquad v_{fy}=\sqrt{\frac{2eV_0}{m}}$$

将式(2)写成

$$m\frac{\mathrm{d}v_y}{\mathrm{d}t}=eB_0\frac{\mathrm{d}x}{\mathrm{d}t}$$

两边同时积分，并注意 $t=0$ 时 $v_y=0$，$x=0$，则有

$$m\sqrt{\frac{2eV_0}{m}}=eB_0d$$

故得

$$B_0=\sqrt{\frac{2mV_0}{ed^2}}$$

即磁场必须大于 $\sqrt{\dfrac{2mV_0}{ed^2}}$ 时，电子才可能在达到正极板之前返回.

2.136　细菌体内的磁针帮助细菌在污水中上升与下降

题 2.136　某些细菌可以生活在十分腐蚀的区域，如油井或污水浇灌过的庄稼. 一些生活在绝对黑暗和基本上是均匀的油溶液中的细菌，它必须升到上面吸氧与降到下部寻找食物，就面临着如何上下游动的问题. 这个问题用什么方法解决呢？一类细菌依靠在它的细胞内混入铁氧磁体来解决上述问题. 采用粗糙的近似，定量地分析下面的问题. (a) 为什么不用液体的压强的变化率而用磁体来解释这个问题？(b) 计算使各个细菌中的小磁针线性排列所需的最小磁矩. (c) 假设小磁针的长度是 10^{-4}cm，计算它的最小直径. (d) 为什么磁针比球形磁体好？

解　(a) 细菌在污水中不靠液体压强的变化(即浮力)，而靠其体内磁针(磁偶极矩为 $\boldsymbol{m}$). 理由是浮力要么只能使细菌升起，要么使其下沉，视细菌与污水比重的相对值决定. 但细菌体内磁棒则既可使之上升，又可使之下沉，视磁偶极矩和地磁场的相对取向而定. 而由于热运动(布朗运动)这一相对取向是随机变动的. 小磁针可以一个个串接排列成为一个大磁偶极矩. 在不均匀地磁场中，它受到的升降力为

$$F \approx m\frac{\mathrm{d}B}{\mathrm{d}z}$$

(b) 两个磁偶极矩分别为 $\boldsymbol{m}_1$ 与 $\boldsymbol{m}_2$ 的磁偶极子之间的相互作用能量为

$$W = -\boldsymbol{m}_1 \cdot \frac{\mu_0}{4\pi}\left[\frac{\boldsymbol{m}_2}{r^3} - \frac{3(\boldsymbol{m}_2 \cdot \boldsymbol{r})}{r^5}\boldsymbol{r}\right]$$

式中，$\boldsymbol{r}$ 是 $\boldsymbol{m}_2$ 引向 $\boldsymbol{m}_1$ 的矢径.

对细菌体内磁针首尾相接线性排列的情况，$m_1 = m_2 = m$ ，$\boldsymbol{m}_1 /\!/ \boldsymbol{m}_2$ ，$r = d = 10^{-4}\,\mathrm{cm}$，则相互作用能为

$$W = \frac{\mu_0 m^2}{2\pi d^3}$$

细菌的布朗运动能量与 kT 成比例，k 是玻尔兹曼常量，T 为温度. 这个运动起破坏细菌取向排列的作用，因此，只有当

$$W = \frac{\mu_0 m^2}{2\pi d^3} \geqslant kT$$

时，各细菌磁针的线性排列才是可能的. 由此定出细菌的磁矩 m 的最小值为

$$m = |\boldsymbol{m}_{\min}| \geqslant \sqrt{\frac{2\pi kTd^3}{\mu_0}}$$

(c) 对磁针，设其截面半径为 $\boldsymbol{r}$，它的磁化强度为 M，d 为其长度，则磁针的磁偶极矩 $m = M \cdot \pi r^3 d$. 联合(b)的结果，可得

$$r \geqslant \left(\frac{\sqrt{\dfrac{2\pi kTd}{\mu_0}}}{\pi M}\right)^{\frac{1}{2}}$$

T 为室温，即 T 约为 300K，这时铁磁体的饱和磁化强度 $M \approx 4\pi \times 10^3 \times 1700\mathrm{A/m}$ ，代入上式得

$$r \approx 0.15 \times 10^{-8}\,\mathrm{m}$$

(d) 显然磁针比球形磁体更适宜作为磁偶极子，更容易首尾线性排列.

2.137 脉冲星电动力学性质的模型

题 2.137 作为一个描述脉冲星电动力学性质的模型，我们考虑一个半径为 R 的刚体球，它绕一个固定轴以角速度 ω 旋转. 这样相对于该轴(即相对于脉冲星半截面的法向)电荷和电流是对称分布的. 球的净电荷为 0，在脉冲星外部的真空区域里，磁场是由一个磁偶极矩 $\boldsymbol{m}$ 产生的，$\boldsymbol{m}$ 平行于球体的旋转轴. 球内部磁场和外部磁场是一致的，而不是任意的. (a) 在脉冲星内部，作用在电荷粒子上的电磁力比任何其他的力大得多. 由于假定电荷粒子随同脉冲星一起转动，作为一个好的近似，有 $\boldsymbol{E} = -\boldsymbol{v} \times \boldsymbol{B}$，这里 $\boldsymbol{v} = \boldsymbol{\omega} \times \boldsymbol{r}$ 是脉冲星内各处的局部速度. 在脉冲星内部临近表面处利用这个近似，证明该处有 $E_\theta = \dfrac{-\mu_0 m\omega \sin\theta\cos\theta}{2\pi R^2}$，这里 θ 是相对于转轴的夹角. (b) 根据上面的结果，找出球外各处的静电势. (c) 证明在脉冲星外部，方程 $\boldsymbol{E} = -(\boldsymbol{\omega} \times \boldsymbol{r}) \times \boldsymbol{B}$ 是不成立的.

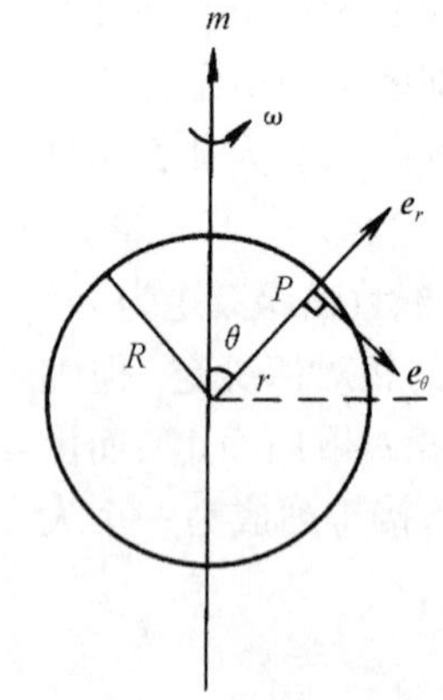

题图 2.137

解 (a) 对球内表面 P 处 $(r \approx R)$，如题图 2.137 所示，偶极子 $\boldsymbol{m}$ 产生的磁场

$$\boldsymbol{B} = B_r \boldsymbol{e}_r + B_\theta \boldsymbol{e}_\theta = \frac{\mu_0}{4\pi}\left(\frac{m\cos\theta}{R^3}\boldsymbol{e}_r + \frac{m\sin\theta}{R^3}\boldsymbol{e}_\theta\right)$$

故 P 处的电场为

$$\boldsymbol{E} = -\boldsymbol{v} \times \boldsymbol{B} = -(\boldsymbol{\omega} \times \boldsymbol{r}) \times \boldsymbol{B}\big|_{r\approx R}$$

$$= \frac{\mu_0}{4\pi}\left(\frac{m\omega\sin^2\theta}{R^2}\boldsymbol{e}_r - \frac{2m\omega\cos\theta\sin\theta}{R^2}\boldsymbol{e}_\theta\right)$$

即 θ 分量为

$$E_\theta = -\frac{\mu_0 m\omega\sin\theta\cos\theta}{2\pi R^2}$$

(b) 由上面 E_θ 公式，容易得出纬度为 $\alpha = \dfrac{\pi}{2} - \theta$ 处与赤道($\alpha = 0$)处的感生电势差为

$$\Delta V = V_\alpha - V_{赤} = \int_\theta^{\frac{\pi}{2}} E_\theta R \mathrm{d}\theta$$

$$= \int_{\frac{\pi}{2}}^{\theta} \frac{\mu_0 m\omega \sin\theta \mathrm{d}(\sin\theta)}{2\pi R} = \left.\frac{\mu_0 m\omega\sin^2\theta}{4\pi R}\right|_{\frac{\pi}{2}}^{\theta}$$

$$= \frac{\mu_0 m\omega}{4\pi R}(\cos^2\alpha - 1) = \frac{B_\mathrm{p}\omega R^2}{2}(\cos^2\alpha - 1)$$

这里 $B_\mathrm{p} = \dfrac{\mu_0 m}{2\pi R^3}$，是北极处的磁偶极磁场.

(c) 在球外表面，公式 $\boldsymbol{E} = -\boldsymbol{v} \times \boldsymbol{B}$ 不适用，理由如下：该公式来自电磁场的变换公式(当

$v \ll c$)

$$\boldsymbol{E}' = \boldsymbol{E} + \boldsymbol{v} \times \boldsymbol{B}$$

式中，$\boldsymbol{E}$ 和 $\boldsymbol{B}$ 是处在星外远处静止参考系 K 中观察者测得星内表面处的场. $\boldsymbol{E}'$ 是固定在星表面处的随动系 K' 中测得的电场，$\boldsymbol{v} = \boldsymbol{\omega} \times \boldsymbol{R}$ 是 K' 系相对 K 系的速度. 由于在随动系 K' 中，星体表面层是一个静止的平稀导体，应有 $\boldsymbol{E}' = 0$(否则 $\boldsymbol{j}' = \sigma \boldsymbol{E}' \neq 0$，即 K' 系中观测者也看到的电流)，故得 $\boldsymbol{E} = -\boldsymbol{v} \times \boldsymbol{B} = -(\boldsymbol{\omega} \times \boldsymbol{R}) \times \boldsymbol{B}$. 但在星体外表面，没有 $\boldsymbol{E}' = 0$ 的要求，而且表面上一般表面电荷 $\omega_{\mathrm{f}} \neq 0$，由边值关系外表面处不应有 $\boldsymbol{E} = 0$，故 $\boldsymbol{E} \neq -\boldsymbol{v} \times \boldsymbol{B}$.

2.138　两维电子气

题 2.138　一个两维电子气的电子密度为 $n(\boldsymbol{r}) = n_{\mathrm{a}}\delta(z)$，其中 n_{a} 是单位面积的电子数，$\delta(z)$ 是狄拉克 δ -函数. 空间中存在空间均匀时间变化电场 $\boldsymbol{E}(t) = \boldsymbol{E}\mathrm{e}^{\mathrm{i}\omega t}$ 以及均匀常磁场 $\boldsymbol{B} = (0,\ 0,\ B)$. 电子的运动为非相对论性，其运动方程为 $m\left(\dfrac{\mathrm{d}\boldsymbol{v}}{\mathrm{d}t} + \dfrac{\boldsymbol{v}}{\tau}\right) = -e[\boldsymbol{E}(t) + \boldsymbol{v} \times \boldsymbol{B}]$

式中，$\boldsymbol{v} = (v_x,\ v_y)$ 是一个两维的矢量，τ 为“弛豫时间”. 电流密度 $\boldsymbol{J} = (J_x,\ J_y)$ 可以写为

$$\boldsymbol{J}(\boldsymbol{r}) = \boldsymbol{j}\delta(z)$$

而 $\boldsymbol{j} = (j_x,\ j_y)$ 与 $\boldsymbol{E} = (E_x,\ E_y)$ 之间的关系为

$$\boldsymbol{j} = \overleftrightarrow{\boldsymbol{\sigma}} \cdot \boldsymbol{E}$$

式中，$\overleftrightarrow{\boldsymbol{\sigma}}$ 被称为电导率张量. (a) 试由以上方程解出电导率张量随电场频率的变化 $\overleftrightarrow{\boldsymbol{\sigma}}(\omega)$. (b) 假设对于这样的长方形样品，如题图 2.138 所示施加一个电场 $E_x = V_x / l$，试确定在稳定状态下其中的电流 (j_x, j_y)，以及电场 E_y. (c) 求出电阻率 $\rho = E_x / j_x$ 以及霍尔系数 $R = E_y / (Bj_x)$ (采用记号 $\omega_{\mathrm{c}} = eB / m$ 可能对解题有用处).

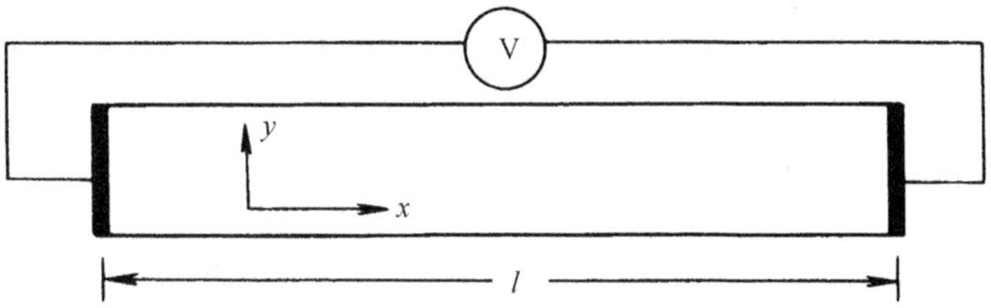

题图 2.138

解　(a) 该系统是一个两维的电子气，电子运动局限于 xy 平面内，即有 $v_z = 0$，按题设电磁场，题设电子方程

$$m\left(\frac{\mathrm{d}\boldsymbol{v}}{\mathrm{d}t} + \frac{\boldsymbol{v}}{\tau}\right) = -e(\boldsymbol{E} + \boldsymbol{v} \times \boldsymbol{B}) \tag{1}$$

可写为分量式

$$\dot{v}_x + \frac{v_x}{\tau} = -\frac{e}{m}(E_x + Bv_y) \tag{2}$$

$$\dot{v}_y + \frac{v_y}{\tau} = -\frac{e}{m}(E_y - Bv_x) \tag{3}$$

由式(2)得

$$v_y = -\frac{1}{B}\left[\frac{m}{e}\left(\dot{v}_x + \frac{v_x}{\tau}\right) + E_x\right] \tag{4}$$

代入式(3)可得

$$\frac{1}{B}\left[\frac{m}{e}\left(\ddot{v}_x + \frac{\dot{v}_x}{\tau}\right) + \mathrm{i}\omega E_x\right] + \frac{1}{B\tau}\left[\frac{m}{e}\left(\dot{v}_x + \frac{v_x}{\tau}\right) + E_x\right] = \frac{e}{m}(E_y - Bv_x)$$

即

$$\ddot{v}_x + \frac{2}{\tau}\dot{v}_x + \left(\frac{1}{\tau^2} + \omega_c^2\right)v_x + \left(\mathrm{i}\omega + \frac{1}{\tau}\right)\frac{eE_x}{m} - \omega_c\frac{eE_y}{m} = 0$$

式中，$E_x = E_{x0}\mathrm{e}^{\mathrm{i}\omega t}$，$E_y = E_{y0}\mathrm{e}^{\mathrm{i}\omega t}$．这样上式可写为

$$\ddot{v}_x + a\dot{v}_x + bv_x + c\mathrm{e}^{\mathrm{i}\omega t} = 0 \tag{5}$$

式中，$a = \frac{2}{\tau}$，$b = \frac{1}{\tau^2} + \omega_c^2$，$c = \left(\mathrm{i}\omega + \frac{1}{\tau}\right)\frac{eE_{x0}}{m} - \omega_c\frac{eE_{y0}}{m}$．解上面的微分方程，求得方程的解为

$$v_x = \mathrm{e}^{-\frac{t}{\tau}}(C_1\sin\omega_c t + C_2\cos\omega_c t) + \frac{c}{\omega^2 - \mathrm{i}a\omega - b}\mathrm{e}^{\mathrm{i}\omega t} \tag{6}$$

式中 C_1、C_2 为待定常数．按式(4)得

$$\begin{aligned}
v_y &= -\frac{1}{B}\left[\frac{m}{e}\left(\dot{v}_x + \frac{v_x}{\tau}\right) + E_x\right] \\
&= -\frac{1}{\omega_c}\left(\dot{v}_x + \frac{v_x}{\tau}\right) - \frac{E_x}{B} \\
&= \mathrm{e}^{-\frac{t}{\tau}}\left[\left(C_1 + \frac{1}{\omega_c\tau}C_2\right)\cos\omega_c t - \left(C_2 - \frac{1}{\omega_c\tau}C_1\right)\sin\omega_c t\right] \\
&\quad - \frac{c}{\omega^2 - \mathrm{i}a\omega - b}\left(\frac{\mathrm{i}\omega}{\omega_c} + \frac{1}{\omega_c\tau}\right)\mathrm{e}^{\mathrm{i}\omega t} - \frac{E_x}{B}
\end{aligned} \tag{7}$$

当时间足够长，式(6)、式(7)中 $\mathrm{e}^{-\frac{t}{\tau}}$ 项趋于零，这样得到稳态解．再将两式中系数 b，c 代入得

$$v_x = \frac{e}{m\left[\left(\omega - \frac{\mathrm{i}}{\tau}\right)^2 - \omega_c^2\right]}\left[\left(\mathrm{i}\omega + \frac{1}{\tau}\right)E_x - \omega_c E_y\right] \tag{8}$$

$$v_y = \frac{e}{m\left[\left(\omega - \frac{\mathrm{i}}{\tau}\right)^2 - \omega_c^2\right]}\left[\omega_c E_x + \left(\mathrm{i}\omega + \frac{1}{\tau}\right)E_y\right] \tag{9}$$

按 $\ddot{\boldsymbol{\sigma}} \cdot \boldsymbol{E} = \boldsymbol{j} = -en\boldsymbol{v}$ 得

$$\ddot{\boldsymbol{\sigma}} = -en\frac{\partial \boldsymbol{v}}{\partial \boldsymbol{E}} = -en\begin{pmatrix} \frac{\partial v_x}{\partial E_x} & \frac{\partial v_x}{\partial E_y} \\ \frac{\partial v_y}{\partial E_x} & \frac{\partial v_y}{\partial E_y} \end{pmatrix} = \begin{pmatrix} \sigma_{xx} & \sigma_{xy} \\ \sigma_{yx} & \sigma_{yy} \end{pmatrix} \tag{10}$$

$$= -\frac{e^2 n}{m\left[\left(\omega - \frac{\mathrm{i}}{\tau}\right)^2 - \omega_c^2\right]} \begin{pmatrix} \mathrm{i}\omega + \frac{1}{\tau} & -\omega_c \\ \omega_c & \mathrm{i}\omega + \frac{1}{\tau} \end{pmatrix} \tag{11}$$

(b) 在稳定的条件下，电子的横向速度 $v_y = 0$ 即给出

$$\sigma_{yx} E_x + \sigma_{yy} E_y = 0 \tag{12}$$

这样

$$E_y = -\frac{\sigma_{yx} E_x}{\sigma_{yy}} = -\frac{\sigma_{yx}}{\sigma_{yy}} E_x = \frac{\omega_c}{\mathrm{i}\omega + \frac{1}{\tau}} E_x \tag{13}$$

E_x 前的复数(非实数)表示 E_x 与 E_y 相差一个相位. 其中的电流

$$j_x = \sigma_{xx} E_x + \sigma_{xy} E_y = \left(\sigma_{xx} - \frac{\sigma_{yx}}{\sigma_{yy}} \sigma_{xy}\right) E_x$$

$$= -\frac{e^2 n}{m\left(\mathrm{i}\omega + \frac{1}{\tau}\right)} E_x \tag{14}$$

$$j_y = \sigma_{yx} E_x + \sigma_{yy} E_y = 0 \tag{15}$$

同样 j_x 的表达式中 E_x 前的复数表示 j_x 与 E_x 相差一个相位.

(c) 由式(12)、式(14)和式(15)得电阻率 $\rho = \frac{E_x}{j_x}$ 为

$$\rho = \frac{E_x}{\sigma_{xx} E_x + \sigma_{xy} E_y} = \frac{\sigma_{yy}}{\sigma_{xx}\sigma_{yy} - \sigma_{xy}\sigma_{yx}} = -\frac{m\left(\mathrm{i}\omega + \frac{1}{\tau}\right)}{e^2 n} \tag{16}$$

以及霍尔系数为

$$R = \frac{E_y}{B j_x} = \frac{E_y}{B(\sigma_{xx} E_x + \sigma_{xy} E_y)} = \frac{\sigma_{yx}}{B(\sigma_{xy}\sigma_{yx} - \sigma_{xx}\sigma_{yy})} = -\frac{m\omega_c}{B e^2 n} = -\frac{1}{en} \tag{17}$$

2.139　匀速旋转的带电圆柱体柱内外电场、磁场及圆柱体和电磁场的角动量

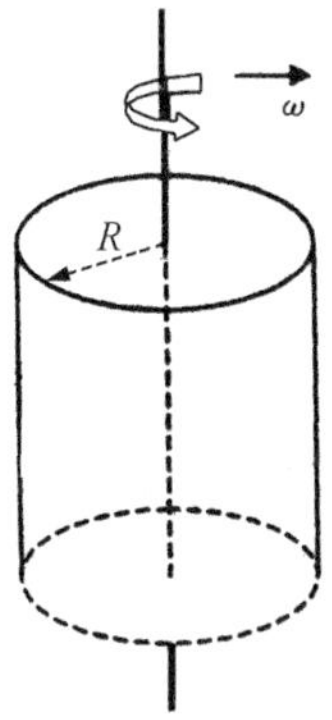

题图 2.139

题 2.139　一个半径为 R、长为 l 的长圆柱体 $(R \ll l)$，质量为 m，质量与电荷都均匀分布，体电荷密度为 $+\rho$. 现该圆柱体绕其对称轴 z 轴以 ω 旋转 $(\omega R \ll c$，c 为光速). 忽略边缘效应，试求：(a) 圆柱体内外的电场强度. (b) 圆柱体内外的磁感应强度. (c) 圆柱体沿 z 轴的机械角动量和正则角动量. (d) 由此旋转的荷电圆柱体所激发电磁场的角动量.

解　(a) 圆柱体内电荷在空间激发电场，同时荷电圆柱体做转动，则相应的有一电流分布从而激发磁场. 因圆柱体做匀角速转动，磁场、电场均是静场，二者

无耦合. 以圆柱体轴线为 z 轴，建立柱坐标系(r, θ, z). 由对称性和高斯定理可求电场，如下给出：

$$\boldsymbol{E}=\begin{cases}\dfrac{\rho}{2\varepsilon_0}\boldsymbol{r}, & |\boldsymbol{r}|<R\\[2mm] \dfrac{\rho}{2\varepsilon_0}\cdot\dfrac{R^2}{r}\boldsymbol{e}_r, & |\boldsymbol{r}|>R\end{cases} \tag{1}$$

(b) 圆柱体绕其对称轴 z 轴旋转时体电流密度为

$$\boldsymbol{j}=\rho\boldsymbol{v}=\rho\omega r\boldsymbol{e}_\theta$$

利用无限长通电螺线管磁场公式，得 $r>R$ 时，$B=0$；而 $r<R$ 时

$$\begin{aligned}B(r)&=\int_r^R\mu_0 j\mathrm{d}r=\int_r^R\mu_0\rho\omega r\mathrm{d}r=\mu_0\rho\omega\int_r^R r\mathrm{d}r\\&=\frac{1}{2}\mu_0\rho\omega(R^2-r^2)\end{aligned} \tag{2}$$

$\boldsymbol{B}$ 的方向沿轴向，与 $\boldsymbol{\omega}$ 方向一致.

(c) 设磁场的矢势为 $\boldsymbol{A}$，$\nabla\times\boldsymbol{A}=\boldsymbol{B}$. 由于 $\boldsymbol{B}$ 沿轴向，且由 $\boldsymbol{B}$ 的对称性，可取 $\boldsymbol{A}=A(r)\boldsymbol{e}_\theta$. 取径向坐标为 r 的圆形回路，由

$$\int\nabla\times\boldsymbol{A}\cdot\mathrm{d}\boldsymbol{l}=\iint_s\boldsymbol{B}\cdot\mathrm{d}\boldsymbol{s}$$

当 $r\leqslant R$ 时得 $2\pi rA=\int_0^r B\cdot2\pi r\mathrm{d}r=\pi\mu_0\rho\omega\int_0^r\left(R^2-r^2\right)r\mathrm{d}r=\pi\mu_0\rho\omega\left(\frac{1}{2}R^2r^2-\frac{1}{4}r^4\right)$，由此给出

$$\boldsymbol{A}=\frac{1}{8}\mu_0\rho\omega(2R^2r-r^3)\boldsymbol{e}_\theta,\qquad r\leqslant R \tag{3}$$

$\boldsymbol{A}$ 当 $r>R$ 时的表达式这里无需给出. 带电粒子的正则动量为 $\boldsymbol{p}=m\boldsymbol{v}+q\boldsymbol{A}$，这样得此旋转圆柱体的正则角动量为

$$\begin{aligned}\boldsymbol{L}&=\iiint_V\boldsymbol{r}\times(\rho_\mathrm{m}\mathrm{d}\tau\boldsymbol{v}+\rho\mathrm{d}\tau\boldsymbol{A})\\&=\iiint_V\boldsymbol{r}\times\boldsymbol{v}\rho_\mathrm{m}\mathrm{d}\tau+\iiint_V\boldsymbol{r}\times\boldsymbol{A}\rho\mathrm{d}\tau=\boldsymbol{L}_1+\boldsymbol{L}_2\end{aligned} \tag{4}$$

上面体积分的下标 V 表示对整个圆柱体积分. 均匀圆柱体绕轴线转动惯量为 $I=\frac{1}{2}mR^2$，由此可得

$$\boldsymbol{L}_1=I\boldsymbol{\omega}=\frac{1}{2}mR^2\omega\boldsymbol{e}_z \tag{5}$$

此即圆柱体的机械角动量. 根据式(3)得

$$\begin{aligned}\boldsymbol{L}_2&=\iiint_V\boldsymbol{r}\times\boldsymbol{A}\rho\mathrm{d}\tau=\boldsymbol{e}_z\int_0^R rA\cdot2\pi rl\rho\mathrm{d}r\\&=\boldsymbol{e}_z2\pi l\int_0^R\frac{1}{8}\mu_0\rho^2\omega(2R^2r-r^3)r^2\mathrm{d}r\\&=\frac{1}{12}\pi lR^6\mu_0\rho^2\omega\boldsymbol{e}_z\end{aligned} \tag{6}$$

综合式(5)、式(6)的结果得旋转圆柱体的正则角动量为

$$\boldsymbol{L} = \boldsymbol{L}_1 + \boldsymbol{L}_2 = \left(\frac{1}{2}mR^2 + \frac{1}{12}\pi l R^6 \mu_0 \rho^2\right)\omega \boldsymbol{e}_z \tag{7}$$

(d) 电磁场的动量密度为 $\boldsymbol{g} = \boldsymbol{D}\times\boldsymbol{B} = \varepsilon_0 \boldsymbol{E}\times\boldsymbol{B}$，电磁场的角动量为

$$\boldsymbol{L}_{\text{em}} = \iiint \boldsymbol{r}\times(\varepsilon_0\boldsymbol{E}\times\boldsymbol{B})\mathrm{d}\tau = \iiint_V \boldsymbol{r}\times(\varepsilon_0\boldsymbol{E}\times\boldsymbol{B})\mathrm{d}\tau \tag{8}$$

后面一个等号是因为圆柱体外 $B=0$. 代入上面式(1)、式(2)的结果得

$$\begin{aligned}\boldsymbol{L}_{\text{em}} &= -\boldsymbol{e}_z\iiint_V \varepsilon_0 EBr\mathrm{d}\tau = -\boldsymbol{e}_z\int_0^R \varepsilon_0 EB2\pi r^2 l\mathrm{d}r \\ &= -\boldsymbol{e}_z\int_0^R \frac{\rho}{2}r\cdot\frac{1}{2}\mu_0\rho\omega(R^2-r^2)2\pi r^2 l\mathrm{d}r \\ &= -\boldsymbol{e}_z\frac{\rho^2}{2}\pi\mu_0\omega l\int_0^R (R^2r^3-r^5)\mathrm{d}r = -\frac{1}{24}\pi l R^6\mu_0\rho^2\omega\boldsymbol{e}_z\end{aligned} \tag{9}$$

2.140　匀加速旋转的带电圆柱体柱内磁场及所加外力矩

题 2.140　如题图 2.140 所示，一个半径为 R，长为 l 的长圆柱体 $(R \ll l)$，质量为 m，均匀带电，体电荷密度为 $+\rho$. 一个外力矩使圆柱体以恒角加速度 $\boldsymbol{\beta}$ 绕竖直轴(z 轴)逆时针旋转. 不计边界效应和电磁辐射. (a) 求圆柱体内任意点的磁感应强度 $\boldsymbol{B}$. (b) 求圆柱体内任意点的电场强度 $\boldsymbol{E}$. (c) 为保持圆柱体以恒角加速度 β 旋转，外力矩为多大?

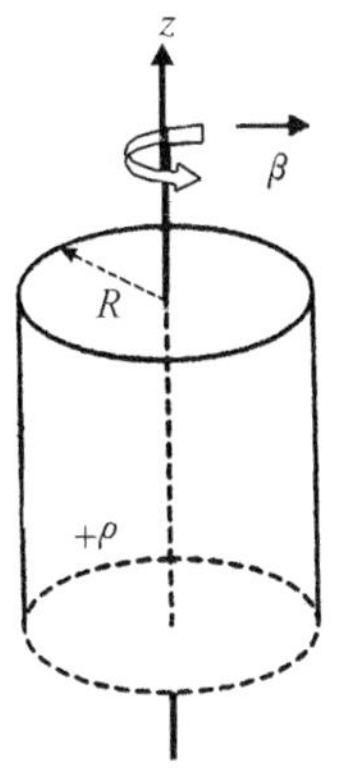

题图 2.140

解　(a) 圆柱体的电荷激发电场. 由于圆柱体的加速旋转，带电的圆柱体内具有体电流密度，从而激发磁场. 由于圆柱体的加速旋转，激发的电磁场是变化的场.

根据我们求得后面的电场是静场(和时间无关)，知不存在位移电流. 这样磁场只有带电圆柱体旋转所致传导电流的贡献. 圆柱体以恒角加速度 β 绕竖直轴(z 轴)逆时针旋转，设 $t=0$ 时圆柱体的角速度为 ω_0，则 t 时刻圆柱体的角速度为

$$\omega = \omega_0 + \beta t \tag{1}$$

因而圆柱体体电流密度如下给出:

$$\boldsymbol{j} = \rho\boldsymbol{v} = \rho(\omega_0+\beta t)r\boldsymbol{e}_\theta \tag{2}$$

式中，$\boldsymbol{e}_\theta$ 为柱坐标(r, θ, z)系统下的角向单位矢量. 现考虑 r 处，厚为 $\mathrm{d}r$ 的圆柱面薄壳，其面电流密度为

$$\mathrm{d}\boldsymbol{i} = \boldsymbol{j}\mathrm{d}r = \rho(\omega_0+\beta t)r\mathrm{d}r\boldsymbol{e}_\theta$$

由无限长通电螺线管磁场公式，此圆柱面薄壳上电流在其外部产生的磁感应强度为零而在其内部产生的磁感应强度为

$$\mathrm{d}\boldsymbol{B} = \mu_0\mathrm{d}i\boldsymbol{e}_z$$

因而由体电流在 $r(r \leqslant R)$ 处产生的磁感应强度为

$$B(r) = e_z \int_r^R \mu_0 \mathrm{d}i = e_z \int_r^R \mu_0 \rho(\omega_0 + \beta t) r \mathrm{d}r$$

$$= \frac{1}{2}\mu_0 \rho(\omega_0 + \beta t)(R^2 - r^2) e_z \tag{3}$$

当 $r > R$ 时，$\boldsymbol{B} = 0$. 上面 $\boldsymbol{B}$ 也可直接由对称性分析结合安培环路定理求.

(b) 电场分为两部分. 一为由圆柱体内电荷分布所产生的库仑场 $\boldsymbol{E}_{\mathrm{e}}$；$\boldsymbol{E}_{\mathrm{e}}$ 满足 $\nabla \cdot \boldsymbol{E}_{\mathrm{e}} = \rho / \varepsilon_0$ 及 $\nabla \cdot \boldsymbol{E}_{\mathrm{e}} = 0$. 另外由于磁场是随时间变化的，还存在涡旋电场 $\boldsymbol{E}_{\mathrm{c}}$；$\boldsymbol{E}_{\mathrm{c}}$ 满足 $\nabla \cdot \boldsymbol{E}_{\mathrm{c}} = 0$ 及 $\nabla \cdot \boldsymbol{E}_{\mathrm{c}} = -\partial \boldsymbol{B} / \partial t$. 首先由对称性分析结合高斯定理求得

$$\boldsymbol{E}_{\mathrm{e}} = \frac{\rho r}{2\varepsilon_0} \boldsymbol{e}_{\mathrm{r}}$$

其次由对称性，$\boldsymbol{E}_{\mathrm{c}}$ 沿 $\boldsymbol{e}_\theta$ 方向. 取一以绕圆柱轴线半径为 r 的圆周回路，由 $\oint \boldsymbol{E}_{\mathrm{c}} \cdot \mathrm{d}\boldsymbol{l} = -\iint_S \frac{\partial \boldsymbol{B}}{\partial t} \cdot \mathrm{d}\boldsymbol{S}$ 得

$$2\pi r \boldsymbol{E}_{\mathrm{c}} = -\int_0^r \frac{1}{2}\mu_0 \beta \rho (R^2 - r^2) 2\pi r \mathrm{d}r = -\pi \mu_0 \beta \rho \left(\frac{1}{2} R^2 r^2 - \frac{1}{4} r^4\right)$$

故 $\boldsymbol{E}_{\mathrm{c}} = -\frac{1}{8}\mu_0 \beta \rho (2R^2 r - r^3) \boldsymbol{e}_\theta$，而总电场为

$$\boldsymbol{E} = \boldsymbol{E}_{\mathrm{e}} + \boldsymbol{E}_{\mathrm{c}} = \frac{\rho r}{2\varepsilon_0} \boldsymbol{e}_r - \frac{1}{8}\mu_0 \beta \rho (2R^2 r - r^3) \boldsymbol{e}_\theta$$

可见电场和时间无关，是静电场. 这样我们可确认不存在位移电流.

(c) 我们需要先求圆柱体沿 z 轴的角动量，由此旋转的荷电圆柱体求激发电磁场的角动量. 因为圆柱体绕轴线转动惯量为 $I = \frac{1}{2} m a^2$，旋转圆柱体的机械角动量为

$$\boldsymbol{L} = \boldsymbol{L}_1 = \frac{1}{2} m R^2 \omega \boldsymbol{e}_z \tag{4}$$

这里 ω 是随时间变化的，由式(1)给出. 根据 $\sum \boldsymbol{M} = \frac{\mathrm{d}\boldsymbol{L}}{\mathrm{d}t}$，得

$$\frac{1}{2} m R^2 \boldsymbol{\beta} = \boldsymbol{M}_0 + \boldsymbol{M}_{\mathrm{em}}$$

其中 $\boldsymbol{M}_0$ 为所施加的外力矩，而 $\boldsymbol{M}_{\mathrm{em}}$ 为电磁力矩. 故 $\boldsymbol{M}_0 = \frac{1}{2} m a^2 \boldsymbol{\beta} - \boldsymbol{M}_{\mathrm{em}}$. 其中电磁力矩为

$$\boldsymbol{M}_{\mathrm{em}} = \iiint \boldsymbol{r} \times \mathrm{d}\boldsymbol{F}_{\mathrm{em}} = \iiint \boldsymbol{r} \times (\rho \boldsymbol{E} + \rho \boldsymbol{v} \times \boldsymbol{B}) \mathrm{d}^3 \boldsymbol{r}$$

$$= \iiint \boldsymbol{r} \times \rho \boldsymbol{E}_{\mathrm{c}} \mathrm{d}^3 \boldsymbol{r}$$

$$= \boldsymbol{e}_z \iiint r \rho \boldsymbol{E}_{\mathrm{c}} \mathrm{d}^3 \boldsymbol{r}$$

$$= \boldsymbol{e}_z \iiint r \rho (-) \frac{1}{8} \mu_0 \beta \rho (2R^2 r - r^3) \mathrm{d}^3 \boldsymbol{r}$$

$$= -\boldsymbol{e}_z \int_0^R r \rho \frac{1}{8} \mu_0 \beta \rho (2R^2 r - r^3) 2\pi l r \mathrm{d}r$$

$$= -\frac{\pi}{12}\mu_0\beta\rho^2 R^6 l \boldsymbol{e}_z \tag{5}$$

这样外力矩为

$$\boldsymbol{M}_0 = \frac{1}{2}mR^2\boldsymbol{\beta} - \boldsymbol{M}_{\rm em} = \left(\frac{1}{2}mR^2\beta + \frac{\pi}{12}\mu_0\beta\rho^2 R^6 l\right)\boldsymbol{e}_z$$

2.141　超导体临界磁场附近从超导相到正常相的相变潜热

题 2.141　单位体积的线性磁介质对外做的元功的表达式为

$$\mathrm{d}W' = -\mu_0 \boldsymbol{H}\cdot \mathrm{d}\boldsymbol{M}$$

这类似于通常的 p-V 系统，其中 $\boldsymbol{H}$ 为该点的磁场强度，$\boldsymbol{M}$ 为该点的极化强度，满足 $\boldsymbol{M} = \chi\boldsymbol{H}$.

为了研究超导体在超导相(完全抗磁性，$\chi = -1$)到正常相(顺磁性，$\chi \approx 0$)的相变，同时不考虑材料体积、压强的变化，这里引入吉布斯自由能密度

$$g = u - Ts - \mu_0 \boldsymbol{H}\cdot\boldsymbol{M}$$

其中 u、s 分别为内能密度、熵密度. 已知在相变条件下，正常相与超导相处于平衡，两相的吉布斯自由能密度相等.

经测量，在 $T < T_{\rm c}$ (临界温度)时加磁场 H，若 $H < H_{\rm c}(T)$ (临界磁场)，材料呈超导相；若 $H > H_{\rm c}(T)$，材料呈正常相，且有

$$H_{\rm c}(T) = H_0\left[1 - \left(\frac{T}{T_c}\right)^2\right]$$

对于给定温度 $T < T_{\rm c}$，试计算：

(1) 相变潜热；

(2) $H = H_{\rm c}(T)$ 时正常相与超导相的比热容之差.

解　按题设，在相变条件下，正常相与超导相处于平衡，两相的吉布斯自由能密度相等. 处于磁场中的超导体，吉布斯函数可写成

$$g = u - Ts - \mu_0 \boldsymbol{H}\cdot\boldsymbol{M} \tag{1}$$

在等温等压条件下

$$\mathrm{d}g = -\mu_0 \boldsymbol{M}\cdot \mathrm{d}\boldsymbol{H} \tag{2}$$

设无外场时超导相的吉布斯自由能密度为 $g_{\rm s}(0)$，有外场时为 $g_{\rm s}(H_{\rm e})$，对体积为 V 的超导体由上式积分可得

$$g_{\rm s}(H_{\rm e}) = g_{\rm s}(0) - \mu_0\int_0^{H_{\rm e}} M\mathrm{d}H = g_{\rm s}(0) + \frac{1}{2}\mu_0 H_{\rm e}^2 \tag{3}$$

其中对超导态取 $\chi = -1$.

对正常态时存外磁场的吉布斯自由能密度 $g_{\rm n}(0)$，由于金属的顺磁很弱，可忽略不计($\chi \approx 0$)，所以

$$g_{\rm n}(H_{\rm e}) = g_{\rm n}(0) \tag{4}$$

当外磁场 $H_{\rm e} = H_{\rm c}$ 时，两相处于平衡，则

$$g_{\mathrm{s}}(H_{\mathrm{c}})=g_{\mathrm{n}}(H_{\mathrm{c}}) \tag{5}$$

$$g_{\mathrm{n}}(0)=g_{\mathrm{s}}(0)+\frac{1}{2}\mu_0 H_{\mathrm{c}}^2 \tag{6}$$

这表明在无外磁场时，超导态的吉布斯函数要比正常态的吉布斯函数低，超导相为稳定相.

用热力学关系

$$s=\frac{\partial g}{\partial T},\quad c=T\frac{\partial s}{\partial T} \tag{7}$$

可得在临界磁场 H_{c} 处正常态和超导态的熵差为

$$\Delta s=s_{\mathrm{n}}-s_{\mathrm{s}}=-\mu_0 H_{\mathrm{c}}\frac{\partial H_{\mathrm{c}}}{\partial T} \tag{8}$$

相变潜热

$$L=T\Delta s=-\mu_0 H_{\mathrm{c}} T\frac{\partial H_{\mathrm{c}}}{\partial T} \tag{9}$$

两相的比热容差为

$$\Delta c=c_{\mathrm{n}}-c_{\mathrm{s}}=-\mu_0 H_{\mathrm{c}}\frac{\partial^2 H_{\mathrm{c}}}{\partial T^2}-\mu_0\left(\frac{\partial H_{\mathrm{c}}}{\partial T}\right)^2 \tag{10}$$

所以超导体在无磁场下的相变是二级相变，而在有磁场存在时为一级相变.

2.142 半导体的霍尔效应

题 2.142 继霍尔效应被发现后，后来又发现半导体、导电流体等也有这种效应，而半导体的霍尔效应比金属强得多，利用这现象已制成各种霍尔元件，具有广泛的应用. 通常定义霍尔电阻为 $R_{\mathrm{H}}=E_y/j_x B_z$， j_x 为沿 x 方向的电流密度. 此外，电子和空穴载导体中的迁移速度 $\boldsymbol{v}$ 定义为单位电荷所受到的合力，即：$\boldsymbol{v}=\mu\boldsymbol{F}/e$， μ 是迁移率，e 是电子电量.

(a) 将一块半导体或导体材料，几何形状如题图 2.142(a)，其横截面为矩形，长宽分别为 b 、d . 现沿 z 方向加以磁场，大小为 B ，沿 x 方向通以工作电流 I ，则在 y 方向产生霍尔电压. 请导出霍尔电压与霍尔电阻之间的关系，并给出霍尔电阻的具体表达式；

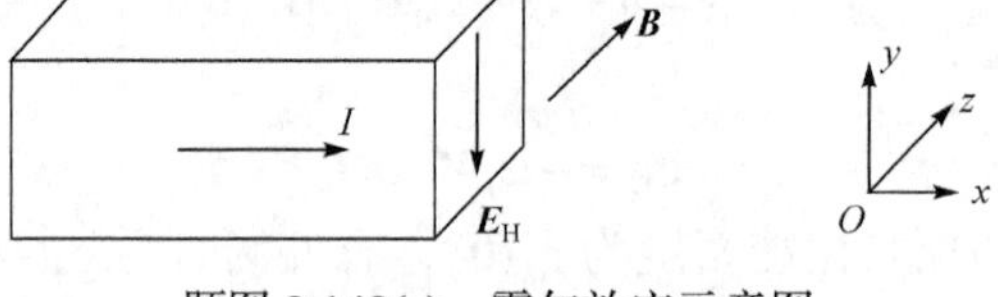

题图 2.142(a) 霍尔效应示意图

(b) 通常的半导体中既有电子又有空穴，电子与空穴的密度分别为 n 和 p ，迁移率分别为 μ_{e} 和 μ_{h} 的半导体. 磁场和电流方向如同第(1)小题，求出半导体的霍尔电阻 R_{H} ；

(c) 半导体 Si 的电子和空穴密度为 $n=p=1.5\times10^{10}\,\mathrm{cm}^{-3}$ ，电子和空穴的迁移率分别为 $\mu_{\mathrm{e}}=1350\mathrm{cm}^2\cdot\mathrm{V}^{-1}\cdot\mathrm{s}^{-1}$ 和 $\mu_{\mathrm{h}}=450\mathrm{cm}^2\cdot\mathrm{V}^{-1}\cdot\mathrm{s}^{-1}$. 求半导体 Si 的霍尔系数；

(d) 半导体的电子和空穴密度为 n 和 p 满足 $np=n_i^2$ ，某种半导体的 $n_i=1.5\times10^{10}\,\mathrm{cm}^{-3}$ ，电子和空穴的迁移率同第(3)小题的数值. 问电子密度为多少时，存在零霍尔效应？这时半导体中载流子主要是电子或空穴?

(e) 问电子密度为多少时，存在最大霍尔效应？并画草图，由图讨论霍尔电阻的正负与电子密度的关系.

解　(a) 导体板在磁场中，当电流方向垂直于磁场时，在垂直于电流方向的导体板的两端面上会出现电势差. 当磁场力与电场力平衡时，载流子不再偏转. 此时，$E_y q = qvB_z$，又 $I = Snqv$，因此霍尔电阻

$$R_{\mathrm{H}} = \frac{E_y}{j_x B_z} = \frac{vB_z}{nqvB_z} = \frac{1}{nq} \tag{1}$$

而霍尔电压

$$U = E_y b = vBb = \frac{nqvBb}{nq} = \frac{IB}{nqd}$$

由于式(1)，上式也就是

$$U = R_{\mathrm{H}} \frac{IB}{d} \tag{2}$$

(b) 半导体中两种载流子各自所受洛伦兹力

$$F_{\mathrm{h}y} = eE_y - ev_{\mathrm{h}x}B_z,\quad -F_{\mathrm{e}y} = eE_y + ev_{\mathrm{e}x}B_z \tag{3}$$

题给电子与空穴的迁移率分别为 μ_{e} 和 μ_{h}，则迁移速度可以用测量所受的力来确定，即

$$F_{\mathrm{h}y} = ev_{\mathrm{h}y}/\mu_{\mathrm{h}},\quad -F_{\mathrm{e}y} = ev_{\mathrm{e}y}/\mu_{\mathrm{e}} \tag{4}$$

也就有

$$ev_{\mathrm{h}y}/\mu_{\mathrm{h}} = eE_y - ev_{\mathrm{h}x}B_z,\quad ev_{\mathrm{e}y}/\mu_{\mathrm{e}} = eE_y + ev_{\mathrm{e}x}B_z \tag{5}$$

其中，$v_{\mathrm{h}y}$、$v_{\mathrm{e}y}$ 是沿 y 方向的迁移速率，而 $v_{\mathrm{h}x}$、$v_{\mathrm{e}x}$ 是沿 x 方向的迁移速率

$$v_{\mathrm{h}x} = \mu_{\mathrm{h}}E_x,\quad v_{\mathrm{e}x} = \mu_{\mathrm{e}}E_x \tag{6}$$

这样

$$ev_{\mathrm{h}y} / \mu_{\mathrm{h}} = eE_y - e\mu_{\mathrm{h}}E_xB_z,\quad ev_{\mathrm{e}y} / \mu_{\mathrm{e}} = eE_y + e\mu_{\mathrm{e}}E_xB_z \tag{7}$$

在达到平衡时，空穴的密度 p 和电子的密度 n 和它们的迁移速率在 y 方向满足关系

$$pv_{\mathrm{h}y} = -nv_{\mathrm{e}y} \tag{8}$$

从上一表达式解出 $v_{\mathrm{h}y}$、$v_{\mathrm{e}y}$，代入上式得

$$p\mu_{\mathrm{h}}E_y - p\mu_{\mathrm{h}}^2E_xB_z = -n\mu_{\mathrm{e}}E_y - n\mu_{\mathrm{e}}^2E_xB_z \tag{9}$$

或者

$$E_y(p\mu_{\mathrm{h}} + n\mu_{\mathrm{e}}) = B_zE_x(p\mu_{\mathrm{h}}^2 - n\mu_{\mathrm{e}}^2) \tag{10}$$

x 方向的电流密度为

$$j_x = epv_{\mathrm{h}x} + env_{\mathrm{e}x} = (p\mu_{\mathrm{h}} + n\mu_{\mathrm{e}})eE_x \tag{11}$$

从该式解出 E_x，代入上式，得：

$$eE_y(n\mu_{\mathrm{e}} + p\mu_{\mathrm{h}})^2 = B_zj_x(p\mu_{\mathrm{h}}^2 - n\mu_{\mathrm{e}}^2) \tag{12}$$

由此得霍尔系数

$$R_{\mathrm{H}} = \frac{E_y}{j_xB_z} = \frac{(p\mu_{\mathrm{h}}^2 - n\mu_{\mathrm{e}}^2)}{e(n\mu_{\mathrm{e}} + p\mu_{\mathrm{h}})^2} \tag{13}$$

引进 $b = \mu_{\mathrm{e}}/\mu_{\mathrm{h}}$ 为电子和空穴的迁移率比，则

$$R_{\mathrm{H}}=\frac{p-nb^2}{e(p+nb)^2} \tag{14}$$

如果 $n=p$，则

$$R_{\mathrm{H}}=\frac{1-b^2}{en_i(1+b)^2}=\frac{1-b}{en_i(1+b)} \tag{15}$$

(c) $b=\mu_{\mathrm{e}}/\mu_{\mathrm{h}}=3$，

$$R_{\mathrm{H}}=\frac{1-3}{1.6\times10^{-19}\,\mathrm{C}\times(1.5\times10^{16}\,\mathrm{m}^{-3})\times(1+3)}=-208\mathrm{m}^3\cdot\mathrm{A}^{-1}\cdot\mathrm{s}^{-1}$$

(d) 按题设，$p=n_i^2/n$，要求 $R_{\mathrm{H}}=0$，即有

$$R_{\mathrm{H}}=\frac{p-nb^2}{e(p+nb)^2}=\frac{\dfrac{n_i^2}{n}-nb^2}{e\left(\dfrac{n_i^2}{n}+nb\right)^2} \tag{16}$$

因此电子密度满足

$$\frac{n_i^2}{n}-nb^2=0$$

因而电子密度

$$n=\frac{n_i}{b}=\frac{n_i}{3}=5\times10^9(\mathrm{cm}^{-3}) \tag{17}$$

而空穴密度

$$p=\frac{n_i^2}{n}=bn_i=3n_i=4.5\times10^{10}(\mathrm{cm}^{-3}) \tag{18}$$

可见这时半导体中载流子主要是空穴.

(e) 要求最大霍尔电阻，这对应

$$\frac{\mathrm{d}R_{\mathrm{H}}}{dn}=0 \tag{19}$$

按式(16)计算，可得

$$b^3n^4-\left[3n_i^2b(1+b)\right]n^2+n_i^4=0 \quad 或 \quad b^3\left(\frac{n}{n_i}\right)^4-\left[3b(1+b)\right]\left(\frac{n}{n_i}\right)^2+1=0$$

这是关于 $(n/n_i)^2$ 的一元二次方程，解得

$$\frac{n^2}{n_i^2}=\frac{3b(1+b)\pm\sqrt{9b^2(1+b)^2-4b^3}}{2b^3} \tag{20}$$

$b=3$ 代入得

$$\frac{n^2}{n_i^2}=1.31,\ 0.0211$$

而

$$\frac{n}{n_i}=1.14,\ 0.145 \tag{21}$$

为霍尔电阻最大值位置.

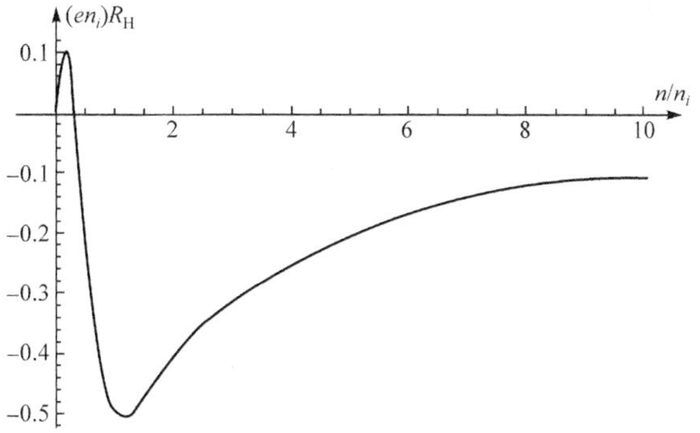

题图 2.142(b)　R_H 与 n/n_i 的关系图

按式(16)，R_H 与 n/n_i 的关系如题图 2.142(b)所示. 当 $0<n/n_i<1/3$ 时，R_H 为正；当 $n/n_i>1/3$ 时，R_H 为负.

2.143　具有电势差的两块大导体板间一块大介质板沿与板平行的方向运动

题 2.143　如题图 2.143 所示，两块大导体板间距 d，之间的电势差 V，一块厚 $d/3$ 的大介质板，介电常量 ε，在两板中间以速度 v ($\ll$ 光速 c)沿与板平行的方向运动；

(a) 在导体板静止的参考系中，求在上、下空隙中间位置以及介质板中间位置的磁感应强度；

(b) 在介质板静止的参考系中，求在上、下空隙中间位置以及介质板中间位置的磁感应强度.

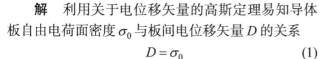

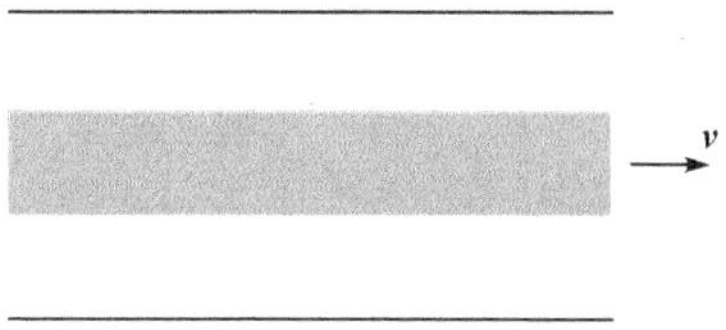

题图 2.143　具有电势差的两块大导体板间一块大介质板沿与板平行的方向运动

解　利用关于电位移矢量的高斯定理易知导体板自由电荷面密度 σ_0 与板间电位移矢量 D 的关系

$$D=\sigma_0 \tag{1}$$

由此便得到图中自上而下三层空间中(两层空气，一层介质板)的电场强度

$$E_1=E_3=\frac{D}{\varepsilon_0},\quad E_2=\frac{D}{\varepsilon_r\varepsilon_0} \tag{2}$$

由此两导体板间电压满足

$$V=\frac{d}{3}E_1+\frac{d}{3}E_2+\frac{d}{3}E_3=\frac{dD}{3\varepsilon_0}\left(2+\frac{1}{\varepsilon_{\rm r}}\right)=\frac{d\sigma_0}{3\varepsilon_0}\left(2+\frac{1}{\varepsilon_{\rm r}}\right) \tag{3}$$

从而解得

$$\sigma_0=\frac{V}{d}\frac{3\varepsilon_{\rm r}\varepsilon_0}{2\varepsilon_{\rm r}+1} \tag{4}$$

介质上下界面的极化电荷面密度，可以利用关于电场强度的高斯定理求，此时高斯定理中的电荷包括自由电荷与极化电荷. 由此写出在介质界面上 $\boldsymbol{E}$ 的边界条件，得到极化电荷面密度

$$\sigma' = \mp\varepsilon_0(E_1 - E_2) = \mp\varepsilon_0\left(\frac{D}{\varepsilon_0} - \frac{D}{\varepsilon_r\varepsilon_0}\right) = \mp D\left(1 - \frac{1}{\varepsilon_r}\right) \tag{5}$$

因而

$$\sigma' = \mp\sigma_0\left(1 - \frac{1}{\varepsilon_r}\right) = \mp\frac{3\varepsilon_0 V}{d}\frac{\varepsilon_r - 1}{2\varepsilon_r + 1} \tag{6}$$

以上结论在大导体板、介质板静止时成立.

(a) 介质板运动时，在导体板静止的参考系中，介质板上下两个界面上的极化电荷产生均匀分布的电流，电荷面密度为

$$i' = \pm\sigma' v \tag{7}$$

由对称性结合安培回路定理，可知大介质板中是一个由两块分布有均匀、方向相反、大小相等的面电流 i' 产生的均匀磁场

$$B_2 = \mu_0 i' = \mu_0\sigma' v = \mu_0 v\frac{3\varepsilon_0 V}{d}\frac{\varepsilon_r - 1}{2\varepsilon_r + 1} = \frac{3vV}{dc^2}\frac{\varepsilon_r - 1}{2\varepsilon_r + 1} \tag{8}$$

在上、下空隙中间位置以及导体板外的磁感应强度均为零.

(b) 介质板运动时，在介质板静止的参考系中，上下大导体板上的自由电荷面密度产生均匀分布的面自由电流，电流面密度为

$$i_0 = \mp\sigma_0 v = \mp\frac{Vv}{d}\frac{3\varepsilon_r\varepsilon_0}{2\varepsilon_r + 1} \tag{9}$$

在两导体板间激发的磁感应强度为

$$B_1 = B_2 = B_3 = \mu_0 i_0 = -\mu_0\frac{Vv}{d}\frac{3\varepsilon_r\varepsilon_0}{2\varepsilon_r + 1} = -\frac{Vv}{dc^2}\frac{3\varepsilon_r}{2\varepsilon_r + 1} \tag{10}$$

2.144　磁压强

题 2.144　空间某处存在面电流分布，面电流密度为 i. 由于面电流的存在，该面两侧磁感应强度不相等，分别为 $\boldsymbol{B}_1$ 与 $\boldsymbol{B}_2$，设 $B_1 > B_2$. 请求面电流处的磁压强(单位面积受力).

解　在该点附近沿面电流取一小的面元 $\Delta S = \Delta l_1 \times \Delta l_2$，其中 Δl_1 沿电流方向，Δl_2 则沿垂直于电流方向，需求该面元受到的磁场力. 现求该面元处除去该面元外其他电流在该点处的磁感应强度. 为此，在面元外紧邻该点面元的两侧另取两点 P 与 P'，考察该两点的磁感应强度. 该两点的磁感应强度由该面元的电流以及面元外其他电流激发的磁感应强度叠加而成. 也就是

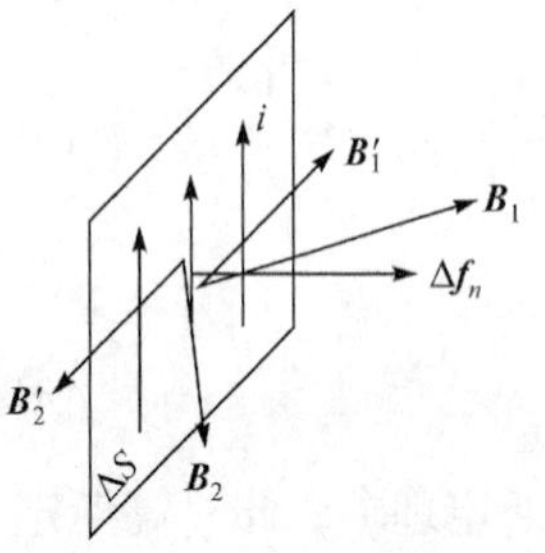

题图 2.144　沿面电流的小面元 ΔS 两侧紧邻的磁感应强度和面元法向受力

$$\boldsymbol{B}_1 = \boldsymbol{B}_1' + \boldsymbol{B}_p \tag{1}$$

$$\boldsymbol{B}_2 = \boldsymbol{B}_2' + \boldsymbol{B}_p \tag{2}$$

在面元外紧邻该点面元的电流视为无穷大面电流，由对称性面元的两侧激发的磁感应强度 $\boldsymbol{B}_1'$ 与 $\boldsymbol{B}_2'$ 如题图 2.144 所示，$\boldsymbol{B}_1' = -\boldsymbol{B}_2'$，其大小由安培环路定理给出为

$$B_1' = B_2' = \frac{1}{2}\mu_0 i \tag{3}$$

因为 $\boldsymbol{B}_1' = -\boldsymbol{B}_2'$，式(1)与式(2)相加减给出

$$\boldsymbol{B}_p = \frac{1}{2}(\boldsymbol{B}_1 + \boldsymbol{B}_2) \tag{4}$$

$$\boldsymbol{B}_1' = \frac{1}{2}(\boldsymbol{B}_1 - \boldsymbol{B}_2) \tag{5}$$

由式(4)可见该面元外其他电流在该点处的磁感应强度正好等于该面元外紧邻该点面元的两侧磁感应强度的平均值①.

该面元受到的磁场力

$$\Delta \boldsymbol{f} = i\Delta l_2 \Delta l_1 \boldsymbol{e}_i \times \boldsymbol{B}_p = i\boldsymbol{e}_i \times \frac{1}{2}(\boldsymbol{B}_1 + \boldsymbol{B}_2)\Delta S \tag{6}$$

$\Delta \boldsymbol{f}$ 可能有沿面切线方向以及面元法线方向两方向的分量，其中面元法线方向的分量只跟 $\boldsymbol{B}_p$ 沿 $\boldsymbol{B}_1'$ 方向的分量有关，这样

$$\Delta \boldsymbol{f}_n = \frac{1}{\mu_0}\boldsymbol{e}_n \boldsymbol{B}_1' \cdot (\boldsymbol{B}_1 + \boldsymbol{B}_2)\Delta S = \frac{1}{2\mu_0}\left(B_1^2 - B_2^2\right)\Delta S \boldsymbol{e}_n \tag{7}$$

所求的磁压强

$$p = \frac{\Delta f_n}{\Delta S} = \frac{1}{2\mu_0}\left(B_1^2 - B_2^2\right) \tag{8}$$

由于 $w = \dfrac{1}{2\mu_0}B_1^2$ 为磁场能量密度，故磁压强又可表示为

$$p = w_1 - w_2 \tag{9}$$

大小正好等于面电流上的外紧邻该点面元的两侧磁场能量密度之差②，而两侧磁场能量密度之差来源于两侧磁感应强度之不同，来源于面电流的存在.

对于无限长密绕通电螺线管，螺线管内为均匀磁场，磁感应强度沿螺线管轴向，其磁感应强度大小由安培环路定理给出为

$$B = \mu_0 i$$

i 为面电流密度. 该螺线管外磁感应强度视为零，这样按式(8)，磁压强为

$$p = \frac{1}{2\mu_0}B^2$$

若螺线管内磁感应强度达 1.0T，则代入 $\mu_0 = 4\pi\times10^{-7}$ 计算得

$$p = 3.98\times10^5\,\text{Pa}$$

将近 4 个标准大气压，还是非常可观的. 在几十 T 量级的强磁场情形③，还需要考虑磁压强对机械强度的考验.

在题 1.135 中讨论了静电压强，在强磁场情形，静磁压也是很可观的.

① 也可用如题 1.135 所做的办法，扣除该面元本身的贡献给出该面元外其他电流在该点处的磁感应强度.

② 此结果可由虚功原理给出.

③ 我国建有强磁场科学中心(合肥、武汉)，磁场达到几十 Tesla.

2.145 细长密绕螺线管中固定一导体圆环

题 2.145 细长密绕螺线管长为l、半径为b、总匝数为N、电阻为R. 在其轴线中部固定一半径为a、电阻为r的导体圆环，并使圆环轴线与螺线管轴线夹角为$\theta=\pi/4$(如图2.145(a)). 螺线管内外为真空. 它串一电容C后接在电动势为$\mathcal{E}$、内阻为 0 的直流电源上. 电容值C为某一特定值，使回路中的电流衰减最快. 不计圆环自感，并且忽略圆环和螺线管的互感对螺线管的影响. 在$t=0$时刻合上开关K，试求：

(a) 此后通过圆环的磁通量随时间变化规律；

(b) 圆环内电流随时间变化规律；

(c) 圆环受到的最大力矩值.

分析 题给不计圆环感生电流产生的磁场反过来对螺线管的作用，则螺线管所接的电路为一简单的RCL回路. 熟知这是一阻尼振荡系统，而电流衰减最快相应于临界阻尼. 临界阻尼条件确定了电容值C，也确定了回路中电流随时间变化的方式. 回路(螺线管)中变化的电流在螺线管中产生变化的均匀磁场，在圆环中产生随时间变化的磁通量. 由法拉第电磁感应定律，圆环中将产生感生电动势，从而有感生电流.

求流有感生电流的圆环在均匀磁场中所受的力矩时，可把圆环看作一个磁偶极子.

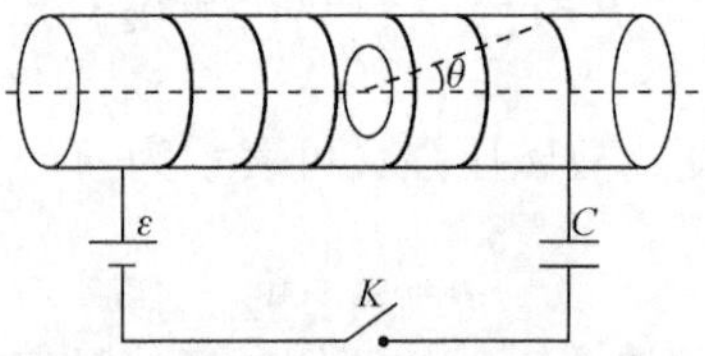

题图 2.145(a) 细长密绕螺线管中固定一导体圆环

解 (a) 设螺线管线圈中的电流强度为I，则螺线管中的磁感应强度为

$$B=\mu_0 nI=\frac{\mu_0 N}{l}I \tag{1}$$

这时通过螺线管的总磁通量为$\Phi=B\cdot N\pi b^2$，则得螺线管的自感系数为

$$L=\frac{\Phi}{I}=B\cdot N\pi b^2\cdot\frac{1}{I}=\frac{\mu_0 N^2\pi b^2}{l} \tag{2}$$

电流强度I满足方程

$$L\frac{\mathrm{d}I}{\mathrm{d}t}+\frac{1}{C}\int I\mathrm{d}t+RI=\mathcal{E} \tag{3}$$

令$q=\int I\mathrm{d}t$，则

$$\frac{\mathrm{d}^2 q}{\mathrm{d}t^2}+\frac{R}{L}\frac{\mathrm{d}q}{\mathrm{d}t}+\frac{1}{LC}(q-C\mathcal{E})=0 \tag{4}$$

这是一个阻尼振荡方程，若使回路中的电流衰减最快，则此时为一临界阻尼回路. 如令$\dfrac{1}{LC}=\omega_0^2$，则临界阻尼条件是$R/L=2\omega_0$，故

$$C = \frac{4L}{R^2} = \frac{4\mu_0 N^2 \pi b^2}{R^2 l}$$

$$\omega_0 = \frac{R}{2L} = \frac{Rl}{2\mu_0 N^2 \pi b^2}$$

$$\omega_0 C = \frac{2}{R} \tag{5}$$

令 $q_0 = C\mathcal{E}$，则 $q_0 = \frac{4\mu_0 N^2 \pi b^2 \mathcal{E}}{R^2 l}$； $\omega_0 q_0 = \omega_0 C\mathcal{E} = \frac{2\mathcal{E}}{R}$；这样式(4)化为

$$\left(\frac{d}{dt} + \omega_0\right)^2 (q - q_0) = 0 \tag{6}$$

其解为 $q = q_0 + (a_0 + a_1 t)\mathrm{e}^{-\omega_0 t}$ 代入初始条件：$t = 0$，$q = 0$，$I = \frac{\mathrm{d}q}{\mathrm{d}t} = 0$，得 $a_0 = -q_0$，$a_1 = -\omega_0 q_0$，故

$$q = q_0 - q_0(1 + \omega_0 t)\mathrm{e}^{-\omega_0 t} \tag{7}$$

因而

$$I = \frac{\mathrm{d}q}{\mathrm{d}t} = \omega_0^2 q_0 t\mathrm{e}^{-\omega_0 t} = \frac{\mathcal{E}}{L} t\mathrm{e}^{-\omega_0 t} = \frac{2\mathcal{E}}{R}\omega_0 t\mathrm{e}^{-\omega_0 t} \tag{8}$$

由此得环内磁通为

$$\begin{aligned} \Phi_2 &= \boldsymbol{B} \cdot \boldsymbol{S} = B\pi a^2 \cdot \cos\frac{\pi}{4} = \frac{\sqrt{2}}{2} \cdot \frac{\mu_0 N}{l} I \cdot \pi a^2 \\ &= \frac{\sqrt{2}}{2}\pi a^2 \frac{\mu_0 N}{l}\frac{\mathcal{E}}{L} t\mathrm{e}^{-\omega_0 t} = \frac{\sqrt{2}}{2}\frac{\mathcal{E}a^2}{Nb^2}\mathrm{e}^{-\omega_0 t} \end{aligned} \tag{9}$$

其中 ω_0 由式(5)给出.

(b) 由法拉第电磁感应定律，合上 K 圆环内产生感生电动势为

$$\mathcal{E}_2 = -\frac{\mathrm{d}\Phi_2}{\mathrm{d}t} = -\frac{\sqrt{2}}{2}\frac{\mathcal{E}a^2}{Nb^2}(1 - \omega_0 t)\mathrm{e}^{-\omega_0 t}$$

因而环内有电流

$$i = \frac{\mathcal{E}_2}{r} = -\frac{\sqrt{2}}{2}\frac{\mathcal{E}a^2}{Nb^2 r}(1 - \omega_0 t)\mathrm{e}^{-\omega_0 t} \tag{10}$$

(c) 圆环受到的力矩

$$\boldsymbol{T} = \boldsymbol{M} \times \boldsymbol{B} = BM\sin\frac{\pi}{4}\boldsymbol{e}_\tau$$

其中 $M = i \cdot \pi a^2$，$B = \mu_0 \frac{N}{l} I$. 故

$$\begin{aligned} T &= \frac{\sqrt{2}}{2}\mu_0 \frac{N}{l} \cdot \frac{2\mathcal{E}}{R}\omega_0 t\mathrm{e}^{-\omega_0 t} \cdot \pi a^2 \cdot \left(-\frac{\sqrt{2}}{2}\right)\frac{\mathcal{E}a^2}{Nb^2 r}(1 - \omega_0 t)\mathrm{e}^{-\omega_0 t} \\ &= -\frac{\mu_0 \pi \mathcal{E}^2 a^4}{b^2 Rrl}\omega_0 t(1 - \omega_0 t)\mathrm{e}^{-2\omega_0 t} = -\Lambda x(1 - x)\mathrm{e}^{-2x} \end{aligned} \tag{11}$$

其中 $\Lambda = (\mu_0 \pi \mathcal{E}^2 a^4)/(b^2 Rrl)$，而 $x = \omega_0 t$.

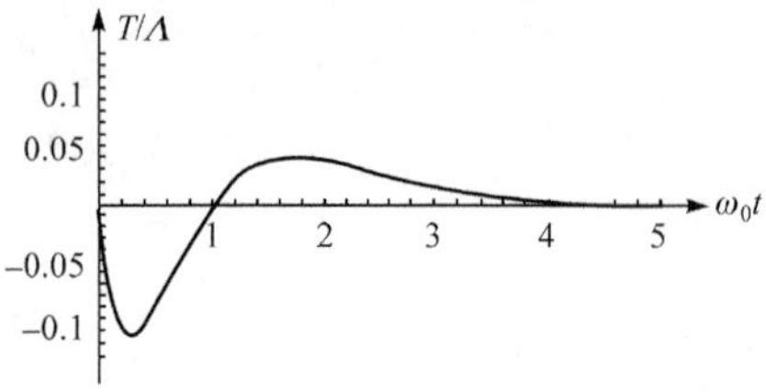

题图 2.145(b) 圆环受到的力矩 T 与 $\omega_0 t$ 的关系曲线

现求 $T(x)$ 的极值. 由

$$T'(x) = -\Lambda\left(2x^2 - 4x + 1\right)\mathrm{e}^{-2x} = 0$$

解得 $x_{1,2} = \dfrac{2 \mp \sqrt{2}}{2}$. 对 $x_1 = \dfrac{2-\sqrt{2}}{2}$，代入式(11)求得

$$T(x_1) = -\frac{\sqrt{2}-1}{2}\mathrm{e}^{-2+\sqrt{2}}$$

对 $x_2 = \dfrac{2+\sqrt{2}}{2}$，代入式(11)求得

$$T(x_2) = \frac{\sqrt{2}+1}{2}\mathrm{e}^{-2-\sqrt{2}}$$

$|T(x_1)| > |T(x_2)|$. 故最大力矩值为当 $\omega_0 t = \dfrac{2-\sqrt{2}}{2}$ 时取到，其最大值为

$$|T|_{\max} = \frac{\sqrt{2}-1}{2}\mathrm{e}^{-2+\sqrt{2}}\Lambda = 0.11529\frac{\mu_0 \pi \mathcal{E}^2 a^4}{b^2 Rrl} \tag{12}$$

2.146 静止等离子体内磁场随时间的演化

题 2.146 (a) 在位移电流可以略去时，证明电导率为 σ 、磁导率 μ 的静止等离子体中的磁场 $\boldsymbol{B}$ 满足方程

$$\frac{\partial \boldsymbol{B}}{\partial t} = D\nabla^2 \boldsymbol{B}$$

其中 $D = \dfrac{C^2}{4\pi\sigma}$；

(b) 假如上述等离子体以速度 $\boldsymbol{v}$ 运动，证明

$$\frac{\partial \boldsymbol{B}}{\partial t} = \nabla \times \left(\boldsymbol{v} \times \boldsymbol{B}\right) + D\nabla^2 \boldsymbol{B}$$

(c) 设在 $t = 0$ 时静止等离子体内的磁场由下式描述：

$$\boldsymbol{B} = B\left(\boldsymbol{x}\right)\boldsymbol{e}$$

而其中

$$B\left(\boldsymbol{x}\right) = \begin{cases} B_0, & |\boldsymbol{x}| < L \\ 0, & |\boldsymbol{x}| \geqslant L \end{cases}$$

式中 B_0 为一常数. 求出当等离子体保持静止时，内部磁场随时间的演化；

(c) 地球的平均电导率大致与铜相同，即 $\sigma \sim 10^{15}\,\mathrm{s}^{-1}$，试问地球的磁场是否为大约 5×10^9 年前太阳系形成时所产生的磁场的残余?

解 (a) 在等离子体的运动速度为 0，且位移电流可以略去时，等离子体内的磁场满足麦克斯韦方程组(在高斯制下)

$$\begin{cases}\nabla \cdot \boldsymbol{E} = 4\pi\rho_t \\ \nabla \times \boldsymbol{E} = -\dfrac{1}{c}\dfrac{\partial \boldsymbol{B}}{\partial t} \\ \nabla \cdot \boldsymbol{B} = 0 \\ \nabla \times \boldsymbol{B} = \dfrac{4\pi}{c}\boldsymbol{j}_t\end{cases} \tag{1}$$

和

$$\boldsymbol{j}_t = \sigma \boldsymbol{E} \tag{2}$$

由上式联立得

$$\nabla \times \boldsymbol{B} = \frac{4\pi}{c}\sigma \boldsymbol{E} \tag{3}$$

$$\nabla \times (\nabla \cdot \boldsymbol{B}) = \nabla(\nabla \cdot \boldsymbol{B}) - \nabla^2 \boldsymbol{B} \tag{4}$$

从而得

$$\frac{\partial \boldsymbol{B}}{\partial t} = D\nabla^2 \boldsymbol{B} \tag{5}$$

其中 $D = \dfrac{C^2}{4\pi\sigma}$. 式(5)为一扩散方程.

(b) 在等离子体运动速度不等于 0 时，

$$\boldsymbol{j}_t = \sigma\left(\boldsymbol{E} + \frac{1}{c}\boldsymbol{v} \times \boldsymbol{B}\right) \tag{6}$$

在非相对论近似下，$v \ll c$. 式(5)代入式(1)中得

$$\nabla \times \boldsymbol{B} = \frac{4\pi\sigma}{c}\left(\boldsymbol{E} + \frac{1}{c}\boldsymbol{v} \times \boldsymbol{B}\right)$$

故得

$$\frac{\partial \boldsymbol{B}}{\partial t} = \nabla \times (\boldsymbol{v} \times \boldsymbol{B}) + D\nabla^2 \boldsymbol{B} \tag{7}$$

(c) 静止等离子体内磁场方程由式(5)决定，由初始条件

$$\boldsymbol{B}\big|_{t=0} = B_z(\boldsymbol{x})\boldsymbol{e}_z\big|_{t=0} = \begin{cases} B_0 \boldsymbol{e}_z, & |\boldsymbol{x}| < L \\ 0, & |\boldsymbol{x}| \geqslant L \end{cases} \tag{8}$$

可把式(5)化为一维的扩散方程

$$\frac{\partial B_z(x,t)}{\partial t} = D\frac{\partial^2 B_z(x,t)}{\partial x^2} \tag{9}$$

对式(9)用分离变量法求解，令 $B_z(x,t) = X(x)T(t)$ 则有

$$\frac{T'}{DT} = \frac{X''}{X} = -\omega^2$$

从而求出

$$T(t) = A\mathrm{e}^{-\omega^2 Bt}, \quad X(x) = C\mathrm{e}^{\mathrm{i}\omega x}$$

故特解为

$$B_z(x,t,\omega) = A(\omega)\mathrm{e}^{-\omega^2 Bt}\mathrm{e}^{\mathrm{i}\omega x}$$

通解则为

$$B_z(x,t,\omega)=\int_{-\infty}^{+\infty}A(\omega)\mathrm{e}^{-\omega^2 Bt}\mathrm{e}^{\mathrm{i}\omega x}\mathrm{d}\omega \tag{10}$$

当 $t=0$ 时，式(10)化为

$$B_z(x)=\int_{-\infty}^{+\infty}A(\omega)\mathrm{e}^{\mathrm{i}\omega x}\mathrm{d}\omega \tag{11}$$

由傅里叶变换可知

$$A(\omega)=\frac{1}{2\pi}\int_{-\infty}^{+\infty}B_z(\xi)\mathrm{e}^{-\mathrm{i}\omega\xi}\mathrm{d}\xi$$

因此

$$B_z(x,t)=\int_{-\infty}^{+\infty}B_z(\xi)\left[\frac{1}{2\pi}\int_{-\infty}^{+\infty}\mathrm{e}^{-\omega^2 Bt}\mathrm{e}^{\mathrm{i}\omega(x-\xi)}\mathrm{d}\omega\right]\mathrm{d}\xi$$

已知广义高斯积分

$$\int_{-\infty}^{+\infty}\mathrm{e}^{-\omega^2 Bt}\mathrm{e}^{\mathrm{i}\omega(x-\xi)}\mathrm{d}\omega=\sqrt{\frac{\pi}{Dt}}\mathrm{e}^{-\frac{(x-\xi)^2}{4Dt}}$$

再代入

$$B_z(\xi)=\begin{cases}B_0, & |\xi|<L\\ 0, & |\xi|\geqslant L\end{cases}$$

最后得到磁场随 t 的变化为

$$B_z(x,t)=\frac{B_0}{\sqrt{4\pi Dt}}\int_{-\frac{L}{2}}^{\frac{L}{2}}\mathrm{e}^{-\frac{(x-\xi)^2}{4Dt}}\mathrm{d}\xi \tag{12}$$

(d) 地磁场不可能是 5×10^9 年前太阳系形成时的初始地磁场 B_0 残余至今的遗迹，因为 B_0 会很快扩散而消失. 半定量估算如下：

已知地球电导率 $\sigma\sim10^{15}\,\mathrm{s}^{-1}$，故地磁场扩散系数

$$D=\frac{c^2}{4\pi\sigma}\approx10^5\left(\frac{\mathrm{cm}^2}{\mathrm{s}}\right)$$

也就有

$$Dt\approx10^{18}$$

而 $t=5\times10^9$ 年 $=1.5\times10^{17}\,\mathrm{s}$，地球线度 $L\approx10^9\,\mathrm{cm}$ 使在式(12)的被积函数近似为

$$\frac{(x-\xi)^2}{4Dt}\approx\frac{L^2}{4Dt}\sim10^{-4}$$

于是

$$\mathrm{e}^{-\frac{(x-\xi)^2}{4Dt}}\approx1$$

从而

$$\int_{-\frac{D}{2}}^{\frac{D}{2}}\mathrm{e}^{-\frac{(x-\xi)^2}{4Dt}}\mathrm{d}\xi\approx L$$

因而

$$B_z(x,t)=\frac{LB_0}{\sqrt{4\pi Dt}}\approx 10^{-4}B_0$$

这表明，如果今日地磁是原始磁场 B_0 残存下来的，则今日地磁场强度 B 应当只是初始 B_0 的万分之一. 今日地磁场数量级 ~1 Gs，则原始 B_0~10^4 Gs，这数值远高于目前已知的各种天体系等离子体中的磁场值.

2.147　小超导圆环处在共轴大金属圆环的磁场和重力场中

题 2.147　在半径为 R，质量为 M 的细金属圆环 A 中通有稳恒电流 I，并放置在水平绝缘桌面上；

(a)试求金属圆环中央的磁感应强度；

(b)试求金属圆环中央上方 x 处的磁感应强度，并做近似处理 $x\gg R$；

(c) 现将初始电流为 i、大半径为 r、小半径为 a 的超导圆环 B 放置在 A 正上方 x_0 处($x_0\gg R\gg r$)处于平衡，超导圆环自感系数为 L、质量为 m. 试求超导圆环 B 的高度 x_0 所满足的条件，重力加速度为 g；

(d) 超导圆环 B 沿 x 方向某一时刻(设该时刻 $t=0$)受到一个小扰动，求它此后的运动.

提示　因为超导线圈的零电阻性，若穿过线圈的磁通量有微小改变，则感生电动势随即产生很大的电流用以抵消磁通量的改变. 因此超导线圈具有保持磁通量不变的性质.

本题金属圆环 A 与超导圆环 B 通过磁场的相互作用可视为磁偶极子间的作用，其一般表达式可见电动力学，这里同学可以由磁荷观点仿电偶极子图像写出作用力表达式.

解　(a), (b)可直接由毕奥-萨伐尔定律以及磁场的叠加性求圆形电流轴线上的磁场. 由于对称性，x 轴上 P 点处的磁感应强度只有 x 分量，其余分量互相抵消，

$$\mathrm{d}B_x=\frac{\mu_0}{4\pi}\frac{I\mathrm{d}l}{r^2}=\frac{\mu_0}{4\pi}\frac{I\mathrm{d}l}{a^2+x^2}$$

与轴线的夹角均为 θ，

$$B_x=\frac{\mu_0}{4\pi}\int\frac{I\mathrm{d}l}{a^2+x^2}\cos\theta=\frac{\mu_0}{4\pi}\frac{I}{a^2+x^2}\frac{a}{\sqrt{a^2+x^2}}\int\mathrm{d}l$$

$$=\frac{\mu_0}{4\pi}\frac{Ia}{(a^2+x^2)^{3/2}}2\pi a=\frac{\mu_0}{2}\frac{Ia^2}{(a^2+x^2)^{3/2}}$$

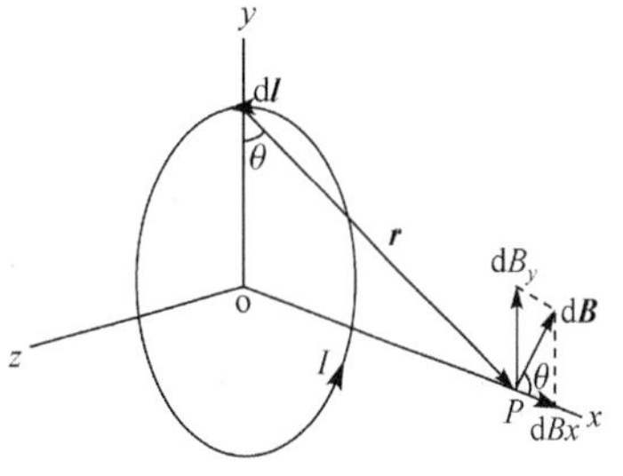

题图 2.147　圆形电流 I 轴线上 P 点的磁场

或者

$$B_x=\frac{\mu_0}{2\pi}\frac{m}{r^3}$$

其中 $m=I\pi a^2$，而 $\vec{m}=I\pi a^2\boldsymbol{n}=IS\boldsymbol{n}$ 称为该环形电流分布对应的磁矩. 在 $x\gg a$ 处

$$B=\frac{\mu_0Ia^2}{2x^3}=\frac{\mu_0 m}{2\pi x^3}$$

在圆心处

$$B_x=\frac{\mu_0}{2}\frac{I}{a}$$

(c) 线圈在某高度处达静平衡，其条件是在竖直方向所求合力为零. 在本题情况下，线圈在竖直方向除了受到重力作用之外，必将受到安培力的作用. 为此，应先求出线圈中的电流. 从远处移到金属圆环 A 正上方 x 处的线圈，写出回路方程

$$-\frac{\mathrm{d}\Phi}{\mathrm{d}t}-L\frac{\mathrm{d}I}{\mathrm{d}t}=0 \tag{1}$$

利用 $t=0$ 时，$I=i$，$\Phi=Li$，得

$$\Phi=-LI \tag{2}$$

当线圈 B 移动到 x 处时，设线圈中电流为 I，则有

$$\frac{B_0}{x^3}\pi a^2+LI=0$$

也就是

$$I=-\frac{B_0}{x^3L}\pi a^2 \tag{3}$$

其中负号表示这个电流产生的磁通将抵消小磁棒产生的磁通，以保持超导线圈中磁通不变.

易发现，磁感应强度 z 分量作用在线圈环流上是不会产生竖直向上安培力的，不能平衡重力. 细加观察发现小磁棒所产生的磁场位形如图所示，线圈半径 a 虽小，但线圈圆环上各点并不处在 z 轴上，所以圆环上各点除了有 B_z 分量以外，还有相对 z 轴对称分布的 B_r 分量，这个 B_r 作用在线圈环流，上产生竖直向上的安培力，它可以平衡线圈的重力.

利用静磁场的高斯定理，求 B_r. 取一个与小磁棒共轴的半径为 a、上底面和下底面高度分别为 $z+\Delta z$ 和 z 的一个高斯面. 上、下底面上的磁感应强度均用轴线上的值作近似，分别为 $B_z(z+\Delta z)$ 和 $B_z(z)$. 与侧面垂直的是 B_r. 写出高斯定理方程

$$\oint \boldsymbol{B}\cdot\mathrm{d}\boldsymbol{S}=0 \tag{4}$$

也就是

$$B_z(z)\pi a^2=B_z(z+\Delta z)\pi a^2+B_r 2\pi\Delta z \tag{5}$$

利用 $\dfrac{\Delta B_z}{\Delta z}=\dfrac{B_z(z+\Delta z)-B_z(z)}{\Delta z}$，得

$$B_r=-\frac{a}{2}\frac{\mathrm{d}B_z}{\mathrm{d}z}=-\frac{a}{2}\frac{\mathrm{d}}{\mathrm{d}z}\left(\frac{B_z}{z^3}\right)=\frac{3aB_0}{2z^4} \tag{6}$$

线圈受力平衡方程

$$B_r\cdot 2\pi a\cdot I=mg \tag{7}$$

其中 I 取绝对值. 即有

$$\frac{B_z}{z^4}\cdot 2\pi a\cdot\frac{B_0\pi a^2}{Lz^3}=mg \tag{8}$$

从而求得线圈平衡位置的高度为

$$x_0=\sqrt[7]{\frac{3B_0^2\pi^2a^4}{mgL}} \tag{9}$$

(d) 当线圈自平衡位置向上移动小量 Δx 时，线圈将失去平衡，其合力为(向上为正)

$$
\begin{aligned}
F &= B_r \cdot 2\pi a \cdot I - mg \\
&= \frac{3aB_0}{2(x+\Delta x)^4} \cdot 2\pi a \cdot \frac{B_0}{(x+\Delta x)^3 L} \pi a^2 - mg \\
&= -\frac{7mg}{x}\Delta x
\end{aligned}
$$

其中小量近似时只取到小量的一阶. 这是一个简谐力，所以线圈将在平衡位置附近做小振动，频率为

$$\omega = \sqrt{\frac{7g}{x_0}} \tag{10}$$

振动周期为

$$T = \frac{2\pi}{\omega} = 2\pi\sqrt{\frac{x_0}{7g}} \tag{11}$$

2.148　超导电性的金属丝做成单层线圈挂在一个弹性悬线上并处在一个竖直向上缓慢变大的磁场中

题 2.148　用超导电性的金属丝做一个单层线圈，让它短接起来，它的电感 $L = 3.0\times10^{-5}\,\mathrm{H}$，挂在一个弹性悬线上，线圈处在一个竖直向上的磁场中，线圈轴线与磁场平行(如题图 2.148). 在初始状态，悬线未被扭转且线圈中的电流 $I = 0$. 当磁场的磁感应强度 B 从零缓慢地增加到 $B_0 = 0.10$ 时，金属丝超导电性消失，转化为正常状态，悬线连同线圈将旋转一定角度.

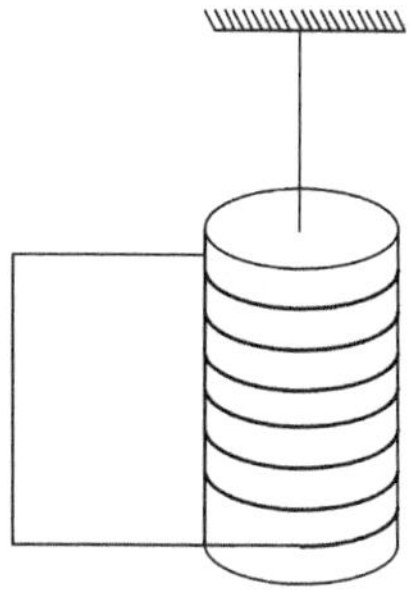

题图 2.148　超导金属丝吊线圈

请确定吊线圈的悬线转过的最大转角 $\varphi_{\max}$. 假定悬线的弹性力矩正比于它转过的角度，比例系数 $G = 1.0\times10^{-7}\,\mathrm{Nm/rad}$，线圈的匝数 $n = 100$，质量 $M = 10\mathrm{g}$，线圈半径 $R = 1.0\mathrm{cm}$，电子的荷质比为

$$\frac{e}{m} = 1.76\times10^{11}\,\mathrm{C\cdot kg^{-1}}$$

提示　在电磁场中运动的一个电子，其正则动量为

$$\boldsymbol{p} = m\boldsymbol{v} - e\boldsymbol{A}$$

其中 $\boldsymbol{v}$ 为电子速度，$\boldsymbol{A}$ 为磁矢势，对于题给的磁场，可取为 $\boldsymbol{A} = \frac{1}{2}\boldsymbol{B}\times\boldsymbol{r}$，而电子角动量为

$$\boldsymbol{j} = \boldsymbol{r}\times\boldsymbol{p} = \boldsymbol{r}\times(m\boldsymbol{v} - e\boldsymbol{A})$$

分析　本题涉及多方面的知识，如超导电性对感应电流的影响，导线中电子的圆周运动与线圈的反向旋转，这一系统的角动量守恒(不是动量守恒). 线圈旋转过程中克服悬线扭力矩所做功等等. 最后通过线圈因感应电流而获得的最大转动动能全部用于克服扭力矩做功而求得最大转角. 此外注意线圈转动并非磁场力所为.

解　当外磁场增大，磁感应强度 B 由零慢慢增大到 B_0 时，穿过线圈的磁通 Φ 将由零增大到 $\Phi_{\max}=n\pi R^2 B_0$，随着磁通的变化，在线圈回路中将产生感应电流，设为 I_i. 而 I_i 产生的磁场穿过线圈的磁通 Φ_i 将阻碍外磁通 Φ 的变化，由于超导电性，电阻为零，因而电流不因能量损耗而变小. 其 Φ_i 出现最大值的时刻稍落后于 Φ 出现最大值的时刻，但由于外磁场缓慢增加，两者几乎同时达到最大值，且大小相等，即有 $\Phi_{i\max}=\Phi_{\max}$.

按自感的定义有 $I_i=\Phi_i/L$，所以感应电流的最大值为

$$I_{i\max}=\frac{\Phi_{i\max}}{L}=\frac{\Phi_{\max}}{L}=\frac{n\pi R^2 B_0}{L} \tag{1}$$

当线圈内有感应电流产生时，也即表明有电子沿反方向的定向运动，而这种运动为半径为 R 的圆周运动. 设其运动速度为 $\boldsymbol{v}$，角速度为 $\boldsymbol{\omega}$，满足 $\boldsymbol{v}=\boldsymbol{r}\times\boldsymbol{\omega}$. 该电子正则动量为

$$\boldsymbol{p}=m\boldsymbol{v}-e\boldsymbol{A} \tag{2}$$

其中 $\boldsymbol{v}$ 为电子速度，$\boldsymbol{A}$ 为磁矢势，对于题给的磁场，可取为 $\boldsymbol{A}=\frac{1}{2}\boldsymbol{B}\times\boldsymbol{r}$，而电子角动量为

$$\begin{aligned}\boldsymbol{j}&=\boldsymbol{r}\times\boldsymbol{p}=\boldsymbol{r}\times(m\boldsymbol{v}-e\boldsymbol{A})\\&=\boldsymbol{r}\times\left(m\boldsymbol{\omega}\times\boldsymbol{r}-\frac{1}{2}e\boldsymbol{B}\times\boldsymbol{r}\right)=r^2m\boldsymbol{\omega}-\frac{1}{2}er^2\boldsymbol{B}\end{aligned} \tag{3}$$

因电子圆周运动满足 $m\boldsymbol{\omega}=e\boldsymbol{B}$，得电子角动量为

$$\boldsymbol{j}=\frac{1}{2}r^2m\boldsymbol{\omega} \tag{4}$$

即等于机械角动量乘以 1/2，其方向沿磁感应强度方向.

若导线单位长度中有 N 个电子定向运动，则线圈内将有 $2\pi RnN$ 个电子定向运动，其总质量为 $2\pi RnNm$（m 为一个电子的质量），绕定轴转动的转动惯量为 $(2\pi RnNm)R^2$，可得其机械角动量为

$$J_{\text{mech}}=(2\pi RnNm)R^2\cdot\omega=2\pi R^2 nNv\cdot m \tag{5}$$

从而线圈中 N 个电子定向运动的总角动量为

$$J=\frac{1}{2}J_{\text{mech}}=\pi R^2 nNv\cdot m \tag{6}$$

因为 Nv 表示单位时间内通过导线横截面积的电子数，则 $I_i=Nve$（e 为电子电量），所以式(6)可改写为

$$J=\frac{\pi R^2 nmI_i}{e} \tag{7}$$

现把导线和全部电子视为一个系统，系统的初始角动量为零. 当电子以角速度 ω 逆时针方向转动时，导线将沿顺时针方向旋转. 如果没有悬线扭转力的抵抗，线圈能获得的最大角速度设为 ω'，其线圈的转动惯量为 MR^2，其角动量为 $J'=MR^2\omega'$.

由角动量守恒，得

$$\text{末总角动量}=J'-J=MR^2\omega'-\frac{\pi R^2 nmI_i}{e}=\text{初总角动量}=0$$

从而可得

$$\omega' = \frac{\pi R m I_{\mathrm{i}}}{Me} \tag{8}$$

相应的最大转动动能为

$$E_{\mathrm{k}} = \frac{1}{2}(\text{线圈转动惯量})\omega'^2 = \frac{1}{2}MR^2\omega'^2 \tag{9}$$

这些动能，在转动过程中，用于克服悬线的扭力矩做功.

当线圈转过 φ 角时，扭力矩大小为 $M_0 = G\varphi$，在 $\varphi \to \varphi + \mathrm{d}\varphi$ 角位移中，所做元功为 $\mathrm{d}W = M_0\mathrm{d}\varphi = G\varphi\mathrm{d}\varphi$，则线圈从初始位置转过 φ 角时所做的总功为

$$W = \sum \Delta W = \sum_{\varphi=0}^{\varphi} G\varphi\Delta\varphi = \frac{1}{2}G\varphi^2$$

由 $W = E_{\mathrm{k}}$，得

$$\varphi = R\omega'\sqrt{\frac{M}{G}} = \frac{R\omega' M}{\sqrt{MG}} \tag{10}$$

再将式(1)、式(8)代入得

$$\varphi_{\max} = \frac{\pi R n m I_{\mathrm{imax}}}{\sqrt{MG}} = \frac{\pi^2 R^3 B_0 n^2}{L\left(\dfrac{e}{m}\right)\sqrt{MG}} \tag{11}$$

代入数据后便得到 $\varphi_{\max} = 6.0\times 10^{-5}\,\mathrm{rad}$.

2.149　已知无限大电磁性质均匀各向同性空间中的磁感应强度，求其他相关量

题 2.149　无限大空间中分布着静止的均匀各向同性的电磁介质. 介质的相对介电系数为 ε_{r}，电导率为 σ，相对磁导率为 μ_{r}. 现在已知空间的磁感应强度为 $\boldsymbol{B} = \boldsymbol{e}_\theta f(r)\exp\{-\mathrm{i}\omega t\}$，其中 $f(r)$ 是某一已知函数，而 r 为空间场点到轴线的距离. 试求：

(a) 空间的电场分布；

(b) 空间各种电荷分布；

(c) 空间各种电流分布；

(d) 电磁场的能量密度与能流密度.

分析　本题又属电磁场的逆问题，由电磁场反过来求源：电荷以及电流的分布. 由于磁感应强度的时间因子为 $\mathrm{e}^{-\mathrm{i}\omega t}$，是单一频率的，故电场强度的时间依赖关系也应为 $\mathrm{e}^{-\mathrm{i}\omega t}$. 这样时间微商 $\dfrac{\partial}{\partial t}$ 可用 $-\mathrm{i}\omega$ 代替. 用麦克斯韦方程组的最后一个方程以及微分形式欧姆定理 $\boldsymbol{j} = \sigma\boldsymbol{E}$ 可以先确定电场强度 $\boldsymbol{E}$.

电场与磁场都确定以后，即可反过来求各种电荷与电流的分布. 电荷包括自由电荷、极化电荷，电流包括传导电流、位移电流、磁化电流、极化电流. 另外在 $r=0$ 处可能有线电荷或线电流，应加以讨论.

解　(a) 由 $\boldsymbol{B} = \hat{\boldsymbol{e}}_\theta f(r)\mathrm{e}^{-\mathrm{i}\omega t}$，可知 $\boldsymbol{E} \sim \mathrm{e}^{-\mathrm{i}\omega t}$. 这样麦克斯韦方程可写为

$$\nabla\cdot\boldsymbol{D} = \varepsilon_{\mathrm{r}}\varepsilon_0\nabla\cdot\boldsymbol{E} = \rho_f$$

$$\nabla \times \boldsymbol{E} = -\frac{\partial \boldsymbol{B}}{\partial t} = \mathrm{i}\omega \boldsymbol{B}$$

$$\nabla \cdot \boldsymbol{B} = 0$$

$$\nabla \times \boldsymbol{H} = \frac{1}{\mu_{\mathrm{r}}\mu_0}\nabla \times \boldsymbol{B} = \boldsymbol{j}_0 + \frac{\partial \boldsymbol{D}}{\partial t}$$

而电流密度矢量为 $\boldsymbol{j}_0 = \sigma \boldsymbol{E}$ ，电位移矢量为 $\boldsymbol{D} = \varepsilon_{\mathrm{r}}\varepsilon_0 \boldsymbol{E}$ ，则上面最后一式可化为

$$\nabla \times \boldsymbol{B} = \mu_{\mathrm{r}}\mu_0\left(\sigma \boldsymbol{E} - \mathrm{i}\omega\varepsilon_{\mathrm{r}}\varepsilon_0 \boldsymbol{E}\right)$$

因而

$$\begin{aligned}\boldsymbol{E} &= \frac{1}{\mu_{\mathrm{r}}\mu_0\left(\sigma - i\omega\varepsilon_{\mathrm{r}}\varepsilon_0\right)}\nabla \times \boldsymbol{B} \\ &= \frac{\boldsymbol{e}_z}{\mu_{\mathrm{r}}\mu_0\left(\sigma - i\omega\varepsilon_{\mathrm{r}}\varepsilon_0\right)}\frac{1}{r}\left[\frac{\partial\left(rB_\theta\right)}{\partial r} - \frac{\partial B_r}{\partial \theta}\right] = \frac{\boldsymbol{e}_z}{\mu_{\mathrm{r}}\mu_0\left(\sigma - i\omega\varepsilon_{\mathrm{r}}\varepsilon_0\right)}\frac{1}{r}\frac{\partial(rf)}{\partial r}\mathrm{e}^{-\mathrm{i}\omega t} \\ &= \frac{\boldsymbol{e}_z}{\mu_{\mathrm{r}}\mu_0\sigma_t}\frac{1}{r}\frac{\partial(rf)}{\partial r}\mathrm{e}^{-\mathrm{i}\omega t+\mathrm{i}\phi_0}\end{aligned} \tag{1}$$

其中，$\sigma_t = \sqrt{\sigma^2 + \omega^2\varepsilon_{\mathrm{r}}^2\varepsilon_0^2}$，而 ϕ_0 满足 $\tan\phi_0 = \dfrac{\varepsilon_{\mathrm{r}}\varepsilon_0\sigma}{\sigma}(0 \leqslant \phi \leqslant \dfrac{\pi}{2})$，上面用到了旋度的柱坐标表示.

(b) 电位移矢量 $\boldsymbol{D} = \varepsilon_{\mathrm{r}}\varepsilon_0\boldsymbol{E}$ ，而电极化强度为 $\boldsymbol{P} = \boldsymbol{D} - \varepsilon_0\boldsymbol{E} = (\varepsilon_{\mathrm{r}} - 1)\varepsilon_0\boldsymbol{E}$. 又

$$\nabla \cdot \boldsymbol{E} = \frac{1}{\mu_{\mathrm{r}}\mu_0\left(\sigma - i\omega\varepsilon_{\mathrm{r}}\varepsilon_0\right)}\nabla \cdot \nabla \times \boldsymbol{B} = 0$$

故自由电荷体密度为 $\rho_f = \nabla \cdot \boldsymbol{D} = 0$ ，极化电荷体密度为 $\rho' = -\nabla \cdot \boldsymbol{P} = 0$.

另外在 z 轴附近作小高斯面，由电通量为 0 知 $r = 0$ 处即 z 轴上无线电荷分布.

(c) 由上面(a)中求得的电场和磁场，反过来求电流密度. 传导电流密度

$$\boldsymbol{j}_0 = \sigma\boldsymbol{E} = \frac{\sigma\boldsymbol{e}_z}{\mu_{\mathrm{r}}\mu_0\sigma_t}\frac{1}{r}\frac{\partial(rf)}{\partial r}\mathrm{e}^{-\mathrm{i}\omega t+\mathrm{i}\phi_0} \tag{2}$$

位移电流密度

$$\boldsymbol{j}_D = \frac{\partial\boldsymbol{D}}{\partial t} = -\mathrm{i}\omega D = -\mathrm{i}\omega\varepsilon_{\mathrm{r}}\varepsilon_0\boldsymbol{E} = \frac{\omega\varepsilon_{\mathrm{r}}\varepsilon_0\boldsymbol{e}_z}{\mu_{\mathrm{r}}\mu_0\sigma_t}\frac{1}{r}\frac{\partial(rf)}{\partial r}\mathrm{e}^{-\mathrm{i}\omega t+\mathrm{i}(\phi_0-\frac{\pi}{2})} \tag{3}$$

磁化电流密度

$$\begin{aligned}\boldsymbol{j}_M &= \nabla\times\boldsymbol{M} = \nabla\times\left(\frac{\boldsymbol{B}}{\mu_0} - \frac{\boldsymbol{B}}{\mu_{\mathrm{r}}\mu_0}\right) = \frac{1}{\mu_0}\left(1 - \frac{1}{\mu_{\mathrm{r}}}\right)\nabla\times\boldsymbol{B} \\ &= \frac{1}{\mu_0}\left(1 - \frac{1}{\mu_{\mathrm{r}}}\right)\frac{\boldsymbol{e}_z}{r}\frac{(rf)}{r}\mathrm{e}^{-\mathrm{i}\omega t}\end{aligned} \tag{4}$$

极化电流密度

$$\boldsymbol{j}_P = \frac{\partial\boldsymbol{P}}{\partial t} = \frac{\partial}{\partial t}\left[\left(\varepsilon_{\mathrm{r}} - 1\right)\varepsilon_0\boldsymbol{E}\right] = \frac{\varepsilon_{\mathrm{r}} - 1}{\varepsilon_{\mathrm{r}}}\boldsymbol{j}_D \tag{5}$$

环绕 z 轴作一半径为 δ 的小圆形回路，并令 $\delta \to 0$. 由回路定理，得 z 轴上线电流为

$$I = I_0 + I_D = \lim_{\delta\to 0}\oint_{C_\delta}\boldsymbol{H}\cdot\mathrm{d}\boldsymbol{l} = \frac{1}{\mu_r\mu_0}\lim_{\delta\to 0}\oint_{C_\delta}\boldsymbol{B}\cdot\mathrm{d}\boldsymbol{l} = \frac{2\pi}{\mu_{\mathrm{r}}\mu_0}\lim_{\delta\to 0}\delta f\left(\delta\right)\mathrm{e}^{-\mathrm{i}\omega t} \tag{6}$$

而 z 轴上传导电流、位移电流、磁化电流、极化电流分别如下给出：

$$I_0=\frac{\sigma}{\sigma_t}I\mathrm{e}^{\mathrm{i}\phi},I_D=\frac{\omega\varepsilon_\mathrm{r}\varepsilon_0}{\sigma_t}I\mathrm{e}^{\mathrm{i}(\phi_0-\frac{\pi}{2})} \tag{7}$$

$$I_M=(\mu_\mathrm{r}-1)I,I_P=\frac{\varepsilon_\mathrm{r}-1}{\varepsilon_\mathrm{r}}I_D \tag{8}$$

(d) 电磁场的能量密度

$$\begin{aligned}\omega&=\omega_e+\omega_m=\frac{1}{2}\boldsymbol{D}\cdot\boldsymbol{E}+\frac{1}{2}\boldsymbol{B}\cdot\boldsymbol{H}\\&=\frac{\varepsilon_\mathrm{r}\varepsilon_0}{2\mu_\mathrm{r}\mu_0\sigma_t}\frac{1}{r^2}\left[\frac{\partial(rf)}{\partial r}\right]^2\mathrm{e}^{-2\mathrm{i}\omega t}+\frac{1}{2\mu_\mathrm{r}\mu_0}[f(r)]^2\mathrm{e}^{-2\mathrm{i}\omega t}\end{aligned} \tag{9}$$

而能流密度即坡印亭矢量为

$$\boldsymbol{S}=\boldsymbol{E}\times\boldsymbol{H}=-\frac{\boldsymbol{e}_\mathrm{r}}{\mu_\mathrm{r}^2\mu_0^2\sigma_t}\frac{1}{r}f(r)\frac{\partial(rf)}{\partial r}\mathrm{e}^{-2\mathrm{i}\omega t+\mathrm{i}\phi} \tag{10}$$

注　$f(r)$一般也是复函数，上述所有结果均应理解为最后取实部.

2.150　用麦克斯韦应力张量考察点电荷受力

题 2.150　(a) 一质量为m、电荷为q的点电荷在电场强度为$\boldsymbol{E}_0$的均匀恒定电强中静止，(1)写出该时刻该点电荷邻近区域的电场，并由此写出麦克斯韦应力张量；(2)在该时刻，取一个以点电荷为圆心以a为半径的小球面，请计算该球面所受的应力；(3)试将(2)的结果与该点电荷所受的电场力比较，并请加以解释.

(b) 考虑运动电荷的情况. 一质量为m、电荷为q的点电荷在电场强度和磁感应强度分别为$\boldsymbol{E}_0$和$\boldsymbol{B}_0$的电磁场中运动，于$t=0$时刻到达坐标原点所处位置，其速度为$\boldsymbol{v}$. 试忽略该点电荷的速度变化，(1)写出该时刻该点电荷邻近区域的电磁场，并由此写出麦克斯韦应力张量；(2)在该时刻，取一个以点电荷为圆心以a为半径的小球面，请计算该球面所受的应力；(3)试将(2)的结果与该点电荷所受的洛伦兹力比较，并请加以解释.

解　空间一点的电场强度和磁感应强度分别为$\boldsymbol{E}$和$\boldsymbol{B}$，则该点的麦克斯韦应力张量$\vec{\boldsymbol{T}}$为

$$\vec{\boldsymbol{T}}=\varepsilon_0\left[\boldsymbol{EE}+c^2\boldsymbol{BB}-\frac{1}{2}\left(\boldsymbol{E}\cdot\boldsymbol{E}+c^2\boldsymbol{B}\cdot\boldsymbol{B}\right)\vec{\boldsymbol{I}}\right] \tag{1}$$

其中$\vec{\boldsymbol{I}}$为三维空间的单位张量.

(a) 点电荷在电场强度为$\boldsymbol{E}_0$的均匀恒定电强中静止. 该点电荷邻近区域的电场为外场$\boldsymbol{E}_0$与该点电荷激发的库仑场的合场，即

$$\boldsymbol{E}=\boldsymbol{E}_0+\frac{1}{4\pi\varepsilon_0}\frac{q\boldsymbol{x}}{r^3}\equiv\boldsymbol{E}_0+\boldsymbol{E}_q,\quad 其中\boldsymbol{E}_q=\frac{1}{4\pi\varepsilon_0}\frac{q\boldsymbol{x}}{r^3} \tag{2}$$

相应的麦克斯韦应力张量为

$$\begin{aligned}\vec{\boldsymbol{T}}&=\varepsilon_0\left\{\left(\boldsymbol{E}_0+\boldsymbol{E}_q\right)\left(\boldsymbol{E}_0+\boldsymbol{E}_q\right)-\frac{1}{2}\left(\boldsymbol{E}_0+\boldsymbol{E}_q\right)\cdot\left(\boldsymbol{E}_0+\boldsymbol{E}_q\right)\vec{\boldsymbol{I}}\right\}\\&=\varepsilon_0\left\{\boldsymbol{E}_0\boldsymbol{E}_0+\boldsymbol{E}_0\boldsymbol{E}_q+\boldsymbol{E}_q\boldsymbol{E}_0+\boldsymbol{E}_q\boldsymbol{E}_q-\frac{1}{2}\left[E_0^2+2\boldsymbol{E}_0\cdot\boldsymbol{E}_q+E_q^2\right]\vec{\boldsymbol{I}}\right\}\end{aligned} \tag{3}$$

以点电荷为圆心以 a 为半径的小球面所受的应力为麦克斯韦应力张量在该球面上的面积分，即

$$f=\oint\vec{\boldsymbol{T}}\cdot\mathrm{d}\boldsymbol{s}=a^2\iint\vec{\boldsymbol{T}}\cdot\boldsymbol{n}\mathrm{d}\Omega \tag{4}$$

按题意球面半径 a 足够小，则该球面上 $\boldsymbol{E}_0$ 可以看成是常量. 再基于高斯定理和对称性的考虑，可知

$$\iint\boldsymbol{E}_0\boldsymbol{E}_0\cdot\boldsymbol{n}\mathrm{d}\Omega=\boldsymbol{E}_0\iint\boldsymbol{E}_0\cdot\boldsymbol{n}\mathrm{d}\Omega=0,$$

$$\iint\boldsymbol{E}_q\boldsymbol{E}_q\cdot\boldsymbol{n}\mathrm{d}\Omega=\iint\boldsymbol{E}_qE_q(a)\mathrm{d}\Omega=E_q(a)\iint\boldsymbol{E}_q\mathrm{d}\Omega=0$$

$$\iint\boldsymbol{E}_0\boldsymbol{E}_q\cdot\boldsymbol{n}\mathrm{d}\Omega=\boldsymbol{E}_0\iint\boldsymbol{E}_q\cdot\boldsymbol{n}\mathrm{d}\Omega=\boldsymbol{E}_0\frac{q}{a^2\varepsilon_0},$$

$$\iint\frac{1}{2}\left(E_0^2+E_q^2\right)\vec{\boldsymbol{I}}\cdot\boldsymbol{n}\mathrm{d}\Omega=\frac{1}{2}\left(E_0^2+E_q^2\right)\iint\boldsymbol{n}\mathrm{d}\Omega=0$$

而因 $\boldsymbol{E}_q$ 沿 $\boldsymbol{n}$ 方向，可得

$$\begin{aligned}\iint\left(\boldsymbol{E}_q\boldsymbol{E}_0-\boldsymbol{E}_0\cdot\boldsymbol{E}_q\vec{\boldsymbol{I}}\right)\cdot\boldsymbol{n}\mathrm{d}\Omega&=\iint\left(\boldsymbol{E}_q\boldsymbol{E}_0\cdot\boldsymbol{n}-\boldsymbol{E}_0\cdot\boldsymbol{E}_q\boldsymbol{n}\right)\mathrm{d}\Omega\\&=\iint E_q\left(\boldsymbol{n}\boldsymbol{E}_0\cdot\boldsymbol{n}-\boldsymbol{E}_0\cdot\boldsymbol{n}\boldsymbol{n}\right)\mathrm{d}\Omega=0\end{aligned}$$

由上可知

$$f=\oint\vec{\boldsymbol{T}}\cdot\mathrm{d}\boldsymbol{s}=q\boldsymbol{E}_0 \tag{5}$$

只要球面半径 a 足够小，该球面上 $\boldsymbol{E}_0$ 可以看成是常量，则球面所受的应力等于该点电荷所受的电磁力.

(b) 速度为 $\boldsymbol{v}$ 的点电荷(忽略该点电荷的速度变化)在空间激发的电磁场为

$$\boldsymbol{E}_q(\boldsymbol{x},t)=\frac{1}{4\pi\varepsilon_0}\frac{\gamma q\boldsymbol{x}}{\left[r^2+\gamma^2(\boldsymbol{\beta}\cdot\boldsymbol{x})^2\right]^{3/2}},\qquad \boldsymbol{B}_q=\frac{\boldsymbol{v}}{c^2}\times\boldsymbol{E}_q=\frac{1}{c}\boldsymbol{\beta}\times\boldsymbol{E}_q \tag{6}$$

这样总的场强为

$$\boldsymbol{E}=\boldsymbol{E}_0+\boldsymbol{E}_q(\boldsymbol{x},t)=\boldsymbol{E}_0+\frac{1}{4\pi\varepsilon_0}\frac{\gamma q\boldsymbol{x}}{\left[r^2+\gamma^2(\boldsymbol{\beta}\cdot\boldsymbol{x})^2\right]^{\frac{3}{2}}} \tag{7}$$

$$\boldsymbol{B}=\boldsymbol{B}_0+\boldsymbol{B}_q(\boldsymbol{x},t)=\boldsymbol{B}_0+\frac{1}{c}\boldsymbol{\beta}\times\boldsymbol{E}_q \tag{8}$$

按式(1)，相应的麦克斯韦应力张量为

$$\begin{aligned}\vec{\boldsymbol{T}}=&\varepsilon_0\Big\{\left(\boldsymbol{E}_0+\boldsymbol{E}_q\right)\left(\boldsymbol{E}_0+\boldsymbol{E}_q\right)+\left(c\boldsymbol{B}_0+\boldsymbol{\beta}\times\boldsymbol{E}_q\right)\left(c\boldsymbol{B}_0+\boldsymbol{\beta}\times\boldsymbol{E}_q\right)\\&-\frac{1}{2}\Big[\left(\boldsymbol{E}_0+\boldsymbol{E}_q\right)\cdot\left(\boldsymbol{E}_0+\boldsymbol{E}_q\right)+\left(c\boldsymbol{B}_0+\boldsymbol{\beta}\times\boldsymbol{E}_q\right)\cdot\left(c\boldsymbol{B}_0+\boldsymbol{\beta}\times\boldsymbol{E}_q\right)\Big]\vec{\boldsymbol{I}}\Big\}\\=&\varepsilon_0\Big\{\boldsymbol{E}_0\boldsymbol{E}_0+\boldsymbol{E}_0\boldsymbol{E}_q+\boldsymbol{E}_q\boldsymbol{E}_0+\boldsymbol{E}_q\boldsymbol{E}_q+c^2\boldsymbol{B}_0\boldsymbol{B}_0+c\boldsymbol{B}_0\left(\boldsymbol{\beta}\times\boldsymbol{E}_q\right)\\&+c\left(\boldsymbol{\beta}\times\boldsymbol{E}_q\right)\boldsymbol{B}_0+\left(\boldsymbol{\beta}\times\boldsymbol{E}_q\right)\left(\boldsymbol{\beta}\times\boldsymbol{E}_q\right)\\&-\frac{1}{2}\Big[E_0^2+2\boldsymbol{E}_0\cdot\boldsymbol{E}_q+E_q^2+c^2B_0^2+2c\boldsymbol{E}_0\cdot\left(\boldsymbol{\beta}\times\boldsymbol{E}_q\right)+\left(\boldsymbol{\beta}\times\boldsymbol{E}_q\right)^2\Big]\vec{\boldsymbol{I}}\Big\}\end{aligned}$$

以点电荷为圆心以 a 为半径的小球面所受的应力为麦克斯韦应力张量在该球面上的面积分，即按式(4)计算. 按题意球面半径 a 足够小，则该球面上 $\boldsymbol{E}_0$ 和 $\boldsymbol{B}_0$ 可以看成是常量. 选 z 轴沿速度 $\boldsymbol{v}$ 方向，场量 $\boldsymbol{E}$ 和 $\boldsymbol{B}$ 具有绕 z 轴旋转不变性，再根据高斯定理，可知

$$\iint \boldsymbol{E}_0\boldsymbol{E}_0\cdot\boldsymbol{n}\mathrm{d}\Omega=\boldsymbol{E}_0\iint \boldsymbol{E}_0\cdot\boldsymbol{n}\mathrm{d}\Omega=0,\quad \iint \boldsymbol{B}_0\boldsymbol{B}_0\cdot\boldsymbol{n}\mathrm{d}\Omega=0$$

$$\iint \boldsymbol{E}_0\boldsymbol{E}_q\cdot\boldsymbol{n}\mathrm{d}\Omega=\boldsymbol{E}_0\iint \boldsymbol{E}_q\cdot\boldsymbol{n}\mathrm{d}\Omega=\boldsymbol{E}_0\frac{q}{\varepsilon_0 a^2}$$

$$\iint \frac{1}{2}\left(E_0^2+c^2B_0^2\right)\vec{\boldsymbol{I}}\cdot\boldsymbol{n}\mathrm{d}\Omega=\frac{1}{2}\left(E_0^2+c^2B_0^2\right)\iint \boldsymbol{n}\mathrm{d}\Omega=0$$

并有

$$\begin{aligned}\iint\left(\boldsymbol{\beta}\times\boldsymbol{E}_q\right)^2\vec{\boldsymbol{I}}\cdot\boldsymbol{n}\mathrm{d}\Omega&=\iint\left(\boldsymbol{\beta}\times\boldsymbol{E}_q\right)^2\boldsymbol{n}\mathrm{d}\Omega=\iint\left(\beta E_q\right)^2\sin^2\theta\boldsymbol{n}\mathrm{d}\Omega\\&=\boldsymbol{e}_z\int_0^{\pi}\left(\beta E_q\right)^2\sin^3\theta\cos\theta\mathrm{d}\theta=2\pi\boldsymbol{e}_z\int_{-1}^{1}\left(\beta E_q\right)^2\sin^2\theta\cos\theta\mathrm{d}\cos\theta=0\end{aligned}$$

最后一个等号给出零是因为被积函数是关于 $\cos\theta$ 的奇函数. 再按式(6)，$\boldsymbol{E}_q$ 沿 $\boldsymbol{n}$ 方向，则应有

$$\begin{aligned}\iint\left(\boldsymbol{E}_q\boldsymbol{E}_0-\boldsymbol{E}_0\cdot\boldsymbol{E}_q\vec{\boldsymbol{I}}\right)\cdot\boldsymbol{n}\mathrm{d}\Omega&=\iint\left(\boldsymbol{E}_q\boldsymbol{E}_0\cdot\boldsymbol{n}-\boldsymbol{E}_0\cdot\boldsymbol{E}_q\boldsymbol{n}\right)\mathrm{d}\Omega\\&=\iint E_q\left(\boldsymbol{n}\boldsymbol{E}_0\cdot\boldsymbol{n}-\boldsymbol{E}_0\cdot\boldsymbol{n}\boldsymbol{n}\right)\mathrm{d}\Omega=0\end{aligned}$$

以及

$$\iint \boldsymbol{E}_q\boldsymbol{E}_q\cdot\boldsymbol{n}\mathrm{d}\Omega=\iint \boldsymbol{n}E_q^2\mathrm{d}\Omega=0,\quad \iint E_q^2\vec{\boldsymbol{I}}\cdot\boldsymbol{n}\mathrm{d}\Omega=\iint \boldsymbol{n}E_q^2\mathrm{d}\Omega=0,$$

$$\iint\left(\boldsymbol{\beta}\times\boldsymbol{E}_q\right)\left(\boldsymbol{\beta}\times\boldsymbol{E}_q\right)\cdot\boldsymbol{n}\mathrm{d}\Omega=0$$

上面用了按式(6)所给的 $\boldsymbol{E}_q$ 沿 $\boldsymbol{n}$ 方向以及 $\iint \boldsymbol{n}E_q^2\mathrm{d}\Omega=0$，对后者只需考察对 φ 的积分即可看出这一点. 另外

$$\begin{aligned}&\iint\left[\boldsymbol{B}_0\left(\boldsymbol{\beta}\times\boldsymbol{E}_q\right)+\left(\boldsymbol{\beta}\times\boldsymbol{E}_q\right)\boldsymbol{B}_0-\boldsymbol{B}_0\cdot\left(\boldsymbol{\beta}\times\boldsymbol{E}_q\right)\vec{\boldsymbol{I}}\right]\cdot\boldsymbol{n}\mathrm{d}\Omega\\&=\iint\left[\boldsymbol{B}_0\left(\boldsymbol{\beta}\times\boldsymbol{E}_q\right)\cdot\boldsymbol{n}+\left(\boldsymbol{\beta}\times\boldsymbol{E}_q\right)\boldsymbol{B}_0\cdot\boldsymbol{n}-\boldsymbol{B}_0\cdot\left(\boldsymbol{\beta}\times\boldsymbol{E}_q\right)\boldsymbol{n}\right]\mathrm{d}\Omega\\&=\iint\left[\left(\boldsymbol{\beta}\times\boldsymbol{E}_q\right)\boldsymbol{B}_0\cdot\boldsymbol{n}-\boldsymbol{B}_0\cdot\left(\boldsymbol{\beta}\times\boldsymbol{E}_q\right)\boldsymbol{n}\right]\mathrm{d}\Omega\\&=\boldsymbol{B}_0\times\iint\left(\boldsymbol{\beta}\times\boldsymbol{E}_q\right)\times\boldsymbol{n}\mathrm{d}\Omega=\boldsymbol{B}_0\times\iint\left(\boldsymbol{E}_q\boldsymbol{\beta}\cdot\boldsymbol{n}-\boldsymbol{\beta}\boldsymbol{E}_q\cdot\boldsymbol{n}\right)\mathrm{d}\Omega\\&=\boldsymbol{\beta}\times\boldsymbol{B}_0\iint \boldsymbol{E}_q\cdot\boldsymbol{n}\mathrm{d}\Omega+\boldsymbol{B}_0\times\iint \boldsymbol{\beta}\cdot\boldsymbol{n}\boldsymbol{E}_q\mathrm{d}\Omega\end{aligned}$$

利用高斯定理，可得上面式(10)的最后一个等号右边第一项为

$$\iint\left[\boldsymbol{B}_0\left(\boldsymbol{\beta}\times\boldsymbol{E}_q\right)+\left(\boldsymbol{\beta}\times\boldsymbol{E}_q\right)\boldsymbol{B}_0-\boldsymbol{B}_0\cdot\left(\boldsymbol{\beta}\times\boldsymbol{E}_q\right)\vec{\boldsymbol{I}}\right]\cdot\boldsymbol{n}\mathrm{d}\Omega=\boldsymbol{\beta}\times\boldsymbol{B}_0\frac{q}{\varepsilon_0 a^2}$$

式(10)的第二项由对称性，积分只有沿速度 $\boldsymbol{v}$ 方向(选为 z 轴)的分量不为零，为

$$\iint \boldsymbol{\beta}\cdot\boldsymbol{n}\boldsymbol{E}_q\mathrm{d}\Omega=\iint \beta\cos\theta E_q\mathrm{d}\Omega=\frac{\beta\gamma q}{4\pi\varepsilon_0}\iint\frac{r}{\left[r^2+\gamma^2(\boldsymbol{\beta}\cdot\boldsymbol{x})^2\right]^{\frac{3}{2}}}\cos^2\theta\mathrm{d}\Omega$$

$$=\frac{\beta\gamma q}{4\pi\varepsilon_0 a^2}\iint\frac{\cos^2\theta}{\left[1+\gamma^2\beta^2\cos^2\theta\right]^{\frac{3}{2}}}\mathrm{d}\Omega=\frac{\beta\gamma q}{2\varepsilon_0 a^2}\int_{-1}^{1}\frac{\cos^2\theta}{\left[1+\gamma^2\beta^2\cos^2\theta\right]^{\frac{3}{2}}}\mathrm{d}\cos\theta$$

$$=\frac{q}{\varepsilon_0 a^2\beta^2\gamma^2}\int_0^{\beta\gamma}\frac{x^2}{(1+x^2)^{\frac{3}{2}}}\mathrm{d}x=\frac{q}{\varepsilon_0 a^2\beta^2\gamma^2}\left[\ln\left(x+\sqrt{x^2+1}\right)-\frac{x}{\sqrt{x^2+1}}\right]_0^{\beta\gamma}$$

$$=\frac{q\left[ln\gamma(\beta+1)-\beta\right]}{\varepsilon_0 a^2\beta^2\gamma^2}=\frac{q}{2\varepsilon_0 a^2}\frac{\ln(1+\beta)-\ln(1-\beta)-2\beta}{\beta^2}(1-\beta^2)$$

可得式(10)的第二项为

$$\boldsymbol{B}_0\times\iint\boldsymbol{\beta}\cdot\boldsymbol{n}\boldsymbol{E}_q\mathrm{d}\Omega=\boldsymbol{B}_0\times\boldsymbol{\beta}\frac{q}{\varepsilon_0 a^2}\frac{\ln\gamma(\beta+1)-\beta}{\beta^3\gamma^2}$$

这样得

$$\iint\left[\boldsymbol{B}_0(\boldsymbol{\beta}\times\boldsymbol{E}_q)+(\boldsymbol{\beta}\times\boldsymbol{E}_q)\boldsymbol{B}_0-\boldsymbol{B}_0\cdot(\boldsymbol{\beta}\times\boldsymbol{E}_q)\vec{\boldsymbol{I}}\right]\cdot\boldsymbol{n}\mathrm{d}\Omega$$
$$=\boldsymbol{\beta}\times\boldsymbol{B}_0\frac{q}{\varepsilon_0 a^2}+\boldsymbol{B}_0\times\boldsymbol{\beta}\frac{q}{\varepsilon_0 a^2}\frac{\left[\ln\gamma(\beta+1)-\beta\right]}{\beta^3\gamma^2}$$

由上可知

$$\boldsymbol{f}=\oint\vec{\boldsymbol{T}}\cdot\mathrm{d}\boldsymbol{s}=q\boldsymbol{E}_0+q\boldsymbol{v}\times\boldsymbol{B}_0-q\boldsymbol{v}\times\boldsymbol{B}_0\frac{\ln\gamma(\beta+1)-\beta}{\beta^3\gamma^2}$$

上式右边最后一项为与该点电荷所受的洛伦兹力相比所多出来的.

电磁场是定域场，而洛伦兹力通过定域场传递.

第3章　电路分析

3.1　对8种可能的输入组合求出输出电压

题 3.1　如题图 3.1 所示电路中，输入电压 V_1、V_2、V_3 可取 0 或 1 两个值(0 是指接地)，对于 8 种可能的输入组合分别求出输出电压 V_{out}.

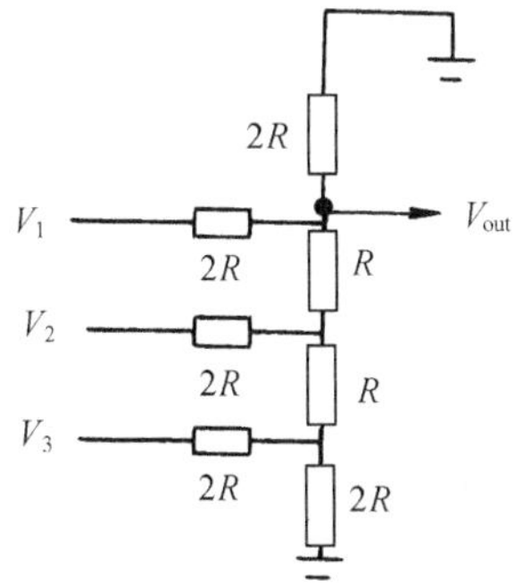

题图 3.1

解　根据独立作用原理和电阻分压定理可得

$$V_{out}=\frac{1}{3}V_1+\frac{1}{6}V_2+\frac{1}{12}V_3$$

V_{out} 随 V_1、V_2、V_3 的变化得到不同的值，如题表 3.1 所示.

题表 3.1

V_1	V_2	V_3	V_{out}	V_1	V_2	V_3	V_{out}
0	0	0	0	0	1	1	$\frac{1}{4}$
0	0	1	$\frac{1}{12}$	1	0	1	$\frac{5}{12}$
0	1	0	$\frac{1}{6}$	1	1	0	$\frac{1}{2}$
1	0	0	$\frac{1}{3}$	1	1	1	$\frac{7}{12}$

3.2　输出端的伏安特性等效于一电池时，求电池电动势、内阻及短路电流

题 3.2　两输出端的伏安特性等效于一电动势为 ε_0、内阻为 r 的电池. 求此电池的 ε_0、r 和短路电流.

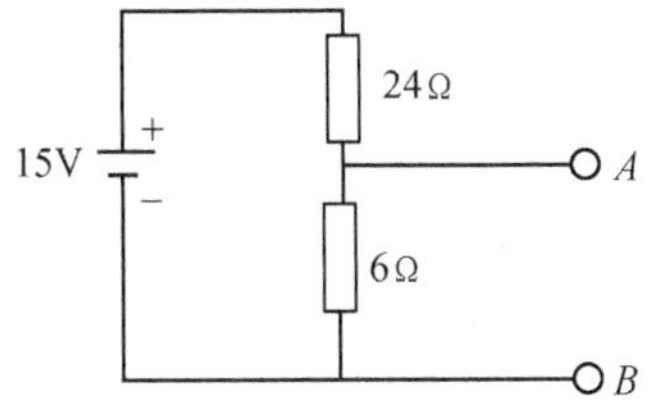

题图 3.2

解　由戴维南等效定理得

$$\varepsilon_0=V_{AB}=\frac{6}{24+6}\times 15=3(\mathrm{V})$$

$$r=\frac{6\times 24}{6+24}=4.8(\Omega)$$

短路电流

$$I=\frac{\varepsilon_0}{r}=\frac{3}{4.8}=0.625(\mathrm{A})$$

3.3　线性直流网络等效于一个电池和电阻的串联电路

题 3.3　任何线性直流网络等效于(在网络任意两点 A、B 之间连接一个负载 R_L 的)一个具有某一电动势 V 的电池和电阻 r 的串联电路，如题图 3.3(a)所示. (a) 计算题图 3.3(b)电路中的 V 和 r. (b) 计算题图 3.3(c)电路中的 V 和 r. (c) 计算题图 3.3(d)电路中的 V 和 r(**提示**：采用数学归纳法).

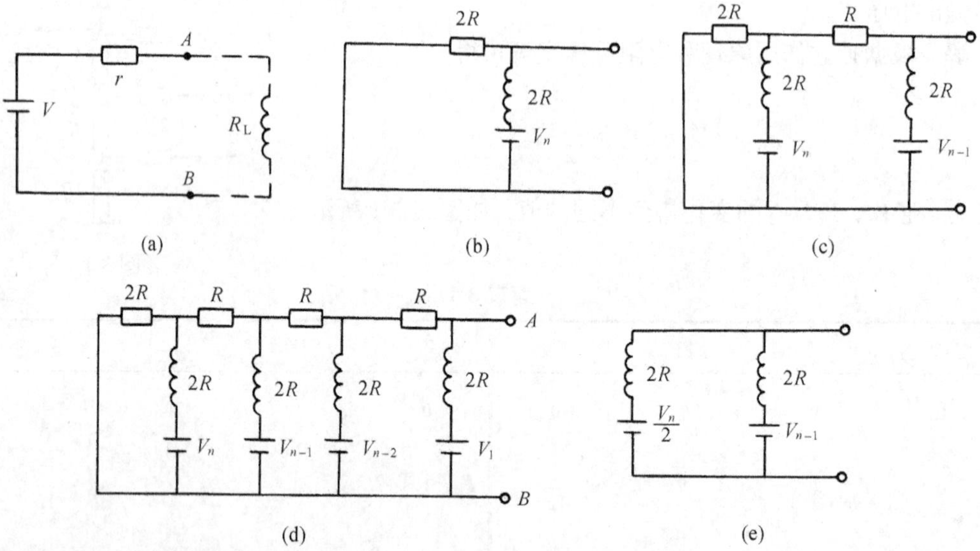

题图 3.3

解　(a) 由戴维南定理得

$$V=\frac{2R}{2R+2R}\cdot V_n=\frac{1}{2}V_n$$

$$r=\frac{2R\times 2R}{2R+2R}=R$$

(b) 将(a)的结果代入题图 3.3(c)，可得一简化电路图(题图 3.3(e))根据叠加原理

$$V=\frac{1}{2}(V_n/2)+\frac{1}{2}V_{n-1}=\frac{1}{2}\left(V_{n-1}+\frac{1}{2}V_n\right),\qquad r=R$$

(c) 由(b)的结果进行递推就可得

$$V=\frac{1}{2}\left\{V_1+\frac{1}{2}\left[V_2+\frac{1}{2}\left(V_3+\cdots+\frac{1}{2}\left(V_{n-1}+\frac{1}{2}V_n\right)\underbrace{\cdots\Big)\Big]\Big\}}_{(n-1)个}\right.\right.\right.$$

$$=2^{-1}V_1+2^{-2}V_2+\cdots+2^{-n}V_n$$

$$r=R$$

3.4 四个并联电容充电后通过铜导线放电，导线是否会熔化

题 3.4 四个 1μF 的电容并联，充电到 200V，然后通过 5mm 长的优质铜导线放电. 导线电阻 4Ω/m，质量 0.045g/m. 问导线会熔化吗？为什么？

解 总电容

$$C=4\times1=4(\mu\text{F})$$

电容储能

$$E=\frac{1}{2}CV^2=\frac{1}{2}\times4\times10^{-6}\times200^2=0.08(\text{J})$$

铜线电阻

$$R=4\times5\times10^{-3}=0.02(\Omega)$$

铜线质量

$$m=0.045\times5\times10^{-3}=0.225(\text{mg})$$

铜的熔点

$$t=1356(℃)$$

比热

$$c=0.091(\text{cal}^{①}/\text{g}\cdot℃)$$

若此铜导线原在室温下(t=25℃)，使它熔化所需热量

$$Q=cm\Delta t=0.091\times0.225\times10^{-3}\times(1356-25)$$
$$=0.027(\text{cal})=0.11(\text{J})$$

$$Q>E$$

故此铜导线不会被熔化.

3.5 流过恒定电流的 *LR* 电路突然断路储能的变化

题 3.5 如题图 3.5 所示，电键 S 闭合，恒定电流 $I=V/R$ 流过 LR 电路，突然断开 S，问电路中电流 I 存在时所储存的电路中的能量 $\frac{1}{2}LI^2$ 将会发生什么变化？

解 当 S 断开时，电路中电流 I 存在时储存在电路中的能量 $\frac{1}{2}LI^2$，将会以电磁波的形式发射出去.

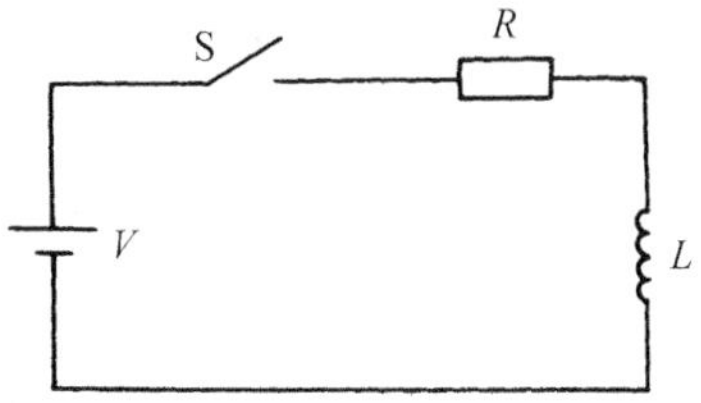

题图 3.5

3.6 *RC* 电路的能量转化

题 3.6 (a) 电路中的电容器由两片边长 L、相隔 d 的正方形金属板组成(题图 3.6)，其电

① 1cal(卡) = 4.2J.

容值是多少? (b) 如果在 C 中储存有电能，证明电键闭合后，这些电能完全消耗在电阻 R 上.

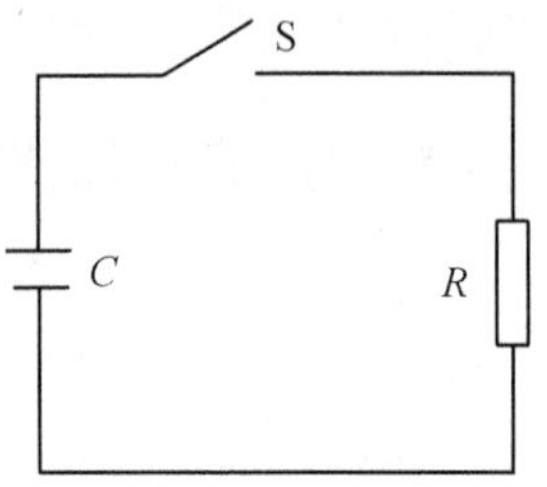

题图 3.6

解 (a) $C=\dfrac{\varepsilon S}{d}$ 由于介质是空气 $\varepsilon=\varepsilon_0$，故 $C=\varepsilon_0 L^2/d$.

(b) 设 t=0 时，电容两端电压为 V_0，则电容储能 $W_C=\dfrac{1}{2}CV_0^2$. 在 t=0 时闭合电键，则

$$V_C(t)=V_0\mathrm{e}^{-t/RC}\ ,\quad i(t)=C\frac{\mathrm{d}V_C(t)}{\mathrm{d}t}=-\frac{V_0}{R}\mathrm{e}^{-t/RC}$$

消耗在电阻上的能量

$$W_R=\int_0^\infty i^2(t)R\mathrm{d}t=\frac{V_0^2}{R}\int_0^\infty \mathrm{e}^{-2t/RC}\mathrm{d}t=\frac{1}{2}CV_0^2$$

$$W_R=W_C$$

即电容上的储能全部损失在电阻 R 上.

3.7 一个无限电阻网络

题 3.7 (a) 求如题图 3.7(a)所示的无限网络的输入电阻. 即 A、B 之间的等效电阻. (b) 如题图 3.7(b)所示，电阻 R_1、R_2 并联，电流 I_0 以某种方式通过它们. 由 $I_0=I_1+I_2$ 和功率消耗最低这两个条件导出普通电路公式中的电流分配公式.

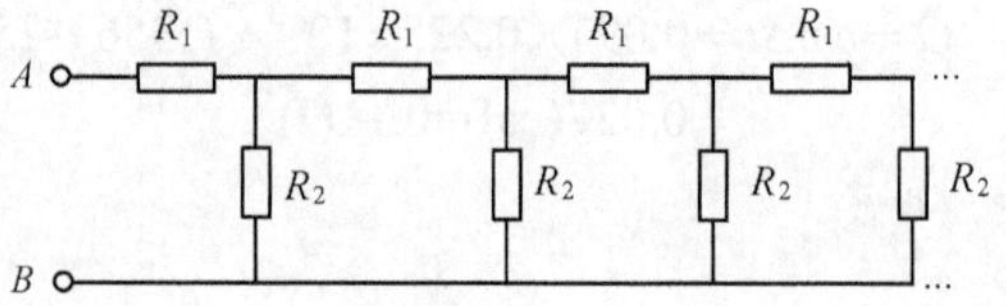

(a)

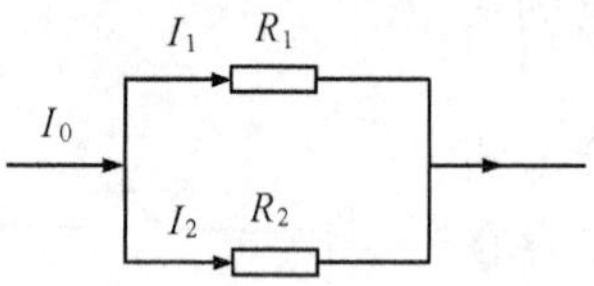

(b)

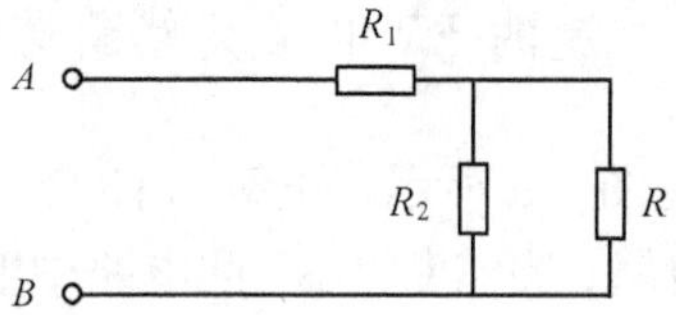

(c)

题图 3.7

解 (a) 对于无限网络，设其总电阻为 R，把第一节电阻分出，剩下电路为原电路等价的无限网络. 等效电路如题图 3.7(c)所示. 其总电阻

$$R=R_1+\frac{RR_2}{R+R_2}$$

即 $R^2-R_1R-R_1R_2=0$. 取正根得

$$R=\frac{R_1}{2}+\frac{\sqrt{R_1^2+4R_1R_2}}{2}$$

(b) 普通电路公式为

$$I_1/I_2=R_2/R_1$$

现推导如下：

$$I_0=I_1+I_2$$

功率消耗

$$P = I_1^2 R_1 + I_2^2 R_2 = I_1^2 R_1 + (I_0 - I_1)^2 R_2$$

功率消耗最低时

$$\frac{\mathrm{d}P}{\mathrm{d}I_1} = 0$$

得

$$2I_1R_1-2(I_0-I_1)R_2=0$$

即

$$\frac{I_1}{I_2} = \frac{I_1}{I_0 - I_1} = \frac{R_2}{R_1}$$

3.8 一个无穷电阻网络的电阻

题 3.8 考虑如题图 3.8(a)所示的电阻网络. 所有的电阻都相等，并且网络无限延续下去. 则 A 和 B 之间的电阻是多少？

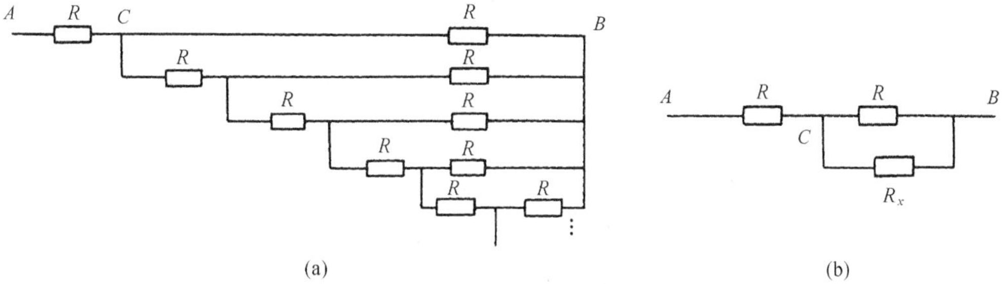

题图 3.8

解 该系统是一个无穷网络，所以，去掉最上面一层的两个电阻 R 之后，CB 之间的总电阻应该不改变. 设总电阻为 R_x，等效电路如题图 3.8(b)所示，而 R_x 就是 A 和 B 之间的电阻. 所以由

$$R + \frac{1}{1/R + 1/R_x} = R_x$$

解出

$$R_x = \frac{1+\sqrt{5}}{2} R$$

3.9　单极低通滤波器的频率响应

题 3.9　一个单极低通滤波器(*RC* 电路)的频率响应能被：(a) 无限级 *RC* 串联滤波器；(b) *LC* 滤波器；(c) 单极高通(*CR*)滤波器，理想地补偿.

解　答案为(c).

3.10　方波脉冲加到 *RC* 电路，输出端的信号

题 3.10　一个方波脉冲(题图 3.10(b))加到题图 3.10(a)中电路 *A* 端，在 *B* 端会得到什么信号？

解　电路时间常数

$$\tau = RC = 1\times 10^3 \times 1\times 10^{-6} = 10^{-3}(\mathrm{s}) = 1(\mathrm{ms})$$

$$V_A = 5u(t) - 5u(t-1)$$

故

$$V_B = 5\mathrm{e}^{-t/\tau}u(t) - 5\mathrm{e}^{-(t-1)/\tau}u(t-1)$$

$$= 5\mathrm{e}^{-t}u(t) - 5\mathrm{e}^{-(t-1)}u(t-1)(\mathrm{V})$$

其中 t 以 ms 为单位，V_B 的变化曲线如题图 3.10(c)所示.

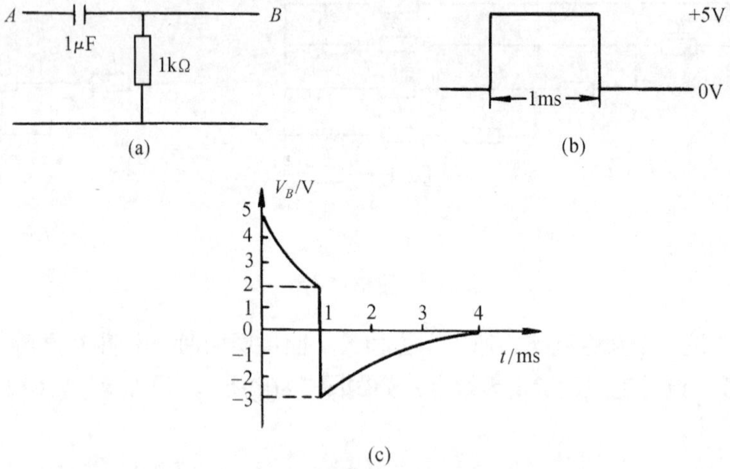

题图 3.10

3.11　*RC* 电路中电容储存的能量

题 3.11　计算 3μF 电容(题图 3.11)中所储存的能量.

解　两个电容两端的电压

$$V=\left|\frac{(1.5//1)}{1.4+(1.5//1)}\times 4-2\right|=0.8(\mathrm{V})$$

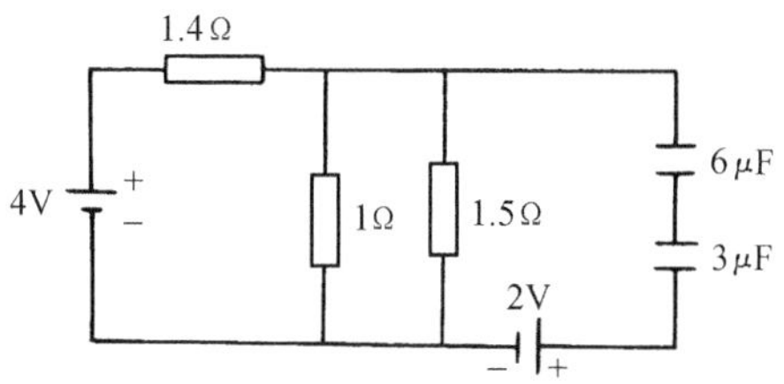

题图 3.11

3μF 电容两端的电压为

$$\frac{6}{3+6}\times 0.8=0.53(\mathrm{V})$$

3μF 电容中所储存的能量为

$$\frac{1}{2}CV^2=\frac{1}{2}\times 3\times 10^{-6}\times 0.53^2=0.42\times 10^{-6}(\mathrm{J})$$

3.12　电源、电容和二极管组成的电路中某两点的波形及电压

题 3.12　题图 3.12(a)是由电压产生器、二个电容、二个理想二极管组成的电路. 产生器在 a 点产生一个振幅为 V 的稳定对称方波. 画出电路中 b、c 两点的波形图，并且给出它们的电平值.

解　理想二极管的正向电阻为 0，反向电阻为∞. 故在 a 点电势极性不同时，得到如下的等效电路图(题图 3.12(b)).

设在某个负脉冲作用期间，C_1、C_2 上的电势降分别为 V_1、V_2. 则 a、b、c 的电势为

$$V_\mathrm{a}=-V=-V_1-V_2$$

$$V_\mathrm{b}=V_\mathrm{c}=-V_2$$

然后 a 点电势跃变为正脉冲，这时 C_1、C_2 上的电势降是 V、V_2. 则 a、b、c 的电势为

$$V_\mathrm{a}=V\,,\qquad V_\mathrm{b}=0\,,\qquad V_\mathrm{c}=-V_2$$

当 a 点电势再跃变为 $-V$ 时，由于 C_1、C_2 上充的电荷无法放掉，则 a、b、c 的电势为

$$V_a=-V=V-V_2$$

$$V_2=2V$$

$$V_b=V_c=-V_2=-2V$$

因此

$$V_b = \begin{cases} 0, & a\text{为}+V\text{时} \\ -2V, & a\text{为}-V\text{时} \end{cases} \quad V_c = -2V$$

b、c 两点的波形图如题图 3.12(c)所示.

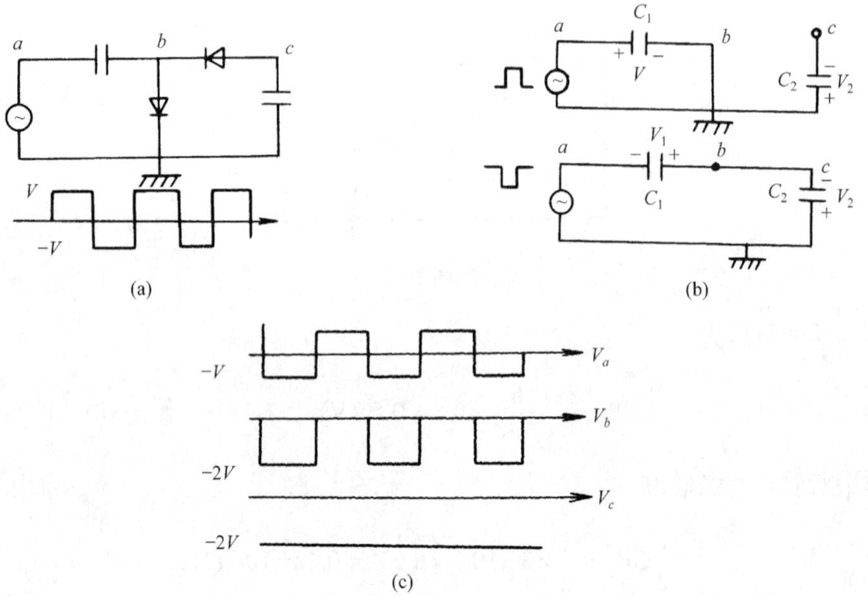

题图 3.12

3.13　RC 串并联电路暂态过程的电压表达式

题 3.13　在题图 3.13 电路中，电容被预先充电至电势 V_0，在 t=0 时合上开关. 导出在此后 t 时刻 A 点的电势表达式.

解　如题图 3.13 所示，设在 t 时刻，两个电容上的电势及三个支路电流分别为 V_1、V_2、i_1、i_2 与 i_3. 由基尔霍夫定理及电容的伏安关系得

$$i_1R + i_2R - V_2 = 0 \tag{1}$$

$$i_1R - V_1 = 0 \tag{2}$$

$$i_1 - i_2 + i_3 = 0 \tag{3}$$

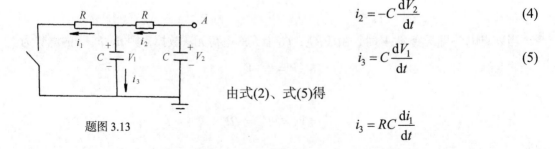

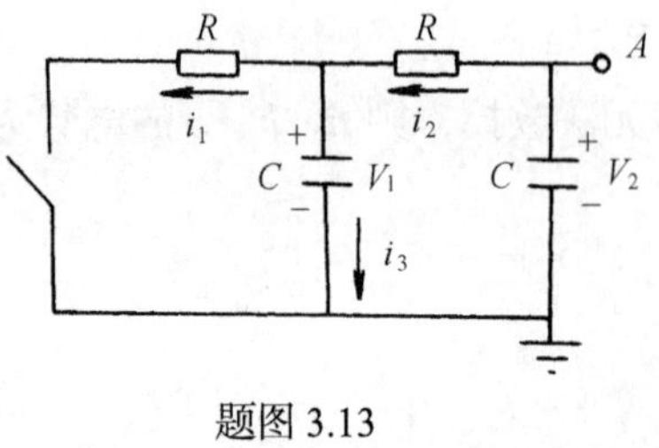

题图 3.13

$$i_2 = -C\frac{\mathrm{d}V_2}{\mathrm{d}t} \tag{4}$$

$$i_3 = C\frac{\mathrm{d}V_1}{\mathrm{d}t} \tag{5}$$

由式(2)、式(5)得

$$i_3 = RC\frac{\mathrm{d}i_1}{\mathrm{d}t}$$

由上式与式(4)代入式(3)得

$$i_1 + C\frac{\mathrm{d}V_2}{\mathrm{d}t} + RC\frac{\mathrm{d}i_1}{\mathrm{d}t} = 0 \tag{6}$$

由式(1)、式(4)得

$$i_1 = \frac{1}{R}V_2 + C\frac{\mathrm{d}V_2}{\mathrm{d}t}$$

代入式(6)得

$$\frac{\mathrm{d}^2V_2}{\mathrm{d}t^2} + \frac{3}{RC}\cdot\frac{\mathrm{d}V_2}{\mathrm{d}t} + \frac{1}{R^2C^2}V_2 = 0$$

解得

$$V_2 = A\exp\left(\frac{-\frac{3+\sqrt{5}}{2}t}{RC}\right) + B\exp\left(\frac{-\frac{3-\sqrt{5}}{2}t}{RC}\right)$$

$$V_1 = i_1R = V_2 + RC\frac{\mathrm{d}V_2}{\mathrm{d}t} = -\frac{1+\sqrt{5}}{2}A\exp\left(\frac{-\frac{3+\sqrt{5}}{2}t}{RC}\right) - \frac{1-\sqrt{5}}{2}B\exp\left(\frac{-\frac{3-\sqrt{5}}{2}t}{RC}\right)$$

考虑到具体电路可以认为在合上开关前一瞬时电路处于稳定状态，即认为

$$V_1(0)=V_2(0)=\pm V_0$$

得到

$$V_A = V_2 = \pm\frac{5-3\sqrt{5}}{10}V_0\exp\left(\frac{-\frac{3+\sqrt{5}}{2}t}{RC}\right) \pm \frac{5+3\sqrt{5}}{10}V_0\exp\left(\frac{-\frac{3-\sqrt{5}}{2}t}{RC}\right)$$

$$\approx \pm\left(1.17\exp\left(\frac{-0.38t}{RC}\right) - 0.17\exp\left(\frac{-2.62t}{RC}\right)\right)V_0$$

3.14 一个网络暂态过程中电容电荷随时间的变化

题 3.14 一个网络包含两个回路和三个分支，第一支是一电池(电动势 ε、内阻 R_1)与一个开关 S，第二支是电阻 R_2 与电容 C，第三支是电阻 R_3(题图 3.14). (a) 在 $t=0$ 时，合上开关，计算电容 C 上电荷随时间的变化关系. (b) 若电容器 C 上有初始电荷 Q_0，重复上述运算.

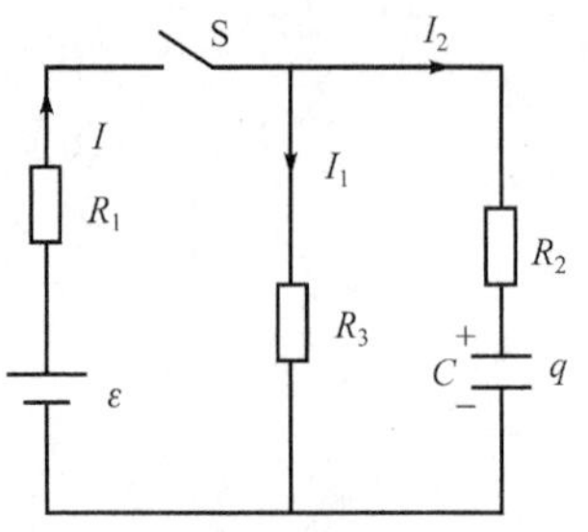

题图 3.14

解　设通过三支路的电流为 I、I_1、I_2，C 上的电荷为 q，则按基尔霍夫回路定理和节点定理

$$\varepsilon = IR_1 + I_1R_3$$

$$\varepsilon = IR_1 + I_2R_2 + \frac{q}{C}$$

$$I = I_1 + I_2$$

并有

$$\frac{\mathrm{d}q}{\mathrm{d}t} = I_2$$

联立上式可得

$$I_1R_3 = I_2R_2 + \frac{q}{C} = R_2\frac{\mathrm{d}q}{\mathrm{d}t} + \frac{q}{C}$$

从而

$$I_1 = \frac{R_2}{R_3}\frac{\mathrm{d}q}{\mathrm{d}t} + \frac{q}{R_3C}$$

进而

$$I = I_1 + I_2 = \frac{R_2}{R_3}\frac{\mathrm{d}q}{\mathrm{d}t} + \frac{q}{R_3C} + \frac{\mathrm{d}q}{\mathrm{d}t} = \left(\frac{R_2}{R_3}+1\right)\frac{\mathrm{d}q}{\mathrm{d}t} + \frac{q}{R_3C}$$

这样

$$R_1\left(\frac{R_2}{R_3}+1\right)\frac{\mathrm{d}q}{\mathrm{d}t} + \frac{R_1q}{R_3C} + R_2\frac{\mathrm{d}q}{\mathrm{d}t} + \frac{q}{C} = \varepsilon$$

也就是

$$\frac{\mathrm{d}q}{\mathrm{d}t} = -Aq + B$$

其中

$$A = \frac{R_1 + R_3}{(R_1R_2+R_2R_3+R_3R_1)C}$$

$$B = \frac{\varepsilon R_3}{R_1R_2+R_2R_3+R_3R_1}$$

解方程得

$$q = d\mathrm{e}^{-At} + \frac{B}{A}$$

d 由初始条件确定.

(a) 若 $q(0) = 0$，则

$$d = -\frac{B}{A}$$

所以

$$q=\frac{B}{A}(1-e^{-At})$$
$$=\frac{\varepsilon R_3}{R_1+R_3}\left\{1-\exp\left[-\frac{R_1+R_3}{(R_1R_2+R_2R_3+R_3R_1)C}t\right]\right\}$$

(b) 若 $q(0)=Q_0$，则

$$d=Q_0-\frac{B}{A}$$

所以

$$q=\frac{B}{A}+\left(Q_0-\frac{B}{A}\right)e^{-At}$$
$$=\frac{\varepsilon R_3}{R_1+R_3}+\left(Q_0-\frac{\varepsilon R_3}{R_1+R_3}\right)\exp\left[-\frac{R_1+R_3}{(R_1R_2+R_2R_3+R_3R_1)C}t\right]$$

3.15 *RL* 电路接通和断开电源足够长时间后电阻消耗的能量

题 3.15 L 的电阻可忽略，初始时开关断开，电流为零(题图 3.15). 求(a) 当开关闭合很长时间后，R_2上消耗的能量. (b) 当开关闭合很长时间后再断开很长时间，R_2上消耗的能量(注意电路图和上面列的数据).

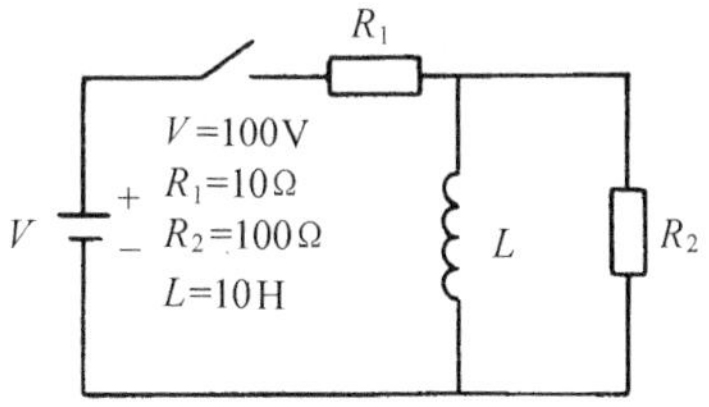

题图 3.15

解 (a) 电键刚闭合时

$$I_{R_2}(0)=\frac{V}{R_1+R_2}=0.91(\text{A})$$

闭合很长时间后

$$I_{R_2}(\infty)=0$$

电路时间常数

$$\tau=\frac{L}{R_1//R_2}=1.1(\text{s})$$

$$I_{R_2}(t)=I_{R_2}(\infty)+[I_{R_2}(0)-I_{R_2}(\infty)]e^{-t/\tau}=0.91e^{-0.91t}(\text{A})$$

$$W_{R_2}=\int_0^\infty I_{R_2}^2(t)R_2\mathrm{d}t=\int_0^\infty 0.91^2e^{-1.82t}\times 100\mathrm{d}t=45.5(\text{J})$$

(b) 电键刚断开时

$$I_L(0)=\frac{V}{R_1}=10(\text{A})$$

电感 L 储存的能量全部消耗在 R_2 上

$$W_{R_2}=\frac{1}{2}LI_L^2(0)=\frac{1}{2}\times 10\times 100=500(\text{J})$$

3.16 RL 串并联电路暂态过程中电感、电流随时间的变化

题 3.16 开关 S 已断开很长时间，在 $t=0$ 时合上(题图 3.16). 计算通过电感的电流 I_L 随时间的变化.

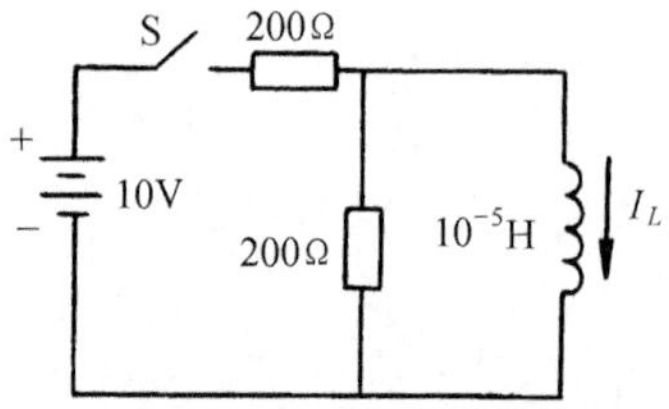

题图 3.16

解 $I_L(0)=0,\qquad I_L(\infty)=\dfrac{10}{200}=0.05(\text{A})$

从电感 L 两端看出的等效电阻

$$R=\frac{200\times200}{200+200}=100(\Omega)$$

故时间常数

$$\tau=\frac{L}{R}=\frac{10^{-5}}{100}=10^{-7}(\text{s})$$

$$I_L(t)=I_L(\infty)+[I_L(0)-I_L(\infty)]\mathrm{e}^{-t/\tau}=0.05(1-\mathrm{e}^{-10^7t})(\text{A})$$

3.17 立方体导电框架一条边两端点间的电阻

题 3.17 如题图 3.17(a)所示，立方体框架 $ABCDEFGH$，它的 12 条边为电导率均匀的导线，每边的电阻均为 R. 现在 AD 间接上一直流电源，忽略所有的接触电阻，试求该电源的外电阻.

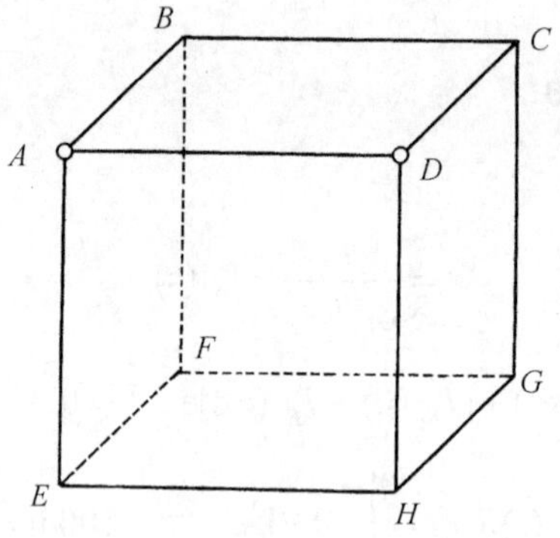

(a)

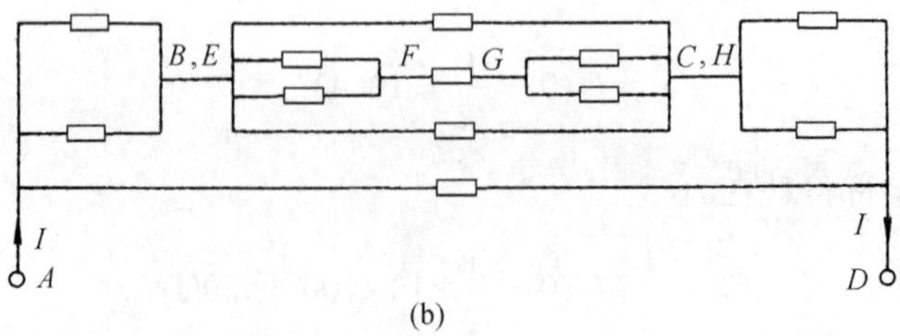

(b)

题图 3.17

解法一 不妨设立方体顶角 A 接电源正极. 由于对称性以及电荷守恒，AB、AE、CD、HD 的电流相同，设为 i. EF、BF、GC、GH 的电流相同，设为 i_1. 设 AD 的电流为 j. 根据基尔霍夫第一定理，BC、EH 的电流为 $i-i_1$，FG 的电流为 $2i_1$.

根据基尔霍夫第二定理，对于回路 $EFGHE$，有

$$i_1R+2i_1R+i_1R+(i_1-i)R=0$$

即有 $i=5i_1$. 同理对于 $ABCDA$，可得 $j=3i-i_1=14i_1$. 这样 AD 间的电阻为

$$R_{AD}=\frac{jR}{I}=\frac{jR}{2i+j}=\frac{14i_1R}{10i_1+14i_1}=\frac{7}{12}R$$

解法二 由于对称性，B 和 E 电势相等，故可以用导线连接而不会改变线路的电流状态. 对于 C 和 H,情况也一样. 故可得 12 个阻值为 R 的电阻的等效电路如题图 3.17(b)所示. 这是简单的串并联电路. 由图知 $R_{AB}=R_{BF}=R_{GC}=R_{CD}=R/2$，从而 BC 间的电阻为

$$R_{BC}=\left(\frac{1}{R}+\frac{1}{R}+\frac{1}{R+R/2+R/2}\right)^{-1}=\frac{2}{5}R$$

进而得 AD 间的电阻为

$$R_{AD}=\left(\frac{1}{R}+\frac{1}{R/2+R/2+2R/5}\right)^{-1}=\frac{7}{12}R$$

3.18 立方体导电框架面上对角点间的电阻

题 3.18 如题图 3.18(a)所示，立方体框架 $ABCDEFGH$，它的 12 条边为电导率均匀的导线，每边的电阻均为 R. 现在 AC 间接上一直流电源，忽略所有的接触电阻，试问该电源的外电阻是多少？

解法一 考虑该立方体电路的对称性以及电源正极流出的电流应等于电源负极流进的电流，电阻器中的电流如题图 3.18(b)所示，由节点上的电流关系得

$$I=2x+y,\qquad y=2z$$

其中，I 是电源正极流出的总电流. 再考虑 A 和 C 间的电压与路径无关，给出附加方程 $2xR=2(y+z)R$. 求解以上三个方程得

$$x=\frac{3I}{8},\qquad y=\frac{I}{4},\qquad z=\frac{I}{8}$$

A 和 C 之间的电阻是 $2xR/I$，即有

$$R_{AC}=\frac{3R}{4}$$

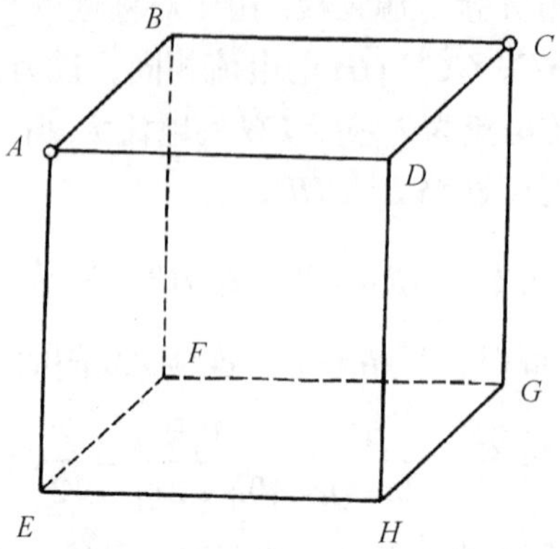

(a)

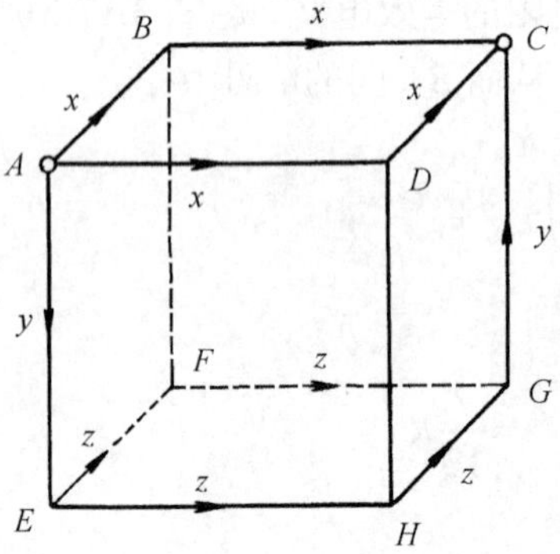

(b)

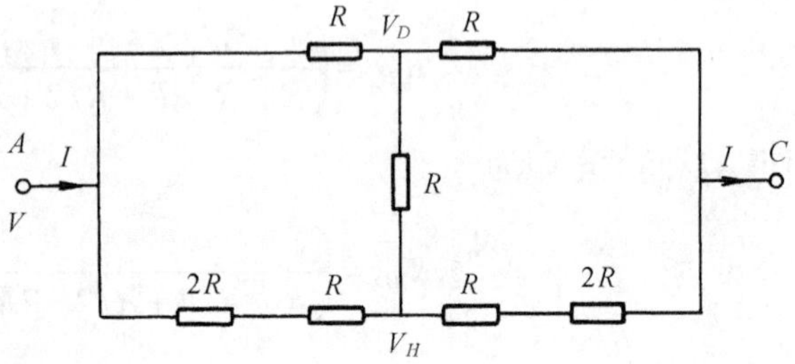

(c)

题图 3.18

解法二　这一立方体电路关于 $ACGE$ 面对称，可将它视为对称的两相同部分电路的并联，每一部分的等效电路如题图 3.18(c)所示. 设 C 点的电势为 0，A 点的电势为 V，各节点(D、H 点)的电势也已在图中标出. 对此电路由基尔霍夫定律列出节点和回路方程如下：

$$\frac{V-V_D}{R}+\frac{V-V_H}{3R}=I \tag{1}$$

$$\frac{V_D-V_H}{R}+\frac{V_D}{R}=\frac{V-V_D}{R} \tag{2}$$

$$\frac{V-V_H}{3R}+\frac{V_D-V_H}{R}=\frac{V_H}{3R} \tag{3}$$

$$\frac{V_D}{R}+\frac{V_H}{3R}=I \tag{4}$$

无须求解上面整个方程组，将式(1)、式(4)相加即得 $\frac{V}{R}+\frac{V}{3R}=2I$，也就是 $I=\frac{V}{3R/2}$. 因此等效电路的电阻为 $R'=\frac{V}{I}=3R/2$. 最后因为并联的关系，得 AC 间的电阻为 $R_{AC}=R'/2=3R/4$.

3.19 立方体导电框架体对角点间的电阻，并考虑一个电极滑动的情况

题 3.19 如题图 3.19(a)所示，立方体框架 *ABCDEFGH*，它的 12 条边为电导率均匀的导线，每边的电阻均为 R. 现在 AG 间接上一直流电源，忽略所有的接触电阻，(a) 试问该电源的外电阻是多少？(b) 若电源在 G 点的接线沿一条边做微小移动，请问这一电阻是增大还是减小？

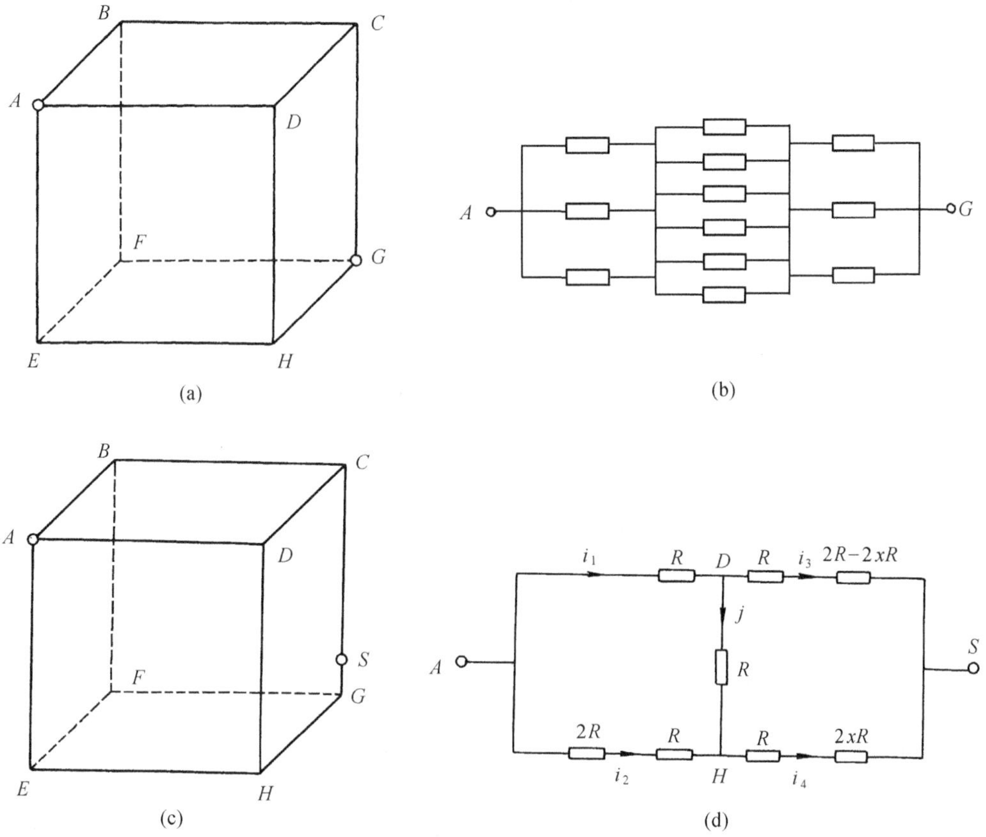

题图 3.19

解 (a) 不妨设立方体顶角 A 接电源正极. 由于对称性，A 点的三条边流出的电流相等，设为 i. 同样 G 点的三条边流过的电流相等，由于电荷守恒，应与 A 点的三条边流出的电流相等，也为 i. 在 B 点，由于对称性，BC、BF 中的电流应相同. 再根据基尔霍夫第一定理，BC、BF 中的电流为 $i/2$. 这样 AG 间的电阻为

$$R_{AG} = \frac{U_{AG}}{I} = \frac{U_{AB} + U_{BC} + U_{CG}}{3i} = \frac{iR + iR/2 + iR}{3i} = \frac{5}{6}R$$

另解 由于对称性，B、D 和 E 三点电势相等，故可以用导线连接而不会改变线路的电流状态. 对于 C、H 和 F 来说，情况也一样. 故 AB、AD、AE 可视为并联，CG、FG、

HG 也一样. 可得 12 个阻值为 R 的电阻的等效电路如题图 3.19(b)所示. 这也是简单的串并联电路，故 AG 间的电阻为

$$R_{AG}=\frac{1}{3}R+\frac{1}{6}R+\frac{1}{3}R=\frac{5}{6}R$$

(b) 若电源在 G 点的接线沿一条边做微小移动，由于对称性，沿 GC、GE、GH 效果是一样的，不妨设沿 GC 移动到 S 点，如题图 3.19(c)所示. 假设 $|GS|/|GC|=x$，因导线电导率均匀，从而 GS 间电阻为 xR，而 CS 间电阻为 $(1-x)R$. 这一立方体电路关于 $ACGE$ 面对称，可将它视为相同两部分电路的并联，每一部分的等效电路如题图 3.19(d)所示. 电流也已在图中标出，如果求得某一电阻的电流为负值，则表示电流方向与假设的相反. 设 AS 间的电压为 V，根据基尔霍夫定律列出节点和回路方程如下：

$$i_1=i_3+j \tag{1}$$

$$i_2=i_4-j \tag{2}$$

$$i_1R+jR=i_2(R+2R) \tag{3}$$

$$jR+i_4(R+2xR)=i_3(R+2R-2xR) \tag{4}$$

$$i_1R+i_3(R+2R-2xR)=V \tag{5}$$

由式(1)~式(4)解得

$$i_2=\frac{4-x}{8+x}i_1,\qquad i_3=\frac{4+5x}{8+x}i_1 \tag{6}$$

代入式(5)即得 i_1，这样得 i_1，i_2 如下

$$i_1=\frac{8+x}{20+8x-10x^2}\cdot\frac{V}{R},\qquad i_2=\frac{4-x}{20+8x-10x^2}\cdot\frac{V}{R} \tag{7}$$

这样求得等效电路的电阻为

$$R'=\frac{V}{i_1+i_2}=\frac{20+8x-10x^2}{12}R=\frac{10+4x-5x^2}{6}R$$

因此 AS 间的电阻为

$$R_{AS}=\frac{R'}{2}=\frac{10+4x-5x^2}{12}R \tag{8}$$

由此可见，若电源在 G 点的接线沿一条边做微小移动(x 很小)，则该电源的外电阻将增大，若移动到 x=2/5 则达到最大. 此外式(8)中取 x=1 则又给出题 3.18 的结果.

3.20 开关通、断瞬间和长时间后电路各元件的电流

题 3.20 如题图 3.20 所示：(a) 电动势都是直流的，开关 S 在 A 点很长时间后 ε_1、R_1、R_2 和 L 上电流的大小和方向如何？(b) 开关掷向 B 后的瞬间 ε_2、R_1、R_2 和 L 上电流的大小和方向如何？(c) 问开关在 B 点很长时间后 ε_2、R_1、R_2 和 L 上电流的大小和方向如何？

解 (a) 开关在 A 点很长时间后 L 相当于短路，故

$I_{R_2}=0$

$I_{R_1}=\dfrac{\varepsilon_1}{R_1}=\dfrac{5}{10^4}=0.5\text{mA}$，方向向左

$I_{\varepsilon_1}=I_{R_1}=0.5\text{mA}$，方向向上

$I_L=I_{\varepsilon_1}=0.5\text{mA}$，方向向下

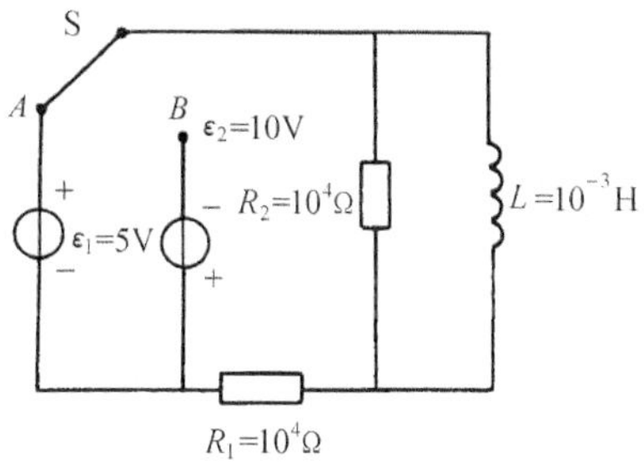

题图 3.20

(b) 在这一瞬间，I_L不变，故

$$I_L=0.5\text{mA},\quad 方向向下$$

设 R_1、R_2 上的电流为I_{R_1}、I_{R_2}，方向分别为向右、向上. 则有

$$\begin{cases}I_{R_1}+0.5\times10^{-3}=I_{R_2}\\ I_{R_1}R_1+I_{R_2}R_2=(I_{R_1}+I_{R_2})\times10^4=\varepsilon_2=10\end{cases}$$

故

$$I_{R_1}=0.25\text{mA},\quad 方向向右$$

$$I_{R_2}=0.75\text{mA},\quad 方向向上$$

$$I_{\varepsilon_2}=0.25\text{mA},\quad 方向向下$$

$$I_L=0.5\text{mA},\quad 方向向下$$

(c) 类似(a)，L 短路，故有

$$I_{R_1}=\frac{\varepsilon_2}{R_1}=1\text{mA},\quad 方向向右$$

$$I_{R_2}=0$$

$$I_L=1\text{mA},\quad 方向向上$$

$$I_{\varepsilon_2}=1\text{mA},\quad 方向向下$$

3.21 *RL* 电路暂态过程中电流、电势差变化及电阻消耗的能量

题 3.21 如题图 3.21 所示，开关放在 A 点很长时间后，在 t=0 时刻突然掷向 B 点，在打到 B 点这一瞬间，问：(a) 电感 L 上的电流为多大？(b) 通过电阻 R 的电流的时间变化率为多大？(c) B 点的电势(对地)为多大？(d) L 两端的电势差的时间变化率为多大？(e) 在 t=0 至 0.1s 之间消耗在电阻 R 上的总能量是多少？

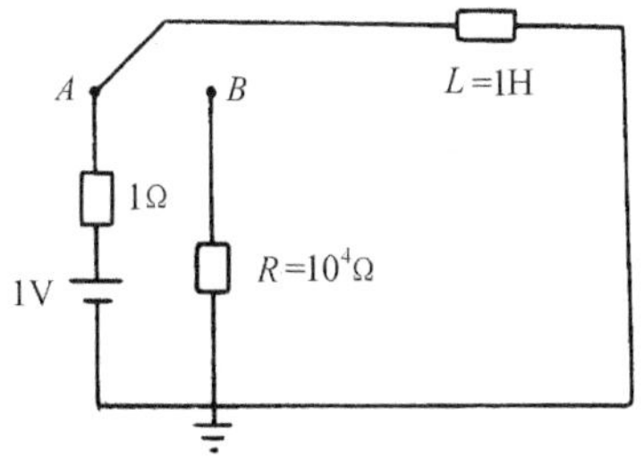

题图 3.21

解 (a) 电感电流不能突变，所以

$$i_L(0)=\frac{1}{1}=1(\text{A})$$

(b)
$$L\frac{\mathrm{d}i_L}{\mathrm{d}t}=v_B=-i_LR$$

$$\left.\frac{\mathrm{d}i_L}{\mathrm{d}t}\right|_{t=0}=-i_L(0)\frac{R}{L}=-1\times\frac{10^4}{1}=-10^4(\mathrm{A/s})$$

(c)
$$v_B(0)=-i_L(0)R=-1\times10^4=-10^4(\mathrm{V})$$

(d)
$$v_L=v_B=i_LR$$

$$\left.\frac{\mathrm{d}v_L}{\mathrm{d}t}\right|_{t=0}=\left.\frac{\mathrm{d}i_L}{\mathrm{d}t}\right|_{t=0}R=-i_L(0)\frac{R^2}{L}$$

$$=-1\times\frac{(10^4)^2}{1}=-10^8(\mathrm{V/s})$$

(e)

$$i_L(t)=i_L(0)\mathrm{e}^{-Rt/L}=\mathrm{e}^{-10^4t}(\mathrm{A})$$

$$W_L=\frac{1}{2}Li_L^2(t)$$

R 上耗能(在 t=0 到 0.1s 之间内)

$$W_R=\frac{1}{2}Li_L^2(0)-\frac{1}{2}Li_L^2(0.1)=\frac{1}{2}-\frac{1}{2}\mathrm{e}^{-2\times10^4\times0.1}=0.5(\mathrm{J})$$

3.22　RC 微分电路输出波形随负载的变化

题 3.22　如题图 3.22(a)，电路中脉冲电压源内阻可以忽略，它输出幅度为 1V、宽度为 10^{-6}s 的脉冲. 电路中的电阻 R 可以从 $10^3\Omega$ 变为 $10^4\Omega$、$10^5\Omega$. 假定示波器的输入经过适当的补偿而对正被检测的电路不带来负载，分别画出 R 取 $10^3\Omega$、$10^4\Omega$ 和 $10^5\Omega$ 时示波器上的波形草图.

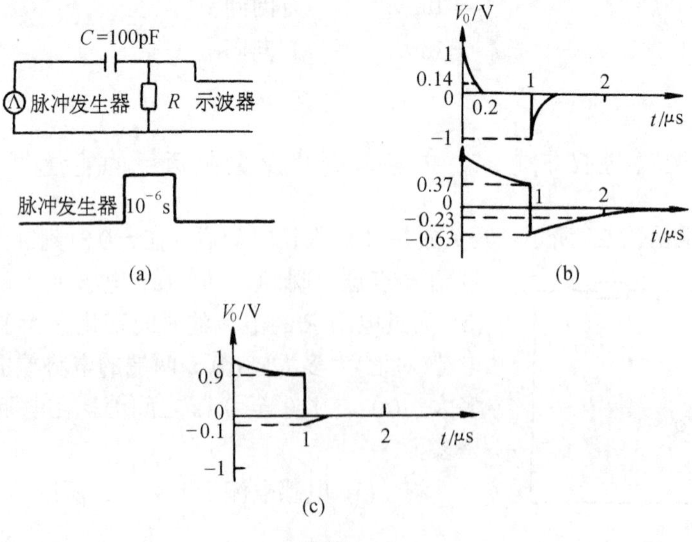

题图 3.22

解　脉冲发生器输出为 $u(t)-u(t-1)$(V)，t 用 μs 作单位，在 μs 中 CR 电路阶跃响应为 $u(t)e^{-t/RC}$. 所以 CR 电路输出

$$v_0 = u(t)e^{-t/Rc} - u(t-1)e^{-(t-1)/Rc}(\mathrm{V})$$

故示波器上波形草图如题图 3.22(b)和题图 3.22(c)所示.

① $R=10^3\Omega$，$RC=10^{-7}$s，t 用 μs 作单位有

$$v_0 = u(t)e^{-10t} - u(t-1)e^{-10(t-1)}(\mathrm{V})$$

② $R=10^4\Omega$，$RC=1$μs，t 用 μs 作单位有

$$v_0 = u(t)e^{-t} - u(t-1)e^{-t+1}(\mathrm{V})$$

③ $R=10^5\Omega$，$RC=10$μs，t 用 μs 作单位有

$$v_0 = u(t)e^{-0.1t} - u(t-1)e^{-0.1(t-1)}(\mathrm{V})$$

3.23　三掷开关控制的电路中电阻上的电流

题 3.23　电键 S 掷向 A(如题图 3.23 所示). (a) 求出 S 掷到 A 几秒钟后流经 R_1、R_2、R_3 电流的大小和方向(沿纸面向上或向下). 现在让 S 掷向 B(断开位置). (b) 求开关刚掷到 B 点时 R_1、R_2、R_3 上电流的大小和方向. (c) 求 S 从 A 掷到 B 0.5s 后 R_1、R_2、R_3 上电流的大小和方向. 在掷到 B 1s 后再把 S 掷向 C. (d) 求 S 刚由 B 掷到 C 时，R_2、R_3、R_4、R_5 上电流的大小和方向.

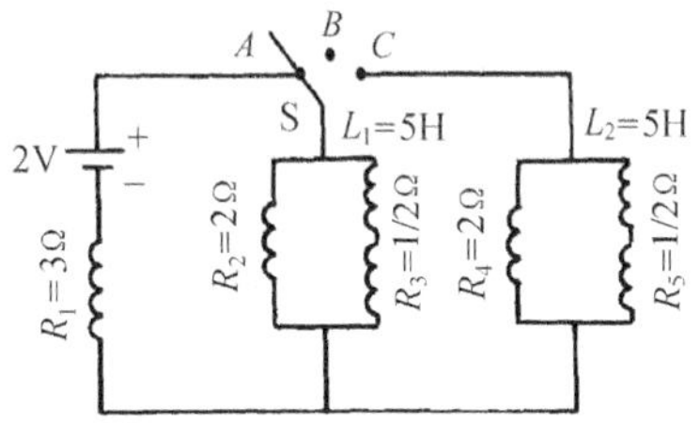

题图 3.23

解　(a) 电键掷在 A，用三要素

$$i_1(0) = i_2(0) = \frac{2}{R_1 + R_2} = \frac{2}{3+2} = 0.4\mathrm{A}$$

$$i_3(0) = 0$$

$$i_1(\infty) = \frac{2}{R_1 + R_2 // R_3} = 0.59\mathrm{A}$$

$$i_2(\infty) = \frac{R_3}{R_2 + R_3} i_1(\infty) = 0.12\mathrm{A}$$

$$i_3(\infty) = \frac{R_2}{R_2 + R_3} i_1(\infty) = 0.47\mathrm{A}$$

由 L_1 两端看出的电阻

$$R = R_3 + \frac{R_1 \times R_2}{R_1 + R_2} = 1.7\Omega$$

时间常数 $$\tau = L_1 / R = \frac{5}{1.7} = \frac{1}{0.34}\text{s}$$

由 $i(t) = i(\infty) + [i(0) - i(\infty)]\mathrm{e}^{-t/\tau}$ 得

$$i_1(t) = 0.59 - 0.19\mathrm{e}^{-0.34t}(\mathrm{A}), \qquad \text{方向向上}$$

$$i_2(t) = 0.12 + 0.28\mathrm{e}^{-0.34t}(\mathrm{A}), \qquad \text{方向向下}$$

$$i_3(t) = 0.47(1 - \mathrm{e}^{-0.34t})(\mathrm{A}), \qquad \text{方向向下}$$

(b) 经过几秒钟后可以认为 $\mathrm{e}^{-0.34t} \approx 0$，故开关刚掷到 B 点时有

$$i_1(0) = 0$$
$$i_2(0) = 0.47\mathrm{A}, \quad \text{方向向上}$$
$$i_3(0) = 0.47\mathrm{A}, \quad \text{方向向下}$$

上面利用了“电感电流不能突变”的原则.

(c) $i_1(\infty) = i_2(\infty) = i_3(\infty) = 0$，故

$$i_1(0.5)=0$$

$$\tau = \frac{L}{R_2 + R_3} = \frac{5}{2 + \dfrac{1}{2}} = 2(\mathrm{s})$$

$$i_2(t)=0.47\mathrm{e}^{-0.5t}(\mathrm{A}), \qquad \text{方向向上}$$

$$i_3(t)=0.47\mathrm{e}^{-0.5t}(\mathrm{A}), \qquad \text{方向向下}$$

$$i_2(0.5)=0.37(\mathrm{A}), \qquad \text{方向向上}$$

$$i_3(0.5)=0.37(\mathrm{A}), \qquad \text{方向向下}$$

(d) $i_3(1-)=0.29\mathrm{A}$，方向向下. 由于电感电流不能突变，故在 $t = 1$ 时 S 掷向 C 有 $i_5(1+)=0$，$i_3(1+)=0.29\mathrm{A}$，方向向下.

$$i_2(1+) = i_4(1+) = \frac{R_2}{R_2 + R_4} i_3(1+) = \frac{1}{2} i_3(1+) = 0.145\mathrm{A}, \quad \text{方向向上}$$

3.24 LC 电路中电流源频率的变化与电压表读数间的关系

题 3.24 一个电流源 $i_0 \sin\omega t$，其中 i_0 为常数，与题图 3.24(a)的电路相连，电流源的频率 ω 是可以控制的，自感 L_1、L_2，电容 C_1、C_2 都是无损耗的，一个测量正弦交流电压峰值的无损耗电压表接在 A、B 之间，且有乘积 $L_2C_2 > L_1C_1$. (a) 求当 ω 很小时(非零)电压表读数 V 的近似值. (b) 问题同上，此时 ω 很大(但有限). (c) 以 ω 为参数定性画出整个电压表读数的曲线，定出并解释各段的特征. (d) 找出对于所有 ω 值都适用的电压表读数表达式.

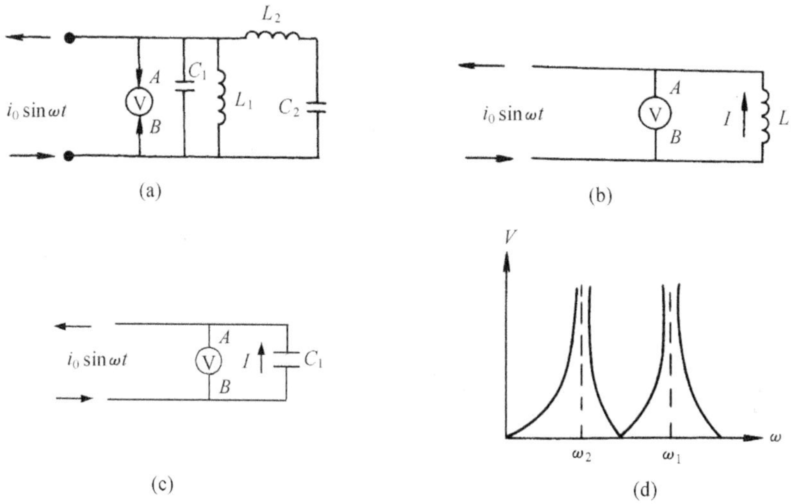

题图 3.24

解 (a) 此时的等效电路如题图 3.24(b)所示①

$$\dot{V}_{BA}=\dot{I}\cdot\dot{Z}_{L_1}=\mathrm{j}\frac{i_0\omega L_1}{\sqrt{2}}$$

所以

$$V_{表}=\frac{i_0\omega L_1}{\sqrt{2}}$$

(b) 此时的等效电路如题图 3.24(c)所示

$$\dot{V}_{BA}=\dot{I}\dot{Z}_{C_1}=-\mathrm{j}\frac{i_0}{\sqrt{2}\omega C_1}$$

所以

$$V_{表}=\frac{i_0}{\sqrt{2}\omega C_1}$$

(c) 令 $\omega_1=\dfrac{1}{\sqrt{L_1C_1}},\omega_2=\dfrac{1}{\sqrt{L_2C_2}}$. 因为 $L_2C_2>L_1C_1$，所以 $\omega_1>\omega_2$. 电压表读数 V 随 ω 的变化如题图 3.24(d)所示. 其中 ω 在$(0,\omega_2)$范围内为纯电感性，在(ω_1,∞)范围内为纯电容性.

(d)

$$\dot{Z}_{BA}=\left(\frac{1}{\dot{Z}_{C_1}}+\frac{1}{\dot{Z}_{L_1}}+\frac{1}{\dot{Z}_{L_2}+\dot{Z}_{C_2}}\right)^{-1}$$

$$=\left(\mathrm{j}\omega C_1+\frac{1}{\mathrm{j}\omega L_1}+\frac{1}{\mathrm{j}\omega L_2+\dfrac{1}{\mathrm{j}\omega C_2}}\right)^{-1}$$

$$\dot{V}_{BA}=\dot{I}_i\dot{Z}_{BA}$$

① 为区分电流 i，电路分析类型题目中一般用 j 表示虚数单位. ——编者注

电压表读数

$$V=|\dot{V}_{BA}|=\frac{i_0}{\sqrt{2}}|\dot{Z}_{BA}|$$

$$=\frac{i_0}{\sqrt{2}\left|\dfrac{1}{\omega L_1}-\omega C_1+\dfrac{1}{\omega L_2-\dfrac{1}{\omega C_2}}\right|}$$

3.25 振荡器中的瞬时电流与相位差

题 3.25 如题图 3.25 所示的电路中，两个线圈 L_1、L_2 的互感系数与 L_1、L_2 是一样的. (a) 求振荡器中瞬时电流 $i_1(t)$，写成频率的函数. (b) 振荡器输出的平均能量是多少？写成频率的函数. (c) 求出振荡器频率等于次级回路响应频率时的电流. (d) 当振荡器频率趋近于次级回路的响应频率时，输入电流与驱动电动势的相位差是多少？

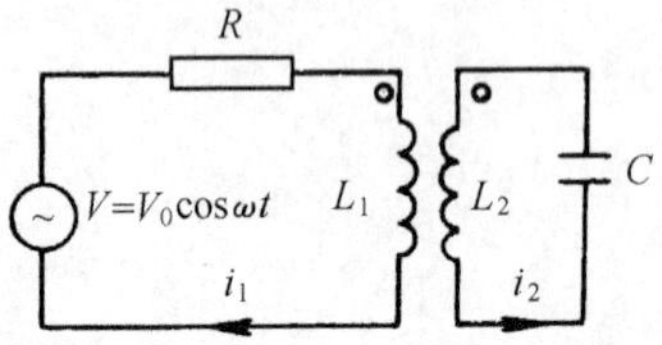

题图 3.25

解 (a) 设初、次级回路的电流分别为 i_1，i_2，可得下面方程：

$$\dot{V}=\dot{I}_1R+\mathrm{j}\omega L_1\dot{I}_1+\mathrm{j}\omega M\dot{I}_2 \tag{1}$$

$$0=\mathrm{j}\omega L_2\dot{I}_2+\mathrm{j}\omega M\dot{I}_1+\frac{\dot{I}_2}{\mathrm{j}\omega C} \tag{2}$$

由式(1)、式(2)得

$$\dot{I}_1=\frac{V}{R+\mathrm{j}\omega L_1+\mathrm{j}\omega M\dfrac{\omega^2 M}{\dfrac{1}{C}-\omega^2 L_2}}$$

$$=\frac{V_0}{\sqrt{R^2+\left(\omega L_1+\dfrac{\omega^3M^2}{\dfrac{1}{C}-\omega^2L_2}\right)^2}}\mathrm{e}^{-\mathrm{j}\phi}$$

$$\tan\phi=\frac{\omega L_1+\dfrac{\omega^3M^2}{\dfrac{1}{C}-\omega^2L_2}}{R}$$

其中，ϕ 是输入电流与驱动电动势的相位差.

考虑到条件 $L_1=L_2=M=L$，则有

$$\dot{I}_1=\frac{V_0}{\sqrt{R^2+\left(\frac{\omega L}{1-\omega^2 LC}\right)^2}}\mathrm{e}^{-\mathrm{j}\phi}$$

$$\tan\phi=\frac{\omega L/R}{1-\omega^2 LC}$$

$$i_1(t)=\frac{V_0}{Z}\cos(\omega t-\phi)$$

其中

$$Z=\sqrt{R^2+\left(\frac{\omega L}{1-\omega^2 LC}\right)^2}$$

(b) $p(t)=V(t)i_1(t)=\frac{V_0^2}{Z}\cos(\omega t-\phi)\cos\omega t$

$$p=\bar{p}=\frac{V_0^2}{ZT}\int_0^T\cos(\omega t-\phi)\cos\omega t\mathrm{d}t=\frac{RV_0^2}{2Z^2}=\frac{\frac{RV_0^2}{2}}{R^2+\left(\frac{\omega L}{1-\omega^2 LC}\right)^2}$$

(c) 当 $\omega=\frac{1}{\sqrt{LC}}$ 时，$Z=+\infty$，$i_1(t)=0$.

(d) 当 $\omega\to\frac{1}{\sqrt{LC}}$ 时，$\tan\phi\to\infty$，$\phi\to\frac{\pi}{2}$.

3.26 高阻抗减弱回路

题3.26 一电子电路产生的波形会随着最小的波形失真(最大的带宽)而减弱. 题图3.26中用了高阻抗减弱回路，在此图中加一任意元件以达到以上的要求，并求出元件的值.

解 C_0的存在使放大率(V_{out}/V_{in})与频率相关，这种频率相关性可以被消除. 这可以通过选择合适的电容值 C_1、C_2和 C_3分别与电阻 R_1、R_2和 R_3并联来实现.

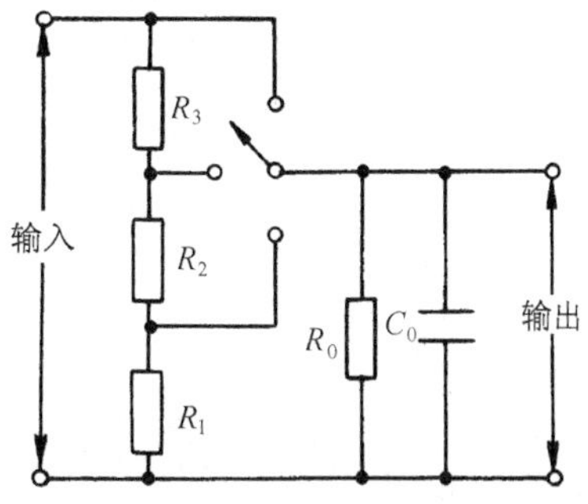

题图 3.26

设每个并联的 R 和 C 电路的阻抗为 Z，则导纳

$$\frac{1}{Z}=\frac{1}{R}+\mathrm{j}\omega C=\frac{1}{R}(1+\mathrm{j}\omega RC)$$

很明显，如果电容满足 $R_1C_1=R_2C_2=R_3C_3=R_0C_0$，则每一个电阻和电容的组合都会对它的阻抗有一个相同的频率相关. 于是，电阻的比例与频率无关，在纯电阻的电路中它等于放大率. 换言之，C_0在放大率中产生的效果被别的电容的引进给抵消了.

3.27　低通滤波器的截止频率

题 3.27　题图 3.27(a)所示是一 L、C 无限链. 对于这一网络，存在一个频率 ω_C，只有频率 $\omega \leqslant \omega_C$ 的信号才能通过. 用电子学的术语来说，这个网络是一低通滤波器，而 ω_C 称截止频率. 证明这一事实，并把 ω_C 用参数 L、C 表示出来.

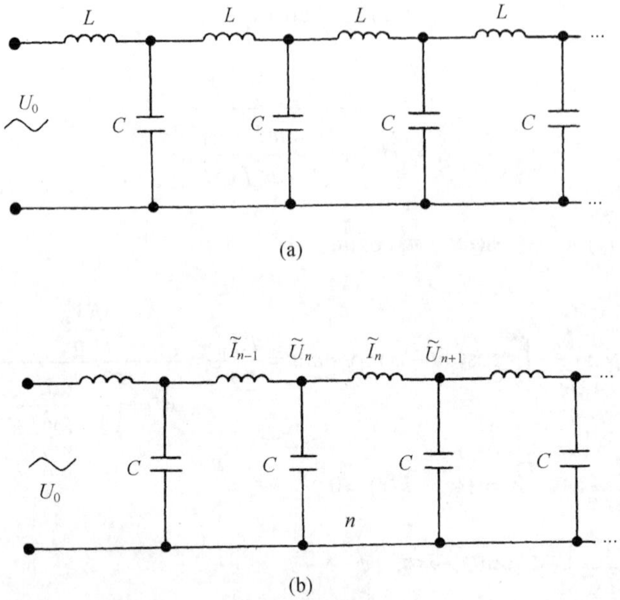

题图 3.27

解法一　直观上可以看出网络为一低通滤波器. 当 $\omega = 0$ 时，感抗为零而容抗为 ∞，这时网络相当于一导线，显然信号可以通过. 而当 ω 大时，感抗大阻碍信号通过，同时容抗小，使通过电感的信号很容易分流回信号源. 这样信号每传一级振幅就变小，就无法通过无限网络.

从每一级 L、C 链向后看，都是无限网络. 从这一点看，每一级后面的阻抗特性是一样的. 信号沿这一网络传播，必须通过每一级 L、C 链后，振幅都不衰减才能传到无穷远. 由于这是一个无限网络，如去掉一级 L、C，网络总阻抗不会有变化. 感抗为 $Z_1 = \mathrm{j}\omega L$，容抗为 $Z_2 = \dfrac{1}{\mathrm{j}\omega C}$. 设网络总阻抗为 Z，则有

$$Z_1 + \frac{Z_2 Z}{Z_2 + Z} = Z$$

由此式解得 $Z = \dfrac{\left(Z_1 \pm \sqrt{Z_1^2 + 4Z_1 Z_2}\right)}{2}$. 由于 $Z_2=0$ 时，应有 $Z = Z_1\left(\omega \gg \dfrac{1}{\sqrt{LC}}\text{情况}\right)$. 故取 $Z = \dfrac{\left(Z_1 + \sqrt{Z_1^2 + 4Z_1 Z_2}\right)}{2}$. 即有

$$Z=\frac{\mathrm{j}\omega L}{2}+\frac{1}{2}\sqrt{-\omega^2L^2+\frac{4L}{C}}$$

设网络输入电压为 U_0，则经过一级 L、C 电压为

$$U_1=U_0-\frac{U}{Z}Z_1=\left(1-\frac{Z_1}{Z}\right)U_0=\alpha U_0$$

其中，$\alpha=1-\dfrac{Z_1}{Z}$. 经过 n 级后的输出电压为 $U_n=\alpha^nU_0$. 可见网络的传输性能完全由参数 α 确定. 因此我们下面来考察一下这个参数：

$$\alpha=1-\frac{Z_1}{Z}=\frac{-Z_1+\sqrt{Z_1^2+4Z_1Z_2}}{Z_1+\sqrt{Z_1^2+4Z_1Z_2}}$$

$$=\frac{-\mathrm{j}\omega L+\sqrt{\dfrac{4L}{C}-\omega^2L^2}}{\mathrm{j}\omega L+\sqrt{\dfrac{4L}{C}-\omega^2L^2}} \tag{1}$$

如果 $\omega\leqslant\dfrac{2}{\sqrt{LC}}$，则 $|\alpha|=1$；而 $\omega>\dfrac{2}{\sqrt{LC}}$ 时 $|\alpha|<1$.

由于 $U_n=\alpha^nU_0$，只有 $|\alpha|=1$ 才能使信号通过网络. 由上可知，网络是一低通滤波器，截止频率为 $\omega_C=\dfrac{2}{\sqrt{LC}}$.

解法二(基尔霍夫定理)　如题图 3.27(b)任取一个编号为 n 的网格(n=1,2,3,⋯)，各点电势及各网格上电感中的电流强度如图所示. 不妨设下面导线的电势 0，则由基尔霍夫复数形式方程组得

$$\tilde{U}_n+\mathrm{j}\omega L\tilde{I}_n=\tilde{U}_{n+1} \tag{2}$$

$$\tilde{U}_n=(\tilde{I}_{n-1}-\tilde{I}_n)\frac{1}{\mathrm{j}\omega C} \tag{3}$$

式(2)、式(3)中消去 $\tilde{U}$，即得

$$\tilde{I}_{n+1}-(2-\omega^2LC)\tilde{I}_n+\tilde{I}_{n-1}=0 \tag{4}$$

为解此递推关系式，令 $\tilde{I}_n=I_0\mathrm{e}^{n\alpha}$，则代入式(4)得

$$\mathrm{e}^{2\alpha}-(2-\omega^2LC)\mathrm{e}^{\alpha}+1=0$$

令 $\lambda=\mathrm{e}^{\alpha}$，解此二次方程得

$$\lambda_{1,2}=\mathrm{e}^{\alpha_{1,2}}=1-\frac{1}{2}\omega^2LC\pm\frac{1}{2}\sqrt{\omega^4L^2C^2-4\omega^2LC},\qquad \lambda_1\cdot\lambda_2=1$$

讨论　1) $\omega^2>\dfrac{4}{LC}$ 时，$\lambda_1=1-\dfrac{1}{2}\omega^2LC-\dfrac{1}{2}\sqrt{\omega^4L^2C^2-4\omega^2LC}<-1$，而因 $\lambda_2=1/\lambda_1$ 有 $-1<\lambda_2<0$. 可见 $\tilde{I}_n=I_0\lambda_2^n$. 当 $n\to\infty$ 时，$\tilde{I}_n\to0$. 可见这种情况信号不能通过网络.

2) $\omega^2\leqslant\dfrac{4}{LC}$ 时，$\lambda_1=\lambda_2^*,|\lambda_1|=|\lambda_2|=1$. 取 $\mathrm{e}^{\alpha}=1-\dfrac{1}{2}\omega^2LC-\dfrac{\mathrm{j}}{2}\sqrt{4\omega^2LC-\omega^4L^2C^2}=\mathrm{e}^{-\mathrm{i}\alpha}$ 其

中 $0<\phi<\dfrac{\pi}{2}$ 满足 $\tan\phi=\sqrt{4\omega^2LC-\omega^4L^2C^2}\Big/\left(1-\dfrac{1}{2}\omega^2LC\right)$. 这种情况正相应于信号向∞方向传播. 可见 $\omega^2\leqslant\dfrac{4}{LC}$ 时信号可以通过网络. 截止频率为 $\omega_C=\dfrac{2}{\sqrt{LC}}$.

解法三　设信号可以通过网络，设编号为 n 的网格上电感中的电流为 I_n. 首先论证，相邻网格上电感中的电流振幅相同，只相差一个相位 ϕ.

假设 $|I_{n+1}|\neq|I_n|$，令 $|I_{n+1}|/|I_n|=r_n$，则 $r_n\neq1$. 因是无限网络，有 $r_n=r_{n+1}=\cdots=r$. 若①$r>1$，则当 $n\to\infty$ 时，$|I_n|=|I_{n-1}|r=\cdots=r^nI_0\to\infty$，这不可能；若②$r<0$，则当 $n\to\infty$ 时，$|I_n|=|I_{n-1}|r=\cdots=r^nI_0\to0$，这与信号可以通过网络矛盾. 这样由矛盾知相邻网格上电感中的电流振幅相同，只相差一个相位. 因是无限网络，各相邻网格上电感中的电流相位差均相同，设为 ϕ. 可令

$$I_n=I_0\cos\omega t,\qquad I_{n-1}=I_0\cos(\omega t+\phi),\qquad I_{n+1}=I_0\cos(\omega t-\phi)$$

现考虑编号为 n 的网格

$$\frac{\mathrm{d}U_n}{\mathrm{d}t}=\frac{1}{C}(I_{n-1}-I_n)=-\frac{2I_0}{C}\sin\left(\omega t+\frac{\phi}{2}\right)\sin\frac{\phi}{2}\tag{5}$$

$$\frac{\mathrm{d}U_{n+1}}{\mathrm{d}t}=\frac{1}{C}(I_n-I_{n+1})=-\frac{2I_0}{C}\sin\left(\omega t-\frac{\phi}{2}\right)\sin\frac{\phi}{2}\tag{6}$$

而 $U_n-U_{n+1}=\dfrac{\mathrm{d}I_n}{\mathrm{d}t}L=-I_0\sin\omega t\cdot\omega L$，故

$$\frac{\mathrm{d}(U_n-U_{n+1})}{\mathrm{d}t}=-\omega^2LI_0\cos\omega t\tag{7}$$

由式(5)~式(7)，得

$$-\frac{4I_0}{C}\sin^2\frac{\phi}{2}\cos\omega t=-\omega^2LI_0\cos\omega t$$

即 $\omega^2LC=4\sin^2\dfrac{\phi}{2}$，由此即得 $\omega\leqslant\dfrac{2}{\sqrt{LC}}$.

3.28　通过电阻器的电流的振幅和相位

题 3.28　如题图 3.28 所示的电路中，所加电压的频率 $\omega=1/\sqrt{LC}$. 求流过电阻器的电流的振幅和相位，用电压和电路参量来表示.

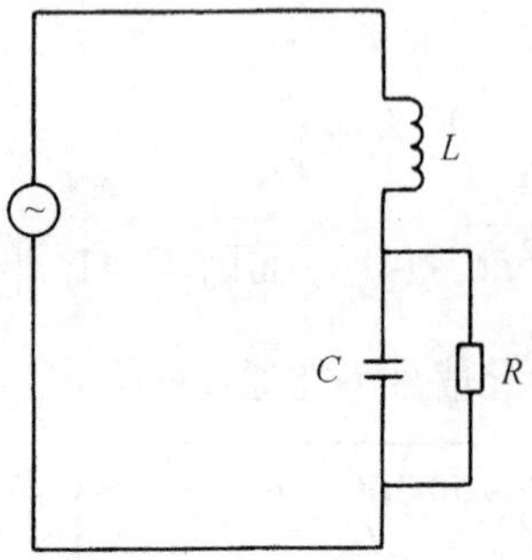

题图 3.28

解　这个电路的等效电阻为

$$Z=\mathrm{j}L\omega+\frac{1}{\dfrac{1}{R}+\mathrm{j}\omega C}=\mathrm{j}L\omega+\frac{R-\mathrm{j}R^2C\omega}{1+R^2C^2\omega^2}$$

$$=\frac{R}{1+R^2C^2\omega^2}+\mathrm{j}\left[\frac{L\omega+R^2C^2L\omega^3-R^2C\omega}{1+(RC\omega)^2}\right]$$

电压频率为 $\omega=1/\sqrt{LC}$，这样

$$Z = \frac{RL}{L+R^2C} + \mathrm{j}\left(\frac{L^2}{L+R^2C}\right)\frac{1}{\sqrt{LC}}$$

因此流过此电路的总电流为

$$I_t = \frac{V}{Z} = \frac{V_0}{Z}\mathrm{e}^{\mathrm{j}\omega t}$$

流过电阻器的电流为

$$\begin{aligned} I_R &= \frac{I_t}{1+\mathrm{j}\omega CR} \\ &= V_0\mathrm{e}^{\mathrm{j}\omega t}\frac{1}{\dfrac{RL}{L+R^2C} + \mathrm{j}\left(\dfrac{L^2}{L+R^2C}\right)\dfrac{1}{\sqrt{LC}}} \cdot \frac{1}{1+\mathrm{j}\omega RC} \\ &= \frac{V_0\mathrm{e}^{\mathrm{j}\omega t}}{R_1R_2}\mathrm{e}^{-\mathrm{j}(\delta_1+\delta_2)} \end{aligned}$$

式中

$$R_1 = \sqrt{\left(\frac{RL}{L+R^2C}\right)^2 + \left(\frac{L^2}{L+R^2C}\right)^2\frac{1}{LC}} = \frac{L}{L+R^2C}\sqrt{R^2+\frac{L}{C}}$$

$$R_2 = \sqrt{1+(\omega CR)^2}$$

$$\delta_1 = \arctan\left(\frac{1}{R}\sqrt{\frac{L}{C}}\right)$$

$$\delta_2 = \arctan(\omega CR)$$

3.29 计算电阻消耗功率最大时互感和电容值

题 3.29 如题图 3.29 所示电路中，ω、R_1、R_2、L 是固定的，C 和 M(两相等电感 L 之间的互感)可以改变. 计算 R_2 上消耗功率最大时的 M 和 C 值？最大功耗是多少？如果需要，可以假定 $R_2>R_1$，$\omega L/R_2>10$.

解 假定初、次级的电流方向如图所示，则由电路可得方程

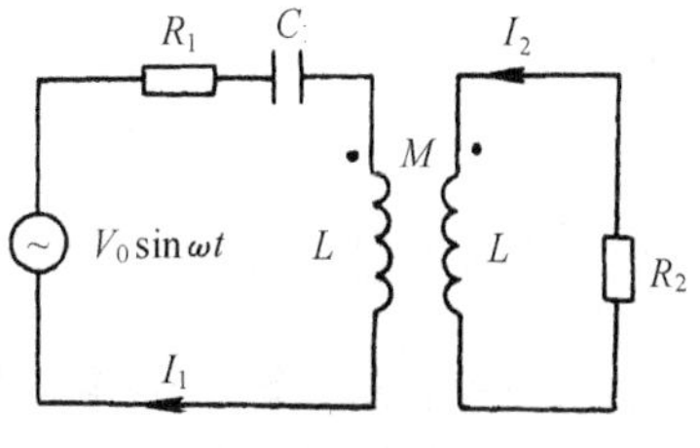

题图 3.29

$$\dot{V}_0 = R_1\dot{I}_1 + \dot{I}_1\left(\frac{1}{\mathrm{j}\omega C} + \mathrm{j}\omega L\right) + \mathrm{j}\omega M\dot{I}_2$$

$$0 = \dot{I}_2R_2 + \mathrm{j}\omega L\dot{I}_2 + \mathrm{j}\omega M\dot{I}_1$$

联立求解得

$$\dot{I}_2 = \frac{\mathrm{j}\omega MCV_0}{C[\omega^2(L^2 - M^2) - R_1R_2] - L + \mathrm{j}\left[\dfrac{R_2}{\omega} - \omega LC(R_1 + R_2)\right]}$$

因为 $P_2 = \dfrac{1}{2}|\dot{I}_2|^2 R_2$，所以当 $|\dot{I}_2|$ 取最大值时，R_2 上消耗的功率也最大

$$|\dot{I}_2| = \frac{\omega V_0}{\sqrt{\left[\dfrac{1}{M}(\omega^2L^2 - R_1R_2 - L/C) - \omega^2 M\right]^2 + \left\{\dfrac{1}{MC}\left[\dfrac{R_2}{\omega} - \omega LC(R_1 + R_2)\right]\right\}^2}}$$

$|\dot{I}_2|$ 的分子是固定的，而分母又是两项之平方和再开根号，所以 $|\dot{I}_2|$ 最大也就是它的分母根号中的两平方项同时取最小值.

$\left\{\dfrac{1}{MC}\left[\dfrac{R_2}{\omega} - \omega LC(R_1 + R_2)\right]\right\}^2$ 最小可取 0，这时

$$C = \frac{R_2}{\omega^2 L(R_1 + R_2)}, \qquad |\dot{I}_2| = \frac{\omega V_0}{\omega^2 M + \dfrac{R_1R_2 + R_1\omega^2L^2/R_2}{M}}$$

由于

$$\omega^2 M + \frac{R_1R_2 + R_1\omega^2L^2/R_2}{M} \geqslant 2\sqrt{\omega^2R_1R_2 + \frac{\omega^4L^2R_1}{R_2}}$$

当 $\omega^2 M = \dfrac{R_1R_2 + R_1\omega^2L^2/R_2}{M}$ 时等号成立. 所以，当 $M = \sqrt{\dfrac{R_1R_2}{\omega^2} + \dfrac{R_1}{R_2}L^2}, C = \dfrac{R_2}{\omega^2L(R_1 + R_2)}$ 时，P_2 取得最大值，且此时

$$P_2 = \frac{1}{2}|\dot{I}_2|^2 R_2 = \frac{V_0^2}{8R_1\left(1 + \dfrac{\omega^2L^2}{R_2^2}\right)}$$

假定 $\omega L/R_2 > 10$，则得

$$P_2 = \frac{V_0^2R_2^2}{8\omega^2L^2R_1}$$

此时为最大功耗.

3.30　理想变压器初、次级线圈的初始电流及电阻消耗的总能量

题 3.30　如题图 3.30 电容器初始电势差为 V，变压器是理想的，无内阻，无损耗. 在 $t = 0$ 时开关闭合，假定线圈感抗与 R_p 和 R_s 相比很大. 计算：(a) 初级线圈的初始电流. (b) 次级线圈的初始电流. (c) 电压 V 降到它原来的 e^{-1} 的所需时间. (d) 最后消耗在 R_s 上的总能量.

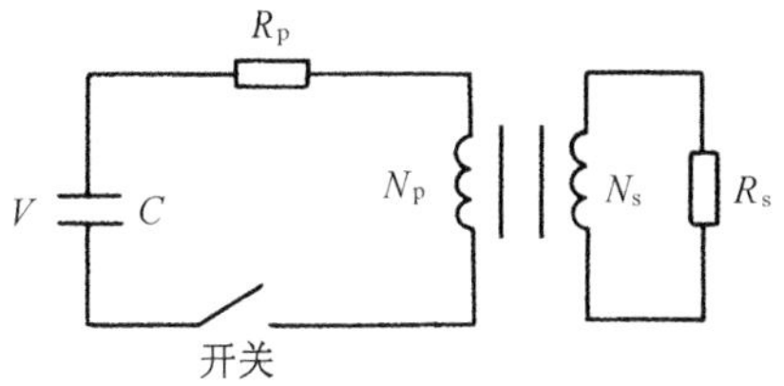

题图 3.30

解 因为变压器是理想的，则 $N_p/N_s=V_p/V_s$, $N_p/N_s=I_s/I_p$.

(a) 因为次级线圈中的电阻 R_s感应到初级回路的等效电阻为

$$R_s'=\left(\frac{N_p}{N_s}\right)^2 R_s$$

所以初级回路的时间常数

$$\tau=(R_p+R_s')C$$

$$V_C=Ve^{-t/\tau}$$

则

$$i_p=-C\frac{dV_C}{dt}=-CVe^{-t/\tau}\left(-\frac{1}{\tau}\right)=\frac{V}{R_p+R_s'}e^{-t/\tau}$$

初级线圈的初始电流

$$i_p(0)=V/(R_p+R_s')=\frac{V}{\left[R_p+\left(\frac{N_p}{N_s}\right)^2 R_s\right]}$$

(b)
$$i_s(0)=i_p(0)\frac{N_p}{N_s}=\frac{N_pN_sV}{N_s^2R_p+N_p^2R_s}$$

(c) $V_C=e^{-1}V$，则

$$t=\tau=\left[R_p+\left(\frac{N_p}{N_s}\right)^2 R_s\right]C$$

(d)
$$i_s=i_p\frac{N_p}{N_s}=\frac{N_pN_sV}{N_s^2R_p+N_p^2R_s}e^{-t/\tau}$$

$$W_{R_s}=\int_0^\infty i_s^2R_s dt=\left(\frac{N_pN_sV}{N_s^2R_p+N_p^2R_s}\right)^2 R_s\int_0^\infty e^{-2t/\tau}dt$$

$$=\left(\frac{N_pN_sV}{N_s^2R_p+N_p^2R_s}\right)^2 R_s\cdot\frac{1}{2}\left[R_p+\left(\frac{N_p}{N_s}\right)^2 R_s\right]C$$

$$=\frac{1}{2}\frac{N_p^2V^2}{N_s^2R_p+N_p^2R_s}R_sC$$

3.31 用 RC 串并联电路“代替”变压器电路

题 3.31 对一给定频率，适当地选择 R 和 C 的值，左边电路(题图 3.31(a))就可以在任何精度下“代替”右边电路(题图 3.31(b))(“代替”意味着如果在一个电路中有 $V_0=IZ_R$，而在另一个电路中有 $V_0=IZ_L$,那么 Z_L 能够选得使 $Z_L/Z_R=\mathrm{e}^{\mathrm{i}\theta}$,而 θ 可以任意小). 计算在 200Hz，$\theta<0.01$ 时能够代替互感 M=1mH 的 R 和 C 的值.

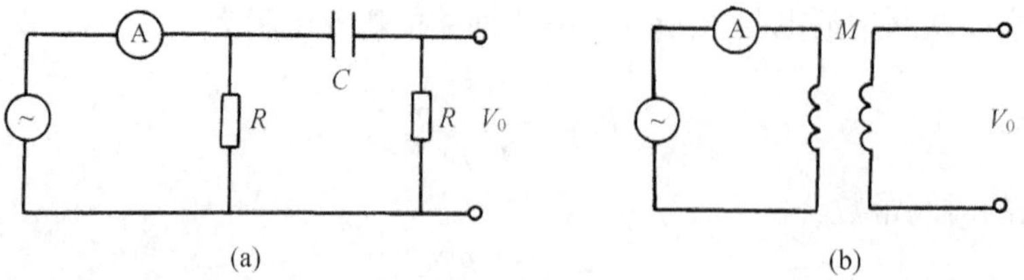

题图 3.31

解 由题图 3.31(a)可得

$$\dot{V}_0=\dot{I}\cdot\left[\left(R+\frac{1}{\mathrm{j}\omega C}\right)//R\right]\cdot\frac{R}{R+\dfrac{1}{\mathrm{j}\omega C}}$$

$$=\dot{I}\cdot\frac{R^2}{2R+\dfrac{1}{\mathrm{j}\omega C}}=\dot{I}\cdot\frac{R^2}{\sqrt{4R^2+\dfrac{1}{\omega^2C^2}}}\Big/\arctan\frac{1}{2\omega RC}$$

由题图 3.31(b)得

$$\dot{V}_0=\mathrm{j}\omega M\dot{I}=\dot{I}\cdot M\omega\big/\pi/2$$

$$\begin{cases}\dfrac{R^2}{\sqrt{4R^2+\dfrac{1}{\omega^2C^2}}}=M\omega & (1)\\[2ex] \dfrac{\pi}{2}-\arctan\dfrac{1}{2R\omega C}=\theta & (2)\end{cases}$$

由式(2)得

$$\omega RC=\frac{1}{2}\tan\theta$$

取 $\theta=0.01$，则

$$\omega RC=0.005$$

由式(1)得

$$R = M\omega\sqrt{4+\frac{1}{(\omega RC)^2}} = 10^{-3}\times 2\pi\times 200\times\sqrt{4+\frac{1}{0.005^2}} \approx 251(\Omega)$$

$$C = \frac{0.005}{\omega R} = \frac{0.005}{2\pi\times 200\times 251} \approx 1.6\times 10^{-8}(\text{F}) = 0.016(\mu\text{F})$$

3.32 “黑盒子”里的电路是怎样的

题 3.32 已知某个带有两个接线口的“黑盒子”，内有一个无损耗的电感 L、一个无损耗的电容 C 和一个电阻 R. 盒子连在 1.5V 的电池上，流过的电流是 1.5mA；连在 1.0V(有效值)、60Hz 的交流电压上时，流过的电流是 0.01A(有效值)；若保持交流电压不变而增加其频率，则发现在 1000Hz 处流过的电流经历一个超过 100A 的极大值. 那么这个盒子里的电路是怎样的？R、L、C 的值又是多少？

解 当 f=1000Hz 时，电路发生谐振，且这时电流取极大值，即阻抗取极小值. 我们知道 LC 并联回路谐振时不论 R 接在何处，阻抗总是取极大值，因此 L、C 一定是串联. 又在直流电压下电路导通，因而 R 与 LC 一定是并联，电路图如题图 3.32 所示.

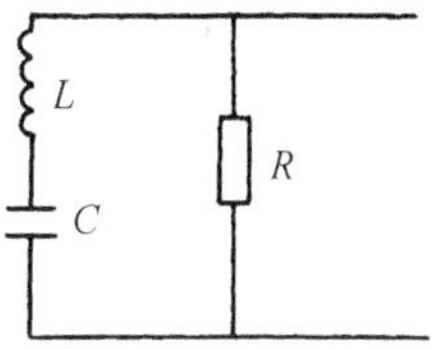

题图 3.32

直流时，C 开路

$$R = \frac{V}{I} = \frac{1.5}{1.5} = 1(\text{k}\Omega)$$

谐振时

$$LC = 1/\omega_0^2$$

当 f=60Hz 时，$|Z| = \dfrac{u}{i} = \dfrac{1.0\text{V}}{0.01\text{A}} = 100\Omega$，又

$$\dot{Z} = \frac{1}{\dfrac{1}{R}+\dfrac{1}{\text{j}\left(\omega L-\dfrac{1}{\omega C}\right)}} = \frac{1}{\dfrac{1}{R}+\dfrac{1}{\text{j}\omega L\left(1-\dfrac{\omega_0^2}{\omega^2}\right)}}$$

$$L = \left[\frac{1}{\dfrac{1}{Z^2}-\dfrac{1}{R^2}}\cdot\frac{1}{\omega^2\left(1-\dfrac{\omega_0^2}{\omega^2}\right)^2}\right]^{-1/2}$$

因为

$$|Z| = \frac{1}{10}R, \qquad \frac{\omega_0}{\omega} = 1000/60 > 10$$

故

$$L \approx \frac{\omega}{\omega_0^2}|Z| = \frac{60\times 2\pi}{(1000\times 2\pi)^2}\times 100 = 0.95(\text{mH})$$

$$C=\frac{1}{L\omega_0^2}=\frac{1}{\omega|Z|}=\frac{1}{60\times2\pi\times100}\approx27(\mu\text{F})$$

3.33　电阻负载的变化与消耗功率的关系

题 3.33　题图 3.33(a)所示方框包含有线性电阻、铜线和干电池，以普通方式连接. 用两条导线作为输出端 A、B，如果一电阻 $R=10\Omega$ 被接到 A、B 上，消耗功率为 2.5W. 如果 $R=90\Omega$ 接到 A、B，则消耗功率为 0.9W. (a) 若连接 30Ω 电阻在 A、B 上(题图 3.33(b))，消耗是多少？(b) 当电阻 $R=10\Omega$ 上串联一个 5V 干电池，再连接到 A、B 上(题图 3.33(c))，消耗功率是多少？(c) (b)的答案是否是唯一的？解释之.

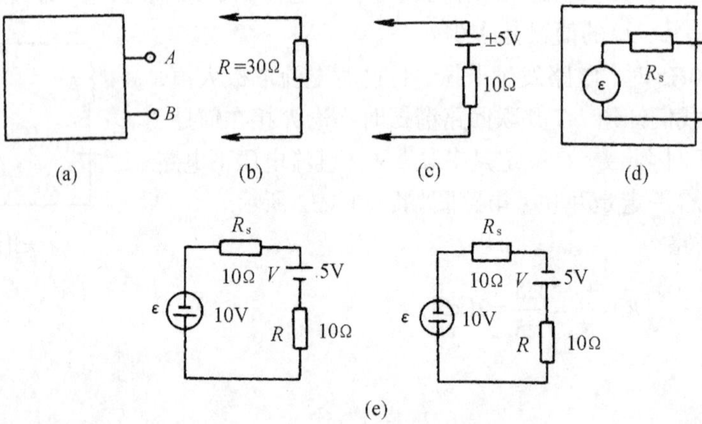

题图 3.33

解　我们利用戴维南定理，可以将黑盒等价于题图 3.33(d)，依题意 $R=10\Omega$ 时，$P=2.5=V_R^2/R$. 故 $V_R=5\text{V}$，$R=90\Omega$ 时，$P=0.9=V_R^2/R$，$V_R=9\text{V}$. 故有

$$\begin{cases}\varepsilon\dfrac{10}{10+R_s}=5\\[2mm]\varepsilon\dfrac{90}{90+R_s}=9\end{cases}\Rightarrow\begin{cases}\varepsilon=10\text{V}\\R_s=10\Omega\end{cases}$$

(a) $R=30\Omega$ 时，则有

$$V_R=\frac{30}{30+10}\times10=7.5(\text{V}),\qquad P=\frac{V_R^2}{R}=1.875\text{W}$$

(b) 如在 $R=10\Omega$ 上，串接一 $\varepsilon'=5\text{V}$ 的干电池，则有

$$V_R=\frac{10}{10+10}(\varepsilon\pm\varepsilon')=\begin{cases}2.5\text{V}\\7.5\text{V}\end{cases}$$

$$P = V_R^2 / R = \begin{cases} 0.625\text{W} \\ 5.625\text{W} \end{cases}$$

(c) (b)的答案不是唯一的，如题图 3.33(e)所示，当 ε 与 ε'同向或反向时结果即不同.

3.34　螺线管线圈的自感

题 3.34　一个螺线管均匀绕有 100 匝线圈，它长 10cm、直径 2cm. 求线圈的自感 $\left(\mu_0 = 4\pi \times 10^{-7} (\text{T/m})/\text{A}\right)$.

解　忽略边缘效应，认为螺线管中磁场处处均匀. 由 $\oint \boldsymbol{B} \cdot \mathrm{d}\boldsymbol{l} = \mu_0 I$ ，可得管内磁场 $B = \mu_0 nI$. 其中 $n = \dfrac{N}{l}$ 为线圈匝数密度. 故总磁链

$$\psi = NBA, \qquad A = \pi \times 10^{-4}\,\text{m}^2$$

电感

$$L = \frac{\psi}{I} = \frac{NA\mu_0 NI}{Il} = \frac{N^2 \mu_0 A}{l}$$

即

$$L = \frac{100^2 \times 4\pi \times 10^{-7} \times \pi \times 10^{-4}}{0.1} = 3.95 \times 10^{-5}(\text{H})$$

3.35　带阻抗的螺线管内电流衰减 e^{-1} 所需时间

题 3.35　一回路由一线圈组成，线圈匝数为 10^4，半径为 20cm，截面为 5cm^2. 内含相对磁导率为 1000 的铁芯，阻抗为 10Ω，求其中电流衰减至初始值的 e^{-1} 时所需时间(当线圈突然短路时).

解　等效电路如题图 3.35 所示，得

$$V = IR + L\frac{\mathrm{d}I}{\mathrm{d}t}$$

$$V\big|_{t=0} = V_0$$

$$V\big|_{t>0} = 0$$

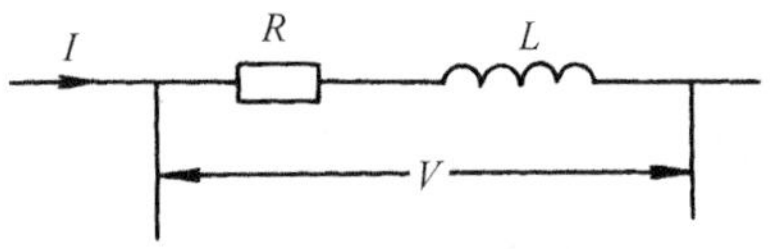

题图 3.35

$$I = I_0 \mathrm{e}^{-t/\tau} = \frac{V_0}{R}\mathrm{e}^{-t/\tau}$$

其中 $\tau = \dfrac{L}{R}$.

当 $I = I_0 \mathrm{e}^{-1}$ ，则 $t = \tau$. 因为

$$L = \mu\mu_0 \frac{N^2 A}{2\pi R} = \frac{10^{4\times2} \times 4\pi\times10^{-7} \times 10^3 \times 5\times10^{-4}}{2\pi\times 20\times10^{-2}} = 50(\text{H})$$

所以

$$t = \frac{L}{R} = \frac{50}{10} = 5(\text{s})$$

3.36　开启电磁铁时，两磁极间的圆线圈流过的电量

题 3.36　一闭合圆线圈放在电磁铁两极间，其平面平行于磁极表面，线圈半径为 a，总电阻为 R，自感为 L，如果开启磁铁，它将产生一均匀电磁场 $\boldsymbol{B}$(穿过线圈平面)，问流过线圈上任意一点的电量是多少？

解　通过线圈的磁通量变化时，将在线圈上感生出电动势 ε，从而引起感生电流 i，并有自感电动势 $L\dfrac{\mathrm{d}i}{\mathrm{d}t}$故

$$\varepsilon + iR + L\frac{\mathrm{d}i}{\mathrm{d}t} = 0$$

即

$$\varepsilon\mathrm{d}t + iR\mathrm{d}t + L\mathrm{d}i = 0$$

所以 $\varepsilon = -\dfrac{\mathrm{d}\phi}{\mathrm{d}t}, i = \dfrac{\mathrm{d}q}{\mathrm{d}t}, i(\infty) = 0, i(0) = 0$，按 t 由 0 到 ∞ 积分得

$$-\Delta\phi + Rq = 0$$

$$q = \frac{\Delta\phi}{R} = \frac{B\pi a^2}{R}$$

L 的存在不影响 q，它只是使 i 的变化缓慢些.

3.37　连负载的螺线管上绕有通电副线圈

题 3.37　一空心螺线管长 $\dfrac{1}{2}$m，截面 1cm^2，匝数为 1000. 忽略边缘效应，它的自感为多大？一个 100 匝的副线圈也绕在这个螺线管中部，互感为多大？现有 1A 的稳恒电流流入副线圈，螺线管连接着 $10^3\Omega$ 的负载. 如果上述稳恒电流突然停止，有多少电荷流过电阻？

解　我们设螺线管中有电流 I，则其内部的磁场为 $B = \mu_0 nI$. B 的方向为轴向.

总磁链数

$$\psi = N\phi = NBS = N^2\mu_0 SI / l$$

自感

$$L = \frac{\Psi}{I} = N^2 \mu_0 S / l$$

$$L \approx \frac{1000^2 \times 4\pi \times 10^{-7} \times 10^{-4}}{1/2} = 2.513 \times 10^{-4} (\text{H})$$

由这个电流引起的穿过副线圈的总磁链数为$\psi' = N'\phi$，互感

$$M = \frac{\psi'}{I} = \frac{NN'\mu_0 S}{l} = 2.513 \times 10^{-5} \text{H}$$

因副线圈有电流 I=1A 引起的过螺线管的磁链数$\psi' = MI$．电流 I 停止时，螺线管上将有互感电动势和自感电动势. 由基尔霍夫定律得

$$-\frac{\mathrm{d}\psi'}{\mathrm{d}t} = Ri + L\frac{\mathrm{d}i}{\mathrm{d}t}, \qquad -\mathrm{d}\psi' = Ri\mathrm{d}t + L\mathrm{d}i = R\mathrm{d}q + L\mathrm{d}i$$

积分得

$$MI = Rq$$

所以

$$q = \frac{MI}{R} = \frac{2.513 \times 10^{-5} \times 1}{10^3} = 2.513 \times 10^{-8} (\text{C})$$

3.38 冲击检流计测磁场

题 3.38 如题图 3.38(a)所示：G 是一个冲击检流计(即它的偏转角度 θ 是正比于迅速流过它的电荷 Q). 图示线圈 L，最初在磁场 B_0=0 中，然后，开关 S 闭合，有 I=1A 的电流流动，并且 G 偏转 θ_1=0.5(rad)，然后返回原处. 再将线圈迅速移进一个磁场 B_2 中，观察得 G 偏转 θ_2=1(rad). 问磁场 B_2 是多少？

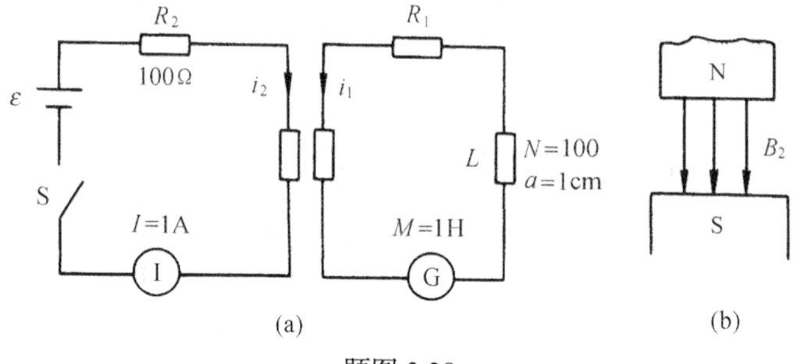

题图 3.38

解 ***B*** 方向如题图 3.38(b)所示，设右半部线圈总自感为 L_1，故

$$\varepsilon_1 = M\frac{\mathrm{d}i_2}{\mathrm{d}t} + L_1\frac{\mathrm{d}i_1}{\mathrm{d}t}$$

$$\frac{\mathrm{d}q}{\mathrm{d}t} = i_1 = \frac{\varepsilon_1}{R_1} = \frac{M}{R_1}\cdot\frac{\mathrm{d}i_2}{\mathrm{d}t} + \frac{L_1}{R_1}\cdot\frac{\mathrm{d}i_1}{\mathrm{d}t}$$

因为 $i_2(0)=0, i_2(\infty)=1, i_1(0)=i_1(\infty)=0$，所以积分可得

$$q_1=\int_0^\infty \frac{M}{R_1}\mathrm{d}i_2+\int_0^\infty \frac{L_1}{R_1}\mathrm{d}i_1=\frac{M}{R_1}i_2(\infty)$$

当送入磁场 B_2 中时

$$\varepsilon_2=-\frac{\mathrm{d}\psi_1}{\mathrm{d}t},\qquad \psi_1(\infty)=-NB_2S,\qquad \psi_1(0)=0$$

故

$$\frac{\mathrm{d}q_2}{\mathrm{d}t}=i_2=\frac{\varepsilon_2}{R_1}=\frac{-1}{R_1}\cdot\frac{\mathrm{d}\psi_1}{\mathrm{d}t}$$

$$q_2=\frac{NB_2\pi a^2}{R_1}$$

因 $q\propto\theta$，故

$$\frac{q_1}{q_2}=\frac{\theta_1}{\theta_2}=\frac{Mi_2(\infty)}{NB_2\pi a^2}$$

$$B_2=\frac{\theta_2 Mi_2(\infty)}{\theta_1 N\pi a^2}=\frac{1\times1\times1}{0.5\times100\times\pi\times10^{-4}}=63.4(\mathrm{T})$$

3.39　塞有导体柱的两个理想导体盘间的磁场和坡印亭矢量

题 3.39　两个半径为 a 的理想导体盘相距为 $h(h\ll a)$。一个高为 h、半径为 b 的固体圆柱塞在圆盘的空隙内. 体电阻率为 ρ，初始时刻，圆盘连在一个电池上(如题图 3.39). (a) 计算间隙中每一处的电场(作为时间的函数)，设此过程为准静态的，电池和电容断开(忽略边缘效应和电感). (b) 求出间隙中各处 $\boldsymbol{B}$(作为时间和距离 r 的函数). (c) 计算两极间的坡印亭矢量，定性解释在 $r=a$ 和 $r=b$ 处它的方向. (d) 给出在特殊情况 $a=b$ 时能量守恒定律(坡印亭理论)在圆盘间体积中适用的证明(通过详细计算).

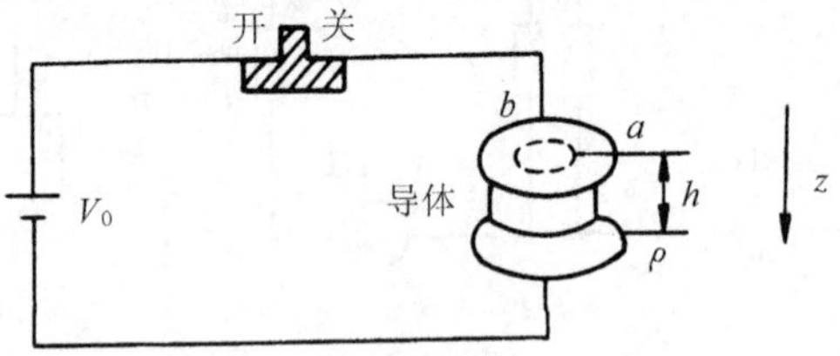

题图 3.39

解　(a) 设 t 时刻上极板带电 $+Q$，下极板带电 $-Q$，因为界上面 $\boldsymbol{E}$ 在切向分量连续，所以

$$\boldsymbol{E}=\frac{Q}{\pi a^2\varepsilon_0}\boldsymbol{e}_z,\qquad 在\ z<h\ 处均匀$$

$$r\leqslant b,\qquad \boldsymbol{j}=\sigma\boldsymbol{E}$$

$$I = j\pi b^2 = \sigma E \pi b^2 = -\frac{\mathrm{d}Q}{\mathrm{d}t}$$

故

$$\sigma \frac{Q}{\pi a^2 \varepsilon_0} \pi b^2 = -\frac{\mathrm{d}Q}{\mathrm{d}t}, \qquad 其中\ \sigma = \frac{1}{\rho}$$

$$Q = Q_0 \mathrm{e}^{-t/\tau}, \qquad 其中\ \tau = \frac{a^2 \varepsilon_0 \rho}{b^2}$$

$$\boldsymbol{E} = E_0 \mathrm{e}^{-t/\tau} \boldsymbol{e}_z = \frac{V_0}{h} \mathrm{e}^{-t/\tau} \boldsymbol{e}_z$$

(b) 利用安培回路定律

$$\oint \boldsymbol{B} \cdot \mathrm{d}\boldsymbol{l} = \mu_0 I$$

即

$$\oint \boldsymbol{B} \cdot \mathrm{d}\boldsymbol{r} = \mu_0 \iint \boldsymbol{j} \cdot \mathrm{d}\boldsymbol{S}, \qquad r < b$$

故

$$B \cdot 2\pi r = \mu_0 j \pi r^2, \qquad B = \frac{\mu_0 j r}{2}$$

$$\boldsymbol{B} = \frac{\mu_0 \cdot r V_0}{2\rho h} \mathrm{e}^{-t/\tau} \boldsymbol{e}_\theta, \qquad r < b$$

当 $b<r<a$ 时

$$\oint \boldsymbol{B} \cdot \mathrm{d}\boldsymbol{r} = j\pi b^2 \mu_0$$

故

$$\boldsymbol{B} = \frac{\mu_0 b^2 V_0}{2r\rho h} \mathrm{e}^{-t/\tau} \boldsymbol{e}_\theta$$

(c) $\boldsymbol{S} = \boldsymbol{E} \times \boldsymbol{H}, \boldsymbol{H} = \dfrac{\boldsymbol{B}}{\mu_0}, 0 < r < b$ 时

$$\boldsymbol{S} = \frac{V_0}{h} \mathrm{e}^{-t/\tau} \cdot \frac{r V_0}{2\rho h} \mathrm{e}^{-t/\tau} (\boldsymbol{e}_z \times \boldsymbol{e}_\theta)$$

故

$$\boldsymbol{S} = -\frac{r}{2\rho} \left(\frac{V_0}{h} \right)^2 \mathrm{e}^{-2t/\tau} \boldsymbol{e}_r$$

在 $b<r<a$ 处

$$\boldsymbol{S} = -\frac{V_0}{h} \mathrm{e}^{-t/\tau} \cdot \frac{b^2 V_0}{2r\rho h} \mathrm{e}^{-t/\tau} \boldsymbol{e}_r$$

即

$$\boldsymbol{S} = -\frac{1}{2r\rho} \left(\frac{V_0 b}{h} \right)^2 \mathrm{e}^{-2t/\tau} \boldsymbol{e}_r$$

在 $r=a$ 和 $r=b$ 处 $\boldsymbol{S}$ 方向均为 $-\boldsymbol{e}_r$，这是因为电磁能量局限于板隙体积内(理想情况下)，

所以 $r=a$ 处能流密度方向垂直圆柱侧面流向间隙内. $r=b$ 处 $\boldsymbol{S}$ 方向沿垂直于 $\boldsymbol{j}$ 的方向辐射向内，即电磁场向柱体提供焦耳损耗所需能量.

(d) $b=a$，流入柱体内的功率

$$P_1 = \iint_{r=a} \boldsymbol{S} \cdot \mathrm{d}\boldsymbol{A} = \frac{-1}{\rho h}(V_0 a)^2 \pi \mathrm{e}^{-2t/\tau}$$

柱体焦耳热损耗功率

$$P_2 = I^2 R = \left(\pi a^2 \cdot \frac{1}{\rho}\frac{V_0}{h}\mathrm{e}^{-t/\tau}\right)^2 \cdot \frac{\rho h}{\pi a^2} = \frac{\pi}{\rho h}(V_0 a)^2 \mathrm{e}^{-2t/\tau}$$

$$P_1 + P_2 = 0$$

即从柱体侧面流入柱体功率与柱体电阻消耗功率相等，即满足能量守恒定律.

3.40　同方向绕在铁芯上的两个线圈电阻上的电流

题 3.40　如题图 3.40 所示，两个线圈 A、B 以相同方向绕在铁芯上，试指出图中流过电阻 r 的电流是向左还是向右，并对下列各种情况的答案说明理由：(a) 开关 S 开启. (b) 电阻 R 减小. (c) 当铁棒与两线圈并排放置时. (d)线圈 A 离开线圈 B.

解　线圈 A 上电流方向如题图 3.40 所示，据右手螺旋定则，产生的磁感应强度 $\boldsymbol{B}$ 的方向向左，若 $\boldsymbol{B}$ 稳定，则 r 中无电流.

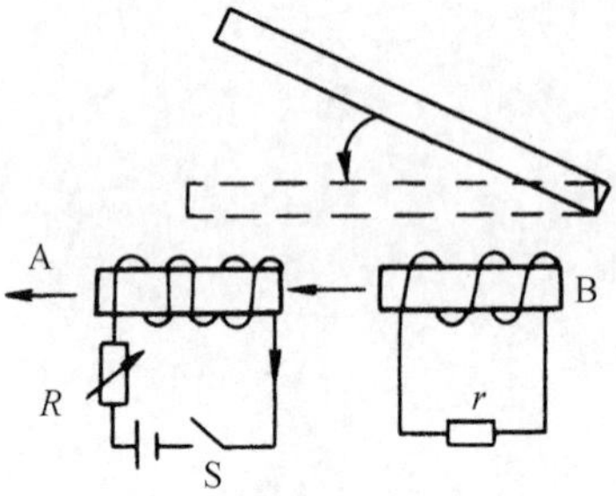

题图 3.40

(a) 开关 S 开启，向左磁感应强度减小，据楞次定律，线圈 B 上的感应电流所产生的磁场必须沿左，故电阻 r 上的电流应从右到左.

(b) R 减小，流过 A 的电流增大，即通过 B 的磁通量增加，依楞次定律，电阻 r 上的电流应从左到右.

(c) 一个铁棒并排放在线圈旁边，铁棒的磁化将增强原来的磁场，所以电阻 r 上电流方向从左到右.

(d) 当线圈 A 离开 B 时，通过 B 的磁通量要变小，故电阻 r 上感应电流方向从右到左.

3.41　螺线管的自感、储能及回路的时间常数

题 3.41　一螺线管用来在很大的空间中产生磁场，尺寸如下：长 2m，半径 0.1m，匝数 1000(忽略边界效应). (a) 以 H 为单位，计算该螺线管的自感. (b) 当有 2000A 的电流通过螺线管时，轴线上的磁场为多大(单位：$\mathrm{Wb/m^2}$)? (c) 此时螺线管的储能为多少? (d) 螺线管的总电阻为 0.1Ω. 当螺线管两端与 20V 电源相连时，推导此后的瞬态电流 $i(t)$. 回路的时间常数是多少?

解　(a) 不妨设螺线管载流为 I，则管内的磁场 B 为 $B=\mu_0 nI=\mu_0 NI/l$. 总磁链数 $\psi = NBS = N\dfrac{\mu_0 NI}{l}\cdot \pi r^2 = \dfrac{I\mu_0 N^2 \pi r^2}{l}$ 故自感为

$$L=\frac{\Psi}{I}=\frac{\mu_0 N^2\pi r^2}{l}=\frac{4\pi\times10^{-7}\times1000^2\times\pi\times0.1^2}{2}=1.97\times10^{-2}(\text{H})$$

(b)

$$B=\frac{\mu_0 NI}{l}=\frac{4\pi\times10^{-7}\times1000\times2000}{2}=1.26(\text{Wb}/\text{m}^2)$$

(c)

$$W_{\text{m}}=\frac{L}{2}I^2=\frac{1.97\times10^{-2}\times2000^2}{2}=3.94\times10^4(\text{J})$$

(d) 当$\varepsilon=iR+L\dfrac{\text{d}i}{\text{d}t}$时

$$i=i(0)(1-\text{e}^{-t/\tau})=\frac{\varepsilon}{R}(1-\text{e}^{-t/\tau})$$

其中，$\tau=\dfrac{L}{R}=0.197\text{s}$，为回路的时间常数. 由$\varepsilon=20\text{V}, R=0.1\Omega, L=1.97\times10^{-2}\text{H}$可得

$$i(t)=200(1-\text{e}^{-5t})(\text{A})$$

3.42 两块大平行板组成的电路最大的输出电压与静电场

题 3.42 如题图 3.42(a)所示，电路由两块大平行板组成，板 B 除一小部分(检测器)外接地，一频率为 ω 的正弦电压加在 A 上. (a) ω 为何值时 V_0(V_{out}的幅度)最大？(b) 在固定的频率 ω 下，板 A 左右移动：画出 V_0 作为位置函数的草图. 指出板 A 边缘通过检测器的点. (c)假定 A 点电势一定，产生的静电场如何(和(b)草图中的函数相联系)？试解释之.

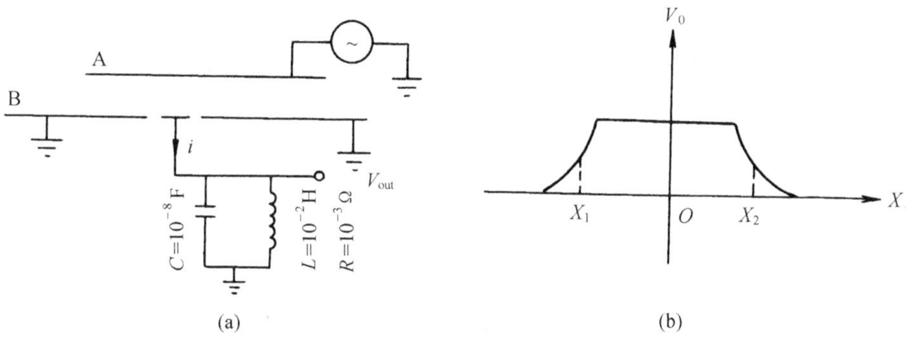

题图 3.42

解 (a) $\omega=\dfrac{1}{\sqrt{LC}}=\dfrac{1}{\sqrt{10^{-2}\times10^{-8}}}=10^5\text{rad/s}$. 此时电路发生谐振，因为并联电路，此时等效阻抗最大，则 V_0 最大.

(b) V_0 作为位置的函数示于题图 3.42(b)中. X 是 A 板中心离检测器中心的水平距离，X_1 和 X_2 相应于 A 板的左右边界通过检测器中心时的位置.

(c) 静电场沿板 X 方向(板内到两端)强度变化和(b)中草图类似，也在 A 板边缘降下来.

因为 V_0 的大小反映了 A 和检测器所带电荷的大小，$Q=CV_0$，V_0 大则相应这点在 A 的位置静电场也大. 所以静电场沿 x 方向强度变化与题图 3.42(b)相似.

B 板比 A 板大是为了保证 A 板移动所带来的影响可以忽略.

3.43　RC 电路的电磁能及流过圆柱形电容器总能量

题 3.43　在如题图 3.43(a)所示的电路中，电容器由半径为 r_0、间距为 d 的圆板构成，板间真空. $t=0$ 时，电容器极板带电 Q_0，开关闭合. (a) $t\geqslant 0$ 时，板间电场强度近似为 $\boldsymbol{E}(t)=\boldsymbol{E}_0\mathrm{e}^{-t/\tau}\boldsymbol{e}_z$，试求 E_0 和 τ (如果不能求出 E_0 和 τ，在以下各问中可视之为给定常数). (b) 叙述为得出(a)中的 $\boldsymbol{E}$ 的表达式所作的近似和理想化. (c) 求 $t>0$ 时板间磁场 $\boldsymbol{B}$，你可以利用类似于(b)的理想化和近似. (d) 求极板间真空区域的电磁能量密度. (e) 考虑极板间真空区域中的一个圆柱形小区域(如题图 3.43(b)所示)，设半径为 r_1、长为 l，处于中心. 利用(a)、(c)及坡印亭矢量计算在 $0<t<\infty$ 期间流过柱面的总能量.

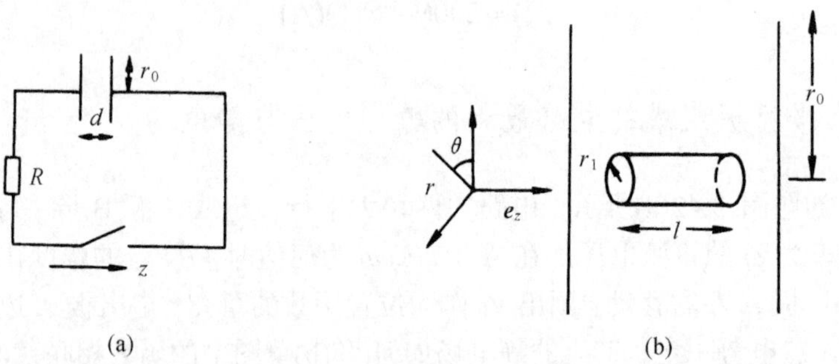

题图 3.43

解　(a) $\dfrac{Q}{C}=iR=-\dfrac{\mathrm{d}Q}{\mathrm{d}t}R$, 故 $Q=Q_0\mathrm{e}^{-t/\tau}$. 其中 $\tau=RC$，Q 为极板电量. 由 $E=\dfrac{\sigma}{\varepsilon_0}$，得 $E=\dfrac{Q}{\pi r_0^2\varepsilon_0}\mathrm{e}^{-t/\tau}$，与 $\boldsymbol{E}=E_0\mathrm{e}^{-t/\tau}\boldsymbol{e}_z$ 比较可得

$$E_0=\frac{Q}{\pi r_0^2\varepsilon_0},\qquad \tau=RC=\frac{R\varepsilon_0\pi r_0^2}{d}$$

(b) 在(a)中为得到 $\boldsymbol{E}$，假定任意时刻电荷 Q 在板上均匀分布，并忽略边缘效应，这在 $d\ll r_0$ 时是很好的近似.

(c) 由问题的轴对称性及

$$\oint \boldsymbol{H}\cdot\mathrm{d}\boldsymbol{l}=\iint_S\frac{\partial\boldsymbol{D}}{\partial t}\cdot\mathrm{d}\boldsymbol{S},\qquad \boldsymbol{D}=\varepsilon_0\boldsymbol{E}$$

可得

$$\boldsymbol{H}=\frac{-r\varepsilon_0E}{2\tau}\boldsymbol{e}_\theta,\qquad \boldsymbol{B}=-\frac{r\mu_0\varepsilon_0E}{2\tau}\boldsymbol{e}_\theta$$

(d)
$$\omega=\frac{\varepsilon_0}{2}E^2+\frac{1}{2\mu_0}B^2=\frac{1}{2}\varepsilon_0E^2\cdot\left(1+\frac{\mu_0\varepsilon_0r^2}{4\tau^2}\right)$$

(e)
$$\boldsymbol{S}=\boldsymbol{E}\times\boldsymbol{H}=E\boldsymbol{e}_z\times\left(-\frac{\varepsilon_0r}{2\tau}E\right)\boldsymbol{e}_\theta$$

所以$\boldsymbol{S}=\dfrac{\varepsilon_0rE^2}{2\tau}\boldsymbol{e}_r$. 故 $0<t<\infty$ 期间流出柱面能量为

$$W=\int_0^\infty S2\pi rl\mathrm{d}t=\int_0^\infty\frac{\varepsilon_0r_1}{2\tau}2\pi r_1lE_0^2\mathrm{e}^{-2t/\tau}\mathrm{d}t$$
$$=\frac{\varepsilon_0r_1^2\pi l}{2}E_0^2=\frac{r_1^2lQ^2}{2\varepsilon_0\pi r_0^4}$$

3.44 平行板电容器与电感组成的共振电路

题 3.44 一个共振电路由平行板电容器与有 N 匝线圈的电感器组成. 如果电容器和电感的所有线性尺寸均缩小到原来的 1/10，而线圈的匝数不变. (a) 电容值改变的因子多大? (b) 电感值改变的因子多大? (c) 共振电路的共振频率改变的因子多大?

解 (a) 电容$C\propto\dfrac{S}{d}$，故$C_\mathrm{f}=\dfrac{1}{10}C_\mathrm{i}$.

(b) 电感$L\propto N^2S/l$，故$L_\mathrm{f}=\dfrac{1}{10}L_\mathrm{i}$.

(c) 共振频率$\omega\propto\dfrac{1}{\sqrt{LC}}$，故$\omega_\mathrm{f}=10\omega_\mathrm{i}$.

3.45 具有内阻的 n 个蓄电池输出的最大功率

题 3.45 n 个蓄电池，每个具有内阻 R_i 和输出电压 V. 这些电池被分成许多组，每组 k 单元串联相接. n/k 组并联到负载 R 上. 问当 k 为何值时，R 上的功率最大，最大功率是多少?

解 每一组电压为 kV，内阻为 kR_i，n/k 组并联后，总电压为 kV，总内阻$\dfrac{kR_\mathrm{i}}{n/k}=\dfrac{k^2R_\mathrm{i}}{n}$. 当内阻与负载匹配时，负载上的功率最大. 此时，$R=\dfrac{k^2R_\mathrm{i}}{n}$，故$k=\sqrt{\dfrac{nR}{R_\mathrm{i}}}$. 输出的最大功率为

$$P_{\max}=\left(\frac{kV}{2R}\right)^2R=\frac{k^2V^2}{4R}=\frac{nV^2}{4R_\mathrm{i}}$$

3.46 当一个电容器放电时发生的变化

题 3.46 当一个电容器放电时：(a) 原先储存在电容器内的能量可以完全转移给另一个电容. (b) 原先的电荷将随时间指数减少. (c) 必须用一个电感.

解 答案为(b).

3.47 电感比电阻的单位

题 3.47 如果 L=电感，R=电阻，$\frac{L}{R}$ 的单位是什么？(a) s. (b) s^{-1}. (c) A.

解 答案为(a).

3.48 相距很远的两个并联电感的总电感

题 3.48 两个相距很远的电感 L_1 和 L_2 并联. 这两者的总电感为：(a) L_1+L_2. (b) $\frac{L_1L_2}{L_1+L_2}$. (c) $(L_1+L_2)\frac{L_1}{L_2}$.

解 答案为(b).

3.49 理想变压器的匝数比

题 3.49 一个电阻为 10Ω，电抗为零的交流发电机，由一个理想变压器与一个 1000Ω 的负载耦合，为了给负载传递最大的功率，变压器的匝数比应是多少？(a) 10. (b) 100. (c) 1000.

解 答案为(a).

3.50 电容电感串联组成的电路起振荡器作用的原因

题 3.50 一个由电容和电感串联组成的电路可起振荡器作用，因为：(a) 导线总有电阻. (b) 电流和电压之间有相位差. (c) 电流和电压的相位相同.

解 答案为(b).

3.51 两个载流线圈在 x 方向的相互作用力

题 3.51 两个载有电流 i_1 和 i_2 的线圈在 x 方向的相互作用力以互感 M 表示为(a) $i_1=\frac{\mathrm{d}i_2}{\mathrm{d}x}M$. (b) $i_1i_2=\frac{\mathrm{d}M}{\mathrm{d}x}$. (c) $i_1i_2=\frac{\mathrm{d}^2M}{\mathrm{d}x^2}$.

解 答案为(b).

3.52 同轴电缆阻抗的测量方法

题 3.52 可以用下面方法测量同轴电缆的阻抗：(a) 用欧姆表直接测量. (b) 利用终端反射的性质. (c) 通过测量电缆中信号的衰减.

解 当终端匹配时，无反射. 用此方法可以测量同轴电缆的阻抗，故(b)是正确的.

3.53 高频信号在同轴电缆中传输速度

题 3.53 高频信号在同轴电缆中的传输速度决定于：(a) 阻抗. (b) $\dfrac{1}{\sqrt{LC}}$，L 和 C 分别为分布电感和电容. (c) 介质中的损耗和趋肤效应.

解 答案为(b).

3.54 用于放大电路的硅三极管输出端小信号增益

题 3.54 一个 β=100 的硅三极管用于如题图 3.54 所示放大电路中(假设与频率有关的 $\dfrac{1}{\omega C}$ 可以忽略，提供 V_{in} 信号的电源内阻也可忽略)，填空.

I_B=______ I_C=______

I_E=______ V_C=______

V_E=______ V_B=______

10V 的电源极性______

R_{in}=______

输出端 1 的小信号增益=_______

输出端 2 的小信号增益=_______

R_{out1}=________ R_{out2}=________.

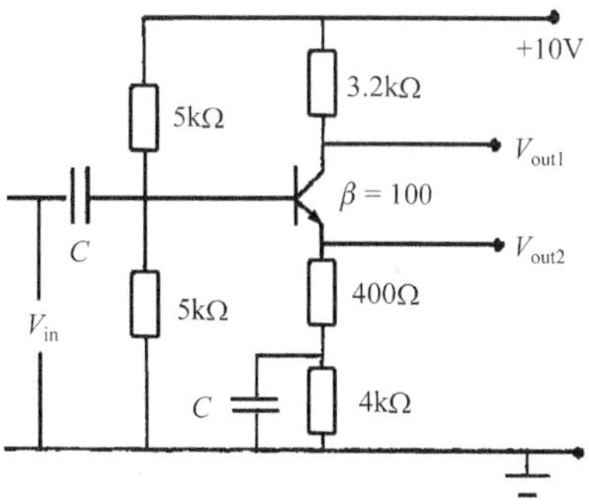

题图 3.54

解

I_B= 0.01mA， I_C= 0.99mA

I_E= 1mA， V_C= 6.8V

V_E= 4.4V， V_B= 5V

10V 电源极性 +， R_{in}= 2.4kΩ

输出端 1 的小信号增益= −7.4

输出端 2 的小信号增益= 0.93

R_{out1}= 3.2kΩ， R_{out2}= 48Ω

详细计算过程如下：

$$V_B = \frac{5}{5+5} \times 10 = 5(\text{V})$$

$$V_E = 5 - 0.6 = 4.4(\text{V})$$

$$I_E = \frac{V_E}{R_E} = 1(\text{mA})$$

$$I_C = \frac{\beta}{1+\beta} I_E \approx 0.99(\text{mA})$$

$$I_B = \frac{I_E}{1+\beta} \approx 0.01(\text{mA})$$

$$V_C = 10 - I_C \cdot 3.2 = 10 - 0.99 \times 3.2 \approx 6.8(\text{V})$$

$$R_{in} = 5k // 5k //(r_{be} + (1+\beta) \cdot 400) \approx 2.4(\text{k}\Omega)$$

其中，$r_{be} = 300 + (1+\beta)\dfrac{26}{I_C} \approx 3\text{k}\Omega.$

$$\text{输出端 1 的增益} = -\frac{\beta R_C}{r_{be} + (1+\beta) \cdot 400} \approx -7.4$$

$$\text{输出端 2 的增益} = \frac{(1+\beta) \cdot 400}{r_{be} + (1+\beta) \cdot 400} \approx 0.93$$

$$R_{out1} = 3.2\text{k}\Omega$$

$$R_{out2} = 400 // \left(\frac{r_{be} + 5//5}{1+\beta} \right) \times 10^3 \approx 48(\Omega)$$

3.55 计算负反馈电路的放大倍数

题 3.55 计算有负反馈的电路(题图 3.55)的放大倍数 $A_F=V_0/V_i$，无反馈的放大倍数 $A_0=V_0/V$ 很大且为负的. A_0 的输入阻抗远大于 R_1、R_2，输出阻抗远小于 R_1、R_2，讨论 A_F 和 A_0 的关系.

解 因为 A_0 很大，而且输入阻抗远大于 R_1、R_2，输出阻抗远小于 R_1、R_2，故可将其看成理想运算放大器. 取 $i_1=-i_2$，于是

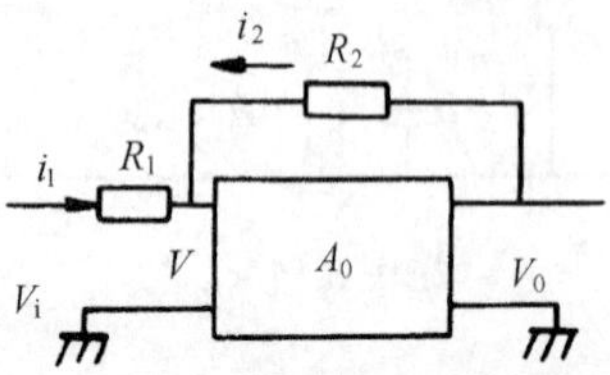

题图 3.55

$$V_i - V = -\frac{R_1}{R_2}(V_0 - V)$$

$$\frac{V_i}{V_0} - \frac{V}{V_0} = -\frac{R_1}{R_2}\left(1 - \frac{V}{V_0}\right)$$

但有

$$A_F = V_0 / V_i, \qquad A_0 = V_0 / V$$

$$\frac{1}{A_F} = -\frac{R_1}{R_2} + \left(1 + \frac{R_1}{R_2}\right)\frac{1}{A_0}$$

$$A_F = \frac{1}{-\frac{R_1}{R_2} + \left(1 + \frac{R_1}{R_2}\right)\frac{1}{A_0}}$$

当 A_0 很大时，$A_F \approx -\frac{R_2}{R_1}$，可见 A_0 很大时，A_F 与 A_0 无关，而决定于电阻 R_1、R_2 的比值，即放大倍数是稳定的.

3.56 运算放大器输入输出电压间相位差

题 3.56 题图 3.56 所示放大器是一个有很大增益的运算放大器(如增益为 50000)，输入正弦电压 V_{in} 的角频率处于放大器通频带的中间. 求输入与输出电压间相位差的表达式. 设 R_1 和 R_2 有相同的量级，且正向输入端接地.

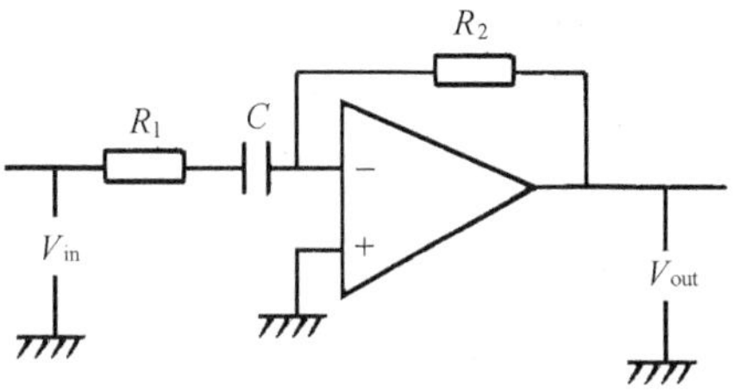

题图 3.56

解 可认为这是个理想的运算放大器. 反相输入端为“虚地”，所以

$$\frac{V_{in} - 0}{R_1 + \frac{1}{j\omega C}} = \frac{0 - V_{out}}{R_2}$$

$$\frac{V_{out}}{V_{in}} = -\frac{R_2}{R_1 + \frac{1}{j\omega C}}$$

相位差

$$\phi = \pi - \arctan\left(\frac{-\frac{1}{\omega C}}{R_1}\right) = \pi + \arctan\frac{1}{\omega C R_1}$$

3.57 采用负反馈接法的高增益、差分输入的运算放大器

题 3.57 如题图 3.57(a)所示，一个高增益、差分输入的运算放大器采用负反馈接法，输出电阻可被忽略，开环增益 A 可以当作“无穷大”，当 V_{out} 达到±10V 时，放大器饱和. (a) 写出 $V_{out}(t)$相当于 $V_{in}(t)$的理想运算表达式. (b) 端点(J_1, J_2)间的输入阻抗是多少？(c) 以一个如(a)图所示的 2V 阶跃电压作为 V_{in}. 在(b)图中画出输出响应的草图.

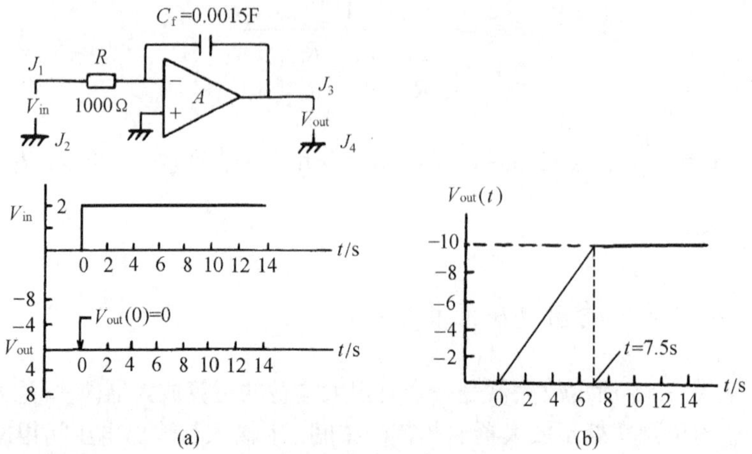

题图 3.57

解　(a) 这是个理想的运算放大器组成的反相积分器

$$V_{out} = -\frac{1}{C_f}\int_0^t \frac{V_{in}}{R}dt + V_0(0), \qquad |V_{out}| < 10V$$

若初始时 $V_0(0)=0$，则 $V_{out} = -\frac{1}{C_f}\int_0^t \frac{V_{in}}{R}dt$.

(b) 若在 J_1、J_2 间输入频率为 ω 的正弦电压，则两点间的输入阻抗近似为 R .

(c) 当输入信号为 2V 的阶跃信号且初始时 $V_{out}=0$，得

$$V_{out} = -\frac{1}{RC_f}\int_0^t V_{in}dt = -\frac{V_{in}}{RC_f}\cdot t$$

由于 $V_{out}=\pm 10V$ 时放大器进入饱和，所以

$$t = \frac{-V_{out}}{V_{in}}RC_f = \frac{10}{2}\times 1000\times 0.0015 = 7.5(s)$$

时放大器饱和，故

$$V_{out} = \begin{cases} 0, & t \leqslant 0 \\ -\frac{4}{3}t, & 0 < t \leqslant 7.5 \\ -10, & t > 7.5 \end{cases}$$

输出响应如题图 3.57(b)所示.

3.58　运算积分电路与微分电路

题 3.58　考虑如题图 3.58(a)所示运算放大电路：(a) 这个放大电路是正反馈还是负反馈？(b) 证明这个电路为一个运算积分器，并说明必要的假设. (c) 指出一个用同样元件构成的运算微分电路.

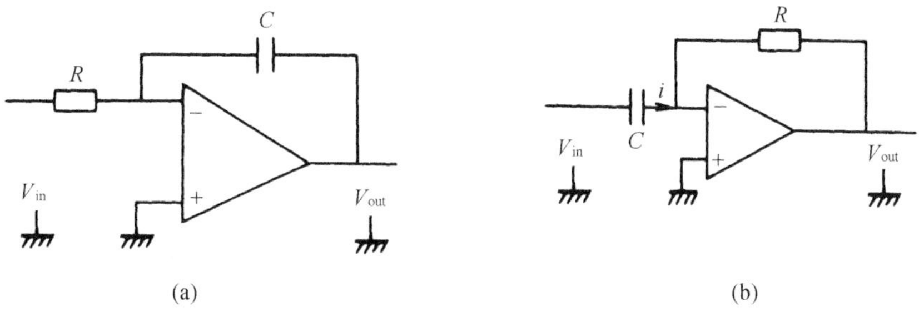

题图 3.58

解 (a) 这是个负反馈放大电路.

(b) 如题图 3.58(a)所示

$$i = C\frac{\mathrm{d}V_{out}}{\mathrm{d}t}$$

$$Ri = -V_{in}$$

$$V_{out} = -\frac{1}{RC}\int_0^t V_{in}\mathrm{d}t + V_0$$

所以此电路为一个运算积分电路.

以上计算用到下面假设：①运算放大器的开环输入阻抗无限大. ②开环电压增益为无限大.

(c) 相应的微分运算电路如题图 3.58(b)所示.

3.59 一个张弛振荡器的振荡频率及输入、输出端波形图

题 3.59 题图 3.59 为一个由理想差分放大器构成的张弛振荡器(开环增益无限大,输入阻抗无限大)，放大器饱和输出为±10V. (a) 对所给元件值，计算振荡频率. (b) 做出反向输入端 A 同相输入端 B 和输出端 C 的波形图.

解 (a) 这是一个由 R_1R_2 分压正反馈并通过 RC 电路放电构成的张弛振荡器，当达到稳定时，其输出是幅度为饱和电压的矩形波.

设 V_C=+10V,通过 R 给 C 充电,V_A 由−2V 上升到+2V. 当超过 B 点电位 $\frac{R_2}{R_1+R_2}\times V_C = 2\text{V}$ 时，V_C 下降为−10V，C 通过 R 放电. 当 V_A 低于 B 点电位 $\frac{R_2}{R_1+R_2}\times(-10)\text{V} = -2\text{V}$ 时，V_C 又上升为+10V，这就是张弛振荡过程.

由三要素法可以算出：

充电时间

$$T_1 = RC\ln\frac{10+2}{10-2} = 8.1(\text{ms})$$

放电时间

$$T_2 = RC\ln\frac{-10-2}{-10+2} = 8.1(\text{ms})$$

振荡频率为

$$\frac{1}{T_1+T_2}=61.6\text{Hz}$$

(b) V_A、V_B 和 V_C 的波形图如题图 3.59(b)所示.

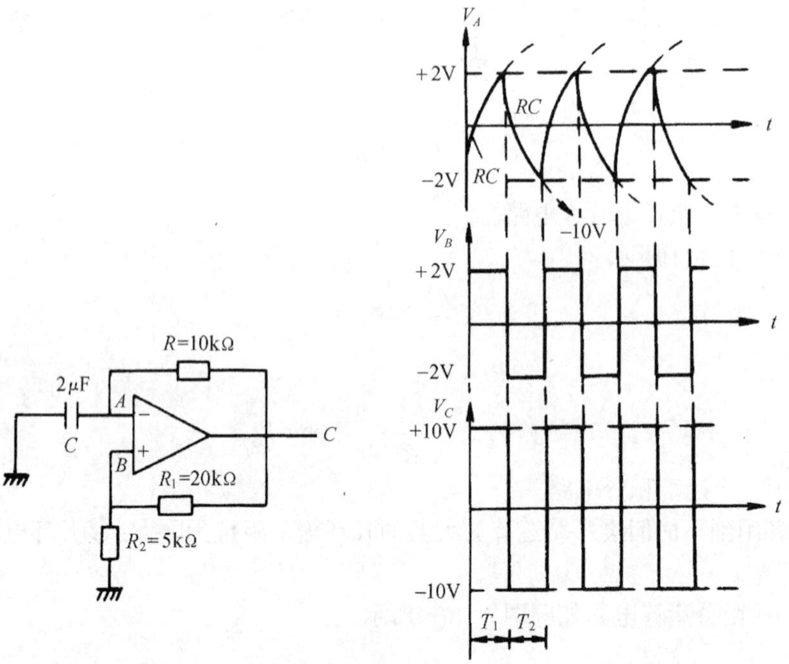

(a)　　(b)

题图 3.59

3.60　一个模拟计算机解微分方程电路

题 3.60　一个模拟计算机如题图 3.60 所示，由高增益运算放大器组成. 这个模拟机能解什么样的微分方程？若模拟计算通过同时打开开关 S_1 和 S_2 而开始，则微分方程的初始条件是什么？

解　设输出为 v_0. 由于运算放大器可看成理想的，故有：

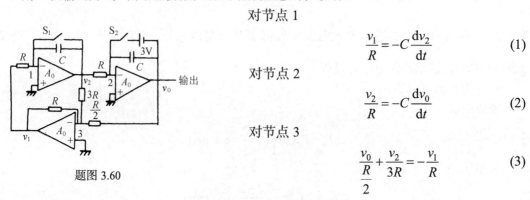

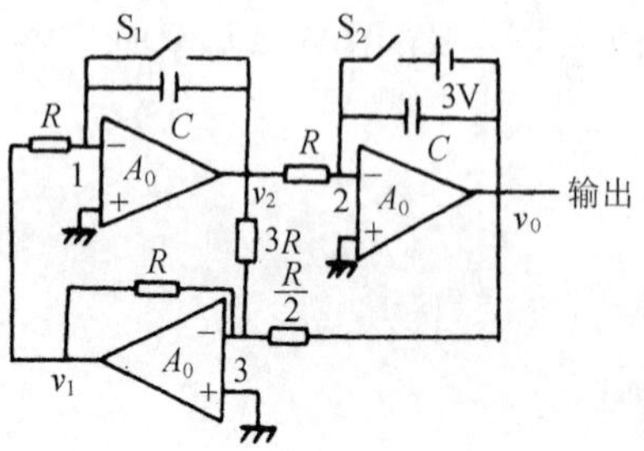

题图 3.60

对节点 1

$$\frac{v_1}{R}=-C\frac{\mathrm{d}v_2}{\mathrm{d}t} \tag{1}$$

对节点 2

$$\frac{v_2}{R}=-C\frac{\mathrm{d}v_0}{\mathrm{d}t} \tag{2}$$

对节点 3

$$\frac{v_0}{\frac{R}{2}}+\frac{v_2}{3R}=-\frac{v_1}{R} \tag{3}$$

由式(1)、式(2)得

$$\frac{v_1}{R}=RC^2\frac{\mathrm{d}^2v_0}{\mathrm{d}t^2}$$

由式(2)、式(3)得

$$\frac{2v_0}{R}-\frac{C}{3}\cdot\frac{\mathrm{d}v_0}{\mathrm{d}t}=-\frac{v_1}{R}$$

由上面两式得

$$\frac{\mathrm{d}^2v_0}{\mathrm{d}t^2}-\frac{1}{3}\frac{\mathrm{d}v_0}{\mathrm{d}t}+2v_0=0,\qquad RC=1$$

这就是模拟机所能解的微分方程.

初始时

$$v_0(0)=-3\mathrm{V}$$

$$v_1(0)=v_2(0)=0$$

$$C\frac{\mathrm{d}v_0}{\mathrm{d}t}\bigg|_{t=0}=0$$

故初始条件为

$$v_0=-3$$

$$\frac{\mathrm{d}v_0}{\mathrm{d}t}\bigg|_{t=0}=0$$

3.61 运用运算放大器设计一个模拟计算机电路

题 3.61 利用运算放大器设计一个模拟计算机电路，以产生一个稳态电压 $V(t)$，使其为方程

$$\frac{\mathrm{d}^2V}{\mathrm{d}t^2}+10\frac{\mathrm{d}V}{\mathrm{d}t}-\frac{1}{3}V=6\sin\omega t$$

的解.

解 原方程可化为

$$\frac{\mathrm{d}^2V}{\mathrm{d}t^2}=-10\frac{\mathrm{d}V}{\mathrm{d}t}+\frac{1}{3}V+6\sin\omega t$$

设计框图如题图 3.61(a)所示.

具体电路如题图 3.61(b)所示.

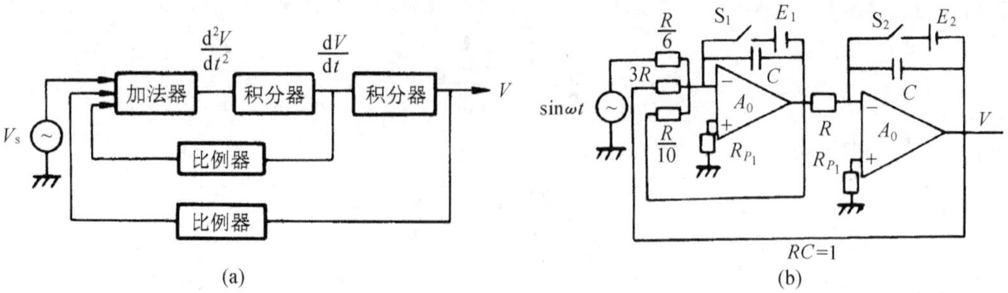

题图 3.61

S_1、S_2在初始时合上，电源 $V_s=\sin\omega t$.

3.62　单稳态电路的触发

题 3.62　如题图 3.62(a)所示：(a) Q_2是饱和的吗？试证明之. (b) Q_1的基极-发射极偏压是多少？(c) 当这个单稳态电路触发后，Q_2断开多长时间？(d) 这个电路如何被触发？画出位置和波形.

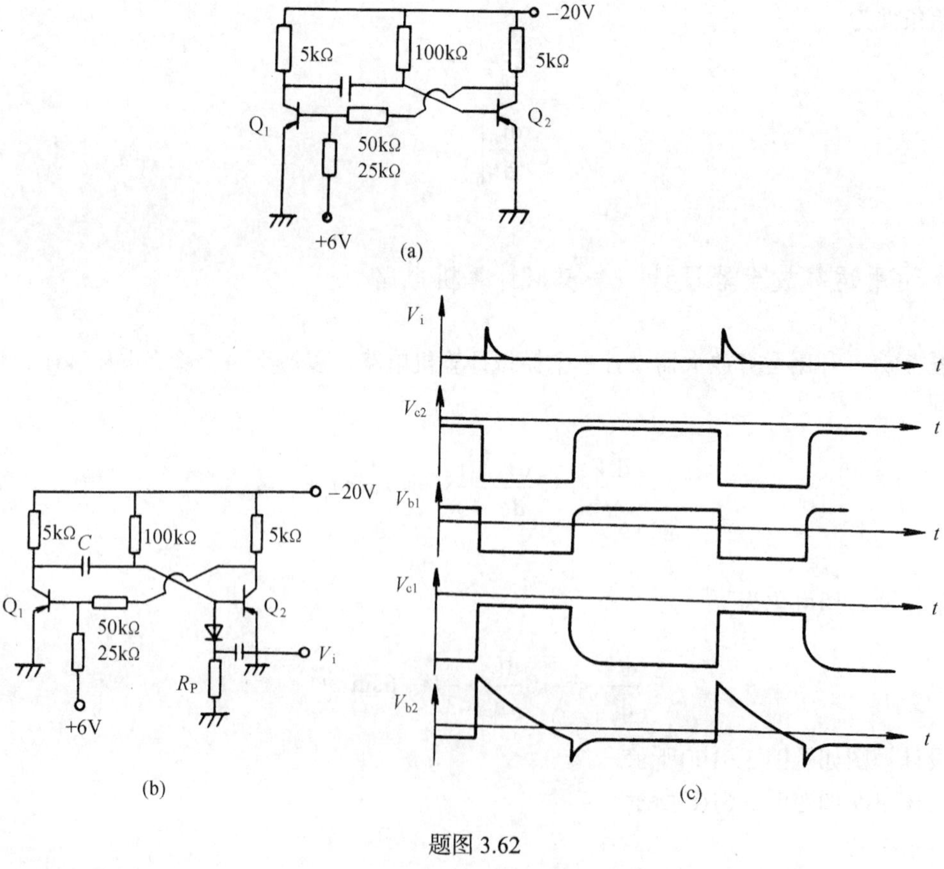

题图 3.62

解 (a) Q_2是饱和的. 因为实际电路中，总使电流放大倍数$\beta > 20$，而此电路中

$$\beta = \frac{I_c}{I_b} = \frac{100\text{k}\Omega}{5\text{k}\Omega} = 20$$

故 Q_2饱和.

(b)

$$V_{cQ_2} = -0.3\text{V}$$

$$V_{bQ_1} = 6 - \frac{6+0.3}{25+50} \times 25 = 3.9(\text{V})$$

故

$$V_{be}=3.9\text{V}$$

(c)

$$t = 0.7R \cdot C = 0.7 \times 100 \times 10^3 \times 100 \times 10^{-12}$$
$$= 7 \times 10^{-6}(\text{s}) = 7(\mu\text{s})$$

为单稳态的脉宽.

(d) 被触发的电路图如题图 3.62(b)所示；其波形图如题图 3.62(c)所示.

3.63 TTL 腾柱输出电路

题 3.63 题图 3.63 所示的电路是典型的 TTL 输出电路,你可以假定所有固定装置都是硅质的，除非你作出其他特别说明，要求在 0.1V 精度范围内给出两种条件下的电压.

条件 1：$V_A = 4.0\text{V}$，求 V_B，V_C，V_E；

条件 2：$V_A = 0.2\text{V}$，求 V_B，V_C，V_D，V_E.

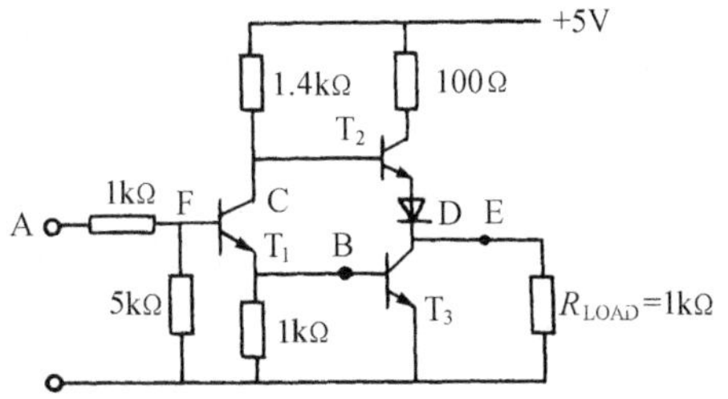

题图 3.63

解 对于所有硅质器件，饱和时

$$V_{be}=0.7\text{V}, \qquad V_{ce}=0.3\text{V}$$

对于条件 1：$V_A = 4.0\text{V}$ 时，T_1饱和，T_3也饱和，所以

$$V_B = 0.7\text{V}, \qquad V_E = 0.3\text{V}, \qquad V_C = V_B + 0.3 = 1.0\text{V}$$

对于条件 2：$V_A = 0.2\text{V}$，T_1截止，所以 $V_B = 0$，则 T_3截止. 对于 T_2，$\beta = \frac{1400}{100} = 14$，因此 T_2饱和. 所以

$V_B = 0\text{V}$，　$V_C = 5\text{V}$，　$V_D = 5-0.7=4.3(\text{V})$，　$V_E = V_D-0.7=3.6(\text{V})$

3.64　同轴传输线阻抗突然变化返回脉冲的极性

题 3.64　带有 50Ω 阻抗的同轴传输线，阻抗突然变成 100Ω，相应于初始的正脉冲，返回什么极性的脉冲：(a)零. (b)正的. (c)负的.

解　答案为(b).

3.65　正脉冲送入一个在另一段短路的传输线，返回脉冲的极性

题 3.65　当正脉冲送入一个在另一端短路的传输线时，其返回脉冲为：(a)不存在，等于 0. (b)正的. (c)负的.

解　答案为(c).

3.66　一个未知的线性网络的开路输出电压

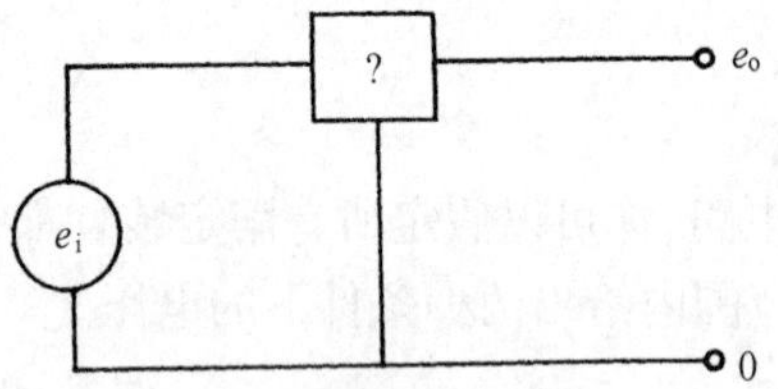

题图 3.66

题 3.66　如题图 3.66 所示的方框代表一个未知的线性网络，设左边的电压源内阻为零. 已知：当电压源的输入 $e_i(t)$是阶跃函数，即

$$e_i(t)=\begin{cases}0, & t\leqslant 0\\ A, & t>0\end{cases}$$

则开路输出电压 $e_o(t)$为

$$e_o(t)=\begin{cases}0, & t\leqslant 0\\ \dfrac{1}{2}A(1-\exp(-t/\tau)), & t>0\end{cases},\qquad \tau=1.2\times10^{-4}(\text{s})$$

求：当输入为 $e_i(t)=4\cos\omega t(\text{V})$的时候，开路输出电压 $e_o(t)$，角频率 $\omega=1500$ rad/s.

解　首先进行拉普拉斯变换，在频域内求解网络的传输函数 $H(s)$. 这样就很容易求出在新的输入下的响应. 对 $e_i(t)=A\cdot U(t)$进行拉普拉斯变换，得 $E_i(s)=A/s$. 对输出 $e_o(t)$也作拉普拉斯变换，得

$$E_o(s)=\frac{1}{2}A\left(\frac{1}{s}-\frac{1}{s+1/\tau}\right)$$

故网络的传输函数为

$$H(s)=\frac{E_o(s)}{E_i(s)}=\frac{1/2\tau}{s+1/\tau}$$

对于新的输入 $e_i(t)=4\cos\omega t$ 的拉普拉斯变换为

$$E_i(s)=\frac{4s}{\omega^2+s^2}$$

所以，输出为

$$E_o(s)=E_i(s)\cdot H_i(s)=\frac{4s}{\omega^2+s^2}\cdot\frac{\frac{1}{2\tau}}{s+\frac{1}{\tau}}$$

$$=\frac{2}{\tau}\left[\frac{1}{s+\frac{1}{\tau}}\cdot\frac{-\frac{1}{\tau}}{\omega^2+\left(\frac{1}{\tau}\right)^2}+\frac{\frac{1}{2}}{s-\mathrm{j}\omega}\cdot\frac{1}{\mathrm{j}\omega+\frac{1}{\tau}}+\frac{\frac{1}{2}}{s+\mathrm{j}\omega}\cdot\frac{1}{\mathrm{j}\omega+\frac{1}{\tau}}\right]$$

其中 $\omega\tau=2\pi\times1500\times1.2\times10^{-4}\approx1$．求出 $E_o(s)$的反变换，即为时域解

$$V_o(t)=\frac{2}{\tau}\left[\frac{-\frac{1}{\tau}}{\omega^2+\left(\frac{1}{\tau}\right)^2}\mathrm{e}^{-\frac{t}{\tau}}+\frac{\frac{1}{\tau}\cos\omega t+\omega\sin\omega t}{\omega^2+\left(\frac{1}{\tau}\right)^2}\right]$$

$$\approx-\mathrm{e}^{t/\tau}+\cos\omega t+\sin\omega t$$

3.67　信号传播中的同轴电缆的能量、能量损耗及瞬间衰减后的电流

题 3.67　为了描述同轴电缆中信号的传播，我们可以将电缆看成由一系列电感、电阻和电容器组成. 如题图 3.67(a)所示，L、C、R 分别是电缆中单位长度上的电感、电容和电阻. 辐射可以忽略. (a) 证明电缆中的电流 $I(x, t)$服从

$$\frac{\partial^2 I}{\partial x^2}=LC\frac{\partial^2 I}{\partial t^2}+RC\frac{\partial I}{\partial t}$$

(b) 导出电压 $V(x,t)$及单位长度上电荷量 $\rho(x, t)$的类似方程. (c)电缆上的能量密度(单位长度的能量)是多少？单位长度能量损耗呢？(d)假如这种半无限长的电缆($x\geqslant0$)在 $x=0$ 与频率为 ω 的振子耦合，因此 $V(0, t)=\mathrm{Re}(V_0\mathrm{e}^{-\mathrm{j}\omega t})$，瞬间衰减后求电流 $I(x, t)$. 在极限情形 $R/L\omega\leqslant1$ 时求衰减长度及信号的传播速度.

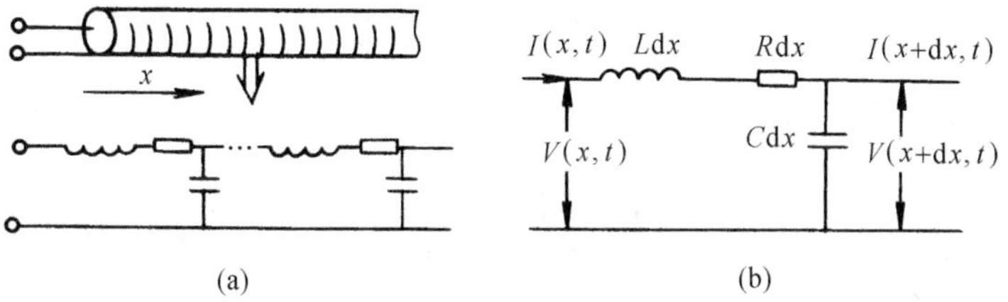

题图 3.67

解 (a) 如题图 3.67(b)所示，得

$$V(x,t)=V(x+\mathrm{d}x,t)+L\mathrm{d}x\frac{\partial I(t,x)}{\partial t}+R\mathrm{d}xI(t,x) \tag{1}$$

$$I(x,t)=C\mathrm{d}x\frac{\partial V(x+\mathrm{d}x,t)}{\partial t}+I(x+\mathrm{d}x,t) \tag{2}$$

故

$$\begin{cases}-\dfrac{\partial V}{\partial x}=IR+L\dfrac{\partial I}{\partial t} & (3)\\ -\dfrac{\partial I}{\partial x}=C\dfrac{\partial V}{\partial t} & (4)\end{cases}$$

由式(4)得

$$\frac{\partial^2 I}{\partial x^2}=-C\frac{\partial}{\partial x}\left(\frac{\partial V}{\partial t}\right)=-C\frac{\partial}{\partial t}\left(\frac{\partial V}{\partial x}\right)$$

$$=C\frac{\partial}{\partial t}\left(IR+L\frac{\partial I}{\partial t}\right)$$

$$=RC\frac{\partial I}{\partial t}+LC\frac{\partial^2 I}{\partial t^2} \tag{5}$$

(b) 由式(3)得

$$\frac{\partial^2 V}{\partial x^2}=-R\frac{\partial I}{\partial x}-L\frac{\partial}{\partial x}\left(\frac{\partial I}{\partial t}\right)$$

$$=RC\frac{\partial V}{\partial t}-L\frac{\partial}{\partial t}\left(\frac{\partial I}{\partial x}\right)$$

$$=RC\frac{\partial V}{\partial t}+LC\frac{\partial^2 V}{\partial t^2} \tag{6}$$

因为

$$\rho\mathrm{d}x=C\mathrm{d}x\cdot V$$

$$V=\rho/C$$

所以

$$\frac{\partial^2 \rho}{\partial x^2}=RC\frac{\partial \rho}{\partial t}+LC\frac{\partial^2 \rho}{\partial t^2} \tag{7}$$

(c) 电缆上单位长度能量

$$W=\frac{1}{2}LI^2+\frac{1}{2}CV^2 \tag{8}$$

单位长度能量损耗

$$P=I^2R \tag{9}$$

(d) 由边界条件 $V(0,t)=V_0\cos\omega t$ 及波动方程，设 $V(x,t)=V_0\cos(Kx-\omega t)\mathrm{e}^{-\lambda x}$，$K$、$\lambda$ 均为正数. 由式(6)

$$\left(\frac{\partial^2 V}{\partial x^2}=LC\frac{\partial^2 V}{\partial t^2}+RC\frac{\partial V}{\partial t}\right)$$

得到

$$K^2=\frac{1}{2}(\sqrt{L^2C^2\omega^4+R^2C^2\omega^2}+LC\omega^2) \tag{10}$$

$$\lambda^2=\frac{1}{2}(\sqrt{L^2C^2\omega^4+R^2C^2\omega^2}-LC\omega^2) \tag{11}$$

可设 $I(x,t)=I_0\cos(Kx-\omega t+\varphi_0)\mathrm{e}^{-\lambda x}$，而从(a)中知道 $-\frac{\partial I}{\partial x}=C\frac{\partial V}{\partial t}$，将表达式代入

$$I_0=\frac{C\omega V_0}{\sqrt{K^2+\lambda^2}},\qquad \varphi_0=\arctan\frac{K}{\lambda} \tag{12}$$

当 $\frac{R}{L\omega}\ll 1$ 时，$K^2=LC\omega^2$，$\lambda^2=\frac{R^2C}{4L}$，故

$$衰减长度=\frac{1}{\lambda}=\frac{2\sqrt{L/C}}{R} \tag{13}$$

$$传播速度=\frac{\omega}{K}=\frac{1}{\sqrt{LC}} \tag{14}$$

3.68 脉冲通过同轴电缆的开路端电压波形

题 3.68 一个内阻可以忽略的脉冲发生器，发出一个脉冲 $v_{\text{in}}=\begin{cases}1, & 0\leqslant t<5\mu\text{s}\\ 0, & t<0, t\geqslant 5\mu\text{s}\end{cases}$，通过一个特性阻抗为 20Ω 的同轴电缆(无损耗)，电缆长度等效于 1μs 的延迟，电缆的另一端开路. 计算开路端电压的波形，并考虑电缆两端的影响. 时间间隔为 $t=0$ 到 $t=12\mu\text{s}$.

解 电缆内阻 $Z_c=20\Omega$，发生器内阻 $Z_s=0$，负载内阻 $Z_H=\infty$.

始端反射系数

$$K_{始}=\frac{Z_s-Z_c}{Z_s+Z_c}=-1$$

终端反射系数

$$K_{终}=\frac{Z_H-Z_c}{Z_H+Z_c}=1$$

用 v_t 和 V_t 分别表示 t 时刻发生器和开路端的电压，则

$$v_t=v_{\text{in}}+K_{始}K_{终}v_{t-2}=v_{\text{in}}-v_{t-2}$$

$$V_t=v_{t-1}+K_{终}v_{t-1}=2v_{t-1}$$

开路端电压如下表，输出电压随时间变化如题图 3.68.

t/μs	0	1	2	3	4	5	6	7	8	9	10	11	12…
v_t/V	1	1	0	0	1	0	−1	0	1	0	−1	0	1…
V_t/V	0	2	2	0	0	2	0	−2	0	2	0	−2	0

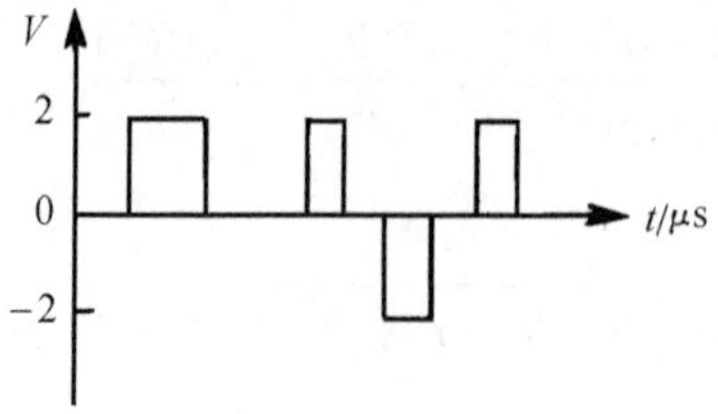

题图 3.68

3.69　射极跟随器的饱和脉冲幅度

题 3.69　如题图 3.69 所示的射极跟随器常用作带动快的负脉冲后接一个 50Ω 的同轴电缆，如果射极偏置在+3V，观察到的 V_{out} 饱和脉冲幅度为−0.15V. 为什么会这样？

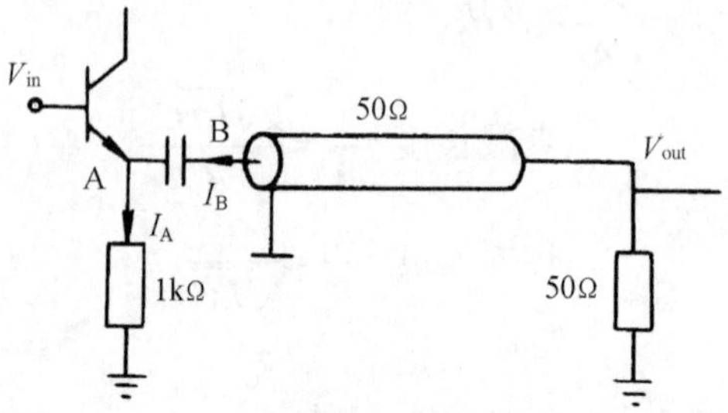

题图 3.69

解　传输线特征阻抗是 50Ω，所以在输出端是匹配的. B 点对地的阻抗 $R_B = 50\Omega$. 负脉冲输入时，晶体管截止，电容通过 A 点放电，放电电流最大为

$$I_A = \frac{3}{1} = 3(\text{mA})$$

又由于终端是匹配的故无反射，所以

$$I_B = I_A = 3\text{mA}$$

$$V_{out} = -3\times10^{-3}\times50 = -0.15(\text{V})$$

3.70　波沿同轴传输线的传播

题 3.70　一个同轴传输线特性阻抗为 100Ω，一波以 2.5×10^8 m/s 的速度沿传输线传播：(a) 每米的电容和电感为多大？(b) 一幅度为 15V、持续时间为 10^{-8}s 的电压脉冲正在电缆上传播，脉冲电流为多大？(c) 脉冲所带的能量是多少？(d) 如果这个脉冲遇上反向行进幅度相反的脉冲时，在二脉冲互相交叉使各电压为 0 时其能量怎样变化？

解　(a) 因为 $v = \sqrt{1/LC}$　$Z_c = \sqrt{L/C}$，故得

$$C = \frac{1}{vZ_c} = \frac{1}{2.5\times10^8\times100} = 4\times10^{-11}(\text{F/m}) = 40(\text{pF/m})$$

$$L = \frac{Z_c}{v} = \frac{100}{2.5\times10^8} = 4\times10^{-7}(\text{H/m})$$

(b) 脉冲电流

$$I_0=\frac{V}{Z_c}=\frac{15}{100}=0.15(\mathrm{A})$$

(c) 脉冲所带能量以电场能和磁场能分布在传输线上，分布长度

$$l=vt=2.5\times10^8\times10^{-8}=2.5(\mathrm{m})$$

所以

$$W_c=\frac{1}{2}(Cl)\cdot V^2=\frac{1}{2}(4\times10^{-11}\times2.5)\times15^2=1.125\times10^{-8}(\mathrm{J})$$

$$W_m=\frac{1}{2}(Ll)I^2=\frac{1}{2}\times4\times10^{-7}\times2.5\times0.15^2=1.125\times10^{-8}(\mathrm{J})$$

$$W=W_c+W_m=2.25\times10^{-8}(\mathrm{J})$$

(d) 当二脉冲相遇时，电压相消，电流加强即$V'=0$，$I'=2I=0.3\mathrm{A}$. 没有交叉的地方V=15V，I=0.15A. 这样一部分电能就变成了磁能. 交叉的越多，转化成磁能的能量越多.

3.71 同轴传输线输入阶跃电压时的开路电压

题 3.71 向一条无损耗同轴传输线输入一个阶跃电压

$$V_0=\begin{cases}0, & t<0\\ 1\mathrm{V}, & t>0\end{cases}$$

传输线的远端开路，信号通过传输线需 10μs 时间. (a) 计算开路端电压 $V(0<t<100\mu s)$，(b) 当输入脉冲

$$V_0=\begin{cases}1, & 0\leqslant t\leqslant 40\mu\mathrm{s}\\ 0, & 其他\end{cases}$$

时，重复上面的计算.

解 假设输入端匹配，则反射系数 K 为

$$K=\begin{cases}0, & 输入端\\ 1, & 开路端\end{cases}$$

开路端电压为

$$\begin{aligned}V(t)&=V_{in}(t-10)+K\,V_{in}(t-10)\\&=2\,V_{in}(t-10)\end{aligned}$$

(a) 由于

$$V_{in}(t-10)=\begin{cases}0, & t<10\mu\mathrm{s}\\ 1\mathrm{V}, & t>10\mu\mathrm{s}\end{cases}$$

所以开路端电压 $V(t)$如题图 3.71(a)所示.

(b) 由于

$$V_{\text{in}}(t-10)=\begin{cases}0, & t<10\mu\text{s}\\ 1\text{V}, & 10\mu\text{s}\leqslant t\leqslant 50\mu\text{s}\\ 0, & t>50\mu\text{s}\end{cases}$$

所以开路端电压 $V(t)$如图 3.71(b)所示.

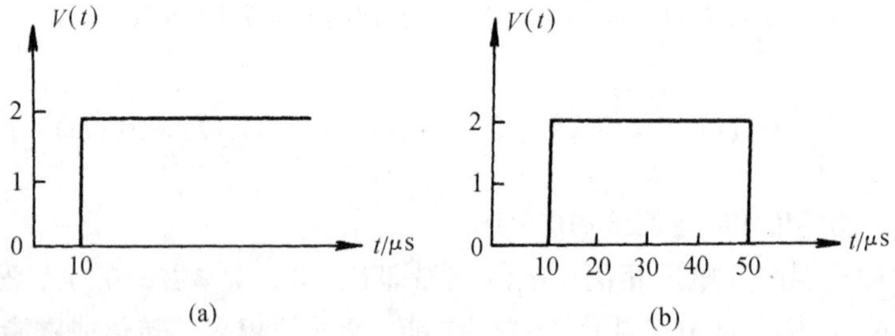

题图 3.71

3.72 晶体管由饱和转入截止时示波器观测到的波形

题 3.72 A 点的晶体管处于饱和状态，这样 A 点的电势接近 0V，描述并解释当晶体管在 1ns 之内转入截止时，在 A 点和 B 点用示波器所观察到波形(假设 5V 电源对地的交流阻抗为零).

解 在题图 3.72 中，图(a)可以等效成图(b)，因此在输入端 Z_s=80Ω，V_s=4V. 在两端的电压反射系数为

$$K_B=-\frac{Z_0-Z_s}{Z_0+Z_s}=-\frac{240-80}{240+80}=-\frac{1}{2}$$

$$K_{A_{\text{on}}}=-\frac{Z_0-Z_{\text{H}}}{z_0+z_{\text{H}}}=-1$$

$$K_{A_{\text{off}}}=\frac{\infty-240}{\infty+240}=1$$

把截止时定为 t=0，则在 t<0，B 点的波形如题图 3.72(c). 当晶体管导通时，B 点电压为 $4\times\dfrac{240}{240+80}=3(\text{V})$.

因为在 A 点反射，所以

$$V_B(0^-)=0,\qquad V_A(0^-)=0$$

当 t>0 时，晶体管截止，A 点开路. 这时 $K_{A_{\text{off}}}=1, V_B(0^+)=3\text{V}$. 相当于 t=0 时在 B 端输入一个 3V 的跃迁脉冲，以后各点电压波形如下面各图(d)~(h)所示，一个单程传输为 4μs. 图中虚线表示反射波的传播，实线表示最终合成的结果. 所以从示波器上观察 A，B 两点的电压波形如图中(g)和(h).

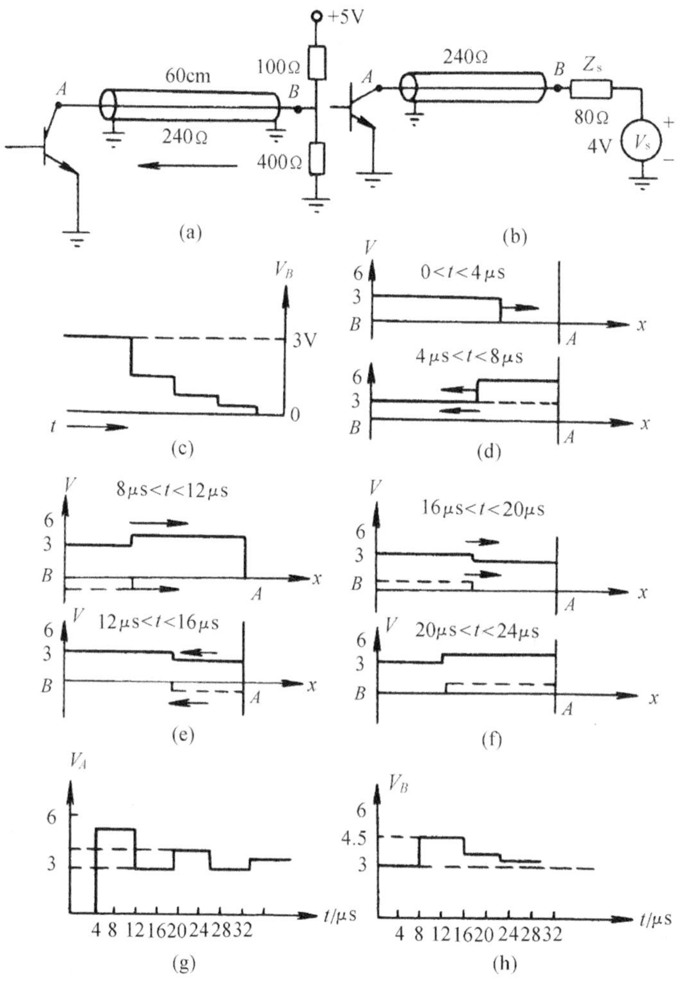

题图 3.72

3.73 电荷灵敏放大器

题 3.73 (a) 为了作一个电荷灵敏放大器，如题图 3.73(a)所示一个电容跨接于理想放大器的两端. 三角符号代表理想倒相放大器. 输入电阻$\gg 1$，输出电阻$\ll 1$，增益$G\gg 1$，输出电压$V_o=-GV_i$ (V_i表示输入电压)，计算输出电压和输入电荷的关系. (b) 通常在电子学仪器间传输脉冲电信号必须用终端匹配的同轴电缆，为什么需要在输入端、输出端或两端必须用这样的同轴电缆？(c) 下列电路(题图 3.73(b))通常用来产生短时间、高电压脉冲，它的工作原理如何？输出脉冲的波形、振幅和脉宽怎么样？

解 (a) 由题意得

$$\begin{cases} V_o = -GV_i \\ (V_i - V_o)C = Q \end{cases}$$

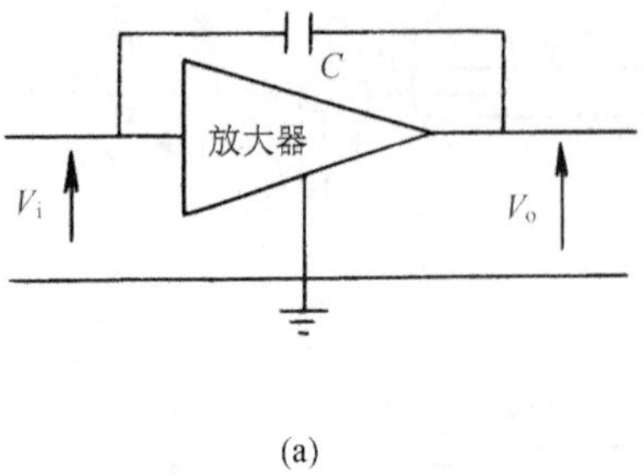

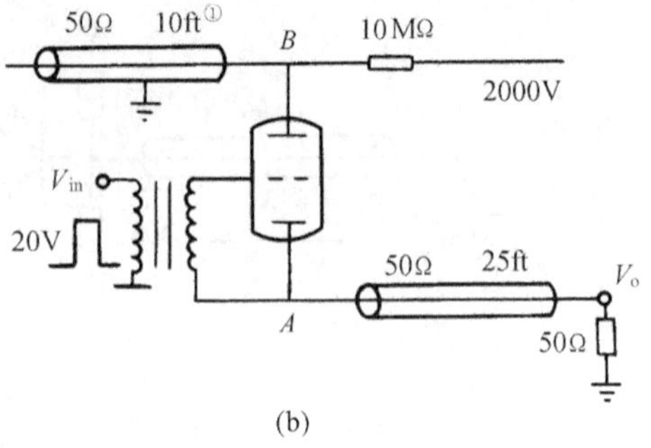

题图 3.73

故

$$V_o = -G\left(\frac{Q}{C} + V_o\right)$$

即

$$V_o = -\frac{G}{1+G} \cdot \frac{Q}{C} \approx -\frac{Q}{C}$$

(b) 因为延迟线在端点存在反射，系数为

$$\rho = \frac{z_c - z_H}{z_c + z_H}$$

只有当匹配时 $\rho=0$，无反射；否则，反射会对信号造成干扰，所以两端要匹配.

(c) 当输入端 V_i 加入正脉冲时，闸流管立即导通. B 点电势与 A 点相同(接近地电势)，即产生电压下降 2000V，在 V_o 端也输高压负脉冲，该脉冲宽度取决于上面的开路延迟线，即脉宽 $t_w = 2\tau = \dfrac{2\times10\times30.48}{3\times10^{10}} \approx 20(\text{ns})$. 而振幅由下面的匹配延迟线与匹配电阻的分压决定，幅值大小为 1000V.

3.74 “喇叭”聚焦器

题 3.74 费米实验室用质子撞击靶产生 π 介子. 这些 π 介子的运动方向并不全部平行于质子射线，利用称为喇叭的聚焦器(在实际应用时，它们成对出现)来改变 π 介子的运动方向使之接近于质子的运动方向. 这种装置(题图 3.74(a))是由内外两个圆筒形导体组成，电流由内导体流入，外导体输出. 在这两个导体面之间产生一个环形磁场，以这个磁场来改变流经这里的介子的方向. (a) 根据图中尺寸计算“喇叭”的电感近似值，带电 π 介子和质子的电流与 I 相比可忽略. (b) 电流由一个电容器组(C=2400μF)提供，它在质子脉冲撞击靶之前的一个适当时候放电，使电流流入一条连接两个“喇叭”的传输线，两个喇叭和传输线的总电感是 3.8×10^{-6}H，如题图 3.74(b)所示，电容充电电压为 V_0=14kV，R=$8.5\times10^{-3}\Omega$. 合上开关后多少秒电流达到最大？(c) 最大电流为多大？(d) 此时距轴线 15cm 处的磁场是多少？(e) 当一个 100GeV/C 的介子在半径 15cm 处穿过 2m 的“喇叭”磁场时，它的偏转角度如何？

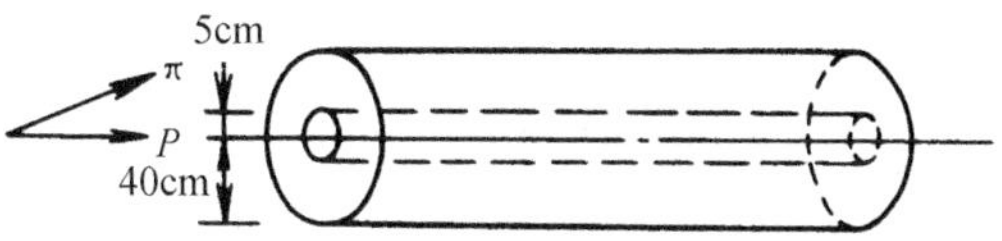

(a)

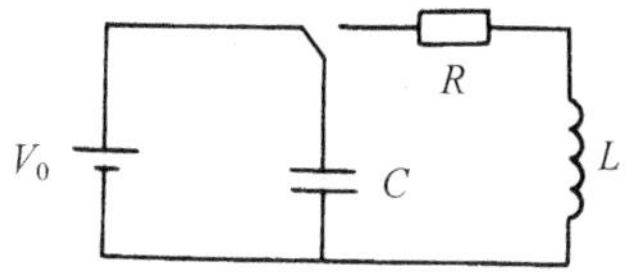

(b)

题图 3.74

解 (a) 在距离轴线 r 处的磁感应强度

$$B=\frac{\mu_0 I}{2\pi r}$$

两导体间磁通量为

$$\phi=2\int_{0.05}^{0.4}B\mathrm{d}r\approx\frac{\mu_0 I}{\pi}\int_{0.05}^{0.4}\frac{1}{r}\,\mathrm{d}r=8.3\times10^{-7}I$$

$$L=\frac{\phi}{I}=8.3\times10^{-7}(\mathrm{H})$$

(b) 设回路电流为 $i(t)$

$$u_C+u_L+u_R=0$$

$$i=C\frac{\mathrm{d}u_C}{\mathrm{d}t},\qquad u_R=RC\frac{\mathrm{d}u_C}{\mathrm{d}t},\qquad u_L=L\frac{\mathrm{d}i}{\mathrm{d}t}=LC\frac{\mathrm{d}^2u_C}{\mathrm{d}t^2}$$

$$LC\frac{\mathrm{d}^2u_C}{\mathrm{d}t^2}+RC\frac{\mathrm{d}u_C}{\mathrm{d}t}+u_C=0$$

根据初始条件

$$u_C(0)=V_0,\qquad i_0(0)=\frac{C\mathrm{d}u_C(0)}{\mathrm{d}t}=0$$

解得

$$i(t)=-CV_0\frac{\omega_0^2}{\omega_\mathrm{d}}\mathrm{e}^{-\alpha t}\sin\omega_\mathrm{d}t\approx-CV_0\omega_0\mathrm{e}^{-\alpha t}\sin\omega_0 t$$

其中

$$\omega_0=\frac{1}{\sqrt{LC}}=1.047\times10^4(\mathrm{s}^{-1}),\qquad \alpha=\frac{R}{2L}=1.118\times10^3(\mathrm{s}^{-1})$$

$$\omega_\mathrm{d}=\sqrt{\omega_0^2-\alpha^2}\approx\omega_0$$

当 $\frac{\mathrm{d}i(t)}{\mathrm{d}t}=0$，得到 $\tan(\omega_0 t)=\frac{\omega_0}{\alpha}$, 则 $\omega_0 t=1.46$, 所以 $t=1.4\times10^{-4}\mathrm{s}$ 时，电流最大.

(c) $$I_{\max}=3.52\times10^5\mathrm{e}^{-1.118\times1.4\times10^{-1}}\sin1.46=3.0\times10^5(\mathrm{A})$$

(d) 当 r=15cm 时

$$B=\frac{\mu_0 I}{2\pi r}=\frac{4\pi\times10^{-7}\times3.0\times10^5}{2\pi\times0.15}=0.4(\mathrm{T})$$

(e)

$$P=\frac{m_0 v}{\sqrt{1-\frac{v^2}{c^2}}}=100\text{GeV/C}$$

故

$$\frac{m_0 vc}{\sqrt{1-\frac{v^2}{c^2}}}=10^{11}\text{eV}\gg m_0c^2=1.4\times10^8\text{eV}$$

所以

$$v\approx C$$

偏转力

$$\begin{aligned}F=eBv&=1.6\times10^{-19}\times0.4\times3\times10^8\\&=1.9\times10^{-11}(\text{N})\end{aligned}$$

偏转距离

$$\begin{aligned}x&=\frac{1}{2}at^2=\frac{1}{2}\cdot\frac{F}{m}\left(\frac{l}{c}\right)^2\\&=\frac{1}{2}\times\frac{1.9\times10^{-11}}{100\times10^9\times1.6\times10^{-19}/c^2}\cdot\frac{4}{c^2}=0.0024(\text{m})\end{aligned}$$

偏转角

$$\theta=\arctan\left(\frac{0.0024}{2}\right)=0.069^\circ$$

3.75 RC 串并联电路 $V_{出}/V_{入}$ 与频率无关的条件及 $V_{出}$ 作为时间的函数图

题 3.75 考虑如题图 3.75(a)所示的线路. (a) 当 $V_{入}=\text{Re}\{V_0\text{e}^{\text{j}\omega t}\}$ 时，计算复数形式下的 $V_{出}$ 表达式. (b) 在什么条件下 $V_{出}/V_{入}$ 与 ω 无关(可利用所谓戴维南定理)? (c) 如果 $V_{入}$ 是个简单的“矩形”脉冲，如题图 3.75(b)所示. 当(b)的要求条件满足时，画 $V_{出}$ 作为时间 t 的函数图形. (d) 对(c)的矩形脉冲，当(b)的条件不满足时，定性地画出 $V_{出}(t)$ 的图形.

解 (a) 利用戴维南定理，可以用两个等价网路代替电容链与电阻链，见题图 3.75(c). 图(d)在实际电路中，终端是连接在一起的，即有题图 3.75(e)或它的等价形式题图 3.75(f). 对题图 3.75(f)的回路，应用基尔霍夫定律，有

$$I\left[\frac{R_1R_2}{R_1+R_2}+\frac{1}{\text{j}\omega(C_1+C_2)}\right]=\left(\frac{R_2}{R_1+R_2}-\frac{C_1}{C_1+C_2}\right)V_{入}\tag{1}$$

由此等式求得电流强度为

$$I=\frac{\text{j}\omega[R_2(C_1+C_2)-C_1(R_1+R_2)]}{R_1+R_2+\text{j}\omega(C_1+C_2)R_1R_2}V_{入}\tag{2}$$

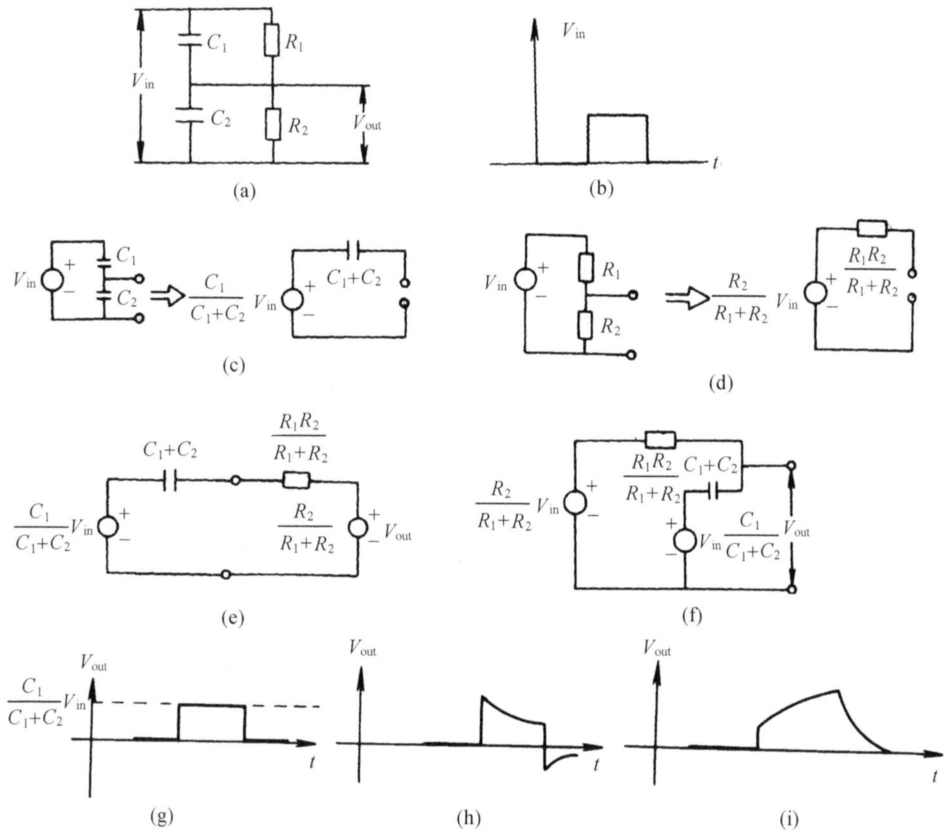

题图 3.75

由题图 3.75(f)，得输出电压为

$$V_{出}=\frac{I}{\mathrm{j}\omega(C_1+C_2)}+\frac{C_1}{C_1+C_2}V_{入} \tag{3}$$

并由此得比值

$$\frac{V_{出}}{V_{入}}=\frac{C_1}{C_1+C_2}+\frac{R_2(C_1+C_2)-C_1(R_1+R_2)}{(C_1+C_2)[R_1+R_2+\mathrm{j}\omega R_1R_2(C_1+C_2)]} \tag{4}$$

(b) 对等效电路(题图 3.75(f))，如果两个电压源相等，将没有电流流动，由式(2)有

$$\frac{R_2}{R_1+R_2}=\frac{C_1}{C_1+C_2} \tag{5}$$

从而有 $R_1C_1=R_2C_2$，将其代入式(4)，有

$$\frac{V_{出}}{V_{入}}=\frac{C_1}{C_1+C_2}=\frac{R_2}{R_1+R_2} \tag{6}$$

此比值与 ω 无关，因此 $R_1C_1=R_2C_2$ 为 $\frac{V_{出}}{V_{入}}$ 与 ω 无关所要求的条件.

(c) 当 $R_1C_1=R_2C_2$ 满足时，对所有频率，$V_{入}$ 都有相同的衰减(没有相移)，如题图 3.75(g) 所示.

(d) 当(b)的条件不满足时，若 $R_1C_1>R_2C_2$，这相当于电容分压器上的衰减比电阻分压器上的衰减少，因此经过一个脉冲的阶梯函数后，马上电容分压占优势，而后输出再弛豫到电阻分压的值，$V_{出}$-t 图形如题图 3.75(h)所示.

若 $R_1C_1<R_2C_2$，作类似的分析，$V_{出}$-t 图形如题图 3.75(i)所示.

3.76　RC 串并联电路电阻的电势降振幅及电势降随时间的变化规律

题 3.76　一电路由两个电阻 R_1 和 R_2、一个电容 C 及交变电压源 V 连接而成. 如题图 3.76 所示.

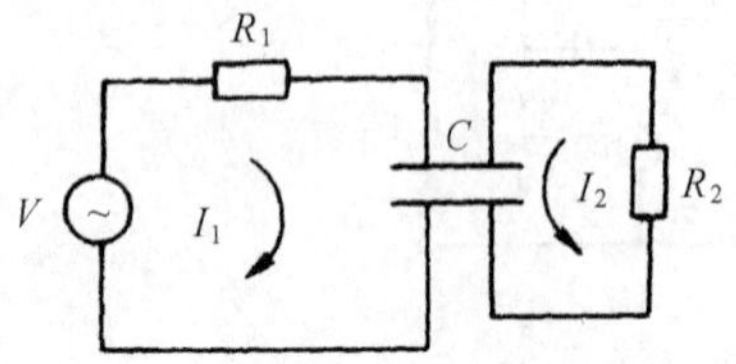

题图 3.76

(a) 当 $V(t)=V_0\cos\omega t$ 时，通过 R_1 电势降的振幅为多少？(b) 当 $t=0$，$V(t)$为一非常尖锐脉冲时，它近似可写为 $V(t)=A\delta(t)$. 试求通过 R_1 的电势降随时间的变化规律.

解　(a) 用复数解法. 复电压 $\tilde{V}=V_0\mathrm{e}^{-\mathrm{j}\omega t}$，取回路 1、2 如题图 3.76 所示. 则基尔霍夫方程给出

$$\tilde{V}=\tilde{I}_1R_1+\frac{1}{\mathrm{j}\omega C}(\tilde{I}_1+\tilde{I}_2) \tag{1}$$

$$0=\tilde{I}_2R_2+\frac{1}{\mathrm{j}\omega C}(\tilde{I}_1+\tilde{I}_2) \tag{2}$$

由式(2)得

$$\left(R_2-\frac{\mathrm{j}}{\omega C}\right)\tilde{I}_2=\frac{\mathrm{j}}{\omega C}\tilde{I}_1 \tag{3}$$

故得

$$\tilde{I}_1=\frac{\left(R_2-\dfrac{\mathrm{j}}{\omega C}\right)}{R_1R_2-\dfrac{\mathrm{j}}{\omega C}(R_1+R_2)}\tilde{V} \tag{4}$$

因此通过电阻 R_1 上的电势降为

$$\tilde{V}_1=\tilde{I}_1R_1=\frac{R_1\left(R_2-\dfrac{\mathrm{j}}{\omega C}\right)}{R_1R_2-\dfrac{\mathrm{j}}{\omega C}(R_1+R_2)}\tilde{V} \tag{5}$$

则 R_1 上的真实电势降为

$$V_1=\sqrt{\frac{1+(\omega R_2C)^2}{(\omega R_1R_2C)^2+(R_1+R_2)^2}}R_1V_0\cos(\omega t+\varphi) \tag{6}$$

$$\tan\varphi = \frac{\omega CR_2^2}{R_1R_2^2\omega^2C^2+(R_1+R_2)} \tag{7}$$

(b) 当 $V(t)=A\delta(t)$时，可引入

$$\delta(t)=\frac{1}{2\pi}\int_{-\infty}^{\infty}\mathrm{e}^{\mathrm{j}\omega t}\mathrm{d}\omega \tag{8}$$

由式(5)可知，R_1上的电势降可写为

$$V_1=\frac{A}{2\pi}\int_{-\infty}^{\infty}\frac{R_1\left(R_2-\dfrac{\mathrm{j}}{\omega C}\right)}{R_1R_2-\dfrac{\mathrm{j}}{\omega C}(R_1+R_2)}\mathrm{e}^{\mathrm{j}\omega t}\mathrm{d}\omega$$

显然在 $\omega=\omega_1=\mathrm{j}\dfrac{R_1+R_2}{CR_1R_2}$ 处为被积函数的极点，因此由留数定理可知在$t<0$时 V_1为 0，在 $t>0$ 时

$$V_1\propto\exp\left(-\frac{R_1+R_2}{CR_1R_2}t\right),\qquad t>0$$

3.77　一个周期中供给半无限网路的平均功率

题 3.77　一个半无限网路由电容 C 和电感 L 所组成，如题图 3.77(a)所示，网路从左边的 A、B 端开始，向右无限延伸. 一个交变电压 $V_0\cos\omega t$ 加在端点 A、B 上从而使网路中有电流通过. 试求在一个周期中供给此网路的平均功率. 设 ω_0 为 L、C 电路的临界频率，对 $\omega>\omega_0$ 与 $\omega<\omega_0$ 两种情形给以解答.

解　本题采用复数解法. 假设不考虑互感. 复电压与复电流为 $\tilde{V}=V_0\mathrm{e}^{\mathrm{j}\omega t},\tilde{I}=I_0\mathrm{e}^{\mathrm{j}\omega t}$. 则电路的复阻抗为 $\tilde{Z}=\dfrac{\tilde{V}}{\tilde{I}}$. 一个周期中的平均功率为

$$\overline{P}=\frac{1}{2}\mathrm{Re}\{\tilde{V}^*\tilde{I}\}=\frac{1}{2}\mathrm{Re}\left\{\frac{\tilde{V}^*\tilde{V}}{z}\right\}=\frac{V_0^2}{2}\mathrm{Re}\left\{\frac{1}{z}\right\} \tag{1}$$

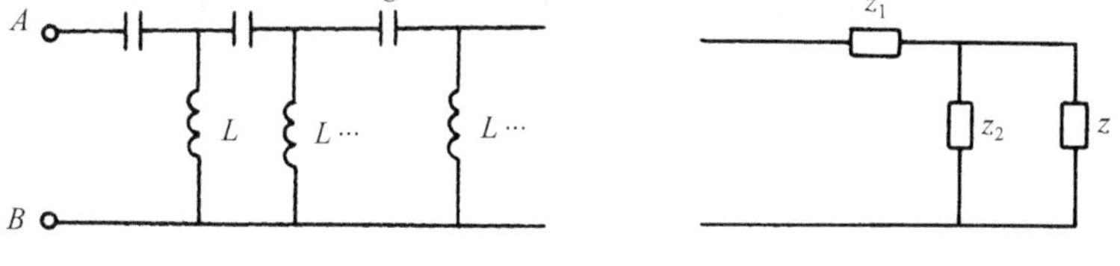

题图 3.77

对本题网路，设 $z_1=\dfrac{1}{\mathrm{j}\omega C},z_2=\mathrm{j}\omega L$，网路总阻抗为 z，则因网路是无限的，故可得等效电路，如题图 3.77(b)所示. 题图 3.77(b)的总阻抗仍为 z，因此有

$$z = z_1 + \frac{1}{\dfrac{1}{z_2} + \dfrac{1}{z}} = z_1 + \frac{zz_2}{z + z_2}$$

即

$$z^2 - z_1 z - z_1 z_2 = 0 \tag{2}$$

得

$$z = \frac{z_1}{2} + \frac{\sqrt{z_1^2 + 4z_1 z_2}}{2} \tag{3}$$

式(3)中已略去式(2)中另一个不合理解. 引入 L、C 电路临界频率 $\omega_0 = \dfrac{1}{\sqrt{LC}}$，则式(3)给出

$$z = \frac{1}{2\mathrm{j}\omega C}\left(1 + \sqrt{1 - \frac{\omega^2}{\omega_0^2}}\right) \tag{4}$$

式(4)代入式(1)即可求得电路中的平均功率.

当 $\omega<\omega_0$ 时，$\sqrt{1-\dfrac{\omega^2}{\omega_0^2}}$ 为实数，$\mathrm{Re}\left\{\dfrac{1}{z}\right\}=0$，故 $\overline{P}=0$.

当 $\omega>\omega_0$ 时，$\mathrm{Re}\left(\dfrac{1}{z}\right) = \dfrac{1}{2\omega L}\sqrt{\dfrac{\omega^2}{\omega_0^2}-1}$，故得

$$\overline{P} = \frac{V_0^2}{4\omega L}\sqrt{\frac{\omega^2}{\omega_0^2}-1}$$

3.78 开关断开或闭合时变压器初、次级回路的电流及与变压器匝数比的关系

题 3.78 在题图 3.78 所示的线路上，L_1、L_2 和 M 是变压器缠绕线圈的自感和互感，R_1 和 R_2 是缠绕线圈的电阻，S 是开关，R 是次级线圈的负载电阻. 输入电压 $V=V_0\sin\omega t$. (a) 计算当开关 S 开启时，在初级线圈中的电流振幅. (b) 计算当开关闭合时，通过 R 的恒定电流的振幅. (c) 对于理想的变压器 $R_1=R_2=0$，而 M、L_1、L_2 和变压器初、次级线圈的匝数 N_1、N_2 成简单关系. 把这些关系代入(b)，证明(b)的结果将简化成为与变压器的匝数比的关系.

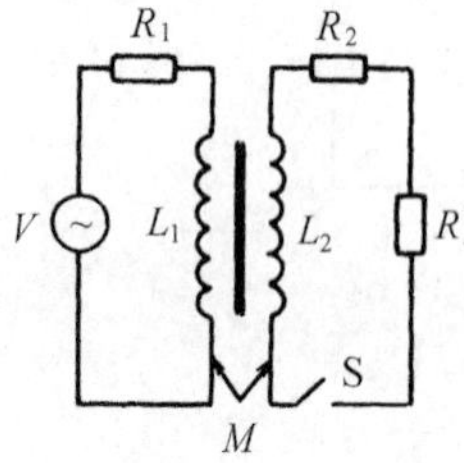

题图 3.78

解 (a) S 开启时

$$I_2 = 0, \qquad I_1 = \frac{V_0}{\sqrt{R_1^2 + \omega^2 L_1^2}}$$

(b) S 闭合时

$$I_2 = \frac{\omega M V_0}{\sqrt{[\omega L_1(R+R_2) + \omega L_2 R_1]^2 + [\omega^2(M^2 - L_1L_2) + R_1(R_2+R)]^2}}$$

(c) 理想变压器情形，$R_1=R_2=0$，$M^2=L_1L_2$，有

$$I_2 = \frac{\omega M V_0}{\omega L_1 R} = \frac{MV_0}{L_1 R}$$

但是 $M \sim N_2 N_1, L \sim N_1^2$，于是得

$$I_2 = \frac{N_2}{N_1} \cdot \frac{V_0}{R}$$

这正是所预期的，因为理想变压器使 V_0 变成 $\frac{N_2}{N_1} V_0$.

3.79 *RLC* 串并联电路的阻抗及频率与电流的关系

题 3.79 考虑如题图 3.79 所示的电路. (a) 求对加于两端的频率为 ω 的电压 V 的阻抗. (b) 如果改变频率但不改变 V 的幅值，流过电路的最大电流是多少？最小电流是多少？在什么频率下能观察到最小电流？

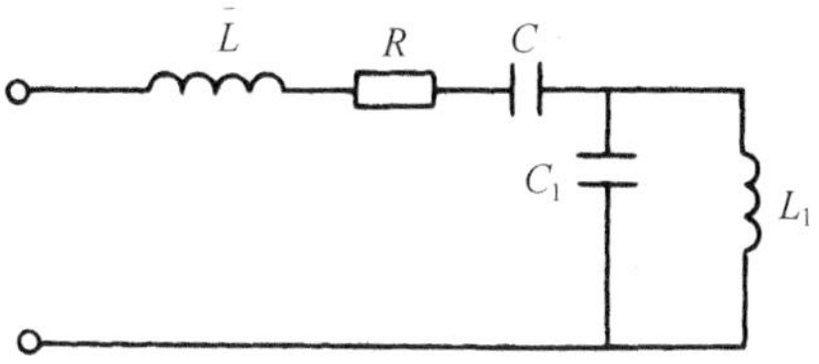

题图 3.79

解 (a) 复阻抗为

$$\dot{Z}(\omega) = \mathrm{j}\omega L + R + \frac{1}{\mathrm{j}\omega C} + \frac{\frac{1}{\mathrm{j}\omega C_1} \cdot \mathrm{j}\omega L_1}{\frac{1}{\mathrm{j}\omega C_1} + \mathrm{j}\omega L_1}$$

$$= R + \mathrm{j}\omega L + \frac{1}{\mathrm{j}\omega C} + \frac{\mathrm{j}\omega L_1}{1 - \omega^2 L_1 C_1}$$

$$= R + \mathrm{j}\left(\omega L - \frac{1}{\omega C} + \frac{\omega L_1}{1 - \omega^2 L_1 C_1}\right)$$

(b) 复值电流 $\dot{I}$ 为

$$\dot{I} = \frac{\dot{V}}{\dot{Z}} = \frac{\dot{V}}{R + \mathrm{j}\left(\omega L - \frac{1}{\omega C} + \frac{\omega L_1}{1 - \omega^2 L_1 C_1}\right)}$$

于是 I 的幅值 I_0 为

$$I_0 = \frac{V_0}{\left[R^2 + \left(\omega L - \frac{1}{\omega C} + \frac{\omega L_1}{1 - \omega^2 L_1 C_1}\right)^2\right]^{1/2}}$$

V_0 为输入电压的幅值，故有

$$(I_0)_{\max} = \frac{V_0}{R}, \qquad (I_0)_{\min} = 0$$

当 I_0 有极小值 0 时

$$\omega L - \frac{1}{\omega C} + \frac{\omega L_1}{1 - \omega^2 L_1 C_1} = \infty$$

求得 $\omega = 0$ 、∞和$\frac{1}{\sqrt{L_1C_1}}$. 前两个根舍去，故只有当$\omega = \frac{1}{\sqrt{L_1C_1}}$时，可观察到最小电流.

3.80 电报传输线电流、电压与线长度的关系

题 3.80 如题图 3.80 所示有一单线电报传输线载以角频率为 ω 的电流，作为回流线的大地可视为良导体. 如果导线单位长度电阻为 r，自感为 l，对地的电容为 C，求电压、电流与线的长度的函数关系.

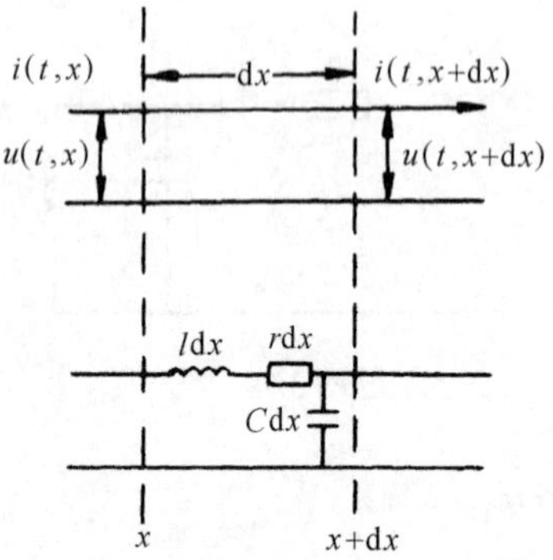

题图 3.80

解 以线之起点为坐标原点，传输方向为+x 方向，并设起点处电压振幅为 V_0. 在 x 到 $x+\mathrm{d}x$ 段上，由基尔霍夫定律，有

$$u(t,x) = u(t,x+\mathrm{d}x) + l\mathrm{d}x\frac{\partial i(t,x)}{\partial t} + ri(t,x)\mathrm{d}x$$

$$i(t,x) = i(t,x+\mathrm{d}x) + C\mathrm{d}x\frac{\partial u(t,x)}{\partial t}$$

即

$$\frac{-\partial u}{\partial x} = l\frac{\partial i}{\partial t} + ri$$

$$\frac{-\partial i}{\partial x} = C\frac{\partial u}{\partial t}$$

求 $\mathrm{e}^{-\mathrm{j}(\omega t - Kx)}$ 的解，则 $\frac{\partial}{\partial t} \sim -\mathrm{j}\omega$, $\frac{\partial}{\partial x} \sim \mathrm{j}K$，上两式化为

$$-\mathrm{j}Ku = -\mathrm{j}\omega li + ri$$

$$-\mathrm{j}Ki = -\mathrm{j}\omega Cu$$

或

$$i(r - \mathrm{j}\omega l) + \mathrm{j}Ku = 0$$

$$i(\mathrm{j}K) - \mathrm{j}\omega Cu = 0$$

上式有非零解的条件是

$$\mathrm{j}\omega C(r - \mathrm{j}\omega l) - K^2 = 0$$

$$K = \sqrt{\omega^2 lC + \mathrm{j}\omega Cr} = \omega\sqrt{lC}\cdot\sqrt{1 + \mathrm{j}\frac{r}{\omega l}}$$

当 $r \ll \omega l$ 时，近似有

$$K = \omega\sqrt{lC} + \mathrm{j}\frac{r}{2}\sqrt{\frac{C}{l}}$$

于是

$$u = V_0\exp[-\mathrm{j}\omega(t - \sqrt{lC}x)]\exp\left(\frac{-r}{2}\sqrt{\frac{C}{l}}x\right)$$

$$i=\frac{\omega C}{K}u\approx\sqrt{\frac{C}{l}}V_0\exp[-\mathrm{j}\omega(t-\sqrt{Cl}x)]\exp\left(-\frac{r}{2}\sqrt{\frac{C}{l}}x\right)$$

3.81 两平行任意形状的良导体单位长度电感和电容的积

题 3.81 考虑两个相互平行的具有任意恒定形状的良导体(题图 3.81(a)). 电流从一个导体流入，从另一个导体流回. 证明：单位长度的电感和电容的积是

$$LC=\mu\varepsilon$$

μ、ε是周围介质的磁导率和电导率.

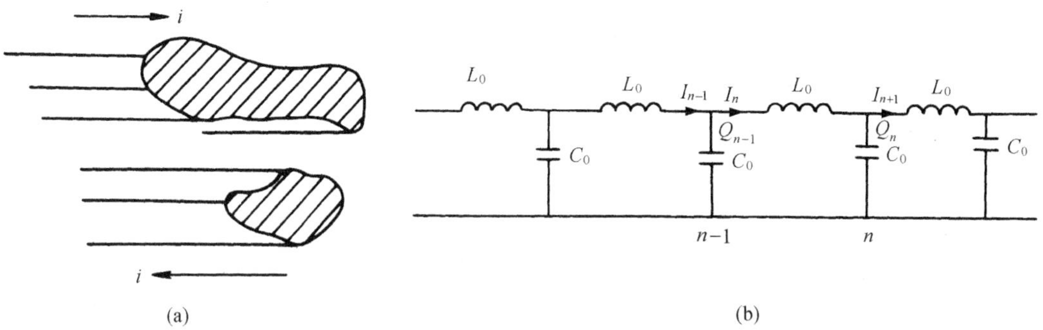

题图 3.81

解 图为一传输线装置，它可等效成如题图 3.81(b)所示电路，考虑第 n 个回路

$$L_0\frac{\mathrm{d}I_n}{\mathrm{d}t}=\frac{Q_{n-1}}{C_0}-\frac{Q_n}{C_0}$$

$$I_{n-1}=\frac{\mathrm{d}Q_{n-1}}{\mathrm{d}t}+I_n$$

$$I_n=\frac{\mathrm{d}Q_n}{\mathrm{d}t}+I_{n+1}$$

故

$$L_0\frac{\mathrm{d}^2I_n}{\mathrm{d}t^2}=\frac{1}{C_0}\frac{\mathrm{d}}{\mathrm{d}t}(Q_{n-1}-Q_n)=\frac{1}{C_0}(I_{n-1}-I_n)-\frac{1}{C_0}(I_n-I_{n+1})$$

即

$$L_0C_0\frac{\mathrm{d}^2I_n}{\mathrm{d}t^2}=I_{n+1}+I_{n-1}-2I_n$$

令 $I_n=A_0\cos(Kna-\omega t)$，由此得

$$\frac{\mathrm{d}^2I_n}{\mathrm{d}t^2}=-\omega^2A_0\cos(Kna-\omega t)$$

以及

$$I_{n-1}=A_0\cos(Kna-\omega t)\cos Ka+A_0\sin(Kna-\omega t)\sin Ka$$

$$I_{n+1}=A_0\cos(Kna-\omega t)\cos Ka-A_0\sin(Kna-\omega t)\sin Ka$$

因而

$$I_{n-1}+I_{n+1}-I_n=2A_0\cos(Kna-\omega t)\cos Ka+2A_0\cos(Kna-\omega t)$$
$$=2A_0\cos(Kna-\omega t)(\cos Ka-1)$$
$$=-4A_0\sin^2\frac{Ka}{2}\cos(Kna-\omega t)$$

所以

$$L_0C_0\frac{\mathrm{d}^2I_n}{\mathrm{d}t^2}=-L_0C_0\omega^2A_0\cos(Kna-\omega t)=-4A_0\sin^2\frac{Ka}{2}\cos(Kna-\omega t)$$

从而

$$L_0C_0\omega^2=4\sin^2\frac{Ka}{2}$$

令 $a\to 0$ 低频情况下 $\sin Ka/2\sim\frac{Ka}{2}$，所以

$$L_0C_0\omega^2=K^2a^2$$

因为

$$\frac{\omega^2}{K^2}=\frac{1}{\mu\varepsilon},\qquad \text{在介质中}$$

所以

$$L_0C_0/a^2=\mu\varepsilon$$

$\frac{L_0}{a}$、$\frac{C_0}{a}$ 分别表示单位长度上的电感、电容，故

$$LC=\mu\varepsilon$$

3.82　计算各有一同轴螺线管电路的自感、互感及电流

题 3.82　两电路各有一长 l、半径为 $\rho(\rho\ll l)$ 的 N 匝螺线管，两螺线管在同一轴线上，相距为 $d(d\gg l)$. 电路电阻均为 R. 与螺线管无关的感应效应均忽略不计. (a) 计算电路的自感和互感，指出适当的单位. (b) 利用(a)中求得的 L 和 M 值，计算当幅值为 V、角频率为 ω 的交流电动势加在第一个电路中，第二个电路中的电流值和相位(假设 ω 不太大). (c) 在(b)中的计算仍有效时，ω 可增大到什么量级?

解　(a) $l\gg\rho$，因此螺线管中的磁场为

$$B=\mu_0\frac{NI}{l}$$

沿轴向，总的磁通匝链数

$$\Psi=NBS=N\cdot\mu_0\frac{NI}{l}\cdot\pi\rho^2=\frac{\mu_0N^2I\pi\rho^2}{l}$$

故自感

$$L=\frac{\Psi}{I}=\frac{\pi\mu_0N^2\rho^2}{l}$$

当 $d \gg l$，一螺线管(载流 I)在另一螺线管处的场近似为磁偶极子的场，两螺线管共轴，磁场 B_M 有

$$B_{\mathrm{M}} = \frac{\mu_0}{4\pi} \cdot \frac{2m}{d^3}$$

而

$$m = NI\pi\rho^2$$

$$B_{\mathrm{M}} = \frac{\mu_0 NI\rho^2}{2d^3}$$

$$\Psi_{\mathrm{M}} = NB_{\mathrm{M}}S = N\frac{\mu_0 NI\rho^2}{2d^3}\pi\rho^2 = \frac{\mu_0 N^2\rho^2\pi\rho^2 I}{2d^3}$$

互感

$$M = \frac{\Psi_{\mathrm{M}}}{I} = \frac{\pi\mu_0 N^2\rho^4}{2d^3}$$

这里，采用国际单位制，L、M 的单位均为 H.

(b) 设电动势 $\varepsilon = V\cos\omega t = \mathrm{Re}(V\mathrm{e}^{\mathrm{j}\omega t})$，下面用复数运算. 对第一电路，有

$$L\frac{\mathrm{d}\dot{I}_1}{\mathrm{d}t} + M\frac{\mathrm{d}\dot{I}_2}{\mathrm{d}t} + \dot{I}_1 R = V$$

对第二电路，则有 $L\frac{\mathrm{d}\dot{I}_2}{\mathrm{d}t} + M\frac{\mathrm{d}\dot{I}_1}{\mathrm{d}t} + \dot{I}_2 R = 0$. $\frac{\mathrm{d}}{\mathrm{d}t} \to \mathrm{j}\omega$. 上述两方程成为

$$\mathrm{j}\omega L\dot{I}_1 + \mathrm{j}\omega M\dot{I}_2 + \dot{I}_1 R = V \tag{1}$$

及

$$\mathrm{j}\omega L\dot{I}_2 + \mathrm{j}\omega M\dot{I}_1 + \dot{I}_2 R = 0 \tag{2}$$

式(1)＋ 式(2)得

$$\mathrm{j}\omega L(\dot{I}_1 + \dot{I}_2) + \mathrm{j}\omega M(\dot{I}_1 + \dot{I}_2) + R(\dot{I}_1 + \dot{I}_2) = V$$

式(1)－式(2)得

$$\mathrm{j}\omega L(\dot{I}_1 - \dot{I}_2) - \mathrm{j}\omega M(\dot{I}_1 - \dot{I}_2) + R(\dot{I}_1 - \dot{I}_2) = V$$

故

$$\dot{I}_1 + \dot{I}_2 = \frac{V}{\mathrm{j}\omega(L+M)+R}, \qquad \dot{I}_1 - \dot{I}_2 = \frac{V}{\mathrm{j}\omega(L-M)+R}$$

所以

$$\begin{aligned}\dot{I}_2 &= \frac{1}{2}\left[\frac{V}{\mathrm{j}\omega(L+M)+R} - \frac{V}{\mathrm{j}\omega(L-M)+R}\right] \\ &= \frac{1}{2}V \cdot \frac{-2\mathrm{j}\omega M}{[\mathrm{j}\omega(L+M)+R]\cdot[\mathrm{j}\omega(L-M)+R]} \\ &= \frac{-\mathrm{j}\omega MV}{R^2 - \omega^2(L^2 - M^2) + 2\mathrm{j}\omega LR}\end{aligned}$$

如果 $I_2=I_{20}\cos(\omega t+\varphi_0)$，由上可知

$$I_{20}=\frac{\omega MV}{\sqrt{[R^2-\omega^2(L^2-M^2)]^2+4\omega^2L^2R^2}}$$

$$\varphi_0=\pi-\arctan\frac{2\omega LR}{R^2-\omega^2(L^2-M^2)}$$

将具体数值代入，注意到 $L\gg M$，得

$$I_{20}\approx\frac{\omega MV}{R^2+2\omega^2L^2}=\frac{\mu_0\pi N^2\rho^4\omega Vl^2}{2d^3[R^2l^2+2\omega^2\mu_0^2\pi^2N^4\rho^4]}$$

$$\varphi_0\approx\pi-\arctan\frac{2\omega LR}{R^2-\omega^2L^2}=\pi-\arctan\frac{2\mu_0\pi\omega RN^2\rho^2l}{R^2l^2-\omega^2\mu_0^2\pi^2N^4\rho^4}$$

(c)在(b)中的计算只在似稳条件成立时才能有效. 这要求

$$d\ll\lambda=\frac{2\pi c}{\omega}$$

故

$$\omega\ll\frac{2\pi c}{d}$$

3.83 电磁感应导致的跳环现象

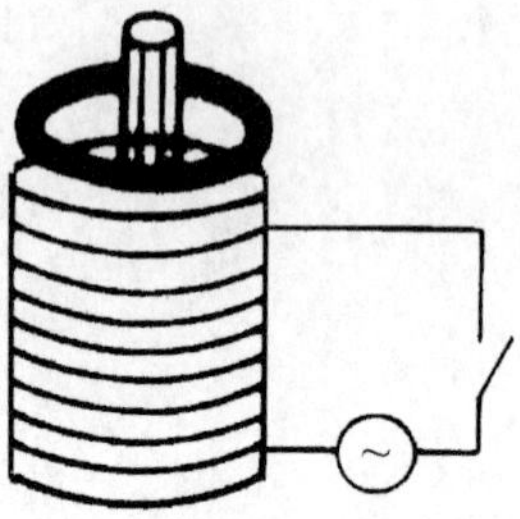

题图 3.83

题 3.83 将一轧线圈缠绕一个铁芯，铁芯露出来一段，如题图 3.83 所示. 在露出的铁芯部分套上一个铝环. 将导线一通电，会发现铝环跳起来. 解释这种现象(**注意**：确定平均的磁力是不为零的).

解 设线圈内的交变电流为

$$i_1(t)=I_1\cos\omega t$$

$i_1(t)$产生的交变磁场为

$$B_1(t)=B_1\cos\omega t$$

$B_1(t)$在铝环(设其面积为 S)上引起的感应电动势为

$$V(t)=-\frac{\mathrm{d}\Phi}{\mathrm{d}t}=-\frac{\mathrm{d}}{\mathrm{d}t}(B_1S)=S\omega B_1\sin\omega t=U_0\cos\left(\omega t-\frac{\pi}{2}\right)$$

式中，$U_0=S\omega B_1$. 可见，$V(t)$比 $i_1(t)$和 $B_1(t)$落后 $\frac{\pi}{2}$ 的相位.

把铝环等效为 RL 串联电路，则其复阻抗有效值为

$$\dot{Z}=R+\mathrm{j}\omega L$$

铝环的阻抗

$$Z=\sqrt{R^2+(\omega L)^2}$$

复角

$$\varphi = \arctan\frac{\omega L}{R}$$

因此，铝环中的感应电流为

$$i_2(t) = \frac{U_0}{Z}\cos\left(\omega t - \frac{\pi}{2} - \varphi\right) = I_2\cos(\omega t - \delta)$$

可见，铝环中感应电流 $i_2(t)$比线圈中的电流 $i_1(t)$落后$\delta = \frac{\pi}{2} + \varphi$的相位，即线圈电流 $i_1(t)$产生的磁场 $B_1(t)$与铝环中感应电流 $i_2(t)$产生的磁场 $B_2(t)$的相位差为

$$\delta = \frac{\pi}{2} + \varphi$$

铝环中的感应电流 $i_2(t)$受到 $B_1(t)$的安培力作用. 在铝环处：$\boldsymbol{B}_1(t)$的方向可以分解为垂直环面的分量和沿着铝环半径的分量，现只需考虑沿着铝环半径分量的磁场所产生的磁力. 根据安培力公式，有

$$\begin{aligned}F(t) &= \int i_2(t)aB_1(t)\mathrm{d}l = I_2\cos\left(\omega t - \frac{\pi}{2} - \varphi\right)aB_1\cos\omega t\oint\mathrm{d}l\\ &= 2\pi haB_1I_2\cos\omega t\cos\left(\omega t - \frac{\pi}{2} - \varphi\right)\\ &= F_0\cos\omega t\cos\left(\omega t - \frac{\pi}{2} - \varphi\right)\end{aligned}$$

式中，h 是铝环的半径，$F_0 = 2\pi haB_1I_2$是常量，a 是一个小于 1 的常数. 上式表明，铝环受到竖直方向的力 $F(t)$是随时间周期性变化的，铝环受到的平均磁力为

$$\begin{aligned}F &= \frac{1}{T}\int_0^T F(t)\mathrm{d}t = \frac{1}{T}\int_0^T F_0\cos\omega t\cos\left(\omega t - \frac{\pi}{2} - \varphi\right)\mathrm{d}t\\ &= \frac{1}{2}F_0\cos\left(\frac{\pi}{2} + \varphi\right) = -\frac{1}{2}F_0\sin\varphi < 0\end{aligned}$$

由此可见，铝环受到的平均磁力不为零. 这是因为$\sin\varphi \neq 0$，而$\varphi = \arctan\frac{\omega L}{R} \neq 0$是因为$L \neq 0$，因此$F \neq 0$的根源在于有一定的电感 L.

3.84 由电阻测量血细胞的大小

题 3.84 病变的血细胞通常比健康细胞的体积大，因此设计了一个应用电学方法测量血细胞大小的仪器，此仪器称为流式细胞仪. 控制血细胞在一个细窄的玻璃试管内，试管包含两个电极，血细胞从电极之间一个一个地流过，通过测量不同细胞通过电极时的电阻不同可以得出细胞的大小. (a) 设计一个方法测出电阻的变化(记住电阻的变化相对于试管中血液的总电阻是很小的). (b) 假设血细胞是球形的，并且有无穷大的阻抗. 根据细胞的大

小 V，血浆的导电率 ρ，试管的半径 b，求出电阻变化的解析表达式. (c) 如果 ρ 和 b 的值是 $8\times10^{-2}\Omega\cdot\mathrm{m}$ 和 100μm，估计一个细胞通过电阻的变化是多少. 为了做到这一点，必须先估计出细胞的大小并解释为什么这么估计.

解 (a) 在细管的两侧安装精密的测力弹簧，可以检测到细管所受到的横向力. 在细管的两端加上固定的电压，在细管旁边与细管平行安放一个通有较强直流电 I 的导线，选择细管与导线长度尽量长一些，则细管所受到的力为 $F=(\mu I/2\pi d)li$. 其中，l 为细管的长度，I 为导线中的电流，i 为细管中的电流. 从而测得 F 后可以计算出 i，然后由此可以求出 $R=V/i$.

(b) 因为细胞是一个一个通过细管的，所以细管中同一时刻只有一个细胞. 因此只需要考虑该细胞所在的一段长度电阻的变化，细胞进入前，这一段血浆的电阻为

$$R_1=\rho\cdot\frac{2r}{\pi b^2}$$

r 为细胞的半径. 细胞进入后，电阻为

$$R_2=2\int_0^r\frac{\rho}{\pi b^2-\pi(r^2-z^2)}\mathrm{d}z=\frac{2\rho}{\pi}\int_0^r\frac{\mathrm{d}z}{(b^2-r^2)+z^2}=\frac{2\rho}{\pi\sqrt{b^2-r^2}}\arctan\frac{r}{\sqrt{b^2-r^2}}$$

这样

$$\begin{aligned}\Delta R=R_1-R_2&=\rho\cdot\frac{2r}{\pi b^2}-\frac{2\rho}{\pi\sqrt{b^2-r^2}}\arctan\frac{r}{\sqrt{b^2-r^2}}\\&=\frac{2\rho}{\pi}\left(\frac{r}{b^2}-\frac{1}{\sqrt{b^2-r^2}}\arctan\frac{r}{\sqrt{b^2-r^2}}\right)\\&=\frac{2\rho}{\pi}\left[\frac{1}{b^2}\left(\frac{3V}{4\pi}\right)^{1/3}-\frac{1}{\sqrt{b^2-\left(\frac{3V}{4\pi}\right)^{2/3}}}\arctan\frac{\left(\frac{3V}{4\pi}\right)^{1/3}}{\sqrt{b^2-\left(\frac{3V}{4\pi}\right)^{2/3}}}\right]\end{aligned}$$

(c) 由(b)的结果

$$\Delta R=\frac{2\rho}{\pi}\left(\frac{r}{b^2}-\frac{1}{\sqrt{b^2-r^2}}\arctan\frac{r}{\sqrt{b^2-r^2}}\right)=\frac{2\rho}{\pi b}\left(x-\frac{1}{\sqrt{1-x^2}}\arctan\frac{x}{\sqrt{1-x^2}}\right)$$

其中，$x=r/b$，假设细胞的半径为 $20\mu\mathrm{m}=2\times10^{-5}\mathrm{m}$，则 $x=0.2$. 再代入 ρ，b 的值，即有

$$\Delta R=\frac{2\times8\times10^{-2}}{\pi\times10^{-4}}\left(0.2-\frac{1}{\sqrt{1-0.2^2}}\arctan\frac{0.2}{\sqrt{1-0.2^2}}\right)=-\frac{1600}{\pi}\times0.00136=-0.69(\Omega)$$

即 $\Delta R=-0.69\Omega$，即细胞进入后，电阻增大了 0.69Ω.

3.85 根据实验估算对超导态铅的电阻率为零的结论认定的上限为多大

题 3.85 零电阻是超导体的一个基本特征，但在确认这一事实时受到实验测量精确度的限制. 为克服这一困难，最著名的实验是长时间监测浸泡在液态氦(温度 $T=4.2\mathrm{K}$)中处于超导态的用铅丝做成的单匝线圈(超导转换温度 $T_C=7.19\mathrm{K}$)中电流的变化. 设铅丝粗细均

匀，初始时通有 $I=100\text{A}$ 的电流，电流检测仪器的精度为 $\Delta I=1.0\text{mA}$，在持续一年的时间内电流检测仪器没有测量到电流的变化. 根据这个实验，试估算对超导态铅的电阻率为零的结论认定的上限. 设铅中参与导电的电子数密度 $n=8.00\times10^{20}\text{m}^{-3}$，已知电子质量 $m=9.11\times10^{-31}\text{kg}$，基本电荷 $e=1.60\times10^{-19}\text{C}$ (采用的估算方法必须利用本题所给出的有关数据).

解法一 如果电流有衰减，意味着线圈有电阻，设其电阻为 R，则在一年时间 Δt 内电流通过线圈因发热而损失的能量为

$$\Delta E = I^2 R\Delta t \tag{1}$$

以 ρ 表示铅的电阻率，S 表示铅丝的横截面积，l 为表示铅丝的长度，则有

$$R=\rho\frac{l}{S} \tag{2}$$

电流是铅丝中导电电子定向运动形成的，设导电电子的平均速率为 v，根据电流的定义有

$$I = Svne \tag{3}$$

所谓在持续一年的时间内没有观测到电流的变化，并不等于电流一定没有变化，但这变化不会超过电流检测仪器的精度 ΔI，即电流变化的上限为 $\Delta I=1.0\text{mA}$. 由于导电电子的数密度 n 是不变的，电流的变小是电子平均速率变小的结果，一年内平均速率由 v 变为 $v-\Delta v$，对应的电流变化

$$\Delta I = neS\Delta v \tag{4}$$

导电电子平均速率的变小，使导电电子的平均动能减少，铅丝中所有导电电子减少的平均动能为

$$\begin{aligned}\Delta E_{\text{k}} &= lSn\left[\frac{1}{2}mv^2-\frac{1}{2}m(v-\Delta v)^2\right]\\ &\approx lSnmv\Delta v\end{aligned} \tag{5}$$

由于 $\Delta I \ll I$，所以 $\Delta v \ll v$，式中 Δv 的平方项已被略去. 由(3)式解出 v，(4)式解出 Δv，代入(5)式得

$$\Delta E_{\text{k}} = \frac{lmI\Delta I}{ne^2 S} \tag{6}$$

铅丝中所有导电电子减少的平均动能就是一年内因发热而损失的能量，即

$$\Delta E_{\text{k}} = \Delta E \tag{7}$$

由式(1)、(2)、(6)、(7)解得

$$\rho = \frac{m}{ne^2 I}\frac{\Delta I}{\Delta t} \tag{8}$$

式中

$$\Delta t = 365\times24\times3600 = 3.15\times10^7(\text{s}) \tag{9}$$

在式(8)中代入有关数据得

$$\rho \leqslant 1.4\times10^{-26}\,\Omega\cdot\text{m} \tag{10}$$

所以电阻率为 0 的结论在这一实验中只能认定到

$$\rho \leqslant 1.4\times10^{-26}\,\Omega\cdot\text{m} \tag{11}$$

以上是标准解答，下面给出另一种解答

解法二 如果电流有衰减，意味着线圈有电阻. 电阻形成的机制是由于载流子即导电电子在导体中运动通过碰撞损失能量，我们可以唯象地将电阻的作用等效为一阻尼力 f_R. 考虑截面为 S 长为 l 流以稳恒电流 I 的一段导体，欧姆定理给出

$$U = RI$$

这也可视为电场力与唯象阻尼力 f_R 的平衡，由此得到阻尼力的表达式

$$f_R = eE = e\frac{U}{l} = e\frac{RI}{l} \tag{1}$$

设导体的电阻率为 ρ，则有

$$R = \rho\frac{l}{S} \tag{2}$$

因此

$$f_R = \frac{e\rho I}{S} \tag{3}$$

该唯象阻尼力 f_R 与导电电子的定向运动方向相反，使得定向运动速率逐渐减小. 由牛顿方程，在 δt 的微小时间里定向运动速率的变化满足

$$-m\frac{\delta v}{\delta t} = f_R = \frac{e\rho I}{S} \tag{4}$$

由于导电电子的数密度 n 是不变的，定向运动速率由 v 变为 $v+\delta v$，对应的电流变化 $\delta I = neS\delta v$，或者

$$\delta v = \frac{1}{neS}\delta I \tag{5}$$

代入式(4)得

$$-\frac{m}{ne}\frac{\delta I}{\delta t} = e\rho I \tag{6}$$

在本题中，持续一年的时间内电流 I 的变化很小，其上限为 ΔI=1.0mA $\ll I$. 可知 I 基本上是常数，因此由上面式(6)知其变化是均匀的，故在一年时间 Δt 内

$$\frac{\delta I}{\delta t} = -\frac{\Delta I}{\Delta t} \tag{7}$$

其中 $\Delta I = I_0 - I(\Delta t)$. 这样式(6)、(7)给出

$$\frac{m}{ne}\frac{\Delta I}{\Delta t} = e\rho I \tag{8}$$

即

$$\rho = \frac{m}{ne^2 I}\frac{\Delta I}{\Delta t} \tag{9}$$

式中

$$\Delta t = 365\times 24\times 3600 = 3.15\times 10^7\,(\text{s}) \tag{10}$$

在式(7)中代入有关数据得

$$\rho \leqslant 1.4\times 10^{-26}\,\Omega\cdot\text{m} \tag{11}$$

所以电阻率为 0 的结论在这一实验中只能认定到

$$\rho \leqslant 1.4\times 10^{-26}\,\Omega\cdot\text{m} \tag{12}$$

讨论 式(6)令 $\delta t\to 0$，则

$$-\frac{m}{ne}\frac{\mathrm{d}I}{\mathrm{d}t}=e\rho I$$

解此微分方程得

$$I(t)=I_0\mathrm{e}^{-\frac{e^2n\rho}{m}t}$$

其中 I_0 为初始电流，题意电流 I 经一年时间变化甚小，原因在于 ρ 很小. 故经过一年时间 Δt

$$I(\Delta t)\approx I_0\left(1-\frac{e^2n\rho}{m}\Delta t\right)$$

故

$$\Delta I=I_0-I(\Delta t)\approx\frac{e^2n\rho I_0}{m}\Delta t$$

得出

$$\rho=\frac{m}{ne^2I_0}\frac{\Delta I}{\Delta t}=\frac{m}{ne^2I}\frac{\Delta I}{\Delta t}$$

这与前结果相同.

第 4 章　电磁波的传播

4.1　已知真空中电磁波电场的表达式，求电磁波波长和频率

题 4.1　一个在真空中的电磁波的电场为

$$E_x = 0$$

$$E_y = 30\cos\left(2\pi\times 10^8 t - \frac{2\pi}{3}x\right)$$

$$E_z = 0$$

E 的单位为 V/m，t 的单位为 s，x 的单位为 m. 求：(a) 频率 f. (b) 波长 λ. (c) 波的传播方向. (d) 磁场的方向.

解　按题设条件. 该电磁波波数和角频率分别为

$$k = \frac{2\pi}{3}\mathrm{m}^{-1}, \qquad \omega = 2\pi\times 10^8\mathrm{s}^{-1}$$

(a) 其频率

$$f = \frac{\omega}{2\pi} = 10^8\,\mathrm{Hz}$$

(b) 波长

$$\lambda = \frac{2\pi}{k} = 3\mathrm{m}$$

(c) 波沿 x 方向传播.

(d) 因 $\boldsymbol{E}$、$\boldsymbol{B}$、$\boldsymbol{k}$ 构成右手正交系，故磁场沿 z 方向.

4.2　求真空中电磁波的电场振幅与磁场振幅的关系

题 4.2　考虑自由空间中下列形式的电磁波

$$\boldsymbol{E}(x,y,z,t) = \boldsymbol{E}_0(x,y)\mathrm{e}^{\mathrm{i}kz-\mathrm{i}\omega t}$$

$$\boldsymbol{B}(x,y,z,t) = \boldsymbol{B}_0(x,y)\mathrm{e}^{\mathrm{i}kz-\mathrm{i}\omega t}$$

其中，$\boldsymbol{E}_0$和$\boldsymbol{B}_0$在 xy 平面内. (a) 求出 k和ω 之间的关系及 $\boldsymbol{E}_0(x,y)$和$\boldsymbol{B}_0(x,y)$ 之间的关系. 证明 $\boldsymbol{E}_0(x,y)$和$\boldsymbol{B}_0(x,y)$ 满足自由空间中静电学和静磁学方程. (b) 在理想导体表面处，$\boldsymbol{E}$ 和 $\boldsymbol{B}$ 的边界条件是什么？(c) 考虑如题图 4.2 沿传输线传播的上述形式的平面波. 假定中心圆柱和外壳都是理想导体. 对某一横截面画出电磁场分布. 指出导体中电荷的正负和电流的方向. (d) 用中心导体上单位长度的电荷 λ 和电流 I 表示 $\boldsymbol{E}$ 和 $\boldsymbol{B}$.

解　(a) 求 $\boldsymbol{E}_0(x,y)$ 和 $\boldsymbol{B}_0(x,y)$ 的关系，自然应该用麦克斯韦方程中以下两式：

$$\nabla\times\boldsymbol{E}=-\frac{\partial\boldsymbol{B}}{\partial t},\qquad \nabla\times\boldsymbol{B}=\frac{1}{c^2}\cdot\frac{\partial\boldsymbol{E}}{\partial t}$$

将所给电磁波形式

$$\boldsymbol{E}(x,y,z,t)=\boldsymbol{E}_0(x,y)\mathrm{e}^{\mathrm{i}(kz-\omega t)}$$

$$\boldsymbol{B}(x,y,z,t)=\boldsymbol{B}_0(x,y)\mathrm{e}^{\mathrm{i}(kz-\omega t)}$$

代入上列两式即有

$$\mathrm{i}k\boldsymbol{e}_z\times\boldsymbol{E}_0(x,y)=\mathrm{i}\omega\boldsymbol{B}_0(x,y)-\nabla\times\boldsymbol{E}_0\qquad(1)$$

$$\mathrm{i}k\boldsymbol{e}_z\times\boldsymbol{B}_0(x,y)=-\mathrm{i}\frac{\omega}{c^2}\boldsymbol{E}_0(x,y)-\nabla\times\boldsymbol{B}_0\qquad(2)$$

由于 $\boldsymbol{E}_0$、$\boldsymbol{B}_0$ 在 xy 平面上，可证明 $\nabla\times\boldsymbol{E}_0$ 和 $\nabla\times\boldsymbol{B}_0$ 只有 z 方向上的分量，而 $\boldsymbol{e}_z\times\boldsymbol{E}_0$ 及 $\boldsymbol{e}_z\times\boldsymbol{B}_0$ 都在 xy 面内，由式(1)、式(2)可知，只能

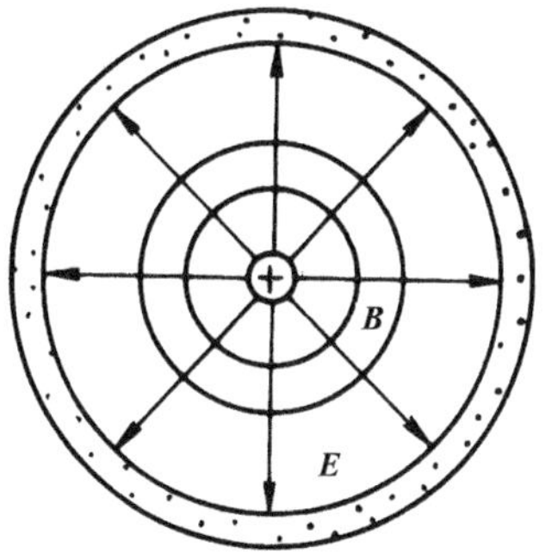

题图 4.2

$$\nabla\times\boldsymbol{E}_0=0,\qquad \nabla\times\boldsymbol{B}_0=0\qquad(3)$$

及

$$\boldsymbol{e}_z\times\boldsymbol{E}_0(x,y)=\frac{\omega}{k}\boldsymbol{B}_0(x,y)\qquad(4)$$

$$\boldsymbol{e}_z\times\boldsymbol{B}_0(x,y)=-\frac{\omega}{kc^2}\boldsymbol{E}_0(x,y)\qquad(5)$$

用 $\boldsymbol{e}_z$ 叉乘式(4)，再将式(5)代入，即可知

$$k=\frac{\omega}{c}\qquad(6)$$

由式(4)、式(5)可知 $\boldsymbol{E}_0$、$\boldsymbol{B}_0$、$\boldsymbol{e}_z$ 三者互相正交且构成右手关系，且有

$$|\boldsymbol{E}_0(x,y)|=\frac{\omega}{k}|\boldsymbol{B}_0(x,y)|=c|\boldsymbol{B}_0(x,y)|\qquad(7)$$

又由麦克斯韦方程 $\nabla\cdot\boldsymbol{E}=0,\ \nabla\cdot\boldsymbol{B}=0$ 可得

$$\nabla\cdot\boldsymbol{E}_0=0,\qquad \nabla\cdot\boldsymbol{B}_0=0\qquad(8)$$

从式(3)、式(8)知 $\boldsymbol{E}_0(x,y)$、$\boldsymbol{B}_0(x,y)$ 满足自由空间中静电磁学方程.

(b) 在理想导体表面 $\boldsymbol{E}_{/\!/}=0,\ \boldsymbol{B}_{\perp}=0$.

(c) 由(a)、(b)知，沿传输线传播的上述形式的波，其 $\boldsymbol{E}_0(x,y)$ 和 $\boldsymbol{B}_0(x,y)$ 的形式可通过求解对应的静电(磁)问题求得. 电场的形式和静电学中带电同轴柱面之间的静电场是完全一样的，$\boldsymbol{E}_0(x,y)$ 沿径向分布，而 $\boldsymbol{B}_0(x,y)=\frac{1}{c}\boldsymbol{e}_z\times\boldsymbol{E}_0(x,y)$，磁力线为环绕轴线的圆.

(d) 在题图 4.2 所示情况下，中心圆柱体带正电，外壳带负电(当然，也可以反过来)，中心圆柱电流方向为 $+z$ 方向，外壳中为 $-z$ 方向.

由积分形式的麦克斯韦方程，考虑到问题的对称性，我们可以用中心圆柱体上的电荷

密度和电流求出

$$E = \frac{\lambda}{2\pi\varepsilon_0 r}e_r, \qquad B = \frac{\mu_0 I}{2\pi r}e_\theta$$

于是可知λ和I有下列数值关系

$$|I| = c|\lambda|$$

4.3　求麦克斯韦方程组对矢势解的振幅以及波频和波矢的约束

题 4.3　考虑麦克斯韦方程组的一个可能解

$$\boldsymbol{A}(\boldsymbol{x},t) = \boldsymbol{A}_0 \mathrm{e}^{\mathrm{i}(\boldsymbol{k}\cdot\boldsymbol{x}-\omega t)}$$

$$\phi(\boldsymbol{x},t) = 0$$

其中 $\boldsymbol{A}$ 和ϕ分别为矢量势和标量势. 设$\boldsymbol{A}_0,\boldsymbol{k},\omega$为常数，试给出下面的麦克斯韦方程组 (a) $\nabla\cdot\boldsymbol{B}=0$；(b) $\nabla\times\boldsymbol{E}+\frac{\partial\boldsymbol{B}}{\partial t}=0$；(c) $\nabla\cdot\boldsymbol{E}=0$；(d) $\nabla\times\boldsymbol{B}-\varepsilon_0\mu_0\frac{\partial\boldsymbol{E}}{\partial t}=0$，对$\boldsymbol{A}_0,\boldsymbol{k},\omega$的约束.

解　由题意得到$\boldsymbol{E}$和$\boldsymbol{B}$的表达式

$$\boldsymbol{B} = \nabla\times\boldsymbol{A} = \mathrm{i}\boldsymbol{k}\times\boldsymbol{A}_0\mathrm{e}^{\mathrm{i}(\boldsymbol{k}\cdot\boldsymbol{x}-\omega t)}$$

$$\boldsymbol{E} = -\nabla\phi - \frac{\partial\boldsymbol{A}}{\partial t} = \mathrm{i}\omega\boldsymbol{A}_0\mathrm{e}^{\mathrm{i}(\boldsymbol{k}\cdot\boldsymbol{x}-\omega t)}$$

容易验证：(a)和(b)两式对$\boldsymbol{A}_0$、$\boldsymbol{k}$、ω不产生约束.

(c) 由$\nabla\cdot\boldsymbol{E}=0$, 得到$\boldsymbol{k}\cdot\boldsymbol{A}_0=0$.

(d) 由$\nabla\times\boldsymbol{B}-\varepsilon_0\mu_0\frac{\partial\boldsymbol{E}}{\partial t}=0$，得到$\left(k^2-\frac{\omega^2}{c^2}\right)\boldsymbol{A}_0-(\boldsymbol{k}\cdot\boldsymbol{A}_0)\boldsymbol{k}=0$，故它要求同时满足

$$k = \frac{\omega}{c}, \qquad \boldsymbol{k}\cdot\boldsymbol{A}_0 = 0$$

4.4　求麦克斯韦方程组对 4 矢量势表示的平面波解的振幅的约束

题 4.4　考虑一个矢势为$A_\mu(x)=a_\mu \mathrm{e}^{\mathrm{i}(\boldsymbol{k}\cdot z-\omega t)}$的平面波，$a_\mu$为一四维常矢量. 进一步假定$\boldsymbol{k}=k\boldsymbol{e}_z$，并且选择一组非正交的$a_\mu$的基矢量

$$\varepsilon^{(1)\mu} = (0,1,0,0)$$

$$\varepsilon^{(2)\mu} = (0,0,1,0)$$

$$\varepsilon^{(L)\mu} = \frac{1}{k}\left(\frac{\omega}{c},0,0,k\right) = \frac{1}{k}k^\mu$$

$$\varepsilon^{(B)\mu} = \frac{1}{k}\left(k,0,0,-\frac{\omega}{c}\right)$$

其中 $\varepsilon^{\mu}=(\varepsilon^{0},\varepsilon)$. 从而可把 a_{μ}写成

$$a_{\mu}=a_{1}\varepsilon^{(1)\mu}+a_{2}\varepsilon^{(2)\mu}+a_{L}\varepsilon^{(L)\mu}+a_{B}\varepsilon^{(B)\mu}$$

对(a) $\nabla\cdot\boldsymbol{B}=0$; (b) $\nabla\times\boldsymbol{E}+\frac{1}{c}\cdot\frac{\partial\boldsymbol{B}}{\partial t}=0$; (c) $\nabla\times\boldsymbol{B}-\frac{1}{c}\cdot\frac{\partial\boldsymbol{E}}{\partial t}=0$; (d) $\nabla\cdot\boldsymbol{E}=0$. 它们是否对 a_1、a_2、a_L 和 a_B 产生约束? 约束是什么? (e) a_1、a_2、a_L 和 a_B 中哪些是规范不变的? (f) 对(1)~(4)的条件，用 a_1、a_2、a_L 和 a_B 来表示平均能量密度.

解　由题意，采用的是高斯单位制. 在本题基矢下

$$k^{\mu}=\left(\frac{\omega}{c},0,0,k\right)$$

$$A_{\mu}=(\varphi,A_{x},A_{y},A_{z})$$

有

$$\varphi=(a_{L}+a_{B})\mathrm{e}^{\mathrm{i}(\boldsymbol{k}\cdot z-\omega t)}$$

$$\boldsymbol{A}=\left[a_{1}\boldsymbol{e}_{x}+a_{2}\boldsymbol{e}_{y}+(a_{L}-a_{B})\boldsymbol{e}_{z}\right]\mathrm{e}^{\mathrm{i}(\boldsymbol{k}\cdot z-\omega t)}$$

以上已经用了

$$\boldsymbol{k}=k\boldsymbol{e}_{z},\qquad k=\frac{\omega}{c}$$

则

$$\boldsymbol{B}=\nabla\times\boldsymbol{A}=\mathrm{i}k(-a_{2}\boldsymbol{e}_{x}+a_{1}\boldsymbol{e}_{y})\mathrm{e}^{\mathrm{i}(\boldsymbol{k}\cdot z-\omega t)}$$

$$E=-\nabla\varphi-\frac{1}{c}\cdot\frac{\partial\boldsymbol{A}}{\partial t}$$

$$=\mathrm{i}k(a_{1}\boldsymbol{e}_{x}+a_{2}\boldsymbol{e}_{y}-2a_{B}\boldsymbol{e}_{z})\mathrm{e}^{\mathrm{i}(\boldsymbol{k}\cdot z-\omega t)}$$

(a) $\nabla\cdot\boldsymbol{B}=\nabla\cdot(\nabla\times\boldsymbol{A})\equiv0$，自然满足，不产生约束.

(b) $\nabla\times\boldsymbol{E}+\frac{1}{c}\cdot\frac{\partial\boldsymbol{B}}{\partial t}=-\nabla\times\nabla\varphi-\frac{1}{c}\cdot\frac{\partial}{\partial t}(\nabla\times\boldsymbol{A})+\frac{1}{c}\cdot\frac{\partial}{\partial t}(\nabla\times\boldsymbol{A})=0$,也自然满足,不产生约束.

(c) $\nabla\times\boldsymbol{B}=k^{2}(a_{1}\boldsymbol{e}_{x}+a_{2}\boldsymbol{e}_{y})\mathrm{e}^{\mathrm{i}(\boldsymbol{k}\cdot z-\omega t)}$，而

$$\frac{1}{c}\cdot\frac{\partial\boldsymbol{E}}{\partial t}=k^{2}(a_{1}\boldsymbol{e}_{x}+a_{2}\boldsymbol{e}_{y}-2a_{B}\boldsymbol{e}_{z})\mathrm{e}^{\mathrm{i}(\boldsymbol{k}\cdot z-\omega t)}$$

因此由

$$\nabla\times\boldsymbol{B}-\frac{1}{c}\cdot\frac{\partial\boldsymbol{E}}{\partial t}=0$$

要求

$$a_{B}=0.$$

(d) $\nabla\cdot\boldsymbol{E}=0$，要求 $a_{B}=0$.

(e) 显然库仑规范 $\nabla\cdot\boldsymbol{A}=0$ 与洛伦兹规范

$$\nabla\cdot\boldsymbol{A}+\frac{1}{c}\cdot\frac{\partial\varphi}{\partial t}=0$$

都不对 a_1,a_2 产生约束，因此 a_1,a_2 是规范不变的.

(f) 平均能量密度

$$\overline{\omega}=\frac{1}{16\pi}(|E|^2+|B|^2)=\frac{k^2}{8\pi}(a_1{}^2+a_2{}^2)$$

4.5 证明在均匀非导电介质中 $\boldsymbol{H}$ 与 $\boldsymbol{E}$，$\boldsymbol{D}$ 以及 $\boldsymbol{k}$ 都正交

题 4.5 一角频率为 ω、波数为 $|\boldsymbol{k}|$ 的平面波在一中性均匀各向异性 $\mu=\mu_0$ 的非导电介质中传播. (a) 证明 $\boldsymbol{H}$ 与 $\boldsymbol{E}$，$\boldsymbol{D}$ 及 $\boldsymbol{k}$ 都正交，$\boldsymbol{D}$ 与 $\boldsymbol{H}$ 是横向的，而 $\boldsymbol{E}$ 不是横向的. (b) 令 $D_k=\sum\limits_{l=1}^{3}\varepsilon_{kl}E_l$，其中 ε_{kl} 是实对称张量. 假设选 ε_{kl} 的主轴为坐标轴 ($D_k=\varepsilon_k E_k$；$k=1,2,3$) 定义 $\boldsymbol{k}=k\widehat{\boldsymbol{S}}$，单位矢量 $\widehat{\boldsymbol{S}}$ 沿主轴的分量是 S_1，S_2，S_3. 如果 $V=\dfrac{\omega}{k}$，$V_j=\dfrac{c}{\sqrt{\varepsilon_j}}$，证明 $\boldsymbol{E}$ 的分量满足

$$S_j\sum_{i=1}^{3}S_iE_i+\left(\frac{V^2}{V_j^2}-1\right)E_j=0$$

写出相速度 V 依赖于 $\widehat{S}$ 和 V_j 的表达式. 证明这个方程有两个 V^2 的有限根，分别相应于 $\widehat{S}$ 方向传播的两个分立模式.

解 (a) 在介质中，电磁波的麦克斯韦方程为

$$\nabla\cdot\boldsymbol{D}=0,\qquad \nabla\cdot\boldsymbol{B}=0$$

$$\nabla\times\boldsymbol{E}=-\frac{\partial\boldsymbol{B}}{\partial t},\qquad \nabla\times\boldsymbol{H}=\frac{\partial\boldsymbol{D}}{\partial t}$$

对均匀介质，平面波的形式为 $\mathrm{e}^{\mathrm{i}(\boldsymbol{k}\cdot\boldsymbol{x}-\omega t)}$，则方程可化为

$$\boldsymbol{k}\cdot\boldsymbol{D}=\boldsymbol{k}\cdot\boldsymbol{B}=0$$

$$\boldsymbol{k}\times\boldsymbol{H}=-\omega\boldsymbol{D},\qquad \boldsymbol{k}\times\boldsymbol{E}=\omega\boldsymbol{B}$$

且有 $\boldsymbol{D}\cdot\boldsymbol{H}=-\dfrac{1}{\omega}(\boldsymbol{k}\times\boldsymbol{H})\cdot\boldsymbol{H}=0$. $\boldsymbol{k}\cdot\boldsymbol{H}=0$，$\mu=\mu_0$.

因此矢量 $\boldsymbol{H}$ 与 $\boldsymbol{k},\boldsymbol{E},\boldsymbol{D}$ 都正交. 而且 $\boldsymbol{k},\boldsymbol{D},\boldsymbol{H}$ 三者互相垂直，因此对 $\boldsymbol{k}$ 方向而言，$\boldsymbol{D},\boldsymbol{H}$ 都是横向的. 但由方程组得不出 $\boldsymbol{k}\cdot\boldsymbol{E}=0$，因此对 $\boldsymbol{k}$ 而言，$\boldsymbol{E}$ 不是横向矢量.

(b) 由 $\boldsymbol{k}\times(\boldsymbol{k}\times\boldsymbol{E})=\boldsymbol{k}\times\omega\boldsymbol{B}$，$\boldsymbol{k}\times\boldsymbol{H}=-\omega\boldsymbol{D}$，可得 $\boldsymbol{k}(\boldsymbol{k}\cdot\boldsymbol{E})-\boldsymbol{k}^2\boldsymbol{E}=-\omega^2\boldsymbol{D}$.

在主轴坐标系中 $\boldsymbol{k}=k\widehat{\boldsymbol{S}}$，$D_i=\varepsilon_iE_i$ 及引入

$$V^2=\frac{\omega^2}{k^2},\qquad V_j^2=\frac{c^2}{\varepsilon_j},\qquad c=\frac{1}{\sqrt{\mu_0\varepsilon_0}}$$

可得出

$$S_j\sum_{i=1}^{3}S_iE_i+\left(\frac{V^2}{V_j^2}-1\right)E_j=0$$

对 $j=1,2,3$，列出 $E_1 \sim E_3$ 的方程

$$\left(S^2+\frac{V^2}{V_1^2}-1\right)E_1+S_1S_2E_2+S_1S_3E_3=0$$

$$S_1S_2E_1+\left(S_2^2-\frac{V^2}{V_2^2}-1\right)E_2+S_1S_3E_3=0$$

$$S_3S_1E_1+S_3S_2E_2+\left(S_3^2+\frac{V^2}{V_3^2}-1\right)E_3=0$$

E_1,E_2,E_3 有非零解的充要条件为

$$\det\begin{vmatrix} S_1^2+\frac{V^2}{V_1^2}-1 & S_1S_2 & S_1S_3 \\ S_2S_1 & S_2^2+\frac{V^2}{V_2^2}-1 & S_2S_3 \\ S_3S_1 & S_3S_2 & S_3^2+\frac{V^2}{V_3^2}-1 \end{vmatrix}=0$$

即得

$$V^2\left[\frac{V^4}{V_1^2V_2^2V_3^2}+(S_1^2-1)\frac{V^2}{V_2^2V_3^2}+(S_2^2-1)\cdot\frac{V^2}{V_1^2V_3^2}+(S_3^2-1)\cdot\frac{V^2}{V_1V_2^2}+\left(\frac{S_1^2}{V_1^2}+\frac{S_2^2}{V_2^2}+\frac{S_3^2}{V_3^2}\right)\right]=0$$

除 $V^2=0$ 的解外，V^2 还有两个有限根. 由 $V^2=\dfrac{\omega^2}{k^2}$ 因此对 V^2 的两个根，存在着两种 k^2 的值，这表示波传播的两种不同模式.

4.6　判断几个接收器接收到的信号的大小

题 4.6　四个全同单色相干波源，如题图 4.6 所示放置，它们发出具有相同波长 λ 的波. 两个接收器 R_1、R_2 与波源相距很远，且 R_1、R_2 到源 B 的距离相等. (a) 哪个接收器收到的信号大？(b) 若把源 B 去掉，哪个接收器收取的信号大？(c) 若把源 D 去掉，结果如何？(d) 用哪个接收器可以检验源 B、D 是否存留？

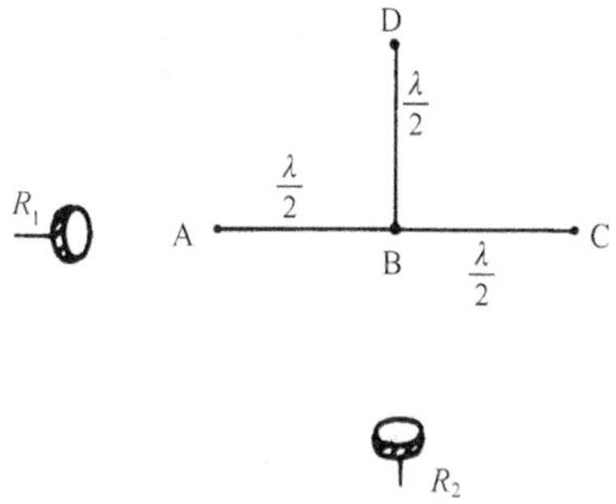

题图 4.6

解　(a) 设 R_1、R_2 到 B 的距离为 r，显然 $r \gg \lambda$. 假设每个波源发生波的电矢量振幅为 E_0，每相接收器收到电场总的振幅应为

$$R_1:\ \ E_{10}=E_0\exp\left[\mathrm{i}K\left(r-\frac{\lambda}{2}\right)\right]+E_0\exp(\mathrm{i}Kr)+E_0\exp\left[\mathrm{i}K\left(r+\frac{\lambda}{2}\right)\right]+E_0\exp\left[\mathrm{i}K\sqrt{r^2+\frac{\lambda^2}{4}}\right]$$

$$R_2:\ E_{20} = E_0 \exp(\mathrm{i}Kr) + E_0 \exp\left[\mathrm{i}K\left(r+\frac{\lambda}{2}\right)\right] + 2E_0 \exp\left[\mathrm{i}K\sqrt{r^2+\frac{\lambda^2}{4}}\right]$$

因为 $K\lambda = 2\pi$，故 $\exp\left[\pm\mathrm{i}\frac{K\lambda}{2}\right] = \exp(\pm\mathrm{i}\pi) = -1$，而由于 $r \gg \lambda$，有 $\sqrt{r^2+\frac{\lambda^2}{4}} \approx r$，即 $E_0 \exp\left[\mathrm{i}K\sqrt{r^2+\frac{\lambda^2}{4}}\right] \approx E_0 \exp(\mathrm{i}Kr)$，故有

$$E_{10} \approx 0, \qquad E_{20} \approx 2E_0 \exp(\mathrm{i}Kr)$$

$$I_1 = 0, \qquad I_2 \approx 4E_0^2$$

即 R_2 收到大信号.

(b) 若去掉源 B，显然有

$$E_{10} \approx -E_0 \exp(\mathrm{i}Kr), \qquad E_{20} \approx E_0 \exp(\mathrm{i}Kr)$$

所以

$$I_1 = I_2 = E_{10}^2$$

即两接收器收到同样强度的信号.

(c) 若去掉源 D，有

$$E_{10} \approx -E_0 \exp(\mathrm{i}Kr), \qquad E_{20} \approx 3E_0 \exp(\mathrm{i}Kr)$$

故

$$I_1 = E_{10}^2, \qquad I_2 = 9E_0^2$$

即 R_2 收到大信号.

(d) 综合(b)、(c)两种情形发现，不管源 B、D 存留与否，$I_1 = E_{10}^2$ 都不变，因此 R_1 不能检验 B、D 的存留. 而(b)、(c)两种情形下 I_2 均不同，因此根据 R_2 接收器收到信号的强弱可以判断源 B、D 是否存在.

4.7 在麦克斯韦方程组中如果电荷密度变符号，E 和 B 如何改变

题 4.7 (a) 在无介质的空间中写下麦克斯韦方程，说明你所用的单位制，正确地回答下列问题：(b) 假如所有源的电荷符号同时变化，问 $\boldsymbol{E}$ 和 $\boldsymbol{B}$ 将如何改变？(c) 假如系统的空间坐标反一个号：$\boldsymbol{x} \to \boldsymbol{x}' = -\boldsymbol{x}$，问电荷密度、电流密度和 $\boldsymbol{E}$、$\boldsymbol{B}$ 将如何变化？(d) 倘若系统的时间反演一下：$t \to t' = -t$，问 $\rho, \boldsymbol{j}, \boldsymbol{E}, \boldsymbol{B}$ 将如何变化？

解 (a) 在 SI 单位制下，麦克斯韦方程为

$$\nabla \cdot \boldsymbol{E} = \frac{\rho}{\varepsilon_0}, \qquad \nabla \times \boldsymbol{E} = -\frac{\partial \boldsymbol{B}}{\partial t}$$

$$\nabla \cdot \boldsymbol{B} = 0, \qquad \nabla \times \boldsymbol{B} = \mu_0 \boldsymbol{j} + \frac{1}{c^2} \cdot \frac{\partial \boldsymbol{E}}{\partial t}$$

(b) 电荷共轭变换下，$e \to -e$，但 $\nabla \to \nabla' = \nabla, \frac{\partial}{\partial t} \to \frac{\partial}{\partial t'} = \frac{\partial}{\partial t}$，故 $\rho \to \rho' = -\rho$，$\boldsymbol{j} \to \boldsymbol{j}' = -\boldsymbol{j}$，在电荷共轭变换下，电流方程式应保持形式不变，故有

$$\nabla'\cdot\boldsymbol{E}'=\frac{\rho'}{\varepsilon_0},\qquad \nabla'\times\boldsymbol{E}'=-\frac{\partial\boldsymbol{B}'}{\partial t'}$$

$$\nabla'\cdot\boldsymbol{B}'=0,\qquad \nabla'\times\boldsymbol{B}'=\mu_0\boldsymbol{j}'+\frac{1}{c^2}\cdot\frac{\partial\boldsymbol{E}'}{\partial t'}$$

与(a)中第一式比较，可得

$$\boldsymbol{E}'(\boldsymbol{r},t)=-\boldsymbol{E}(\boldsymbol{r},t)$$

将此结果代入第四式，并改写之

$$\nabla'\times\boldsymbol{B}'=\nabla\times\boldsymbol{B}'=-\mu_0\boldsymbol{j}-\frac{1}{c^2}\cdot\frac{\partial\boldsymbol{E}}{\partial t}$$

再与(a)中第四式比较，可见 $\boldsymbol{B}'(\boldsymbol{r},t)=-\boldsymbol{B}(\boldsymbol{r},t)$.

(c) 空间反射变换为

$$\boldsymbol{r}\to\boldsymbol{r}'=-\boldsymbol{r},\qquad \nabla\to\nabla'=-\nabla$$

$$\frac{\partial}{\partial t}\to\frac{\partial}{\partial t'},\qquad e\to e'=e$$

显然此时有

$$\rho(\boldsymbol{r},t)\to\rho'(\boldsymbol{r},t)=\rho$$

$$\boldsymbol{j}\to\boldsymbol{j}'=-\boldsymbol{j}$$

由电荷守恒定律，再写出变换后不变形的麦克斯韦方程，仿(b)做法，可证明

$$\boldsymbol{E}'(\boldsymbol{r},t)=-\boldsymbol{E}(\boldsymbol{r},t)$$

$$\boldsymbol{B}'(\boldsymbol{r},t)=\boldsymbol{B}(\boldsymbol{r},t)$$

(d) 时间反演变换下，有

$$\frac{\partial}{\partial t}\to\frac{\partial}{\partial t'}=-\frac{\partial}{\partial t},\qquad \nabla\to\nabla'=\nabla$$

$$e\to e'=e$$

所以 $\rho'=\rho,\ \boldsymbol{j}'=-\boldsymbol{j}$，仿前可证明

$$\boldsymbol{E}'(\boldsymbol{r},t)=\boldsymbol{E}(\boldsymbol{r},t),\qquad \boldsymbol{B}'(\boldsymbol{r},t)=-\boldsymbol{B}(\boldsymbol{r},t)$$

4.8　求标势和矢势的傅里叶变换

题 4.8　设 $\boldsymbol{A}_\omega$、ϕ_ω、$\boldsymbol{J}_\omega$、ρ_ω 分别表示矢势、标势、电流密度和电荷密度的傅里叶变换.证明

$$\phi_\omega(\boldsymbol{r})=\frac{1}{4\pi\varepsilon_0}\int\rho_\omega(\boldsymbol{r}')\frac{\mathrm{e}^{\mathrm{i}K|\boldsymbol{r}-\boldsymbol{r}'|}}{|\boldsymbol{r}-\boldsymbol{r}'|}\mathrm{d}^3\boldsymbol{r}'$$

$$\boldsymbol{A}_\omega(\boldsymbol{r})=\frac{\mu_0}{4\pi}\int\boldsymbol{J}_\omega(\boldsymbol{r}')\frac{\mathrm{e}^{\mathrm{i}K|\boldsymbol{r}-\boldsymbol{r}'|}}{|\boldsymbol{r}-\boldsymbol{r}'|}\mathrm{d}^3\boldsymbol{r}',\qquad K=\frac{|\omega|}{c}$$

电荷守恒定律如何根据 ρ_ω 和 $\boldsymbol{J}_\omega$ 表达？对远区($r\to\infty$)求出电磁场 $\boldsymbol{B}_\omega(\boldsymbol{r})$ 和 $\boldsymbol{E}_\omega(\boldsymbol{r})$ 的表达式，并对电流分布 $\boldsymbol{J}(\boldsymbol{r})=\boldsymbol{r}f(\boldsymbol{r})$ 求出该场.

解

$$\boldsymbol{J}(\boldsymbol{r},t)=\int_{-\infty}^{\infty}\boldsymbol{J}_{\omega}(\boldsymbol{r})\mathrm{e}^{-\mathrm{i}\omega t}\mathrm{d}\omega$$

$$\boldsymbol{A}(\boldsymbol{r},t)=\frac{\mu_0}{4\pi}\int\frac{\boldsymbol{J}\left(\boldsymbol{r}',t-\frac{|\boldsymbol{r}-\boldsymbol{r}'|}{c}\right)}{|\boldsymbol{r}-\boldsymbol{r}'|}\mathrm{d}^3r'$$

$$=\frac{\mu_0}{4\pi}\int\frac{1}{|\boldsymbol{r}-\boldsymbol{r}'|}\mathrm{d}^3r'\int_{-\infty}^{\infty}\boldsymbol{J}_{\omega}(\boldsymbol{r}')\cdot\exp\left[-\mathrm{i}\omega\left(t-\frac{|\boldsymbol{r}-\boldsymbol{r}'|}{c}\right)\right]\mathrm{d}\omega$$

$$=\frac{\mu_0}{4\pi}\int_{-\infty}^{\infty}\mathrm{e}^{-\mathrm{i}\omega t}\mathrm{d}\omega\int\frac{\boldsymbol{J}_{\omega}(\boldsymbol{r}')\mathrm{e}^{\mathrm{i}K|\boldsymbol{r}-\boldsymbol{r}'|}}{|\boldsymbol{r}-\boldsymbol{r}'|}\mathrm{d}^3r'$$

所以

$$\boldsymbol{A}_{\omega}(\boldsymbol{r})=\frac{\mu_0}{4\pi}\int\frac{\boldsymbol{J}_{\omega}(\boldsymbol{r}')\exp\left[\mathrm{i}K|\boldsymbol{r}-\boldsymbol{r}'|\right]}{|\boldsymbol{r}-\boldsymbol{r}'|}\mathrm{d}^3r'$$

同样可得出

$$\phi_{\omega}(\boldsymbol{r})=\frac{1}{4\pi\varepsilon_0}\int\rho_{\omega}(\boldsymbol{r}')\frac{\exp\left[\mathrm{i}K|\boldsymbol{r}-\boldsymbol{r}'|\right]}{|\boldsymbol{r}-\boldsymbol{r}'|}\mathrm{d}^3r'$$

电荷守恒定律表示为$\frac{\partial\rho}{\partial t}+\nabla\cdot\boldsymbol{J}=0$，即

$$\frac{\partial}{\partial t}\int_{-\infty}^{\infty}\rho_{\omega}(\boldsymbol{r})\mathrm{e}^{-\mathrm{i}\omega t}\mathrm{d}\omega+\nabla\cdot\int_{-\infty}^{\infty}\boldsymbol{J}_{\omega}(\boldsymbol{r})\mathrm{e}^{-\omega t}\mathrm{d}\omega=0$$

$$\int_{-\infty}^{\infty}\left[-\mathrm{i}\omega\rho_{\omega}(\boldsymbol{r})+\nabla\cdot\boldsymbol{J}_{\omega}(\boldsymbol{r})\right]\mathrm{e}^{-\mathrm{i}\omega t}\mathrm{d}\omega=0$$

从而

$$\nabla\cdot\boldsymbol{J}_{\omega}-\mathrm{i}\omega\rho_{\omega}=0$$

在远区

$$\boldsymbol{A}_{\omega}(\boldsymbol{r})\xrightarrow[r\to\infty]{}\frac{\mu_0}{4\pi}\left(-\mathrm{i}\omega\boldsymbol{p}_{\omega}\frac{\mathrm{e}^{\mathrm{i}Kr}}{r}-\mathrm{i}k\boldsymbol{m}_{\omega}\times\frac{\boldsymbol{r}}{r}\mathrm{e}^{\mathrm{i}Kr}\right)$$

其中

$$p_{\omega}=\int\boldsymbol{r}p_{\omega}(\boldsymbol{r})\mathrm{d}^3r,\qquad \boldsymbol{m}_{\omega}=\frac{1}{2}\int\boldsymbol{r}\times\boldsymbol{J}_{\omega}(\boldsymbol{r})\mathrm{d}^3r$$

$$\boldsymbol{B}_{\omega}(\boldsymbol{r})=\nabla\times\boldsymbol{A}_{\omega}(\boldsymbol{r})$$

$$\boldsymbol{E}_{\omega}(\boldsymbol{r})=\frac{\mathrm{i}c^2}{\omega}\nabla\times\boldsymbol{B}_{\omega}(\boldsymbol{r})=\frac{\mathrm{i}c^2}{\omega}\nabla\times(\nabla\times\boldsymbol{A}_{\omega}(\boldsymbol{r}))$$

对于电流分布$\boldsymbol{J}(\boldsymbol{r})=\boldsymbol{r}f(\boldsymbol{r})$

$$m_{\omega}=\frac{1}{2}\int \boldsymbol{r}'\times\boldsymbol{r}'f(\boldsymbol{r}')\mathrm{d}^3\boldsymbol{r}'=0$$

$$\dot{\boldsymbol{p}}_{\omega}=\int \boldsymbol{J}_{\omega}(\boldsymbol{r}')\mathrm{d}^3\boldsymbol{r}'=\int \boldsymbol{r}'f(\boldsymbol{r}')\mathrm{d}^3\boldsymbol{r}'$$

所以

$$\boldsymbol{A}_{\omega}(\boldsymbol{r})=\frac{\mu_0\mathrm{e}^{\mathrm{i}Kr}}{4\pi r}\dot{\boldsymbol{p}}_{\omega}$$

$$\boldsymbol{B}_{\omega}(\boldsymbol{r})=\nabla\times\boldsymbol{A}_{\omega}(\boldsymbol{r})=\frac{\mathrm{i}\mu_0K\mathrm{e}^{\mathrm{i}Kr}}{4\pi r}\boldsymbol{e}_r\times\int \boldsymbol{r}'f(\boldsymbol{r}')\mathrm{d}^3\boldsymbol{r}'$$

$$\boldsymbol{E}_{\omega}(\boldsymbol{r})=\frac{\mathrm{i}c^2}{\omega}\nabla\times\boldsymbol{B}_{\omega}(\boldsymbol{r})=\frac{\mu_0K^2\mathrm{e}^{\mathrm{i}Kr}}{4\pi r}\boldsymbol{e}_r\times[\boldsymbol{e}_r\times\int \boldsymbol{r}'f(\boldsymbol{r}')\mathrm{d}^3\boldsymbol{r}']$$

4.9　由介质中的无源麦克斯韦方程组导出电场和磁场所满足的波动方程

题 4.9　(a) 写出在非导电介质中麦克斯韦方程. 已知介质的介电常量与磁导率为常数. 且 $\rho=\boldsymbol{j}=0$. 证明 $\boldsymbol{E}$ 与 $\boldsymbol{B}$ 满足波动方程，求波速度的表达式，写出 $\boldsymbol{E}$、$\boldsymbol{B}$ 的平面波解及 $\boldsymbol{E}$、$\boldsymbol{B}$ 间的关系式. (b) 讨论电磁波在电介质分界面上的反射与折射，并且导出入射角、反射角与折射角之间的关系.

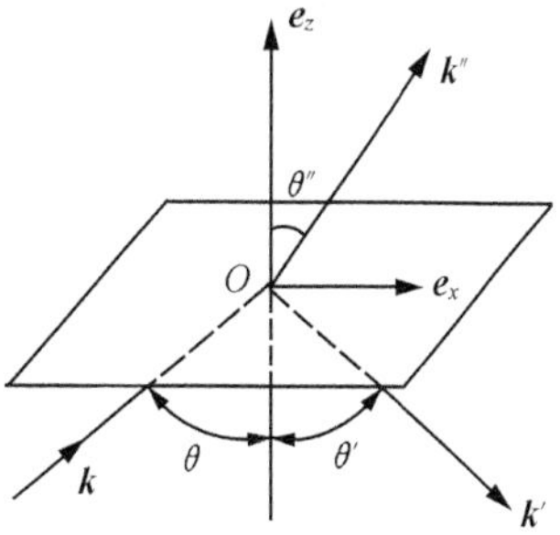

题图 4.9

解　(a) 在非导电介质中的麦克斯韦方程组为

$$\nabla\times\boldsymbol{E}=-\frac{\partial\boldsymbol{B}}{\partial t}$$

$$\nabla\times\boldsymbol{H}=-\frac{\partial\boldsymbol{D}}{\partial t}$$

$$\nabla\cdot\boldsymbol{D}=0,\qquad \nabla\cdot\boldsymbol{B}=0$$

其中，$\boldsymbol{D}=\varepsilon\boldsymbol{E},\boldsymbol{B}=\mu\boldsymbol{H}$. ε、μ为常数. 由

$$\nabla\times(\nabla\times\boldsymbol{E})=\nabla(\nabla\cdot\boldsymbol{E})-\nabla^2\boldsymbol{E}=-\nabla^2\boldsymbol{E}$$

及

$$\nabla\times\left(\frac{\partial\boldsymbol{B}}{\partial t}\right)=\mu\varepsilon\frac{\partial^2\boldsymbol{E}}{\partial t^2}$$

可得

$$\nabla^2\boldsymbol{E}-\mu\varepsilon\frac{\partial^2\boldsymbol{E}}{\partial t^2}=0$$

即 $\boldsymbol{E}$ 与 $\boldsymbol{B}$ 都满足波动方程. 由方程可以得出波的速度

$$v=\frac{1}{\sqrt{\varepsilon\mu}}$$

对于以一定频率传播的平面电磁波解为

$$\boldsymbol{E}(x,t)=\boldsymbol{E}_0\mathrm{e}^{\mathrm{i}(\boldsymbol{k}\cdot\boldsymbol{x}-\omega t)},\qquad \boldsymbol{B}(x,t)=\boldsymbol{B}_0\mathrm{e}^{\mathrm{i}(\boldsymbol{k}\cdot\boldsymbol{x}-\omega t)}$$

波矢 $\boldsymbol{K}$ 与振幅 $\boldsymbol{E}_0$、$\boldsymbol{B}_0$ 构成互相垂直的右手螺旋关系. 且

$$v=\frac{\omega}{K}$$

$\boldsymbol{E}$、$\boldsymbol{B}$ 的关系为

$$\boldsymbol{B}=\sqrt{\mu\varepsilon}\frac{\boldsymbol{K}}{K}\times\boldsymbol{E}$$

(b) 为方便计算，设电介质 1 与 2 的分界面为 xy 平面，法向为 z 方向，并取波矢 $\boldsymbol{K}$ 在 xz 平面(题图 4.9)，当入射波 $\boldsymbol{E}=\boldsymbol{E}_0\mathrm{e}^{\mathrm{i}(\boldsymbol{k}\cdot\boldsymbol{x}-\omega t)}$ 为一平面电磁波时，由光学实验的启示，在界面上将发生反射、折射现象，而且反射波与折射波也都是平面电磁波，即：

反射波

$$\boldsymbol{E}''=\boldsymbol{E}_0'\mathrm{e}^{\mathrm{i}(\boldsymbol{k}'\cdot\boldsymbol{x}-\omega' t)}$$

折射波

$$\boldsymbol{E}'=\boldsymbol{E}_0'\mathrm{e}^{\mathrm{i}(\boldsymbol{k}''\cdot\boldsymbol{x}-\omega'' t)}$$

由题图 4.9，利用边值关系

$$\boldsymbol{n}\times(\boldsymbol{E}+\boldsymbol{E}')=\boldsymbol{n}\times\boldsymbol{E}''$$

可得在分界面上有

$$\boldsymbol{n}\times(\boldsymbol{E}_0\mathrm{e}^{\mathrm{i}(\boldsymbol{k}\cdot\boldsymbol{x}-\omega t)}+\boldsymbol{E}_0'\mathrm{e}^{\mathrm{i}(\boldsymbol{k}'\cdot\boldsymbol{x}-\omega' t)})=\boldsymbol{n}\times\boldsymbol{E}_0''\mathrm{e}^{\mathrm{i}(\boldsymbol{k}''\cdot\boldsymbol{x}-\omega'' t)}$$

上式需对所有 x，y 与 t 值都成立，因此要求三个指数因子必须完全相等，即

$$\omega=\omega'=\omega''$$

和在 $z=0$ 平面上 $\boldsymbol{K}_x=\boldsymbol{K}_x'=\boldsymbol{K}_x''$, $\boldsymbol{K}_y=\boldsymbol{K}_y'=\boldsymbol{K}_y''$.

波数

$$K=K'=\omega\sqrt{\mu_1\varepsilon_1},\qquad K''=\omega\sqrt{\mu_2\varepsilon_2}$$

因此由 $K\sin\theta=K'\sin\theta'$ 可得

$$\theta=\theta'$$

即入射角等于反射角，此即为反射定律. 由

$$K\sin\theta=K''\sin\theta''$$

可得

$$\frac{\sin\theta}{\sin\theta''}=\frac{\sqrt{\mu_2\varepsilon_2}}{\sqrt{\mu_1\varepsilon_1}}=\frac{n_2}{n_1}=n_{21}$$

其中，$n=\sqrt{\varepsilon\mu}$ 为折射率，n_{21} 为介质 2 对介质 1 的相对折射率，此式即为折射定律.

4.10　求垂直入射到玻璃板上的光波的反射系数和作用于玻璃板上的辐射压

题 4.10　一束强度为 I 的平面电磁波射到一块折射率为 n 的玻璃板上，波矢量与表面垂直(正入射). (a) 证明对一个单独表面，光强的反射系为 $R=\dfrac{(n-1)^2}{(n+1)^2}$. (b) 忽略所有的相干效应，计算板所受到的辐射压力依赖于 n 的关系.

解　(a) 取分界面法向 $\boldsymbol{n}_0 /\!/ \boldsymbol{e}_z$，如题图 4.10 所示. 对垂直入射，$\theta=\theta'=\theta''=0$，则有

入射电磁波为

$$\boldsymbol{E}=\boldsymbol{E}_0 e^{i(\boldsymbol{k}\cdot\boldsymbol{x}-\omega t)}$$

$$E_0^2=E_\perp^2+E_{//}^2$$

反射波与透射波为

$$\boldsymbol{E}'=\boldsymbol{E}_0' e^{i(\boldsymbol{k}'\cdot\boldsymbol{x}-\omega t)}$$

$$E_0'^2=E_\perp'^2+E_{//}'^2$$

$$\boldsymbol{E}''=\boldsymbol{E}_0'' e^{i(\boldsymbol{k}''\cdot\boldsymbol{x}-\omega t)}$$

$$E''^2=E_\perp''^2+E_{//}''^2$$

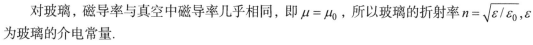

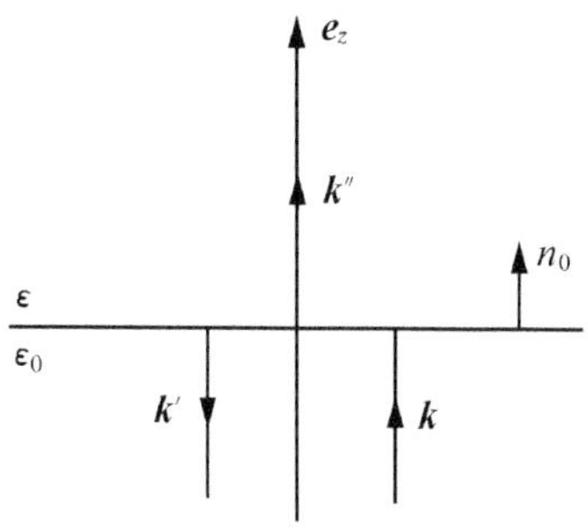

题图 4.10

$E_\perp$、$E_{//}$ 指与入射面垂直与平行的分量.

对玻璃，磁导率与真空中磁导率几乎相同，即 $\mu=\mu_0$，所以玻璃的折射率 $n=\sqrt{\varepsilon/\varepsilon_0}$，$\varepsilon$ 为玻璃的介电常量.

由菲涅耳公式

$$E_{\perp 0}'=\frac{\sqrt{\varepsilon_0}-\sqrt{\varepsilon}}{\sqrt{\varepsilon_0}+\sqrt{\varepsilon}}E_{\perp 0}=\frac{1-n}{1+n}E_{\perp 0}$$

$$E_{//0}'=-\frac{\sqrt{\varepsilon_0}-\sqrt{\varepsilon}}{\sqrt{\varepsilon_0}+\sqrt{\varepsilon}}E_{//0}=-\frac{1-n}{1+n}E_{//0}$$

故 $E_0'^2=\left(\frac{1-n}{1+n}\right)^2E_0^2$，从而得光强的反射系数

$$R=\frac{E_0'^2}{E_0^2}=\frac{(n-1)^2}{(n+1)^2}$$

菲涅耳公式还给出

$$E_{\perp 0}''=\frac{2\sqrt{\varepsilon_0}}{\sqrt{\varepsilon}+\sqrt{\varepsilon_0}}E_{\perp 0}=\frac{2}{1+n}E_{\perp 0}$$

$$E_{//0}''=\frac{2\sqrt{\varepsilon_0}}{\sqrt{\varepsilon}+\sqrt{\varepsilon_0}}E_{//0}=\frac{2}{1+n}E_{//0}$$

故

$$E_{//0}''^2=\frac{4}{(1+n)^2}E_0^2$$

(b) 对一平面电磁波，能量密度为 w_0，动量密度为 $\boldsymbol{g}$，$\boldsymbol{g}$ 与波矢 $\boldsymbol{K}$ 同向，$w=\varepsilon E^2, w=v\boldsymbol{g}$，$v$ 为平面电磁波的相速度. 当此平面电磁波射入介质时，单位时间通过法向 $\boldsymbol{n}_0$ 的表面单位面积的动量应为 $v\boldsymbol{g}\cdot\boldsymbol{n}_0$，此即为电磁波对该表面的辐射压力.

一般来说，应求一个周期中的平均辐射压力. 对本题入射波的速度为 c，透射波的速度为 v，因此玻璃板所受到的辐射压力为

$$\overline{P}=c\overline{\boldsymbol{g}\cdot\boldsymbol{n}_0}-c\overline{\boldsymbol{g}'\cdot\boldsymbol{n}_0}-v\overline{\boldsymbol{g}''\cdot\boldsymbol{n}_0}=\overline{w}+\overline{w'}-\overline{w''}$$

而能量密度的周期平均值 $\overline{w}=\frac{1}{2}\mathrm{Re}\left(\varepsilon\left|\boldsymbol{E}\right|^2\right)=\frac{1}{2}\varepsilon E_0^2$，故

$$\overline{P}=\frac{1}{2}\varepsilon_0(E_0^2+E_0'^2-nE_0''^2)$$

$$=\frac{\varepsilon_0}{2}\left[1+\left(\frac{1-n}{1+n}\right)^2-\frac{4n^2}{(1+n)^2}\right]E_0^2$$

$$=\frac{\varepsilon_0(1-n)}{1+n}E_0^2$$

已知入射光强 I，它应等于平均入射能流

$$I=\overline{S}=\frac{\varepsilon_0 c}{2}E_0^2$$

故最后得平均辐射压力为

$$\overline{P}=\frac{2(1-n)}{c(1+n)}I$$

4.11 求电磁波斜入射到真空介质边界时无反射波的条件

题 4.11 (a) 由麦克斯韦方程，考虑到空气与电介质界面上适当的边界条件，证明折射率为 n 的玻璃对正入射的电磁波的反射系数为 $R=\left(\frac{n-1}{n+1}\right)^2$. (b) 如果入射光具有如题图 4.11 所示的偏振性(即电矢量在入射面内)，试证当 $\tan\theta_1=n$ 时没有反射光. 这里 θ_1 为入射角. 你可以将菲涅耳定律当作已知的.

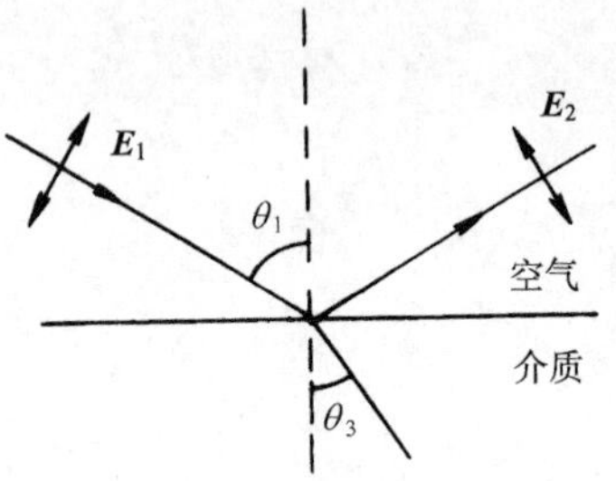

题图 4.11

解 (a) 解略(见题 4.10(a)).

(b) 设入射波电场振幅为 E_{10}，反射波振幅为 E_{20}，入射角为 θ_1，折射角为 θ_3，则菲涅耳公式给出

$$\left(\frac{E_{20}}{E_{10}}\right)_{//}=\frac{\tan(\theta_1-\theta_3)}{\tan(\theta_1+\theta_3)}$$

因入射波电矢量在入射面内，所以反射波矢量也在入射面内. 由上式，当 $\theta_1+\theta_3=\frac{\pi}{2}$ 时，有 $E_{20}=(E_{20})_{//}=0$. 又由折射定律

$$n=\frac{\sin\theta_1}{\sin\theta_3}$$

所以当

$$\tan\theta_1=\frac{\sin\theta_1}{\cos\theta_1}=\frac{n\sin\theta_3}{\cos\left(\frac{\pi}{2}-\theta_3\right)}=n$$

时没有反射波.

4.12　求介质中电磁波正入射到导体表面时反射波电矢量的相移

题 4.12　一束在折射率为 n 的介质中传播的平面偏振电磁波正入射到一块导体表面上. 设导体的折射率 $n_2 = n(1+\mathrm{i}\rho)$，求反射波中电矢量的相移.

解　如题图 4.12，入射偏振波为

$$\boldsymbol{E}_1 = \boldsymbol{E}_{10}\mathrm{e}^{\mathrm{i}(k_1 x-\omega t)}, \qquad \boldsymbol{B}_1 = \boldsymbol{B}_{10}\mathrm{e}^{\mathrm{i}(k_1 x-\omega t)}$$

$$B_{10} = nE_{10}, \qquad k_1 = \frac{\omega}{c}n$$

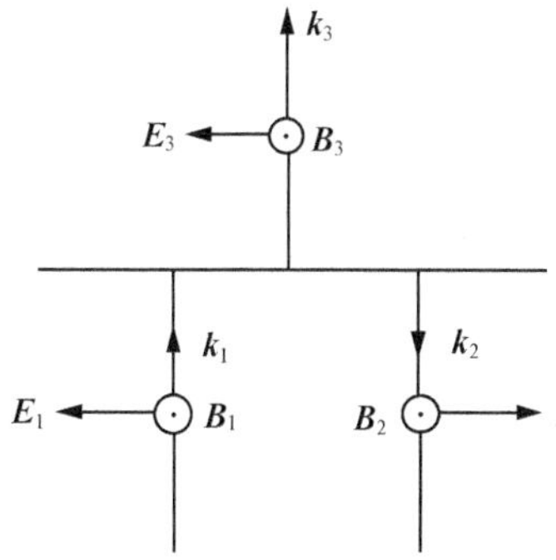

题图 4.12

反射波为

$$\boldsymbol{E}_2 = \boldsymbol{E}_{20}\mathrm{e}^{-\mathrm{i}(k_2 x+\omega t)}$$

$$\boldsymbol{B}_2 = \boldsymbol{B}_{20}\mathrm{e}^{-\mathrm{i}(k_2 x+\omega t)}$$

$$B_{20} = nE_{20}, \qquad k_2 = \frac{\omega}{c}n$$

透射波为

$$\boldsymbol{E}_3 = \boldsymbol{E}_{30}\mathrm{e}^{\mathrm{i}(k_3 x-\omega t)}$$

$$\boldsymbol{B}_3 = \boldsymbol{B}_{30}\mathrm{e}^{\mathrm{i}(k_3 x-\omega t)}$$

$$B_{30} = n_2 E_{30}, \qquad k_3 = \frac{\omega}{c}n_2$$

在边界面处，$x=0$，三波频率 ω 相同，边界关系为

$$\boldsymbol{n}\times(\boldsymbol{E}_{10}+\boldsymbol{E}_{20}) = \boldsymbol{n}\times\boldsymbol{E}_{30}, \qquad \boldsymbol{E}\text{ 的切向分量连续}$$

$$\boldsymbol{n}\times(\boldsymbol{B}_{10}+\boldsymbol{B}_{20}) = \boldsymbol{n}\times\frac{\boldsymbol{B}_{30}}{\mu_r} \approx \boldsymbol{n}\times\boldsymbol{B}_{30}, \qquad \boldsymbol{H}\text{ 的切向分量连续}$$

即为

$$E_{10} - E_{20} = E_{30}$$

$$B_{10} + B_{20} = B_{30}$$

后一式可化为

$$E_{10} + E_{20} = \frac{n_2}{n}E_{30}$$

由此可解出

$$E_{20} = \frac{n_2 - n}{n_2 + n}E_{10} = \frac{\mathrm{i}n\rho}{2n+\mathrm{i}n\rho}E_{10} = \frac{\rho}{\sqrt{\rho^2+4}}\mathrm{e}^{\mathrm{i}\varphi}E_{10}$$

$$\tan\varphi = \frac{2}{\rho}$$

即反射波电矢量振幅相对入射波的相移为

$$\varphi = \arctan\frac{2}{\rho}$$

4.13 已知真空中磁场的表达式，试求电场的表达式

题 4.13 假设在真空区域里，磁场被描述为

$$\boldsymbol{B} = B_0 e^{ax} \boldsymbol{e}_x \sin W$$

其中$W = ky - \omega t$. (a) 计算$\boldsymbol{E}$. (b) 求这个场的传播速度v. (c) 这样的场有可能产生吗？如果能，怎样产生？

解 (a) 由

$$\nabla \times \boldsymbol{B} = \frac{1}{c^2} \cdot \frac{\partial \boldsymbol{E}}{\partial t}, \qquad k = \frac{\omega}{c}$$

得

$$\boldsymbol{E} = \frac{\mathrm{i}c}{\omega} \nabla \times \boldsymbol{B}$$

$$E_x = \mathrm{i} B_0 e^{ax} \cos W$$

$$E_y = \mathrm{i}\frac{ac}{\omega} B_0 e^{ax} \sin W$$

$$E_z = 0$$

(b) 电磁波沿y方向传播，速度$v = c$.

(c) 这种电磁波可能发生，这可以利用全反射现象来实现. 当一个在入射面为xy平面中沿z方向的磁场矢量为线偏振波从绝缘介质射入真空时，折射波就可能是本题要求的电磁波. 这时指数上的a为

$$a = -K_{\text{in}}\sqrt{\sin^2\theta - \frac{1}{\varepsilon^2}} < 1$$

其中，θ为入射角；ε为介质的介电常量；K_{in}为入射波波数.

4.14 电磁波垂直入射到两介质的分界面，试求离界面距离 z 的总电场表达式

题 4.14 一频率为ν的谐振平面波垂直射入折射率为n_1与n_2的二介质的分界面. 其中能量的ρ部分发生反射，并和入射波形成驻波. 注意，当波从光疏介质射入射到光密介质$(n_2 > n_1)$时，反射波的电场的相位有π的改变. (a) 求总电场作为距分界面距离z的函数表达式. 确定$\langle E^2 \rangle$的极大与极小的位置. (b) 从电场的行为，确定磁场相位的改变. 求$B(z, t)$与$\langle B^2 \rangle$. (c) 1890 年，O. Wiener 用感光计做了类似的实验，在z=0 处发现了一个使感光片变暗的极小值，问此暗条纹是由电场还是磁场所引起的？

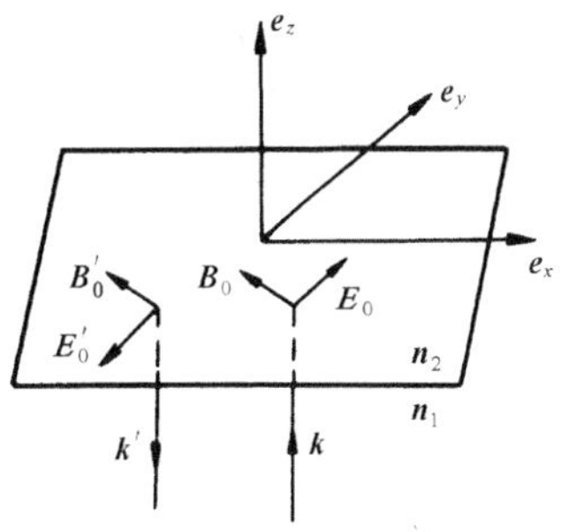

题图 4.14

解　(a) 如题图 4.14 所示，入射波电场为 $E_0\cos(kz-\omega t)$，由于反射波电场相对入射波有相差π，故反射波振幅 $\boldsymbol{E}_0'$与$\boldsymbol{E}_0$反向. 由题设，入射能量有 ρ 部分发生反射，而能量与 E_0^2 成比例，故可知

$$E_0'^2=\rho E_0^2$$

因此反射波电场为 $-\sqrt{\rho}\boldsymbol{E}_0\cos(-kz-\omega t)$，总电场为

$$\boldsymbol{E}=\boldsymbol{E}_0\cos(kz-\omega t)-\sqrt{\rho}\boldsymbol{E}_0\cos(kz+\omega t)$$

式中，负号体现了反射波与入射波电场的相差为π.

总电场的平方为

$$E^2=E_0^2\cos^2(kz-\omega t)+\rho E_0^2\cos^2(kz+\omega t)-\sqrt{\rho}E_0^2(\cos 2kz+\cos 2\omega t)$$

其对一周期 $T=\dfrac{2\pi}{\omega}$ 的平均值为

$$\left\langle E^2\right\rangle=\frac{1}{T}\int_0^T E^2\mathrm{d}t=\frac{(1+\rho)E_0^2}{2}-\sqrt{\rho}E_0^2\cos 2kz$$

当 $kz=m\pi$，即 $z=\dfrac{mc}{2\nu n_1}$ 时，$\left\langle E^2\right\rangle$ 取极小值，式中 $m=0,1,2,\cdots$，极小值为

$$\left\langle E^2\right\rangle_{\min}=\frac{(1-\sqrt{\rho})^2}{2}E_0^2$$

当 $kz=\dfrac{(2m+1)\pi}{2}(m=0,1,2,\cdots)$ 时，即 $z=\dfrac{(2m+1)c}{4\nu n_1}$ 时，得极大值为

$$\left\langle E^2\right\rangle_{\max}=\frac{(1+\sqrt{\rho})^2}{2}E_0^2$$

(b) 因 $\boldsymbol{E}$，$\boldsymbol{B}$，$\boldsymbol{k}$ 组成右手正交系，由题图 4.14 可看出， 入射波的磁场振幅 $\boldsymbol{B}_0$ 与反射波振幅 $\boldsymbol{B}_0'$ 同向，因此它们应无相位差，且磁场振幅大小为

$$B_0=n_1E_0,\qquad B_0'=n_1E_0'=\sqrt{\rho}n_1E_0=\sqrt{\rho}B_0$$

故总磁场为

$$\boldsymbol{B}(z,t)=\boldsymbol{B}_0\cos(kz-\omega t)+\sqrt{\rho}\boldsymbol{B}_0\cos(kz+\omega t)$$

$$B^2=n_1^2E_0^2\cos^2(kz-\omega t)+\rho n_1^2E_0^2\cos^2(kz+\omega t)+\sqrt{\rho}n_1^2E_0^2(\cos 2kz+\cos 2\omega t)$$

故平均值为

$$\left\langle B^2\right\rangle=\frac{(1+\rho)n_1^2E_0^2}{2}+\sqrt{\rho}n_1^2\cos 2kz$$

当 $kz=m\pi$ 时，得$\left\langle B^2\right\rangle$的极大值，$kz=\dfrac{2m+1}{2}\pi$ 时得到$\left\langle B^2\right\rangle$的极小值.

(c) 为得到 O. Wiener 实验中 $z=0$ 处的暗条纹，要求此处一定为极小值，由(a)、(b)的

结果，只有$\left\langle E^2\right\rangle$在$z=0$处为极小($\left\langle B^2\right\rangle$在$z=0$处为极大)，因此感光片上的暗条纹由电场所引起.

4.15　研究强电磁波入射到介质时波场的特点

题 4.15　电磁辐射的波束(如雷达波束)，光束总会因衍射而发散. 通过直径为D的圆孔的波束将以衍射角$\theta_{\mathrm{d}}=\dfrac{1.22}{D}\lambda$散开. 在强电场中，很多电介质的折射率将增加，可很好地近似为$n=n_0+n_2E^2$. 证明：在这样的非线性介质中，波束的衍射可以被波以全反射抵消掉而形成自陷波束. 计算存在自陷波束的阈值功率.

解　假定电场为E的波束通过直径为D的圆柱腔，其外为0，圆柱内折射率$n=n_0+n_2E^2$，其外为n_0，故随场强E增加，柱内折射率n亦变大.

当折射率n增大到满足全反射条件

$$\sin\left(\frac{\pi}{2}-\theta_{\mathrm{d}}\right)=\frac{n_0}{n}\text{或}n=\frac{n_0}{\cos\theta_{\mathrm{d}}}$$

衍射发散将被全反射效应抵消，此处

$$\theta_{\mathrm{d}}=1.22\lambda_n/D$$

由$n=n_0+n_2E^2=\dfrac{n_0}{\cos\theta_{\mathrm{d}}}$定出发生全反射时的临界场强值为

$$E_{\mathrm{c}}=\sqrt{\frac{n_0}{n_2}(\operatorname{arccos}\theta_{\mathrm{d}}-1)}$$

在临界场强下，平均能流

$$\overline{S}=\frac{1}{2}\sqrt{\frac{\varepsilon}{\mu}}E_0^2,\qquad \text{因}\sqrt{\varepsilon}E=\sqrt{\mu}H$$

所以平均的临界辐射束功率为

$$\overline{P}_{\mathrm{c}}=\overline{S}\pi\left(\frac{D}{2}\right)^2\approx\frac{D^2}{8}\sqrt{\varepsilon}\frac{n_0}{n_2}(\operatorname{arccos}\theta_{\mathrm{d}}-1)$$

$$=\frac{D^2}{8}\cdot\frac{n_0}{\cos\theta_{\mathrm{d}}}\cdot\frac{n_0}{n_2}(\operatorname{arccos}\theta_{\mathrm{d}}-1)$$

$$=\frac{D^2}{8}\cdot\frac{n_0^2}{n_2}\cdot\frac{1-\cos\theta_{\mathrm{d}}}{\cos^2\theta_{\mathrm{d}}}$$

因为$\theta_{\mathrm{d}}=1.22\lambda_n/D\ll1$，故

$$\overline{P}_{\mathrm{c}}=\frac{D^2}{16}\cdot\frac{n_0^2}{n_2}\theta_{\mathrm{d}}^2=\frac{1}{16}\cdot\frac{n_0^2}{n_2}(1.22\lambda_n)^2$$

而$n_0\lambda_n=\lambda$为真空中波长，所以

$$\overline{P}_{\mathrm{c}}=\frac{1}{16}(1.22\lambda)^2\frac{1}{n_2}$$

4.16　写出介质中左旋和右旋圆偏振平面波的表达式

题 4.16　考虑介质中平面波的传播，该介质的折射率取决于波的圆偏振状态. (a) 写下右旋和左旋的圆偏振平面波. (b) 假设介质中的折射率公式为

$$n_{\pm} = n \pm \beta$$

n、β 为实数，正、负号分别对应右、左旋圆偏振平面波. 证明入射到该介质中的线偏振平面波的偏振平面随着波的传播而旋转. 求波在介质中行进距离 z 时的转角. (c) 在电子数密度为 n_0 的均匀等离子体中，有一均匀稳定的强磁场，磁感应强度 $\boldsymbol{B}_0$ 平行于波的传播方向. 假设电子运动的振幅很小，碰撞可以忽略，波中的磁场远小于 $\boldsymbol{B}_0$，求圆偏光的折射率. 证明对高频情形，折射率可写成(b)中的形式. 指出你对高频的理解.

解　以波的传播方向为 z 轴正方向.

(a) 右旋圆偏光的电矢为

$$\boldsymbol{E}_{\rm r}(z,t) = (E_0\boldsymbol{e}_x + E_0 e^{-i\frac{\pi}{2}}\boldsymbol{e}_y)e^{-i\omega t + ik_+ z}$$

左旋光为

$$\boldsymbol{E}_{\rm l}(z,t) = (E_0\boldsymbol{e}_x + E_0 e^{i\frac{\pi}{2}}\boldsymbol{e}_y)e^{-i\omega t + ik\_z}$$

其中，$k_+ = \dfrac{\omega}{c}n_+, k_- = \dfrac{\omega}{c}n_-$.

(b) 线偏光可分解左、右旋圆偏光之叠加，即

$$\begin{aligned}\boldsymbol{E}(z,t) &= \boldsymbol{E}_{\rm r}(z,t) + \boldsymbol{E}_{\rm l}(z,t)\\ &= (E_0\boldsymbol{e}_x + E_0 e^{-i\frac{\pi}{2}}\boldsymbol{e}_y)e^{-i\omega t + ik_+ z} + (E_0\boldsymbol{e}_x + E_0 e^{i\frac{\pi}{2}}\boldsymbol{e}_y)e^{-i\omega t + ik\_z}\end{aligned}$$

由此可见，在 $z=0$ 处，$\boldsymbol{E}(0,t) = 2E_0 e^{-i\omega t}\boldsymbol{e}_x$ 为沿 $\boldsymbol{e}_z$ 方向的平面偏振光.

在介质中行进距离 z 以后，有

$$\boldsymbol{E}(z,t) = E_0\left[(e^{i(k_+-k_-)z} + 1)\boldsymbol{e}_x + (e^{i(k_+-k_-)z - i\frac{\pi}{2}} + e^{i\frac{\pi}{2}})\boldsymbol{e}_y\right]\cdot e^{-i\omega t + ik\_x}$$

故

$$\frac{E_y}{E_x} = \frac{\cos\left[(k_+-k_-)z - \dfrac{\pi}{2}\right]}{1+\cos[(k_+-k_-)z]} = \frac{\sin[(k_+-k_-)z]}{1+\cos[(k_+-k_-)z]} = \tan\frac{(k_+-k_-)z}{2}$$

因此，电介量 $\boldsymbol{E}$ 转角为

$$\varphi = \frac{k_+-k_-}{2}z = \frac{1}{2}\cdot\frac{\omega}{c}(n_+-n_-)z$$

由题意 $n_+ > n_-$，故 $\varphi > 0$，即偏振面逆时针旋转.

(c) 为求圆偏光折射率 n，首先应求极化率. 为此，先求介质中电子的运动. 电子运动方程为

$$m\boldsymbol{r} = -e\boldsymbol{E} - e\boldsymbol{v}\times\boldsymbol{B}_0$$

解的形式为

$$\boldsymbol{r} = \boldsymbol{r}_0 e^{-i\omega t}$$

故

$$-m\omega^2\boldsymbol{r}=-e\boldsymbol{E}-e(-\mathrm{i}\omega)\boldsymbol{r}\times\boldsymbol{B}_0$$

注意 $\boldsymbol{P}=-n_0e\boldsymbol{r}$，由上式可得

$$m\omega^2\boldsymbol{P}=-n_0e^2\boldsymbol{E}-\mathrm{i}\omega e\boldsymbol{P}\times\boldsymbol{B}_0$$

又由 $\boldsymbol{P}=\chi\varepsilon_0\boldsymbol{E}$，所以

$$m\omega^2\chi\varepsilon_0\boldsymbol{E}+n_0e^2\boldsymbol{E}=-\mathrm{i}\omega e\chi\varepsilon_0\boldsymbol{E}\times\boldsymbol{B}_0$$

令 $\omega_P^2=\dfrac{n_0e^2}{m\varepsilon_0},\omega_B=\dfrac{n_0e}{\varepsilon_0B_0}$,则

$$\chi\frac{\omega^2}{\omega_P^2}\boldsymbol{E}+\boldsymbol{E}=-\mathrm{i}\chi\frac{\omega}{\omega_B}\boldsymbol{E}\times\boldsymbol{e}_z$$

或

$$\left(1+\chi\frac{\omega^2}{\omega_P^2}\right)E_x+\mathrm{i}\chi\frac{\omega}{\omega_B}E_y=0 \tag{1}$$

$$\left(1+\chi\frac{\omega^2}{\omega_P^2}\right)E_y-\mathrm{i}\chi\frac{\omega}{\omega_B}E_x=0 \tag{2}$$

式(1)+i 式(2)得

$$\left(1+\chi\frac{\omega^2}{\omega_P^2}\right)(E_x+\mathrm{i}E_y)+\chi\frac{\omega}{\omega_B}(E_x+\mathrm{i}E_y)=0 \tag{3}$$

式(1)−i 式(2)得

$$\left(1+\chi\frac{\omega^2}{\omega_P^2}\right)(E_x-\mathrm{i}E_y)-\chi\frac{\omega}{\omega_B}(E_x-\mathrm{i}E_y)=0 \tag{4}$$

因此，对波模 $E_x+\mathrm{i}E_y$ (右旋光模式)，由式(3)，$\chi=\chi_+$ 满足

$$\left(1+\chi_+\frac{\omega^2}{\omega_P^2}\right)+\chi_+\frac{\omega}{\omega_B}=0$$

即

$$\chi_+=-\frac{1}{\dfrac{\omega^2}{\omega_P^2}+\dfrac{\omega}{\omega_B}}$$

同样，有

$$\chi_-=\frac{1}{\dfrac{\omega^2}{\omega_P^2}-\dfrac{\omega}{\omega_B}}$$

而 $n_\pm=\sqrt{\varepsilon_\pm}=\sqrt{1+\chi_\pm}$，故有

$$n_{\pm}=\sqrt{1-\frac{1}{\dfrac{\omega^2}{\omega_P^2}\pm\dfrac{\omega}{\omega_B}}}=\sqrt{1-\frac{\omega_P^2}{\omega^2\pm\dfrac{\omega\omega_P^2}{\omega_B}}}=\sqrt{1-\frac{\omega_P^2}{\omega(\omega\pm\omega_B')}}$$

$$\omega_B'=\frac{\omega_P^2}{\omega_B}=\frac{n_0e^2}{m\varepsilon_0}\cdot\frac{\varepsilon_0 B_0}{n_0 e}=\frac{B_0 e}{m}$$

当$\omega\gg\omega_P$及$\omega\gg\omega_B'$时

$$n_{\pm}\approx\sqrt{1-\frac{\omega_P^2}{\omega^2}}\pm\frac{\omega_P^2\omega_B'}{2\omega^3}\frac{1}{\sqrt{1-\dfrac{\omega_P^2}{\omega^2}}}=n\pm\beta$$

其中

$$n=\sqrt{1-\frac{\omega_P^2}{\omega^2}},\qquad \beta=\frac{\omega_P^2\omega_B'}{2\omega^3}\cdot\frac{1}{\sqrt{1-\dfrac{\omega_P^2}{\omega^2}}}$$

高频指的是$\omega\gg\omega_P$及$\omega\gg\omega_B'$.

4.17　线偏振光正入射到介质表面，求反射光的强度和偏振态

题 4.17　线偏振光$E_x(z,t)=E_0\mathrm{e}^{\mathrm{i}(kz-\omega t)}$正入射到一对左、右旋圆偏振光的折射率分别为$n_{\mathrm{L}}$、$n_{\mathrm{R}}$的物质上. 试用麦克斯韦方程组计算反射光的强度和偏振态.

解　对于正入射，在界面上$\boldsymbol{E}$与$\boldsymbol{H}$的切向分量连续. 即有

$$E+E''=E',\qquad H-H''=H'$$

因为

$$H=\sqrt{\frac{\varepsilon}{\mu}}E$$

故有

$$E-E''=nE'$$

消去E'，可得

$$E''=\frac{1-n}{1+n}E$$

所以

$$E_{\mathrm{L}}''=\frac{1-n_{\mathrm{L}}}{1+n_{\mathrm{L}}}E_{\mathrm{L}},\qquad E_{\mathrm{R}}''=\frac{1-n_{\mathrm{R}}}{1+n_{\mathrm{R}}}E_{\mathrm{R}}$$

入射光可分解为左、右旋圆偏光的叠加

$$\boldsymbol{E}=\begin{pmatrix}E_0\\0\end{pmatrix}=E_0\begin{pmatrix}1\\0\end{pmatrix}=\frac{1}{2}E_0\begin{pmatrix}1\\\mathrm{i}\end{pmatrix}+\frac{1}{2}E_0\begin{pmatrix}1\\-\mathrm{i}\end{pmatrix}$$

按电磁学的定义，$\begin{pmatrix}1\\ \mathrm{i}\end{pmatrix}$为右旋圆偏光，$\begin{pmatrix}1\\ -\mathrm{i}\end{pmatrix}$是左旋的. 这样，反射光为

$$\boldsymbol{E}''=\frac{1}{2}E_0\cdot\frac{1-n_\mathrm{R}}{1+n_\mathrm{R}}\begin{pmatrix}1\\ \mathrm{i}\end{pmatrix}+\frac{1}{2}E_0\frac{1-n_\mathrm{L}}{1+n_\mathrm{L}}\begin{pmatrix}1\\ -\mathrm{i}\end{pmatrix}$$

$$=\frac{1}{2}E_0\begin{bmatrix}\dfrac{1-n_\mathrm{R}}{1+n_\mathrm{R}}+\dfrac{1-n_\mathrm{L}}{1+n_\mathrm{L}}\\ \mathrm{i}\left(\dfrac{1-n_\mathrm{R}}{1+n_\mathrm{R}}-\dfrac{1-n_\mathrm{L}}{1+n_\mathrm{L}}\right)\end{bmatrix}$$

所以，反射光为椭圆偏振光，强度比$\dfrac{I''}{I}$为

$$\frac{I''}{I}=\frac{1}{4}\left[\left(\frac{1-n_\mathrm{R}}{1+n_\mathrm{R}}+\frac{1-n_\mathrm{L}}{1+n_\mathrm{L}}\right)^2+\left(\frac{1-n_\mathrm{R}}{1+n_\mathrm{R}}-\frac{1-n_\mathrm{L}}{1+n_\mathrm{L}}\right)^2\right]$$

$$=\frac{1}{4}\left[2\left(\frac{1-n_\mathrm{R}}{1+n_\mathrm{R}}\right)^2+2\left(\frac{1-n_\mathrm{L}}{1+n_\mathrm{L}}\right)^2\right]=\frac{1}{2}\left[\left(\frac{1-n_\mathrm{R}}{1+n_\mathrm{R}}\right)^2+\left(\frac{1-n_\mathrm{L}}{1+n_\mathrm{L}}\right)^2\right]$$

4.18　求电磁波在右旋糖溶液中的折射率和电场

题 4.18　一种右旋糖溶液在光学上是很灵敏的，它的性质可以用极化矢量(每单位体积中的电偶极矩) $\boldsymbol{P}=\gamma\nabla\times\boldsymbol{E}$ 来表征，γ 是一个依赖溶液浓度的实常数. 溶液不导电($\boldsymbol{j}_\mathrm{f}=0$)而且不带磁性(磁化矢量 $\boldsymbol{M}$=0). 考虑一个以实的角频率 ω 在此溶液中的传播的平面电磁波，为了方便，假定波沿+z 方向传播$\left(\text{还假定}\dfrac{\gamma\omega}{c}\ll 1\text{，因此有近似}\sqrt{1+A}\approx 1+\dfrac{1}{2A}\right)$. (a) 求这个电磁波在溶液中的两种可能的折射率，并求相应的电场. (b) 假定线性偏振的光射入右旋糖溶液，在溶液中通过了 L 距离后，光仍然是线性偏振的，但是偏振方向转了一个角度 ϕ (法拉第转动). 求 ϕ 依赖于 L,γ,ω 的关系.

解　(a) 溶液中的电位移矢量为

$$\boldsymbol{D}=\varepsilon_0\boldsymbol{E}+\boldsymbol{P}=\varepsilon_0\boldsymbol{E}+\gamma\nabla\times\boldsymbol{E}$$

因为 $\boldsymbol{M}=\boldsymbol{j}_\mathrm{f}=0$，所以 $\boldsymbol{H}=\boldsymbol{B}/\mu_0$，故

$$\nabla\times\boldsymbol{H}=\frac{\partial\boldsymbol{D}}{\partial t}=\varepsilon_0\frac{\partial\boldsymbol{E}}{\partial t}+\gamma\nabla\times\frac{\partial\boldsymbol{E}}{\partial t}$$

又由 $\nabla\times\boldsymbol{E}=-\dfrac{\partial B}{\partial t}$,有

$$\nabla\times(\nabla\times\boldsymbol{E})=-\frac{1}{c^2}\cdot\frac{\partial^2\boldsymbol{E}}{\partial t^2}-\gamma\mu_0\nabla\times\left(\frac{\partial^2\boldsymbol{E}}{\partial t^2}\right)$$

对平面电磁波

$$\boldsymbol{E}=\boldsymbol{E}_x+\boldsymbol{E}_y=\boldsymbol{E}_0\mathrm{e}^{\mathrm{i}(kz-\omega t)}$$

∇与$\partial/\partial t$的作用为

$$\nabla \to \mathrm{i}k\boldsymbol{e}_z, \qquad \frac{\partial}{\partial t} \to -\mathrm{i}\omega$$

可得联立方程

$$\left(k^2 - \frac{\omega^2}{c^2}\right)E_x + \mathrm{i}k\omega^2\gamma\mu_0 E_y = 0$$

$$\mathrm{i}k\omega^2\gamma\mu_0 E_x - \left(k^2 - \frac{\omega^2}{c^2}\right)E_y = 0$$

由非零解的充要条件得

$$k^2 - \frac{\omega^2}{c^2} = \pm\mu_0\gamma k\omega^2$$

当取+号时，有 $E_x + \mathrm{i}E_y = 0$，当取−号时，有 $E_x - \mathrm{i}E_y = 0$，分别表示电场是左右旋圆极化的. k 的两组解为$\left(利用\dfrac{\gamma\omega}{c} \ll 1\right)$

$$k_+ = \frac{\mu_0\gamma\omega^2 + \sqrt{\mu_0^2\gamma^2\omega^4 + 4\dfrac{\omega^2}{c^2}}}{2} \approx \frac{\omega}{c}\left(1 + \frac{c\mu_0\gamma\omega}{2}\right)$$

$$k_- = \frac{\omega}{c}\left(1 - \frac{c\mu_0\gamma\omega}{2}\right)$$

溶液的两种折射率由下式确定

$$k_\pm = \frac{\omega}{c}n_\pm$$

$$n_+ \approx 1 + \frac{c\mu_0\gamma\omega}{2}$$

$$n_- \approx 1 - \frac{c\mu_0\gamma\omega}{2}$$

(b) 根据法拉第效应，偏转面转过的角度 ϕ 为

$$\omega = \frac{1}{2}(k_+ - k_-)L = \frac{1}{2}\gamma\mu_0\omega^2 L$$

4.19　求旋性介质的折射指数

题 4.19　某些各向同性的电介质，在被置于静止的外界磁场中时，将会变成双折射性的. 这种偏磁的介质称作旋性介质，并且用介电常量 ε 与一个常“回转矢量” $\boldsymbol{g}$ 来表征. 一般地，$\boldsymbol{g}$ 与加到电介质上的静电场成比例. 考虑一个单色平面波

$$\begin{Bmatrix} \boldsymbol{E}(\boldsymbol{x},t) \\ \boldsymbol{B}(\boldsymbol{x},t) \end{Bmatrix} = \begin{Bmatrix} \boldsymbol{E}_0 \\ \boldsymbol{B}_0 \end{Bmatrix} \mathrm{e}^{\mathrm{i}(k\hat{n}\cdot z - \omega t)}$$

穿过一旋性介质. ω是波的角频率；$\hat{\boldsymbol{n}}$是波的传播方向；$\boldsymbol{E}_0,\boldsymbol{B}_0$与$k$是已确定的常数. 对于非导电($\sigma=0$)与非铁磁的($\mu_r=1$)旋性介质，电位移矢量$\boldsymbol{D}$与电场$\boldsymbol{E}$之间的关系是

$$\boldsymbol{D}=\varepsilon\boldsymbol{E}+\mathrm{i}(\boldsymbol{E}\times\boldsymbol{g})$$

其中介电常量ε是一个正实数，回转矢量$\boldsymbol{g}$是一常实矢量. 使平面波沿$\boldsymbol{g}$的方向传播，且$\boldsymbol{g}$沿z轴指向

$$\boldsymbol{g}=g\boldsymbol{e}_z,\qquad \hat{\boldsymbol{n}}=\boldsymbol{e}_z$$

(a) 从麦克斯韦方程出发，求折射指数$N\equiv kc/\omega$的可能值. 用ε与g表示之. (b) 对于每个可能的N值，求$\boldsymbol{E}_0$的偏振.

解 麦克斯韦方程为

$$\nabla\cdot\boldsymbol{D}=0,\qquad \nabla\cdot\boldsymbol{B}=0$$

$$\nabla\times\boldsymbol{E}=-\frac{\partial\boldsymbol{B}}{\partial t},\qquad \nabla\times\boldsymbol{B}=\mu_0\frac{\partial\boldsymbol{D}}{\partial t}$$

$$\boldsymbol{k}\cdot\boldsymbol{D}=\boldsymbol{k}\cdot\boldsymbol{B}=0$$

$$\boldsymbol{k}\times\boldsymbol{B}=-\mu_0\omega\boldsymbol{D},\qquad \boldsymbol{k}\times\boldsymbol{E}=\omega\boldsymbol{B}$$

于是

$$\boldsymbol{k}\times(\boldsymbol{k}\times\boldsymbol{E})=\boldsymbol{k}(\boldsymbol{k}\cdot\boldsymbol{E})-\boldsymbol{k}^2\boldsymbol{E}=-\mu_0\omega^2\boldsymbol{D}$$

有

$$\left(k^2-\frac{\omega^2}{v^2}\right)\boldsymbol{E}-\boldsymbol{k}(\boldsymbol{k}\cdot\boldsymbol{E})-\mathrm{i}\mu_0\omega^2(\boldsymbol{E}\times\boldsymbol{g})=0$$

写成分量方程

$$\left(k^2-\frac{\omega^2}{v^2}\right)E_x-\mathrm{i}\mu_0\omega^2 gE_y=0 \tag{1}$$

$$\mathrm{i}\mu_0\omega^2 gE_x+\left(k^2-\frac{\omega^2}{v^2}\right)E_y=0 \tag{2}$$

其中，$v=\dfrac{1}{\sqrt{\mu_0\varepsilon}}$.

$$\varepsilon E_z=0 \tag{3}$$

由式(3)可知，$E_z=0$，故为横波.

由式(1)、式(2)，有非零解条件要求

$$\det\begin{vmatrix} k^2-\dfrac{\omega^2}{v^2} & -\mathrm{i}\mu_0\omega^2 g \\ \mathrm{i}\mu_0\omega^2 g & k^2-\dfrac{\omega^2}{v^2} \end{vmatrix}=0$$

可求得如下色散关系：

$$k^2=\frac{\omega^2}{v^2}\pm\mu_0\omega^2 g$$

折射指数有两种取值

$$N_1=\frac{ck_+}{\omega}=\sqrt{\frac{\varepsilon}{\varepsilon_0}+\frac{g}{\varepsilon_0}},\qquad N_2=\frac{ck_-}{\omega}=\sqrt{\frac{\varepsilon}{\varepsilon_0}-\frac{g}{\varepsilon_0}}$$

对于 N_1，代入式(1)、式(2)，有 $E_{0y}=-\mathrm{i}E_{0x}$，$E_{0z}=0$；对于 N_2，则有 $E_{0y}=\mathrm{i}E_{0x}$，$E_{0z}=0$.

4.20　求频率为 ω 的平面电磁波垂直入射到各向异性介质时反射波的偏振态

题 4.20　一个角频率为 ω 的平面电磁波垂直射入没有吸收的材料板. 板的表面取为 xy 平面，材料是各向异性的，它的介电常量为

$$\varepsilon_{xx}=n_x^2\varepsilon_0,\qquad \varepsilon_{yy}=n_y^2\varepsilon_0,\qquad \varepsilon_{zz}=n_z^2\varepsilon_0$$

$$\varepsilon_{yx}=\varepsilon_{xz}=\varepsilon_{yz}=0,\qquad n_x\neq n_y$$

(a) 如果入射波是线偏振的，它的电场与 x 轴及 y 轴均成 45° 角，当板无限厚时，反射波的偏振状态怎样？(b) 对于厚为 d 的材料板，写出 x、y 方向偏振的透射波电场振幅与位相的方程.

解　设平面电磁波从介质 1 射入各向异性的介质 2，入射面为 xz 平面，二介质分界面为 xy 平面，如题图 4.20(a)所示. 入射波、反射波与透射波的形式为

$$\text{入射}\qquad \mathrm{e}^{\mathrm{i}(\boldsymbol{k}\cdot\boldsymbol{r}-\omega t)}$$

$$\text{反射}\qquad \mathrm{e}^{\mathrm{i}(\boldsymbol{k}'\cdot\boldsymbol{r}-\omega t)}$$

$$\text{透射}\qquad \mathrm{e}^{\mathrm{i}(\boldsymbol{k}''\cdot\boldsymbol{r}-\omega t)}$$

由分界面边值关系要求，在界面上有

$$k_x=k_x'=k_x''$$

$$k_y=k_y'=k_y''$$

$$\omega=\omega'=\omega''$$

反射、折射定律为

$$k(\theta)\sin\theta=k'(\theta')\sin\theta',\qquad k(\theta)\sin\theta=k''(\theta'')\sin\theta''$$

(a) 对本题，1 为真空，$k=k'=\dfrac{\omega}{c}$ 为常数，又垂直入射，因此有

$$\theta=\theta'=\theta''=0$$

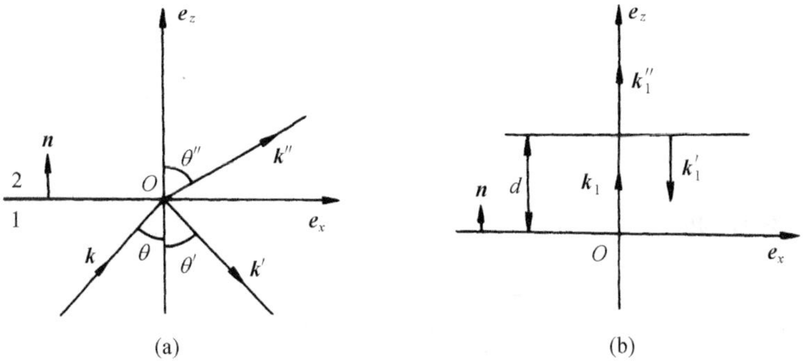

题图 4.20

即垂直反射与透射，故有

$$\boldsymbol{k} = k\boldsymbol{n}$$

$$\boldsymbol{k}' = -k\boldsymbol{n}$$

$$\boldsymbol{k}'' = k''\boldsymbol{n}, \qquad \boldsymbol{n} = \boldsymbol{e}_z$$

由题 4.5 已知，在各向异性的介质 2 中，有

$$\boldsymbol{k}'' \times \boldsymbol{H} = -\omega \boldsymbol{D}''$$

因此 $\boldsymbol{D}''$ 、$\boldsymbol{H}''$ 应在 xy 平面中，而 x, y, z 已为介电常量 $\varepsilon_{ij}(i, j = x, y, z)$ 的主轴，即

$$D_i'' = \varepsilon_{ij} E_j'$$

因此可知

$$\boldsymbol{E} = E_x \boldsymbol{e}_x + E_y \boldsymbol{e}_y, \qquad D_z'' = E_z'' = 0$$

而由题意，入射波电场与 x、y 轴均成 45°角，故

$$\boldsymbol{E} = E_x \boldsymbol{e}_x + E_y \boldsymbol{e}_y, \qquad E_x = E_y = \frac{E}{\sqrt{2}}$$

$$E_x^2 + E_y^2 = E^2$$

反射波为

$$\boldsymbol{E}' = E_x' \boldsymbol{e}_x + E_y' \boldsymbol{e}_y$$

在分界面上，电场切向分量的连续性给出

$$E_x + E_x' = E_x'' \tag{1}$$

$$E_y + E_y' = E_y'' \tag{2}$$

又因为

$$\boldsymbol{n} \times \boldsymbol{H} = -\varepsilon_0 \frac{\omega}{k} \boldsymbol{E} = -\varepsilon_0 \frac{\omega}{k} (E_x \boldsymbol{e}_x + E_y \boldsymbol{e}_y)$$

$$\boldsymbol{n} \times \boldsymbol{H}' = \varepsilon_0 \frac{\omega}{k} \boldsymbol{E}' = \varepsilon_0 \frac{\omega}{k} (E_x' \boldsymbol{e}_x + E_y' \boldsymbol{e}_y)$$

$$\boldsymbol{n} \times \boldsymbol{H}'' = -\frac{\omega}{k''} \boldsymbol{D}'' = -\frac{\omega}{k''} (\varepsilon_{xx} E_x'' \boldsymbol{e}_x + \varepsilon_{yy} E_y'' \boldsymbol{e}_y)$$

由分界面上的 $\boldsymbol{n} \times (\boldsymbol{H} + \boldsymbol{H}') = \boldsymbol{n} \times \boldsymbol{H}''$，得

$$\frac{\varepsilon_0}{k}(E_x - E_x') = \frac{\varepsilon_{xx}}{k''} E_x'' \tag{3}$$

$$\frac{\varepsilon_0}{k}(E_y - E_y') = \frac{\varepsilon_{yy}}{k''} E_y'' \tag{4}$$

联立式(1)~式(4)，解得

$$E_x' = \frac{1 - \dfrac{\varepsilon_0 k''}{\varepsilon_{xx} k}}{1 + \dfrac{\varepsilon_0 k''}{\varepsilon_{xx} k}} E_x, \qquad E_x'' = \frac{2}{1 + \dfrac{\varepsilon_0 k''}{\varepsilon_{xx} k}} E_x$$

$$E'_y=\frac{1-\dfrac{\varepsilon_0 k''}{\varepsilon_{yy}k}}{1+\dfrac{\varepsilon_0 k''}{\varepsilon_{yy}k}}E_y,\qquad E''_y=\frac{2}{1+\dfrac{\varepsilon_0 k''}{\varepsilon_{yy}k}}E_y$$

引入 $\varepsilon_{xx}=n_x^2\varepsilon_0,\varepsilon_{yy}=n_y^2\varepsilon_0,\varepsilon_{zz}=n_z^2\varepsilon_0$，并由题 4.5 对 V_j 的定义，有

$$k''=k''_z=\frac{\omega}{V''_z}=\frac{\sqrt{\varepsilon_{zz}}\,\omega}{C}=\sqrt{\varepsilon_{zz}}\,k=\sqrt{\varepsilon_0}\,n_z k$$

所以

$$E'_x=\frac{1-\dfrac{\sqrt{\varepsilon_0}\,n_z}{n_x^2}}{1+\dfrac{\sqrt{\varepsilon_0}\,n_z}{n_x^2}}E_x,\qquad E''_x=\frac{2}{1+\dfrac{\sqrt{\varepsilon_0}\,n_z}{n_x^2}}E_x$$

$$E'_y=\frac{1-\dfrac{\sqrt{\varepsilon_0}\,n_z}{n_y^2}}{1+\dfrac{\sqrt{\varepsilon_0}\,n_z}{n_y^2}}E_y,\qquad E''_y=\frac{2}{1+\dfrac{\sqrt{\varepsilon_0}\,n_z}{n_y^2}}E_y$$

如令

$$a=\frac{1}{\sqrt{E}}\left(\frac{1-\dfrac{\sqrt{\varepsilon_0}\,n_z}{n_x^2}}{1+\dfrac{\sqrt{\varepsilon_0}\,n_z}{n_x^2}}\right),\qquad b=\frac{1}{\sqrt{E}}\left(\frac{1-\dfrac{\sqrt{\varepsilon_0}\,n_z}{n_y^2}}{1+\dfrac{\sqrt{\varepsilon_0}\,n_z}{n_y^2}}\right)$$

则有

$$\left(\frac{E'_x}{a}\right)^2+\left(\frac{E'_y}{b}\right)^2=1$$

因此在 xy 平面中，反射波是椭圆偏振的.

(b) 当介质板为 d 时，(a)中透射波 $\boldsymbol{E}''$ 成为 $z=d$ 面的入射波，为与(a)中的波相区别，本节中波均加角标“1”，如题图 4.20(b)所示，入射波

$$\boldsymbol{k}_1=k_1\boldsymbol{n},\qquad k_1=\sqrt{\varepsilon_0}\,n_z k,\qquad \boldsymbol{E}_1=E_{1x}\boldsymbol{e}_x+E_{1y}\boldsymbol{e}_{1y}$$

$$E_{1x}=\frac{2}{1+\dfrac{\sqrt{\varepsilon_0}\,n_z}{n_x^2}}E_x,\qquad E_{1y}=\frac{2}{1+\dfrac{\sqrt{\varepsilon_0}\,n_z}{n_y^2}}E_y$$

$$\boldsymbol{n}\times\boldsymbol{H}_1=-\frac{\omega}{k_1}(\varepsilon_{xx}E_{1x}\boldsymbol{e}_x+\varepsilon_{yy}E_{1y}\boldsymbol{e}_y)$$

反射波

$$\boldsymbol{k}_1' = -k_1\boldsymbol{n}$$

$$\boldsymbol{E}_1' = E_{1x}'\boldsymbol{e}_x + E_{1y}'\boldsymbol{e}_y$$

$$\boldsymbol{n}\times\boldsymbol{H}_1' = \frac{\omega}{k_1}(\varepsilon_{xx}E_{1x}'\boldsymbol{e}_x + \varepsilon_{yy}E_{1y}'\boldsymbol{e}_y)$$

透射波(在真空中)

$$\boldsymbol{k}_1'' = k\boldsymbol{n}$$

$$\boldsymbol{E}_1'' = E_{1x}''\boldsymbol{e}_x + E_{1y}''\boldsymbol{e}_y$$

$$\boldsymbol{n}\times\boldsymbol{H}_1'' = -\varepsilon_0\frac{\omega}{k}(E_{1x}''\boldsymbol{e}_x + E_{1y}''\boldsymbol{e}_y)$$

在 $z=d$ 分界面上的边值关系为

$$E_{1x}\mathrm{e}^{\mathrm{i}k_1 d} + E_{1x}'\mathrm{e}^{-\mathrm{i}k_1 d} = E_{1x}''\mathrm{e}^{\mathrm{i}kd} \tag{5}$$

$$E_{1y}\mathrm{e}^{\mathrm{i}k_1 d} + E_{1y}'\mathrm{e}^{-\mathrm{i}k_1 d} = E_{1y}''\mathrm{e}^{\mathrm{i}kd} \tag{6}$$

$$\frac{\omega}{k_1}\varepsilon_{xx}(E_{1x}\mathrm{e}^{\mathrm{i}k_1 d} - E_{1x}\mathrm{e}^{-\mathrm{i}k_1 d}) = \varepsilon_0\frac{\omega}{k}E_{1x}''\mathrm{e}^{\mathrm{i}kd} \tag{7}$$

$$\frac{\omega}{k_1}\varepsilon_{yy}(E_{1y}\mathrm{e}^{\mathrm{i}k_1 d} - E_{1y}\mathrm{e}^{-\mathrm{i}k_1 d}) = \varepsilon_0\frac{\omega}{k}E_{1y}''\mathrm{e}^{\mathrm{i}kd} \tag{8}$$

化简式(7)和式(8)，得

$$E_{1x}\mathrm{e}^{\mathrm{i}k_1 d} - E_{1x}'\mathrm{e}^{-\mathrm{i}k_1 d} = \frac{\varepsilon_0 k_1}{\varepsilon_{xx}k}E_{1x}''\mathrm{e}^{\mathrm{i}kd} \tag{9}$$

$$E_{1y}\mathrm{e}^{\mathrm{i}k_1 d} - E_{1y}'\mathrm{e}^{-\mathrm{i}k_1 d} = \frac{\varepsilon_0 k_1}{\varepsilon_{yy}k}E_{1y}''\mathrm{e}^{\mathrm{i}kd} \tag{10}$$

式(5)、式(6)、式(9)和式(10)即为第二次反射时电磁波的方程组. 实际上，$\boldsymbol{k}_1'$ 对 $z=0$ 界面来说又成了入射波，即这时又要发生第三次反射，因此在介质层中电磁波是在层的上下表面往返反射与透射中进行传播的.

4.21 写出自由电子密度为 n_e 的介质中的电磁波的微分方程组

题 4.21 一束角频率为 ω 的电磁波通过自由电子密度为 n_e 的介质. (a) 求由电场 $\boldsymbol{E}$ 所引起的电流密度，假设忽略电子之间的相互作用. (b) 写出介质中电磁波的微分方程组. (c) 由(b)中的方程组写出电磁波通过无穷介质的充分必要条件.

解 (a) 电子的运动方程为

$$m_e = \frac{\mathrm{d}\boldsymbol{V}_e}{\mathrm{d}t} = -e\boldsymbol{E} \tag{1}$$

式中因为 $v \ll c$，忽略了磁场对电子的作用，式(1)的解为

$$\boldsymbol{V}_e = -\mathrm{i}\frac{e}{m_e\omega}\boldsymbol{E}$$

故得电流密度为

$$\boldsymbol{j}=-n_e e\boldsymbol{V}_e=\mathrm{i}\frac{n_e e^2\boldsymbol{E}}{m_e\omega} \tag{2}$$

(b) 麦克斯韦方程组为

$$\nabla\cdot\boldsymbol{D}=\rho,\qquad \nabla\times\boldsymbol{E}=-\frac{\partial\boldsymbol{B}}{\partial t}$$

$$\nabla\cdot\boldsymbol{B}=0,\qquad \nabla\times\boldsymbol{B}=\mu_0\boldsymbol{j}+\mu_0\varepsilon_0\frac{\partial\boldsymbol{E}}{\partial t}$$

由

$$\nabla\times(\nabla\times\boldsymbol{E})=-\frac{\partial}{\partial t}(\nabla\times\boldsymbol{B})=-\frac{\partial}{\partial t}\left(\mu_0\boldsymbol{j}+\frac{1}{c^2}\cdot\frac{\partial\boldsymbol{E}}{\partial t}\right)$$

得

$$\nabla^2\boldsymbol{E}-\frac{1}{c^2}\left(\frac{1-\omega_{\mathrm{P}}^2}{\omega^2}\right)\frac{\partial^2\boldsymbol{E}}{\partial t^2}=0 \tag{3}$$

式中

$$\omega_{\mathrm{P}}^2=\frac{n_e e^2}{m_e\varepsilon_0} \tag{4}$$

类似可得

$$\nabla^2\boldsymbol{B}-\frac{1}{c^2}\left(1-\frac{\omega_{\mathrm{P}}^2}{\omega^2}\right)\frac{\partial^2\boldsymbol{B}}{\partial t^2}=0 \tag{5}$$

由式(3)、式(5)可得

$$k^2c^2=\omega^2-\omega_{\mathrm{P}}^2 \tag{6}$$

(c) 由式(6)立即得出电磁波通过此无穷介质的充要条件是$\omega^2>\omega_{\mathrm{P}}^2$，即

$$n_e<\frac{\varepsilon_0 m_e\omega^2}{e^2} \tag{7}$$

4.22　求平面电磁波在良导体中的穿透深度

题 4.22　平面电磁波在良导体内的穿透深度是多少？用电导率σ、磁导率μ和频率ω表示之.

解　设一平面电磁波从真空垂直射入导体，在导体中的电磁波为

$$\boldsymbol{E}=\boldsymbol{E}_{\mathrm{p}}\mathrm{e}^{-\alpha x}\mathrm{e}^{\mathrm{i}(\beta z-\omega t)}$$

其中，复数波矢为

$$\boldsymbol{k}=(\beta+\mathrm{i}\alpha)\boldsymbol{e}_z$$

并由边值关系给出

$$\beta^2-\alpha^2=\omega^2\mu\varepsilon$$

$$\alpha\beta=\frac{1}{2}\omega\mu\sigma$$

对良导体，$\dfrac{\sigma}{\varepsilon\omega} \gg 1$，解得

$$\alpha = \beta = \sqrt{\frac{\omega\mu\sigma}{2}}$$

根据穿透深度的定义——波幅降至原值 1/e 的传播距离，可得

$$\delta = \frac{1}{\alpha} = \sqrt{\frac{2}{\omega\mu\sigma}}$$

4.23　已知平面电磁电场的表达式，试求 $\boldsymbol{E}$、$\boldsymbol{k}$ 及 $\boldsymbol{H}$ 关系以及折射率的表达式

题 4.23　给定一平面电磁波

$$\boldsymbol{E} = \boldsymbol{E}_0 \exp\left\{ \mathrm{i}\omega\left[t - \frac{N}{C}(\boldsymbol{K}\cdot\boldsymbol{r}) \right] \right\}$$

从麦克斯韦方程推导 $\boldsymbol{E}$、$\boldsymbol{K}$ 和 $\boldsymbol{H}$ 之间的关系. 根据 ω、ε、μ、σ(电导率)，写出折射率 n 的表达式.

解　对于该平面电磁波麦克斯韦方程为

$$\nabla\times\boldsymbol{E} = -\frac{\partial\boldsymbol{B}}{\partial t} \tag{1}$$

$$\nabla\times\boldsymbol{H} = \boldsymbol{J} + \frac{\partial\boldsymbol{D}}{\partial t} \tag{2}$$

$$\nabla\cdot\boldsymbol{D} = 0 \tag{3}$$

$$\nabla\cdot\boldsymbol{B} = 0 \tag{4}$$

其中

$$\boldsymbol{D} = \varepsilon\boldsymbol{E}, \qquad \boldsymbol{B} = \mu\boldsymbol{H}, \qquad \boldsymbol{J} = \sigma\boldsymbol{E}$$

由式(3)、式(4)易得

$$\boldsymbol{E}\cdot\boldsymbol{K} = \boldsymbol{B}\cdot\boldsymbol{K} = 0$$

由式(1)得

$$\nabla\times\boldsymbol{E} = -\mathrm{i}\omega\mu\boldsymbol{H} \tag{5}$$

即

$$\boldsymbol{H} = \frac{N}{\mu C}\boldsymbol{K}\times\boldsymbol{E}$$

式(1)两边取旋度，并代入式(2)得

$$\nabla^2\boldsymbol{E} = \mu\sigma\frac{\partial\boldsymbol{E}}{\partial t} + \mu\varepsilon\frac{\partial^2\boldsymbol{E}}{\partial t^2}$$

$$\nabla^2\boldsymbol{E} - \left(\mu\varepsilon + \mathrm{i}\frac{\mu\sigma}{\omega}\right)\frac{\partial^2\boldsymbol{E}}{\partial t^2} = 0$$

为一波动方程，波速

$$v^2=\left(\mu\varepsilon+\mathrm{i}\frac{\mu\sigma}{\omega}\right)^{-1}$$

故折射率

$$n=\frac{C}{v}=\left(\frac{\mu\varepsilon}{\mu_0\varepsilon_0}+\mathrm{i}\frac{\mu\sigma}{\omega\mu_0\varepsilon_0}\right)^{1/2}=\sqrt{\frac{\mu}{\mu_0\varepsilon_0}}\left(\varepsilon+\mathrm{i}\frac{\sigma}{\omega}\right)^{1/2}$$

或进一步写成

$$n=\sqrt{\frac{\mu\varepsilon}{2\mu_0\varepsilon_0}}\left[\sqrt{\left(1+\frac{\sigma^2}{\varepsilon^2\omega^2}\right)^{1/2}+1}+\mathrm{i}\sqrt{\left(1+\frac{\sigma^2}{\varepsilon^2\omega^2}\right)^{1/2}-1}\right]$$

4.24　平面偏振电磁波垂直入射到电导率为σ的介质上，求介质中的电场

题 4.24　一束平面偏振的电磁波$E=E_{y0}\mathrm{e}^{\mathrm{i}(kz-\omega t)}$垂直入射到磁导率为$\mu$、介电常量为$\varepsilon$、电导率为$\sigma$的半无限介质上. (a) 对于$\sigma$为大的金属，从麦克斯韦方程组导出低频时介质内的电场. (b) 对于稀薄等离子体作同样的推导. 这里电导率由惯性所限制，不受电子散射的约束，即$\sigma=\mathrm{i}\dfrac{ne^2}{m\omega}$. (c) 从上面结果，在紫外波段讨论金属的光学性质.

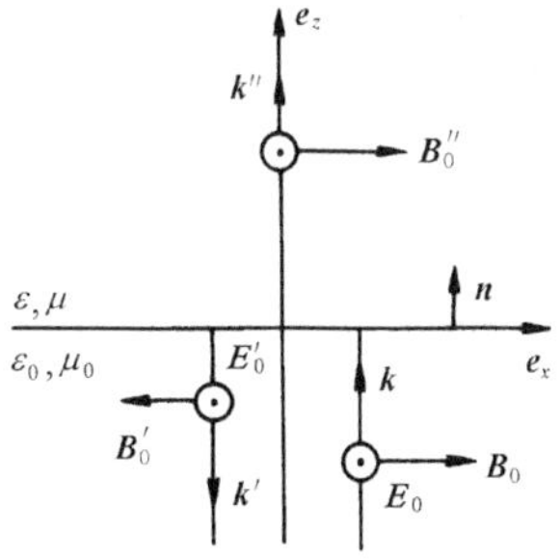

题图 4.24

解　在导体中，$\boldsymbol{j}=\sigma\boldsymbol{E},\rho=0$，故麦克斯韦方程组为

$$\nabla\times\boldsymbol{E}=-\frac{\partial\boldsymbol{B}}{\partial t},\qquad \nabla\times\boldsymbol{H}=-\frac{\partial\boldsymbol{D}}{\partial t}+\boldsymbol{j}$$

$$\nabla\cdot\boldsymbol{D}=\nabla\cdot\boldsymbol{B}=0$$

$$\boldsymbol{D}=\varepsilon\boldsymbol{E},\qquad \boldsymbol{B}=\mu\boldsymbol{H}$$

对定态电磁波

$$\boldsymbol{E}(\boldsymbol{x},t)=\boldsymbol{E}(\boldsymbol{x})\mathrm{e}^{-\mathrm{i}\omega t},\qquad \boldsymbol{B}(\boldsymbol{x},t)=\boldsymbol{B}(\boldsymbol{x})\mathrm{e}^{-\mathrm{i}\omega t}$$

由麦克斯韦方程组可得

$$\begin{cases}\nabla\times\boldsymbol{E}(\boldsymbol{x})=\mathrm{i}\omega\mu\boldsymbol{H}(\boldsymbol{x})\\ \nabla\times\boldsymbol{H}(\boldsymbol{x})=-\mathrm{i}\omega\varepsilon\boldsymbol{E}(\boldsymbol{x})+\sigma\boldsymbol{E}(\boldsymbol{x})\\ \nabla\cdot\boldsymbol{E}(\boldsymbol{x})=\nabla\cdot\boldsymbol{B}(\boldsymbol{x})=0\end{cases}\tag{1}$$

$$\nabla\times(\nabla\times\boldsymbol{E})=\nabla(\nabla\cdot\boldsymbol{E})-\nabla^2\boldsymbol{E}=-\nabla^2\boldsymbol{E}$$

$$=\mathrm{i}\omega\mu\nabla\times\boldsymbol{H}=(\omega^2\varepsilon\mu+\mathrm{i}\omega\mu\sigma)\boldsymbol{E}$$

令

$$k''^2=\omega^2\mu\varepsilon',\qquad \varepsilon'=\varepsilon+\mathrm{i}\frac{\sigma}{\omega}\tag{2}$$

则

$$\nabla^2 \boldsymbol{E}(\boldsymbol{x}) + k''^2 \boldsymbol{E}(\boldsymbol{x}) = 0 \tag{3}$$

这是亥姆霍兹方程，平面波是其一种特解. 即

$$\boldsymbol{E}(\boldsymbol{x}) = \boldsymbol{E}_0 \mathrm{e}^{\mathrm{i}\boldsymbol{k}''\cdot\boldsymbol{x}}$$

$\boldsymbol{k}''$ 为复波矢量. 令 $\boldsymbol{k}'' = \boldsymbol{\beta} + \mathrm{i}\boldsymbol{\alpha}$，则有

$$\beta^2 - \alpha^2 = \omega^2 \mu\varepsilon$$

$$\boldsymbol{\beta}\cdot\boldsymbol{\alpha} = \frac{1}{2}\omega\mu\sigma$$

对本题，入射波 $E = E_{y0}\mathrm{e}^{\mathrm{i}(kz-\omega t)}$，且

$$\boldsymbol{k} = k\boldsymbol{e}_z, \qquad \boldsymbol{E}_0 = \boldsymbol{E}_{y0}\boldsymbol{e}_y, \qquad \boldsymbol{B}_0 = \boldsymbol{B}_{x0}\boldsymbol{e}_x$$

设在半无限介质中的透射波为 $\boldsymbol{E}''$、$\boldsymbol{B}''$，有

$$\boldsymbol{E}'' = \boldsymbol{E}_0''\mathrm{e}^{\mathrm{i}(k''\cdot z-\omega t)}, \qquad \boldsymbol{B}'' = \boldsymbol{B}_0''\mathrm{e}^{\mathrm{i}(k''\cdot z-\omega t)}$$

如题图 4.24 所示，在分界面上，为保证面上各点的边值关系都成立，必须要求

$$\boldsymbol{k}\cdot\boldsymbol{x} = \boldsymbol{k}''\cdot\boldsymbol{x}\big|_{z=0}$$

从而可得

$$\alpha_x = \alpha_y = \beta_x = \beta_y = 0$$

$$\boldsymbol{k}'' = k''\boldsymbol{e}_z$$

$$k'' = \beta + \mathrm{i}\alpha$$

β、α 满足联立方程

$$\beta^2 - \alpha^2 = \omega^2\mu\varepsilon$$

$$\beta\alpha = \frac{1}{2}\omega\mu\sigma$$

其解为

$$\beta = \omega\sqrt{\mu\varepsilon}\left[\frac{1}{2}\left(1+\sqrt{1+\frac{\sigma^2}{\varepsilon^2\omega^2}}\right)\right]^{1/2} \tag{4}$$

$$\alpha = \omega\sqrt{\mu\varepsilon}\left[\frac{1}{2}\left(-1+\sqrt{1+\frac{\sigma^2}{\varepsilon^2\omega^2}}\right)\right]^{1/2} \tag{5}$$

下面用边值关系求透射波的振幅. 设反射波的振幅为 $\boldsymbol{E}_0'$、$\boldsymbol{H}_0'$，由平面波的横波性及在分界面上 $\boldsymbol{E}$ 的法向连续性及 $\boldsymbol{H}$ 的切向连续性，首先可知反射波与折射波的电场只有 y 分量，磁场只有 x 分量，并且满足

$$E_{y0} + E_{y0}' = E_{y0}'' \tag{6}$$

$$H_{x0} - H_{x0}' = H_{x0}'' \tag{7}$$

对入射波与反射波 $H_{x0} = \sqrt{\dfrac{\varepsilon_0}{\mu_0}}E_{y0}, H_{x0}' = \sqrt{\dfrac{\varepsilon_0}{\mu_0}}E_{y0}'$. 并由式(1)得 $H_{x0}'' = \dfrac{k'}{\omega\mu}E_{y0}''$，从而可把式(7)化成

$$\sqrt{\frac{\varepsilon_0}{\mu_0}}(E_{y0}-E'_{y0})=\frac{k''}{\omega\mu}E''_{y0} \tag{8}$$

式(6)与式(8)联立，解得

$$E''_{y0}=\frac{2E_{y0}}{1+\sqrt{\frac{\mu_0}{\varepsilon_0}}\cdot\frac{k''}{\omega\mu}} \tag{9}$$

(a) 当 σ 很大且为实数，ω 是低频时，有

$$\frac{\sigma}{\varepsilon\omega}\gg 1,\qquad \sqrt{1+\frac{\sigma^2}{\varepsilon^2\omega^2}}\pm 1\approx\frac{\sigma}{\varepsilon\omega}$$

所以

$$\beta=\alpha\approx\sqrt{\frac{\omega\mu\sigma}{2}} \tag{10}$$

故

$$k''=\sqrt{\frac{\omega\mu\sigma}{2}}(1+\mathrm{i})$$

$$E''_{y0}=\frac{2E_{y0}}{\left(1+\sqrt{\frac{\mu_0\sigma}{2\varepsilon_0\omega\mu}}+\mathrm{i}\sqrt{\frac{\mu_0\sigma}{2\varepsilon_0\omega\mu}}\right)} \tag{11}$$

即在金属中的电场为

$$E''=E''_{y0}\mathrm{e}^{-\alpha z}\mathrm{e}^{\mathrm{i}(\beta z-\omega t)}e_y \tag{12}$$

(b) 在稀薄等离子体中，$\sigma=\mathrm{i}\dfrac{ne^2}{m\omega}$．参考题 4.21，可得复介电常量

$$\varepsilon'=\left(1-\frac{\omega_\mathrm{P}^2}{\omega^2}\right)\varepsilon_0 \tag{13}$$

式中，$\omega_\mathrm{P}^2=\dfrac{ne^2}{m\varepsilon_0}$ 为等离子体频率. 对等离子体，可近似取 $\mu=\mu_0$．代入式(2)有

$$k''^2=\frac{1}{c^2}(\omega^2-\omega_\mathrm{P}^2)$$

当 $\omega_\mathrm{P}^2<\omega^2$ 时，k' 为实数，代入式(9)得

$$E''_{y0}=\frac{2E_{y0}}{1+\frac{Ck''}{\omega}}=\frac{2E_{y0}}{1+(1-\omega_\mathrm{P}^2/\omega^2)^{1/2}} \tag{14}$$

$$E''_y=E''_{y0}\mathrm{e}^{\mathrm{i}(kz-\omega t)}e_y \tag{15}$$

当 $\omega_\mathrm{P}^2>\omega^2$ 时，k'' 为虚数，有

$$E''_{y0}=\frac{2E_y}{1+\mathrm{i}(\omega_\mathrm{P}^2/\omega^2-1)^{1/2}} \tag{16}$$

$$E''_y=E''_{y0}\mathrm{e}^{-|k''|z}\mathrm{e}^{\mathrm{i}\omega t} \tag{17}$$

(c) 对金属密度 $n\approx 10^{22}/\text{cm}^3$，它的等离子体频率

$$\omega_P=\left(\frac{ne^2}{m\varepsilon_0}\right)^{1/2}=\left(\frac{10^{22}\times 10^6\times(1.6\times 10^{-19})^2}{9.1\times 10^{-31}\times 8.85\times 10^{-12}}\right)^{12}\approx 0.56\times 10^{16}(\text{Hz})$$

而紫外波频率 $\omega>10^{16}\,\text{Hz}$，可以满足 $\omega_P^2<\omega^2$，这时金属中的电磁波由式(14)与式(15)所确定，紫外波可在金属中传播.

4.25 平面偏振电磁波由空气入射到耗散介质，求耗散介质中电磁波的色散关系

题 4.25 已知一个平面电磁波，频率为 ω，波数为 k 并且沿+z 方向传播. $z<0$ 处为空气($\varepsilon=\varepsilon_0,\sigma=0$)，假定空气和介质的磁导率相同，即 $\mu=\mu_0$. (a) 求在耗损介质中的色散关系(即 ω 与 k 之间的关系). (b) 求在良导体和不良导体两种情况下 k 的极限值. (c) 求此平面在介质中的穿透深度 δ. (d) 在介质中，假定 $\sigma\ll\varepsilon\omega$，求从 $z<0$ 到 $z>0$ 的透射率 T. (e) 大多数微波炉的工作频率是 2.45GHz. 在此频率下，牛肉的 $\varepsilon=49\varepsilon_0,\sigma=2\Omega/\text{m}$. 试估计牛肉的 T 与 δ 的近似值. 从结果中能否说明用微波炉加热比红外线炉优越?

解 (a) 当平面电磁波从真空垂直射入耗损介质时，透射波的波矢为 $\boldsymbol{k}'=(\beta+\mathrm{i}\alpha)e_z$. 波数 $\boldsymbol{k}'$ 与频率 ω 的关系为 $\boldsymbol{k}'^2=\omega^2\mu\left(\varepsilon+\mathrm{i}\dfrac{\sigma}{\omega}\right)$. 故得

$$\beta^2-\alpha^2=\omega^2\mu_0\varepsilon$$

$$\alpha\beta=\frac{1}{2}\omega\mu_0\sigma$$

联立两式可得

$$\beta=\omega\sqrt{\mu_0\varepsilon}\left[\frac{1}{2}\left(1+\sqrt{1+\frac{\sigma^2}{\varepsilon^2\omega^2}}\right)\right]^{1/2}$$

$$\alpha=\omega\sqrt{\mu_0\varepsilon}\left[\frac{1}{2}\left(-1+\sqrt{1+\frac{\sigma^2}{\varepsilon^2\omega^2}}\right)\right]^{1/2}$$

(b) 对于良导体，$\dfrac{\sigma}{\varepsilon\omega}\gg 1$，则有

$$\beta=\alpha\approx\sqrt{\frac{\omega\mu_0\sigma}{2}}$$

对于不良导体，$\dfrac{\sigma}{\varepsilon\omega}\ll 1$，则有

$$\beta\approx\omega\sqrt{\mu_0\varepsilon},\qquad \alpha\approx\frac{\sigma}{2}\sqrt{\frac{\mu_0}{\varepsilon}}$$

(c) 透射波可写为 $\boldsymbol{E}_2=\boldsymbol{E}_{20}\mathrm{e}^{-\alpha z}\mathrm{e}^{\mathrm{i}(\beta z-\omega t)}$，故波幅降低了 $\dfrac{1}{\mathrm{e}}$ 倍的穿透深度为

$$\delta=\frac{1}{\alpha}=\frac{1}{\omega\sqrt{\mu_0\varepsilon}}\left[\frac{1}{2}\left(-1+\sqrt{1+\frac{\sigma^2}{\varepsilon^2\omega^2}}\right)\right]^{-1/2}$$

对良导体有

$$\delta\approx\sqrt{\frac{2}{\omega\mu_0\sigma}}$$

对不良导体有

$$\delta=\frac{2}{\sigma}\sqrt{\frac{\varepsilon}{\mu_0}}$$

(d) 参考题 4.11，透射波与入射波振幅之比为

$$\frac{E_{20}}{E_{10}}=\frac{2}{1+n'}$$

其中，n' 为复折射率. 复介电常量

$$\varepsilon'=\varepsilon+\mathrm{i}\frac{\sigma}{\omega}=\varepsilon\left(1+\mathrm{i}\frac{\sigma}{\varepsilon\omega}\right)$$

当 $\sigma\ll\varepsilon\omega$ 时

$$n'=\sqrt{\mu_0\varepsilon'c^2}=\sqrt{\mu_0\varepsilon c^2}\left(1+\mathrm{i}\frac{\sigma}{\varepsilon\omega}\right)^{1/2}$$

$$\approx\sqrt{\mu_0\varepsilon c^2}\left(1+\frac{\mathrm{i}}{2}\cdot\frac{\sigma}{\varepsilon\omega}\right)$$

而正常折射率为

$$n=\sqrt{\mu_0\varepsilon c^2}=\sqrt{\frac{\varepsilon}{\varepsilon_0}}$$

故有

$$n'=n\left(1+\frac{\mathrm{i}}{2}\cdot\frac{\sigma}{\varepsilon\omega}\right)$$

平均能流密度为:

入射波

$$\overline{S}_1=\frac{1}{2}\sqrt{\frac{\varepsilon_0}{\mu_0}}|E_{10}|^2$$

透射波

$$\overline{S}_2=\frac{1}{2}\sqrt{\frac{\varepsilon_0}{\mu_0}}|E_{20}|^2$$

透射率 T 的定义为

$$T=\frac{\overline{S}_2}{\overline{S}_1}=\sqrt{\frac{\varepsilon}{\varepsilon_0}}\left|\frac{E_{20}}{E_{10}}\right|^2=\frac{4n}{|1+n'|^2}$$

$$=\frac{4n}{(1+n)^2+n^2\sigma^2/4\varepsilon^2\omega^2}$$

(e) 在微波炉中加热牛肉，代入题中数据，有

$$\varepsilon\omega = 49\times\frac{10^{-9}}{36\pi}\times 2\pi\times 2.45\times 10^{9}\,\Omega/\text{m}\approx 7\Omega/\text{m}>\sigma$$

于是，近似把牛肉看为不良导体 $n=\sqrt{\frac{\varepsilon}{\varepsilon_0}}=7$ ，穿透深度与透射率分别为

$$\delta = \frac{2}{\sigma}\sqrt{\frac{\varepsilon}{\mu_0}} = \frac{2\times 7}{2}\sqrt{\frac{8.85\times 10^{-12}}{12.6\times 10^{-7}}}\approx 1.85(\text{cm})$$

$$T = \frac{4n}{(1+n)^2 + n^2\sigma^2/4\varepsilon^2\omega}\approx\frac{4\times 7}{8^2+7^2\times 2^2/4\times 7^2}\approx 0.43$$

对红外炉，因红外线波长约为 10^{-3} cm，对应频率为 0.3×10^{13} Hz ，对牛肉而言，有 $\sigma\ll\varepsilon\omega$ ，仍近似看为不良导体. 这样一来，红外线在牛肉中的穿透深度与透射率均与微波情况十分相近. 因此对烘烤牛肉，加热的深度与透入的能量，两种波的效果差不多，即从我们的结果来看，不能认为微波炉加热比红外炉更优越.

4.26　求 X 射线在金属表面发生全反射时临界角与频率的依赖关系

题 4.26　(a) 当 X 射线以大于临界角的入射角投射到金属表面时，它被全部反射. 假定金属中单位体积内包含 n 个自由电子，计算作为 X 射线频率 ω 函数的临界角. (b) 如果 ω 与 θ 使全反射不能发生，计算有多少入射波被反射. 为计算简单，可以假设 X 射线的偏振方向垂直入射面.

解　(a) 金属中电子的运动方程为

$$m\ddot{\boldsymbol{x}} = -e\boldsymbol{E} = -e\boldsymbol{E}_0\mathrm{e}^{-\mathrm{i}\omega t}$$

其解有形式 $\boldsymbol{x}=\boldsymbol{x}_0\mathrm{e}^{-\mathrm{i}\omega t}$ ，故可得

$$m\omega^2\boldsymbol{x} = e\boldsymbol{E}$$

而金属的极化强度

$$\boldsymbol{P} = -ne\boldsymbol{x} = \chi_e\varepsilon_0\boldsymbol{E}$$

由此求得极化率为

$$\chi_e = -\frac{ne^2}{m\varepsilon_0\omega^2}$$

令 $\omega_{\mathrm{P}}^2=\frac{ne^2}{m\varepsilon_0}$ ，则金属的折射率为

$$n=\sqrt{1+\chi_e}=\left(1-\frac{\omega_{\mathrm{P}}^2}{\omega^2}\right)^{1/2}$$

临界角为

$$\theta_0 = \arcsin\left(1-\frac{\omega_{\mathrm{P}}^2}{\omega^2}\right)^{1/2}$$

(b) 当 $\boldsymbol{E}$ 垂直入射面时，设入射角为 θ_{i}，折射角为 θ_{t}，则反射系数为

$$R=\left|\frac{E_{\perp反}}{E_{\perp入}}\right|^2=\left(\frac{\cos\theta_{\mathrm{i}}-n\cos\theta_{\mathrm{t}}}{\cos\theta_{\mathrm{i}}+n\cos\theta_{\mathrm{t}}}\right)^2$$

4.27　已知不均匀介质的极化率和电导率，求入射波、反射波和折射波的磁场

题 4.27　无限空间中充满不均匀介质，其极化率和电导率分别由下式描述($\chi_\infty,\lambda,\sigma_\infty$ 为常数)

$$\chi(z)=\begin{cases}0, & -\infty<z\leqslant 0\\ \chi_\infty(1-\mathrm{e}^{-\lambda z}), & 0<z<\infty\end{cases}$$

$$\sigma(z)=\begin{cases}0, & -\infty<z\leqslant 0\\ \sigma_\infty(1-\mathrm{e}^{-\lambda z}), & 0<z<\infty\end{cases}$$

令空间中 $\mu=1$；一束 S 偏振的平面波(即 $\boldsymbol{E}$ 垂直于入射面)以入射角 θ 从 $z<0$ 的区域入射到 $z>0$ 的区域. 波矢为 $\boldsymbol{k}_0\,(k_0c=\omega)$

$$\boldsymbol{E}_y(\boldsymbol{r},t)=A\exp[\mathrm{i}(k_0\sin\theta x+k_0\cos\theta z-\omega t)]\boldsymbol{e}_y$$

$$\boldsymbol{E}_y^{\mathrm{R}}(\boldsymbol{r},t)=R\exp[\mathrm{i}(k_0\sin\theta x-k_0\cos\theta z-\omega t)]\boldsymbol{e}_y$$

$$\boldsymbol{E}_y^{\mathrm{T}}(\boldsymbol{r},t)=E(z)\exp[\mathrm{i}(k'\sin\gamma\cdot x-\omega t)]\boldsymbol{e}_y$$

A、R 为入射和反射振幅，$E(z)$为待定函数. γ 为 $z=0$ 的面法向与 $\boldsymbol{k}'$ 的夹角. (a) 用上述参数写下入射波、反射波、透射波的磁场. (b) 写出各分量在 $z=0$ 处的边界条件(提示利用斯涅耳定律). (c) 利用麦克斯韦方程和下述关系：

$$\boldsymbol{D}(\boldsymbol{r},t)=\varepsilon(\boldsymbol{r})E(\boldsymbol{r},t),\qquad \varepsilon(\boldsymbol{r})=1+\chi(\boldsymbol{r})+\frac{\mathrm{i}}{\varepsilon_0\omega}\sigma(\boldsymbol{r})$$

给出 $\boldsymbol{E}_y^{\mathrm{T}}(\boldsymbol{r},t)$ 满足的方程.

解　(a) 入射、反射波波矢为

$$\boldsymbol{k}_{\mathrm{I}}=(k_0\sin\theta,0,k_0\cos\theta),\qquad \boldsymbol{k}_{\mathrm{R}}=(k_0\sin\theta,0,-k_0\cos\theta)$$

由 $\nabla\times\boldsymbol{E}=-\dfrac{\partial\boldsymbol{B}}{\partial t}$，对入射波、反射波 $\nabla\to\mathrm{i}\boldsymbol{k},\dfrac{\partial}{\partial t}\to-\mathrm{i}\omega$，可得

$$\mathrm{i}\boldsymbol{k}\times\boldsymbol{E}=-(-\mathrm{i}\omega)\boldsymbol{B},\qquad \boldsymbol{B}=\frac{1}{\omega}\boldsymbol{k}\times\boldsymbol{E}$$

故

$$\boldsymbol{B}^{\mathrm{I}}=\frac{1}{\omega}\boldsymbol{k}_{\mathrm{I}}\times\boldsymbol{E}=(-\cos\theta\boldsymbol{e}_x+\sin\theta\boldsymbol{e}_z)E_y(\boldsymbol{r},t)$$

$$=\frac{k_0}{\omega}(-\cos\theta\boldsymbol{e}_x+\sin\theta\boldsymbol{e}_y)A\exp[\mathrm{i}(k_0\sin\theta x+k_0\cos\theta z-\omega t)]$$

$$\boldsymbol{B}^{\mathrm{R}}=\frac{k_0}{\omega}(\cos\theta\boldsymbol{e}_x+\sin\theta\boldsymbol{e}_z)R\exp[\mathrm{i}(k_0\sin\theta x-k_0\cos\theta z-\omega t)]$$

对透射波

$$\boldsymbol{B}^{\mathrm{T}}=\frac{1}{\mathrm{i}\omega}\nabla\times\boldsymbol{E}$$

$$=\frac{1}{\mathrm{i}\omega}[\boldsymbol{e}_z E(z)(\mathrm{i}k'\sin\gamma)-\boldsymbol{e}_x E'(z)]\exp[\mathrm{i}(k'\sin\gamma\cdot x-\omega t)],E'(z)=\frac{\mathrm{d}E(z)}{\mathrm{d}z}$$

(b) 在 $z=0$ 面，$\boldsymbol{E}_{\mathrm{t}},\boldsymbol{H}_{\mathrm{t}}$ 连续，即

$$\boldsymbol{E}_y^{\mathrm{I}}(\boldsymbol{r},t)+\boldsymbol{E}_y^{\mathrm{R}}(\boldsymbol{r},t)=\boldsymbol{E}_y^{\mathrm{T}}(\boldsymbol{r},t),\qquad z=0$$

$$[\boldsymbol{H}^{\mathrm{I}}(\boldsymbol{r},t)+\boldsymbol{H}^{\mathrm{R}}(\boldsymbol{r},t)]\cdot\boldsymbol{e}_x=\boldsymbol{H}^{\mathrm{T}}(\boldsymbol{r},t)\cdot\boldsymbol{e}_x,\qquad z=0$$

还有 $\boldsymbol{B}_n$ 连续，即 $[\boldsymbol{B}^{\mathrm{I}}(\boldsymbol{r},\ t)+\boldsymbol{B}^{\mathrm{R}}(\boldsymbol{r},\ t)]\cdot\boldsymbol{e}_z=\boldsymbol{B}^{\mathrm{R}}(\boldsymbol{r},\ t)\cdot\boldsymbol{e}_z$. 波矢 $\boldsymbol{k}$ 的切向分量连续，即 $k_0\sin\theta=k'\sin\gamma$. 结合第四个方程，由前面两个方程可得

$$A+R=E(0) \tag{1}$$

$$k_0(R-A)\cos\theta=\mathrm{i}E'(0) \tag{2}$$

第三个方程给出与式(1)同样的结果.

(c) 因 $\nabla\times\boldsymbol{E}=-\dfrac{\partial\boldsymbol{B}}{\partial t},\nabla\times\boldsymbol{H}=\dfrac{\partial\boldsymbol{D}}{\partial t}$, 故

$$\nabla\times(\nabla\times\boldsymbol{E})=-\frac{\partial}{\partial t}(\nabla\times\boldsymbol{B})=-\mu_0\frac{\partial}{\partial t}\left(\frac{\partial\boldsymbol{D}}{\partial t}\right)$$

$$=-\mu_0\frac{\partial^2\boldsymbol{D}}{\partial t^2}=-\mu_0\varepsilon\frac{\partial^2\boldsymbol{E}}{\partial t^2}$$

又因

$$\nabla\times(\nabla\times\boldsymbol{E})=\nabla(\nabla\cdot\boldsymbol{E})-\nabla^2\boldsymbol{E}=-\nabla^2\boldsymbol{E}$$

$$\frac{\partial^2\boldsymbol{E}}{\partial t^2}=-\omega^2\boldsymbol{E}$$

则

$$\nabla^2\boldsymbol{E}=-\frac{\varepsilon_r}{C^2}\omega^2\boldsymbol{E}$$

现知，$\boldsymbol{E}_y^{\mathrm{T}}(\boldsymbol{r},t)=E(z)\exp[\mathrm{i}(k'\sin\gamma\cdot x-\omega t)]\boldsymbol{e}_y$，故得

$$(\mathrm{i}k'\sin\gamma)^2E(z)+E''(z)=-\frac{\omega^2}{C^2}\varepsilon_r E(z)$$

即

$$E''(z)+\left(\frac{\omega^2}{C^2}\varepsilon_r-k'^2\sin^2\gamma\right)E(z)=0,\qquad E''(z)=\frac{\mathrm{d}^2E(z)}{\mathrm{d}z^2}$$

因为

$$\varepsilon_r=1+\chi+\frac{\mathrm{i}}{\varepsilon_0\omega}\sigma$$

$$=1+\chi_\infty(1-\mathrm{e}^{-\lambda z})+\frac{\mathrm{i}}{\varepsilon_0\omega}\sigma_\infty(1-\mathrm{e}^{-\lambda z})$$

故

$$E''(z)+\frac{\omega^2}{C^2}\left[1+\chi_\infty(1-e^{-\lambda z})+\frac{i}{\varepsilon_0\omega}\sigma_\infty(1-e^{-\lambda z})\right]E(z)-k'^2\sin^2\gamma E(z)=0$$

边界条件

$$E(0)=A+R,\qquad E'(0)=i(A-R)k_0\cos\theta$$

4.28　写出矩形波导管内磁场 $\boldsymbol{H}$ 满足的方程及边界条件

题 4.28　写出矩形波导管内磁场 $\boldsymbol{H}$ 满足的方程及边界条件.

解　磁场 $\boldsymbol{H}$ 所满足的方程

$$(\nabla^2+k^2)\boldsymbol{H}=0 \tag{1}$$

$$\nabla\cdot\boldsymbol{H}=0 \tag{2}$$

$$\boldsymbol{E}=\frac{i}{\varepsilon\omega}\nabla\times\boldsymbol{H} \tag{3}$$

设波导管壁在 $x=0$、a 和 $y=0$、b 处，电磁波沿 z 方向传播，$\boldsymbol{H}=\boldsymbol{H}(x,y)e^{i(k_z z-\omega t)}$，则振幅方程为

$$\left(\frac{\partial^2}{\partial x^2}+\frac{\partial^2}{\partial y^2}+k_x^2+k_y^2\right)H(x,y)=0 \tag{4}$$

由 $\boldsymbol{n}\cdot\boldsymbol{B}=0$，有

$$\begin{aligned}&在\ x=0,\ a\ 面，\qquad H_x=0\\&在\ y=0,\ y\ 面，\qquad H_y=0\end{aligned} \tag{5}$$

将式(3)应用到边界面上，并考虑到 $\boldsymbol{n}\times\boldsymbol{E}=0$，有

$$在x=0,\ a面,\qquad \frac{\partial H_z}{\partial x}=0,\qquad \frac{\partial H_y}{\partial x}=\frac{\partial H_x}{\partial y} \tag{6}$$

$$在y=0,\ b面,\qquad \frac{\partial H_z}{\partial y}=0,\qquad \frac{\partial H_y}{\partial x}=\frac{\partial H_x}{\partial y} \tag{7}$$

4.29　论证矩形波导管内部不存在 TM_{m0} 和 TM_{0n} 波

题 4.29　论证矩形波导管内不存在 TM_{m0} 和 TM_{0n} 波.

证明　在波导管中沿 z 方向传播的电磁波的一般形式为

$$E_x=A_1\cos k_x x\sin k_y y e^{i(k_z z-\omega t)} \tag{1}$$

$$E_y=A_2\sin k_x x\cos k_y y e^{i(k_z z-\omega t)} \tag{2}$$

$$E_z=A_3\sin k_x x\sin k_y y e^{i(k_z z-\omega t)} \tag{3}$$

其中

$$k_x=\frac{m\pi}{a},\qquad k_y=\frac{n\pi}{b},\qquad m,n=0,1,2,3,\cdots \tag{4}$$

TM_{mn}波代表磁场与 z 方向垂直，而电场在 z 方向的分量 $E_z \neq 0$. 当 $n=0$ 或 $m=0$，有 $k_y=0$或$k_x=0$，这时由式(3)，都有 $E_z=0$，故都不满足横磁型波条件. 所以不存在 TM_{m0} 和 TM_{0n} 波.

4.30 计算圆柱形波导管表面的坡印亭矢量的大小和方向

题 4.30 (a) 一个电导率为σ、半径为 a 的圆柱形直导线，载有均匀的轴向电流密度 $\boldsymbol{J}$. 计算导线表面坡印亭矢量的大小和方向. (b) 一传导薄片(电导率σ)置于峰值为 E_0、B_0 的平面 EM 波中. 计算薄片内部的坡印亭矢量，对波的一周期求平均. 考虑σ很大，即$\sigma \gg \omega\varepsilon_0$的情形. (c) 在(b)中，如果$\sigma$无限，在空间各处的坡印亭矢量的平均值为多大?

解 (a) 以导线的轴线为 z 轴(电流沿+z 方向流动)建立柱坐标为(r,θ,z). 导线内部，有 $\boldsymbol{J}=\sigma\boldsymbol{E}$,故$\boldsymbol{E}=\dfrac{\boldsymbol{J}}{\sigma}=\dfrac{J}{\sigma}\boldsymbol{e}_z$. 因为介面上 $\boldsymbol{E}$ 的切向分量连续，故导线表面外侧(邻近导线处)仍有 $\boldsymbol{E}=\dfrac{J}{\sigma}\boldsymbol{e}_z$，由 $\oint \boldsymbol{B}\cdot \mathrm{d}l=\mu_0 I$ 可求得该处的磁场为 $\boldsymbol{B}=\dfrac{\mu_0 I}{2\pi a}\boldsymbol{e}_\theta=\dfrac{\mu_0\boldsymbol{J}\cdot\pi a^2}{2\pi a}\boldsymbol{e}_\theta=\dfrac{\mu_0\boldsymbol{J}a}{2}\boldsymbol{e}_\theta$ 或$\boldsymbol{B}=\dfrac{\mu_0 Ja}{2}\boldsymbol{e}_\theta$，因此导线表面处的坡印亭矢量为

$$S=\frac{1}{\mu_0}\boldsymbol{E}\times\boldsymbol{B}=\frac{J}{\sigma}\boldsymbol{e}_z\times\frac{Ja}{2}\boldsymbol{e}_\theta=-\frac{J^2 a}{2}\boldsymbol{e}_r$$

(b) 为简单起见，假定薄片的法向与波的传播方向平行，即沿+z 方向. 则在导体中波矢

$$\boldsymbol{K}=(\beta+\mathrm{i}\alpha)\boldsymbol{e}_z$$

对σ很大时，有

$$\alpha=\beta\approx\sqrt{\frac{\omega\mu_0\sigma}{2}}$$

所以导体中电场为

$$\boldsymbol{E}(z,t)=\boldsymbol{E}_0\mathrm{e}^{-\alpha z}\mathrm{e}^{\mathrm{i}(\beta z-\omega t)}$$

磁场为

$$\boldsymbol{H}=\frac{1}{\omega\mu_0}\boldsymbol{K}\times\boldsymbol{E}=\frac{1}{\omega\mu}(\beta+\mathrm{i}\alpha)\boldsymbol{e}_z\times\boldsymbol{E}$$

$$\approx\sqrt{\frac{\sigma}{\omega\mu_0}}\mathrm{e}^{\mathrm{i}\frac{\pi}{4}}\boldsymbol{e}_z\times\boldsymbol{E}$$

则得坡印亭矢量为

$$\boldsymbol{S}=\boldsymbol{E}\times\boldsymbol{H}=\sqrt{\frac{\sigma}{\omega\mu_0}}\mathrm{e}^{\mathrm{i}\frac{\pi}{4}}E^2\boldsymbol{e}_z$$

对一周期平均，有

$$\boldsymbol{S}=\frac{1}{2}\mathrm{Re}\left\{\boldsymbol{E}^{*}\times\boldsymbol{H}\right\}=\frac{1}{2}\sqrt{\frac{\sigma}{\omega\mu_0}}\cos\frac{\pi}{4}E_0^2\mathrm{e}^{-2\alpha z}\boldsymbol{e}_z$$

$$=\frac{\sqrt{2}}{4}\sqrt{\frac{\sigma}{\omega\mu_0}}E_0^2\mathrm{e}^{-2\alpha z}\boldsymbol{e}_z$$

(c) 如果$\sigma\to\infty$,有$\alpha\to 0$，在导体薄片内部$\overline{S}$等于 0，波在导体表面全反射；在薄片外部，反射波与入射波形成驻波，因此$\overline{S}=0$，即空间各处$\overline{S}=0$.

4.31　设在 $z>0$ 的半空间充满导电介质，内有一沿 y 方向的变化磁场，分析介质中涡旋电流随深度衰减情况

题 4.31　在 z>0 的空间里，充满磁导率为μ、电导率为σ的物质. 一个沿 y 方向缓慢变化的磁场$B=B_0\cos\omega t$在该物质中感应产生涡旋电流. 试从麦克斯韦方程组出发分析涡旋电流随进入物质深度的衰减情况以及电流和外场的相位关系.

解　麦克斯韦方程组为

$$\nabla\cdot\boldsymbol{E}=0,\qquad \nabla\times\boldsymbol{E}=-\frac{\partial\boldsymbol{B}}{\partial t}$$

$$\nabla\cdot\boldsymbol{B}=0,\qquad \nabla\times\boldsymbol{B}=\varepsilon\mu\frac{\partial\boldsymbol{E}}{\partial t}+\sigma\mu\boldsymbol{E}$$

由此可推得

$$\nabla\times(\nabla\times\boldsymbol{B})=-\nabla^2\boldsymbol{B}=-\left(\varepsilon\mu\frac{\partial^2\boldsymbol{B}}{\partial t^2}+\sigma\mu\frac{\partial\boldsymbol{B}}{\partial t}\right)$$

由题设及对称性可知，物质内的磁场只有 y 分量，且只是 z 和 t 的函数，从而上式可简化为

$$\frac{\partial^2 B}{\partial z^2}-\sigma\mu\frac{\partial B}{\partial t}-\varepsilon\mu\frac{\partial^2 B}{\partial t^2}=0$$

求形如$\mathrm{e}^{-\mathrm{i}(kz-\omega t)}$的解，上式给出

$$-k^2+\mathrm{i}\omega\sigma\mu+\varepsilon\mu\omega^2=0$$

因此

$$k=\omega\sqrt{\mu}\left(\varepsilon+\mathrm{i}\frac{\sigma}{\omega}\right)^{\frac{1}{2}}=\alpha+\mathrm{i}\beta$$

由题意，频率很低，故可认为

$$\frac{\sigma}{\varepsilon_0\omega}\gg 1$$

于是有

$$\alpha+\mathrm{i}\beta\approx\sqrt{\frac{\mu\sigma}{\omega}}\left(\frac{\sqrt{2}}{2}+\mathrm{i}\frac{\sqrt{2}}{2}\right)=\sqrt{\frac{\mu\sigma}{\omega}}\mathrm{e}^{\mathrm{i}\frac{\pi}{4}}$$

即

$$\alpha=\beta=\frac{1}{2}\sqrt{\frac{2\mu\sigma}{\omega}}$$

最后求得

$$\boldsymbol{B}=B_0\mathrm{e}^{-\beta z}\cos(\alpha z-\omega t)\boldsymbol{e}_y$$

磁场随深度 z 衰减，衰减系数为 β.

由 $\boldsymbol{E}=-\frac{1}{\omega\mu\varepsilon}\boldsymbol{k}\times\boldsymbol{B}$，其中，$k=(\alpha+\mathrm{i}\beta)n$. 求得电场和电流为

$$E=\mathrm{Re}\left[\frac{1}{\omega\mu\varepsilon}\sqrt{\frac{\mu\sigma}{\omega}}B_0\,\mathrm{e}^{\mathrm{i}\left(kz-\omega t+\frac{\pi}{4}\right)}\right]=\frac{B_0}{\omega\varepsilon}\sqrt{\frac{\sigma}{\omega\mu}}\,\mathrm{e}^{-\beta z}\cos\left(\alpha z-\omega t+\frac{\pi}{4}\right)$$

$$j=\sigma E=\frac{\sigma B_0}{\omega\varepsilon}\sqrt{\frac{\sigma}{\omega\mu}}\,\mathrm{e}^{-\beta z}\cos\left(\alpha z-\omega t+\frac{\pi}{4}\right)$$

即在界面 z=0 处，它与外场有 $\frac{\pi}{4}$ 的相位差.

4.32　已知谐振腔尺寸，求在 $4/\sqrt{5}<\lambda<8/\sqrt{13}$ 波段中可激发几个电磁模式

题 4.32　已知一中空铜盒的尺寸如题图 4.32 所示. (a) 在 $4/\sqrt{5}\text{cm}\leqslant\lambda\leqslant 8/\sqrt{13}\text{cm}$ 的波段中有多少个电磁波模式？(b) 求出波长. (c) 求(a)中几个模式的电场. (d) 在 $0.01\text{cm}\leqslant\lambda\leqslant 0.011\text{cm}$ 波段中大约有多少波模？

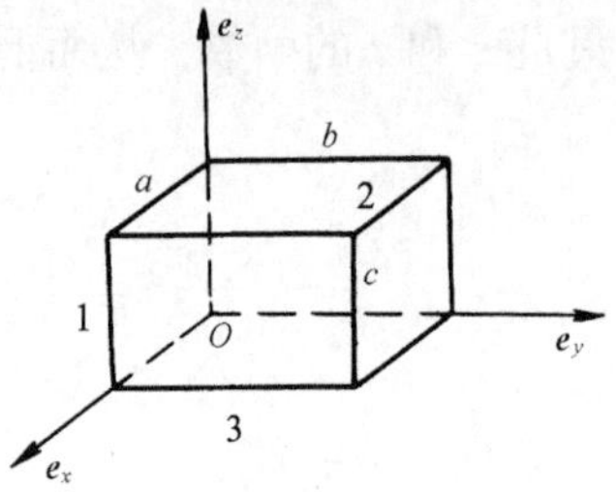

题图 4.32

解　(a) 该谐振腔中，驻波模式(m, n, p)的波长为

$$\lambda_{m,n,p}=\frac{2}{\sqrt{\left(\frac{m}{a}\right)^2+\left(\frac{n}{b}\right)^2+\left(\frac{p}{c}\right)^2}}$$

$$=\frac{2}{\sqrt{\frac{m^2}{4}+\frac{n^2}{9}+p^2}}(\text{cm})$$

因 $\frac{4}{\sqrt{5}}\leqslant\lambda\leqslant\frac{8}{\sqrt{13}}$，故 $\frac{13}{16}\leqslant\frac{m^2}{4}+\frac{n^2}{9}+p^2\leqslant\frac{5}{4}$.

因为 m, n, p 为 0 或正整数，且 $m\cdot n+np+pm\neq 0$. 当 $p=0$ 时，$m=1$，$n=3$ 或 $m=2$，$n=1$；当 $p=1$ 时，$m=1$，$n=0$或$m=0$，$n=1$. 即在 $\frac{4}{\sqrt{5}}\leqslant\lambda\leqslant\frac{8}{\sqrt{13}}$ cm 中，有四种谐振波模式：(1，3，0)，(2，1，0)，(1，0，1)和(0，1，1).

(b) 波长依次为 $\frac{4}{\sqrt{5}}\text{cm},\frac{6}{\sqrt{10}}\text{cm},\frac{4}{\sqrt{5}}\text{cm},\frac{6}{\sqrt{10}}\text{cm}$，实际上只有两种波长.

(c)
$$E_x=A_1\cos k_x x\sin k_y y\sin k_z z$$

$$E_y = A_2 \sin k_x x \cos k_y y \sin k_z z$$

$$E_z = A_3 \sin k_x x \sin k_y y \cos k_z z$$

$$k_x = \frac{m\pi}{a}, \qquad k_y = \frac{n\pi}{b}, \qquad k_z = \frac{p\pi}{c}$$

$$k_y A_1 + k_y A_2 + k_z A_3 = 0$$

模式(1, 3, 0)：$E_x = 0, E_y = 0, E_z = A_3 \sin\frac{\pi}{2}x \sin \pi y$.

模式(2, 1, 0)：$E_x = 0, E_y = 0, E_z = A_3 \sin \pi x \sin\frac{\pi}{3}y$.

模式(1, 0, 1)：$E_x = 0, E_y = A_2 \sin\frac{\pi}{2}x \sin \pi z, E_z = 0$.

模式(0, 1, 1)：$E_x = A_1 \sin\frac{\pi}{3}y \sin \pi z, E_y = 0, E_z = 0$.

(d) 若 $0.01 \leqslant \dfrac{2}{\sqrt{\dfrac{m^2}{4} + \dfrac{n^2}{9} + p^2}} \leqslant 0.011$，则

$$181.8^2 \leqslant \frac{m^2}{4} + \frac{n^2}{9} + p^2 \leqslant 200^2$$

这表示一个椭球壳，其体积为

$$\Delta V = V_2 - V_1 = \frac{4}{3}\pi(2\times200\times3\times200\times200 - 2\times181.8\times3\times181.8\times181.8)$$

$$= \frac{4}{3}\pi\times2\times3\times(100^3 - 181.8^3) \approx 5\times10^7$$

而每一个模式占 $\Delta m\cdot\Delta n\cdot\Delta p = 1^3 = 1$ 个单位，故在给定的波长范围内，约有 5×10^7 个波型.

4.33　估计 1cm³ 的空腔中频率在 1.1×10^{15}~1.2×10^{15}Hz 之间可能存在电磁驻波模式的数目

题 4.33　对体积为 1cm^3 的空腔，试估计空腔中频率在 $1.1\times10^{15} \sim 1.2\times10^{15}\,\text{Hz}$ 之间所可能存在的电磁驻波模式的数目.

解　一个驻波模式(频率为 f)在频率空间中占有频段 $\text{d}f = \dfrac{c^3}{8\pi V f^2}$，在 Δf 的频率范围内，驻波模式数目 N 为

$$N \approx \frac{\Delta f}{\text{d}f} \approx \frac{8\pi V f^2}{c^3}\Delta f = \frac{8\pi\times10^{-6}\times(1.1\times10^{15})^2}{(3\times10^8)^3}\times0.2\times10^{15} \approx 2\times10^{14}$$

设想空腔是体积为 1cm^3 的正方体，则 (m, n, p) 型波模频率 $f_{m,n,p} = \dfrac{c}{2}\sqrt{m^2+n^2+p^2}$. 故

$m^2+n^2+p^2=\left(\dfrac{2f}{10^2c}\right)^2$. 依题意，应有$\left(\dfrac{2f_1}{10^2c}\right)^2\leqslant m^2+n^2+p^2\leqslant\left(\dfrac{2f_2}{10^2c}\right)^2$，这是一个球壳，其体积为

$$\frac{4}{3}\pi\left[\left(\frac{2f_2}{10^2c}\right)^3-\left(\frac{2f_1}{c}\right)^3\right]=\frac{32\pi}{3\times10^6c^3}\left(f_2^3-f_1^3\right)$$

$$=\frac{32\pi}{(3\times10^{10})^3}[(1.2\times10^{15})^3-(1.0\times10^{15})^3]$$

$$=1.3\times10^{15}$$

而每一波式约占$\Delta m\cdot\Delta n\cdot\Delta p=1$单位，故在给定频率范围内的波模数目约为$10^{15}$.

4.34 已知矩形波导管截面的长宽尺寸，写出最低模式的电场 *E* 和磁场 *B* 的波动方程

题 4.34 考虑一个矩形波导，它在 x 轴方向上为无限长，y 轴方向 2cm、z 轴方向 1cm，管壁是金属的，如题图 4.34 所示. (a) ***B***、***E*** 分量在管壁处要满足的边界条件是什么？(b) 写出描述最低模式的电场 ***E*** 和磁场 ***B*** 的波动方程(**提示**：最低模的电场只有 z 分量). (c) 对可传播的最低模，写出其相速和群速. (d) 可传播的波分为两种波型. 这两种波型各是什么？在物理本质上它们有何区别?

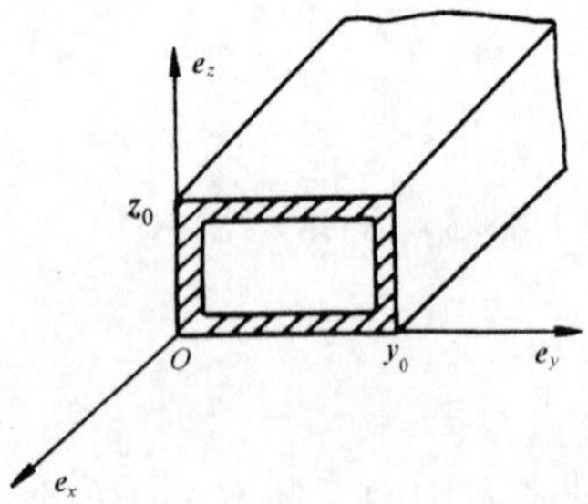

题图 4.34

解 (a) 对金属壁，可认为在边界面上，***E*** 的切向分量及 ***B*** 的法向分量等于 0，即

当 $y=0$，2(cm)时

$$B_y=0,\qquad E_x=E_z=0,\qquad \frac{\partial E_y}{\partial y}=0$$

当 $z=0$，1(cm)时

$$B_z=0,\qquad E_x=E_y=0,\qquad \frac{\partial E_z}{\partial z}=0$$

(b) 对频率为 ω 的单色波，波动方程化为亥姆霍兹方程

$$\nabla^2\boldsymbol{E}+k^2\boldsymbol{E}=0,\qquad k^2\equiv\omega^2/c^2$$

$$\boldsymbol{B}=-\frac{\mathrm{i}}{\omega}\nabla\times\boldsymbol{E}$$

$$\nabla\cdot\boldsymbol{E}=0$$

但对于最低模 TE_{01}，即$k_y=\dfrac{\pi}{y_0}=\dfrac{\pi}{2}\mathrm{cm}^{-1}$，及$k_z=0$，只有$E_z\neq0,E_x=E_y=0$，故波动方程化为

$$\nabla^2 E_z + k^2 E_z = 0$$

$$\boldsymbol{B} = -\frac{\mathrm{i}}{\omega}\nabla \times (E_z \boldsymbol{e}_z)$$

边界条件为当 $y = 0,\ 2\text{cm}$， $E_z = 0$；当 $z = 0$及$z = 1\text{cm}$时 $\frac{\partial E_z}{\partial z} = 0$.

(c) 对最低模式 TE_{01}， $k_y = \frac{\pi}{2}\text{cm}^{-1}, k_z = 0$，故

$$k_x = \sqrt{k^2 - k_y^2 - k_z^2} = \sqrt{\frac{\omega^2}{c^2} - \frac{\pi^2}{4}}$$

相速

$$v_{\mathrm{p}} = \frac{\omega}{k_x} = \frac{\omega}{\sqrt{\frac{\omega^2}{c^2} - \frac{\pi^2}{4}}} > c$$

群速

$$v_{\mathrm{s}} = \frac{\mathrm{d}\omega}{\mathrm{d}k_x} = \left(\frac{\mathrm{d}k_x}{\mathrm{d}\omega}\right)^{-1} = \frac{c^2}{\omega}\sqrt{\frac{\omega^2}{c^2} - \frac{\pi^2}{4}} = \frac{c^2}{V_{\mathrm{p}}}$$

(d) 波导管中传输的电磁波可分为两种：一种是横电型(TE)；一种横磁型(TM). 横电型波的特点是：电场是横波，而磁场不是横波. 横磁型波的特点是：磁场是横波，而电场不是横波.

4.35　求矩形波导管中传播的 TE 型电磁波的截止频率

题 4.35　已知一个 TE 型电磁波在如题图 4.35 所示的矩形导管中传播. 波导的壁是导电的，内部为真空. (a) 这种波型下的截止频率是什么？(b) 如果波导内部充满介电常量为 ε 的介质，截止频率将如何变化？

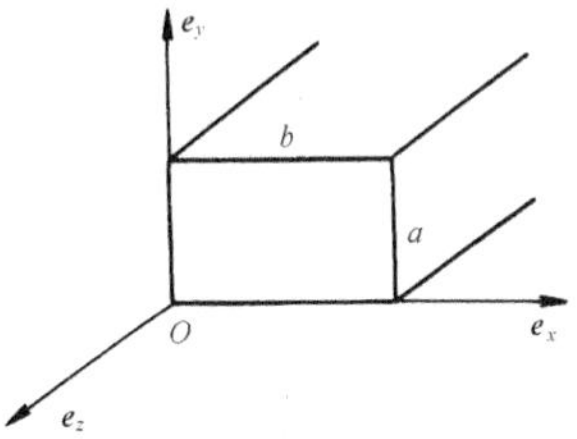

题图 4.35

解　TE 型波是横电型波，$E_z = 0$，但$H_z \neq 0$. 取边 b 为 x 方向，边 a 为 y 方向，则波导内的电磁波在 x、y 方向是驻波，在 z 方向是行波，设 m、n 表示 x、y 方向半波数目，有驻波波数

$$k_x = \frac{m\pi}{b}, \qquad k_y = \frac{n\pi}{a}$$

行波波数由

$$k_z^2 = k^2 - (k_x^2 + k_y^2)$$

确定.

(a) 当波导管内为真空时

$$k^2 = \frac{\omega^2}{C^2} = \omega^2 \varepsilon_0 \mu_0$$

$$k_z^2 = \omega^2 \varepsilon_0 \mu_0 - \left[\left(\frac{m\pi}{b} \right)^2 + \left(\frac{n\pi}{a} \right)^2 \right]$$

显然当$k_z^2 < 0$时，k_z为纯虚数，行波e^{ik_z}指数衰减波，电磁波将不能在波导中传输，所以截止频率由$k_z^2 = 0$确定，这时

$$\omega_{c,mn} = \frac{\pi}{\sqrt{\varepsilon_0 \mu_0}} \sqrt{\left(\frac{m}{b} \right)^2 + \left(\frac{n}{a} \right)^2}$$

(b) 如果波导内充满介质情况与真空基本相同，只需使$\varepsilon_0 \to \varepsilon, \mu_0 \to \mu$即可，由于对一般介质$\mu \to \mu_0$，所以这时截止频率为

$$\omega_{c,mn} = \frac{\pi}{\sqrt{\varepsilon \mu_0}} \sqrt{\left(\frac{m}{b} \right)^2 + \left(\frac{n}{a} \right)^2}$$

4.36 求在充满介质的矩形波导管中可传播的最低模式 TE 型波的电磁场

题 4.36 (a) 写出非导体介质中的麦克斯韦方程组，介质磁化率为μ，介电系数为ε. 并推导出电磁场在此介质中传播的波动方程，给出其平面波解. (b) 求出充满上述介质的方形波导(边长l)的最低 TE 型电磁场. 并说明所用边界条件. (c) 在哪个频率范围内，(b)中所得电磁场唯一能被激发的 TE 型波？其他模式的波将会怎样？

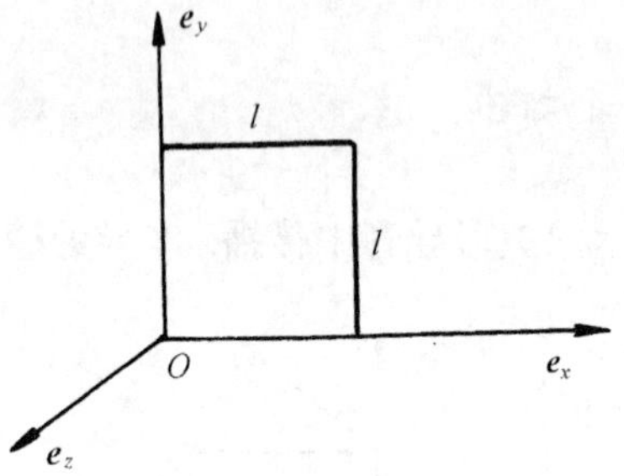

题图 4.36

解 (a) 参看题 4.9.

(b) 取坐标轴如题图 4.36. 则边界条件为

$$E_y = E_z = 0, \qquad \frac{\partial \boldsymbol{E}_x}{\partial x} = 0, \qquad x = 0, l$$

$$E_x = E_z = 0, \qquad \frac{\partial \boldsymbol{E}_y}{\partial y} = 0, \qquad y = 0, l$$

在波导管中传播的电磁波为沿z方向传播的行波，可写为

$$\boldsymbol{E}(x, y, z) = \boldsymbol{E}(x, y) e^{ik_z z}$$

代入定态波动方程得出

$$\left(\frac{\partial^2}{\partial x^2} + \frac{\partial^2}{\partial y^2} \right) \boldsymbol{E}(x, y) + (k^2 - k_z^2) \boldsymbol{E}(x, y) = 0$$

设$u(x, y)$为电磁场任一直角分量，并设

$$u(x, y) = X(x) Y(y)$$

则得到

$$\frac{d^2}{dx^2}X+k_x^2X=0$$

$$\frac{d^2}{dy^2}Y+k_y^2Y=0,\qquad k_x^2+k_y^2+k_z^2=k^3$$

则

$$u(x,y)=(C_1\cos k_xx+D_1\sin k_xx)(C_2\cos k_yy+D_2\sin k_yy)$$

由边界条件可定出

$$E_x=A_1\cos k_xx\sin k_yy\mathrm{e}^{\mathrm{i}k_zz}$$

$$E_y=A_2\sin k_xx\cos k_yy\mathrm{e}^{\mathrm{i}k_zz}$$

$$E_z=A_3\sin k_xx\sin k_yy\mathrm{e}^{\mathrm{i}k_zz}$$

$$k_x=\frac{m\pi}{l},\qquad k_y=\frac{n\pi}{l},\qquad m,n=0,1,2,\cdots$$

最低的 TE 型波为 TE_{10} 型与 TE_{01} 型.

对 TE_{10} 型：$E_x=0,E_z=0,E_y=A_2\sin\frac{\pi x}{l}\mathrm{e}^{\mathrm{i}k_zz}$. $\boldsymbol{H}=-\frac{\mathrm{i}}{\omega\mu}\nabla\times\boldsymbol{E}$ 得

$$H_y=0$$

$$H_x=-\frac{k_z}{\omega\mu}A_2\sin\frac{\pi x}{l}\mathrm{e}^{\mathrm{i}k_zz}$$

$$H_z=-\frac{\mathrm{i}\pi}{\omega\mu l}A_2\cos\frac{\pi x}{l}\mathrm{e}^{\mathrm{i}k_zz}$$

对 TE_{01} 型波可作类似讨论.

(c) TE_{10} 或 TE_{01} 波截止频率为

$$\omega_1=\frac{\pi}{\sqrt{\mu\varepsilon}}\sqrt{\left(\frac{1}{l}\right)^2+\left(\frac{0}{l}\right)^2}=\frac{\pi}{\sqrt{\mu\varepsilon}l}$$

TE_{11} 型波的截止频率为

$$\omega_2=\frac{\pi}{\sqrt{\mu\varepsilon}}\sqrt{\left(\frac{1}{l}\right)^2+\left(\frac{1}{l}\right)^2}=\frac{\sqrt{2}\pi}{\sqrt{\mu\varepsilon}l}$$

所以当 $\frac{\pi}{\sqrt{\mu\varepsilon}l}\leqslant\omega\leqslant\frac{\sqrt{2}\pi}{\sqrt{\mu\varepsilon}l}$ 时，TE_{10} 与 TE_{01} 是唯一能在波导中传播的波.

对其他模式的波，k_z 将为虚数. 传播因子 $\mathrm{e}^{\mathrm{i}k_zz}$ 成为衰减因子，电磁波在 z 方向迅速衰减，不能在波导中传播.

4.37 分析截面为等腰直角三角形的波导管中可以传播的 TE、TM 以及 TEM 波的模式

题 4.37　一个波导管横截面是一边长为 a、斜边为 $\sqrt{2}a$ 的直角等腰三角形. 管壁是良导

体，管中有 $\mu_r=\varepsilon_r=1$. 确定能在波导中传播的 TE、TM 和 TEM 波的模式. 对允许存在的模式，求 $\boldsymbol{E}(x,y,z,t)$、$\boldsymbol{B}(x,y,z,t)$ 及截止频率. 如果有些模式不能存在，请解释原因(波导管截面图如题图 4.37 所示).

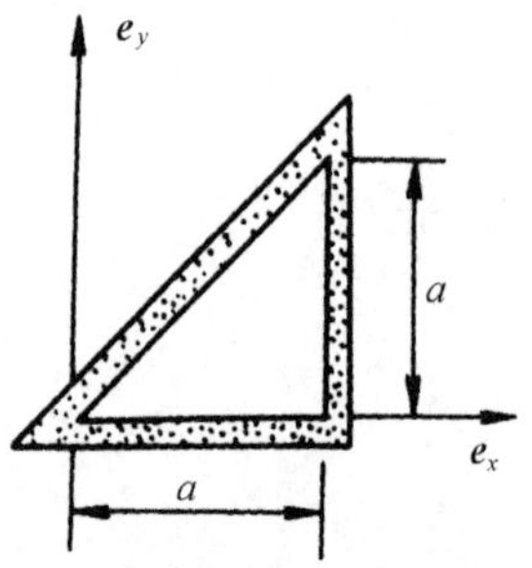

题图 4.37

解 先考虑模截面为 $a\times a$ 的正方形的波导. 沿+z 传播的电磁波的电矢量为

$$E_x=A_1\cos k_1x\sin k_2y\mathrm{e}^{\mathrm{i}k_3z-\mathrm{i}\omega t},\qquad k_1=\frac{m\pi}{a}$$

$$E_y=A_2\sin k_1x\cos k_2y\mathrm{e}^{\mathrm{i}k_3z-\mathrm{i}\omega t},\qquad k_2=\frac{n\pi}{a}$$

$$E_z=A_3\sin k_1x\sin k_2y\mathrm{e}^{\mathrm{i}k_3z-\mathrm{i}\omega t},\qquad k_1^2+k_2^2+k_3^2=k^3$$

$$k_1A_1+k_2A_2-\mathrm{i}k_3A_3=0$$

以上模式的电磁波已经满足了边界条件：$E_x=E_z=0$(当 $y=0$)和 $E_y=E_z=0$(当 $x=a$).

为使上述模式满足 $y=x$ 面上的边界条件，需对上述模式进行筛选. 首先，当 $y=x$ 时 $E_z=0$，故 $A_3=0$. 再由 $y=x$ 时，$E_x=-E_y$ 可得：$k_1=-k_2$，$A_1=A_2$ 或 $k_1=k_2, A_1=-A_2$. 因此

$$E_x=-A\cos k_1x\sin k_1y\mathrm{e}^{\mathrm{i}k_3z-\mathrm{i}\omega t}$$

$$E_y=A\sin k_1x\cos k_1y\mathrm{e}^{\mathrm{i}k_3z-\mathrm{i}\omega t}$$

$$E_z=0$$

其中

$$k_1=\frac{n\pi}{a}$$

$$k_3=\sqrt{\frac{\omega^2}{c^2}-2\frac{n^2\pi^2}{a^2}}$$

由 $\nabla\times\boldsymbol{E}=-\dfrac{\partial\boldsymbol{B}}{\partial t}$ 或 $\boldsymbol{k}\times\boldsymbol{E}=\omega\boldsymbol{B}$ 可得磁场 $\boldsymbol{B}$ 为

$$B_x=-\frac{k_3}{\omega}E_y=-\frac{k_3}{\omega}A\sin k_1x\cos k_1y\mathrm{e}^{\mathrm{i}k_3z-\mathrm{i}\omega t}$$

$$B_y=\frac{k_3}{\omega}E_x=-\frac{k_3}{\omega}A\cos k_1x\sin k_1y\mathrm{e}^{\mathrm{i}k_3z-\mathrm{i}\omega t}$$

$$B_z=\frac{1}{\omega}(k_1E_y-k_2E_x)=\frac{k_1}{\omega}A(\sin k_1x\cos k_1y+\cos k_1x\sin k_1y)\mathrm{e}^{\mathrm{i}k_3z-\mathrm{i}\omega t}$$

$$=\frac{k_1}{\omega}A\sin[k_1(x+y)]\mathrm{e}^{\mathrm{i}k_3z-\mathrm{i}\omega t}$$

故存在的波模为 $\mathrm{TE}_{n,-n}$ 型或 $\mathrm{TE}_{n,n}$ 型，TM 型波不存在，截止频率 $\omega_{\mathrm{cut}}^n=\sqrt{2}\dfrac{cn\pi}{a}$.

4.38　半径分别为 r_1 和 r_2 的同轴波导内，沿轴的一半空间为真空，另一半充满介质，求两区域中的 TEM 波模

题 4.38　在题图 4.38 中，对一对半径分别为 r_1 和 r_2 的同轴导体构成的波导($r_2 > r_1$). 两柱间的 $z<0$ 部分为真空，$z>0$ 区域里充满介电常量为 $\varepsilon_r \neq 1$ 的电介质. (a) 给出两个区域里的 TEM 波模. (b) 假如一束 TEM 模电磁波从左边入射到界面上，计算其反射系数和透射系数. (c) 有多少能量透过去？有多少能量反射回来？

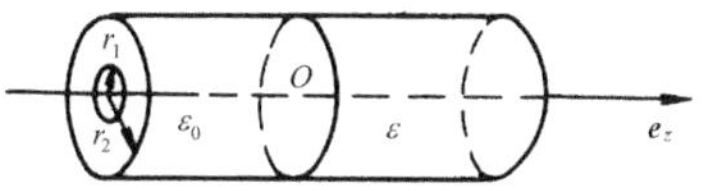

题图 4.38

解　(a) 先讨论 $z>0$ 区域，可以认为介质磁导率 μ 近似为 μ_0，则电磁场满足方程

$$\left(\nabla^2 + \omega^2 \varepsilon \mu_0\right)\begin{pmatrix} \boldsymbol{E}' \\ \boldsymbol{B}' \end{pmatrix} = 0 \tag{1}$$

由圆柱对称性，式(1)特解为

$$\begin{aligned} \boldsymbol{E}'(\boldsymbol{x},t) &= \boldsymbol{E}'(x,y)\mathrm{e}^{\mathrm{i}(k'z-\omega t)} \\ \boldsymbol{B}'(\boldsymbol{x},t) &= \boldsymbol{B}'(x,y)\mathrm{e}^{\mathrm{i}(k'z-\omega t)}, \qquad k'^2 = \omega^2\mu_0\varepsilon \end{aligned} \tag{2}$$

令

$$\nabla^2 = \nabla_s^2 + \frac{\partial^2}{\partial z^2}$$

∇_s^2 为拉普拉斯算符横向部分. 把电磁场分成横纵部分，即

$$\boldsymbol{E}' = \boldsymbol{E}_s' + \boldsymbol{E}_z', \qquad \boldsymbol{B}' = \boldsymbol{B}_s' + \boldsymbol{B}_z'$$

所谓 TEM 波，即要求 $B_z' = E_z' = 0$. 则由 $\nabla\cdot\boldsymbol{E}' = 0$ 可知

$$\nabla_s \cdot \boldsymbol{E}_s' = 0 \tag{3}$$

而由 $\nabla\times\boldsymbol{E}' = \mathrm{i}\omega\boldsymbol{B}'$，可知

$$\nabla_s \times \boldsymbol{E}_s' = 0 \tag{4}$$

式(3)与式(4)允许引入一标量 ϕ，有

$$\boldsymbol{E}_s' = -\nabla\phi, \qquad \nabla^2\phi = 0 \tag{5}$$

由轴对称性易知，ϕ 只是 r 的函数，即

$$\frac{1}{r}\cdot\frac{\partial}{\partial r}\left(r\frac{\partial\phi}{\partial r}\right) = 0$$

其解为

$$\phi = c\ln r + d$$

因此

$$\boldsymbol{E}_s'(\boldsymbol{x},t) = \frac{c}{r}\mathrm{e}^{\mathrm{i}(k'z-\omega t)}\boldsymbol{e}_r$$

相应磁场为

$$\boldsymbol{B}_s'(\boldsymbol{x},t)=\sqrt{\mu_0\varepsilon}\boldsymbol{e}_z\times\boldsymbol{E}_s'=\frac{c\sqrt{\mu_0\varepsilon}}{r}\mathrm{e}^{\mathrm{i}(k'z-\omega t)}\boldsymbol{e}_\theta$$

即在 $z>0$ 充满 ε 介质区域有 TEM 波为

$$\begin{cases}\boldsymbol{E}_s'(\boldsymbol{x},t)=\dfrac{c}{r}\mathrm{e}^{\mathrm{i}(k'z-\omega t)}\boldsymbol{e}_r\\ \boldsymbol{B}_s'(\boldsymbol{x},t)=\dfrac{c\sqrt{\mu_0\varepsilon}}{r}\mathrm{e}^{\mathrm{i}(k'z-\omega t)}\boldsymbol{e}_\theta\end{cases}\tag{6}$$

类似地，对 $z<0$ 区域，$\varepsilon=\varepsilon_0$，TEM 波为

$$\boldsymbol{E}(\boldsymbol{x},t)=\frac{b}{r}\mathrm{e}^{\mathrm{i}(kz-\omega t)}\boldsymbol{e}_r$$

$$\boldsymbol{B}(\boldsymbol{x},t)=\frac{b\sqrt{\mu_0\varepsilon_0}}{r}\mathrm{e}^{\mathrm{i}(kz-\omega t)}\boldsymbol{e}_\theta\tag{7}$$

b、c 为任意常数. 波数 $k=\dfrac{\omega}{c},k'=\omega\sqrt{\mu_0\varepsilon}$.

(b) 以 $z=0$ 面为分界面，TEM 波从真空垂直射入介质，假设反射波与透射波都是 TEM 波，入射波由式(7)表示，透射波由式(6)表示，反射波记为

$$\boldsymbol{E}''(\boldsymbol{x},t)=\frac{d}{r}\mathrm{e}^{-\mathrm{i}(kz+\omega t)}\boldsymbol{e}_r$$

$$\boldsymbol{B}''(\boldsymbol{x},t)=-\frac{d}{r}\mathrm{e}^{-\mathrm{i}(kz+\omega t)}\boldsymbol{e}_\theta\tag{8}$$

则 $z=0$ 面的边值关系为

$$(E_r+E_r''-E_r')\big|_{z=0}=0$$

$$(H_\theta+H_\theta''-H_\theta')\big|_{z=0}=0\tag{9}$$

联合式(6)~式(9)即得

$$c=\frac{2}{1+\sqrt{\mu_0\varepsilon}}b,\qquad d=\frac{1-\sqrt{\mu_0\varepsilon}}{1+\sqrt{\mu_0\varepsilon}}b\tag{10}$$

由式(10)得反射系数与透射系数为

$$R=\left(\frac{1-\sqrt{\mu_0\varepsilon}}{1+\sqrt{\mu_0\varepsilon}}\right)^2,\qquad D=\frac{4\sqrt{\mu_0\varepsilon}}{\left(1+\sqrt{\mu_0\varepsilon}\right)^2}\tag{11}$$

(c) 入射波平均能流密度为

$$\boldsymbol{S}=\frac{1}{2}\varepsilon_0E^2\boldsymbol{e}_z\tag{12}$$

因此通过 $z=0$ 分界面平均入射总能量为

$$\begin{aligned}W&=\int_{z=0}\boldsymbol{S}\cdot\mathrm{d}\sigma=\frac{\varepsilon_0}{2}\int_0^{2\pi}\mathrm{d}\theta\int_{r_1}^{r_2}\frac{b^2}{r^2}r\mathrm{d}r\mathrm{d}\theta\\&=\pi\cdot\varepsilon_0b^2\ln\frac{r_2}{r_1}\end{aligned}\tag{13}$$

注意式(13)中 b 为任意常数. W 中被反射的能量为 RW，透射能量为 DW，R、D 是式(11)中的反射、折射系数.

4.39　证明在同轴波导中可传播一个电场和磁场都垂直于柱轴的电磁模

题 4.39　已知一个波导是由两个同轴的理想圆柱组成，辐射在它们之间传播. 证明：存在这样一个模式，它的电磁场都垂直于圆柱轴. 这个模有截止频率吗？计算这个模的传播速度和沿轴向的时间平均功率流.

解　为计算简单，取轴向为 z 轴方向，假设圆柱之间区域为真空. 参考题 4.38，TEM 波正是电场、磁场均与轴线垂直的模式，它们是

$$\boldsymbol{E}=\frac{A}{r}\mathrm{e}^{\mathrm{i}(kz-\omega t)}\boldsymbol{e}_r$$

$$\boldsymbol{B}=\frac{A}{r}\sqrt{\mu_0\varepsilon_0}\,\mathrm{e}^{\mathrm{i}(kz-\omega t)}\boldsymbol{e}_\theta$$

A 为任意常数. 在式中 $k=\dfrac{\omega}{c}$，永远为实数，因此 TEM 波不存在截止频率，且波的传播速度为光速 c.

与题 4.38 类似，沿轴向的平均功率流为

$$P=\pi\varepsilon_0A^2\ln\frac{b}{a}$$

式中，a、b 为圆柱的半径($b>a$).

4.40　由两条相互平行截面形状任意的导线组成的传输线，周围充满介质，导出沿轴传播电磁波的波动方程

题 4.40　一条传输线由两个互相平行的有任意形状的截面组成. 电流从一导体流入，从另一导体流出. 导体处于介电常量为ε、磁导率为μ的绝缘介质中. 如题图 4.40 所示. (a) 对于沿 z 传播的波，导出介质中 $\boldsymbol{E}$ 和 $\boldsymbol{B}$ 的波动方程. (b) 求波的传播速度. (c) 在什么条件下，可以定义两导体的电压？(**注：** 要定义电压，导体上 z=常数的平面上各点必须等电势，对另一导体有同样的要求.)

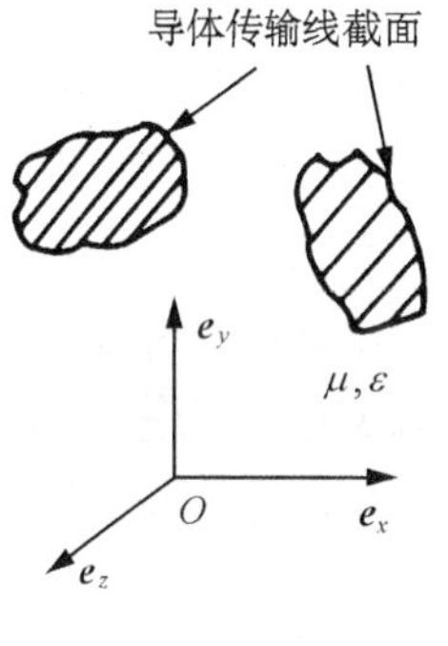

题图 4.40

解　(a) 均匀介质中麦克斯韦方程组为

$$\nabla\times\boldsymbol{E}=-\frac{\partial\boldsymbol{B}}{\partial t},\qquad \nabla\times\boldsymbol{H}=\frac{\partial\boldsymbol{D}}{\partial t}$$

$$\nabla\cdot\boldsymbol{D}=0,\qquad \nabla\cdot\boldsymbol{B}=0$$

故有

$$\nabla\times(\nabla\times\boldsymbol{E})=-\frac{\partial}{\partial t}\nabla\times\boldsymbol{B}=-\mu\varepsilon\frac{\partial^2\boldsymbol{E}}{\partial t^2}$$

因为

$$\nabla\times(\nabla\times\boldsymbol{E})=\nabla(\nabla\cdot\boldsymbol{E})-\nabla^2\boldsymbol{E}=-\nabla^2\boldsymbol{E}$$

故

$$\nabla^2 \boldsymbol{E} - \mu\varepsilon \frac{\partial^2 \boldsymbol{E}}{\partial t^2} = 0$$

同样

$$\nabla^2 \boldsymbol{B} - \mu\varepsilon \frac{\partial^2 \boldsymbol{B}}{\partial t^2} = 0$$

(b) 显然，波的传播速度为 $v = \dfrac{1}{\sqrt{\varepsilon\mu}}$.

(c) 要求的条件是 $\lambda \gg l$，l 为导体横截面的线度.

4.41　电磁波在地球电离层中的传播

题 4.41　日常生活中的电视、电台广播，无线通信等都离不开电磁波在电离层中的传播；地磁场虽然较微弱，但是起重要影响. 为了认识这一点，让我们考虑密度均匀的稀薄电子等离子体，外加均匀静磁场，其磁感应强度为 $\boldsymbol{B}_0 = B_0 \boldsymbol{e}_z$，并有沿着与 $\boldsymbol{B}_0$ 平行方向传播的电磁波横波，其电矢量可表示为

$$\boldsymbol{E}(\boldsymbol{x},t) = \boldsymbol{\varepsilon} E \mathrm{e}^{\mathrm{i}kz - \mathrm{i}\omega t}$$

其中 E 为电磁波振幅，$\boldsymbol{\varepsilon}$ 为偏振矢量. 在该等离子体中，电子运动对于电磁属性起主要作用. 电子运动的振幅很小，在电子运动范围内可认为场量不随空间变化，并且略去各种碰撞.

(a) 请写出该等离子体中电子的运动方程；

(b) 电磁波左旋、右旋圆偏振矢量

$$\boldsymbol{\varepsilon} = \frac{1}{\sqrt{2}}\left(\boldsymbol{e}_x \pm \mathrm{i}\boldsymbol{e}_y\right) = \boldsymbol{\varepsilon}_\pm$$

其中，$\boldsymbol{e}_x$、$\boldsymbol{e}_y$ 分别为沿 x、y 方向的单位矢量. 请分别导出两种圆偏振情形电子运动的稳态解；

(c) 带电粒子体系的电偶极矩定义为

$$\boldsymbol{p} = \sum_i q_i \boldsymbol{x}_i$$

请由上面两种圆偏振下电子运动的解导出相应电磁波传播的介电系数，已知电子数密度为 n.

参考数据　电离层的自由电子密度的最大值一般为 $10^4 \sim 10^6$ 个电子 / 厘米^3，地磁场磁感应强度大小大约 $30\mu\mathrm{T} = 3.0\times10^{-5}\mathrm{T}$. 中波(AM)频率大约 $10^6\,\mathrm{Hz}$，短波比此高，而调频(FM)广播信号频率比 AM 信号频率高大约 2 个量级，大约为 $10^8\,\mathrm{Hz}$ [如合肥电台文艺广播中波 747kHz，调频 87.6MHz，合肥电台故事广播 1170kHz，98.8MHz. 电视信号频率一般大约 110～872MHz，安徽卫视信号下行频率：3929MHz].

解　(a) 在题给近似下，该等离子体中电子的运动方程

$$m\ddot{\boldsymbol{x}} - e\boldsymbol{B}_0 \times \dot{\boldsymbol{x}} = -e\boldsymbol{E}\mathrm{e}^{-\mathrm{i}\omega t} \tag{1}$$

式中入射电磁波的 $\boldsymbol{B}$ 场的影响与静磁场 $\boldsymbol{B}_0$ 比较，已经略去不计，而电子的电荷写成 $-e$.

(b) 利用题给左旋、右旋圆偏振矢量

$$\boldsymbol{\varepsilon} = \frac{1}{\sqrt{2}}\left(\boldsymbol{e}_x \pm \mathrm{i}\boldsymbol{e}_y\right) = \boldsymbol{\varepsilon}_\pm$$

我们写出

$$\boldsymbol{E} = \frac{1}{\sqrt{2}}\left(\boldsymbol{\varepsilon}_1 \pm \mathrm{i}\boldsymbol{\varepsilon}_2\right)E = \boldsymbol{\varepsilon}_\pm E \tag{2}$$

和相似的 $\boldsymbol{x}$ 表式，因为取 $\boldsymbol{B}_0$ 方向与 $\boldsymbol{\varepsilon}_1$ 和 $\boldsymbol{\varepsilon}_2$ 正交，式(1)中的矢积只有 $\boldsymbol{\varepsilon}_1$ 和 $\boldsymbol{\varepsilon}_2$ 方向上的分量，横向分量解耦. 求 $\mathrm{e}^{-\mathrm{i}\omega t}$ 形式解式(1)化为

$$-m\omega^2\boldsymbol{x} + e\mathrm{i}\omega\boldsymbol{B}_0 \times \boldsymbol{x} = -e\boldsymbol{\varepsilon}_\pm E\mathrm{e}^{-\mathrm{i}\omega t} \tag{3}$$

由于

$$\boldsymbol{\varepsilon}_\pm \times \boldsymbol{e}_z = \frac{1}{\sqrt{2}}\left(\boldsymbol{\varepsilon}_1 \pm \mathrm{i}\boldsymbol{\varepsilon}_2\right)\times \boldsymbol{e}_z = \frac{1}{\sqrt{2}}\left(-\boldsymbol{\varepsilon}_2 \pm \mathrm{i}\boldsymbol{\varepsilon}_1\right) = \pm\frac{\mathrm{i}}{\sqrt{2}}\left(\boldsymbol{\varepsilon}_1 \pm \mathrm{i}\boldsymbol{\varepsilon}_2\right) = \pm\mathrm{i}\boldsymbol{\varepsilon}_\pm \tag{4}$$

可取 $\boldsymbol{x} = x\boldsymbol{\varepsilon}_\pm$ 形式的解，矢量形式的式(1)进一步化为如下标量形式的方程：

$$-m\omega^2 x \pm e\omega B_0 x = -eE\mathrm{e}^{-\mathrm{i}\omega t} \tag{5}$$

故式(1)的稳恒态解为

$$\boldsymbol{x} = \frac{e}{m\omega\left(\omega \mp \omega_B\right)}\boldsymbol{E} \tag{6}$$

式中 ω_B 是带电粒子在磁场中的进动频率，

$$\omega_B = \frac{eB_0}{m} \tag{7}$$

(c) 带电粒子体系的电偶极矩定义为

$$\boldsymbol{p} = \sum_i q_i \boldsymbol{x}_i$$

这样单位体积的电偶极矩也就是电极化强度为

$$\boldsymbol{P} = en\boldsymbol{x} = eNZ\frac{e}{m\omega\left(\omega \mp \omega_B\right)}\boldsymbol{E} \tag{8}$$

由于 $\boldsymbol{P} = (\varepsilon - \varepsilon_0)\boldsymbol{E}$ ，上式给出介电常量

$$\frac{\varepsilon_\mp}{\varepsilon_0} = 1 - \frac{\omega_p^2}{\omega\left(\omega \mp \omega_B\right)} \tag{9}$$

式中

$$\omega_\mathrm{p} = \sqrt{\frac{NZe^2}{\varepsilon_0 m}} \tag{10}$$

即等离子体频率.

4.42　单色平面电磁辐射波垂直射入充满稀薄等离子体的空间中

题 4.42　一束频率为 ω ，电场振幅为 E_0 ，沿 x 方向偏振的平面电磁辐射波垂直射入充满稀薄等离子体的空间中. 等离子体的密度为 n_0 ，电荷密度为 ρ .

(a) 将电导率表示成频率的函数；

(b) 利用麦克斯韦方程，确定等离子体的折射率；

(c) 计算等离子体中的电场，并在等离子体边缘区域，画出电场振幅与位置的关系曲线.

解 (a) 在高斯单位制下，近似取等离子体磁导率 $\mu=1$，则等离子体中的麦克斯韦方程为

$$\begin{cases}\nabla\cdot\boldsymbol{E}'=4\pi\rho=0\\ \nabla\times\boldsymbol{E}'=-\dfrac{1}{c}\dfrac{\partial\boldsymbol{B}'}{\partial t}\\ \nabla\cdot\boldsymbol{B}'=0\\ \nabla\times\boldsymbol{B}'=\dfrac{4\pi}{c}\boldsymbol{j}+\dfrac{1}{c}\dfrac{\partial\boldsymbol{E}'}{\partial t}\end{cases}\tag{1}$$

另外欧姆定律给出

$$\boldsymbol{j}=-n_0e\boldsymbol{v}=\sigma\boldsymbol{E}'\tag{2}$$

v 是等离子体中的电子速度. 当 $\boldsymbol{v}$ 的大小满足 $v\ll c$ 时，认为磁场对电子的作用力比电场的作用力小得多，则电子的运动方程为

$$\frac{\mathrm{d}\boldsymbol{v}}{\mathrm{d}t}=-\frac{e}{m}\boldsymbol{E}'\tag{3}$$

对定态简谐波，$\boldsymbol{E}'=\boldsymbol{E}'(\boldsymbol{x})\mathrm{e}^{-\mathrm{i}\omega t}$，则由式(3)可解出

$$\boldsymbol{v}=-\mathrm{i}\frac{e}{\omega m}\boldsymbol{E}'\tag{4}$$

即有

$$\boldsymbol{j}=\mathrm{i}\frac{n_0e^2}{m\omega}\boldsymbol{E}'$$

所以电导率为

$$\sigma=\mathrm{i}\frac{n_0e^2}{m\omega}\tag{5}$$

(b) 由式(4)可求得电子的位移为

$$\boldsymbol{x}=\frac{e}{m\omega^2}\boldsymbol{E}'$$

故等离子体的极化矢量为

$$\boldsymbol{P}=-n_0e\boldsymbol{x}=\frac{n_0e^2}{m\omega^2}\boldsymbol{E}'$$

而电位移矢量

$$\boldsymbol{D}=\varepsilon\boldsymbol{E}'=\boldsymbol{E}'+4\pi\boldsymbol{P}$$

从而得到介电常量为

$$\varepsilon=1-\left(\frac{\omega_p}{\omega}\right)^2\tag{6}$$

式中

$$\omega_{\mathrm{p}}=\sqrt{\frac{4\pi n_0e^2}{m}}\tag{7}$$

称为等离子体频率.

(c) 等离子体的折射率

$$n=\sqrt{\varepsilon}=\sqrt{1-\frac{\omega_{\mathrm{p}}^2}{\omega^2}} \tag{8}$$

入射波电矢量为 $\boldsymbol{E}_0=\boldsymbol{E}_0\mathrm{e}^{\mathrm{i}(\boldsymbol{k}\cdot\boldsymbol{x}-\omega t)}\boldsymbol{e}_r$，在等离子体边缘区域，由 $\boldsymbol{E}$ 的法向连续性，可知在等离子体中电场也是平面偏振波，其振幅为

$$E'=\frac{2E_0}{1+n}$$

波数为

$$k'=\frac{\omega}{c}n=kn$$

即等离子体中的电场为

$$E'=\frac{2E_0}{1+n}\mathrm{e}^{\mathrm{i}(k\boldsymbol{n}\cdot\boldsymbol{x}-\omega t)} \tag{9}$$

当 $\omega>\omega_{\mathrm{p}}$ 时，n 与 k' 为实数，E' 为波动形式；当 $\omega=\omega_{\mathrm{p}}$ 时，$n=0$，E' 为常量；当 $\omega<\omega_{\mathrm{p}}$ 时，n 与 k' 为虚数，E' 按指数规律衰减. 上述结果如题图 4.42 所示.

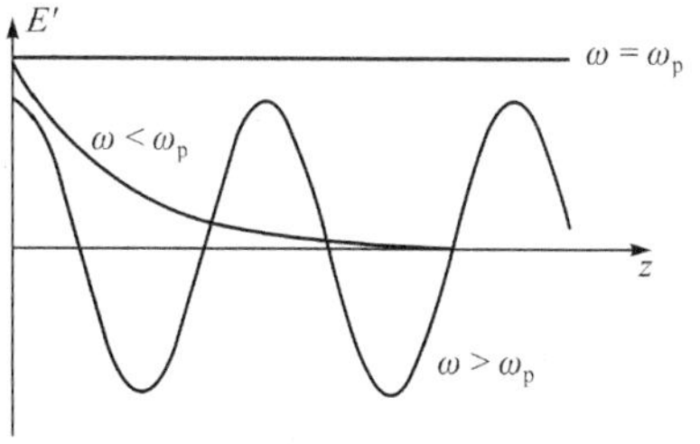

题图 4.42　电场振幅与位置的关系曲线

第 5 章　电磁波的辐射

5.1　如何消除测量仪器受各种因素的影响

题 5.1　一个测量仪器在受到以下因素影响时，你将如何加以消除？(a) 高频电场. (b) 低频电场. (c) 高频磁场. (d) 低频磁场. (e) 直流磁场.

解　(a) 可用两层不同介质组成的球壳将测量仪器罩上，要求内层介质的介电常量大于外层介质的介电常量，这样电磁波在二层介质的界面上发生全反射，使高频电场穿透深度很小.

(b) 用良导体壳或金属网将仪器罩上，因低频电场穿透深度为 1cm 左右. 所以导体壳应略厚一些.

(c) 用铁磁性材料将仪器罩上. 如果条件允许，用超导体壳罩上则更佳.

(d) 用铁磁性材料如纯铁硒钢片罩上.

(e) 用铍膜合金将仪器包起来.

其中(c)、(d)、(e)所用材料的厚度视磁场强弱而定，磁场越强，所需材料越厚.

5.2　求一块有均匀交流电的薄片的面上每单位面积的辐射功率

题 5.2　(a) 在一块载有均匀交流电的薄片的一面上，每单位面积辐射功率是多少？(b) 以欧姆为单位，求一块方形载流片的等效辐射电阻. (c) 在单位长度上的面电流密度为 1000A 时，求由于辐射作用于一面的单位面积上的作用力.

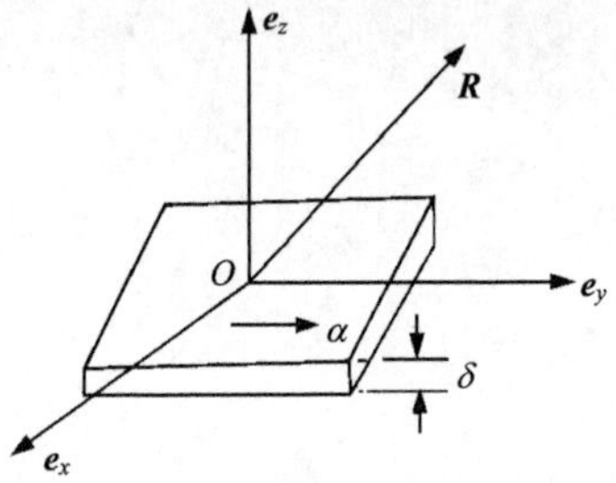

题图 5.2

解　(a) 如题图 5.2，在薄片中通过面电流，通过单位长度的电流密度为 $\alpha=\alpha e^{-i\omega t}$，对远处而言，薄片可视为一个小偶极子，则单位面积上的偶极矩的变化率为

$$\dot{\boldsymbol{p}}=\alpha e^{-i\omega t}\boldsymbol{e}_y$$

因此从单位面积薄片上辐射的功率为

$$P=\frac{1}{4\pi\varepsilon_0}\cdot\frac{|\ddot{\boldsymbol{p}}|^2}{3c^3}=\frac{\alpha^2\omega^2}{12\pi\varepsilon_0 c^3}$$

由于厚度 δ 很薄，辐射主要从上下底面发出，因此从薄片一面的单位面积上辐射的功率为

$$\frac{P}{2}=\frac{\alpha^2\omega^2}{24\pi\varepsilon_0 c^3}$$

(b) 每单位面积上的等效辐射电阻为

$$R_r = \frac{P}{\frac{1}{2}\alpha^2} = \frac{\omega^2}{6\pi\varepsilon_0 c^3}$$

(c) $\frac{P}{2}$ 是每单位时间从薄面的单位面积向空中辐射电磁波的能量，这个能量会对薄片反过来产生压力作用，因电磁波的速度为 c，故每面单位面积上受到的压力为

$$F = \frac{\frac{P}{2}}{c} = \frac{\alpha^2\omega^2}{24\pi\varepsilon_0 c^4}$$

代入已知数据，交流电频率 $f = 50\,\text{Hz}$，α =1000A. $\varepsilon_0 = 8.85\times10^{-12}\,\text{F/m}$，得

$$F \approx 1.83\times10^{-14}\,(\text{N})$$

5.3　已知某广播电台发射频率为 90MHz 的电波，辐射功率为 100kW，试求离电台 20km 处的电场强度

题 5.3　已知 WGBH-FM 广播电台在频率为 90MHz 时的辐射功率为 100kW,此电台的天线位于山上，相距 M.I.T 20km. 试粗略估计在 M.I.T 处的电场强度(以 V/m 为单位).

解　辐射能流密度为

$$I = \frac{1}{2}\varepsilon_0 E_0^2 c$$

辐射功率为

$$P = 4\pi R^2 I = 2\pi\varepsilon_0 c R^2 E_0^2$$

故得 M. I. T 处的电场为

$$E_0 = \left(\frac{P}{2\pi\varepsilon_0 c R^2}\right)^{\frac{1}{2}} = \left[\frac{10^5}{2\pi\times8.85\times10^{-12}\times3\times10^8\times(2\times10^4)^2}\right]^{\frac{1}{2}}$$
$$= 0.12(\text{V/m})$$

5.4　试求在原点处的点电荷受一束平面偏振电磁波照射时产生的辐射电磁场

题 5.4　一个振荡的电偶极子 $\boldsymbol{P}(t)$ 的辐射场为

$$\boldsymbol{B}(\boldsymbol{r},t) = -\frac{\mu_0}{4\pi rc}\boldsymbol{e}_r\times\frac{\partial^2}{\partial t^2}\boldsymbol{P}\left(t-\frac{r}{c}\right)$$

$$\boldsymbol{E}(\boldsymbol{r},t) = -c\boldsymbol{e}_r\times\boldsymbol{B}(\boldsymbol{r},t)$$

(a) 在原点处的一个点电荷 q 被一束平面线偏振电磁波照射，已知波的频率为 ω，电场振幅为 $\boldsymbol{E}_0$. 试写出辐射电磁场. (b) 指出空间 $\boldsymbol{r}$ 处 $\boldsymbol{E}$、$\boldsymbol{B}$ 的方向. 描述辐射场的偏振性质. (c) 在球坐标下，写出辐射强度与角度的关系. 假定 z 轴是入射光的传播方向，x 轴为入射光的偏振方向.

解　(a) 对低速振动电荷，忽略磁场的作用，由题 4.21 知，在电磁波照射下，电荷的

位移为

$$\boldsymbol{x}=-\frac{q\boldsymbol{E}_0}{m\omega^2}\mathrm{e}^{-\mathrm{i}\omega t}$$

故得电偶极矩为

$$\boldsymbol{P}(t)=q\boldsymbol{x}=-\frac{q^2\boldsymbol{E}_0}{m\omega^2}\mathrm{e}^{-\mathrm{i}\omega t}$$

$$\ddot{\boldsymbol{p}}\left(t-\frac{r}{c}\right)=\frac{q^2\boldsymbol{E}_0}{m}\mathrm{e}^{\mathrm{i}(kr-\omega t)}$$

$$k=\frac{\omega}{c}$$

代入本题所给辐射场公式可得

$$\boldsymbol{B}(\boldsymbol{r},t)=-\frac{\mu_0 q^2}{4\pi mrc}\mathrm{e}^{\mathrm{i}(kr-\omega t)}\boldsymbol{e}_r\times\boldsymbol{E}_0$$

$$\boldsymbol{E}(\boldsymbol{r},t)=\frac{\mu_0 q^2}{4\pi mr}\mathrm{e}^{\mathrm{i}(kr-\omega t)}\boldsymbol{e}_r\times(\boldsymbol{e}_r\times\boldsymbol{E}_0)$$

$$=\frac{\mu_0 q^2}{4\pi mr}\mathrm{e}^{\mathrm{i}(kr-\omega t)}[(\boldsymbol{E}_0\cdot\boldsymbol{e}_r)\boldsymbol{e}_r-\boldsymbol{E}_0]$$

(b) $\boldsymbol{E}$、$\boldsymbol{B}$ 方向如题图 5.4 所示. 显然电场、磁场矢量都是线偏振的.

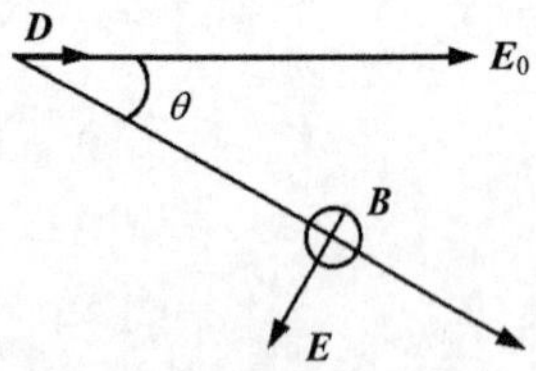

题图 5.4

(c) $\boldsymbol{E}_0=E_0\boldsymbol{e}_x$，而

$$\boldsymbol{e}_r\times\boldsymbol{e}_x=\cos\theta\cos\phi\boldsymbol{e}_\phi-\sin\phi\boldsymbol{e}_\theta$$

辐射光强即辐射平均能流密度，为

$$\overline{\boldsymbol{S}}=\frac{1}{2}\mathrm{Re}\{\boldsymbol{E}^*\times\boldsymbol{H}\}$$

$$=\frac{1}{2\mu_0}\mathrm{Re}\{-c(\boldsymbol{e}_r\times\boldsymbol{B}^*)\times\boldsymbol{B}\}$$

由题图 5.4 知，$\boldsymbol{e}_r\cdot\boldsymbol{B}_0=0$，故得

$$\overline{\boldsymbol{S}}=\frac{c}{2\mu_0}|\boldsymbol{B}|^2\boldsymbol{e}_r=\frac{\mu_0 q^4E_0^2}{32\pi^2cm^2r^2}(\cos^2\theta\cos^2\phi+\sin^2\phi)\boldsymbol{e}_r$$

5.5 极化率为 $\alpha(\omega)$ 的位于原点的重原子处于电磁场中，求它的辐射场以及单位立体角的辐射能量

题 5.5 一个重原子，极化率为 $\alpha(\omega)$，处于电磁场

$$\boldsymbol{E}=E_0\mathrm{e}^{\mathrm{i}(kx-\omega t)}\boldsymbol{e}_z$$

之中，原子位于坐标原点，求原子的辐射电磁场和单位立体角内的辐射能量. 说明计算中所用到的近似，并论证当ω增大时，这些近似将不再成立.

解 把原子视为坐标原点的电偶极子，其电偶极矩为

$$\boldsymbol{P}=\varepsilon_0\alpha\boldsymbol{E}=\varepsilon_0\alpha E_0\mathrm{e}^{-\mathrm{i}\omega t}\boldsymbol{e}_z$$

故原子发出的电偶极辐射场为

$$B(r,t)=\frac{\alpha E_0\omega^2}{4\pi c^3 r}\sin\theta e^{i(kr-\omega t)}\boldsymbol{e}_\phi$$

$$E(r,t)=\frac{\alpha E_0\omega^2}{4\pi c^2 r}\sin\theta e^{i(kr-\omega t)}\boldsymbol{e}_\theta$$

单位立体角内的辐射能量等于辐射平均能流密度，即

$$\frac{dW}{d\Omega}=\overline{\boldsymbol{S}}=\frac{c}{2\mu_0}|\boldsymbol{B}|^2\boldsymbol{e}_r=\frac{\varepsilon_0\alpha^2E_0^2\omega^4}{32\pi^2c^4r^2}\sin^2\theta\boldsymbol{e}_r$$

设原子线度为 l，则电偶极辐射近似的条件要求 $l/\lambda\ll 1$，当 ω 增大时，λ 要减小，因此当 ω 大到一定程度时，此近似就不成立了.

5.6　讨论一个沿径向波动的带电球的辐射问题

题 5.6　一个沿径向波动的带电球. (a) 它发出电磁辐射. (b) 产生一个静磁场. (c) 使附近一个带电粒子运动.

解　答案为(a).

5.7　已知 φ，$\boldsymbol{A}$ 满足洛伦兹条件，证明变换后的 $\varphi',\boldsymbol{A}'$ 也满足洛伦兹条件

题 5.7　若 φ，$\boldsymbol{A}$ 满足洛伦兹条件，证明

$$\varphi'=\varphi+\sum_j ja\frac{\omega_j}{c^2}e^{i(\boldsymbol{k}_j\cdot\boldsymbol{r}-\omega_j t)}$$

$$\boldsymbol{A}'=\boldsymbol{A}+\sum_j j\boldsymbol{k}_j\frac{\omega_j}{c^2}e^{i(\boldsymbol{k}_j\cdot\boldsymbol{r}-\omega_j t)}$$

也满足洛伦兹条件. 其中 a 是任意常数，$k_j^2=\dfrac{\omega_j^2}{c^2}$.

证明　$$\nabla\cdot\boldsymbol{A}'+\frac{1}{c^2}\cdot\frac{\partial\varphi'}{\partial t}=\nabla\cdot\left[\boldsymbol{A}+\sum_j ja\boldsymbol{k}_j\frac{\omega_j}{c^2}e^{i(\boldsymbol{k}_j\cdot\boldsymbol{r}-\omega_j t)}\right]+\frac{1}{c^2}\cdot\frac{\partial}{\partial t}\left[\varphi+\sum_j ja\frac{\omega_j}{c^2}e^{i(\boldsymbol{k}_j\cdot\boldsymbol{r}-\omega_j t)}\right]$$

$$=\sum_j ja\nabla\cdot\left[\boldsymbol{k}_j e^{i(\boldsymbol{k}_j\cdot\boldsymbol{r}-\omega_j t)}\right]+\sum_j ja\frac{\omega_j}{c^2}\cdot\frac{\partial}{\partial t}e^{i(\boldsymbol{k}_j\cdot\boldsymbol{r}-\omega_j t)}$$

$$=\sum_j ja(i\boldsymbol{k}_j)\cdot\boldsymbol{k}_j e^{i(\boldsymbol{k}_j\cdot\boldsymbol{r}-\omega_j t)}+\sum_j ja\frac{\omega_j}{c^2}(-i\omega_j)e^{i(\boldsymbol{k}_j\cdot\boldsymbol{r}-\omega_j t)}$$

$$=\sum_j ija\left(\boldsymbol{k}_j^2-\frac{\omega_j^2}{c^2}\right)e^{i(\boldsymbol{k}_j\cdot\boldsymbol{r}-\omega_j t)}=0$$

5.8　电荷分布 z 轴对称的系统的电四极矩随时间变化，估计能流密度的角分布

题 5.8　设关于 z 轴对称分布的电荷形成的电四极矩随时间变化，试估计能流密度 $\boldsymbol{S}$ 的角分布.

解　z 轴对称电荷分布的电四极矩具有如下性质：

$$D_{xx}=D_{yy},\qquad D_{xx}+D_{yy}+D_{zz}=0$$
$$D_{xx}=D_{yy}=-\frac{1}{2}D_{zz}\tag{1}$$

于是电四极矩表示成

$$\overleftrightarrow{\boldsymbol{D}}=D(\boldsymbol{ii}+\boldsymbol{jj}-2\boldsymbol{kk})\tag{2}$$

而

$$\begin{aligned}\dddot{\overleftrightarrow{\boldsymbol{D}}}\cdot\boldsymbol{e}_r&=\ddot{D}(\boldsymbol{ii}+\boldsymbol{jj}-2\boldsymbol{kk})\cdot\boldsymbol{e}_r\\&=\ddot{D}(\boldsymbol{ii}+\boldsymbol{jj}-2\boldsymbol{kk})\cdot(\sin\theta\cos\phi\boldsymbol{i}+\sin\theta\sin\phi\boldsymbol{j}+\cos\theta\boldsymbol{k})\\&=\ddot{D}(\sin\theta\cos\phi\boldsymbol{i}+\sin\theta\sin\phi\boldsymbol{j}-2\cos\theta\boldsymbol{k})\end{aligned}\tag{3}$$

故有

$$(\dddot{\overleftrightarrow{\boldsymbol{D}}}\cdot\boldsymbol{e}_r)\times\boldsymbol{e}_r\propto\sin\theta\cos\theta\tag{4}$$

辐射场

$$\boldsymbol{B}_{\mathrm{D}}=\frac{\mathrm{e}^{\mathrm{i}kr}}{24\pi\varepsilon_0c^4r}(\boldsymbol{e}_r\cdot\dddot{\overleftrightarrow{\boldsymbol{D}}})\times\boldsymbol{e}_r,\qquad|\boldsymbol{B}_{\mathrm{D}}|\propto\sin\theta\cos\theta\tag{5}$$

平均能流

$$\overline{\boldsymbol{S}}=\frac{1}{2}\mathrm{Re}\{\boldsymbol{E}^*\times\boldsymbol{H}\}=\frac{c}{2\mu_0}|\boldsymbol{B}_{\mathrm{D}}|^2\boldsymbol{e}_r\propto\sin^2\theta\cos^2\theta\tag{6}$$

5.9　频率相同的两个振动的电偶极矩，方向夹角为 ϕ_0，相差为 $\pi/2$，求远处的辐射场

题 5.9　设有两个电偶极矩以相同的频率 ω 振动，它们的相差为 $\dfrac{\pi}{2}$，两个电偶极矩振幅的大小都为 p_0，方向夹角为 ϕ_0，若两振子间距离远比波长小，求辐射场.

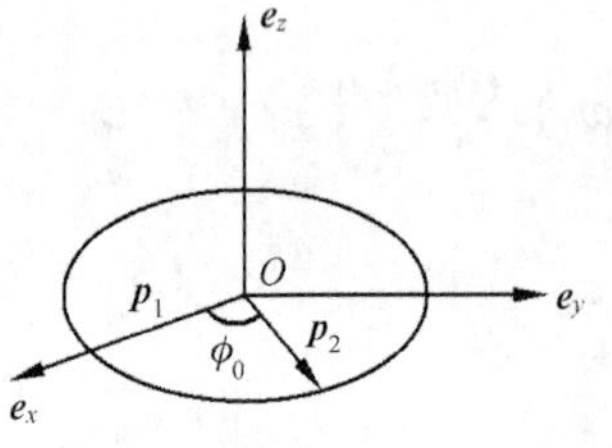

题图 5.9

解　如题图 5.9，设两振子都在 xy 平面. 两电偶极矩指数形式写成

$$\boldsymbol{p}_1=p_0\mathrm{e}^{-\mathrm{i}\omega t}\boldsymbol{i}$$
$$\boldsymbol{p}_2=\mathrm{i}p_0(\cos\phi_0\boldsymbol{i}+\sin\phi_0\boldsymbol{j})\mathrm{e}^{-\mathrm{i}\omega t}\tag{1}$$

$$\boldsymbol{n}=\sin\theta\cos\phi\boldsymbol{i}+\sin\theta\sin\phi\boldsymbol{j}+\cos\theta\boldsymbol{k},\qquad\boldsymbol{n}=\frac{\boldsymbol{k}}{k}\tag{2}$$

$$\ddot{\boldsymbol{p}}_1=-\omega^2\boldsymbol{p}_1,\qquad\ddot{\boldsymbol{p}}_2=-\omega^2\boldsymbol{p}_2\tag{3}$$

对应的辐射场为

$$\boldsymbol{B}_1 = \frac{1}{4\pi\varepsilon_0 c^3 r}\mathrm{e}^{\mathrm{i}kr}\ddot{\boldsymbol{p}}_1 \times \boldsymbol{n}, \qquad \boldsymbol{B}_2 = \frac{1}{4\pi\varepsilon_0 c^3 r}\mathrm{e}^{\mathrm{i}kr}\ddot{\boldsymbol{p}}_2 \times \boldsymbol{n} \tag{4}$$

总辐射场(在球坐标系下)

$$\boldsymbol{B} = \boldsymbol{B}_1 + \boldsymbol{B}_2 = \frac{\omega^2 p_0 \mathrm{e}^{\mathrm{i}kr}}{4\pi\varepsilon_0 c^3 r}\{[\sin\phi + \mathrm{i}\sin(\phi-\phi_0)]\boldsymbol{e}_\theta + [\cos\phi + \mathrm{i}\cos(\phi-\phi_0)\cos\theta]\boldsymbol{e}_\phi\}\mathrm{e}^{-\mathrm{i}\omega t}$$

$$\boldsymbol{E} = c\boldsymbol{B}\times\boldsymbol{n} \tag{5}$$

当 $\phi_0 = \dfrac{\pi}{2}$ 时，有

$$\boldsymbol{B} = -\frac{\omega^2 p_0}{4\pi\varepsilon_0 c^3 r}\mathrm{e}^{\mathrm{i}kr}(\mathrm{i}\boldsymbol{e}_\theta - \cos\theta\boldsymbol{e}_\phi)\mathrm{e}^{-\mathrm{i}(\omega t-\phi)} \tag{6}$$

$$\boldsymbol{E} = \frac{\omega^2 p_0}{4\pi\varepsilon_0 c^3 r}\mathrm{e}^{\mathrm{i}kr}(\cos\theta\boldsymbol{e}_\theta + \mathrm{i}\boldsymbol{e}_\phi)\mathrm{e}^{-\mathrm{i}(\omega t-\phi)} \tag{7}$$

5.10　分析一个点电荷发出辐射的条件

题 5.10　一个电荷发出辐射的条件是：(a) 不论以什么方式运动. (b) 被加速. (c) 被束缚在原子之中.

解　答案为(b).

5.11　分析天线辐射角分布具有偶极辐射特征的条件

题 5.11　一个天线辐射角分布具有偶极辐射特征的条件：(a) 波长与天线相比很长. (b) 波长与天线相比很短. (c)天线具有适当的形状.

解　答案为(a).

5.12　半径为 a 的电流随时间变化的小电流环在远处的辐射场和辐射角分布

题 5.12　一个半径为 a 的小圆环载有电流 $i = i_0\cos\omega t$ (题图 5.12)，此环位于 xy 平面上. (a) 计算系统的第一级非零多极矩. (b) 对 $r\to\infty$ 时，给出系统的矢势，并计算辐射场及辐射角的分布. (c) 描述辐射图形的主要特征. (d) 计算平均辐射的总功率.

解　(a) 对小圆环电流，第一级非零多极是它的磁偶极矩

$$\boldsymbol{m} = \pi a^2 i_0 \cos\omega t\boldsymbol{e}_z$$

(b) 取圆环中心为原点，设空间点位置矢量为 $\boldsymbol{r}(r,\theta,\varphi)$，当 $r\to\infty$ 时，该点的矢势为

$$\boldsymbol{A}(\boldsymbol{r},t) = \frac{\mathrm{i}k\mu_0\mathrm{e}^{\mathrm{i}kr}}{4\pi r}\boldsymbol{n}\times\boldsymbol{m}$$

式中，$\boldsymbol{n} = \boldsymbol{e}_r, k = \dfrac{\omega}{c}$，取复数形式的磁偶极矩.

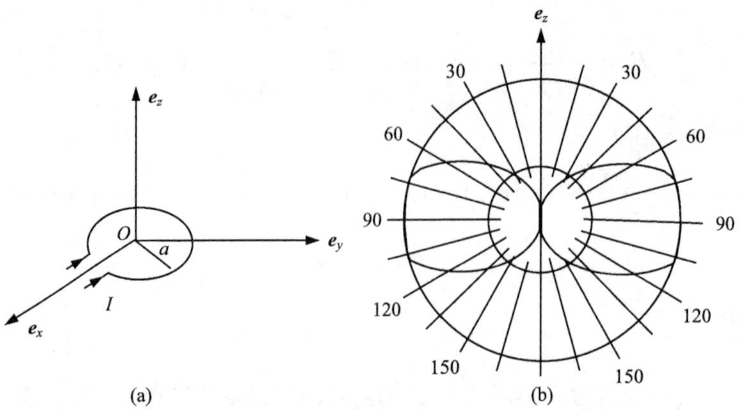

题图 5.12

$$\boldsymbol{m} = \pi a^2 i_0 \mathrm{e}^{-\mathrm{i}\omega t} \boldsymbol{e}_z$$

真实值理解为其实部，则得矢势公式为

$$\boldsymbol{A}(\boldsymbol{r},t) = -\mathrm{i}\frac{\mu_0 \omega i_0 a^2 \sin\theta}{4cr}\mathrm{e}^{\mathrm{i}(kr-\omega t)}\boldsymbol{e}_\varphi$$

其相应的辐射电磁场为

$$\boldsymbol{B} = \nabla\times\boldsymbol{A} = \mathrm{i}k\boldsymbol{n}\times\boldsymbol{A} = \frac{\mu_0\omega^2 i_0 a^2\sin\theta}{4c^2 r}\mathrm{e}^{\mathrm{i}(kr-\omega t)\boldsymbol{e}_\theta}$$

$$\boldsymbol{E} = c\boldsymbol{B}\times\boldsymbol{n} = \frac{\mu_0\omega^2 i_0 a^2\sin\theta}{4cr}\mathrm{e}^{\mathrm{i}(kr-\omega t)\boldsymbol{e}_\varphi}$$

平均能流密度为

$$\bar{\boldsymbol{S}} = \frac{1}{2}\mathrm{Re}\{\boldsymbol{E}^*\times\boldsymbol{H}\} = \frac{c}{2\mu_0}\mathrm{Re}\{(\boldsymbol{B}^*\times\boldsymbol{n})\times\boldsymbol{B}\}$$

$$= \frac{c}{2\mu_0}|\boldsymbol{B}|^2\boldsymbol{n} = \frac{\mu_0\omega^4 i_0^2 a^4}{32c^3 r^2}\sin^2\theta\boldsymbol{n}$$

设 P 为平均辐射功率，辐射角分布为

$$\frac{\mathrm{d}P}{\mathrm{d}\Omega} = Sr^2 = \frac{\mu_0\omega^4 a^4 i_0^2}{32c^3}\sin^2\theta$$

(c) 辐射角按 $\sin^2\theta$ 规律分布，在 $\theta = 90^\circ$ 的平面上辐射最强，沿磁偶极矩的轴线方向($\theta = 0^\circ$或 180°)处，没有辐射，角分布如题图 4.12(b)所示.

(d) 平均辐射功率为

$$P = \int\frac{\mathrm{d}P}{\mathrm{d}\Omega}\mathrm{d}\Omega = \frac{\mu_0\omega^4 a^4 i_0^2}{32c^3}\cdot 2\pi\int_0^\pi \sin^3\theta\mathrm{d}\theta$$

$$= \frac{\pi\mu_0\omega^4 a^4 i_0^2}{12c^3}$$

5.13　馈电天线工作于$\lambda/4$模式，求辐射功率角分布

题 5.13　如题图 5.13 所示，一馈电天线工作于$\dfrac{\lambda}{4}\left(a=\dfrac{\lambda}{4}\right)$模式，求辐射功率格局(即角分布).

解　因为$l\sim\lambda$，故不能视为偶极辐射，必须先求

$$\varphi(\boldsymbol{r},t)=\frac{1}{4\pi\varepsilon_0}\int_{-a}^{a}\frac{\rho\left(z',t-\dfrac{r}{c}\right)}{r}\mathrm{d}z'$$

$$\boldsymbol{A}(\boldsymbol{r},t)=\frac{\mu_0}{4\pi}\int_{-a}^{a}\frac{I\left(z',t-\dfrac{r}{c}\right)\mathrm{d}z'}{r}$$

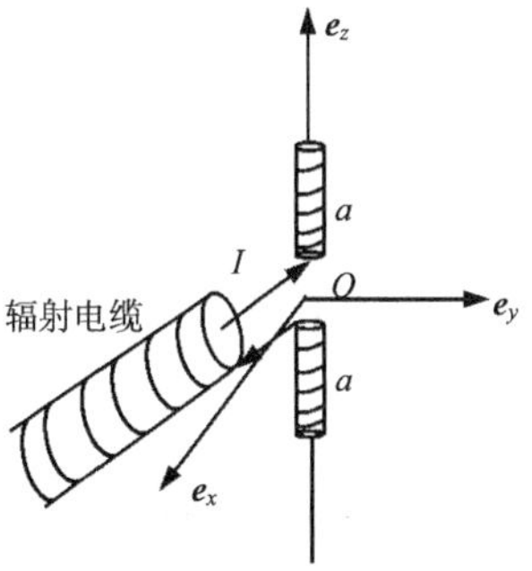

题图 5.13

天线上电流形成端点为节点的驻波(因为半波天线)为

$$I(z,t)=I_0\sin\left(kz+\frac{\pi}{2}\right)\mathrm{e}^{-\mathrm{i}\omega t},\quad k=\frac{\omega}{C}$$

故

$$A(x,y,z,t)=A_z\boldsymbol{e}_z=\frac{\mu_0}{4\pi}\int_{-a}^{a}\frac{I_0\mathrm{e}^{-\mathrm{i}\omega t}\sin\left(kz'+\dfrac{\pi}{2}\right)}{r}\mathrm{d}z'\boldsymbol{e}_z$$

$$\approx\frac{\mu_0I_0\mathrm{e}^{-\mathrm{i}\omega t}\mathrm{e}^{\mathrm{i}kr_0}}{4\pi r_0}\int_{-a}^{a}\sin\left(kz'+\frac{\pi}{2}\right)\mathrm{e}^{-\mathrm{i}kz'\cos\theta}\mathrm{d}z'\boldsymbol{e}_z$$

$$r\approx r_0-z'\cos\theta$$

故有

$$A_z(x,y,z,t)=\frac{\mu_0I_0}{2\pi k}\cdot\frac{1}{\sin^2\theta}\cos\left(\frac{\pi}{2}\cos\theta\right)\frac{\mathrm{e}^{\mathrm{i}(kr_0-\omega t)}}{r_0}$$

在球坐标系下

$$\boldsymbol{A}=A_z\boldsymbol{e}_z=A_z\cos\theta\boldsymbol{e}_r-A_z\sin\theta\boldsymbol{e}_\theta=A_r\boldsymbol{e}_r+A_\theta\boldsymbol{e}_\theta$$

$$\nabla\times\boldsymbol{A}=\frac{1}{r_0}\left[\frac{\partial}{\partial r_0}(r_0A_\theta)-\frac{\partial}{\partial\theta}(A_r)\right]\boldsymbol{e}_\phi$$

故有

$$B=B_\phi=-\frac{i\mu_0I_0}{2\pi}\cdot\frac{1}{\sin^2\theta}\cos\left(\frac{\pi}{2}\cos\theta\right)\frac{\mathrm{e}^{\mathrm{i}(kr_0-\omega t)}}{r_0}$$

则

$$\overline{\boldsymbol{S}}=\frac{c}{2\mu_0}|\boldsymbol{B}|^2\boldsymbol{e}_r=\frac{\mu_0I_0^2}{8\pi^2}\cdot\frac{\cos^2\left(\dfrac{\pi}{2}\cos\theta\right)}{\sin^4\theta}\cdot\frac{1}{r_0^2}\boldsymbol{e}_r$$

角分布

$$\frac{\mathrm{d}P}{\mathrm{d}\Omega}=\overline{\boldsymbol{S}}\cdot r_0^2\boldsymbol{e}_r=\frac{\mu_0 I_0^2}{8\pi^2}\cdot\frac{\cos^2\left(\dfrac{\pi}{2}\cos\theta\right)}{\sin^4\theta}$$

5.14 求矩为 Il 的电流元的平均辐射功率

题 5.14 (a) 求矩为 Il 的电流元的平均辐射功率. 其中 l 是电流元的长度，它远小于辐射波长，I 以 $\cos\omega t$ 的形式变化. (b) 见题图 5.14，地面为 xy 平面，并假设大地为理想导体，求平均辐射功率. (c) 求最大辐射功率的最优高度和相应引起的功率增加.

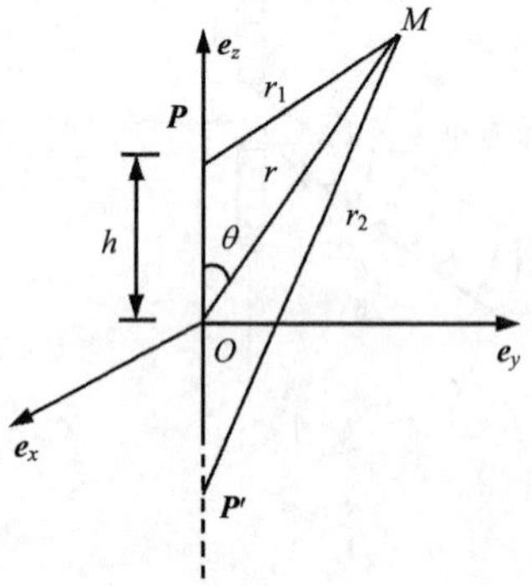

题图 5.14

解 (a) 该电流元可看成频率为 ω 的电偶极子，它的复数形式电偶极矩 $\boldsymbol{p}=\boldsymbol{p}_0\mathrm{e}^{-\mathrm{i}\omega t}$，而且因为 $I=\dfrac{\mathrm{d}q}{\mathrm{d}t}$，可知 $p_0=\dfrac{Il}{\omega}$，因此平均辐射功率为

$$\overline{P}=\frac{1}{4\pi\varepsilon_0}\cdot\frac{|\ddot{\boldsymbol{p}}|^2}{3c^2}=\frac{1}{4\pi\varepsilon_0}\cdot\frac{I^2l^2\omega^2}{3c^2}$$

(b) 将地面视为理想导体，ω 不太大时，地面上感应电荷的场可用一个像偶极子 $\boldsymbol{P}'$ 来代替(题图 5.14)，注意 $\boldsymbol{P}'=\boldsymbol{P}$. 这时远处的电磁场是两个偶极子场的相干叠加

$$\boldsymbol{E}_{总}=\boldsymbol{E}+\boldsymbol{E}',\qquad \boldsymbol{B}_{总}=\boldsymbol{B}+\boldsymbol{B}'$$

故时间平均能流

$$\overline{\boldsymbol{S}}_{总}=\frac{1}{\mu_0}\overline{(\boldsymbol{E}_{总}\times\boldsymbol{B}_{总})}=\frac{1}{2\mu_0}\mathrm{Re}\{\boldsymbol{E}_{总}^*\times\boldsymbol{B}_{总}\}$$

或写成

$$\overline{\boldsymbol{S}}_{总}=\overline{\boldsymbol{S}}+\overline{\boldsymbol{S}}'+\frac{1}{2\mu_0}\mathrm{Re}\{\boldsymbol{E}^*\times\boldsymbol{B}'+\boldsymbol{E}'^*\times\boldsymbol{B}\}$$

式中，$\boldsymbol{S}$、$\boldsymbol{S}'$是 $\boldsymbol{P}$、$\boldsymbol{P}'$单独存在时在远处 M 点产生的能流密度，后两项为干涉项. 场强用偶极公式

$$\boldsymbol{E}=\frac{(\ddot{\boldsymbol{p}}\times\boldsymbol{n})\times\boldsymbol{n}}{4\pi\varepsilon_0c^2r}\mathrm{e}^{\mathrm{i}kr},\qquad \boldsymbol{B}=\frac{(\ddot{\boldsymbol{p}}\times\boldsymbol{n})}{4\pi\varepsilon_0c^3r}$$

计算. 对 $\boldsymbol{P}$、$\boldsymbol{P}'$而言，因 M 点相当远，分母中的 r_1、r_2 可近似用 r 代替，因此它们的电磁场分别为

$$\boldsymbol{E}=-\frac{P_0\omega^2\sin\theta}{4\pi\varepsilon_0c^2r}\mathrm{e}^{\mathrm{i}(kr_1-\omega t)}\boldsymbol{e}_\theta$$

$$\boldsymbol{B}=-\frac{P_0\omega^2\sin\theta}{4\pi\varepsilon_0c^3r}\mathrm{e}^{\mathrm{i}(kr_1-\omega t)}\boldsymbol{e}_\varphi$$

$$\boldsymbol{E}'=-\frac{P_0\omega^2\sin\theta}{4\pi\varepsilon_0c^2r}\mathrm{e}^{\mathrm{i}(kr_2-\omega t)}\boldsymbol{e}_\theta$$

$$\boldsymbol{B}=-\frac{P_0\omega^2\sin\theta}{4\pi\varepsilon_0c^3r}\mathrm{e}^{\mathrm{i}(kr_2-\omega t)}\boldsymbol{e}_\varphi$$

代入 $\bar{\boldsymbol{S}}_{总}$

$$\bar{\boldsymbol{S}}_{总}=\frac{P_0^2\omega^4\sin^2\theta}{32\pi^2\varepsilon_0c^3r^2}[2+2\cos k(r_2-r_1)]\boldsymbol{e}_r$$

由题图 5.14 近似有 $r_2-r_1\approx 2h\cos\theta$，求辐射功率时应只对地面上半空间积分，因此平均辐射功率的计算为

$$\begin{aligned}\bar{P}&=\int_0^{\frac{\pi}{2}}\bar{S}_{总}\cdot 2\pi r^2\sin\theta\mathrm{d}\theta\\&=\frac{P_0^2\omega^4}{8\pi^2\varepsilon_0c^3}\int_0^{\frac{\pi}{2}}\sin^3\theta[1+\cos(2kh\cos\theta)]\mathrm{d}\theta\\&=\frac{1}{2\pi\varepsilon_0}\cdot\frac{P_0^2\omega^4}{3c^3}+\frac{P_0^2\omega^4}{2\pi\varepsilon_0c^3}\int_0^{\frac{\pi}{2}}\sin^3\theta\cos(2kh\cos\theta)\mathrm{d}\theta\end{aligned}$$

对第二项，令 $\beta=2kh, x=\cos\theta$，则

$$\begin{aligned}\int_0^{\frac{\pi}{2}}\sin^3\theta\cos(2kh\cos\theta)\mathrm{d}\theta&=\int_0^1(1-x^2)\cos\beta x\mathrm{d}x\\&=\frac{2}{\beta^2}\left(\frac{\sin\beta}{\beta}-\cos\beta\right)\end{aligned}$$

因此得到平均辐射功率为

$$\bar{P}=\frac{1}{2\pi\varepsilon_0}\cdot\frac{\omega^2I^2l^2}{3c^3}+\frac{1}{4\pi\varepsilon_0c}\cdot\frac{I^2l^2}{h^2}\left[\frac{c\sin\left(\frac{2h\omega}{c}\right)}{2h\omega}-\cos\left(\frac{2h\omega}{c}\right)\right]$$

(c) 求 $\frac{\mathrm{d}\bar{P}}{\mathrm{d}h}=0$ 即能求到最优高度. 在 $\bar{P}$ 中的第一项与 h 无关，这时近似有

$$\cos\left(\frac{2h\omega}{c}\right)+\frac{2h\omega}{c}\sin\left(\frac{2h\omega}{c}\right)=0$$

用数值计算给出 $\frac{2h\omega}{c}\approx 5.76$ 时将获得最优高度与最佳功率.

5.15　长为 d 的线状天线中的电流为正弦全波振荡，求辐射功率角分布

题 5.15　一长为 d 的线状细天线以下述方式被激发：在其内部正弦电流作如题图 5.15(a) 所示的全波振荡(其频率 $\omega=2\pi c/d$). (a) 精确计算每单位立体角所辐射的功率，并画出辐射角分布图形. (b) 把你的结果同多极展开所得结果进行比较.

解　推迟势为

$$\boldsymbol{A}=\frac{\mu_0}{4\pi}\int\frac{\boldsymbol{J}\left(\boldsymbol{x}',t-\frac{R}{C}\right)}{R}\mathrm{d}V'$$

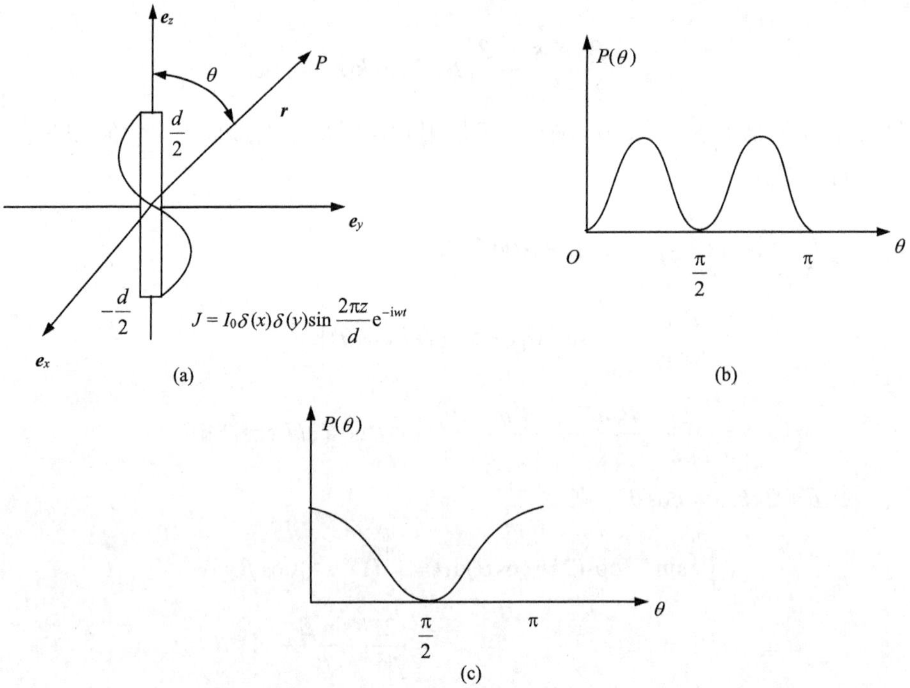

题图 5.15

$$=\frac{\mu_0 I_0}{4\pi}\mathrm{e}^{\mathrm{i}\omega t}\boldsymbol{e}_z\int_{-\lambda/2}^{\lambda/2}\frac{\sin(kz')}{R}\mathrm{e}^{-\mathrm{i}kz'}\mathrm{d}z'$$

式中，$R=\sqrt{r^2-2rz'\cos\theta+z'^2}$.

由于我们仅对$1/r$成正比的辐射场感兴趣，故以下计算中只需保留$1/r$项而略去$1/r$的高次项. 于是

$$\begin{aligned}\boldsymbol{A}&=\frac{\mu_0 I_0\mathrm{e}^{\mathrm{i}\omega t}}{4\pi r}\boldsymbol{e}_z\int_{-\lambda/2}^{\lambda/2}\sin(kz')\mathrm{e}^{-\mathrm{i}(r-kz'\cos\theta)}\mathrm{d}z'\\&=\frac{\mu_0 I_0\mathrm{e}^{\mathrm{i}(\omega t-kr)}}{4\pi r}\boldsymbol{e}_z\int_{-\lambda/2}^{\lambda/2}\sin(kz')\mathrm{e}^{kz'\cos\theta}\mathrm{d}z'\end{aligned}\tag{1}$$

(a) 直接计算得

$$\boldsymbol{A}=\frac{i\mu_0 I_0}{2k\pi r}\cdot\frac{\sin(\pi\cos\theta)}{\sin^2\theta}\mathrm{e}^{\mathrm{i}(\omega t-kr)}\boldsymbol{e}_z$$

故磁场为

$$\boldsymbol{B}=\nabla\times\boldsymbol{A}=-\frac{\mu_0 I_0}{2\pi r}\cdot\frac{\sin(\pi\cos\theta)}{\sin^2\theta}\mathrm{e}^{\mathrm{i}(\omega t-kr)}\boldsymbol{e}_\phi$$

电场为

$$\boldsymbol{E}=-\frac{ic}{k}\nabla\times\boldsymbol{B}=-c\boldsymbol{e}_r\times\boldsymbol{B}$$

所以，平均能流为

$$\bar{\boldsymbol{S}}=\frac{1}{2\mu_0}\mathrm{Re}\{\boldsymbol{E}^*\times\boldsymbol{B}\}=\frac{c}{2\mu_0}|\boldsymbol{B}|^2\boldsymbol{e}_{\mathrm{r}}=\frac{c\mu_0 I_0^2}{8\pi^2 r^2}\left[\frac{\sin(\pi\cos\theta)}{\sin^2\theta}\right]^2\boldsymbol{e}_{\mathrm{r}}$$

功率角分布

$$P=\frac{\mathrm{d}\bar{P}}{\mathrm{d}\Omega}=\frac{\bar{\boldsymbol{S}}\cdot\mathrm{d}\boldsymbol{S}}{\mathrm{d}\Omega}=\frac{c\mu_0 I_0^2}{8\pi^2}\left[\frac{\sin(\pi\cos\theta)}{\sin^2\theta}\right]^2 \tag{2}$$

$P(\theta)$-θ 图如题图 5.15(b)所示.

(b) 应用级数展开式(1)积分中的指数因子，这相当于式(2)按 $\cos\theta$ 展开. 若仅保留第一项，则有

$$P(\theta)=\frac{c\mu_0 I_0^2}{8}\left[\frac{\cos\theta}{\sin^2\theta}\right]^2 \tag{3}$$

$P(\theta)$-θ 的关系如题图 5.15(c)所示.

对比题图 5.15(b)和题图 5.15(c)可以看出仅当 $\theta\sim\pi/2$ 时式(3)才接近准确式(2).

5.16　用理想导线连接的两金属球，对给定的电荷密度分布求偶极近似下的平均辐射功率角分布

题 5.16　在题图 5.16(a)中，一理想细导线连接两个金属小球，假设电荷密度为

$$\rho(\boldsymbol{x},t)=[\delta(z-a)-\delta(z+a)]\delta(x)\delta(y)Q\cos\omega_0 t$$

电流通过细导线在两金属之间流动. a、Q、ω_0 均为常数. (a) 在偶极近似下，计算向单位立体角发射的平均功率 $\frac{\mathrm{d}P}{\mathrm{d}\Omega}$. (b) 偶极近似在什么条件下有效? (c) 精确计算 $\frac{\mathrm{d}P}{\mathrm{d}\Omega}$.

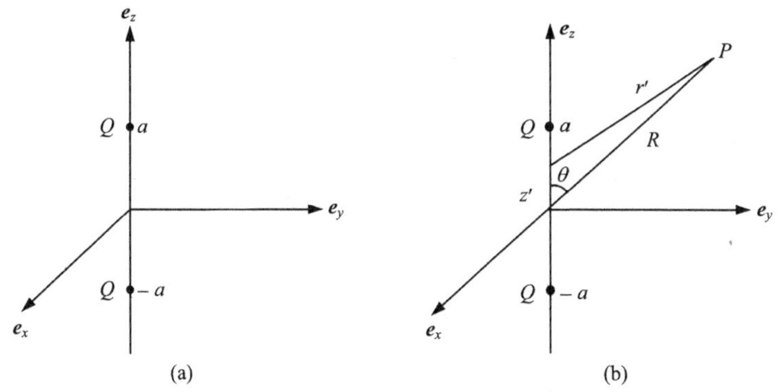

题图 5.16

解　(a) 电偶极矩为 $\boldsymbol{P}=2Qa\cos\omega_0 t\boldsymbol{e}_z$，或表示为 $\boldsymbol{P}=2Qa\mathrm{e}^{-\mathrm{i}\omega_0 t}\boldsymbol{e}_z$. 其真实值为其实部，则

$$\frac{\mathrm{d}\bar{P}}{\mathrm{d}\Omega}=\bar{\boldsymbol{S}}\cdot\boldsymbol{n}R^2=\frac{|\ddot{\boldsymbol{p}}|^2}{32\pi^2\varepsilon_0 c^3}\sin^2\theta=\frac{Q^2a^2\omega_0^2\sin^2\theta}{8\pi^2\varepsilon_0 c^3}$$

(b) 偶极近似成立的条件是 $r\gg\lambda\gg a$.

(c) 在连接两金属球的导线上通有电流

$$\boldsymbol{j}(\boldsymbol{x},t)=-\mathrm{i}\omega_0 Q\delta(x)\delta(y)\mathrm{e}^{-\mathrm{i}\omega_0 t}\boldsymbol{e}_z,\qquad |z|\leqslant a$$

它产生的矢势为

$$\boldsymbol{A}(\boldsymbol{x},t)=\frac{\mu_0}{4\pi}\int_V\frac{\boldsymbol{j}(\boldsymbol{x}',t')}{r}\mathrm{d}V'$$

式中，$t'=t-\dfrac{r}{c},\boldsymbol{r}=\boldsymbol{x}-\boldsymbol{x}'$，$V$ 为电流分布的区域，故

$$\begin{aligned}\boldsymbol{A}(\boldsymbol{x},t)&=-\frac{\mu_0}{4\pi}\int_V\frac{\mathrm{i}\omega_0 Q\delta(x')\delta(y')\mathrm{e}^{-\mathrm{i}\omega_0\left(t-\frac{r}{c}\right)}}{r}\mathrm{d}x'\mathrm{d}y'\mathrm{d}z'\boldsymbol{e}_z\\&=-\frac{\mathrm{i}\omega_0 Q\mathrm{e}^{-\mathrm{i}\omega_0 t}}{4\pi}\int_{-a}^{a}\frac{\mathrm{e}^{\mathrm{i}k_0 r}}{r}\mathrm{d}z'\boldsymbol{e}_z\end{aligned}$$

式中，$k_0=\dfrac{\omega_0}{c}$. 如令 $R=|\boldsymbol{x}|$，有 $r^2=R^2-2Rz'\cos\theta+z'^2$ (题图 5.16(b)). 故

$$\boldsymbol{A}(\boldsymbol{x},t)=-\frac{\mathrm{i}\omega_0 Q\mathrm{e}^{-\mathrm{i}\omega_0 t}}{4\pi}\int_{-a}^{a}\frac{\mathrm{e}^{\mathrm{i}k_0\sqrt{R^2+z'^2-2Rz'\cos\theta}}}{\sqrt{R^2+z'^2-2Rz'\cos\theta}}\mathrm{d}z'\boldsymbol{e}_z$$

这是精确解，为了解析求积分，需要假设 $R\gg\lambda$ (但不需要假设 $\lambda\gg a$)，这个条件对一般天线是满足的. 这时 $\dfrac{1}{r}\approx\dfrac{1}{R}$ 和

$$\sqrt{R^2+z'^2-2Rz'\cos\theta}\approx R-z'\cos\theta$$

因此

$$\begin{aligned}\boldsymbol{A}(\boldsymbol{x},t)&=-\frac{\mathrm{i}\mu_0\omega_0 Q\mathrm{e}^{\mathrm{i}(k_0R-\omega_0 t)}}{4\pi R}\int_{-a}^{a}\mathrm{e}^{-\mathrm{i}(k_0 z'\cos\theta)}\mathrm{d}z'\boldsymbol{e}_z\\&=-\frac{\mathrm{i}Q\mathrm{e}^{\mathrm{i}(k_0R-\omega_0 t)}}{2\pi\varepsilon_0 cR}\cdot\frac{\sin(k_0 a\cos\theta)}{\cos\theta}\boldsymbol{e}_z\end{aligned}$$

由 $\boldsymbol{e}_z=\cos\theta\boldsymbol{e}_R-\sin\theta\boldsymbol{e}_\theta$，有 $\boldsymbol{A}=A_R\boldsymbol{e}_R+A_\theta\boldsymbol{e}_\theta$，且 A_R、A_θ 与 φ 角无关. 相应磁场 $\boldsymbol{B}=\nabla\times\boldsymbol{A}$，在只保留 $1/R$ 项时，有 $\boldsymbol{B}=B_\phi\boldsymbol{e}_\phi$

$$B_\phi\approx\frac{1}{R}\cdot\frac{\partial(RA_\theta)}{\partial R}=-\frac{k_0 Q\mathrm{e}^{\mathrm{i}(k_0R-\omega t)}}{2\pi\varepsilon_0 cR}\cdot\frac{\sin(ka\cos\theta)\sin\theta}{\cos\theta}$$

故

$$\begin{aligned}\bar{\boldsymbol{S}}&=\frac{c}{2\mu_0}|\boldsymbol{B}|^2\boldsymbol{e}_R=\frac{\omega_0^2Q^2}{8\pi^2\varepsilon_0 cR^2}\cdot\frac{\sin^2(ka\cos\theta)\sin^2\theta}{\cos^2\theta}\boldsymbol{e}_R\\\frac{\mathrm{d}\bar{P}}{\mathrm{d}\Omega}&=\bar{\boldsymbol{S}}_0\boldsymbol{e}_R R^2=\frac{\omega_0^2Q^2}{8\pi^2\varepsilon_0 c}\cdot\frac{\sin^2\theta\sin^2(ka\cos\theta)}{\cos^2\theta}\end{aligned}$$

若 $\lambda\gg a$ 也满足 $\sin(ka\cos\theta)\approx ka\cos\theta$，上式就回到(a)中偶极近似的结果.

5.17 两相同点电荷沿 z 轴振荡，求辐射电磁场

题 5.17 两个相同的点电荷 $+q$ 沿 z 轴振荡，其位置为

$$z_1 = z_0 \sin \omega t, \qquad z_2 = -z_0 \sin \omega t$$
$$x_i = y_i = 0, \qquad i = 1,2$$

在矢径 $\boldsymbol{r}$ 处观察辐射场(题图 5.17)，辐射波长为 λ ，且 $|\boldsymbol{r}| \gg \lambda \gg z_0$. (a) 求电场 $\boldsymbol{E}$ 与磁场 $\boldsymbol{B}$. (b) 计算 $\boldsymbol{r}$ 方向上单位立体角中的辐射功率. (c) 辐射总功率为多大？与频率 ω 的关系和电偶极辐射比较，结果如何？

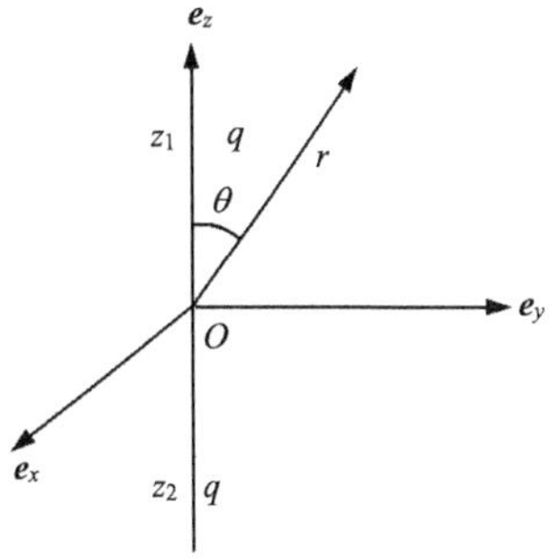

题图 5.17

解　(a) 因为 $|\boldsymbol{r}| \gg \lambda \gg z_0$ ，故可用多极展开法求电磁场. 由于自有场与 $\frac{1}{r^2}$ 成比例，我们忽略不计，只求与 $\frac{1}{r}$ 成比例的辐射场. 在题图 5.17 中，电偶极矩 $\boldsymbol{P} = (qz_1 + qz_2)\boldsymbol{e}_z = 0$. 电四极矩

$$\overleftrightarrow{\boldsymbol{D}} = 6qz_0^2 \sin^2 \omega t \boldsymbol{e}_z \boldsymbol{e}_z$$

令

$$\boldsymbol{D} = \boldsymbol{n} \cdot \overleftrightarrow{\boldsymbol{D}} = \boldsymbol{e}_r \cdot \overleftrightarrow{\boldsymbol{D}} = 6qz_0^2 \cos\theta \sin^2 \omega t \boldsymbol{e}_z$$
$$\dot{\boldsymbol{D}} = 6qz_0^2 \omega \cos\theta \sin 2\omega t \boldsymbol{e}_z$$

此电荷系统在 $\boldsymbol{r}$ 处产生的矢势为

$$\boldsymbol{A}(\boldsymbol{r},t) = -\frac{\mathrm{i}k\mu_0 \mathrm{e}^{\mathrm{i}kr}}{24\pi r}\dot{\boldsymbol{D}}$$

辐射场为

$$\boldsymbol{B}(\boldsymbol{r},t) = \mathrm{i}k\boldsymbol{n} \times \boldsymbol{A} = \frac{k^2 \mu_0 \mathrm{e}^{\mathrm{i}kr}}{24\pi r} \cdot 6qz_0^2 \omega \cos\theta \sin 2\omega t \boldsymbol{n} \times \boldsymbol{e}_z$$
$$= -\frac{\mu_0 \omega^3 q z_0^2 \sin\theta\cos\theta}{4\pi c^2 r} \mathrm{e}^{\mathrm{i}kr} \sin 2\omega t \boldsymbol{e}_\varphi$$
$$\boldsymbol{E}(\boldsymbol{r},t) = c\boldsymbol{B} \times \boldsymbol{n} = -\frac{\mu_0 \omega^3 q z_0^2 \sin\theta\cos\theta}{4\pi c r} \mathrm{e}^{\mathrm{i}kr} \sin 2\omega t \boldsymbol{e}_\theta$$

(b) 平均能流密度为

$$\overline{\boldsymbol{S}} = \frac{1}{\mu_0}\overline{\mathrm{Re}\,\boldsymbol{E} \times \boldsymbol{B}}$$
$$= \frac{\mu_0 \omega^6 q^2 z_0^4 \sin^2\theta \cos^2\theta}{16\pi^2 c^3 r^2}\overline{\sin^2(2\omega t)}\,\boldsymbol{n}$$

而

$$\overline{\sin^2(2\omega t)} = \frac{1}{T}\int_0^t \sin^2(2\omega t)\mathrm{d}t = \frac{1}{2}$$

故

$$\overline{\boldsymbol{S}} = \frac{\mu_0 \omega^6 q^2 z_0^4 \sin^2\theta \cos^2\theta}{32\pi^2 c^3 r^2}\boldsymbol{n}$$

单位立体角的辐射功率为

$$\frac{\mathrm{d}P}{\mathrm{d}\Omega} = \overline{\boldsymbol{S}} \cdot \boldsymbol{n} r^2 = \frac{\mu_0 \omega^6 q^2 z_0^4 \sin^2\theta \cos^2\theta}{32\pi^2 c^3}$$

(c) 总辐射功率为

$$P=\int\frac{\mathrm{d}P}{\mathrm{d}\Omega}\mathrm{d}\Omega=\frac{\mu_0\omega^6q^2z_0^4}{32\pi^2c^3}\int\sin^2\theta\cos^2\theta\mathrm{d}\Omega$$
$$=\frac{\mu_0\omega^6q^2z_0^4}{60\pi c^3}$$

即电四极辐射功率与频率的六次方成比例，而电偶极辐射功率与频率的四次方成正比例.

5.18 相距 $2l$ 的两点电荷绕与它们的连线垂直且通过其中心的轴旋转，求体系的电偶极矩、磁偶极矩以及电四极矩

题 5.18 有两个电量为 e 的点电荷位于长 $2l$ 的线段的两端，该线段以恒定角速度 $\frac{\omega}{2}$ 绕与线垂直且通过它中心的轴旋转，如题图 5.18 所示. (a) 求：(1) 电偶极矩. (2) 磁偶极矩. (3) 电四极矩. (b) 该系统的辐射是什么类型？频率为多少？(c) 若在离中心点 r，与转轴成 θ 角的方向上观察辐射，问 $\theta=0°$、$90°$、$0°<\theta<90°$ 时偏振如何？

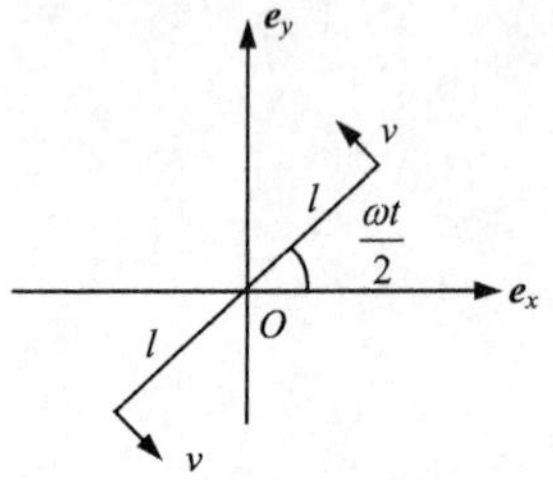

题图 5.18

解 (a) (1) 电偶极矩 $\boldsymbol{P}=e\boldsymbol{r}_1+e\boldsymbol{r}_2=0$.

(2) 磁偶极矩

$$\boldsymbol{m}=IS\boldsymbol{e}_z=\frac{2e}{T}\cdot(\pi l^2)\boldsymbol{e}_z=2e\omega l^2\boldsymbol{e}_z$$

其大小为一常量.

(3) 两点电荷的位置矢量为

$$\boldsymbol{r}_1=-\boldsymbol{r}_2=l\cos\frac{\omega t}{2}\boldsymbol{e}_x+l\sin\frac{\omega t}{2}\boldsymbol{e}_y$$

故电四极矩为

$$\overset{\leftrightarrow}{\boldsymbol{D}}=3e(\boldsymbol{r}_1\boldsymbol{r}_1+\boldsymbol{r}_2\boldsymbol{r}_2)=6e\boldsymbol{r}_1\boldsymbol{r}_2$$
$$=3el^2[(1+\cos\omega t)\boldsymbol{e}_x\boldsymbol{e}_x+\sin\omega t(\boldsymbol{e}_x\boldsymbol{e}_y+\boldsymbol{e}_y\boldsymbol{e}_x)+(1-\cos\omega t)\boldsymbol{e}_y\boldsymbol{e}_y]$$

(b) 因为 $\boldsymbol{P}=0,\boldsymbol{m}$ 为常矢量，都不会产生辐射，因此辐射类型是电四极辐射，辐射频率为 ω.

(c) 对远离电荷分布的空间点，其位置矢量为 $\boldsymbol{r}(r,\theta,\varphi),\boldsymbol{n}=\frac{\boldsymbol{r}}{r}$，此点的磁场为

$$\boldsymbol{B}(\boldsymbol{r},t)=\frac{\mathrm{e}^{\mathrm{i}kr}}{24\pi\varepsilon_0c^4r}\dddot{\boldsymbol{D}}\times\boldsymbol{n}$$

式中

$$\boldsymbol{D}=\boldsymbol{n}\cdot\overset{\leftrightarrow}{\boldsymbol{D}},\qquad\dddot{\boldsymbol{D}}\propto\omega^3\boldsymbol{D}$$

(1) 当 $\theta=0°$ 时，$\boldsymbol{n}=\boldsymbol{e}_z,\boldsymbol{D}=\boldsymbol{e}_z\cdot\overset{\leftrightarrow}{\boldsymbol{D}}=0$，故 $\boldsymbol{B}=0$，即 $\theta=0°$ 处不会观察到辐射.

(2) 当 $\theta=90°$ 时，$\boldsymbol{r}$ 落在 xy 平面内，$\boldsymbol{n}=\cos\varphi\boldsymbol{e}_x+\sin\varphi\boldsymbol{e}_y$. 因此 $\boldsymbol{D}=\boldsymbol{n}\cdot\overset{\leftrightarrow}{\boldsymbol{D}}=3el^2[\boldsymbol{n}+\cos(\omega t-\varphi)\boldsymbol{e}_x+\sin(\omega t-\varphi)\boldsymbol{e}_y]$，它的时间三次微商为

$$\dddot{\boldsymbol{D}} = 3el\omega^3[\cos(\omega t-\varphi)\boldsymbol{e}_x - \sin(\omega t-\varphi)\boldsymbol{e}_y]$$

$$\dddot{\boldsymbol{D}}\times\boldsymbol{n} = 3el^2\omega^3\sin(\omega t-2\varphi)\boldsymbol{e}_z$$

代入 $\boldsymbol{B}$ 公式中，可知 $\boldsymbol{B}$ 沿 z 方向振动，即

$$\boldsymbol{B} = B\boldsymbol{e}_z$$

所以磁场为线偏振波. 相应电场为

$$\boldsymbol{E} = c\boldsymbol{B}\times\boldsymbol{n} = cB(\cos\varphi\boldsymbol{e}_y - \sin\varphi\boldsymbol{e}_x)$$

有 $E_x^2+E_y^2=1$，所以电场为圆偏振的.

(3) 当 $0^\circ<\theta<90^\circ$ 时，$\boldsymbol{n}=\sin\theta\cos\varphi\boldsymbol{e}_x+\sin\theta\sin\varphi\boldsymbol{e}_y+\cos\theta\boldsymbol{e}_z$，则

$$\boldsymbol{D} = 3el^2\sin\theta[\cos\varphi\boldsymbol{e}_x+\sin\varphi\boldsymbol{e}_y+\cos(\omega t-\varphi)\boldsymbol{e}_x+\sin(\omega t-\varphi)\boldsymbol{e}_y]$$

$$\dddot{\boldsymbol{D}} = 3el^2\omega^3\sin\theta[\cos(\omega t-\varphi)\boldsymbol{e}_x-\sin(\omega t-\varphi)\boldsymbol{e}_y]$$

因此有

$$\dddot{\boldsymbol{D}}\times\boldsymbol{n} = -3el^2\omega^3\sin\theta[\cos\theta\sin(\omega t-\varphi)\boldsymbol{e}_x+\cos\theta\cos(\omega t-\varphi)\boldsymbol{e}_y-\sin\theta\sin(\omega t-2\varphi)\boldsymbol{e}_z]$$

代入 $\boldsymbol{B}$ 公式中可知

$$\boldsymbol{B} = B_x\boldsymbol{e}_x+B_y\boldsymbol{e}_y+B_z\boldsymbol{e}_z$$

因此电磁场是非偏振的.

5.19　已知半径随时间变化的均匀带电球壳，求能激发辐射的最低阶的电多极矩

题 5.19　(a) 在下面随时间变化的电荷分布的辐射场中，所发射的最低阶电多极矩是什么？(1) 半径 $R=R_0+R_1\cos\omega t$ 的均匀带电球壳；(2) 两个全同带电粒子在一个圆周的相对的两点上以相同速度绕圆心转动. (b) 具有一个正电荷与两个负电荷的圆环(题图 5.19(a))，以频率 ω 绕与圆环垂直且过中心的轴转动，求电四极辐射的频率.

解　(a) (1) 对均匀带电球壳，由球对称性，很容易知道

$$\boldsymbol{P}=\boldsymbol{D}=0$$

即均匀带电球壳电多极矩全为 0.

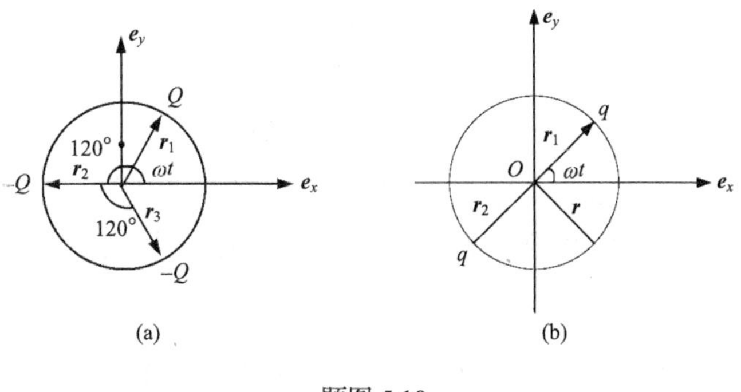

题图 5.19

(2) 设带电粒子转动的角速度为 ω，如题图 5.19(b)所示，取圆周平面为 xy 平面，两个粒子的位置为

$$\boldsymbol{r}_1 = R\cos\omega t\boldsymbol{e}_x + R\sin\omega t\boldsymbol{e}_y$$
$$\boldsymbol{r}_2 = -(R\cos\omega t\boldsymbol{e}_x + R\sin\omega t\boldsymbol{e}_y)$$

故

$$\boldsymbol{P} = q(\boldsymbol{r}_1 + \boldsymbol{r}_2) = 0$$

电四极矩的分量为

$$D_{11} = 2qR^2(2\sin^2\omega t - \sin^2\omega t)$$
$$D_{22} = 2qR^2(2\sin^2\omega t - \cos^2\omega t)$$
$$D_{33} = -2qR^2$$
$$D_{12} = D_{21} = 3qR^2\sin 2\omega t$$
$$D_{13} = D_{31} = D_{23} = D_{32} = 0$$

故最低辐射是电四极辐射.

(b) 三个点电荷的位置是

$$q_1 = Q,\qquad \boldsymbol{r}_1 = R\cos\omega t\boldsymbol{e}_x + R\sin\omega t\boldsymbol{e}_y$$
$$q_2 = -Q,\qquad \boldsymbol{r}_2 = R\cos\left(\omega t + \frac{2\pi}{3}\right)\boldsymbol{e}_x + R\sin\left(\omega t + \frac{2\pi}{3}\right)\boldsymbol{e}_y$$
$$q_3 = -Q,\qquad \boldsymbol{r}_3 = R\cos\left(\omega t + \frac{4\pi}{3}\right)\boldsymbol{e}_x + R\sin\left(\omega t + \frac{4\pi}{3}\right)\boldsymbol{e}_y$$

为判断电四极辐射的频率，只需求此电荷系统的任一电四极矩分量即可，如

$$D_{12} = \frac{3RQ^2}{2}\left(\sin 2\omega t + \sin\left(2\omega t + \frac{4\pi}{3}\right) + \sin\left(2\omega t + \frac{8\pi}{3}\right)\right)$$

因此电四极辐的频率是 2ω.

5.20　以频率 ω 振荡的电偶极矩，置于理想导电平面上方且与该平面平行，求辐射电磁场

题 5.20　一个电偶极子振幅为 P_0，以频率 ω 振荡. 它与一无限大理想导体平面相距 $\frac{a}{2}$，偶极矩的方向平行于该平面. 对 $r \gg \lambda$ 的区域，求辐射电磁场及其平均角分布.

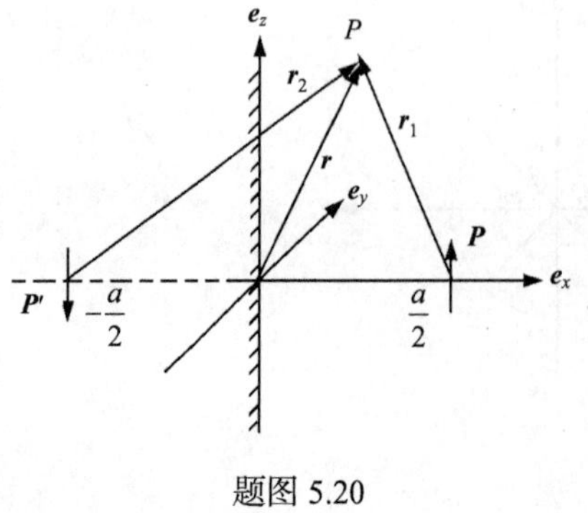

题图 5.20

解　建立直角坐标系，如题图 5.20 所示. 金属面对 $x>0$ 空间的作用可以用一个像偶极子代替. 像偶极子在 $\left(-\frac{a}{2},0,0\right)$ 处，偶极矩

$$\boldsymbol{P}' = -\boldsymbol{P} = -P_0\mathrm{e}^{-\mathrm{i}\omega t}\boldsymbol{e}_z$$

在 $r \gg \lambda$ 处，辐射电磁场为

$$B(r,t)=\frac{1}{4\pi\varepsilon_0 c^3 r}(\mathrm{e}^{\mathrm{i}kr_1}\ddot{\boldsymbol{p}}\times\boldsymbol{n}+\mathrm{e}^{\mathrm{i}kr_2}\ddot{\boldsymbol{p}}'\times\boldsymbol{n})$$

式中，$\boldsymbol{n}=\boldsymbol{e}_r, r_1$、$r_2$分别为$\boldsymbol{P}$、$\boldsymbol{P}'$至观察点的距离. 因为$r\gg\lambda$，故有

$$r_1\approx r-\boldsymbol{e}_r\cdot\frac{a}{2}\boldsymbol{e}_x=r-\frac{a}{2}\sin\theta\cos\varphi$$

$$r_2\approx r+\boldsymbol{e}_r\cdot\frac{a}{2}\boldsymbol{e}_x=r+\frac{a}{2}\sin\theta\cos\varphi$$

代入$\boldsymbol{B}$的公式中，有

$$\boldsymbol{B}(\boldsymbol{r},t)=\frac{\omega^2P_0\mathrm{e}^{\mathrm{i}(kr-\omega t)}}{4\pi\varepsilon_0c^3r}(\mathrm{e}^{-\frac{\mathrm{i}}{2}ka\sin\theta\cos\varphi}-\mathrm{e}^{\frac{\mathrm{i}}{2}ka\sin\theta\cos\varphi})\sin\theta\boldsymbol{e}_\varphi$$
$$=\frac{\mathrm{i}\omega^2P_0\mathrm{e}^{\mathrm{i}(kr-\omega t)}}{2\pi\varepsilon_0c^3r}\sin\theta\sin\left(\frac{k}{2}a\sin\theta\cos\varphi\right)\boldsymbol{e}_\varphi$$

相应电场为

$$\boldsymbol{E}(\boldsymbol{r},t)=c\boldsymbol{B}\times\boldsymbol{n}$$
$$=\frac{\mathrm{i}\omega^2P_0\mathrm{e}^{\mathrm{i}(kr-\omega t)}}{2\pi\varepsilon_0c^2r}\sin\theta\sin\left(\frac{k}{2}a\sin\theta\cos\varphi\right)\boldsymbol{e}_\theta$$

平均能流密度为

$$\boldsymbol{S}=\frac{\varepsilon_0c}{2}|\boldsymbol{E}|^2\boldsymbol{n}=\frac{\omega^4P_0^2\sin^2\theta}{8\pi^2\varepsilon_0c^3r}\sin^2\left(\frac{k}{2}a\sin\theta\cos\varphi\right)\boldsymbol{n}$$

辐射角分布为

$$\frac{\mathrm{d}\bar{P}}{\mathrm{d}\Omega}=\bar{\boldsymbol{S}}\cdot\boldsymbol{n}r^2=\frac{\omega^4P_0^2\sin^2\theta}{8\pi^2\varepsilon_0c^3}\sin^2\left(\frac{k}{2}a\sin\theta\cos\varphi\right)$$

若$\lambda\gg a$，则$\sin\left(\frac{k}{2}a\sin\theta\cos\varphi\right)\approx\frac{k}{2}a\sin\theta\cos\varphi$，近似有

$$\frac{\mathrm{d}\bar{P}}{\mathrm{d}\Omega}\approx\frac{\omega^6P_0^2a^2\sin^4\theta\cos^2\varphi}{32\pi^2\varepsilon_0c^5}$$

5.21　以频率ω振荡的电偶极矩，置于理想导电平面上方且与该平面垂直，求辐射电磁场

题 5.21　一个偶极矩为$\boldsymbol{P}$的小电偶极子，放在一无限理想导体面上方$\frac{\lambda}{2}$处，如题图 5.21 所示. 它以频率ν振荡，λ是对应ν的波长. 电偶极子指向$+z$方向，即其垂直于 xy 平面. 若偶极子的线度远小于λ，求$r\gg\lambda$处的电磁场、能通量的表达式. 已知对原点矢量$\boldsymbol{r}$的单位矢量记为$\boldsymbol{n}$.

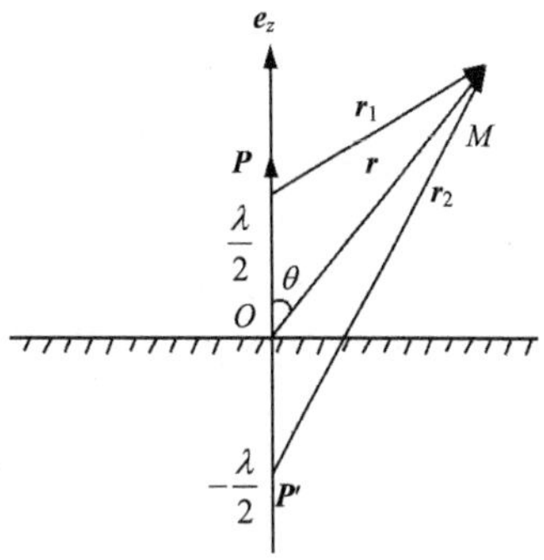

题图 5.21

解　在$z=-\frac{\lambda}{2}$处有像偶极子，其偶极矩

$$\boldsymbol{P}'=\boldsymbol{P}=P\mathrm{e}^{\mathrm{i}\omega t}\boldsymbol{e}_z,\qquad \omega=2\pi\nu$$

对 $r \gg \lambda$ 的观察点 M，位置矢量 $\boldsymbol{r}(r,\theta,\varphi)$, $\boldsymbol{P}$ 、$\boldsymbol{P}'$ 至 M 点距离为 r_1、r_2，则因 $r \gg \lambda$，有

$$r_1 \approx r - \frac{\lambda}{2}\cos\theta$$

$$r_2 \approx r + \frac{\lambda}{2}\cos\theta$$

仿题 5.20，并注意 $k\lambda = 2\pi$，得

$$\begin{aligned}\boldsymbol{B}(\boldsymbol{r},t) &= \frac{1}{4\pi\varepsilon_0 c^3 r}(\mathrm{e}^{\mathrm{i}kr_1}\ddot{\boldsymbol{p}}\times\boldsymbol{n} + \mathrm{e}^{\mathrm{i}kr_2}\ddot{\boldsymbol{p}}\times\boldsymbol{n}) \\ &\approx \frac{\mathrm{i}\omega^2 P\mathrm{e}^{\mathrm{i}(kr-\omega t)}}{2\pi\varepsilon_0 c^3 r}\sin\theta\sin(\pi\cos\theta)\boldsymbol{e}_\varphi \\ \boldsymbol{E}(\boldsymbol{r},t) &= c\boldsymbol{B}\times\boldsymbol{n} \\ &\approx \frac{\mathrm{i}\omega^2 P\mathrm{e}^{\mathrm{i}(kr-\omega t)}}{2\pi\varepsilon_0 c^2 r}\sin\theta\sin(\pi\cos\theta)\boldsymbol{e}_\theta\end{aligned}$$

平均能流密度为

$$\bar{\boldsymbol{S}} = \frac{\varepsilon_0 c}{2}|\boldsymbol{E}|^2\boldsymbol{n} = \frac{\omega^4 P^2\sin^2\theta}{8\pi^2\varepsilon_0 c^3}\sin^2(\pi\cos\theta)\boldsymbol{n}, \qquad \omega = 2\pi\nu$$

5.22 求频率相同、相差为 $\pi/2$、夹角为 ψ_0 的两电偶极振子的平均辐射功率角分布

题 5.22 对于两个具有相同频率 ω 的电偶极振子，有 $\frac{\pi}{2}$ 的相位差，两个偶极子的振幅为 P_0，但矢量彼此成 ψ_0 角(使 $\boldsymbol{P}_1$ 沿 x 轴，$\boldsymbol{P}_2$ 在 xy 平面里)，如题图 5.22 所示. 对在原点的振子 $\boldsymbol{P}$，它在辐射范围里的磁场由下式给出：

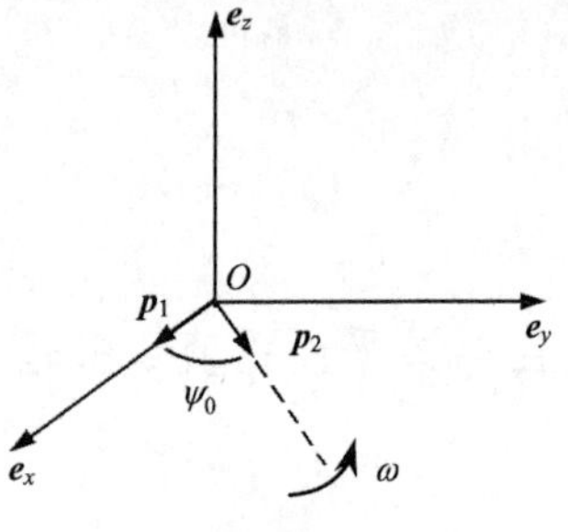

题图 5.22

$$\boldsymbol{B} = \frac{1}{4\pi\varepsilon_0 c^3}\frac{1}{r}\mathrm{e}^{ikr}\left(\ddot{\boldsymbol{p}}\times\frac{\boldsymbol{r}}{r}\right)$$

求：(a) 平均角分布. (b) 在辐射区域里，总的平均辐射强度.

解　由题意

$$\boldsymbol{P}_1 = P_0\mathrm{e}^{-\mathrm{i}\omega t}\boldsymbol{e}_x$$

$$\boldsymbol{P}_2 = P_0(\cos\psi_0\boldsymbol{e}_x + \sin\psi_0\boldsymbol{e}_y)\mathrm{e}^{-\mathrm{i}(\omega t+\frac{\pi}{2})}$$

整个系统电偶极矩 $\boldsymbol{P} = \boldsymbol{P}_1 + \boldsymbol{P}_2$，代入公式

$$\begin{aligned}\boldsymbol{B} &= \frac{1}{4\pi\varepsilon_0 c^3}\cdot\frac{1}{r}\mathrm{e}^{ikr}\left(\ddot{\boldsymbol{p}}\times\frac{\boldsymbol{r}}{r}\right) \\ &= \frac{\omega^2}{4\pi\varepsilon_0 c^3}\cdot\frac{P_0}{r}\{[\sin\varphi + \mathrm{i}\sin(\varphi-\psi_0)]\boldsymbol{e}_\theta + [\cos\varphi + \mathrm{i}\cos(\varphi-\psi_0)]\cos\theta\boldsymbol{e}_\varphi\}\mathrm{e}^{\mathrm{i}(kr-\omega t)}\end{aligned}$$

平均角分布为

$$\frac{\mathrm{d}I}{\mathrm{d}\Omega} = \frac{c}{2\mu_0}|\boldsymbol{B}|^2 r^2$$

$$=\frac{\omega^4 P_0^2}{32\pi^2\varepsilon_0 c^3}\{2-\sin^2\theta[\cos^2\varphi+\cos^2(\varphi-\psi_0)]\}$$

总的平均辐射强度

$$I=\int\frac{\mathrm{d}I}{\mathrm{d}\Omega}\mathrm{d}\Omega=\frac{\omega^4}{6\pi\varepsilon_0 c^3}P_0^2$$

5.23 求由 N 个极化率为 α 的原子组成的原子链在平面偏振光照射下激发辐射的角分布

题 5.23 N 个极化率为 α 的原子沿 x 轴放置，如题图 5.23(a)所示. 相邻原子间距离为 a，体系被沿 $+x$ 方向传播的平面偏振光照射，偏振光电矢量沿 z 轴的方向，即 $\boldsymbol{E}=(0,0,E_0\mathrm{e}^{\mathrm{i}(kx-\omega t)})$. (a) 计算在远离原子处 $(r\gg\lambda, r\gg Na)$ 的探测器所测得的辐射角分布，把结果表示成 θ 与 ϕ 的函数. (b) 计算在 yz 平面内的辐射功率，并画出此功率等于 0 的条件. (c) 计算在 xy 平面上，辐射功率对 φ 的一般关系式，并就 $ka\gg 1$ 的情形作图.

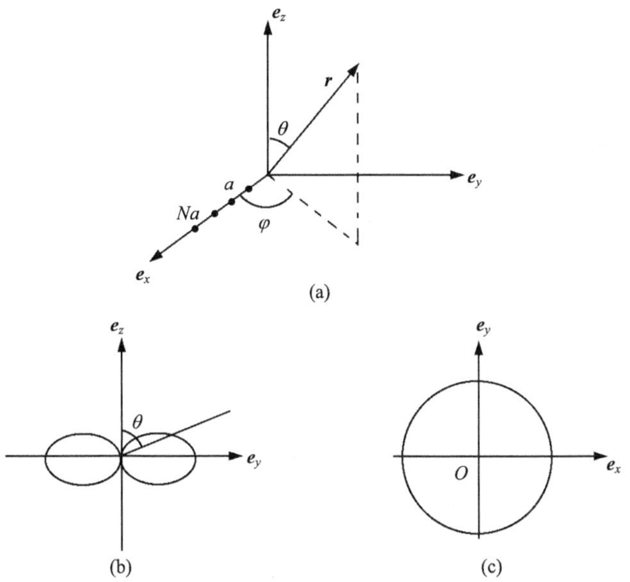

题图 5.23

解 (a) 第 m 个原子的位置为

$$\boldsymbol{x}_m=(ma,0,0)$$

在平面波照射下，它的偶极矩为

$$\boldsymbol{P}_m=\alpha\varepsilon_0\boldsymbol{E}(\boldsymbol{x}_m,t)=\alpha\varepsilon_0 E_0\mathrm{e}^{\mathrm{i}(kma-\omega t)}\boldsymbol{e}_z$$

在 $r\gg\lambda, r\gg Na$ 处，N 个原子产生的辐射场为

$$\boldsymbol{B}(\boldsymbol{r},t)=\sum_{m=0}^{N-1}\frac{\mathrm{e}^{\mathrm{i}k|\boldsymbol{r}-\boldsymbol{x}_m|}}{4\pi\varepsilon_0 c^3 r}(\ddot{\boldsymbol{p}}\times\boldsymbol{n}),\qquad \boldsymbol{n}=\boldsymbol{e}_r$$

由题图 5.23(a)知，$|\boldsymbol{r}-\boldsymbol{x}_m|\approx r-\boldsymbol{n}\cdot\boldsymbol{x}_m=r-ma\sin\theta\cos\varphi$，代入上式有

$$\boldsymbol{B}(\boldsymbol{r},t)=-\frac{\omega^2 aE_0\sin\theta \mathrm{e}^{\mathrm{i}(kr-\omega t)}}{4\pi\varepsilon_0 c^3 r}\sum_{m=0}^{N-1}\mathrm{e}^{\mathrm{i}kma(1-\cos\theta\cos\phi)}\boldsymbol{e}_\phi$$

利用公式$\left|\sum_{m=0}^{N-1}\mathrm{e}^{\mathrm{i}mz}\right|^2=\left|\frac{1-\mathrm{e}^{\mathrm{i}Nz}}{1-\mathrm{e}^{\mathrm{i}z}}\right|^2=\frac{\sin^2\left(\frac{Nx}{2}\right)}{\sin^2\frac{x}{2}}$，可求得辐射的平均能流密度是

$$\overline{\boldsymbol{S}}=\frac{c}{2\mu_0}|\boldsymbol{B}|^2\boldsymbol{n}=\frac{\omega^4 a^2E_0^2\sin^2\theta}{32\pi^2\varepsilon_0 c^3 r^2}\cdot\frac{\sin^2\left[\frac{1}{2}Nka(1-\sin\theta\cos\phi)\right]}{\sin^2\left[\frac{1}{2}ka(1-\sin\theta\cos\phi)\right]}\boldsymbol{n}$$

故角分布为

$$\frac{\mathrm{d}\overline{P}}{\mathrm{d}\Omega}=\frac{\omega^4 a^2E_0^2\sin^2\theta}{32\pi^2\varepsilon_0 c^3 r^2}\cdot\frac{\sin^2\left[\frac{1}{2}Nka(1-\sin\theta\cos\phi)\right]}{\sin^2\left[\frac{1}{2}ka(1-\sin\theta\cos\phi)\right]}$$

(b) 在 yz 平面内，$\phi=90^\circ,\cos\phi=0$，辐射角分布为

$$\frac{\mathrm{d}\overline{P}}{\mathrm{d}\Omega}\propto\sin^2\theta\frac{\sin^2\left[\frac{1}{2}Nka\right]}{\sin^2\left(\frac{1}{2}ka\right)}$$

角分布的图形如题图 5.23(b)所示. 当

$$\sin\left(\frac{1}{2}Nka\right)=0,\qquad \frac{\mathrm{d}\overline{P}}{\mathrm{d}\Omega}=0$$

时，在 yz 平面上辐射功率为 0 的条件为

$$\frac{1}{2}Nka=n\pi,\qquad n=0,1,2,\cdots$$

(c) 在 xy 平面内 $\theta=90^\circ,\sin\theta=1$，角分布为

$$\frac{\mathrm{d}\overline{P}}{\mathrm{d}\Omega}\propto\frac{\sin^2\left[\frac{1}{2}Nka(1-\cos\phi)\right]}{\sin^2\left[\frac{1}{2}ka(1-\cos\phi)\right]}=\frac{\sin^2\left[Nka\sin^2\frac{\phi}{2}\right]}{\sin^2\left[ka\sin^2\frac{\phi}{2}\right]}.$$

当 $ka\gg1$，由公式

$$\pi\delta(x)=\lim_{k\to\infty}\frac{\sin^2 kx}{k^2x^2}$$

可知

$$\frac{\sin^2(Nkx)}{\sin^2(kx)}=\frac{N^2\sin^2(Nkx)/N^2k^2x^2}{\sin^2(kx)/k^2x^2}\xlongequal{k\to\infty}\frac{\pi N^2\delta(Nx)}{\pi\delta(x)}=N$$

因此辐射角分布为一常数，因此角分布的图形为 xy 平面上的圆，如题图 5.23(c)所示.

5.24　一个复杂的电荷分布体系以角速度 ω_0 绕以固定轴做刚性旋转，估计各种频率辐射功率相对大小

题 5.24　有一个复杂的电荷分布体系以角速度 ω_0 绕一固定轴刚性地转动. 离轴最远的距离为 d，运动是非相对论性的. 即 $r\omega_0 \ll c$ (题图 5.24). (a) 在 $r \gg d$ 处的观察者将看到哪些电磁辐射频率？(b) 给出各频率辐射功率的相对大小的数量级估计(对观测角度及时间求平均).

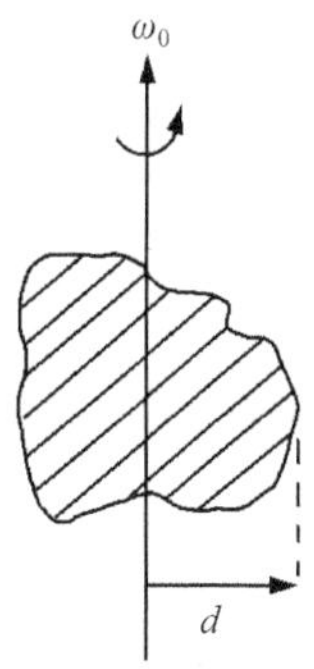

题图 5.24

解　由题图 5.24，d 是体系距转动轴最远处，在这里 $v = \omega_0 d \ll c$，因此电荷体系的辐射可用多极辐射近似处理.

设 $\Sigma(x, y, z)$ 是观察系，$\Sigma'(x', y', z')$ 是固定在体系上的坐标系，则体系任意一点的矢径

$$\boldsymbol{\xi} = x\boldsymbol{e}_x + y\boldsymbol{e}_x + z\boldsymbol{e}_z = x'\boldsymbol{e}'_y + y'\boldsymbol{e}'_y + z'\boldsymbol{e}'_z \tag{1}$$

假定转动轴为公共的 z 轴，且在 $t = 0$ 时，x' 轴与 x 轴重合，y' 轴与 y 轴重合. 显见，两坐标系的关系是

$$\begin{cases} x = x'\cos\omega_0 t - y'\sin\omega_t \\ y = x'\sin\omega_0 t + y'\cos\omega_0 t \\ z = z' \end{cases} \tag{2}$$

现在求 Σ 系中，电偶极矩 $\boldsymbol{P}(t)$和电四极矩 $\vec{\boldsymbol{D}}(t)$，以及磁偶极矩 $\boldsymbol{m}(t)$

$$\begin{aligned} \boldsymbol{P}(t) &= \int \rho\boldsymbol{\xi}\mathrm{d}V = \int \rho(x\boldsymbol{e}_x + y\boldsymbol{e}_y + z\boldsymbol{e}_z)\mathrm{d}V \\ &= \int \rho[(x'\cos\omega_0 t - y'\sin\omega_0 t)\boldsymbol{e}_x + (x'\sin\omega_0 t + y\cos\omega_0 t)\boldsymbol{e}_y + z'\boldsymbol{e}_z]\mathrm{d}V \\ &= [P'_{x'}\cos\omega_0 t - P'_{y'}\sin\omega_0 t] + [P'_{x'}\sin\omega_0 t + P'_{y'}\cos\omega_0 t]\boldsymbol{e}_y + P'_{z'}\boldsymbol{e}_z \end{aligned} \tag{3}$$

式中，$P'_{x'}$、$P'_{y'}$ 和 $P'_{z'}$ 是在 Σ' 系中体系静止电偶极矩的 x、y、z 分量. 由式(3)可见，$\boldsymbol{P}(t)$是一以频率 ω_0 变化的单色振动，故由多极矩辐射理论可知，体系的电偶极辐射为频率 ω_0 的单色辐射.

由于体系做匀角速 ω_0 的转动，只产生稳定电流分布，故体系的磁偶极矩 $\boldsymbol{m}$=常矢量，与时间无关，因而不产生磁偶极辐射(这一辐射场 $\propto \ddot{m}(t)$).

对电四极矩 $\vec{\boldsymbol{D}}(t)$，它的分量公式是

$$D_{ij}(t) = \int [3x_i x_j - (x_1^2 + x_2^2 + x_3^2)\delta_{ij}]\rho\mathrm{d}V , \qquad i, j = 1, 2, 3, x_1 = x, x_2 = y, x_3 = z$$

例如

$$\begin{aligned} D_{12} = D_{21} &= 3\int \rho xy\mathrm{d}V \\ &= 3\int \rho(x'\cos\omega_0 t - y'\sin\omega_0 t)(x'\sin\omega_0 t + y'\cos\omega_0 t)\mathrm{d}V' \\ &= 3\int \rho\left[\frac{1}{2}(x'^2 - y'^2)\sin 2\omega_0 t + x'y'\cos 2\omega_0 t\right]\mathrm{d}V' \end{aligned}$$

在 Σ' 系中，$D'_{12} = D'_{x'y'} = 3\int \rho x'y'\mathrm{d}V$，得

$$D'_{11}-D'_{22}=D'_{x'x'}-D'_{y'y'}=\int\rho(2x_1'^2-x_2'^2-x_3'^2-2x_2'^2+x_1'^2+x_3'^2)\mathrm{d}V$$
$$=3\int\rho(x_1'^2-x_2'^2)\mathrm{d}V$$
$$D_{12}=D_{21}=\frac{D'_{11}-D'_{22}}{2}\sin 2\omega_0 t+D'_{12}\cos 2\omega_{t0} \tag{4}$$

同理，有

$$\begin{aligned}D_{13}=D_{31}&=3\int\rho xy\mathrm{d}V=3\int\rho(x'\cos\omega_0 t-y'\sin\omega_0 t)z'\mathrm{d}V\\&=D'_{13}\cos\omega_0 t-D'_{23}\sin\omega_0 t\end{aligned} \tag{5}$$

类似可求出 $\vec{\boldsymbol{D}}(t)$ 的其他分量. 由式(4)与式(5)可知，电四极矩 $\vec{\boldsymbol{D}}(t)$ 为频率 ω_0 、$2\omega_0$ 的两种单色振动的混合.

联合式(3)~式(5)，体系的电磁辐射的频率为 ω_0 (主要是电偶极辐射)和 $2\omega_0$ (电四极辐射).

由多极辐射基本理论可知，电四极辐射场的大小约是电偶极辐射场的 $\frac{\omega_0}{c}d$ 倍，故频率为 $2\omega_0$ 的辐射功率仅为频率为 ω_0 的辐射功率的 $\frac{\omega_0^2}{c^2}d^2$ 倍. 由 $\omega_0 d\ll 1$ ，可知电四极辐射要弱得多.

5.25　磁化强度为 $\boldsymbol{M}_0$、半径为 R 的均匀永磁球体以角速度 ω 绕过球心且与 $\boldsymbol{M}_0$ 垂直的轴旋转，求辐射场

题 5.25　半径为 R 均匀永磁体，磁化强度为 $\boldsymbol{M}_0$，球以恒定角速度 ω 绕过球心且垂直于 $\boldsymbol{M}_0$ 的轴旋转，设 $R\omega\ll c$ ，求辐射场和能流.

解　设 $\boldsymbol{M}_0$ 在 xy 平面内绕 z 轴旋转，该转动可分解为沿 x 及 y 轴的两个线振动. 于是，磁矩可写成

$$\boldsymbol{m}=\frac{4\pi}{3}R^3M_0(\boldsymbol{e}_x+\mathrm{i}\boldsymbol{e}_y)\mathrm{e}^{-\mathrm{i}\omega t} \tag{1}$$

采用球坐标系，有

$$\boldsymbol{e}_x+\mathrm{i}\boldsymbol{e}_y=(\sin\theta\boldsymbol{e}_r+\cos\theta\boldsymbol{e}_\theta+\mathrm{i}\boldsymbol{e}_\phi)\mathrm{e}^{\mathrm{i}\phi} \tag{2}$$

又由 $\ddot{\boldsymbol{m}}=-\omega^2\boldsymbol{m}$ ，于是辐射场为

$$\boldsymbol{E}=-\frac{\mu_0\mathrm{e}^{\mathrm{i}kr}}{4\pi cr}(\ddot{\boldsymbol{m}}\times\boldsymbol{e}_r)=\frac{\mu_0\omega^2R^3M_0}{3cr}(\mathrm{i}\boldsymbol{e}_\theta-\cos\theta\boldsymbol{e}_\phi)\mathrm{e}^{\mathrm{i}(kr-\omega t+\phi)} \tag{3}$$

$$\boldsymbol{B}=\frac{\mu_0\mathrm{e}^{\mathrm{i}kr}}{4\pi c^2r}(\ddot{\boldsymbol{m}}\times\boldsymbol{e}_r)\times\boldsymbol{e}_r=\frac{\mu_0\omega^2R^3M_0}{3c^2r}(\cos\theta\boldsymbol{e}_\theta+\mathrm{i}\boldsymbol{e}_\phi)\mathrm{e}^{\mathrm{i}(kr-\omega t+\phi)} \tag{4}$$

平均能流为

$$\overline{\boldsymbol{S}}=\frac{1}{2}\mathrm{Re}\{\boldsymbol{E}^*\times\boldsymbol{H}\}=\frac{\mu_0\omega^4R^6M_0^2}{18c^3r^2}(1+\cos^2\theta)\boldsymbol{e}_r \tag{5}$$

平均功率

$$p = \oint \overline{S} \cdot e_r r^2 \mathrm{d}\Omega = \frac{\mu_0 \omega^4 m^2}{6\pi c^3} \tag{6}$$

5.26 将点电荷产生的库仑势与电场强度展成平面波

题 5.26 将点电荷产生的库仑势 φ 和场强 $\boldsymbol{E}$ 展开成平面波.

解 泊松方程

$$\nabla^2 \varphi = -\frac{q}{\varepsilon_0} \delta(r) \tag{1}$$

φ 的空间傅里叶展开

$$\varphi = \int \varphi_k \mathrm{e}^{-\mathrm{i}kr} \mathrm{d}k \tag{2}$$

故有

$$\nabla^2 \varphi = -k^2 \int \varphi_k \mathrm{e}^{-\mathrm{i}kr} \mathrm{d}k = -\frac{q}{\varepsilon_0} \delta(r) \tag{3}$$

所以

$$\begin{aligned} \varphi_k &= \frac{1}{(2\pi)^3} \int \frac{q}{\varepsilon_0 k^2} \delta(r) \mathrm{e}^{\mathrm{i}kr} \mathrm{d}k \\ &= \frac{q}{(2\pi)^3 \varepsilon_0 k^2} \int \delta(r) \mathrm{e}^{\mathrm{i}kr} \mathrm{d}k \\ &= \frac{q}{(2\pi)^3 \varepsilon_0 k^2} \end{aligned} \tag{4}$$

由 $E = -\nabla\varphi$，得到 $\boldsymbol{E}_k = -\mathrm{i}\boldsymbol{k}\varphi_k$，故有

$$\boldsymbol{E}_k = -\mathrm{i} \frac{q}{(2\pi)^3 \varepsilon_0 k^2} \boldsymbol{k} \tag{5}$$

5.27 求平面电磁波照射到半径为 a 的绝缘介质球上时，该极化介质球激发的辐射场

题 5.27 线偏振平面电磁波 $\boldsymbol{E} = \boldsymbol{E}_0 \mathrm{e}^{\mathrm{i}(\boldsymbol{k}\cdot\boldsymbol{r}-\omega t)}$ 照射到半径为 a 的绝缘介质球上，介质球在场中发生极化，由于电场随时间变化，介质球的极化强度 $\boldsymbol{P}$ 也将随时间变化. 设 $ak \ll 1$，求介质球的辐射场.

解 由条件 $ak \ll 1$ 知，介质球的各处所感受到的场强是近似空间均匀的. 所以介质球相当于处于时变均匀场 $\boldsymbol{E} = \boldsymbol{E}_0 \mathrm{e}^{-\mathrm{i}\omega t}$ 中.

由分离变量法，容易求得介质球的极化偶极矩

$$\boldsymbol{P} = 4\pi\varepsilon_0 \frac{\varepsilon - \varepsilon_0}{\varepsilon + 2\varepsilon_0} a^3 \boldsymbol{E}_0 \mathrm{e}^{-\mathrm{i}\omega t} \tag{1}$$

随时间变化的偶极矩将产生电偶极辐射. 设 $\boldsymbol{E}_0$ 沿 z 方向，由电偶极辐射公式得

$$B = -\frac{\varepsilon - \varepsilon_0}{\varepsilon + 2\varepsilon_0} \cdot \frac{\omega^2 a^3}{c^3 r} E_0 e^{i(kr-\omega t)} \sin\theta e_\phi \tag{2}$$

$$E = -\frac{\varepsilon - \varepsilon_0}{\varepsilon + 2\varepsilon_0} \cdot \frac{\omega^2 a^3}{c^2 r} E_0 e^{i(kr-\omega t)} \sin\theta e_\theta \tag{3}$$

5.28　证明由比荷相同的带电粒子组成的孤立系不存在电偶极和磁偶极辐射

题 5.28　证明：(a) 由比荷相同的带电粒子组成的孤立系不存在磁偶极辐射. (b) 由比荷相同的带电粒子组成的孤立系不存在电偶极辐射.

证明　(a) 体系的总磁矩

$$\boldsymbol{m} = \frac{1}{2}\sum_i q_i \boldsymbol{r}_i \times \boldsymbol{v}_i = \frac{1}{2}\sum_i \frac{q_i}{m_i} \boldsymbol{r}_i \times m_i \boldsymbol{v}_i$$

$$= \frac{1}{2}\alpha \sum_i \boldsymbol{r}_i \times m_i \boldsymbol{v}_i = \frac{1}{2}\alpha \boldsymbol{L}, \qquad \alpha = \frac{q_i}{m_i} = 常数$$

式中，$\boldsymbol{L}$ 为体系的总动量矩. 在本题的条件下，体系的总动量矩守恒，故有 $\ddot{\boldsymbol{m}} = 0$，所以，该系统无磁偶极辐射.

(b) 体系的总电偶极矩为

$$\boldsymbol{P} = \sum_i q_i \boldsymbol{r}_i = \sum_i \frac{q_i}{m_i} m_i \boldsymbol{r}_i = \alpha \sum_i m_i \boldsymbol{r}_i, \qquad \alpha = 常数 \tag{1}$$

体系的质心矢径为

$$\boldsymbol{R} = \frac{\sum_i m_i \boldsymbol{r}_i}{M}, \qquad M = \sum_i m_i \ 为体系的总质量 \tag{2}$$

这时，体系的总电偶极矩可表示成

$$\boldsymbol{P} = \alpha \sum_i m_i \boldsymbol{r}_i = \alpha M \boldsymbol{R}, \qquad \ddot{\boldsymbol{p}} = \alpha M \ddot{\boldsymbol{R}} \tag{3}$$

对孤立系，无外力作用，质心做匀速直线运动，故有 $\ddot{\boldsymbol{R}} = 0$，所以 $\ddot{\boldsymbol{p}} = 0$，因而体系无电偶极辐射.

5.29　一点电荷以频率 ω 绕半径为 a 的圆做圆周运动，求它的辐射场

题 5.29　一个电荷为 q 的带电粒子绕半径为 a 的圆做圆周运动，角频率为 ω，且满足 $\omega a \ll c$. 求：(a) 辐射场. (b) 平均辐射功率. (c) 偏振特性.

解　由条件 $\omega a \ll c$，得 $a \ll \lambda$，这表示只考虑偶极辐射即可. 设粒子做回旋运动的平面为 xy 平面. 运动带电粒子的电偶极矩可表示成

$$\boldsymbol{P} = q\boldsymbol{a}(t) = qa(\boldsymbol{e}_x + i\boldsymbol{e}_y)e^{-i\omega t}$$

$$= qa(\sin\theta \boldsymbol{e}_r + \cos\theta \boldsymbol{e}_\theta + i\boldsymbol{e}_\phi)e^{i(\phi-\omega t)} \tag{1}$$

而 $\ddot{\boldsymbol{p}} = -\omega^2 \boldsymbol{P}$，于是辐射场为

$$\boldsymbol{E}=\frac{\mathrm{e}^{\mathrm{i}kr}}{4\pi\varepsilon_0 c^2 r}(\ddot{\boldsymbol{p}}\times\boldsymbol{n})\times\boldsymbol{n}$$

$$=\frac{\mu_0 q a\omega^2\mathrm{e}^{\mathrm{i}kr}}{4\pi r}(\cos\theta\boldsymbol{e}_\theta+\mathrm{i}\boldsymbol{e}_\phi)\mathrm{e}^{\mathrm{i}(kr-\omega t+\phi)} \tag{2}$$

$$\boldsymbol{B}=\frac{\mathrm{e}^{\mathrm{i}kr}}{4\pi\varepsilon_0 c^3 r}(\ddot{\boldsymbol{p}}\times\boldsymbol{n})$$

$$=\frac{\mu_0 q a\omega^2\mathrm{e}^{\mathrm{i}kr}}{4\pi c r}(-\mathrm{i}\boldsymbol{e}_\theta+\cos\theta\boldsymbol{e}_\phi)\mathrm{e}^{\mathrm{i}(kr-\omega t+\phi)} \tag{3}$$

辐射平均能流

$$\overline{\boldsymbol{S}}=\frac{c}{2\mu_0}|\boldsymbol{B}|^2\boldsymbol{e}_r=\frac{\mu_0\omega^4 q^2 a^2}{32\pi^2 c^2 r^2}(1+\cos^2\theta)\boldsymbol{e}_r \tag{4}$$

平均辐射功率

$$\boldsymbol{P}=\oint\overline{\boldsymbol{S}}\cdot\boldsymbol{e}_r r^2\mathrm{d}\Omega=\frac{\mu_0 q^2 a^2\omega^4}{6\pi c} \tag{5}$$

由偏振特性，由于 $\boldsymbol{B}\propto\boldsymbol{n}\times\boldsymbol{a}(t)$，当逆着 z 轴方向看时，$\boldsymbol{n}=\boldsymbol{e}_z$，这时有

$$\boldsymbol{B}\propto\boldsymbol{e}_z\times a(\cos\omega t\boldsymbol{e}_x+\sin\omega t\boldsymbol{e}_y)=a(\cos\omega t\boldsymbol{e}_y-\sin\omega t\boldsymbol{e}_x) \tag{6}$$

这表示它是左旋圆偏振波.

当逆着 x 轴方向看时，$\boldsymbol{n}=\boldsymbol{e}_x$，这时有

$$\boldsymbol{B}\propto\boldsymbol{e}_x\times a(\cos\omega t\boldsymbol{e}_x+\sin\omega t\boldsymbol{e}_y)=a\sin\omega t\boldsymbol{e}_z \tag{7}$$

故这时 $\boldsymbol{B}$ 在 z 方向作线偏振，而 $\boldsymbol{E}$ 在 x 方向作线偏振.

5.30　关于同步辐射特征量的估算

题 5.30　一能量为 γmc^2 (m 为电子静止质量，$\gamma\gg 1$)的电子作平面曲线运动，其上有一 AB 微段(相对于曲率中心的角位置等于 $2/\gamma$)，曲率半径为 ρ，其中点为 C. 设观测者在沿 C 的切线方向.

(a) 试写出该电子通过 AB 微段的发射者时间 $\Delta t'$；

(b) 试计算该电子通过 AB 微段的观测者时间 Δt，并依此估算同步辐射的特征频率；

(c) 取 $\rho=2\mathrm{m}$，电子能量为 0.511GeV，试求该电子辐射的总功率；并请写出 π 偏振、σ 偏振辐射的总功率，写出特征频率以上辐射的总功率(已知电子静止能量为 $mc^2=0.511\mathrm{MeV}$，电子经典半径 $r_\mathrm{e}=e^2/[mc^2]=2.818\mathrm{fm}=2.818\times10^{-15}\mathrm{m}$)；

(d) 作为一种数量级估算，用(b)、(c)的结果计算该电子单位时间发射的光子数.

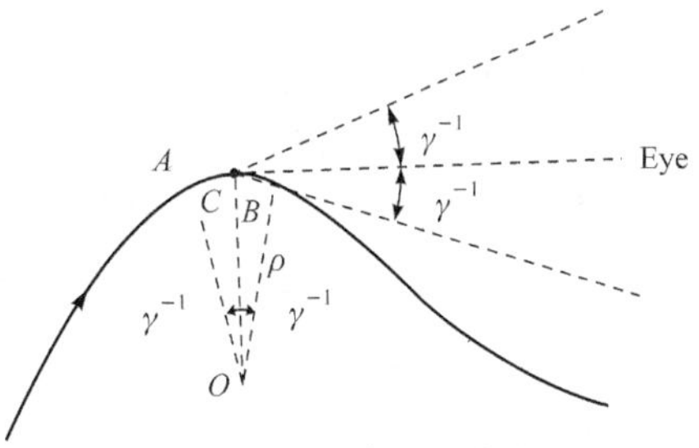

题图 5.30　电子作平面曲线运动轨迹上的一个微段

解　(a) 发射者时间为电子通过 AB 微段的时间即

$$\Delta t'\sim\rho\frac{2}{\gamma}\frac{1}{\beta c}=\frac{2\rho}{\beta\gamma c}$$

(b) 时间压缩因子$\kappa = 1-\beta\cos\theta \approx 1-\beta \approx 1/2\gamma 2$，故观测者时间为

$$\Delta t = \kappa \Delta t' \sim \frac{\rho}{\beta c \gamma^3}$$

频率不确定度

$$\Delta\omega \approx \frac{1}{\Delta t} = \frac{\gamma^3 c}{\rho}$$

作为估算，取特征频率

$$\omega_c \approx \Delta\omega \approx \frac{1}{\Delta t} = \frac{\gamma^3 c}{\rho}$$

ω_c为电子回旋圆频率.

(c) 辐射的总功率

$$P = \frac{e^2|\ddot{\boldsymbol{v}}|^2}{6\pi\varepsilon_0 c^3}\gamma^4 = \frac{e^2\omega_0{}^2 v^2}{6\pi\varepsilon_0 c^3}\gamma^4 = \frac{2r_e mc^2\beta^4 c}{3\rho^2}\gamma^4$$
$$= \frac{2\times 2.818\times 10^{-15}\,\text{m}\times 0.511\text{MeV}\times 2.998\times 10^8\,\text{m/s}}{3\times 10^2}\times 10^{12} \approx 2.88\text{GeV/s}$$

π 偏振、σ 偏振辐射的总功率分别为$P_\pi = P/8$，$P_\sigma = 7P/8$. 特征频率以上辐射的总功率

$$\int_{\omega_c}^{\infty} d\omega \frac{dP}{d\omega} = \frac{1}{2}P$$

(d) 该电子单位时间发射的光子数

$$N \approx \frac{P}{\hbar\omega_c} = \frac{2\alpha\beta^4\gamma^4 c^2}{3\rho^2\omega_c} = \frac{2\alpha\beta^4\gamma c}{3\rho} = \frac{2\alpha\beta^3\gamma}{3}\omega_0 \approx \frac{2\alpha\gamma}{3}$$

其中α为精细结构常数，γ为洛伦兹因子.

5.31 真空中一个均匀磁化介质球的长波散射

题 5.31 考察真空中一个均匀磁化介质球(半径为a，磁导率为μ，相对介电系数为 1)对入射平面电磁波(波长远大于a)的散射. 给出散射截面、偏振度等结果.

提示 按照电磁波的散射理论，求解长波散射问题时，可以先求解一个静场问题，确定该金属纳米颗粒在均匀静电场中极化的总电偶极矩，而沿各方向散射光的强度与该总电偶极矩的平方成正比.

解 设入射场为

$$\boldsymbol{E}_{入射} = \epsilon_0 E_0 e^{ik\boldsymbol{n}_0\cdot\boldsymbol{r}}$$
$$\boldsymbol{H}_{入射} = n_0 \times \boldsymbol{E}_{入射}/Z_0 \tag{1}$$

这些场在磁化介质球内感生磁偶极矩$\boldsymbol{m}$，这些偶极子在所有方向上辐射能量，散射(辐射)场如下：

$$\boldsymbol{E}_{散射} = -\frac{1}{4\pi\epsilon_0 c}k^2\frac{e^{ikr}}{r}(\boldsymbol{n}\times\boldsymbol{m})$$
$$\boldsymbol{H}_{散射} = \boldsymbol{n}\times\boldsymbol{E}_{散射}/Z_0 \tag{2}$$

式中，$\boldsymbol{n}$ 为观察方向上的单位矢量，r 为由散射体量起的距离. 由 $\boldsymbol{n}_0$ 方向上偏振矢量为 $\boldsymbol{\epsilon}_0$ 的每单位入射通量(每单位面积的功率)产生的，在 $\boldsymbol{n}$ 方向上每单位立体角内偏振矢量为 $\boldsymbol{\epsilon}$ 的辐射功率是一个量纲为面积/立体角的量

$$\frac{\mathrm{d}\sigma}{\mathrm{d}\Omega}(\boldsymbol{n},\boldsymbol{\epsilon};\boldsymbol{n}_0,\boldsymbol{\epsilon}_0)=\frac{r^2\dfrac{1}{2Z_0}\left|\boldsymbol{\epsilon}^*\cdot\boldsymbol{E}_{散射}\right|^2}{\dfrac{1}{2Z_0}\left|\boldsymbol{\epsilon}_0^*\cdot\boldsymbol{E}_{入射}\right|^2}=\frac{k^4}{(4\pi\epsilon_0 c)^2E_0^2}\left|(\boldsymbol{n}\times\boldsymbol{\epsilon}^*)\cdot\boldsymbol{m}\right|^2 \tag{3}$$

其中感生磁偶极矩 $\boldsymbol{m}$ 可以通过近场问题求解得到，后者除了按 $\mathrm{e}^{-\mathrm{i}\omega t}$ 方式作简谐振荡外，其他性质都是静态的，也就意味着是静场问题. 考虑一个均匀外场 $\boldsymbol{H}_0$ 中均匀磁化介质球的磁化问题，给出介质球中磁化强度为

$$\boldsymbol{M}=\frac{3(\mu-\mu_0)}{\mu+2\mu_0}\boldsymbol{H}_0 \tag{4}$$

感生磁偶极矩 $\boldsymbol{m}$ 为

$$\boldsymbol{m}=\frac{4\pi}{3}a^3\boldsymbol{M}=4\pi a^3\frac{\mu-\mu_0}{\mu+2\mu_0}\boldsymbol{H}_0=4\pi a^3\frac{\mu-\mu_0}{\mu+2\mu_0}\boldsymbol{n}_0\times\boldsymbol{\epsilon}_0\frac{E_0}{Z_0} \tag{5}$$

电偶极矩等于零. 上式代入式(3)给出微分散射截面是

$$\frac{\mathrm{d}\sigma}{\mathrm{d}\Omega}=k^4a^6\left|\frac{\mu_r-1}{\mu_r+2}\right|^2\left|(\boldsymbol{n}\times\boldsymbol{\epsilon}^*)\cdot(\boldsymbol{n}_0\times\boldsymbol{\epsilon}_0)\right|^2 \tag{6}$$

散射波是线偏振波，其偏振矢量在偶极矩方向($\boldsymbol{\epsilon}_0$)和单位矢量 $\boldsymbol{n}_0$ 所确定的平面内.

入射波一般都是非偏振波. 这时，人们感兴趣的是求找一个给定线偏振态的散射波的角分布. 对于一个给定的 $\boldsymbol{\epsilon}$，将截面式(6)对初偏振矢量 $\boldsymbol{\epsilon}_0$ 求平均. 题图 5.31 表示一组可能的偏振矢量. 散射平面由矢量 $\boldsymbol{n}_0$ 和 $\boldsymbol{n}$ 确定. 偏振矢量 $\boldsymbol{\epsilon}_0^{(1)}$ 和 $\boldsymbol{\epsilon}^{(1)}$ 在该平面内，而 $\boldsymbol{\epsilon}_0^{(2)}=\boldsymbol{\epsilon}^{(2)}$ 与该平面垂直. 对于偏振矢量为 $\boldsymbol{\epsilon}^{(1)}$ 的散射波来说，

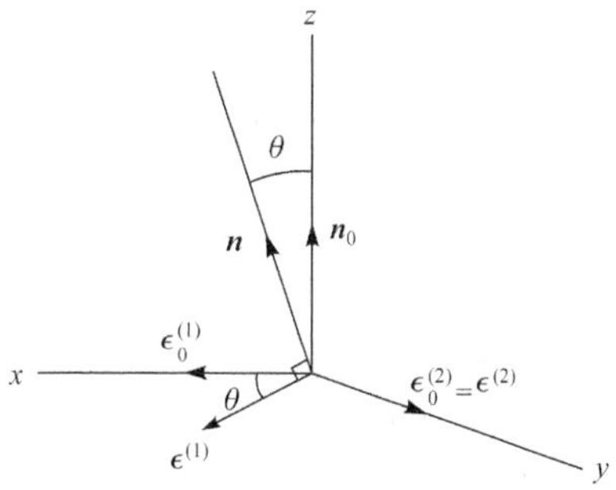

题图 5.31　入射波和散射波的偏振矢量和传播矢量

$$(\boldsymbol{n}\times\boldsymbol{\epsilon}^*)\cdot(\boldsymbol{n}_0\times\boldsymbol{\epsilon}_0^{(1)})=1,\quad(\boldsymbol{n}\times\boldsymbol{\epsilon}^*)\cdot(\boldsymbol{n}_0\times\boldsymbol{\epsilon}_0^{(2)})=0$$

对于偏振矢量为 $\boldsymbol{\epsilon}^{(2)}$ 的散射波来说，

$$(\boldsymbol{n}\times\boldsymbol{\epsilon}^*)\cdot(\boldsymbol{n}_0\times\boldsymbol{\epsilon}_0^{(1)})=\cos\theta,\quad(\boldsymbol{n}\times\boldsymbol{\epsilon}^*)\cdot(\boldsymbol{n}_0\times\boldsymbol{\epsilon}_0^{(2)})=0$$

这样对偏振矢量为 $\boldsymbol{\epsilon}^{(1)}$ 和 $\boldsymbol{\epsilon}^{(2)}$，微分截面对初偏振矢量的平均值是

$$\begin{aligned}\frac{\mathrm{d}\sigma_{/\!/}}{\mathrm{d}\Omega}&=\frac{k^4a^6}{2}\left|\frac{\mu_\mathrm{r}-1}{\mu_\mathrm{r}+2}\right|^2\\ \frac{\mathrm{d}\sigma_{\perp}}{\mathrm{d}\Omega}&=\frac{k^4a^6}{2}\left|\frac{\mu_\mathrm{r}-1}{\mu_\mathrm{r}+2}\right|^2\cos^2\theta\end{aligned} \tag{7}$$

式中下标 // 和 ⊥，分别表示偏振矢量平行于散射平面和垂直于散射平面这两种情况. 散射波的**偏振度** $\Pi(\theta)$ 定义为

$$\Pi(\theta)=\frac{\dfrac{\mathrm{d}\sigma_{/\!/}}{\mathrm{d}\Omega}-\dfrac{\mathrm{d}\sigma_{\perp}}{\mathrm{d}\Omega}}{\dfrac{\mathrm{d}\sigma_{/\!/}}{\mathrm{d}\Omega}+\dfrac{\mathrm{d}\sigma_{\perp}}{\mathrm{d}\Omega}} \tag{8}$$

由式(7)求得均匀磁化介质球的(磁偶极子)散射的偏振度为

$$\Pi(\theta)=\frac{\sin^2\theta}{1+\cos^2\theta} \tag{9}$$

对两散射偏振态求和而得的微分截面为

$$\frac{\mathrm{d}\sigma}{\mathrm{d}\Omega}=k^4a^6\left|\frac{\mu_{\mathrm{r}}-1}{\mu_{\mathrm{r}}+2}\right|^2\frac{1}{2}\left(1+\cos^2\theta\right) \tag{10}$$

因而**总散射截面**为

$$\sigma=\int\frac{\mathrm{d}\sigma}{\mathrm{d}\Omega}\mathrm{d}\Omega=\frac{8\pi}{3}k^4a^6\left|\frac{\mu_{\mathrm{r}}-1}{\mu_{\mathrm{r}}+2}\right|^2 \tag{11}$$

说明 导体球的长波散射可参见 J. D. Jackson，Classical Electrodynamics，John Wiley & Sons，INC.，3rd Ed.，2001, 10.1 节.

5.32 真空中的坐标原点有一个时间谐变的电偶极子

题 5.32 真空中的坐标原点有一个时间谐变的电偶极子，该电偶极子可表示为

$$\boldsymbol{p}(t)=p_0\boldsymbol{e}_z\mathrm{e}^{-\mathrm{i}\omega t}$$

其中 p_0 为常量，$\boldsymbol{e}_z$ 为 z 方向的单位矢量，而 ω 为谐振频率，对上式的复数量理解为取实部.

(a) 请计算该电偶极子在空间激发的电磁场，给出电场场度 $\boldsymbol{E}$ 与磁场强度 $\boldsymbol{H}$ 的表达式；

(b) 请给出近场区域场强表达式，说明其特点；

(c) 请给出远场区域场强表达式，给出坡印亭矢量，由此计算辐射角分布，说明其特点；

(d) 请给出将远场场强(电场强度或者磁场强度，任选一个)用电(横磁)多极场和磁(横电)多极场展开的展开系数.

解 (a) 计算时间谐变的源激发的电磁场，特别需要计算辐射场时，在洛伦兹规范下，通过势来计算较方便. 关于势的方程为上一题的 d′Alembert 方程，其解为推迟势. 对于时间谐变的源，推迟势为

$$\boldsymbol{A}(\boldsymbol{x},t)=\frac{\mu_0}{4\pi}\int\boldsymbol{J}(\boldsymbol{x}')\frac{\mathrm{e}^{\mathrm{i}k|\boldsymbol{x}-\boldsymbol{x}'|}}{|\boldsymbol{x}-\boldsymbol{x}'|}\mathrm{d}^3\boldsymbol{x}'(\boldsymbol{x})\mathrm{e}^{-\mathrm{i}\omega t}=\boldsymbol{A}(\boldsymbol{x})\mathrm{e}^{-\mathrm{i}\omega t} \tag{1}$$

时间谐变源激发的势的时间依赖关系也是与源相同的 $\mathrm{e}^{-\mathrm{i}\omega t}$，而场量也与此相同，故有关计算书写时不妨略去此 $\mathrm{e}^{-\mathrm{i}\omega t}$ 因子. 由上式，题给时间谐变的电偶极子激发的矢势为

$$\boldsymbol{A}_{\mathrm{ed}}(\boldsymbol{x})=-\frac{\mathrm{i}\mu_0\omega}{4\pi}\boldsymbol{p}\frac{\mathrm{e}^{\mathrm{i}kr}}{r} \tag{2}$$

其中 $\boldsymbol{p}=p_0\boldsymbol{e}_z$ 为电偶极矩. 磁场强度

$$\boldsymbol{H}_{\mathrm{ed}}(\boldsymbol{x})=\frac{1}{\mu_0}\nabla\times\boldsymbol{A}_{\mathrm{ed}}(\boldsymbol{x})=-\frac{\mathrm{i}\omega}{4\pi}\nabla\left(\frac{\mathrm{e}^{\mathrm{i}kr}}{r}\right)\times\boldsymbol{p}$$

$$=-\frac{c}{4\pi}\mathrm{i}k\left(\mathrm{i}k-\frac{1}{r}\right)\frac{\mathrm{e}^{\mathrm{i}kr}}{r}(\boldsymbol{n}\times\boldsymbol{p})=\frac{ck^2}{4\pi}\left(1-\frac{1}{\mathrm{i}kr}\right)\frac{\mathrm{e}^{\mathrm{i}kr}}{r}(\boldsymbol{n}\times\boldsymbol{p}) \tag{3}$$

在源以外的空间，由麦克斯韦方程 $\nabla\times\boldsymbol{H}=\partial\boldsymbol{D}/\partial t=-\mathrm{i}\omega\boldsymbol{D}=-\mathrm{i}\varepsilon_0\omega\boldsymbol{E}$ ，其中 $Z_0=\sqrt{\mu_0/\varepsilon_0}=\mu_0 c\approx120\pi\Omega\approx377\Omega$ 为自由空间特性阻抗. 由此可知电场强度

$$\begin{aligned}4\pi\varepsilon_0\boldsymbol{E}_{\mathrm{ed}}(\boldsymbol{x})&=\mathrm{i}k\nabla\left[\frac{\mathrm{e}^{\mathrm{i}kr}}{r}\left(1-\frac{1}{\mathrm{i}kr}\right)\right]\times(\boldsymbol{n}\times\boldsymbol{p})+\mathrm{i}k\frac{\mathrm{e}^{\mathrm{i}kr}}{r}\left(1-\frac{1}{\mathrm{i}kr}\right)\nabla\times(\boldsymbol{n}\times\boldsymbol{p})\\&=\mathrm{i}k\left\{\left(\frac{\mathrm{i}k}{r}-\frac{1}{r^2}\right)\left(1-\frac{1}{\mathrm{i}kr}\right)+\frac{1}{\mathrm{i}kr^3}\right\}\mathrm{e}^{\mathrm{i}kr}\boldsymbol{n}\times(\boldsymbol{n}\times\boldsymbol{p})\\&\quad+\mathrm{i}k\frac{\mathrm{e}^{\mathrm{i}kr}}{r}\left(1-\frac{1}{\mathrm{i}kr}\right)\left[(\boldsymbol{p}\cdot\nabla)\left(\frac{\boldsymbol{x}}{r}\right)-\boldsymbol{p}\nabla\cdot\left(\frac{\boldsymbol{x}}{r}\right)\right]\\&=\left\{-\frac{k^2}{r}\boldsymbol{n}\times(\boldsymbol{n}\times\boldsymbol{p})+\frac{1}{r^3}(1-\mathrm{i}kr)\left[3\boldsymbol{n}(\boldsymbol{p}\cdot\boldsymbol{n})-\boldsymbol{p}\right]\right\}\mathrm{e}^{\mathrm{i}kr}\end{aligned} \tag{4}$$

也就是得到电偶极场为

$$\begin{aligned}\boldsymbol{H}_{\mathrm{ed}}&=\frac{ck^2}{4\pi}(\boldsymbol{n}\times\boldsymbol{p})\frac{\mathrm{e}^{\mathrm{i}kr}}{r}\left(1-\frac{1}{\mathrm{i}kr}\right)\\\boldsymbol{E}_{\mathrm{ed}}&=\frac{1}{4\pi\varepsilon_0}\left\{k^2(\boldsymbol{n}\times\boldsymbol{p})\times\boldsymbol{n}\frac{\mathrm{e}^{\mathrm{i}kr}}{r}+\left[3\boldsymbol{n}(\boldsymbol{n}\cdot\boldsymbol{p})-\boldsymbol{p}\right]\left(\frac{1}{r^3}-\frac{\mathrm{i}k}{r^2}\right)\mathrm{e}^{\mathrm{i}kr}\right\}\end{aligned} \tag{5}$$

可见在一切距离上，磁场强度与矢径垂直，但是电场却有平行于 $\boldsymbol{n}$ 和垂直于 $\boldsymbol{n}$ 的分量.

(b) 在近区($r\ll\lambda=2\pi c/\omega$ ，也就是 $kr\ll1$)内，场趋于

$$\begin{aligned}\boldsymbol{H}_{\mathrm{ed}}&=\frac{\mathrm{i}\omega}{4\pi}(\boldsymbol{n}\times\boldsymbol{p})\frac{1}{r^2}\\\boldsymbol{E}_{\mathrm{ed}}&=\frac{1}{4\pi\varepsilon_0}\left[3\boldsymbol{n}(\boldsymbol{n}\cdot\boldsymbol{p})-\boldsymbol{p}\right]\frac{1}{r^3}\end{aligned} \tag{6}$$

此电场除了随时间振荡以外，恰好就是静态电偶极场. 在 $kr\ll1$ 的近区内，磁场强度乘以 Z_0 比电场强度小一个因子(kr). 于是，近区内场的性质以电场为主.

(c) 在辐射区($r\gg\lambda=2\pi c/\omega$ ，也就是 $kr\gg1$)内，场取下列极限形式：

$$\begin{aligned}\boldsymbol{H}_{\mathrm{ed}}&=\frac{ck^2}{4\pi}(\boldsymbol{n}\times\boldsymbol{p})\frac{\mathrm{e}^{\mathrm{i}kr}}{r}\\\boldsymbol{E}_{\mathrm{ed}}&=Z_0\boldsymbol{H}\times\boldsymbol{n}\end{aligned} \tag{7}$$

振荡偶极矩 $\boldsymbol{p}$ 在单位立体角内所辐射的功率的时间平均值为

$$\frac{\mathrm{d}P}{\mathrm{d}\Omega}=\frac{1}{2}\mathrm{Re}\left[r^2\boldsymbol{n}\cdot\boldsymbol{E}\times\boldsymbol{H}^*\right] \tag{8}$$

式中， $\boldsymbol{E}$ 和 $\boldsymbol{H}$ 由式(7)给出. 于是我们求得

$$\frac{\mathrm{d}P}{\mathrm{d}\Omega}=\frac{c^2Z_0}{32\pi^2}k^4\left|(\boldsymbol{n}\times\boldsymbol{p})\times\boldsymbol{n}\right|^2 \tag{9}$$

辐射的偏振态是由上式中绝对值符号里的矢量给出的

(d) 按式(7)，远场磁场强度

$$\boldsymbol{H}_{\mathrm{ed}}=-\frac{ck^2p}{4\pi}\frac{\mathrm{e}^{ikr}}{r}\sin\theta\boldsymbol{e}_{\varphi} \tag{10}$$

其中利用了 $\boldsymbol{e}_r\times\boldsymbol{e}_z=-\sin\theta\boldsymbol{e}_{\varphi}$. 利用矢量球谐函数，上式可表示为

$$\boldsymbol{H}_{\mathrm{ed}}=-\frac{ck^2p}{4\pi}\frac{\mathrm{e}^{ikr}}{r}\frac{2}{\mathrm{i}}\sqrt{\frac{4\pi}{3}}\boldsymbol{X}_{1,0}=\mathrm{i}\frac{ck^2p}{\sqrt{3\pi}}\frac{\mathrm{e}^{ikr}}{r}\boldsymbol{X}_{1,0} \tag{11}$$

与电(横磁)多极场和磁(横电)多极场相比，上式正好用 E_{10} 多极场表示，或者说电(横磁)多极场和磁(横电)多极场的展开只有一项，其系数为

$$a_{10}=-\mathrm{i}\frac{ck^2p}{\sqrt{3\pi}} \tag{12}$$

5.33　Cherenkov 辐射粒子探测器测量粒子的静质量

题 5.33　2015 年 10 月 6 日，瑞典皇家科学院宣布将本年度诺贝尔物理学奖授予日本梶田隆章以及加拿大 Arthur B. McDonald，以表彰他们证实中微子振荡的现象，这已经是中微子第四度“问鼎”诺贝尔物理学奖. 中微子振荡现象，揭示出中微子具有小的非零静质量，这是粒子物理学的历史性发现.

1998 年通常被认为是“中微子振荡元年”，该年位于日本岐阜县的超级神冈(Super-Kamiokande)探测器完成了世界第一个具有角分辨能力的实时水 Cherenkov 中微子探测实验，第一次模型无关地证实了中微子流在传播过程中的确会发生变化. 超级神冈探测器的主体部分是一个建设在地下 1000 米深处的巨大水罐，盛有约 5 万吨高纯度水，罐的内壁则附着 1.1 万个光电倍增管，用来探测中微子穿过水中时发射出的 Cherenkov 辐射，从而捕捉到中微子的踪迹.

当高能带电粒子在介质中穿行时，其速度超过光在介质中的速度时就会发生 Cherenkov 辐射. 具体来说，当中微子束穿过水中时，与水原子核发生核反应，生成高能量的 μ^- 子. 由于 μ^- 子在水中以 0.99 倍光速前进，超过了水中的光速(0.75 倍光速)，所以它在水中穿越六七米长的路径便会发生 Cherenkov 效应，发出所谓的 Cherenkov 辐射光. 这种光不但囊括了 $0.38\sim0.76\mu\mathrm{m}$ 范围内的所有连续分布的可见光，而且具有确定的方向性. 因此，只要用高灵敏度的光电倍增列阵将 Cherenkov 辐射光全部收集起来，也就探测到了中微子束.

(a) 设 Cherenkov 辐射发射的方向与粒子飞行路线之间的夹角为 θ，试考察该粒子发出一个光子的过程，导出粒子的速度 v、介质的折射率 n 和角 θ 的关系. 已知此种情形下，介质中光子动量为同频率真空中光子动量的 n 倍；

(b) 一个大气压的氢气在 20℃时，折射率为 $n=1+1.35\times10^{-4}$. 为了使一个电子质量为 $0.511\mathrm{MeV}/c^2$ 穿过这样的氢气而发出 Cherenkov 辐射，问所需的最小动能是多少 MeV?

(c) 充有一个大气压、20℃氢气的长管和一个能够探测光辐射并且测量发射角(精确到 $\delta\theta=10^{-3}$ 弧度)的光学系统装配起来，就构成一个 Cherenkov 辐射粒子探测器. 设有一束动量为 100GeV/c 的带电粒子穿过这计数器，由于动量已知，所以测量 Cherenkov 角，在效果上就是测量粒子的静质量 m_0，对于 m_0 接近 1 GeV/c^2 的粒子，在用 Cherenkov 计数器测 m_0

时，准确到一级小量的相对误差 $\delta m_0 / m_0$ 是多少?

解　(a) 考察带电粒子在介质中以超过介质中光速的速度运动，放出一个光子，能量-动量守恒关系

$$E = E' + E_\gamma \tag{1}$$

$$\boldsymbol{p} = \boldsymbol{p}' + \boldsymbol{p}_\gamma \tag{2}$$

其中 $E = \gamma mc^2$ ， $\boldsymbol{p} = \gamma m\boldsymbol{v}$ ， $E_\gamma = \hbar\omega$ ，等，上式也就是

$$E - \hbar\omega = E' \tag{3}$$

$$\boldsymbol{p} - \boldsymbol{p}_\gamma = \boldsymbol{p}' \tag{4}$$

式(3)两边平方与式(4)两边模平方与 c^2 乘积相减，并利用质点的动量、能量、静止能量的三角关系，可得

$$\left(E - E_\gamma\right)^2 - \left(\boldsymbol{p} - \boldsymbol{p}_\gamma\right)^2 c^2 = m_0^2 c^4$$

也就是

$$E_\gamma^2 - 2EE_\gamma - p_\gamma^2 c^2 + 2pp_\gamma \cos\theta = 0$$

θ 是光子动量方向与入射带电粒子的速度方向夹角，即 Cherenkov 辐射发射角. 按题给介质中光子动量

$$p_\gamma = \frac{n\hbar\omega}{c} \tag{5}$$

以及 E_γ, $p_\gamma c \ll E$ ①， $p = \dfrac{E}{c^2}v = \dfrac{E}{c}\beta$ 可得 Cherenkov 辐射发射角

$$\cos\theta = \frac{1}{n\beta} \tag{6}$$

(b) 如题中所指出，阈值条件是

$$v \geqslant \frac{c}{n} \quad 或 \quad \beta \geqslant \frac{1}{n} \tag{7}$$

在阈限处用等号. 粒子总能量为

$$E = \gamma mc^2 \tag{8}$$

其中洛伦兹因子

$$\gamma = \frac{1}{\sqrt{1-\beta^2}} = \frac{1}{\sqrt{1-\dfrac{v^2}{c^2}}} \tag{9}$$

在本题条件下，阈限处粒子速度满足

$$\beta = \frac{1}{n} = \frac{1}{1+1.35\times10^{-4}} \approx 1 - 1.35\times10^{-4} \tag{10}$$

而洛伦兹因子为

① 注意 $p_\gamma c \approx nE_\gamma \neq E_\gamma$.

$$\gamma = \frac{1}{\sqrt{1-\beta^2}} = \frac{1}{\sqrt{(1+\beta)(1-\beta)}} \approx \frac{1}{\sqrt{2(1-\beta)}} \\ = 60.86 \tag{11}$$

于是求得粒子总能量为

$$E = \gamma m_0 c^2 = 60.86 m_0 c^2 \tag{12}$$

于是所求粒子的动能为

$$T = E - m_0 c^2 = (\gamma - 1) m_0 c^2 = 59.86 m_0 c^2 \\ = 30.6\text{MeV} \tag{13}$$

(c) 由第(a)小题 Cherenkov 发射角由式(6)给出，相应于角分辨测量，对式(6)两边取微分

$$-\sin\theta \mathrm{d}\theta = -\frac{1}{n\beta^2}\mathrm{d}\beta$$

或者

$$\mathrm{d}\beta = n\beta^2 \sin\theta \mathrm{d}\theta \tag{14}$$

因为

$$\gamma = \frac{E}{m_0 c^2} = \frac{\sqrt{p^2c^2 + m_0^2 c^4}}{m_0 c^2} \tag{15}$$

按题设

$$\frac{m_0 c^2}{pc} = \frac{1\text{GeV}}{100\text{GeV}} = 0.01 \tag{16}$$

所以按式(15)，

$$\gamma \approx \frac{pc}{m_0 c^2} \tag{17}$$

按题设，p 固定，这样

$$\mathrm{d}\gamma = -\frac{pc}{m_0^2 c^2}\mathrm{d}m_0 \tag{18}$$

而

$$\mathrm{d}\gamma = \mathrm{d}\frac{1}{\sqrt{1-\beta^2}} = \frac{1}{2}\frac{2\beta\mathrm{d}\beta}{\left(1-\beta^2\right)^{3/2}} \tag{19}$$

所以

$$\frac{\mathrm{d}\gamma}{\gamma^3} = \beta\mathrm{d}\beta \tag{20}$$

式(14)、式(18)、式(20)联立得

$$\frac{p}{c}\frac{\mathrm{d}m_0}{m_0^2}\frac{1}{\gamma^3} = n\beta^3 \sin\theta \mathrm{d}\theta \tag{21}$$

根据式(17)，上式可化为

$$\frac{\mathrm{d}m_0}{m_0} = n\beta^3 \sin\theta \mathrm{d}\theta \tag{22}$$

按题设，根据式(17)，$\gamma=100$，所以

$$\beta=\sqrt{1-\frac{1}{\gamma^2}}\approx 1-\frac{1}{2\gamma^2}=1-0.5\times 10^{-4} \tag{23}$$

Cherenkov 发射角

$$\begin{aligned}\cos\theta&=\frac{1}{n\beta}=\frac{1}{\left(1+1.35\times 10^{-4}\right)\times\left(1-0.5\times 10^{-4}\right)}\\&=1-0.85\times 10^{-4}\end{aligned} \tag{24}$$

由上式可见，Cherenkov 发射角很小，故

$$\cos\theta\approx 1-\frac{\theta^2}{2}$$

所以

$$\theta^2\approx 2\times 0.85\times 10^{-4}=1.7\times 10^{-4}$$

$$\theta\approx\sqrt{1.7\times 10^{-4}}=1.3\times 10^{-2}(\text{弧度})$$

$$\tan\theta\approx\theta=1.3\times 10^{-2}$$

于是最后由式(22)，

$$\begin{aligned}\frac{\mathrm{d}m_0}{m_0}&=\left(1-0.5\times 10^{-4}\right)^2\times 100^2\times 1.3\times 10^{-2}\times 10^{-3}\\&=0.13\end{aligned} \tag{25}$$

第 6 章　电磁场与介质相互作用

6.1　一速度为 v_1 的正电子与电量为 Ze 的原子核正碰撞，分析辐射角分布与偏振特性

题 6.1　一个速度为 v_1 的非相对论性正电子与带电量为 $+Ze$ 的原子核正碰撞. 正电子来自无穷远处，它先是被减速至静止，接着被加速而达到速度 v_2，考虑辐射损失(但假定很小)，求作为 v_1 及 Ze 的函数关系的末速 v_2. 辐射的角分布和偏振怎样?

解　依题意，电子的辐射损失很小$\left(\text{远小于它在无穷远处的动能}\dfrac{1}{2}mv_1^2\right)$，作为零级近似，先不考虑辐射的影响. 由能量守恒，正电子距核 r 时，如果速度为 v，则有

$$\frac{1}{2}mv^2+\frac{1}{4\pi\varepsilon_0}\cdot\frac{Ze^2}{r}=\frac{1}{2}mv_1^2$$

$v=0$ 时电子与核的距离 r 达到最小值 r_0，由上式

$$\frac{1}{4\pi\varepsilon_0}\cdot\frac{Ze^2}{r_0}=\frac{1}{2}mv_1^2$$

故

$$r_0=\frac{Ze^2/2\pi\varepsilon_0}{mv_1^2}$$

这样，v^2 可表示为

$$v^2=v_1^2\left(1-\frac{r_0}{r}\right)$$

故

$$2\dot{r}\ddot{r}=\frac{v_1^2r_0}{r^2}\dot{r},\qquad \ddot{r}=\frac{v_1^2r_0}{2r^2}$$

辐射损失为

$$P=\frac{\mathrm{d}w}{\mathrm{d}t}=\frac{\mathrm{d}w}{\mathrm{d}r}\dot{r}=\frac{1}{6\pi\varepsilon_0}\cdot\frac{e^2}{c^3}\ddot{r}^2$$

$$\mathrm{d}w=\frac{1}{24\pi\varepsilon_0}\cdot\frac{e^2}{c^3}\cdot\frac{v_1^3r_0^2}{r^4}\cdot\frac{1}{\sqrt{1-\dfrac{r_0}{r}}}\mathrm{d}r$$

$$\Delta W=2\int_{r_0}^{\infty}\mathrm{d}w=\frac{v_1^3e^2}{12\pi\varepsilon_0c^3r_0^2}\int_{r_0}^{\infty}\left(\frac{r_0}{r}\right)^4\frac{\mathrm{d}r}{\sqrt{1-\dfrac{r_0}{r}}}$$

令 $r=r_0\sec^2\alpha$ 可算得

$$\Delta W = \frac{5\pi}{162} \cdot \frac{v_1^3}{Zec^3} m v_1^2$$

由 $\frac{1}{2} m v_2^2 = \frac{1}{2} m v_1^2 - \Delta W$ 可求得

$$v_2^2 = v_1^2 \left(1 - \frac{5\pi}{81} \cdot \frac{v_1^3}{c^3} \cdot \frac{1}{Ze} \right)$$

故

$$v_2 = v_1 \left(1 - \frac{5\pi}{162} \cdot \frac{v_1^3}{Zec^3} \right)$$

因为 $v \ll c$，故辐射是偶极辐射，其辐射功率角分布为 $\frac{\mathrm{d}P}{\mathrm{d}\Omega} \propto \sin^2\theta$，$\theta$ 为辐射方向与粒子速度的夹角. 辐射光是平面偏振的，在以正电子位置为中心所做的球面上任一点，电矢量 $\boldsymbol{E}$ 沿过该点的径线方向，即 $\boldsymbol{E} = E(r,\theta)\boldsymbol{e}_\theta$.

6.2　带电粒子在加速器的水平对称平面里做近似圆周运动，证明竖直方向的微运动是振动

题 6.2　一个带电粒子在回旋加速器的水平对称的平面附近做圆周运动(近似)，半径为 R. 证明竖直方向上的微运动是谐振的，频率为

$$\omega_\mathrm{v} = \omega_\mathrm{c} \left(-\frac{R}{B_z} \cdot \frac{\partial B_z}{\partial r} \right)^{1/2}$$

解　如题图 6.2，以回路 c 为闭路，由 $\oint \boldsymbol{B} \cdot \mathbf{d}\boldsymbol{l} = 0$ 可得

$$[B_z(r) - B_z(r + \mathrm{d}r)]z + B_r(z)\mathrm{d}r = 0$$

故

$$B_\mathrm{r}(z) = \frac{\partial B_z(r)}{\partial r} \cdot z$$

竖直方向的运动方程为

$$m\ddot{z} + qvB_\mathrm{r}(z) = qv \cdot \frac{\partial B_z(r)}{\partial r} \cdot z$$

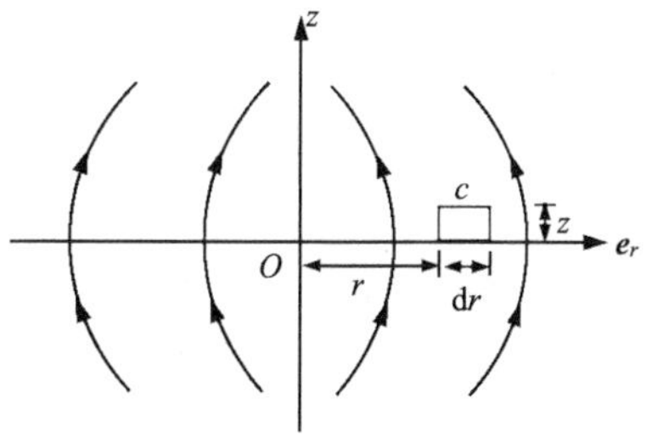

题图 6.2

故 $\omega_\mathrm{v}^2 = \frac{-qv\frac{\partial B_z}{\partial r}}{m}$. 又由

$$mv = qB_zR$$

故有

$$\omega_\mathrm{v} = \sqrt{-\frac{q^2 B_z R}{m^3} \cdot \frac{\partial B_z}{\partial r}} = \omega_\mathrm{c} \left(-\frac{R}{B_z} \cdot \frac{\partial B_z}{\partial r} \right)^{1/2}$$

6.3　讨论等离子体强流放电对反质子束的聚焦效应

题 6.3　电流十分强的电中性等离子体放电可实现对弱反质子束聚焦. 相对论反质子入射方向平行于放电电弧轴，并在其中通过距离 L，然后在轴附近离开. (a) 设放电电流柱半径为 R，电流强度为 I，电流密度均匀，求其磁场分布. (b) 证明在磁偏转作用下，沿平行于电弧轴方向进入磁场的粒子束将在电弧轴上某点聚焦. (c) 电弧电流必须指向什么方向？(d) 利用薄透镜近似找到这种透镜的焦距. (e) 如果等离子体代之以同样电流的电子束，焦距是否相同？请予以解释.

解　电流柱内的磁场分布可由高斯定理求得，结果为

$$B=\frac{\mu_0 Ir}{2\pi R^2}$$

式中，r 为离电弧轴的垂直距离；B 的方向和 I 的方向成右手螺旋.

反质子带电为$-e$，运动方向与电弧电流方向相反，受到一个指向电弧轴的洛伦兹力，以达到聚焦之目的. 在薄透镜近似下，L 很短，反质子通过这段距离将脉冲式获得一向内的径向动量增量，但粒子本身在径向方向的位移可以忽略. 于是，由径向运动方程

$$m\frac{\mathrm{d}v_\mathrm{r}}{\mathrm{d}t}=-ev_zB\approx -evB=-\frac{\mu_0 evI}{2\pi R^2}r$$

及

$$\mathrm{d}t=\frac{\mathrm{d}z}{v_z}\approx\frac{\mathrm{d}z}{v},\qquad v\sim\text{常数}$$

将上式积分得

$$v_\mathrm{r}=-\frac{\mu_0 eIrL}{2\pi mR^2}$$

由此求得焦距

$$h\approx vt=v\frac{r}{|v_\mathrm{r}|}=\frac{2\pi mR^2v}{\mu_0 eIL}$$

当等离子体代之以同样电流的电子束之后，反质子将受到电场力作用，其方向背离电弧轴. 在均匀电流分布假定下，电子数密度可视作均匀分布. 其产生的电场大小为

$$E=\frac{ner}{2\varepsilon_0}$$

式中，n 为电子密度.

由于

$$I=nev_\mathrm{E}\cdot\pi R^2$$

于是反质子受的电场力的大小为

$$f_\mathrm{e}=eE=\frac{eIr}{2\varepsilon_0\pi R^2v_\mathrm{E}}$$

而前面求得反质子受的磁场力大小为

$$f_m = evB = \frac{\mu_0 evIr}{2\pi R^2}$$

于是

$$\frac{f_e}{f_m} = \frac{1}{\varepsilon_0\mu_0 v v_E} = \frac{c^2}{v v_E} \gg 1$$

因而磁力可以略去. 反质子将在电场斥力作用下散焦，而达不到聚焦之目的.

6.4　带正电的相对论粒子束先后穿过长为 l 的均匀电场和磁场区，假定电磁场使粒子的偏转角度 θ_B、θ_E 很小，证明粒子动量 P 可用 B、θ_B 以及 l 表示

题 6.4　一束带正电 e 的相对论粒子先后穿过长为 l 的均匀电场 E 及均匀磁场 B，如题图 6.4 所示. 电磁场的大小使得粒子束两次的偏转角 θ_B、θ_E 都很小($\theta_B \ll 1$，$\theta_E \ll 1$). (a) 证明粒子动量 P 可由 B、θ_B 及 l 确定. (b)证明可利用电场 E 与磁场 B 确定粒子的速度和质量.

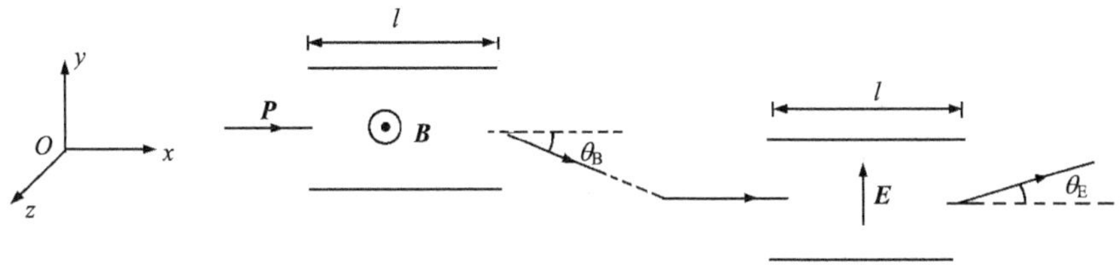

题图 6.4

解　(a) 在磁场 $\boldsymbol{B}$ 中，粒子的运动方程为

$$\frac{\mathrm{d}(m\boldsymbol{V})}{\mathrm{d}t} = e\boldsymbol{V}\times\boldsymbol{B}$$

$$m = \gamma m_0, \qquad \gamma = \frac{1}{\sqrt{1 - v^2/c^2}}$$

即有

$$\frac{\mathrm{d}}{\mathrm{d}t}(\gamma m_0 \boldsymbol{V}) = e\boldsymbol{V}\times\boldsymbol{B}$$

又因 $\frac{\mathrm{d}\gamma}{\mathrm{d}t} = \gamma^3(\boldsymbol{\beta}\cdot\dot{\boldsymbol{\beta}}), \boldsymbol{\beta}\perp\dot{\boldsymbol{\beta}}$，故 $\frac{\mathrm{d}\gamma}{\mathrm{d}t} = 0$.

建立直角坐标系使 $\boldsymbol{B} = B\boldsymbol{e}_z$，则有

$$\ddot{x} = \frac{eB}{\gamma m_0}\dot{y}, \qquad \ddot{y} = -\frac{eB}{\gamma m_0}\dot{x}, \qquad \ddot{z} = 0$$

记 $\omega_0 = \frac{eB}{\gamma m_0} = \frac{1}{\gamma}\omega_L$，则

$$\begin{cases} \ddot{x} - \omega_0\dot{y} = 0 \\ \ddot{y} + \omega_0\dot{x} = 0 \\ \ddot{z} = 0 \end{cases}$$

故

$$\begin{cases} \ddot{x} - \omega_0 \ddot{y} = 0 \\ \ddot{y} + \omega_0 \ddot{x} = 0 \\ \ddot{z} = 0 \end{cases}$$

联立上述两个方程组，可得

$$\begin{cases} \ddot{x} + \omega_0^2 \dot{x} = 0 \\ \ddot{y} + \omega_0^2 \dot{y} = 0, \qquad \dot{r} = (\dot{x}^2 + \dot{y}^2)^{1/2} \\ \ddot{z} = 0 \end{cases}$$

这是角频率为 ω_0 的圆周运动 $(V_z = 0)$. 圆轨道半径

$$R = \frac{v}{\omega_0} = \frac{P}{m\omega_0}$$

而图中

$$\theta_{\mathrm{B}} \approx \frac{l}{R} = \frac{m\omega_0 l}{m\omega_0 R} = \frac{eBl}{P}$$

所以 $P = \dfrac{eBl}{\theta_{\mathrm{B}}}$，即 P 由 B、l、θ_{B} 确定.

(b) 在电场中，$\dfrac{\mathrm{d}}{\mathrm{d}t}(m\boldsymbol{v}) = e\boldsymbol{E}$. 建立坐标系使 $\boldsymbol{E} = E\boldsymbol{e}'_y$，故

$$mv'_y = eEt = eE\frac{l}{v}$$

故

$$v'_y = \frac{eEl}{mv}$$

而

$$\theta_E \approx \frac{v'_y}{v} = \frac{eEl}{mv^2}$$

故由 $P = \dfrac{eBl}{\theta_{\mathrm{B}}}$ 定出 P 后，代入上式，可得 θ_{E} 为

$$\theta_{\mathrm{E}} \approx \frac{Ele}{Pv}, \qquad v \approx \frac{eEl}{P\theta_{\mathrm{E}}}$$

即定出了 v. 而 $m = \dfrac{P}{v} = \dfrac{P^2\theta_{\mathrm{E}}}{eEl} = \gamma m_0$，由此可定出 m_0.

6.5　计算一个经典电子在高频电磁辐射时的散射截面

题 6.5　计算一个经典电子在高频电磁辐射时的散射截面.

解　设高频电磁波为 $\boldsymbol{E}_0(\boldsymbol{x},t)$ 和 $\boldsymbol{B}_0(\boldsymbol{x},t)$，对经典电子 $v \ll c$，磁场力 $e\boldsymbol{v} \times \boldsymbol{B}$ 于相对电场力 $e\boldsymbol{E}_0$ 可忽略不计，并取 $\boldsymbol{E}_0(\boldsymbol{x},t) = \boldsymbol{E}_0 \mathrm{e}^{-\mathrm{i}\omega t}$，因为入射波频率很高，需要考虑辐射阻尼力的影响. 于是电子的运动方程为

$$m\ddot{\boldsymbol{x}} = e\boldsymbol{E}_0(\boldsymbol{x},t) + \frac{e^2}{6\pi\varepsilon_0 c^3}\dddot{\boldsymbol{x}}$$

如近似取

$$\dddot{\boldsymbol{x}} = -\omega^2\dot{\boldsymbol{x}}$$

并令

$$\gamma = \frac{e^2\omega^2}{6\pi\varepsilon_0 mc^3}$$

有

$$\ddot{\boldsymbol{x}} + \gamma\dot{\boldsymbol{x}} = \frac{e}{m}\boldsymbol{E}_0 \mathrm{e}^{-\mathrm{i}\omega t}$$

解为

$$\boldsymbol{x} = \boldsymbol{x}_0 \mathrm{e}^{-\mathrm{i}\omega t}$$

$$\boldsymbol{x}_0 = -\frac{e\boldsymbol{E}_0}{m\omega(\omega + \mathrm{i}\gamma)}$$

电子辐射次波为

$$\boldsymbol{E}(\boldsymbol{x},t) = \frac{e}{4\pi\varepsilon_0 c^2 r}\boldsymbol{n}\times(\boldsymbol{n}\times\ddot{\boldsymbol{x}}), \qquad \boldsymbol{n} = \frac{\boldsymbol{r}}{r}$$

r 为电子到空间点距离.

设 $\boldsymbol{n}$ 与 $\boldsymbol{E}_0$ 的夹角为 α，并令 $E(x) = |\boldsymbol{E}(\boldsymbol{x},t)|$，可得

$$E(x) = \frac{e^2\omega E_0 \sin\alpha}{4\pi\varepsilon_0 mc^2(\omega^2+\gamma^2)^2 r}$$

入射波强度(即入射波平均能波密度)

$$I_0 = \overline{s}_0 = \frac{\varepsilon_0 c}{2}E_0^2$$

散射波强度

$$I = \overline{s} = \frac{\varepsilon_0 c}{2}E^2$$

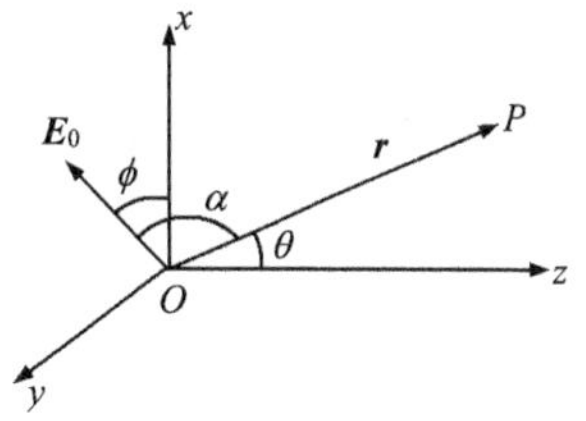

题图 6.5

引入电子经典半径 $r_{\mathrm{e}} = \dfrac{e^2}{4\pi\varepsilon_0 mc^2}$，则有

$$I = \frac{\omega^2}{\omega^2+\gamma^2}\cdot\frac{r_{\mathrm{c}}^2}{r^2}\sin^2\alpha I_0$$

坐标轴选择如题图 6.5 所示，有

$$\cos\alpha = \sin\theta\cos\phi$$

如果入射电磁波为一自然光，要求对 ϕ 角求平均，这时散射强度为

$$I = \frac{\omega^2}{\omega^2+\gamma^2}\cdot\frac{r_{\mathrm{e}}^2}{r^2}I_0\frac{1}{2\pi}\int_0^{2\pi}(1-\sin^2\theta\cos^2\phi)\mathrm{d}\phi$$

$$= \frac{1}{2}\times\frac{\omega^2}{\omega^2+\gamma^2}\cdot\frac{r_{\mathrm{e}}^2}{r^2}(1+\cos^2\theta)I_0$$

辐射功率为

$$P = \oint \bar{s} r^2 \mathrm{d}\Omega = \frac{8\pi}{3} \times \frac{\omega^2}{\omega^2 + \gamma^2} r_{\mathrm{e}}^2 I_0$$

因此得散射截面为

$$\sigma = \frac{P}{I_0} = \frac{8\pi}{3} \times \frac{\omega^2}{\omega^2 + \gamma^2} r_{\mathrm{e}}^2$$

6.6 平面线偏振电磁波被自由电子所散射，导出非相对论极限下的微分散射截面公式

题 6.6 频率为 ω、强度为 I_0 的平面线偏振电磁波被一个自由电子散射. 从加速运动电荷辐射率的一般公式出发，导出非相对论极限(汤姆孙散射)下的微分散射截面表达式，讨论散射辐射的角分布和偏振状态.

解 对电子散射先求出电子在入射波下的受迫振动，由于 $v \ll c$，故可忽略磁力，并且近似认为电子在均匀电场中(因入射波长 λ 远大于电子运动幅度)，由此，将入射平面波电矢量记为 $\boldsymbol{E} = \boldsymbol{E}_0 \mathrm{e}^{-\mathrm{i}\omega t}$，故运动方程为

$$m\dot{\boldsymbol{v}} = -e\boldsymbol{E} \tag{1}$$

当 $v \ll c$ 时，电子产生的电偶极辐射功率为

$$\frac{\mathrm{d}P}{\mathrm{d}\Omega} = \frac{1}{16\pi^2 \varepsilon_0} \cdot \frac{e^2 \dot{v}^2}{c^3} \sin^2\alpha \tag{2}$$

式中，α 是辐射方向与电子加速度 $\dot{v}$ 之间的夹角，引入电子经典半径 $r_{\mathrm{e}} = \frac{1}{4\pi\varepsilon_0} \cdot \frac{e^2}{mc^2}$ 及入射波强度 $I_0 = \frac{\varepsilon_0 c E_0^2}{2}$ 并把式(1)代入式(2)得

$$\frac{\mathrm{d}P}{\mathrm{d}\Omega} = I_0 r_{\mathrm{e}}^2 \sin^2\alpha \tag{3}$$

参看题 6.4，$\sin^2\alpha = 1 - \sin^2\theta\cos^2\varphi$，因此得微分散射截面为

$$\frac{\mathrm{d}\sigma}{\mathrm{d}\Omega} = \frac{\frac{\mathrm{d}P}{\mathrm{d}\Omega}}{I_0} = r_{\mathrm{e}}^2 (1 - \sin^2\theta\cos^2\varphi) \tag{4}$$

从式(4)可见，散射的角分布与 θ、φ 角均有关. 在 $\theta = \frac{\pi}{2}, \varphi = 0°$，$\pi$ 处，散射截面等于 0. 对固定的 θ 角，截面相对 $\varphi = \pi$ 处是对称的，而对固定的 φ 角，散射截面相对 $\theta = \frac{\pi}{2}$ 处是对称的.

电子辐射次波的电矢量为

$$\boldsymbol{E} = \frac{e}{4\pi\varepsilon_0 c^2 r} \boldsymbol{n} \times (\boldsymbol{n} \times \ddot{\boldsymbol{x}})$$

因此散射波的偏振方向决定于

$$\boldsymbol{n} \times (\boldsymbol{n} \times \boldsymbol{E}_0) = E_0 \cos\alpha \boldsymbol{n} - \boldsymbol{E}_0$$

6.7 线偏振电磁波被相对介电常量为 $\boldsymbol{\varepsilon}_{\mathrm{r}}$、半径为 b 及高为 h 的小电介质柱所散射，求散射总截面

题 6.7 已知一束波长为 λ 的线偏振电磁波被一个介电常量为 $\boldsymbol{\varepsilon}_{\mathrm{r}}$、半径为 b、高为 h 的小电介质圆柱体所散射. 已知 $b \ll h \ll \lambda$，柱轴与入射波矢垂直且入射波电场方向平行于柱轴，求散射总截面.

解 由于 $b \ll h \ll \lambda$，因此对电磁波外场而言，小电介质圆柱体可视为一个电偶极距为 $\boldsymbol{P}$ 的小电偶极子，且 $\boldsymbol{P}$ 在空间产生的电场远远小于入射电磁波的电场. 对圆柱侧面分界面而言，由电场切向分量的连续性，可近似认为柱内电场即等于入射电场 $\boldsymbol{E} = E_0 \mathrm{e}^{\mathrm{i}(\boldsymbol{k}\cdot\boldsymbol{r}-\omega t)}\boldsymbol{e}_z$. 选小电偶极子处为坐标原点，可求得小柱体的电偶极矩为

$$\boldsymbol{P} = \pi b^2 h \varepsilon_0 (\boldsymbol{\varepsilon}_{\mathrm{r}} - 1) E_0 \mathrm{e}^{-\mathrm{i}\omega t} \boldsymbol{e}_z$$

式中，柱轴方向选为 z 轴.

电偶极辐射功率为

$$P = \frac{\left|\ddot{\boldsymbol{P}}\right|^2}{12\pi\varepsilon_0 c^3} = \frac{\pi b^4 h^2 \varepsilon_0 \omega^4 (\boldsymbol{\varepsilon}_{\mathrm{r}} - 1)^2 E_0^2}{12 c^3}$$

入射强度 $I_0 = \dfrac{\varepsilon_0 c}{2} E_0^2$，故散射总截面为

$$\sigma = \frac{P}{I_0} = \frac{\pi}{6} b^4 h^2 (\boldsymbol{\varepsilon}_{\mathrm{r}} - 1)^2 \frac{\omega^4}{c^4}$$

6.8 平面线电磁波照射到半径为 a、介电常量为 $\boldsymbol{\varepsilon}$ 的介质球上，导出散射截面与散射角的关系

题 6.8 有一束波长为 λ 的平面电磁波照射在一个绝缘介质球上，该介质球的半径为 a，介电常量为 ε，且 $a \ll \lambda$. 导出散射截面与散射角的函数关系，并说明散射波的偏振性和散射方向的关系.

解 设入射波为 $\boldsymbol{E} = \boldsymbol{E}_0 \mathrm{e}^{\mathrm{i}(kx-\omega t)}$，在 $\boldsymbol{E}$ 场中绝缘介质球将发生极化，球的总极化强度等价于在球心(取球心为坐标原点)放一个极化强度为 $\boldsymbol{P}$ 的电偶极子，如题图 6.8 所示

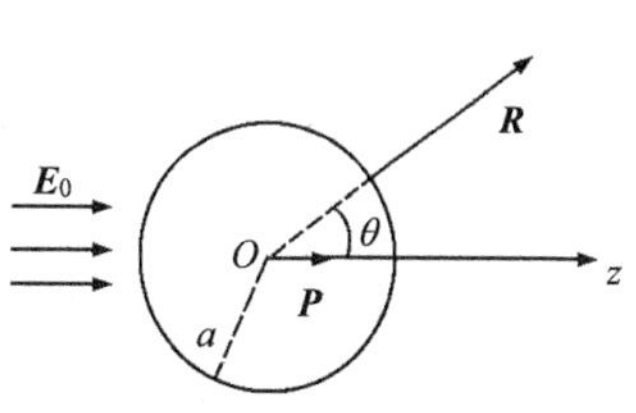

题图 6.8

$$\boldsymbol{P}(t) = \frac{4\pi\varepsilon_0(\varepsilon - \varepsilon_0)}{\varepsilon + 2\varepsilon_0} a^3 \boldsymbol{E}_0 \mathrm{e}^{-\mathrm{i}\omega t}$$

进一步取 $\boldsymbol{E}_0$ 为 $+z$ 方向，则有

$$\ddot{\boldsymbol{P}}(t) = -\frac{4\pi\varepsilon_0(\varepsilon - \varepsilon_0) a^3 E_0 \omega^2}{\varepsilon + 2\varepsilon_0} \mathrm{e}^{-\mathrm{i}\omega t} \boldsymbol{e}_z$$

从而得散射场为(利用 $a \ll \lambda$ 的条件)

$$\boldsymbol{B} = \frac{\mathrm{e}^{\mathrm{i}KR}}{4\pi\varepsilon_0 c^3 R}\ddot{\boldsymbol{P}}\times\boldsymbol{e}_R = \frac{(\varepsilon-\varepsilon_0)a^3\omega^2}{(\varepsilon+2\varepsilon_0)c^2 R}E_0\sin\theta\mathrm{e}^{\mathrm{i}(KR-\omega t)}\boldsymbol{e}_\varphi$$

$$\boldsymbol{E} = c\boldsymbol{B}\times\boldsymbol{n} = c\boldsymbol{B}\times\boldsymbol{e}_R$$

$$= \frac{(\varepsilon-\varepsilon_0)a^3\omega^2}{(\varepsilon+2\varepsilon_0)c^2 R}\boldsymbol{E}_0\sin\theta\mathrm{e}^{\mathrm{i}(KR-\omega t)}\boldsymbol{e}_\theta$$

能流密度

$$\overline{\boldsymbol{S}} = \frac{1}{2\mu_0}R_{\mathrm{c}}(\boldsymbol{E}^*\times\boldsymbol{B})$$

$$= \frac{(\varepsilon-\varepsilon_0)a^6\omega^4}{2\mu_0(\varepsilon+2\varepsilon_0)^2c^5}\cdot\frac{E_0^2\sin^2\theta}{R^2}\boldsymbol{e}_R$$

由此得出散射电磁波沿介质球的法向传播，散射电场的偏振在$\boldsymbol{e}_\theta$，磁场在$\boldsymbol{e}_\varphi$方向.

设入射波的平均能流$\overline{S}_0$为

$$\overline{S}_0 = \frac{1}{2}\varepsilon_0 c E_0^2$$

并设$\mathrm{d}\overline{P} = \overline{S}R^2\mathrm{d}\Omega$为沿径向在$\mathrm{d}\Omega$立体角中的平均散射功率，则微分散射截面为

$$\frac{\mathrm{d}\sigma}{\mathrm{d}\Omega} = \frac{\mathrm{d}\overline{P}}{\mathrm{d}\Omega}\Big/\overline{S}_0 = \frac{a^6\omega^4}{c^4}\left(\frac{\varepsilon-\varepsilon_0}{\varepsilon+2\varepsilon_0}\right)^2\sin^2\theta$$

即

$$\frac{\mathrm{d}\sigma}{\mathrm{d}\Omega}\propto\sin^2\theta$$

6.9　频率为ω、波数为k的电磁波入射到电子密度为n的等离子体中，求色散关系

题 6.9　已知一个“稀薄”等离子体由质量为m、电荷为e的自由电荷所组成. 每单位体积中含有n个电荷，且密度是均匀的. 假定可以略去电荷之间的相互作用. 一频率为ω、波数为k的平面电磁波射入该等离子体中. (a)将电导率σ表示成ω的函数. (b)求色散关系，即求k、ω之间的关系. (c)求折射率作为ω的函数的关系. 等离子体频率定义为

$$\omega_{\mathrm{pe}}^2 = \frac{ne^2}{\varepsilon_0 m}$$

当$\omega<\omega_{\mathrm{p}}$时，会怎样？(d)现在假定存在一个外磁场$\boldsymbol{B}_0$，设平面波沿$\boldsymbol{B}_0$方向传播. 证明对于左、右旋圆偏振波，折射率是不同的(假设电磁波本身的磁场$\boldsymbol{B}$与$\boldsymbol{B}_0$相比可以忽略).

解　在非相对论情况下，入射波电矢量$\boldsymbol{E}=\boldsymbol{E}_0\mathrm{e}^{-\mathrm{i}\omega t}$，磁矢量的贡献可忽略，则等离子体内电荷$e$的运动方程为

$$m\ddot{\boldsymbol{x}} = e\boldsymbol{E}_0\mathrm{e}^{-\mathrm{i}\omega t}$$

设解的形式为$\boldsymbol{x}=\boldsymbol{x}_0\mathrm{e}^{-\mathrm{i}\omega t}$，则解得

$$\boldsymbol{x}_0 = -\frac{e\boldsymbol{E}_0}{m\omega^2},\qquad \boldsymbol{x} = -\frac{e\boldsymbol{E}}{m\omega^2}$$

(a) 在等离子体中，电流密度矢量为

$$\boldsymbol{j}=ne\dot{\boldsymbol{x}}=\mathrm{i}\frac{ne^2}{m\omega}\boldsymbol{E}$$

故电导率为

$$\sigma=\frac{j}{E}=\mathrm{i}\frac{ne^2}{m\omega}$$

(b) 等离子体的极化强度为

$$\boldsymbol{P}=en\boldsymbol{x}=-\frac{ne^2}{m\omega^2}\boldsymbol{E}$$

另一方面，$\boldsymbol{P}=\varepsilon_0\chi_e\boldsymbol{E}$，介电常量为

$$\varepsilon=\varepsilon_0(1+\chi_e)=1-\frac{ne^2}{\varepsilon_0 m\omega^2}$$

引入等离子体频率

$$\omega_{\mathrm{pe}}^2=\frac{ne^2}{\varepsilon_0 m}$$

则有

$$\varepsilon=\varepsilon_0(1+\chi_e)=\varepsilon_0\left(1-\frac{\omega_{\mathrm{pe}}^2}{\omega^2}\right)$$

对等离子体，取 $\mu\approx\mu_0$，考虑到 $\mu_0\varepsilon_0=1/c^2$，则波数为

$$k^2=\omega^2\mu_0\varepsilon=\frac{1}{c^2}(\omega^2-\omega_{\mathrm{pe}}^2)$$

此即为色散关系.

(c) 折射率为

$$n=\frac{c}{v_{\mathrm{p}}}=c\sqrt{\mu_0\varepsilon}=\left(1-\frac{\omega_{\mathrm{pe}}^2}{\omega^2}\right)^{\frac{1}{2}}$$

当 $\omega<\omega_{\mathrm{p}}$ 时，n 成为虚数，k 也成为虚数. 设电磁波沿 z 方向传播，并令 $k=\mathrm{i}\kappa$，则 $\mathrm{e}^{\mathrm{i}kz}=\mathrm{e}^{-\kappa z}$，即波在等离子体按指数规律迅速衰减，不能传播，等离子体只对入射波发生反射.

(d) 设 $\boldsymbol{B}_0=B_0\boldsymbol{e}_z,\boldsymbol{k}=k\boldsymbol{e}_z$. 等离子体电荷 e 的运动方程为

$$m\ddot{\boldsymbol{z}}=e\boldsymbol{E}+e\boldsymbol{v}\times\boldsymbol{B}_0$$

因平面波是横波，所以 $\boldsymbol{E}=E_x\boldsymbol{e}_x+E_y\boldsymbol{e}_y$. 仍取解为 $\boldsymbol{x}=\boldsymbol{x}_0\mathrm{e}^{-\mathrm{i}\omega t}$ 的形式，$\boldsymbol{v}=\dot{\boldsymbol{x}}=(-\mathrm{i}\omega)\boldsymbol{x}$，则分量方程是

$$m\ddot{x}=eE_x+\frac{e}{c}\dot{y}B_0 \tag{1}$$

$$m\ddot{y}=eE_y+\frac{e}{c}\dot{x}B_0 \tag{2}$$

$$m\ddot{z}=0 \tag{3}$$

设在初始时刻 z 与 $\dot{z}$ 均等于 0，则对任何时刻有 $z=0$，即 $\boldsymbol{x}=x\boldsymbol{e}_x+y\boldsymbol{e}_y$.

对左旋圆偏振波，其电矢量为

$$\boldsymbol{E}_{\mathrm{L}} = \mathrm{Re}\{\boldsymbol{e}_x + \mathrm{e}^{\mathrm{i}\pi/2}\boldsymbol{e}_y\}\mathrm{e}^{-\mathrm{i}\omega t}$$

$$= E_0 \cos\omega t \boldsymbol{e}_z + E_0 \sin\omega t \boldsymbol{e}_y$$

这时式(1)、式(2)化为

$$m\ddot{x} = eE_0 \cos\omega t + eB_0 \dot{y} \tag{4}$$

$$m\ddot{y} = eE_0 \sin\omega t - eB_0 \dot{x} \tag{5}$$

令 $u = x + \mathrm{i}y, \omega_{\mathrm{c}} = \dfrac{eB_0}{m}$，则得 u 的方程为

$$\ddot{u} + \mathrm{i}\omega_{\mathrm{c}}\dot{u} = \frac{eE_0}{m}(\cos\omega t + \mathrm{i}\sin\omega t)$$

这个方程的解为

$$u = -\frac{eE_0(\cos\omega t + \mathrm{i}\sin\omega t)}{m(\omega^2 - \omega\omega_{\mathrm{c}})}$$

即有

$$x = -\frac{eE_0 \cos\omega t}{m\omega(\omega - \omega_{\mathrm{c}})}, \qquad y = -\frac{eE_0 \sin\omega t}{m\omega(\omega - \omega_{\mathrm{c}})}$$

$$\boldsymbol{x} = -\frac{e\boldsymbol{E}_{\mathrm{L}}}{m\omega(\omega - \omega_{\mathrm{c}})}$$

而极化矢量 $\boldsymbol{P} = en\boldsymbol{x} = \varepsilon_0 \chi_e \boldsymbol{E}$，所以对左旋圆偏振波，有

$$\chi_{\mathrm{eL}} = -\frac{ne^2}{m\omega(\omega - \omega_{\mathrm{c}})}$$

其相应的折射率为

$$n_{\mathrm{L}} = \frac{c}{v_{\mathrm{p}}} = c\sqrt{\varepsilon_{\mathrm{L}}\mu_0} = \sqrt{1 + \chi_{\mathrm{eL}}} = \left[1 - \frac{\omega_{\mathrm{pe}}^2/\omega^2}{m\omega(\omega - \omega_{\mathrm{c}})}\right]^{\frac{1}{2}}$$

对右旋圆偏振波，其电矢量为

$$\boldsymbol{E}_{\mathrm{R}} = \mathrm{Re}\{E_0(\boldsymbol{e}_x - \mathrm{e}^{-\mathrm{i}\pi/2}\boldsymbol{e}_y)\mathrm{e}^{-\mathrm{i}\omega t}\}$$

$$= E_0 \cos\omega t \boldsymbol{e}_x - E_0 \sin\omega t \boldsymbol{e}_y$$

只要令 $u = x - \mathrm{i}y$，重复上面步骤，可求得右旋圆偏振波的折射率为

$$n_{\mathrm{R}} = \frac{c}{v_{\mathrm{p}}} = c\sqrt{\varepsilon_{\mathrm{R}}\mu_0} = \left[1 + \frac{\omega_{\mathrm{pe}}^2/\omega^2}{m\omega(\omega - \omega_{\mathrm{c}})}\right]^{\frac{1}{2}}$$

可见 $n_{\mathrm{L}} \neq n_{\mathrm{R}}$.

6.10　已知电磁波在等离子体中的色散关系，求 $\omega > \omega_{pe}$ 时等离子体的折射率以及电磁波在其中的传播速度

题 6.10　已知电磁波在等离子体中的色散关系为

$$\omega^2(k) = \omega_P^2 + c^2k^2$$

其中，ω_P 为等离子体频率

$$\omega_{pe}^2 = \frac{Ne^2}{\varepsilon_0 m}$$

已知电子质量为 m，电荷为 e，电子密度为 N. (a)对于 $\omega > \omega_P$，求等离子体的折射率. (b) 对于 $\omega < \omega_P$，试讨论折射率 n 大于 1 还是小于 1？(c)对于 $\omega > \omega_P$，计算信号在等离子体中的传播速度. (d)对于 $\omega < \omega_P$，定性讨论电磁波在等离子体中的行为.

解　(a) 参阅题 6.9，等离子体折射率为

$$n = \left(1 - \frac{\omega_{pe}^2}{\omega^2}\right)^{\frac{1}{2}}$$

(b) 当 $\omega > \omega_P$ 时，$n < 1$，在等离子体中的相速

$$v_P = \frac{c}{n} > c$$

(c) 信号传播速度是群速度

$$v_g = \frac{d\omega}{dk} = \frac{c^2k}{\omega} = c(1 - \omega_P^2/\omega^2)^{\frac{1}{2}}$$

在 $\omega > \omega_P$ 时，显然 $v_g < c$.

(d) 当 $\omega < \omega_P$ 时，n 与 k 变为虚数，电磁波进入等离子体后指数衰减，不能传播.

6.11　讨论角频率为 ω 的电磁波在等离子体中的传播特性

题 6.11　试讨论角频率为 ω 的电磁波在自由电荷(质量 m、电荷量 e)密度为 N/cm^3 的空间区域中的传播. (a) 特别地，求折射率的表达式，证明在某些条件下折射率可以为复数. (b) 对于折射率为实数和复数这两种情况，讨论电磁波正入射时的反射和传播. (c) 证明存在一个临界频率(等离子体频率)区分折射率为实数与复数的情形，并且(d) 导出电离层处于无线电波段($N=10^6$)与金属钠处于紫外波段的临界频率($N=2.5\times10^{22}$).

解　(a) 参阅题 6.9.

(b) 当电磁波正入射时，如果折射率 n 为实数，电磁波将透射. 考虑到 $n<1$，电磁波将透射等离子体而传播. 如果 n 为虚数，透射波将按指数规律衰减，电磁波只有反射.

(c) $n = \left(1 - \frac{\omega_{pe}^2}{\omega^2}\right)^{\frac{1}{2}}, \omega_{pe}^2 = \frac{Ne^2}{\varepsilon_0 m}, \omega_{pe}$ 为临界频率，当 $\omega > \omega_{pe}$ 时，n 为实数，$\omega < \omega_{pe}$ 时，n 为虚数.

(d) 电子的电量与质量的大小为

$$e = -1.6\times10^{-19}\,\text{C}, \qquad m = 9.1\times10^{-31}\,\text{kg}$$

另外 $\varepsilon_0 = 8.85\times10^{-12}\,\text{F/m}$.

对电离层 $N = 10^{12}\,/\text{m}^3$，有

$$\omega_P = \sqrt{\frac{Ne^2}{m\varepsilon_0}} = \left[\frac{10^6\times10^6\times(1.6\times10^{-19})^2}{9.1\times10^{-31}\times8.85\times10^{-12}}\right]^{\frac{1}{2}}$$

$$\approx 5.64\times10^7\,(\text{Hz})$$

对金属钠，$N = 2.5\times10^{28}\,/\text{m}^3$，有

$$\omega_P = \left[\frac{2.5\times10^{28}\times10^6\times(1.6\times10^{-19})^2}{9.1\times10^{-31}\times8.85\times10^{-12}}\right]^{\frac{1}{2}}$$

$$\approx 8.91\times10^{15}\,(\text{Hz})$$

6.12 讨论电磁波在电离层等离子体中的传播，求出左右旋极化波的截止频率

题 6.12 假设电离层是由自由电子的等离子体组成. 忽略电子间的碰撞. (a) 导出电磁波在这种介质内传播时，介质的折射率与波频率的关系. (b) 设有一个平行于电磁波传播方向的均匀磁场. 此时，左右旋两种偏振波将有不同的折射系数，导出它们的表示式. (c) 存在一个频率，当电磁波的频率低于该频率时，电磁波将会被全反射，如果电子浓度是 $10^{11}/\text{m}^3$ 和 $B = 3\times10^{-5}\,\text{T}$ 时，计算左右旋极化波的截止频率.

解 (a)、(b) 解略.

(c) 当 $n^2 < 0$ 时，n 为虚数，电磁波在等离子体中不能传播，只有反射. 因而 $n = 0$ 时电磁波的频率为一截止频率，当电磁波的频率低于此频率时，电磁波被等离子体全部反射.

由题 6.9 知，当左、右旋波的折射率 $n_L^2 = n_R^2 = 0$ 时，其对应的截止频率分别为 ω_{LC}、ω_{RC}，它们等于

$$\omega_{LC} = \frac{\omega_C + \sqrt{\omega_c^2 + 4\omega_{pe}^2}}{2}, \qquad \omega_{RC} = \frac{-\omega_C + \sqrt{\omega_c^2 + 4\omega_{pe}^2}}{2}$$

其中

$$\omega_{pe}^2 = \frac{ne^2}{\varepsilon_0 m}, \qquad \omega_c = \frac{eB}{m}$$

当 $N = 10^{11}\,/\text{m}^3, B = 3\times10^{-5}\,\text{T}$ 时，电子质量与电荷为

$$m = 9.1\times10^{-31}\,\text{kg}, \qquad e = 1.6\times10^{-19}\,\text{C}$$

求得

$$\omega_{pe} = 1.78\times10^7\,\text{Hz}, \qquad \omega_c = 5.27\times10^6\,\text{Hz}$$

由此得 $\omega_{LC} = 2.1\times10^7\,\text{Hz}, \omega_{RC} = 1.5\times10^7\,\text{Hz}$.

6.13　导出极低频平面电磁波进入等离子体的穿透深度

题 6.13　推导极低频的平面电磁波进入等离子体的穿透深度的表达式(等离子体中电子可自由移动). 用电子数密度 n_0、电荷 e 及质量 m 表达结果. 这里，极低频指什么？当 $n_0 = 10^{20}/\mathrm{m}^3$ 时上述深度如何(以 m 表示)?

解　在等离子体中，色散关系是

$$k^2 = \frac{\omega^2}{c^2}\left(1 - \frac{\omega_\mathrm{P}^2}{\omega^2}\right)$$

式中，$\omega_\mathrm{P}^2 = \dfrac{n_0 e^2}{m\varepsilon_0}$ 为等离子体频率. 极低频指入射电磁波的频率 $\omega \ll \omega_\mathrm{P}$. 这时 k^2 为一负数，即波数 k 为一虚数. 令 $k = \mathrm{i}\kappa, \kappa = \dfrac{\omega}{c}\sqrt{\dfrac{\omega_\mathrm{P}^2}{\omega^2} - 1}$，则 $\mathrm{e}^{\mathrm{i}kz} = \mathrm{e}^{-\kappa z}$.

波在等离子体中指数衰减，穿透深度的定义为

$$\delta = \frac{1}{k} = \frac{c}{\sqrt{\omega_\mathrm{P}^2 - \omega^2}} \approx \frac{c}{\omega_\mathrm{P}}$$

当 $n_0 = 10^{20}\,\mathrm{m}^{-3}$ 时，有

$$\omega_\mathrm{P} = \left[\frac{10^{20} \times 10^6 \times (1.6 \times 10^{-19})^2}{9.1 \times 10^{-31} \times 8.85 \times 10^{-12}}\right]^{\frac{1}{2}} \approx 5.64 \times 10^{11}(\mathrm{Hz})$$

故穿透深度为

$$\delta = \frac{3 \times 10^{10}}{5.64 \times 10^{11}} = 5.3 \times 10^{-4}(\mathrm{m})$$

6.14　写出在随时间变化的磁场作用下，磁化强度随时间变化的运动方程

题 6.14　在均匀的静磁场 $\boldsymbol{H}$ 中，介质可以磁化. 磁化强度可以与介质中的电磁场相耦合. (a) 写出在随时间变化的磁场作用下，磁化强度随时间变化的运动方程. (b) 上述的随时间变化的磁化强度反过来产生电磁场，此电磁场也满足麦克斯韦方程组. 假设磁介质的相对介电常量 $\varepsilon_\mathrm{r} = 1$，求介质中磁化强度的平面波传播的色散关系 $\omega = \omega(\boldsymbol{k})$.

解　(a) 由介质的磁化规律 $\boldsymbol{M} = \chi_\mathrm{m}\boldsymbol{H}$，立得磁化强度随时间变化的方程为

$$\boldsymbol{M}(t) = \chi_\mathrm{m}(\omega)\boldsymbol{H}(t) = \left(\frac{\mu(\omega)}{\mu_0} - 1\right)\boldsymbol{H}(t)$$

一般而言，磁导率 μ 或磁化系数 χ_m 是频率 ω 的函数.

(b) 介质情况下的麦氏方程组是

$$\nabla \cdot \boldsymbol{D} = 0, \qquad \nabla \cdot \boldsymbol{B} = 0$$

$$\nabla \times \boldsymbol{E} = -\frac{\partial \boldsymbol{B}}{\partial t}, \qquad \nabla \times \boldsymbol{H} = \boldsymbol{J} + \frac{\partial \boldsymbol{D}}{\partial t}$$

注意这里的场 $\boldsymbol{E}$、$\boldsymbol{B}$ 是外来场和随时间变化的磁化强度 $\boldsymbol{M}(t)$产生的场的叠加，即已经包含了 $\boldsymbol{M}(t)$产生的场.

由于是绝缘介质，并假定介质无法带电，即有 $\rho = j = 0$. 又因 $\varepsilon_{\mathrm{r}} = 1$，有 $D = \varepsilon_0 E$. 故方程简化为

$$\nabla \cdot \boldsymbol{E} = 0, \qquad \nabla \cdot \boldsymbol{B} = 0$$

$$\nabla \times \boldsymbol{E} = -\frac{\partial \boldsymbol{B}}{\partial t}, \qquad \nabla \times \boldsymbol{H} = \varepsilon_0 \frac{\partial \boldsymbol{E}}{\partial t}, \qquad \boldsymbol{B} = \mu \boldsymbol{H}$$

并由此导出波动方程为

$$\nabla^2 \boldsymbol{E} - \mu\varepsilon_0 \frac{\partial^2 \boldsymbol{E}}{\partial t^2} = 0$$

$$\nabla^2 \boldsymbol{H} - \mu\varepsilon_0 \frac{\partial^2 \boldsymbol{H}}{\partial t^2} = 0$$

此方程的平面波特解为

$$\boldsymbol{H}(t) = \boldsymbol{H}_0 \mathrm{e}^{\mathrm{i}(kz - \omega t)}$$

将其代入波动方程，可得色散关系为

$$k^2 - \mu\varepsilon_0\omega^2 = 0, \qquad k^2 = \frac{\omega}{v_{\mathrm{p}}} = \omega\sqrt{\mu(\omega)\varepsilon_0} = \frac{\omega}{c}\sqrt{\mu(\omega)}$$

介质的磁化强度平面波为

$$\boldsymbol{M}(t) = \chi_{\mathrm{m}}(\omega)\boldsymbol{H}(t) = \chi_{\mathrm{m}} \boldsymbol{H}_0 \mathrm{e}^{\mathrm{i}(kz - \omega t)}$$

故该平面波的色散关系仍然为

$$k^2 = \frac{\omega}{v_{\mathrm{p}}} = \frac{\omega}{c}\sqrt{\mu(\omega)}$$

6.15 在介质中传播光的经典色散理论中，计算电子对线偏振平面波的响应

题 6.15 在介质中传播光的经典色散理论中，假设光波与受简谐势束缚的原子中的电子发生相互作用. 在最简单的情况下，认为介质由具有相同谐振频率ω_0的电子构成，每单位体积中包含 N 个电子. (a) 计算电子对线偏振平面波的响应，已知该波电场振幅为 E_0，频率为 ω. (b) 给出介质的原子极化率、介电常量和折射率依赖ω的关系式. 当$\omega \sim \omega_0$，$\omega > \omega_0$时会发生什么情况？当折射率小于 1 时，光波相速会超过真空中的光速，这是否违背相对论原理？

解 (a) 电子运动方程为

$$m\ddot{\boldsymbol{x}} = -m\omega_0^2 \boldsymbol{x} - e\boldsymbol{E}_0 \mathrm{e}^{-\mathrm{i}\omega t}$$

设解的形式为 $\boldsymbol{x} = \boldsymbol{x}_0 \mathrm{e}^{-\mathrm{i}\omega t}$，代入上式，可得

$$\boldsymbol{x} = \frac{e\boldsymbol{E}_0}{m(\omega^2 - \omega_0^2)} \mathrm{e}^{-\mathrm{i}\omega t}$$

(b) 一个原子的极化矢量

$$\boldsymbol{P} = -e\boldsymbol{x} = -\frac{e^2 \boldsymbol{E}}{m(\omega^2 - \omega_0^2)}$$

故原子极化率为

$$\alpha=\frac{P}{E}=-\frac{e^2}{m(\omega^2-\omega_0^2)}=\frac{e^2}{m(\omega_0^2-\omega^2)}$$

介质的极化强度为

$$\boldsymbol{P}=N\boldsymbol{P}=-\frac{Ne^2\boldsymbol{E}}{m(\omega^2-\omega_0^2)}$$

电位移矢量

$$\boldsymbol{D}=\varepsilon\boldsymbol{E}=\varepsilon_0\boldsymbol{E}+\boldsymbol{P}$$

所以介电常量为

$$\varepsilon=\varepsilon_0+\frac{Ne^2}{m(\omega_0^2-\omega^2)}$$

假设介质的磁导率 $\mu=\mu_0$，所以折射率为

$$n=c\sqrt{\varepsilon\mu_0}=\sqrt{\frac{\varepsilon}{\varepsilon_0}}$$

记

$$\omega_{\mathrm{pe}}^2=\frac{Ne^2}{\varepsilon_0 m}$$

则

$$n=\left(1+\frac{\omega_{\mathrm{pe}}^2}{\omega_0^2-\omega^2}\right)^{\frac{1}{2}}$$

当 $\omega\leqslant\omega_0$ 时，ε、n 都变得非常大，在介质中光波的相速 $v_{\mathrm{p}}=\dfrac{c}{n}\ll c$，色散现象显著.

当 $\omega>\omega_0$ 时，n 变为虚数，光波振幅在介质中按指数规律衰减，故光波不能传播，介质表面对光波全反射.

当 $\omega^2>\omega_0^2+\omega_{\mathrm{p}}^2$ 时，$n<1$，相速 $v_{\mathrm{p}}=\dfrac{c}{n}>c$，但这并不违背狭义相对论原理，因为相速只是表征振动位相的传播速度，并不是实际的能量传播速度. 电磁波信号的传播速度是群速，它等于

$$v_{\mathrm{g}}=\frac{\mathrm{d}\omega}{\mathrm{d}k}$$

而波数 $k=\dfrac{\omega}{c}n$，当 $n<1$ 时，显然 $v_{\mathrm{g}}<c$.

6.16　各向同性介质中的介电常量

题 6.16　一块各向同性的介质样品，每单位体积由 N 个电荷为 e、质量为 m、固有频率为 ω_0 的谐振束缚粒子所组成. (a) 证明，对无磁场时，介质的介电常量的函数形式由下式给出：

$$\varepsilon(\omega)=1+\frac{Ne^2/\varepsilon_0 m}{\omega_0^2-\omega^2}$$

(b) (法拉第效应)如在电磁波的传播方向上，加一个静磁场 $\boldsymbol{B}$，证明：左旋与右旋的圆极化电磁波具有不同的介电常量. 其差等于

$$\delta\varepsilon(\omega)=\frac{1}{\varepsilon_0}\cdot\frac{Ne^2}{m}\cdot\frac{2eB\omega/m}{(\omega_0^2-\omega^2)^2-(eB\omega/m)^2}$$

解　(a) 参考题 6.15.

(b) 加入静磁场 $\boldsymbol{B}=B\boldsymbol{e}_z,\boldsymbol{k}=k\boldsymbol{e}_z$. 谐振粒子的运动方程是

$$m\ddot{\boldsymbol{x}}=-m\omega_0^2\boldsymbol{x}+e\boldsymbol{E}+e\dot{\boldsymbol{x}}\times\boldsymbol{B} \tag{1}$$

对平面波，$\boldsymbol{E}$ 应只有 x、y 分量. 把式(1)写成分量方程为

$$m\ddot{x}=-m\omega_0^2x+eE_x+e\dot{y}B \tag{2}$$

$$m\ddot{y}=-m\omega_0^2y+eE_y-e\dot{x}B \tag{3}$$

$$m\ddot{z}=-m\omega_0^2z \tag{4}$$

z 方向仍为简谐振动，不受外场影响，对介质的极化无影响.

左旋圆偏振波的电矢量为

$$\boldsymbol{E}_{\mathrm{L}}=E_0\cos\omega t\boldsymbol{e}_x+E_0\sin\omega t\boldsymbol{e}_y$$

这时式(2)、式(3)化为

$$m\ddot{x}=-m\omega_0^2x+eE_0\cos\omega t+eB\dot{y} \tag{5}$$

$$m\ddot{y}=-m\omega_0^2y+eE_0\cos\omega t-eB\dot{x} \tag{6}$$

令

$$u=x+\mathrm{i}y,\qquad \omega_{\mathrm{c}}=\frac{eB}{m}$$

并把式(6)乘 i 后与式(5)相加，得 u 的方程

$$\ddot{u}+\mathrm{i}\omega_{\mathrm{c}}\dot{u}+\omega_0^2u=\frac{eE_0}{m}(\cos\omega t+\mathrm{i}\sin\omega t)$$

此方程的解为

$$u=\frac{eE_0(\cos\omega t+\mathrm{i}\sin\omega t)}{m(\omega_0^2-\omega^2-\omega\omega_{\mathrm{c}})} \tag{7}$$

取实、虚部有

$$x=\frac{eE_0\cos\omega t}{m(\omega_0^2-\omega^2-\omega\omega_{\mathrm{c}})},\qquad y=\frac{eE_0\sin\omega t}{m(\omega_0^2-\omega^2-\omega\omega_{\mathrm{c}})}$$

因此电磁波与静磁场 $\boldsymbol{B}$ 引起粒子的位移为

$$\boldsymbol{x}=\frac{e\boldsymbol{E}_{\mathrm{L}}}{m(\omega_0^2-\omega^2-\omega\omega_{\mathrm{c}})} \tag{8}$$

相应的极化强度和左旋波的介电常量分别为

$$\boldsymbol{P}=Ne\boldsymbol{x}=\frac{Ne^2\boldsymbol{E}_{\mathrm{L}}}{m(\omega_0^2-\omega^2-\omega\omega_{\mathrm{c}})}$$

$$\varepsilon_{\mathrm{L}}=\varepsilon_0\left[1+\frac{Ne^2}{\varepsilon_0m(\omega_0^2-\omega^2-\omega\omega_{\mathrm{c}})}\right] \tag{9}$$

对右旋波，电矢量为

$$\boldsymbol{E}_{\mathrm{R}} = E_0 \cos\omega t \boldsymbol{e}_x - E_0 \sin\omega t \boldsymbol{e}_y$$

令 $u = x - \mathrm{i}y$ ，重复上面步骤，求得右旋波引起的介电常量为

$$\varepsilon_{\mathrm{R}} = \varepsilon_0\left[1+\frac{Ne^2}{\varepsilon_0 m(\omega_0^2-\omega^2+\omega\omega_{\mathrm{c}})}\right] \tag{10}$$

二者之差为

$$\begin{aligned}\delta\varepsilon(\omega) &= \varepsilon_{\mathrm{L}} - \varepsilon_{\mathrm{R}} \\ &= \frac{1}{\varepsilon_0}\cdot\frac{Ne^2}{m}\left(\frac{1}{\omega_0^2-\omega^2-\omega\omega_{\mathrm{c}}}-\frac{1}{\omega_0^2-\omega^2+\omega\omega_{\mathrm{c}}}\right) \\ &= \frac{1}{\varepsilon_0}\cdot\frac{Ne^2}{m}\cdot\frac{2eB\omega/m}{(\omega_0^2-\omega^2)^2-(eB\omega/m)^2}\end{aligned} \tag{11}$$

6.17　具有均匀密度的静止的电中性无碰撞等离子体中的左旋、右旋偏振波

题 6.17　一个具有均匀密度 n_0 的静止的电中性无碰撞等离子体，其中有一均匀磁场 $(0,0,B_0)$. 若频率为 ω 的电磁波平行于磁场方向传播. 证明此时有两种不同的电磁波可以传播，其折射率分别为

$$n_{\mathrm{R}}^2 = 1-\frac{\omega^2/\omega^2}{1-\omega_{\mathrm{c}}/\omega},\qquad n_{\mathrm{L}}^2 = 1-\frac{\omega^2/\omega^2}{1+\omega_{\mathrm{c}}/\omega}$$

式中，$\omega^2 = Ne^2/m\varepsilon_0$ ，是等离子体频率的平方值，$\omega_{\mathrm{c}} = eB_0/m$ ，ω_{c} 是电子的回旋频率. 证明这两种波分别是右旋与左旋圆偏振波. 并从物理上说明为什么折射率可以小于 1？当 $n=0$ 与 $n=\infty$ 时会发生什么情况？可假定只有电子对外来波有响应，而等离子体中的正电荷保持均匀分布.

解　参考题 6.16，对本题 $\omega_0 = 0$. 由题 7.16 式(9)、式(10)不难得到

$$n_{\mathrm{L}}^2 = c^2\mu_0\varepsilon_{\mathrm{L}} = 1-\frac{Ne^2}{\varepsilon_0 m\omega^2(1+\omega_{\mathrm{c}}/\omega)} = 1-\frac{\omega_{\mathrm{pe}}^2/\omega^2}{1+\omega_{\mathrm{c}}/\omega}$$

$$n_{\mathrm{R}}^2 = c^2\mu_0\varepsilon_{\mathrm{R}} = 1-\frac{Ne^2}{\varepsilon_0 m\omega^2(1-\omega_{\mathrm{c}}/\omega)} = 1-\frac{\omega_{\mathrm{pe}}^2/\omega^2}{1-\omega_{\mathrm{c}}/\omega}$$

在介质中，电磁波的相速可以超过真空中的光速，即 $\dfrac{c}{n} > c$ ，这时 n 将小于 1. 由

$$n = c\sqrt{\mu_0\varepsilon} = \sqrt{1+\chi_e}$$

可知，只有当等离子体的极化系数 χ_{e} 为负数时，n 才能小于 1，而 $\boldsymbol{P} = \varepsilon_0\chi_{\mathrm{e}}\boldsymbol{E}$ ，所以造成 $n<1$ 的物理原因在于在外来波作用下电子的极化矢量与外场 $\boldsymbol{E}$ 反平行.

当 $n=0$ 时，波数 $k = n\dfrac{\omega}{c} = 0$ ，在等离子体中的电磁波的形式与入射波形式相同，仍为 $\boldsymbol{E}_0\mathrm{e}^{-\mathrm{i}\omega t}$ 形式. 当 $n_{\mathrm{L}}^2 = 0$ 时，有

$$1-\frac{\omega_{\mathrm{P}}^2/\omega^2}{1-\omega_{\mathrm{c}}/\omega} = 0$$

得

$$\omega=\omega_{\mathrm{LC}}=\frac{\omega_{\mathrm{c}}+\sqrt{\omega_{\mathrm{c}}^2+4\omega_{\mathrm{P}}^2}}{2}$$

当 $n_{\mathrm{R}}^2=0$ 时，类似有

$$\omega=\omega_{\mathrm{RC}}=\frac{-\omega_{\mathrm{c}}+\sqrt{\omega_{\mathrm{c}}^2+4\omega_{\mathrm{P}}^2}}{2}$$

当 $\omega=\omega_{\mathrm{c}}$ 时，有 $n_{\mathrm{L}}^2\to-\infty, \mathrm{e}^{\mathrm{i}kz}=\mathrm{e}^{-\frac{\omega}{C}|n_{\mathrm{L}}|z}\to 0$，即这时在等离子体中没有左旋圆偏振波传播. 这时右旋圆偏振波的折射率为 $n_{\mathrm{R}}^2=1-\dfrac{\omega_{\mathrm{P}}^2}{2\omega_{\mathrm{c}}^2}$，一般 $\omega_{\mathrm{c}}\ll\omega_{\mathrm{P}}, n_{\mathrm{R}}$ 也成为虚数，右旋圆偏振波也不能传播.

当 $\omega=0$ 时，有 $n_{\mathrm{R}}^2\to-\infty, n_{\mathrm{L}}^2\to+\infty$. 但这时 $\mathrm{e}^{\mathrm{i}\omega t}\to 1$，电磁波的场矢量与时间无关，因此实际上为一静电场，在等离子体只发生正负电中心的分离，以屏蔽外来场.

6.18　通过噪声脉冲测得星际介质的平均电子密度

题 6.18　在空间中的一个无线电源发射出包含宽频带的噪声脉冲. 由于在星际介质中的色散，此脉冲到达地球时成为一个频率随时间变化的哨声. 如果频率对时间的变化率被测得，且到源的距离 D 已知，证明导出星际介质中的平均电子密度是可能的(假定星际介质完全电离)(**提示**：依据一个自由电子对高频电场的响应来推导频率和波数($2\pi/\lambda$)之间的关系).

解　可把星际介质视为一稀薄等离子体，它对无线电波的折射率为

$$n=(1-\omega_{\mathrm{P}}^2/\omega^2)^{\frac{1}{2}} \tag{1}$$

式中，ω 为无线电波频率，$\omega_{\mathrm{P}}^2=\dfrac{Ne^2}{m\varepsilon_0}$ 为等离子体特征频率，$k=\dfrac{\omega}{c}n$ 为波数，N 为介质的平均电子密度，在本题中 N 为待求量. 电磁波群速度为

$$v_{\mathrm{g}}=\frac{\partial\omega}{\partial k}=\frac{1}{\dfrac{\partial k}{\partial\omega}}=\frac{c}{n+\omega\dfrac{\partial n}{\partial\omega}} \tag{2}$$

由式(1)，$\dfrac{\partial n}{\partial\omega}=\dfrac{\omega_{\mathrm{P}}^2}{\omega^3}\cdot\dfrac{1}{n}$，故得

$$v_{\mathrm{g}}=c\left(n+\frac{\omega_{\mathrm{P}}^2}{\omega^3}\cdot\frac{1}{n}\right)=nc\left(n^2+\frac{\omega_{\mathrm{P}}^2}{\omega^2}\right)=nc \tag{3}$$

从源到地面所需的时间近似取为

$$t=\frac{D}{v_{\mathrm{g}}}=\frac{D}{nc}=\frac{D}{c}\left(1-\frac{\omega_{\mathrm{P}}^2}{\omega^2}\right)^{-\frac{1}{2}} \tag{4}$$

所以

$$\mathrm{d}t = \frac{D}{c}\cdot\left(-\frac{1}{2}\right)\left(1-\frac{\omega_{\mathrm{P}}^2}{\omega^2}\right)^{-\frac{3}{2}}\left(2\frac{\omega_{\mathrm{P}}^2}{\omega^3}\right)\mathrm{d}\omega$$

从而得

$$\frac{\mathrm{d}\omega}{\mathrm{d}t} = -\frac{c}{D}\cdot\frac{\omega^3}{\omega_{\mathrm{P}}^2}\left(1-\frac{\omega_{\mathrm{P}}^2}{\omega^2}\right)^{\frac{3}{2}} \tag{5}$$

当 D 与 $\frac{\mathrm{d}\omega}{\mathrm{d}t}$ 已知时，从式(5)可以求出 $\omega_{\mathrm{P}}^2 = \frac{Ne^2}{m\varepsilon_0}$，进一步可求出电子平均密度 N.

6.19　使收到的脉冲波形没有太大形变的最小宽带

题 6.19　一个脉冲星发出宽度为 1ms 的宽带电磁辐射脉冲，然后这个脉冲穿过 1000 光年(10^{19}m)的星际空间到达地球的射电天文观测站. (a) 为使收到的脉冲波形没有太大的形变，射电望远镜接收机的带宽最小应为多少？(b) 假如星球介质中包含有低密度的等离子体，其频率 $\omega_{\mathrm{P}} = 5000\mathrm{rad/s}$. 计算工作频率分别为 400MHz 与 1000MHz 的两个射电望远镜测得脉冲到达时刻之差. 已知等离子体的色散关系为 $\omega^2 = k^2c^2 + \omega_{\mathrm{P}}^2$.

解　(a) 由不确定性原理

$$\Delta\omega\Delta t \approx 1$$

可得接收机带宽最小值应为

$$\Delta\omega \sim \frac{1}{\Delta t} = 1000(\mathrm{Hz})$$

(b) 由题 6.10，电磁波群速度为

$$v_{\mathrm{g}} = \frac{\partial\omega}{\partial k} = c\sqrt{1-\omega_{\mathrm{P}}^2/\omega^2}$$

对两台射电望远镜工作频率 $\omega_1 = 400\mathrm{MHz}, \omega_2 = 1000\mathrm{MHz}$ ，及星际距离 $L = 10^{19}\mathrm{m}$ ，可得两望远镜测得脉冲的时间差为

$$\Delta t = \frac{L}{v_{\mathrm{g}1}} - \frac{L}{v_{\mathrm{g}2}} = \frac{L}{c}\left[\left(1-\frac{\omega_{\mathrm{P}}^2}{\omega_1^2}\right)^{-\frac{1}{2}} - \left(1-\frac{\omega_{\mathrm{P}}^2}{\omega_2^2}\right)^{-\frac{1}{2}}\right]$$

$$\approx 0.055(\mathrm{s})$$

6.20　计算脉冲星到地球的距离

题 6.20　某一个脉冲星向空间发出短而窄的电磁脉冲，测得其中两个脉冲的频率分别为

$$\omega_1 = 2\pi f_1 = 2563\mathrm{MHz}, \qquad \omega_2 = 2\pi f_2 = 3833\mathrm{MHz}$$

式中，频率较低的脉冲较晚到达，脉冲 f_1 在 f_2 到达后 0.367s 后到达. 人们把引起这种现象的原因解释为电子密度 $N = 10^5\mathrm{m}^{-3}$ 的星际电离氢气体的色散，并由此估计脉冲星到地球的

距离. (a) 证明：含重离子和电子的中性稀薄等离子体的特征频率$\omega_{\mathrm{P}}=\left(\frac{1}{\varepsilon_0}\cdot\frac{Ne^2}{m_e}\right)^{\frac{1}{2}}$. (b) 利用上面的结果和已知的稀薄等离子体的折射率公式$n=\sqrt{\varepsilon_{\mathrm{r}}}=(1-\omega_{\mathrm{P}}^2/\omega^2)^{1/2}$，计算地球到脉冲星的距离.

解　(a) 求等离子体电子振荡频率ω_{P}.

当中性等离子体中出现电荷不均匀性起伏时，电场会引起电子的运动，从而恢复电中性，但这个过程是以振荡形式进行的，即等离子体振荡，其特征频率ω_{P}可推导如下：

电子在静电场中的运动方程是

$$m_{\mathrm{e}}\frac{\mathrm{d}v}{\mathrm{d}t}=-e\boldsymbol{E} \tag{1}$$

电子产生电流为

$$\boldsymbol{j}=-Ne\boldsymbol{v} \tag{2}$$

由式(1)与式(2)，有

$$\frac{\partial \boldsymbol{j}}{\partial t}=\frac{Ne^2}{m_{\mathrm{e}}}\boldsymbol{E} \tag{3}$$

式(3)取散度

$$\frac{\partial}{\partial t}(\nabla\cdot\boldsymbol{j})=\frac{Ne^2}{m_{\mathrm{e}}}\nabla\cdot\boldsymbol{E}$$

并由$\nabla\cdot\boldsymbol{j}=-\frac{\partial\rho}{\partial t}$，$\nabla\cdot\boldsymbol{E}=\frac{\rho}{\varepsilon_0}$，得

$$\frac{\partial^2\rho}{\partial t^2}+\omega_{\mathrm{pe}}^2\rho=0 \tag{4}$$

其中

$$\omega_{\mathrm{pe}}=\sqrt{\frac{Ne^2}{\varepsilon_0 m}} \tag{5}$$

此式表明等离子体中电荷的不均匀性，其电荷密度以特征频率ω_{P}随时间做简谐振荡.

(b) 求该脉冲星到地球的距离. 由题 6.19 知

$$L=c\Delta t\Bigg/\left[\left(1-\frac{\omega_{\mathrm{P}}^2}{\omega_1^2}\right)^{-\frac{1}{2}}-\left(1-\frac{\omega_{\mathrm{P}}^2}{\omega_2^2}\right)^{-\frac{1}{2}}\right]$$

代入数据$\Delta t=0.367\mathrm{s},\omega_1=2.536\times10^9\,\mathrm{Hz},\omega_2=3.833\times10^9\,\mathrm{Hz}$及

$$\omega_{\mathrm{P}}=\sqrt{\frac{1}{\varepsilon_0}\cdot\frac{Ne^2}{m_{\mathrm{c}}}}\approx1.8\times10^4\,\mathrm{Hz}$$

有ω_1、ω_2，比ω_{P}大得多，故近似有

$$L\approx\frac{2c\Delta t}{\omega_{\mathrm{P}}^2\left(\frac{1}{\omega_1^2}-\frac{1}{\omega_2^2}\right)}\approx8.6\times10^2\ (\text{光年})$$

即该脉冲星离地球距离为 1000 光年.

6.21　求散射过程中所辐射掉的能量

题 6.21　电荷大小为 e、质量为 m 的电子被电荷为 Ze 的重核的库仑场所散射. 设电子入射速度为 $\boldsymbol{v}_0(v_0 \ll c)$，瞄准距离为 b. 求散射过程中所辐射的能量.

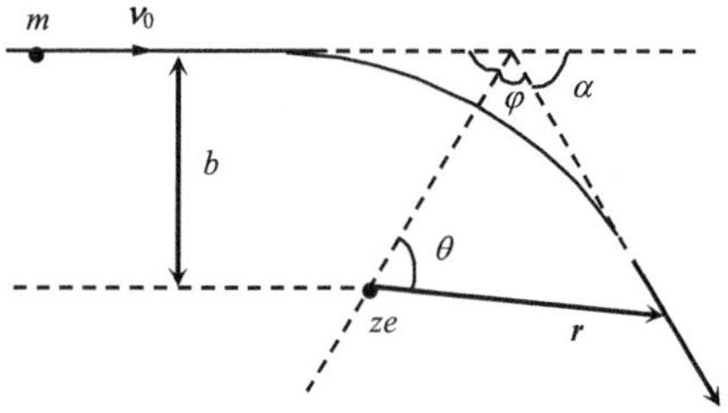

题图 6.21

解　这里所考察的是克服辐射阻尼力做功所产生的辐射. 如题图 7.21，重核位于 O 点，$\boldsymbol{r}$ 为电子的位置矢径. 在考虑电子运动时，忽略辐射阻尼力，近似地看成在重核的库仑场中的运动.

电子的运动方程为

$$m\dot{\boldsymbol{v}} = -\frac{Ze^2}{4\pi\varepsilon_0 r^3}\boldsymbol{r} \tag{1}$$

由此得到

$$\dot{\boldsymbol{v}}^2 = \frac{Z^2e^4}{16\pi^2\varepsilon_0^2 m^2 r^4} \tag{2}$$

在计算过程中，近似地采用平均辐射阻尼力. 于是，辐射总能量为

$$\Delta E = \int_{-\infty}^{\infty} \frac{e^2\dot{\boldsymbol{v}}^2}{6\pi\varepsilon_0 c^3}\mathrm{d}t = \int \frac{Z^2e^6}{96\pi^3\varepsilon_0^3 c^3 m^2 r^4}\mathrm{d}t \tag{3}$$

利用角动量守恒

$$mr^2\frac{\mathrm{d}\theta}{\mathrm{d}t} = mv_0 b \tag{4}$$

式(3)变为

$$\Delta E = \frac{Z^2e^6}{96\pi^3\varepsilon_0^3 c^3 v_0 b m^2}\int_{-(\pi-\varphi)}^{\pi-\varphi}\frac{1}{r^2}\mathrm{d}\theta \tag{5}$$

在有心力场中，粒子的轨道为双曲线，轨道方程为

$$r(1+\varepsilon\cos\theta) = b\tan\varphi$$

其中，$\varepsilon = \dfrac{1}{\cos\varphi}$ 为偏心率. 于是辐射总能量为

$$\begin{aligned}\Delta E &= \frac{Z^2e^6}{96\pi^3\varepsilon_0^3 c^3 v_0 b^3 m^2}\int_{-(\pi-\varphi)}^{\pi-\varphi}\frac{\left(1+\dfrac{\cos\theta}{\cos\varphi}\right)^2}{\tan^2\varphi}\mathrm{d}\theta \\ &= \frac{Z^2e^6}{96\pi^3\varepsilon_0^3 c^3 v_0 b^3 m^2}\left[(\pi-\varphi)\left(\frac{3}{\tan^2\varphi}+1\right)+\frac{3}{\tan\varphi}\right]\end{aligned} \tag{6}$$

用散射角 α 表示

$$\Delta E = \frac{Z^2e^6}{192\pi^3\varepsilon_0^3 c^3 v_0 b^3 m^2}\left[(\pi+\alpha)\left(3\tan^2\frac{\alpha}{2}+1\right)+3\tan\frac{\alpha}{2}\right] \tag{7}$$

6.22　纳米金属颗粒对某些波长的共振散射

题 6.22　人们在电介质材料中掺以贵金属纳米颗粒，可以使特定频率的光发生共振散射. 法国巴黎圣母院的天主教堂的窗户目前装的彩色玻璃就是这一现象的一个应用. 设电介质材料视为无穷大，其介电系数为 ε_d，金属纳米颗粒视为均质的球体，电学性质均匀各向同性，半径为 a (大约几十 nm，1nm = 10^{-9} m)，其介电系数为 ε [事实上，在低频或者微波区，金属材料可以看成理想导体，在近红外、可见光区，金属的介电常量是一个对波长(或频率)敏感的复数，在可见光区，对贵金属该量有一个大的负值的实部，并有一个小的虚部]. 可见光的波长范围 $\lambda \sim 400 \sim 700\text{nm}$，因而 $\lambda \gg a$. 纳米颗粒对光的散射是长波散射. 按照电磁波的散射理论，求解长波散射问题时，可以先求解一个静场问题，确定该金属纳米颗粒在均匀静电场中极化的总电偶极矩，而沿各方向散射光的强度与该总电偶极矩的平方成正比.

(a) 设在上述掺以贵金属纳米颗粒的电介质材料中加以均匀电场 $\boldsymbol{E}_0$ (在实际的长波散射问题里 $\boldsymbol{E}_0$ 以及其它有关量要乘上一个时间振荡因子)，请设法论证该贵金属纳米颗粒内的电场强度、极化强度处处相等；

(b) 贵金属纳米颗粒的极化率 α 定义为该静场问题中，总电偶极矩与外加静电场的比例系数，这是该材料光学性质的重要参量. 请导出极化率 α 的表达式，用上述题给参量表示；

(c) 共振散射来自于金属在可见光区对频率敏感的复介电常量. 假设在所感兴趣的频率附近，该复介电系数具有如下形式：

$$\varepsilon(\omega) = \varepsilon_b + \frac{Ne^2 Z}{m\left(\omega_0^2 - \omega^2 - \mathrm{i}\omega\gamma\right)}$$

其中 N 为金属原子数密度，Z 为原子序数，e、m 分别为电子的电荷与质量，ε_b、ω_0 与 γ 均为物性常量，且 $\gamma \ll \omega_0$. 请给出发生共振散射的频率条件.

解　(a) 考察一下介质极化的微观图像. 介质的极化有两种微观机制①. 一是有极分子的固有电矩的取向极化；一是无极分子的电子位移极化. 我们不妨采用后一种极化微观图像. 设介质分子由于电子位移而发生的正负电荷中心拉开的位移为 $\delta\boldsymbol{l}$. 因是均匀极化，这个量对每个分子都相同. 设分子数密度为 n，则体积元 δV 内电偶极矩为

$$\delta\boldsymbol{p} = \sum_i \boldsymbol{p}_i = n\delta V \cdot e\delta\boldsymbol{l}$$

因而电极化强度为

$$\boldsymbol{P} = \frac{\delta\boldsymbol{p}}{\delta V} = en\delta\boldsymbol{l} \tag{1}$$

按我们采用的极化图像，极化是每个中性分子的正电中心和负电中心拉开一个小位移 $\delta\boldsymbol{l}$. 对均匀介质球的均匀极化，我们可以设想这相当于原先重合的两个电性相反的均匀带电球发生了一个整体位移 $\delta\boldsymbol{l}$. 按静电场的叠加原理，介质球激发的电场为这两个带电球的电场的叠加. 取负电球的球心为原点，则正电球的球心为 $\delta\boldsymbol{l}$. 按高斯定理及球对称性，易

① 见赵凯华、陈熙谋，电磁学，P.179.

求两个均匀带电球激发的电场，其电场强度如下给出：

$$\boldsymbol{E}^{(-)}=\begin{cases}-\dfrac{1}{3\varepsilon_0}en\boldsymbol{r}, & |\boldsymbol{r}|<a\\[2mm] -\dfrac{1}{3\varepsilon_0}en\dfrac{a^3}{r^3}\boldsymbol{r}, & |\boldsymbol{r}|>a\end{cases},\quad \boldsymbol{E}^{(+)}=\begin{cases}\dfrac{1}{3\varepsilon_0}en\boldsymbol{r}', & |\boldsymbol{r}'|<a\\[2mm] \dfrac{1}{3\varepsilon_0}en\dfrac{a^3}{r'^3}\boldsymbol{r}', & |\boldsymbol{r}'|>a\end{cases}\tag{2}$$

其中 $\boldsymbol{r}'=\boldsymbol{r}-\delta\boldsymbol{l}$.

按静电场的叠加原理，介质球激发的电场为这两个带电球的电场的叠加，即有 $\boldsymbol{E}=\boldsymbol{E}^{(-)}+\boldsymbol{E}^{(+)}=\delta\boldsymbol{l}\cdot\nabla\boldsymbol{E}^{(+)}$. 代入式(2)得

$$\boldsymbol{E}=-\frac{1}{3\varepsilon_0}en\delta\boldsymbol{l},\qquad |\boldsymbol{r}|<a\tag{3}$$

上式将式(1)代入用 $\boldsymbol{P}$ 表示为

$$\boldsymbol{E}=-\frac{1}{3\varepsilon_0}\boldsymbol{P},\qquad |\boldsymbol{r}|<a\tag{4}$$

设想介质球的极化是一个无限缓慢逐步完成的理想过程. 在均匀外电场作用下，介质每个分子的正电和负电中心分离 $\delta\boldsymbol{l}$. 这使介质均匀极化. 前面已讨论了介质球均匀极化产生的电场在球内是均匀的. 这样极化过程中，球内的电场作为外电场和退极化场的合场，始终是均匀的. 当每个分子内部正电和负电中心都达到平衡，极化完成时介质球的极化一定是均匀的. 设“最终”的电极化强度为 $\boldsymbol{P}$. 按上面的假想过程，$\boldsymbol{P}$ 的方向和外电场一致，从而 $\boldsymbol{P}$ 的方向也应和 $\boldsymbol{E}$ 一致. 球内电场强度、电位移矢量、电极化强度分别为

$$\boldsymbol{E}_{\text{in}}=\boldsymbol{E}_0+\boldsymbol{E}',\quad \boldsymbol{D}_{\text{in}}=\varepsilon\boldsymbol{E}_{\text{in}}=\boldsymbol{E}_{\text{in}}+\boldsymbol{P},\quad \boldsymbol{P}=(\varepsilon-\varepsilon_0)\boldsymbol{E}_{\text{in}}\tag{5}$$

$\boldsymbol{E}'$ 是由介质极化产生的电场，也叫退极化场，$\boldsymbol{E}'=\dfrac{1}{3\varepsilon_0}\boldsymbol{P}$，这样由式(5)得

$$\boldsymbol{E}_{\text{in}}=\boldsymbol{E}_0+\boldsymbol{E}'=\boldsymbol{E}_0-\frac{1}{3\varepsilon_0}\boldsymbol{P}=\boldsymbol{E}_0-\frac{\varepsilon-\varepsilon_0}{3\varepsilon_0}\boldsymbol{E}_{\text{in}}$$

由上式解得

$$\boldsymbol{E}_{\text{in}}=\frac{1}{1+\dfrac{\varepsilon-\varepsilon_0}{3\varepsilon_0}}\boldsymbol{E}_0=\frac{3\varepsilon_0}{\varepsilon+2\varepsilon_0}\boldsymbol{E}_0\tag{6}$$

而电极化强度为

$$\boldsymbol{P}=(\varepsilon-\varepsilon_0)\boldsymbol{E}_{\text{in}}=\frac{3\varepsilon_0(\varepsilon-\varepsilon_0)}{\varepsilon+2\varepsilon_0}\boldsymbol{E}_0\tag{7}$$

(b) 上面设想是介质球外为真空. 对于本题情况，玻璃可视为无限大介质，纳米金属颗粒近似为球形. 只需作替换 $\varepsilon_0\to\varepsilon_d$ (这样做使得球表面满足边条件)，得

$$\boldsymbol{P}=\frac{\varepsilon(\omega)-\varepsilon_d}{\varepsilon(\omega)+2\varepsilon_d}\boldsymbol{E}_0\tag{8}$$

纳米金属颗粒极化率

$$\alpha=\frac{\varepsilon(\omega)-\varepsilon_d}{\varepsilon(\omega)+2\varepsilon_d}4\pi\varepsilon_0R_0^3 \tag{9}$$

(c) 共振条件通过对 α 求极值得到. 由于 γ 很小，在 γ 取零时，$\alpha\to\infty$，即为共振. γ 很小时，α 极值点在 γ 取零的共振点附近. 按单共振模型

$$\varepsilon(\omega)=\frac{\omega_p^2}{\omega_0^2-\omega^2-\mathrm{i}\omega\gamma}$$

这样

$$\alpha=\frac{\varepsilon_b+\dfrac{Ne^2Z}{m\left(\omega_0^2-\omega^2-\mathrm{i}\omega\gamma\right)}-\varepsilon_d}{\varepsilon_b+\dfrac{Ne^2Z}{m\left(\omega_0^2-\omega^2-\mathrm{i}\omega\gamma\right)}+2\varepsilon_d}4\pi\varepsilon_0R_0^3 \tag{10}$$

6.23　采用单共振模型研究介质色散的特性

题 6.23　介质的色散行为对于电磁波在其中的传播具有重要影响. 为了研究介质色散的特性，初步考察所谓的单共振模型. 一个受频率为 ω_0 的简谐力束缚和受电场 $\boldsymbol{E}(\boldsymbol{x},t)$ 作用的非相对论性电子(质量为 m，电荷为 e)的运动方程是

$$m\left[\ddot{\boldsymbol{x}}+\gamma\dot{\boldsymbol{x}}+\omega_0^2\boldsymbol{x}\right]=e\boldsymbol{E}(\boldsymbol{x},t)$$

式中 γ 量度唯象阻尼力. 设该介质均匀各向同性，每单位体积有 N 个分子，每个分子有 Z 个电子.

(a) 请由此导出该介质的介电系数与入射电磁波频率 ω 的关系；

(b) 考察其相应的低频特性与高频极限；

(c) 色散介质在反常色散区域，大色散往往伴随着大的吸收，这是 Kramers-Kronig 关系的物理后果，这里请你由色散的单共振模型对此作一初步的定性分析；

(d) 取 $\gamma=0$，对此介质中光的传播，是否会出现群速度大于零？何条件下会出现？若出现，是否意味着违反因果律?

解　(a) 考虑 $\boldsymbol{x}=\boldsymbol{x}_0\mathrm{e}^{-\mathrm{i}\omega t}$ 形式的解

$$m\left[-\omega^2\boldsymbol{x}-\mathrm{i}\gamma\omega\boldsymbol{x}+\omega_0^2\boldsymbol{x}\right]=e\boldsymbol{E}$$

因而

$$\boldsymbol{x}=\frac{e}{m}\left(\omega_0^2-\omega^2-\mathrm{i}\omega\gamma\right)^{-1}\boldsymbol{E}$$

那么由一个电子贡献的偶极矩为

$$\boldsymbol{p}=e\boldsymbol{x}=\frac{e^2}{m}\left(\omega_0^2-\omega^2-\mathrm{i}\omega\gamma\right)^{-1}\boldsymbol{E}$$

按题设每单位体积有 N 个分子，每个分子有 Z 个电子，并且假定所有电子的束缚频率是单一的，那么介电常量 $\varepsilon=1+\chi_e$ 由下式给出

$$\varepsilon(\omega)=1+\frac{Ne^2}{\varepsilon_0 m}\left(\omega_0^2-\omega^2-\mathrm{i}\omega\gamma\right)^{-1}\equiv\varepsilon_1+\mathrm{i}\varepsilon_2$$

式中 ε_1、ε_2 分别为 ε 的实部与虚部. 上面 ω_0 相应于原子内部束缚能级，$\hbar\omega_0\sim\mathrm{eV}$，也就是 $\omega\sim10^{15}\,\mathrm{Hz}$，而 $\gamma\sim10^{12}\,\mathrm{Hz}\ll\omega_0$.

(b) 在低频范围

$$\varepsilon(\omega)=1+\frac{Ne^2}{\varepsilon_0 m\omega_0^2}\approx\mathrm{const}$$

如果每个分子中有一部分(f_0 个)电子对 $\omega_0=0$ 来说是“自由的”，那么介电常量在 $\omega=0$ 时是奇异的. 若把自由电子(没有回复力，故对于自由电子 $\omega_0=0$)的贡献单独分出来，则在 $\omega\to0$ 极限下，式(4)变成

$$\varepsilon(\omega)=\varepsilon_b+\mathrm{i}\frac{Ne^2 f_0}{m\omega(\gamma_0-\mathrm{i}\omega)}$$

当频率远远超过最高共振频率时，介电常量式(4)取下列简单形式：

$$\varepsilon(\omega)\approx1-\frac{\omega_\mathrm{p}^2}{\omega^2}$$

式中

$$\omega_\mathrm{p}^2=\frac{NZe^2}{\varepsilon_0 m}$$

频率 ω_p 叫做介质的等离子体频率，它只依赖于每单位体积的总电子数 NZ. 在这种极限下，波数由下式给出：

$$ck=\sqrt{\omega^2-\omega_\mathrm{p}^2}$$

有时我们把式(8)表示为 $\omega^2=c^2k^2+\omega_\mathrm{p}^2$，并且把这个表达式叫做 $\omega=\omega(k)$ 的色散关系或色散方程.

(c) 式(4)给出的介电常量表达式，在 $\omega=\omega_0$ 处是 ε_1 的不连续点(色散最大)，也是 ε_2 的最大值点，可见此时大色散伴随着大的吸收. 这与由 Kramers-Kronig 关系得到的结果一致.

(d) 介电常量可表示为

$$\frac{\varepsilon}{\varepsilon_0}=1+\frac{\omega_\mathrm{p}^2}{\omega_0^2-\omega^2-\mathrm{i}\omega\gamma}=n^2(\omega)$$

若取 $\gamma=0$，

$$n(\omega)=\left(\frac{\omega_0^2-\omega^2+\omega_\mathrm{p}^2}{\omega_0^2-\omega^2}\right)^{\frac{1}{2}}$$

这样

$$n\frac{\mathrm{d}n}{\mathrm{d}\omega}=\omega\frac{\omega_\mathrm{p}^2}{\left(\omega_0^2-\omega^2\right)^2}$$

因而

$$n\omega\frac{\mathrm{d}n}{\mathrm{d}\omega}+n^2=\frac{\omega^2\omega_{\mathrm{p}}^2}{\left(\omega_0^2-\omega^2\right)^2}+1+\frac{\omega_{\mathrm{p}}^2}{\omega_0^2-\omega^2}=\frac{\omega_0^4-2\omega_0^2\omega^2+\omega^4+\omega_{\mathrm{p}}^2\omega_0^2}{\left(\omega_0^2-\omega^2\right)^2}$$

这样

$$\begin{aligned}v_{\mathrm{g}}&=\frac{c}{n(\omega)+\omega\left(\dfrac{\mathrm{d}n}{\mathrm{d}\omega}\right)}\\&=c\left(\frac{\omega_0^2-\omega^2+\omega_{\mathrm{p}}^2}{\omega_0^2-\omega^2}\right)^{\frac{1}{2}}\frac{\left(\omega_0^2-\omega^2\right)^2}{\omega_0^4-2\omega_0^2\omega^2+\omega^4+\omega_{\mathrm{p}}^2\omega_0^2}\end{aligned}$$

上式也可以表示为

$$\frac{v_{\mathrm{g}}}{c}=\frac{\sqrt{\left(\omega_0^2-\omega^2\right)^2+\omega_{\mathrm{p}}^2\left(\omega_0^2-\omega^2\right)}}{\sqrt{\left(\omega_0^2-\omega^2\right)^2+\omega_{\mathrm{p}}^2\omega_0^2}}\cdot\frac{\left|\omega_0^2-\omega^2\right|}{\sqrt{\left(\omega_0^2-\omega^2\right)^2+\omega_{\mathrm{p}}^2\omega_0^2}}$$

可见对此例情形，$v_{\mathrm{g}}\leqslant c$，未出现 $v_{\mathrm{g}}\geqslant c$，这是由于无吸收则没有大色散，不会出现 $v_{\mathrm{g}}\geqslant c$.